中药材

种子种苗标准研究

黄璐琦　陈敏　李先恩◎主编

中国健康传媒集团
中国医药科技出版社

图书在版编目（CIP）数据

中药材种子种苗标准研究 / 黄璐琦，陈敏，李先恩主编 .— 北京：中国医药科技出版社，2019.5
ISBN 978-7-5214-0764-8

Ⅰ . ① 中… Ⅱ . ① 黄… ② 陈… ③ 李… Ⅲ . ① 药用植物 – 种子 – 标准 – 研究 ②药用植物 – 育苗 – 标准 – 研究 Ⅳ . ① S567-65

中国版本图书馆 CIP 数据核字（2019）第 023380 号

本书出版得到以下项目资助：

中央本级重大增减支“名贵中药资源可持续利用能力建设项目”
重大新药创制专项“中药材种子种苗和种植（养殖）标准平台”

美术编辑 陈君杞
版式设计 锋尚设计

出版 中国健康传媒集团 | 中国医药科技出版社
地址 北京市海淀区文慧园北路甲 22 号
邮编 100082
电话 发行：010-62227427 邮购：010-62236938
网址 www.cmstp.com
规格 889×1194mm 1/16
印张 57 1/2
字数 1472 千字
版次 2019 年 5 月第 1 版
印次 2019 年 5 月第 1 次印刷
印刷 三河市万龙印装有限公司
经销 全国各地新华书店
书号 ISBN 978-7-5214-0764-8
定价 298.00 元

获取新书信息、投稿、为图书纠错，请扫码联系我们。

编委会

主　编

黄璐琦（中国中医科学院）

李先恩（中国医学科学院药用植物研究所）

陈　敏（中国中医科学院中药资源中心）

编　委

（按姓氏笔画排列）

丁万隆（中国医学科学院药用植物研究所）

于　营（中国农业科学院特产研究所）

马小军（中国医学科学院药用植物研究所）

马逾英（成都中医药大学）

马满驰（山东省立医院）

王　钰（重庆市中药研究院）

王　乾（河北中医学院）

王长林（南京农业大学）

王文全（中国医学科学院药用植物研究所）

王志安（浙江省中药研究所）

王志芬（山东省农业科学院农产品研究所/药用植物研究中心）

王志清（中国农业科学院特产研究所）

王英平（中国农业科学院特产研究所）

王秋玲（中国医学科学院药用植物研究所）

王宪昌（山东省农业科学院农产品研究所/药用植物研究中心）

王继永（中国中药有限公司）

方清茂（四川省中医药科学院）

艾伦强（湖北省农业科学院中药材研究所）

石明辉（新疆维吾尔自治区中药与民族药研究所）

由金文（湖北省农业科学院中药材研究所）

叩　钊（河北省中医药科学院）

叩根来（河北省安国市科技局）

邝婷婷（成都中医药大学）

冯卫生（河南中医药大学）

邢　丹（北京中医药大学）

成彦武（中国中药霍山石斛科技有限公司）

朱　军（新疆维吾尔自治区中药与民族药研究所）

朱彦威（山东省农业科学院农产品研究所/药用植物研究中心）

朱艳霞（中国农业大学）

任广喜（北京中医药大学）

任江剑（浙江省中药研究所）

刘亚令（山西农业大学）

刘春生（北京中医药大学）

江建铭（浙江省中药研究所）

孙　健（浙江省中药研究所）

孙乙铭（浙江省中药研究所）

孙大学（中国中药霍山石斛科技有限公司）

杜　弢（甘肃中医药大学）

李　佳（山东中医药大学）

李　颖（中国中医科学院中药资源中心）

李卫东（北京中医药大学）

李进瞳（国药种业有限公司）
李晓琳（中国中医科学院中药资源中心）
李晓瑾（新疆维吾尔自治区中药与民族药研究所）
杨　光（中国中医科学院中药资源中心）
杨太新（河北农业大学）
杨成民（中国医学科学院药用植物研究所）
杨新全（中国医学科学院药用植物研究所海南分所）
何　淼（东北林业大学）
何　瑞（广州中医药大学）
肖承鸿（贵州中医药大学）
肖盛元（吉林农业大学）
汪　涛（南京农业大学）
沈宇峰（浙江省中药研究所）
沈晓霞（浙江省中药研究所）
张　艺（成都中医药大学）
张　争（中国医学科学院药用植物研究所）
张　雪（重庆市中药研究院）
张　锋（山东省农业科学院农产品研究所/药用植物研究中心）
张永清（山东中医药大学）
张延红（甘肃中医药大学）
张丽霞（中国医学科学院药用植物研究所云南分所）
张顺捷（黑龙江省林副特产研究所）
张教洪（山东省农业科学院农产品研究所/药用植物研究中心）
陈　君（中国医学科学院药用植物研究所）
陈　垣（甘肃农业大学）
陈大霞（重庆市中药研究院）
陈红刚（甘肃中医药大学）
陈科力（湖北中医药大学）
陈菁瑛（福建省农业科学院生物资源研究所）
陈随清（河南中医药大学）
范圣此（中国医学科学院药用植物研究所）
明　鹤（河北农业大学）
金　钺（中国医学科学院药用植物研究所）
周　涛（贵州中医药大学）
周先建（四川省中医药科学院）
周丽莉（中国医学科学院药用植物研究所）
周海燕（中国中药有限公司）
郑玉光（河北中医学院）
单成钢（山东省农业科学院农产品研究所/药用植物研究中心）
孟义江（河北农业大学）
孟祥才（黑龙江中医药大学）
赵润怀（中国中药有限公司）
侯俊玲（北京中医药大学）
俞旭平（浙江省中药研究所）
俞春英（浙江省中药研究所）
姜　丹（北京中医药大学）
莫长明（广西农业科学院广西作物遗传改良生物技术重点开放实验室）
夏燕莉（成都大学）
倪大鹏（山东省农业科学院农产品研究所/药用植物研究中心）
徐　荣（中国医学科学院药用植物研究所）
徐　雷（湖北中医药大学）
高文杰（东北林业大学）
郭　靖（中国农业科学院特产研究所）
郭玉海（中国农业大学）
郭巧生（南京农业大学）
唐德英（中国医学科学院药用植物研究所云南分所）
崔秀明（昆明理工大学）
隋　春（中国医学科学院药用植物研究所）
董学会（中国农业大学）
董诚明（河南中医药大学）
蒋桂华（成都中医药大学）
韩金龙（山东省农业科学院农产品研究所/药用植物研究中心）
焦连魁（中国中药有限公司）
童家赟（广州中医药大学）
曾　燕（中国中药有限公司）
靳云西（国药种业有限公司）
裴　林（河北省中医药科学院）
魏建和（中国医学科学院药用植物研究所）
魏胜利（北京中医药大学）

序

中药材的质量是中药安全有效的重要保障，中药材种子种苗是中药材生产的物质基础，优质的种子种苗对提高和稳定中药材质量起着关键作用。以往国内对中药材种子种苗研究较少，目前我国还没有形成完整的、覆盖较广的中药材种子种苗质量标准体系，不利于从源头提升中药材质量。随着中医药产业的发展，中药材种子种苗质量标准研究的重要程度日益显现。《中华人民共和国种子法》指出："草种、烟草种、中药材种、食用菌菌种的种质资源管理和选育、生产经营、管理等活动，参照本法执行"；《中药材保护和发展规划（2015—2020年）》提出到2020年要实现"100种中药材质量标准显著提高"。在《中华人民共和国种子法》《中药材保护和发展规划（2015—2020年）》等法律政策贯彻执行中，对中药材种质质量控制、管理体系建设提出了更高的要求。

随着与中医药相关的法律政策日益完善，中药材种质资源保护、种子种苗生产经营必然会随之更为规范、合理，改变以往无序混乱的状态，中药材种子种苗的质量监督检验工作或将逐渐开展，标准的研制不仅有利于质量提升，同时将成为上述工作的有力抓手与保障。近些年，我国在中药材种子种苗标准化方面的行政管理和科学研究的投入有所增加，如"中药材种子质量标准的研究"列入我国科学技术部"十五"国家重大科技专项研究内容之一，中药资源普查过程中投入建设中药材种子种苗繁育基地，中华中医药学会等单位积极推进中药材种子种苗质量团体标准的研制与发布等。

编撰《中药材种子种苗标准研究》一书，是我国中药材种子种苗标准研究成果的体现之一，本书作者长期致力于中药材种子种苗标准研究，立足近年研究成果，从国内外概况、研究内容、标准规程草案等多方面，全面客观的阐述中药材种子种苗标准的研究过程与结果，具有科学性和实用性。本书的编撰过程涉及全国多家单位，集合了行业内优秀专家学者的实践与研究成果，是他们共同努力的结晶。

我国药用植物资源丰富，该书仅对部分常用中药材的种子种苗有关研究编撰成册出版，期望随着中药材种子种苗标准化工作的深入，该书能补充、修订，为更多读者服务。

张延秋

农业农村部种业管理司司长

2019年5月5日

前言

中药材质量稳定需要中药材生产的规范化，中药材生产规范化首先是中药材种子种苗生产的标准化。目前，中药材种子种苗经营不规范，缺乏完善的质量标准，也没有规范包装，与农作物、草种、烟草种、食用菌菌种品种选育和种子种苗标准化的进程相比，中药材种子种苗工作涉及种质资源及品种选育、种子种苗生产经营、质量控制、管理体系与规章制度建设等还非常落后。有了科学的种子种苗质量标准，种子种苗的质量评定才有可靠的衡量标准，才能获得从业者、消费者的普遍认可。研究、制定相关中药材种子种苗标准，规范中药材种子种苗生产与经营，对推动我国中药材生产科学化、规范化、标准化、现代化，具有其重要性、必要性和紧迫性。

我国药用种质资源丰富，本书选取62种较为常见常用的中药材为研究对象，整理其种子种苗标准研制情况，组织编写了《中药材种子种苗标准研究》。全书以药材为划分依据，一种药用植物为一章，每章分为以下几部分：① 药材概况；② 药材种子种苗质量标准研究；③ 药材种子种苗标准草案；④ 参考文献。由此阐述62种中药材种子种苗质量标准（部分含繁育技术规程）的研究背景、过程与结果，展示了本书内容的科学性与系统性，使读者能够较为全面的了解中药材种子种苗标准研究的概况。

本书适用于中药材种子种苗相关研究领域科技工作者、高校师生，以及科技管理者和有兴趣者使用和参考，可供中药材种子种苗生产企业和销售者用于中药材种子种苗质量管控。全书内容来源于编者的研究实践，内容较为充实，数据可靠，希望通过对中药材种子种苗标准研究成果的提炼、呈现，提升中药材种子种苗规范生产、规范管理的意识，为未来更为深入的研究抛砖引玉。

本书的撰写受到中央本级重大增减支“名贵中药资源可持续利用能力建设项目”和重大新药创制专项“中药材种子种苗和种植（养殖）标准平台”的支持，在此表示感谢。

由于编者水平所限，书中难免存在不足之处，敬请读者提出宝贵意见，以便再版时修订提高。

编者
2019 年 2 月

目录

01 | 人参

一、人参概况

人参（*Panax ginseng* C. A. Mey.）为五加科人参属多年生宿根草本植物，主要以根入药，人参按照来源分为山参和园参。山参包括野山参和林下护育山参，野山参主要分布在中国、朝鲜、日本、俄罗斯等地，其中又以我国产量最大，我国原产于太行山和长白山脉，其中太行山地区主要包括现在的山西长治县和河北邯郸，长白山地区主要是吉林、辽宁和黑龙江，经历代开发，太行山脉山参早已绝迹，目前主要产地在长白山区，也是人参的道地产区，由于野山参自然生长缓慢，分布不集中，而采集量大于自然生长量，产量逐年下降，现在野山参濒临绝迹，以致市场供不应求。林下护育山参是在不破坏林地的基础上进行人参播种，环境为开放的森林环境，经过若干年后具有野山参形态特征及品质的人参，《中国药典》（2005年版）增补本正式将林下参归为野山参项下，但是由于适宜护育地少及护育年限长的特点，林下参模式处于探索发展阶段。园参是指栽培的人参，过去主要是伐林栽参，伐林栽参对森林生态系统破坏大，1998年国务院颁布实施天然林保护工程之后，伐林栽参不复存在。目前以农田栽培人参及坡耕地栽培人参较多，统称非林地栽培人参，栽培周期一般为五到六年，是目前人参市场的主要来源，但是产量和质量一直并不理想。非林地栽培人参和林下护育人参是人参栽培产业的主要模式，吉林省发展面积达46平方公里，总产量达2.5×10^4吨，成品7000吨，产量占据国内人参总产量的85%以上，占世界产量的61%，直接影响着人参产业的发展。20世纪80年代，我国大部分地区进行人参引种试验，如北京、广西、西藏高原、四川峨眉山及云南丽江等地区。

人参的繁殖方式主要为种子繁殖和种苗移栽，目前市场上人参种子及种苗均有销售，虽有少部分种植大户建立人参产业基地，但多数还是由分散农户进行个体生产，实际生产过程中，种子的生产一直不被重视，种子仍是人参生产的附属品，其生产缺乏规范化技术规程，专业化的良种繁育基地稀少。种子包装差且不规范，缺乏人参种子生产许可证制度和经营许可制度。人参种子市场流通体系不健全，大部分种子为农户自用或农户之间流通，部分进入市场流通的种子没有正规渠道，仍是由个体商贩经营，规模小，分散，无序。

人参种子在催芽时和播种后经常出现烂种或幼苗病害，造成催芽失败，出苗率低等现象。究其原因，除因种子受到温度、土壤水分条件影响外，还与种子本身不饱满，成熟度不好，种子带有病原菌等因素有关，这就对种子质量提出了更高的要求，最有效的方法就是建立人参种子分级标准，催芽种子一定要选用充实饱满、成熟度高、无病种子作播种材料，这样才能从根源上保证人参生产的高产、高效。

同时，人参的病虫害多发于种苗栽种后，病害主要有黑斑病、疫病、锈腐病等；虫害主要有金针虫、蝼蛄及地老虎等，病虫害在栽培人参的工作中常常是防大于治，而最有效的方法就是建立人参种苗分级标准，筛选优质无病的种苗进行栽种，这样才能从根源上保证药材的质量。

二、人参种子质量标准研究

（一）研究概况

中国农业科学院特产研究所致力于人参研究30余年。1986年，王荣生、刘云章等起草的人参种子质量标准是我国最早的国家中草药种子标准。随后于2014年参与了中国中医科学院中药资源中心主持的“人参种子种苗国际（ISO）标准化研究项目”。主要在人参种子鉴别、品种真实性、人参种子对人参生产的影响、人参种子水分、重量、成熟度、生活力、饱满度检测方法、人参种子分级方法等方面做了细致研究。对人参种子含水量的测定方法进行了改进，并研究了人参种子水分的平衡时间；建立了人参种子饱满度测定新方法，对不同大小的人参种子的饱满度进行了比较研究，发现特大人参种子饱满度低于中等大小的种子；改变了人参种子大小和重量的研究方法，对不同人参种子大小和重量的分布规律进行了比较。最终国际（ISO）标准中统一规定了人参种子含水量、净度、生活力、成熟度及种子健康度检查，并通过种子宽度、百粒重、饱满度，将人参种子分为一级、二级和不合格3个等级，为全球首个中草药国际标准，为我国中医药与国际接轨奠定了坚实基础。

（二）研究内容

1. 研究材料

研究材料主要来源于中国吉林省、辽宁省、黑龙江省及韩国的部分品种，主要包括康美、福星1号、福星2号、新开河1号、新开河2号、韩国天丰、连丰等品种。

收集材料时坚持主产区、分布区和其他产区均有代表样品。主产区样品适当考虑行政区域，如乡和村。

对于用于研究种子形态特征的种子，如种子尺寸、重量、饱满度等，采用对角线法选取采样点，根据梅花点法选取采样植株采集整个花序上所有的果实。为了准确地获得人参种子大小方分布规律，每一个花序所产生的所有完整种子均收集为样品。

从种子批选取的种子，根据品种、产地等要素成批购买。按照扦样原则扦取进行测定。

2. 扦样方法

（1）扦样原则　① 扦样前应先了解所要检验的种子来源、产地、数量、贮藏方法、贮藏条件、贮藏时间和贮藏期间发生的情况、处理方法等，以供分批扦样时参考。② 根据种子质量和数量进行分批。凡同一来源、同季收获、同一年生的人参种子，经初步观察品质基本一致的作为一批。同一批种子，包装方法、堆放形式、贮藏条件等不同，应另划一个检验单元。每个检验单元扦取一个样品。③ 扦取小样的部位，要上下（垂直平分）、左右（水平分布）均匀设扦样点，各点扦取数量多少要一致。

（2）扦样方法　① 扦样袋数：同一批袋装种子的扦样袋数，应根据总袋数多少而定。少于5袋每袋皆扦取样品，10袋以下扦取5袋，10袋以上每增加5袋扦取1袋。② 样点分布：按上中下和左中右原则，平均确定样袋，每个样袋按上中下取三点。③ 扦样方法：用扦样器拨开麻袋的线孔，由麻袋的一角向对角线方向，将扦样器插入，插入时槽口向下，当插到适宜深度后，将槽口转向上，敲动扦样器木柄，使种子从扦样器的柄孔中漏入容器，当种子数量符合要求时，拔出扦样器，闭合麻袋上的扦样孔。

（3）混合样品和送检样品的配制　混合前，先把每次扦取的初次样品摊在平坦洁净的纸上或盘内，仔细观察，比较各小样品的净度、气味、颜色、光泽、水分等有无显著的差别。如果无显著差别的，即可混在一起，成为混合样品，如发现某个初次样品质量上有显著差异的，则应将该初次样品及其代表的种子另做一个检验单元，单独取混合样品。

混合样品数最少，经充分混合就可直接作为送检样品。混合样品数量多，经充分混合后，用“四分法”

按平均样品重量（一般为千粒重的40倍）要求分出，做各项检验，可保证检验结果的正确性。

3. 种子净度分析

种子净度是指除去杂质和其他植物种子后，留下的本作物净种子重量占种子样品总重量的百分率。

种子净度是种子播种品质的重要指标之一，是种子分级的依据。净度分析的目的首先是了解一批种子的真实重量，为计算种子用价提供一项指标。其次是了解一批种子中其他植物种子及无生命杂质的种类和含量，以便采取适当的清理方法，提高种子批的播种品质。

净种子：其构造凡能明确的鉴别出它们是属于所分析的（已变成菌核、黑穗病孢子团或线虫瘿除外），即使是未成熟的、瘦小的、皱缩的、带病的或发过芽的种子都应作为净种子。其中包括完整的种子和大于原来种子大小一半的破损种子。

试验样品的分取：试验样品的分取采用“四分法”。种子净度分析试验所需试样量应至少包含 2500粒种子，而送验样品的重量至少应超过净度分析量的10倍。

检查重型混杂物：挑出送验样品中在大小或重量上明显不同的混杂物，如土块、小石块或大颗粒的其他植物种子，并称其重量（m）。将分离出的重型混杂物分为其他植物种子（m_1）和杂质（m_2），$m_1+m_2=m$。

试验样品的分离、鉴定和称重：先将试样称重后，借助筛子、解剖针、放大镜等在净度分析台上将试样分离成净种子、杂质和其他植物种子三部分，并分别称重，以克（g）表示。

净度分析后的增失差（净度分离后的各成分之和与原始重量之差）不得超过 5%，若超过允许误差，必须重做。两次重复试验之间的允许误差参照GB/T 3543.3《农作物种子检验规程　净度分析》的规定执行。三种成分的百分率总和应为 100%。

结果计算：

$$\text{净种子：} P_2(\%) = P_1 \times [(M-m)/M] \times 100\%$$

$$\text{其他植物种子：} OS_2(\%) = OS_1 \times [(M-m)/M] + (m_1/M) \times 100\%$$

$$\text{杂质：} I_2(\%) = I_1 \times [(M-m)/M] + (m_2/M) \times 100\%$$

式中：M——送验样品的重量，g；

m——重型混杂物的重量，g；

m_1——重型混杂物中的其他植物种子重量，g；

m_2——重型混杂物中的杂质重量，g；

P_1——除去重型混杂物后的净种子重量百分率，%；

I_1——除去重型混杂物后的杂质重量百分率，%；

OS_1——除去重型混杂物后的其他植物种子重量百分率，%。

4. 真实性鉴定

种子真实性是指一批种子所属品种、种或属与文件（品种证书、标签等）是否相同，是否名副其实。真实性鉴定是种子生产工作中不可缺少的重要步骤，是保证良种优良遗传性充分发挥，促进农业生产持续稳产、高产的有效措施；是防止良种混杂退化，提高种子质量和产品品质的必要手段；是克服盲目引种、调种，避免品种混淆和产生差错的重要环节；是正确评定种子等级，贯彻优种优价政策的主要依据。

在国际种子检验规程和我国农作物种子检验规程中，种子真实性鉴定的方法主要包括种子形态鉴定，幼苗鉴定，电泳鉴定，DNA分子标记和田间小区种植鉴定等方法。

人参种子为宽扁圆形或马蹄形，长2.5～6.0mm，种壳木质，表面有沟槽。人参、西洋参和三七种子可以按下面的特征区分（图1-1）：

1. 种子为宽扁圆形或马蹄形，种壳木质

　2. 种壳表面有明显沟槽 ………………………… 人参（*P. ginseng*）种子

　2. 种壳表面无沟槽，有较浅的凹坑 ………… 西洋参（*P. quinquefolius*）种子

1. 种子为近锥卵形，种壳草质 ………………… 三七（*P. notoginseng*）种子

5. 大小测定

将采集的人参种子用游标卡尺分别测定每粒种子的长、宽、高，并测定重量，采用统计软件分别对种子的各种参数的分布特征进行分析，结果表明所有人参种子的长、宽、高均符合正态分布的特征（图1-2），不同品种和产地的人参种子没有显著差异（图1-3）。总体上，种子宽度≥4.5mm和3.5～4.5mm范围的种子在种子批中所占比例均接近50%，种子宽度≤3.5mm的人参种子比例小于5%，不同品种和产地的人参种子

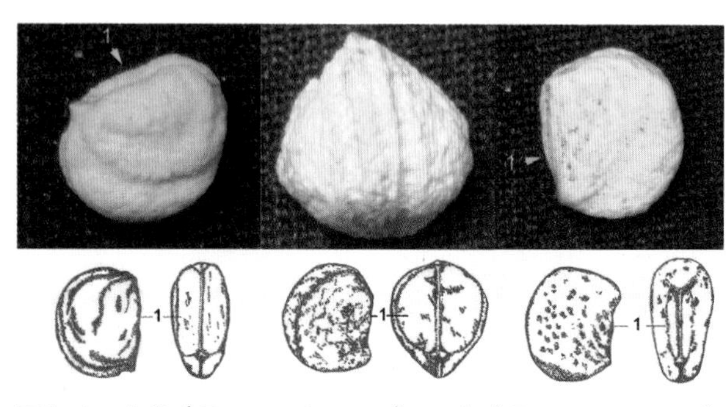

图1-1　人参（*Panax ginseng*）、三七（*P. notoginseng*）和西洋参（*P. quinquefolius*）种子形态

左：人参种子；中：三七种子；右：西洋参种子；1. 种脊

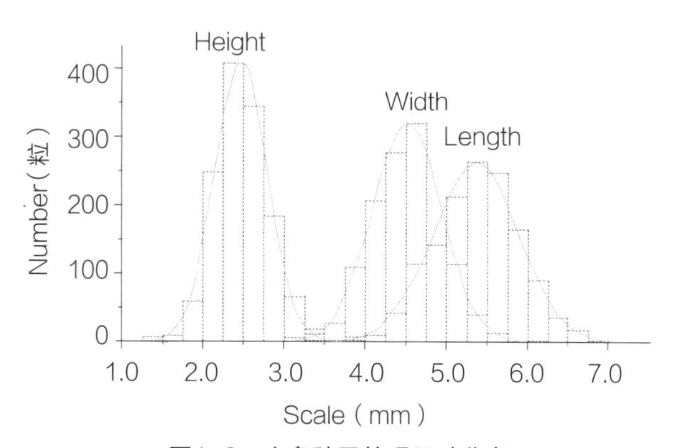

图1-2　人参种子外观尺寸分布

测量种子数为1316粒，数据宽度为1.0～7.5，柱宽为0.25

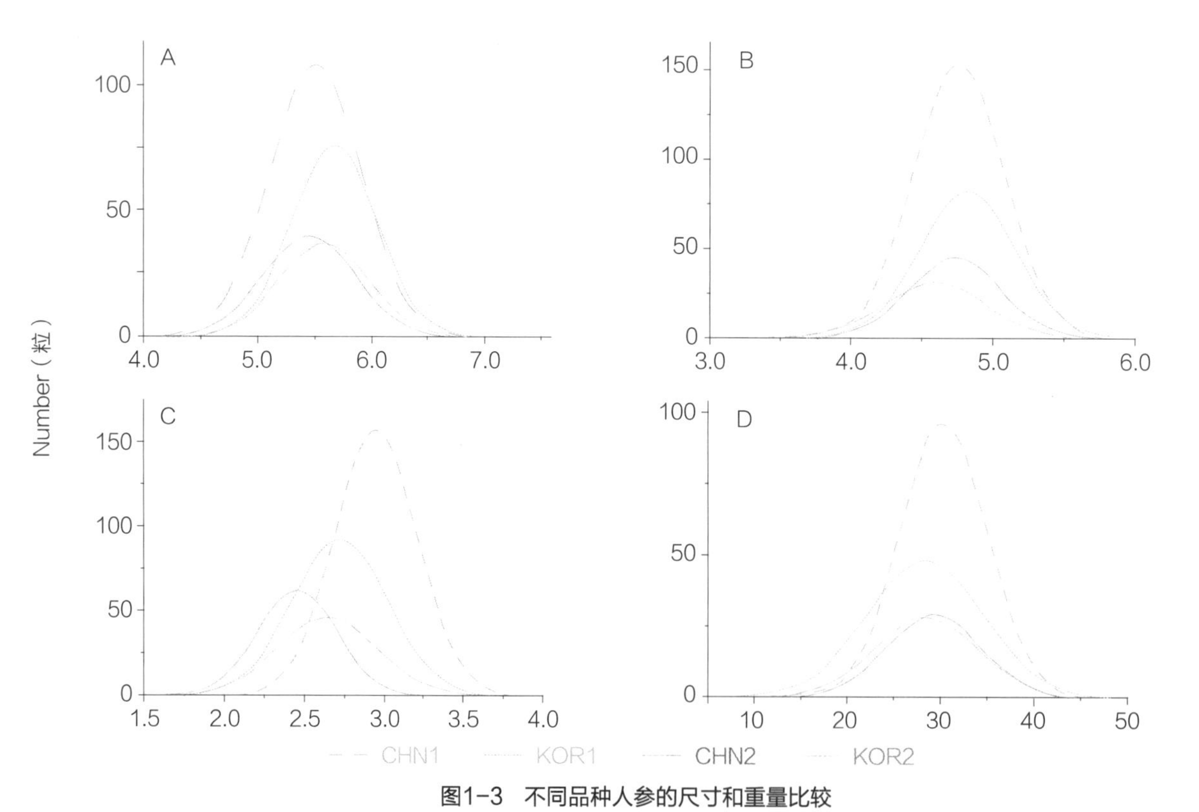

图1-3　不同品种人参的尺寸和重量比较

Number.被测人参种子数量；A. 种子长度分布特征；B. 种子宽度分布特征；C. 种子厚度分布特征；D. 种子重量分布特征；CHN1和CHN2.中国吉林传统人参品种；KOR1和KOR2.韩国人参品种Yunpoong（延丰），其中KOR1为2011年采收，KOR2为2010年采收

略有差异。随机选取的6个不同产地人参种子宽度分布特征如表1-1所示。

表1-1 六个不同产地人参种子宽度的分布

产地	被测种子数量	不同宽度的种子比例（%）					
		≥5.5mm	5.0~5.5mm	4.5~5.0mm	4.0~4.5mm	3.5~4.0mm	≤3.5mm
CB	1316	0.99	11.32	40.43	36.02	10.11	1.14
JY-FX2	6830	0.07	4.10	28.02	48.81	17.26	1.73
JY 19	2015	0.00	1.19	23.92	50.82	21.49	2.58
FS	1039	0.00	1.25	26.47	44.85	26.18	1.25
G 6	2208	0.32	6.70	14.27	35.60	34.15	8.97
SJH	977	0.61	22.01	59.77	16.07	1.43	0.10

6. 重量测定

种子重量是种子活力的重要指标之一，种子重量大，其内部贮藏的营养物质多，发苗迅速整齐，出苗率高，幼苗健壮，并能保证田间的成苗密度，从而增加人参产量。种子重量与种子饱满，充实，均匀，粒大成正相关，但如果分别测这几项指标就很繁琐，而种子重量测起来就相对简单。另外种子重量也是正确计算种子播种量的必要依据。

图1-4所示为某种人参的种子宽度和单粒重量的分布，从图中可以看出，种子重量与种子大小成正相关。图1-5所示为该样本种子长度和宽度分布点状图，折线为不同宽度范围的人参种子平均宽度和平均百粒重的折线图。从图中可以看出种子宽度和长度成正相关，除小种子（宽度≤3.5mm）外，种子的平均重量与平均宽度呈线性相关。种子宽度≤3.5mm的种子形状差异较大，出现瘦长的畸形种子。

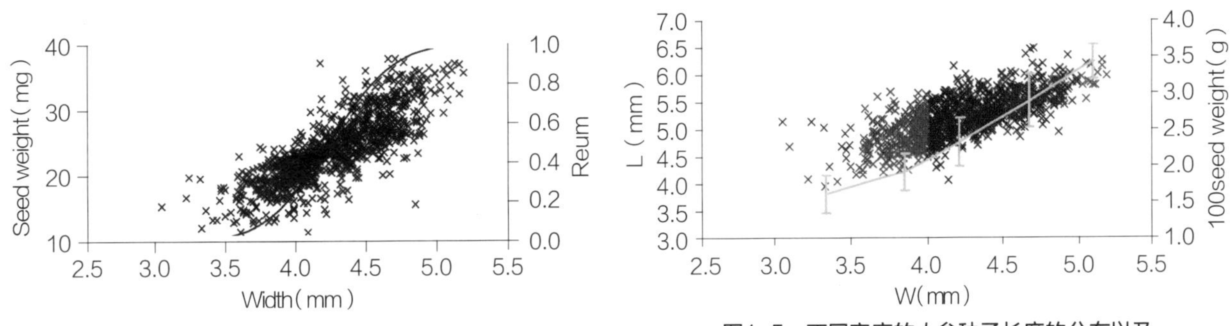

图1-4 不同宽度的人参种子重量的分布*

*种子数总数为1502粒；曲线为不同宽度人参种子的累积百分数。（种子采自抚松县某参场）

图1-5 不同宽度的人参种子长度的分布以及平均宽度与平均百粒重的关系*

图1-6所示为不同品种的人参种子，不同宽度范围的种子平均重量的点状图。从图中可以看出，每一个品种人参种子的平均重量与其平均宽度呈线性相关，相同宽度范围内的不同人参种子重量基本相等。

在最终起草的人参种子种苗国际（ISO）标准中以百粒重作为衡量种子重量的评价指标，将净度分析后的全部净种子混合均匀，分出一部分作为试验样品。随机数取8个重复，每个重复100粒人参种子，计算8个重复的平均重量、标准差和变异系数，变异系数不得超过4.0，如变异系数超过上限，则应再测定8个重复，并计算16个重复的标准差。凡与平均数之差超过2倍标准差的重复略去不计。

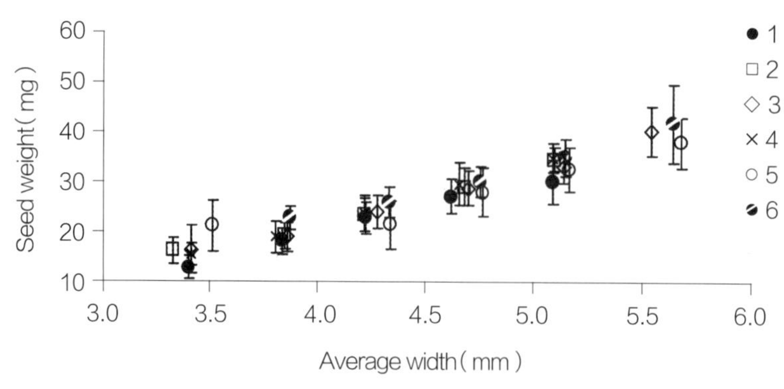

图1-6 不同等级人参种子的平均重量比较*

*1，2，3，4，5，6分别为不同品种的人参种子，均采自五年生人参植株，其中5为韩国人参Yunpoong，6为该品种在吉林省某实验场栽种植株所产的种子

7. 水分测定

种子水分是指按规定程序把种子样品烘干所失去的重量，它用失去重量占供检样品原始重量的百分率表示。

种子水分按其特性可分为自由水，束缚水和分解水。自由水存在于种子表面和细胞间隙内，具有一般水的特性，容易受外界环境影响而蒸发出去，因此测定前应采取措施，避免这类水蒸发出去。束缚水是与种子内的亲水胶体如淀粉蛋白质等物质中的化学集团牢固结合。分解水是种子中的一些化合物如糖类等，含有一定比例，能形成水分的H和O元素，通常将此种有机物分解产生的水称之为分解水，如果失掉这些水分，会使有机物分解变质，因此测定时，应避免此类水分的流失。参照《国际种子检验规程》(2011版）和GB/T 3543.6《农作物种子检验规程》的方法进行水分测定，种子水分测定必须使种子水分中自由水和束缚水全部除去，同时要尽最大可能减少氧化、分解或其他挥发性物质的损失。

种子水分是种子质量标准中的四大指标之一。种子水分高低直接关系到种子的最佳收获时间，以及种子安全的包装贮藏和运输，并且种子水分对保持种子生活力和活力也是十分重要的。有研究表明，人参种子含水量越低，越有利于保持其寿命和活力。

本课题组对人参种子含水量测定方法及不同产地、不同等级人参种子含水量进行研究。表1-2所示为不同样品处理方法和测定方法测定的三种不同产地的人参种子含水量。

表1-2 不同方法测定的三种不同产地的人参种子含水量（n=2）

产地	预处理方法	含水量（%）	标准偏差（%）
JY	完整种子	6.88 ± 0.072^a	0.81
	粉碎	6.89 ± 0.058^a	0.79
	纵切	7.05 ± 0.043^b	0.59
	纵切（H）	7.07 ± 0.042^b	0.55
JA	完整种子	6.08 ± 0.048^a	0.82
	粉碎	6.09 ± 0.049^a	0.80
	纵切	6.24 ± 0.062	0.66

续表

产地	预处理方法	含水量（%）	标准偏差（%）
GMS	完整种子	7.71±0.091[a]	0.55
	粉碎	7.73±0.102[a]	0.61
	纵切	7.92±0.087	0.52

注：a，b表示该样品的相同数字的两组数据无显著差异（LSD检验 $P<0.05$）；H表示种子含水量测定法为《国际种子检验规程》（2011版）含水量测定法高温恒重法（130℃）测定的结果，其余含水量为《国际种子检验规程》（2011版）含水量测定法低温恒重法（103℃）测定的结果。

从表1-2的结果可以看出，无论纵切低温恒重法与纵切高温恒重法，还是粉碎低温恒重法与粉碎高温恒重法4种方法均显示了良好的精密度，完整种子直接测定和粉碎后测定，获得的含水量的结果无显著差异，但是显著低于纵切后测定的含水量。

高温恒重法与低温恒重法测得结果差异不显著，因此从节能和降低设备要求角度，宜选择低温法测定。粉碎预处理测得含水量结果显著低于纵切预处理，同时粉碎预处理水分回收率低于纵切预处理。证明在粉碎过程中由于摩擦导致局部升温，而使种子部分水分蒸发，致使测定结果偏低。因此，人参种子含水量测定方法应选择纵切低温恒重法。

表1-3　不同大小的人参种子含水量

产地	等级					RSD（%）
	5.0~5.5mm	4.5~5.0mm	4.0~4.5mm	3.5~4.0mm	≤3.5mm	
GMS	7.65±0.087	7.81±0.089	7.86±0.136	7.70±0.061	8.07±0.057	2.10
FS	7.56±0.051	7.63±0.044	7.71±0.101	7.79±0.110	7.98±0.081	2.10
CB	8.13±0.084	8.06±0.137	8.22±0.078	8.15±0.104	8.53±0.084	2.23
MJ	10.49±0.067	10.02±0.043	10.17±0.063	10.51±0.073	10.27±0.059	2.04
JA	6.04±0.045	6.09±0.043	6.16±0.035	6.14±0.047	6.21±0.052	1.07
JY	6.57±0.091	6.57±0.052	6.51±0.086	6.62±0.126	6.80±0.037	1.68

表1-3所示为不同大小的人参种子含水量。所示的结果表明，不同大小的人参种子含水量没有显著差异。

人参种子含水量与储藏条件有密切关系，当人参种子置于一定环境中一定时间后，种子含水量最终会达到一个平衡值。图1-7所示为几种不同产地的人参种子在15~18℃，相对湿度为65%的环境中存放不同时间的含水量变化。

含水量采用国际种子检验规程中含水量测定低温恒重法测定。从图1-7数据可以看出，人参种子放置在一定环境中，5天后种子含水量趋于达到平衡。

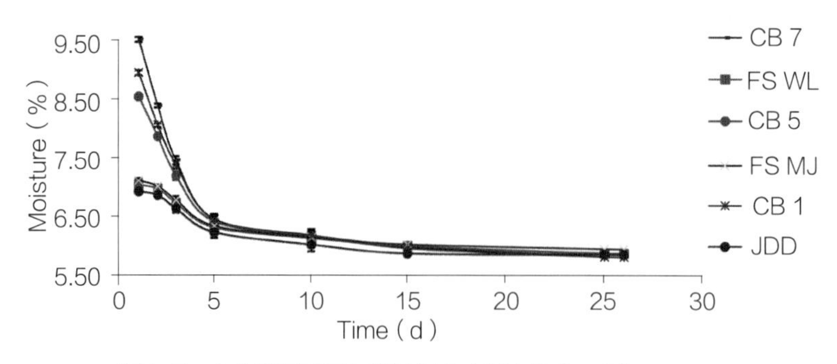

图1-7　人参种子不同存放时间含水量变化（*n*=3）

8. 发芽试验

种子发芽试验，指在实验室内进行种子前处理、破除休眠、促进萌发、发芽因素筛选等相关试验，是种子检验尤为重要的一个环节，其直接影响着种子后续田间试验，选择最佳的种子萌发条件是种子检验规程研究的主要内容。

人参种子采收后，必须经过后熟过程，才能发芽出苗。影响人参种子发芽的因素包括环境水分、温度、氧气、光照、种子成熟度、种子休眠、种子含水量等。人参种子后熟过程，可分为胚形态后熟和生理后熟两个阶段。为使种子完成后熟过程这两个阶段，生产上多采用沙藏法。

形态后熟是胚在胚乳中缓慢生长分化及定型过程。在适宜温度、水分、氧气条件下，人参种胚开始生长分化，胚体逐渐增大。由于胚的膨压，迫使内果皮沿着结合痕开裂，这种现象称为“裂口”。当胚继续生长到3.0～4.5mm时，裂口程度增大，此时胚已分化出子叶、胚芽、胚轴、胚根，基本上完成形态后熟。形态后熟阶段的适宜温度为18～12℃变温，即前期需要较高温度，后期需要较低温度，基质湿度以10%～15%为宜，所需时间为3～4个月。

人参种胚完成形态后熟之后，即使给予良好的发芽条件也不能出苗，还必须在低温下进行生理后熟，此间胚在形态上不发生任何变化，只是胚体增大。当胚在低温下生长到5～6mm长时，即胚率（胚长/胚乳长×100）达100%时，便解除生理休眠，进入发芽出苗阶段，此时播种最为适宜。生理后熟阶段的适宜低温为2～4℃，湿度以10%～15%为宜，所需时间为2～3个月。研究表明，已完成形态后熟的人参种子经过不同温度、相同时间的沙藏，播于适宜条件进行发芽试验，2～4℃条件下，种子全部发芽，20℃下绝大部分种子均未发芽。由此可见，低温在种子生理后熟过程中起着重要作用，如果所需必要的低温不具备，种子便长期处于休眠状态。

人参种子的后熟过程，具有严格的顺序性和不可逆性，前期完不成，后期便不能通过。人参种子在后熟过程中，尽管人为给予适宜条件，胚发育仍然很缓慢，其原因是，在人参果肉、内果皮、胚乳中含有生长抑制物质——脱落酸（ABA），这种物质对发芽有抑制作用。

由于人参种子发芽实验所需时间太长，所以本参数不适宜列入人参种子标准要求。

9. 种子成熟度测定

人参种子成熟度，为影响人参种子活力的重要指标，无胚发育人参种子，将不能出苗，但目前并没有引起人们的足够重视，这是我国人参种子生产中存在的实际问题。随着生产的发展，人们对种子质量要求更高。生产中迫切需要加强种子成熟度的检验，实现种子优质优价，促进种子生产者对种子成熟度的重视。

实验所使用的人参种子取自吉林人参产区，经揉搓，洗种，漂洗后自然阴干。不同产地的人参种子经过筛分，按种子宽度分成每5个等级（3.0～3.5mm、3.5～4.0mm、4.0～4.5mm、4.5～5.0mm和>5mm）。

通过四分法取2份人参种子，每份100～150粒种子，去外壳，用石蜡切片机将人参种仁切成16μm薄片，通过显微镜测定胚的形状，如果胚为梨形或马蹄形，认为种子成熟（图1-8）。种子的成熟度按以下公式计算：

$$M(\%)=A_m/A\times 100$$

式中：M——成熟度，%；

A_m——成熟种子数量；

A——工作样品种子数量。

如果2份种子成熟度差异小于5%，取2份测定结果平均值，否则，应重新测量。

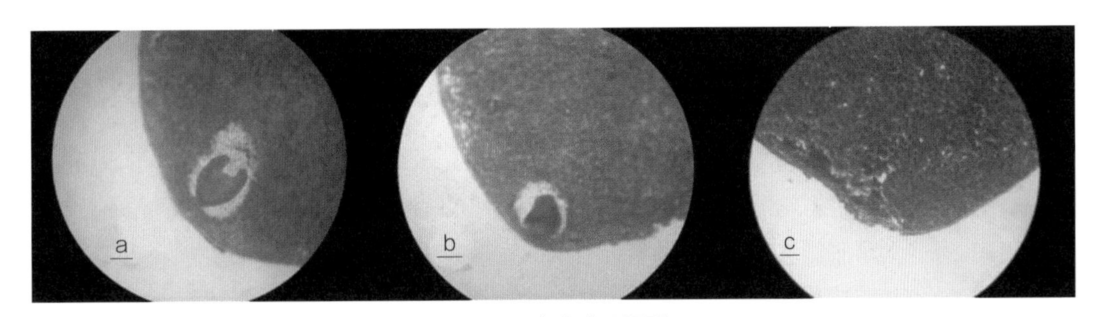

图1-8　人参种子胚型

a. 马蹄形；b. 梨形；c. 无胚

随机选取三个参场收集的不同规格人参种子胚型，统计有胚种子、无胚种子数量，计算成熟度，结果见表1-4。

表1-4　各胚形种子占种子总数的百分率

产地	胚形	种子宽度分布百分率（%）				
		<3.5mm	3.5~4.0mm	4.0~4.5mm	4.5~5.0mm	>5.0mm
CB5	马蹄形	96.7	93.3	93.3	93.3	100
	梨形	3.3	3.3	3.3	3.3	0
	无胚	0	3.3	3.3	3.3	0
	成熟度	100	96.7	96.7	96.7	100
CB1	马蹄形	93.3	90	86.7	93.3	83.3
	梨形	3.3	10	6.7	3.3	10
	无胚	3.3	0	6.7	3.3	6.7
	成熟度	96.7	100	93.3	96.7	93.3
DH	马蹄形	73	80	80	90	90
	梨形	13.3	6.7	10	0	0
	无胚	13.3	13.3	10	10	10
	成熟度	86.7	86.7	90	90	90

由表1-4可知，人参种子主要以马蹄形为主，有少部分梨形及少部分无胚人参种子，不同大小人参种子成熟度并无明显差异。

10. 种子饱满度测定

种子饱满度指种子饱满程度，一般指饱满种子占一批种子的百分比，是种子质量的重要指标，是保证种仁大小符合规定品质要求的重要标准。关于种子饱满度的度量还没有统一的方法，国际种子检验规程中没有对种子饱满度进行专门规定，我国有关种子质量标准也大多没有这项规定。种子容重、比重、种子密度、千粒重以及干体积/吸胀体积比值等参数均曾经被用于表示作物种子饱满度。对于常见的农作物而言，其种皮为膜质种皮或者草质种皮，其重量占单粒种子重量的比例较小，如水稻、小麦等，这一类种子的饱满度通常采用水介质容重进行估计比较接近实际值。但是对于壳质种皮的种子，其种皮较厚，种壳重量占种子总重量的比例较大，种子重量不能反映种仁的大小，对这一类种子来说饱满度是评价种子质量必不可少的要求。软X线摄影法是用于硬壳种子饱满度的常见方法，国际种子检验规程中规定采用此方法测定种仁在种壳空腔的充实情况以及破损情况，我国现行林木种子检验国家标准规定，采用这种方法区分饱满种子、空瘪种子、虫害种子和机械损伤种子。这种方法需要专门的仪器，而且需要辐射源，不仅维护成本较高，而且存在辐射污染，因此，我国现行人参种子国家标准采用剖面法估算人参种子充实程度。这一方法简单易行，但是由于种仁大小和种壳空腔大小均采用目测，测定结果主观因素较多，不利于重复测定和比较。我们建立了一种人参种子饱满度的测定方法。在现行人参种子国家标准的基础上，采用图像分析软件对人参种子剖面分别进行种仁和种壳空腔面积测定，计算单粒人参种子的充实度，从而对人参种子的饱满度进行数字化测定，有利于对不同人参种子的质量进行客观测定，同时本方法也适合于其他硬壳种子饱满度的估测。

人参种子分别采自吉林省人参产区。不同产地的种子按照种子宽度分为5级，不同等级的人参种子分别取样测定。

种子截面图片采用Epson Perfection V330型扫描仪（爱普生有限公司，中国）获得；图像分析采用Image J 1.44P 软件（美国国立卫生研究院提供）完成；数据分布规律及曲线拟合采Origin 软件（OriginPro 7.5，Cambridge UK）完成。

分别取每一产地不同级别的人参种子100～150粒，用解剖刀沿种脊纵切。小心地将有完整的种壳和种仁切面的种子放置在扫描仪的扫描屏上，切面朝下摆放整齐，覆盖一层黑色无反光打印纸，盖好扫描仪进行扫描。扫描参数设置如下：专业扫描模式；图像类型为48位全彩色；分辨率为2400dpi；文稿大小为实际大小。

如图1-9A 所示，采用多边形选择工具（polygon selections），沿人参种子空腔边缘选取人参种壳空腔的截面，完成后从分析工具栏（analyze）选择测定（measure）操作，即可获得所选定截面的面积，单位是像素（pixel），也可以自定义长度单位，将测量结果的单位转换为mm^2。测定结果会自动存入结果界面（results）。按照相同的操作可以获得种仁的面积（图1-9B）以及种子截面的面积。最后根据测定结果分别计算不同种子的充实度。并在此基础上计算供试种子批的饱满度。

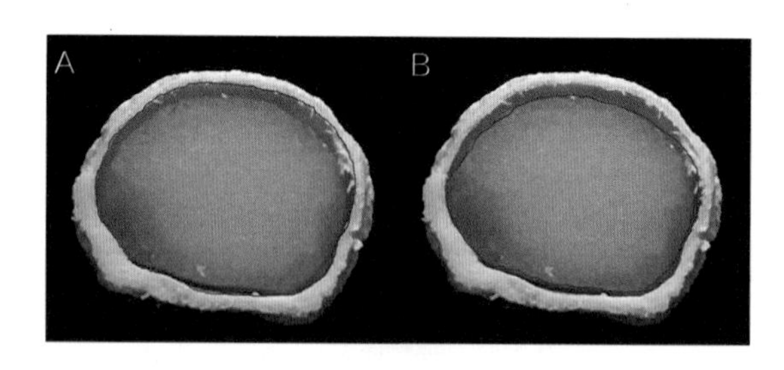

图1-9　人参种子种壳空腔和种仁截面积测定

A. 种壳空腔；B. 种仁

充实度指种子的充实程度，用种仁截面积和种壳空腔截面积的百分比值表示。饱满度指饱满种子数量占供试种子总数的百分比。按照中华人民共和国人参种子国家标准和国际标准化组织（ISO）人参种子标准规定，种仁面积占种壳空腔75%以上的人参种子为饱满种子。

分别对采自吉林省抚松县等地区7个参场共3500粒人参种子进行测定，计算每粒种子的充实度。这些种子充实度分布频率及其分布类型拟合曲线如图1-10所示。

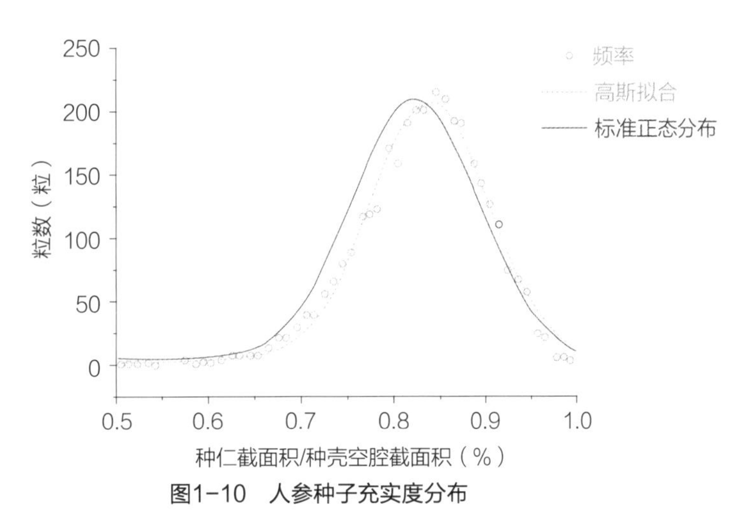

图1-10　人参种子充实度分布

测试样本共3500粒人参种子，分别于2011年采自吉林省的白山市、敦化市和抚松县等7个参场，均为5年生人参植株所产种子。数据范围0.5~1.0，柱宽0.01。Gauss分布拟合曲线方程为$y=y^{0}+A/(w*sqrt(PI/2))*exp(-2*((x-xc)/w)^2$，$y^{0}=2.87878\pm2.0537$，$xc=0.83857\pm0.00115$，$w=0.1283\pm0.00287$，$A=32.75332\pm0.8508$；相关系数$R^2=0.98681$，平均剩余残差平方和Chi2/DoF=75.44346。

从图1-10的结果可以看出，不同人参种子充实度在0.5～1.0范围内，总体平均为0.825。其中，充实度不大于0.70的种子约占4%，充实度不大于0.75的种子约占12%，充实度不大于0.8的种子约占30%。人参种子充实度呈正态分布，相关系数（R^2）达到0.99。

根据我国现行人参种子国际标准和国际标准化组织人参种子国际标准规定，充实度不小于0.75的种子为饱满种子。本试验根据这一原则计算采自不同参场的不同大小人参种子的饱满度，结果如表1-5所示。

表1-5　不同等级人参种子饱满度（%）

产地	≤3.5mm	3.5～4.0mm	4.0～4.5mm	4.5～5.0mm	≥5.0mm	平均值（mm）
1	94.0	80.0	95.0	90.0	76.0	87.0
2	93.0	95.0	99.0	91.0	88.0	93.2
3	81.7	76.0	99.0	78.0	63.0	79.5
4	92.0	78.0	89.0	73.0	67.0	79.8
5	94.0	90.0	98.0	87.0	89.0	91.6
6	95.9	92.0	99.0	92.0	83.0	92.4
7	93.2	77.0	100.0	91.0	90.0	90.2
平均值	92.0	84.0	97.0	86.0	79.4	

注：人参种子分别采自抚松县等人参产区7个不同参场，采样方式同上。每个参场的人参种子根据宽度大小分为5个不同等级，每个等级采用四分法取100粒左右的种子进行测定。

从表1-5的结果可以看出，不同产地的人参种子，不同大小的人参种子充实度均存在一定的差异。中等大小的种子差异较小。特大种子（≥5.0mm）饱满度最小。

图1-11所示为不同大小人参种子的充实度散点图。从图1-10可以看出，中等大小的人参种子饱满种子比例较大，随着种壳面积增大，充实度小的种子增多。宽度较小的人参种子充实度分布较集中，随着种子宽

度增加，种子充实度分散性增加。

图1-12所示为不同大小人参种子的种仁大小。图中所示结果表明，从总体上说，人参种子越大种仁也越大。较小的种子和中等大小种子的种仁大小分布比较集中，种仁和种子大小呈一定的线性相关性。较大的人参种子种仁大小分布比较分散，种仁大小随种壳增大而增大的趋势不明显。种子宽度>5mm的种子，种仁大小与种子截面面积没有相关性。

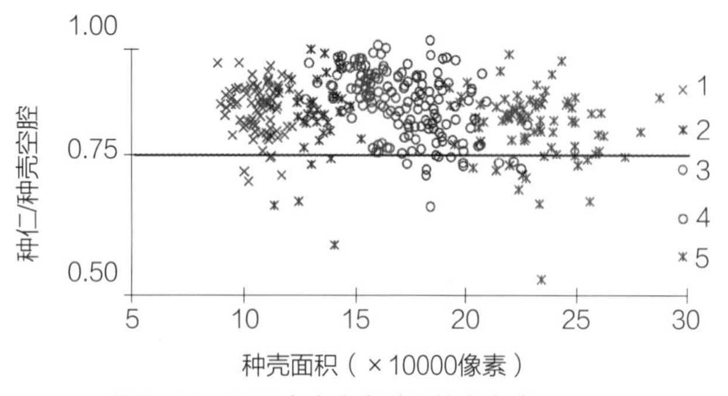

图1-11 不同大小人参种子的充实度

人参种子采自白山市某参场。1、2、3、4和5分别为种子宽度≤3.5mm、3.5~4.0mm、4.0~4.5mm、4.5~5.0mm、≥5.0mm 等不同等级的人参种子。

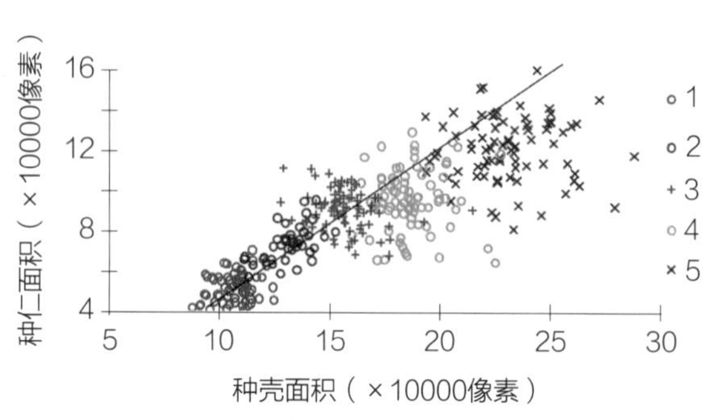

图1-12 不同大小人参种子的种仁大小

人参种子采自白山市某参场。1、2、3、4和5分别为种子宽度≤3.5mm、3.5~4.0mm、4.0~4.5mm、4.5~ 5.0mm、≥5.0mm 不同等级的人参种子。

从图1-13A可以看出，人参种子种壳空腔的截面积与种子截面积呈正相关。种子越大种壳空腔横截面面积分布越分散。表明种子越大，种壳的厚度差别越大。种子截面积与种壳空腔截面积比例总体呈正态分布，但是与种子大小没有明确的相关性。

图1-13B的比较表明，不同等级的人参种子横截面与种壳空腔的比值的分布范围均为40%~95%，其平均值有一定的差别，但是与种子等级没有明显的相关性，随着样本的增大，这种差异可能会减小。

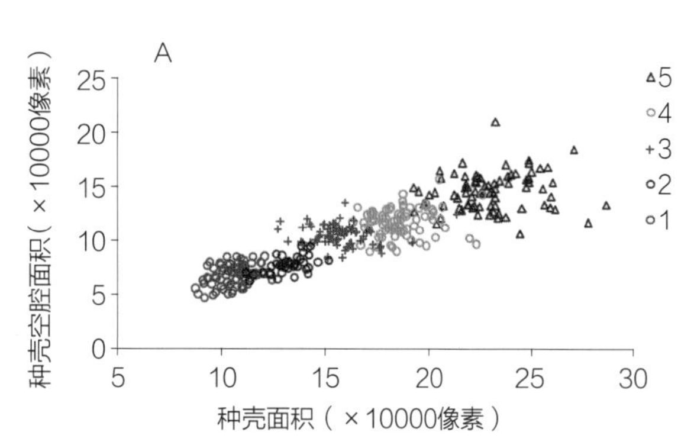

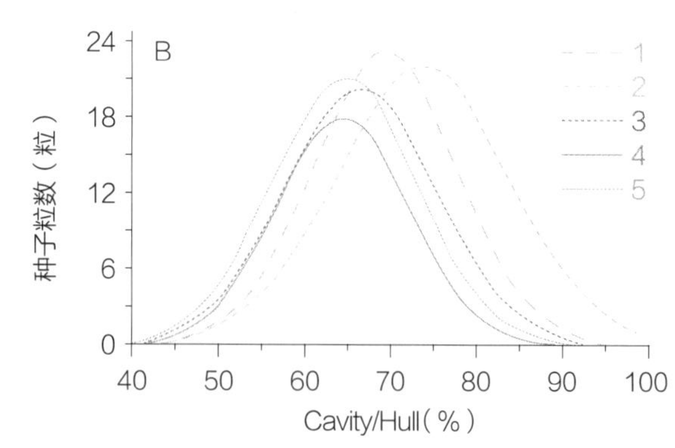

图1-13 不同等级人参种子种壳空腔截面积及其与种子截面积比值比较

A：不同等级种子种壳空腔截面积；B：不同等级人参种子种壳空腔与种子截面积比值，数据范围40~100，柱宽4。1、2、3、4和5分别为种子宽度≤3.5mm、3.5~4.0mm、4.0~4.5mm、4.5~5.0mm、≥5.0mm等不同等级的人参种子。人参种子采自白山市某参场。

饱满度是种子品质的重要指标，主要反映种仁的发育程度。对于大型厚壳的种子来说，饱满度是必要测定项目。与现行我国国家标准和国际标准化组织的国际标准规定的X线摄像方法相比，本方法不同之处在于用种子纵切后光学扫描的方法来获得种子剖面图像，这种方法简便易行，不需要特许设施，没有射线污染。获得的图像可采用手动计算不同部位截面面积，也可通过开发图像分析软件进行自动测定。本方法不利之处在于需要破坏被检测种子。本方法沿用了我国现行人参种子饱满度测定方法，采用图像分析法将种子数据测定结果数字化，从而使测定结果更加准确可靠。本方法是一种准确实用、值得推广的方法。

本研究结果表明，人参种子种壳形成的空腔大小与其粒径呈正相关（图1-13），但是，对于较大的人参种子来说，种子粒径增大种仁大小基本不变（图1-12），因此体积较大的种子的饱满度反而减小。同时对于较小的人参种子来说，随着种子体积增大，种仁大小也随之增大。种仁是种苗品质的真正物质基础，因此，可用种仁大小替代种子饱满度作为人参种子饱满度的质量指标。

人参种子的充实度总体介于0.7～1.0，单粒种子的充实度符合高斯分布，充实度不大于0.7的种子约占4%，充实度不大于0.75的种子约占12%，充实度不大于0.8的种子约占30%。不同大小的人参种子的充实度的分布呈中间高两边低的状态，中等大小的人参种子充实度较高。较小的人参种子种仁较小，因此充实度较小；较大的人参种子种壳空腔较大，因此充实度较小。充实度大于0.75的人参种子约占总体的90%，因此将充实度大于0.75的人参种子定义为饱满种子符合统计学要求。等级较高的人参种子中充实度低于0.75的种子比例较高，因此，等级较高的人参种子饱满度较小。

11. 生活力测定

种子生活力是指种子的发芽潜在能力和种胚所具有的生命力，通常是指一批种子中具有生命力（即活的）种子数占种子总数的百分率，是评价种子质量的重要指标，生活力的高低在某种程度上直接决定着种子能否发芽并最终成苗。

测定种子生活力的方法有很多，如四唑染色法（TTC法）、红墨水染色法、人工加速老化法等。TTC法较成熟被广泛接受，已被列入《国际种子检验规程》。TTC（2，3，5-三苯基氯化四氮唑）的氧化态是无色的，可被氢还原成不溶性的红色三苯甲潜（TTF）。应用TTC的水溶液浸泡种子，使之渗入到种胚的细胞内，如果种胚具有生命力，TTC可作为氢受体被脱氢辅酶（$NADH_2$或$NADPH_2$）上的氢还原，此时无色的TTC便转变为红色的TTF，并吸附在活细胞表面，而且种子的生活力越强，代谢活动越旺盛，被染色的程度越深。死亡的种子由于没有呼吸作用，因而不会将 TTC 还原为红色。种胚生活力衰退或部分丧失生活力，染色则会较浅或局部被染色。该方法具有原理可靠、操作简便、节时快速、结果准确、不受种子休眠限制的特点。

本课题组采用四氮唑法对不同产地、不同大小人参种子生活力进行了研究，结果表明：3～3.5mm级别种子生活力相对较低，其他级别人参种子生活力没有明显差异，种子大小及产地对人参种子生活力无显著影响（表1-6）。

表1-6　不同大小的人参种子的种子活力

产地	种子活力				
	3.0～3.5mm	3.5～4.0mm	4.0～4.5mm	4.5～5.0mm	>5.0mm
CB1	93.76±0.70	100.00±0.00	100.00±0.00	97.70±0.04	100.00±0.00
FSWL	97.99±0.01	92.93±0.77	100.00±0.00	100.00±0.00	100.00±0.00
FSMJ	100.00±0.00	100.00±0.00	100.00±0.00	100.00±0.00	100.00±0.00
CB5	97.99±0.01	100.00±0.00	100.00±0.00	100.00±0.00	100.00±0.00
CB7	98.49±0.72	99.00±1.41	100.00±0.00	100.00±0.00	100.00±0.00

12. 种子健康检验

种子健康检验是检测种子是否携带有病原菌（如真菌、细菌及病毒）、有害动物（如线虫及害虫）等的健康状况，据此推测种子批的健康状况，从而获得不同种子批的种用价值和种子质量信息。种子健康检验对保护正常种子贸易、保证生产安全、防止人畜中毒、降低生产成本、提高产量和产品品质有着极其重要的意义。

种子健康检测的方法很多，常规方法有肉眼检验、洗涤检验、漏斗分离检验、滤纸检验、琼脂平板检验、选择性培养基检验、整胚检验、生物学检验、组织化学染色检验等，生物学方法有血清学检验、核酸技术等，此外还有计算机视觉技术。近年来，虽然分子检测技术迅猛发展，但常规检测方法不容忽视，仍旧是目前主要的健康检测方法，人参种子国家标准中采用肉眼检验，人参种子国际标准中采用《国际种子检验规程》（2011年版）的培养检测法进行种子健康检验，并根据培养出的病原菌形态进行菌种鉴定。

13. 种子质量对药材生产的影响

人参种子萌发，需先后经过形态后熟和生理后熟2个阶段，人参种子的裂口率影响着种子出苗率，裂口率越高，种子的出苗率也越高。种子萌发过程中，胚的大小可以影响到苗的长势，胚的长度越长，将来的苗的长势可能会更好，其胚芽发育的也会更好。因此，裂口率和胚率是评价后熟状况及种子质量的重要指标。我们研究发现：各产地、各等级人参种子平均胚率没有明显差异，均大于80%。但种子宽度≥5mm的人参种子，裂口率明显大于种子宽度<4.0mm的人参种子。

光合作用，即光能合成作用，是植物将二氧化碳（或硫化氢）和水转化为有机物，并释放出氧气（或氢气）的生化过程。增大叶面积是提高光能利用率的主要措施，从而在一定程度上提高产量。因此，地上部分的生长状况与人参种苗的产量和质量密切相关。对一年生苗而言，挑选出的大人参种子与未挑选种子育出苗复叶数、小叶数相同，挑选出的大种子叶面积大于未挑选人参种子；对二年生苗而言，挑选出的大人参种子复叶数、小叶数、叶面积、总叶面积、茎直径、茎长度均大于未挑选人参种子；挑选出的大人参种子培育出的种苗的平均根重，比未经挑选的人参种子培育出的种苗重，且根重大的种苗比例较高，即大人参种子可提高种苗产量及质量。综上，人参种子大小对种子裂口率、所生产种苗叶数、叶面积、种苗根重具有显著影响。

经过后熟处理的裂口种子，分别取筛选后的大种子和混等种子，折合干种子百粒重分别为3.198g和2.925g。一部分条播，行距为10cm。当年7月30日随机采集上述两种参苗10株，用求积仪测定植株的叶片面积。9月16日分别随机选取两种处理参床各0.5m^2，收取所有的种苗，分别为112株和118株。并将种苗连同根际土壤一同装入塑料袋带回室内进行种苗相关参数的测定。另一部分点播，株距为4cm×4cm，第二年7月份在参床上随机取点，标记，取样后，在室内分别测量茎长，茎粗，复叶数，小叶数，叶面积。所测量的经筛选的种子长成的第二年生植株和混等种子长成的植株分别为14株和19株。第二年9月份分别随机选取两种处理参床各0.5m^2，收取所有的种苗，分别为82株和75株。并将种苗连同根际土壤一同装入塑料袋带回室内进行种苗相关参数的测定。种子大小对人参植株地上部分的影响如表1-7所示。

表1-7　种子大小对人参植株地上部分的影响

年生	种子	叶				茎（cm）	
		复叶数	小叶数	小叶面积（cm^2）	总叶面积（cm^2）	茎粗	茎粗
一年	大种子	1.00	3.00	3.90	11.70	—	—
	混等种子	1.00	3.00	3.27	9.82	—	—
二年	大种子	1.74	7.57	13.06	94.91	0.17	9.20
	混等种子	1.20	5.21	10.97	57.85	0.16	8.28

注："—"一年生人参苗没有茎；所有一年生人参苗均具有一枚掌状复叶，每个复叶有3枚小叶片。大种子植株的总叶面积和小叶面积均显著大于混等种子（t≤0.05，单尾，异方差检测）。

经筛选的种子长成的二年生植株中约71.4%的植株有2枚掌状复叶，而混等种子中只有约15.8%的植株有2枚复叶。大种子平均每株小叶数比混等种子多2枚；平均小叶面积也显著大于混等种子。平均每株叶面积比混等种子大近40cm^2。叶片是植物光合作用的主要器官，第三部分植株发育更好是大种子所产生的植株产量高的主要原因。

不论是一年生还是二年生种苗，经过筛选的种子培育的人参种苗均显著优于混等种子培育的参苗。经过筛选的种子培育的一年生种苗平均重量达到0.62g，二年生种苗平均重量为4.80g。而混等种子培育的参苗重量分别为0.53g和3.35g。筛选种子和混等种子培育的种苗大小分布如图1-14所示。从图中可以看出，经筛选的人参种子培育的种苗中，高等级的种苗比例高于混等人参种子培育的参苗。

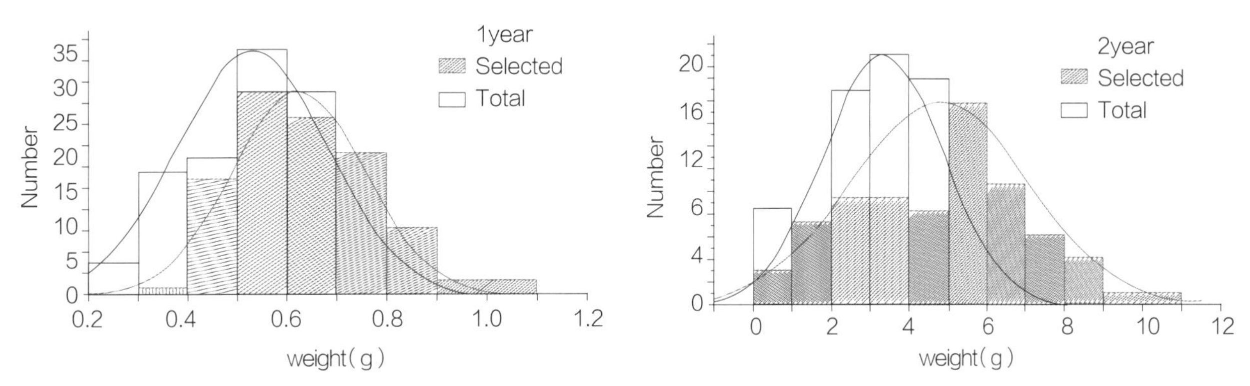

图1-14　筛选种子和混等种子培育的种苗重量比较

横坐标为种苗重量，纵坐标为调查的种苗中相应重量的参苗的数量；曲线表示种苗重量的分布特征；图中数据系根据文献6-8的数据重新处理。

三、人参种苗质量标准研究

（一）研究概况

1986年，中国农业科学院特产研究所制定的人参种苗质量标准是我国最早的国家中草药种苗标准，随后于2014年再次参与制定人参种子种苗国际标准，主要在人参种苗形态、重量、根长、人参种苗对药材生产的影响、人参种苗分级等方面开展了研究，标准中统一规定了人参种苗的主根、须根、侧根及越冬芽的形态和健康度检查，并通过根重、主根长，将一年生人参种苗分为合格和不合格两个等级，将二年生和三年生人参种苗分别分为一等、二等、三等和不合格四个等级，为全球首个中草药国际标准。

（二）研究内容

1. 研究材料

主要来源于中国吉林省、辽宁省、黑龙江省及韩国的部分品种，主要包括康美、福星1号、福星2号、新开河1号、新开河2号、韩国天丰、连丰等品种的一、二、三年生种苗。

收集坚持主产区、分布区和其他产区均有代表样品。主产区样品适当考虑行政区域，如乡和村。

2. 扦样方法

初次样品的扦取：首先要确定种苗批必须是同一来源、同一品种、同一年度、同一时期收获和质量基本一致的人参种苗才可划分为一个种苗批。被扦的种苗批应在扦样前进行适当混合、尽可能均匀一致。从种苗批中随机选定取样的箱，从上、中、下各部位设立扦样点扦取种苗即得初次样品，并将其合并混合成混合样品。

样品的分取：采用徒手减半法分样。操作步骤包括：① 将参苗均匀地铺在洁净光滑的平板上，使用平边刮板首先将样品纵向混合，再横向混合，重复操作4～5次，充分混匀后推成一堆；② 种苗堆分成两半，每一半再对分一次，分离成均匀的四部分，然后把每一部分种苗再递减对分成八个部分，再将这八部分排成两行，即每行四个部分；③ 合并和保留交错部分，如把第一行的第1、3部分和第2行的2、4部分合并，将余下的四部分拿开；④ 将上一步保留的部分，再按照1、2、3步骤重复分样，直至分得规定重量的样品为止。需要注意的是重复样品应独立分取，即分取完第一份试样后，第二份试样要从送验样品一分为二的另一半中分取。收集到的样品应尽快检验，若不能立即进行，应做适当保存，以免参苗风干影响质量指标检测结果。

3. 净度

净种苗：其构造凡能明确的鉴别出它们是属于所分析的，即使是感病的、瘦小的、皱缩的、带病的或发过芽的种苗单位都应作为净种苗。其中包括完整的种苗单位和大于原来种苗大小一半的破损种苗单位。

其他植物根茎：净种苗以外的其他植物根茎，其鉴定原则与净种子相同。

杂质：明显不含真种苗的种子单位；破裂或受损伤的种苗单位的碎片为原来大小的一半或不及一半的；土粒、沙子、石块等及其他非种苗物质。

不管是一份试样还是两份半试样，应将分析后的各种成分重量之和与原始重量比较，核对分析期间物质增失情况。若增失差超过原始重量的5%，则必须重做。

4. 外形

人参种苗主要由以上五部分组成，人参种苗的主根、侧根、须根应完整，主根、越冬芽应饱满、质地充实（图1-15）。

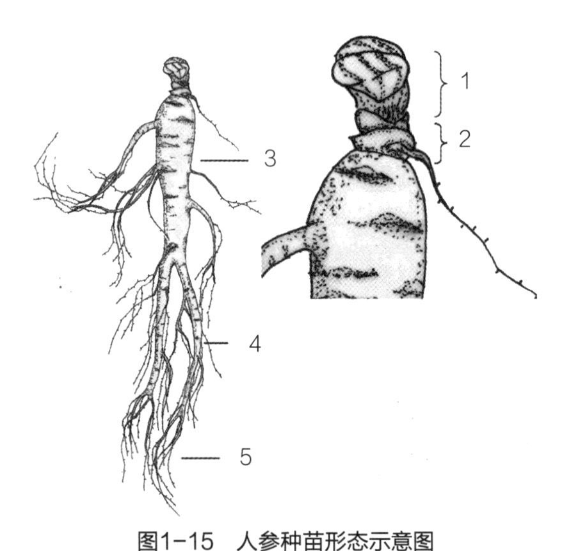

图1-15 人参种苗形态示意图

1. 越冬芽；2. 根茎；3. 主根；4. 侧根；5. 须根

5. 重量

种苗重量是种苗质量的重要评价指标之一，种苗重量与种苗饱满，充实，均匀，完整成正相关，种苗重量大，其内部贮藏的营养物质多，出苗整齐，出苗率高，幼苗健壮，并能保证田间的成苗密度，从而增加人参产量。本课题组对不同产地、不同年生人参种苗重进行了研究，结果表明：一年生人参种苗根重接近正态分布，根重高于0.5g的人参种苗可达到80%以上；二年生人参种苗根重接近正态分布，平均根重约为6g，低于2g的人参种苗接近20%，高于8g的人参种苗大约25%；三年生人参种苗根重接近正态分布，平均根重大约为10g，低于5g的人参种苗大约为25%，高于15g的人参种苗大约25%。

6. 大小

种苗大小在一定程度上代表了种苗的长势，直接影响商品参的产量和优质参率，因此，参苗需经过挑选分级后才能移栽。选苗时，除了选择根、须及根茎完整、越冬芽健壮、浆足无病外，还应根据参苗大小、参根长短等要求对参苗经行分级。由于培育的商品参类型和移栽制的不同，对于参苗的要求也略有不同。目前，商品参主要有边条参和普通参两种类型，培育普通参主要以参苗大小为分级依据，而边条参还应注意选择主根长、根形好、有两条支根的参苗。人参种子种苗国际标准中，除对参苗重量提出要求外，还将一年生参苗以主根长10cm为限分为合格和不合格两个等级，二年生、三年生参苗均以主根长12、10、8cm为限分别分为一等、二等、三等和不合格4个等级。

7. 数量

人参移栽密度是影响人参产量和质量的重要因素。孙先等比较了每平方米移栽参苗数量对人参每平方米净增重量和商品参重量的影响，研究指出：一等参苗、二等参苗均以每平方米移栽40株为好，三等参苗均以每平方米栽种50株为宜，种植密度越小，参根重越高。

移栽密度直接影响人参的产量和参根大小。因此，要获得优质高产人参，必须确定合理的移栽密度，使人参既能充分利用阳光和土壤养分，又尽量减少植株间的营养竞争，实现高产、优质、高效三者的有机统一。

确定人参移栽密度，还要考虑土壤肥力、参苗大小、预计收获年限和技术管理水平等因素。一般而言，肥沃的土壤营养充足，如果求高产，栽植密度可适当大些，如果培育单根重大的人参，密度可小些。而瘠薄的土壤能供给人参生长所需养分的能力有限，移栽密度宜适当小些；参苗大的所需营养面积大，移栽密度可小些，而参苗小的移植密度宜适当大些；生长年限长的人参所需营养较多，营养面积大，可适当移植；栽培管理水平高，人参生长健壮，保苗率亦高的参场，应适当稀植，反之应适当密植；培育普通参可适当密植，而培育边条参可适当稀植。在一般条件下，培育普通参行距20cm，每行10～14株，培育边条参行距13～20cm，每行13～18株。

8. 病虫害

病虫害主要是检测种苗是否携带有病原菌（如真菌、细菌及病毒等），有害的动物（如线虫及害虫）等的健康状况。

目前随着国内外种子贸易的增加，种子携带病虫传播和蔓延的机会也随之增多，如果种子携带的病虫害进入新区，就会给农业生产造成重大的损失和灾难，影响安全生产。在人参种苗国家标准中，病害检验采用肉眼观察法，在人参种子种苗国际标准中，我们将方法进行了提升，种苗病害检验采用吸水纸培养法，并对菌种进行鉴定。线虫检验通过肉眼和显微镜检测线虫节瘤和病变。

9. 种苗质量对药材生产的影响

在人参生产过程中，经常采取先育苗，再移栽的种植方式，种苗的质量是否影响成品参的质量，针对这一问题，我们开展了人参种苗对人参生产影响的研究。结果表明：种苗等级越高，生产的相同等级的人参重量越重，越高等级的种苗所生产的高等级人参的比例越高，不同品种各级人参种苗所生产的人参种子千粒重无明显差别，但高等级的种苗所生产的人参种子数量较多，种子产量较高。

10. 繁育技术

人参种子质量对后代生长影响很大。王荣生等研究指出，参苗的产量和利用率均随种子千粒重的增加而明显提高，种子大小对参苗单株重影响也很大，大粒种子的单株重可比小粒种子提高34.8%。因此，依据人参种子标准进行选种，是提高人参出苗率及种苗质量的重要措施。

人参种子具有休眠特性，需经形态后熟和生理后熟方能出苗。在吉林人参道地产区，特别是无霜期较短的参区，这两个后熟过程在自然条件下，需经21个月左右才能完成，若将采收的种子及时进行人工催芽，后熟期可缩短1年以上。

人参种子在后熟过程中，不仅要经过一系列的形态变化，而且发生许多生理生化变化，如呼吸跃升、酶活性和激素水平改变，核酸与蛋白质的合成和分解等。这些生理生化变化均与环境条件密切相关。因此，探讨人参种子后熟过程中的适宜环境条件并人为予以创造，对缩短人参种子后熟期非常重要。

王化武等研究指出，采用沙藏催芽，人参种胚完成形态后熟阶段的最适温度为18～20℃，基质水分含量应控制在10%～15%。催芽期间每隔10～20天翻动一次，以免造成通气不良，影响种胚发育或腐烂，所需时间3～4个月。人参种胚完成形态后熟后，即使给予良好的发芽条件也不能出苗，还需在低温下进行生理后熟，这一阶段的最适温度为2～4℃。

四、人参种子标准草案

1. 范围

适用于参业生产、科研和经营中对人参种子分级、分等和检验。

2. 规范性引用文件

下列文件中的条款通过本标准的引用而成为本标准的条款。凡是注明日期的引用文件，其随后所有的修改单（不包括勘误的内容）或修订版均不适用于本标准，然而，鼓励根据本标准达成协议的各方研究是可使用这些文件的最新版本。凡是不注明日期的引用文件，其最新版本适用于本标准。

GB/T 3543.1～3543.7　农作物种子检验规程

3. 术语和定义

3.1 净度　完整种子重量占样品总重的百分率，以百分数表示。

3.2 种子宽度　种子脊的一面到另一面的最大距离，单位为毫米。

3.3 饱满种子　种仁占种壳空腔的比率不低于3：4。

3.4 饱满度　饱满种子数量占样品总数的百分率，以百分数表示。

3.5 成熟种子　种子胚为梨形或者马蹄形的种子。

3.6 成熟度　成熟种子数量占样品总数的百分率，以百分数表示。

3.7 生活力　指种子潜在发芽能力或胚胎存活的指数，以百分数表示。

3.8 百粒重　100粒种子的平均重量，以克（g）表示。

4. 质量要求（种子分级标准）

应满足表1-8要求。

表1-8　人参种子等级要求

指标	一级	指标	二级
种子宽度（mm）	≥4.5	种子宽度（mm）	≥3.5
百粒重（g）	≥2.8	百粒重（g）	≥2.1
饱满度（%）	≥80	饱满度（%）	≥85
水分（%）		水分（%）	<10
净度（%）		净度（%）	≥99
生活力（%）		生活力（%）	≥95
成熟度（%）		成熟度（%）	≥95
镰刀菌和链格孢菌		镰刀菌和链格孢菌	不得检出

5. 检验方法

5.1 水分　按照GB/T 3543.6《农作物种子检验规程　水分测定》规定执行。

5.2 种子宽度　通过四分法，从送检样品中抽取2份样品，每份100～150粒种子，种子宽度应该用游标卡尺测量（保留2位有效数字）。

5.3 饱满度　种子自然阴干，测试前水分含量应大于10%。

通过四分法取2份样品，每份100～150粒种子。种子沿脊切成2部分，分别测量种仁面积和空腔面积，单一种子饱满度为种仁面积与种壳内腔面积比值，当值不小于四分之三时，认为种子是饱满的。种子的饱满度按以下公式计算：

$$P_b=\frac{A_b}{A}\times 100$$

式中：P_b——饱满度，%；

A_b——饱满种子数量；

A——工作样品种子数量。

如果2份种子饱满度差异小于5%，取2份测定结果平均值，否则，应重新测量。

5.4 成熟度　通过四分法取2份样品，每份100～150粒种子，种子沿脊切成2部分。通过显微镜测定胚的形状，如果胚为梨形或马蹄形，认为种子成熟。种子的饱满度按以下公式计算：

$$M（\%）=\frac{A_m}{A}\times 100$$

式中：M——成熟度，%；

A_m——成熟种子数量；

A——工作样品种子数量。

如果2份种子成熟度差异小于5%，取2份测定结果平均值，否则，应重新测量。

5.5 净度　按照GB/T 3543.3《农作物种子检验规程　净度分析》的规定执行。

5.6 种子生活力　按照GB/T 3543.7《农作物种子检验规程　其他项目检验》中生活力测定的规定执行。

5.7 百粒重　按照GB/T 3543.7《农作物种子检验规程　其他项目检验》中重量测定的规定执行。

5.8 链格孢属、镰刀菌属真菌　取100粒种子放入无菌烧瓶中，加入20ml无菌水，振摇8分钟，取悬浊液4000r/min离心20分钟，用2ml无菌水清洗残渣，点入100μl悬浊液到培养皿中的滤纸上，每个平皿5个点。

6. 检验规则

6.1 批组　同一时间、同一产地，同一方法生产的人参种子为一批。

6.2 抽样　抽样按照下列方法执行，种子批的最大重量及样本的最小重量，见表1-9。

表1-9　种子批的最大重量及样本的最小重量

种子批的最大重量（kg）	样品最小重量（g）		
	送检样品	净度分析试样	其他种子试样
2000	600	100	200

6.3 判定规则　对于一级种子，种子宽度不小于4.25mm的种子数量应大于95%；对于二级种子，种子宽度不小于3.25mm的种子数量应大于95%。否则，判定为下一等级。

7. 包装、标识、贮存和运输

包装不得向产品释放气味或味道，不得含有可损坏产品或构成健康风险的物质。

包装上应标明或贴上标签，包括产品等级、质量特征、重量、原产国或地区、有效期等。

种子贮存的温度应不高于15℃，相对湿度不应高于65%。

产品运输工具应清洁卫生，防止受潮、日晒、有害物质的污染及其他损害，装卸时轻装轻卸，防止机械损伤。

五、人参种苗标准草案

1. 范围

适用于参业生产、科研和经营中对人参种苗分级、分等和检验。

2. 规范性引用文件

下列文件中的条款通过本标准的引用而成为本标准的条款。凡是注明日期的引用文件，其随后所有的修改单（不包括勘误的内容）或修订版均不适用于本标准，然而，鼓励根据本标准达成协议的各方研究是可使用这些文件的最新版本。凡是不注明日期的引用文件，其最新版本适用于本标准。

GB/T 3543.1～3543.7　农作物种子检验规程

3. 术语和定义

3.1 种苗　带有根茎和根系的幼根，无地上茎和叶。

3.2 越冬芽　越冬芽能在冬天发芽并生存一段时间到来年的春天的芽。

3.3 根茎（芦头）　人参种苗的地下茎。

3.4 种苗重　单一种苗的重量。

3.5 根长　根总长度（cm），主根肩部到根尖的距离。

3.6 主根长　主根长度（cm），主根肩部到第一个侧根的距离。

4. 要求（种苗分级标准）

一般要求：人参种苗的主根、侧根、须根应完整，主根应饱满、质地充实。人参种苗越冬芽应完整，饱满，质地充实。镰刀菌和链格孢不应检出。线虫不应检出。种苗重量应满足表1-10要求：

表1-10　人参种苗分级标准

年生	等级	根重	主根长
一年生	合格	≥0.5	≥10
	不合格	<0.5	<10
二年生	一等	≥8	≥12
	二等	≥5	≥10
	三等	≥2	≥8
	不合格	<2	<8

续表

年生	等级	根重	主根长
三年生	一等	≥15	≥12
	二等	≥10	≥10
	三等	≥5	≥8
	不合格	<5	<8

5. 检验规则

5.1 批组　同一时间、同一产地，同一方法生产的人参种苗为一批。

5.2 抽样　抽样按照下列方法执行，种子批的最大重量及样本的最小重量，见表1-11。

表1-11　种子批的最大重量及样本的最小重量

种子批的最大重量（kg）	样品最小重量（g）		
	送检样品	净度分析试样	其他种子试样
2000	600	100	200

6. 判定规则

一年生种苗主根等于全部根长，种苗重量低于等级最小要求的应不少于95%，否则，判定为下一等级。

六、人参种子种苗繁育技术研究

（一）研究概况

1. 种子采收时间

人参一般是从三年生开始抽薹开花结实，结果数量少，种子粒小。六年生以上人参虽然结果数量多、种子粒大，但对根部生长有影响。采用“三三”制栽培人参，四年生移栽第一年，生长势弱。所以三年生、四年生和六年生均不应留种。最好五年生人参留一次种子。另外，准备收获种子时，应当加强管理。如留种田要加强管理，开花前进行追肥，一般喷0.1%的硼于叶面上，有促进种子发育作用；花期和青果期不可缺水。

采种时间为7月下旬至8月上旬，在人参果实充分红熟时收获参果。过早采摘，其种子成熟度低；过晚采摘参果易脱落。当果实由绿色变为鲜红色时，即为采种适宜期。

2. 种子采收方法

当花序上果实充分红熟时，用手将果实一次性撸下来或从花梗1/3出剪短，才会脱粒。如花序的果实未完全红熟时，则应分二次采收。对落地果，应及时捡起来。采种时注意区别好果和病果，做到分别采收，分别处理，以免种子带菌互相感染。

3. 种子贮藏及处理技术

3.1 人参种子干储　人参种子分等，分别装入透气的编织袋中储藏；入库，按等级分别贮放，可吊袋或用木板格存放；贮存库内温度一般无特别要求，随季节变化。最好控制在5～15℃，相对湿度应控制在12%～15%。贮存库要求通风良好。定期进行灭虫杀菌。

3.2 人参种子沙贮　按种子贮存量，将人参种子1份中掺3份沙子，装入编织袋中，埋在背风、不积水的地块，翌年4月末至5月初起出。

3.3 人参种子出库　人参种子出库前，应进行生活力测定，挑出坏籽，贮存时间不准超过1年。

3.4 当年种子催芽操作

3.4.1 处理时间：当年采收的种子，晾干表皮、进行杀菌处理后即可进行催芽处理。前期在室外种子催芽棚，后期在室内用木箱。当种子裂口达90%以上，90%的人参种子的胚率达80%以上，可进行秋播。不秋播的进行冻藏，待春季播种。

3.4.2 处理方法：箱槽规格：内框用2～3cm厚木板制框，框高40cm、宽100～200cm，长度根据种子数量和场地而定；外框用同样厚度木板制定外框，四周距内框15cm，中间填土，也可不同外框，在内框外缘培土填实。用砖砌成同样的箱槽也可。少量种子可用木箱催芽。

3.4.3 催芽场地：选择地势高燥、排水良好、背风向阳的场地、疏松地面整平踏实；按箱槽规格要求，在整平的地面上，设置好催芽箱槽。

3.4.4 装箱：装箱前干种子用冷水浸泡24小时，水籽用赤霉素100mg/kg水浸泡20小时，捞出晾至表皮无水，用杀菌剂（低毒农药）拌种消毒；催芽基质可用腐殖土与河沙（必须过筛）混合料，腐殖土：河沙=2：1；箱底先铺5cm基质，然后装基质与种子（3：1）混合物，上层再覆盖10cm基质，调好湿度。

3.4.5 催芽管理：架设1个透光不透雨的棚，阳口向北，场地周围挖好排水沟，防止雨水浸入催芽槽；催芽前期每隔10～15天倒种1次，催芽后期每隔7天倒种1次，倒种时挑出发霉种子；倒种方法是将与基质混合的种子从箱槽取出，放在平坦的地面上充分翻倒挑出霉烂的种子，倒子时调整基质含水量；用纯沙催芽，2次倒种间要注意调整基质湿度，防止出现过湿、过干现象。用混合土催芽湿度为20%～30%，用纯腐殖土催芽，催芽基质湿度为30%～40%，裂口时基质湿度应保持低限水平。催芽前期基质温度为18～20℃，不能超过25℃，超过25℃种子易发生霉烂，催芽后期即种子裂口基质温度保持13～15℃为宜。

3.4.6 催芽种子指标：种子裂口率达到90%以上，90%以上的种子胚长达到胚乳的80%以上。

3.4.7 催芽种子的贮藏：达到催芽指标的种子，当年不能秋播，必须做好越冬贮藏。贮藏期间先通过生理后熟，然后冻存，播种前不能化冻。

3.5 隔年种子催芽处理

3.5.1 处理时间：一般在6月末前进行催芽，多在室外进行，8月下旬参子裂口，9月末种胚完成形态发育。即可在当年秋天播种。

3.5.2 处理方法：同上。

3.5.3 春播：即春季播种处理好的冻存种子，当年出苗的播种方法。春播以早为宜，过晚则种子萌发会影响播种操作及出苗率，造成损失。干旱地区应在入冬前上足冻水，以保证春季播种的土壤墒情。春播时间的早晚主要受控于种子处理情况，一般隔年子以早播为宜，当年籽处理则应视种子的后熟状况而定，最好在种子刚刚要萌发时播下，以缩短出苗时间，减轻苗期病害。

3.5.4 秋播：即将已完成形态后熟的种子于10月中下旬至土壤结冷前播入参床，生理后熟过程在参床土壤的自然状态下完成，第二年春季出苗。由于秋冬春三季更替，使参籽与土壤充分结合，不破坏参床之自然状态，因此秋季出苗早且好，扎根快，生长势旺盛，抗逆性强。这种方法适宜于气候温和湿润，土壤蒸发量小，不会出现冬春季干床现象的地区。

3.5.5 播前处理

3.5.5.1 土壤处理：无论春播或秋播，播前土壤处理极为重要，因为立枯病及猝倒病病菌都是在出苗期活动旺盛，必须以农药抑制病原菌的生长，保证参苗顺利出土成长至茎秆老化。一般土壤处理采用撒施消毒法，常用药剂为50%多菌灵或50%福美双可湿性粉剂，用量为每平方米15～20g，均匀撒于参床上，在5～8cm的床土表层拌匀。如播种前来不及处理土壤，可在播种后结合浇水将药液浸入床内。

3.5.5.2 种子处理：将人参种子用适乐时2.5%悬浮种衣剂包衣消毒，以抑制种子表面及浅层真菌的萌发和生长，最大限度减少种子出苗期间不受本身携带病菌及土壤中病菌的危害，经消毒的种子出苗后立枯病，根部锈腐病，黑斑病发病率大大降低。是保障一年生人参存苗的重要技术措施，也为后续几年人参园的管理及获得高回报打下的基础。

3.5.6 播种方法及密度：春播在每年4月中下旬，当土壤解冻后播种，秋播在10月中旬至封冻前进行。农田种植人参一般采用2-3，3-3制的播种方式，即播种生长2年或3年，然后移栽苗再生长3年，直播生长5年或6年的很少。播种方法有点播，条播和散播等。

在土壤墒情较好的情况下，用钉耙和划线器进行条播或点播。两个人用钉耙顺畦一边一个耧畦，耧到湿土层，畦面耧平，打细，畦面宽1.2m，耧下的土足够覆土用的。一个人用划线器在畦面上横向划线，划线的行距为10cm（根据实际需要可制作12cm、15cm的划线器和压眼器压眼点播）。畦两边一边一个人播种，每行每人均匀播种10粒种子，每行20粒，每延长米10行，用种子200粒，每亩地用种量4kg左右。播种后，后面两个人，一边一个用铁锹覆土，覆土厚度为3～5cm，覆土均匀，不能有大土块。每组6个人，两个钉耙，四个小盆，两把铁锹。耧完耙子或覆完土的人均参与播种。条播或点播方法出苗齐，质量好，株距合理，播种速度慢，工时多。

500g裂口的人参种子约8000粒，每亩实际可利用面积约350延长米，每延长米播种子约200粒，每亩需用种子4～4.5kg。

3.5.7 播种量：点播每平方米0.025～0.03kg，条播0.04～0.05kg，散播0.07～0.08kg，催芽籽的湿度较大的种子，播种量要适量增加。

3.5.8 移栽

3.5.8.1 种苗选择要求：栽培要求选用二年生、三年生人参种苗一等苗和二等苗。选择有机质含量较高、土层深厚、疏松土壤做育苗地。在二年生、三年生人参一等苗和二等苗内选取纯正品种的大马芽和二马芽，分别移栽。

3.5.8.2 栽培制：采用二三和三三制。春栽在四月中旬，人参苗田根层土壤解冻即可移栽。秋栽在十月下旬，人参地上部枯萎后开始移栽。

3.5.8.3 移栽方法：整形斜栽，参根主体与床面呈25°～30°角，覆土5～6cm。栽参时每丈（3.33m）施入1kg益生元、0.1kg DND，混拌均匀后栽参；可同时施入易健有机肥每丈5kg。抚松人参研究所在非林地栽参过程中形成了自己的较成熟的技术体系，参栽和参籽用专用菌肥1号浸沾，用专用菌肥2号每丈0.025kg，兑细土混拌均匀，栽参时将菌土均匀撒在参根上。三年生苗行距20cm，一等苗株距每行8～10株，二等苗株距每行10～12株，三等苗株距每行12～14株。

4. 床面覆盖

4.1 床面覆盖的作用　床面覆盖是农田栽培人参不可缺少的一个重要环节。可起到保温保湿，防止地温剧烈变化，使床土春秋增温，夏季降温的作用。覆盖可防止雨水冲刷及土壤板结，减少松土除草次数，节省劳动力。覆盖可使人参生育期延长15～20天，根重增加20%～40%。

4.2 覆盖方法　播种后立即覆盖。覆盖物可采用松树针、稻草、麦秸、树叶等材料，根据资源情况和费用情况具体确定。在山区有红松林或落叶松林，收购松树针比较方便的地方可使用松树针覆盖。覆草厚度为压实2cm厚，畦面覆草均匀，畦帮覆到畦下1/3处，覆盖松树针的费用低，可就地取材，覆盖实，出苗齐，杂草少。

稻草附近无松树针，距稻田地比较近的地块可用稻草进行覆盖。稻草必须打乱草进行覆盖，稻草之间互相交织，覆草厚度为压厚2cm，覆草均匀，不能有裸露畦面的地方，稻草要护住畦帮，覆到畦帮上部的1/3处。

5. 播种注意事项

5.1 依据不同地区的气候及土壤条件，选择适宜的播种方式及方法。

5.2 春播宜早不宜迟，秋播宜晚不宜早。

5.3 必须保持良好的土壤墒情，如参床水分不足，于播前1～2天浇足底水；如水分过大，则应适当推迟播种日期，床土过干过湿均不利于出苗。

5.4 播前人参种子必须用适乐时2.5%悬浮种衣剂包衣消毒，以抑制种子表面及浅层真菌的萌发和生长，最大限度减少种子出苗期间不受本身携带病菌及土壤中病菌的危害，确保一年生人参存苗。

5.5 土壤处理—种子处理—播种—覆土—覆盖—浇水，必须环环紧扣，不宜拖延，否则会影响播种质量及出苗率。

5.6 秋播种子裂口率应在60%以上，胚长达3.5mm 以上，春播种子裂口率须在85%以上，胚长达4mm 以上并通过生理后熟阶段，以期具有良好的发芽势。

（二）人参种子种苗繁育技术规程

1. 范围

本规程规定了人参种子种苗繁育的选地、土壤改良、整地作床、施肥、土壤消毒、播种、移栽、搭棚遮阴、田间管理、采收等技术操作规程。

本规程适用于人参种子种苗繁育的全过程。

2. 规范性引用文件

下列文件中的条款通过本标准的引用而成为本标准的条款。凡是注明日期的引用文件，其随后所有的修改单（不包括勘误的内容）或修订版均不适用于本标准，然而，鼓励根据本标准达成协议的各方研究是可使用这些文件的最新版本。凡是不注明日期的引用文件，其最新版本适用于本标准。

GB 3095　环境空气质量标准

GB 5084　农田灌溉水质标准

GB 15618　土壤环境质量标准

GB 18355—2001　优质高产人参种植标准

GB 4285—1989　农药安全使用标准

GB 8321.1　农药合理使用准则

GB 8321.2　农药合理使用准则

GB 8321.3　农药合理使用准则

GB 8321.4　农药合理使用准则

NY/T394—2000　绿色食品肥料使用准则

3. 术语和定义

3.1 种植　采取适合目标植物自身生长生理特性的技术措施，使其自然生长，并增多、增大或增广。

3.2 操作规程　在本文件中是指对人参的非林地种植各环节的硬性规定。

3.3 点播　根据土壤条件和栽培需求采取的一定规格的“点”对“点”的播种方法。

3.4 条播　根据土壤条件和种植需求采取的一定行距上的不规则点播。

3.5 撒播　根据土壤条件和种植需求采取的单位面积一定种子量的不规则播种。

3.6 休闲　休闲期内不以收获为目的，农田闲置一个或几个生长周期的过程。

3.7 黑色休闲　休闲期内农田不种任何作物，自然闲置的过程。

3.8 绿色休闲　休闲期内种植绿肥作物，在生长期内用物理方法将其扣翻到土壤中，以增加土壤有机质的过程。

3.9 拱棚　前后檐高度一致，棚顶呈弓形，透光不透雨的棚式。

3.10 平棚　前后檐高度一致，棚顶横向平坦，透光不透雨的棚式。

3.11 复式棚　网、膜分两层，上层为全封闭式遮阳网大棚，下层为单层参膜的拱棚。

3.12 生格　耕翻土地时，没有翻耕到的部分。

3.13 作床　按一定规格和方向，做成畦床。

3.14 基肥　播种前，结合土壤耕作施用肥料的方式。

3.15 根侧追肥　生育期内，根侧行间追施肥料的方法。

3.16 根外追肥　生育期内将一定浓度的肥料溶液喷施于叶面的方法。

3.17 桃花水　春季冰雪融化流淌形成的水。

4. 选地

4.1 适宜种植区要求　参地应选择运输方便，靠近水源，周边无污染的地块。

4.2 地势　选择地势平坦或坡度不超过15° 的缓坡，各种坡向均可利用。应选择利于排水，背风向阳，自然灾害发生频率较低的地块。

4.3 土质、水质　选择有机质含量在1.5%以上的农田土，耕层20cm以上，土质疏松、肥沃，团粒结构良好的壤土或砂壤土。土壤保水保肥能力强，石块少，犁底层为黏土或黏壤土，营养元素较全的地块为宜。

4.4 前茬作物　前茬作物以玉米、小麦等禾本科作物为宜。蔬菜、瓜果、花生地都不适合种植人参。

4.5 土壤酸碱度　pH在4.8～6.5为宜。

4.6 环境质量要求　应选择大气、水质、土壤无污染的地区。

大气环境质量应符合GB 3095环境空气质量标准；土壤质量应符合GB 15618二级土壤质量标准；灌溉用水应符合GB 5084农田灌溉水二级质量标准。

5. 土壤改良

5.1 休闲养地　地块确定以后，必须进行一年以上的休闲养地。可选择黑色休闲方式或绿色休闲方式。

5.2 整地作床

5.2.1 整地：整地分两种，第一种是前一年秋收后和当年春整地，当年秋种植（养一年地）；第二种是前一年秋收后和当年春整地，第二年继续休闲后，秋天种植（养二年地）。

5.2.1.1 当年整地当年种植（养一年地）：如果地块内没有石头和梯田格的直接用旋耕机打平以后施肥、施秸秆等有机质含量高的物质。施肥量：发酵好的鸡粪每亩1500～2000kg（根据原地里土壤肥沃情况决定施肥量）。施秸秆量越多越好。施肥、施有机质后用拖拉机多次旋耕。接着种苏子每亩洒苏子籽0.5～0.7kg，等苏子成熟到80%用旋耕机旋入地内，旋两次到三次以后开始翻地，从浅到深多次翻耕，同时旋耕。整地基本结束后用生石灰进行土壤杀菌消毒和调酸，每亩100～150kg，再旋耕后打床。

如果新租地有石头和梯田格的首先要用钩机把石头钩出地面用拖拉机拉走，梯田格的用钩机钩平后用拖拉机翻两次用旋耕机旋平。下一步施肥、施秸秆、土壤消毒按照上述步骤整地。

5.2.1.2 当年整地第二年种植的（养两年地）：如果地块内没有石头和梯田格的直接用旋耕机打平以后施肥、施秸秆等有机质含量高的物质。施肥量：生鸡粪每亩4～5m^3或干鸡粪1500～2000kg（根据原地里土壤肥沃情况决定施肥量）。施秸秆量越多越好。施肥和施入有机质后用拖拉机多次旋耕。接着种苏子每亩播苏子籽0.5～0.7kg，等苏子成熟到80%用旋耕机旋入地内，旋两次到三次以后开始翻地，从浅到深多次翻耕，同时旋耕。到十月初种植大麦或小麦，第二年春六月份大麦、小麦80%成熟时旋到地里，多次深翻、多次旋耕，到八月末撒生石灰旋耕、翻地，再旋耕打床。

如果地块有石头和梯田格的首先要用钩机把石头钩出地面用拖拉机拉走，梯田格的用钩机钩平后用拖拉机翻两次用旋耕机旋平。下一步施肥、施秸秆、土壤消毒按照上述步骤整地。

5.2.2 作床：作床于播栽前进行。畦向根据地块坡向顺坡作床，以利排水。地势平坦的地块最好选用南北走向。作床规格：床宽120cm，作业道宽80cm，床高30～40cm。

6. 施底肥与土壤消毒

6.1 施肥原则　根据人参的营养特点及土壤的保肥能力，确定施肥种类、时间和数量。施用肥料和种类以有机肥为主。施肥方法以基肥为主，叶面追肥为辅。大量使用生物肥，推广使用“人参专用肥料”。

肥料使用遵循NY/T394-2000绿色食品 肥料使用准则。

6.2 允许施用肥料种类　允许施用经充分腐熟的有机肥，禁止使用城市生活垃圾、工业垃圾及医院垃圾和粪便。人参生长期结合打药进行叶面追肥，3次/年，主要用磷酸二氢钾或天达参宝，留种田开花期用花期营养肥，果期用果期营养肥。

6.3 肥料种类、施肥时间及方式

6.3.1 基肥：结合养地、整地作床，每亩施入充分腐熟的有机肥1500～2000kg。

6.3.2 根侧追肥：人参移栽地三、四年生人参视人参地肥力状况进行根侧追肥。春季将豆饼粉兑水后发酵2个月左右，发酵充分后将其稀释过滤，用水泵灌于人参植株行间。

6.3.3 根外追肥：叶面追肥用磷酸二氢钾或天达参宝500～1000倍结合第一、三、五次打药进行三次追肥。留种田于花期追施花期营养药，果期追施果期营养药，施药浓度按照使用说明稀释。

6.4 土壤消毒和杀虫　养地时结合翻耕进行物理杀菌、杀虫的同时均匀撒入白灰100～150千克/亩，间隔7～10天均匀喷撒EM菌液。做床后床面均匀撒入多菌灵0.2～0.3千克/帘加辛硫磷0.2～0.3千克/帘，喷施重茬剂稀释液5～10克/帘和贺青300倍液，用耙子翻入床土中进行消毒。

7. 播种

7.1 播种时间　分秋播和春播。提倡采用秋播。秋播：每年10月上旬至封冻前完成。春播：每年春天化冻后，4月份种子发芽前（或刚刚露尖）进行抢种，不得耽搁。

7.2 种子

7.2.1 种子标准：播种用种子选用优良的人参裂口籽。选用种子纯度100%，净度98%以上，生活力95%以上的无病菌感染的参籽。

7.2.2 种子催芽：采用砂藏法进行催芽处理。

采收的水籽漂洗干净后用400倍多菌灵溶液浸泡15分钟捞出，与过筛干净的河沙混拌。种子和沙子的比例为1∶3。种子和沙子的混合物放置于通风阴凉遮光避雨处，进行催芽。催芽温度控制在18～21℃，基质水分含量控制在10%～15%，这时用手握之成团，放之即散。催芽期间每隔10～20天翻动一次，同时观察水分及种胚生长状况，防止种子感染病菌。处理2～3个月，种子裂口率达到90%以上时催芽完成。

7.2.3 种子消毒：播种前要用500倍多菌灵或600～800倍绿亨二号浸泡15分钟进行消毒，漂出瘪粒，洗净泥沙，取出阴干至种子表皮无水后，用适乐时种子包衣剂拌种阴干至不沾手时即可播种。用量为100ml适乐时拌25kg种子。

7.3 播种方法 采用点播、条播或撒播的方式。点播株距×行距为3cm×5cm或5cm×5cm；条播行距5～10cm，株距3～5cm；撒播地种子用量为0.5～0.6千克/帘。可人工播籽，也可采用机械播籽。

7.4 覆土与覆盖 秋播覆土3cm后再覆盖铡碎的玉米秸秆3～4cm，春天出苗前下掉一部分，留3cm的覆盖物。春播覆土3cm后再覆盖碎草3cm。要求边播种边覆草，以防旱情。

8. 移栽

8.1 移栽时间 秋季10月份上冻前或春季4月份芽孢萌动前进行移栽。

8.2 参栽标准 选用二年生人参秧苗。秧苗选用健壮、无伤、无病、芽苞完好、须根健全的参栽。选择主根长，支根少的参根。

8.3 移栽 采用2～3制，即育苗二年翻栽，经三年后采籽、起获。移栽时应做到随起随栽，参栽不隔夜。参栽有必要储存时，将参栽整齐摆放在密闭的容器内，存放在冷冻库中，温度控制在-2～2℃，存放时间不超过20天。移栽时采用打板开沟，行距20～25cm，每行12株。采用以水平面为基准立栽方式。覆土4～8cm，覆土后覆盖稻草或铡碎的玉米秸秆5～8cm。

9. 搭设荫棚

9.1 搭棚

9.1.1 棚式：采用复式棚。

9.1.2 结构：棚式结构见图1-16。

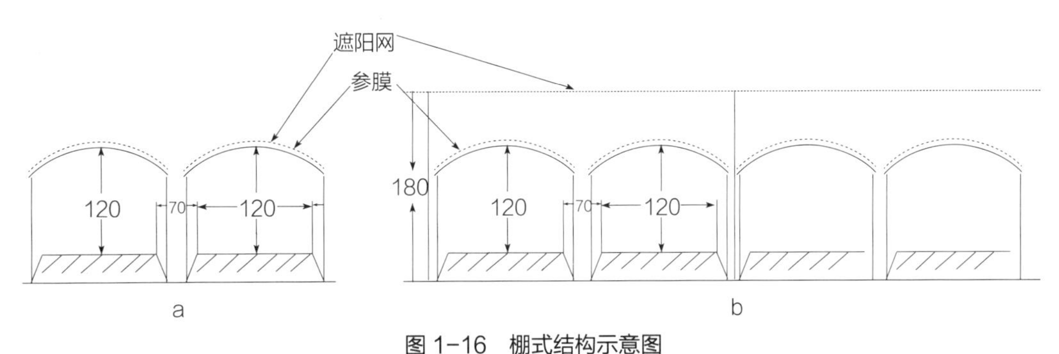

图1-16 棚式结构示意图

a. 拱棚示意图；b. 复式大棚示意图

9.1.3 苫帘规格：育苗地和阳坡地用遮光率为60%的遮阳网，移栽地和阴坡用遮光率为50%的遮阳网。

9.1.4 参膜：采用聚乙烯蓝、绿色荧光塑料膜。厚度为0.06mm，宽为220～240cm。

9.1.5 遮阳网：采用黑色或蓝色塑料编织遮阳网。规格：宽220～240cm，遮阳率50%～60%。

9.1.6 参杈：采用耐腐烂的硬杂木料，最好是柞树、刺槐。用锯截取木料中没有结节的部分，长度120～130cm，用斧头或电锯劈成小头不小于周长20cm的木条，用手斧或电锯将小头削尖，稍做修理即可。畦头顶杈长度170cm硬杂木。

9.1.7 弓条：采用长260cm的竹匹，宽不小于3cm，厚不小于0.3cm。

9.1.8 拱棚拉线：采用抗拉耐老化的塑料线绳。直径2～4mm。

9.1.9 弓条帮线：采用18-22＃镀锌铁线。

9.1.10 立柱：采用耐腐烂的硬杂木料或水泥柱子。长度230cm，木料直径不低于6cm。

9.1.11 大棚拉线：采用14号钢线或12号镀锌铁线。

9.1.12 材料准备：利用种植前的冬季和当年早春时间将搭棚所需的材料准备齐全。通过细心计算，保证材料足够的同时不能盲目过量购进，以免浪费。

9.1.13 架棚时间：在4月上旬田地土壤化透以后开始及时搭棚。包括锭杈子、绑弓条、埋立柱、拉棚线。搭棚必须在5月份出苗前完成。

9.2 苫棚

9.2.1 上参膜：在4月下旬到5月初，当人参开始露土时（最好接适量雨水后）集中上参膜，不得拖延，以免造成霜冻或床面接过量雨水。

9.2.2 上遮阳网：上遮阳网时间可根据天气状况而定。当人参完全展叶后，经过15～30天的练苗，当白天气温升到25℃以上，进入伏季之前，及时上遮阳网。

10. 田间管理

10.1 除草松土　除草用手工除草的方法，将田间杂草连根拔除，并全部清除到参地外。一年生参地杂草多，除草次数也多，一般需除草5～7次。松土一般在二年生以上的参地进行。早春芽苞刚开始萌动时，结合施肥用细耙轻耧或用手抓松。

10.2 调光　每年春季进行苫棚调光。苫棚分两步：4月下旬或5月上旬，先上一层参膜，以利壮苗；到5月下旬至6月初再上遮阳网进一步进行调光。

夏季根据参地具体情况，选择合适的措施将参棚内透光率控制在15%～30%范围内。

秋季9月下旬，可以适当撤掉挡阳物，以增加透光率。

10.3 水分管理

10.3.1 排水：根据参地具体地形，设计合理的排水系统，保证多余降水及时排到参地外。春季桃花水要及时排到畦外，防止桃花水进入畦床，导致根病。

10.3.2 补水：根据土壤墒情来定。补水时采取床面喷灌或接雨水的方式。灌水时间掌握在早晨太阳出来之前和太阳落山以后，严禁顶强光灌溉。灌溉用水要用无污染、无杂菌的自然水，水温不宜过凉或过热。春季上棚膜之前，接雨水，以增加水分。生长期遇干旱季节，且床面灌水条件不足时，可揭开参膜接雨水。接完雨水立即喷施防止黑斑病、疫病或灰霉病的农药，晾晾床面后重新上参膜。

10.3.3 棚内水分管理：参棚要及时修补，保证棚架牢固，以防参棚塌漏；雨季注意防止参膜破损漏雨，并注意防潲风雨。

10.4 摘蕾　除留种田外，将各年生的花蕾在开花前从花梗上摘掉，留3～5cm的花梗。摘除的花蕾不得丢入田间。摘蕾结束后立即喷施防灰霉病、黑斑病的农药。

10.5 种果采收　留种田7月下旬至8月初果实完全成熟后，一次性人工采果。种果储存不超过3天。采收的种果集中到搓籽场地进行搓籽。

10.6 搓籽　搓籽可以采用机械搓籽，也可以采取人工搓籽。机械搓籽时必须注意调整机械碾压间隙。间隙太大，碾压不完全；间隙太小，就会将种子压碎，造成机械损伤。机械搓籽的原则是宁可间隙稍大一点，也绝不可将间隙调小，以避免机械损伤。碾压好的种果在干净水中漂洗，将漂浮的果肉、瘪粒、渣滓等用笊篱捞净扔掉，并仔细挑出未碾好的种果，用手捏破果皮取出种子。沉底的优良种子捞出后用手揉搓并反复用干净水冲洗，直至种子干净为止。人工搓籽费时费力，但可以避免种子的机械损伤。搓籽量小时，提倡采取人工搓籽。

搓好的种子可以直接按7.播种中方法进行催芽。若需要保存种子，应在通风阴凉处摊开晾干。

10.7 病、虫、鼠害的防治

10.7.1 防治原则：病、虫、鼠害防治遵守“预防为主，综合防治”的原则。时时观察，及时发现，准确诊断，仔细分析，从光、肥、水、气、热等农业因素和病源、传播途径、发生条件等病理因素查找病因。排除引发病、虫、鼠害的不利因素，创造良好合理的环境条件，提前预防，按最小剂量原则，合理施用农药，最大限度地减少损失。

农药使用遵循 GB 4285—1989《农药安全使用标准》，GB 8321.1、GB 8321.2、GB 8321.3、GB 8321.4《农药合理使用准则》。

10.7.2 病害：分为非侵染性病害和侵染性病害两大类。非侵染性病害常见的有冻害、日灼病、肥害、缺素症、红皮病等。侵染性病害常见的有立枯病、灰霉病、黑斑病、疫病、菌核病、锈腐病等。

10.7.2.1 冻害：是由于越冬防寒措施不当引起，含砂量大的漏风地为冻害易发区。冻害的症状是初期参根水煮状发软，后期烂根。预防冻害主要是严格搞好越冬防寒，厚覆防寒草、上膜、防桃花水。参地不宜选用含砂量大的漏风地。早春霜冻也是为害严重的冻害。主要在出苗前期，因气温骤降下霜引起。防治方法是防止土壤升温过快，应延迟出苗期，同时注意及时上参膜。

10.7.2.2 日灼病：是由于太阳直射强光烤灼引发。日灼病症状是参叶部由黄到白，严重的叶部枯干。预防方法是及时调光，用遮阳物遮挡直射光照射。

10.7.2.3 药害：是因为农药使用不当引起。附近农田地的除草剂飘移也可引发除草剂药害。药害症状是叶部有点状斑点或叶部打卷畸形等。药害的预防主要是合理使用农药，配制农药浓度不能过高，用药量不能过多。防除草剂药害可以用参膜挡住除草剂飘移到参地。发现有药害，可及时施用喷施可乐解除药害。

10.7.2.4 肥害：主要是由于肥料施用不当引起。肥害症状是烧苗、烧须、烂根。预防肥害主要是注意选用合理的肥料，用量合理，不用或少用化肥，杜绝施用未腐熟的有机肥料。根外追肥时浓度要低（500～1000倍液），根侧追肥时，不要触及参根。

10.7.2.5 缺素症：是指植物生长期缺乏某种必需营养元素引起。缺素症的症状主要表现为叶部变色。缺素症的防治方法是缺什么补什么，及时补充营养。

10.7.2.6 立枯病：多为丝核菌及镰刀菌寄生所引起的。土壤传播。一般发生在一年生幼苗。参苗过密，通风不良，幼苗徒长或温度低，湿度大，生长不良时易发病。立枯病的症状是在幼苗茎基部或干湿土交接处，呈现黄褐色凹陷长斑，逐渐深入茎内而腐烂，因而隔断输导组织，致使人参幼苗倒伏死亡。立枯病的防治除合理密植外，还要搞好土壤消毒、床面消毒、种子消毒。5月上旬，在人参出苗前，用50%多菌灵500倍液，恶霉灵、绿亨1号药液打到干湿土交界处。出苗后发现病株要及时拔除病株，用药液浇灌发病区，控制病害蔓延。

10.7.2.7 灰霉病：是由灰霉葡萄孢属真菌侵染而引发的。空气传播。根、芽孢、茎、叶、花果都可侵染。低温多湿的环境易发生。灰霉病的主要症状是感病叶片、叶柄水烫状萎蔫，根、芽孢感病后水渍状腐烂，花果干瘪，有灰色霉状物。灰霉病的防治方法是及时上膜，保持田间良好的通风，合理调节透光度。可选用的药剂有：黑灰净、绿亨5号、绿亨2号、嘧霉胺、阿米西达等。

10.7.2.8 黑斑病：是由链格孢属真菌侵染参茎、叶、花果引发的。空气传播。降水次数多，空气湿度大，气温在18～22℃的条件下易发生。黑斑病的主要症状是感病叶部水浸状近圆形或不规则的褐色或暗褐色斑点，后期干枯后破裂，遇阴雨潮湿病斑迅速扩展，致使叶片枯萎脱落。茎斑初期为椭圆形，延伸展开，成长条状，病部凹陷，生黑色霉状物，严重者茎干枯倒伏。花果期侵染后，果逐渐变黑、干枯，致使早期落果，俗称“吊干籽”。黑斑病的防治要注意防止潲风雨，保持参棚通风。可选用药剂有：多抗霉素、咪酰胺、斑绝、米唑霉等。

10.7.2.9 疫病：是由疫霉属真菌侵染参根、茎、叶、叶柄引发。空气传播。高温多雨，空气和土壤湿度大时，发病严重。疫病主要症状是叶片上的病斑初呈水浸状暗绿色，全部复叶萎蔫下垂，茎和叶柄发病，呈水浸状暗绿色凹陷长斑，根部发病呈黄褐色软腐，根皮易剥离，参肉发出腥臭味。疫病的预防注意防潲风雨，保持参棚内通风透光，及时松土，防止土壤板结。可选用的药剂有：霜脲锰锌、金雷多米尔、疫霜灵、甲霜灵等。

10.7.2.10 菌核病：是核盘菌属真菌侵染参根引发的。土壤传播。参根感病后，内部呈软腐状态，外部初期生不许白色绒状菌核体，后期形成不规则的鼠粪状菌核。菌核病防治方法主要是做好土壤消毒、床面消毒、种子消毒。发现病株要及时拔掉，并用药液及时灌浇病区，防止蔓延。可选用药剂有：多菌灵、速克灵（腐霉利）、菌核净。

10.7.2.11 锈腐病：是由半知菌亚门真菌或细菌侵染参根引发。土壤传播。感病参根初为黄白色，后变为锈状、黄褐色。严重时病斑连成一片，导致干腐或软腐。患锈腐病的植株叶片不展，矮小、叶片变红直至枯萎死亡。锈腐病的防治主要是搞好土壤消毒、床面消毒、种子消毒，注意松土，防止土壤板结。发现病株及时拔除，病区用药液灌浇，防止蔓延。可选用药剂有：多菌灵、甲基托布津、绿亨1号、恶霉灵、农用链霉素、克菌净等。

10.7.2.12 红皮病：发病机制目前尚在研究中。初步认为属非侵染性病害。红皮病的主要症状是参根表皮不同程度地呈红褐色，植株出现萎蔫，参根部分伴有腐烂。红皮病的防治目前主要采取休闲养地，防涝控制土壤水分等农业措施，种子消毒，引入生物菌等也是防治红皮病的一种方法。

10.7.3 虫害　主要指地下害虫。主要有蝼蛄、金针虫、蛴螬、地老虎。另外，根线虫病也是常见的虫害。

10.7.3.1 蝼蛄：在5～6月份危害严重，一年发生一代。有趋光性。成虫夜晚出土活动，取食交配。咬断嫩茎或根，咬成乱麻状，造成缺苗断条。

10.7.3.2 蛴螬：幼虫为害参根、嫩茎，成刻状或孔网状，成虫为害参叶，成缺刻状。幼虫长期生活在土壤中，成虫傍晚出来活动取食。

10.7.3.3 金针虫：幼虫为害参苗的茎基部，咬一小洞后钻入茎内，致使参株枯死。在东北地区2～3年发生一次。

10.7.3.4 地老虎：在6月中旬到7月中旬为害参苗。食性杂，局部为害较重。幼虫将幼苗茎秆从地面3cm处咬断，造成缺苗断条。成虫有趋光性，对糖、蜜趋性很强。

10.7.3.5 地下害虫的防治：结合休闲养地时，翻耕将虫卵翻到地表，强光杀死虫卵。也可用人工捕杀，诱杀的方法。发现参苗倒伏，扒土捕杀幼虫。用土豆、麦麸等诱杀。药剂可选用辛硫磷、敌百虫等。

10.7.3.6 根线虫：为害参须根。发病参根、参须结成珍珠状，影响须根伸长。根线虫防治要注意避免豆科作物养地。可选用药剂有：阿菌素、辛硫磷等。

10.7.4 鼠害：农田种参常见的鼠类有田鼠、鼹鼠等。

10.7.4.1 田鼠：长年活动在田间地头，在参床上挖洞，取食参根、参果、参籽。田鼠的防治主要是下诱饵：将田鼠喜欢吃的饵料如玉米碴子、鱼类等拌上溴敌隆；放在田鼠洞口或经常出没的地方，诱杀。也可用捕鼠夹、捕鼠笼、电子捕鼠器等捕杀。注意将死鼠及有毒饵料及时清除场外深埋。

10.7.4.2 鼹鼠：常年生活在地下，在地下10cm处扒洞窜走，取食参根，挖空参床，致使参根死亡，成条状断苗。鼹鼠的防治主要采用地箭或掘洞追踪进行工人捕捉。也可将大葱向纵向切开一半，用手掰开放入溴敌隆，合上后用葱叶缠紧，投入洞中，封闭洞口，进行诱杀。注意将死鼠及带毒饵料及时清除场外深埋。

10.8 越冬防寒　10月下旬到11月中旬，将稻草或铡碎的玉米秸秆或树叶等覆盖到床面3~5cm厚，在上冻前盖上参膜，参膜上最好盖上遮阳网。

10.9 下防寒物　4月上旬至中旬，根据气候情况和芽孢萌动情况，及时下防寒物，先撤参网、参膜，再撤去部分防寒草，留3cm的草，用来覆盖参床。

10.10 床面消毒　出苗前，选择1%硫酸铜溶液、50倍代森铵、300倍贺青、750倍斑绝等药液，一种或两种药剂混合均匀喷施到床面和作业道，进行消毒。

11. 参苗采收

11.1 采收时间　春季4月份或秋季9月下旬至10月中旬，根据需要采收第1年、第2年或第3年人参种苗进行移栽。

11.2 采收方法　拆除参棚，拣出参叶，参叶捆成把，在阴凉干燥处阴干。起参可采取人工起参或机械起参。人工起参时先刨开床帮，从床头开始深刨起净，防止伤根断须。起出的参苗要及时装箱，越冬芽向内，须根向外，不宜存放时间过长或存放量过大，防止风吹日晒，以免参苗伤热或失水。起完一遍后，必须进行拦参，也就是进行扫描式挖掘，尽可能起净参根。装好的参苗运到储藏间储藏。机械起参应调好挖掘深度，顺畦挖掘，并安排人工跟在机械后捡漏。机械起参也要进行拦参。

参考文献

[1] 王铁生. 中国人参[M]. 沈阳：辽宁科学技术出版社，2001.

[2] 杨继祥. 药用植物栽培学[M]. 北京：中国农业出版社，2005.

[3] 陈火英. 种子种苗学[M]. 上海：上海交通大学出版社，2011.

[4] 张春庆. 种子检验学[M]. 北京：高等教育出版社，2006.

[5] 朱士云. 对不同千粒重生长的三年生人参的研究[J]. 中草药，1994，25(3)：47-48.

[6] 朱士云，王福运，汪新顺，等. 不同千位重点播后二年生人参比较的研究[J]. 人参研究，1992(2)：4-7.

[7] 朱士云，王福运，汪新顺，等. 对用不同千粒重播种的一年生人参的调查[J]. 特产研究，1992(1)：42-45.

[8] Zhang H，Xu SQ，Xiao SY，et al. Determination of seed moisture content in ginseng (*Panax ginseng* C.A. Mey)[J]. Seed Sci. & Technol.，2014，42，444-448.

[9] 肖盛元，王英平，许世泉，等. 人参种子大小及其分布特征分析[J]. 特产研究，2013，35(4)：19-29.

[10] 肖盛元，王英平，张巍，等. 人参种子饱满度测定方法及不同规格人参种子的饱满度[J]. 特产研究，2013，35(4)：25-29.

肖盛元（吉林农业大学）

02 | 三七

一、三七概况

三七［*Panax notoginseng*（Burk.）F. H. Chen］是我国传统名贵中药材，为我国特有种，主要分布在云南、广西两省区，贵州、四川、广东等省区已有少量栽培。云南文山是三七的道地产地，云南的三七产量占到全国总产量的98%左右。在云南，除传统道地产区文山州外，红河、玉溪、昆明、曲靖、大理等州市近几年也发展三七种植。2015年，全国三七种植面积达到60万亩，其中云南种植60余万亩，广西种植3万余亩，其他产区种植面积不到1万亩。据不完全统计，全国60万亩三七种植面积中，育苗面积10万亩，种苗移栽面积20万亩，采收面积30万亩。三七以种子繁殖，育苗一年后以种苗移栽，2年后采收。70%的种子种苗实现了市场交易，产值约占三七农业产值的30%，2013年三七种子种苗产值达40亿元以上。

三七的种子种苗质量直接关系到大田生产的产量和质量。目前生产中存在缺乏国家标准等问题，导致三七种子种苗的生产、销售不规范，给三七的种子种苗的商品销售和质量控制带来了很大困难。通过种子种苗的标准化研究及标准制定，形成"优良品种－技术保障－质量监控－优质三七"为一体的农业产业化发展，是保障三七种植业有序发展的重要基础和方式，也是三七走向世界对种植环节的必然要求。

二、三七种子质量标准研究

（一）研究概况

三七规模化种植的时间较短，对三七种子分级标准的研究主要集中在果实发育及种子生物学特性方面。

三七的果实为核果浆果状，肾形或球状肾形，极少数三桠形。果初成熟时为紫红色，继为朱红色，成熟后呈鲜红色，有光泽。果实分为内果皮、中果皮和外果皮。内果皮为骨质，而中、外果皮是肉质构造。在果实的中部具有一横隔，将子房分成两室，每室内有1粒悬垂的种子。极少数的有1或3粒种子。三七种子外周有种皮包裹，种皮由珠被或珠被和珠心共同发育而成。种子侧扁或三角状卵形，黄白色，直径5～7mm，表面粗糙。种子平直的一面有种脊，靠基部有一圆形吸水孔。胚乳丰富，白色，胚细小，见图2-1。

三年生三七种子呈圆形，少数呈长圆形，种皮黄白色，有皱纹，平均直径为0.526cm，种子成熟度为94.8%，种子净度为97.7%，种子千粒重为96.14～107.59g。采收后种子的含水量为63.39%，种子生活力为98.67%。

安娜等研究了三七果实发育特征，发现三七果实的发育过程可分为两个阶段，第一阶段为旺盛生长期，盛花期后10～40天生长迅速，盛花期40天时果实的长度、宽度和厚度分别达到1.270cm、0.859cm和0.697cm，平均日增长量分别达到0.022cm、0.012cm和0.011cm；第二阶段为平稳生长期，盛花期40天后直到果实成熟，果实的生长较为平稳，长度、宽度和厚度的平均日增长量仅为0.00602cm、0.006608cm和0.003726cm。

三七种子的休眠期为45～60天，在自然条件下三七种子的寿命为15天左右。三七种子生活力可用TTC

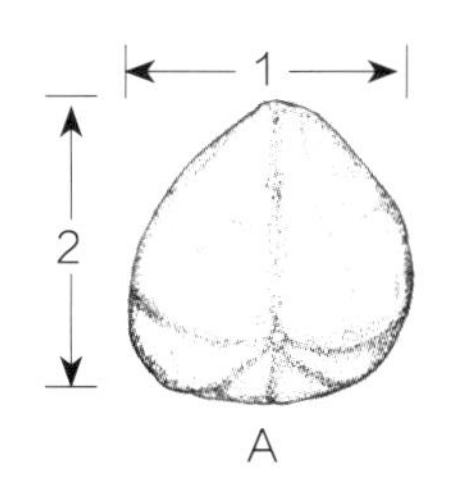

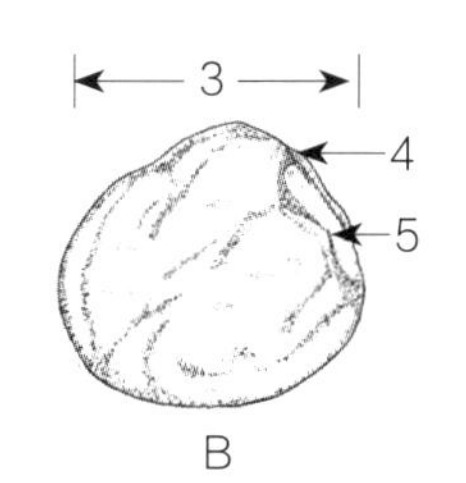

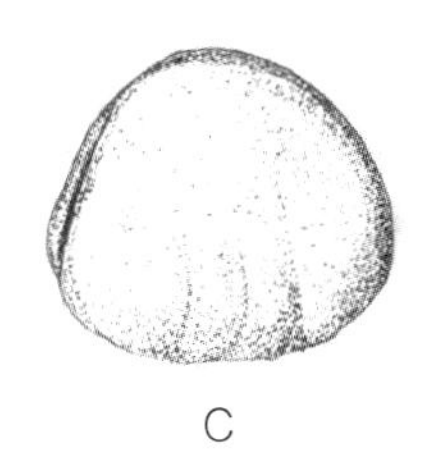

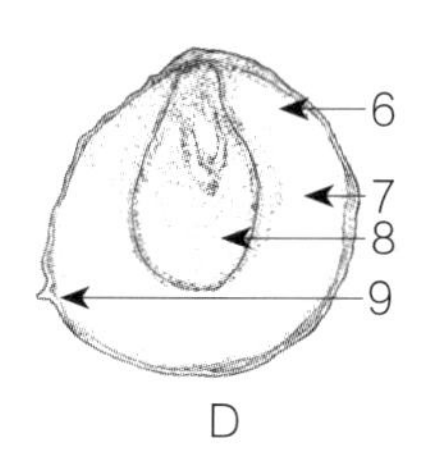

图2-1　三七种子形态图

A：种子正面图；B：种子背面图；C：种核；D：种子剖面图；
1. 种子宽度；2. 种子长度；3. 种子厚度；4. 圆形吸水孔；5. 种脊；6. 种皮；7. 胚乳；8. 胚；9. 种腔

法进行测定。进一步的研究表明，三七在自然条件下，其种子成熟时胚未分化，处于原胚状，一般需要经过60～100天的层积处理完成形态后熟和生理后熟后才能萌发。研究发现，三七种子不耐低温，在-20℃保存10天后，种子生活力由初始的50.68%迅速下降为13.42%，保存20天后生活力降为0；在0℃保存10天后，种子生活力迅速下降为15.81%，保存20天后生活力降为5.84%，保存30天后生活力降为0；而在4℃和20℃保存的种子，其生活力的下降趋势基本一致，在这两个温度下，保存30天时种子生活力基本与初始时保持相同，到40天时开始下降，以后逐步下降，到90天时生活力完全丧失。由此说明，三七种子对低温极为敏感，不适宜采用低温贮存。

1999年，崔秀明等研究制定了云南省地方标准《三七种子质量标准》（DB53/2034—1999），作为云南省强制性标准颁布实施。

最近，韩春燕等进行了种子的分级标准研究。他们通过对二年生和三年生三七种子样品进行测定，发现不同产地和生长年限的三七种子大小和千粒重差异显著，千粒重在64.27～78.60g，三年生种子的千粒重明显高于二年生种子；而种子含水量、活力和发芽率无明显差异，种子含水量高，可达60.64%，活力绝大多数在86.10%～94.50%，平均发芽率81.12%。他们认为将千粒重、活力和修正含水量为种子质量分级指标。

2014年，《三七种子种苗质量标准》获得国家标准委员会立项目，2015年2月，昆明理工大学联合澳门科技大学、中国中医科学院中药资源中心联合提交的《三七种子种苗标准》ISO国际标准也获得ISO国际标准组织立项。标志着三七标准化进程进入到一个新的阶段，对促进三七产业的标准化发展，提高三七的知名度，提升三七的产品质量，扩大三七的市场份额均具有积极的推动作用。

（二）研究内容

1. 研究材料

采集了云南省文山地区10个采样点24批次57536粒种子。其中，二年生种子7批，三年生种子17批，6个批次为第一期采收种子，12个批次为第二期采收种子，6个批次为三期采收种子。

2. 扦样方法

依据GB/T 3543.2的规定。

3. 研究结果

不同生长年限三七种子特征比较

三年生种子长、宽、厚均大于相应二年生种子，其一级种、二级种比例也较高，种子活力显著高于二年生种子（表2-1）。

表2-1 不同生长年限三七种子特征

	级别	长（mm）	宽（mm）	厚（mm）	分级比（%）	含水量（%）	千粒重（g）	活力（%）	净度（%）
2年	Ⅰ	6.34±0.78	5.73±0.64	5.93±0.31	23.17±1.10	62.08±2.34	107.34±3.41	96.00±4.32	96.91±1.23
	Ⅱ	5.65±0.42	5.29±0.78	5.4±0.47	39.93±0.84	61.18±1.94	81.78±3.12	90.00±5.31	
	Ⅲ	4.96±0.57	4.67±0.57	4.69±0.52	37.02±1.13	58.03±2.23	61.17±5.01	82.00±4.78	
3年	Ⅰ	6.52±0.43	5.77±0.42	5.95±0.39	30.06±0.97	57.97±2.01	109.50±4.12	98.00±3.27	96.98±2.21
	Ⅱ	5.85±0.31	5.27±0.34	5.36±0.41	43.61±1.04	57.52±1.69	83.05±3.86	94.00±4.51	
	Ⅲ	5.22±0.67	4.75±0.77	4.82±0.50	26.34±1.07	56.45±2.41	61.67±2.41	90.00±2.79	

不同采收期三七种子特征比较：

三七种子的采收期长达2个月以上，生产中一般分为三批采收。研究表明，第二批采收种子的长宽厚均最大，第一批和第三批采收种子无显著差异（表2-2）。

表2-2 不同采收期三七种子特征

	级别	长（mm）	宽（mm）	厚（mm）	分级比（%）	含水量（%）	千粒重（g）	活力（%）	净度（%）
1批	Ⅰ	6.14±0.78	5.85±0.37	5.81±0.41	18.40±2.27	57.98±3.21	107.72±5.58	95.00±3.33	96.42±2.45
	Ⅱ	5.84±0.63	5.30±0.45	5.32±0.36	40.45±0.97	60.39±4.41	83.05±4.69	93.00±4.32	
	Ⅲ	5.09±0.54	4.87±0.32	4.80±0.61	41.15±2.10	57.17±3.47	62.06±3.61	86.00±2.16	
2批	Ⅰ	6.30±0.45	5.73±0.42	6.09±0.64	29.46±1.36	61.53±3.47	111.36±3.39	97.00±4.12	97.34±3.61
	Ⅱ	5.85±0.52	5.45±0.39	5.46±0.47	43.48±2.48	59.37±2.14	83.01±4.20	95.00±3.49	
	Ⅲ	5.21±0.42	4.91±0.37	4.81±0.55	27.04±1.74	56.51±3.01	60.59±4.09	90.00±3.36	
3批	Ⅰ	6.22±0.52	5.71±0.51	5.74±0.51	31.30±2.01	58.78±1.87	108.92±4.03	94.00±5.30	96.48±4.21
	Ⅱ	5.67±0.33	5.23±0.52	5.34±0.32	39.60±3.61	56.60±2.37	82.61±3.34	92.00±4.09	
	Ⅲ	5.07±0.34	4.82±0.49	4.88±0.46	29.41±2.13	57.63±2.87	61.57±5.37	88.00±4.87	

4. 种子健康检验

从每批种子随机选择50粒种子进行病原菌的分离和鉴定。去掉果皮的三七种子首先用次氯酸钠进行表面消毒，无菌水清洗三次后将三七种子分别置于固体LB培养基和PDA培养基上，分别分离培养三七种子所带的细菌和真菌。培养1周后，LB培养基上没有发现细菌菌落形成，PDA培养基上长出了多种菌落颜色和形态不一的真菌。通过连续划线纯化各真菌，之后经过形态学及核糖体ITS序列分析鉴定各真菌的种类。从三七种子中主要分离鉴定的真菌有毛霉属（*Mucor*）、镰刀属（*Fusarium*）以及两种灰霉菌（灰葡萄孢菌和*Botryotinia fuckeliana*），其中毛霉属真菌分离频率最高。毛霉属真菌在三七中是否为致病菌暂未发现相关研究，也有可能是三七种子的内生菌。镰刀属真菌是三七根腐病的重要致病菌，共发现两种镰刀属真菌，禾谷镰刀菌（*F. graminearum*）和层出镰刀菌（*F. proliferatum*）。镰刀属真菌的分离频率其次。灰霉菌的致病真菌共分离到两种，灰葡萄孢菌（*Botrytis cinerea*）和*B. fuckeliana*，分离频率低于镰刀属真菌的分离频率。至于三七种子的带菌率，细菌检出率很低，而真菌带菌率很高，达10%以上，即不同批次三七种子中超过10%种子携带根腐病菌和灰霉病菌。说明三七种子带菌是导致三七土传病害发生的主要原因之一。

三、三七种苗质量标准研究

（一）研究概况

三七种苗质量与三七药材产量和质量密切相关。崔秀明等根据生产实际，制定了三七种苗云南省地方标准，并通过田间试验，证实了三七种苗越大，果实与根块产量越高，因此移栽前对三七种苗按大小分级有利于提高三七生产质量。相对于三七种子，到目前为止，三七种苗质量分级标准的研究很少。但囿于试验条件和时代背景的限制，三七种苗的分级标准仍缺乏系统性研究。

（二）研究内容

1. 研究材料

2014年12月下旬至2015年1月中旬，在云南省道地产区文山州30个采样点采集36000株一年生有效三七种苗样本，地域分布范围为东经104.19°至东经105.6°，北纬23.01°至北纬24.05°，海拔1380～1991m。

2. 研究方法

三七种苗的测定指标包括：根长、根粗、芽长、芽粗、须根数及单株鲜重。

根据拟定的三七种苗质量分级标准，将分级后种苗种植于大田进行验证试验。试验地位于昆明理工大学生命科学与技术学院三七种植大棚（东经102.73°，北纬25.04°）。采用正交实验设计$L_9(3^4)$，设12个小区，随机区组排列，每个小区面积30m^2。2015年1月19日移栽，株行距10cm×15cm，每个小区种植2000株，按一般大田管理方法进行管理。分别于2015年3月19日，6月19日和9月19日采集样品，测定农艺性状和光合速率。

按照“S”形取样法在每个小区采集50株样品进行农艺性状测定。测定项目包括出苗率、叶绿素含量（SPAD），株高、茎高、茎粗、根长、根粗、中叶长、中叶宽、须根数和根茎叶干鲜重。

于10：00～12：00间随机抽取不同等级三七种苗10株进行光合作用指标测定（CIRAS-3，PP SYSTEMS，American），包括净光合作用速率、蒸腾速率、气孔导度、胞间CO_2浓度、叶片水分利用率。

实验数据采用EXCEL 2007和SPSS 21.0统计分析软件进行分析（相关性分析、主成分分析、K均值聚类分析及F检验等）与作图。

3. 外形

三七种苗外观形态如图2-2所示。

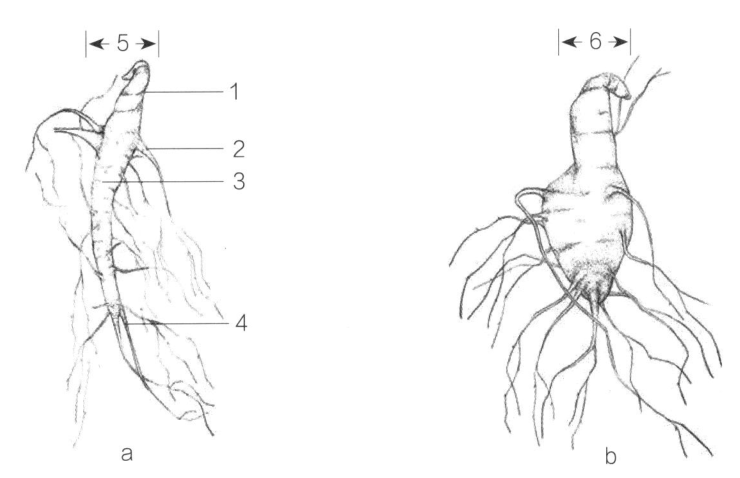

图2-2　三七种苗形态图

a：长形种苗；b：团形种苗；1. 休眠芽；2. 侧根；3. 主根；4. 须根；5. 种苗直径；6. 休眠芽直径

4. 三七种苗主要的农艺性状及相关性分析

三七种苗根长、根粗、芽长、芽粗、须根数和单株鲜干重等农艺性状指标如图2-3和表2-3所示。三七种苗农艺指标大小均呈正态分布，且各项测定指标变异幅度较大，根长为0.8～6.3cm，根粗为0.410～1.99cm，芽长为0.1～2.9cm，芽粗为0.201～0.767cm，须根数为1～32根，单株鲜重为0.34～5.94g。变异幅度大小表现为须根数>单株鲜重>根粗>芽粗>根长>芽长。

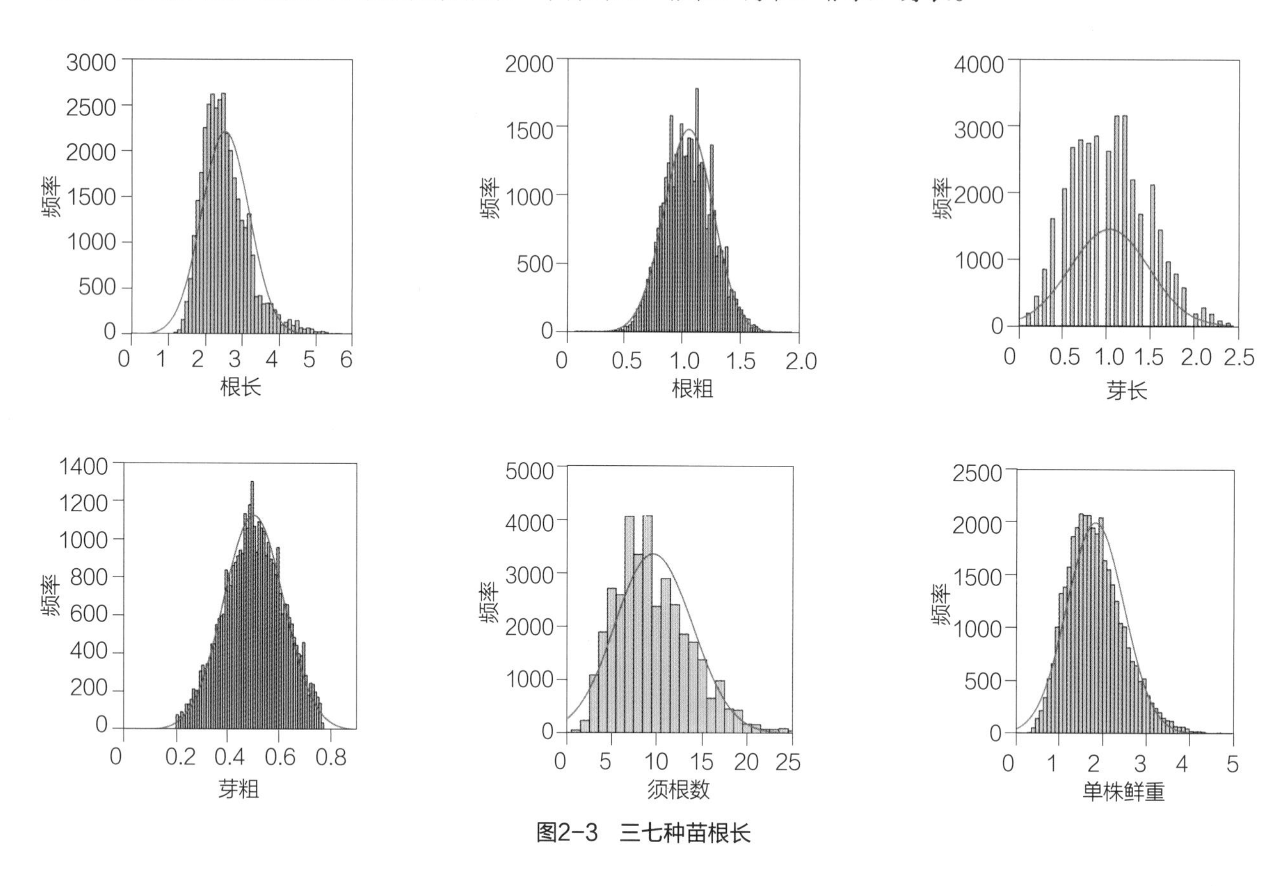

图2-3　三七种苗根长

表2-3　三七种苗性状统计结果

项目	根长（cm）	根粗（cm）	芽长（cm）	芽粗（cm）	须根数（根）	单株鲜重（g）
有效值（N）	35999	35999	35999	35999	35999	35999
最大值	6.3	1.99	2.9	0.767	32	5.94
最小值	0.8	0.410	0.1	0.201	1	0.34
平均值	2.553	1.054	1.035	0.5061	9.64	1.833
标准差	0.6425	0.4197	0.1483	0.1958	4.27	0.756
变异系数CV（%）	25.36	39.82	14.33	38.69	44.29	41.24

分析表明，三七种苗单株鲜重与根长、根粗、芽粗呈极显著正相关（$P<0.01$），与芽长和须根数呈显著正相关（$P<0.05$），说明根长、根粗、芽粗、芽长和须根数直接影响三七种苗单株鲜重；根长与根粗呈极显著负相关（-0.434），与芽粗（0.190）和须根数（0.073）呈显著正相关，见表2-4。

表2-4　三七种苗各性状指标相关性分析（n=35999）

种苗指标	单株鲜重	根长	根粗	芽长	芽粗
根长	0.759**				
根粗	0.994**	-0.434**			
芽长	0.107*	0.072	0.057*		
芽粗	0.508**	0.190*	0.441**	0.057	
须根数	0.106*	0.073*	0.084*	0.055*	0.067*

注：**在0.01水平上极显著相关；*在0.05水平上显著相关。

5. 三七种苗性状指标主成分分析

分别对三七种苗的各项农艺指标因子进行主成分分析，通过降维初步选出了单株鲜重（X_1）、根粗（X_2）、根长（X_3）、芽粗（X_4）和芽长（X_5）五项指标作为进行主成分分析的指标（表2-5）。主成分分析法中，选取的主成分个数一般由累计方差贡献率≥85%确定。本研究中主成分1、主成分2、主成分3和主成分4累计方差贡献率达98.18%，说明该四种主成分能够包含全部指标信息，对种苗质量起主要作用。

表2-5　三七种苗主成分分析

	1	2	3	4		
特征根	1.878	1.070	1.035	0.914		
累计方差贡献率（%）	37.215	63.801	79.235	98.186		
特征向量	0.93	-0.67	-0.02	0.76	X_1	单株鲜重
	0.89	0.66	0.06	0.26	X_2	根粗
	-0.85	-0.34	-0.07	0.27	X_3	根长
	0.77	-0.21	0.09	-0.07	X_4	芽粗
	0.06	0.73	-0.12	0.11	X_5	芽长

6. 三七种苗的分级特征

综上所述，根据三七各性状指标，可把三七种苗初步分为四级，即一、二、三级种苗和不合格等级种苗，如表2-6所示。一级种苗单株鲜重≥2.68g、根长≥4.3cm、根粗1.08~1.29cm、芽粗≥0.629cm、须根数≥25根；二级种苗单株鲜重1.59~2.68g、根长2.6~4.3cm、根粗1.08~1.37cm、芽粗0.504~0.629cm、须根数15~25根；三级种苗单株鲜重0.95~1.59g、根长1.9~2.6cm、根粗0.858~1.08cm、芽粗0.332~0.504cm、须根数8~15根；单株鲜重≤0.95g、根长≤1.9cm、根粗≤0.858cm、芽粗≤0.332cm和须根数≤8根为不合格种苗。

表2-6　三七种苗等级初步分级

等级	种苗指标				
	单株鲜重（g）	根长（cm）	根粗（cm）	芽粗（cm）	须根数
一级	≥2.68	≥ 4.3	1.08~1.29	≥0.629	≥ 25

续表

等级	种苗指标				
	单株鲜重（g）	根长（cm）	根粗（cm）	芽粗（cm）	须根数
二级	1.59～2.68	2.6～4.3	1.08～1.37	0.504～0.629	15～25
三级	0.95～1.59	1.9～2.6	0.858～1.08	0.332～0.504	8～15
不合格	≤ 0.95	≤ 1.9	≤ 0.858	≤0.332	≤8

7. 种苗质量对药材生产的影响

中药材种苗生产贯穿于中药材生产的全过程，是药材产量和品质形成的重要前提和基础。种苗质量的优劣决定了其种植后能否使药材获得稳产、高产和达到《中国药典》（2015年版）规定可控指标，而种苗质量的标准化是达到上述目的的重要途径。

不同等级三七种苗经小区种植试验后出苗率如图2-4所示。其表现为一级苗＞二级苗＞三级苗，且不同等级间出苗率存在显著差异。

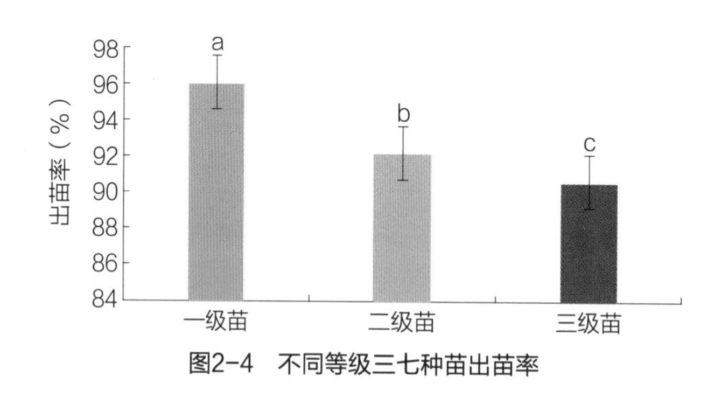

图2-4　不同等级三七种苗出苗率

三七种苗移栽60天，150天和240天后株高、茎高、茎粗、根长、根粗、中叶长、中叶宽、须根数和SPAD值等农艺性状如表2-7所示。上述各项农艺性状在相同采样时期不同等级间、不同时期同一等级间存在显著差异，均表现为随三七种苗等级升高，种植时间延长，农艺性状参数也随之升高。与移栽后60天相比，移栽后150天植株各级别种苗农艺性状增长率平均分别为45.76%（一级苗）、38.21%（二级苗）、28.81%（三级苗）；与移栽后150天相比，移栽240天后各级别种苗农艺性状平均增长率分别为13.39%（一级苗）、12.41%（二级苗）、9.67%（三级苗）。可见种苗生长速率随种苗级别的升高而升高。

表2-7　不同等级三七种苗移栽出苗后的农艺性状

农艺性状	一级苗	二级苗	三级苗
株高（cm）	20.9±2.04	20±2.16	18.3±2.35
茎高（cm）	11.7±1.19	10.5±1.16	9.1±1.28
茎粗（cm）	0.372±0.12	0.359±0.12	0.323±0.12
根长（cm）	3.8±1.19	3.6±1.03	3±1.72
根粗（cm）	1.19±0.21	1.13±0.23	1.01±0.51
中叶长（cm）	6.5±1.53	5.8±1.41	4.9±1.66

续表

农艺性状	一级苗	二级苗	三级苗
中叶宽（cm）	2.3±0.46	2.2±1.06	2.1±0.59
须根数	19±3	13±3	12±3
出苗率（%）	96.04	92.10	90.60
叶绿素含量（SPAD）	29.9±1.89	28.7±1.06	26.8±2.08

不同农艺性状调查时期、不同等级三七种苗，根、茎、叶的鲜重、干重均表现为一级苗>二级苗>三级苗，鲜干比表现为三级苗>二级苗>一级苗，且随着采集时间的延长，同一等级植株根、茎、叶鲜干比由大到小表现为60天>150天>240天；总生物量（茎干重与叶干重之和）均表现为一级苗>二级苗>三级苗，且着采集时间的延长，同一等级植株总生物量由大到小表现为240天>150天>60天。说明，不同等级三七种苗干物质积累量由大到小表现为一级苗>二级苗>三级苗，且随种植时间延长，同一等级三七植株干物质积累量增加。

四、三七种子种苗标准草案

1. 范围

本标准规定了中药材三七种子/种苗的术语和定义、质量要求、试验方法、检验规程、包装、储存和运输。

本标准适用于三七种子/种苗的生产和销售。

2. 规范性引用文件

下列文件中的条款通过本标准的引用而成为本标准的条款。凡是注明日期的引用文件，其随后所有的修改单（不包括勘误的内容）或修订版均不适用于本标准，然而，鼓励根据本标准达成协议的各方研究是否可使用这些文件的最新版本。凡是不注明日期的引用文件，其最新版本适用于本标准。

GB/T 3543.1—1995　农作物种子检验规程　总则

GB/T 3543.2—1995　农作物种子检验规程　扦样

GB/T 3543.3—1995　农作物种子检验规程　净度分析

GB/T 3543.4—1995　农作物种子检验规程　发芽试验

GB/T 3543.5—1995　农作物种子检验规程　真实性和品种纯度鉴定

GB/T 3543.6—1995　农作物种子检验规程　水分测定

ISO/FDIS 17217—1：2013（E）　人参种子种苗质量

3. 术语和定义

下列术语和定义适用于本标准。

3.1 三七　五加科人参属植物三七*Panax notoginseng*（Burk.）F. H. Chen。

3.2 种子　三七植株生长经开花结实所形成的植物学种子。

3.3 种苗　三七种子发芽、出苗，经过培育一年后形成的植株幼体，由主根、休眠芽、侧根和须根四部分组成。

3.4 主根　三七种子萌发后，由胚根发育生长一年后形成的主根。

3.5 休眠芽　三七生长过程中形成的处在休眠状态的芽。

3.6 侧根　三七主根生长过程中侧向生长出的支根。

3.7 须根　三七主根下端长出的根系。

4. 质量要求

4.1 种子质量要求

4.1.1 一般特征

4.1.1.1 种子外观形态：三七种子呈圆形、侧扁或三角状卵形，种皮白色或黄白色，有皱纹，表面粗糙，微具三棱，种子平直的一面有种脊，靠基部有一圆形吸水孔。种皮2层，软骨质。胚乳丰富，白色，胚位于胚乳基部。

4.1.1.2 合格种子应饱满、质硬、无异味、无霉变。

4.1.1.3 合格种子含水量应不低于60%。

4.1.1.4 合格种子成熟度应不低于90%。

4.1.1.5 合格种子生活力应不低于90%。

4.1.1.6 合格种子净度应不低于98%。

4.1.1.7 合格种子不得检出致病性镰刀菌（*Fusarium* spp.）、链格镰孢菌（*Alternaria* spp.）和线虫。

4.2 种子分级　合格的种子各项指标应符合表2-8的规定。

表2-8　三七种子分级表

等级	千粒重（g）	种子宽（mm）	种子厚（mm）	种子长（mm）
一级	≥100	≥5.5	≥5.5	≥6.3
二级	≥80	≥5.0	≥5.0	≥5.5
三级	≥60	≥4.5	≥4.5	≥5.0
不合格	<60	<4.5	<4.5	<5.0

4.3 种苗质量要求

4.3.1 一般特征

4.3.1.1 三七种苗按形状可分为团形和长形两种。团形种苗短而粗，长形种苗细而长。

4.3.1.2 合格种苗应完整、无虫蛀、无机械损伤、无霉变。

4.3.1.3 不得检出致病性镰刀菌（*Fusarium* spp.）、三七黑斑病菌（*Alternaria panax* whetz.）和北方根结线虫（*meloidogyne* spp.）。

4.3.2 种苗分级：合格三七种苗的其他指标应符合表2-9的规定。

表2-9　三七种苗分级表

分级	单株重（g）	种苗直径（cm）	休眠芽直径（cm）	须根数
一级	≥2.5	≥1.2	≥0.6	25
二级	≥1.5	≥0.9	≥0.4	15
三级	≥ 1.0	≥0.6	≥0.2	8

5. 检验方法

5.1 成熟度检测　将待测种子取出，沿种皮结合痕切为两瓣，置于解剖镜下观察胚的形态，具有梨形或锁形胚的种子，且种胚约占种子总体积的2/5，视为成熟的种子，以其占观察数的百分率表示。计算公式：

$$成熟度(\%) = \frac{具有梨形或锁形胚种子数}{试样粒数} \times 100$$

5.2 净度检测　按GB/T 3543.3农作物种子检验规程净度检验方法进行检测。

5.3 生活力检测　按GB/T 3543.4农作物种子检验规程四氮唑检验方法进行检测。

5.4 水分测定　按GB/T 3543.5农作物种子检验规程水分检验方法进行检测。

5.5 千粒重测定　按GB/T 3543.6农作物种子检验规程种子重量检验方法进行检测。

5.6 真菌检验　按照ISO/FDIS 17217-1：2013（E）人参种子种苗质量7.8进行检测。

5.7 线虫检测　按照ISO/FDIS 17217-1：2013（E）人参种子种苗质量7.9进行检测。

5.8 种苗重量检测　从送检样品中随机取300～500株，每100株为一组，用感量不低于1g天平称取，重复3次，取平均值计算单株重，允许误差±5%。

5.9 种苗直径检测　取100～150株种苗，采用游标卡尺测量种苗主根最大部位（保留两位小数），计算平均值，允许误差±5%。

5.10 休眠芽直径检测　取100～150株种苗，采用游标卡尺测量种苗休眠芽最大部位（保留两位小数），计算平均值，允许误差±5%。

5.11　病虫感染及外观测定

5.11.1 肉眼检验：将送检样品以100株为一组，重复4次，摊放在白磁盘或玻璃上，用肉眼或5～10倍的放大镜检验，挑出病虫危害及机械损伤的种苗。

5.11.2 显微镜检验：将送检样品随机抽出100株，分为4组，进行切片观察，检查种苗带菌情况。

6. 检验规程

6.1 扦样

6.1.1 种子扦样：取样应按GB/T 3543.2执行，样品的最大重量和最小重量按表2-10中规定执行。

表2-10　批种子和样品的最小重量、最大重量要求

批种子最大重量（kg）	样品最小重量（g）		
	取样量	纯度分析	其他项目分析
2000	500	100	300

注意：扦样前应先了解所要检验的种子来源、产地、数量、贮藏方法、贮藏条件、贮藏时间等。

6.1.2 种苗扦样：种苗扦样批最大数量为50万株，取样量不少于500株。

6.2 检验项目

6.2.1 种子检验项目：种子检验项目为成熟度、净度、生活力、种子含水量、千粒重、致病性镰刀菌、三七黑斑病源菌、北方根结线虫等各项指标。

6.2.2 种苗检验项目：种苗检验项目为单株重、主根直径、休眠芽直径、致病性镰刀菌、三七黑斑病源菌、北方根结线虫等各项指标。

6.3 判定原则

6.3.1 种子分级判定原则

6.3.1.1 受检样品中各项指标低于三级种子的，则判定整批种子不合格，不得作生产用种。
6.3.1.2 检出致病性镰刀菌、三七黑斑病源菌、北方根结线虫的不得作为生产用种。
6.3.2 种苗分级判定原则
6.3.2.1 各项指标低于三级标准的，则判定为不合格种苗，不得用作生产用种苗。
6.3.2.2 检出致病性镰刀菌、三七黑斑病源菌、北方根结线虫的不得作为生产用种苗。

7. 标志、包装、运输和贮存

7.1 标志　包装物上应标注原产地域产品标志、注明品名、产地、规格、等级、生产者、生产日期或批号、产品标准号。

7.2 包装　包装物应洁净、干燥、无污染，符合国家有关卫生要求。种子包装洁净的编织袋进行包装，包装规格为每袋10～20kg。允许误差1%。种苗可用洁净的编织袋或竹制品进行包装，包装规格为每件25kg，允许误差1%。

7.3 运输　选择透气、防水、洁净的运输工具进行运输，不得与有毒有害物质混装。种苗若确需长途运输，需用透气性好的装载工具，并加上少量的土壤以保持种苗水分，忌阳光直晒。

7.4 贮存　三七种子需要用25%湿沙进行贮存，保存时间不宜超过90天；三七种苗贮存不宜超过24小时。

五、三七种子种苗繁育技术研究

（一）研究概况

崔秀明等研究发现三七种苗萌发的三基点温度为最低10℃，最适15℃，最高20℃，三七种苗萌发的最高温度和最适温度均比种子低，且三七种苗出苗的土壤含水量为20%～25%。烯土、养植宝、三十烷醇等也能明显提高三七出苗率，增加种苗产量。

崔秀明等利用七种植物激素及生长调节剂对三七种子进行处理，结果表明，稀土、养植宝、三十烷醇等植物生长调节剂能明显提高三七出苗率，增加种苗产量。GA_3虽能打破三七种子休眠，使三七提前出苗，增加植株高度，但出苗率及产量均比对照明显下降。水分是三七种子发育的关键因子。土壤湿度需保持在25%～30%，空气湿度70%～85%为宜。土壤湿度低于20%，影响种子发芽，高于40%，会发生根腐病和死亡。

三七种苗在休眠过程中需经一段时间的低温处理才会萌发，采用500×10^{-6}的赤霉素处理可代替低温作用，促使三七种苗萌发，种苗出苗率影响因素。

（二）三七种子种苗繁育技术规程

选种及种子处理：三七生产用良种应采用“集团选择”的方法进行选择。在三七长势良好、无病或病害很轻的七园中挑选植株高大、茎秆粗壮、叶片厚实宽大、无病的三年生三七为留种植株，并做好标记，精心管理。三年生三七所结种子体型大于二年生三七，且含水率较低，干物质累积量较大，三年生三七所结种子优种率较高，且种子活力强。采收三年期三七的第2批种子为宜。种子采收后搓去果皮，洗净，晾干表面水分后采用层积处理保存。

播种：用工具划印行，以行株距6×5cm进行点播，播种后用菌土覆盖，畦面盖一层稻草或松针，以保持畦面湿润和抑制杂草生长，每亩用种7万～10万粒。

苗期管理和移栽：天气干旱时，应经常浇水，雨后及时排除积水，定期除草。苗期追肥通常追施3次，第一次在3月份苗出齐后进行，后2次分别在5月、7月进行。苗期天棚透光度要根据不同季节的光照度变化加以调节。三七育苗一年后移栽，一般在12月至翌年1月移栽。要求边起苗、边选苗、边移栽。起根时，严防损伤根条和芽苞。选苗时要剔除病、伤、弱苗，并分级栽培。

参考文献

[1] 崔秀明，朱艳. 三七实用栽培技术 [M]. 福州：福建科技出版社，2013.

[2] 安娜，崔秀明，萧凤回，等. 三七果实发育中生理生化的动态研究 [J]. 中草药，2006，37 (7) :1086-1088.

[3] 朱艳，安娜，崔秀明，等. 三七种子贮藏习性研究 [J]. 现代中药研究与实践，2010，24 (3) :14-15.

[4] 韩春艳，张蕊蕊，孙卫邦. 三七种子质量分级标准的研究 [J]. 种子，2014，33 (4)：116-118，121.

[5] 崔秀明，王朝梁，陈中坚. 种苗分级对三七生长和产量的影响 [J]. 中药材，1998，21 (2)：60-61.

[6] 崔秀明，王朝梁，李伟，等. 三七种子生物学特性研究 [J]. 中药材，1993，16 (12)：3-4.

[7] 崔秀明，王朝梁，李伟，等. 植物激素及生长调节剂对三七种子的效应 [J]. 中药材，1994，17 (2)：3-5.

[8] 王朝梁，崔秀明，李忠义，等. 三七根腐病发生与环境条件关系的研究 [J]. 中国中药杂志，1998，23 (12)：714-716.

崔秀明（昆明理工大学）

03 大黄（掌叶大黄）

一、大黄概况

大黄为蓼科植物掌叶大黄*Rheum palmatum* L.、药用大黄*Rheum officinale* Baill.或唐古特大黄*Rheum tanguticum* Maxim. ex Balf.的干燥根及根状茎，具有泻下攻积、清热泻火、凉血解毒、逐瘀通经、利湿退黄的功效，用于治疗实热便秘，热毒疮疡，癥瘕积聚等症。

大黄是我国传统的中药材，掌叶大黄为我国正品大黄的主要来源之一，又名葵叶大黄、北大黄、珠莫萨，主要分布于甘肃、青海、四川西北部、陕西、西藏东部、云南西北部，贵州西北部也有分布，以甘肃（人工种植为主）及青海（野生为主）所产的质量最为优良。掌叶大黄主要以种子繁殖，也有种苗繁殖。种子种苗质量直接影响药材的质量和产量。近年来，掌叶大黄种植面积逐年增大，种子区域间流通频繁。但由于引种混乱和缺乏统一的质量标准，导致掌叶大黄种子混杂严重，药材质量下降，给药材生产带来很大的损失。因此，掌叶大黄种子种苗质量标准的提出和建立有利于从药材生产的源头——种子上对药材质量进行控制，保证大黄生产及药材质量，同时也有利于规范大黄种子种苗市场。

二、大黄种子质量标准研究

（一）研究材料

征集甘肃省不同产地、不同生态区域条件下掌叶大黄种子共50份。其中，甘肃礼县21份，宕昌县20份，华亭县2份，陇西县、渭源县、泾源县、隆德县、庄浪县、静宁县和岷县各1份。

（二）扦样方法

扦样方法参照GB/T 3543.2—1995《农作物种子检验规程-扦样》。必须是同一来源、同一品种、同一年度、同一时期收获且质量基本一致的大黄种子才可划分为一个种子批。种子批总重量的确定按上述规程表3-1所规定的重量（其容许差距为5%）进行比较，若超过规定重量须分成几批，分别批号，分批扦样。

（三）净度分析

扦取不少于25g的种子样品，净度分析按GB/T 3543.3《农作物种子检验规程》进行。

（四）真实性鉴定

随机从试验样品中数取100粒种子，4次重复，每个重复不超过100粒，对种子进行逐粒观察鉴定，区分掌叶大黄和其他大黄及其他植物的种子，计数，计算品种纯度。

$$品种纯度（\%）=\frac{供检种子数-异品种种子数}{供检种子数}\times 100$$

不同种大黄果实外观形态大体上一致，瘦果具3翅，长圆形，果实基部留存3裂花萼，果实内部仅含1粒种子，果皮较厚，带有长短不一的果脐，表面光滑无毛。但也存在一定差异。掌叶大黄翅与果脐呈灰褐色，种子部位黑色，翅呈现皱缩状；唐古特大黄翅与果脐呈褐色，种子部位黑色，翅无皱缩；药用大黄全果呈褐色，翅呈皱缩状（图3-1）。

图3-1　掌叶大黄种子

（五）重量测定

种子千粒重是评价种子质量的重要指标之一。本研究分别对比了百粒法、五百粒法和千粒法，最终选择千粒法进行千粒重的测定。具体方法参照GB/T 3543.7—1995其他项目检查中重量测定执行。

（六）水分测定

首先将烘箱预热至140～145℃，打开箱门5～10分钟后，烘箱温度须保持130～133℃，设1、2、3、4小时四个时间处理，每处理4个重复，每重复25g。将处理后的种子放入预先烘干并称过重的铝盒中一起称重，记录，放置在131℃烘箱内。到预定时间后，取出称重，分别计算种子水分百分率。

表3-1　高温烘干法不同时间对不同产地大黄种子水分的影响

样品编号	水分（%）			
	高温法（1h）	高温法（2h）	高温法（3h）	高温法（4h）
3	7.67	8.48	9.08	9.08
18	7.67	8.51	8.75	8.76
49	6.71	7.91	8.47	8.48

产地：3—宕昌县竹院乡刘家村；18—礼县白关乡苟家山村百草山；49—静宁县。

根据表3-1的结果分析可知，烘干时间保持在3小时以上，种子重量基本保持不变。因此掌叶大黄种子千粒重的测定采用高温烘干法，烘箱温度130～133℃，保持3小时。

（七）发芽试验

1. 浸种时间

在室温20℃下，用蒸馏水对同一批次掌叶大黄种子浸种，浸种时间设置12、24、36、48、72小时五个处理，每个处理50 粒种子，重复4次。由不同浸种时间对掌叶大黄种子发芽影响的结果（表3-2）可以看出，随着浸种时间的增加，掌叶大黄种子的发芽率呈现出先增后减的趋势。浸种时间为48小时，种子发芽率最高，可达88.50%，显著高于其他处理（$P<0.05$）。因此选择48小时作为最佳的浸种时间。

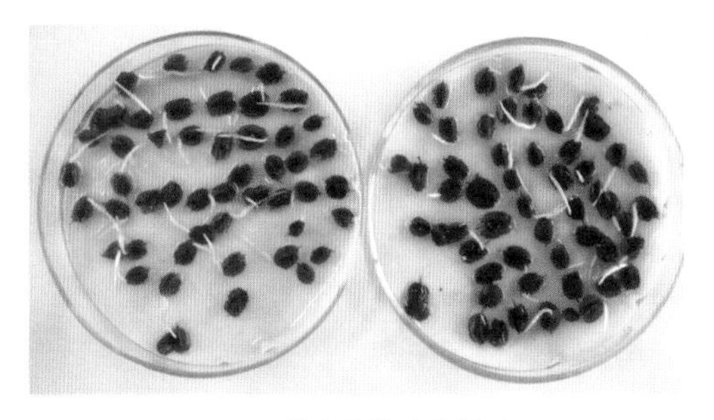

图3-2　萌发的掌叶大黄种子

表3-2 浸种时间对掌叶大黄种子发芽的影响

浸种时间（h）	发芽率（%）	发芽指数	浸种时间（h）	发芽率（%）	发芽指数
12	70.00[c]	11.83[d]	48	88.50[a]	21.69[a]
24	73.07[b]	16.64[c]	72	73.64[b]	16.74[a]
36	75.14[b]	18.60[b]	0 (CK)	57.39[d]	10.59[d]

注：同列数据肩标不同字母表示在0.05水平差异显著。

2. 浸种温度

浸种温度设置15、20、25、30、35℃五个处理，浸种时间为18小时，纸上发芽。由浸种温度对掌叶大黄种子发芽影响的结果（表3-3）可以看出，浸种温度为20℃时，大黄种子发芽率和发芽指数均显著高于其他浸种温度处理（$P<0.05$）。因此选择浸种温度20℃、浸种时间为48小时作为最适宜的大黄种子发芽前处理程序。

表3-3 浸种温度对掌叶大黄种子发芽的影响

浸种温度（℃）	发芽率（%）	发芽指数	浸种温度（℃）	发芽率（%）	发芽指数
15	73.07[b]	14.37[b]	30	58.57[c]	12.60[bc]
20	83.14[a]	22.15[a]	35	57.43[c]	10.83[c]
25	73.29[b]	15.12[b]			

注：同列数据肩标不同字母表示在0.05水平差异显著。

3. 最适发芽温度

试验设置5、10、15、20、25、30、35℃共7种恒温条件进行发芽实验。纸上发芽，每个处理50粒种子，4个重复。由不同发芽温度处理对掌叶大黄种子发芽的影响结果（表3-4）可以看出，在20～25℃的恒温发芽条件下，掌叶大黄种子的发芽率和发芽指数均无显著差异，但明显高于其他恒温处理。因此20～25℃为掌叶大黄种子的适宜发芽温度。

表3-4 不同温度处理对掌叶大黄种子发芽的影响

发芽温度（℃）	发芽率（%）	发芽指数	发芽温度（℃）	发芽率（%）	发芽指数
5	65.14[c]	5.83[d]	25	79.93[a]	11.40[a]
10	73.21[a]	6.64[a]	30	66.36[c]	8.12[b]
15	75.21[ab]	8.60[b]	35	54.50[d]	5.81[d]
20	81.21[a]	11.96[a]			

注：同列数据肩标不同字母表示在0.05水平差异显著。

4. 发芽首次和末次计数时间

蒸馏水浸种后，将掌叶大黄种子置于纸上发芽床的培养皿中，每皿50粒，4个重复，25℃培养箱中培养，确定初次计数和末次计数时间。以达到50%发芽率的天数为初次计数时间，以发芽率达到最高时，以后再无萌发种子出现时的天数为末次计数时间。由掌叶大黄种子的发芽情况（图3-3）可以看出，在发芽温度25℃和纸床（纸上）条件下，首次计数时间为第7天，末次计数时间为第12天。

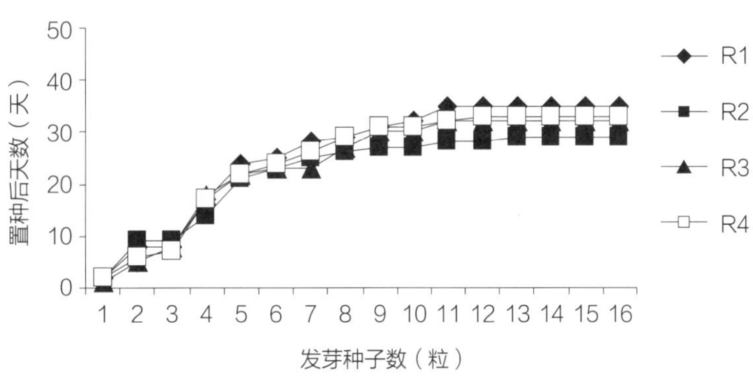

图3-3　大黄种子发芽首次末次计数时间

（八）生活力测定

生活力测定考察了红墨水染色法和四唑染色法（TTC法）最终选择TTC法。具体方法为：① 将大黄种子，用温水（30℃）浸泡2～6小时，使其充分吸胀。② 随机取种子2份，每份50粒，沿种胚中央准确切开，取每粒种子的一半备用。③ 把切好的种子分别放在培养皿中，加TTC溶液，以浸没种子为度。④ 放入30～35℃的恒温箱中保温30分钟。也可在20℃左右的室温下放置40～60分钟。⑤ 保温后，倾出药液，用自来水冲洗2～3次，立即观察种胚着色情况，判断种子有无生活力。

三、大黄种苗质量标准研究

（一）研究概况

种苗质量标准化是中药材生产管理规范（GAP）实施过程中首先要解决的关键问题，种苗质量标准研究可为规范化栽培提供依据。大黄属于多年生药用植物，采挖年限一般在三年以上，生长周期长，选择优质的大黄种苗就显得尤为重要。然而，目前大黄种苗缺乏统一的质量分级标准，对大黄的规范化种植及其质量控制极其不利。甘肃作为全国重要的掌叶大黄道地产区，已形成规模较大的规范化栽培基地，并向全国提供大量的药材原料，种苗的质量控制和管理显得至关重要。

（二）研究内容

1. 研究材料

大黄种苗为蓼科植物掌叶大黄（*Rheum palmatum* L.）的用于移栽的种苗。

种苗收集：收集不同产地、不同生态区域条件下的种苗至少30份。收集原则：① 药材的原产地收集的种苗10～15份。② 直接从田间采挖的种苗5～10份。③ 从药材集市或市场上收集的种苗10～15份。

2. 扦样方法

同一品种、同一批改，同一生产日期、同一生产单位的掌叶大黄种苗为一个检验批次。扦样方法按GB/T 2828.1中规定执行。

3. 外形检验

在采集到的30份不同产地的大黄种苗中，随机抽取一定数目样品，逐一进行观察。

（1）测量工具　测量工具用钢卷尺和游标卡尺进行测量。

（2）颜色观察　对采集来的大黄种苗肉眼观察外形、表面颜色、顶芽、侧根数、表皮、饱满度、完整性、种苗病斑和损伤情况等。

（3）形态指标　对采集来的大黄种苗进行相关形态指标的测量，包括单根重量、根长、根粗、叶长、叶宽、叶面积、株高、茎粗。

4. 净度分析

抽查统计大黄种苗混入的其他植物种苗的比例。

5. 健康度检查

对采集来的大黄种苗，随机抽取采用组织分离法，切取掌叶大黄根上受伤和健康交界处组织，大小5mm×5mm，首先用70%乙醇消毒5秒，0.1%$HgCl_2$表面消毒30秒，灭菌水冲洗3～4次，然后在无菌条件下分别接种到马铃薯葡萄糖琼脂培养基（potato dextrose agar，PDA）上，培养2～3天后精选观察。单孢分离纯化采用平板稀释画线分离法。将分离到的真菌分别进行纯化、镜检和转管保存后镜检。根据真菌培养性状和形态特征，参考有关工具书和资料将其鉴定到属。

6. 病虫害

检查大黄种苗的伤斑外观特征及虫卵等等，统计病虫害情况。

四、大黄种子标准草案

1. 范围

本标准规定了掌叶大黄种子的术语和定义、分级要求、检验方法、检验规则、包装、贮存及运输等。

本标准适用于掌叶大黄种子生产者、经营者和使用者在种子采收、调运、播种、贮藏以及国内外贸易时所进行种子质量分级。

2. 规范性引用文件

下列文件所包含的条款，通过在本标准中引用而构成为本标准的条款。凡注明日期的引用文件，仅注明日期的版本适用于本文件。凡是不注明日期的引用文件，其最新版本（包括所有的修改单）适用于本文件。

GB/T 3543.1～3543.7　农作物种子检验规程

中华人民共和国药典（2015年版）一部

3. 术语和定义

3.1 掌叶大黄种子　蓼科植物掌叶大黄*Rheum palmatum* L.的成熟果实。

3.2 扦样　从大量的种子中随机扦取一定重量且有代表性的供检样品。

3.3 种子净度　指完整的掌叶大黄种子重量占检验样品总重量的百分比。

3.4 千粒重　一千粒掌叶大黄种子重量，以克（g）为单位。

3.5 种子含水量　按规定程序把种子样品烘干所失去的重量，用失去重量占供检样品原始重量的百分率表示。

3.6 种子发芽率　指在规定的条件和时间内正常发芽种子数占供检种子数的百分率。

4. 要求

4.1 基本要求

4.1.1 外观要求：瘦果椭圆形至矩圆形，具三翅，呈褐色，皱缩状，顶端稍凹陷，基部呈心形，留存3裂花萼，果实内部仅含1粒种子，种子黑色，外形完整、饱满。

4.1.2 检疫要求：无检疫性病虫害。

4.2 质量要求　依据掌叶大黄种子净度、发芽率、千粒重、含水量及种子活力指标进行分级，质量分级符合表3-5的规定。

表3-5　大黄种子质量分级标准

分级指标	一级	二级	三级
净度（%）	≥95.0	≥85.0	≥80.0
发芽率（%）	≥80.0	≥70.0	≥60.0
千粒重（g）	≥9.0	≥8.5	≥7.0
水分（%）	≤10.0	≤10.0	≤10.0
种子活力（%）	≥90.0	≥84.0	≥80.0

5. 检验方法

5.1 外观检验　根据质量要求目测种子的外形、色泽、饱满度。

5.2 扦样　按GB/T 3543.2《农作物种子检验规程》中对掌叶大黄的要求执行。必须是同一来源、同一品种、同一年度、同一时期收获和质量基本一致的大黄种子才可划分为一个种子批。

5.3 真实性鉴定　采用种子外观形态法，通过对种子形态、大小、表面特征和种子颜色进行鉴定，并与标准图对照。鉴别依据如下：瘦果长圆形，具三翅，顶端稍凹陷，基部呈心形，留存3裂花萼，果实内部仅含1粒种子。果翅与果脐呈灰褐色，种子部位黑色，翅呈现皱缩状。

5.4 发芽率　取净种子100粒，4次重复；在室温20℃下用蒸馏水浸种24小时；将种子均匀排放在纸上（TP）发芽床上，置于25℃，12小时光照条件下进行发芽实验；记录从培养开始的第5天至第12天的各重复掌叶大黄种子发芽数，鉴别正常幼苗与不正常幼苗，计数并计算发芽率。

5.5 重量测定　采用千粒法测定，方法与步骤具体如下：将净种子混合均匀，从中随机数取3个重复，每个重复1000粒种子；将3个重复分别称重（g），结果精确到0.0001g。

按以下公式计算结果：

$$平均重量（\overline{X}）=\frac{\Sigma X}{n}$$

式中：$\overline{X}$——1000粒种子的平均重量，

X——各重复重量；

n——重复次数。

5.6 水分测定　采用高恒温烘干130℃/3小时法测定种子含水量，具体按GBT 3543.6农作物种子检验规程水分测定执行。

5.7 净度分析　按GB/T 3543.3《农作物种子检验规程净度分析》执行。

5.8 生活力测定　从试样中数取种子100粒，4次重复。将种子在常温下用蒸馏水中浸泡20小时，沿种子种脊均匀切为两瓣，选取其中较完整的一瓣（有胚的部分）。将种子置0.5%四唑（TTC）溶液中，于30℃恒温箱内染色。4小时后取出，迅速用自来水冲洗，至洗出的溶液为无色为止。根据种胚的染色情况，记录有活力及无活力种子数量，并计算生活力。

6. 检验规则

6.1 组批　同一批掌叶大黄种子为一个检验批次。

6.2 抽样　种子批的最大重量10000kg，送检样品450g，净度分析45g。

6.3 交收检验　每批种子交收前，种子质量由供需双方共同委托种子质量检验技术部门或获得该部门授权的其他单位检验，并由该部门签发大黄种子质量检验证书或检验报告。

6.4 判定规则　按4.2 的质量标准要求对种子进行评判，同一批检验的一级种子中，允许5%的种子低于一级标准，但必须达到二级标准，超此范围，则为二级种子；同一批检验的二级种子，允许5%的种子低于二级标准，超此范围，则为三级种子；同一批检验的三级种子，允许5%的种子低于三级标准，超此范围则判为等外品，不能作为生产栽培使用。

6.5 复检　供需双方对质量要求判定有异议时，应进行复检，并以复检结果为准。

7. 包装、标识、贮存、运输

7.1 包装　用透气的麻袋、编织袋包装，每个包装不超过25kg。包装外附有种子标签以便识别。

7.2 标识　销售的袋装掌叶大黄种子应当附有标签。标签表明种子的产地、重量、净度、发芽率、含水量、质量等级、采收期、生产者或经营者名称、地址等，并附植物检疫证书。

7.3 贮存　掌叶大黄种子应在小于5℃的低温下贮存，贮藏年限为一年。

7.4 运输　禁止与有害、有毒或其他可造成污染物品混贮、混运。运输种子时要防止暴晒、雨淋、受潮，防止种批混杂，要干燥通气。车辆运输时应有苫布盖严，船舶运输时应有下垫物。

五、大黄种苗标准草案

1. 范围

本标准规定了掌叶大黄种苗的术语和定义、分级要求、检验方法、检验规则、包装、贮存及运输等。

本标准适用于掌叶大黄种苗生产者、经营者和使用者。

2. 规范性引用文件

下列文件所包含的条款，通过在本标准中引用而构成为本标准的条款。凡注明日期的引用文件，仅注明日期的版本适用于本文件。凡是不注明日期的引用文件，其最新版本（包括所有的修改单）适用于本文件。

GB/T 2828.1　计数抽样检验程序第1部分

GB15569　农业植物调运检疫规程

3. 术语和定义

下列术语和定义适用于本标准。

3.1 掌叶大黄　掌叶大黄为蓼科草本植物掌叶大黄*Rheum palmatum* L.。

3.2 种苗　用作繁殖的掌叶大黄植株带芦头的根茎。

3.3 单根重量　单个根茎的鲜重，以克（g）为单位。

3.4 根粗　芦头下1cm处主根的直径，以厘米（cm）为单位。

3.5 根长　从根茎部至主根根尖末端的长度，以厘米（cm）为单位。

3.6 顶芽　种苗顶端的芽。

3.7 侧根　在主根一定部位上侧向从内部生出的支根。

4. 要求

4.1 外观要求　新鲜完整，表面颜色为黄色或暗红色，具顶芽，无病斑、虫斑及损伤。

4.2 质量要求　依据单根重量、根粗、根长、顶芽及侧根状况等进行分等，质量等级符合表3-6的规定。

表3-6　掌叶大黄种苗质量分级标准

种苗等级	单根重量（g）	根粗（cm）	根长（cm）	顶芽状况	侧根状况
Ⅰ级	≥25.0	≥2.1	≥25.0	顶芽完整	无明显侧根
Ⅱ级	≥20.0	≥1.8	≥20.0	顶芽完整	无明显侧根
Ⅲ级	≥15.0	≥1.5	≥15.0	基本完整	有少数侧根

5. 检验方法

5.1 扦样　同一品种、同一批次、同一生产单位、同一生产日期的掌叶大黄种苗为一个检验批次。扦样方法按GB/T 2828.1中规定进行，采用随机抽样法，扦样数为30。

5.2 外形检验　根据质量要求目测评定，查看外形、表皮、颜色、饱满度、完整性、侧根数、种苗病斑和损伤情况等。

5.3 单根重量　电子天平称量100根种苗的鲜重，精确到 0.01g，取平均值。

5.4 根粗　用游标卡尺测量100棵掌叶大黄种苗的芦头下1cm处的根粗，精确到 0.01cm，取平均值。

图3-4　掌叶大黄种苗

5.5 根长　用钢卷尺，测定种苗的长度。

5.6 顶芽　以目测顶芽饱满度及损伤情况。

5.7 侧根数　采用人工计数法，计数除主根外的侧根数量。

6. 检验规则

6.1 组批　同一品种、同一批次、同一生产单位、同一生产日期的掌叶大黄种苗为一个检验批次。

6.2 抽样　检测样本数按GB/T 2828.1中规定进行，采用随机抽样法。

6.3 交收检验　每批种苗交收前，种苗质量由供需双方共同委托种苗质量检验技术部门或获得该部门授权的其他单位检验，交收检验内容包括质量等级、标志和包装。检验合格并附合格证后方可验收。

6.4 判定规则　单根重量、根粗、根长、顶芽状况、侧根状况有任意一项不满足一级则视为二级；有任意一项未满足二级则视为三级；有任意一项未满足三级则视为达不到三级，达不到三级的不可用做生产栽培使用。

7. 包装、标识、贮存、运输

7.1 包装　用透气、洁净的编织袋包装。包装外附有种苗标签以便识别。

7.2 标识　销售的包装掌叶大黄种苗应当附有标签。每批种苗应挂有标签，表明种苗品名、产地、规格、质量等级、生产者或经营者名称、地址、生产日期、产品标准号等，并附植物检疫证书。

7.3 贮存　种苗短期贮存应散放或用网状编织袋包装，放在阴凉、干燥、泥土地面的室内贮藏，并保持通风透气，勤翻动，防止霉变、腐烂、鼠害、风吹、日晒、雨淋。

7.4 运输　禁止与有害、有毒或其他可造成污染物品混贮、混运。运输种苗时要防止曝晒、雨淋、受潮、受冻，要保湿通气。

参考文献

[1] 王昌华，银福军，刘翔，等. 大黄种子发芽检验标准化研究 [J]. 重庆中草药研究所，2009，20 (6)：1369-1371.

[2] 李增轩，陈垣，郭凤霞，等. 掌叶大黄种子发芽检验方法研究 [J]. 甘肃农大学报，2013，48 (1)：75-79.

[3] 李增轩. 掌叶大黄种子种苗质量标准研究 [D]. 兰州：甘肃农业大学，2012.

[4] 刘飞，伍晓丽，李隆云，等. 大黄种子带菌检测及药剂消毒处理研究 [J]. 西南大学学报：自然科学版，2007，29 (10)：67-70.

[5] 潘水站，刘莉，张杰，等. 掌叶大黄种子育苗试验研究 [J]. 现代农业科技，2012 (19)：61.

[6] 孙云波，陈垣，郭凤霞，等. 掌叶大黄种子质量分级标准研究 [J]. 甘肃农大学报，2014 (4)：33-39.

[7] 李敏，敬勇，林秋霞. 一种正品大黄种子的快速检测方法：中国，CN102879394A [P]. 2013.

[8] 李敏，李丽霞，刘渝，等. 大黄研究进展 [J]. 世界科学技术：中医药现代化，2006，8 (4)：34-39.

[9] 刘亚亚，陈垣，郭凤霞，等. 掌叶大黄根腐病病原菌的分离与鉴定 [J]. 草业学报，2011，20 (1)：199-205.

[10] 王昌华，刘翔，银福军，等. 大黄种子质量分级标准研究 [J]. 时珍国医国药，2009，20 (7)：1605-1606.

李晓琳　陈敏　李颖（中国中医科学院中药资源中心）

陈垣（甘肃农业大学）

04 山药

一、山药概况

山药为薯蓣科植物薯蓣（*Dioscorea opposita* Thunb.），药用部位为干燥根茎。是我国常用中药材。

山药是一种药食两用的家种药材品种，市场用量较大，为一大宗药材品种。山药有怀山药和广山药两个规格，怀山药主要分布在河北、河南，河北安国一带生产的山药为河北安国地道药材，也是安国传统“八大祁药”之一；广山药主要分布在两广地区，整体上来说山药是一个分布比较广泛的药材品种。

山药种子饱满度很差，空秕率一般为70%，高者在90%以上。生产中采用无性繁殖材料芦头（薯蓣块根上端有芽的一节）和零余子作为种栽。市场上芦头和零余子的种苗质量良莠不齐，没有相应的种苗标准，在一定程度上限制了种苗的流通。

本研究的目的是建立山药种子种苗检验规程并制定其质量分级标准，用以规范山药种子种苗的生产和经营，保护生产者、经营者和使用者的利益，从而避免不合格山药种子种苗用于生产而带来的损失，使山药栽培生产出优质、高产的产品；同时对规范山药种苗市场，保证山药种植业健康发展具有积极而重要的作用。

二、山药种苗质量标准研究

（一）研究材料与方法一（山药芦头）

通过对安国市场上30批次祁山药芦头种苗的净度、纯度、含水量、长度、直径、单株重、出苗率等指标进行测定，应用SPSS 19.0分析软件进行K-中心聚类分析，制定祁山药芦头种苗的质量分级标准，以期对祁山药种苗的生产应用和规范其种苗市场 提供理论依据。

1. 材料与方法

（1）材料　30批次山药芦头样本2012年4月采购于安国市药材种苗市场，经鉴定为安国市祁山药农家品种小白嘴。

（2）方法

取样：将各批次的山药芦头平摊与桌面上，每批次随机选取有代表性芦头50株，重复3次。

净度检测：根据《作物种子检验规程》净度分析，测定样品中纯净种苗重量占测定后样品各成分重量总和的百分比。

种苗净度=纯净种苗重/（纯净种苗重+其他种苗重+杂物重）

纯度检测：根据《作物种子检验规程》真实性和品种纯度鉴定，样品纯度为真实种苗重量占测定后样品中各成分重量总和的百分比。

种苗纯度=本品种种苗重/（本品种种苗、重+其他种苗重+杂物重）

含水量：采用恒温烘干法。将各批次的芦头样品，放于120℃的烘箱内烘至恒重。失水量即为该样本的含水量。

芦头长度：测量供试芦头样品的长度，精确到0.01cm，并求其平均值为该样本芦头的长度。

直径：山药芦头直径指每个芦头最粗端直径，用游标卡尺测量直径，精确到0.001cm，取平均值即为该样本的直径。

单株重：将供试的芦头样本测量单株重，精确到0.001g，求其平均值即为该样本芦头的单株重。

出苗率：将芦头种植于覆有沙土的白色塑料盘内，每盘种植芦头50株，每个样本种植3盆，首次记录出苗时间为15天，末次记录出苗率为25天。

出苗率（%）=出苗数/供试零余子数×100%。

分级标准：应用SPSS 19.0统计分析软件进行K-中心聚类分析，得出种苗的质量分级标准。

2. 结果分析

（1）芦头种苗形态特征及测定结果　山药芦头上端有芽，下端粗上端细，表面粗糙，黄褐色，有韧性（图4-1）。

图4-1　山药芦头

以购自安国的30份山药芦头种苗样本，测量芦头的净度、纯度、含水量、长度、直径、单株重、出苗率指标。测量结果如表4-1所示。

（2）芦头种苗各指标相关性　对芦头种苗质量分级指标惊喜相关性分析如表4-2所示，确定分级指标的优先级。以出苗率、单株重、直径、含水量为主要分级依据，净度、纯度为次要分级依据，长度为参考依据。

（3）芦头种苗质量分级标准　用SPSS 19.0统计分析软件进行K-冲心聚类分析，以出苗率、单株重、直径、长度、含水量、净度和纯度7个指标作为分级标准，得出山药芦头3个等级标准，如表4-3所示。

3. 讨论

对山药芦头种苗质量进行分级之前，首先确定各分级指标的优先顺序。分级的7项指标中，出苗率是确定用种量的主要依据，因此在山药芦头种苗质量分级中作为主要分级依据。应用SPSS 19.0统计分析软件对表4-1进行相关性分析、结果如表4-2，可以看出出苗率与单株重、直径、含水量呈极显著的相关关系，与长度无相关性。因此，确定发芽率、单株重、直径含水量为主要分级依据，长度作为参考依据。由上表4-3可知各等级之间长度差异较小，且长度与出苗率之间的相关性并不显著，故将长度指标定为≥20.00。

由表4-3可知，出苗率与单株重、直径、含水量呈极显著的相关关系，与长度无相关性。故3个等级中出苗率、单株重、直径、含水量有一项不达标则降一级。

无性繁殖是中药材生产中的重要繁殖方式，前人对中药材种子种苗质量分级标准的研究报到较少，曹琦、孟慧等分别对灯盏花种子和海南降香檀种子质量分级标准进行了研究，对祁山药芦头种苗的质量分级标准进行了初步探讨，关于不同产地和不同品种的山药种苗质量尚需进一步深入研究。

表4-1　祁山药芦头种苗检验测定结果

芦头批次	出苗率（%）	直径（cm）	单株重（g）	长度（cm）	含水量（%）	纯度（%）	净度（%）
1	100.00	1.434	36.567	23.99	75.85	100.00	100.00

续表

芦头批次	出苗率（%）	直径（cm）	单株重（g）	长度（cm）	含水量（%）	纯度（%）	净度（%）
2	98.40	1.260	24.084	21.82	78.10	100.00	100.00
3	97.08	0.970	22.755	23.50	77.53	98.50	99.00
4	94.86	1.328	16.212	18.30	76.49	100.00	100.00
5	92.50	1.355	18.565	21.57	79.21	100.00	100.00
6	92.14	1.271	21.691	22.43	78.32	100.00	100.00
7	90.05	1.343	16.556	22.29	76.29	100.00	100.00
8	89.11	1.069	17.739	19.29	77.04	100.00	100.00
9	88.80	1.043	17.421	24.01	77.86	99.00	99.00
10	86.50	1.220	22.687	23.27	77.88	100.00	100.00
11	81.06	1.212	18.491	22.24	77.93	100.00	100.00
12	79.20	1.193	16.906	20.84	78.46	100.00	100.00
13	76.08	1.189	12.580	20.15	76.02	100.00	100.00
14	65.11	1.421	14.453	22.70	83.23	100.00	100.00
15	99.03	1.447	28.349	18.95	78.73	100.00	100.00
16	100.00	1.501	39.347	21.56	80.70	100.00	100.00
17	97.00	1.363	22.358	19.54	78.31	100.00	100.00
18	98.10	1.350	24.869	20.77	79.05	100.00	100.00
19	96.04	1.295	17.650	18.50	78.35	100.00	100.00
20	85.89	1.209	16.235	22.46	78.57	100.00	100.00
21	93.36	1.248	18.105	20.49	79.49	100.00	100.00
22	91.07	1.026	17.743	23.50	77.91	100.00	100.00
23	79.17	0.948	10.975	18.47	76.17	100.00	100.00
24	84.06	1.156	13.417	20.46	76.78	100.00	100.00
25	89.23	1.205	19.002	22.11	77.26	100. 00	100.00
26	73.40	1.124	17.105	21.50	76.65	99.00	99.00
27	71.54	1.110	15.512	19.40	76.03	100. 00	100.00
28	66.67	1.003	11.657	18.26	75.98	100. 00	100.00
29	99.00	1.446	34.716	20.12	80.73	100. 00	100.00
30	98.31	1.481	35.905	21.05	80.78	100. 00	100.00

表4-2 祁山药芦头种苗质量分级指标的相关性分析

指标	出苗率	单株重	直径	长度	净度	纯度	含水量
出苗率	1						
单株重	0.703**	1					
直径	0.838**	0.834**	1				
长度	0.122	0. 233	0.168	1			
净度	0.066	0.071	0.020	0.364*	1		
纯度	0.015	0. 046	0.051	0.369*	0.978**	1	
含水量	0.581**	0.777**	0.585**	0.335**	0.001	0.032	1

注：**表示在0.01水平上极显著相关；*表示在0.05水平上显著相关。

表4-3 芦头种苗质量分级标准

级别	出苗率（%）	单株重（g）	直径（cm）	长度（cm）	含水量（%）	净度（%）	纯度（%）
一级	>99.33	>36.634	>1.462	>20.00	81.36~83.23	100.00	100.00
二级	>95.46	>23.827	>1.356	>20.00	77.64~81.35	100.00	100.00
三级	>83.54	>16.122	>1.152	>20.00	77.41~77.63	99.79	99.86

（二）研究材料与方法二（零余子）

山药种子饱满度很差，空秕率一般为70%，高者达90%以上，不能用作繁殖材料。生产中多采用无性繁殖材料芦头作为种栽，但芦头繁殖系数低，连续多年栽培会出现种性退化、病害严重、根茎分叉多、单产低及品质变差等问题，故常需利用零余子更新复壮。零余子是薯蓣叶腋处着生的珠芽，数量多，繁殖系数高，用零余子做种栽可防止种性退化，提高山药产量。目前药材种苗市场上的零余子质量参差不齐，没有相应的种苗标准，在一定程度上限制了种苗的流通。

在对安国药材种苗市场上祁山药芦头质量研究的基础上，对30批次祁山药零余子的纯度、净度、水分、芽眼数、直径、百粒重、出苗率7个指标进行测定，应用SPSS 19.0统计分析软件进行K-中心聚类分析，制定祁山药零余子种苗的质量等级，以期对祁山药零余子种苗质量分级和规范其种苗市场起到指导作用。

1. 材料与方法

（1）材料　30批次零余子样本2012年4月采购于安国市药材种苗市场，经鉴定为安国市祁山药农家品种小白嘴。

（2）方法

取样：采用“四分法”对30批次零余子样本进行分样，每批次选取代表性零余子100粒，重复3次。

纯度检测：根据《农作物种子检验规程》真实性和品种纯度鉴定，小白嘴零余子纯度为小白嘴零余子数量占供检零余子数量的百分率。

$$纯度（\%）=小白嘴零余子数/供检零余子数\times 100\%$$

净度检测：根据《农作物种子检验规程》净度分析，小白嘴零余子净度为小白嘴零余子重量占供检样本重量的百分率。

净度（%）=小白嘴零余子重量/供检样本重量×100%

种苗水分：采用恒温烘干法。各样本于120℃的烘箱内，烘至恒重。失水量占供检样本原始重量的百分率即为种苗水分。

种苗水分（%）=失水量/供检样本原始重量×100%

零余子芽眼数：计数样本中各零余子表面的芽眼数，求得平均值即为该样本零余子的平均芽眼数。

直径：用游标卡尺测量样本中各零余子的最大直径，平均值即为该样本零余子的平均直径。

百粒重：各样本随机选取100粒零余子，分别称重，重复3次，平均值即为该样本零余子的百粒重。

出苗率：将零余子种植于装有沙土的白色塑料盆内，每盆种植60粒，每个样本重复3次。15～25天观察记录零余子出苗情况，计算出苗率，结果为重复平均值。

出苗率（%）=出苗数/供试零余子数×100%

分级标准：应用SPSS 19.0统计分析软件进行K-中心聚类分析，得出零余子种苗的质量分级结果。

2. 结果分析

（1）零余子种苗形态特征及指标测定结果　祁山药零余子圆形或椭圆形，表面粗糙，黄褐色，分布着芽眼，芽眼较稀疏（图4-2）。

以购自安国市药材种苗市场的30份祁山药零余子为样本，测量零余子的直径、芽眼数、出苗率、百粒重、水分、净度、纯度指标（表4-4）。

图4-2　零余子

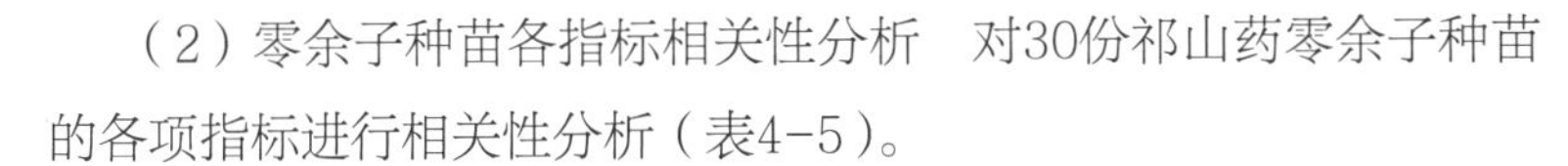

（2）零余子种苗各指标相关性分析　对30份祁山药零余子种苗的各项指标进行相关性分析（表4-5）。

（3）零余子种苗质量分级　用SPSS 19.0统计分析软件进行K-中心聚类分析，以出苗率、百粒重、直径、芽眼数、水分、净度和纯度 7个指标作为分级标准，得出祁山药零余子种苗3个等级（表4-6）。

3. 讨论

对祁山药零余子种苗进行质量分级之前，首先确定各分级指标的优先顺序，分级的7项指标中，出苗率是决定种苗数量和繁殖系数的重要指标，其他6项指标为零余子本身和样品批次的性状指标，影响零余子的出苗数量及幼苗质量。应用SPSS 19.0统计分析软件对其进行相关性分析，结果表明（表4-5）：出苗率与百粒重、直径、芽眼数、含水量、净度、纯度均呈极显著的正相关关系，其相关系数值表现为百粒重=直径>芽眼数 > 含水量 > 纯度 > 净度；其他6项性状指标间具不同程度相关性。K-中心聚类分析结果以零余子出苗率、百粒重、直径、芽眼数、水分、纯度和净度7个指标作为分级指标，将祁山药零余子种苗分为3级（表4-6）各项指标中有1项不达标则降1级。

山药生产中主要以芦头种苗进行繁殖，但芦头繁殖系数低，连续多年栽培会出现种性退化、产量降低及品质变差等问题，故需利用零余子繁殖定期更新复壮。前人对中药材种子种苗质量分级的研究报道较少，且主要侧重于种子分级，本试验对祁山药零余子的质量分级进行了初步探讨，对规范其种苗市场及其他药材种苗质量分级具指导作用，关于不同山药品种的零余子种苗质量分级尚需进一步研究。

表4-4　零余子种苗检验测定结果（U =3）

样品编号	直径（cm）	芽眼数（个）	出苗率（%）	百粒重（g）	水分（%）	纯度（%）	净度（%）
1	1.047	11.4	73.34	75.991	63.49	100.00	100.00
2	1.231	10.1	74.00	71.533	65.98	100.00	100.00
3	0.903	9.2	70.48	39.146	63.93	98.67	99.88
4	2.053	18.5	92.16	214.269	68.74	100.00	100.00
5	1.652	18.2	92.73	139.546	68.20	100.00	100.00
6	1.955	20.5	92.00	168.259	67.78	100.00	100.00
7	1.199	14.0	66.02	66.705	63.51	100.00	100.00
8	1.330	15.8	80.65	70.244	67.14	100.00	100.00
9	1.432	16.5	82.20	97.160	67.67	100.00	100.00
10	2.048	20.6	87.00	182.156	66.36	100.00	100.00
11	1.160	14.7	64.06	61.788	63.04	97.33	98.28
12	2.269	22.0	96.00	196.576	67.30	100.00	100.00
13	0.603	7.6	69.56	34.830	65.74	99.33	99.54
14	2.246	21.2	95.38	216.428	67.35	100.00	100.00
15	2.156	20.5	93.68	206.284	67.40	100.00	100.00
16	2.362	23.6	96.00	221.540	68.85	100.00	100.00
17	2.451	22.5	97.13	234.259	68.76	100.00	100.00
18	2.267	20.5	94.63	210.480	68.57	100.00	100.00
19	1.725	15.5	88.26	141.595	64.75	100.00	100.00
20	1.846	15.2	89.26	154.680	64.33	100.00	100.00
21	2.294	19.8	89.50	206.474	66.56	100.00	100.00
22	1.921	17.2	86.19	178.000	65.65	100.00	100.00
23	1.647	18.7	84.59	151.057	64.41	100.00	100.00
24	1.542	16.5	83.43	132.481	64.39	100.00	100.00
25	2.073	16.3	93.52	177.559	66.17	100.00	100.00
26	1.801	15.6	85.50	191.677	64.08	100.00	100.00
27	0.791	7.1	70.48	64.158	62.78	100.00	100.00
28	1.806	17.5	87.40	168.154	66.09	100.00	100.00
29	1.498	13.0	88.15	118.471	67.81	100.00	100.00
30	1.173	10.1	71.18	69.186	63.61	100.00	100.00

表4-5 零余子种苗质量分级指标相关性分析

净度纯度	出苗率	百粒重	直径	芽眼数	含水量
出苗率	1				
百粒重	0.91^	1			
直径	0.91^	0.969^	1		
芽眼数	0.829小时	0.875^	0.922小时	1	
含水量	0.764小时	0.622^	0.660小时	0.676小时	1
净度	0.468小时	0.343	0.315	0.183	0.307
纯度	0.522小时	0.422*	0.386*	0.267	0.358

注："^"表示在0.01水平上极显著相关；"*"表示在0.05水平上显著相关。

表4-6 零余子种苗质量分级

等级	出苗率（%）	百粒重（g）	直径（cm）	芽眼数	含水量（%）	纯度（%）	净度（%）
一级	92.70	208.01	2.195	20.5	67.40~68.85	100.00	100.00
二级	88.55^	152.98	1.766	16.9	65.96~67.39	100.00	100.00
三级	72.20	65.07^	1.087	11.6	64.69~65.95	99.52	99.77

注："^"表示在0.01水平上极显著相关。

三、山药芦头和零余子标准

（一）山药芦头质量标准（DB13/T 2052—2014）

1. 范围

本标准规定了山药芦头种苗标准的术语和定义、种苗要求、检测方法、判定规则以及包装贮存和运输的技术要求。

本标准适用于山药芦头种苗等级划分、种苗繁育和种苗贸易。

2. 规范性引用文件

下列文件对于本文件的应用是必不可少的。凡是注明日期的引用文件，仅所注明日期的版本适用于本文件。凡是不注明日期的引用文件，其最新版本（包括所有的修改单）适用于本文件。

GB/T 191—2008　包装储运图示标志

GB/T 3543.7—1995　农作物种子检验规程其他项目检验

3. 术语和定义

下列术语和定义适用于本文件。

3.1 山药　薯蓣科植物薯蓣*Dioscorea opposite* Thunb.的地下根茎。

3.2 山药芦头　又名山药栽子，是山药根茎上端有芽的一段。

3.3 单株重　单株山药芦头的鲜重，以"g"为单位。

3.4 直径　单株山药芦头下端的最大直径，以“cm”为单位。

3.5 出苗率　在规定的时间和条件下，出土的山药芦头种苗数占供试山药芦头种苗数的百分率，以“%”表示。

4. 种苗要求

4.1 山药芦头质量的外观要求　山药根茎上端有芽的一段，表皮黄褐色，表面粗糙，有韧性；无机械损伤。

4.2 山药芦头分级　依照出苗率、单株重、直径和病虫害的有无将山药芦头划分为两级。低于二级的不能作为商品种苗使用。山药芦头分级指标见表4-7。

表4-7　山药芦头分级指标

指标	一级种苗	二级种苗
出苗率（%）	≥95	≥80
单株重（g）	≥25	≥15
直径（cm）	≥1.5	≥1.0
病虫害	无检疫性病虫害	无检疫性病虫害

5. 检测方法

5.1 抽样　以在同一苗圃、统一播种、统一管理并同时采挖的山药芦头为同一批次。同一批次芦头要统一检验，采用随机抽样方法，每1000kg（约5万株，不足1000kg的按1000kg处理）为一个批次，按5%抽样。

5.2 检测

5.2.1 单株重：随机抽取50株山药芦头，称其鲜重，计算单株平均值。重复4次，结果计算参照GB/T 3543.7—1995进行。检测结果记录到附录A规定的表中。

5.2.2 直径：随机抽取50株山药芦头，用游标卡尺分别测定单株最大直径，计算单株平均值。重复4次，直径为4次重复的平均值。检测结果记录到附录A规定的表中。

5.2.3 出苗率：随机抽取50株山药芦头，种植于装有消毒沙的塑料盆内，覆沙深度为1～2cm，保持消毒沙的相对水分含量60%～70%，室温下培养25～30天，芦头茎芽伸出沙表面1cm即为出苗，计算出苗率。重复4次，出苗率为4次重复的平均值。检测结果记录到附录A规定的表中。

5.2.4 无检疫性病虫害。

6. 判定规则

定级时以达到各项指标中最低的一项来评定，同一批次供检样本中有一项指标低于二级种苗指标即判为不合格。对于不合格的批次应筛选分级后，按“5. 检测方法”重新抽样和检测。检验单位出具山药芦头质量检验证书，见附录B。

7. 包装、贮存与运输

山药芦头包装用透气的木箱或纸箱，每个包装箱外贴标签，图示标志符合GB/T 191—2008关于包装储运图示标志的规定，注明产地、级别、数量、出圃日期、销售单位、合格证号等，见附录C。运输中严防日晒和雨淋，运达目的地后及时种植或贮存在阴凉潮湿处。

附录A
（规范性附录）
山药芦头质量检测记录表

A.1　山药芦头质量检测记录表见表A.1。

表A.1

种苗类型：__________　　　　样本编号：__________

育苗单位：__________　　　　购买单位：__________

重复次数：__________

重复	单株重（g）	直径（cm）	出苗率（%）	级别	
平均值					

检测人（签字）：　　检测日期：年　月　日　　校核人（签字）：　　审核人（签字）：

附录B
（规范性附录）
山药芦头质量检验证书

B.1　山药芦头质量检验证书见表B.1。

表B.1

检验单位（公章）：__________　　　　样本编号：__________

育苗单位		购苗单位	
种苗量（kg）		种苗类型	
检验结果	一级：	二级：	
检验意见			
证书签发期			证书有效期

注：本证一式三份，育苗单位、购苗单位、检验单位各一份。

检测人（签字）：　　校核人（签字）：　　审核人（签字）：

附录C
（规范性附录）
山药芦头标签

C.1　山药芦头标签如下所示：

种苗：山药芦头

种苗产地：__________

种苗级别：__________

种苗数量：__________

育苗单位：__________

出圃日期：__________

销售单位：__________

合格证号：__________

（二）山药零余子质量标准（DB13/T 2053—2014）

1. 范围

本标准规定了山药零余子种苗标准的术语和定义、种苗要求、检测方法、判定规则以及包装贮存和运输的技术要求。

本标准适用于山药零余子种苗等级划分、种苗繁育和种苗贸易。

2. 规范性引用文件

下列文件对于本文件的应用是必不可少的。凡是注明日期的引用文件，仅所注明日期的版本适用于本文件。凡是不注明日期的引用文件，其最新版本（包括所有的修改单）适用于本文件。

GB/T 191—2008　包装储运图示标志

GB/T 3543.4—1995　农作物种子检验规程发芽试验

GB/T 3543.7—1995　农作物种子检验规程其他项目检验

3. 术语和定义

下列术语和定义适用于本文件。

3.1 山药　薯蓣科植物薯蓣*Dioscorea opposite* Thunb.的地下根茎。

3.2 零余子　山药叶腋处腋芽形成的小块茎，又称珠芽。

3.3 发芽率　在规定的时间和条件下，正常发芽的零余子数占供试零余子数的百分率，以“%”表示。

3.4 百粒重　100粒零余子的鲜重，以“g”为单位。

3.5 直径　单粒零余子的最大直径，以“cm”为单位。

3.6 芽眼数　单粒零余子上芽眼的数量，以“个”为单位。

4. 种苗要求

4.1 零余子质量的外观要求　零余子近圆球形或长椭圆形，表皮褐色，个体饱满，表面分布有芽眼；无机械损伤。

4.2 零余子分级　依照发芽率、百粒重、直径、芽眼数和病虫害的有无将零余子划分为三级。低于三级的不能作为商品种苗使用。零余子分级指标见表4-8。

表4-8　山药零余子分级指标

指标	一级苗	二级种苗	三级种苗
发芽率（%）	≥95	≥85	≥75
百粒重（g）	≥210	≥150	≥70
直径（cm）	≥2.2	≥1.7	≥1.2
芽眼数（个）	≥20	≥16	≥12
病虫害	无检疫性病虫害	无检疫性病虫害	无检疫性病虫害

5. 检测方法

5.1 抽样　以在同一苗圃、统一播种、统一管理并同时采收的零余子为同一批次。同一批次零余子要统一检验，采用随机抽样方法，每1000kg（约60万粒，不足1000kg的按1000kg处理）为一个批次，按5%抽样。

5.2 检测

5.2.1 发芽率：采用沙培法，随机抽取100粒零余子置于消毒沙床内，保持沙床相对水分含量60%~70%，在25℃下培养12天，茎芽伸出零余子表面1cm即为发芽，计算发芽率。重复4次，结果计算参照GB/T 3543.4—1995进行。检测结果记录到附录A规定的表中。

5.2.2 百粒重：随机抽取100粒零余子，称其鲜重。重复4次，结果计算参照GB/T 3543.7—1995进行。检测结果记录到附录A规定的表中。

5.2.3 直径：随机抽取100粒零余子，用游标卡尺分别测量单粒零余子的最大直径，计算平均值。重复4次，直径为4次重复的平均值。检测结果记录到附录A规定的表中。

5.2.4 芽眼数：随机抽取100粒零余子，分别计数单粒零余子表面的芽眼数，计算平均值。重复4次，芽眼数为4次重复的平均值。检测结果记录到附录A规定的表中。

5.2.5 无检疫性病虫害

6. 判定规则

定级时以达到各项指标中最低的一项来评定，同一批次供检样本中有一项指标低于三级种苗指标即判为不合格。对于不合格的批次应筛选分级后，按5. 检测方法重新抽样和检测。检验单位出具山药零余子质量检验证书，见附录B。

7. 包装、贮存与运输

零余子包装用透气的麻袋或纸箱，每个包装外贴标签，图示标志符合GB/T 191—2008关于包装储运图示标志的规定，注明产地、级别、数量、出圃日期、销售单位、合格证号等，见附录C。运输中严防日晒和雨淋，运达目的地后及时种植或贮存在阴凉潮湿处。

附录A
（规范性附录）
山药零余子质量检测记录表

A.1 零余子质量检测记录表见表A.1。

表A.1

种苗类型：__________ 样本编号：__________

育苗单位：__________ 购买单位：__________

重复次数：__________

重复	直径（cm）	芽眼数（个）	发芽率（%）	百粒重（g）	级别
平均值					

检测人（签字）： 检测日期：年 月 日 校核人（签字）： 审核人（签字）：

附录B
（规范性附录）
山药零余子质量检验证书

B.1　零余子质量检验证书见表B.1。

表B.1

检验单位（公章）：____________　　　　样本编号：____________

育苗单位		购苗单位	
种苗量（公斤）		种苗类型	
检验结果	一级：　　　二级：　　　三级：		
检验意见			
证书签发期		证书有效期	

注：本证一式三份，育苗单位、购苗单位、检验单位各一份。
检测人（签字）：　　　校核人（签字）：　　　审核人（签字）：

附录C
（规范性附录）
山药零余子标签

C.1　山药零余子标签如下所示：

种苗：山药零余子
种苗产地：____________
种苗级别：____________
种苗数量：____________
育苗单位：____________
出圃日期：____________
销售单位：____________
合格证号：____________

参考文献

[1] 明鹤，杨太新，杜艳华．祁山药芦头种苗质量分级的研究［J］．种子，2013，32（5）：113-115.

[2] 明鹤，杨太新，杜艳华．祁山药零余子种苗质量分级的研究［J］．种子，2013，32（12）：117-119.

叩根来（河北省安国市科技局）
杨太新　明鹤（河北农业大学）
叩钊　裴林（河北省中医药科学院）

05 川芎

一、川芎概况

川芎（*Ligusticum chuanxiong* Hort.），原名芎藭，始载于《神农本草经》，列为上品。其性温，味辛，微苦，具有活血行气、祛风止痛之效。川芎是我国常用的大宗中药材，四川的川芎产量占全国90%以上，年产量7000～9000吨，年销售额1000万元。川芎产地主要分布在四川都江堰、崇州、彭州、新都、大邑、什邡等方圆100km左右的川西平原。其中都江堰的柳街镇、石羊镇、徐渡乡和彭州的敖平镇等是川芎传统道地产区，每年大约有8000吨销往国内外市场，是名副其实的大宗家种中药材品种。

川芎在整个生育期中没有有性过程，生产上均以无性方式进行繁殖，其繁殖材料为地上茎膨大的茎节（苓种）。目前，对川芎苓种的质量评价仅是凭主产区药农在长期生产实践中的经验积累，缺乏统一的生产技术规程和科学的组织管理，且没有苓种分级标准和检验规程，导致川芎苓种质量良莠不齐。因此，针对川芎规范化生产中的薄弱环节，以苓种标准化问题为切入点，开展川芎苓种质量评价方法、分级标准的系统深入研究及其繁育技术的规范化研究，为生产优质、高产的道地药材川芎提供源头保障，促进川芎产业的可持续发展。

二、川芎苓种质量标准研究

（一）研究概况

在川芎产区，药农将川芎苓种的等级用经验术语区分，如正山系、细山系、土苓子、扦子，还有药农认为不能做种用的“九不下山”苓种，如玉咀、茴香秆、海棠苓、通秆、黄通、无根苓、软尖等，而这些等级的划分和苓种质量的优劣是否影响川芎植株生长发育和药材的产量、质量？成都中医药大学通过相关的研究，弄清了其相关性，为川芎苓种等级标准的制定提供科学依据。

（二）研究内容

1. 试验材料

（1）种质来源　伞形科植物川芎*Ligusticum chuanxiong* Hort.。

（2）样品来源　见表5-1。

表5-1　样品来源

样品编号	苓种产地	抚芎产地
1	彭州市通济镇红杉村5组	都江堰石羊镇卫星村1组
2	彭州市通济镇红杉村5组	都江堰石羊镇徐渡村6组
3	彭州市通济镇红杉村5组	彭州市敖平镇兴泉村13组（绿茎）

续表

样品编号	苓种产地	抚芎产地
4	彭州市通济镇红杉村5组	彭州市敖平镇兴泉村13组（紫茎）
5	彭州市通济镇红杉村5组	彭州市葛仙山镇东虎村4组
6	彭州市通济镇红杉村5组	崇州市崇平镇全兴村14组
7	彭州市通济镇红杉村5组	新都市新繁镇大墓山村3组
8	彭州市小渔洞大湾村6组	彭州市敖平镇
9	彭州市龙门山镇宝山村10组	彭州市葛仙山镇
10	彭州市龙门山镇宝山村12组	彭州市红岩镇
11	彭州市小渔洞镇太子村12组	彭州市敖平集市
12	彭州市小渔洞镇太子村5组	彭州市敖平楠木镇集市
13	大邑县苟家	彭州市敖平镇
14	什邡市冰川镇三大队	彭州市红岩镇
15	汶川县水磨镇灯草坪村三组	彭州市敖平镇
16	彭州市通济镇麻柳村23组	彭州市敖平镇
17	大邑县苟家	彭州市敖平镇兴泉村13社
18	崇州市三郎镇九龙沟	彭州市敖平镇
19	都江堰市虹口乡甘龙池大队	彭州市敖平镇
20	什邡市冰川镇八大队5组	彭州市敖平镇
21	什邡市冰川镇沙木林村7组	彭州市红岩镇龙久泉1组
22	什邡市冰川镇五马村7组	什邡市冰川镇五马村7组
23	什邡市冰川镇五马村7组	彭州市敖平镇
24	都江堰市青城后山红岩村	都江堰市石羊镇徐渡村7组
25	汶川县三江口邓家场	都江堰市石羊镇风堆村1组
26	都江堰市中兴镇两河村1组	都江堰市翠月湖镇永兴村
27	都江堰市中兴镇两河村5组	都江堰市石羊镇徐渡村
28	汶川县三江口	都江堰市石羊镇马祖村6组
29	汶川县水磨镇陈家沟	都江堰市石羊镇徐渡村
30	崇州市三郎镇牟家山	都江堰市石羊镇徐渡村6组
31	什邡市冰川镇五马村7组	什邡市隐峰镇
32	彭州市通济镇红杉村5组	彭山县彭溪镇兴崇村8组

注：川芎苓种等级划分与植株生长发育、药材产量和质量的相关性研究所用样品号为3号样。

（3）材料　放大镜、卡尺、直尺、台秤、农资材料等。

2. 试验方法

（1）采用外观形态法进行苓种等级划分。

（2）采用田间区组试验进行不同等级苓种与植株生长发育、药材产量相关性研究。

试验设计：随机区组设计，设置3次重复，按常规种植，每个小区面积10m^2，并在试验地四周设置保护行。

观察：从栽种，在川芎生长的不同生长发育期（苗期、茎发生和生长期、倒苗期）分别测量1次。每个小区按“S”形随机选择10株挂牌进行定点观察，包括出苗率、幼苗长势（定性，分-、+、++、+++、++++）、根茎腐烂率、单株根茎重、株高、茎粗、叶片数、茎蘖数（新生芽的分生能力）等。并用统计软件进行统计分析。

测产：按照正常的采收时间采挖各等级苓种的川芎后，按小区记产（鲜重、干重），观察记录每个小区正常生长成熟的川芎个数、腐烂个数等，计算腐烂率，并用统计软件进行统计分析。

（3）不同等级苓种与川芎药材质量的相关性研究采用常规生药鉴定的方法，挥发油测定采用现行《中国药典》（2015年版）附录方法，总阿魏酸及总生物碱测定采用课题组前期研究建立的HPLC法及酸性染料比色法。

3. 结果与分析

（1）参考历史上产地收购川芎苓种等级划分标准及药农传统经验分等，将川芎苓种分为三个等级：① 一级：正山系部位，即土苓子上面连续7～8个节盘粗大、节间直径较细的部分。② 二级：土苓子部位，即茎秆上靠近地面的第1个～2个茎节部分。③ 三级：细山系部位，即正山系上面的1个～2个茎节，质量较差。

（2）不同等级川芎苓种对其植株生长发育的影响　结果见表5-2至表5-4。

表5-2　不同等级苓种对川芎苗期生长影响

指标	一等苓种			二等苓种			三等苓种		
	均值	5%显著水平	1%显著水平	均值	5%显著水平	1%显著水平	均值	5%显著水平	1%显著水平
苗长势	2.90	a	A	2.57	ab	AB	2.10	b	B
株高	8.96	a	A	7.49	a	A	7.41	a	A
茎粗	0.22	a	A	0.21	a	A	0.18	a	A
叶片数	8.90	a	A	7.17	ab	A	5.23	b	A
茎蘖数	0	a	A	0	a	A	0	a	A

表5-3　不同等级苓种对川芎茎发生和生长期生长影响

指标	一等苓种			二等苓种			三等苓种		
	均值	5%显著水平	1%显著水平	均值	5%显著水平	1%显著水平	均值	5%显著水平	1%显著水平
苗长势	2.35	a	A	2.53	a	A	1.83	a	A
株高	9.12	a	A	9.50	a	A	8.76	a	A

续表

指标	一等苓种			二等苓种			三等苓种		
	均值	5%显著水平	1%显著水平	均值	5%显著水平	1%显著水平	均值	5%显著水平	1%显著水平
茎粗	0.37	b	B	0.38	a	A	0.32	b	B
叶片数	33.10	a	A	28.87	a	A	25.47	a	A
茎蘖数	3.66	a	A	3.77	a	A	3.07	a	A

表5-4　不同等级苓种对川芎倒苗期生长影响

指标	一等苓种			二等苓种			三等苓种		
	均值	5%显著水平	1%显著水平	均值	5%显著水平	1%显著水平	均值	5%显著水平	1%显著水平
苗长势	1.88	a	A	2.10	a	A	1.73	a	A
株高	13.44	a	A	10.33	a	A	9.29	a	A
茎粗	1.34	a	A	1.59	b	B	1.50	b	B
叶片数	36.10	a	A	33.84	a	A	28.80	a	A
茎蘖数	5.07	a	A	5.12	a	A	4.87	a	A

以上研究结果表明川芎不同等级苓种对川芎的生长各时期影响不一致，一等苓种在苗成活率、苗长势、株高、茎粗、叶片数和茎蘖数均表现比二等和三等较强的优势，而三等苓种在川芎不同生长时期，以上各方面表现最差，说明川芎苓种等级的划分对川芎的生长影响较大。并且不同等级川芎苓种的出苗率及植株前期生长发育差异较大，后期生长的差异逐渐减小。

（3）不同等级川芎苓种田间试验产量测定结果表明，不同等级川芎苓种在药材产量上有差异，一级>二级>三级（表5-5）。

表5-5　不同等级川芎苓种产量及主成分测定结果

项目	亩产（千克/亩）	主成分测定		
		挥发油	总阿魏酸	总生物碱
一等苓种	373	0.46	0.18	0.32
二等苓种	367	0.41	0.18	0.32
三等苓种	350	0.44	0.18	0.32

（4）不同等级川芎苓种对川芎质量的影响　药材外观性状观察结果表明，不同等级川芎苓种田间试验采挖的药材在外观性状上无明显的差异。

薄层色谱分析结果表明，供试品色谱中，在与川芎对照药材色谱相应的位置上显相同颜色的荧光斑点，且色谱斑点的大小、位置、荧光的强弱一致。

主成分测定结果表明，不同等级川芎苓种在挥发油、总阿魏酸、总生物碱的含量上无明显的差异（表5-5）。

（5）川芎苓种分级标准的制订　在总结川芎苓种繁育地药农长期实践经验及课题组前期研究的基础上，根据川芎苓种等级划分与植物生长发育、药材产量和质量的相关性研究及质量标准研究结果，并结合生产实际，拟订了川芎苓种等级划分标准（表5-6）。

表5-6　川芎苓种等级划分的标准

项目	一等	二等	三等
部位	正山系	土苓子	细山系
苓子系数	2.0～3.0	2.8～4.2	1.6～2.2
混杂率（%），≤	8	10	12
芽体数	2～3	1～2	1
芽体质量	扁圆锥形，饱满、肥大	扁圆锥形，饱满	瘦弱、细小

三、川芎苓种标准草案

1．范围

本标准规定了川芎苓种的术语和定义、分级要求、检验方法、检验规则。

本标准适用于川芎苓种生产者、经营者和使用者。

2．规范性引用文件

下列文件中的条款通过本标准的引用而成为本标准的条款。凡是注明日期的引用文件，其随后所有的修改单（不包括勘误的内容）或修订版均不适用于本标准，然而，鼓励根据本标准达成协议的各方研究是可使用这些文件的最新版本。凡是不注明日期的引用文件，其最新版本适用于本标准。

中华人民共和国药典（2015年版）一部

3．术语和定义

下列术语和定义适用于本标准。

3.1 川芎　为伞形科植物川芎*Ligusticum chuanxiong* Hort. 的干燥根茎。

3.2 苓种　海拔900～1500m的山上培育的川芎茎秆，剪成中部带节盘的小段，用于坝区大田栽培的繁殖材料。

3.3 土苓子　茎秆上靠近地面的第1个～第2个茎节部分。

3.4 正山系　土苓子上面连续7～8个节盘粗大、节间直径较细的部分。

3.5 细山系　正山系上面的1～2个茎节。

3.6 扦子　茎秆最上面、质最嫩的1～2个茎节。

3.7 茴香杆　茎秆直径较大的徒长茎，茎秆上无明显膨大的节。

3.8 玉咀　分叉而无芽口的苓节。

3.9 通秆　茎秆上节部中心黄色或黑色，有的呈空洞状。

3.10 海棠苓　虫害将苓种上的芽苞吃掉了，这种苓种称为海棠苓。

3.11 苓子系数　节盘直径与节盘下5mm处茎秆直径的比值。

4. 质量要求

表5-7 川芎苓种分级标准

项目	一级	二级	三级
部位	正山系	土苓子	细山系
苓子系数	2.0~3.0	2.8~4.2	1.6~2.2
混杂率（%），≤	8	10	12
芽体数	2~3	1~2	1
芽体质量	扁圆锥形，饱满、肥大	扁圆锥形，饱满	瘦弱、细小

注："玉咀""通秆""茴香秆""海棠苓"等劣质苓种不能做繁殖材料使用。扦子及弱小的土苓子原则上不得使用。

5. 检验规则

5.1 抽样

5.1.1 抽样前检查是否有霉变、污染等情况，凡有异常应单独检验，并拍照。

5.1.2 同批苓种中抽取供检验用样品的原则：总包件数不足5件的，逐件抽样；5~99件的，随机抽取5件样；100~1000件的，按5%比例抽样；超过1000件的，超过部分按1%比例抽样。

5.1.3 每包件至少在2~3个部位抽样1份，其抽样量一般为200~500g。

5.1.4 抽样总量超过检验用量数倍时，可按四分法再次取样，即将所有样品摊成正方形，依对角线划"×"分为四等份，取用对角线两份，如上操作，直至最后剩余量能满足检验用样品量。

5.2 检测

5.2.1 真实性鉴定：苓秆长度、苓节数的测定；观察苓种的形状、大小、颜色、表面特征、纵剖面、气味。

5.2.2 形态指标：观察苓种外观、芽体数、芽体质量（包括芽体形状、饱满度）。

5.2.3 苓子系数：用卡尺测定苓种的节盘直径和节盘下5mm处茎秆直径，按公示计算：苓子系数＝节盘直径÷节盘下5mm处茎秆直径。

5.2.4 混杂率：苓种中混存的杂质系指混入的其他植物、石块；"玉咀""通秆""茴香秆""海棠苓"等失去使用价值川芎苓种；过长的川芎茎秆、残留的川芎叶及老头子（根茎）等。

检查方法：取供试品，摊开，用肉眼观察，将混杂物拣出，称重，计算其在供试品中的含量。

5.2.5 病虫害：肉眼观察川芎苓种表面或断面带病虫害的情况。

6. 判定规则

6.1 性状特征　苓秆长50~140cm、苓节数为7~15个。紧接根茎处，有深褐色的第1~2个茎节，表面带少量泥土；中部的5~8个茎节较粗大，节间较细；上部有1~2个较细小的茎节。节盘棕褐色。每一节盘上部的茎表面带紫红色，下部为绿色或绿色带紫红色条纹。苓种为3~4cm长，中部带有膨大节盘的短节，纵剖面节处黄白色，实心，可见波状环纹，有黄棕色小点；节间中空，有白色膜质。有特殊香气，味辛，稍有麻舌感。

6.2 芽体特征　苓种节盘上有1~3个芽体，芽体扁圆锥形，先端平展，基部宽大。

6.3 苓子系数　苓种苓子系数一般为2.0~5.0，有个别达到1.2或30.0，苓子系数越大，表示苓种的节盘越突出，以节盘直径1.4cm以上，苓子系数2.3以上的为优质正山系苓种。

6.4 混杂率　非本品物质及失去使用价值的本品物质的混杂率不得高于12%。

6.5 病虫害　被蛞蝓咬食的苓种节盘上芽体残缺或无芽体；被钻心虫危害的苓种节部中心黄色或黑色，有的呈空洞状；有的苓种表面有白粉状物，系感染了白粉病。以上均不能再作苓种使用。

四、川芎苓种繁育技术研究

1. 研究概况

长期以来川芎苓种生产主要是自繁自用，缺乏规范的繁育技术，成都中医药大学制订了川芎苓种、川麦冬种苗繁育技术规程，为优质苓种和优质种苗的生产提供了技术保障。此外，川芎苓种一般存放时间6～10天，不能久贮。成都中医药大学建立了冷藏库贮藏方法，延长了短期贮藏时间，为其集约化经营奠定了基础。另外，鉴于川芎繁殖材料保存的特殊性，目前还无法实现对川芎种质材料的中长期保存，成都中医药大学通过研究，优选出了川芎种质限制生长离体保存最佳方案，初步建立了其离体保存方法，为川芎种质材料的中长期保存奠定了基础。

2. 川芎苓种繁育技术规程

2.1 范围　本标准规定了川芎苓种生产技术规程。

本标准适用于川芎苓种生产的全过程。

2.2 规范性引用文件　下列文中的条款通过本标准的引用而成为本标准的条款。凡是注明日期的引用文件，其随后所有的修改单（不包括勘误内容）或修订版均不适用于本部分。然而，鼓励根据本标准达成协议的各方研究是否使用这些文件的最新版本。凡是不注明日期的引用文件，其最新版本适用于本标准。

DB 51/336　无公害农产品（或原料）产地环境条件

DB 51/337　无公害农产品农药使用准则

DB 51/338　无公害农产品生产用肥使用准则

中华人民共和国药典（2015年版）一部

中药材生产质量管理规范（GAP）（试行）

2.3 术语与定义　下列术语和定义适用于本标准。

2.3.1 苓种：海拔900～1500m的山上培育的川芎茎秆，剪成中部带节盘的小段，用于坝区大田栽培的繁殖材料。

2.3.2 山川芎：采收苓种后地下的根茎部分。

2.3.3 抚芎：农历冬至至立春前，从坝区采挖的未成熟川芎根茎，用于山上培育苓种。

2.3.4 土苓子：茎秆上靠近地面的第1个～2个茎节部分。

2.3.5 正山系：土苓子上面连续7个～8个节盘粗大、节间直径较细的部分。

2.3.6 扦子：茎秆最上面的1～2个节盘。

2.3.7 茴香杆：茎秆直径较大的徒长茎，茎秆上无明显膨大的节。

2.4 生产技术

2.4.1 种质来源：农历冬至至立春前，从坝区采挖的伞形科植物川芎*Ligusticum chuanxiong* Hort. 的未成熟川芎根茎，称为抚芎。

2.4.2 选地与整地：选择地势较为平坦、土层深厚、富含有机质、排水良好的熟地。海拔较高的山区宜选向阳处；海拔较低的山区宜选半阴半阳处。每年轮作。

在选好的苓种繁育地上，浅挖松土，除尽地上杂草，耙细整平表土。依地势和排水条件开厢，厢宽

1.6m；厢间开沟，沟深15～20cm、沟宽20～25cm；地块四周开排水沟，沟深15～20cm。

2.4.3 种植

2.4.3.1 抚芎起挖、选择、处理：栽种前一周，从坝区川芎地里起挖生长健壮的植株，去掉地上部分及根茎上的须根、泥土，选择个圆、芽多、根壮、紧实、无病虫危害、直径≥2.5cm的抚芎。将选出的抚芎装入编织袋或麻袋中，置阴凉通风处晾5～6天后，运往山上苓种繁育地栽种。

2.4.3.2 抚芎分类与栽种密度：将抚芎按大、中、小分类，并按下列规格栽种：① 直径6.5cm左右的大个抚芎：行株距35cm×30cm；② 直径5.0cm左右的中个抚芎：行株距27cm×27cm；③ 直径3.5cm左右的小个抚芎：行株距21cm×21cm。

2.4.3.3 栽种：时间1月上中旬。按大、中、小抚芎不同栽种规格打窝，分片栽种，每窝栽种一个抚芎；或统一按行株距30cm×27cm规格打窝，每窝栽种大个抚芎1个，中小个抚芎1～2个。芽眼朝上。栽种前窝底施适量草木灰，栽种后覆盖薄土，并浇少量腐熟清粪水。

2.4.4 田间管理

2.4.4.1 匀苗定苗：3月20日至4月5日，于苗高12cm左右时进行。去除弱小苗及病苗，每窝留8～12苗的壮苗。

2.4.4.2 施肥：肥料施用应符合DB51/338的规定。

第一次：结合匀苗定苗进行，每667m^{2}施用油枯50～100kg、腐熟猪粪1500kg（按猪粪：清水=1：3比例施用）。

第二次：5月封行后，对长势较弱的地块，进行根外追肥1～2次，每667m^{2}施纯氮肥0.47kg、磷酸二氢钾200g，兑水150kg。

2.4.4.3 除草：抚芎栽种后，行间覆盖一层秸秆，以后进行人工除草三次。第一次：与匀苗定苗同时进行。第二次：于4月20日左右进行。第三次：于5月20日左右进行。

2.4.4.4 插枝扶秆：于苗高40cm时进行。每窝川芎旁插1根粗1～2cm、高1m 左右、上部带2～3个竹枝的竹竿。

2.4.4.5 水分管理：保持地块四周排水良好，遇干旱天气及时浇水。

2.4.5 病虫害防治

2.4.5.1 农业防治：排除田间积水，降低田间湿度；发现病株立即拔除，集中烧毁或深埋，并用5%石灰水灌病窝消毒。

2.4.5.2 物理防治：在苓种地安装频振灯，诱杀地下金龟子和地老虎等害虫。

2.4.5.3 化学防治：原则上以施用生物源为主。农药使用应符合DB51/337规定。川穹育苓的主要病虫害及推荐防治方法见表5-8。

2.4.6 采收、加工与储存

2.4.6.1 采收时间：7月下旬至8月上旬，川芎植株顶端开始枯萎，茎上节盘显著突出，并略带紫色时，选择阴天或晴天清晨露水干后收获。不能在雨天或雨后土壤潮湿的情况下采收。

2.4.6.2 采收方法：采收时用手拔出全株，去除山川芎、叶片、扦子节段，剔除病、弱茎秆和茴香秆，将健全苓秆打成捆。

2.4.6.3 加工：用苓子刀将苓子按节割成3～4cm的短节，每节中间留有一个膨大的节盘（苓种）。

2.4.6.4 贮藏：将打成捆的苓秆运下山，置阴凉通风的室内靠墙竖立堆放2～3天后，割取苓种薄摊于通风、避光的室内贮藏（不能在混凝土地面上），表面覆盖一层植物鲜叶，温度25℃以下，贮放6～10天，于立秋后取出播种。或将打成捆的苓杆置同样条件的山洞或室内贮藏，于立秋后取出，割取苓种，再进行播种。

2.4.7 包装与运输：通常将山区收获的苓秆打成捆运下山。运输工具应干燥、无污染，不要与可能造成污染的货物混装，不要使用运输过有毒、有害物质以及有异味的运输工具。

表5-8 川芎育苓的主要病种害防治

名称	防治时期	推荐农药与方法	用量（毫升/亩或克/亩）	安全间隔期
白粉病	发生初期	2%春雷霉素500～1000倍液	100～120ml	≥14天
		10%多氧霉素可湿性粉剂500～1000倍液	100～140g	≥15天
	严重发生时	25%粉锈宁可湿性粉剂1500～2000倍液	40～60g	≥20天
		50%托布津可湿性粉剂1000倍液	100g	≥7天
		75%百菌清可湿性粉剂800倍液	75～100g	≥7天
根腐病	早期零星发生时	春雷霉素或多氧霉素防治，用法同前		
	严重发生时	50%多菌灵可湿性粉800倍液灌窝	100g	≥15天
		50%托布津湿性粉剂500倍液叶面喷施		≥7天
川芎茎节蛾	幼虫钻秆前	55%杀苏（Bt类）1500倍液	30g	≥30天
		苦参5kg熬水浓缩成40kg液体		≥15天
		40%乐果乳油1000倍液	50ml	≥10天
	严重发生时	90%晶体敌百虫1000～1500倍液	100g	≥7天
红蜘蛛	发生初期	1.8%阿维菌素乳油2000～5000倍液	50ml	≥21天
		苦参煎煮液防治，用法同前		≥15天
	严重发生时	20%螨死净2500～3000倍液		≥21天
		40%乐果乳油1000倍液		≥10天
		15%哒螨酮乳油750～1500倍液		≥30天
宽褐齿爪鳃金龟		扒开萎蔫苗窝附近土壤找到虫子并杀死	100g	
		50%辛硫磷200倍液浸泡青笋叶10kg，于傍晚撒于厢面上		≥5天
		90%晶体敌百虫1000倍～1500倍液灌窝		≥28天

注：如有新的适合无公害川芎苓种生产的高效、低毒、低残留生物农药应优先选用。

参考文献

[1] 刘圆，贾敏如. 川芎（芎藭）的品种和品质研究现状[J]. 西南民族大学学报自然科学版，2003，29（6）：729-732.

[2] 李秋怡，干国平，刘焱文. 川芎的化学成分及药理研究进展[J]. 时珍国医国药，2006，17（7）：1298-1232.

[3] 蒋桂华. 川芎苓种标准化及种质保存技术的研究[D]. 成都：成都中医药大学，2012.

马逾英　张艺　蒋桂华（成都中医药大学）

06 | 广藿香

一、广藿香概况

广藿香［*Pogostemon cablin*（Blanco）Benth.］是我国传统南药之一，原产于菲律宾、马来西亚、印度尼西亚等国家，后传入我国。广藿香全草入药，是我国大宗常用道地中药，具有芳香化浊，开胃止呕，发表解暑的功效。主要用于湿浊中阻，脘痞呕吐，暑湿倦怠，胸闷不舒，寒湿闭暑，腹痛吐泻，鼻渊头痛。目前广藿香除部分用于中药饮片外，其他都用来提取藿香油，用于中成药及化工定香剂，用量较大大。广藿香的产地主要在广东和海南,根据不同的产地分为海南产的广藿香（称为南香）、湛江产的广藿香（称为湛香）、石牌产的广藿香（称为牌香）、高要产的广藿香（称为肇香）。海南主要通过组培苗种植，目前主产于海南万宁、琼海、白沙、屯昌等地及广东湛江、阳江等地区。

本研究的目的是建立广藿香种子检验规程并制定其质量分级标准。用以规范广藿香药材种子的生产和经营，保护生产者、经营者和使用者的利益，避免不合格广藿香种子用于生产而带来的损失，使广藿香栽培生产优质、高产。同时对规范广藿香种子市场，保证广藿香种植业健康发展具有重要作用。

二、广藿香种苗质量标准研究

（一）研究概况

课题组通过对广藿香开展了大量研究，主要包括广藿香种质资源、组培、繁育等系统的栽培方面的研究工作。目前海南主要以组培苗为主，通过对广藿香组织培养研究发现，在芽诱导培养基方案中，MS+IBA 1.0mg/L+6-BA 0.6mg/L培养基能够较好地诱导茎尖和带节茎端长出新芽；在愈伤组织诱导培养基中，MS+NAA 0.1mg/L+6-BA 2.0mg/L培养基能较好地诱导海南广藿香叶柄和带节茎段产生愈伤组织。林小桦等在对广藿香愈伤组织诱导和分化再生植株的研究中的结果也表明取带节茎或不带节茎接种于含BA和NAA的培养基中较易诱导出愈伤组织。同时，BA和NAA配合使用能较好地促进愈伤组织的增生。曹嵩晓等将广藿香幼嫩叶片在MS+6-BA 1.0mg/L+NAA 0.2mg/L的培养基上诱导愈伤组织的效果较好。还有刘玉安等在以广藿香的种子为外植体的组培繁殖研究中也发现在培养基中加入BA与IBA使得愈伤组织与不定芽产生的数量最多。这些研究都表明在对广藿香组织培养时加入BA和NAA或IBA有利于组培苗质量的提高。

（二）研究内容

1. 研究材料

材料均来源于海南科源藿香科技有限公司种植基地，按照随机抽样法进行随机采集，种植于中国医学科学院药用植物研究所海南分所实验基地大棚内。

用目测法检验植株长势，色泽、顶芽、病虫害情况。用直尺测主根长，用游标卡尺测量茎粗，同品种、同一批种苗可作为一个检验批次。检验限于种苗的装运地或繁育地。按GB 6942中方法进行，随机取样3次，每次取50～100株。

2. 广藿香组培苗标准技术内容确定

选择500平方米四面通风，给排水良好，土质肥沃的地块作为试验地；试验地深翻、起畦（宽×高：60cm×40cm），每畦两行，行距40cm，株距30cm种植广藿香种苗，广藿香在苗期和定植初期均应在畦面上盖遮阳网。荫蔽度为50%，遮阳半个月左右。30天测定相关指标如表6-1至表6-4。

表6-1　苗高与成活率测定结果

项目	苗高（cm）≥12	苗高（cm）10～12	苗高（cm）8～10	苗高（cm）5～8	苗高（cm）<5
占成活率百分数（%）	92.5	91.8	88.2	86.8	75.3

表6-2　地径与成活率测定结果

项目	地径（cm）≥0.15	地径（cm）0.12～0.15	地径（cm）0.1～0.12	地径（cm）<0.1
占成活率百分数（%）	95.4	89.5	84.4	75.4

表6-3　叶片数与成活率测定结果

项目	叶片数（≥12）	叶片数（9～12）	叶片数（7～9）	叶片数（<7）
占成活率百分数（%）	96.6	91.5	86.8	73.3

表6-4　节数测定结果

项目	节数（≥9）	节数（6～9）	节数（3～6）	节数（<3）
占成活率百分数（%）	96.7	93.2	86.4	67.5

根据表6-1至表6-4可以得出，广藿香组培苗高、地径、叶片数和节数决定了广藿香对广藿香种植成活率影响较大，对其根系测定发现大部分根系发达，根系数都在10以上。因广藿香组培面生产过程中已经在组培间对根系经过初选，因此未把根系数作为广藿香组培苗标准的决定因素。制定广藿香组培苗质量指标如表6-5。

表6-5　广藿香组培苗质量指标

级别	苗高（cm）	地径（cm）	叶片数	节数
一级苗	≥12	≥0.15	≥12	≥9
二级苗	≥8,<12	≥0.12,<0.15	≥9,<12	≥6,<9
三级苗	≥5,<8	≥0.1,<0.12	≥7,<9	≥3,<6

3. 种苗质量对药材生产的影响

在广藿香种植地根据表6-5的分级进行各因素与广藿香产量的验证试验。选择500m^{2}四面通风，给排水良好，土质肥沃的地块作为试验地；试验地深翻、起畦（宽×高=60cm×40cm），每畦两行，行距40cm，株距30cm种植广藿香种苗，广藿香在苗期和定植初期均应在畦面上盖遮阳网。荫蔽度为50%，遮阳半个月左右。在生长过程中，前期45天左右广藿香进行松土和培土并锄草。在广藿香栽培过程中，要根据广藿香植物对水分的需要和土壤水分状况，注意及时适量的灌排水。一般情况下，每天早晚各浇水1次，但具体浇水的次数和浇水量的多少一定要依产地气候及土壤的保水程度而定。在生长过程中，若遇天旱，畦面发白，便要引水灌溉，每5～8天1次，将水引入畦沟，深达畦高的1/2～2/3为度，让水分慢慢渗透至湿润畦面为止。广藿香整个生长周期一般施3～5次肥。施肥间隔时间，因产地生长期的长短不同而定。约每隔60天左右施肥1次。施肥浓度宜淡，以1：（10～20）的人畜粪尿水或用0.1%～0.2%尿素液施用。干旱季节应多施水肥，也可施猪牛栏粪肥。其后施肥可按每亩150～200kg生物有机肥料进行。3个月后广藿香生长情况已趋于稳定，因此根据此时产量也可判断整个生长期的产量，后续产量影响主要取决于日常管理。根3个月后采收全株进行广藿香产量测定，结果如表6-6。

表6-6　广藿香组培苗各级与产量关系测定结果

分级	一级苗	二级苗	三级苗	不合格苗
产量（kg）	0.43	0.38	0.31	0.22

备注：采收阴干后30天时进行测定。

由上表可以发现广藿香1级苗3个月时亩产可达999.75kg，二级苗3个月时亩产可达864.50kg，三级苗3个月时亩产达645.35kg，不合格苗亩产达281.2kg。生产上广藿香6个月亩产一般在1000kg左右，因此广藿香组培苗各指标制定标准符合生产规律。

4. 繁育技术

（1）选地与整地　根据广藿香的生长习性，在选择广藿香种植地时，最好选择平缓坡地、河旁冲积地、村前村后、宅旁、田边等零星土地，或者水田也可种植。但要求一定是排水性良好、富含腐殖质的沙质壤土，以背风向阳地、便于排灌、pH呈中性反应的壤土为最佳。我市东澳等镇的药农，长期习惯用水田种植，采取与水稻轮作。广藿香的种植地选好后，尤其是水稻田，要让它晒白。铲除杂草，并施足腐熟土杂肥或以火烧土肥作基肥。每667m^{2}施无害化处理的农家肥（腐熟的鸡粪或猪粪）1000kg，以及火烧土500kg，与土拌匀后再施肥。栽植前再耕翻耙细，然后起高畦，高20～30cm，宽80～100cm，长度依山形地势而定，周围开排水沟。坡地做畦应横坡修筑梯田，以利于水土保持，防止水土流失。如果坡度较小，可以不做畦。广藿香最忌积水，故要求土壤疏松，排水良好，所以种植地的围沟要开深开通，要求沟沟相通，雨停水干，有利于生长。

如果土地需要连续种植广藿香，整地时还应包括土壤消毒。土壤消毒可用生石灰，按10～15千克/亩的量均匀撒在地里，再结合整地，施放基肥，于栽植前再耕翻耙细，起畦。

（2）种植　栽植季节适宜，可提高种植成活率，并有利于苗木的生长发育。海南省万宁市在3～5或9～11月。种植可抓住雨季开始，或在雨季中进行。广藿香的种植方法主要采用带土栽植法。起苗定植前要先淋足水，种植后要填土压实，务求种苗与土壤紧贴。根据广藿香的生物学和生态学特征，结合种植地的土壤条件和当地集约经营程度，初植密度一般是在1m宽的栽植畦上，采用双行种植，行距40cm，株距30cm，每667m^{2}栽苗2000～2500株。按行株距挖小穴，穴呈“品”字形，每穴栽苗1～2株。广藿香种植后，有些地可能会缺株，所以，要及时补栽同龄苗，以保证苗齐。

（3）田间管理　在生长过程中，广藿香要经常松土和培土，既能疏松土壤，便于空气流通，使植株高大，又能扩大营养吸收面积，提高产量。春夏期间，雨量丰富，土壤也易板结，此时应结合锄草而经常松土。同时为了加速有机肥的腐烂，保护植株生长，还要经常把沟内的烂泥挖起，培在植株的基部周围，这样可以促进植株多分枝。立秋之后防止植株被风刮倒，此时，应进行大培土1次，使新根深扎于泥土中，植株茁壮而又稳固。土壤水分的多少直接影响广藿香的生长发育。土壤水分不足时，广藿香容易发生萎蔫，轻则减产，重则死亡；水分过多，引起茎叶徒长，甚至发生病虫害；若形成水涝，由于氧气不足使根系窒息，造成中毒死亡。因此，在广藿香栽培过程中，要根据广藿香植物对水分的需要和土壤水分状况，注意及时适量的灌排水。一般情况下，每天早晚各浇水1次，但具体浇水的次数和浇水量的多少一定要依产地气候及土壤的保水程度而定。在生长过程中，若遇天旱，畦面发白，便要引水灌溉，每5～8天1次，将水引入畦沟，深达畦高的1/2～2/3为度，让水分慢慢渗透至湿润畦面为止。如果无引水灌溉条件，每天除早晚淋水外，上、下午各增加淋水1次，淋水要透。在雨季或遇大雨，要注意排水。在水稻田种植广藿香，筑高畦深沟。在行沟里储满深20cm左右的水，除了土壤毛细管作用，保持湿润外，当气温高、太阳猛、蒸发量大时，也可将水喷洒在茎叶上，这种方法除了可使植株水分加快吸收，以补充水分的大量消耗外，还可降低种植地局部的大气温度，增加空气的相对湿度，对广藿香的生长十分有利。

广藿香是周期短、产量高的作物，是需肥量较大的作物。所以通常在施足基肥的情况下，还需要合理追肥，才能获得高产。广藿香药用部位为全草的地上部分，因此，在整个生长期应以施氮肥和复合肥为主。整个生长周期一般施3～5次肥。施肥间隔时间，因产地生长期的长短不同而定。约每隔60天施肥1次。第1次施肥是在种植生根成活后进行。此次施肥浓度宜淡，以1：（10～20）的人畜粪尿水或用0.1%～0.2%尿素液施用。干旱季节应多施水肥，也可施猪牛栏粪肥。其后施肥可按每667m^{2}150～200kg生物有机肥料进行。但施肥时应考虑到生物有机肥中的有机质含量较高，有效养分含量较低,肥效释放较缓慢，因此，有时需增施部分尿素或含氮量较高的复合肥料（如挪威复合肥，N：P：K=15：15：15），尤其是在定植后的返青期和壮苗期。定植后要薄施氮肥，可每667m^{2}施尿素2.5～3.5kg，稀释1000倍喷施，以后每隔1个月每667m^{2}施复合肥10kg，连施3～4次。施肥应掌握先淡后浓、薄施勤施的原则。在植株封行前施一次重肥,每666.7m^{2}以20kg复合肥混合2000kg腐熟农家肥或200kg生物菌肥施用。广藿香在苗期和定植初期均应在畦面上盖遮阳网。荫蔽度为50%，遮阳半个月左右。

（4）病虫害防治

① 病害：广藿香生产上主要有斑枯病、青枯病、根腐病和软腐病，防治方法如下：

斑枯病，农业生态调控：加强田间管理，防止雨水浸渍，及时排除积水。药剂防治：在广藿香展叶后，特别是进入雨季，第1次或发病初期可用25%多菌灵可湿性粉剂500～1000倍液喷洒防治或喷50%多菌灵可湿性粉剂稀释液，在展叶前用500倍液，展叶后用1000倍液；也可喷65%代森锌可湿性粉剂500倍液。上述农药交叉使用，效果更好。

根腐病和软腐病，局部发病时，应及时挖除病株烧毁，在病株处土壤中撒施石灰消毒。附近的其他植株可以用25%多菌灵可湿性粉剂500～1000倍液喷雾，连续喷洒2～3次，间隔期3～5天，或用75%百菌清可湿性粉剂500～600倍液喷雾，连续3～4次，间隔期2～3天。以防止病菌扩散、蔓延，并将健壮枝条压埋入土，让它萌生新的根系。生物农药防治。用好普牌高效生物免疫杀菌剂，常用量为每667m^{2}20～50ml稀释为800～1500倍液。采用喷雾法，连续喷洒3次，间隔期为7天。暑天要种植其他农作物以遮阴，或用草覆盖遮阴，雨季要及时排除积水，避免土壤湿度过大。

青枯病，从顶部开始出现萎蔫状，以后发展到全株，叶背背面青红色，以后逐渐掉叶、死亡；多在5～6月份发生。危害严重时出现大面积死亡。在高温多雨季节来临前，即在3月下旬左右用53.8%可杀得2000＋72%农用链霉素，灌根2～3次（间隔时间为7～10天）进行防治；发病初期用可杀得或枯萎灵500倍液喷施。

② 虫害：生产上主要有蚜虫、红蜘蛛、光头蚱蜢、卷叶螟虫、地老虎、蝼蛄（土狗子）、蟋蟀等害虫，防治方法如下：蚜虫，用40%乐果乳油500～1000倍液，或80%敌敌畏乳油1000～1200倍液喷洒，每7～8天1次，连喷2～3次；红蜘蛛可用40%乐果乳油500～1000倍液，或80%敌敌畏乳油1000～1200倍液喷杀，每7～10天1次，连续喷2～3次；光头蚱蜢可用90%固体敌百虫400～500倍液喷杀；卷叶螟虫可用90%固体敌百虫400～500倍液喷杀，效果较好；地老虎、蝼蛄（土狗子）、蟋蟀等害虫，人工捕杀。经常进行检查，发现幼苗倒伏，扒土检查捕杀幼虫；在田间悬挂马灯、太阳能杀虫灯或黑光灯，诱杀成虫。撒毒饵诱杀。用麦麸、豆饼等50kg，炒香后加90%固体敌百虫1000倍液0.5kg，水50kg，做成诱饵，每667m^{2}撒入2kg，进行诱杀。大量发生时，用90%敌百虫1000倍液，浇灌植株根部。及时清除田间的枯枝杂草，集中深埋或烧毁，使害虫无藏身之地。

三、广藿香种苗标准草案

1. 范围

本标准规定了广藿香组培种苗的术语和定义、分级要求、检验方法、检验规则。

本标准适用于广藿香种苗生产者、经营者和使用者。

2. 规范性引用文件

下列文件中的条款通过本标准的引用而成为本标准的条款。凡是注明日期的引用文件，其随后所有的修改单（不包括勘误的内容）或修订版均不适用于本标准，然而，鼓励根据本标准达成协议的各方研究是可使用这些文件的最新版本。凡是不注明日期的引用文件，其最新版本适用于本标准。

GB 15569　农业植物调运检疫规程

3. 术语和定义

3.1 组培苗　利用广藿香苗的茎尖为外植体，采用植物组织培养技术，工厂化生产出来的种苗。

3.2 苗高　自茎下端培养基位置至顶芽基部的距离。

3.3 地径　距根基1cm处的苗干直径。

3.4 茎节　整枝枝条的节数。

3.5 叶片数　组培苗叶的总数。

4. 要求

植株健壮、嫩绿、无明显病虫害及萎蔫现象。

广藿香组培苗出苗前广藿香种苗分级：广藿香组培苗出苗前依据苗高、茎粗、节数、叶片数和病虫害共五项对广藿香种苗进行标准的制定（表6-7）。共分为三级，低于三级为不合格种苗。

表6-7　组培苗出苗前广藿香种苗分级标准

级别	苗高（cm）	地径（cm）	叶片数	节数
一级苗	≥12	≥0.15	≥12	≥9

续表

级别	苗高（cm）	地径（cm）	叶片数	节数
二级苗	≥8,<12	≥0.12,<0.15	≥9,<12	≥6,<9
三级苗	≥5,<8	≥0.1,<0.12	≥7,<9	≥3,<6

5. 检验规则

5.1 抽样　组培苗检测抽样指标见表6-8。

表6-8　检测抽样数量

总株数	株数	总株数	株数
500～1000	50	50001～100000	350
1001～10000	100	100001～500000	500
10001～50000	250	500001以上	750

5.2 检测　组培苗检测主要是用目测法检测植株的生长情况、节数、茎颜色、根系病虫害，用标尺和游标卡尺等测量苗高，苗粗等。

5.2.1 苗高：用尺测量自地径至苗顶端的高度，精确到0.1cm。

5.2.2 苗粗：用游标卡尺等测量距根基1cm处的主干直径，精确到0.1mm。

5.2.3 节数：用目测法。

5.2.4 成活率：按成活率方法计算。

5.2.5 茎颜色：用目测法。

5.2.6 根系：用目测法。

5.3 疫情检验　按GB 15569的规定执行。

6. 判定规则

检测按表6-8的比例随机抽样。如果没有达到一级的标准则降为二级标准，未达到二级的视为三级标准，未达到三级标准为不合格苗。检测苗均在苗圃中进行。

四、广藿香种苗繁育技术研究

（一）研究概况

研究发现在不同供氮水平下栽培的海南广藿香在生长前期，高氮能促进植株的分蘖抽枝，为后期的生长打下良好的基础，从而促进了植株的生长发育，也提高植株广藿香的挥发油的总含量。通过对海南传统大小季及剪嫩枝的新种植模式比较研究发现，发现通过定期剪嫩枝种植模式广藿香产量及出油率明显提高，所需投入劳力成本限制降低，同时减少广藿香扦插次数。由于是广藿香为引入品种，种质类型单一、遗传基础狭窄，广藿香青枯病抗病性鉴定是抗病品种选育重要因素。研究发现采用不同菌量进行接种，随着菌量的增大，发病率增加。菌量过高，超出广藿香承受范围时，会全部死亡；菌量过低，发病率则降低。还有研究者曾经研究不同的繁殖方式下广藿香的品质,如喻良文等测定不同繁殖方式下广藿香的挥发油和10个成分指标，结果挥发油的含量与10个指标成分的百分含量相当。还有张健泓，邹玉繁通过测定比较组织培养和扦插广藿香植株中百秋里醇和广藿香酮的含量,发现不同的繁殖方式下百秋里醇和广藿香酮的含量并无显著性差异，说明组织培养使用于广藿香的繁殖栽培，而且汪小根，莫小路，蔡岳文等也做了同样的试验，结果也是一样的。目前海南万宁市已开展广藿香组培工厂化生产，可年提供广藿香组培苗5000万株。

（二）广藿香种苗繁育技术规程

1. 范围

本标准规定了广藿香标准生产的育苗、移栽定植，田间管理、病虫害防治、采收等生产技术规程。

本标准适用于万宁市范围广藿香产业区的生产。

2. 规范性引用文件

GB 3095—1996　国家环境空气质量标准

GB 5084—1992　国家农田灌溉水质标准

GB 15618—2018　国家土壤环境质量标准

药用植物及制剂进出口绿色行业标准

GB 4258　农药安全使用标准

GB/T 8321　农药合理使用准则

3. 术语与定义

3.1 外植体　指用于组织培养的广藿香材料。

3.2 培养基　由大量元素，微量元素，铁盐，水分、植物生长调节剂及琼脂等组成的用于外植体增值的基质。

4. 生产技术

4.1 种质来源　海南、广东等地的唇形科植物广藿香*Posostemon cablin*（Blanco）Bentn.。

4.2 选地与整地

4.2.1 种植地的选择：根据广藿香的生长习性，在选择广藿香种植地时，最好选择平缓坡地、河旁冲积地、村前村后、宅旁、田边等零星土地，或者水田也可种植。但要求一定是排水性良好、富含腐殖质的沙质壤土，以背风向阳地、便于排灌、pH呈中性反应的壤土为最佳。可选用水田种植，采取与水稻轮作。

4.2.2 整地：广藿香的种植地选好后，尤其是水稻田，要让它晒白。铲除杂草，并施足腐熟土杂肥或以火烧土肥作基肥。每667m^2施无害化处理的农家肥（腐熟的鸡粪或猪粪）1000kg，及火烧土500kg，与土拌匀后再施肥。栽植前再耕翻耙细，然后起高畦，高20～30cm，宽80～100cm，长度依山形地势而定，周围开排水沟。坡地做畦应横坡修筑梯田，以利于水土保持，防止水土流失。如果坡度较小，可以不做畦。广藿香最忌积水，故要求土壤疏松，排水良好，所以种植地的围沟要开深开通，要求沟沟相通，雨停水干，有利于生长。

如果土地需要连续种植广藿香，整地时还应包括土壤消毒。土壤消毒可用生石灰，按每667m^2 10～15kg的量均匀撒在地里，再结合整地，施放基肥，于栽植前再耕翻耙细，起畦。

4.3 种植

4.3.1 种植时间：栽植季节适宜，可提高种植成活率，并有利于苗木的生长发育。海南省9～11月。种植可抓住雨季开始，或在雨季中进行。

4.3.2 种植方法：广藿香的种植方法主要采用带土栽植法。起苗定植前要先淋足水，种植后要填土压实，务求种苗与土壤紧贴。

4.3.3 种植密度：根据广藿香的生物学和生态学特征，结合种植地的土壤条件和当地集约经营程度，初植密度一般是在1m宽的栽植畦上，采用双行种植，行距40cm，株距30cm，每667m^{2}栽苗2000～2500株。按行株距挖小穴，穴呈“品”字形，每穴栽苗1～2株。

4.3.4 补苗：广藿香种植后，有些地可能会缺株，所以，要及时补栽同龄苗，以保证苗齐。

4.4 田间管理（提纯与复壮方法、肥料等）

4.4.1 松土和培土：在生长过程中，广藿香要经常松土和培土，既能疏松土壤，便于空气流通，使植株高大，又能扩大营养吸收面积，提高产量。春夏期间，雨量丰富，土壤也易板结，此时应结合锄草而经常松土。同时为了加速有机肥的腐烂，保护植株生长，还要经常把沟内的烂泥挖起，培在植株的基部周围，这样可以促进植株多分枝。立秋之后防止植株被风刮倒，此时，应进行大培土1次，使新根深扎于泥土中，植株茁壮而又稳固。

4.4.2 灌排水：土壤水分的多少直接影响广藿香的生长发育。土壤水分不足时，广藿香容易发生萎蔫，轻则减产，重则死亡；水分过多，引起茎叶徒长，甚至发生病虫害；若形成水涝，由于氧气不足使根系窒息，造成中毒死亡。因此，在广藿香栽培过程中，要根据广藿香植物对水分的需要和土壤水分状况，注意及时适量的灌排水。一般情况下，每天早晚各浇水1次，但具体浇水的次数和浇水量的多少一定要依产地气候及土壤的保水程度而定。在生长过程中，若遇天旱，畦面发白，便要引水灌溉，每5～8天1次，将水引入畦沟，深达畦高的1/2～2/3为度，让水分慢慢渗透至湿润畦面为止。如果无引水灌溉条件，每天除早晚淋水外，上、下午各增加淋水1次，淋水要透。在雨季或遇大雨，要注意排水。在水稻田种植广藿香，筑高畦深沟。在行沟里储满深20cm左右的水，除了土壤毛细管作用，保持湿润外，当气温高、太阳猛、蒸发量大时，也可将水喷洒在茎叶上，这种方法除了可使植株水分加快吸收，以补充水分的大量消耗外，还可降低种植地局部的大气温度，增加空气的相对湿度，对广藿香的生长十分有利。

4.4.3 施肥：广藿香是周期短、产量高的作物，是需肥量较大的作物。所以通常在施足基肥的情况下，还需要合理追肥，才能获得高产。广藿香药用部位为全草的地上部分，因此，在整个生长期应以施氮肥和复合肥为主。整个生长周期一般施3～5次肥。施肥间隔时间，因产地生长期的长短不同而定。约每隔60天施肥1次。第1次施肥是在种植生根成活后进行。此次施肥浓度宜淡，以1：（10～20）的人畜粪尿水或用0.1%～0.2%尿素液施用。干旱季节应多施水肥，也可施猪牛栏粪肥。其后施肥可按每667m^{2}150～200kg生物有机肥料进行。但施肥时应考虑到生物有机肥中的有机质含量较高，有效养分含量较低,肥效释放较缓慢，因此，有时需增施部分尿素或含氮量较高的复合肥料（如挪威复合肥，N：P：K=15：15：15），尤其是在定植后的返青期和壮苗期。定植后要薄施氮肥，可每667m^{2}施尿素2.5～3.5kg，稀释1000倍喷施，以后每隔1个月每667m^{2}施复合肥10kg，连施3～4次。施肥应掌握先淡后浓、薄施勤施的原则。在植株封行前施一次重肥,每667m^{2}以20kg复合肥混合2000kg腐熟农家肥或200kg生物菌肥施用。

4.4.4 遮阴：广藿香在苗期和定植初期均应在畦面上盖遮阳网。荫蔽度为50%。

4.5 病害防治

4.5.1 斑枯病：农业生态调控：加强田间管理，防止雨水浸渍，及时排除积水，药剂防治：在广藿香展叶后，特别是进入雨季，第1次或发病初期可用25%多菌灵可湿性粉剂500～1000倍液喷洒防治或喷50%多菌灵可湿性粉剂稀释液，在展叶前用500倍液，展叶后用1000倍液；也可喷65%代森锌可湿性粉剂500倍液。上述农药交叉使用，效果更好。

4.5.2 根腐病和软腐病：局部发病时，应及时挖除病株烧毁，在病株处土壤中撒施石灰消毒。附近的其他植株可以用25%多菌灵可湿性粉剂500～1000倍液喷雾，连续喷洒2～3次，间隔期3～5天，或用75%百菌清可湿性粉剂500～600倍液喷雾，连续3～4次，间隔期2～3天。以防止病菌扩散、蔓延，并将健壮枝条压埋入土，让它萌生新的根系。生物农药防治。用高效生物免疫杀菌剂，常用量为每667m^2 20～50ml稀释为800～1500倍液。采用喷雾法，连续喷洒3次，间隔期为7天。暑天要种植其他农作物以遮阴，或用草覆盖遮阴，雨季要及时排除积水，避免土壤湿度过大。

4.5.3 青枯病：从顶部开始出现萎蔫状，以后发展到全株，叶背背面青红色，以后逐渐掉叶、死亡；多在5～6月份发生。危害严重时出现大面积死亡。防治方法：在高温多雨季节来临前，即在3月下旬左右用53.8%可杀得2000＋72%农用链霉素，灌根2～3次（间隔时间为7～10天）进行防治；发病初期用可杀得或枯萎灵500倍液喷施。

4.6 虫害

4.6.1 蚜虫：防治方法：用40%乐果乳油500～1000倍液，或80%敌敌畏乳油1000～1200倍液喷洒，每7～8天1次，连喷2～3次。

4.6.2 红蜘蛛、光头蚱蜢、卷叶螟虫：防治方法：红蜘蛛可用40%乐果乳油500～1000倍液，或80%敌敌畏乳油1000～1200倍液喷杀，每7～10天1次，连续喷2～3次；光头蚱蜢可用90%固体敌百虫400～500倍液喷杀；卷叶螟虫可用90%固体敌百虫400～500倍液喷杀，效果较好。

4.6.3 地老虎、蝼蛄（土狗子）、蟋蟀等害虫：防治方法，人工捕杀。经常进行检查，发现幼苗倒伏，扒土检查捕杀幼虫；在田间悬挂马灯、太阳能杀虫灯或黑光灯，诱杀成虫；撒毒饵诱杀，用麦麸、豆饼等50kg，炒香后加90%固体敌百虫1000倍液0.5kg，水50kg，做成诱饵，每667m^{2}撒入2kg，进行诱杀；大量发生时，用90%敌百虫1000倍液，浇灌植株根部。及时清除田间的枯枝杂草，集中深埋或烧毁，使害虫无藏身之地。

4.7 采收、加工与储存　广藿香的用药部位是全草的地上部分，一般应在落叶前进行。但要根据不同的地区以及当地的气候条件来决定。植株过嫩，产量和品质都低；植株过老，广藿香容易落叶，也会影响药材产量和品质。采收时宜选择晴天露水刚干后，把植株全株挖起或拔起，除净泥土，切除须根，进行翻晒处理。放在干燥房间贮存即可。

4.8 包装与运输

4.8.1 包装：组培苗每20株捆在一起。每箱装500～1000株。

4.8.2 运输：调运途中严防日晒、雨淋，用有蓬车运输，当运到目的地后即卸苗，并置于荫棚或阴凉处并及时种植。

参考文献

[1] Quisumbing E. Medicinal Plants of the Philippines [M]. Manila:Bureau of Printing，1951：829-830.

[2] 何明军，杨新全，陈葵，等. 海南广藿香芽分化与愈伤组织诱导培养基选择研究 [J]. 中国药业，2008，18（6）：21-22.

[3] 何明军，杨新全. 海南及广东广藿香种植方法比较研究 [J]. 中国药业，2010，19（8）：78-79.

[4] 杨新全，何明军，杨海建. 海南广藿香不同种植模式比较研究 [J]. 中国农业信息，2013，11：79.

[5] 陈旭玉，甘炳春，隋春，等. 20份广藿香种质对青枯病的抗病性评价 [J]. 西北农业学报，2012，21（1）：170-174.

[6] 卢丽兰，杨新全，杨勇，等. 不同供氮水平对广藿香产与品质的影响 [J]. 植物营养与肥料学报，2014，20 (3)：702-708.

[7] 刘玉安，勾玉璠，唐晓杰，等. 广藿香组培繁殖技术的研究 [J]. 安徽农业科学，2009，35：17358-17359.

[8] 曹嵩晓，李碧英，李娟玲，等. 广藿香组织培养快繁技术的研究 [J]. 热带生物学报，2011，2：143-147.

[9] 林小桦，贺红，吴立蓉，等. 广藿香愈伤组织诱导和分化再生植株的研究 [J]. 广州中医药大学学报，2009，2：171-175，200.

[10] 杨春雨，张争，魏建和，等. 海南广藿香青枯病原菌分布的调查与分析 [J]. 中国药业，2010，10：78-79.

[11] 徐燃，贺红，邓素坚，等. 青枯菌侵染广藿香的组织病理学研究 [J]. 广州中医药大学学报，2013，2：236-239，287-288.

[12] 杨春雨，魏建和，张争，等. 广藿香抗青枯病鉴定技术研究 [J]. 中国药业，2010，24：77-78.

[13] 汪小根，莫小路，蔡岳文，等. 组培广藿香与扦插广藿香中百秋里醇和广藿香酮的含量对比分析 [J]. 药物分析杂志，2009，1：96-99.

[14] 张健泓，邹玉繁. 组织培养和扦插广藿香中有效成分含量比较 [J]. 中南药学，2009，3：190-192.

杨新全（中国医学科学院药用植物研究所海南分所）

07 天冬

一、天冬概况

天冬［*Asparagus cochinchinensis*（Lour.）Merr.］为百合科天冬属多年生草本植物。别名：三百棒、武竹、丝冬、老虎尾巴根、天冬草、明天冬。分布于中国华东、中南、河北、河南、陕西、山西、甘肃、四川、台湾、贵州等省区。繁殖方法有种子繁殖和分株繁殖两种，目前多采用种子繁殖。天冬的块根是常用的中药材，具有很高的药用价值。

二、天冬种子质量标准研究

（一）研究概况

目前，对天冬种子的研究主要是在种子萌芽上，靳晓翠等以当年采摘的天冬种子为试验材料，从种皮、抑制物质、浸泡时间、浸泡温度、光照、储藏方法等对种子萌发的影响及萌发特性进行了初步研究，结果表明，去皮对天冬种子萌发不利，浸泡72～96小时显著促进种子萌发，40℃和60℃水浸泡和黑暗条件对天冬种子萌发较为有利，室温湿沙储藏（种沙体积比1∶3）是较好的储藏方式。天冬种子是天冬优质高产的重要保证，也是天冬规范化生产的重要源头。为从源头把住中药材质量关，保证天冬药材的高产和优质，重庆市中药研究院在天冬规范化种植研究成果的基础上，研究制定了天冬种子质量分级标准。

（二）研究内容

1. 研究材料

本试验材料为20份不同产地的天冬（*Asparagus cochinchinensis*）种子，于2010年10月采自重庆、四川、云南、贵州、湖北、湖南等地，经重庆市中药研究院李隆云研究员鉴定为天冬*Asparagus cochinchinensis*（Lour.）Merr.的种子（表7-1）。

表7-1　天冬种子产地及编号

编号	种源地	编号	种源地
CQX1	重庆市秀山县隘口镇坝芒村	CQF3	重庆涪陵义和镇长乐村
CQX2	重庆市秀山县隘口镇百岁村	CQF4	重庆涪陵仁义乡大屋村
CQX3	重庆市秀山县隘口镇水库	SCW2	四川省内江市威远县高石镇刘家村
CQW1	重庆市武隆县太和乡	HNY1	湖南永兴县东口乡
CQW2	重庆市武隆县后坪镇	YNL5	云南省丽江市玉龙县龙盘乡新联村

续表

编号	种源地	编号	种源地
HNX1	湖北咸丰县清坪镇二台坪	GZX1	贵州习水县回龙镇
HNX2	湖北咸丰县清坪镇柏杨坪	YNL1	云南省丽江市玉龙县白沙乡玉湖村
HBX4	湖北咸丰县小村乡杜家溪	YNL2	云南省丽江市玉龙县白沙乡白沙村
GZR1	贵州仁怀高大坪乡	YNL3	云南省丽江市玉龙县鲁甸乡新主村
GZC1	贵州赤水官渡镇	YNL4	云南省丽江市玉龙县鲁甸乡太平村

2. 扦样方法

天冬种子采用“徒手减半法”扦样。种子净度分析试验中送检样品的最小重量至少不少于含有2500粒种子。送检样品的重量应超过净度分析量的10倍以上。因此，天冬种子批次送检样品最小重量不低于1500g，净度分析试样最小重量不低于150g。

3. 种子净度分析

采用“徒手减半法”扦样。分别将样品分成干净种子、废种子、其他植物种子和杂质，并将各成分分别称重。若样品混有较大或多量的杂质时，要在样品称重后，在分别取样前进行清理并称量。称量结果精确至0.0001g。种子的增失差<5%，检验结果有效。天冬种子净度较高，在91%左右。种子杂质主要是种皮、泥沙等。不同产地天冬种子净度检验结果如表7-2所示。

表7-2　不同产地天冬种子净度分析

编号	种子净度（%）	编号	种子净度（%）	编号	种子净度（%）
CQX1	95.90	SCW2	95.86	GZC1	97.23
CQX2	98.55	HNY1	95.85	GZX1	92.15
CQX3	87.20	YNL5	91.79	YNL1	94.67
CQW1	85.57	HNX1	88.90	YNL2	95.06
CQW2	89.98	HNX2	95. 6	YNL3	96.32
CQF3	89.16	HBX4	84.10	YNL4	91.84
CQF4	87.54	GZR1	84.62		

4. 真实性鉴定

从用于发芽试验的种子中随机取100粒，根据种子的形态特征，如种子大小、形状、颜色、光泽及表面构造等，借助放大镜进行逐粒观察、测定。在萌发期间，观察种苗发育过程，参照《国际种子检验规程》，对天冬进行评价和归类。结果表明：天冬种子为圆球形，黑色，表面光滑而有光泽，质地坚硬。种子直径3.2~4.9mm，平均直径4.2mm。根据对天冬种子发芽及种苗的观察，可以把它归为：子叶留土的单子叶农作物种子。在对种苗进行评价时，应该遵循该类种子的鉴定标准（图7-1至图7-3）。

图7-1 天冬种子

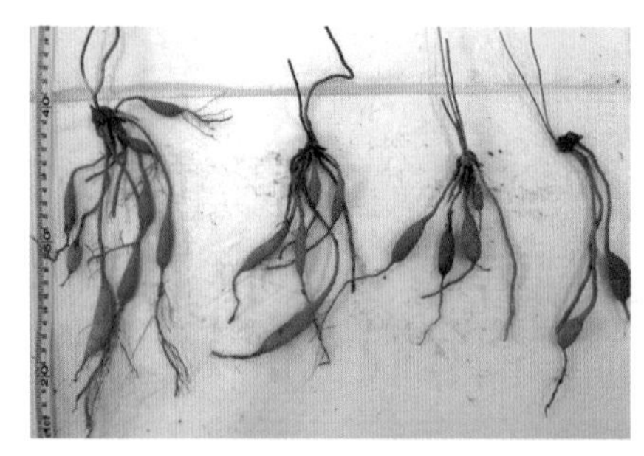
图7-2 天冬种苗

图7-3 天冬实生苗(第二年)

5. 重量测定

采用千粒法测定天冬种子千粒重。在净度分析后的种子中随机取2个重复，每个重复1000粒净种子，两重复间差数与平均数之比<5%，测定值有效。用1/10000电子天平称重，称重后计算组平均数。不同产地天冬种子千粒重检验结果如下表7-3所示。

表7-3 不同产地天冬种子千粒重

编号	千粒重（g）	编号	千粒重（g）	编号	千粒重（g）
CQX1	53.37	SCW2	55.83	GZC1	56.02
CQX2	55.45	HNY1	56.21	GZX1	55.01
CQX3	57.70	YNL5	53.12	YNL1	49.94
CQW1	55.28	HNX1	55.14	YNL2	49.65
CQW2	55.61	HNX2	49.77	YNL3	55.83
CQF3	55.24	HBX4	57.54	YNL4	55.86
CQF4	53.86	GZR1	55.37		

6. 水分测定

采用高恒温烘干法（133℃）将种子烘干2小时后取出，迅速放入干燥器中冷却至室温后称重，进行水分含量计算。公式：种子水分（%）=[（烘前试样重-烘后试样重）/烘前试样重]×100%。不同产地天冬种子含水量检验结果如表7-4所示。

表7-4 不同产地天冬种子含水量

编号	含水量（%）	编号	含水量（%）	编号	含水量（%）
CQX1	55.91	SCW2	54.86	GZC1	53.84
CQX2	58.75	HNY1	51.61	GZX1	50.45
CQX3	52.27	YNL5	51.50	YNL1	53.02
CQW1	49.50	HNX1	57.12	YNL2	49.33
CQW2	50.65	HNX2	55.57	YNL3	50.10
CQF3	50.66	HBX4	49.11	YNL4	54.90
CQF4	49.80	GZR1	52.34		

7. 发芽试验

按GB/T 3543.4执行。发芽前将天冬种子用蒸馏水浸泡48小时。在30℃下，以培养皿为容器，皿底铺3层滤纸作发芽床，黑暗条件下发芽。发芽开始后，若有严重霉烂的种子出现，则随时拣出。置床后第15天即可记录发芽种子数。发芽率计算公式如下：

$$发芽率（\%）=\frac{发芽总粒数}{实验总粒数}\times 100\%$$

不同产地天冬种子发芽率结果如表7-5所示。

表7-5　不同产地天冬种子发芽率

编号	发芽率（%）	编号	发芽率（%）	编号	发芽率（%）
CQX1	86.05	SCW2	78.62	GZC1	90.77
CQX2	84.77	HNY1	86.51	GZX1	90.31
CQX3	95.72	YNL5	78.88	YNL1	95.43
CQW1	89.96	HNX1	93.36	YNL2	93.51
CQW2	89.76	HNX2	92.15	YNL3	89.65
CQF3	95.60	HBX4	88.92	YNL4	79.37
CQF4	97.23	GZR1	89.23		

8. 生活力测定

采用四唑染色法测定天冬种子的生活力。设3次重复，每个重复25粒种子，先把种子浸泡于水中，用解剖刀将种子的种皮刮掉，用配制好的0.5%的四唑溶液浸泡，密封，置于30℃黑暗环境中36小时。染完色后根据种胚的着色程度和部位鉴定种子生活力。不同产地天冬种子生活力检验结果如表7-6所示。

表7-6　不同产地天冬种子生活力

编号	生活力（%）	编号	生活力（%）	编号	生活力（%）
CQX1	80.10	SCW2	71.00	GZC1	80.21
CQX2	81.22	HNY1	75.61	GZX1	81.11
CQX3	85.33	YNL5	70.15	YNL1	85.33
CQW1	80.21	HNX1	85.61	YNL2	80.41
CQW2	80.11	HNX2	83.36	YNL3	79.22
CQF3	85.61	HBX4	80.33	YNL4	70.14
CQF4	85.66	GZR1	79.43		

9. 种子健康检验

采用直接检查法进行健康度检查。将测定样品放在白纸、白瓷盘上，挑出菌核、霉粒及病虫害伤害的种子并分别统计，分别计算病虫害感染度。本试验对20份天冬种子开展健康度检查均未发现感病种子，病粒率为0。

10. 种子质量对药材生产的影响

通过对不同等级天冬种子所得块根产量比较，Ⅰ级、Ⅱ级与Ⅲ级之间差异不显著，但Ⅰ级产量稍高。通过对不同等级天冬种子所得块根的水分、灰分及浸出物进行测定，3个等级块根中水分含量在12.5%~13.5%、灰分含量均低于5%，浸出物含量均高于80.0%，符合现版《中国药典》(2015年版)规定。3个等级块根中水分、灰分及浸出物含量均在一定范围内波动，无显著差异（表7-7）。

表7-7 不同等级天冬块根产量及水分、灰分、浸出物含量比较

等级	产量（kg/hm^2）	水分（%）	总灰分（%）	浸出物（%）
Ⅰ级	6952^a	12.5^a	4.7^a	90^a
Ⅱ级	6523^a	13.4^a	4.5^a	86^a
Ⅲ级	6687^a	13.5^a	4.6^a	85^a

三、天冬种子标准草案

1. 范围

本标准规定了天冬种子质量分级的技术要求、检测方法、检验规则。

本标准适用于天冬种子的生产、经营和使用。

2. 规范性引用文件

下列文件中的条款通过本标准的引用而成为本标准的条款。凡是注明日期的引用文件，其随后所有的修改单（不包括勘误的内容）或修订版均不适用于本标准，然而，鼓励根据本标准达成协议的各方研究是可使用这些文件的最新版本。凡是不注明日期的引用文件，其最新版本适用于本标准。

GB/T 191 包装储运图示标志

GB/T 3543.2 农作物种子检验规程 扦样

GB/T 3543.3 农作物种子检验规程 净度分析

GB/T 3543.4 农作物种子检验规程 发芽试验

GB/T 3543.6 农作物种子检验规程 水分测定

3. 术语和定义

下列术语和定义适用于本标准。

3.1 种子批 同一来源、同一品种、同一年度、同一时期收获和质量基本一致、在规定数量之内的种子。

3.2 净种子 凡能明确地鉴别出属于所分析的种（已变成菌核、黑穗病孢子团或线虫瘿除外），即使是未成熟的、瘦小的、皱缩的、带病的或发过芽的种子单位都应作为净种子。

3.3 其他植物种子 除净种子以外的任何植物种子单位，包括杂草种子和异作物种子。

3.4 杂质 除净种子和其他植物种子外的破损或受损伤种子单位的碎片和所有其他物质的构造。

3.5 水分 按规定程序把种子样品烘干所失去的重量，用失去重量占供检样品原始重量的百分率表示。

3.6 发芽 在实验室内幼苗出现和生长达到一定阶段，幼苗的主要构造表明在田间的适宜条件下能否进一步生长成为正常的植株。

3.7 种子生活力 种子发芽的潜在能力或种胚具有生命力。

3.8 种子健康状况 种子是否携带病原菌（如真菌、细菌及病毒）、有害动物（如线虫及害虫）。

4. 技术要求

4.1 基本要求

4.1.1 外观要求：种子为圆球形，黑色，表面光滑而有光泽，质地坚硬。

4.1.2 检疫要求：无检疫性病虫害。

4.2 分级要求 依据种子净度、发芽率、千粒重、水分等指标进行分级，质量分级指标应符合表7-8的要求，低于Ⅲ级的种子不得作为生产性种子使用。

表7-8 天冬种子质量分级标准

等级	净度（%）	发芽率（%）	千粒重（g）	含水量（%）
Ⅰ级	≥95	≥94	≥56	≥56
Ⅱ级	≥90	≥88	≥54	≥52
Ⅲ级	≥85	≥77	≥49	≥50

5. 检验方法

5.1 抽样方法 按GB/T 3543.2的规定执行。

5.2 外观检验 根据质量要求目测种子的外形、色泽、饱满度。

5.3 检疫检验 检疫对象按GB 15569的规定执行。

5.4 净度分析 按GB/T 3543.3执行。将样品分成干净种子、其他植物种子和杂质，并将各成分分别称重。若样品混有较大或多量的杂质时，要在样品称重后，在分别取样前进行清理并称量。称量结果精确至0.0001g。种子的增失差<5%，检验结果有效。

5.5 含水量测定 按GB/T 3543.6执行。采用高水分预先烘干法。称取样品25.00g ± 0.02g，置于扁形称量盒中，在103℃ ± 2℃烘箱中预烘30分钟。取出后放入干燥器中冷却至室温后称重。此后立即将这两个半干样品分别磨碎，并将磨碎物采用高恒温烘干法133℃烘3小时后，取出迅速放入干燥器中冷却至室温后称重。一个样品的两次测定之间的差距不超过0.2%，其结果可用两次测定值的算术平均数表示。否则，重做两次测定。

根据烘后失去的重量计算种子水分百分率，第一次（预先烘干）和第二次均按式（7-1）计算至小数点后一位。

$$\text{种子水分（\%）} = \frac{M_2 - M_3}{M_2 - M_1} \times 100 \tag{7-1}$$

式中：M_1——样品盒和盖的重量，g；

M_2——样品盒和盖及样品的烘前重量，g；

M_3——样品盒和盖及样品的烘后重量，g。

第一次（预先烘干）和第二次按公式（7-1）所得的水分结果换算样品的原始水分，按式（7-2）计算。

$$\text{种子水分（\%）} = S_1 + S_2 - \frac{S_1 - S_2}{100} \tag{7-2}$$

式中：S_1——第一次整粒种子烘后失去的水分，%；

S_2——第二次磨碎种子烘后失去的水分，%。

5.6 重量测定　采用千粒法测定天冬种子千粒重。在净度分析后的种子中随机取2个重复，每个重复1000粒净种子，两重复间差数与平均数之比＜5%，测定值有效。用1/10000电子天平称重，称重后计算组平均数。

5.7 发芽测定　按GB/T 3543.4执行。发芽前将天冬种子用蒸馏水浸泡48小时。在30℃下，以培养皿为容器，皿底铺3层滤纸作发芽床，黑暗条件下发芽。发芽开始后，若有严重霉烂的种子出现，则随时拣出。置床后第15天即可记录发芽种子数。发芽率计算公式如下：

$$发芽率（\%）=\frac{发芽总粒数}{实验总粒数}\times 100\%$$

6. 检验规则

6.1 组批　同一批天冬种子为一个检验批次。

6.2 抽样　种子批的最大重量为500kg，送检样品最少为1500g，净度分析试样最少为150g。

6.3 交收检验　每批种子交收前，种子质量由供需双方共同委托种子种苗质量检验技术部门或获得该部门授权的其他单位检验，并由该部门签发种子质量检验证书。

6.4 判定规则　按以上的分级要求对种子进行评判，抽检样品的各项指标均同时符合某一等级时，则判定所代表的该批次种子为该等级；当有任意一项指标低于该等级标准时，则按单项指标最低值所在等级定级。任意一项低于Ⅲ级标准时，则判定所代表的该批次种子为等级外种子。

6.5 复检　供需双方对质量要求判定有异议时，应进行复检，并以复检结果为准。

7. 包装、标识、运输与储藏

7.1 包装　用透气的布袋、麻袋、编织袋等包装，每个包装不超过25kg。

7.2 标识　依据GB/T 191的规定，销售的天冬种子应当附有标签，标明种子的产地、重量、净度、发芽率、含水量、质量等级、植物检疫证书编号、生产日期、生产者或经营者名称、地址等。

7.3 运输　禁止与有害、有毒或其他可造成污染物品混贮、混运。车辆运输时应有苫布盖严，船舶运输时应有下垫物。

7.4 储藏　天冬种子可用湿润细沙贮藏，勿使其干燥，寿命为1年，超过1年的天冬种子不能使用。

四、天冬种子繁育技术规程

（一）研究概况

目前，天冬种子繁育技术研究的报道较少。2015年陈继红等研究了天冬的植物学特性及繁育技术，从种子的采集、播种、田间管理、病虫害防治等方面介绍了天冬种子育苗的方法。重庆市中药研究院为建立天冬种子繁育技术规程开展了大量的研究工作，包括种子处理方法、浸种处理、肥料的施用量等对天冬种子发育及种苗生长的影响。

（二）天冬种子繁育技术规程

1. 范围

本标准规定了天冬种子繁育的种质来源、生产技术、采摘与加工及包装、标识、运输与储藏。

本标准适用于天冬种子繁育的全过程。

2. 规范性引用文件

下列文件对于本文件的应用是必不可少的。凡是注明日期的引用文件，仅所注明日期的版本适用于本文件。凡是不注明日期的引用文件，其最新版本（包括所有的修改单）适用于本文件。

GB/T 191　包装储运图示标志

3. 术语与定义

下列术语和定义适用于本标准。

3.1 分株　将带有根系的幼苗进行移栽繁育的过程。

3.2 实生苗　由种子发芽长出的幼苗。

3.3 分株苗　将天冬母株分割为几部分，另行栽植为独立新植株的种苗。

4. 种质来源

天冬种子来源于百合科植物天冬*Asparagus cochinchinensis*（Lour.）Merr. 的成熟种子。

5. 生产技术

5.1 选地　应选择较湿润、排水良好的地块种植，以砂质壤土或腐殖壤土最佳，黏性土壤不适宜种植。

5.2 整地　栽种前，将选择的地块深翻30cm左右，同时施入充分腐熟的厩肥4000kg。反复耙细整平，做成宽120cm、长随地形而定的厢，厢沟宽20cm。

5.3 种植

5.3.1 种植时间：冬春两季均可种植，但以冬种产量高。冬植适应期为冬至前后，春植宜在立春至惊蛰。

5.3.2 种植方法：将天冬种苗按大小分别栽种。在整好的厢面，按行距30cm，株距30cm挖穴，穴深14cm。每窝栽1株，先栽两行天冬，预留间作行距45cm后，再栽两行天冬。栽种时，应把块根向四面摆匀，并盖细土压紧，再盖厚约1.5cm细土即可。天冬宜浅种，以刚过芦头为好，过深则易烂根头。栽种后，植株周围要放些稻草或插树枝遮阴防晒，并淋水保持湿润。初植天冬，可在厢面两边间种短期瓜、菜、豆等作物，为天冬初期生长遮阴。

5.4 田间管理

5.4.1 除草松土：生长期间需除草、松土4～5次。中耕除草应浅锄，以免伤及块根。

5.4.2 施肥：天冬栽后每年要追肥3次。第一次在4月底，第二次在6月底至7月初，第三次在9月底至10月初。在追肥前两次施用人畜粪水，再加入过磷酸钙15kg混合施入。第三次施拌有人畜粪水的火灰圈肥3000kg，用四齿耙划土，使粪和土混合。

5.4.3 搭架：当茎蔓长到50cm左右时，应设立支架或支柱，使藤蔓缠绕生长。

5.5 病虫害防治

5.5.1 根腐病：注意排水，防止土壤过于潮湿；加强轮作换地；用50%硫磺胶悬剂300倍液，或20%三唑酮乳油1000倍液喷雾，或40%灭病威500倍液，或1∶2∶300波尔多液灌根或喷施。

5.5.2 蚜虫：用10%大功臣可湿性粉剂1000～1500倍液喷杀，并割除危害病株，追施人畜粪水一次，促使生长嫩茎藤。

6. 采摘与加工

6.1 采摘　9～10月，天冬果皮由绿变黄，种子变黑时即可采摘。

6.2 加工　采回果实在室内堆沤发酵至稍腐烂，放入水中搓去果肉，清洗干净，选择籽粒饱满，颜色黑亮的作种。

7. 包装、标识、运输与储藏

7.1 包装　天冬种子如需调运，宜用布袋、麻袋、编织袋或其他通风透气性良好的容器进行包装。每个包装不超过25kg。

7.2 标识　依据GB/T 191的规定，销售的天冬种子应当附有标签。每批种子应挂有标签，表明种子的产地、重量、净度、发芽率、含水量、质量等级、植物检疫证书编号、生产日期、生产者或经营者名称、地址等。

7.3 运输　禁止与有害、有毒或其他可造成污染物品混贮、混运，注意保持湿润，严防日晒雨淋，且堆放不得过高过厚。车辆运输时应有苫布盖严，船舶运输时应有下垫物。

7.4 储藏　采用沙藏法，即种子与湿沙按1∶2的比例混合装入纸箱中，厚度30cm，上面盖厚3～5cm的湿沙，压实。将贮存种子的纸箱置于室内阴凉处保存，并保持湿度，不能让沙干燥，注意防鼠。也可带果皮晾干，置于通风处保存，待次年春季，搓去果肉播种，但种子发芽率会有所降低。

参考文献

[1] 靳晓翠，王伟，刘玉艳. 天冬种子萌芽特性[J]. 浙江林学学报，2007，24(4)：428-432.

[2] 刘玉艳，于凤鸣，靳晓翠. 天冬种子萌发特性研究[J]. 种子，2007，26(9)：35-38.

[3] 陈继红. 天冬的植物学特性及繁育技术[J]. 现代农业科技，2015(4)：94-103.

王钰　陈大霞　张雪（重庆市中药研究院）

08 太子参

一、太子参概况

太子参为石竹科植物孩儿参*Pseudostellaria heterophylla*（Miq.）Pax ex Pax et Hoffm.的干燥块根，味甘、苦，性平，具有益气健脾、生津润肺之功效，用于脾虚体倦、食欲不振、病后虚弱、气阴不足、自汗口渴、肺燥干咳。随着近年来太子参在保健食品、化妆品等产业的推广应用，人们对其需求逐渐增长。

太子参喜阴湿环境，怕炎热暴晒，具有夏眠特性，野生分布于辽宁、内蒙古、河北、山东、安徽、江苏、浙江、陕西、山西、河南、湖北、湖南等省区。据考证，江苏句容人工栽培太子参已有近百年历史；1967年福建柘荣从浙江杭州玲珑山引进种植太子参；1973年安徽宣州大面积种植太子参；1993年贵州施秉从福建柘荣引种太子参，在周边地区逐渐形成一定的种植规模。目前，太子参主产于安徽宣州、福建柘荣、贵州施秉。从上述种植产区来看，栽培太子参呈现了从北向南迁移的趋势，其生长区域纬度南移了3°~5°。

野生太子参为多年生植物，其生长周期分为无性繁殖、无性繁殖与有性繁殖并存、有性繁殖3个阶段，其生命周期4~7年。而栽培太子参只经历冬、春两季就完成生长周期。人工种植的太子参一般在10~11月栽种，翌年2月中旬出苗，3月齐苗，4~5月开花结实，6月下旬地上茎叶陆续枯萎，7~8月倒苗，完成一个生长周期需130~160天。4月中旬至6月中旬是形成块根产量的主要时期，4月中旬开始不定根增多伸长，以后膨大出现纺锤形。当月平均气温在10~20℃时生长旺盛，在气温30℃以上时，植株生长停滞。

太子参的种植方式分为无性繁殖（块根繁殖）和有性繁殖，其中无性繁殖是目前栽培太子参的主要繁殖方式。相对于无性繁殖，太子参有性繁殖的种植方式较少，造成这一原因可能是受两大关键技术问题制约。一是种子有休眠，太子参种子在自然条件下从5~6月份果实成熟，种子落入土壤要至来年2月中下旬才能萌发。种子在自然状态下解除休眠，但由于种子腐烂、鸟食等因素，对于生产要求来说，种子发芽率较低。二是缺少种子标准，无法衡量和评价种子质量的好坏。因此，人工解除太子参种子休眠及建立其种子质量标准是解决太子参有性繁殖的关键所在。

二、太子参种子质量标准研究

（一）研究概况

太子参种子具有休眠特性，在自然条件下，种子需在土壤中度过7~8个月才能萌发，近年来的研究已证实太子参种子的休眠机制为生理休眠，-2~3℃低温砂藏层积可解除休眠，500~600mg/L的赤霉素处理结合砂藏层积可明显缩短种子打破休眠的时间。在打破休眠的基础上，本研究筛选并明确了太子参种子净度、千粒重、真实性、含水量、生活力、发芽率等研究指标，确定了种子检验方法和质量分级标准。

（二）研究内容

1. 材料

用于品质检验规程的种子采自贵州省施秉县牛大场太子参种植基地；用于质量分级标准的种子采自贵州、安徽、江苏、福建、山东等22个县市的栽培太子参种子53份（表8-1）。种子自然晾干，低温储藏。

表8-1　53份太子参种子采集信息

编号	采样地	采集时间	编号	采样地	采集时间
1	贵州省施秉县1	2011-05	28	安徽省宣城市宣州区3	2011-06
2	贵州省施秉县2	2011-05	29	安徽省宣城市宣州区4	2011-06
3	贵州省施秉县3	2011-05	30	安徽省宣城市宣州区5	2011-06
4	贵州省施秉县4	2011-05	31	江苏省句容县1	2012-06
5	贵州省施秉县5	2011-06	32	江苏省句容县2	2012-06
6	贵州省六枝1	2011-06	33	江苏省句容县3	2012-06
7	贵州省六枝2	2011-06	34	江苏省句容县4	2012-06
8	贵州省六枝3	2011-06	35	江苏省句容县5	2012-06
9	贵州省贵阳市花溪区1	2011-05	36	江苏省句容县6	2012-06
10	贵州省贵阳市花溪区2	2011-05	37	江苏省镇江市丹徒区1	2012-06
11	贵州省黄平县1	2011-05	38	江苏省镇江市丹徒区2	2012-06
12	贵州省黄平县2	2011-05	39	江苏省溧阳市1	2012-06
13	贵州省瓮安县1	2011-05	40	江苏省溧阳市2	2012-06
14	贵州省瓮安县2	2011-05	41	安徽省舒城县1	2012-06
15	贵州省瓮安县3	2011-05	42	安徽省舒城县2	2012-06
16	贵州省丹寨县1	2011-05	43	安徽省舒城县3	2012-06
17	贵州省丹寨县2	2011-05	44	安徽省霍山县1	2012-06
18	贵州省黔西县1	2011-05	45	安徽省霍山县2	2012-06
19	贵州省黔西县2	2011-05	46	安徽省六安市裕安区	2012-06
20	贵州省玉屏县1	2011-06	47	福建省柘荣县1	2012-06
21	贵州省玉屏县2	2011-06	48	福建省柘荣县2	2012-06
22	贵州省玉屏县3	2011-06	49	山东省临沭县1	2012-07
23	贵州省镇远县1	2011-05	50	山东省临沭县2	2012-07
24	贵州省镇远县2	2011-05	51	山东省沂南县	2012-07
25	贵州省余庆县	2011-06	52	山东省临沂市河东区	2012-07
26	安徽省宣城市宣州区1	2011-06	53	山东省临沂市罗庄区	2012-07
27	安徽省宣城市宣州区2	2011-06			

2. 方法

用于扦样、净度分析、重量测定、真实性鉴定、水分测定和生活力测定的种子，常温干燥即得；用于发芽试验的种子常温干燥后在-2～3℃砂藏层积65天。

（1）扦样　采用徒手减半法分取初次样品和试验样品。根据太子参种子的市场流通情况和单次可能的交易量，净度分析样品不少于2500粒种子，送检样品为净度分析样品10倍量。

（2）净度分析　种子过10目筛，置净度工作台上，将净种子与其他植物种子、废种子、果皮和果柄、泥沙和其他杂质分开，分别称重，3次重复。

（3）真实性鉴定　取100粒种子，逐粒观察种子形态、颜色及表面特征，测量种子大小，并记录数据，4次重复。

（4）重量测定　采用百粒法、五百粒法和千粒法测定种子重。① 百粒法：从净种子中数取100粒，称重，8次重复。② 五百粒重：从净种子中数取500粒，称重，3次重复。③ 千粒重：从净种子中数取1000粒，称重，3次重复。

（5）水分测定　采用低恒温烘干法（105±2）℃和高恒温烘干法（130±2）℃。① 低恒温烘干法：种子分为整粒和粉碎处理，前者称取2g整粒种子在（105±2）℃低恒温条件下，每隔1小时取出冷却至室温后称重，总烘干时间为6小时；后者将种子粉碎（50%以上通过四号筛），方法同上，4次重复。② 高恒温烘干法：种子分为整粒和粉碎处理，在（130±2）℃高恒温条件下进行烘干测定，方法同①，4次重复。

（6）休眠机制及解除休眠　室温下浸种24小时，置于灭菌的湿润河砂中，-2～3℃砂藏层积，保持砂子湿润。定期于0天、10天、20天、30天、35天、40天、45天、50天、55天、60天、65天各取10粒种子，剥去种皮和胚乳，在体视显微镜下观察胚的形态和大小，并测定胚的长度，计算平均值。同时，取60粒种子置3层湿润纱布床15℃下进行发芽实验，4次重复，每天观察、补充水分，并记录各层积时间的发芽数。

（7）发芽试验　① 发芽床的优选：取层积65天的种子分别置于砂上、纱布、纸上和纸间4种发芽床进行发芽试验（图8-1），发芽温度15℃，每日观察，记录各发芽床中的发芽数与霉烂种子数，种子发芽15天，从每个重复中选取10株幼苗测量株高、10株鲜重、10株干重，并对不正常苗进行确定，每个处理4次重复，每个重复60粒种子。② 发芽温度的优选：取层积65天的种子置于3层湿润纱布床，分别在5℃、10℃、15℃、20℃、25℃恒温，5/15℃、10/20℃变温条件下进行发芽实验，每日观察记录各温度下的发芽数与霉烂种子数，种子发芽15天，从每个重复中选取10株幼苗测量株高、10株鲜重、10株干重，并对不正常苗进行确定，每个处理4次重复，每个重复60粒种子。发芽计数时间的确定：以胚根伸出种皮2mm时的天数为初次计数时间，以种子发芽率达到最高时，以后再无种子萌发出现时的天数为末次计数时间。

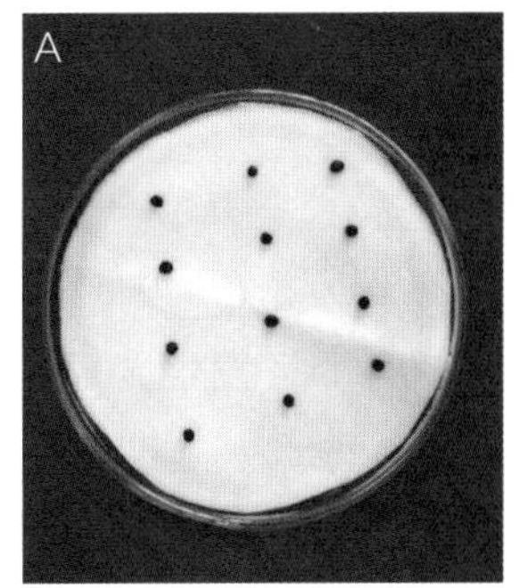

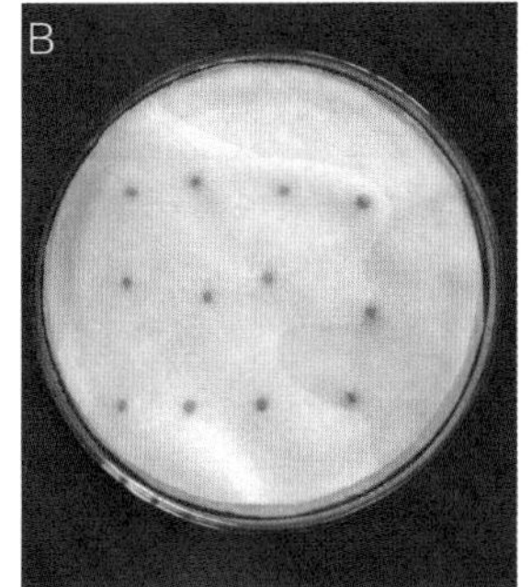

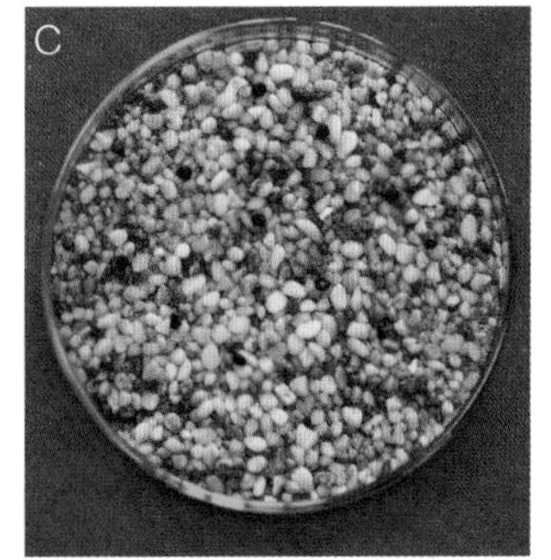

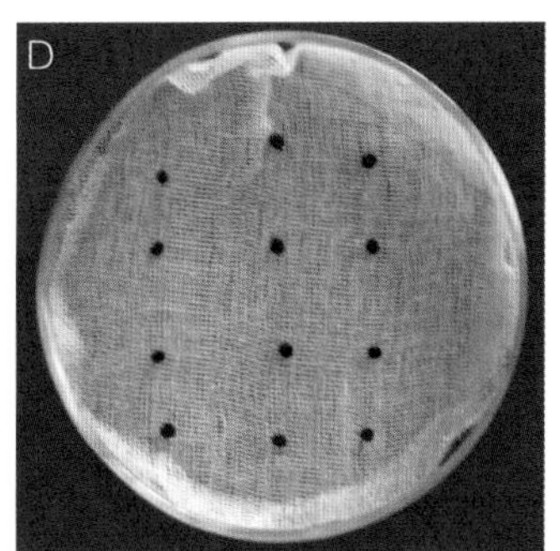

图8-1　四种发芽床

A. 纸上；B. 纸间；C. 砂上；D. 纱布上

（8）生活力测定　选择TTC溶液浓度（0.2%、0.4%、0.6%）、染色时间（20分钟、40分钟、60分钟）、染色温度（30℃、40℃、50℃）、预湿时间（6小时、12小时、24小时）设计4因素3水平正交优化试验。将预湿后的种子沿中轴纵切，放入培养皿中，滴入不同浓度的TTC溶液直至浸没种子，置设定温度的恒温箱中避光染色，每个处理3次重复，每重复30粒种子。

（9）种子分级标准　采用上述研究确定的检验方法对收集的53份种子进行净度、千粒重、含水量、发芽率等指标的测定并进行聚类分析。

3. 结果与结论

（1）扦样　采用徒手减半法取样品，种子净度分析试验所需试样量最少为6.5g，送检样品最少为65g。

（2）净度分析　净度分析3次重复种子的增失差均未偏离原始质量的5%，故该方法和程序切实可行（表8-2）。

表8-2　太子参种子净度分析

No.	净种子（g）	废种子（g）	果皮和果柄（g）	泥沙及其他杂质（g）	原样品重（g）	分析后样品重（g）	净度（%）	增失（%）
第1份试样	8.776	0.370	0.497	0.368	10.035	10.011	87.66	0.24
第2份试样	8.770	0.210	0.519	0.507	10.026	10.006	87.65	0.20
第3份试样	8.554	0.347	0.684	0.393	10.021	9.978	85.74	0.43

（3）真实性鉴定　太子参种子椭圆形或扁球形，长1.6～3.2mm，宽1.1～2.4mm，厚0.7～1.6mm；种皮革质、密生瘤刺状突起，表面红棕色或黄褐色；种脐位于腹面基部。外胚乳显著，胚弯曲，位于外胚乳的中央。种子千粒重为2.0～3.2g（图8-2）。

图8-2　太子参种子

（4）重量测定　3种方法测定结果表明，五百粒法的变异系数最小（0.918%），百粒法的变异系数最大（3.065%），均未超过允许变异系数（4.0%），而百粒重小于1.0g，不利于实际操作；在实际操作中五百粒法可减少工作量，故以五百粒法作为太子参种子千粒重的测定方法（表8-3）。

表8-3　太子参种子千粒重测定

方法	平均值（g）	标准差	变异系数（%）	千粒重（g）
百粒法	0.2493	0.0076	3.065	2.4930
五百粒法	1.2414	0.0114	0.918	2.4828
千粒法	2.5181	0.0277	1.098	2.5181

（5）水分测定　相同烘干时间种子整粒（105±2）℃所测的水分明显低于其他3种处理方法，而种子粉碎（130±2）℃测的水分显著高于其他处理方法；种子粉碎（130±2）℃烘干5小时后含水量不发生显著变化。因此，将种子粉碎，（130±2）℃烘干5小时作为测定太子参种子含水量的方法（表8-4）。

表8-4　太子参种子水分测定

烘干时间（小时）	低恒温（整粒种子）（%）	高恒温（整粒种子）（%）	低恒温（种子粉碎）（%）	高恒温（种子粉碎）（%）
1	10.15^{a}	12.31^{a}	11.88^{a}	13.34^{a}

续表

烘干时间（小时）	低恒温（整粒种子）（%）	高恒温（整粒种子）（%）	低恒温（种子粉碎）（%）	高恒温（种子粉碎）（%）
2	11.17[b]	12.85[b]	12.06[b]	13.67[b]
3	11.39[c]	13.23[c]	12.14[c]	14.06[c]
4	11.57[c]	13.41[d]	12.21[d]	14.22[d]
5	11.82[e]	13.56[e]	12.24[ed]	14.41[e]
6	11.85[e]	13.71[f]	12.28[e]	14.47[e]

注：差异显著分析取α =0.05水平，同一列中不同字母表示存在显著性差异，后面表格一样。

（6）休眠机制及解除休眠　不同层积时间太子参胚形态无变化，表明种子不存在形态休眠。种子层积35天，部分种子打破休眠开始发芽，发芽率和发芽势随层积时间的增加而增高。层积65天的种子达最大发芽率和发芽势，分别为81.50%，58.50%。见图8-3，表8-5。

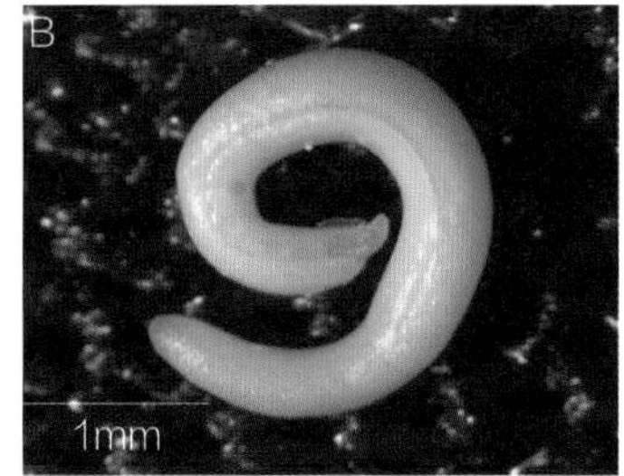

图8-3　层积天数对太子参胚形态的影响

A. 未层积种胚形态（胚长5.72mm）；B. 层积35天种胚形态（胚长5.47mm）；C. 层积60天种胚形态（胚长5.67mm）

表8-5　不同层积时间下太子参种子胚和发芽情况

层积时间（天）	开始发芽天数（天）	发芽持续天数（天）	胚长（mm）	发芽势（%）	发芽率（%）
0	—	—	5.64[a]	—	—
10	—	—	5.56[a]	—	—
20	—	—	5.73[a]	—	—
30	—	—	5.78[a]	—	—
35	3	12	5.67[a]	7.08[a]	22.08[a]
40	2	12	5.69[a]	18.75[b]	29.16[c]
45	2	11	5.55[a]	17.08[b]	36.25[b]
50	2	12	5.67[a]	19.58[b]	32.50[bc]
55	2	13	5.58[a]	21.25[b]	45.00[d]
60	2	13	5.65[a]	41.67[c]	62.92[e]
65	2	13	5.67[a]	58.50[d]	81.50[f]

注：“—”表示0～30天中无种子发芽。

（7）发芽试验 ① 发芽床筛选：太子参种子发芽率纸上最高，为85.00%，其次为砂上、纱布上，纸间最低，为73.50%；发芽势砂上最高，为68.33%，其次为纸上、纱布上，纸间最低，为52.00%；种子的霉烂率以砂上最低，为1.25%，其次为纸上、纱布上、纸间；太子参幼苗在砂上发芽的株高、鲜重和干重均达最大值，分别为4.74cm、0.1372g，0.0132g，不正常苗率最小，为6.00%。结果分析表明，纸间的发芽率显著低于其他发芽床上的发芽率，砂上、纱布上、纸上发芽率无显著差异；砂上种子霉烂率显著低于其他发芽床的种子霉烂率；砂上的株高、鲜重显著高于其他发芽床的株高和鲜重。综合分析认为，砂上发芽床种子发芽率高、种子霉烂率低、幼苗生长快、正常幼苗比例高，为太子参种子萌发和幼苗生长的最佳发芽床。见表8-6和表8-7。② 温度的优选：种子在10℃条件下发芽率最高，为85.42%，其次为15、5/15、10/20、5、20、25℃，10、15℃之间种子的发芽率差异不明显，但显著高于其他温度；发芽势在10℃最高，为75.83%，明显高于其他温度下发芽势，25℃发芽势最低，为12.50%；10℃下的幼苗株高和鲜重最大，分别为3.61cm，0.1044g，显著高于其他发芽温度组；5/15℃光照条件下幼苗干重最大，为0.0153g，不同恒温无光照组之间的幼苗干重无显著差异，但均明显低于变温有光照条件下的幼苗干重；10℃不正常苗率显著低于其他条件下的不正常苗率。综合分析，10℃恒温无光照种子发芽率高、种子霉烂率低、幼苗生长快、正常幼苗比例高，为种子萌发和幼苗生长的最佳温度。见表8-8和表8-9。③ 发芽计数时间的确定：种子第2天胚根露出种皮，第10天后发芽趋于平缓，第15天后几无再发芽情况。故以第2天作为初次计数时间，第15天作为末次计数时间。见表8-6～表8-9。④ 幼苗鉴定：正常幼苗包括完整幼苗、带有轻微缺陷的幼苗和次生感染的幼苗。完整幼苗：幼苗具有两片完整嫩绿色子叶，完整乳白色的胚轴和淡黄色胚根长满根毛，并且生长良好、匀称和健康。带有轻微缺陷的幼苗：幼苗的主要构造出现某种轻微缺陷，如子叶前端、边缘缺损或坏死小于子叶的三分之一，或子叶上少许颜色不一致的小斑点；或初生根局部损伤生长稍迟缓；或胚轴有轻度的裂痕等，但在其他方面仍比较良好而能均衡发展的完整幼苗。次生感染的幼苗：幼苗明显的符合上述的完整幼苗和带有轻微缺陷幼苗的要求；由真菌或细菌感染引起，使幼苗主要构造发病和腐烂，但不是来自种子本生的真菌或细菌的病源感染。不正常幼苗包括损伤的幼苗、畸形或不匀称的幼苗、腐烂幼苗。损伤的幼苗：幼苗的任何主要构造残缺不全，或受严重的和不能恢复的损伤，以至于不能均衡生长者，如幼苗子叶缺失大于二分之一，胚轴二分之一以上均破裂或其他部分完全分离等症状。畸形或不匀称的幼苗：幼苗过于纤细，子叶枯黄、变色、坏死或仅有一片子叶，胚轴下端膨大且不长根，胚轴断裂等症状。腐烂幼苗：由太子参种皮携带的病菌引起幼苗子叶和胚轴发病和腐烂，以至于妨碍其正常生长者。见图8-4。

表8-6　不同发芽床下太子参种子的发芽情况

发芽床	开始发芽天数（天）	发芽持续天数（天）	发芽率（%）	发芽势（%）	种子霉烂率（%）
砂上	2	13	83.33[a]	68.33[b]	1.25[a]
纱布上	2	13	81.50[a]	58.50[ac]	3.75[b]
纸上	2	11	85.00[a]	63.33[ab]	2.92[b]
纸间	2	12	73.50[b]	52.00[c]	4.58[b]

表8-7　不同发芽床对太子参幼苗的影响

发芽床	株高（cm）	10株鲜重（g）	10株干重（g）	不正常苗比例（%）
纱布上	3.07[a]	0.0891[a]	0.0121[a]	12.26[a]

续表

发芽床	株高（cm）	10株鲜重（g）	10株干重（g）	不正常苗比例（%）
纸上	2.73[a]	0.0826[a]	0.0125[a]	9.31[ab]
纸间	2.70[a]	0.0822[a]	0.0122[a]	14.28[a]
砂上	4.74[b]	0.1372[b]	0.0132[a]	6.00[b]

表8-8　不同温度下太子参种子的发芽情况

发芽温度（℃）	开始发芽天数（天）	发芽持续天数（天）	发芽率（%）	发芽势（%）	种子霉烂率（%）
5	2	15	62.92[a]	28.75[a]	2.50[a]
10	2	12	85.42[b]	75.83[b]	3.75[b]
15	2	13	81.50[bf]	58.50[c]	3.75[b]
20	2	11	41.67[d]	37.50[d]	8.33[c]
25	2	9	18.00[e]	12.50[e]	15.00[d]
5/15	2	11	79.17[f]	47.08[f]	3.33[b]
10/20	2	13	65.42[g]	34.38[ad]	5.42[e]

表8-9　不同温度对太子参幼苗生长的影响

发芽温度（℃）	株高（cm）	鲜重（g）	干重（g）	不正常苗比例（%）
5	1.52[a]	0.0578[ad]	0.0110[a]	7.28[a]
10	3.61[b]	0.1044[b]	0.0117[ac]	5.36[a]
15	3.07[c]	0.0891[c]	0.0121[ac]	12.26[b]
20	3.09[c]	0.0917[c]	0.0112[a]	24.00[c]
25	—	—	—	27.78[d]
5/15	1.43[a]	0.0540[a]	0.0153[b]	15.78[e]
10/20	2.02[d]	0.0599[d]	0.0129[c]	18.47[f]

注："—"表示发芽并成活的正常幼苗不足40株，未获得测量数据。

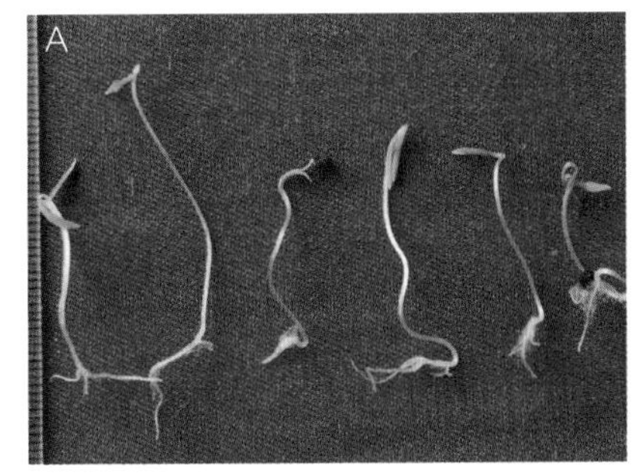

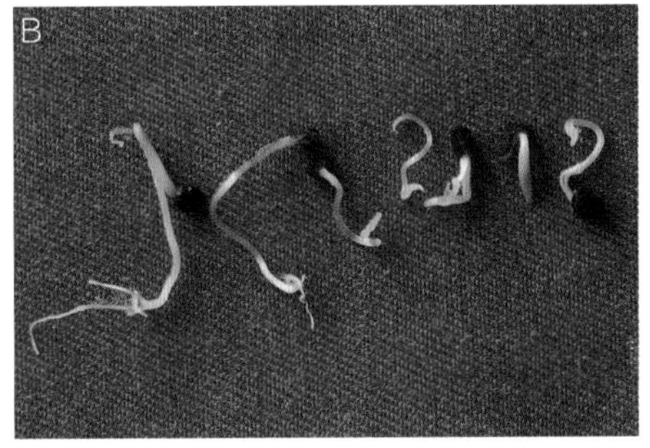

图8-4　太子参正常幼苗与不正常幼苗

A. 正常幼苗；B. 不正常幼苗

（8）生活力测定　对测定种子生活力的影响因素中，C（染色温度）>B（染色时间）>D（预湿时间）>A（TTC浓度）；其中C（染色温度）对结果有显著性影响，染色温度为40℃时测得的生活力最高，TTC浓度、浸种时间、染色时间对生活力测量无显著性影响，考虑到TTC的价格较高，浸种24小时种子吸水有些过度，部分组织有些腐软等因素，选定四唑染色法测定种子生活力最佳条件为$A_1B_3C_2D_2$，即TTC浓度为0.2%，染色时间60分钟，染色温度为40℃，浸种时间为12小时。见表8-10、表8-11，图8-5。

表8-10　TTC法测定太子参种子生活力的正交试验结果

No.	A	B	C	D	测得生活力（%）
1	1	1	1	1	31.67
2	1	2	2	2	88.33
3	1	3	3	3	73.33
4	2	1	2	3	76.67
5	2	2	3	1	75.00
6	2	3	1	2	70.00
7	3	1	3	2	73.33
8	3	2	1	3	51.67
9	3	3	2	1	86.67

表8-11　TTC法测定太子参种子生活力的方差分析

方差来源	离差平方和	自由度	方差	显著性
A	137.72	2	68.86	
B	407.96	2	203.98	
C	1693.00	2	846.50	P=0.034<0.05
D	270.80	2	135.40	
E误差	22.51	3	7.50	

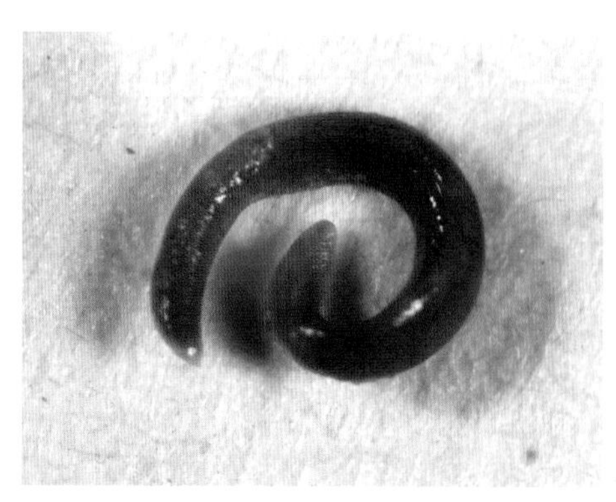
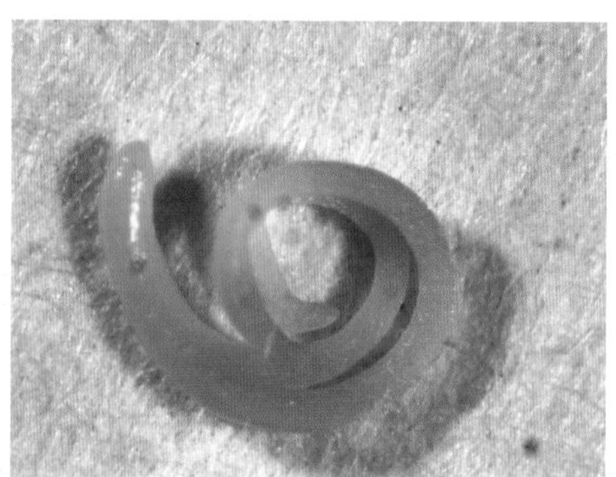

图8-5　太子参种子生活力测定

注：红色的为有生活力种子，白色的为无生活力种子。

本研究对太子参的扦样、净度分析、真实性鉴定、千粒重、含水量、生活力及发芽率等方面进行研究，确定了太子参种子质量检验方法，见表8-12。

表8-12 太子参种子品质检验方法

项目	检验方法
扦样	送检样品最少65g，试验样品最少6.5g
净度分析	过10目筛后进行净度分析
真实性鉴定	外观形态鉴定和种子大小测量
重量测定	五百粒法测定千粒重
水分测定	粉碎（50%以上能过四号筛）高恒温（130±2）℃，烘干时间5小时
发芽试验	发芽前-2～3℃砂藏层积65天解除休眠，以砂床为发芽床，10℃无光培养，计数时间为2～15天
生活力测定	30℃蒸馏水浸种12小时，胚纵切，于0.2% TTC溶液中40℃避光浸染1小时

（9）种子分级标准制定 根据太子参种子品质检验方法，测定53份种子的净度、含水量、千粒重和发芽率（表8-13）。

表8-13 太子参种子质量检测结果

No.	净度（%）	含水量（%）	千粒重（g）	发芽率（%）	No.	净度（%）	含水量（%）	千粒重（g）	发芽率（%）
1	94.27	15.82	2.201	92.08	17	84.38	13.87	2.496	73.33
2	87.68	13.31	2.483	77.92	18	83.12	14.44	2.034	70.40
3	82.99	13.90	2.440	65.83	19	87.33	14.41	2.747	82.91
4	84.93	12.37	2.606	90.00	20	89.12	13.79	3.027	88.75
5	75.89	13.49	2.484	50.42	21	83.89	15.82	2.520	70.00
6	84.50	16.31	2.253	31.67	22	86.43	13.96	2.528	87.92
7	85.49	14.33	2.290	8.75	23	81.49	14.36	2.630	87.08
8	83.58	16.37	1.982	45.00	24	78.73	14.59	2.847	92.08
9	90.47	15.12	2.819	90.42	25	74.26	15.08	2.506	67.92
10	83.27	14.12	2.637	87.92	26	95.11	13.75	2.591	90.00
11	87.44	13.56	2.176	93.33	27	90.80	15.17	2.795	85.83
12	81.39	14.51	2.294	87.08	28	83.36	13.90	2.115	89.17
13	94.28	13.48	2.396	80.83	29	89.11	15.28	2.493	77.50
14	90.29	14.69	2.236	76.67	30	88.31	14.03	3.214	76.67
15	87.32	14.88	2.518	77.91	31	89.21	14.40	2.495	90.42
16	86.22	15.02	2.406	80.00	32	91.08	13.21	2.064	88.33

续表

No.	净度(%)	含水量(%)	千粒重(g)	发芽率(%)	No.	净度(%)	含水量(%)	千粒重(g)	发芽率(%)
33	94.43	16.41	3.012	89.17	44	82.33	14.11	2.868	87.08
34	88.26	14.07	2.286	83.33	45	87.44	13.41	2.126	78.75
35	89.97	14.32	2.438	94.58	46	83.01	14.51	2.828	81.67
36	91.21	14.89	2.346	82.50	47	89.23	13.86	2.698	77.92
37	81.04	14.22	2.947	93.33	48	83.48	16.32	2.284	80.42
38	77.43	15.74	2.644	84.17	49	63.26	12.87	2.378	52.92
39	83.26	16.03	3.007	87.75	50	71.59	12.23	2.529	60.83
40	80.12	15.83	2.440	78.33	51	68.27	13.82	2.440	52.50
41	86.11	14.45	3.113	85.42	52	54.33	13.44	2.246	72.50
42	80.12	12.25	2.598	88.34	53	72.52	13.07	2.189	44.58
43	79.14	14.49	2.746	82.92					

根据系统聚类的类平均法原理，采用DPS分析软件中的K-均值聚类对检验结果进行分析，最终类中心值见表8-14。

表8-14　K类中心聚类的最终类中心值（n=53）

级别	发芽率（%）	含水量（%）	千粒重（g）	净度（%）
I	85.48	13.06	2.586	86.69
II	69.89	14.27	2.401	76.84
III	40.83	15.79	2.288	76.22

结合太子参生产实践、种子检验工作的可操作性，选择以种子发芽率、含水量、千粒重和净度4项指标的聚类中心为参考值，初步制定了太子参种子质量分级标准，见表8-15。该分级方法采用最低定级原则，即任何一项指标不符合规定都不能作为相应等级的合格种子。Ⅰ级和Ⅱ级种子为质量较好的种子，满足太子参种子生产和种植用种的基本要求，Ⅲ级以下为不合格种子。

表8-15　太子参种子质量分级标准

级别	发芽率（%）	含水量（%）	千粒重（g）	净度（%）	外形特征
I	≥85	≤13	≥2.6	≥85	饱满，大小均匀，基本无杂质
II	70~85	13~14	2.4~2.6	≥75	较饱满，大小较均匀，有少许瘪粒及杂质
III	≥40	≤16	≥2.3	≥75	瘦瘪，大小不均匀，有瘪粒及杂质

三、太子参种子标准草案

1. 范围

本标准规定了太子参种子的术语与定义、质量要求、检验方法、评定方法、标签、包装、贮存、运输。

本标准适用于太子参种子生产、销售、管理和使用时进行的种子质量分级和检验。

2. 规范性引用文件

下列文件中的条款通过本标准的引用而成为本标准的条款。凡是注明日期的引用文件，其随后所有的修改单（不包括勘误的内容）或修订版均不适用于本标准，然而，鼓励根据本标准达成协议的各方研究是否可使用这些文件的最新版本。凡是不注明日期的引用文件，其最新版本适用于本标准。

GB/T 3543.1～3543.7　农作物种子检验规程

DB 34/142—1997　农作物种子标签

中华人民共和国药典（2015年版）一部

3. 术语与定义

下列名词术语适用于本标准。

3.1 太子参种子　为石竹科植物孩儿参*Pesudostellaria heterophylla*（Miq.）Pax ex Pax et Hoffm.的干燥成熟种子。

3.2 种子含水量　按种子粉碎（130±2）℃烘干5小时所失去的重量，失去重量占供检样品原始重量的百分率。

3.3 种子千粒重　指自然干燥状态下（含水率≤13%）1000粒种子重量，以克为单位。

3.4 种子真实性　供检种子与本规程规定的太子参种子是否相符。

4. 质量要求

4.1 感官要求　感官要求应符合表8-16的规定。

表8-16　感官要求

项目	要求
形态	椭圆形或扁球形，种皮革质、密生瘤刺状突起，种脐位于腹面基部
颜色	表面红棕色或黄褐色
大小	长1.6～3.2mm，宽1.1～2.4mm，厚0.7～1.6mm

4.2 质量分级　以种子发芽率、含水量、千粒重、净度等为质量分级指标将太子参种子质量分为Ⅰ级、Ⅱ级、Ⅲ级，见表8-17。

表8-17　质量分级

级别	发芽率（%）	含水量（%）	千粒重（g）	净度（%）
Ⅰ	≥85	≤13	≥2.6	≥85
Ⅱ	70～85	13～14	2.4～2.6	≥75
Ⅲ	≥40	≤16	≥2.3	≥75

4.3 检测方法　种子质量分级各项指标的检验须按本标准“种子检验”规定的方法进行。

5. 检验规则

5.1 扦样　种子批的最大重量不得超过1000kg，其容许差距为5%；若超过规定重量时，须另行划批；若小于或等于规定重量的1%时，为小批种子。每批对上、中、下三点进行取样，扦取一定量种子后充分混合。混合样品与送检样品的规定数量相等时，将混合样品作为送检样品；当混合样品数量较多时，用四分法从中分取规定数量的送检样品。种子批的最大重量和样品最小重量见表8-18。其余按GB/T 3543.2执行。

表8-18　种子批的最大重量和样品最小重量

种子批的最大重量（kg）	样品最小重量（g）		
	送检样品	净度分析试验样品	其他种子计数试样
1000	65	6.5	65

5.2 净度分析　将分取的6.5g左右种子过10目筛除去大型混杂物，然后将试验样品分成净种子、其他植物种子、废种子、果皮及果柄、泥沙和其他杂质，并测定各成分的重量。试验样品和各组分称重以克（g）表示，保留3位小数。各组分重量之和与原试样重量增失如超过原试样重量的5%，必须重做，如果增失小于原试样重量的5%，则计算净种子百分率。其余按GB/T 3543.3执行。

5.3 重量测定　将种子充分混合均匀，随机取出500粒称重（g），称重保留3位小数，3次重复，3次重复间差异与平均数之比不得超过5%，超过则重做3次重复，如第二次测定仍超过误差，则以6组平均数作测定结果，并折算成千粒重。其余按GB/T 3543.7执行。

5.4 发芽试验　选取种子适量，室温浸种24小时，置于灭菌的湿润河砂中，-2～3℃砂藏层积65天解除休眠。随机数取层积后的种子100粒，置于砂上发芽床的培养皿中，每个培养皿放10粒种子，在10℃无光条件下培养，4次重复，每日观察，补充水分，挑出霉烂种子，记录第2～15天种子的发芽数与霉烂种子数。对幼苗进行鉴定：① 正常幼苗：具有继续生长成为良好植株潜力的幼苗，包括完整幼苗、带有轻微缺陷的幼苗和次生感染的幼苗。② 不正常幼苗：不能生长成为良好植株的幼苗，包括损伤至不能均衡生长的幼苗、畸形或不匀称的幼苗、腐烂幼苗。未发芽种子：在试验末期仍不能发芽的种子，包括新鲜种子、死种子和虫害种子。其余按GB/T 3543.4执行。

5.5 真实性鉴定　取100粒种子，逐粒观察种子形态、颜色及表面特征，测量种子大小。鉴别依据：种子小，椭圆形或扁球形，长1.6～3.2mm，宽1.1～2.4mm，厚0.7～1.6mm；千粒重1.98～3.22g；种皮革质，红棕色或黄褐色，密生瘤刺状突起；种脐在种子腹面基部。其余按GB/T 3543.5执行。

5.6 水分测定　取混匀样品适量进行粗磨（50%以上通过四号筛）。取试样约2g放入预先烘干的样品盒内，称重，保留3位小数，4次重复。将烘箱预热至140～145℃，将样品盒放入烘箱，箱温保持（130±2）℃时，开始计算时间，样品烘干时间为5小时。取出冷却至室温，再称重。计算种子烘干后失去的重量占供检样品原重量的百分率，即为种子含水量（%），其余按GB/T 3543.6执行。

5.7 生活力测定　数取种子约100粒，置于30℃的蒸馏水中浸泡12小时，预湿后沿种脊线将种子对半纵切；将切开的种子置于培养皿中，加入0.2%浓度的四唑溶液，置40℃黑暗条件下染色1小时。取出种子用清水冲洗种胚，观察其染色情况，根据染色情况记录其有生活力和无生活力种子的数目。4次重复。判断标准：① 符合下列任意一条的列为有生活力种子：胚全部染色；子叶远胚根一端≤1/3不染色，其余部分全染色；子叶侧边总面积≤1/3不染色，其余部分全染色。② 符合下列任意一条的列为无生活力种子：胚完全不染色；子叶近胚根处不染色；胚根不染色；子叶不染色总面积>1/3；胚染颜色异常，且组织软腐。其余按GB/T 3543.7执行。

5.8 健康度检查　采用直接检查法检查感染病害和虫害的种子；采用平皿培养法检测带菌种子。① 直接检查：随机数取400粒种子放在白纸或玻璃上，用肉眼检查，取出感染病害和虫害的种子，分别计算其粒数，并计算感染率。② 平皿培养法：将培养皿及PDA培养基灭菌；随机选取100粒种子，放入加有15～20ml培养基的培养皿中，每个培养皿排放5粒，在25℃的培养箱中培养3～5天并适时观察；挑取真菌较纯的部分至另一新的培养基上进行培养；挑取纯化后的真菌，用棉兰染色剂对其进行染色，然后在显微镜下观察，拍照记录并加以鉴定。计算带菌率和分离率。

6. 评定方法

本标准规定的指标作为检验依据，若其中任一项要求达不到感官要求或三级以下定为不合格种子。

6.1 单项指标定级　根据发芽率、净度、含水量、千粒重进行单项指标的定级，三级以下定为不合格种子。

6.2 综合定级　根据发芽率、净度、含水量、千粒重四项指标进行综合定级。① 四项指标均在同一质量级别时，直接定级。② 四项指标有一项在三级以下，定为不合格种子。四项指标不在同一质量级别时，采用最低定级原则，即以四项指标中最低一级指标进行定级。

7. 包装、标签、贮存、运输

7.1 包装　种子视量多少可用编织袋、布袋、篓筐等符合卫生要求的包装材料包装。

7.2 标签　销售的袋装种子应当附有标签。每批种子应挂有标签，表明种子的产地、重量、净度、发芽率、含水量、质量等级、生产日期、生产者或经营者名称、地址等，其余按DB34/142执行。

7.3 贮存　存放在低温干燥阴凉处。

7.4 运输　禁止与有害、有毒或其他可造成污染物品混运，严防潮湿，车辆运输时应盖严，船舶运输时应有下垫物。

四、太子参种苗繁育技术研究

（一）研究概况

太子参的种植方式分为无性繁殖（块根繁殖）和有性繁殖，其中以块根进行无性繁殖是目前栽培太子参的主要繁殖方式，有性繁殖主要是太子参更新复壮的重要方式。目前太子参未有专门的种苗繁育技术。本研究通过大量的调查研究，整理了一套具有产地环境、选地、整地、播种、种苗复壮、田间管理和病虫害防治的太子参种苗繁育技术，并申请获得一种太子参有性繁殖方法的专利一项，经推广应用，创造了良好的社会效益和经济效益，获贵州省优秀专利奖。

（二）太子参种苗繁育技术规程

1. 产地环境

1.1 海拔　适宜海拔在650～1300m。

1.2 温度　生长期最冷月（1月）的月平均气温不低于2℃，最热月（7月）的月平均气温不高于28℃，适宜年平均气温14～16℃，10℃及10℃以上年积温5000～6000℃。

1.3 无霜期　无霜期255～294天。

1.4 光照　年日照时数1060～1350小时，光能年总辐射率350J/cm^{2}左右。

1.5 水分　适宜年平均降雨量1000～1200mm，4月至9月占总降雨量的75%，10月至翌年3月占25%。

1.6 土壤　以黄壤、棕壤为主，pH为6.0～7.2，中性偏微酸性砂质壤土或腐殖质壤土，土层疏松肥沃，富含有机质，土层厚度30cm以上。

1.7 地形地势坡度应在10°～45°，向阳坡地或地势较高的平地，通风和排灌条件好。

2. 选地

选择丘陵坡地或地势较高的平地，以生荒地或与禾本科作物轮作3年以上的地为宜，以深厚、肥沃、疏松、排水良好的砂质壤土或腐殖质壤土为好，pH中性偏微酸性。忌连作。

3. 整地

前作物收获后，将土壤翻耕25～30cm，每亩施入40%辛硫磷15g；约20天后，耕翻20cm以上，每亩施腐熟过的农家肥或堆肥1500～2000kg，耙细、耙均。栽种前，每亩用西洋复合肥20kg、普钙50kg、硫酸钾15kg混合，撒入土中作种肥。作厢的厢宽70～90cm，厢长依据地块而定，一般不超过10m。坡地宜顺坡开厢，沟深25cm左右，平地沟深25cm以上，厢面作呈龟背状，四周开好排水沟。

4. 播种

4.1 种参选择　选择芽头饱满、参体匀称、无分叉、无破损、无病虫害的块根作为种参。

4.2 种参处理　播种前用50%多菌灵可湿性粉500倍液浸种20～30分钟，取出沥干，用清水清洗残留药液，晾干表面水。

4.3 播种时间　10月下旬至11月上旬。

4.4 播种量　每亩用种参40kg左右。

4.5 播种方法　在厢面上按株行距8cm×13cm或6cm×15cm，品字形摆放种参，参头（芽头）朝一个方向。细土覆盖厚度6～8cm，覆土后厢面呈弓背形，轻轻压实厢面土壤。

5. 田间管理

5.1 中耕除草　3月上旬，参苗齐苗后进行浅中耕除草，5月上旬，参苗封行后，停止中耕，坚持除草。

5.2 定苗　4月中旬，参苗封行前拔除病株、弱株。

5.3 追肥　结合中耕除草进行第一次追肥，每亩施钙镁磷肥25kg左右、钾肥10kg左右、高效复合肥20kg左右。把肥料均匀撒于厢面，宜在阴天或雨前施肥；4月中下旬进行第二次追肥，每亩施磷酸二氢钾5kg左右，配成0.5%溶液进行叶面喷施，早晚进行。

5.4 排灌水　① 排水：定期检查沟和厢面，清除沟中积土，保持厢面平整，大雨后及时疏沟排水。② 灌水：叶片出现轻度萎蔫时，人工灌溉，以距地面10cm左右的耕作层浇透为宜。早晚进行。

5.5 越夏管理　太子参留种地，春季可套种高秆玉米，或5月上旬套种黄豆。

5.6 种参保存　保存方式有原地保存和砂藏保存。① 原地保存：将种参保存在留种地，10～11月份栽种时，挖出种参，去掉泥土即可栽种。② 砂藏保存：7～8月份，挖出太子参块根，选取种参，按砂与参的比例为3：1进行保存。铺一层砂，均匀撒一层种参，再盖一层砂，依次类推铺4～5层。存放在阴凉、干净、无污染的环境中，每半月检查一次，清除霉烂块根，栽种时取出。

6. 种苗复壮

6.1 选种　4～5月，选择母本纯正、生长健壮、无病虫害、生长整齐一致的植株作为选种对象。

6.2 采种　4～5月，采收蒴果果皮略开裂的果实。

6.3 种子干燥　存放在20～25℃通风处，自然阴干，去除开裂果皮。

6.4 种子筛选　选择饱满、大小均匀，千粒重不小于2.6g，含水量不高于13%，净度不小于85%，发芽率不低于85%的种子。

6.5 种子保存　保存于0℃左右的种子贮藏箱中；或种子与湿砂混合（砂：种=3：1）后，存放于通风、阴凉、干燥的室内。

6.6 种子解除休眠　太子参种子有休眠，低温可以使种子解除休眠。可在9月下旬至10月上旬播种，让种子在自然条件下越冬解除休眠；也可低温（0℃左右）砂藏层积，层积时间为播种前45~50天进行，过早或过迟均不利于发芽。

6.7 播种　秋播在9月下旬至10月中上旬进行，春播在2月下旬至3月上旬进行。将种子与草木灰拌匀后，距地面约30cm均匀撒于畦面上。撒种量600~1000粒/m^2，播种量2.5~3千克/亩，覆土厚0.5~1cm。覆土后盖稻草或其他无草籽的杂草2~3cm厚，浇透水。

6.8 苗床管理　出苗后，揭去盖草，当出现2片小叶时，用1%磷酸二氢钾喷施2次，间隔6~7天。3~5月对生长过稠的苗床进行间苗。

6.9 起苗　在10月下旬至11月上旬，太子参播种前起苗，挖出块根作为栽培种参。

6.10 其他　选地、整地、种参保存、田间管理等与种苗繁殖技术一致。

7. 病虫害防治

7.1 立枯病和紫纹羽病　加强田间管理，雨后及时排水，降低田间湿度；勤除草松土，发现病株及时拔除，在病穴周围撒上石灰消毒。

7.2 叶斑病　块根收获后彻底清理枯枝残体，集中深埋或烧毁；严格实行轮作，不宜重茬；发病初期喷50%多菌灵500~1000倍液，或70%甲基托布津800倍液，每隔7~10天喷1次，连续2~3次；发病严重时，喷苯醚甲环唑或戊唑醇1500倍液，每隔10天喷1次，连续2~3次。

7.3 根腐病　栽种前种参用50%多菌灵500倍液浸种20~30分钟进行消毒；生长期注意雨后及时疏沟排水；发病期用70%甲基托布津1000倍液，或用50%多菌灵800~1000倍液，或用40%的根腐宁1000倍液，或用75%百菌清1000倍液浇灌病株根部。

7.4 病毒病　加强选种，淘汰病株，选择无病植株、抗病性较强的植株作种；增施磷钾肥，增强植株对病毒的抵抗力；用种子复壮时，种子经0℃低温处理40天播种；可培育不带病毒的实生苗；整地时亩用50%多菌灵400g稀释800~1000倍喷于土表进行土壤消毒；发病期亩用20%病毒A可湿性粉剂100g兑水50kg，喷雾，或亩用3.85%病毒毕克水乳剂100ml兑水50kg，喷雾。

7.5 灰霉病　从4月初开始喷1：1：100的波尔多液，每隔10~14天喷1次，连续3~4次；发病时，用50%异菌脲或嘧霉胺800倍液喷施。严格实行轮作，不宜重茬。

7.6 虫病　虫病严重时，用50%多菌灵100倍，或75%辛硫磷乳油700倍液浇灌植株周围及土面，或用麦麸、豆饼等50kg炒香，加90%美曲膦酯原药0.5kg，加水50kg诱杀。傍晚进行，每亩施1.5~2kg。

参考文献

[1] 肖承鸿，江维克，周涛，等. 太子参种子休眠机制及萌发特性的研究[J]. 中国中药杂志，2012，37（14）：2067-2070.

[2] 肖承鸿，周涛，江维克，等. 低温层积及赤霉素处理对太子参种子萌发与幼苗生长的影响[J]. 中国实验方剂学杂志，2013，19（15）：151-155.

[3] 肖承鸿，周涛，江维克，等. 太子参种子品质检验方法及质量分级标准研究[J]. 中国中药杂志，2014，39（16）：3042-3047.

周涛　肖承鸿（贵州中医药大学）

09 | 牛膝

一、牛膝概况

牛膝（*Achyranthes bidentata* Blume）为苋科多年生草本植物，又称怀牛膝、对节草等，以干燥肉质根入药，因其主产于河南省古怀庆府（今焦作市），故称怀牛膝，是驰名中外的“四大怀药”之一。牛膝药材为牛膝干燥根，以根条粗长、肉肥、皮细和灰黄色者为佳，有补肝肾、强筋骨、逐瘀通经、引血下行之功效。现代药理学研究认为牛膝具有降血糖、降血压、抗衰老，以及抗肿瘤和增强免疫等多种作用。生产上牛膝以种子繁殖,种子的优劣直接影响药材的质量和产量。牛膝种子没有休眠特性，活力较高，容易发芽，且发芽率较高。在地温20℃左右，土壤湿度适宜条件下播种，7~10天可出齐苗。当年生的种子叫“蔓薹子”，生产上几乎不用“蔓薹子”作种。一般用二年生牛膝种子，又称“秋子”进行播种，发芽率高，长势较好且容易控制。

“蔓薹子”和“秋子”在形态上差异不大，难以区分，容易混杂。混杂的种子会给药材生产带来严重的损失。本研究的目的是建立牛膝种子检验规程并制定其质量分级标准，用以规范牛膝种子的生产和经营。

二、牛膝种子质量标准研究

牛膝是常用中药材，在我国主产地有河南、河北、内蒙古等地。种植面积10万~20万亩。牛膝以种子直播繁殖。牛膝种子生长期短，种子成熟度不一致，种子质量参差不齐，因此，必须制定种子质量标准，以规范牛膝种子交易市场。

（一）研究材料

在牛膝种子主产区河南温县、武陟等地方收集牛膝种子本试验采用的牛膝种子共33份，具体收集情况见表9-1。

表9-1 供试牛膝种子收集记录

编号	牛膝样品来源		收集时间
ZFB	河南省	武陟县大封河北	2010.5
ZFN	河南省	武陟县大封河南	2010.5
ZFB1	河南省	武陟县大封河北1	2010.5
WN1	河南省	温县农科所	2010.5
WN2	河南省	温县农科所	2010.5

续表

编号	牛膝样品来源		收集时间
WB	河南省	温县北平奥镇	2010.5
S5.4WNJ	北京	药植所试验地	2010.5
S5.4WNY	北京	药植所试验地	2010.5
S5.4DFN	北京	药植所试验地	2010.5
S5.25WNJ	北京	药植所试验地	2010.5
S5.25WNY	北京	药植所试验地	2010.5
S5.25DFN	北京	药植所试验地	2010.5
S6.19WNJ	北京	药植所试验地	2010.5
S6.19WNY	北京	药植所试验地	2010.5
S6.19DFN	北京	药植所试验地	2010.5
S7.14WNJ	北京	药植所试验地	2010.5
S7.14WNY	北京	药植所试验地	2010.5
S7.14DFN	北京	药植所试验地	2010.5
Q Ⅰ	河南	武陟县大封乡	2010.5
Q Ⅱ	河南	武陟县大封乡	2010.5
Q Ⅲ	河南	武陟县大封乡	2010.5
QⅣ	河南	武陟县大封乡	2010.5
Q Ⅴ	河南	武陟县大封乡	2010.5
WNY	河南	温县农科所	2010.5
WNJ	河南	温县农科所	2010.5
AG1	河北	安国药材市场	2010.5
AG2	河北	安国药材市场	2010.5
BZ1	安徽	亳州药材市场	2010.5
BZ2	安徽	亳州药材市场	2010.5
BZ3	安徽	亳州药材市场	2010.5
WX1	河南	温县农科所	2010.5
WX1	河南	温县农科所	2010.5
WZ	河南	武陟县大封乡	2010.5

（二）净度分析

一份全试样法："ZFN""WN1"" ZFB1"3份牛膝种子净度分析的结果见表9-2。所有成分百分率的和为100%，成分少于0.05%为填报"微量"，若某一成分结果为零，填为"0.0"。

表9-2　牛膝种子净度分析结果

项目	ZFN	ZFB1	WN1
分取样品重量（g）	8.993	9.787	8.417
杂质重量（g）	1.578	1.291	1.003
净种子重量（g）	7.214	8.220	7.083
其他种子重量（g）	0.199	0.236	0.282
净度后总重量（g）	8.990	9.747	8.367
增失重量（g）	0.003	0.040	0.050
增失（%）	0.031	0.410	0.598
杂质（%）	17.550	13.248	11.985
净种子（%）	80.241	84.335	84.651
其他种（%）	2.209	2.417	3.364

由上表可知，样品分析的增失差都<5%，表明净度分析结果有效。从三份牛膝种子的净度看来，牛膝种子的净度都在80%以上。

（三）重量测定

1. 百粒测定

“QⅠ”“QⅡ”“QⅢ”三份牛膝净种子，按百粒法测定的结果见表9-3。

表9-3　百粒法测牛膝种子千粒重结果分析

项目	QⅠ	QⅡ	QⅢ
百粒平均重（g）	0.232	0.230	0.253
标准差（S）	0.008	0.009	0.005
变异系数（CV）	3.251	3.987	2.138
千粒重（g）	2.318	2.301	2.526

由上表可知，各样品个测定值之间变异系数均小于4.0，结果有效。

2. 千粒测定法

用千粒法测定3份牛膝种子的千粒重见表9-4。

表9-4　千粒法测牛膝种子千粒重结果

项目	QⅠ		QⅡ		QⅢ	
	1	2	1	2	1	2
千粒重（g）	2.318	2.335	2.291	2.304	2.524	2.529
千粒平均重（g）	2.327		2.297		2.57	

续表

项目	QⅠ		QⅡ		QⅢ	
	1	2	1	2	1	2
差数	0.017		0.013		0.005	
差数和平均数之比（%）	0.7		0.2		0.19	
千粒重（g）	2.327		2.988		2.57	

由表9-4可知，3份种子千粒重两个重复之间的差数都<5%，结果有效。

表9-5　千粒法和百粒法测“QⅢ”样本千粒重（$P<0.05$）

方法	1	2	3	4	平均值（g）
千粒法	2.49	2.62	2.56	2.53	2.55^a
百粒法	2.67	2.83	2.71	2.6	2.70^a

由表9-5可知千粒法和百粒法测定牛膝千粒重在$P<0.05$时没有显著性差异，说明两种方法都可用作牛膝种子千粒重的测定。从整个试验过程看来，百粒法相对简单，推荐使用百粒法测牛膝种子千粒重。

（四）真实性鉴定

种子外观形态法　种子附带有黄色苞片及小苞片，在苞片内有深褐色的胞果，胞果上方有宿存的花柱，苞果内有种子一粒，黄褐色。种胚紧靠种皮，外胚乳肉质，在种胚的内方。带苞片的种子长3.16～5.14mm，宽1.24～1.50mm（图9-1）。

图9-1　牛膝种子

（五）发芽试验

1. 发芽床的选择

表9-6、表9-7所表示的是不同产地的牛膝种子在不同发芽床上的发芽情况。

表9-6　不同发芽床上QⅡ牛膝种子发芽情况（$P<0.05$）

处理	始发芽所需天数（天）	平均发芽率（%）	平均发芽指数
TPU	5^a	96^a	15.92^a
TPS	5^a	95^a	15.64^a

续表

处理	始发芽所需天数（天）	平均发芽率（%）	平均发芽指数
PP	5[a]	96[b]	15.87[a]
TS	7[b]	88[b]	13.71[b]
VC	9[c]	46[c]	8.92[c]

表9-7　不同发芽床上MT牛膝种子发芽情况（$P<0.05$）

处理	始发芽所需天数（天）	平均发芽率（%）	平均发芽指数
TPU	5[a]	98[a]	16.16[a]
TPS	5[a]	99[a]	16.32[a]
PP	5[a]	98[b]	16.24[a]
TS	7[b]	91[b]	14.37[b]
VC	9[c]	49[c]	9.15[c]

从两个样本的发芽率看，MT样本种子在纸上（培养皿）、海绵+纸上（发芽盒）和褶裥纸（发芽盒）三种发芽床之间，始发芽天数为5天，平均发芽率都在98%左右，发芽指数在16.30左右，三者间无显著性差异。QⅡ在上述三种发芽床上，三个指标间也没有显著差异。而两种样本在砂上（发芽盒）发芽率稍低，蛭石（发芽盒）发芽率显著低于其他发芽床（图9-2）。从试验结果看前，纸上（培养皿）、海绵+纸上（发芽盒）和褶裥纸（发芽盒）这三种发芽床都适用于牛膝种子的发芽，但从实际操作考虑，优选纸上（培养皿）发芽床。

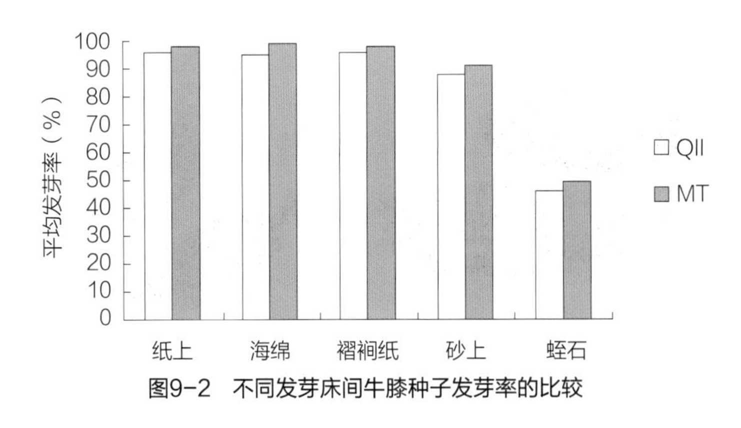

图9-2　不同发芽床间牛膝种子发芽率的比较

2. 发芽温度的筛选

不同温度条件下五份牛膝净种子在双层滤纸的培养皿上的发芽情况，见表9-8。

表9-8　不同温度条件下牛膝种子发芽情况

种子样本	不同温度处理的发芽率（%）				
	15℃	20℃	25℃	30℃	30/20℃
大封北	82	80	96	83	29

续表

种子样本	不同温度处理的发芽率（%）				
	15℃	20℃	25℃	30℃	30/20℃
大封南	44	55	94	62	35
温农尖	95	93	99	91	37
温农圆	88	97	99	94	62
北平奥	75	50	87	55	54

在25℃条件下5份种子发芽率都最高、始发芽天数最短，且发芽最整齐，所以25℃是牛膝种子发芽的最适宜温度条件（图9-3）。

3. 发芽首次和末次计数时间

牛膝种子很容易萌发，萌发始于下胚轴伸长。置床后第2天即有胚根露出种皮，随后胚芽鞘伸出且长势较快，在水分充足的情况下，胚根长到一定长度后，子叶才突破种皮，逐渐展开，萌发过程基本完成。

从图9-4可以看出，三份牛膝种子发芽率和发芽时间的动态变化图趋于一致，表现在第3天种子就有一定的发芽量，第5天时均达到了20%，此时可作为初次计数时间。牛膝种子在水分充足的情况下，发芽较快且整齐，第10天以后没有新发芽的种子出现，可作为末次计数时间。

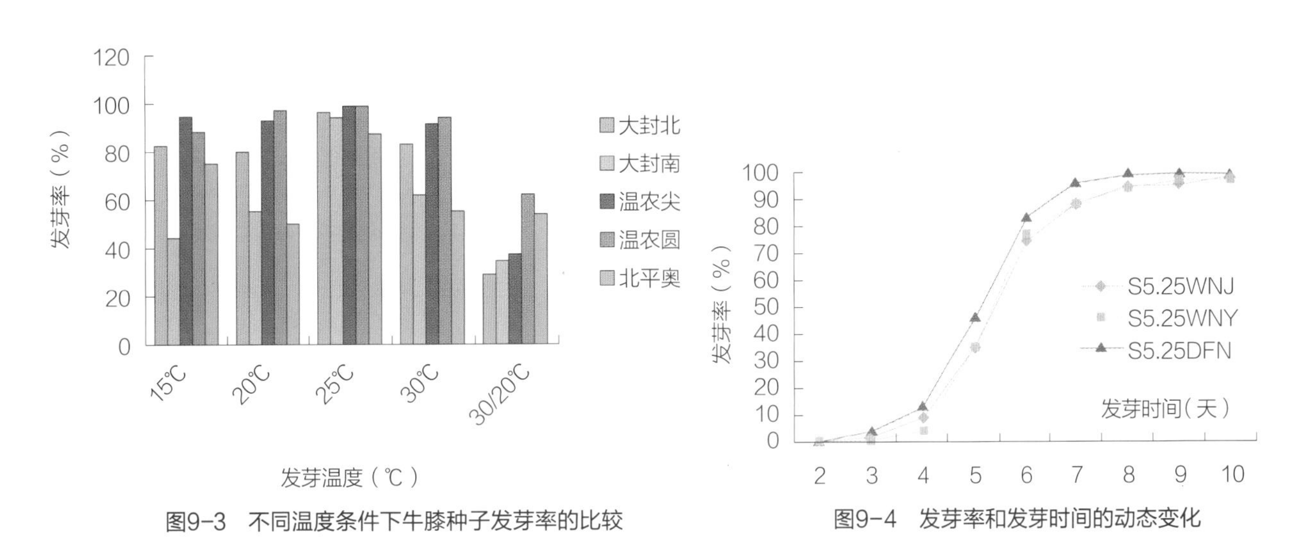

图9-3 不同温度条件下牛膝种子发芽率的比较

图9-4 发芽率和发芽时间的动态变化

4. 幼苗评定标准

（1）正常幼苗　牛膝正常幼苗必须符合下列类型之一：① 完整幼苗：幼苗具有初生根，乳白色的茎和两片完整的嫩绿的小叶，并且生长良好、完全、匀称和健康。② 带有轻微缺陷的幼苗：幼苗的主要构造出现某种轻微缺陷，如两片初生叶的边缘缺损或坏死，或茎有轻度的裂痕等，但在其他方面仍能比较良好而均衡发展的完整幼苗。③ 次生感染的幼苗：幼苗明显的符合上述的完整幼苗和带有轻微缺陷幼苗的要求，但已受到不是来自种子本生的真菌或细菌的病源感染（图9-5）。

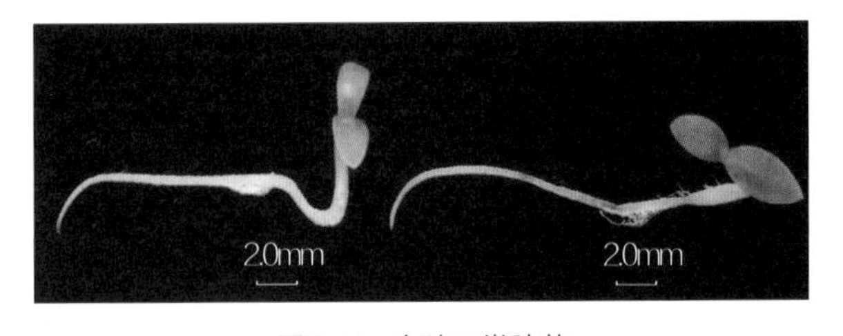

图9-5 牛膝正常种苗

（2）不正常幼苗　下列幼苗列为不正常幼苗：① 损伤的幼苗：幼苗的任何主要构造残缺不全，或受严重的和不能恢复的损伤，以至于不能均衡生长者。② 畸形或不匀称的幼苗：幼苗生长细弱，或存在生理障碍（白化或黄化苗），或其主要构造畸形或不匀称者。③ 腐烂幼苗：由初生感染（交链孢属、镰孢属、根霉属等）引起的幼苗的主要构造（茎和叶）的发病和腐烂，以至于妨碍其正常生长者（图9-6）。

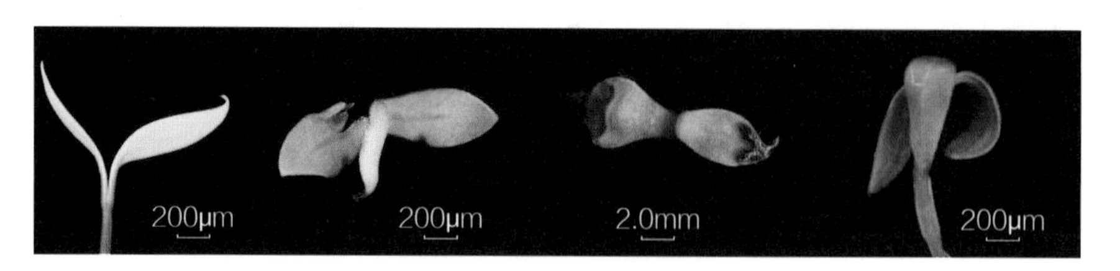

图9-6　牛膝不正常种苗

（六）生活力测定

1. 四唑染色的预湿处理和组织暴露方式

直接在水中浸泡种子能够良好吸水，不容易出现破裂和损伤，在滤纸上预湿24小时种子尚未达到吸胀充分的状态。预湿18小时后，种子吸胀充分而不过度，最易除去内种皮取出完整的胚和子叶。故预湿方法选取：常温下在蒸馏水中直接浸泡18小时。牛膝种子胚倒立，两片子叶合生侧立，胚和子叶间嵌着糊粉层，为了染色时避免淀粉溶解，建议取出整个胚。

2. 四唑溶液的浓度和染色时间

按照四唑染色方法和步骤对牛膝种子进行染色，四唑溶液的浓度、染色的时间对种子染色的效果影响较大,结果见表9-9和图9-7、图9-8。

表9-9　四唑溶液浓度和时间与种子完全染色的关系

浓度（%）	染色时间（小时）					Ti	Xi
	1	2	3	4	5		
0.1	11	18	42	46	50	167.00	33.40
0.3	34	69	92	93	93	381.00	76.20
0.5	35	79	91	92	91	388.00	77.60
0.7	39	77	92	92	90	390.00	78.00
Tj	119.00	243.00	317.00	323.00	324.00	1326.00	
Xj	29.75	60.75	79.25	80.75	81.00		66.30

0.3 TTC 染色 1小时

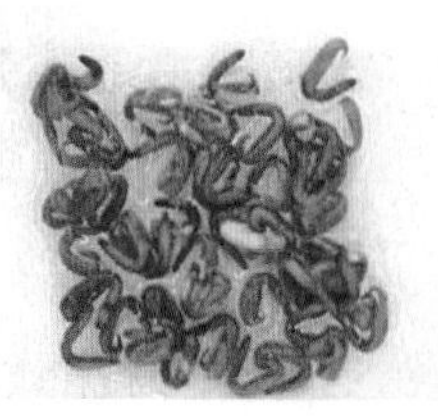

0.3 TTC 染色 2小时

0.3 TTC 染色 3小时

0.3 TTC 染色 4小时

图9-7　牛膝种子在0.3%四唑溶液染色效果与染色时间的关系

0.1 TTC 染色 3小时　0.3 TTC 染色 3小时　0.5 TTC 染色 3小时　0.7 TTC 染色 3小时

图9-8　牛膝种子不同四唑浓度染色3小时的染色效果

F检验结果表明，浓度间和染色时间间的F值都大于0.01，表明不同的浓度与染色时间和完全染色的种子数之间关系密切，进一步的显著性差异试验分析（表9-10、表9-11、表9-12）。

表9-10　四唑溶液浓度和时间与种子完全染色的方差分析

变异来源	*df*	*SS*	s^2	*F*	$F_{0.05}$	$F_{0.01}$
浓度间（A）	3	7225.00	2408.33	58.03	3.49	5.95
时间间（B）	4	7837.20	1959.30	47.21	3.26	5.41
误差	12	498.00	41.50			
总变异	19	15560.20	818.96			

表9-11　不同浓度四唑溶液染色种子平均数间差异显著性检验

浓度（%）	平均数	差异显著性	
		α=0.05	α=0.01
0.7	78.00	a	A
0.5	77.60	a	A
0.3	76.20	a	A
0.1	33.40	b	B

表9-12　不同染色时间染色种子平均数间差异显著性检验

时间（小时）	平均数	差异显著性	
		α=0.05	α=0.01
5	81.00	a	A
4	80.75	a	A
3	79.25	a	A
2	60.75	b	B
1	29.75	c	C

多重比较结果表明：不同四唑溶液浓度及染色时间对牛膝种子染色的影响有着极显著的差异。0.7%、0.5%和0.3%四唑溶液处理的效果较好，并且处理效果之间差异不显著，考虑到四唑溶液有毒性，所以最终选定0.3%的四唑溶液浓度。在染色时间中，以5、4和3小时染色效果最好，由于5、4和3小时处理效果差异不显著，综合考虑，用浓度为0.3%的四唑溶液染色，能够得到染色均匀、深浅适宜的种子，且不需很长时间。参考《国际种子检验规程》上的要求，推荐使用低浓度四唑溶液，所以选定0.3%四唑溶液染色3小时为最适宜条件。

3. 四唑染色鉴定标准

（1）有生活力种子　符合下列任意一条的列为有生活力种子一类：① 胚和子叶全部均匀染色；② 子叶远胚根一端≤1/3不染色，其余部分完全染色；③ 子叶侧边总面积≤1/3不染色，其余部分完全染色（图9-9）。

图9-9　牛膝有生活力的种子

（2）无生活力种子　符合下列任意一条的列为无生活力种子一类：① 胚和子叶完全不染色；② 子叶近胚根处不染色；③ 胚根不染色；④ 胚和子叶染色不均匀，其上有斑点状不然色；⑤ 子叶不染色总面积>1/2；⑥ 胚所染颜色异常，且组织软腐（图9-10）。

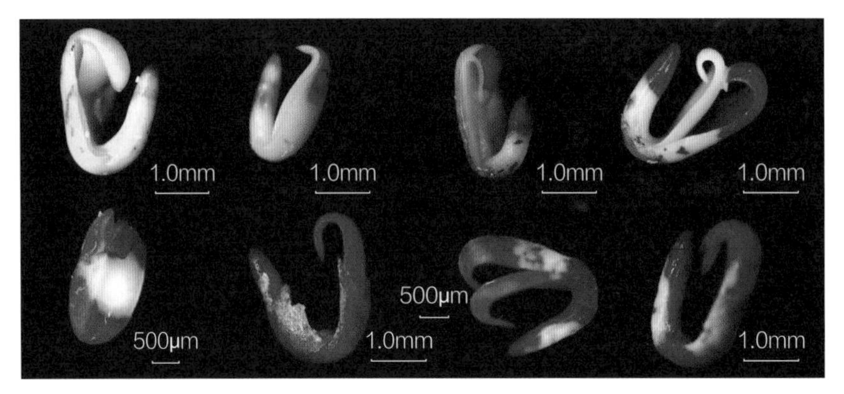

图9-10　牛膝无生活力的种子

（七）水分测定

用高恒温烘干法和低恒温烘干法检测“QⅡ”和“S.5.4DFN”两份种子样本的水分含量，结果如下（表9-13和表9-14）。

表9-13　两种烘干法测定QⅡ含水量（%）

方法	1	2	3	4	平均值
高恒温烘干法2小时	12.25	12.28	13.86	13.79	13.05[a]
低恒温烘干法	12.03	12.07	13.61	14.93	13.16[a]

表9-14　两种烘干法测定S.5.4DFN含水量

方法	1	2	3	4	平均值
高恒温烘干法2小时	14.29	14.18	14.21	14.39	14.28[a]
低恒温烘干法	14.79	12.57	13.87	14.32	13.89[a]

由表9-13、表9-14可知，两个样本的两次测定中，两个重复之间，误差测定值都<0.2%，所以两种烘干法测定值有效。两种烘干法测定的两个样本水分含量值之间都没有显著性差异，并且误差都在0.2%以内，鉴于低温烘干法需要时间长，推荐使用高温烘干法。

（八）健康检测

1. 种子外部带菌

不同样品牛膝种子外部携带的真菌差异较大（表9-15）。河南的温县和武陟样品的孢子负荷量特别高，分别为321.94孢子/粒种子和168.13孢子/粒种子，种子表面携带的优势菌群主要为青霉属。药植所的牛膝种子样品外部孢子负荷量较低，为17.81孢子/粒种子，优势菌群为青霉属，曲霉属和交链孢属。

表9-15　牛膝外部携带真菌种类和分离比例

牛膝样品	培养种数	孢子负荷量	真菌种类和分离比例（%）			
			青霉属 *Penicllium*	曲霉属 *Aspergillus*	交链孢属 *Alternaria*	其他
温县	400	321.94	98.64	—	—	1.36
武陟	400	168.13	79.18	—	—	20.81
药植所	400	17.81	94.74	3.51	1.75	—

注："—"表示未分离到真菌。

2. 种子内部带菌检测结果

不同种子内部所带真菌种类差异不明显，颖壳和籽粒携带的优势菌群均为交链孢属、青霉属和根霉属。药植所的牛膝样品颖壳和籽粒的带菌率均小于温县和武陟的带菌率，分别只有19.50%和13.50%。而镰孢属只在武陟一个样品的颖壳和籽粒上分离得到。具体结果见下表9-16、表9-17。

表9-16　牛膝种子内部（颖壳）携带真菌种类和分离比例

样品	带菌总数	带菌率（%）	真菌种类和分离比例（%）				
			交链孢属 *Alternaria*	青霉属 *Penicllium*	镰孢属 *Fusarium*	根霉属 *Rhizopus*	其他
温县	269	67.25	37.10	46.80	—	1.15	25.05
武陟	194	48.50	40.62	11.03	26.70	—	21.65
药植所	78	19.50	39.49	18.94	—	14.10	27.47

注："—"表示未分离到真菌。

表9-17　牛膝种子内部（籽粒）携带真菌种类和分离比例

样品	带菌总数	带菌率（%）	真菌种类和分离比例（%）				
			交链孢属 *Alternaria*	根霉属 *Rhizopus*	镰孢属 *Fusarium*	青霉属 *Penicllium*	其他
温县	76	19.00	44.47	13.16	—	7.89	34.48

续表

样品	带菌总数	带菌率（%）	真菌种类和分离比例（%）				
			交链孢属 *Alternaria*	根霉属 *Rhizopus*	镰孢属 *Fusarium*	青霉属 *Penicllium*	其他
武陟	190	47.50	34.74	1.58	23.16	11.58	28.94
药植所	54	13.50	51.48	26.67	—	1.85	20.00

注："—"表示未分离到真菌。

三、牛膝种子质量标准草案

1. 范围

本标准规定了牛膝种子术语和定义，分级要求，检验方法，检验规则包装、运输及贮存等。

本标准适用于牛膝种子生产者、经营管理者和使用者在种子采收、调运、播种、贮藏以及国内外贸易时所进行种子质量分级。

2. 规范性引用文件

下列文件中的条款通过本标准的引用而成为本标准的条款。凡是注明日期的引用文件，其随后所有的修改单（不包括勘误的内容）或修订版不适用于本标准，然而，鼓励根据本标准达成协议的各方研究是否可使用这些文件的最新版本。凡是不注明日期的引用文件，其最新版本适用于本标准。

GB/T 3543.2　农作物种子检验规程　扦样

GB/T 3543.3　农作物种子检验规程　净度分析

GB 15569　农业植物调运检疫规程

3. 术语和定义

3.1 牛膝种子　为苋科多年生草本植物牛膝*Achyranthes bidentata* Blume的成熟种子。

3.2 扦样　从大量的种子中，随机取得一个重量适当，有代表性的供检样品。

3.3 种子净度　本种植物种子数占供检植物样品种子数的百分率表示。

3.4 种子含水量　按规定程序把种子样品烘干所失去的重量，用失去的重量占供检样品原始重的百分率表示。

3.5 种子千粒重　表示1000粒种子的重量，它是体现种子大小与饱满程度的一项指标，是检验种子质量和作物考种的内容，也是田间预测产量时的重要依据。

3.6 种子发芽率　在规定的条件和时间内长成的正常幼苗数占供检种子数的百分率。

3.7 种子生活力　指种子的发芽潜在能力和种胚所具有的生命力，通常是指一批种子中具有生命力（即活的）种子数占种子总数的百分率。

3.8 种子健康度　指种子是否携带病原菌，如真菌、细菌、病毒，以及害虫等。

4. 要求

4.1 基本要求

4.1.1 外观要求：种子长椭圆形，表面褐色或深褐色，外观完整、饱满。

4.1.2 检疫要求：无检疫性病虫害。

4.2 质量要求　依据种子发芽率、净度、千粒重、含水量等进行分等，质量分级符合表9-18的规定。

表9-18　牛膝种子质量分级标准

指标	一级	指标	二级
发芽率（%）	≥87.0	发芽率（%）	≥63.0
千粒重（g）	≥2.50	千粒重（g）	≥1.90
水分（%）	≤11.0	水分（%）	≤12.0
净度（%）	≥91.0	净度（%）	≥84.0

5. 检验方法

5.1 外观检验　根据质量要求目测种子的外形、色泽、饱满度。

5.2 扦样　按GB/T 3543.2《农作物种子检验规程　扦样》执行。

5.3 净度分析　按GB/T 3543.3《农作物种子检验规程　净度分析》执行。

5.4 重量测定　采用百粒法测定，方法与步骤具体如下：① 将净种子混合均匀，从中随机取试样8个重复，每个重复100粒种子；② 将8个重复分别称重（g），结果精确到10^{-4}g；③ 按以下公式计算结果：

$$平均重量（\overline{X}）=\frac{\sum X}{n}$$

式中：X——各重复重量，g；

n——重复次数；

$\overline{X}$——100粒种子的平均重量，g。

$$种子千粒重（g）=百粒重（\overline{X}）\times 10$$

5.5 水分测定　采用高恒温烘干法测定，方法与步骤具体如下。

5.5.1 打开恒温烘箱使之预热至145℃。烘干干净铝盒，迅速称重，记录。迅速称量需检测的样品，每样品3个重复，每重复（5±0.001）g。称后置于已标记好的铝盒内，一并放入干燥器。

5.5.2 烘箱达到规定温度时，把铝盖放在铝盒基部，打开烘箱，快速放入箱内上层。保证铝盒水平分布，迅速关闭烘箱门。

5.5.3 待烘箱温度回升至133℃时开始计时。

5.5.4 2小时后取出，迅速放入干燥器中冷却至室温，30～40分钟后称重。

5.5.5 根据烘后失去的重量占供检样品原始重量的百分率计算种子水分百分率。

5.6 发芽试验

5.6.1 方法与步骤如下：取净种子100粒，4次重复。用自来水冲洗2分钟。把种子均匀排放在玻璃培养皿（12.5cm）的双层滤纸。置于光照培养箱中，在25℃，12小时光照条件下培养。记录从培养开始的第5天至第10天的各处理牛膝种子发芽数，并计算发芽率。

5.6.2 正常和不正常幼苗鉴别标准

5.6.2.1 正常幼苗：正常幼苗必须符合下列类型之一：① 完整幼苗：幼苗具有初生根，乳白色的茎和两片完整的嫩绿的小叶，并且生长良好、完全、匀称和健康。② 带有轻微缺陷的幼苗：幼苗的主要构造出现某种轻微缺陷，如两片初生叶的边缘缺损或坏死，或茎有轻度的裂痕等，但在其他方面仍能比较良好而均衡发展的完整幼苗。③ 次生感染的幼苗：幼苗明显的符合上述的完整幼苗和带有轻微缺陷幼苗的要求，但已受到不是来自种子本生的真菌或细菌的病源感染。

5.6.2.2 不正常幼苗：下列幼苗列为不正常幼苗：① 损伤的幼苗：幼苗的任何主要构造残缺不全，或受严重的和不能恢复的损伤，以至于不能均衡生长者。② 畸形或不匀称的幼苗：幼苗生长细弱，或存在生理障碍（白化或黄化苗），或其主要构造畸形或不匀称者。③ 腐烂幼苗：由初生感染（交链孢属、镰孢属、根霉属等）引起的幼苗的主要构造（茎和叶）的发病和腐烂，以至于妨碍其正常生长者。

5.7 生活力测定　测定方法与步骤：从试样中数取种子100粒，4次重复。种子在常温下用蒸馏水中浸泡12小时，种子垂直腹缝线纵切去2/5。将种子置于0.5%四唑溶液中，在30℃恒温箱内染色。3小时后取出，迅速用自来水冲洗，至洗出的溶液为无色。根据染色情况记录其有生活力和无生活力鉴 定标准如下。

5.7.1 有生活力：符合下列任意一条的列为有生活力种子一类：① 胚和子叶全部均匀染色。② 子叶远胚根一端≤1/3不染色，其余部分完全染色。③ 子叶侧边总面积≤1/3不染色，其余部分完全染色。

5.7.2 无生活力：符合下列任意一条的列为无生活力种子一类：① 胚和子叶完全不染色。② 子叶近胚根处不染色。③ 胚根不染色。④ 胚和子叶染色不均匀，其上有斑点状不然色。⑤ 子叶不染色总面积＞1/2。⑥ 胚所染颜色异常，且组织软腐。

5.8 健康度测定　采用间接培养法，方法与步骤如下。

5.8.1 种子外部带菌检测：每份样品随机选取400粒种子，放入100ml锥形瓶中，加入50ml无菌水充分振荡，吸取悬浮液1ml，以2000r/min的转速离心10分钟，弃上清液，再加入1ml无菌水充分震荡、浮载后吸取100μl加到直径为9cm的 PDA平板上，涂匀，每个处理4次重复。相同操作条件下设无菌水空白对照。放入25℃温箱中黑暗条件下培养5天后观察，记录种子外部带菌种类和分离比例。

5.8.2 种子内部带菌检测：将每份牛膝种子的颖壳与籽粒分开，颖壳用5%NaClO溶液中浸泡5分钟，籽粒用5%NaClO溶液中浸泡2分钟，再用无菌水冲洗3遍，将同一样品的颖壳和籽粒分别均匀摆放在直径为15cm的PDA平板上，每皿摆放100粒，每个处理4次重复。在25℃温箱中黑暗条件下培养5～7天后检查，记录种子带菌情况、不同部位的真菌种类和分离频率。

5.8.3 种子带菌鉴定：将分离到的真菌分别进行纯化、镜检和转管保存。根据真菌培养性状和形态特征进行鉴定。

6. 检验规则

6.1 组批　同一批牛膝种子为一个检验批次。

6.2 抽样　种子批的最大重量1000kg，送检样品80g，净度分析8g。

6.3 交收检验　每批种子交收前，种子质量由供需双方共同委托种子质量检验技术部门或获得该部门授权的其他单位检验，并由该部门签发牛膝种子质量检验证书。

6.4 判定规则　按4.2的要求对种子进行评判，同一批检验的一级种子中，允许5%的种子低于一级标准，但必须达到二级标准，超此范围，则为二级种子；同一批检验的二级种子，允许5%的种子低于二级标准，超此范围则判为等外品。

6.5 复检　供需双方对质量要求判定有异议时，应进行复检，并以复检结果为准。

7. 包装、标识、贮存和运输

7.1 包装　用透气的麻袋、编织袋包装，每个包装不超过50kg，包装外附有种子标签以便识别。

7.2 标识　销售的袋装牛膝种子应当附有标签。每批种子应挂有标签，表明种子的产地、重量、净度、发芽率、含水量、质量等级、植物检疫证书编号、生产日期、生产者或经营者名称、地址。

7.3 运输　禁止与有害、有毒或其他可造成污染物品混贮、混运，严防潮湿。车辆运输时应有苫布盖严，船舶运输时应有下垫物。

7.4 贮存　牛膝种子可在常温下保存，寿命为1年，超过1年的种子不能使用。

四、牛膝种子繁育技术研究

1. 范围

本标准规定了牛膝种子（苗）生产技术规程。

本标准适用于牛膝种子（苗）生产的全过程。

2. 规范性引用文件

下列文中的条款通过本标准的引用而成为本标准的条款。凡是注明日期的引用文件，其随后所有的修改单（不包括勘误内容）或修订版均不适用于本部分。然而，鼓励根据本标准达成协议的各方研究是否使用这些文件的最新版本。凡是不注明日期的引用文件，其最新版本适用于本标准。

中华人民共和国药典（2015年版）一部

3. 术语与定义

牛膝是指苋科多年生草本植物牛膝（*Achyranthes bidentata* Blume），又称怀牛膝、对节草等。

4. 生产技术

4.1 种质来源　主产地河南省武陟县大封乡。主要栽培品种为风筝棵和核桃纹，主要差异在于叶脉和茎秆形态。

4.2 选地与整地　选择土层深厚、肥沃，排水良好的田地，于秋末冬初翻耕，耙平即可作为育种田。

4.3 种植　种苗选择：当年怀牛膝采挖时，挑选根粗身长、粗细均匀、表皮细白、芦头处多芽且饱满的鲜牛膝，截去根端部分，留上部20～25cm带芦头，去掉茎叶，称为牛膝苔。牛膝苔用细河沙封埋越冬。

种植：3月底4月初种植，行距60cm，株距40cm，挖30cm深穴，挑选健康的牛膝苔入穴中，土封压实浇透水即可。

4.4 田间管理（提纯与复壮方法、肥料等）及时除草、浇水，保持田间土壤墒情。6月中可施少量氮肥（尿素20千克/亩）。

4.5 病虫害防治　制种田应防7、8月雨水过多引起的病害。及时清理感病植株，防治牛膝叶斑病、枯萎病、白锈病可用80%大生可湿性粉剂600倍液、50%多菌灵500倍液喷施。

4.6 采收、加工与储存　9月下旬成熟，割穗、打种，去除杂质后晾干，即为秋子。装于布袋或透气好的袋子。

4.7 包装与运输　种子在干燥透气的环境下储藏和运输。

参考文献

[1] 中国医学科学院药用植物资源开发研究所. 药用植物栽培学 [M]. 北京：中国农业出版社，1981：452-454.

李先恩（中国医学科学院药用植物研究所）

10 丹参

一、丹参概况

丹参（*Salvia miltiorrhiza* Bge.）为唇形科（Labiatae）鼠尾草属植物。药用部位为干燥根和根茎，具有活血祛瘀、通经止痛、清心除烦等功效，是我国传统常用中药材。丹参是广布药材，分布于我国华北、华东、中南，主产于河北、河南、山东、四川等省。据统计，丹参年需求量3万～5万吨，野生资源远远不能满足需求，栽培品已成为丹参药材的主要来源。丹参的繁殖方式有分根繁殖、扦插繁殖和种子繁殖，以种子繁殖为主。丹参种子种苗生产以农户为主，由于气候条件的差异及种子采收与储藏方法的不同，丹参种子质量参差不齐。由于缺乏种子种苗质量标准，丹参种植产量和质量不稳定，因此，建立丹参种子种苗质量标准，对于规范丹参种子种苗的生产和经营，保护生产者、经营者和使用者的利益，具有重要的作用。

二、丹参种子质量标准研究

近年来，随着人们膳食结构的变化和社会老龄化的出现，心血管病的发病率呈上升趋势，国内外对丹参的需求量迅速增大，丹参种植面积逐渐扩大。丹参分布较广，主产于我国四川、山东、陕西、河南等，据不完全统计全国丹参年种植面积30万～50万亩，年生产种子600～800吨。种子育苗移栽是丹参生产上最常用的方法，具有成活率高、长势整齐。但是，由于丹参花期长，受自然条件的影响大，造成种子成熟度不一致，出苗率低，且出苗不齐。丹参种子易霉烂、不耐贮藏，阴湿、高温都使种子迅速劣变。由于各地气候差异和种子储藏的条件和习惯不一致，使得种子质量参差不齐，由于没有相应的丹参种子质量标准，坑农害农的现象时有发生。

同时，现行的《中国药典》《中华人民共和国种子管理条例》《中华人民共和国农作物种子实施细则》对丹参种子质量都没有要求，没有国家或地方标准。因此，制定出丹参种子质量标准，对规范丹参种子市场，保证丹参种植业健康发展具有重要作用。丹参主要有种子育苗移栽和分根繁殖两种方式，以育苗移栽的方式为主。丹参开花时间长，种子成熟度不一致，种子质量参差不齐，因此，必须制定种子质量标准，以规范丹参种子交易市场。

（一）研究材料

2004和2005年在丹参种子主产区山东曲阜、平邑、临朐和蒙阴等地收集栽培的丹参种子。种子样品的收集依据以下原则：① 主产区内有不同气候、不同土壤生态区域的样品；② 主产区内的样品适当考虑行政区域，如县、乡和村。

本试验采用的丹参种子共36份，均为栽培丹参的种子。其收集时间、收集地点见表10-1。

表10-1　丹参种子收集情况

编号	丹参样品来源	收集时间（年）	编号	丹参样品来源	收集时间（年）
L Ⅰ	山东省平邑县流峪镇	2004	05LV	山东省平邑县流峪镇	2005
L Ⅱ	山东省平邑县流峪镇	2004	05SFI	山东省临朐县石佛乡	2005
L Ⅲ	山东省平邑县流峪镇	2004	05SFII	山东省临朐县石佛乡	2005
LⅣ	山东省平邑县流峪镇	2004	05SFIII	山东省临朐县石佛乡	2005
S Ⅰ	山东省平邑县三关庙乡	2004	05SFIV	山东省临朐县石佛乡	2005
S Ⅱ	山东省平邑县三关庙乡	2004	05SFV	山东省临朐县石佛乡	2005
SF Ⅰ	山东省临朐县石佛乡	2004	05SFVI	山东省临朐县石佛乡	2005
SF Ⅱ	山东省临朐县石佛乡	2004	05SFVII	山东省临朐县石佛乡	2005
LQ	山东省临朐县	2004	05SFVIII	山东省临朐县石佛乡	2005
Q	山东省曲阜县	2004	LAI	山东省莱芜县苗山镇兰子村	2005
BL	山东省莱芜县苗山镇兰子村	2004	LAII	山东省莱芜县苗山镇兰子村	2005
ML	山东省莱芜县苗山镇兰子村	2004	LAIII	山东省莱芜县苗山镇北柳子村	2005
BB	山东省莱芜县苗山镇北柳子村	2004	QF	山东省曲阜县	2005
BW	山东省莱芜县苗山镇北柳子村	2004	ZX	山东省莒县	2005
05L Ⅰ	山东省平邑县流峪镇	2005	05SI	山东省平邑县三关庙乡	2005
05L Ⅱ	山东省平邑县流峪镇	2005	05SII	山东省平邑县三关庙乡	2005
05L Ⅲ	山东省平邑县流峪镇	2005	05SIII	山东省平邑县三关庙乡	2005
05LⅣ	山东省平邑县流峪镇	2005	SHL	陕西省商洛县	2005

（二）扦样

扦样是种子检验中的首要环节，是开展种子检验工作的第一步。其目的是要获得一个大小适宜的供检样品，此样品能够准确代表待检种子批的真实质量状况。

1. 扦取送检样品

采用徒手法扦取初次样品，方法如下：随机从不同点拿取种子，这些点在袋间不同。确信袋下层被扦样，要求某部分被倒出，然后再装回。手指合拢，握紧种子，以免有种子漏出。确信盛样容器干净。在扦取每次初次样品时，应把手上东西刷落。

2. 分取试验样品

采用"徒手减半法"分取试验样品，步骤如下：将种子均匀地倒在一个光滑清洁的平面上。使用平边刮板将样品先纵向混合，再横向混合，重复混合4～5次，充分混匀成一堆。把整堆种子分成两半，每半再对分一次，这样得到四个部分。然后把其中的每一部分再减半分成八个部分，排成两行，每行四个部分。合并和保留交错部分，如将第一行的第1、3部分和第2行的2、4部分合并，把留下的四个部分拿开。将上一步保留的部分，再按照2，3，4个步骤重复分样，直至分得所需的样品重量为止。

3. 保存样品

试验样品经分取后，保存在低温（最高温度不超过18℃）、通风的室内，使种子质量的变化降到最低限度。若在较长时间内（如一个月）不能进行检验，则用袋封好放入冰箱冷藏室（温度为0～4℃）。

（三）净度分析

净度是衡量种子质量的一项重要指标。净度分析指准确地测定供检种子样品中各组分的重量百分率，并鉴定样品混合物的特性，从而达到用净度来衡量种子质量的清洁干净程度。

因为丹参空壳和瘪粒种子情况严重，而且从外观不易区分，故应寻找一种简便、能大量分离出丹参空壳种子同时又对种子生命力不造成破坏的方法，选出实粒种子作其他检验的样品。结果如表10-2所示。

表10-2　不同处理方法筛除丹参种子空壳效果比较

处理方法	上层		下层	
	空壳率（%）	实粒率（%）	空壳率（%）	实粒率（%）
水分离筛选法	74.9	25.1	13.6	86.4
风力筛选法	90.5	9.5	1.1	98.9
离心筛选法	70.0	30.0	4.2	95.8

由表10-2可知，用水分离法、风选法和离心法筛取丹参实粒种子的效率分别为86.4%、98.9%、95.8%，除去空壳的效率分别为74.9%、90.5%和69.7%。以风选法效果最佳。

风选法去除空壳的效率最高（图10-1），风选法和离心法筛选实粒种子的效率均较高，但离心法筛出的种子发芽率明显低于其他两种方法低，说明种子经过离心后，种子受到伤害，发芽率显著下降（表10-3）。故采用风力筛选法来去除丹参空壳。

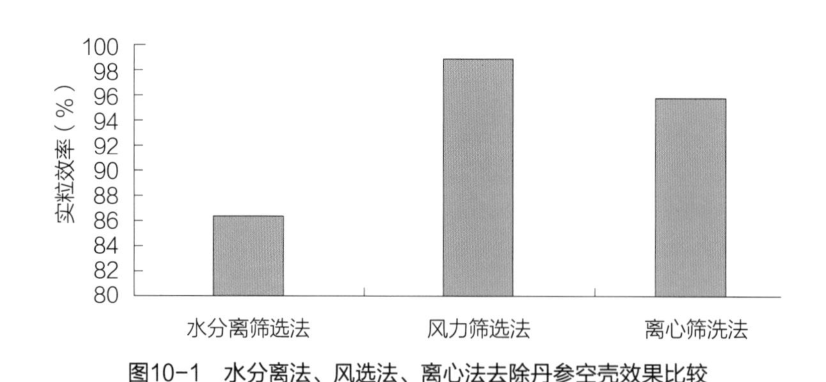

图10-1　水分离法、风选法、离心法去除丹参空壳效果比较

表10-3　不同方法去除空壳后的发芽率

样本	水分离法后发芽（%）	风选法后发芽（%）	离心法后发芽（%）
BW	73.5	76.00	33
SF I	47.5	45.00	12
Q	52.5	54.75	11

（四）重量测定

重量测定是从净种子中数取一定数量的种子，称其重量，换算成每1000粒种子的重量。种子千粒重是种子质量的重要指标之一。千粒重较大的种子通常具有充实、饱满、均匀等优良特性，在田间往往表现出出苗率高，幼苗健壮，产量高。本试验中，采取了百粒法、千粒法来测定丹参种子重量。

1. 百粒测定法

以下是14份丹参净种子测定的结果，见表10-4。

表10-4　丹参种子千粒重

编号	千粒重（g）	标准差（S）	变异系数（CV）	编号	千粒重（g）	标准差（S）	变异系数（CV）
L Ⅰ	2.00	0.001	0.7	SF Ⅱ	2.13	0.001	0.7
L Ⅱ	2.02	0.001	0.6	LQ	1.98	0.002	0.9
L Ⅲ	2.14	0.001	0.7	Q	1.96	0.003	1.4
LⅣ	2.15	0.001	0.5	BL	1.82	0.001	0.8
S Ⅰ	1.98	0.001	0.4	ML	1.99	0.001	0.4
S Ⅱ	2.04	0.000	0.2	BB	1.81	0.001	0.3
SF Ⅰ	2.09	0.001	0.5	BW	1.93	0.000	0.3

由上表可知，收集的14份丹参种子千粒重较稳定。LⅣ千粒重值最大，为2.15g，BB千粒重值最小，为1.81g。各样品个测定值之间变异系数均小于4.0，结果有效。

2. 千粒测定法

3份丹参种子的千粒重测定结果如下表10-5所示。

表10-5　千粒法测丹参种子千粒重

项目	SⅠ		SFⅡ		BB	
	1	2	1	2	1	2
千粒重（g）	1.94	1.99	2.16	2.08	1.84	1.90
千粒平均重（g）	1.97		2.12		1.87	
差数	0.05		0.08		0.06	
差数和平均数之比（%）	2.53		3.77		3.21	
千粒重（g）	1.97		2.12		1.87	

由表10-5可知，3份种子两个重复之间的差数都<5%，结果有效。说明千粒法和百粒法一样可以测定丹参种子的千粒重。但从整个试验过程看来，百粒法相对简单，且有效。

（五）真实性鉴定

丹参种子外部形态特征：小坚果，三棱状长卵形，长2.5～3.3mm，宽1.3～2mm，灰黑色或茶褐色，表面为黄灰色糠秕状蜡质层覆盖，背面稍平，腹面隆起脊，圆钝，近基部两侧收缩稍凹陷；果脐着生腹面纵脊下方，近圆形，边缘隆起，密布灰白色蜡质斑，中央有一条C形银白色细线（图10-2）。

图10-2　丹参种子外部形态

（六）发芽试验

1. 前处理方法

三种消毒处理中，3%NaClO溶液对抑制种子发霉效果最佳，但同时严重影响了种子的发芽；0.3%NaClO溶液抑制种子发霉效果次之，也影响了种子的发芽；水冲洗法比0.3%NaClO消毒效果略差，但抑菌的同时不影响种子的发芽。详见表10-6和图10-3。

表10-6　不同发芽前消毒处理对种子发芽率和发病率的影响

项目	0.3%NaClO	3%NaClO	水冲洗	CK
始发芽所需天数（天）	5	7	5	5
10天后发病率（%）	4	1	6	17
10天后发芽率（%）	42	6	64	54

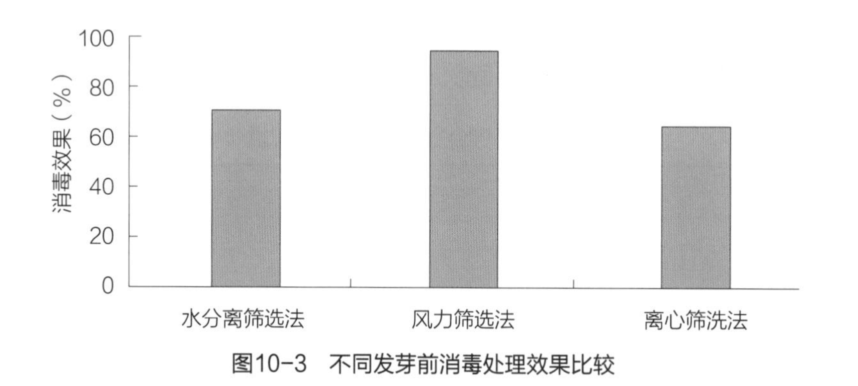

图10-3　不同发芽前消毒处理效果比较

在试验中，仅有部分地区收集的种子在发芽试验中发霉严重，影响了发芽率的统计，而且发霉多的是生活力、活力较差的种子批。故水冲洗达到64.71%的清洁效果已经满足发芽试验的要求，选用此法为丹参种子发芽前清洁消毒处理。

2. 蒸馏水浸种时间

随着浸种时间的增加丹参种子发芽率降低，而且初始发芽的天数也增加了，详见表10-7和图10-4。

表10-7　不同浸种时间对丹参种子发芽的影响

处理	始发芽所需天数（天）	平均发芽率（%）	标准差S	变异系数CV（%）	差异显著性（α=0.05）
CK	3	60	1.91	6.37	a
6小时	3	58	3.10	10.69	a

续表

处理	始发芽所需天数（天）	平均发芽率（%）	标准差S	变异系数CV（%）	差异显著性（α=0.05）
12小时	4	52	2.94	11.32	ab
24小时	5	50	2.06	8.16	b
36小时	7	46	2.50	10.75	b

浸种6小时和不浸种处理丹参种子的发芽率并无显著差异，因此，蒸馏水浸种并不会提高丹参发芽率，在标准发芽试验中不需要用蒸馏水进行种子浸种预处理。

3. 去除种子外果胶的方法

用纱布揉搓去除种子外部果胶后，丹参种子的发芽率明显降低，发芽所需天数也延长。这可能是种子失去果胶造成的，也可能是由于物理方法处理不当造成的。此法对提高丹参种子发芽质量无益。见表10-8、图10-5。

表10-8 物理方法去除丹参种子果胶对发芽的影响

处理	指标	BW	Q	LⅢ	SFⅠ	SⅡ	BL
经过脱胶处理	发芽率（%）	50	26	2	8	0	0
	发芽共需天数（天）	14	16	18	18	18	18
未经脱胶处理	发芽率（%）	76	56	14	30	12	11
	发芽共需天数（天）	12	14	17	16	17	17

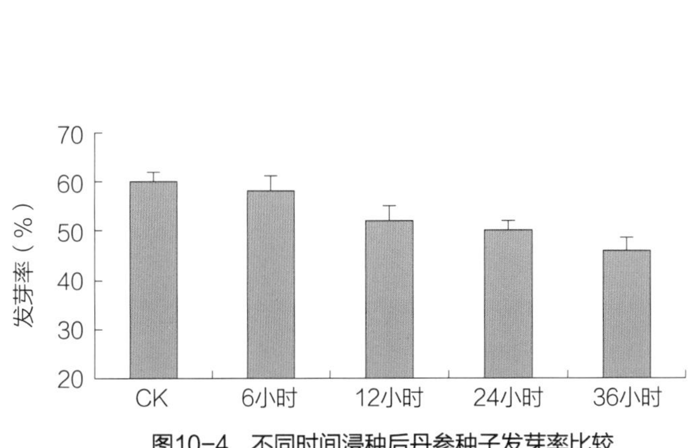

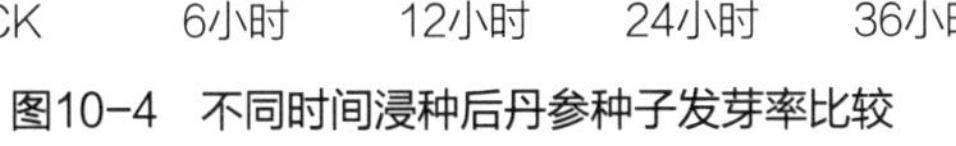
图10-4 不同时间浸种后丹参种子发芽率比较

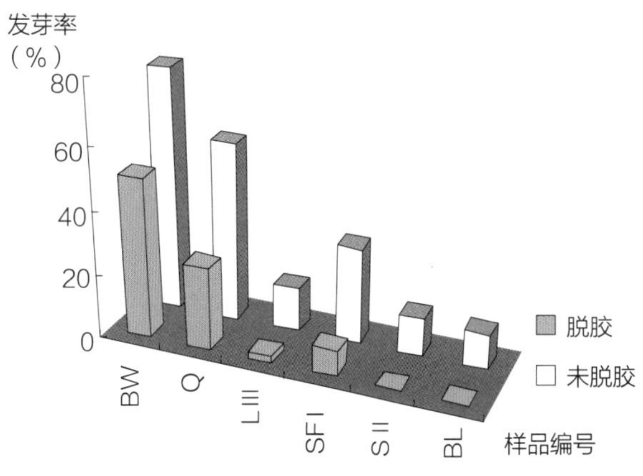

图10-5 物理方法除去果胶后对丹参种子发芽率的影响

4. 发芽床的筛选

不同发芽床丹参种子发芽的影响如表10-9和图10-6所示。

表10-9 不同发芽床丹参种子的发芽状况

处理	始发芽所需天数（d）	平均发芽率（%）	标准差S	变异系数CV（%）	差异显著性 α=0.05
纸上（培养皿）	3	64	1.29	4.10	a
海绵+纸上（发芽盒）	3	56	3.11	11.31	a

续表

处理	始发芽所需天数（d）	平均发芽率（%）	标准差S	变异系数CV（%）	差异显著性α=0.05
褶裥纸（发芽盒）	4	56	3.77	13.36	a
砂上（发芽盒）	7	24	3.30	26.97	b
蛭石（发芽盒）	—	0	0	—	c

就发芽率而言，丹参在纸上（培养皿）、海绵+纸上（发芽盒）、褶裥纸（发芽盒）与砂上（发芽盒）、蛭石（发芽盒）上发芽差异显著，说明纸上（培养皿）、海绵+纸上（发芽盒）和褶裥纸（发芽盒）更适宜种子发芽。蛭石（发芽盒）不适宜作为丹参种子的发芽床，发芽率为0。而纸上发芽床（培养皿）不仅丹参种子发芽率最高，而且初始发芽需时最短，发芽最整齐，所以为丹参种子最适宜的发芽床。

5. 发芽温度的选择

就发芽率而言，25℃、20℃温度条件下种子的发芽率无显著差异，30℃与其他温度条件发芽率有显著差异。在25℃条件下丹参种子发芽率最高，始发芽天数最短，且发芽最整齐，发芽率达64%，所以是丹参种子发芽的最适宜温度（表10-10、图10-7）。

表10-10　不同发芽温度对丹参种子发芽的影响

处理（℃）	始发芽所需天数（d）	平均发芽率（%）	标准差S	变异系数CV（%）	差异显著性α=0.05
25	3	64	1.26	3.90	a
20	5	60	2.87	9.50	ab
15	8	50	5.56	20.79	b
30	3	44	1.50	6.47	c

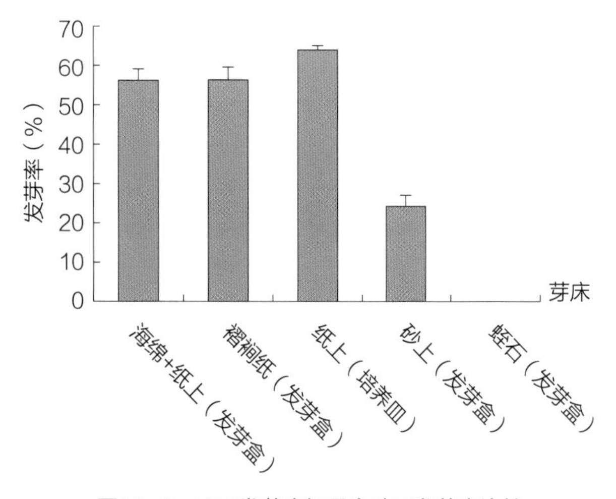

图10-6　不同发芽床间丹参种子发芽率比较

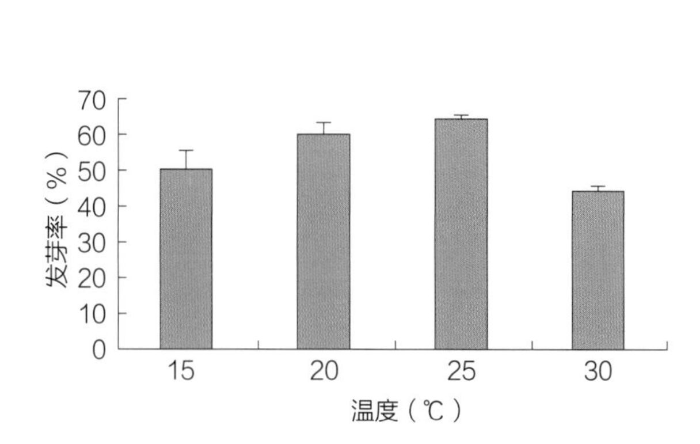

图10-7　不同温度下丹参种子发芽率的比较

6. 丹参幼苗鉴定标准

通过对发芽试验中出现的幼苗观察、统计和归类，初步确定以下为丹参发芽试验中正常幼苗的鉴定标准：

（1）正常幼苗　丹参正常幼苗必须符合下列类型之一：① 完整幼苗：幼苗具有初生根，乳白色的茎和两片完整的嫩绿的小叶，并且生长良好、完全、匀称和健康。② 带有轻微缺陷的幼苗：幼苗的主要构造出现某种轻微缺陷，如两片初生叶的边缘缺损或坏死，或茎有轻度的裂痕等，但在其他方面仍比较良好而能均衡发展的完整幼苗。③ 次生感染的幼苗：幼苗明显的符合上述的完整幼苗和带有轻微缺陷幼苗的要求，但已受到不是来自种子本生的真菌或细菌的病源感染（图10-8）。

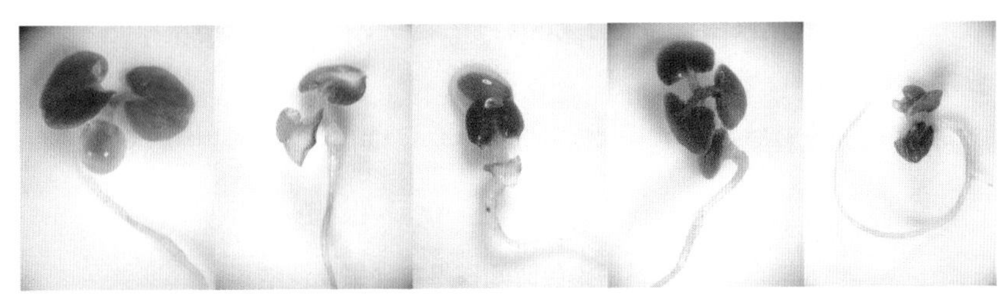

图10-8 正常幼苗

（2）不正常幼苗 下列幼苗列为不正常幼苗：① 损伤的幼苗：幼苗的任何主要构造残缺不全，或受严重的和不能恢复的损伤，以至于不能均衡生长者。② 畸形或不匀称的幼苗：幼苗生长细弱，或存在生理障碍（白化或黄化苗），或其主要构造畸形或不匀称者。③ 腐烂幼苗：由初生感染（交链孢属、镰孢属、根霉属等）引起的幼苗的主要构造（茎和叶）的发病和腐烂，以至于妨碍其正常生长者（图10-9）。

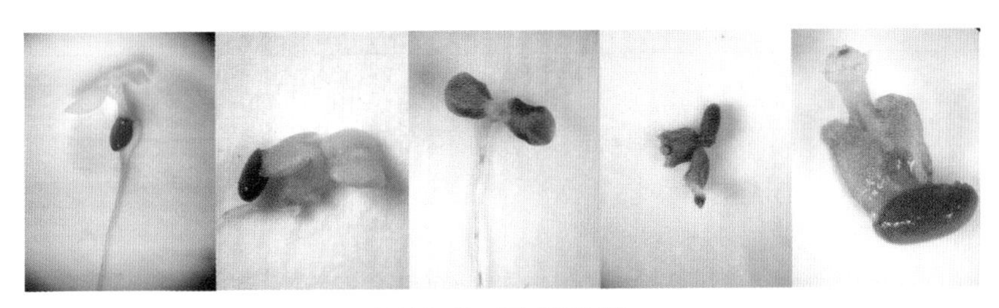

图10-9 不正常幼苗

（七）生活力测定

种子生活力是指种子发芽的潜在能力或种胚具有的生命力，是指种子在一定的外界环境条件下的生存能力，同时还应包括新陈代谢能力和发芽的潜在能力等。

本研究使用了溴麝香草酚蓝法（BTB法）、红墨水染色法、四唑法以及纸上荧光法分别测定丹参种子的生活力，拟寻找最佳方法。

1. 溴麝香草酚蓝法（BTB法）

此法用于测“LⅡ”和“Q”两份种子生活力测定，结果重复性均较差。而且制备溴麝香草酚蓝琼脂凝胶及染色结束进行观察的过程中，部分或全部BTB琼脂凝胶容易变成黄绿色，该颜色与活种子周围应产生的黄色晕圈很相近，观察、计数染色结果很困难。故用此法测定丹参种子生活力效果不佳。

2. 红墨水染色法

此法用于“LⅡ”和“Q”这两份种子生活力测定，结果重复性均较差；而且之前多项试验“表明LⅡ”和“Q”这两份丹参种子的活力和生活力差别很大，但用红墨水法测定时这两份胚染色的种子百分率却基本相同，不能反映种子的真实生活力。因此，不适宜用此法测定丹参种子生活力。

3. 四唑测定法

（1）预湿处理 直接在水中浸泡丹参种子能够更好的吸水，不容易出现破裂和损伤，而在滤纸上预湿24小时种子尚未达到吸胀充分的状态。

预湿12小时后，种子吸胀充分而不过度，切剖最容易。预湿时间2小时、4小时、6小时的种子还未充分吸胀，且种皮尚硬；预湿时间18小时、24小时 的种子吸水有些过度，组织有些腐软。

故预湿方法选取：常温下在蒸馏水中直接浸泡12小时。

（2）暴露种子组织的方法　完整剥去种皮的染色情况很好，颜色均匀。但是在观察时还需再将种子剖开露出胚，同时在操作上费工、费时，故不宜采用；沿腹缝线纵切与从子叶末端横切去2/5的染色不太均匀，而且也不易观察，故也不宜采用；而垂直腹缝线纵切去2/5的染色情况很好，颜色均匀，也方便观察，所以最终采用此法。

（3）溶液的浓度和染色时间的筛选　四唑染色溶液浓度一定后，在4小时内，完全染色的种子数随着染色时间的增加，此后染色的数目基本不再变化（表10-11）。

表10-11　不同染色时间下丹参种子染色结果

染色情况	染色时间							
	1小时	2小时	3小时	4小时	5小时	6小时	7小时	8小时
完全染色数	48	52	60	65	66	66	68	65
部分染色数	42	35	23	16	16	14	15	17
完全不染色数	10	13	17	19	18	20	17	18

用浓度为0.5%的四唑溶液染色，能够得到染色均匀、深浅适宜的种子，且不需很长时间。用5%四唑溶液4小时染色已经充分，且4～6小时内颜色均不会异常；7小时以后颜色过深，不便观察。故丹参种子生活力测定方法为0.5%四唑溶液染色4小时最为适宜。

（4）生活力鉴定标准　200粒丹参种子离体胚发芽和400粒丹参种子四唑染色的结果总计如下：离体胚发芽试验中，可以看到完整的胚若是发芽，长成的幼苗也是完整的，有些完整胚即使是新鲜的，但也不能发芽；即使种子胚能生成完整的子叶，一旦根有缺损，也不能生长成正常幼苗；子叶破损面积达1/2以上的胚不能发芽；最终生成的正常幼苗中，子叶若有破损，均是端处或侧边破损等于或小于子叶总面积的1/3。

再比较以上两表数据，拟定出丹参种子生活力四唑染色的鉴定标准，详见表10-12和图10-10、图10-11。

表10-12　丹参种子离体胚发芽和四唑染色结果总计

离体胚发芽状态	发芽数	未发芽数	染色数目	四唑染色状态
完整且新鲜	130	29	259	完全着色
仅胚根破损	0	2	2	仅胚根不着色
仅子叶破损	0	2	4	仅子叶不着色
子叶远胚根处或侧边≤1/3破损	2	0	4	子叶远胚根处或侧边≤1/3不着色
子叶远胚根处或侧边1/3～1/2破损	0	2	3	子远胚根处或侧边1/3～1/2不着色
子叶远胚根处或侧边≥1/2破损	0	3	6	子叶远胚根处或侧边≥1/2不着色
子叶近胚根处≤1/3破损	0	4	7	子叶近胚根处≤1/3不着色
子叶近胚根处1/3～1/2破损	0	1	2	子叶近胚根处1/3～1/2不着色
子叶近胚根处≥1/2破损	0	2	4	子叶近胚根处≥1/2不着色
胚根及部分子叶破损	0	13	26	胚根及部分子叶不着色

续表

离体胚发芽状态	发芽数	未发芽数	染色数目	四唑染色状态
组织腐烂	0	10	19	组织腐烂
—			61	完全不着色

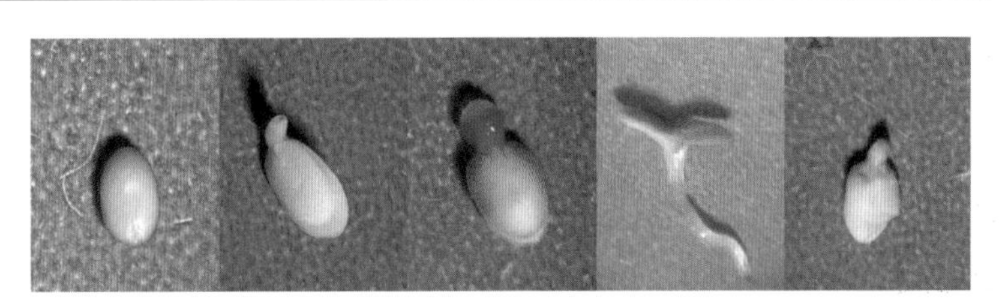

图10-10　丹参种子离体胚发芽生长情况

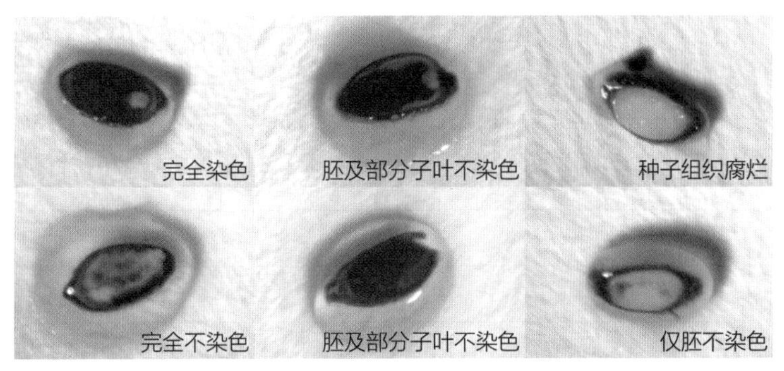

图10-11　四唑染色效果图

丹参种子生活力鉴定标准如下：

① 有生活力种子类：胚全部染色；子叶远胚根一端≤1/3不染色，其余部分完全染色；子叶侧边总面积≤1/3不染色，其余部分完全染色（图10-12）。

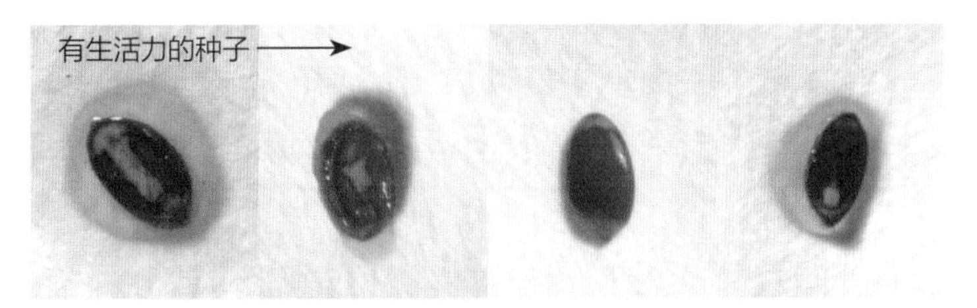

图10-12　丹参有生活力种子

② 无生活力种子类：胚完全不染色；子叶近胚根处不染色；胚根不染色；子叶不染色总面积＞1/3；胚所染颜色异常，且组织软腐（图10-13）。

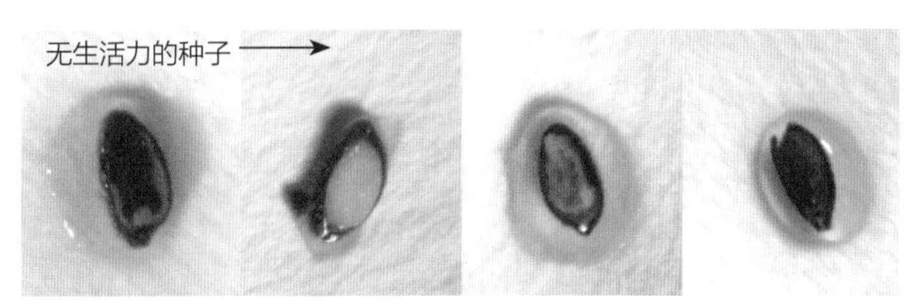

图10-13　丹参无生活力种子

4. 纸上荧光法

荧光法测定的有生活力的种子和发芽的种子误差很大，发芽法检测出的种子平均发芽率为46%，荧光法则为15%。因为丹参种子外表皮上有一层果胶，遇水后迅速吸涨，在荧光下会出现光圈，用此方法就不能够准确地分别出死种子与活种子，故荧光法不能用于丹参种子的生活力测定（图10-14）。

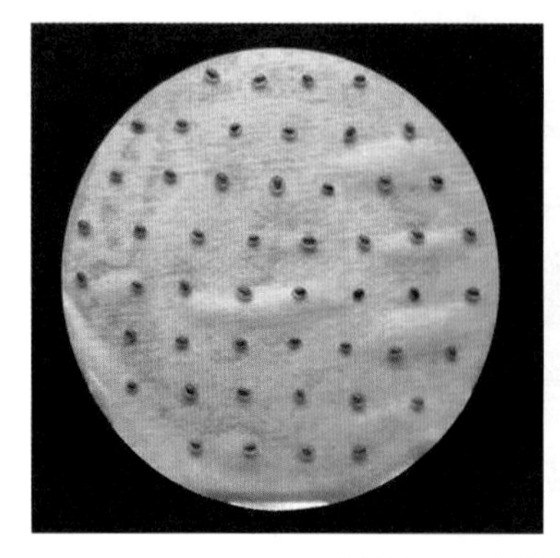

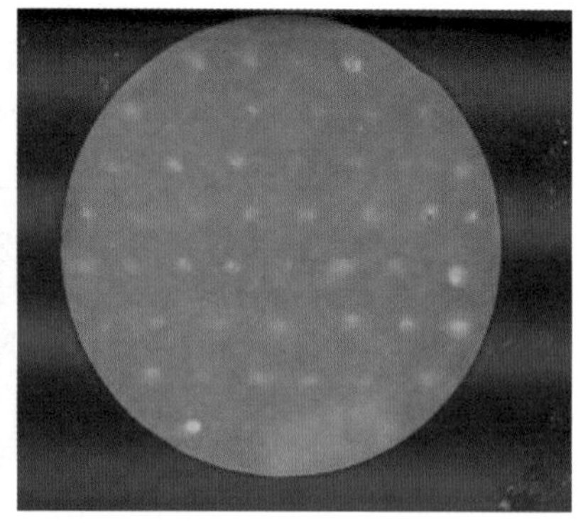

图10-14　丹参荧光试验效果

（八）水分测定

试验方法和步骤测得的丹参水分和烘干时间的关系结果见表10-13。

表10-13　烘干时间与含水量关系

烘干时间（h）	LI				LQ			
	重复1	重复2	重复3	平均值	重复1	重复2	重复3	平均值
0.5	0.373	0.372	0.371	4.462[a]	0.390	0.387	0.384	4.612[a]
1	0.386	0.385	0.381	4.627[b]	0.396	0.403	0.396	4.599[b]
1.5	0.387	0.387	0.384	4.615[c]	0.396	0.409	0.397	4.591[c]
2	0.401	0.393	0.398	4.605[d]	0.407	0.409	0.408	4.588[d]
2.5	0.403	0.401	0.399	4.601[e]	0.415	0.414	0.415	4.585[e]
3	0.404	0.401	0.399	4.599[e]	0.415	0.414	0.415	4.585[e]
3.5	0.404	0.401	0.399	4.599[e]	0.415	0.414	0.415	4.585[e]

在设定的时间范围内，丹参种子的重量值在最初的30分钟内降低最迅速，随后降低越来越缓慢；烘干2.5小时、3小时、3.5小时种子重量相同，不再继续失水。故选择适宜烘干时间为3小时，见图10-15。

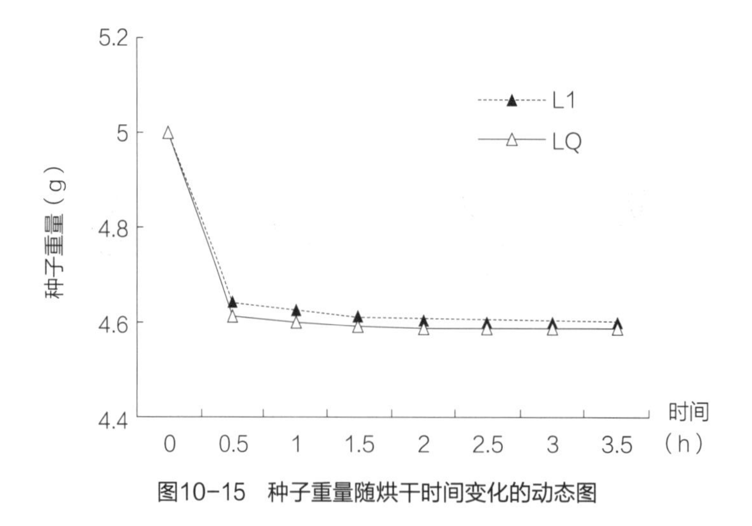

图10-15　种子重量随烘干时间变化的动态图

（九）活力测定

由表10-14可以看到，14份丹参种子的电导率与田间出苗率和发芽指数间均有较好的关联度。说明完全能够用种子浸出液的电导率评价种子的活力，电导率测定法能够测定丹参种子的生活力。

表10-14　丹参种子活力电导率、田间出苗率和发芽指数间的关联度

	电导率［μs/（cm·g）］	田间出苗率（%）	发芽指数（室内）
电导率［μs/（cm·g）］	1.000	-0.577*	0.888**
田间出苗率（%）	-0.577*	1.000	-0.699**
发芽指数	0.888**	-0.699**	1.000

*在0.05水平显著相关（2尾检验）；** 在0.05水平显著相关（2尾检验）。

（十）健康检测

不同样品的丹参种子外部携带真菌差异较大。平邑、临朐和莱芜的孢子负荷量较大，均超过了25%，优势菌群为青霉属、曲霉属和交链孢属。同时从平邑的样品上分离到了毛霉属，莱芜的样品上分离到了聚端孢霉属。而曲阜和莱芜（白花）孢子负荷量较小，分别为4.38%和2.50%，优势菌群为曲霉属和交链孢属见表10-15。

表10-15　丹参种子外部携带真菌种类和分离比例（%）

丹参样品	培养种数	孢子负荷量	真菌种类和分离比例（%）					
			曲霉属 *Aspergillus*	青霉属 *Penicllium*	交链孢属 *Alternaria*	聚端孢霉属 *Trichothecium*	毛霉属 *Mucor*	其他
平邑	400	31.25	72.00	26.00	—	—	2.00	—
临朐	400	41.88	86.57	8.96	1.49	—	—	2.99
曲阜	400	4.38	71.43	—	28.57	—	—	—
莱芜	400	28.13	60.00	15.56	4.44	2.22	—	4.44
莱（白）	400	2.50	100.00	—	—	—	—	—

注："—"表示未分离到真菌。

不同样品丹参的整粒种子带菌率均高于去除果胶后的带菌率。去除果胶前后，曲霉属和交链孢属的分离频率均较高。在丹参整粒种子的带菌率上，平邑和临朐的样品带菌率较高，分别为9.25%和8.50%，曲阜的样品带菌率最低，为2%。同时还在莱芜的整粒种子样品上分离到了灰霉属，在临朐的整粒种子样品上分离到了毛霉属（表10-16）。

表10-16　丹参种子（整粒）携带真菌种类和分离比例（%）

丹参样品	培养总数	带菌总数	带菌率（%）	真菌种类和分离比例（%）					
				交链孢属 *Alternaria*	曲霉属 *Aspergillus*	青霉属 *Penicllium*	灰霉	根霉属 *Rhizopus*	其他
平邑	400	37	9.25	2.70	56.76	35.14	—	5.41	—
临朐	400	34	8.50	—	85.29	2.94	—	—	8.82

续表

丹参样品	培养总数	带菌总数	带菌率（%）	真菌种类和分离比例（%）					
				交链孢属 *Alternaria*	曲霉属 *Aspergillus*	青霉属 *Penicllium*	灰霉	根霉属 *Rhizopus*	其他
曲阜	400	8	2.00	100.00	—	—	—	—	—
莱芜	400	26	6.50	34.62	—	—	30.77	—	14.39
莱（白）	400	14	3.50	64.29	—	—	—	—	21.42

注："—"表示未分离到真菌。

在丹参去除果胶后的带菌率上，仍然是曲阜的样品带菌率最低，为1%。平邑和临朐的带菌率略高，超过了5%。同时还在莱芜去除果胶的种子样品上也分离到了灰霉（表10-17）。

表10-17　丹参种子（去果胶）携带真菌种类和分离比例（%）

丹参样品	培养总数	带菌总数	带菌率（%）	真菌种类和分离比例（%）				
				青霉属 *Penicllium*	曲霉属 *Aspergillus*	交链孢属 *Alternaria*	灰霉	其他
平邑	400	21	5.25	19.05	71.43	4.76	—	—
临朐	400	22	5.50	31.82	59.09	—	—	9.09
曲阜	400	4	1.00	—	—	25.00	—	75.00
莱芜	400	8	2.00	—	12.50	37.50	12.50	37.50
莱（白）	400	6	1.50	—	33.33	50.00	—	16.67

注："—"表示未分离到真菌。

三、丹参种苗质量标准研究

1. 研究概况

药用植物种苗质量的优劣对药材产量和质量均有较大影响，在实际生产中，丹参选种比较盲目，种苗质量尚无明确的标准可依，造成出苗率低，质量差别较大。

2. 研究内容

（1）研究材料　试验田选在山东中医药大学药用植物园内，每个等级选取完整的种苗30株分三个小区种植，每个小区的面积2.5m×2.4m。每行种植10株，每个等级连续种植2株，株距为15～20cm，行距为40～50cm，每个小区种植50株。种植前将根末端剪去2～3cm，用5‰生根粉液浸泡2～4分钟后取出，稍微晾干。各小区的栽培管理措施相同，种植后观察记录各区丹参的生长发育情况。

（2）扦样方法　随机选取100株完整的种苗测其根长、根直径、根重、根的分支数及根茎处的芽数，得到表10-18。可以看出丹参种苗的变异系数较大，说明种苗大小及芽数变异较大，也有必要将其进行等级的划分，最后筛选出优质的种苗为生产提供保证。丹参种苗的根重的变异系数最大，其次是芽数和根分支数，芽数是唯一的描述地上部分的指标。由于根长、根直径和根分支数对根重有直接的影响，所以从中选择根长、根直径、芽数作为初次划分丹参种苗等级的指标。利用Excel表格的自动筛选得到表10-19，即丹参种苗等级初次划分：表10-19中丹参种苗的各个等级的百分比中2、3等级比例较大，两个等级达到70%以上，较为符合事物的规律。

表10-18　山东产丹参种苗性状

	根长（cm）	根直径（cm）	根重（g）	分支数（个）	芽数（个）
平均数	24.6	6.82	11.9	5.5	4.4
标准差	3.33	2.26	8.2	2.73	2.68
变异系数	13.54%	33.14%	68.91%	49.64%	60.91%

表10-19　山东产丹参种苗等级的初步划分

等级	根长（cm）	根直径（mm）	分芽数（个）	百分比（%）
1	≥28	≥8	≥8	4
2	≥25	≥5	≥5	20
3	≥20	≥4	≥2	54
4	≥15	≥2	≥1	22
5	除以上四等级之外			

每个等级取10株种苗，测其10株总重量（表10-20）。等级2与3之间的差距要小于等级3与4之间的差距，但每个等级三个重复之间的差距不大。这些主要是因为初期的种苗划分标准没有以种苗的重量作为指标，虽然所选的根长和根的直径在很大程度上影响种苗的重量，但将种苗分等级时，根长、根的直径和芽数三个指标必须同时满足表10-19中的划分标准，所以才出现上述相邻两个等级之间的重量之差没有规律。

表10-20　山东产丹参种苗每等级10株总重量

等级	小区1（g）	小区2（g）	小区3（g）	平均（g）
1	268.7	252.1	253.1	257.97
2	144.5	154.1	155.8	151.47
3	84.5	129.5	115.4	109.8
4	33.9	33.3	35.9	34.37
5	12.9	20.7	16.9	16.83

（3）外形　根细长，圆柱形，外皮朱红色。茎四棱形，上部分枝。叶对生；单数羽状复叶，小叶3～5片。顶端小叶片较侧生叶片大，小叶片卵圆形（图10-16）。

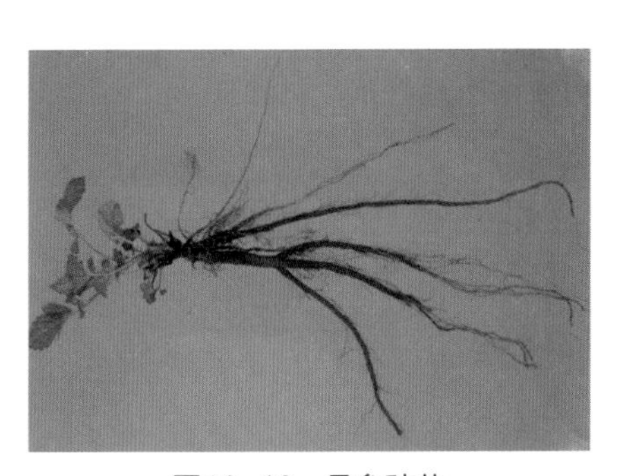

图10-16　丹参种苗

（4）重量　使用电子天平称量丹参种苗的重量。

（5）大小　使用直尺测定丹参种苗长度，使用游标卡尺测定种苗直径。

（6）病虫害　针对丹参苗期的根腐病、根结线虫病、叶枯病、白绢病等，进行病原菌鉴定、发病症状和发病规律调查，在此基础上制定病害的综合防治措施和安全农药使用目录。针对丹参银纹夜蛾等危害，制定虫害的综合防治措施和安全农药使用目录。同时根据丹参苗期和大田期杂草危害，制定杂草的综合防治措施。

（7）种苗质量对药材生产的影响　种苗质量的优劣会显著影响药用植物的生长，优质的丹参种苗的发芽率、发芽势、地上分支数、分支最大长度、叶片数及根数都会明显高于劣质的种苗，并且丹参中药效成分含量的高低对药材质量也会有显著的影响，本实验以丹参酮Ⅰ、隐丹参酮、丹参酮ⅡA、丹参素钠、迷迭香酸、丹酚酸B含量为指标来对其品质进行研究。

（8）繁育技术　开展丹参田间规范化育苗技术研究，包括育苗时期、温度、水分、育苗地选择与整理（整地与消毒）、种子播种与苗床覆盖、出苗期温湿度的控制、苗期管理等，制定丹参育苗标准操作规程与种苗分级标准。同时开展丹参移栽技术研究，包括移栽时间、密度、方法、田间覆盖、浇水保湿等，制定丹参移栽标准操作规程。

另外，根据丹参种植区的地理环境条件和生产现状，开展丹参直播栽培法播种技术研究，包括田间直播时期、方法（条播、撒播）、密度、种子拌种、田间覆盖保湿和苗期管理等进行系统研究，以保证丹参直播栽培法田间的成苗率，制定直播播种标准操作规程。

四、丹参种子标准草案

1. 范围

本标准规定了丹参种子术语和定义，分级要求，检验方法，检验规则包装、运输及贮存等。

本标准适用于丹参种子生产者、经营管理者和使用者在种子采收、调运、播种、贮藏以及国内外贸易时所进行种子质量分级。

2. 规范性引用文件

下列文件中的条款通过本标准的引用而成为本标准的条款。凡是注明日期的引用文件，其随后所有的修改单（不包括勘误的内容）或修订版不适用于本标准，然而，鼓励根据本标准达成协议的各方研究是否可使用这些文件的最新版本。凡是不注明日期的引用文件，其最新版本适用于本标准。

GB/T 3543.2　农作物种子检验规程　扦样

GB/T 3543.3　农作物种子检验规程　净度分析

G 15569　农业植物调运检疫规程

3. 术语和定义

3.1 丹参种子　为唇形科（Labiatae）鼠尾草属植物丹参*Salvia miltiorrhiza* Bge.的成熟种子。

3.2 扦样　从大量的种子中，随机取得一个重量适当，有代表性的供检样品。

3.3 种子净度　品种在特征、特性方面典型一致的程度，用本品种的种子数占供检本植物样品种子数的百分率表示。

3.4 种子含水量　按规定程序把种子样品烘干所失去的重量，用失去的重量占供检样品原始重的百分率表示。

3.5 种子千粒重　表示1000粒种子的重量，它是体现种子大小与饱满程度的一项指标，是检验种子质量和作物考种的内容，也是田间预测产量时的重要依据。

3.6 种子发芽率　在规定的条件和时间内长成的正常幼苗数占供检种子数的百分率。

3.7 种子生活力　指种子的发芽潜在能力和种胚所具有的生命力，通常是指一批种子中具有生命力（即活的）种子数占种子总数的百分率。

3.8 种子健康度　指种子是否携带病原菌，如真菌、细菌、病毒，以及害虫等。

4. 要求

4.1 基本要求

4.1.1 外观要求：种子椭圆形，表面褐色或深褐色，外形完整、饱满。

4.1.2 检疫要求：无检疫性病虫害。

4.2 质量要求　依据种子发芽率、净度、千粒重、含水量等进行分等，质量分级符合表10-21的规定。

表10-21　丹参种子质量分级标准

指标	一级	指标	二级
发芽率（%）	≥76.0	发芽率（%）	≥50.0
净度（%）	≥55.0	净度（%）	≥53.0
千粒重（g）	≥2.10	千粒重（g）	≥1.90
水分（%）	≤9.00	水分（%）	≤9.00

5. 检验方法

5.1 外观检验　根据质量要求目测种子的外形、色泽、饱满度。

5.2 扦样　按GB/T 3543.2 农作物种子检验规程 扦样执行。

5.3 净度分析　按GB/T 3543.3 农作物种子检验规程 净度分析执行。

5.4 重量测定　采用百粒法测定，方法与步骤具体如下：① 将净种子混合均匀，从中随机取试样8个重复，每个重复100粒种子；② 将8个重复分别称重（g），结果精确到10^{-4}g；③ 按以下公式计算结果：

$$平均重量（\bar{X}）= \frac{\sum X}{n} \times 100$$

式中：$\bar{X}$——1000粒种子的平均重量；

X——各重复重量，g；

n——重复次数。

$$种子千粒重（g）= 百粒重（\bar{X}）\times 10$$

5.5 水分测定　采用高恒温烘干法测定，方法与步骤具体如下：打开恒温烘箱使之预热至145℃。烘干干净铝盒，迅速称重，记录。迅速称量需检测的样品，每样品3个重复，每重复（5±0.001）g。称后置于已标记好的铝盒内，一并放入干燥器s。打开烘箱，快速放入箱内上层。保证铝盒水平分布，迅速关闭烘箱门。待烘箱温达到规定温度133℃时开始计时。3小时后取出，迅速放入干燥器中冷却至室温，30～40分钟后称重。根据烘后失去的重量占供检样品原始重量的百分率计算种子水分百分率。

5.6 真实性鉴定　采用种子外观形态法，通过对种子形态、大小、表面特征和种子颜色的鉴定能够快速地检验种子的真实性，鉴别依据如下：小坚果，三棱状长卵形，长2.5～3.3mm，宽1.3～2mm，灰黑色或茶褐色，表面为黄灰色糠秕状蜡质层覆盖，背面稍平，腹面隆起脊，圆钝，近基部两侧收缩稍凹陷；果脐着生腹面纵脊下方，近圆形，边缘隆起，密布灰白色蜡质斑，中央有一条C形银白色细线（图10-17）。

图10-17　丹参种子小坚果

5.7 发芽测定

5.7.1 方法与步骤：取净种子100粒，4次重复（每个重复可分两个副重复）。用自来水冲洗10分钟，再用蒸馏水冲洗5分钟。把种子均匀排放在玻璃培养皿（12.5cm）的双层滤纸。置于的光照培养相中，在25℃，12小时光照条件下培养。记录从培养开始的第5天至第14天的各处理丹参种子发芽数，并计算发芽率。

5.7.2 正常和不正常幼苗鉴别标准

5.7.2.1 正常幼苗：正常幼苗必须符合下列类型之一：① 完整幼苗：幼苗具有初生根，乳白色的茎和两片完整的嫩绿的小叶，并且生长良好、完全、匀称和健康。② 带有轻微缺陷的幼苗：幼苗的主要构造出现某种轻微缺陷，如两片初生叶的边缘缺损或坏死，或茎有轻度的裂痕等，但在其他方面仍能比较良好而均衡发展的完整幼苗。③ 次生感染的幼苗：幼苗明显的符合上述的完整幼苗和带有轻微缺陷幼苗的要求，但已受到不是来自种子本生的真菌或细菌的病源感染。

5.7.2.2 不正常幼苗：下列幼苗列为不正常幼苗：① 损伤的幼苗：幼苗的任何主要构造残缺不全，或受严重的和不能恢复的损伤，以至于不能均衡生长者。② 畸形或不匀称的幼苗：幼苗生长细弱，或存在生理障碍（白化或黄化苗），或其主要构造畸形或不匀称者。③ 腐烂幼苗：由初生感染（交链孢属、镰孢属、根霉属等）引起的幼苗的主核。

5.8 生活力测定方法与步骤　从试样中数取种子100粒，4次重复。种子在常温下用蒸馏水中浸泡12小时，种子垂直腹缝线纵切去2/5。将种子置于0.5%四唑溶液中，在30℃恒温箱内染色。4小时后取出，迅速用自来水冲洗，至洗出的溶液为无色。

5.8.1 有生活力的种子鉴定标准：符合下列任意一条的列为有生活力种子一类：① 胚和子叶全部均匀染色；② 子叶远胚根一端≤1/3不染色，其余部分完全染色；③ 子叶侧边总面积≤1/3不染色，其余部分完全染色。

5.8.2 无生活力的种子：符合下列任意一条的列为无生活力种子一类：① 胚和子叶完全不染色；② 子叶近胚根处不染色；③ 胚根不染色；④ 胚和子叶染色不均匀，其上有斑点状不然色；⑤ 子叶不染色总面积＞1/2；⑥ 胚所染颜色异常，且组织软腐。

5.9 健康检测　采用间接培养法，方法与步骤如下。

5.9.1 种子外部带菌检测：每份样品随机选取400粒种子，放入100ml锥形瓶中，加入50ml无菌水充分振荡，吸取悬浮液1ml，以2000r/min的转速离心10分钟，弃上清液，再加入1ml无菌水充分震荡、浮载后吸取100μl加到直径为9cm的PDA平板上，涂匀，每个处理4次重复。以无菌水为空白对照。放入25℃温箱中黑暗条件下培养5天后观察，记录种子外部带菌种类和分离比例。

5.9.2 种子内部带菌检测：将每份丹参样品用清水浸泡半个小时，后在1%NaClO溶液中浸泡3分钟，同时取丹参种子直接在5%NaClO溶液中浸泡6分钟，去除果胶，均用无菌水冲洗3遍后，将同一处理的种子分别均匀摆放在直径为15cm的PDA平板上，每皿摆放100粒，每个处理4次重复。在25℃温箱中黑暗条件下培养5～7天后检查，记录种子带菌情况、不同部位的真菌种类和分离频率。

5.9.3 种子带菌鉴定：将分离到的真菌分别进行纯化、镜检和转管保存。根据真菌培养性状和形态特征进行鉴定。

6. 检验规则

6.1 组批　同一批丹参种子为一个检验批次。

6.2 抽样　种子批的最大重量2000kg，送检样品250g，净度分析50g。

6.3 交收检验　每批种子交收前，种子质量由供需双方共同委托种子质量检验技术部门或获得该部门授权的其他单位检验，并由该部门签发丹参种子质量检验证书。

6.4 判定规则　按4.2的要求对种子进行评判，同一批检验的一级种子中，允许5%的种子低于一级标准，但必须达到二级标准，超此范围，则为二级种子；同一批检验的二级种子，允许5%的种子低于二级标准，超此范围则判为等外品。

6.5 复检　供需双方对质量要求判定有异议时，应进行复检，并以复检结果为准。

7. 包装、标识、贮存和运输

7.1 包装　用透气的麻袋、编织袋包装，每个包装不超过50kg，包装外附有种子标签以便识别。

7.2 标识　销售的袋装丹参种子应当附有标签。每批种子应挂有标签，表明种子的产地、重量、净度、发芽率、含水量、质量等级、植物检疫证书编号、生产日期、生产者或经营者名称、地址。

7.3 运输　禁止与有害、有毒或其他可造成污染物品混贮、混运，严防潮湿。车辆运输时应有苫布盖严，船舶运输时应有下垫物。

7.4 贮存　丹参种子可在常温下保存，寿命为一年，超过一年的丹参种子不能使用。

五、丹参种苗标准草案

1. 范围

本标准规定了丹参种苗的术语和定义、分级要求、检验方法、检验规则。

本标准适用于丹参生产、科研和经营中队忍冬种苗的分级及质量检验。

2. 规范性引用文件

下列文件对于本文件的应用是必不可少的。凡是注明日期的引用文件，仅所注明日期的版本适用于本文件。凡是不注明日期的引用文件，其最新版本（包括所有的修改单）适用于本文件。

GB/T 8170　数值修约规则

GB 6000—1999　主要造林树种苗木质量分级

中华人民共和国药典（2015年版）一部

3. 术语和定义

3.1 丹参　唇形科植物丹参*Salvia miltiorrhiza* Bge.的干燥根和根茎。

3.2 种苗　丹参插条经育苗而成的健壮植株幼体。

3.3 根粗　实生苗指茎基下部1cm处主根的直径，扦插苗指最大不定根离原插枝上部1cm处的直径，均用卡尺测量，单位以毫米（mm）表示。

3.4 根长　实生苗指从根茎部至主根根尖末端的长度，扦插苗指最大不定根从原插枝至其根尖末端的长度，单位以厘米（cm）表示。

3.5 根的数量　实生苗指茎基下部主根上、直径在0.5mm以上的侧根数量，扦插苗指插枝下部直径在0.5mm以上的不定根数量，单位以个表示。

3.6 茎粗　实生苗指地面以上2cm处茎的直径，扦插苗指地面以上2cm处插枝的直径，单位以毫米（mm）表示。

3.7 枝条长度　为幼苗上最长枝条的长度，无论主枝或侧枝，以最长者为准，单位以厘米（cm）表示。

3.8 分枝数量　指幼苗上长度在3cm以上的枝条数量，单位以个表示。

3.9 枝粗　指幼苗之上最长枝条离主茎或插枝1cm处的直径，单位以毫米（mm）表示。

3.10 种苗标准　主要依据种苗的根粗、茎粗、根长、枝长、根的数量、分枝数量等因素而定。

3.11 各等级种苗　苗株尽量完整，根系与茎枝过长可以伤断，大小相对一致，无病虫害发生。

4. 要求

根据丹参化学成分的含量与丹参根的单产质量，考虑种苗各等级所占的比例，制定两个产地丹参种苗分级标准（表10-22）。虽然等级1的种苗是产量和质量都好于其他等级但其所占的比例较小，而且价格相对要高。等级3的种苗虽然在初次分级时各项指标都低于等级2，但最后的丹参的产量与质量都优于等级2，所以在生产上等级3的种苗是最佳的种苗，其次是等级1与等级2的种苗。不符合表10-22中种苗分级标准的种苗，虽然脂溶性成分含量高但产量只有等级1的一半，所以建议此类的种苗比其他等级的种苗多种植一年再采收以保证经济效益。

表10-22　丹参种苗分级标准

等级	根长（cm）	根直径（mm）	芽数（个）
1	≥28	≥8	≥8
2	≥25	≥5	≥5
3	≥20	≥4	≥2
4	≥10	≥2	≥1

5. 检验规则

5.1 抽样　从分选出的种苗之中，随机取样，取样数量按表10-23规定进行。

表10-23　丹参种苗抽样表

批量数	样本数	批量数	样本数
≤10000	50	≤10000	50
10000~50000	100	10000~50000	100
50000~100000	200	50000~100000	200
>100000	300	>100000	300

5.2 检测　种苗规格检验：检查种苗叶片、根表面害虫、活虫卵块及病斑情况；用米尺测量苗高、根长，用游标卡尺测量根直径；检查种苗的芽数。计算标准率。标准率达95%以上者为合格，低于95%者应重新挑选。

5.3 检疫　检疫对象按GB 15569规定进行。种苗表面应无害虫、活虫卵块、病斑等。

6. 判定规则

对抽取的样本逐株检验，同一株中有一项不合格就判为不合格。根据检验结果，计算出样本的合格数与不合格数。当不合格数≤5%时，判该批合格。当不合格数>5%时，判该批不合格。不合格批严禁外运。

六、丹参种子繁育技术研究

1. 范围

本规程规定了丹参原（良）种生产技术要求。

本标准适用于丹参原（良）种生产。

2. 规范性引用文件

下列文件中的条款通过本标准的引用而成为本标准的条款。凡是注明日期的引用文件，其随后所有的修改单（不包括勘误的内容）或修订版不适用于本标准，然而，鼓励根据本标准达成协议的各方研究是否可使用这些文件的最新版本。凡是不注明日期的引用文件，其最新版本适用于本标准。

GB/T 3543.2　农作物种子检验规程　扦样

GB/T 3543.3　农作物种子检验规程　净度分析

3. 术语与定义

原（良）种：具有该物种的特性的，按原（良）种生产技术规程生产的达到丹参种子质量标准的种子。一般可直接用于大田生产。

4. 原（良）种生产

4.1 种源　经鉴定具有该物种形态特征和生物学特性的植物繁殖产生的种子，8～9月播种后繁育的种苗。

4.2 选地　选择地势平坦，土层深厚、排灌方便、肥力均匀、不重茬的肥沃壤土或沙壤土。翻地前每亩施有机肥3000kg左右作基肥，深耕耙平，做成宽1m左右的平畦。

4.3 栽种时期及方式　采用育苗移栽的方式进行繁殖。种苗为上年8～9月份育成的苗，移栽时间最好在每年的3月底至4月初。

按行株距50cm×50cm进行栽植，每畦种2行，便于管理，移栽前挑选生长健壮，无病虫害，根系发达的种苗，每穴栽苗一株，栽后覆土，以露出芽孢为好，栽后浇足水。

4.4 田间管理　一般中耕除草2～3次，第一次在出苗后5～10cm，第二次在开花前15～20天。结合第二次中耕配施磷钾肥时，如硝酸钾、过磷酸钙等。每亩30～40kg。

4.5 去杂去劣

4.5.1 苗期：观察芽的颜色、初生叶的形状、颜色等特征，严格淘汰杂株劣株。

4.5.2 成株期：观察生长习性、茎色、叶形、叶色、花序、花色等，严格去杂去劣。

4.6 适时采收　待70%～80%果实呈褐色时采下果枝或蒴果，晒干、脱粒、风选、晾晒，不能暴晒。脱粒后将种子装入种子袋，袋内外各附标签一个。在晾晒、加工、运输、贮存等过程中要防止机械混杂。

5. 种子的贮藏与检验

5.1 种子贮藏方法　仓库应有专人负责管理。储藏期间保持室内通风干燥，种子水分含量应不超过11%。应注意防止虫蛀、霉变和混杂以及老鼠的危害等。

5.2 种子质量检验方法　按丹参种子检验规程执行。

参考文献

[1] 中国医学科学院药用植物研究所. 药用植物栽培学 [M]. 北京：中国农业出版社，1981.

[2] 严玉平，由会玲，朱长福，等. 丹参种源分布及道地性研究 [J]. 时珍国医国药，2007，18 (8)：1882.

[3] 史周华，张雪飞. 中医药统计学 [M]. 北京：科学出版社，2009.

[4] 孙群，梁宗锁，王渭玲，等. 丹参移栽后苗系与根系的生长关系 [J]. 中国中药杂志，2005，30 (1)：23-26.

李先恩（中国医学科学院药用植物研究所）

张永清　李佳（山东中医药大学）

11 | 甘草

一、甘草概况

甘草为豆科植物甘草*Glycyrrhiza uralensis* Fisch.、胀果甘草 *Glycyrrhiza inflata* Bat. 或光果甘草*Glycyrrhiza glabra* L. 的干燥根和根茎，为常用的大宗药材。野生资源主要分布于西北、华北及东北三个地区。东北地区主要包括黑龙江肇东、肇州，吉林镇赉县；内蒙古通辽、赤峰等地；中西部地区主要包括内蒙古的杭锦旗、鄂托克前旗，宁夏的惠农、平罗、盐池、灵武和同心县，陕西的安塞、志丹、吴旗、榆林、安边、定边及靖边，甘肃的环县、庆阳、合水、西峰、华池及西部河西走廊一线，新疆以北等地。长期以来甘草的供应主要依赖于野生资源，过度的采挖导致资源严重匮乏，其中仅甘草存储量相对较多，胀果甘草仅在安西、敦煌有少量分布，光果甘草几近枯竭。为满足市场需求，甘草种植逐步发展，随之甘草种子、种苗需求量也逐渐增大。据相关资料显示，目前有野生甘草资源分布的地区均有人工栽培，分布区以外的山东省、河南省也有少量种植。种植规模较大的地区主要包括内蒙古的伊克昭盟和赤峰市、吉林白城市、宁夏平罗县、甘肃酒泉市等。大部分地区主要以育苗1年，移栽1～2年生产方式为主，但目前市场缺乏规范管理，种子及种苗没有形成一套完整、成熟的行业标准，种源较为混杂，种子种苗的质量差异较大。

二、甘草种子质量标准研究

（一）研究概况

甘草种子质量分级标准国内还未有国标或行标的发布，在地标中，北京、安徽等地进行了甘草种子质量分级标准的研究。北京市地方标准DB11/T 323.2—2005中对甘草种子质量分级标准为：纯度不低于99.0%，净度不低于95.0%、发芽率不低于80.0%、水分不高于14.0%，并规定纯度、净度、发芽率、水分其中一项达不到指标的即为不合格种子；安徽省地方标准DB34/T 550—2005中对甘草种子质量要求为：千粒重10.2～12.0g、净度不低于97.0%、发芽率不低于65.0%、含水量不高于12.0%、种子生活力不低于88.0%；但其检测方法在重复的过程中均重复不了。

孙群等对所搜集的24份不同种源的乌拉尔甘草种子进行千粒重、净度、水分、发芽率等指标的测定，利用统计方法分析出划分种子等级的主要指标和参考指标，运用标准差法制定乌拉尔甘草种子质量分级标准；将乌拉尔甘草种子划分为4个等级：1级种子的发芽率不低于85.0%，净度不低于92.0%，千粒重不低于13.0g，含水量不高于11.0%；2级种子发芽率75.0%～85.0%，净度83.0%～92.0%，千粒重11.0～13.0g，含水量不高于11.0%；3级种子发芽率65.0%～75.0%，净度74.0%～83.0%，千粒重9.0～11.0g，含水量不高于11.0%，达不到3级种子标准的为不合格种子。

2016年8～10月，我们对新疆、内蒙古、宁夏、甘肃4个省、自治区的21个县、市、旗的甘草种子调研采样，共收集到56份样品。测定的样品千粒重范围为6.9～13.9g，大致分为5个主产区：新疆库尔勒地区（6.9～9.4g）、伊犁地区（8.8～10.0g）、阿勒泰地区（8.8～10.3g），内蒙古鄂尔多斯周边地区（10.0～12.0g）、赤峰地区（12.6～13.9g），这与王继永对甘草分布区的划分结果基本一致，并与魏胜利的研究结果一致，即甘草的种子形态特征大致呈现自西向东，种粒逐渐增大的经向变异趋势。

2016年12月至2017年4月，进行了甘草种子净度检测、千粒重检测、水分检测、发芽率检测的方法学研究，找出了最佳检测方法及试验条件；同时，为完成甘草快速检测，还进行了生活力检测的方法学研究，目前试验仍在进行阶段，尚未找到最佳的试验条件，并对收集的3个不同区域（甘肃、内蒙古、甘肃）共计13份样品进行质量检测，对各项检测数据进行K聚类分析，根据分级结果，制定了甘草种子质量分级标准。

（二）研究内容

1. 研究材料

方法学研究：甘肃民勤产甘草种子，2016年10月采集。

分级标准制定材料：13个不同来源的甘草种子（表11-1），2016年10月采集。

表11-1　不同来源甘草种子来源

编号	情况	来源	
		采集地	样品收集人
GC001	种植	甘肃民勤	中国中药公司基地
GC002	野生	甘肃	农户
GC003	野生	甘肃初头郎镇	农户
GC004	野生	甘肃陈家店	农户
GC005	野生	甘肃土城子	农户
GC006	野生	甘肃牛营子	农户
GC007	野生	内蒙古赤峰市乌丹	农户
GC008	野生	内蒙古赤峰市乌丹	农户
GC009	野生	内蒙古赤峰市乌丹	农户
GC010	野生	内蒙古赤峰市	农户
GC011	野生	内蒙古赤峰市	农户
GC012	野生	宁夏	农户
GC013	野生	宁夏	农户

2. 扦样方法

以GB/T 3543.2—1995为依据，根据种子不同包装规格，分别进行扦样。实验室检测样品采用机械法或四分法分取样品，机械法可用钟鼎式分样器或横格式分样器对样品进行分取。本试验采用钟鼎式分样器进行扦样。

3. 种子净度分析

本试验采用GC001样品进行净度分析检测，参照GB/T 3543.3—1995的规定，种子净度试验样品应至少含有2500个种子单位，试验分别设置取样30g、35g、40g、45g、50g进行比较，得出净度分析的最佳取样量。

4. 真实性鉴定

甘草种子呈肾圆形，两端钝圆，长2～4mm，宽2～3mm，厚约2mm。表面黄绿褐色或暗绿色至褐色，光滑，略有光泽，种脐位于腹部凹陷处，圆点状，周边有一色略浅微隆起环（图11-1）。

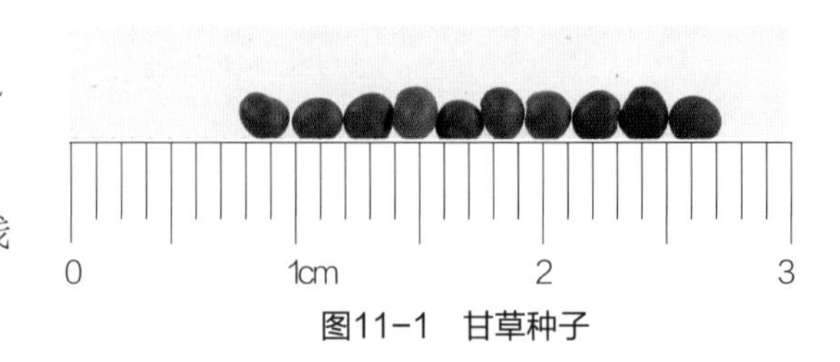

图11-1　甘草种子

5. 重量测定

样品GC001按百粒法、五百粒法、千粒法测定种子的千粒重，结果见表11-2，从表中可知，五百粒法与千粒法平均值较为相近，五百粒法测定千粒重的标准差及变异系数较小，说明重复与均值差异较小，且重复之间的差异较小，故确定五百粒法为测定甘草种子千粒重的最佳方法。

表11-2　千粒重不同测定方法结果

方法	平均值	标准差	变异系数
百粒法（n=12）	11.4929	0.4860	0.0423
五百粒法（n=12）	11.1670	0.4598	0.0412
千粒法（n=12）	11.2646	0.4955	0.0440

6. 水分测定

样品GC001采用高温烘干法和低温烘干法。高温烘干法（133±2）℃设置4小时、8小时、12小时、16小时；低温烘干法（103±2）℃设置4小时、6小时、8小时、10小时、12小时、14小时、16小时。其中高温4小时以上种子发出糊香味。采用低温烘干法，样品在10小时内的含水量如图11-2所示，10小时后水分趋于稳定，故选择低温法10小时为水分的最佳测定方法。

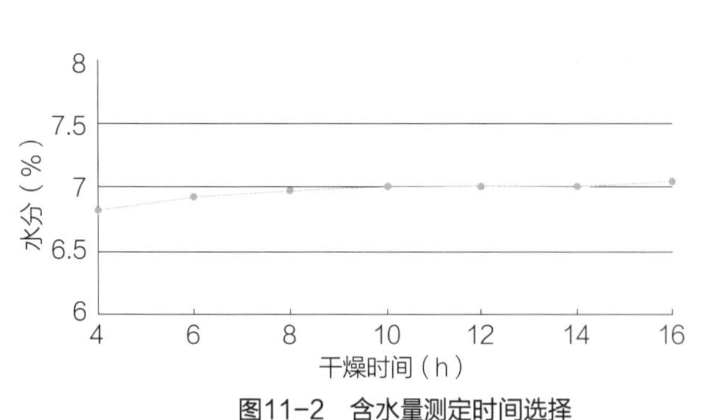

图11-2　含水量测定时间选择

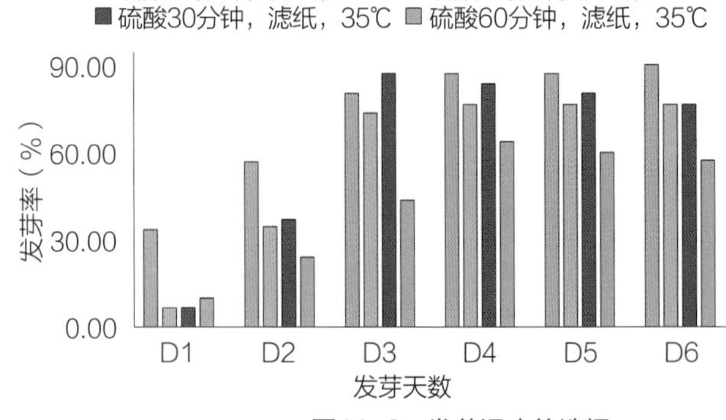

图11-3　发芽温度的选择

7. 发芽试验

设置不同温度（25℃，35℃），不同前处理98%浓硫酸浸泡（30分钟、40分钟、50分钟、60分钟、70分钟、80分钟）、砂磨（砂：种子=5：1），不同发芽床（双层滤纸，棉花，双层滤纸+棉花），光照12小时培养试验。

发芽温度选择结果见图11-3，从图中可以看出，98%浓硫酸浸泡30分钟、60分钟，滤纸作为发芽床，25℃、35℃光照12小时做发芽率比较，发现25℃温度下发芽率较35℃好，故确定25℃为甘草种子的最佳发芽温度。

发芽床的选择，见图11-4，如图可知双层滤纸、棉花、滤纸+棉花发芽情况较好。滤纸发芽床保水效果较差，需要每天用喷壶补充水分，较为复杂；棉花保水效果最优，但透气性差，种子易霉烂；滤纸+棉花既保水又透气，故选择滤纸+棉花作为发芽床。

图11-4　芽床的选择

发芽条件选择结果见图11-5，如图可知，98%浓硫酸浸泡80分钟，滤纸+棉花作为发芽床，25℃光照12小时的发芽率最好，故确定为甘草种子发芽率的检测方法。

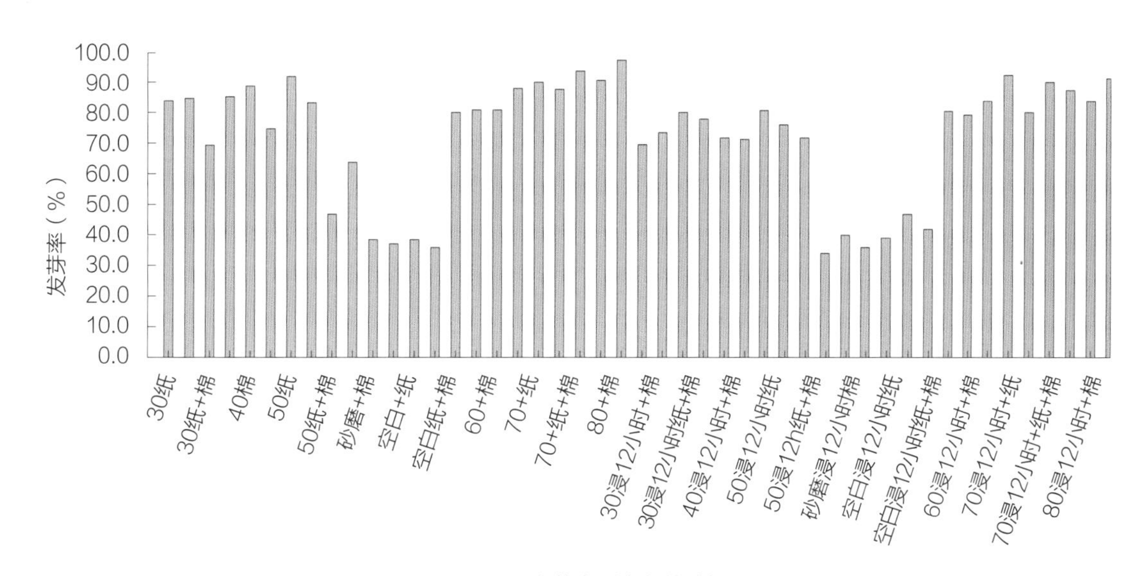

图11-5　发芽率测定条件选择

从发芽开始，每24小时记录一次发芽率，共记录8天，选2个样品（GC004、GC008）进行试验，发芽率记录结果见图11-6，由图可知，接种第二天，种子开始发芽，到第5天后，发芽率趋于稳定，故确定首末记数时间为2～5天。

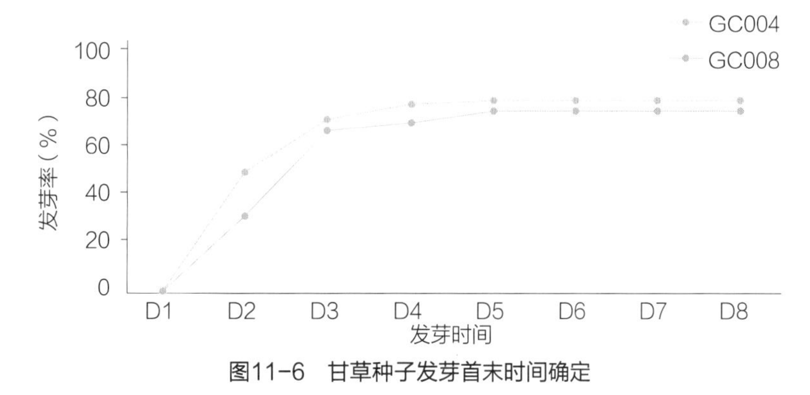

图11-6　甘草种子发芽首末时间确定

8. 种子健康检验

种子健康度检验的常规方法主要包括肉眼检验、洗涤检验、漏斗分离检验、滤纸检验、琼脂平板检验、选择性培养基检验、整胚检验、生物学检验及组织化学检验等。本研究采用PDA平板检验法进行数据比对，选出最佳检验方法；此项试验还在进行中。据研究表明，甘草种子携带的病原菌主要包括毛霉属（*Mucoa*）、曲霉属（*Aspeagillus*）、青霉属（*Penicillium*）和链格孢属（*Alternaria*）等20余个属。

9. 种子质量对药材生产的影响

用不同等级的种子，分别在同一时期同一区域进行播种小区试验，3年后采收药材，在3年的生长过程中，记录其发芽率、发芽情况、苗茁壮程度、第二年苗的返青率及病虫害情况，并测定3年后不同等级药材的产量和质量，确定种子质量对药材生产的影响。

三、甘草种苗质量标准研究

（一）研究概况

目前甘草人工栽培面积较大，内蒙古、宁夏、甘肃等大部分甘草产区通常采用育苗 1年，移栽 1～2年的生产方式，但各产区种苗均无分级标准，这不仅不利于甘草药材的规范化生产，还可能影响其产量和质量。

近年来，国内许多学者对此进行了研究。张国荣等根据种苗的长度、根上部横径及支侧根比率等指标制定了甘草种苗分级标准，研究表明优质种苗可生产出优质的甘草药材；于福来等根据种苗的根长、根茎直径、距根茎 20cm 处直径及侧根数等指标进行了种苗分级，并且指出不同等级种苗产出的药材质量不同；候嘉等以甘草一年生种苗的单株重量为分级指标进行种苗分级，并且跟踪检测了不同等级的种苗所产药材的产量和质量，表明不同等级的种苗产出的药材质量和产量不同，且种苗单株重在10.0g以上的药材质量最佳，产量最高。

（二）研究内容

1. 研究材料

采集甘草主产区的种苗15份以上，每份样品不少于30株。

2. 取样方法

按地块的分布情况和播种时期，在地块上随机选取5个点用样方采集法进行样品的采集，采集后将样品混匀，按GB 6000—1999主要造林树种苗木质量分级的取样规则进行取样。

3. 单株重

从送检样品中按检验量根据抽样规则随机抽样，按抽样数量，进行3个重复，每个重复不小于30株，精确到1.00g，取平均值计算单株重。允许误差±5%。

$$单株重（g）=\frac{样品重量（g）}{30}$$

$$平均单株重（g）=\frac{\sum X}{n}$$

式中：X——各重复重量，g；

n——重复次数。

4. 根长

从送检样品中按检验量根据抽样规则随机抽样，按抽样数量，进行3个重复，每个重复不小于30株，精确到0.01cm，取平均值计算根长。用直尺测量根部上端芽头处至根部底端的长度。允许误差±5%。

$$根长（cm）=\frac{样品根长（cm）}{30}$$

$$平均根长（cm）=\frac{\sum X}{n}$$

式中：X——各重复根粗，cm；

n——重复次数。

5. D20（距芦头20cm处主根的直径）

从送检样品中按检验量根据抽样规则随机抽样，按抽样数量，用游标卡尺测量距芦头20cm处主根的直径，进行3个重复，每个重复不低于30株，精确到0.1mm，取平均值计算D20。允许误差±5%。

$$D20（mm）=\frac{根粗（mm）}{30}$$

$$平均D20（mm）=\frac{\sum X}{n}$$

式中：X——各重复D20，mm；

n——重复次数。

6. D芦头（芦头直径）

从送检样品中按检验量根据抽样规则随机抽样，按抽样数量，用游标卡尺测量根部上端种苗主根最大部位的直径（芦头直径），进行3个重复，每个重复不低于30株，精确到0.1mm，取平均值计算D芦头。允许误差±5%。

$$D芦头（mm）=\frac{样品芦头直径（mm）}{30}$$

$$平均D芦头（mm）=\frac{\sum X}{n}$$

式中：X——各重复D芦头，mm；

n——重复次数。

7. 病虫感染及外观测定

从送检样品中按检验量根据抽样规则随机抽样，按抽样数量，将送检样品以100株为一组，重复4次，摊放在白磁盘或玻璃上，用肉眼或5～10倍的放大镜检验，挑出病虫危害、机械损伤及畸形的种苗，并计算机械损伤率、病虫感染率及畸形种苗占比。

$$机械损伤率（\%）=\frac{机械损伤株数}{100}\times 100\%$$

$$病虫感染率（\%）=\frac{病虫感染株数}{100}\times 100\%$$

$$畸形占比（\%）=\frac{畸形株数}{100}\times 100\%$$

$$平均机械损伤/病虫感染率（\%）=\frac{\sum X}{n}$$

式中：X——各重复机械损伤/病虫感染率，%；

n——重复次数。

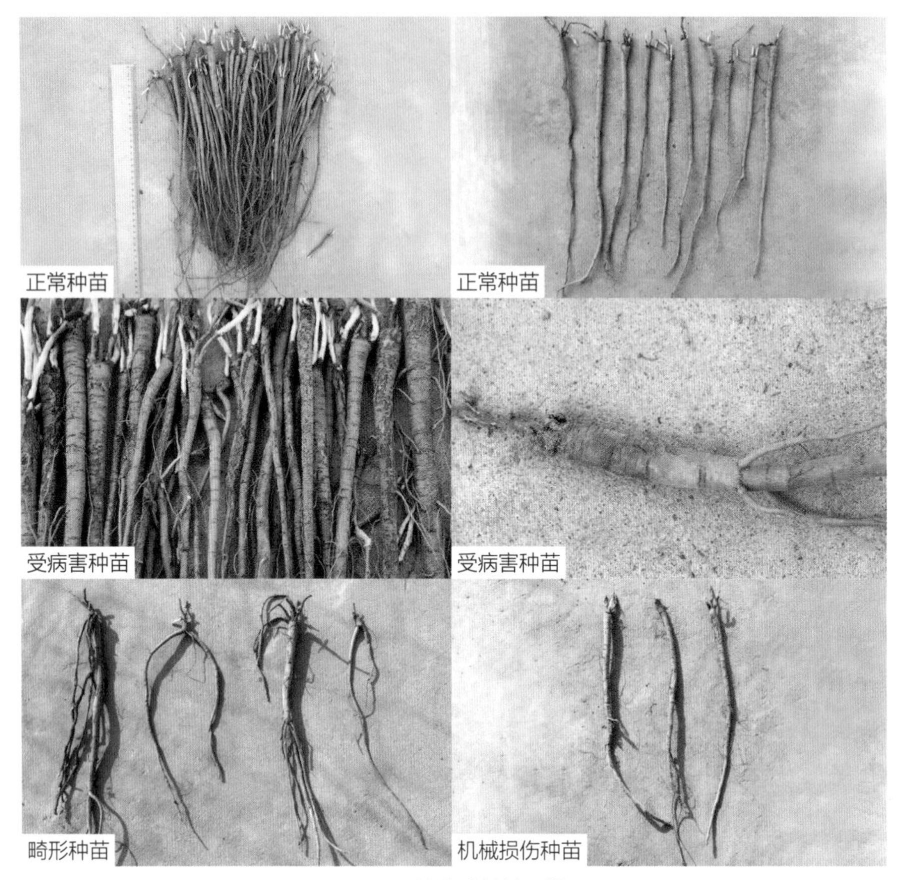

图11-7　甘草种苗外观情况

8．种苗质量对药材生产的影响

采集一年生的甘草种苗按种苗分级指标进行种苗分级后，种植于相同的小区，移栽两年后对不同等级种苗所产药材进行质量和产量的测定，同时在种植过程中对种苗成活率、复壮能力、第二年的返青率、病虫害情况等进行记录和监测，确定不同等级种苗对药材质量和产量的影响。

四、甘草种子标准草案

1．范围

本标准规定了中药材甘草（*Glycyrrhiza uralensis* Fisch.）种子质量分级指标及评定方法。

本标准适用于生产、销售和使用的中药材甘草种子的质量分级。

2．规范性引用文件

下列文件中的条款通过本标准的引用而成为本标准的条款。凡是注明日期的引用文件，其随后所有的修改单（不包括勘误的内容）或修订版均不适用于本标准，然而，鼓励根据本标准达成协议的各方，研究是否可使用这些文件的最新版本。凡是不注明日期的引用文件，其最新版本适用于本标准。

GB/T 3543.1—1995　农作物种子检验规程　总则

GB/T 3543.2—1995　农作物种子检验规程　扦样

GB/T 3543.3—1995　农作物种子检验规程　净度分析

GB/T 3543.4—1995　农作物种子检验规程　发芽试验

GB/T 3543.5—1995　农作物种子检验规程　真实性和品种纯度鉴定

GB/T 3543.6—1995　农作物种子检验规程　水分测定

GB/T 3543.7—1995　农作物种子检验规程　其他项目检验

GB/T 191—2008　包装储运图示标志

中华人民共和国药典（2015年版）一部

3. 术语和定义

甘草种子为豆科甘草属植物甘草*Glycyrrhiza uralensis* Fisch.的成熟种子。

4. 要求

4.1 外观要求　甘草种子呈肾圆形，两端钝圆，长2～4mm，宽2～3mm，厚约2mm。表面黄绿褐色或暗绿色至褐色，光滑，略有光泽，种脐位于腹部凹陷处，圆点状，周边有一色略浅微隆起环。

4.2 质量要求　依据甘草种子净度、千粒重、水分、发芽率等指标，结合已收集的13份样品进行分级，质量分级要求见表11-3。

表11-3　甘草种子质量分级标准

指标	一级	二级	三级
净度（%），≥	98	95	90
千粒重（g），≥	12	10	8
水分（%），≤	6	7	8
发芽率（%），≥	95	75	60

注：种子生活力可作为分级标准的选择项（一级≥90%；二级≥85%；三级≥70%）。

5. 检验方法

5.1 外观检验　在净度分析台上用放大镜观察种子的外形、色泽、饱满度等。

5.2 扦样　按照GB/T 3543.2—1995规定，采用机械法（钟鼎分样器或横隔分样器）、四分法进行扦样。

5.3 净度分析　按照GB/T 3543.3—1995执行，最小取样量30g。

5.4 重量测定　按照GB/T 3543.7—1995执行，采用五百粒法进行测定。

5.5 水分测定　按照GB/T 3543.6—1995执行，采用低温烘干法测定，温度（103±2）℃烘干10小时。

5.6 发芽率测定　按照GB/T 3543.4—1995执行，种子前处理为用98%浓H_2SO_4浸泡（液体没过种子，搅拌均匀即可）80分钟后清水洗净晾干，发芽床为“棉花+滤纸”；发芽条件为温度25℃，光照12小时，首次计数时间为第2天，末次计数时间为第5天。

6. 检验规则

6.1 批组　同一来源、同一生长期、同一采收期的种子为一个批组。每批组种子量不应超过2000kg。

6.2 扦样　种子批最大重量和样品最小重量见表11-4。

表11-4　种子批最大重量和样品最小重量

种子批最大重量（kg）	样品最小重量（g）	
	样品	净度分析
2000	300	30

6.3 交收检验　每批种子交收前，生产加工单位均要进行交收检验。交收检验项目包括外观形态和质量要求。检验合格并附合格证方可验收。

6.4 判定规则　按要求4对种子进行评判，同一批检验的种子中，不符合4.1要求的则为不合格种子；4.2 中四项指标均达到某一指标时直接定级；四项指标均在三级以上但不在同一等级时，取最低的指标定等级；四项指标中有一项在三级以下，定为不合格品。

7. 包装、标识、贮存和运输

7.1 包装　用透气的麻袋、编织袋包装，每个包装不超过50kg，包装外附有种子标签。

7.2 标识　销售的包装甘草种子应当附有标签。每批种子应挂有标签，标明种子产地、质量等级、植物检疫证书编号、生产日期、生产者或经营者名称、地址等。

7.3 运输　禁止与有害、有毒或其他可造成污染的物品混贮、混运、严防潮湿。车辆运输时应有毡布盖严，船舶运输时应有下垫物。

7.4 贮存　甘草种子应在阴凉通风处贮存。

五、甘草种苗标准草案

1. 范围

本标准规定了中药材甘草（*Glycyrrhiza uralensis* Fisch.）种苗质量分级指标及评定方法。

本标准适用于生产、销售和使用的中药材甘草种苗的质量分级。

2. 规范性引用文件

下列文件中的条款通过本标准的引用而成为本标准的条款。凡是注明日期的引用文件，其随后所有的修改单（不包括勘误的内容）或修订版均不适用于本标准，然而，鼓励根据本标准达成协议的各方研究是可使用这些文件的最新版本。凡是不注明日期的引用文件，其最新版本适用于本标准。

GB/T 18247.6　花卉种球产品等级标准

GB 6000—1999　主要造林树种苗木质量分级

GB 3095　环境空气质量标准

GB 15618　土壤环境质量标准

GB 5084　农田灌溉水质标准

GB/T 3543.5—1995　农作物种子检验规程　真实性和品种纯度鉴定

GB/T 3543.7—1995　农作物种子检验规程　其他项目检验

中华人民共和国药典（2015年版）一部

3. 术语和定义

3.1 甘草种苗　为豆科甘草属植物甘草*Glycyrrhiza uralensis* Fisch.一年生植株的地下部分。由芽头、主根及侧根三部分组成。

3.2 单株重 表示单株种苗的重量。

3.3 D芦头 为用游标卡尺测定种苗主根芦头处最大部位的直径，精确到0.1mm。

3.4 D20 为用游标卡尺测定种苗主根距芦头20cm处的直径，精确到0.1mm。

4. 要求

4.1 外观要求 甘草种苗呈长圆柱形，根条均匀，一般长25～50cm，外皮红褐色，断面呈淡黄色，芦头处有芽头，根下部有侧根或少数须根，气清香、味甘甜（图11-8）。

图11-8 甘草种苗

4.2 其他要求

4.2.1 产地环境：适宜区：甘草育苗适宜土壤为沙壤土、壤土、黄绵土、黑垆土等，应选择海拔1800～2100m，降水量400～511mm，年积温为1840～2323℃的甘草主产区，土质疏松、肥沃并富含有机质且平整的地块，土层厚度50cm以上。避免与豆科作物轮作，忌连茬重作，水旱地均可。

空气环境：空气环境质量应符合GB 3095二级标准规定的要求。

水质：甘草育苗的水质应符合GB 5084二级标准规定的要求。

土壤：甘草育苗的土壤应符合GB 15618二级标准规定的要求。

4.2.2 采挖：甘草种苗采挖一般在翌年3月中旬至4月中旬。在土壤解冻后越早越好。 挖苗时苗地要潮湿松软，以确保苗体完整，对土壤干旱硬实的苗地，采挖前1～2天灌水，使土壤潮湿。采挖先从地边开始，贴苗开深沟，然后逐渐向里挖，要保全苗，不断根。挖出的种苗要及时覆盖，以防失水，随挖随栽。

4.2.3 质量要求：依据甘草种苗的单株重、根长、D20、D芦头、病虫害及机械损伤等指标进行分级，质量分级符合表11-5的规定。

表11-5 甘草种苗质量分级标准

指标	一级	二级	三级
单株重（g）	≥14.0	10.0～14.0	4.0～10.0
根长（cm）	≥45	≥35	≥25
D20（mm）	≥4.5	≥3.0	≥1.5
D芦头（mm）	≥8.0	≥6.0	≥4.0
机械损伤率/病虫感染率（%）	≤2	≤5	≤10

5. 检验规则

5.1 批组 同一来源、同一生长期、同一采收期的种苗为一个检验批组，每批组种苗量不应超过100万株。

5.2 抽样 种苗抽样采取随机抽样的方法，按表11-6规则抽样。

表11-6 种苗抽样方法

种苗株数	样本数	种苗株数	样本数
500～1000	50	1001～10000	100

续表

种苗株数	样本数	种苗株数	样本数
10001～50000	250	≥500000	500
50001～100000	350		

5.3 交收检验　每批种苗交收前，生产加工单位均要进行交收检验。交收检验项目包括外观形态和质量要求。检验合格并附合格证方可验收。

6. 判定规则

按4. 要求对种苗进行评判，同一批检验的种苗中，不符合4.1 外观要求的则为不合格种子；4.2.3 质量要求中五项指标均达到某一指标时直接定级；五项指标均在三级以上但不在同一等级时，取最低的指标定等级；五项指标中有一项在三级以下，定为不合格品。

六、甘草种苗繁育技术研究

（一）研究概况

甘草作为干旱地区的自然资源之一，生态幅度较宽，分布较广，亚洲中部古老而干旱的高原是其分布的中心，其中新疆、内蒙古、宁夏和甘肃是其主产区。通过种子繁殖、根茎无性繁殖和组培快繁等技术，近年来甘草的繁殖技术得到了快速的发展。目前，甘草主要的繁殖方式为种子直播或种子繁育种苗后移栽。甘草种苗繁育技术的关键技术包括种子处理技术、保苗技术和提高成苗率技术，目前已经完成了3项技术的集成，并已成功进行了大规模（1000亩）的种苗繁育。

（二）甘草种苗繁育技术规程

1. 范围

本规程规定了甘草（*Glycyrrhiza uralensis* Fisch.）育苗的质量要求、种子处理、地块选择、地块准备、播种量、播种方法、田间管理、种苗采挖、贮藏和运输。

2. 规范性引用文件

下列文件中的条款通过本规程的引用而成为本规程的条款。凡是注明日期的引用文件，仅所注明日期的版本适用于本文件。凡是不注明日期的引用文件，其最新版本（包括所有的修改单）适用于本文件。

GB 3095　环境空气质量标准

GB 5084　农田灌溉水质标准

GB 15618　土壤环境质量标准

中华人民共和国药典（2015年版）一部

3. 术语和定义

3.1 种子质量　是指用于大田生产的种子的纯度、净度、发芽率、水分四大质量指标要求。

3.2 种苗　用种子播种繁殖培育而成的幼苗。

3.3 环境条件　是指影响种苗生长和质量的空气、灌溉水和土壤等自然条件。

3.4 甘草　为豆科植物，叶互生，奇数现状复叶，小叶7～17枚，椭圆形卵状，总状花序腋生，淡紫红色，蝶形花。长圆形荚果，有时呈镰刀状或环状弯曲，密被棕色刺毛状腺毛。种子扁圆形或肾形，2~8粒，褐绿色。花期6~7月，果期7~9月。

4. 种子质量

符合种子质量标准中的三级以上种子要求，见表11-7。

表11-7 甘草种子质量指标要求

项目	种子类别	品种纯度（%）	种子净度（%）	发芽率（%）	水分（%）
要求	大田用种	≥99.0	≥90.0	≥60	≤8.0

种子处理 精选合格种子，将其在农用碾米机上碾1~2遍，见种脐擦伤或种皮微破即可，或用80%的硫酸浸泡处理种子4~7小时后用清水冲洗干净，晾干后即可播种。

5. 地块选择

甘草育苗适宜土壤为沙壤土、壤土、黄绵土、黑垆土等，应选择海拔1300~2100m，降水量400~511mm，≥10℃积温1840~2323℃的区域内土质疏松、肥沃并富含有机质且平整的地块，土层厚度50cm以上。避免与豆科作物轮作，忌连茬重作，水旱地均可。

6. 环境质量

环境空气达到国家大气环境质量GB 3095—1996二级以上标准。

灌溉水达到国家农田灌溉水标准GB 5084—1992二级以上标准。

土壤环境达到国家土壤质量GB 15618—2018二级以上标准。

7. 地块准备

育苗前必须细致整地。秋翻深度30~50cm，随翻、随耙，清除残根、石块，耙平耙细。水浇地灌冻水或早灌春水，旱川地春季解冻后趁春雨雪及时整地，分别每亩施入农肥4000~5000kg、过磷酸钙30kg和尿素10kg（或磷二铵7.5kg、尿素7.4kg），后精细耙耱。

8. 播种

8.1 播种时间 育苗最适宜时间为3月下旬至5月上旬。当土壤5cm深处的地温稳定在10℃左右时，即可播种。

8.2 播量 撒播法育苗播量为16~20千克/亩；覆膜法育苗播量为10~11千克/亩。

8.3 播种方法

8.3.1 撒播法：将种子撒在耙耱平的地表，再耙耱一次，使种子入土2~3cm，再镇压一遍，然后立即覆盖1cm厚细砂或麦草保持地墒。

8.3.2 覆膜法：覆膜方式适用于5月上旬播种，利用覆膜可明显节约种子、缩短出苗时间，提高出苗率、优质苗成品率，节省除草用工，有利于保证种苗整齐度，移栽大田后出苗早、长势强、抗旱抗病。其具体方法为：用幅宽120cm的黑色薄膜覆盖，宽幅110cm，窄幅30cm，膜两边用土压实，防被风吹起。用手持打孔器，在地膜上并排打孔（穴），孔穴直径6cm，穴深2~3cm，穴距10~11cm，行距8~10cm。每穴点入处理过的种子17~20粒，稍覆细土，再覆一层洁净细河沙，增温保墒防板结。

9. 田间管理

9.1 灌溉 有灌溉条件的，在灌足底墒的前提下，甘草苗生长受湿度影响较大，土壤湿度不足会影响甘草发芽、出苗和长势。为了确保出苗，要随时观察土壤墒情，随旱随浇，有条件的地方可采用滴灌或喷灌。一般情况下浇水3次，苗出齐后灌第1水，苗高10cm灌第2水，后期若干旱灌第3水。如遇降水，均可减少浇灌次数或不浇灌。雨水较多时，要注意排水，以免水分过多。

9.2 追肥　一般一次或不施，追肥时可结合灌水追尿素15千克/亩。苗高10cm以上和幼苗分枝期，可分2次喷施磷酸二氢钾型叶面肥，喷施浓度为20g～25g原药兑水15kg。

9.3 中耕除草　幼苗生长高度达10cm时，要及时中耕除草，疏松土壤，深5cm。除草做到除早、除小、除了，生长期内至少要除5次草。

9.4 病虫害防治

9.4.1 生理性病害：田间表现为甘草苗成片死亡，部分子叶发白，呈灼伤状，根系完整，根部及根茎部未腐烂，拔苗时地上部与地下部不分离，根部表皮色泽同土壤色泽，无坏死状，死苗未有任何气味。常发于雨后高温、气温陡降等气温变化异常天气，幼苗周围空气温度急剧上升或下降，根部吸水供应不上，导致幼苗失水，并产生生理性死苗。防治方法为：选择熟化土壤，适期播种，加强出苗期田间管理。

9.4.2 立枯病：主要表现为幼苗根茎基部变褐色，根茎收缩细缢，直立枯死。幼苗出土后即可受害。多为种子受侵染出现种腐或幼苗枯死。用绿享1号、绿享3号，或移栽灵防治，药量参考使用说明，间隔期3～5天。

9.4.3 猝倒病：主要表现为幼苗根茎基部水浸状，局部收缩细缢，猝倒死亡。幼苗出土后即可受害。高温高湿造成幼苗根部发病。防治方法同立枯病。

9.4.4 甘草蚜虫：蚜虫多附着于叶片背面及嫩茎处，淡绿、褐绿或黑绿色。5～8月是发生期，局部地甘草植株受害较重。要根据田间局部蚜虫发生与监测情况，进行防治。防治措施为：可喷洒20%氰戊菊酯2000～3000倍液或亩施用10%大功臣可湿性粉剂10～15g。

9.4.5 蛴螬：蛴螬在地下直接咬断甘草幼苗根部，地上部分叶片枯萎，最后致使植株死亡。防治方法：蛴螬的防治，必须贯彻预防为主，综合防治的植保方法，用各种防治手段，把药剂防治与农业防治以及其他防治方法协调起来，因地制宜地开展综合防治。防治措施：① 翻耕整地，压低越冬虫量。② 施用腐熟的厩肥、堆肥、施后覆土，减少成虫产卵量。③ 土壤处理，用50%辛硫磷1kg拌毒土撒入田间，翻入土中。

10. 采挖

10.1 采挖时间　种苗采挖时期也就是移栽的最佳时期，一般在翌年3月中旬～4月中旬。在土壤解冻后越早越好。

10.2 采挖方法　挖苗时苗地要潮湿松软，以确保苗体完整，对土壤干旱硬实的苗地，采挖前1天～2天灌水，使土壤潮湿。采挖先从地边开始，贴苗开深沟，然后逐渐向里挖，要保全苗，不断根。挖出的种苗要及时覆盖，以防失水。

10.3 打捆　挖出地里的甘草苗，按标准分级打捆，根头朝一个方向扎成10cm的带土小把，运往异地定植。

11. 贮藏和运输

种苗来不及运输或移栽时，不要长时间露天放置，应及时假植以防风干。种苗贮藏有两种方法：① 湿藏：选择干燥阴凉无鼠洞不渗水的场所，按种苗多少挖出方形或圆形土坑，将种苗单层摆在坑底，覆湿土3～5cm，逐层贮藏6～7层，上面堆覆土30～40cm，高出地面，形成龟背，防止积水。此后要随时检查，严防腐烂。此法贮藏的种苗抗旱能力较差。② 干藏：在无烟阴凉的室内，用土坯砌成1m见方的土池，池内铺生土5cm，将种苗由里向外摆1层，苗根向内，苗头向外，苗把间留6～8cm空隙，将池贮满后加15cm厚土1层，顶部培成鱼脊形。此法贮藏的种苗抗旱较强。

种苗长途运输中要遮盖篷布，防止风干失水，同时还应注意通风，以防止种苗发热烂根。

参考文献

[1] 黄明进，王文全，魏胜利. 我国甘草药用植物资源调查及质量评价研究 [J]. 中国中药杂志，2010，35 (8)：947-951.

[2] 李硕，李成义. 甘肃省地产甘草的品种分布研究 [J]. 中国现代中药，2006，8 (11)：37-38.

[3] 孙志蓉，王文全. 我国甘草资源供求分析 [J]. 中国现代中药，2004，6 (8)：35-39.

[4] 孙群，杨力钢，丁自勉，等. 乌拉尔甘草种子质量分级标准的研究 [J]. 中国中药杂志，2008，33 (10)：1126-1129.

[5] 王继永. 乌拉尔甘草栽培营养的研究 [D]. 北京：北京林业大学，2003.

[6] 魏胜利，王文全，秦淑英，等. 甘草种源种子形态与萌发特性的地理变异研究 [J]. 中国中药杂志，2008，33 (8)：869-873.

[7] 杨力刚. 乌拉尔甘草种子检验规程与质量分级标准研究 [D]. 北京：中国农业大学，2006.

[8] 张国荣，张玉进，李生彬. 乌拉尔甘草种子种苗分级标准制定 [J]. 现代中药研究与实践，2004，18 (5)：14-16.

[9] 于福来，方玉强，王文全，等. 甘草栽培群体主要数量性状遗传变异及相互关系研究 [J]. 中国中药杂志，2011，36 (18)：2457-2461.

[10] 侯嘉，闫立本，赵贵亮，等. 甘草种苗等级与植株生物量积累及药材产量和质量的关系 [J]. 中药材，2015，38 (2)：221-226.

[11] 李学斌，陈林，李国旗，等. 中国甘草资源的生态分布及其繁殖技术研究 [J]. 生态环境学报，2013，22 (4)：718-722.

李进瞳　靳云西（国药种业有限公司）

赵润怀　王继永　曾燕　周海燕　焦连魁（中国中药有限公司）

12 石斛（金钗石斛）

一、金钗石斛概况

金钗石斛（*Dendrobium nobile* Lindl.）为兰科石斛属多年生附生草本植物，是我国传统的名贵中药。具有滋阴清热，生津止渴的功效。《中国药典》（2015年版）将其收载于石斛项下。

金钗石斛在我国主要分布于湖北南部、海南、广西西部至东北部、四川南部、贵州西南部至北部、云南南部至西北部、西藏东南部、福建、广东、湖南、台湾、香港等亚热带地区。生于海拔480～1700m的山地林中树干上或山谷岩石上。此外，印度、尼泊尔、锡金、不丹、缅甸、泰国、老挝、越南也有分布。

《本草纲目》中记载，石斛“荆州（今湖北江陵一带）、光州（今河南省潢川一带）、寿州（今安徽省寿县）、庐州（今安徽省合肥市）、江州（今江西省九江市）、台州（今浙江省临海市范围）、温州（今浙江省温州所属地区）亦有之，以蜀中为胜”。

20世纪，市上石斛商品以金钗石斛为主，主要来自贵州、广西、四川等省区，历史上也有从越南进口。以贵州赤水市为例，金钗石斛野生资源十分丰富，20世纪60年代前后，常年收购量在200～300吨，产品远销上海、北京、广东等地。随着无节制、无计划地毯式的采集，野生资源受到毁灭性的破坏，到了20世纪90年代中期，野生金钗石斛收购量不到两吨。

金钗石斛药用、观赏一直依赖于野生资源，目前已处于濒危状态。近年来国内学者对其栽培方法进行了广泛研究，如贴树栽培、贴石栽培、石墙栽培、大棚栽培等栽培方式，试图通过人工栽培扩大资源，实现濒危资源的可持续利用，但受种苗严重匮缺、适宜仿野生栽培的小环境较少而大棚栽培成本较高等因素影响，目前栽培仅限于贵州、四川、云南等省，其中，贵州省赤水市栽培面积居全国之首，于2006年3月，获得国家地理标志产品保护；2014年3月，通过GAP认证；同年11月，获得由中国三农科技产业发展中心组织评选和认定的“中国绿色生态金钗石斛之乡”称号。

云南省是石斛属植物种类分布最多的地区之一，也是石斛类药材栽培大省之一，但金钗石斛的栽培未形成产业规模，仅为零星种植，栽培方式主要为贴树栽培和大棚栽培，此外，重庆、海南、广西也有零星栽培。

二、金钗石斛种苗标准研究

（一）研究概况

我国石斛属植物种类有79种2变种。其中，可供药用的达45种之多，近10年来，随着石斛类药材野生资源的日益枯竭，国内学者对石属植物的种苗繁育及栽培方法进行了广泛研究，试图通过人工栽培扩大资源，实现濒危资源的可持续利用，其中，以铁皮石斛和金钗石斛研究最多。

金钗石斛种苗繁殖方式主要有分株、扦插和组织培养。但由于分株苗来源有限，要想靠分株繁殖方法来获得充裕的种苗是件比较困难的事；虽然可利用金钗石斛具有萌发高位芽的特性进行扦插繁殖，但是，鉴于药材与种苗繁殖材料之争及繁殖系数低等原因，金钗石斛的种苗商品化来源主要为组培苗。

金钗石斛种苗质量的研究始于2000年中期，研究内容多停留在出瓶苗大小对炼苗成活率的影响及出圃苗大小对移栽成活率的影响，2010年，随着国家科技重大专项“中药材种子种苗和种植（养殖）标准平台”的建设，金钗石斛作为该项目品种之一纳入了种苗标准的研究。此外，贵州赤水市信天石斛产业发展有限公司作为赤水市金钗石斛产业发展的先驱者，拥有自己的种苗繁育基地及GAP种植基地，因此有自己的种苗标准。现行的《中国药典》《中华人民共和国种子管理条例》《中华人民共和国农作物种子实施细则》对金钗石斛种苗都没有要求，没有国家或地方标准。金钗石斛出瓶苗质量的好坏，直接影响着炼苗成活率、出圃率及出圃苗的质量；出圃苗质量的好坏直接影响着大田移栽成活率及产量，因此，制定出金钗石斛种苗质量标准，对规范金钗石斛种苗市场，保证金钗石斛种植业健康发展具有其重要作用。

（二）金钗石斛扦插苗分级标准研究

1. 研究材料

2010年，按照DB53/062苗木抽样方法，对贵州省赤水市信天石斛药业有限公司金钗石斛种苗繁育基地的金钗石斛扦插苗进行抽样，抽得样苗200丛。

2. 研究方法

（1）感官指标判定　无病虫害、每丛有一定的芽数，芽发育饱满、健壮、色泽浓绿光亮，无机械损伤。

（2）数据调查　对每株（丛）样苗进行株高、茎粗、根幅、根长、节数、株数/丛、芽数/丛形态指标进行测定及统计

（3）数据分析　应用SPSS 13.0统计分析软件对形态指标进行统计分析、相关性分析、主成分分析，以确定扦插苗等级划分指标；对确定的指标进行K类中心聚类分析，根据聚类结果并结合生产实际进行分级。

（4）质量等级验证　将不同等级的样苗按10cm×20cm的密度分别栽植于以树皮为主的基质中，荫蔽度为60%~70%的条件下，于采收期采收并称量每（株）丛当年生植株的重量，以检验分级的合理性。

3. 研究结果

（1）金钗石斛扦插苗各指标相关性分析　对金钗石斛扦插苗各指标进行相关性分析，结果表明（表12-1），芽数与株高、节数的相关性均达到极显著水平。株高与节数的相关性均达到达到极显著水平。

表12-1　金钗石斛扦插苗各指标相关性分析表

	芽数	株高	茎粗	节数	根长	根幅
芽数	1	0.190**	-0.054	0.498**	-0.197**	0.089
株高		1	-0.013	0.216**	-0.071	-0.005
茎粗			1	-0.123	-0.022	0.045
节数				1	-0.021	0.012
根长					1	0.033
根幅						1

注：**表示在0.01水平（双侧）上显著相关。

（2）金钗石斛扦插苗各指标主成分分析　对金钗石斛扦插苗各指标进行主成分分析，结果表明（表

12-2），前3个特征值累计贡献率已达到63.08%，说明前3个主成分基本包含了6成以上的指标信息。在第1主成分表达式中，芽数/丛、株高、节数指标的系数最大，说明这三个指标起主要作用，由于第1主成分的方差贡献率最高，结合相关性分析结果，可以把芽数、株高作为金钗石斛扦插苗分级的主要指标。

表12-2　金钗石斛扦插苗各指标主成分分析表

	1	2	3	
特征根	1.693	1.059	1.033	
积累方差贡献率（%）	28.217	45.869	63.078	
特征向量	0.820	0.122	0.048	芽数
	0.506	0.045	-0.121	株高
	0.793	-0.168	0.171	节数
	0.088	0.518	0.727	根幅
	-0.298	-0.394	0.668	根长
	-0.199	0.768	-0.110	茎粗

（3）质量分级　对确定株高和芽数指标的测定结果利用SPSS软件进行K类中心聚类分析，经过多次叠加，最终获得株高和芽数的三个聚类中心值（表12-3），将聚类中心值作为金钗石斛扦插苗质量分级要求的准参考值，结合生产，经修正，制定金钗石斛扦插苗质量等级要求（表12-4）。

表12-3　金钗石斛扦插苗K类中心聚类分析表

指标	1	2	3
芽数	2.15	1.65	1.14
株高	11.5	8.59	6.11
样本数	26	98	76

表12-4　金钗石斛扦插苗质量分级标要求

指标	Ⅰ级	Ⅱ级	Ⅲ级
芽数	≥2	≥2	1
株高	≥11	≥7，<11	<7

（4）金钗石斛扦插苗质量等级验证　如表12-5所示，不同等级扦插苗产量均达到极显著水平，这说明金钗石斛扦插苗质量分级标要求合理。

表12-5　金钗石斛扦插苗不同质量等级验证表

指标	Ⅰ级	Ⅱ级	Ⅲ级
单株（丛）产量（g）	5.73^{aA}	3.91^{bB}	2.17^{cC}

注：表中小写字母表示差异显著，大写字母表示差异极显著。下表同。

（三）金钗石斛组培出瓶苗质量标准研究

1. 研究材料

材料来源于2014年中国医学科学院药用植物研究所云南分所组培室的出瓶苗500丛。

2. 研究方法

（1）无菌苗的获得　于2012年12月将无开裂、成熟的金钗石斛果实于超净工作台上用75%酒精表面消毒10s后，再用0.1%升汞溶液处理8分钟，用无菌水冲洗4～5次，置于无菌滤纸上，将蒴果从中间切成两段，然后用镊子夹住蒴果果皮将种子均匀撒播于萌芽培养基中进行培养。待长出具有2～3片真叶的无菌种子苗时，转接增殖培养基上进行培养，经壮苗、生根培养后，株高3cm以上，片叶展开，苗色为浅黄绿色，茎韧性增加，根系发达，长1～3cm时可出瓶炼苗。

（2）感官指标判定　丛苗紧凑，每丛有一定的株数，主株苗干通直、壮实、节明显、芽发育饱满，具有3片以上完全的展开的叶，色泽浓绿光亮，根系发达（具5条根以上），无机械损伤。

（3）数据测定　从每批出瓶苗中随机抽10瓶（约150丛），对出瓶苗株高、茎粗、叶数、株数/丛等形态指标进行测定和统计，因出瓶苗每丛根数超过5根以上，根系较发达未进行出瓶苗根的测定和统计。

（4）数据分析　应用SPSS 13.0统计分析软件分别对株高、茎粗、叶数等形态指标进行统计分析、相关性分析、主成分分析，以确定出瓶苗等级划分指标；对确定的指标进行K类中心聚类分析，根据聚类结果并结合生产实际进行分级。

（5）验证　将不同质量等级的出瓶苗进行移栽驯化，8个月后进行成活率、当年生新苗株高的统计、测定，采收并称量单丛产量，以检验分级的合理性。

3. 研究结果

（1）金钗石斛组培出瓶苗形态指标相关性分析　经各形态指标相关性分析（表12-6），株高与茎粗、叶数的相关性达到了极显著水平。

表12-6　金钗石斛组培出瓶苗形态指标相关性分析

	株数/丛	株高	茎粗	叶数
株数丛	1.000	0.074	-0.011	-0.001
株高		1.000	0.242**	0.178**
茎粗			1.000	- 0.729**
叶数				1.000

注：**表示在0.01水平（双侧）上显著相关。

（2）金钗石斛组培出瓶苗形态指标主成分分析　分别对金钗石斛组培出瓶苗的形态指标因子进行主成分分析（表12-7），结果表明，前2个特征值累计贡献率达到71.70%，说明前2个主成分基本包含了大部分的指标信息。在第1主成分表达式中，茎粗和株高指标的系数最大，说明这二个指标起主要作用，结合相关性分析结果及实际操作的方便快捷性，把株高作为金钗石斛组培出瓶苗分级的第一主要指标，鉴于金钗石斛的“丛生”特性，出瓶移栽驯化中，每丛出瓶苗株数的多少是影响成活率的因素之一，因此把株数/丛作为第二主要指标。

表12-7 金钗石斛组培出瓶苗形态指标主成分分析

	1	2	指标
特征根			
积累方差贡献率（%）	43.303	71.698	
特征向量	1.732	1.136	
	0.941	0.171	茎粗
	0.088	0.902	株高
	-0.004	0.474	株数/丛
	-0.916	0.260	叶数

（3）质量分级 将金钗石斛组培出瓶苗的株高和株数/丛进行K类中心聚类分析，经过多次叠加，最终获得的三个聚类中心值（表12-8）。将K类中心作为金钗石斛组培出瓶苗分级标准的参考值，结合大田移栽经验，株数/丛对移栽成活率及单丛产量有着一定的影响，拟定金钗石斛出瓶苗质量分级要求（表12-9）。

表12-8 金钗石斛组培出瓶苗K类中心聚类中心值

指标	一	二	三
株高（cm）	8.15	5.25	3.35
株数/丛	8.19	4.64	2.13

表12-9 金钗石斛组培出瓶苗质量分级要求

指标	Ⅰ级苗	Ⅱ级苗	Ⅲ级苗
株高（cm）	≥8	≥3，<8	<3
株数/丛	≥3	≥2	≥2

（4）检验分级 为检验金钗石斛组培出瓶苗质量分级的合理性，将金钗石斛出瓶苗按不同等级分别移栽驯化，8个月后，对不同等级出瓶苗进行抽样调查，结果表明（表12-10）：金钗石斛组培出瓶苗质量等级越高，成活率也越高；Ⅰ、Ⅱ、Ⅲ级不同质量等级苗的单丛产量及新株高呈显著差异。这说明该出瓶苗质量分级要求是合理的。

表12-10 金钗石斛组培出瓶苗质量分级验证表

级别	数量	成活率（%）	新株高（cm）	单丛产量（g）
Ⅰ级苗	20	97.3	8.92 ± 3.39^a	7.60 ± 4.6^a
Ⅱ级苗	20	95.7	7.03 ± 1.80^b	4.90 ± 2.90^b
Ⅲ级苗	20	82.2	4.65 ± 2.22^c	2.75 ± 1.352^c

3. 金钗石斛组培出圃苗分级标准

3.1 研究材料　样苗来源于贵州省赤水市信天石斛药业有限公司金钗石斛种苗繁育基地。按照DB 53/T249苗木调查方法进行抽样。2010年，抽得驯化了1年的金钗石斛组培出圃苗300丛；2012年，抽得200丛。

3.2 研究方法

（1）感官指标判定　无病虫害、丛苗紧凑，每丛有一定的株数，苗干通直壮实、色泽浓绿光亮、芽发育饱满、健壮、根系发达、无机械损伤。

（2）数据调查　2010年，对每丛样苗进行株高、茎粗、根幅、根长、节数形态指标进行测定及统计；根据2010年研究结果，2012年对每丛样苗株高、株数/丛、芽数/丛形态指标进行测定及统计；并每丛进行挂牌，按10cm×20cm的密度，栽培于荫蔽度为60%～70%的大棚，基质为树皮屑，于采收期进行当年生新株数/丛、新株株高/丛的统计及测定，采收并称量每丛当年生植株的重量，即单丛产量。

（3）数据分析　应用SPSS 13.0统计分析软件对形态指标进行相关性分析，确定出圃苗等级划分指标；对确定的指标进行K类中心聚类分析，根据聚类结果并结合生产实际进行分级。

（4）质量等级验证　将不同等级的样苗按10cm×20cm的密度分别栽植于以树皮为主的基质中，荫蔽度为60%～70%的条件下，于采收期采收并称量每（株）丛当年生植株的重量，以检验分级的合理性。

3.3 研究结果

（1）金钗石斛组培出圃苗形态指标相关性分析　2010年，对金钗石斛组培出圃苗各指标进行相关性分析，结果表明，株高与茎粗的相关系数 r=0.146，株高与节数的相关系数 r=0.682，并且达到了极显著水平（表12-11）。根长、根幅与其他指标相关性不显著。此外，以株数/丛作为考察因子，按1株/丛、2株/丛、3株/丛、4株/丛分成4组，每组4重复，每重复20丛进行栽培，结果表明，株高、株数/丛与单丛产量达到极显著水平，综上两试验相关性分析结果，确定株高、株数/丛为出圃苗分级指标（表12-12）。

表12-11　金钗石斛组培出圃苗各指标相关性分析表

	株高	茎粗	节数	根长	根幅
株高	1.000	0.146**	0.682**	0.130	0.047
茎粗	—	1.000	-0.102	-0.124	0.005
节数	—	—	1.000	0.059	0.085
根长	—	—	—	1.000	0.083
根幅	—	—	—	—	1.000

注：**表示极显著水平（P<0.01）。

表12-12　金钗石斛形态指标和产量的相关性分析

	株高（cm）	株数/丛（株）	茎粗（mm）	根长（cm）	根福（cm^2）
单丛产量（g）	0.498**	0.438**	0.131	-0.192	0.16

注：**表示极显著水平（P<0.01）。

（2）出圃苗形态指标与产量性状指标相关性分析　2012年，对金钗石斛组培出圃苗进行形态指标及产量性状指标相关性分析，相关性分析结果表明（表12-13），株数/丛与单丛产量极显著相关，株高与单丛产量显著相关。

表12-13　金钗石斛组培出圃苗相关性分析

	当年生新株数/丛	新株株高（cm）	单丛产量（g）
株数	0.422**	0.040	0.316**
株高	0.162*	0.180*	0.174*
芽数	0.010	0.108	0.093

注：*表示在0.05水平（双侧）上显著相关；**表示在0.01水平（双侧）上极显著相关。

（3）出圃苗形态指标主成分分析　2012年，对金钗石斛组培出圃苗进行形态指标主成分，结果表明（表12-14），在第1主成分表达式中，株数/丛、株高指标的系数远远高于芽数/丛，并且，前两者的积累方差贡献率为68.464%，包括了近70%的信息，说明这两个指标起主要作用，结合相关性分析结果，以及生产中出圃苗的价格是以株数/丛定价，因此把株数/丛作为金钗石斛组培出圃苗分级的第一主要指标，株高作为第二主要指标。

表12-14　金钗石斛组培出圃苗主成分分析

	1	2	
特征根	1.056	0.998	
积累方差贡献率（%）	35.185	68.464	
特征向量	0.721	0.019	株数/丛
	0.633	0.486	株高
	-0.368	0.873	芽数/丛

（4）金钗石斛出圃苗质量分级　将金钗石斛组培出圃苗的株数/丛、株高进行K类中心聚类，经过多次叠加，最终分别获得聚类中心值（表12-15）。

表12-15　金钗石斛组培出圃苗K类中心聚类中心值

	1	2	3
株数/丛	2.25	1.85	1.98
株高（cm）	14.96	10.34	7.05
样本数	28	74	98

将聚类中心作为金钗石斛组培出圃苗分级标准的参考值，结合生产经验，拟定金钗石斛组培出圃苗的分级标准（表12-16）。

表12-16　金钗石斛组培出圃苗的分级要求

级别	项目	数值
Ⅰ级苗	株数/丛（根）	≥2
	株高（cm）	≥15
Ⅱ级苗	株数/丛（根）	≥2
	株高（cm）	≥7，<15
Ⅲ级苗	株数/丛根	1
	株高（cm）	≥7，<15
Ⅳ级苗	株数/丛（根）	≥2
	株高（cm）	<7
综合控制指标	无病虫害、丛苗紧凑，每丛有一定的株数，苗干通直壮实、色泽浓绿光亮、芽发育饱满、健壮、根系发达、无机械损伤	

（5）分级验证　验证结果表明Ⅰ级苗、Ⅱ级苗主要由株高指标控制，每丛苗具有较一致的株数，产量无显著性差异，Ⅱ级苗、Ⅲ级苗主要由株数/丛指标控制，每丛株数相差较大，产量极显著性差异。分级验证结果与实际生产较为一致，因此，该分级合理（表12-17）。

表12-17　金钗石斛组培出圃苗质量分级验证表

内容	Ⅰ级苗	Ⅱ级苗	Ⅲ级苗	Ⅳ级苗
产量（g）	57.34^{aA}	56.69^{aA}	43.73^{bB}	39.28^{bB}

注：小写字母表示显著差异，大写字母表示极显著差异。

三、金钗石斛种苗标准草案

1. 范围

本标准规定了金钗石斛扦插苗、组培出瓶苗、组培出圃苗的术语和定义、分级要求、抽样、检验方法、检验规则。本标准适用于金钗石斛扦插苗和组培苗生产者、经营者和使用者。自繁自植的金钗石斛扦插苗和组培苗可参照执行。

2. 规范性引用文件

下列文件中的条款通过本标准的引用而成为本标准的条款。凡是注明日期的引用文件，其随后所有的修改单（不包括勘误的内容）或修订版均不适用于本标准，然而，鼓励根据本标准达成协议的各方研究是可使用这些文件的最新版本。凡是不注明日期的引用文件，其最新版本适用于本标准。

中华人民共和国药典（2015年版）一部

GB 6000　主要造林树种苗木质量分级

DB 53/062　主要造林树种苗木

3. 术语和定义

下列术语和定义适用于本标准。

3.1 扦插苗　利用金钗石斛茎条为插条进行扦插繁殖的种苗。

3.2 组培苗　在无菌的条件下，利用植物器官具有再生能力的特点，采用植物组织培养技术生产的种苗。本组培苗是通过金钗石斛无菌播种、萌发、分化、增生、成苗、壮苗、生根培养而来。

3.3 出瓶苗　从培养容器中取出，并洗去琼脂的无菌生根苗。

3.4 出圃苗　出瓶苗在大棚条件下，经过移栽驯化一段时间后待出圃的种苗。

3.5 一批苗　木同一树种在同一苗圃，用同一批繁殖材料，采用基本相同的育苗技术培育的同龄苗木，称为一批苗木（简称苗批）。

3.6 假鳞茎　兰科植物用于贮存养分和水分的变态的茎。

3.7 株高　根状茎至假鳞茎顶端的长度。

3.8 株数/丛　主要指出瓶、出圃时，每丛所含假鳞茎的数量。

3.9 芽　未长出叶片的假鳞茎。

3.10 起苗　将苗从基质中取出。

3.11 种苗类型　由不同繁殖材料或同一繁殖材料不同繁育阶段出来的种苗。

3.12 一次抽样检查　从苗批中只抽取一个样本，并且根据该样本中的不合格品个数判断该苗批能否接收的抽样检查过程。

3.13 生产方风险质量　对于给定的抽样方案，与规定的生产方风险相对应的质量水平。

3.14 使用方风险质量　对于给定的抽样方案，与规定的使用方风险相对应的质量水平。

3.15 合格判定数　作为批合格判定，样本中所允许的最大不合格品数称为合格判定数。

4. 分级要求

合格苗以综合控制条件、株高、株数/丛、芽数/丛确定。综合控制条件：无检疫对象病虫害、丛苗紧凑，每丛有一定的株数，苗干通直壮实、健壮，芽发育饱满，色泽浓绿光亮，根系发达、无机械损伤。综合控制条件达不到要求的为不合格苗，达到要求者以株高、株数/丛或芽数/丛两项指标分级。金钗石斛不同种苗类型的质量等级见表12-18、表12-19、表12-20。合格苗分Ⅰ、Ⅱ两个等级，指标由株高、株数/丛或芽数/丛两项指标确定，所在级别需两个指标同时达到，否则以最低级指标所属级别为准。

表12-18　金钗石斛扦插苗质量等级要求

	Ⅰ级	Ⅱ级	Ⅲ级	综合控制指标
芽数/丛（个）	≥2	≥2	1	无病虫害、有一定的芽数，芽发育饱满、健壮、无机械损伤
株高（cm）	≥11	≥7，<11	<7	

表12-19　金钗石斛组培出瓶苗质量等级要求

	Ⅰ级	Ⅱ级	Ⅲ级	综合控制指标
株高（cm）	≥8	≥3，<8	<3	丛苗紧凑，每丛有一定的株数，主株苗干通直、壮实、节明显、芽发育饱满，具有3片以上完全的展开的叶，色泽浓绿光亮，根系发达（具5条根以上），无机械损伤
株数/丛（株）	≥3	≥2	≥2	

表12-20 金钗石斛组培出圃苗质量等级要求

	项目	数值
Ⅰ级苗	株数/丛（根）	≥2
	株高（cm）	≥15
Ⅱ级苗	株数/丛（根）	≥2
	株高（cm）	≥7，<15
Ⅲ级苗	株数/丛根	1
	株高（cm）	≥7，<15
Ⅳ级苗	株数/丛（根）	≥2
	株高（cm）	<7
综合控制指标	无病虫害、丛苗紧凑，每丛有一定的株数，苗干通直壮实、色泽浓绿光亮、芽发育饱满、健壮、根系发达、无机械损伤	

5. 检测方法

5.1 抽样 种苗质量检测要在一个苗批内进行。抽样方法参见DB53/062附录A。

5.2 检测 ① 株高用精度不低于0.1cm的直尺测量，测量假鳞茎自根状茎到顶部的长度，读数精确到0.1cm。② 株数/丛直接统计每丛种苗中假鳞茎的株数。③ 芽数/丛直接统计每丛种苗中芽的数量。

5.3 控制条件 用感官检测：① 扦插苗无病虫害、有一定的芽数，芽发育饱满、健壮、无机械损伤。② 出瓶苗丛苗紧凑，每丛有一定的株数，主株苗干通直、壮实、节明显、芽发育饱满，具有3片以上完全的展开的叶，色泽浓绿光亮，根系发达（具5条根以上），无机械损伤。③ 出圃苗无病虫害、丛苗紧凑，有一定的株数，苗干通直壮实、健壮，芽发育饱满、色泽浓绿光亮，无机械损伤。

6. 检测规则

种苗成批检测。检测工作应在种苗出圃时进行。综合控制条件是苗木检测的必达条件，株高、株数/丛、芽数/丛是种苗质量等级检验的主检项目。一般金钗石斛种苗为丛生苗，株高检测时，检测丛苗中最高的假鳞茎。种苗检测工作应在背阴避风处或室内进行，注意防止种苗受损伤。

7. 判定规则

苗批的合格判定应该以该批苗木被抽样检验的样苗达到DB53/062中要求的苗木合格判定数为判定依据。检验结果不符合DB53/062中的规定，应进行复检，并以复检结果为准。

四、金钗石斛组培苗（出瓶苗、出圃苗）繁育技术研究

（一）研究概况

金钗石斛道地药材种苗繁育技术的研究较集中于2002～2007年，从金钗石斛的生物学特性研究到繁殖材料（茎段、成熟果实）的获得；从繁殖材料表面杀菌方法的研究到无菌繁殖材料的获得；从不同培养基、不同激素配比、不同添加物等“配方”培养基对无菌繁殖材料萌芽、增生、生根等影响的研究，到无菌培养过程中各阶段较适宜培养基的获得；从不同移栽基质、不同荫蔽度，不同肥水对出瓶苗生长影响的研究，到获得一套适宜的出瓶苗移栽管理技术及生产实践经验均有报道。

（二）研究内容

1. 研究方法

通过文献查阅、实地调查和试验相结合的方法，对金钗石斛组培苗（出瓶苗、出圃苗）进行繁育技术的研究。

2. 研究结果

（1）采种及保存　选择生长健壮、长势旺盛、具有丰产性状的植株，在晴天或阴天，选择生长旺盛、开花1～6天的花朵进行人工授粉。4～5个月果实渐渐膨大，6个月后种子成熟，7～9个月蒴果会自然裂开，选择硕大、饱满、未开裂的果实进行表面无菌消毒播种。

金钗石斛种子没有休眠特性，以随采集随播种为好。在高温和高湿的环境寿命短，60～90天。需长期保存备用，可将蒴果用0.1%升汞溶液浸渍10分钟左右，无菌水清洗3次，放入灭菌的培养皿中，盖上皿盖干燥1～3天后，装入灭菌试管中用棉塞塞紧，再将试管放入干燥器中，置于10℃的环境或0℃以下冰箱内可保存1年。

此外，可将无菌原球茎、幼苗和茎芽进行冷冻保存，使材料停滞在完全不活动的状态；或进行低温保藏，每3个月给培养物加入一定量的液体培养基补充营养，以拉长继代间隔时间，降低继代次数。

（2）组培出瓶苗培养

材料选择及处理：选用挂果6～12个月，成熟、无病虫害、无机械损伤、无自然开裂的蒴果，用自来水进行表面清洗，于超净工作台上用75%酒精表面消毒 10s后，再用0.1%升汞溶液处理8分钟，用无菌水冲洗3～5次，吸干水分，置于无菌滤纸上备用。

培养条件：培养基均附加30g/L蔗糖，5g/L琼脂粉，pH 5.8。温度18～28℃，光照10h/d，光照强度1500～2000lx。每2个月转接1次。

不同培养基对金钗石斛种子萌芽的影响：在无菌条件下，将蒴果从中间切成两段，然后用镊子夹住蒴果果皮将种子均匀撒播于N6、B5、MS、MS+土豆200g/L的煮熟上清液、MS+100g/L香蕉5种萌芽培养基中进行培养，结果表明，MS+土豆200g/L的煮熟上清液培养基有利于金钗石斛种子的萌发。培养过程中发现播种稍厚的地方，有泛白球体，未接触培养基的种子则发黄渐死。播种时尽可能薄播（表12-21）。

表12-21　不同培养基对金钗石斛种子萌芽的影响

培养基	培养20天体视镜下	培养40天体视镜下
N6	种子萌动不均一，圆球形。纺锤状种粒各有一部分	球体小，基部球状部分黄色泛白，疏松，约90%萌发，小芽长短不一
B5	多为圆球状，部分中部膨大呈圆形	球体小，白化较多，芽少而小，约10%萌发
MS	多为圆球状，部分中部膨大，两端未见纺锤丝	球体大小不一，白化较多，中间膨大者较多，约20%萌发
MS+土豆200g/L的煮熟上清液	均匀，多为圆球状，两端可见纺锤丝	球体大，紧实，无白化，萌芽多且长，约96%萌发
MS+100g/L香蕉	均匀，多为渐向中部球状发展，两端可见纺锤丝	球体中等，较紧实，少量白化，萌芽多且长，约90%萌发

不同培养基对金钗石斛成苗及增生的影响：取等量MS＋土豆200g/L的煮熟上清液培养基中的培养

物，分别转接到（表12-22）1～9号培养基中，经培养60天后，观察各培养基中金钗石斛生长状况。随机从各培养基取3瓶，取出培养物进行称量，结果表明，8号培养基有利于苗的分化和增殖，4号和5号培养基有利于生根。培养过程中发现，在9号培养基中培养的大苗较未8号的硬实。

表12-22　不同培养基对金钗石斛成苗及增生的影响

处理	培养60天生长情况	净重（g）
N6（1）	苗浅绿色，仅占1/4，有死亡现象。成粒状、锥状，约0.5cm高，具2小叶，萌发不均一	2.18i
B5（2）	苗浅绿色，仅占1/4，有死亡现象。长势差，成粒状，偶见有根，高1cm，叶短	6.33f
MS（3）	苗浅绿色，有死亡现象。长势差，有粒状球体，高1cm，叶短	5.56g
MS+100g/L香蕉（4）	苗粗壮，深绿色，高1cm，有根，仍有浑圆球体，不均一	12.95e
MS+AC2g/L（5）	苗小，长势不均一，有根，仍有浑圆球体	4.24h
MS+豆200g/L的煮熟上清液（6）	小苗填满整个面，深绿色，均一，成丛状，不易分成单株，2片叶，约1.5cm高，片叶细长	28.43c
MS+土豆200g/L的煮熟上清液+AC2g/L（7）	小苗填满整个面，深绿色，均一，成丛状，不易分成单株，2片叶，约1.5cm高，片叶细长。有根	26.62d
MS+土豆200g/L的煮熟上清液+BA0.1mg/L+NAA0.45mg/L（8）	小苗填满整个面，更浓密，深绿色，均一，成丛状，不易分成单株，2片叶，约1.5cm高，片叶细长	31.73a
MS+土豆200g/L的煮熟上清液+BA0.1mg/L+NAA0.45mg/L+AC2g/L（9）	小苗填满整个面，更浓密，深绿色，均一，成丛状，易分成单株，2片叶，约1.5cm高，片叶细长，有根	30.36b

注：表中括号里数字代表培养基号，如（8）表示8号培养基。

壮苗生根培养：黎建玲通过金钗石斛试管苗苗生根研究表明，单独使用NAA 0.5～1.0mg/L、IBA 0.2mg/L生根效果较佳；香蕉汁对生根有促长度和粗壮度有明显的促进作用；吴辉认为1/2MS+NAA（0.5mg/L）+琼脂（8.0g/L）+蔗糖（30.0g/L），pH5.6～5.8对诱导金钗石斛幼苗生根比较有效。但壮苗的效果欠佳，加入适量的活性炭或其他激素，既可壮苗又可生根。笔者根据“不同培养基对金钗石斛成苗及增殖的影响”的试验经验及结果，结合文献，考虑培养基成本，选用1/2MS+土豆200g/L的煮熟上清液+NAA 0.45mg/L+AC 2g/L培养基进行壮苗生根培养，培养60天，丛苗紧凑，高可达3～8cm，叶展开，3～6片叶，深绿色，茎具韧性粗壮，根系发达。

无菌播种及培养：在无菌条件下，将蒴果从中间切成两段，用镊子夹住蒴果果皮，将种子均匀撒播于MS+土豆200g/L的煮熟上清液萌芽培养基中进行培养，两个月时可长出2～3片幼叶和极短的茎，转接到表12-22中6号或8号增殖培养基上进行培养，60天后，丛状小苗填满整个培养面，在此后每2个月转接一次的培养中，将约2cm高1/2MS+土豆200g/L的煮熟上清液+NAA 0.45mg/L+AC 2g/L进行壮苗生根培养，未达到2cm的小苗继续增生培养；壮苗生根培养60天后，株高约3～8cm，叶展开，具3～6片叶，深绿色，茎具韧性粗壮，根系发达。此时可出瓶进行大棚移栽。

（3）组培出圃苗培养

选址及大棚构建：选择四周开阔，通风透气性好、水源充裕、交通、电力设施方便的地方建立遮阴大棚，一般使用镀锌管大棚、竹木结构等大棚，配备遮阳网、喷淋、通风、防虫网等设施，大棚荫蔽度可进行调节，荫蔽度为60%～80%。苗床以离地面高80cm为宜，长10m，宽1.2m，深20cm。用筛网作床底以增加通透性。

驯化基质筛选：唐德英、蒋波、张明、文刚分别以树皮块+碎树皮屑、甘蔗渣+陶粒、树皮块+甘蔗渣、木炭、陶粒、木屑+兰石、树皮+兰石、营养土+兰石、木质中药渣、石灰岩颗粒、石灰岩颗粒+加锯木屑、砂页岩碎块、河沙、碎砖块加锯+木屑、稻壳、锯木屑、树皮、苔藓、腐殖土等作炼苗基质，结果均显示，以疏松，透气，排水良好，保湿性能高的基质不仅成活率高且根系发达，有利于金钗石斛试管苗的成活及生长。从生产成本考虑，应选用取材方便、经济实惠的基质如碎树皮、锯末屑作为炼苗基质。基质在使用前可使用日晒、堆沤、浸泡、混合福气多、地虫菌净杀虫杀菌剂等方法进行消毒处理。

移栽时间：唐德英认为2～4月为万物复苏的季节，温度逐渐上升有利于试管苗的恢复生长，加上此时为旱季，基质水分容易调控，成活率高；9～10月正值凉爽、湿润气候条件，很适宜试管苗恢复生长；11至翌年1月由于气温较低，恢复较慢；5～6月开始进入雨季，到了7～8月又值高温高湿的闷热气候，易造成根腐苗烂，成活率较低。如果在具有较好的防雨、通风、降温等设施条件下，2～10月均可进行移栽。

炼苗：先将培养容器置于自然条件下培养7天左右，开盖后，放3天左右，用镊子取出幼苗，用自来水将根系上的琼脂冲洗干净，用0.01%高锰酸钾或 0.1%多菌灵等杀菌剂浸泡3～5分钟，稍微晾干备用。

移栽：移栽时，先将基质放入盆中浸泡湿透，然后捞起铺在准备好的苗床上，耙平，厚约15cm，以2～4株为一丛，轻轻拿起，尽量不弄断肉质根，栽种时，切不可栽的太深，以基质埋住根，使苗立稳为准，确保茎基外露于基质上。

移栽密度：文刚[11]通过不同移栽密度对金钗石斛试管苗的影响研究认为，8cm×8cm的移栽密度是初期移栽最佳密度。笔者通过金钗石斛种苗繁育基地实地调查及多年经验，移栽密度在（7～10）cm×（7～10）cm。

田间管理：笔者根据实际工作经验及金钗石斛种苗繁育基地、铁皮石斛种植基地实地调查、相关文献查阅总结认为：光照强度控制在7000～15000lx，随着季节变化，调节其光照强度。春冬季节，采用单层遮阳网或全光条件下生长，夏秋季节，使用两层遮阳网，荫蔽度为60%～75%。

温度对金钗石斛试管苗移栽成活率有一定影响，金钗石斛炼苗适宜温度为 14～30℃，当最低平均温度低于14℃时，试管苗的根恢复慢或不生长，当最高平均温度高于30℃时，组培苗生长受抑制。夏秋季节，棚内温度达到30℃以上时，进行喷雾，通风，使温度降至30℃以下。春冬季节，放下塑料膜，关闭棚门，保温避寒。

金钗石斛对水湿条件要求甚严。水分管理是一项关键技术，浇水没有一定章法，保持基质"润"，有湿气即可，不能造成水渍之害。诀窍是要有规律性浇水，即配合季节及气候变化予以调整浇水间隔时间及浇水次数。在连续干旱、缺水、根系干燥的时候，都应给苗浇水，冬季和雨季，可不用不浇水。当空气湿度在65%～70%时，要加强基质水分管理，每天浇水2次，保持基质含水量在40%～60%为宜。当空气湿度在75%～85%，或更高时，要严格控制基质水分。

浇水应在上午和下午较为凉快时进行，在夏季高温时，特别注意要在清晨和傍晚，棚内较凉时再浇水，在中午和棚内温度较高时，切忌浇水，否则会灼伤植株。尽可能保持棚内湿度约在80%左右，过高及时通风，过低喷雾或苗床四周洒水增加湿度。

组培出瓶苗移栽10天左右就会有新根长出，这时，移栽成活的组培出瓶苗可薄施复合肥，或施用1/2MS营养液进行根外追肥，促进小苗生长。待移栽4～6周后，用水溶肥进行叶面喷施和灌根阶段性施肥：用0.1%的磷酸二氢钾和尿素混合溶液或花多多1号稀释2000～2500倍，进行叶面喷施；用花多多1号、10号水稀释1500～2000倍灌根。一般每隔10～15天一次。半年后，肥效管理可进行长、短结合，长效肥，10～20g/m^2，每半年撒施一次，短效肥可每月在植株根须周围浇施40～50倍沤制沼液或农家肥一次。“霜降”后，停施含氮肥料，而施磷钾肥，每隔10天喷施一次800～1000倍液的磷酸二氢钾，连续喷施3～4次。

及时清除苗床上的杂草和菌类，拔除时需一手按住基质，一手拔草或菌株，以免松动基质，使根系外露。及时棚内外杂草，保持场地清洁整齐。

病虫害防治应遵循预防为主，综合治理的原则进行，加强温度、湿度、水分、杂物杂草的田间管理，以预防病虫害的发生。无论是病害还是虫害，平常要注意观察，一旦发现，应立即采取措施处理，不能延误，用药时，要对症下药，按照使用方法按量使用，每星期用药一次，连续用药2～3次后，观察效果后再正确处理。

（4）起苗　经过大棚条件下移栽驯化，1年后，每丛以最高假鳞茎茎长达到10cm或以上，每丛2～4株为判断指标，可出圃进行仿野生栽培，未达到指标者，按10cm×10cm密度进行间苗移栽，1年后，85%以上的苗均可达到出圃标准。

起苗应在适宜的种期进行，起苗时，将苗轻拔起轻放，切不要造成机械损伤如损芽、断茎等。保证每丛苗具2株或2株以上茎株，并按株高进行归类堆放。

（5）包装、运输、贮藏　将同一级别的健康种苗按株数/丛分别装入竹筐、塑料筐、纸箱，每筐（箱）苗数一致，做好标签，注明生产单位、地址、等级、数量、批号、出圃日期、标准号等。

选择清洁、卫生、无污染的运输工具和场所，运输过程应防止雨淋、暴晒，保持通风透气、干燥，切忌挤压、长时间闷捂。

种苗宜随起随栽，起苗后应在1～2日内及时栽种，放置时间不宜太长；当种苗不能及时运走或栽种时，需短期贮存的种苗应放在库棚内，防止风吹、日晒、雨淋、存放时不能浇水，应保持种苗荫蔽、通风透气，贮放日期不超过5天。

五、金钗石斛种子种苗繁育技术规程

1. 范围

本标准规定了金钗石斛出瓶苗、出圃苗的繁育方法和程序。本标准适用于金钗石斛出瓶苗、出圃苗。

2. 规范性引用文件

下列文中的条款通过本标准的引用而成为本标准的条款。凡是注明日期的引用文件，其随后所有的修改单（不包括勘误内容）或修订版均不适用于本部分。然而，鼓励根据本标准达成协议的各方研究是否使用这些文件的最新版本。凡是不注明日期的引用文件，其最新版本适用于本标准。

GB 3095　环境空气质量标准

GB 5084　农田灌溉水质标准

GB 15618　土壤环境质量标准

中华人民共和国药典（2015年版）一部

GB 6000　主要造林树种苗木质量分级

DB 53/062　主要造林树种苗木

3. 术语与定义

3.1 组培苗　利用植物器官等作为外植体，采用植物组织培养技术生产的种苗。① 出瓶苗：从培养容器中取出并洗去琼脂后的组培生根苗；② 出圃苗：出瓶苗在大棚条件下，经过移栽驯化一段时间后待出圃的组培苗。

3.2 炼苗　待出瓶苗移至自然条件下继续培养的过程。

3.3 移栽　将炼苗后的出瓶苗从培养容器中取出，洗净培养基，种植于大棚苗床的过程。

3.4 基质　用于移栽出瓶苗的材料，如碎树皮、锯末、刨花等。

3.5 起苗　将苗从基质中取出。

4. 生产技术

4.1 出瓶苗培养　选择生长健壮无病虫害的母株进行人工授粉，于采收期，选择当年成熟，无病虫害、无机械损伤、无自然开裂、健硕饱满的蒴果作为培养材料来源。用自来水充分清洗净蒴果表面的灰尘，用75%酒精表面消毒10s后再用0.1%升汞溶液处理8分钟，用无菌水冲洗4～5次，在无菌条件下，将蒴果从中间横切成两段，然后用镊子夹住蒴果果皮，将种子均匀撒播于准备好的萌芽培养基中。

萌芽培养基：MS+土豆200g/L的上清液。

增生与壮苗培养基：MS+BA 0.1mg/L+NAA 0.5mg/L+土豆200g/L的上清液。

生根培养基：1/2MS+NAA 0.5mg/L+香蕉泥150g/L。

以上培养基均附加蔗糖30g/L，琼脂粉5g/L，pH 5.8。温度18～28℃，光照10h/d，光照强度1500～2000lx。每2个月转接1次。

无菌种子经萌芽培养，待长出具有2～3片真叶时，转接增生培养基上进行培养，60天后，每株小苗可形成3～7个侧芽。将增生苗培养基中高约2cm的正常小苗接本培养基上进行壮苗继续培养。60天后小株高约4cm左右，叶展，浅绿色，茎增粗，根系发达。

把健壮成苗转接于生根培养基中进行培养至株高3～8cm，3～6片叶，叶的大小为（1～3）cm×（0.3～1）cm，苗色为浅黄绿色，茎韧性增加，根系发达，长1～3cm，为白色或浅绿色，并附有大量的白色根毛时可出瓶炼苗。

将待出瓶生根苗连同培养容器先置于自然条件下阴凉处培养7天左右，然后开盖，再放3天左右，用镊子或筷子将幼苗轻轻取出，用自来水将根系上的琼脂冲洗干净，用0.01%高锰酸钾或0.1%多菌灵等杀菌剂浸泡3～5分钟，晾干备用。

4.2 选地与整地　金钗石斛原产热带亚热带地区，喜温暖、湿润、半阴环境。根据金钗石斛生物学习性，种苗繁育基地宜选择年平均气温为18℃，最热月（7月）平均气温28℃左右，最冷月（1月）平均气温8.0℃左右，气温年较差为20～21℃，极端最低气温为-4℃，极端最高气温39℃，年均降雨量1300 mm，年日照时数约1300小时，年均相对湿度82%，无霜期300天左右的地方。

选择地势平坦，四周开阔，通风透气性好，水源充裕，交通、电力设施方便的地方建设种苗繁育基地，地址选定后进行平整、规划。育苗地环境空气质量、土壤环境质量、农田灌溉水质量要满足GB 3095、GB 15618、GB 5084的要求。

遮阳防雨大棚建设：以经济适用为原则，以钢架结构为经久耐用。棚高2.5～3m，棚宽、长依地块而设定。棚内安装喷灌系统，四周设通风设施、防虫网。设置手动遮阳网。

苗床制作：床架可根据实际情况，选建木质架、钢架、水泥架或空心砖架，铺设基质的床垫一定要篓空，有利于透气沥水，如塑料网、小圆木、竹条、木板等，苗床长根据大棚地形而定，宽130～150cm，高80cm管理，过道50cm，有利于移栽、日常管理、起苗等操作，苗床搭建过程中，要求整个苗床保持5°的倾斜，有利于沥水。

移栽基质：因地制宜，宜选择透气、保湿性较好的碎树皮、锯末、刨花等。基质在使用前进行高温或药物消毒处理。pH值以呈微酸至中性为宜，并于移栽时用水浸泡后上床，厚度约15cm。

4.3 移栽　将晾干的出瓶苗以2～4株为一丛，按（7～10）cm×（7～10）cm的行株距进行移栽。移栽时要轻拿轻放，尽量不弄断肉质根，种植不可栽的太深，以基质埋住根，使苗立稳为准，确保茎基外露于基质上。

4.4 田间管理（出圃苗培养）

4.4.1 光照：春冬季节，采用单层遮阳网或全光条件下生长，夏秋季节，使用两层遮阳网，荫蔽度为60%～75%。

4.4.2 温度：夏秋季节，棚内温度达到30℃以上时，进行喷雾，通风，使温度降至30℃以下。春冬季节，放下塑料膜，关闭棚门，保温避寒。

4.4.3 湿度：保持棚内80%左右的湿度，过高及时通风，过低喷雾或苗床四周洒水增加湿度。

4.4.4 水分管理：金钗石斛对水湿条件要求甚严。水分管理是一项关键技术，浇水没有一定章法，保持基质“润”，有湿气即可，不能造成水渍之害。诀窍是要有规律性浇水，即配合季节及气候变化予以调整浇水间隔时间及浇水次数。在连续干旱、缺水、根系干燥的时候，都应给苗浇水，冬季和雨季，可不用不浇水。当空气湿度在65%～70%时，要加强基质水分管理，每天浇水2次，保持基质含水量在40%～60%为宜。当空气湿度在75%～85%，或更高时，要严格控制基质水分。

浇水应在上午和下午较为凉快时进行，在夏季高温时，特别注意要在清晨和傍晚，棚内较凉时再浇水，在中午和棚内温度较高时，切忌浇水，否则会灼伤植株。

4.4.5 肥料管理：试管苗移栽10天左右就会有新根长出，这时，移栽成活的试管苗可薄施复合肥，或施用1/2MS营养液进行根外追肥，促进小苗生长。待移栽4～6周后，用水溶肥进行叶面喷施和灌根阶段性施肥：可用0.1%的磷酸二氢钾和尿素混合溶液或花多多1号稀释2000～2500倍，进行叶面喷施；用花多多1号、10号水稀释1500～2000倍灌根。一般每隔10～15天一次。半年后，肥效管理可进行长、短结合，长效肥，10～20g/m^2，每半年撒施一次，短效肥可每月在植株根须周围浇施40～50倍沤制沼液或农家肥一次。“霜降”后，停施含氮肥料，而施磷钾肥，每隔10天喷施一次800～1000倍液的磷酸二氢钾，连续喷施3～4次。

4.4.6 除草：及时清除苗床上的杂草和菌类，拔除时需一手按住基质，一手拔草或菌株，以免松动基质，使根系外露。及时棚内外杂草，保持场地清洁整齐。

4.4.7 病虫害防治：病虫害防治应遵循预防为主，综合治理的原则进行，加强温度、湿度、水分、杂物杂草的田间管理，以预防病虫害的发生。无论是病害还是虫害，平常要注意观察，一旦发现，应立即采取措施处理，不能延误，用药时，要对症下药，按照使用方法按量使用，每星期用药一次，连续用药2～3次后，观察效果后再正确处理。

炭疽病：预防药剂有800倍液代森锰锌、400倍液科博、500倍液代森锌。防治药剂有普力克800倍液、炭疽福美1500倍液、炭迪1500～2000倍液均匀喷施，每5天一次，连续2～3次可控制病害发生。

叶斑病：在发病初期可用代森锌或代森锰锌800～1500倍液喷施防治，每7天喷施一次，连续2～3次。病较重时用施保功1500倍液或敌康1000倍液，治疗效果更好。

根腐病：每当发现幼苗叶片从基部向上发黄时就应喷药。防治药剂有500倍液退菌特、2000倍液71%爱力杀可湿性粉剂、1500倍液绿亨6号。

细菌性软腐病：可用农用硫酸链霉素或医用链霉素4000～5000倍、400倍医用氯霉素与德国产的5000倍液好力克混合喷施，每7天喷施一次，连续2～3次，如病害严重时，可适量加大浓度喷施。

温室粉虱：人工诱杀：在成虫羽化高峰期根据温室粉虱对黄色具强烈趋向的特点，用40cm×40cm的橙黄色纸板或塑料板，涂上粘油（用10号机油加黄油按1∶1的调匀即可），隔4～5m设置一块，每7～10

天重涂一次，能有效诱杀粉虱成虫。药物防治：为保护环境，减轻化学农药的影响，宜选用低毒、选择性强、内吸性强、持效性长的药剂防治。可用25%的金迪乐乳油（俗称蚜虫绝）2000倍液，或用25%的扑虱灵1500～2000倍液，2.5%的蚍虫啉2000倍～3000倍液。

蚜虫：防治方法同温室粉虱。

蜗牛、蛞蝓：少量发生时,在清晨查看,发现时用手将其捏死。在种植区域周边撒施生石灰,形成隔离带。进行药物防治时，可选用梅塔、蜗克星、嘧达、蜗牛敌颗粒药均匀撒施,每平方米种植面积撒施30～40粒。

刺蛾（俗称毛毛虫）：可用梵螟1500倍液或菊酯类农药1500～2000倍液均匀喷施。

斜纹夜蛾（蝶蛾类夜蛾科）：可安装杀虫灯，将其成虫诱杀。少数发生时，可人工捕杀。大面积危害时，可选用高效低毒的阿维菌素4000～6000倍液喷施。

介壳虫：消灭介壳虫，一定要把握5～6月的虫孵化期，当其尚未形成蜡壳时，选用具有杀卵功能的杀虫剂喷施叶面、叶背、叶基，5天后再喷一次。防治药剂有辛硫磷（或高渗辛硫磷）、1605乳油、农倍乐800～1000倍液喷雾、福建产的1500倍液速扑杀、江苏产的1500～2000倍液介死净、深圳产的1500倍液蚧杀特。每15kg药液可加250g食用米醋，可提高杀灭效果。

菲盾蚧：夏初若虫孵化盛期，用石硫合剂进行喷雾防治，5月后改用蚧威进行喷雾防治。也可用手将雌成虫捻死。

4.5 起苗与储存　经过大棚条件下炼苗驯化1年后，可出圃栽培，以每丛2～4株，最高假鳞茎株高达7cm以上为标准进行起苗，种苗宜随起随栽，起苗后应在1～2日内及时栽种，放置时间不宜太长；当种苗不能及时运走或栽种时，存放时不能浇水，应保持种苗荫蔽、通风透气。

5. 包装与运输

起苗后，在搬运时，应轻拿轻放，不要造成种苗出现机械损伤如损芽、断茎等。同时及时装入石斛种苗专用纸箱，运输时，保持通风透气、干燥，切忌挤压、长时间闷捂。

参考文献

[1] 赖泳红，王仕玉，萧凤回. 中国石斛属植物资源分布的主要生态因子[J]. 中国农学通报，2006，22(6)：397-400.

[2] 付芳婕，刘政. 金钗石斛优良种源的适生条件及仿野生的关键技术[J]. 种子，2012，31(7)：137-139.

[3] 唐德英，杨春勇，段立胜，等. 金钗石斛生物学特性研究[J]. 时珍国医国药，2007，18(10)：2586-2587.

[4] 王素英，宋锡全，蔡瑞，等. 金钗石斛传粉生物学和种子萌发特性研究[J]. 种子，2006，25(6)：23-26.

[5] 宋锡全，龚宁，詹孝慈，等. 金钗石斛种子非共生萌发和种质保存[J]. 贵州师范大学学报(自然科学版)，2004，22(2)：13-16.

[6] 唐金刚，卢文芸，乙引，等. 药用金钗石斛快速繁殖的研究[J]. 贵州科学，2007，25(1)：59-62.

[7] 王国梅，韦鹏霄，岑秀芬. 不同培养条件对金钗石斛原球茎增殖的影响[J]. 广西园艺，2005(6)：2-4.

[8] 陈庭，叶庆生，刘伟. 金钗石斛类原球茎诱导及增殖的正交试验[J]. 华南农业大学学报，2005，26(3)：60-63.

[9] 吴辉，赵俊，宋锡全. 四种不同培养基对诱导金钗石斛幼苗生根的影响[J]. 贵州科学，2007，25(2)：65-67.

[10] 黎建玲，黄肇宇，詹源庆，等. 金钗石斛试管苗生根研究[J]. 广西科学院学报，2006，22(2)：87-89.

[11] 文纲，赵致，廖晓康，等. 不同移栽基质对金钗石斛试管苗成活和生长的影响 [J]. 安徽农业科学，2010，(14)：6411-6412.

[12] 蒋波，黄肇宇，梁泽华，等. 金钗石斛试管苗移栽基质的初步研究 [J]. 玉林师范学院学报，2006，27(3)：98-100.

[13] 唐德英，王云强，段立胜. 金钗石斛种苗繁育技术 [J]. 时珍国医国药，2007，18(4)：1020.

[14] 唐德英，李荣英，李学兰. 金钗石斛试管苗炼苗技术研究 [J]. 中药材，2007，30(7)：767-768.

[15] 文纲. 金钗石斛试管苗移栽关键技术研究 [J]. 农业科技辑，2011，S1：4-48.

唐德英（中国医学科学院药用植物研究所云南分所）

13 龙胆

一、龙胆概况

龙胆为我国常用传统中药，有清热燥湿、泻肝胆火的功效。具有保肝、利胆、抗菌、抗炎等作用，常用于湿热黄疸、阴肿阴痒、白带、湿疹、目赤、耳肿等症。《中国药典》（2015年版）规定龙胆来源于龙胆（粗糙龙胆）*Gentiana scabra* Bge.、条叶龙胆（东北龙胆）*G. manshurica* Kitag.、三花龙胆*G. triflora* Pall.、坚龙胆*G. regescene* Franch. 的根和根茎。前三种龙胆主产于我国东北地区，质量最佳，又称“关龙胆”。在源于东北地区的三种龙胆中，条叶龙胆质量最佳，历史上为商品龙胆的主流，也是出口的主要品种，主要分布在东北西部的松嫩平原地区；粗糙龙胆和三花龙胆分布在东北地区东部和北部山区，其中三花龙胆多生长在地势低洼差，采集不变，质量也较差，商品中一直比较少见。

由于野生龙胆资源的短缺，20世纪60年代开始陆续栽培，主要采用扦插和分根等无性繁殖方式进行繁殖，繁殖效率低，种植规模很小。70年代有性繁殖取代无性繁殖，种植面积得以扩大，三种龙胆均有种植。多年实践证明，栽培的条叶龙胆有较强的抗病能力，但产量较低，目前少有种植，商品少见；三花龙胆质量较低，产量也较低，几乎无种植；粗糙龙胆叶片较大，尽管栽培病害较重，较好地控制病害可获得较高的产量，目前粗糙龙胆取代条叶龙胆的优势地位，成为东北地区主要栽培种类。

龙胆种子细小，幼苗不耐干旱，而且生长极为缓慢，因此生产上一般采用育苗移栽扩大生产。三种龙胆种子形态极为相近，肉眼难以鉴别。粗糙龙胆虽为主流栽培品种，但病害严重，其中种子种苗是导致大规模病害发生的追主要因素，因此优质的种子种苗质量是促进龙胆药材栽培的关键问题。

二、龙胆种子质量标准研究

（一）研究概况

本研究收集不同产地、不同生态区域条件下的龙胆种子50份，完成了种子扦样方法、种子净度分析、真实性鉴定、重量测定、水分测定、发芽试验、生活力测定、种子健康检验等8方面的具体方法的研究，制定龙胆种子的质量标准和检验规程。

（二）研究内容

1. 研究材料

在分布区内广泛收集粗糙龙胆种子种苗，并收集不同种群的东北龙胆和粗糙龙胆种子。在黑龙江省内收集不同种群三花龙胆*Gentiana rigescens*种子5份，条叶龙胆*G. manshurica*种子3份和辽宁、吉林、黑龙江产粗糙龙胆*G scabra.*种子50份，种苗15份并进行了相关实验研究。

2. 扦样方法

扦样 → 原始样品 → 平均样品 → 净度测定（净度、废粒、杂质）/ 质量测定（千粒重、含水量）/ 保存样品

3. 种子净度分析

龙胆种子一般在9月下旬开始成熟。每个果实内的种子自上而下成熟。上部种子成熟后，果实上端开裂，散发种子。2009年分别对黑龙江中医药大学药用植物园和辽宁省新宾县（樊春辉）所采集的两批种子，在叶片未完全干燥的情况下抖动地上部分，经过20目筛可使种子净度达85.6%和87.5%，而叶片干燥后抖动，经过20目筛净度在65.3%和78.6%。

4. 真实性鉴定

三种龙胆种子和幼苗也十分相近，甚至相同（图13-1）。龙胆种子长2.0mm，宽0.4mm，肉眼鉴别更加困难，因此，寻求一种快速、有效的鉴别方法，可规范龙胆药材种子市场流通，为科学高效提高栽培提供保证。

图13-1 三种龙胆植物和种子外观形态

a. 条叶龙胆原植物；b. 粗糙龙胆原植物；c. 三花龙胆原植物；d. 条叶龙胆种子；e. 粗糙龙胆种子；f. 三花龙胆种子

（1）材料 条叶龙胆采自黑龙江省林甸县和黑龙江中医药大学药用植物园；粗糙龙胆采自辽宁省清原县和黑龙江中医药大学药用植物园；三花龙胆采自黑龙江省清河林业局两个不同种群。每种植物种子2批。

（2）仪器与试药 DYY-8C型电泳仪、电子天平、KDC-160HR 高速冷冻离心机。

Tris（三羟甲基氨基甲烷）、TEMED（四甲基乙二胺）、丙烯酰胺、过硫酸铵、明胶、乙二胺四乙酸二钠、N，N'-亚甲基双丙烯酰胺、冰醋酸、抗坏血酸、联苯胺、0.6%过氧化氢溶液、甘氨酸、二甲基对苯二胺、α-萘酚、甘油、溴酚蓝、苹果酸钠、NAD（氧化型辅酶1）、NBT（氯化硝基四氮唑蓝）、PMS（吩嗪二甲酯硫酸盐）、95%乙醇、浓盐酸（12mol/L）等。

（3）方法

① 样品制备：分别称取条叶、粗糙和三花龙胆种子0.1g，共6份。经130mg/kg赤霉素浸泡24小时后，洗净种子于28℃培养箱中催芽4天，室温（20℃左右）催芽2天，取出，称重。按1：5比例加入pH 7.2的PBS，在冰浴下的研钵内将其研成匀浆，待用。在4000r/min下4℃离心10分钟，取上清液在10000r/min下离心20分钟，吸取上清液进行电泳分析。

② 电泳方法：电泳采用聚丙烯酰胺凝胶垂直板电泳，分离胶为7.5%，浓缩胶为2.5%。分离胶配方：丙烯酰胺单体贮液1.67ml，1mol/l Tris-HCL（pH 6.8）1.25ml，重蒸水7.03ml，10%过硫酸铵0.1ml，TEMED 12μl。浓缩胶配方：丙烯酰胺单体贮液7.5ml，1mol/LTris-HCL（pH 8.8）11.2ml，重蒸水11.2ml，10%过硫酸铵0.2ml，TEMED 30μl。

③ 过氧化物酶（POD）染色：染色液配制：抗坏血酸70.4mg，联苯胺溶液（2g联苯胺于18ml温热冰醋酸中，再加入蒸馏水72ml）20ml，0.6%过氧化氢20ml，蒸馏水60ml即得。取出凝胶，用蒸馏水漂洗数次，然后浸入染色液中，染色5～20分钟，再用蒸馏水漂洗10分钟，即可显示棕色区带，最后放入3%的冰醋酸中固定。

④ 超氧化物歧化酶（SOD）染色：染色液配制：NBT 40mg，乳酸钠30mg，加水8.0ml，避光溶解后加NAD 50mg，EDTA-Na_2 3.72mg，50mmol/L Tris-HCl缓冲液2.0ml，临用前再加PMS 1mg/ml。将凝胶浸泡在染色液中避光30分钟，非避光条件下再继续浸泡50分钟，然后用水洗，最后7%冰醋酸固定。

⑤ 乙醇脱氢酶（ADH）染色：染色液配制：NAD 50mg，NBT 30mg，PMS 2mg，95%乙醇4ml，0.2mol/L Tris-HCL缓冲液（pH 8.0）14ml，100ml定容。将电泳后的凝胶条浸入染色液中，于37℃保温30～60分钟，至酶带显示清晰为止，7%醋酸固定、漂洗。

⑥ 苹果酸脱氢酶（MDH）染色：NAD 25mg，NBT 15mg，PMS 1mg，1mol/L苹果酸钠（pH 7.0）5ml，0.2mol/L PBS（pH 7.2）8ml，蒸馏水35ml，新鲜配制。将电泳后的凝胶条浸入染色液中，于37℃保温30～60分钟。

⑦ 细胞色素氧化酶（CCO）染色：染色液配制：1%二甲基对苯二胺1份，1%α-萘酚（溶于体积分数为40%的乙醇）1份，0.1mol/L磷酸缓冲液（pH 7.4）25份。取出凝胶，用蒸馏水漂洗去多余染液，然后浸入染色液中，染色10分钟，用蒸馏水漂洗10分钟，放入3%的冰醋酸中固定。

（4）结果与讨论　同工酶广义是指生物体内催化相同反应而分子结构不同的酶，在不同的物种、同一物种的不同时期、同一时期的不同器官、同一器官的不同组织中都具有特异性，既是生理指标，又是可靠的遗传物质表达产物，可用于研究物种进化、遗传变异、杂交育种和个体发育、组织分化等，可较好地鉴别同属植物，以及同种植物不同性别。凝胶电泳是现代生物研究的一种最常用方法，简单易行。采用凝胶电泳技术，从三种龙胆POD同工酶电泳图（图13-2）可以看出，三种龙胆种子的条带不同差异较大，每种龙胆具有一条特征谱带，此外，条叶龙胆在电泳的最前沿谱带颜色明显深于其他两种龙胆，三种龙胆可以较好区分开来。SOD同工酶电泳图（图13-3）显示，三种龙胆有一条共有谱带，但三花龙胆不明显，除此之外粗糙龙胆还有一条明显谱带，可与另外两种龙胆相区别。ADH的电泳图显示，条叶龙胆与粗糙龙胆两条谱带位置两条谱带相同，颜色相近，而三花龙胆只显示其中一条（图13-4）。三种龙胆MDH的差异较小（图13-5）。三花龙胆CCO的电泳未显现谱带，条叶龙胆与粗糙龙胆只在前沿显现一条浅蓝色谱带（图13-6）。综上所述，五种酶在不同龙胆种子内是有差异的，其中通过POD电泳可准确鉴别出三种龙胆种子，通过SOD和ADH可分别准确地鉴别出粗糙龙胆和三花龙胆。

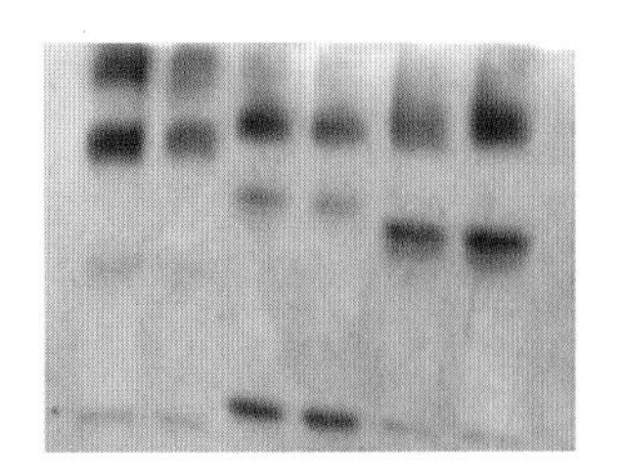

三花龙胆 条叶龙胆 粗糙龙胆

图13-2 POD电泳图

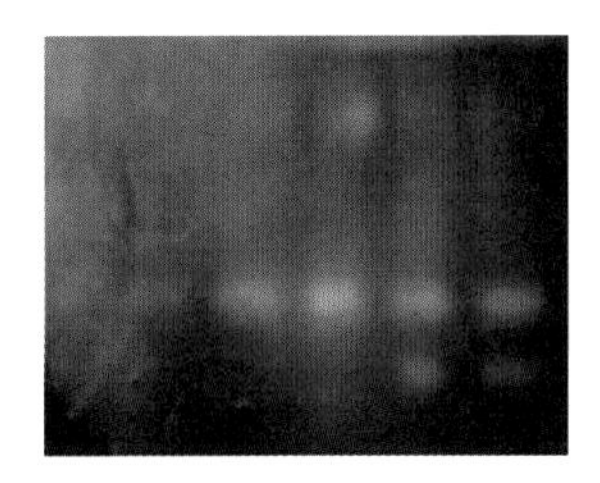

三花龙胆 条叶龙胆 粗糙龙胆

图13-3 SOD电泳图

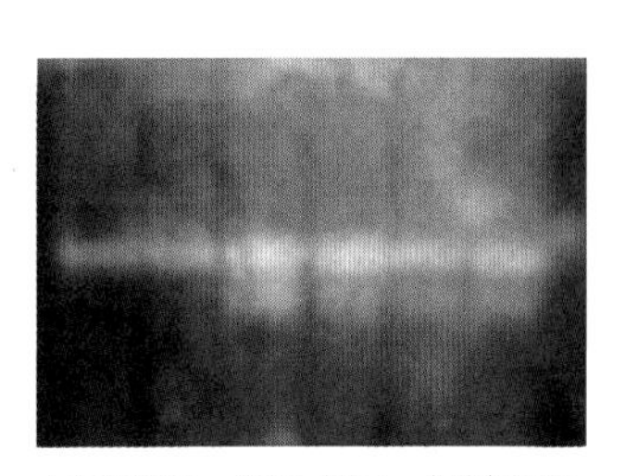

三花龙胆 条叶龙胆 粗糙龙胆

图13-4 ADH电泳图

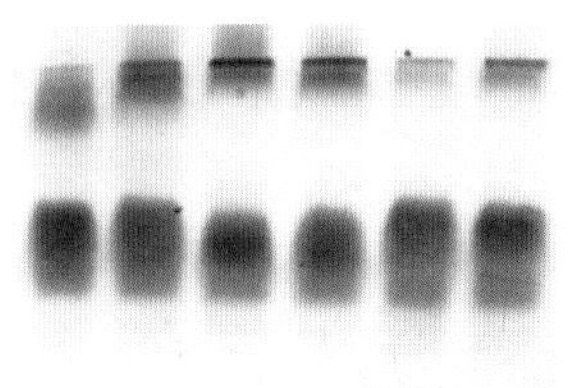

三花龙胆 条叶龙胆 粗糙龙胆

图13-5 MDH电泳图

三花龙胆 条叶龙胆 粗糙龙胆

图13-6 CCO电泳图

5. 重量测定

龙胆种子细小，选择形态完整的种子进行重量测试。黑龙江中医药大学药用植物园（批次1和批次2）和辽宁省新宾县（樊春辉）（批次3），每批种子重复5次，每次100粒。三批种子百粒重为3.3mg、3.42mg和3.36mg，变异系数分别为3.7%、6.3%和6.21.9%，见表13-1。

表13-1 三批龙胆种子重量测定结果表

批次	样品重量（mg）					平均百粒重（mg）	变异系数CV（%）
1	3.3	3.2	3.3	3.5	3.2	3.35	3.7
2	3.3	3.4	3.0	3.6	3.3	3.32	6.3
3	3.0	3.4	3.0	3.2	3.2	3.06	6.2

对三批种子重复5次，每次500粒。三批种子500粒重为16.63mg、17.14mg和17.97mg，变异系数分别为2.4%、1.6%和1.9%，见表13-2。

表13-2 三批龙胆种子重量测定结果表

批次	样品重量（mg）					平均500粒重（mg）	变异系数（%）
1	16.4	16.3	17.3	16.8	16.8	16.73	2.37
2	16.9	16.9	16.5	16.2	16.5	16.64	1.81
3	15.5	15.4	15.8	15.0	15.2	15.38	1.97

龙胆种子重量测定宜采用500粒法。

6. 水分测定

准确称取龙胆种子1.0g，置于快速水分测定仪中，平铺于样品盘内，分别设置温度105℃±0.1℃和

133℃±0.1℃，每5分钟记录重量变化。龙胆种子在最初的5分钟内迅速失去水分，随后失水缓慢；烘干30~40分钟时，测得种子的含水量值趋于稳定，故选择适宜烘干时间为35分钟，见图13-7。

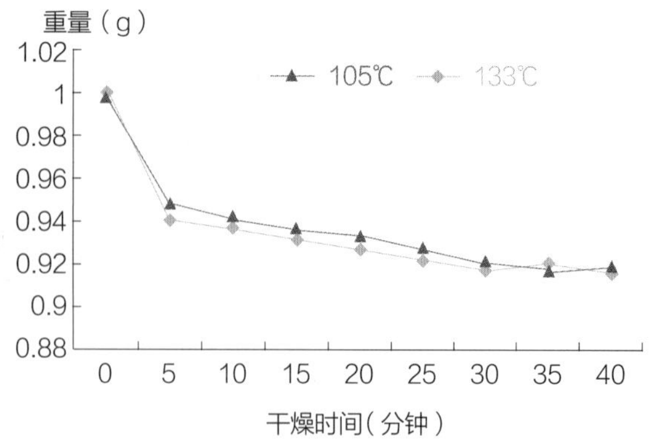

图13-7 不同温度干燥时间种子含水量变化图

7. 发芽试验

根据龙胆种子的特点，蛭石、沙子和海绵均不适用，故只选用了滤纸为发芽床试验，三次重复。对黑龙江中医药大学药用植物园和辽宁省新宾县（樊春辉）进行测定，20~30℃温度范围内，130mg/kg 赤霉素处理种子24小时，20℃发芽率为65.7%、25℃为83.3%、28℃为60.3%、30℃为21%，确定最佳发芽温度25℃（结果见表13-3和图13-8）；80~200mg/kg范围内，25℃条件下，80mg/kg发芽率为67.3%、100mg/kg为73.0%、130mg/kg为76.0%、150mg/kg为86.3%、200mg/kg为81%，确定最佳赤霉素浓度150mg/kg（结果见表13-4和图13-9）。

表13-3 发芽温度对发芽率的影响

	发芽温度（℃）	发芽率（%）			平均（%）
黑龙江中医药大学	20	68	66	63	65.7
	25	86	81	83	83.3
	28	61	65	55	60.3
	30	24	21	18	21.0
辽宁省新宾县（樊春辉）	20	70	65	64	66.3
	25	77	73	70	73.3
	28	75	72	72	73.0
	30	68	64	73	68.3

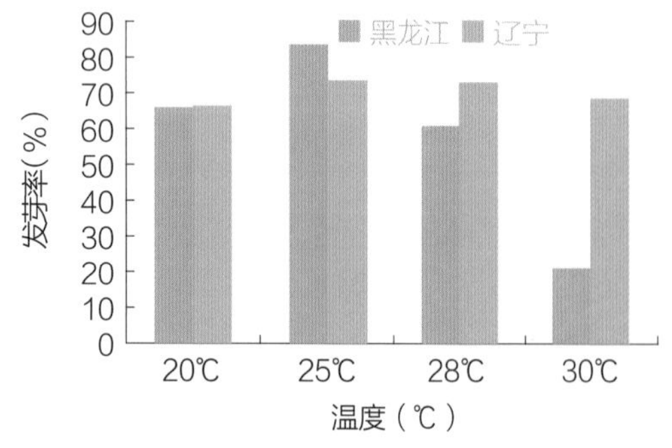

图13-8 发芽温度对发芽率的影响

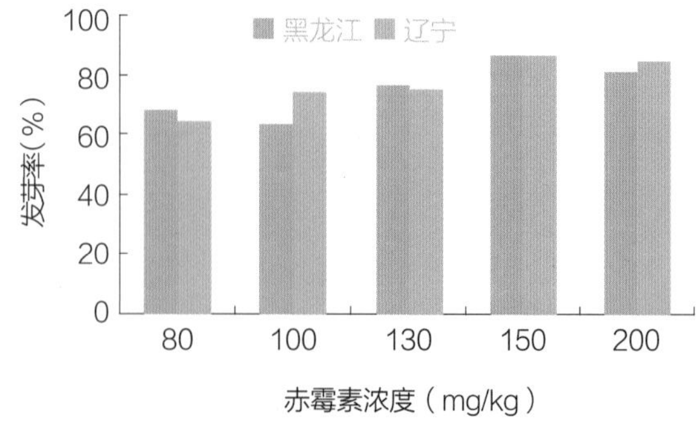

图13-9 赤霉素浓度对发芽率的影响

表13-4 赤霉素浓度对发芽率的影响

	赤霉素浓度（mg/kg）	发芽率（%）			平均（%）
黑龙江中医药大学	80	70	68	65	67.7
	100	80	66	75	73.0
	130	72	80	78	76.0
	150	86	81	83	86.3
	200	84	77	79	81.0
辽宁省新宾县（樊春辉）	80	67	64	62	64.3
	100	80	66	75	73.7
	130	73	77	75	75.0
	150	89	84	86	86.3
	200	86	82	85	84.3

对所采集的50批龙胆种子的品质进行检验，见表13-5。发芽势是指发芽自种子处理至第7天的发芽数占全部种子的数量（通常是种子发芽前三天的数量占种子总数的百分比）。

表13-5 50批龙胆种子的品质进行检验结果

样品号	采集省份	样品采集地	净度（%）	千粒重（mg）	发芽势（%）	发芽率（%）	含水量（%）
1	黑龙江	清河林业局1	64	33.5	58	72.7	10.3
2	黑龙江	清河林业局2	64	31.6	48.7	75.3	9.5
3	黑龙江	中医药大学	90	33.2	64	83.3	9.8
4	黑龙江	七台河北方药材研究所	56	29.8	32.7	53.3	9.3
5	黑龙江	哈市明嘉药材基地	76	32.5	68.7	89.3	9.8
6	吉林	通化	64	30.6	63.3	77.3	9.2
7	吉林	中国农科院特产所	46	28.6	42	60.7	9.5
8	辽宁	清原1	83	28.9	38	64	9.8
9	辽宁	清原2	83	32.4	60	80	10.0
10	辽宁	清原3	75	36.8	74	92.3	9.5
11	辽宁	清原4	80	35.7	72	92.7	9.8
12	辽宁	清原5	50	30.2	56.7	72.7	9.4
13	辽宁	清原6	45	30.3	30.7	50	9.9
14	辽宁	清原7	67	30.2	63.3	73.3	9.6
15	辽宁	清原8	92	32.8	68	84	8.9

续表

样品号	采集省份	样品采集地	净度（%）	千粒重（mg）	发芽势（%）	发芽率（%）	含水量（%）
16	辽宁	清原9	89	34.8	68	92.7	9
17	辽宁	清原10	53	34.8	72	88.3	9.5
18	辽宁	清原11	84	35.2	62.7	88	9.3
19	辽宁	清原12	53	30.2	31.7	51.3	9.5
20	辽宁	清原13	72	35.2	74.3	92.3	9.5
21	辽宁	清原14	76	34.9	72.3	88.3	9.5
22	辽宁	清原15	76	28.1	72.3	90.7	9.4
23	辽宁	清原16	86	26.5	68.7	88.7	9.1
24	辽宁	清原17	62	26.9	34	54.7	9.8
25	辽宁	清原18	59	30.2	75.3	89.7	8.9
26	辽宁	新宾1	69	28.8	37.7	61.3	9.6
27	辽宁	新宾2	87	28.6	76.3	88.7	9.3
28	辽宁	新宾3	64	26.5	56.7	72	10.2
29	辽宁	新宾4	52	29.8	46	65.3	9.5
30	辽宁	新宾5	72	28.9	38.7	60.7	9.4
31	辽宁	新宾6	75	30.0	54	71.3	9.5
32	辽宁	新宾7	68	34.3	48.3	84.7	9.6
33	辽宁	新宾8	79	27.4	52.7	74.7	9.4
34	辽宁	新宾9	67	28.3	44	62.7	10.3
35	辽宁	新宾10	53	27.6	46	68.3	9.5
36	辽宁	新宾11	65	29.8	58	84.3	8.9
37	辽宁	新宾12	63	29.4	62	80.7	8.6
38	辽宁	新宾13	40	30.2	42	72	8.9
39	辽宁	新宾14	84	32.9	54	82.3	9.4
40	辽宁	新宾15	83	29.6	38	71.3	8.7
41	辽宁	新宾16	91	30.1	41.7	68.7	9.8
42	辽宁	新宾17	60	28.4	37.3	58	9.5
43	辽宁	新宾18	41	30.5	57.3	81.3	9.4
44	辽宁	新宾19	60	31.2	68	80.7	9.8
45	辽宁	新宾20	75	28.9	34.7	54	9.8

续表

样品号	采集省份	样品采集地	净度（%）	千粒重（mg）	发芽势（%）	发芽率（%）	含水量（%）
46	辽宁	新宾21	40	29.3	37.3	64.7	9.5
47	辽宁	新宾22	70	31.6	36	56	8.9
48	辽宁	新宾23	85	28.9	64.7	82.7	9.9
49	辽宁	新宾24	64	33.5	64	83.3	9.3
50	辽宁	新宾25	64	30.8	64	76.7	8.8

8. 生活力测定

种子过小，不能采用染色方法进行测定。按照纸上荧光法的操作，不同处理时间的种子的在纸上均无荧光和紫外光出现。

茚三酮显色具有一定的效果。方法是：将种子用适量的水0～4℃条件下润湿2.5小时，吹干剩余水分。用茚三酮染液（0.3g茚三酮+0.2ml冰乙酸再用无水乙醇定容至100ml）浸泡种子30分钟，自然挥干剩余溶液。不具萌发能力种子的"翅"染成黑色，同时在器皿边缘显现出蓝紫色的溶液前沿的痕迹，而具萌发能力的种子仅为淡灰色，溶液前沿的痕迹少而色浅，如图13-10所示。但该方法较不稳定，不同批次重复性差。

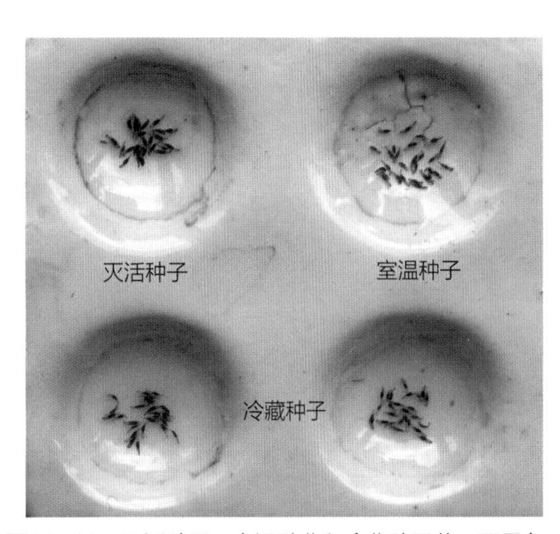

图13-10 灭活种子、室温贮藏和冷藏种子茚三酮显色

9. 种子健康检验

（1）显微镜监察法　随机选取采自病害严重地块的龙胆种子，将龙胆种子用刀割成薄片，在10倍镜下检查，观察有无病原物，并将经过萌发无染菌的种子做对照。结果龙胆大部分种子有黑色斑点，未染菌的种子萌发后也有黑色斑点，因此该方法灵敏度很低，不能作为种子健康检查方法。

（2）种子染色法　以10%KOH浸种24小时，分离种皮，10%KOH水煮1分钟，水洗，棉蓝酚油中煮4分钟，镜检。并将经过萌发无染菌的种子做对照。结果种子全部变为蓝色。

（3）萌发检验　种子用1/14漂白粉消毒，无菌水洗三次，放在平板培养基上培养，播种于灭菌后的湿润滤纸培养皿中，观察种子发霉情况。通过萌发检查可以检验种子褐斑病染病率和种子萌发情况，但未检出斑枯病病原菌，不能够较好判断种子的健康情况。

10. 种子质量对药材生产的影响

成熟较高的龙胆种子在净度、千粒重及发芽率明显高于干旱条件下生产出的龙胆种子，发芽势及发芽率均提高10%以上。七台河产龙胆种子与黑龙江中医药大学干旱状态下生产的种子的千粒重接近，但发芽率却降低了近30%，这也证明了不同贮藏方法严重影响了龙胆种子的发芽率，见表13-6。

表13-6 黑龙江中医药大学与七台河龙胆种子品质调查表

地点	外观	千粒重（mg）	净度（%）	含水量（%）	发芽率（%）
黑龙江中医药大学（浇灌）	淡绿色	28.5	93	9.4	78.3
黑龙江中医药大学（干旱）	淡黄色	25.5	84	10.1	70.7
七台河	淡褐色	25.0	83	9.5	40.7

采自黑龙江中医药大学药用植物园生长较好、无病害、充分成熟（果实自然裂口）的种子，进行40℃ 75%相对湿度（饱和NaCl溶液环境下）一周的老化时间的试验。将低温贮藏种子和经过老化处理的种子5月播种于黑龙江中医药大学药用植物园，0.1g/0.5m^2，上层3cm的土壤经过150℃灭菌30分钟，重复三次。播种20天后统计出苗数，8月15日统计存苗数，结果见表13-7，表明龙胆不耐贮藏。

表13-7 老化处理种子对幼苗生长的影响

种子类别	批次	出苗数	存苗数
低温贮藏	1	632	263
	2	583	185
	3	725	211
	平 均	646.7	219.7
老化处理	1	248	6
	2	211	2
	3	193	0
	平 均	217.3	2.7

将黑龙江中医药大学的两批种子和七台河产龙胆种子播种于中医药大学露地直播1g/m^2，每处理3m^2。9月28日调查，结果见表13-8。

表13-8 不同品质的龙胆种子对龙胆幼苗生长情况调查（50株平均值）

名称	黑龙江中医药大学（浇灌）	黑龙江中医药大学（干旱）	七台河
真叶对数	3.0	2.8	2.4
最长真叶长（mm）	1.8	1.7	1.4
最长真叶宽（mm）	0.83	0.81	0.69
主根直径（mm）	0.25	0.24	0.20

从表13-8看出成熟度高的龙胆种子生长出的龙胆幼苗也较好，但成熟度不同的两批种子的差异并不十分显著，但二者明显优于发芽率仅为40.7%的七台河产龙胆种子。在农学上，种子的寿命规定为种子采收至种子发芽率为50%的贮藏时间，否则畸形苗、弱苗多。因此，龙胆规范化生产必须繁育优质种子，种子的发芽率不应低于50%。

三、龙胆种苗质量标准研究

（一）研究概况

在东北地区收集龙胆的种苗15份，研究龙胆种子的等级与药材的生长发育、药材产量和质量（形态、外观、有效成分含量等）的关系，以单株重、根直径、根数、芽数和外观形态等指标制定了种苗的质量标准和检验规程，最终确定龙胆种子种苗分级标准，制定龙胆种子种苗繁育技术规程。

（二）研究内容

1. 研究材料

粗糙龙胆*Gentiana scabra* Bunge采自赵光农场、黑龙江中医药大学二年生种苗和大棚育苗。

2. 扦样方法

3. 芽数测定

生长在根茎上全部芽数。损伤芽不计入芽数。以抽样方法抽取100株，计算平均值，三次重复，见表13-9。

表13-9　100株龙胆幼苗的芽数测定结果

批次	100株龙胆幼苗的芽数（g）					平均重量（g）	变异系数（%）
1	312	310	303	313	311	309.8	1.28
2	267	267	274	268	272	269.4	3.21

4. 根数测定

从根茎或根茎所发出的不定根数，侧根根数不计入根数。以抽样方法抽取500株，计算平均值，三次重复，见表13-10。

表13-10　500株龙胆幼苗的根数测定结果

批次	根数（个）					平均根数（个）	变异系数（%）
1	212	202	210	207	220	210	3.16
2	226	223	225	240	236	230	3.27

5. 根重测定

以抽样方法抽取1000株，计算平均值，三次重复，见表13-11。

表13-11　1000株龙胆幼苗的根重测定结果

批次	样品重量（g）					平均重量（g）	变异系数（%）
1	1772	1843	1935	1843	1761	1831	3.81
2	2016	2114	2118	2171	1986	2081	3.70

6. 直径测定

以抽样方法抽取100株，计算平均值，三次重复，见表13-12。

表13-12　100株龙胆幼苗的根直径测定结果

批次	根平均直径（mm）					平均直径（mm）	变异系数（%）
1	3.2	3.0	3.1	3.1	3.0	3.08	2.72
2	2.9	2.9	2.8	3.0	2.9	2.90	2.41

7. 种苗质量对药材生产的影响

（1）实验材料及设备　① 仪器：岛津高效液相色谱仪（SPD-10Avp）；Shim-pack VP-ODS C18色谱柱（150mm×4.6mm）；Shim-pack GVP-ODS C18（10mm×4.6mm）保护柱。② 试剂：甲醇为色谱醇，水为重蒸水，其余试剂为分析纯。③ 对照品与样品：龙胆苦苷及獐牙菜苦苷均由中国药品生物制品检定所提供；样品采自东北地区赵光农场、黑龙江中医药大学等产地15批次药材种苗样品。

（2）实验方法　① 含量测定：HPLC法。② 种苗等级对龙胆质量的影响：试验均采用畦栽方式。对赵光农场、黑龙江中医药大学等所产的粗糙龙胆种苗进行分级，根据苗的大小等指标分为三个等级，于春季移栽，移栽密度均为20cm×6cm，每个处理为26m^2，采用随机区组，重复三次。于10月5日采用对角线五点取样方法采集样品，测定含量。

（3）结果与讨论　① 种苗等级对药材质量和产量的影响：结果表明，不同等级种苗，移栽后生产的龙胆其龙胆苦苷含量存在明显差异，龙胆种苗等级越高，其龙胆苦苷含量越高，以一级种苗移栽后的龙胆苦苷含量最高。可见龙胆种苗质量对生产的龙胆的内在质量影响很大。优质种苗移栽培后龙胆生长健壮，生产出的药材长度、根的直径都较大，龙胆的内在质量和外观质量均优良，同时优质种苗龙胆产量高。因此，生产中应培育和使用一、二级种苗作为移栽苗，三级苗不能作为龙胆生产的种苗，对于达不到等级的种苗可留在苗床上继续生长一年。待达到二级以上方可作为生产用种苗，见表13-13。

表13-13　不同种苗等级龙胆苦苷类成分含量及产量

	种苗等级	龙胆苦苷含量（%）	獐牙菜苦苷含量（%）	产量（kg/hm^2）
黑龙江中医药大学	一级	10.3±0.32	1.7±2.31	2013.3
	二级	9.6±0.46	1.7±1.65	1356.3
	三级	8.6±1.21	1.1±2.21	845.6
北安农垦北方药材公司	一级	11.6±0.34	1.7±2.31	2142.0
	二级	10. 8±0.64	2.1±0.75	1414.9
	三级	9.5±0.51	1.2±2.46	743.7

② 东北地区15批次龙胆种苗品质检验结果：对不同产地15批次种苗调查结果见表13-14。

表13-14　15批龙胆种苗（二年生或大棚育苗）的品质进行检验结果

样品号	采集省份	样品采集地	根数（个）	根直（mm）	根重（g）	芽数（个）
1	黑龙江	北安赵光农场	2.1	3.1	1.8	3.1
2	黑龙江	北安北方中草药种植有限公司	1.9	2.9	1.8	2.6
3	黑龙江	黑龙江中医药大学	2.3	2.9	2.1	2.7
4	黑龙江	七台河北方药材研究所	2.1	2.9	1.8	2.5
5	黑龙江	哈市明嘉药材基地	3.2	2.8	2.4	3.0
6	黑龙江	清河林业局	4.2	2.6	3.0	3.3
7	吉林	通化	4.4	2.5	3.2	3.5
8	辽宁	新宾1	6.0	2.9	4.2	3.6
12	辽宁	新宾2	3.6	2.6	2.5	2.8
9	辽宁	清原1	5.5	2.8	3.4	3.6
10	辽宁	清原2	4.8	2.8	3.0	3.3
13	辽宁	清原3	5.4	2.5	2.8	2.4
14	辽宁	清原4	3.5	2.5	2.6	2.4
15	辽宁	清原5	3.0	2.6	2.4	2.5

四、龙胆种子标准草案

1. 范围

本标准规定了粗糙龙胆*Gentiana scabra* Bge. 种子分级、分等和检验。

本标准适用于粗糙龙胆种子生产者、经营者和使用者。

2. 规范性引用文件

下列文件中的条款通过本标准的引用而成为本标准的条款。凡是注明日期的引用文件，其随后所有的修改单（不包括勘误的内容）或修订版均不适用于本标准，然而，鼓励根据本标准达成协议的各方研究是可使用这些文件的最新版本。凡是不注明日期的引用文件，其最新版本适用于本标准。

GB/T 3543.1～3543.7　农作物种子检验规程

中华人民共和国药典（2015年版）一部

中华人民共和国种子法

中药材生产质量管理规范

3. 术语和定义

下列术语和定义适用于本标准。

3.1 种子的大小　以长、宽（mm）表示。

3.2 千粒重　1000粒种子在标准贮藏状态下的种子重量，以毫克（mg）表示。

3.3 杂质　指种子内夹杂的土粒、果柄、叶片等杂物。

3.4 健康种子　未受病虫害危害具有较强生活力的种子。

3.5 废种子　指秕、碎及受病害危害的种子。

3.6 净度　健康种子重占样品重量的百分数。

3.7 色泽　种子表面颜色。龙胆种子正常色泽为灰黄色或淡绿色，表面新鲜。

3.8 小样　用扦样器每次取出的少量样品。

3.9 原始样品　由一个扦样单位扦取的全部小样混合后，即为该检样单位的原始样品。

3.10 平均样品　原始样品充分混匀，平均分作若干，供检验用的样品。

4. 种子分级标准

4.1 龙胆种子形态特征

4.1.1 龙胆种子的表现形态：种子两端具翅，长椭圆形，种皮单层细胞。

4.1.2 种子大小：长1.4～2.1mm，宽0.21～0.31mm。

4.2 龙胆种子以千粒重、净度、含水量等为依据划分三个等级，具体指标见表13-15。

表13-15　龙胆种子分级标准

项目	一级	二级	三级
千粒重（mg）	≥30	≥28	≥24
发芽率（%）	≥80	≥70	≥60
净　度（%）	≥80	≥75	≥60
含水量（%）	≤10	≤10	≤10

5. 种子检验

5.1 检样

5.1.1 程序

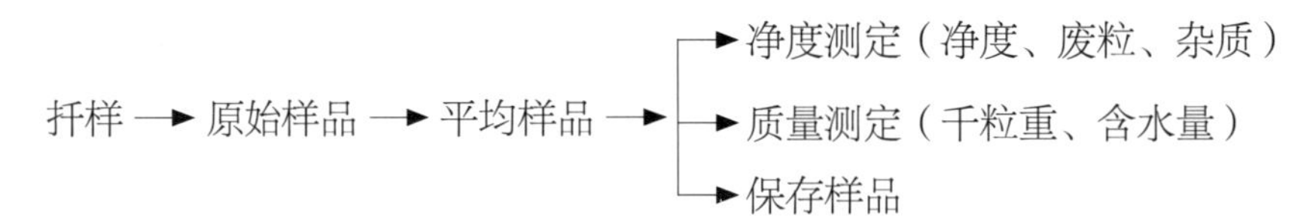

5.1.2 扦样原则

5.1.2.1 扦样前须了解待验种子的来源、产地、数量、贮藏方法、贮藏条件、贮藏时间，以供分批扦样时参考。

5.1.2.2 根据种子质量和数量分批，凡同一来源、同期收获，经初步观察品质基本一致的作为一批。同一批种子包装方式、贮藏方法、贮藏条件不同者应划为另一个检验单位。每个检验单位扦取一个原始样品。

5.1.2.3 扦取小样的部位要上下（垂直分布）、左右（水平分布）均匀设扦样点，各扦样点数量基本一致。

5.1.3 扦样方法

5.1.3.1 同批种子根据其包装数确定扦样方法，5个包装（含5个包装）每个包装皆取样，5个包装以上，10个包装以下取5个，多于10个包装，按10%增加取样数量。

5.1.3.2 按上中下、左中右对角线原则，平均确定扦样包装，每个包装按上中下扦取三个小样。

5.1.3.3 打开包装，由包装的一个对角向另一个对角插入扦样器，当插到一定深度后，取出一定量样品。

5.1.3.4 原始样品和平均样品的配制

扦取的各小样在混合前，先摊在同一个平面上，比较各小样的净度、色泽等有无显著差别，如无差别，可混成为原始样品；若有些小样在质量上有显著差异，则应将该小样及其代表的种子另做一个检样单位，另行扦取原始样品。原始样品数量小，应充分混合后即可直接作为平均样品，原始样品多，将混合后的平均样品分成若干份，再做各项检验。

5.2 净度分析　从平均样品中取出均等的二份，按测定项目将每份试样分成健种子与废种子、杂质等两部分，分别称重，按下列公式计算：

$$净度（\%）=\frac{健康种子}{试样重量}\times 100\%$$

$$平均净度（\%）=\frac{第一份试样净度+第二份试样净度+第三份试样净度}{3}$$

5.3 含水量测定　准确称取龙胆种子1.0g，置于快速水分测定仪中，平铺于样品盘内，分别设置温度105℃±0.1℃和133℃±0.1℃，每5分钟记录重量变化。龙胆种子在最初的5分钟内迅速失去水分，随后失水缓慢；烘干30～40分钟时，测得种子的含水量值趋于稳定，故选择适宜烘干时间为35分钟。

取龙胆种子三份，每份1.0g，分别称重，精确到0.001g，均匀铺开，再放入105℃下烘干至恒重（约40～60分钟）置干燥器冷却至室温，取出称重。种子含水量用下式计算：

$$种子含水量（\%）=\frac{烘前试样重-烘后试样重}{烘前试样重}\times 100\%$$

上述三试样的平均值即为种子的平均含水量。

5.4 重量测定　随机取种子3份，每份500粒称重，精确到0.001g，三份试样平均值即为该样千粒重。

种子千粒重因含水量不同而有差异，计算时检样的实测水分按种子分级标准规定的含水量，折成规定水分的含水量。规定含水量下种子千粒重的折算公式如下：

种子规定含水量下的千粒重（g）=种子实际含水量下的千粒重（g）×重量折算系数

重量折算系数=（100%－实际含水量）+（100%－规定含水量）

（规定含水量一般与室温下贮藏的规定含水量相同）

5.5 发芽测定　按扦样方法取种子1g左右，在20～30℃温度范围内左右的室温条件下用150mg/kg 赤霉素浸泡种子24小时后，用10倍量以上的清水清洗种子1～2次。取健康种子100粒放入铺有滤纸的培养皿中，将培养皿略倾斜置于于25℃恒温培养箱中培养，每天用清水清洗一次，三次重复。10天统计发芽率。

$$平均发芽率（\%）=\frac{第一份试样发芽率+第二份试样发芽率+第三份试样发芽率}{3}$$

5.6 生活力测定　将种子用适量的水0～4℃条件下润湿2.5小时，吹干剩余水分。用茚三酮染液（0.3g茚三酮+0.2ml冰乙酸再用无水乙醇定容至100ml）浸泡种子30分钟，自然挥干剩余溶液。不具萌发能力群体种子的“翅”染成黑色，同时在器皿边缘显现出蓝紫色的溶液前沿的痕迹，而具萌发能力的群体种子仅为灰黄色或淡灰色，溶液前沿的痕迹少而色浅。同时应以失去活力种子和优质种子作对照。

6. 贮藏及运输

6.1 贮藏

6.1.1 贮藏室（库）的要求：可存放于-0℃以下的干燥环境中，或低温干燥的贮藏室（库）。

6.1.2 商品存放：分类、分等、分批存放。

6.2 运输

6.2.1 种子运输要求：防止雨淋。

6.2.2 运输报告书：运输报告书包括运输方向、调运起止地点、种子重量、质量检验报告（发芽势、千粒重、净度、生活力、纯度等）、植物检疫报告等。

五、龙胆种苗标准草案

1. 范围

本标准规定了粗糙龙胆*Gentiana scabra.*种苗的术语和定义、分级要求、检验方法、检验规则。

本标准适用于粗糙龙胆种子生产者、经营者和使用者。

2. 规范性引用文件

下列文件中的条款通过本标准的引用而成为本标准的条款。

中华人民共和国药典（2015年版）一部

中华人民共和国种子法

3. 术语和定义

下列术语和定义适用于本标准。

3.1 株重　采挖龙胆后抖净泥土1000株龙胆幼苗的平均重量，单位为克（g）。

3.2 直径　龙胆越冬芽以下0.5cm处的直径。

3.3 根数　从根茎出所发出的根数。

4. 分级要求

龙胆种苗根据株重、根茎的直径分成3个等级。分级标准见表13-16。

表13-16　龙胆种苗分级标准

分级	单株平均重（g）	平均直径（mm）	平均根数（个）	平均芽数（个）	外观形态
一级种苗	≥3.0	3	≥3.5	≥3	休眠芽肥壮，根系生长良好，无机械伤
二级种苗	2.0~3.0	2~3	2~3.5	2~3	休眠芽肥壮，根系生长良好，无机械伤
三级种苗	≤2.0	≤2	1~3	1~3	休眠芽生长一般，根系生长一般，无机械伤

5. 检测方法

5.1 抽样

5.1.1 假植苗的取样

5.1.1.1 根据种苗的数量和质量进行分批：凡同一种子来源，同期播种，同一时间采收的，经初步观察品质基本一致作为一批。

5.1.1.2 取样方法：要均匀取样，可在假植床上按对角线取样，每个样点取一捆。抽样数量为总量的5%，把所取样都打开充分混匀，再从中随机抽取1.0kg左右的种苗。

5.1.2 育苗田内种苗的取样

5.1.2.1 分批取样：根据种苗的数量和质量进行分批：凡同一种子来源，同期播种，同一时间采收的，经初步观察品质基本一致作为一批。

5.1.2.2 取样方法：要均匀取样，可在苗床上按对角线取样，每个样点取20cm×20cm面积，挖取种苗。抽样数量为总量的5%，把所取全部种苗抖净泥土后充分混匀，再从中随机抽取1.0kg左右的种苗。

5.2 检测

5.2.1 种苗直径的测定方法：采用卡尺测量芽下0.5cm处最粗根的直径。

5.2.2 种苗重量：用天平称量种苗质量，精确至0.1g。

5.2.3 根数：从根茎出所发出的根数。

6. 判定规则

6.1 芽数 生长在根茎上全部芽数。损伤芽不计入芽数。以抽样方法抽取100株，计算平均值，三次重复。

6.2 根数 从根茎所发出的不定根数，侧根根数不计入根数。以抽样方法抽取500株，计算平均值，三次重复。

6.3 株重（g） 以抽样方法抽取1000株，计算平均值，三次重复。

6.4 直径（mm） 以抽样方法抽取100株，计算平均值，三次重复。

7. 贮藏及运输

7.1 贮藏

7.1.1 贮藏室（库）的要求：可存放于0～5℃以下的湿润环境中，或低温湿润的贮藏室（库）。

7.1.2 商品存放：分类、分等、分批存放。

7.2 运输要求 防止高温。

六、龙胆种子种苗繁育技术研究

（一）研究概况

本单位承担了龙胆规范化栽培技术研究，对种植现状（自然条件、栽培历史、成功经验及存在问题等）调查，总结了龙胆药材的种植经验，在此基础上进行了适宜种植环境条件的研究及评价，研究了育苗及播种技术，生产过程中病虫害发生及防治技术研究，建立了龙胆生产的标准操作规程（SOP），以此为基础，根据龙胆种子质量标准，对原操作规程进一步完善，形成龙胆道地药材种子种苗繁育技术。

（二）龙胆种子种苗繁育技术规程

1. 主题内容与适用范围

本标准规定了龙胆*Gentiana scabra* Bge. 栽培的适宜地区，原植物，育苗，育苗田管理，移栽，移栽田管理，产地初加工，商品包装，贮藏等。

本标准适用于龙胆种植者进行栽培和管理。

2. 规范性引用文件

下列文件中的条款通过本标准的引用而成为本标准的内容

GB 5084 农田灌溉水质标准

GB 3095 环境空气质量标准

GB 15618 土壤质量标准

中华人民共和国药典（2015年版）一部

GB 9137 保护农作物大气污染物最高允许浓度

NY/T 1276—2007　农药安全使用规范总则

GB 3838　地面水环境质量标准

中华人民共和国种子法

农药管理条例

3. 定义

液态播种　把催芽后的龙胆种子放入事先配制好的悬浮液中，使其在液体中均匀分布。再将种子的悬浮液用喷壶喷撒于苗床上，这种播种方式称为液态播种。

质量指标　所产的龙胆药材干品符合《中国药典》（2015年版）一部规定的质量标准。

4. 栽培适宜地区

4.1 气候条件　年降雨量400～800mm，年有效积温1900～3500℃。适宜的地区包括东北寒温带、中温带野生、家生中药区；小兴安岭、长白山山地和华北暖温带的辽东半岛部分。

4.2 土地条件　棕色针叶林土和暗棕色森林土。土质为轻壤土、壤土。有机质含量1%以上；地下水位1.0m以下。忌连作，前茬作物以玉米、小麦为好。

4.3 环境质量

4.3.1 水质达到国家农田灌溉水质标准GB 5084—1992二级以上标准。

4.3.2 大气环境达到国家环境空气质量标准GB 3095—1996二级以上标准。

4.3.3 土壤质量达到国家土壤质量标准GB 15618—2018二级以上标准。

5. 优良种源

栽培用种子采自健壮无病虫害植株所产种子，种子千粒重不小于28mg。

6. 浸种

6.1 种子清毒　在播种前7天，将优选的种子按播种量秤好，按每包1kg用纱布包起来，先放一容器里用清水浸12小时，捞出后放入50%多菌灵的1000倍稀释液中浸6小时，捞出清洗干净。

6.2 种子处理　将清毒过的种子放入150mg/kg的赤毒素溶液中浸泡24小时后投洗干净，进行催芽。

6.3 播种种子标准　有50%的种子胚根突破种皮（露白）应立即播种。

7. 催芽

用白布，最好用粒度110目筛网，做成直径10～15cm，高20cm的布袋，将500g干净的龙胆种子放入袋中，在袋口边缘扎紧袋口，近量使袋子留有更多的空间，以便种子膨胀，空间过小不便于投洗种子。将种子袋放于100～50mg/kg赤霉素和50%多菌灵600～800倍液的溶液中反复搓洗，使所有的种子尽快地接触药液，室温浸泡24小时。第二天用温水反复清洗布袋，洗净残余的赤霉素，用普通洗衣机轻轻甩干，取出抖松放于25～28℃的条件下催芽，经常翻动，以免伤热、烂籽，尤其是催芽后期，降低发芽率。在催芽期间，每天要早晚两次投洗、甩干。大约在催芽的第4天左右，温度急剧升高，胚根开始露出，此时立即播种。

8. 育苗的选地与整地

8.1 选地　育苗地宜选择较湿润肥沃的土地，应靠近水源，多为疏松肥沃排水良好的沙质土壤，富含腐殖质，无污染的土地为宜。

人工栽培多采用疏松肥沃排水良好的砂质壤土，土层深厚肥沃，最好是新开垦的肥沃的荒地和二荒地，病害少。农田以肥沃的黑砂土地为好。含水量40%左右，微酸性pH 5.5～6.8。要求土壤有效肥力较多，以富含腐殖质土为宜。要求有机质含量在3%以上。有团粒结构，可以很好地供给龙胆生长发育所需的水、肥、导热条件。有机质肥料三要素中氮的含量不少于0.85%，磷的含量不少于0.26%，钾的含量不少于0.21%，并含有微量元素。

8.2 整地　播种及移栽前，最好是秋翻秋整地，平整土地降低高差。结合整地，每公顷施充分腐殖熟厩肥75吨基肥，均匀撒于地面，深翻30cm，整平耙碎，做成宽1.2m，长20cm的高畦，准备移栽繁殖。育苗地整好后扣大棚育苗。

8.3 基肥的使用

8.3.1 肥料的种类及使用量：所使用的肥料应以有机肥为主，主要使用农家肥：人粪、厩肥、堆肥、绿肥、饼肥、杂肥等。使用量每公顷施用22.5～75吨。

8.3.2 肥料的使用方法：有机肥的使用这前，必须进行充分发酵腐熟，采用高温堆积法为宜，腐熟完全。可用于基肥和追肥。

8.4 土壤消毒

8.4.1 土壤消毒农药：用于育苗地土壤消毒的农药主要有25%多菌灵、50%百菌清，立枯杀星、立枯灵、70%甲基托布津。

8.4.2 土壤消毒操作规程：将育苗大棚里5cm表土取出过5mm细孔筛，按每平方米土加15g 50%多菌灵可湿性粉剂，混拌均匀，再将消毒土填回育苗田，平整后待播种。如不取土可在育苗床上直接喷洒50%多菌清500倍液体，喷透土层5cm亦可以达消毒目的。用铁板将表层5cm育苗土炒至120℃以上，达消毒目的。同时消去草籽，填满苗床平整后待播种。

9. 育苗方式

9.1 露地育苗

9.1.1 悬浮液的配制：选取水溶后接近中性的粉末状羧甲基纤维素，1kg羧甲基纤维素加入50kg水，配制悬浮液母液，混合均匀后静置1～2小时即可用来播种。

9.1.2 播种：播种净面积0.1hm^{2}用龙胆种子（干种子）2.5kg，根据催芽前后种子重量的变化计算出0.1hm^{2}需播种催芽种子（湿种子）的数量；测量出容量15kg喷壶，装满水均匀喷施所能喷施的面积，依此计算出每喷壶装入催芽种子数量。将催芽种子放入喷壶内，加入500ml的悬浮液，加满水，搅拌使种子均匀悬浮起来，然后均匀地将种子喷撒于苗床床面上。

9.1.3 播期：确定当地最后一场晚霜的次日为播种时期。

9.1.4 遮阴和保湿：播种后，用孔径0.5～1.0cm的“二人抬”筛子，往床面筛覆松针，每1m^{2}用量200～300g，采用上年秋季凋落的落叶松松针。

9.1.5 育苗田管理

9.1.5.1 浇灌：种后90天内，晴天每天浇灌10次，每次10分钟，阴天和多云天气每天浇灌5次，下雨天浇灌2～3次，以保持苗床表土湿润为宜；播种后90天后，根据苗床情况、天气情况每天浇灌2～4次。

9.1.5.2 除草：采用人工除草，在育苗期生长季节内，除草5～6次，手工拔草，按住草根部的床土，另一手轻轻拔出杂草。

9.1.5.3 施肥：育苗期只施用叶面肥，出齐苗后，喷施一次0.2%的磷酸二氢钾，以后每月喷施1～2次；7月中旬、8月中旬可各喷施一次尿素，水浓度为0.2%。

9.1.5.4 越冬：育苗当年秋季地上部分植株枯萎后，清理育苗床上的枯叶等，从作业道内取土，在苗床上覆盖3～5cm的防寒土。

9.2 大棚育苗

9.2.1 育苗大棚的架设

9.2.1.1 育苗大棚的棚架：可购买镀钢管成套大棚架，宽6m，长60m，高2m，面积360m^2。亦可以用木杆自制设计棚架，每棚0.5亩或1亩（宽12m，长60m，高2m）为宜。

塑料布是覆盖大棚架时常用的，上盖一块宽6m，长60m，两侧各一块宽2m，长60m，前、后两个门。塑料布多浅绿色，原约1mm，亦可以用宽2m或4m，厚1mm的浅绿色塑料布自行贻制。上面再盖一层编织塑料布遮光，用塑料绳压好。底边及四角用地钉牢固，固定防止被大风吹掀。

9.2.1.2 大棚的架设：按购买大棚的图纸和说明进行安装。自制的大棚架，按一般的方法制架，使棚的室间大、牢固，便于操作为好。

9.2.1.3 观测仪器：每个大棚内需挂最高、最低温湿度仪2个，地温计2支，普通温度计2支。土壤湿度仪一台，用于观测大棚内温湿度。

9.2.2 播种

9.2.2.1 时间：播种时间根据当地晚霜时间而定，一般在4月下旬至5月上旬播种为好。

9.2.2.2 清水喷播技术

9.2.2.2.1 喷播用具：装水的容器可用水缸100kg以上或木桶等，200kg以上的1.5m长的木棒一根。0.5千瓦的水泵或用6马力坐机带自吸式水泵一台，喷水管用4分胶管，长度根据大棚的长度而定，喷头用大孔喷壶头，喷孔直径为1.5～2mm，进行喷播。或采用9.1.2方式。

9.2.2.2.2 喷播操作要求：种子在播种容器中需不停地搅动，使其均匀混悬浮在水中，以匀速喷播，播量每平方米3g左右。

9.2.2.3 大棚内苗期管理

9.2.2.3.1 温度：温度控制在25℃左右，不超过28℃为宜，温度过高时及时通风降温，或喷水降温。

9.2.2.3.2 湿度：土壤含水量保持在40%，空气相对湿度80%。每个喷头喷幅直径7m，每6m按一个喷头即可，流量70L/h。

9.2.2.3.3 遮光：大棚上遮上一层编织塑料布，使透光度达50%为好。

9.2.2.3.4 松土除草：苗出齐后，要及时除草，做到除早、除小、除净。

9.2.2.3.5 保苗株数：子叶期应保持5000株/m^{2}以下。秋末每平方米保证苗株数3000株/m^{2}以上。

9.2.2.3.6 撤棚锻炼幼苗：8月中下旬开始逐渐撤掉大棚上的塑料布，减少浇水次数，进行敦苗锻炼，使幼苗增强对棚外环境的适应性。

10. 移栽

10.1 选地整地

10.1.1 选地：选择一些土质肥沃的微酸性或中性土壤，主要土壤类型为黑土、暗棕壤和白浆土等，作为龙胆生产田。

10.1.2 整地：深翻、灭茬做成宽1.2m的地上床，长度不限，床土筛细、床面平整。

10.1.3 施肥：整地作床时每公顷施入腐熟的农家肥30～45吨。

10.2 移栽时期　秋季枯萎后，春季萌发前均可移栽，以秋季移栽为好。

10.3 移栽

10.3.1 种苗的分级：种苗必须芽饱满、肥壮、无机械损伤，一级种苗单株重1.1g以上，二级种苗单株重0.4g～1.1g，三级种苗0.2g～0.4g，选用一级、二级种苗移栽。

10.3.2 移栽密度：混等苗栽时在苗床上按行距20cm开深10～15cm的横向深沟，每4～5cm栽1株或每

8～10cm栽2株，保苗达85～125株/平方米。苗斜摆在沟侧，使根舒展，摆好即覆土于苗芦头上3cm，全畦栽完整平畦面。也可按等级苗分别栽植，一级苗密度可略小。

10.3.3 浇水：移栽过程中每栽出5～10m的距离，用喷壶浇一次水，使移栽的小苗与床土接墒，提高成活率。移栽后每2天浇水1次，直到龙胆苗成活。移栽后遇干旱时，须浇水抗旱。

11. 田间管理

11.1 施肥

11.1.1 追肥的日期和数量

11.1.1.1 时间：5月下旬、7月下旬共两次

11.1.1.2 种类：腐熟厩肥或其他农家肥

11.1.1.3 施肥量：每公顷施厩肥22.5吨或人粪尿15吨。

11.1.1.4 方法：在畦上按行间开沟10cm施入，均匀放入沟中后封沟。

11.1.2 叶面喷肥

11.1.2.1 时间：5、6、7月，每月各两次。

11.1.2.2 喷肥量：背负或喷雾每公顷喷0.6吨叶面肥。

11.1.2.3 方法：采用背负式或机动喷雾，以叶片不滴肥液为好。上午10时以前和下午4时以后作业。

11.2 灌溉

11.2.1 时间：5、6、9月份。

11.2.2 灌溉量：根土壤水分适时浇水，一般5月上旬灌浇头水，每公顷900m^3，6月份每公顷750m^3，7、8月多雨季，如干旱亦应浇水，每公顷750m^3。9月份入冬前浇越冬水每公顷450m^3。

11.2.3 要求：全作业区灌溉，不串灌，不漏灌，不积水。

11.3 中耕除草

11.3.1 时间：5、6月，每半月进行一次。

11.3.2 深度：5cm。

11.3.3 要求：松土除草，不漏深浅一致，不伤根，除草，除小，除净。

11.3.4 工具：幅宽10cm的小锄。

12. 病虫害防治

12.1 斑枯病（*Septoria microspora* Speg、*S. gentianae* Thüm 和 *S. gentinicola* Baudays et Picb.）

12.1.1 农业防治

12.1.1.1 清理田园：于秋季清除田间病株并烧毁。

12.1.1.2 栽培技术：使用一级、二级龙胆苗秋季移栽，合理密植，移栽密度以行间距20cm×6cm、20cm×5cm、20cm×4cm为宜，采用轮作，与玉米等高秆作物间作。

12.1.2 化学防治

12.1.2.1 防治时间：6、7、8月。

12.1.2.2 农药品种：75%甲基托布津、0.3%多抗霉素、多菌灵、百菌清。

12.1.2.3 最佳防治期：发病初期。

12.1.2.4 防治方法

12.1.2.4.1 土壤处理：防治苗期龙胆斑枯病及立枯病于播种前用多菌灵（400倍溶液和500倍溶液）处理土壤。

12.1.2.4.2 种苗处理：用甲基托布津600倍溶液及700倍液、多抗霉素100倍溶液、灰霉净1000倍溶液浸泡

种苗12小时后移栽。

12.1.2.4.3 大田防治：发病初期用75%甲基托布津800倍溶液防治，在高温多雨季节，用75%甲基托布津500倍溶液和百菌500倍溶液交替用药喷雾防治。

12.2 蝼蛄（*Gryllotalpa africana* Palisot de Beauvois）

12.2.1 防治时间：5、6、7月。

12.2.2 农药品种：来福灵、乐果。

12.2.3 最佳防治期：播种前。

12.2.4 防治方法：播种前早晨或傍晚用5%来福灵喷洒育苗床，密封大棚，24小时后播种，当田间发生为害时用炒麦麸拌5%敌百虫液施于田间诱杀。

13. 采收与加工

13.1 采收

13.1.1 采收时期：花期结束后至封冻前均可采收。

13.1.2 采收方法：用特制的长齿叉子，从床的一端开始起挖，洗净泥土。按重量大小分三个等级分别干燥。

13.2 加工

13.2.1 加工方法：将采收的龙胆根放在架子上，每层平铺5cm左右，当八成干时将龙胆根头相对捆成0.5kg的小把，上下各捆一塑料绳，大头朝下摆好阴干，含水量在10%以下。

13.2.2 时间：3～5天

13.2.3 要求：阴干时可以翻动，但次数不要太多，防止根系折断。遇雨时要及时遮盖。

参考文献

[1] 郭瑞，安伟健，高元泰. 中药龙胆原植物的研究及本草考证［J］. 中草药，2001，32（11）1039-1041.

[2] 王秀芬. 过氧化物酶同工酶最佳染色法［J］. 河北农业大学学报，1990，13（4）：78-80.

[3] 杨麦贵，张竹映，黄汉清. 两类同工酶谱在凝胶板上同时显色法［J］. 上海医学检验杂志，1993，8（3）：137-138.

[4] 吴鹤龄，林锦湖. 遗传学实验方法和技术［M］. 北京：高等教育出版社，1983：272-273.

[5] 赵赣，张守全，林武源，等. 一种新的苹果酸脱氢酶同工酶染色法［J］. 江西农业大学学报，2000，22（4）：589-590.

[6] 董诚明，苏秀红，李增光，等. 两种冬凌草种子的生物学特性及蛋白质电泳的比较研究［J］. 河南科学，2008，26（1）：39-41.

[7] 赵华英，陈永林. 苋科6种种子类药材的蛋白电泳鉴别［J］. 中国中药杂志，2000，25（1）：52-53.

[8] 杨九艳，王俊杰，青梅. 岩黄芪属五种植物种子的凝胶电泳鉴别［J］. 内蒙古农业大学学报，2000，21（3）：112-114.

[9] 孙中武，祝宁，高瑞馨，等. 刺五加的同工酶与遗传分化的研究（I）［J］. 东北林业大学学报，1999，27（2）：27-30.

孟祥才（黑龙江中医药大学）

14 | 平贝母

一、平贝母概况

平贝母（*Fritillaria ussuriensis* Maxim.）为百合科多年生草本植物，常用中药材。药用部分为鳞茎，有止咳化痰的作用。分布于东北三省，吉林省的通化、吉林、延边地区为平贝母主产区，均有大面积栽培。由于分布范围狭窄，生境不断恶化，加之过度采挖，自然植被破坏严重，野生资源日趋枯竭，已被列入国家三级濒危植物。随着平贝母人工栽培技术的完善，平贝母栽培面积不断广大，在统一田间管理规范的基础上，缺乏种苗标准，致使药材质量良莠不齐。因此，对平贝母进行资源调查和品质评价的研究，建立科学规范的种苗标准，对防治病害传播保证药材质量等方面都具有重要意义：① 保证平贝母生产安全；② 保障平贝母种苗的储运；③ 防止病虫草害随同平贝母种苗的传播蔓延；④ 促进平贝母种苗质量标准化和贸易。⑤ 保护种子使用者的合法利益，促进种子质量不断提高。⑥ 获取平贝母种植信息，利于平贝母生产的宏观管理，减少平贝母价格大涨大跌对药材安全的影响。

二、平贝母种苗质量标准研究

（一）研究概况

目前关于平贝母的研究多集中在资源调查、成分分析鉴定及药理作用、栽培技术及病虫害防治。张晓军等研究表明：平贝母的繁育系统是以自花传粉为主，虫媒异花传粉为辅的兼性自交，为平贝母的品种选育、杂交育种、引种栽培及物种保育提供了理论和技术依据；陈铁柱研究了不同产地平贝母营养元素、有效成分，9个不同产地之间的平贝母总生物碱含量差异达到了极显著水平，所有平贝母鳞茎营养元素和总生物碱含量无相关性；李慧婷等对70份不同来源的平贝母药材样品进行了检测分析，发现野生平贝母中贝母素甲、贝母素乙含量明显高于栽培平贝母，不同产地和栽培环境也对平贝母中贝母素甲、贝母素乙的含量有影响，刘兴全等对平贝母栽培技术进行了系统研究，关于繁殖技术和种子种苗分级研究未见报道。

（二）研究内容

1. 材料收集

2010年6月初在平贝主产区吉林、黑龙江等地共收集平贝种苗30份，其中1份为野生种。平贝种苗的具体采收时间的地点见表14-1。

表14-1　供试平贝种苗收集时间和地点

编号	地点	时间	编号	地点	时间
1	吉林省通化县四棚乡	2010.6.8	2	吉林省通化县快大茂镇	2010.6.8

续表

编号	地点	时间	编号	地点	时间
3	吉林省白山市八道江区红土崖镇	2010.6.8	17	吉林省吉林市左家镇	2010.6.11
4	吉林省白山市八道江区红土崖镇	2010.6.8	18	黑龙江省五常市沙河子镇	2010.6.12
5	吉林省白山市江源区石人镇	2010.6.8	19	黑龙江省五常市向阳镇	2010.6.12
6	吉林省靖宇县靖宇镇	2010.6.9	20	黑龙江省五常市冲河镇	2010.6.12
7	吉林省靖宇县蒙江乡	2010.6.9	21	黑龙江省尚志市一面坡镇	2010.6.12
8	吉林省靖宇县南天门村	2010.6.9	22	黑龙江省尚志市苇河镇	2010.6.12
9	吉林省靖宇县南天门村	2010.6.9	23	黑龙江省尚志市帽儿山镇	2010.6.12
10	吉林省抚松县松江河镇	2010.6.10	24	黑龙江省尚志市亚布力镇	2010.6.12
11	吉林省抚松县兴隆乡	2010.6.10	25	黑龙江省铁力市年丰朝鲜族乡	2010.6.13
12	吉林省敦化市秋梨沟镇	2010.6.10	26	黑龙江省铁力市王杨乡	2010.6.13
13	吉林省敦化市秋梨沟镇	2010.6.10	27	黑龙江省铁力市桃山镇	2010.6.13
14	吉林省敦化市江源镇	2010.6.10	28	黑龙江省铁力市铁力镇	2010.6.13
15	吉林省敦化市江南镇	2010.6.10	29	黑龙江省铁力市双丰镇	2010.6.13
16	吉林省吉林市左家镇	2010.6.11	30	黑龙江省绥化市庆安县平安镇	2010.6.13

2. 扦样方法

通过调研长白山地区平贝母种苗的生产、贮藏和销售情况，发现每年6月上旬待地上部分倒苗后，种植户一边收货药材一边留存种苗，就地筛选大粒的鳞茎作药材，小粒的鳞茎则散装留作种苗。根据调研的实际生产情况，提出广州相思子种子批的最大重量，及送检样品和试验样品的最小重量要求如下。

（1）种苗批的最大重量　经调查得出长白山地区鲜平贝母的平均亩产量为1000kg/亩，由于农作物种子批的最大重量一般是取10～20亩的种子总产量，因此初步将平贝母种苗批的最大重量定为10000kg。

（2）净度分析试验样品的最小重量　根据农作物种子检验规程（GB/3543. 2）的相关要求，净度分析的试样一般最少需2500个种子单位，而经本研究得出平贝母鳞茎的平均单粒重为1g，固将净度分析试验样品的最小重量定为2500g。

（3）外形鉴定试验样品的最小重量　根据农作物种子检验规程（GB/3543. 2）的相关要求，真实性鉴定的试样一般最少需400个种子单位，而经本研究得出平贝母鳞茎的平均单粒重为1g，外形的真实性鉴定试验样品的最小重量定为400g（图14-1）。

图14-1　贝母

（4）送检样品的最小重量　为了便于复检，送检样品一般要求比试验样品总量多，参照农作物种子检验规程的要求，送检样品的最小重量一般是种子净度分析试验和水分测定试验总和的5倍，固将平贝母种苗送检样品的最小重量定为12500g。

扦样方法是先在划分好的种苗批内，均匀设扦样点，再用散装扦样器按顺序依次扦样。散装的种苗，当种苗批总重在50kg以下时设置3个扦样点，当种苗批在51～1500kg时，设置5个扦样点，当种苗批在1501～5000kg时，设置10个扦样点，当种苗批在5001～10000kg时，每500kg设置一个扦样点。

3. 平贝种苗净度、重量、大小检测结果

（1）种苗净度测定　从送检样品中精确称取50g的平贝种苗供试样品，重量记为M，过0.2cm孔径的圆孔筛除去土壤颗粒和细沙，再徒手拣出土块和小石块等杂质，分离杂质后称种苗重量记为M_1，种苗净度（%）=$M_1/M \times 100\%$，重复4次，取平均值。鳞茎厚度：从送检样品中选取30～50粒种苗，分别用游标卡尺测定每个鳞茎最厚处的长度，精确到0.01cm，取平均值。鳞茎粒径：从送检样品中选取30～50粒种苗，分别用游标卡尺测定每个鳞茎最宽处的长度，精确到0.01cm，取平均值。鳞茎单粒重：从送检样品中选取30～50粒种苗，分别用0.001g分析天平测量每个鳞茎的重量，取平均值。种苗百粒重：从送检样品中徒手选取100粒鳞茎，用0.1g分析天平测量百个鳞茎的重量，重复8次，取平均值。

（2）聚类分析　合并30份平贝种苗，测定500粒平贝种苗的鳞茎厚度、粒径及单粒重，用统计软件SPSS 18.0对这些数据进行K聚类分析结果，Cluster选择4。

按上述方法测定30份平贝种苗送检样品的净度、百粒重、单粒重、粒径和厚度，结果如表14-2所示，平贝种苗的净度范围是51.7%～87.3%，变异系数0.141；平贝种苗百粒重最小值仅52.6g，最大值是119.7g，变异系数为0.243；平贝鳞茎单粒重的平均值是1.022g，粒径的范围是0.76～1.63cm，平均厚度是0.54～1.02cm。

表14-2　平贝种苗各指标检测值

编号	净度（%）	百粒重（g）	单粒重（g）	粒径（cm）	厚度（cm）
1	76.2	63.8	0.948	1.06	0.62
2	63.8	66.8	0.863	0.95	0.73
3	81.2	53.8	0.652	0.89	0.85
4	63.2	54.7	0.751	0.86	0.64
5	68.9	89.2	1.258	1.25	0.68
6	73.5	57.3	0.549	0.85	0.74
7	62.4	62.4	0.782	0.92	0.83
8	58.1	70.7	0.899	0.84	0.85
9	75.7	90.6	1.306	1.41	0.93
10	62.5	88.6	1.070	1.13	0.87
11	51.7	119.7	1.268	1.34	0.92
12	79.8	52.6	0.736	0.96	0.84
13	63.2	78.5	0.991	0.83	0.56
14	68.1	105.1	1.179	1.33	1.02
15	85.1	57.0	0.678	0.76	0.54
16	86.8	80.7	1.096	0.97	0.61
17	65.8	105.3	1.478	1.63	0.58
18	86.4	62.4	0.956	1.12	0.76

续表

编号	净度（%）	百粒重（g）	单粒重（g）	粒径（cm）	厚度（cm）
19	66.8	60.1	0.877	0.87	0.56
20	86.4	70.1	0.984	0.96	0.89
21	65.7	73.2	1.094	1.29	0.82
22	86.5	97.5	1.053	1.12	0.67
23	78.8	107.5	1.167	0.79	0.74
24	76.4	91.7	1.230	0.95	0.91
25	86.7	100.6	1.243	0.87	0.83
26	85.8	89.1	1.209	0.96	0.63
27	87.3	88.9	1.331	1.08	0.62
28	67.2	114.5	1.154	1.13	0.74
29	76.8	81.0	0.956	0.82	0.78
30	86.7	70.2	0.895	1.14	0.63
极小值	51.7	52.6	0.549	0.76	0.54
极大值	87.3	119.7	1.478	1.63	1.02
平均值	74.1	80.1	1.022	1.04	0.75
标准差	10.5	19.5	0.227	0.21	0.13
变异系数	0.141	0.243	0.222	0.203	0.174

4. 平贝种苗粒径、厚度、单粒重聚类分析

利用统计分析软件SPSS 18.0对500个观测样本的粒径、厚度和单粒重进行K类中心聚类分析，最终类中心值见表14-3，粒径的4个类中心值分别是1.68cm、1.32cm、0.95cm、0.47cm，厚度的4个类中心值分别是1.07cm、1.01cm、0.76cm、0.41cm，单粒重的4个类中心值分别是2.711g、1.287g、0.538g、0.101g。

表14-3　平贝种苗的聚类最终类中心

影响因素	类中心			
	第1类	第2类	第3类	第4类
粒径（cm）	1.68	1.32	0.95	0.47
单粒重（g）	2.711	1.287	0.538	0.101
厚度（cm）	1.07	1.01	0.76	0.41

5. 平贝种苗初分级

平贝的生产实践中，一般按鳞茎大小分级，常见的是将平贝种苗分成3个等级："大粒""中粒""小粒"。根据这种生产实际和可操作性，以平贝鳞茎的粒径、厚度和单粒重的聚类中心值作为种苗等级划分标准的参

考值，初步制定了平贝种苗分级标准，具体分级情况见表14-4。

表14-4 平贝种苗初步分级标准

指标	分级标准			
	一级	二级	三级	四级
粒径（cm）	<0.40	0.4~0.8	0.8~1.6	>1.6
单粒重（g）	<0.100	0.100~1.000	1.000~2.500	>2.500
厚度（cm）	<0.40	0.40~0.80	0.80~1.00	>1.0

6. 平贝分生子贝数量调查及增产效果

平贝母无性繁殖系指用鳞茎生成的子贝进行移栽，四年生鳞茎即可形成子贝，每年生产一批，随着母鳞茎的增大，生成子贝的数量逐渐增多，子贝在母体生长1年脱离母体独立生长，由子贝生长成母鳞茎，母鳞茎再生成小子贝，这就是平贝母具有的无性繁殖特性。为了摸清鳞茎种苗的大小等级与生成子贝数量和产量增加量的关系，根据平贝种苗的初分级标准（表14-4），选出四个不同等级的平贝种苗分别栽培，移栽后2年对所生成子贝数量和产量进行测定，测定结果如表14-5。一级种苗、二级种苗、三级种苗和四级种苗分生的子贝数量依次增多，说明种苗个体越大，营养越丰富，子贝分生数越多，但从增重效果上看一级种苗、二级种苗、三级种苗和四级种苗逐渐降低，这说明平贝大小长到一定程度之后就不在增加，而是分生子贝。种苗个体越小增重空间越大，种苗个体越大分生子贝越多。

表14-5 不同等级平贝种苗的分生子贝数量统计及增产效果

种苗等级	行株距（cm×cm）	栽培时间（年）	单株子贝数量（个）	鲜重产量（kg/m^2）	增重率（%）
一级	6×6	2	4	0.390	290
二级	12×6	2	13	0.915	266
三级	12×6	2	14	1.590	112
四级	12×6	2	36	1.980	80

7. 平贝产量调查

由于平贝种苗个体大小存在极显著的差异，所以生产上通常采用不同的播种密度和播种方式对平贝种苗进行栽培，如“大粒”和“中粒”种苗采用条播的方法，行距为5~15cm，株距为5~10cm，“小粒”种苗直接撒播。为了摸清平贝种苗的大小等级与产量的关系，根据平贝种苗的初分级标准（表14-4），对四个不同等级的平贝种苗分别栽培，移栽3年后对测定产量，结果如表14-6，在播量相同的情况下，三级种苗的产量显著地高于其他种苗，而二级种苗和四级种苗的产量也显著高于一级种苗。这说明种苗大小在一定范围内，产量是随着种苗的增大而逐渐增加的，当种苗大小达到一定程度后，产量不在增加。这提示了平贝鳞茎的大小达到一定程度之后，就不再适合作种苗，而应作成品药材。

表14-6 平贝播量及产量

等级	播种密度（cm×cm）	播量（kg/m^2）	栽培年限（年）	产量（kg/m^2）
一级	1×2	0.5	3	1.7^c

续表

等级	播种密度（cm×cm）	播量（kg/m^2）	栽培年限（年）	产量（kg/m^2）
二级	2×5	0.5	3	2.2^{b}
三级	4×5	0.5	3	2.5^{a}
四级	4×15	0.5	3	2.1^{b}

8. 平贝种苗总生物碱含量测定

平贝母中的生物碱类成分是主要的活性成分，笔者研究了不同大小的平贝鳞茎中总生物碱的含量，结果如表14-7，一级种苗和四级种苗的生物碱含量高于二级种苗和三级种苗。这进一步说明了，大粒平贝（如四级种苗）其药用价值更高，更适合于作药材。

表14-7　平贝种苗的总生物碱含量

等级	总生物碱含量（%）	等级	总生物碱含量（%）
一级	0.1941	三级	0.1774
二级	0.1618	四级	0.1940

9. 平贝种苗分级标准

利用聚类分析的结果结合生产实际将平贝母种苗初步分成一级种苗、二级种苗、三级种苗和四级种苗，调查了各级种苗的增重情况、子贝分生情况、产量、生物碱含量等指标，由这些数据得出：① 平贝鳞茎的粒径>1.6cm，厚度>1.0cm，单粒重>2.500g时不适合作种苗，应作商品药材；② 将的粒径<1.6cm，厚度<1.0cm，单粒重<2.500g的平贝鳞茎作种苗时，可分成三个等级，分别定义为“大粒”“中粒”和“小粒”；③“大粒”平贝种苗外观扁球形，顶端平、有裂口，基部扁平，色白、浆足、更新芽完整、无损伤、无病斑，分生子贝速度快，量多，产量高，是为最优等级的种苗；④“中粒”平贝种苗外观球形，顶端尖，有的无裂口，色白、浆足、更新芽完整、无损伤、无病斑，子贝分生速度一般，产量中等，是为普通等级的种苗；⑤“小粒”平贝种苗外观球形，顶端尖，无裂口，体形完整、色白、浆足、无损伤、无病斑，子贝分生速度最慢，但具有极大的重量增长空间，移栽3年后产量较低，是为最差等级的种苗。

综上，平贝种苗的分级标准主要依据子贝的鳞茎的粒径、厚度、单粒重等因素而定，各级种苗的标准需符合表14-8的规定。

表14-8　平贝种苗分级标准

等级	一级（大粒）	二级（中粒）	三级（小粒）
粒径（cm）	0.8~1.6	0.4~0.8	<0.40
单粒重（g）	1.000~2.500	0.100~1.000	<0.100
厚度（cm）	0.80~1.00	0.40~0.80	<0.40

三、平贝母种苗标准草案

1. 范围

本标准规定了平贝种苗的属于和定义、分级要求、检验方法、检验规则。

本标准适用于平贝种苗生产者、经营者和使用者。

2. 规范性引用文件

下列文件中的条款通过本标准的引用而成为本标准的条款。凡是注明日期的引用文件，其随后所有的修改单（不包括勘误内容）或修订版均不适用于本标准。然而，鼓励根据本标准达成协议的各方研究是可使用这些文件的最新版本。凡是不注明日期的引用文件，其最新版本适用于本标准。

3. 术语和定义

下列属于和定义适用于本标准。

3.1 鳞茎　多年生平贝处于休眠阶段的变态茎，鳞茎圆而扁平，由2～3片肥厚的鳞瓣抱合而成。

3.2 粒径　游标卡尺测定鳞茎最宽处的长度，精确到0.01cm。

3.3 厚度　游标卡尺测定鳞茎最厚处的长度，精确到0.01cm。

3.4 单粒重　单粒平贝鳞茎的重量，精确到0.001g。

3.5 体形　肉质鳞茎的形状。

3.6 浆气　鳞茎充实饱满程度。

3.7 浆足　鳞茎质地充实、饱满。

3.8 损伤　鳞茎上的机械伤痕。

3.9 病斑　鳞茎上患有大小不同病斑。

3.10 更新芽　鳞茎上准备明年春季发的芽。

3.11 标准率　符合标准的鳞茎所占比率。

4. 分级要求

平贝母鳞茎生成的1～4年生子贝，通常按大、中、小分成三级作为种苗，种苗的标准主要依据子贝的鳞茎的粒径、厚度、单粒重、鳞茎病害程度和伤损程度等因素而定，各级种苗的标准符合表14-9的规定。

表14-9　平贝种苗分级标准

等级	一级（大粒）	二级（中粒）	三级（小粒）
粒径（cm）	0.8～1.6	0.4～0.8	<0.40
单粒重（g）	1.000～2.500	0.100～1.000	<0.100
厚度（cm）	0.80～1.00	0.40～0.80	<0.40
外观	扁球形，顶端平、有裂口，基部扁平。色白、浆足、更新芽完整、无损伤、无病斑	球形，顶端尖，有的无裂口。色白、浆足、更新芽完整、无损伤、无病斑	球形，顶端尖，无裂口。体形完整、色白、浆足、无损伤、无病斑

5. 技术要求

5.1 抽样　种苗播种前，抽取代表样品，带回室内进行检查。种苗材料在1000kg以下时，取一份样品；1000～5000kg，取二份样品；5000～30000kg，取三份样品；30000kg以上的，取四份样品。每份样品重1000g。

5.2 检测　将所取样品倒入三层规格筛内（上层筛孔1.6cm；中层筛孔0.8cm；下层筛孔0.4cm），过筛后将四层筛物分别倒入四个白瓷盘内，摊开用肉眼或手持放大镜，依据要求对种苗粒径、厚度、单粒重及外观进行检查。起苗后应及时进行检测，种苗检测要在蔽荫背风处或室内进行，防止种苗失水。

5.2.1 种苗粒径检验：从筛选出的种苗中，随机取出30~50粒种苗，用游标卡尺测量鳞茎最宽处的长度。求出标准率，标准率达95%以上为合格，低于95%应重新挑选。

四、平贝母种苗繁育技术

1. 选地

选地是平贝母栽培的关键技术之一，若土壤肥力不足、酸碱度不当，生长会受到严重影响。所以栽培平贝母时，应选择向阳背风，水分充足，排水良好，并靠近水源，土壤肥沃，富含腐殖质的砂质壤土或黑油沙土。前茬作物以豆类地或肥沃的蔬菜地为好。

2. 整地

秋天或早春进行耕翻，耕深20~30cm，耕后耙细整平，待播种时边作床边播种。床宽120cm左右，高15~20cm，床间作业道宽50cm，床的长度和方向依地形情况而定。

3. 施肥

（1）肥料种类　农家肥料（堆肥、沤肥、厩肥、沼气肥、绿肥、作物秸秆、泥肥、饼肥等），商品肥料（颗粒鸡粪、过磷酸钙、磷酸二铵、复合肥、尿素和生物制剂的各种叶面肥等）。

（2）施肥方法　农家肥料和商品有机肥料作基肥和盖头粪，磷酸二铵、复合肥、尿素配合农家肥作基肥或于行间开沟作追肥，过磷酸钙和各种叶面肥作根外追肥；农家肥作基肥每亩撒施4000~5000kg，或每亩撒施2000~3000kg，加施复合肥或磷酸二铵或尿素20kg。行间开沟追施尿素、复合肥、磷酸二铵50~100g/m^2。叶面喷肥按使用说明书配制使用。

4. 鳞茎繁殖

（1）播种面积的计算　留种田、育苗田、商品田的比例为1∶1∶10。即留种田1亩，生产的种子可播1亩育苗田，可移栽10亩商品田。

（2）整地作畦　选地后先将前茬作物秸秆及杂物清理干净，若选用前茬种植玉米、高粱等禾本科作物，清理秸秆后进行灭茬，每亩施入腐熟农家肥3000~5000kg，耕翻20~25cm，耙细整平作畦，畦宽1.2~1.5m。长视地势而定，以便于排水和田间作业为宜，高10~15cm，作业道宽40cm左右。

（3）种苗移栽时期　平贝母最适宜的移栽时期是6月中、下旬，最晚不得超过7月下旬。否则不能形成新根，越冬芽亦瘦小，翌年不能正常出土和生长，甚至影响产量。

（4）种苗栽种方法

畦作点播：做畦施肥后进行点播，行株距5cm×5cm，鳞茎上覆土3~4cm。

垄作撒播：将种鳞茎在做好的垄沟内撒播，株距5cm，开第二个垄沟时为第一个垄沟覆土，厚度为3~4cm。

种苗播种量：一般畦作点播每亩播量为100kg左右；垄作撒播每亩播量为80~100kg。

（5）田间管理

出苗前畦面防寒覆盖：平贝母1~2年生育苗田于土壤结冻前需上防寒物进行防寒。若于秋季上盖头粪则不需另上防寒物，不施盖头粪可覆盖2~3cm厚树叶、稻草等进行防寒。

防旱排涝：平贝母年生育期短，仅60天左右，种子育苗根系小，入土浅、鳞茎小，且上面不能覆土过厚。因此，平贝母育苗田非常容易遭到春旱。若遇春旱现象要及时进行浇水、灌水，坡地育苗可进行畦面覆盖以缓解旱情。雨季要做好排水工作，防止田间积水。

出苗后撤覆盖物：4月上中旬要经常平贝母出苗情况，发现出苗时马上将覆盖物撤掉，撤得过晚一是贝母苗见不到阳光生长细弱黄化，撤草后突见强光突然萎蔫；二是撤草后容易碰断贝母小苗，减少保苗株数。

间苗与定苗：采用果播或分子房瓣播种，生长一年于地上植株枯萎后，需要进行地下鳞茎稀疏移位，否则第二年呈丛生状态过密而影响生长。鳞茎移位方法为在一年生地上植株枯萎后，用耧地铁耙在果播行间搂深至鳞茎生长层，顺畦轻轻将丛生长的贝母小鳞茎移窜位置，使丛生状变成撒播状，以利于下一年植株生长发育。搂时一定要注意轻搂、平搂、不能把小鳞茎搂出畦面，搂后将畦面覆盖0.5～1cm细土或盖头粪，再用铁锹或木板适当镇压，以免土壤疏松干燥，影响鳞茎冬眠和更新芽及新根的生长发育。

中耕除草：平贝母播种育苗需要生长2～3年时间方能进行移植，在小苗生长期间，要及时进行中耕除草，特别在一年生小苗生长发育期间，除草工作尤为重要，要做到见草即除，除早、除小、除了，以免草大欺苗。对大草不要硬拔，要用剪刀从根部与地上茎叶生长处剪断，以免根深带出贝母鳞茎。条播贝母结合拔草每年用自制短齿铁丝耙在行间松土2～3次。

追肥：平贝母育苗田于一年生地上植株枯萎后，在畦面铺盖1cm厚腐熟农家肥作为盖头粪，既起到保湿保温作用，肥力通过雨水渗透到贝母鳞茎层，又能达到追肥的目的。以猪粪、马粪、鹿粪为好。

种植遮阴作物：平贝母育苗田需种植遮阴作物，以利于小苗枯萎后降低畦面温度，保持畦面湿润，提高田间空气湿度。以利于平贝母小鳞茎夏季休眠和秋季更新芽和新根的生长发育。可于畦旁种植玉米、大豆、豆角、豇豆、黄瓜、蛇瓜、羊乳等，种植时间为4月下旬至5月上旬。

清理田园：秋末冬初，要及时清理遮阴作物残株及架材，并将畦面清理干净，进行畦面消毒，防止病害发生。

（6）病虫鼠害防治　平贝母病虫鼠害防治应采取以："预防为主，防重于治，防治结合"的植物保护原则。本着以经济、有效、安全、简便的方针，因地制宜、合理运用生物的、农业的、物理的、化学的方法及其他有效的生态手段，进行综合防治。禁止使用高毒、高残留和"三致"（致癌、致畸、致突变）农药；提倡使用植物源农药和生物源农药；允许有限度地合理使用一些低毒化学农药。农药使用标准符合GB 4285《农药安全使用标准》和NY/T 393《绿色食品农药使用标准》

① 病害防治：平贝锈病：又名"黄疸"病，病原是一种担子菌，于5月中旬发生，发病时病叶背面和叶基部有金黄色孢子群，孢子成熟后有黄色粉末出现，随风传播，传染迅速，此期为夏孢子阶段，孢子着生部位组织穿孔，茎叶枯萎造成植株早期死亡。冬孢子在5月下旬至6月上旬出现，茎叶普遍出现黑褐色圆形孢子群，田间杂草多时容易发病。防治方法：清园，消灭田间杂草和病残体；发病初期用好力克3000～6000倍液或20%粉锈宁乳油800～1000倍液均匀喷雾，每7天喷1次，连喷2～3次。

黑腐病：又名"菌核病"，病原为一种半知菌，是危害平贝鳞茎最严重的病害，发生时期为5～8月下旬。发病初期，叶片边缘变紫色或黄色，整个叶片逐渐变黄色或紫色，叶缘向下卷曲，下部叶片卷曲严重，顶部叶片叶尖失水萎蔫，逐渐全株枯死，田间呈零星无苗斑块区，病区内几乎无苗，危害鳞茎。鳞片被害时产生黑斑，病斑下组织变灰，严重时整个鳞片变黑，皱缩干腐，鳞茎表皮下形成大量小米粒大小的黑色菌核。防治方法：粮药轮作，选择排水良好的高畦种植，施腐熟的肥料，及时拔除病株，清除田间杂草；整地做畦时用五氯硝基苯200倍液进行土壤消毒，平贝出土时喷 1次代森锌600倍液，展叶期喷1次田安500倍液，发病时可用多菌灵1000倍液喷洒全株或灌溉病区土壤。

灰霉病：病原为一种半知菌，多发生在5月下旬至6月上旬，发病初期叶片出现大小不等的水渍状病斑，继而扩展到全叶，使整个叶片变成黄褐色，枯萎而死。高温多湿、植株密度过大、通风不良的情况下发病严重，蔓延较快，3～5天即可感染全田。防治方法：合理密植，及时清除田间杂草；5月中、下旬出现多雨天气，应及时喷药，可采用1：1：120波尔多液喷洒全株，每7～10天喷1次，连喷3次；发病初期可喷洒50%速克灵1000倍液或50%扑海因1000倍液或50%甲基硫菌灵900倍液。

黄腐病：平贝整个生育期和休眠期均可发生，发病初期鳞茎出现黄色病斑（俗称红眼圈），后期腐烂变质，整个鳞茎腐烂。此病多因施用未腐熟肥料或碱性过大、地温过高以及低洼积水引起。防治方法：施用充分腐熟的肥料，在倒栽或收获时挑出染病鳞茎，及时种植遮阳作物，防止地温过高；药剂防治方法同黑腐病。

② 虫害防治：平贝主要害虫有蛴螬、细胸金针虫、蝼蛄等，以蛴螬危害严重。施用不腐熟肥料，地下害虫发生严重，造成缺苗断条，鳞茎基部被咬伤，产量降低。防治方法：施用充分腐熟的有机肥料，在肥料中加拌杀虫剂如克百威、甲基异柳磷2～3千克/亩；土壤药剂处理，用敌百虫粉剂1.5～2千克/亩，结合旋地于播种前混于土壤中；毒饵诱杀，用敌百虫1000倍液与粉碎的豆饼或蒸半熟的谷批子混拌均匀撒于行间小沟中，覆土少许，做好标记，3～5天后再人工捕杀；苗期用700倍的辛硫磷或700～1000倍敌百虫灌根触杀。

③ 鼠害防治：危害平贝母的鼠类有鼢鼠和鼹鼠，这两种鼠长年营居地下生活，以食各种植物地下根茎为生，咬食贝母地下鳞茎。防治方法：挖沟拦截，山地栽培平贝母，结合挖排水沟，在贝母田四周挖宽40cm，30～35cm深沟，拦截贝母田外围鼢鼠和鼹鼠打洞进入田间；人工捕捉，发现鼠洞，选择风天挖开洞口，待鼠怕风堵洞时，用锹插住退路，挖出捕杀；机械捕杀，发现鼠洞后挖开洞口，安放地箭、鼠夹、鼠笼、电猫等器械捕杀。

（7）采收、储存与运输　采收年限与时间：播种育苗田生长2～3年采收，子贝育苗田，大子贝生长1年采收，中小号子贝生长2～3年采收；采收期为6月上中旬地上植株枯萎时进行。采收工具：采收工具为平板锹、筛子等，应保持洁净、无污染，使用前后存放在干燥、卫生场所或专用库中，不能与有毒有害物品接触。采收方法：用平板锹先将种栽上层土壤抢起放在一边，再沿种栽下层，连土带种一起抢起，堆放在一处分级过筛，筛出泥土，挑出杂物，进行移栽或运至室内临时贮藏。采挖时注意不要碰伤贝母鳞茎。

种栽采收后应及时移栽，对不能及时移栽和要销售的种栽，要进行临时贮藏。选择阴凉、干燥、通风的库房，将地面打扫干净，先铺放3～5cm厚湿土，然后摆放2～3cm厚种栽，种栽上面再铺放3～5cm厚湿土，按此方法堆放50～80cm高，上面铺10cm湿土。或将种栽与湿土充分混拌后堆放。

参考文献

[1] 张晓军，崔大练，宗宪春. 平贝母传粉生物学及繁育系统的研究［J］. 西北植物学报，2010，80（7）：1404-1408.

[2] 李余先，陈凯峰. 平贝母鳞茎离体培养研究［J］. 北方园艺，2010（3）：121-122.

[3] 王谦博，侯素云，王振月，等. 平贝母药材质量标准研究［J］. 中医药学报，2009，37（6）：76-78.

[4] 魏云洁，王志清，侯淑利. 生物叶面肥对平贝母生长性状及产量和质量的影响［J］. 特产研究，2009，4：33-34.

[5] 王艳红，王英范，郑友兰，等. 中药平贝母的研究进展［J］. 山东农业大学学报（自然科学版），2006，37（3）：479-482.

[6] 陈铁柱，张连学. 不同产地平贝母营养元素、有效成分及其相关性研究 [J]. 人参研究，2006，3：20-23.

[7] 陈铁柱，张连学，舒光明. 施肥对平贝母矿质元素和产量的影响及其相关性分析 [J]. 时珍国医国药，2009，20(6)：1331-1332.

郭玉海　董学会　朱艳霞（中国农业大学）

15 北沙参

一、北沙参概况

北沙参为伞形科（Umbelliferae）珊瑚菜属植物珊瑚菜*Glehnia littoralis* Fr. Schmidt ex Miq. 的去皮干燥根，为传统常用中药，因产地不同又名莱阳沙参、海沙参、辽沙参等。其味甘、微苦，性微寒；归肺、胃经；具有养阴清肺、益胃生津等功效；用于治疗肺热燥咳，劳嗽痰血，胃阴不足，热病津伤，咽干口渴等病症。现代研究证明，北沙参主要含有香豆素类（如佛手柑内脂、补骨脂素）、聚炔类（如法卡林二醇、人参醇）、木质素类及异木脂素类、黄酮类（如槲皮素、异槲皮素、芦丁）、酚酸类（如水杨酸、绿原酸）、单萜类等成分，具有镇咳祛痰、免疫抑制、抗肿瘤、抗菌、抗氧化、镇痛、镇静等药理作用。分布于亚洲东部和美洲，我国以东南沿海和部分内陆省（区）栽培较多。主产于山东莱阳、文登、海阳、日照，辽宁辽阳、阜新，河北安国、任丘，内蒙古赤峰等省区。现今内陆安徽、河南、山西、吉林，沿海的江苏、浙江、福建、台湾、广东等省均有不同面积的栽培生产。

北沙参采用种子繁殖，其种子有后熟的生理特性，刚收获的种子胚尚未发育好，长度仅为胚乳的1/7，须经低温4个月左右才能完成后熟。对北沙参种子种苗严格分级，是人工选择北沙参种子种苗质量的重要环节，即人工淘汰一些带病的、畸形的、弱小的种子种苗，可保证北沙参的播种质量。北沙参长期人工栽培，药材生产只种不选，自留自用，种子种苗提纯、复壮工作滞后，从而导致北沙参品种退化、混杂、质量下降和疗效降低，严重影响了道地药材的质量稳定。再则北沙参为异花授粉植物，野生与栽培群体中存在着丰富的遗传变异，而导致道地药材质量下降，给人们用药安全带来极大隐患，对疗效的稳定产生影响。

二、北沙参种子质量标准研究

（一）研究概况

北沙参种子质量分级标准已有相关研究。赵玉玲等通过测定不同产地的北沙参种子净度、千粒重、含水量、发芽率，观察种子的外部特征，初步制订了北沙参种子的质量分级标准。北京中医药大学承担科技部国家科技重大专项子课题《甘草、知母、益母草、北沙参种子质量标准研究》，制定了北沙参种子质量分级标准，发表了研究论文《北沙参种子发芽和生活力检验方法的研究》。

（二）研究内容

1. 研究材料

2009年9月至2010年4月，收集北沙参主产区种子50份（表15-1）。2012年3月至2013年7月，收集北沙参种子30份，进行了验证试验。

表15-1 北沙参种子的收集

编号	来源	收集方式
1	河北安国	从中药材专业市场收集
2	安徽亳州十九里	从药材产地收集
3	河北安国	从中药材专业市场收集
4	河北安国北都	从中药材专业市场收集
5	河北安国日照	从药材产地收集种子
6	河北安国瓦子	从药材产地收集种子
7	河北望都	从药材产地收集
8	河北曲阳	从地方集贸市场收集
9	河北定州	从地方集贸市场收集
10	河北清苑	从地方集贸市场收集
11	河北顺平	从地方集贸市场收集
12	河北博野	从地方集贸市场收集
13	四川成都荷花池药材市场	从中药材专业市场收集
14	赤峰市翁牛特旗桥头乡	从生产直接收集种子
15	山东莱芜	从中药材专业市场收集
16	山东莱芜	从地方集贸市场收集
17	内蒙古赤峰喀喇沁旗牛营子镇牛营子村	从药材产地收集
18	内蒙古赤峰喀喇沁旗牛营子镇西山村1号	从药材产地收集
19	山东莱芜	从地方集贸市场收集
20	安徽华佗镇	从地方集贸市场收集
21	安徽华佗镇	从地方集贸市场收集
22	安徽华佗镇	从地方集贸市场收集
23	安徽华佗镇	从地方集贸市场收集
24	安徽亳州五马镇	从中药材专业市场收集
25	安徽亳州五马镇	从药材产地收集种子
26	河北安国	从中药材专业市场收集
27	安徽亳州十九里	从中药材专业市场收集
28	安徽阜阳	从地方集贸市场收集
29	内蒙古赤峰	从生产上直接收集
30	内蒙古赤峰	从生产上直接收集

续表

编号	来源	收集方式
31	内蒙古赤峰	从生产上直接收集
32	内蒙古赤峰	从生产上直接收集
33	四川成都荷花池药材市场	从中药材专业市场收集
34	内蒙古赤峰喀喇沁旗牛营子镇牛营子村	从药材产地收集
35	内蒙古赤峰喀喇沁旗牛营子镇牛营子村	从药材产地收集
36	内蒙古赤峰喀喇沁旗牛营子镇牛营子村	从生产直接收集种子
37	内蒙古赤峰喀喇沁旗牛营子镇牛营子村	从药材产地收集
38	内蒙古赤峰喀喇沁旗牛营子利达药材购销站	从药材产地收集
39	四川成都荷花池药材市场	从中药材专业市场收集
40	四川成都荷花池药材市场	从中药材专业市场收集
41	内蒙古赤峰喀喇沁旗牛营子镇西山村	从药材产地收集
42	内蒙古赤峰喀喇沁旗牛营子镇杨营子村	从生产直接收集种子
43	内蒙古赤峰喀喇沁旗牛营子镇杨营子村	从药材产地收集
44	内蒙古赤峰喀喇沁旗牛营子镇土城子	从药材产地收集
45	内蒙古赤峰喀喇沁旗牛营子镇土城子2号	从生产直接收集种子
46	内蒙古赤峰喀喇沁旗牛营子镇大碾子村	从药材产地收集
47	内蒙古赤峰喀喇沁旗牛营子镇大碾子村	从药材产地收集
48	内蒙古赤峰喀喇沁旗牛营子镇郑营子村	从药材产地收集
49	河北安国市郑章镇行塘村	从地方集贸市场收集
50	河北安国市明光店乡西韩村	从地方集贸市场收集

2. 扦样方法

采用“四分法”分取试验样品，步骤如下：① 把北沙参种子分别均匀地倒在干净光滑的白纸板上。② 将种子充分混匀。③ 将样品种子倒在光滑的平面上，用分样板将样品先纵向混合，再横向混合，重复混合4～5次，然后将种子摊平成四方形，用分样板划两条对角线，使样品分成4个三角形，再取两个对顶三角形内的样品继续按上述方法分取，直到两个三角形内的样品接近两份试验样品的重量为止。

确定批次送验样品试样量：北沙参种子批最大重量为5000kg，送验样品最小重量为600g，净度分析试样最小重量为60g。

3. 种子净度分析

北沙参种子净度分析中送检样品的最小重量为60g（至少含有2500粒种子）。送检样品的重量应超过净度分析量的10倍以上，至少600g。

北沙参种子清选方法和步骤：先用6号筛进行筛选，筛去泥土等杂质，然后再用镊子挑选出纯净种子。

北沙参净度分析如表15-2所示。

表15-2 北沙参种子净度分析

产地	样品量（g）	净种子（g）	杂质（g）	净度后重（g）	增失（%）	净度（%）
安徽亳州	60.167	51.652	9.413	61.061	−1.5	85.9
山东莱芜	60.132	48.030	11.41	59.431	1.2	79.9
河北安国	60.195	52.125	7.713	59.838	0.6	86.6

3个产地北沙参种子试样均没有其他植物种子，所以不记录这一项。北沙参种子的增失差距均小于5%，所以测定数据有效。

4．真实性鉴定

北沙参种子为双悬果，椭圆形，长7.8～17.3mm，宽7.4～14.6mm，厚3.7～6.3mm，表面黄褐色或黄棕色，顶端钝圆，分果背面隆起，腹面较平，横切面弧形，胚细小，乳白色，埋生于种仁基部（图15-1）。

图15-1 北沙参种子

5．重量测定

分别考察百粒法、五百粒法。具体设计如下：① 百粒法：随机从净种子中数取100粒，重复8次，分别记录百粒重，计算标准差及变异系数；② 五百粒法：随机从净种子中数取500粒，重复3次，分别记录500粒重，计算重复间差数及差数和平均数之比。

表15-3 北沙参种子千粒重的方法考察

产地	百粒法			五百粒法		
	百粒重（g）	标准差（g）	变异系数（%）	五百粒重（g）	标准差（g）	变异系数（%）
安徽亳州	2.093	0.005	3.9	11.186	0.013	8.5
山东莱芜	2.334	0.007	3.4	11.583	0.017	6.8
河北安国	2.282	0.008	2.7	11.574	0.016	7.3

百粒法和五百粒法测定北沙参种子千粒重的研究结果（表15-3）表明，百粒法测定千粒重变异系数<4%，而五百粒法的变异系数>5%，五百粒法不符合要求，故采用百粒法测定北沙参千粒重。千粒重19.35～24.74g。

6．水分测定

采用三个产地的北沙参进行高低温烘干法的测定，每个产地重复三次。采用133℃±2℃高恒温烘干和105℃±2℃低恒温烘干。结果表明，北沙参种子水分测定使用高恒温烘干法只需要6小时，而低恒温烘干法需要20小时。两种烘干方法对北沙参种子含水量的影响无显著差异（表15-4），故北沙参选择133℃±2℃高温烘干法作为水分测定方法。

表15-4　两种烘干法对北沙参种子水分含量（%）的影响

烘干方法	安徽亳州	山东莱芜	河北安国
高恒温	12.93±0.06[a]	10.63±0.06[a]	11.89±0.05[a]
低恒温	12.50±0.04[a]	10.41±0.03[a]	11.63±0.03[a]

7. 发芽试验

（1）发芽前处理　将北沙参净种子在水中浸泡12小时，用0.2%高锰酸钾消毒20分钟，用水冲洗干净。

（2）发芽床的选择　根据适宜发芽条件下的发芽表现，确定初次计数和末次计数时间。以达到50%发芽率的天数为初次计数时间，以种子萌发达到最高时，以后再无萌发种子出现时的天数为末次计数时间。

由表15-5知以滤纸作为北沙参种子发芽床的处理，其发芽率、发芽势和发芽指数都明显高于以纱布和细沙作为发芽床处理，故以滤纸为发芽床适合北沙参种子萌发。北沙参种子以滤纸为发芽床的末次记数时间为8天。

表15-5　发芽床对北沙参种子发芽率（%）的影响

发芽床	始发芽所需天数（天）	安徽亳州	山东莱芜	河北安国
滤纸床	4	88.5±1.7[a]	61.0±3.6[a]	76.3±2.7[a]
纱布床	3	78.5±1.0[b]	49.0±2.6[b]	64.6±1.9[b]
砂床	3	79.3±1.3[b]	51.3±1.5[b]	66.0±3.4[b]

注：处理间多重比较采用LSD法，差异显著性分析取α=0.05水平，同一列中含有不同字母者为差异显著，下表同。

（3）发芽温度的选择　以滤纸为发芽床，分别考察温度20℃、25℃、30℃对种子萌发的影响，光照培养。每个处理400粒种子，4次重复，每重复100粒种子。

不同温度下，北沙参种子发芽率表现出一定的差异（表15-6），结果表明，当温度为25℃时，发芽率较高，故选择25℃作为北沙参种子的适宜发芽温度。

表15-6　温度对北沙参种子发芽率（%）的影响（$\bar{x}\pm s$，n=4）

温度（℃）	安徽亳州	山东莱芜	河北安国
20	73.5±1.3[b]	52.3±1.5[b]	65.0±1.3[b]
25	82.3±1.7[a]	65.7.±2.3[a]	76.3±2.5[a]
30	71.3±1.8[b]	50.7±1.5[b]	63.3±1.6[b]

8. 生活力测定

（1）BTB染色法　使用该方法测定北沙参种子时，BTB琼脂制作麻烦、冷凝时间快，并且不变观察，规律性不强。不能够准确反映种子的生活力状况。

（2）四唑法　测定北沙参种子生活力的方法如下。

① 预湿处理：将种子在室温下直接泡于自来水中。北沙参种子如果时间浸泡太长，组织会腐烂，故预湿时间为12小时。

② 种子胚的暴露方法：北沙参则纵向二分之一处切成两半。

③ 染色时间、浓度和温度：采用3因素3水平$L_9(3^4)$的正交试验设计。四唑染色时间为1小时、3小时、5小时，浓度设0.2%、0.4%、0.6%，培养温度为25℃、30℃、35℃。每个处理400粒种子，4次重复，每重复100粒种子。染色结束后，沥去溶液，用清水冲洗3次，将裸种子摆在培养皿中，逐一检查，子叶和胚完全染成红色的表示有生活力的种子。

表15-7 四唑不同处理对北沙参种子染色着色率的影响

处理	时间（小时）	浓度（%）	温度（℃）	着色率（%）
1	1	0.2	25	5.0
2	3	0.2	30	25.0
3	5	0.2	35	57.5
4	1	0.4	30	12.5
5	3	0.4	35	40.0
6	5	0.4	25	47.5
7	1	0.6	35	17.5
8	3	0.6	25	30.0
9	5	0.6	30	62.5

由表15-7可以看出，北沙参种子染色情况与染色的时间、浓度、温度均有密切联系。结果表明，处理有着较高的染色率，故选择染色5小时、0.6%四唑浓度、30℃作为北沙参种子生活力检测的染色条件。

④ 染色鉴定标准的建立：有生活力北沙参种子的染色情况：胚完全着色；子叶远胚根端≤1/3不染色，其余部分完全染色。不满足以上条件的均为无生活力种子。

9. 种子健康检验

（1）直接法　从3份样本中随机取100粒种子，3次重复，用放大镜逐粒观察，挑选出虫害种子，分别计数。经观察北沙参种子并没有明显病虫害情况。

（2）间接培养法

① 种子外部带菌：采用针对种子寄藏真菌检测的普通滤纸培养法、PDA平板检验培养法进行北沙参种子的外部带菌健康检测，挑选出适合北沙参种子外部检测健康检测的最佳方法，其检测方法如下。

从北沙参种子中各选取一份种子表面不消毒100粒种子，放入100ml锥形瓶中，加入50ml无菌水充分振荡，吸取悬浮液1ml，以2000r/min转速离心10分钟，弃上清液，再加入1ml无菌水充分震荡、悬浮。

吸取震荡、悬浮后的带菌液100μl均匀加到已润湿的滤纸（三层）以及PDA培养皿上，以打开皿盖保持和摆放种子基本相等时间的未接种种子的3层润湿滤纸和PDA培养皿，作为该检测方法的空白对照。

接种后的培养皿连同对照一起在25℃恒温箱中黑暗培养7天，观察记录种子带菌情况，计算带菌率。

② 种子内部带菌：采用针对种子寄藏真菌检测的普通滤纸培养法、PDA平板检验培养法进行北沙参种子的内部带菌健康检测，挑选出适合北沙参种子内部带菌健康检测的最佳方法，其检测方法如下。

从北沙参种子中各选取一份种子表面消毒的100粒种子（1%次氯酸钠溶液表面消毒10分钟，灭菌水漂洗4次）。在超净工作台上直接将处理好的北沙参种子用镊子均匀摆放和滤纸和PDA培养皿中，每皿25粒，共4个重复，以打开皿盖保持和摆放种子基本相等时间的未接种种子的滤纸和PDA培养基作为该检测方法的空白对照。在25℃温箱中恒温箱黑暗培养7天后取出进行观察检测。

③ 北沙参种子带菌率：观察发现滤纸培养皿中北沙参种子并没有出现带菌情况，而PDA培养皿中则出现带菌情况，记录种子带菌情况，故以PDA培养作为适合北沙参种子内、外部带菌健康检测的最佳方法，北沙参外部带菌基本都是细菌，内部带菌以真菌为主，优势菌群为毛霉属、曲霉属。还有尚未鉴定的细菌也占有一定比例，内部带菌率见表15-8。

表15-8　北沙参种子携带菌种类和分离频率

产地	种子内部带菌率（%）	真菌种类和分离频率（%）			细菌（%）
		曲霉属	毛霉属	其他	
安徽亳州	100	15	60	12	13
山东莱芜	100	19	63	11	7

10. 种子质量对药材生产的影响

选取不同等级北沙参种子进行田间比较试验，研究不同等级种子、种苗与药材的生长发育、药材产量和品质（形态、外观、色泽、质地和有效成分含量等）之间的关系。

对已经分级的种子进行田间试验，试验地点设在内蒙古赤峰的一块农田地，土壤疏松向阳。小区面积2m²，3次重复。采用撒播方式，行株距10cm，用种量20～30g/m²。小区间设置40cm为保护行（隔离区）。

2010年10月中旬对影响北沙参药材产量的根系参数进行测定。每一小区的北沙参取5株进行根长，5cm处地径，单株鲜重及整个小区药材产量进行统计，并对北沙参中的粗多糖，可溶性多糖进行含量测定，并对数据采用SPSS 16.0进行分析，结果见表15-9。

表15-9　不同等级种子对北沙参根产量和多糖含量的影响

等级	根长（cm）	地径（mm）	单根重量（g）	产量（kg/m）	粗多糖（%）	可溶性多糖（%）
1	37.70 ± 1.35^a	15.70 ± 0.63^a	40.04 ± 2.28^a	3.76 ± 0.08^a	45.82 ± 0.27^a	8.02 ± 0.18^a
2	30.70 ± 2.14^b	10.36 ± 0.73^b	20.48 ± 2.51^b	2.30 ± 0.08^b	45.26 ± 0.65^a	7.50 ± 0.10^b
3	25.750 ± 1.32^c	7.57 ± 0.58^c	7.43 ± 0.45^c	0.79 ± 0.03^c	43.76 ± 0.71^b	6.60 ± 0.09^c

各个等级种子分别种出的药材，其根长，5cm处地径，单株鲜重，整个小区药材产量及粗多糖与可溶性多糖含量差异有统计学意义。药材的形态和产量与种子的等级相关，一级种子产的药材形态好，产量高，多糖含量高，二级种子次之，三级种子最末。同时种子等级要药材生长状况有关，一级种子出苗率高，出苗整齐，幼苗健壮，二级次之，三级最末。

三、北沙参种子标准草案

1. 范围

本标准规定了北沙参种子术语和定义，分级要求，检验方法，检验规则，包装，运输及贮存等。

本标准适用于北沙参种子生产者、经营管理者和使用者在种子采收、调运、播种、贮藏以及国内外贸易时所进行种子质量分级。

2. 规范性引用文件

下列文件中的条款通过本标准的引用而成为本标准的条款。凡是注明日期的引用文件，其随后所有的修改单（不包括勘误的内容）或修订版不适用于本标准，然而，鼓励根据本标准达成协议的各方研究是否可使用这些文件的最新版本。凡是不注明日期的引用文件，其最新版本适用于本标准。

GB/T 3543.2　农作物种子检验规程　扦样

GB/T 3543.3　农作物种子检验规程　净度分析

3. 术语和定义

3.1 北沙参种子　为伞形科（Umbelliferae）珊瑚菜属植物北沙参（*Glehnia littoralis* Fr. Schmidt ex Miq.）。

3.2 扦样　从大量的种子中，随机取得一个重量适当，有代表性的供检样品。

3.3 种子净度　样品种子去掉杂质（包括破损、空瘪的坏种子）、其他植物种子后的净种子质量占样品总质量的百分率。

3.4 种子含水量　按规定程序把种子样品烘干所失去的重量，用失去的重量占供检样品原始重的百分率表示。

3.5 种子千粒重　规定含水量范围内1000粒种子的质量。

3.6 种子发芽率　在规定的条件和时间内长成的正常幼苗数占供检种子数的百分率。

3.7 种子生活力　指种子的发芽潜在能力和种胚所具有的生命力，通常是指一批种子中具有生命力（即活的）种子数占种子总数的百分率。

3.8 种子健康度　指种子是否携带病原菌，如真菌、细菌、病毒，以及害虫等。

4. 要求

4.1 基本要求

4.1.1 外观要求：种子椭圆形，表面黄褐色或黄棕色，外形完整、饱满。

4.1.2 检疫要求：无检疫性病虫害。

4.2 质量要求　依据种子发芽率、净度、千粒重、含水量等指标进行分等，质量分级符合表15-10的规定。

表15-10　北沙参种子质量分级标准

分级指标	等级划分		
	一等	二等	三等
净度（%），≥	86.0	77.0	59.0
千粒重（g），≥	24.03	22.14	20.16
发芽率（%），≥	90.0	76.0	60.0
含水量（%），≤	13.5	13.5	13.5

5. 检验方法

5.1 外观检验　根据质量要求目测种子的外形、色泽、饱满度。

5.2 扦样　按GB/T 3543.2　农作物种子检验规程　扦样执行。

5.3 真实性鉴定　采用种子外观形态法，通过对种子形态、大小、表面特征和种子颜色进行鉴定，鉴别依据如下：北沙参种子为双悬果，椭圆形，长7.8～17.3mm，宽7.4～14.6mm，厚3.7～6.3mm，表面黄褐色或黄棕色，顶端钝圆，分果背面隆起，腹面较平，横切面弧形，胚细小，乳白色，埋生于种仁基部。

5.4 净度分析　按GB/T 3543.3　农作物种子检验规程　净度分析执行。

5.5 发芽试验　取净种子100粒，4次重复；北沙参净种子在水中浸泡12小时，用0.2%高锰酸钾消毒20分钟，用水冲洗干净；把种子均匀排放在玻璃培养皿（12.5cm）的双层滤纸。置于光照培养箱中，在25℃，12小时光照条件下培养；记录从培养开始的第4天至第14天北沙参种子发芽数，并计算发芽率。

5.6 水分测定　采用高恒温烘干法测定，方法与步骤如下：打开恒温烘箱使之预热至14.5℃。烘干干净铝盒，迅速称重，记录；迅速称量需检测的种子样品，每样品3个重复，每重复5g±0.001g。称后置于已标记好的铝盒内，一并放入干燥器；打开烘箱，快速放入箱内上层。保证铝盒水平分布，迅速关闭烘箱门；待烘箱温达到规定温度13.3℃开始计时；烘干3小时后取出，迅速放入干燥器中冷却至室温，30~40分钟后称重；根据烘后失去的重量占供检样品原重量的百分率计算种子水分百分率。

5.7 重量测定　采用百粒法测定，方法与步骤具体如下：将净种子混合均匀，从中随机取试样种子100粒，8个重复；将8个重复分别称重（g），结果精确到10^{-4}g；按以下公式计算结果：

$$平均重量(\overline{X})=\frac{\sum X}{n}$$

式中：$\overline{X}$——100粒种子的平均重量；

X——各重复重量；

n——重复次数。

种子千粒重（g）=百粒重（g）×10

5.8 生活力测定　从试样中数取种子100粒，4次重复；种子在常温下用蒸馏水中浸泡12小时；沿种子纵向二分之一处切成两半；将种子置于0.6%四唑（TTC）溶液中，在30℃恒温箱内染色；染色5小时后取出，迅速用自来水冲洗，至洗出的溶液为无色；根据种子染色情况，记录有活力及无活力种子数量，并计算生活力。

5.9 健康检测　采用间接培养法，方法与步骤如下。

5.9.1 种子外部带菌检测：每份样品随机选取100粒种子，放入100ml锥形瓶中，加入50ml无菌水充分振荡，吸取悬浮液1ml，以2000r/min的转速离心10分钟，弃上清液，再加入1ml无菌水充分震荡、浮载后吸取100μl加到直径为9cm的PDA平板上，涂匀，重复4次，以无菌水为空白对照。放入25℃温箱中黑暗条件下培养7天后观察，记录种子外部带菌种类和分离比例。

5.9.2 种子内部带菌检测：将每份样品用清水浸泡30分钟，再在1% NaClO溶液中浸泡10分钟，用无菌水冲洗3遍后，将种子均匀摆放在PDA平板上，每皿摆放25粒，重复4次。在25℃温箱中黑暗条件下培养7天后取出进行观察检测，记录种子带菌情况、不同部位的真菌种类和分离频率。

5.9.3 种子带菌鉴定：将分离到的真菌分别进行纯化、镜检和转管保存。根据真菌培养性状和形态特征进行鉴定。

6. 检验规则

6.1 组批　同一批北沙参种子为一个检验批次。

6.2 抽样　种子批的最大重量5000kg，送检样品600g，净度分析60g。

6.3 交收检验　每批种子交收前，种子质量由供需双方共同委托种子质量检验技术部门或获得该部门授权的其他单位检验，并由该部门签发北沙参种子质量检验证书。

6.4 判定规则　按北沙参种子质量分级标准的要求对种子进行评判，同一批检验的一级种子中，允许5%的种子低于一级标准，但必须达到二级标准，超此范围，则为二级种子；同一批检验的二级种子，允许5%的种子低于二级标准，超此范围则判为三级种子；同一批检验的三级种子，允许5%的种子低于三级标准，超此范围则判为等外品。

6.5 复检 供需双方对质量要求判定有异议时，应进行复检，并以复检结果为准。

7. 包装、标识、贮存和运输

7.1 包装 用透气的麻袋、编织袋包装，每个包装不超过50kg，包装外附有种子标签以便识别。

7.2 标识 销售的袋装北沙参种子应当附有标签。每批种子应挂有标签，表明种子的产地、重量、净度、发芽率、含水量、质量等级、植物检疫证书编号、生产日期、生产者或经营者名称、地址等。

7.3 运输 禁止与有害、有毒或其他可造成污染物品混贮、混运，严防潮湿。车辆运输时应有苫布盖严，船舶运输时应有下垫物。

7.4 贮存 北沙参种子存在生理后熟现象，长时间储藏降低种子发芽率，北沙参种子当年的留种，不建议隔年之后再使用。

四、北沙参种子繁育技术研究

（一）研究概况

北京中医药大学承担科技部国家科技重大专项子课题“甘草、知母、益母草、北沙参种子质量标准研究”，开展了北沙参种子繁育技术研究，制定了北沙参道地药材种子繁育技术规程。

（二）北沙参种子繁育技术规程

1. 选地与整地

1.1 选地 北沙参对气候的适应性强，喜阳光充足，温暖湿润的气候，耐寒、耐旱、耐盐碱；怕高温酷热，忌水涝。北沙参要求土层深厚、土质疏松、肥沃、浇灌和排水良好的沙质壤土，并要求有良好的保水、保肥性。黏土地和低洼积水地，前茬花生地或豆地不宜种植。忌连作，一般以两到三年以上轮作为宜。

1.2 整地 北沙参是深根作物，选地后要深翻土壤30～45cm，亩施农家肥3000～5000kg，有条件的还可再施饼肥和磷钾肥50～100kg，肥料捣细过筛后，随翻地翻入土内作基肥，然后充分整细，使土层疏松。

2. 种植

2.1 播种 北沙参种子因有胚后熟休眠特性，需经低温处理。种子繁殖方式有两种，春播和秋播。秋播：用当年采收的种子，在播种前15天左右将种子浸润，至种仁发软为宜，按行距20cm开沟，深3cm左右，种子与3倍细沙混匀，均匀撒入沟内，种子距离3cm左右后用细土将其盖严，稍压，浇水。春播：新收种子于11月中旬进行沙藏处理，选背阳处，挖30～40cm深的坑，长、宽依种子多少而定，将经湿润的种子1份和稍湿润的细沙3份混合均匀，放入坑内，上盖稻草或草帘子，再覆一层土。翌年春解冻后播种，每亩播种量需干种子4～6kg。

2.2 留种 9月份，田间挑选生长良好，未开花，没有病虫害，根粗大且没有分支的优良植株作为母株，按行株距25cm种植。

3. 田间管理

3.1 间苗 参苗长出2～3片真叶后，按株距5～7cm间苗，除弱留强。苗距过稀根易分杈，过密苗木生长弱，易罹病害。

3.2 中耕除草 出苗整齐后，待苗高超过3cm，开始中耕除草。因北沙参幼苗小，要勤除草，浅松土，避免伤根。

3.3 追肥　苗高10cm时追施1次清淡人畜粪水，7月初以施磷、钾肥为主，促使根的生长，施肥后浇1次水。翌年开花前重施氮、磷肥，促使种子粒饱满。

3.4 排灌　北方春季干旱，应喷水保持地面湿润，生长后期植株过密，雨后应及时排水，防止烂根。

4. 病虫害防治

贯彻“预防为主，综合防治”的植保方针。以农业防治为基础，提倡生物防治和物理防治，科学应用化学防治技术的原则。北沙参病虫害种类较多，原则上以施用生物源农药为主。参考农药合理使用准则（GB 8321）规定。主要病虫害及防治方法参见表15-11。

表15-11　北沙参主要病虫害及防治方法

种类	受害部位及症状	防治方法
根腐病	受害初期，植株根尖和幼根呈现水渍状，随后变黄脱落，主根呈锈黄色腐烂。地上部植株矮小黄化，严重时死亡	忌连作，选沙壤地种植，及时排水；50%甲基托布津1000倍液浇灌病株
锈病	危害叶、叶柄及茎。出现红褐色病斑，渐腐烂	选无病老根留种；轮作，不重茬；作高畦，开深沟，排水降低湿度；发病初期及时拔除病株，并在病穴中撒施石灰粉并用50%多菌灵1000倍液浇灌；增施有机肥、磷钾肥，以促进北沙参的生长发育，增强植株抗病性
病毒病	危害叶片，导致叶片皱缩、扭曲，植株矮小、畸形，发育迟缓，重者死亡	消灭蚜虫等病毒传染源，筛选无病株作种，清除烧毁病残体。可用病毒A、植病灵等喷洒防治
钻心虫	幼虫钻入植株各个器官内部，导致中空，不能正常开花结果	用40%乐果乳剂1000倍液进行喷雾防治；90%敌百虫加水500倍浇灌根部杀幼虫；7～8月进行灯光诱杀
蚜虫	主要危害植株的叶片、嫩茎，使叶片皱缩、卷曲、畸形，严重时引起枝叶枯萎甚至整株死亡	清除田间残株、杂草，减少虫源；在田间施放饲养草蛉或七星瓢虫；发生期于叶片正、背面均匀喷洒药剂
大灰象甲	以成虫取食的幼芽及幼苗叶片，被害部分造成孔洞或缺刻，影响植株生长	早春在北沙参地边四周种白芥子，引诱大灰象甲吃白芥子幼苗，进行人工捕杀（清晨或傍晚）；或用药剂诱杀，15千克/亩鲜萝卜条加90%敌百虫10g撒于地面诱杀

5. 提纯复壮方法

5.1 设置隔离区　北沙参为异花授粉，应设置一定的隔离区。种子繁育田与药材生产田之间空间隔离距离100m以上，并种植高大作物，如玉米、高粱等。

5.2 去杂除劣　在北沙参整个生育期内进行二次去杂除劣。第一年结合定苗除去病株、生长不良株和畸形株，选留各性状基本一致的优良单株。第二次种子采收前，根据成熟度选留饱满籽粒，混合收种，集中脱粒保存。

5.3 单株选种　根据籽粒特征，选择变异个体，如籽粒特别大、饱满的种子等，单独脱粒保存。

参考文献

[1] 徐祝封，张钦德，李庆典，等. 北沙参道地产区种子生产、种苗培育现状调查与分析［J］. 山东中医药大学学报，2006，30（6）：493-496.

[2] 赵玉玲，李颖，张钦德，等. 北沙参种子品质检验及质量标准研究 [J]. 安徽农业科学，2008，36（23）：10016-10018.

[3] 郝江波，李欧，胡璇，等. 北沙参种子发芽和生活力检验方法的研究 [J]. 中国现代中药，2012，14（5）：30-32.

[4] 孙晓园. 山东道地药材北沙参质量标准规范化研究 [J]. 山东中医杂志，2013，32（9）：667-668.

李卫东（北京中医药大学）

王文全（中国医学科学院药用植物研究所）

16 白术

一、白术概况

白术为菊科植物白术 *Atractylodes macrocephala* Koidz. 的干燥根茎（图16-1）；作为我国常用大宗中药材品种之一，具有健脾益气、燥湿利水、安胎、和胃、固表、止汗等功能，主治脾虚食少、消化不良、腹胀泄泻、痰饮眩悸、水肿、自汗、胎动不安等症。

图16-1 白术原植物

目前浙江、湖南、江西、湖北、安徽、江苏、四川、河北、山东等地亦有栽培，其中以浙江磐安县及周边地区所产白术最为道地。大田种植白术多以种子繁殖、根茎繁殖。人工种植白术，主要存在病虫害等问题，影响药材产量、品质。近年来，白术病害的病原、发生规律以及综合防治等方面的研究较多，并取得了较大进展；但过度的无性繁殖导致品种退化、变异现象也日益突出。因此，选育白术抗病品种，稳定药材质量逐渐成为今后的主要研究方向。

二、白术种子质量标准研究

（一）研究概况

白术作为一种大宗药材品种，市场需求量每年可达万吨左右。在白术的生产中，其药材等级和产量是影响白术生产经济效益的主要限制性因素之一。因此，实现种植材料良种化已迫在眉睫；同时，开展种子质量检验研究，制定种子质量标准和检验规程，亦是国家推进中药材规范化种植工作的一项重要任务。

（二）研究内容

1. 研究材料

菊科植物白术（*Atractylodes macrocephala* Koidz.），主要收集于河北安国中照村、山西新绛、石家庄行唐、河北安国霍庄、河北博野杜各庄、河北博野沙沃村、河北清苑西王力、河北安国北七公、北京时珍中药研究所等地采集种子41份。见表16-1。

表16-1 白术种子收集记录表

物质名称	产地	种子编号
白术（二性子）	河北安国齐村	HB20091116CHM001
白术（大白术）	河北安国齐村	HB20091116CHM002

续表

物质名称	产地	种子编号
白术（二性子）	河北安国中照村	HB20091116CHM003
白术（改良白术）	山西新绛	HB20091116CHM004
白术（大白术）	河北安国齐村	HB20091116CHM005
白术（小白术）	河北安国北七公	HB20091116CHM006
白术（二性子）	河北安国东长化	HB20091116CHM007
白术（小白术）	河北安国河西	HB20091116CHM008
白术（大白术）	河北安国齐村	HB20091116CHM009
白术（改良白术）	河北安国齐村	HB20091116CHM010
白术（大白术）	河北安国齐村	HB20091116CHM011
白术（大白术）	河北安国闫村	HB20091116CHM012
白术（改良白术）	河北定州王习	HB20091116CHM013
白术（小白术）	河北易县	HB20091116CHM014
白术（小白术）	河北安国门东	HB20091116CHM015
白术（小白术）	河北安国南段村	HB20091116CHM016
白术（改良白术）	河北安国於村	HB20091116CHM017
白术（二性子）	河北安国齐村	HB20091116CHM018
白术（二性子）	河北石家庄行唐	HB20091116CHM019
白术（小白术）	河北安国霍庄	HB20091116CHM020
白术（大白术）	河北博野杜各庄	HB20091116CHM021
白术（改良白术）	河北博野沙沃村	HB20091116CHM022
白术（改良白术）	河北定兴北寨	HB20091116CHM023
白术（二性子）	河北安国北都	HB20091116CHM024
白术（改良白术）	河北安国郑村	HB20091116CHM025
白术（二性子）	河北安国八王村	HB20091116CHM026
白术（大白术）	河北安国於村	HB20091116CHM027
白术（改良白术）	河北里县南庄	HB20091116CHM028
白术（大白术）	河北安国西化庄	HB20091116CHM029
白术（大白术）	河北安国高业村	HB20091116CHM030
白术（改良白术）	河北里县洪善堡	HB20091116CHM031
白术（改良白术）	河北安国南阳	HB20091116CHM032

续表

物质名称	产地	种子编号
白术（大白术）	河北清苑西王力	HB20091116CHM033
白术（小白术）	河北安国北七公	HB20091116CHM034
白术（小白术）	河北安国北辛庄	HB20091116CHM035
白术（二性子）	河北安国南段村	HB20091116CHM036
白术（小白术）	河北安国齐村	HB20091116CHM037
白术（二性子）	河北安国齐村	HB20091116CHM038
白术（小白术）	河北安国霍庄	HB20091116CHM039
白术（改良白术）	河北安国大营	HB20091116CHM040
白术（二性子）	北京时珍中药研究所	HB20091116CHM041

2. 扦样方法

（1）扦取送检样品　采用徒手法扦取初次样品，方法如下：从样品袋中随机不同点取样；下层样品的扦样检验，要求某部分倒出，后再装回。手指合拢，握紧种子，以免有种子洒落。再次确认盛样容器洁净无杂质。在每次扦样前，应把手上杂质刷落。

（2）分取试验样品　采用“徒手减半法”分取试验样品，步骤如下：① 将种子均匀地铺在一个光滑清洁的实验台面上。② 使用平边刮板将样品先纵向混合，再横向混合，重复混合4～5次，充分混匀成一堆。③ 把整堆种子分成两半，对每半再次进行一次对分，即得四份样品。然后把其中的每一部分再减半分成八个部分，排成两行，每行四个部分。④ 合并和保留交错部分，如将第一行的第1、3部分和第2行的2、4部分合并，把留下的四个部分拿开。⑤ 将上一步保留的部分，再按照 ②③④ 步骤重复分样，直至分得所需的样品重量为止。

（3）保存样品　试验样品经分取完成后，应储藏在低温（最高温度不超过18℃）、通风的室内。若在较长时间内（如1个月）不能进行检验，则用样品袋封好放入冰箱冷藏室（温度为0～4℃）低温储藏。

按GB/T 3543.2农作物种子检验规程中种子批大小示例，白术种子属于小于小麦的种子，种子批最大重量为10000kg，容许的最大误差为5%，但考虑到中药材种子生产过程中普遍存在的量少、分散的实际情况，为尽量保证种子批的均匀度，故规定种子批的最大重量为1000kg，容许的最大误差为5%。在实际操作过程中准确核对种子批的袋数和每袋的重量，从而确定其总重量，如种子批重量超过1000kg，则分批扦样。本品种种子批的最大重量和样品最小重量见表16-2。

表16-2　种子批的最大重量和样品最小重量

植物名	学名	种子批的最大重量（kg）	样品重量（g）		
			送验样品最低重量	净度分析最低重量	每克种子近似数目（粒）
白术	*Atractylodes macrocephala* Koidz.	1000	1000	50	40

因白术种子不易流动，所以采用徒手法扦取样品。应握紧种子，以免种子漏出。扦样的最低袋数根据实

际操作和中药材种子量少分散的特点，并参照1999版《国际种子检验规程》规定扦样袋数，根据实际情况制定白术种子扦样袋数及散装种子扦样点数。如表16-3、表16-4所示。

表16-3　袋装不同批次白术种子扦样袋（容器）数

种子批的袋数（容器数）	扦取的最低袋数（容器数）	种子批的袋数（容器数）	扦取的最低袋数（容器数）
1~4	每袋扦取3个初次样品	16~30	总计15个初次样品
5~8	每袋扦取2个初次样品	31~59	总计20个初次样品
9~15	每袋扦取1个初次样品	60以上	总计30个初次样品

表16-4　散装不同批次白术种子扦样点数

种子批大小（kg）	扦样点数	种子批大小（kg）	扦样点数
50以下	不少于5点	301~1000	每50kg扦取1点，但不少于10点
51~300	每30kg扦取一点，但不少于5点		

3. 种子真实性鉴别

按照GB/T 3543.5—1995执行。随机数取待检验样品种子4份，每份100粒，观察种子颜色、性状、表面特征等，并记录真实种子数量，结果用平均值表示（图16-2）。

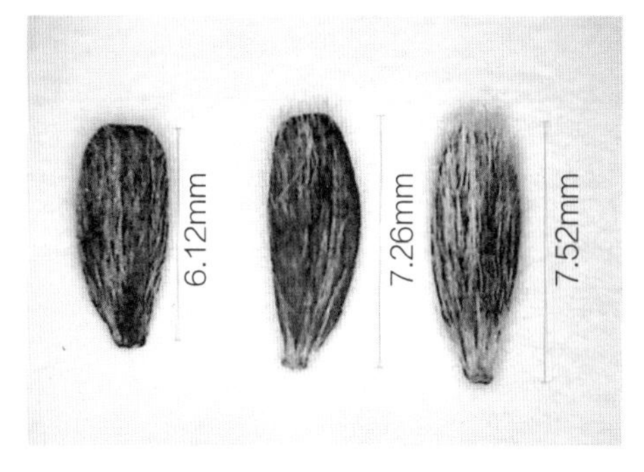

图16-2　白术种子

4. 净度分析方法研究

具体分析应符合GB/T 3543.3—1995《农作物种子检验规程—净度分析》的规定，扦取不少于最少重量的种子样品。按净种子、其他植物种子及杂质类别将种子分成三种成分，分离后并分别称重，以克（g）表示，折算为百分率。

（1）无重型杂质的情况

$$种子净度：P（\%）=m/M\times 100$$

$$其他植物种子：OS（\%）=m_1/M\times 100$$

$$杂质：I（\%）=m_2/M\times 100$$

式中：M——种子样品总重量，g；

m——纯净白术种子的重量，g；

m_1——其他植物种子的重量，g；

m_2——杂质的重量，g；

P——种子净度，%。

各种成分之和应为100.0%，小于0.05%的微量成分在计算中应除外。如果其和是99.9%或100.1%，那么从最大值（通常是净种子部分）增减0.1%。如果修约值大于0.1%，则需检查计算结果有无差错。

（2）有重型杂质的情况

$$净种子：P_2（\%）=P_1\times[（M-m）/M]\times 100$$

$$其他植物种子：OS_2（\%）=OS_1\times[（M-m）/M]+（m_1/M）\times 100$$

$$杂质：I_2（\%）=I_1\times[（M-m）/M]+（m_2/M）\times 100$$

式中：M——送验样品的重量，g；

m——重型混杂物的重量，g；

m_1——重型混杂物中的其他植物种子重量，g；

m_2——重型混杂物中的杂质重量，g；

P_1——除去重型混杂物后的净种子重量百分率，%；

I_1——除去重型混杂物后的杂质重量百分率，%；

OS_1——除去重型混杂物后的其他植物种子重量百分率，%。

最后应检查（$P_2+I_2+OS_2$）%=100.0%。各种成分之和应为100.0%，小于0.05%的微量成分在计算中应除外。如果其和是99.9%或100.1%，那么从最大值（通常是净种子部分）增减0.1%。如果修约值大于0.1%，则需检查计算结果有无差错。

随机从送验样品中数取400粒种子，鉴定时须设重复，每个重复不超过100粒种子。

根据种子的形态特征，必要时可借助放大镜等进行逐粒观察，必须备有标准样品或鉴定图片以及有关资料。白术种子应根据种子类型、大小、形状、颜色、翅的形状、脐部形状及脐部颜色、光泽等。鉴定时，对种子进行逐粒仔细观察鉴定，区分本品种和异品种的种子，计算品质纯度。见表16-5。

品种纯度（%）=100×（供检种子数-异品种种子数）/供检种子数

表16-5　不同品种、批次、扦样量白术种子净度分析

品种	批次	种子扦样量（g）					平均净度（%）	不同品种平均净度（%）
		25g	50g	75g	100g	150g		
大白术	1	95.1019	97.8028	98.6579	97.9183	98.1997	97.53612	91.8980
	2	86.7452	93.6378	94.213	93.5182	93.4394	92.31072	
	3	95.0111	98.6767	97.8034	98.1933	98.4788	97.63266	
	4	78.3392	85.0017	84.8978	84.201	84.6784	83.42362	
	5	85.0794	88.8769	89.9981	89.3434	89.6367	88.5869	
大白术不同批次平均净度（%）		98.93536	88.05536	92.79918	93.11404	92.63484	92.8866	91.8980
二性子白术	1	85.121	87.9009	87.3428	87.8825	87.9936	87.24816	91.7369
	2	79.1192	84.8034	85.0019	84.556	84.1958	83.53526	
	3	95.793	97.1838	98.0004	98.1516	97.7876	97.38328	
	4	95.0423	98.4394	98.0685	97.3136	97.7108	97.31492	
	5	87.3937	95.0322	94.2266	94.996	94.3665	93.203	
二性子不同批次平均净度（%）		97.69384	88.49384	92.67194	92.52804	92.57994	92.41086	91.7369

续表

品种	批次	种子扦样量（g）					平均净度（%）	不同品种平均净度（%）
		25g	50g	75g	100g	150g		
改良白术	1	95. 1739	97.9862	97.5691	98.5583	99.6387	98.43807	97.4202
	2	95.3076	98.8996	98.92	97.3589	98.8431	97.86584	
	3	95.5828	98.3606	99.0022	99.0008	98.756	98.14048	
	4	90.4318	95.2806	95.6081	95.5212	95.4818	94.4647	
	5	95.5588	99.3587	98.5643	98.6779	98.8019	98.19232	
改良不同批次平均净度（%）		98.12479	93.07496	97.09294	97.03196	96.94951	97.32206	96.2942
小白术	1	85.8326	93.5104	93.6397	93.9192	93.7444	92.12926	87.9834
	2	80.0043	88.105	87.4768	87.0364	87.4006	86.00462	
	3	88.322	94.6735	94.6458	94.0762	94.1532	93.17414	
	4	83.0414	87.6301	87.6222	87.4431	88.753	86.89796	
	5	77.136	82.2375	83.0704	82.9604	83.1511	81.71108	
小白术不同批次平均净度（%）		98.05926	82.86726	89.2313	89.29098	89.08706	89.44046	87.9834
不同扦样量平均净度（%）		98.20331	88.12285	92.94884	92.99125	92.81284	93.015	91.9781

5. 重量测定方法研究

采用百粒法、五百粒法和千粒法测定白术种子重量。先采用四分法，将全部种子分成四份，从每份中随机取总数的1/4，混合后，用万分之一电子天平称重，见表16-6。

（1）百粒法测定　① 将净种子混合均匀，从中随机取样8个重复，每个重复100粒种子；② 将8个重复分别称重，结果精确至10^{-4}g；③ 计算8个重复的标准差、平均数和变异系数。

（2）五百粒法测定　① 将净种子混合均匀，从中随机取样4个重复，每个重复500粒种子；② 将4个重复分别称重，结果精确至10^{-4}g；③ 计算4个重复的标准差、平均数和变异系数。

（3）千粒法测定　① 将净种子混合均匀，从中随机取试样3个重复，每个重复1000粒种子；② 将3个重复分别称重，结果精确至10^{-4}g；③ 计算3个重复的标准差、平均数和变异系数。

（4）百粒法、五百粒法和千粒法测定同一种子样本千粒重　① 按百粒法测定混合种子样本千粒重，4次重复；② 按五百粒法测定混合种子样本千粒重，4次重复；③ 按千粒法测定混合种子样本千粒重，4次重复；④ 对三组千粒重数据进行差异性显著分析。比较三种方法测定结果是否存在差异，选择适合的方法（表16-6）。

表16-6　不同批次不同方法处理下白术种子重量分析

品种	批号	方法	重复1	重复2	重复3	重复4	重复5	重复6	重复7	重复8	平均值	标准差	变异系数	含水量（%）	千粒重（规定水分11%，g）
大白术	1	百粒法	2.982	3.012	2.991	2.962	2.981	2.993	3.002	2.984	2.988	0.014062	0.47055	10.4245	30.07699
		五百粒法	14.921	15.055	14.955						14.977	0.056874	0.37974		33.65618
		千粒法	29.632	29.814							29.723	0.091	0.30616		33.39663
	2	百粒法	2.561	2.588	2.601	2.55	2.409	2.613	2.577	2.622	2.565	0.063343	2.46940	10.3652	25.83421
		五百粒法	12.751	12.045	13.065						12.62	0.426439	3.37901		28.35955
		千粒法	25.875	24.096							24.985	0.8895	3.56006		28.07360
	3	百粒法	2.873	2.839	2.856	2.847	2.85	2.866	2.841	2.867	2.854	0.011889	0.41646	10.4451	28.72675
		五百粒法	14.280	14.235	14.250						14.255	0.018708	0.13124		32.03371
		千粒法	28.469	28.391							28.430	0.039	0.13717		31.94382
小白术	4	百粒法	2.981	2.944	2.897	2.992	3.001	2.959	2.964	2.912	2.956	0.034604	1.17053	10.3006	29.79481
		五百粒法	14.795	14.823	14.560						14.725	0.117118	0.79537		33.08989
		千粒法	29.913	28.972							29.442	0.4705	1.59803		33.08146
	5	百粒法	2.996	2.987	2.991	2.993	2.999	3.002	3.01	2.998	2.997	0.006633	0.22133	10.4152	30.16693
		五百粒法	14.935	14.955	14.965						14.951	0.012472	0.08341		33.59925
		千粒法	29.911	29.996							29.9535	0.0425	0.14188		33.65562
	6	百粒法	2.897	2.992	3.001	2.993	2.999	3.002	2.899	2.996	2.972	0.04307	1.44899	10.3217	29.95029
		五百粒法	14.965	14.995	15.01						14.99	0.018708	0.12485		33.68539
		千粒法	28.955	29.897							29.426	0.471	1.60062		33.06292

续表

品种	批号	方法	重复1	重复2	重复3	重复4	重复5	重复6	重复7	重复8	平均值	标准差	变异系数	含水量（%）	千粒重（规定水分11%，g）
二性子白术	7	百粒法	1.792	1.803	1.799	1.811	1.802	1.798	1.806	1.801	1.801	0.005268	0.29241	10.5173	18.11271
		五百粒法	9.011	8.99	9.035						9.01	0.01633	0.18124		20.24719
		千粒法	18.012	17.995							18.003	0.0085	0.04721		20.22865
	8	百粒法	1.801	1.803	1.799	1.810	1.806	1.793	1.798	1.809	1.802	0.00543	0.30126	10.4668	18.13173
		五百粒法	9.015	8.995	9.05						9.02	0.02273	0.25199		20.26966
		千粒法	18.062	17.985							18.023	0.0385	0.21361		20.25112
	9	百粒法	1.991	1.953	1.961	1.95	1.982	1.976	1.965	1.958	1.967	0.013638	0.69334	10.5232	19.77538
		五百粒法	9.913	9.880	9.825						9.871	0.035198	0.35655		22.18352
		千粒法	19.924	19.765							19.8445	0.0795	0.40065		22.29719
改良白术	10	百粒法	2.412	2.383	2.405	2.399	2.378	2.411	2.425	2.396	2.401	0.014555	0.60619	10.3325	24.19133
		五百粒法	12.025	11.995	11.89						11.97	0.057879	0.48353		26.89888
		千粒法	24.056	23.998							24.027	0.029	0.12069		26.99663
	11	百粒法	2.399	2.389	2.383	2.405	2.399	2.387	2.396	2.401	2.394	0.007184	0.29997	10.2397	24.15334
		五百粒法	11.995	11.935	11.98						11.97	0.025495	0.21299		26.89888
		千粒法	25.012	23.897							24.454	0.5575	2.27974		27.47697
	12	百粒法	2.533	2.523	2.549	2.545	2.523	2.54	2.537	2.529	2.534	0.009034	0.35638	10.2505	25.56222
		五百粒法	12.706	12.685	12.645						12.676	0.023214	0.18312		28.48689
		千粒法	25.332	25.401							25.3665	0.0345	0.13600		28.50169

6. 种子水分检验

（1）低温烘干法　设4小时、6小时、8小时、10小时和12小时共5个时间处理，每处理4次重复，每重复25g。将处理后的种子放入预先烘干并称重的铝盒中记录总重量，并置于105℃±2℃烘箱内。按照预定时间，测定重量，分别计算种子水分含量。

$$种子水分（\%）=[（M_2-M_3）/（M_2-M_1）]\times 100$$

式中：M_1——样品盒和盖的重量，g；

M_2——样品盒和盖及样品的烘前重量，g；

M_3——样品盒和盖及样品的烘后重量，g。

（2）高温烘干法　首先将烘箱预热至140～145℃，打开箱门5～10分钟后，烘箱温度须保持130～133℃，设1小时、2小时、3小时、4小时共4个时间处理，每处理4次重复，每重复25g。将处理后的种子放入预先烘干并称重的铝盒中记录总重量，置于131℃烘箱内。按照预定时间，测定重量，分别计算种子水分含量。

$$种子水分（\%）=[（M_2-M_3）/（M_2-M_1）]\times 100$$

式中：M_1——样品盒和盖的重量，g；

M_2——样品盒和盖及样品的烘前重量，g；

M_3——样品盒和盖及样品的烘后重量，g。

计算到小数点后一位，若一个样品的两次测定之间的差距不超过0.2%，其结果可用两次测定值的算术平均数表示。否则，重新测定。见表16-7。

表16-7　不同方法测定下各批次白术种子中水分含量

品种	批次	种子水分（%）		
		150℃±2℃加热1小时	130℃±2℃加热3小时	105℃±2℃加热8小时
大白术	1	7.078	7.136	7.47
	2	7.259	7.316	7.558
	3	7.213	7.273	7.487
	4	7.543	7.605	7.941
	5	6.812	6.866	6.981
	6	7.425	7.484	7.821
	7	7.166	7.223	7.459
	8	7.555	7.615	7.953
	9	6.696	6.749	6.983
	10	7.706	7.768	7.996
二性子白术	1	7.056	7.113	7.535
	2	6.89	6.96	7.382
	3	6.929	6.983	7.519
	4	8.023	8.087	8.527
	5	7.008	7.064	7.699
	6	7.914	7.979	8.317
	7	7.569	7.629	7.867
	8	7.499	7.559	7.894
	9	7.783	7.845	7.994
	10	7.547	7.607	7.945

续表

品种	批次	种子水分（%）		
		150℃±2℃加热1小时	130℃±2℃加热3小时	105℃±2℃加热8小时
改良白术	1	6.941	6.997	7.471
	2	6.011	6.059	6.489
	3	7.363	7.422	7.861
	4	6.738	6.792	6.926
	5	6.322	6.373	6.804
	6	8.017	8.081	8.512
	7	7.163	7.220	7.856
	8	6.434	6.485	6.719
	9	6.756	6.81	6.894
	10	8.023	8.087	8.527
	11	7.32	7.378	7.715
小白术	1	9.779	9.862	9.986
	2	6.969	7.025	7.56
	3	7.59	7.658	7.989
	4	6.894	6.949	6.986
	5	7.144	7.201	7.437
	6	7.465	7.525	7.962
	7	7.447	7.506	7.744
	8	7.71	7.777	7.986
	9	6.715	6.768	6.922
	10	6.989	7.045	7.681

7. 发芽方法研究

白术种子不存在休眠现象，其种子萌发率主要由浸种时间和浸种温度的确定。试验前对所采集到的种子依法编号，并进行扦样和净度分析后，从每份样品中分别取100g干净种子充分混匀，检测发芽率（图16-3）。

（1）浸种时间的选择　用蒸馏水对同一批次白术种子室温20℃浸种，浸泡时间设12小时、18小时、24小时、48小时、72小时共5个处理，观察种子吸水膨胀情况。每处理50粒种子，重复4次。发芽床采用2层湿润滤纸，试验过程中保持滤纸湿润，每日观察并记录各处理种子发芽数量，并剔除霉烂种子，保持发芽盒内湿度要求。

（2）浸种温度的选择　浸种温度设定15℃、20℃、25℃、30℃、35℃共5个处理，浸种时间为18小时，选择纸床（纸上）发芽。统计并比较不同浸种温度的种子发芽情况。

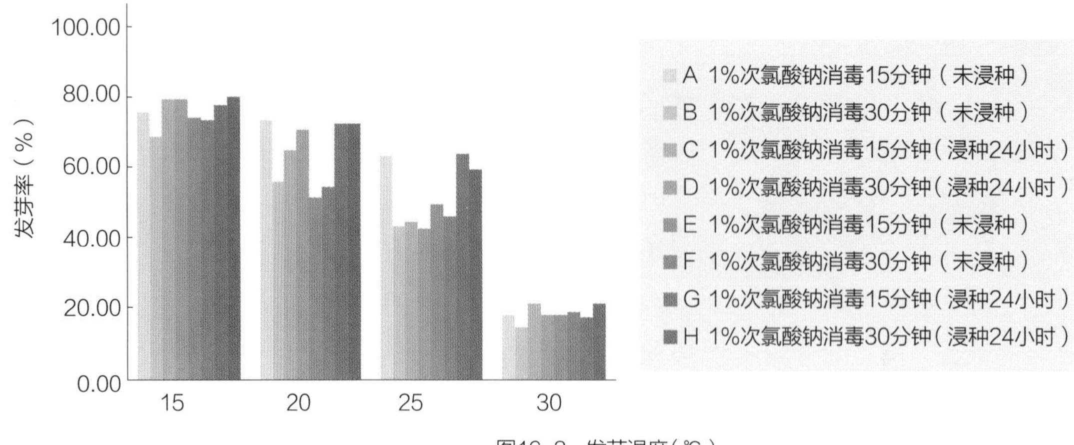

图16-3　发芽温度（℃）

（3）发芽床的对比筛选　纸上（TP）：在9cm培养皿内垫上2层湿润滤纸；纸间（BP）：在9cm培养皿内垫上2层湿润滤纸，另外用一层湿润滤纸松松地盖在种子上；砂上（TS）：在9cm培养皿中铺1cm厚的湿砂（砂水比为4∶1），后置种；砂中（S）：在9cm培养皿中铺1cm厚的湿砂（砂水比为4∶1），置种后再盖上一薄层10mm湿润的细砂。然后取经净度分析的混合种子，充分浸种吸胀后将数取的50粒种子均匀地摆在湿润的发芽床上，保持一定的粒间距，并置于25℃光照培养箱中培养。每日观察并记录各处理种子发芽情况，并随时剔除霉烂种子，保持发芽盒内湿度要求。

（4）发芽温度的选择　将经过净度分析的种子浸种吸涨后置纸上（TP）发芽床上，分别置于5℃、10℃、15℃、20℃、25℃、30℃、35℃共7个恒温和18℃（16小时）/25℃（8小时）、15℃（16小时）/30℃（8小时）2个变温条件下进行发芽实验。每个处理50粒种子，重复4次。

（5）发芽首末次计数时间的确定　取纯净的混合白术种子，经浸种吸胀后，置纸上发芽床培养皿，每皿50粒，4次重复，在25℃光照培养箱培养。每日观察记录白术种子发芽数量，保持培养皿温度，并随时剔除霉烂种子。发芽计数时间视具体发芽情况，确定初次计数和末次计数时间。以达到10%芽率的天数为初次计数时间，以发芽率达到最高时，且再无萌发种子出现时的天数为末次计数时间。

发芽率以最终达到的正常幼苗百分率计。即：

$$发芽率（\%）=已达正常幼苗的种子数/每个发芽盒种子数\times 100$$

发芽指数（GI）以下列公式进行计算：

$$GI=\sum（Gt/Dt）$$

式中：Gt为在发芽后t日的发芽数；

Dt为相应的发芽天数。

8. 生活力测定方法研究

（1）TTC法　① 将采集的白术种子30℃蒸馏水浸泡6小时，使其充分吸胀；② 随机数取200粒种子，分为4份，每份50粒，经种胚准确纵切，取其半粒备用；③ 把切好的种子分别置培养皿，加TTC溶液，以浸没种子为宜，然后放入30℃、35℃、40℃黑暗恒温箱；④ 保温时间设定1小时、2小时、3小时、4小时、5小时。处理结束，倾出药液，用蒸馏水冲洗2～3次，洗去浮液，立即观察种胚着色情况，判断种子生活力（图16-4）。

（2）白术种子生活力鉴定标准　① 有生活力的种子（图16-5）：胚及胚乳全部染色；胚及胚乳染色面积≥1/3，其余部分完全染色。② 无生活力种子类（图16-6）：胚及胚乳完全不染色；胚及胚乳染色总面积

≤1/3；其余部分不染色；胚及胚乳染颜色异常，且组织软腐。

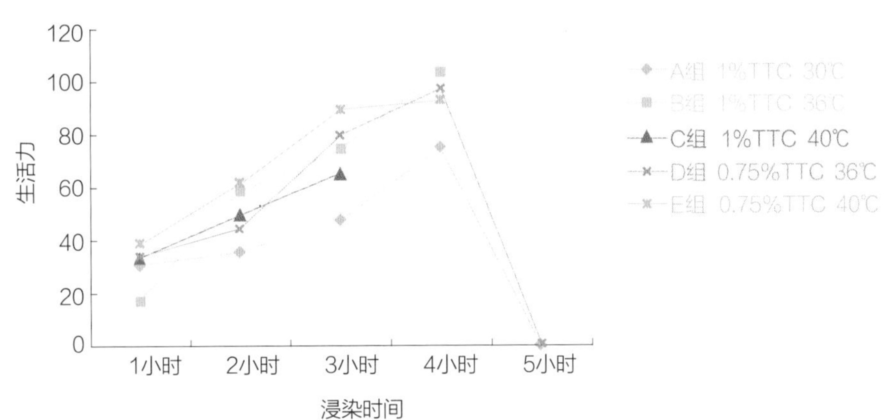

图16-4 不同批次及不同处理方法下种子生活力比较分析

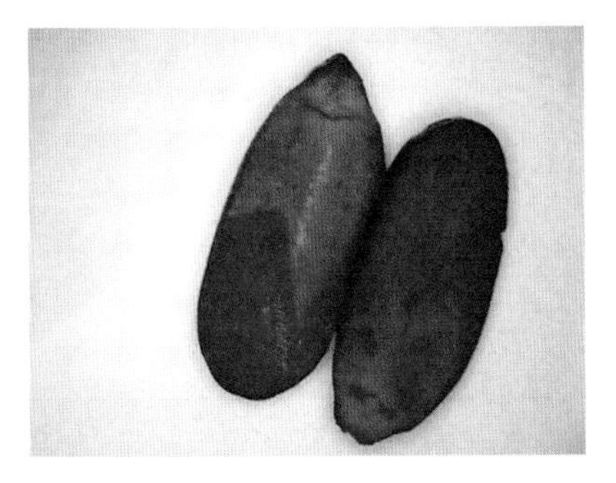

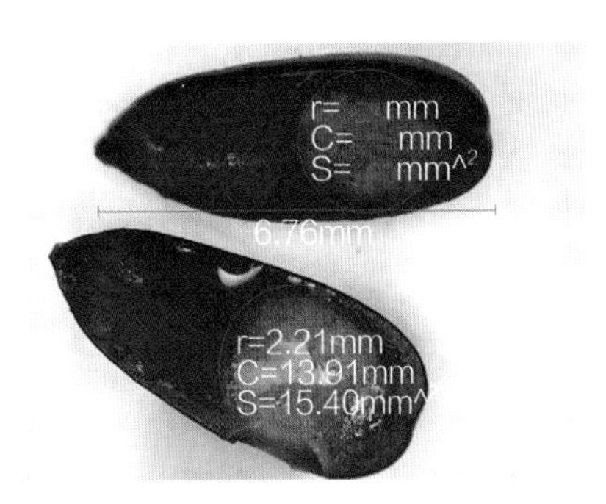

图16-5 TTC染色法检验有活力白术种子　　图16-6 TTC染色法检验子无活力白术种子

9. 健康度检测方法研究

（1）种子外部带菌检测　从每份样本中随机选取100粒种子，放入无菌的250ml锥形瓶中，加入40ml无菌水充分振荡，吸取悬浮液1ml，以2000r/min的转速离心10分钟，取其上清液，再加入1ml无菌水充分震荡悬浮后，即得孢子悬浮液。吸取100μm加到直径为9cm的PDA平板上涂匀，每批次样品4次重复。以无菌水作空白对照。于20℃±2℃黑暗条件下培养5天后观察菌落生长情况，鉴别种子携带真菌种类，计算分离频率。见表16-8。

（2）种子内部带菌检测　分别将不同批次白术种子充分吸胀后，在5%次氯酸钠溶液中浸泡8分钟，然后用无菌水冲洗3次，取40粒种子将其种壳和种仁分开，种仁经1%次氯酸钠溶液表面消毒5分钟，无菌水冲洗3次，分别将不同批次的种子均匀摆放在直径9cm PDA平板，每皿摆放10粒，每批次白术种子重复4次。于22℃恒温箱中12小时光照/黑暗交替下培养5天后，鉴别种子携带真菌种类，计算分离频率。

（3）分离鉴定　将分离到的真菌分别进行分离、纯化、镜检。根据真菌培养性状和形态特征，参考有关工具书和资料对其鉴定属别。

表16-8 不同批次白术种子健康度比较

种子来源	虫蛀数	霉变数	健康度（%）
（二性子）安国齐村	4	5	91
（二性子）石家庄	4	5	91

续表

种子来源	虫蛀数	霉变数	健康度（%）
（改良）河北定州	1	2	97
（改良）安国齐村	0	2	98
（改良）山西新绛	0	1	99
（小白术）安国河西	3	6	91
（小白术）安国齐村	2	7	91
（大白术）安国齐村	2	1	97
（大白术）安国於村	2	3	95
（白术）安徽亳州	0	1	99
（白术）安徽宁国	1	5	94
（白术）安徽霍山	13	1	86
（白术）浙江磐安新喔镇	3	2	95
（白术）浙江磐安尚湖镇	1	6	94
（白术）浙江临安于潜镇	3	5	92

注：1. 虫蛀数和霉变数均为每100粒种子中的平均值；2. 健康度=（虫蛀数+霉变数）/总种子粒数×100%。

三、白术种苗质量标准研究

（一）研究概况

优质种苗是药材栽培的基础，是提高药材产量、质量和用药安全性的根本保障。白术一般在2年以上采挖，种子播种生长周期长，因此选择优质的白术种苗就显得尤为重要。然而，目前白术种苗主要是药农自产自用或农户之间流通，少部分流入市场的种苗也没有正规的渠道，规模小且分散无序。移栽前未进行科学的分级筛选，缺乏统一的质量分级标准，种苗质量低下，造成田间出苗不齐，幼苗生长差异较大，产量较低，对白术的规范化种植及其质量控制极其不利。

（二）研究内容

1. 研究材料

菊科植物白术（*Atractylodes macrocephala* Koidz.）。

2. 扦样方法

种苗批扦样前的准备：了解白术种苗堆装混合、贮藏过程中有关种苗质量的情况。

3. 净度分析方法研究

具体分析应符合GB/T 3543.3—1995《农作物种子检验规程-净度分析》的规定。扦取不少于扦样所确定最少重量的种苗样品，按GB/T 3543.3—1995《农作物种子检验规程-净度分析》进行。按净种苗、其他植物种苗及杂质类别将种苗分成三种成分，分离后并分别称重，以克（g）表示，折算为百分率。

（1）无重型杂质的情况

$$种苗净度：P（\%）=m/M\times100$$

$$其他植物种苗：OS（\%）=m_1/M\times100$$

$$杂质：I（\%）=m_2/M\times100$$

式中：M——种子样品总重量，g；

m——纯净白术种苗的重量，g；

m_1——其他植物种苗的重量，g；

m_2——杂质的重量，g；

P——种苗净度，%。

各种成分之和应为100.0%，小于0.05%的微量成分在计算中应除外。如果其和是99.9%或100.1%，则从最大值（通常是净种苗部分）增减0.1%。如果修约值大于0.1%，应检查计算有无差错。

（2）有重型杂质的情况

$$净种苗：P_2（\%）=P_1\times[（M-m）/M]\times100$$

$$其他植物种苗：OS_2（\%）=OS_1\times[（M-m）/M]+（m_1/M）\times100$$

$$杂质：I_2（\%）=I_1\times[（M-m）/M]+（m_2/M）\times100$$

式中：M——送验样品的重量，g；

m——重型混杂物的重量，g；

m_1——重型混杂物中的其他植物种苗重量，g；

m_2——重型混杂物中的杂质重量，g；

P_1——除去重型混杂物后的净种苗重量百分率，%；

I_1——除去重型混杂物后的杂质重量百分率，%；

OS_1——除去重型混杂物后的其他植物种苗重量百分率，%。

最后应检查（$P_2+I_2+OS_2$）%=100.0%。各种成分之和应为100.0%，小于0.05%的微量成分在计算中应除外。如果其和是99.9%或100.1%，则从最大值（通常是净种子部分）增减0.1%。如果修约值大于0.1%，需检查计算结果有无差错。

4. 外形

在采集到的30份不同产地的白术种苗中，随机抽取30株，逐一进行观察，种苗的完整程度、外观色泽、侧根数、种苗病斑程度等（图16-7）。

图16-7　白术种苗

5. 重量

完成上述基本检查后，对挑选的种苗测量单株重。

6. 大小

完成上述基本检查后，对挑选的种苗测量根长、根粗。

7. 数量

每500g种苗的个数、每100g种苗的数量。各重复4次。

8. 病虫害

随机抽取100株，统计染病率。重复4次。

9. 种苗质量对药材生产的影响

不同大小、重量的种苗对产量的影响。

10. 繁育技术

不同种子前处理，对种苗生长的影响。

四、白术种子标准草案

1. 范围

本标准研究确定了菊科植物白术（*Atractylodes macrocephala* Koidz.）种子的质量等级以及等级划分标准。

本标准适用于白术种子的生产、经营以及使用过程中进行的种子质量分级。

2. 规范性引用文件

下列文件中的条款通过本标准的引用而成为本标准的条款。凡注明日期的引用文件，其随后所有的修改单（不包括的勘误的内容）或修订版均不适用于本标准。凡不注明日期的引用文件，其最新版本适用于本标准。

GB/T 3543.1～3543.7　农作物种子检验规程

3. 术语和定义

3.1 净种子　送验者所叙述的种（包括该种的全部植物学变种和栽培品种），其构造凡能明确的鉴别出它们是属于所分析的（已变成菌核、黑穗病孢子团或线虫瘿除外），包括完整的种子单位和大于原来种子1/2的破损种子单位都属于净种子。

3.2 其他植物种子　除净种子以外的任何植物种子单位，包括杂草种子和异作物种子。其鉴定原则与净种子相同。

3.3 杂质　除净种子和其他植物种子外的种子单位和所有其他物质和构造。包括：① 明显不含本品种子的种子单位；② 破裂或受损伤的种子单位的碎片为原来大小的一半或不及一半的；③ 脆而易碎、呈灰白色、乳白色的菟丝子种子；④ 泥土、砂粒及其他非种子物质。

3.4 正常幼苗　在良好土壤及适宜水分、温度和光照条件下，具有继续生长发育成为正常植株的幼苗。白术的正常幼苗包括从发芽始一直到发芽计数时间结束，幼苗都能一直正常生长，并且长出两片展开的、呈叶状的绿色子叶。

3.5 不正常幼苗　生长在良好土壤及适宜水分、温度和光照条件下，不能继续生长发育成为正常植株的幼苗。白术的不正常幼苗是指，虽已萌发，但由于初生感染（病源来自种子本身）引起幼苗形态变化，并妨碍其正常生长者或者由于生理紊乱导致的胚轴未萌发子叶便已枯萎的幼苗。

3.6 发芽计数时间　根据具体发芽表现，确定初次计数和末次计数时间。在初次计数时，把发育良好的正常幼苗从发芽床中捡出，对可疑的或损伤、畸形或不均衡的幼苗可以留到末次计数。在白术发芽试验中，以达到10%发芽率的天数为初次计数时间，初次计数时间一般在第3～5天，白术发芽周期一般为11天，末次计数时间为第11天。

3.7 发芽势　种子发芽初期（规定日期内）正常发芽种子数占供试种子数的百分率。种子发芽势高，则表示种子活力强，发芽整齐，出苗一致，增产潜力大。白术种子在发芽的第7天，发芽率开始迅速增加，所以白术种子发芽势为第7天正常发芽种子数占供试种子数的百分率。

4. 要求

依据种子净度、水分、千粒重和发芽率将白术种子分级如表16-9所示。

表16-9 白术种子等级划分标准

指标	级别		
	一级	二级	三级
发芽率（%）	85.11	75.45	65.32
含水量（%）	6.79	8.51	8.77
千粒重（%）	0.31	0.29	0.27
净度（%）	85.45	83.21	80.16

5. 检验方法

参照GB/T 3543.1～3543.7—1995《农作物种子检验规程》，对白术种子检验规程执行。

6. 检验规则

种苗质量分级各项指标中的任一项指标达不到标准则降为下一级。

7. 包装、标识、贮存和运输

7.1 白术种子的包装物上应标注原产地域产品标志、注明品名、产地、规格、等级、毛重、净重、生产者、生产日期或批号、产品标准号。

7.2 包装包装物应洁净、干燥、无污染，符合国家有关卫生要求。运输不得与农药、化肥等其他有毒有害物质混装。

7.3 运载容器应具有较好的通气性，以保持干燥，应防雨防潮。贮存仓库应具备透风除湿设备，货架与墙壁的距离不得少于1m，离地面距离不得少于20cm，入库储藏水分≤13%。

五、白术种苗标准草案

1. 范围

本标准研究确定了菊科植物白术（*Atractylodes macrocephala* Koidz.）种子的质量等级以及各等级划分参数。

本标准适用于白术种子的生产、经营以及使用过程中进行的种子质量分级。

2. 规范性引用文件

下列文件中的条款通过本标准的引用而成为本标准的条款。凡注明日期的引用文件，其随后所有的修改单（不包括的勘误的内容）或修订版均不适用于本标准。凡不注明日期的引用文件，其最新版本适用于本标准。

3. 要求

根据种苗单株鲜重、苗长和苗粗，将白术种苗质量分级标准规定如表16-10所示。

表16-10　白术种苗等级划分标准

等级	分级标准		
	单株鲜重	种苗长度	种苗茎粗
一级	≥14.1	≥6.1	≥8.1
二级	8.1～14.0	4.5～6.0	7.5～8.0
三级	2.0～8.0	3.5～4.5	5.5～7.4

4. 检验规则

种苗质量分级各项指标中的任一项指标达不到标准则降为下一级。

5. 判定规则

确定主要定级标注项级别；在主要定级标准级别确认后，按照相应规定逐一定级。

六、白术种子种苗繁育技术研究

（一）研究概况

自白术栽培研究有记载以来，各地相继开展了对其繁殖技术的研究工作，包括自然变异选育、多倍体及诱变育种、组织培养等，同时还对白术开展了无性系选育和分子标记等研究工作。但在实际栽培过程中，白术常以有性繁殖为主，加之白术为异花授粉杂合体，有性后代性状混杂，易导致严重的种性退化，表现为抗性减弱、病虫害严重、产量和质量下降等，严重制约了白术人工栽培的发展。因此，进行白术的良种繁殖，显得尤为重要。

（二）白术种子种苗繁育技术规程

1. 白术种子繁殖技术规程

1.1 选地、整地　选土质疏松、肥力中等、排水良好的砂壤土。育苗地忌连作，一般间隔3年以上。不能与白菜、玄参、番茄等作物轮作，前作以禾本科作物为好。

前作收获后要及时进行冬耕，既有利于土壤熟化，又可减轻杂草和病虫危害。白术下种前再深翻一次，并结合整地施足基肥。整地要求细碎平整。南方多做成宽120cm左右的高畦，畦长根据地形而定，畦沟宽30cm左右，畦面呈龟背形，便于排水。山区坡地的畦向要与坡向垂直，以免水土流失。

1.2 种子播前处理及播种　生产用种子应选择色泽发亮、颗粒饱满、大小均匀一致的种子。将选好的种子先用25～30℃的清水浸泡12～24小时，然后再用50%多菌灵可湿性粉剂500倍液浸种30分钟，然后捞出种子沥去多余水分。

白术的播种期，因各地气候条件不同而略有差异。南方以3月下旬至4月上旬为好。过早播种，易遭晚霜危害；过迟播种，则由于温度较高，适宜生长时间短，幼苗长势变弱，在夏季易遭受病虫及杂草危害，种栽产量低。北方以4月下旬播种为宜。

1.3 播种方式　生产上主要采用条播或者撒播方式。

1.3.1 条播：在整好的畦面上开横沟，沟心距约为25cm，播幅10cm，深3～5cm。沟底要平，将种子均匀撒于沟内。在浙江产区，先撒一层火灰土（所谓火灰土，就是将土肥用杂草堆积焚烧，这样可减少病虫来源，也可增加肥料中K的含量），最后再撒一层细土，厚约3cm。在春旱比较严重的地区，为防止种子“落干”现象的发生，应进行覆盖保湿。播种量4～5千克/亩。

1.3.2 撒播：将种子均匀撒于畦面，覆细土或焦泥灰，约3cm，然后再盖一层草，以利于保温保湿播种量5～8kg。

1.4 田间管理 播种后要保持土壤湿润，以利出苗；幼苗生长较慢，要勤除杂草，同时按照4～5cm间苗。苗期一般追肥两次，第一次在6月上中旬，第二次在7月份，施用稀人畜粪尿或速效氮肥。生长后期，如有抽薹植株，应及时将花蕾剪除，使养分集中，促进根茎的生长。

2. 白术种苗繁殖技术规程

2.1 种茎繁殖时间 白术的栽种季节，因各地气候、土壤条件不同而异。浙江、江苏、四川等地，移栽期在12月下旬到翌年2月下旬，以早栽为好。早栽根系发达，扎根较深，生长健壮，抗旱力强、吸肥效果好。北方在4月上、中旬栽种。

应选顶芽饱满，根系发达，表皮细嫩，顶端细长，尾部圆大的根茎作种。若根茎畸形，顶端木质化，主根粗长，侧根稀少者，则栽后生长不良。栽种时按大小分类，分开种植，出苗整齐，便于管理。

2.2 移栽前处理 在生产中，为了减轻病害的发生，需进行术栽处理。方法是：先用清水淋洗种栽，再将种栽浸入40%多菌灵可湿性粉剂300～400倍或80%甲基托布津500～600倍液中1小时，然后捞出沥干，如不立即栽种应摊开晾干表面水分。种栽于10月下旬至11月下旬收获，选晴天挖取根茎，剪去尾部须根，距根茎2～3cm处剪去茎叶。

2.3 种茎的贮藏 贮藏方法各地不同，南方采用层积法砂藏：选通风凉爽的室内或干燥阴凉的地方，在地上先铺5cm左右厚的细砂，上面铺10～15cm厚的种栽，再铺一层细砂，上面再放一层种栽，如此堆至约40cm高，最上面盖一层约5cm厚的砂或细土，并在堆上间隔树立一束秸秆或稻草以利散热透气，防止腐烂。砂土要干湿适中。在北方一般选背阴处挖一个深宽各约1m的坑，长度视种栽多少而定，将种栽放坑内，10～15cm厚，覆盖土5cm左右，随气温下降，逐渐加厚盖土，让其自然越冬，到第二年春天边挖边栽。

贮藏种栽应有专人管理，在南方每隔15～30天要检查一次，发现病栽应及时剔除，以免引起腐烂。如果白术芽萌动，要进行翻堆，以防芽继续增长，影响种栽质量。

2.4 移栽方式 种植方法有条栽和穴栽两种，行株距有20cm×25cm、25cm×18cm、25cm×12cm等多种，可根据不同土质和肥力条件因地制异。适当密植可提高产量，栽种深度以5～6cm为宜，不宜栽植过深，否则出苗困难，影响产量。

2.5 田间管理 移栽后要及时灌溉定根，增施追肥；注意观察药田病虫害，坚持以预防为主的原则。

参考文献

[1] 段启，许冬谨，刘传祥，等. 白术的研究进展［J］. 中草药，2008，39（5）：4-6.

[2] 颜启传. 种子学［M］. 北京：中国农业出版社，2001：398-491.

[3] 郭巧生，赵荣梅，刘丽，等. 桔梗种子品质检验及质量标准研究［J］. 中国中药杂志，2007，32（5）：377-381.

[4] 刘晓东，杨宝森，何淼. 防风种子品质检验及质量标准研究［J］. 中国林副特产，2011（3）：23-25.

[5] 支巨振. 1995农作物种子检验规程实施指南［M］. 北京：中国标准出版社，2004：17-25.

[6] 董青松，马小军，冯世鑫，等. 黄花蒿种子发芽试验研究［J］. 中国种业，2008（8）：47-48.

[7] 张国荣，张玉进，李生彬，等. 乌拉尔甘草种子种苗分级标准制定［J］. 现代中药研究与实践，2004，18（5）：14.

[8] 秦佳梅，张卫东，刘凤莲. 返魂草种子质量标准研究 [J]. 种子，2006，25 (12)：100.
[9] 雷志强，张寿文，刘华，等. 车前种子种苗分级标准的研究 [J]. 江西中医学院学报，2007，19 (5)：65-67.
[10] 邱黛玉，蔺海明，陈垣，等. 当归种子质量标准研究 [J]. 科技导报，2010，28 (20)：82-86.
[11] 王昌华，刘翔，银福军，等. 大黄种子质量分级标准研究 [J]. 时珍国医国药，2009，20 (7)：1605-1606.
[12] 郭巧生，厉彦森，王长林. 明党参种子品质检验及质量标准研究 [J]. 中国中药杂志，2007，32 (6)：478.
[13] 贺玉林，李先恩，淡红梅. 远志种子质量分级标准研究 [J]. 种子，2007，26 (1)：106.
[14] 郭巧生，张贤秀，王艳茹，等. 夏枯草种子品质检验及质量标准初步研究 [J]. 中国中药杂志，2009, 4 (34)：478.
[15] 徐荣，周峰，陈君，等. 肉苁蓉种子质量评价技术与分级标准研究 [J]. 中药材，2009，32 (4)：475-478.

郑玉光　王乾（河北中医学院）
陈敏　杨光（中国中医科学院中药资源中心）
黄璐琦（中国中医科学院）

17 | 白芍

一、白芍概况

白芍（*Paeonia lactiflora* Pall.）为毛茛科芍药属多年生草本，以干燥根入药，味苦、酸，微寒，归肝、脾经，具有养血调经、敛阴止汗、柔肝止痛、平抑肝阳等功效，主要用于血虚萎黄、月经不调、自汗、盗汗、肋痛、腹痛、四肢挛痛、头痛眩晕等症，是我国传统常用中药材。主产浙江、安徽、四川等地，产于浙江的芍药称"杭白芍"，现在浙江白芍主产区在东阳和磐安等地；产于安徽亳州的芍药称"亳芍"；产于四川中江地区的芍药称"川芍"。此外，江苏、山东、江西、河北、河南、陕西、湖南、贵州等省亦有栽培。

白芍生产上可采用种子、芍头和分根繁殖。由于种子繁殖药材生产周期长，生产上一般较少采用，除育种外。

浙江省作为白芍药材的发源地和主产区，其在白芍药材规范化种植和新品种选育等方面开展了一系列工作。2007年颁布了浙江省地方标准DB33/T 637.2—2007《无公害中药材杭白药》；2006年，杭白芍新品种"浙芍1号"通过认定。

白芍为多年生药材，生产周期比较长，一般需要种植三年以上，白芍药材价格一直在低位，这几年在浙江白芍种植面积逐渐减少，白芍种苗生产存在一些问题，一是白芍药材价格不稳定，导致白芍种植面积不稳定，直接影响白芍种苗市场，导致白芍种苗商品化程度低，而且种苗质量不稳定；二是白芍品种比较混乱，各地白芍经过长期种植，形成了不同的类型，如亳芍根据根的形态特征可分为线条、蒲棒、鸡爪、麻基4个品种，杭白芍根据花的颜色可分为红花、白花、紫红花和粉红花等五六个品种，由于各地未对白芍种质资源进行系统分类，生产上白芍种质资源比较混乱，一般都是混合群体，这直接影响白芍药材质量的稳定性。

二、白芍种苗质量标准研究

（一）研究概况

在浙江，白芍生产以分根无性繁殖为主，白芍收获时，种植户会把生长良好的田块作为种苗地，采挖时，将较粗大的芍根从芍头着生处切下，将笔杆那样粗的根留下，然后按其芽和根的自然分布，剪成2～4株，每株留壮芽1～2个及根1～2条，剪去过长的根和侧根，供种苗用。种植户选择种苗和修剪种苗时都根据自己的经验，不同种植户由于经验不同修剪出来的白芍种苗质量差异比较大，一般有经验的种植户修剪出来的种苗质量比较好。2009年开始，浙江省中药研究所有限公司承担了国家科技重大专项"中药材种子种苗和种植（养殖）标准平台（2009ZX09308-002）"子课题"薏苡仁、白芍、杭白芷、浙贝母等药材种子（苗）质量标准及薏苡新品种评价技术规范示范研究"，对白芍种苗分级标准及繁育技术进行了研究和规范，根据浙江分根繁殖和白芍种苗的特点，对白芍种苗一些指标进行了量化，形成了相对完善、科学的白芍种苗质量分级标准。

（二）研究内容

1. 研究材料

共收集了浙江东阳、浙江磐安、浙江缙云三个浙江主要白芍生产区的30份不同的白芍种苗，白芍种苗来源和收集方式见表17-1，其中22号为大红袍，花为红色，秆茎为青色；23号花为红色，秆茎为红色。

表17-1　白芍种苗来源

编号	序号	来源	备注
1	ZYS003001	浙江省东阳市三联高宅村	市场收集
2	ZYS003002	浙江省东阳市三联镇塔山村	市场收集
3	ZYS003003	浙江省东阳市三联镇后周村	市场收集
4	ZYS003004	浙江省东阳市三联镇降祥村	市场收集
5	ZYS003005	浙江省东阳市三联镇石门村	原产地收集
6	ZYS003006	浙江省东阳市三联镇前马村	原产地收集
7	ZYS003007	浙江省东阳市三联镇前马村	原产地收集
8	ZYS003008	浙江省东阳市三联镇前马村	原产地收集
9	ZYS003009	浙江省东阳市三联镇前马村	原产地收集
10	ZYS003010	浙江省磐安县安文镇白云山村	原产地收集
11	ZYS003011	浙江省磐安县安文镇白云山村	原产地收集
12	ZYS003012	浙江省磐安县冷水镇冷水村	原产地收集
13	ZYS003013	浙江省磐安县仁川镇赤岩前村	原产地收集
14	ZYS003014	浙江省磐安县深泽乡后力村	原产地收集
15	ZYS003015	浙江省磐安县双峰乡大皿村	市场收集
16	ZYS003016	浙江省磐安县双峰乡大皿村	市场收集
17	ZYS003017	浙江省磐安县新渥镇大山下村	市场收集
18	ZYS003018	浙江省磐安县新渥镇大树下村	市场收集
19	ZYS003019	浙江省磐安县新渥镇新渥村	直接田间采挖
20	ZYS003020	浙江省磐安县新渥镇新渥村	直接田间采挖
21	ZYS003021	浙江省磐安县新渥镇金山村	原产地收集
22	ZYS003022	浙江省磐安县新渥镇大处村	直接田间采挖
23	ZYS003023	浙江省磐安县新渥镇大处村	直接田间采挖
24	ZYS003024	浙江省磐安县新渥镇大处村	直接田间采挖
25	ZYS003025	浙江省缙云县壶镇镇应庄村	原产地收集
26	ZYS003026	浙江省缙云县东方镇靖岳村占松	原产地收集
27	ZYS003027	浙江省缙云县三溪乡厚仁村	市场收集

续表

编号	序号	来源	备注
28	ZYS003028	浙江省缙云县三溪乡厚仁村	市场收集
29	ZYS003029	浙江省缙云县壶镇镇下宅村	市场收集
30	ZYS003030	浙江省缙云县壶镇镇下宅村	市场收集

2. 扦样方法

在浙江产区，在白芍药材收获时，大的白芍根加工成白芍商品，将符合标准带芽新根剪下，每株留壮芽1～2个及根1～2条，即成白芍种苗。如果收获时间比较早，芽头还未长出，收获时间比较晚，已有芽头有长出。白芍种苗质量和种植技术、收获时间、修剪技术、贮存条件都有一定的关系，所以检验员在抽样前应向种苗经营、生产、使用单位了解该批种苗生产、贮藏过程中有关种苗质量的情况，不同产地、不同收获时间、不同等级的种苗应分为不同批次分开抽样，在每个不同批次种苗中随机抽取20～30株种苗，抽样后做好标记。

3. 净度

将收集到的白芍种苗，根据主产区种植户的传统经验，先将白芍种苗进行修剪，除去泥土，剪去过长的根和侧根。

4. 外形

通过走访浙江白芍主产区，调查白芍主产区种植户，种植户评价白芍种苗质量好坏的主要方法是目测，首先看白芍种苗芽头质量的好坏，在初冬白芍种植前，白芍种苗已长出芽头，看芽头是否新鲜饱满，芽头生长是否有力，然后看白芍根是否粗壮，接着看外表皮是否完整有无病虫和根是否直，根上是否有线虫等检疫性害虫，再看根横切面内色的颜色。

白芍种苗芽头长得好，种苗出土后长出的苗才比较健壮，而且分枝多，有利于白芍药材的产量和质量；白芍根粗壮有利于地上部分植株的生长；种苗表皮完整无病虫可以减少白芍药材病害的发生；观察根横切面内色的颜色可以判断白芍种苗是否新鲜，如果内色为白色，表明白芍种苗比较新鲜。

外形等检验主要是凭借种植户的经验，一般人单凭外观等检验比较难判断白芍种苗的质量。

5. 重量、根长和根直径

为了更直观地检验白芍种苗的质量，需要一些量化的指标来评判白芍种苗的质量。

白芍种植户评判白芍种苗质量的一个重要指标是根的粗壮程度，根粗壮则种苗质量比较好，根差则种苗质量也比较差，所以采用重量、根长和根直径三个可以量化的指标来评判种苗质量。白芍种苗由根和根茎两部分组成，根的重量比较重说明根比较粗壮，由于根和根茎连在一起，不能单独测量根的重量，所以测量种苗重量，种苗重量只能作为一个参考指标，如果根粗壮，则种苗比较重，但种苗比较重，根不一定粗壮，有可能是根茎比较重，而根比较细小。根长和重量一样，也只能是评判种苗质量的一个参考指标，根粗壮，则根长比较长；但根长比较长，根不一定粗壮，根有可能比较细。根直径可以分为地径（根和根茎连接处的直径）、根中间部分的直径和根尾部的直径，如果整个根比较粗，则根比较粗壮，比较地径、根中间部分直径和根尾部直径三个指标，地径不能评判根的粗壮水平，通过测定发现，很多质量好坏差异比较大的白芍种苗地径差异较小，根中间部分直径和根尾部直径可以评判根的粗壮水平，如果根中间部分直径和根尾部都比较粗，说明种苗比较好。由于每株种苗根长有差异，通过测量一定数量的白芍种苗，最后统一确定测量距离根和根茎连接处20cm和12cm两处的直径，如果根长超过20cm，则测量20cm处的直径，根长在12～20cm则测量12cm处的直径。

所以最后采用种苗重量、根长、根上距离根茎基部20cm和12cm两处的直径等指标来区分白芍种苗的等级，从白芍种苗分级结果来看，这几个指标可以对白芍种苗进行分级。

重量：单根种苗重量，用电子称进行称量，以克（g）表示。

根长：从根茎基部至根尾部的长度，以厘米（cm）表示。如果种苗有多条根，选择长度最长的根进行测量，作为这支种苗的根长。用分值度为1mm的直尺量，以厘米（cm）表示。如果测量的根上有分叉，则根长从根茎基部测至分叉处。

根径：分别测量20cm、12cm处及根茎基部根的直径，20cm处根径是指根上距离根茎基部20cm处根的直径，12cm处根径是指根上距离根茎基部12cm处根的直径，如果根长超过20cm则测量20cm处根径；如果根长超过12cm但不足20cm则测量12cm处根径，如果20cm处根直径比较小，则增加测量12cm处根直径，根径用游标卡尺测量，以厘米（cm）表示。

试验结果统计分析发现，不同白芍种苗重量差异比较大，同一地方的种苗，重量重的达到100g以上，重量轻的只有10g左右。不同种苗根长的差异也比较大，同一批种苗，最长的根长30cm，最短的只有12.5cm。20cm处和12cm处根的直径可以在一定程度上反映种苗质量的好坏，如果20cm处直径比较粗，那么种苗质量也比较好。通过测定发现，根长短于10cm的种苗质量都比较差，所以根长短于10cm的种苗建议生产上不采用。测量了30份不同白芍种苗的数据，不同级别标准参考了白芍种植户的经验，也分析了测量数据，另外还考察了芽头、外观、内色和检疫对象等内容，具体分级指标见表17-2。符合三级标准，但不符合一级和二级标准的为三级，不符合三级标准的为等外品。

表17-2　白芍种苗分级标准

级别	重量(g)	根长（cm）	直径	芽头	外观	内色	检疫对象
一级	≥50.0	≥20.0	20cm处直径≥0.6cm	新鲜饱满，无破损	表皮完整无病虫，根形较直	白色	不得检出
二级	≥15.0	≥12.0	20cm处直径≥0.3cm 或12cm处直径≥0.5cm	新鲜饱满，无破损	无病虫 根形较直	白色	不得检出
三级	不限	≥10.0	不限	新鲜饱满，无破损	无病虫 根形较直	白色	不得检出

注：符合三级标准，但不符合一级和二级标准的为三级。

根据拟定的白芍种苗分级标准，对收集到的30份不同白芍种苗进行分级，分级结果见表17-3，30份中，一级品比例为16.2%，二级品比例为52.0%，三级品比例为26.8%，等外品比例为5.1%。根据试验结果，拟定的白芍种苗分级标准可以对白芍种苗进行分级，各级品比例合适，而且简单、方便，可为白芍生产和提高白芍种苗质量提供帮助。

表17-3　不同种苗中不同等级比例统计

编号	一级品数量	二级品数量	三级品数量	等外品数量	总数	一级品比例（%）	二级品比较（%）	三级品比例（%）	等外品比例（%）
1	9	28	3	0	40	22.5	70.0	7.5	0
2	3	14	25	0	42	7.1	33.3	59.5	0

续表

编号	一级品数量	二级品数量	三级品数量	等外品数量	总数	一级品比例（%）	二级品比较（%）	三级品比例（%）	等外品比例（%）
3	6	21	7	0	34	17.6	61.8	20.6	0
4	2	19	21	0	42	4.8	45.2	50.0	0
5	7	17	5	4	33	21.2	51.5	15.2	12.1
6	0	34	8	0	42	0.0	81.0	19.0	0
7	3	15	15	4	37	8.1	40.5	40.5	10.8
8	2	21	10	2	35	5.7	60.0	28.6	5.7
9	3	20	8	1	32	9.4	62.5	25.0	3.1
10	3	18	9	3	33	9.1	54.5	27.3	9.1
11	7	14	7	2	30	23.3	46.7	23.3	6.7
12	4	16	10	1	31	12.9	51.6	32.3	3.2
13	2	11	11	6	30	6.7	36.7	36.7	20.0
14	7	20	5	0	32	21.9	62.5	15.6	0
15	2	17	12	4	35	5.7	48.6	34.3	11.4
16	12	11	7	1	31	38.7	35.5	22.6	3.2
17	8	11	5	5	29	27.6	37.9	17.2	17.2
18	5	19	7	1	32	15.6	59.4	21.9	3.1
19	6	15	7	2	30	20.0	50.0	23.3	6.7
20	8	13	10	3	34	23.5	38.2	29.4	8.8
21	4	14	9	1	28	14.3	50.0	32.1	3.6
22	5	23	12	1	41	12.2	56.1	29.3	2.4
23	10	19	5	2	36	27.8	52.8	13.9	5.6
24	6	20	7	0	33	18.2	60.6	21.2	0
25	11	15	3	2	31	35.5	48.4	9.7	6.5
26	6	19	4	1	30	20.0	63.3	13.3	3.3
27	7	15	8	2	32	21.9	46.9	25.0	6.3
28	7	14	11	0	32	21.9	43.8	34.4	0.0
29	4	12	14	2	32	12.5	37.5	43.8	6.3
30	4	20	5	1	30	13.3	66.7	16.7	3.3
总和	163	525	270	51	1009	16.2	52.0	26.8	5.1

6. 病虫害

检疫性病虫害按GB 15569—1995规程检验。

7. 种苗质量对药材生产的影响

（1）材料　试验材料来自浙江省磐安县新渥镇大处村同一种植户两块不同地块采收的白芍种苗。编号分别为1号和2号。

（2）方法　根据白芍种苗不同质量等级标准，从两份白芍种苗中筛选出一级、二级和三级种苗各30株，然后于2009年底将不同等级白芍种苗采用相同的种植方法在新渥镇同一块试验田进行种植，种植后采用相同的管理措施。于2010年4月底，每个处理随机选择10株测量株高和分蘖数，取平均值，比较不同级别种苗对第一年生植株的株高和分蘖数的影响。

（3）结果与分析

表17-4　不同级别种苗对植株的影响

编号	种苗等级	株高（cm）	分蘖数（个）	编号	种苗等级	株高（cm）	分蘖数（个）
1	一级	32.0	2.1	2	一级	40.2	3.1
	二级	26.5	1.6		二级	33.8	2.9
	三级	21.7	1.9		三级	31.1	2.2

注：每个等级随机量10株苗，取10株苗的平均数。

从表17-4可见，不同等级种苗对一年生植株的影响有一些差异，1号种苗，从株高看，随着种苗等级的提高，株高也越高；从分蘖数看，一级种苗植株的分蘖数最多，但二级种苗植株的分蘖数比三级种苗植株少。2号种苗，从株高和分蘖数看，随着种苗等级的提高，株高和分蘖数都越高。说明种苗等级与株高的相关性较高，而与分蘖数的相关性相对较低。

8. 繁育技术

（1）选种　选合格的白芍种苗或芍头，按等级分块栽种。

（2）栽种　将选好的种苗栽种在种苗田中。① 栽种时间：10月下旬至12月上旬，最佳种植期为11月份。② 栽种：行距50cm，株距40cm，穴栽。栽种时，开16～22cm的深穴，开成20°～30°斜面，每穴2根，分叉斜种，根呈“八”字形，芽头靠紧朝上，种后初覆细土压紧固定，然后在根尾部上方穴边施入种肥，覆细土成垄状，芽在地下3cm，根尾在地下8cm。

（3）施肥　① 基肥：施用经无害化处理的农家肥1000～1500千克/亩，结合整地施入土中。② 种肥：栽种后覆土时，穴边施入稀薄人粪尿1000～1500千克/亩。③ 第一年追肥：3月结合中耕除草，施25%有机无机复合肥30千克/亩或三元复合肥（15∶15∶15）20千克/亩；5月施硫酸铵15千克/亩；11～12月，施厩肥1500～2000千克/亩或三元复合肥30千克/亩。④ 第二年追肥：3月、5月、11月各施1次，25%有机无机复合肥40千克/亩或三元复合肥30千克/亩。⑤ 第三年追肥：3月中旬、5月上中旬各施1次，25%有机无机复合肥40kg/亩或三元复合肥30千克/亩。

（4）摘蕾　于白芍现蕾盛期，选晴天露水干后将其花蕾全部摘除。

（5）采收剪栽　种苗栽后3年或芍头栽后两年，枯苗后，晴天，用锄头等工具挖出地下根，抖去泥土，将粗大的芍根从芍头着生处切下加工成药材，将符合标准带芽新根剪下，每株留壮芽1～2个及根1～2条，即成种苗。

三、白芍种苗标准草案

1. 范围

本标准规定了白芍种苗的术语和定义、分级要求、检测方法和判定规则等。

本标准适用于白芍种苗生产者、经营者和使用者。

2. 规范性引用文件

下列文件中的条款通过本标准的引用而成为本标准的条款。凡是注明日期的引用文件，其随后所有的修改单（不包括勘误的内容）或修订版均不适用于本部分，然而，鼓励根据本部分达成协议的各方研究是否可使用这些文件的最新版本。凡是不注明日期的引用文件，其最新版本适用于本部分。

GB/T 191—2000　包装储运图示标志

GB/T 3543.2　农作物种子检验规程　扦样

GB 15569　农业植物调运检疫规程

3. 术语和定义

3.1 芍头　用于繁殖的切除根系的带芽白芍根茎。

3.2 芍栽　用于繁殖的带根带芽的白芍根茎。

4. 分级标准

白芍种苗主要依据白芍种苗单株重量、根长、根直径、芽头、外观和内色及病虫害等进行分级，白芍种苗分级标准见表17-5，符合三级标准，但不符合一级和二级标准的为三级标准种苗，低于三级标准的不得作种苗使用。

表17-5　白芍种苗分级标准

级别	重量（g）	根长（cm）	直径	芽头	外观	内色	检疫对象
一级	≥50.0	≥20.0	20cm处直径≥0.6cm	新鲜饱满，无破损	表皮完整无病虫，根形较直	白色	不得检出
二级	≥15.0	≥12.0	20cm处直径≥0.3cm或12cm处直径≥0.5cm	新鲜饱满，无破损	无病虫根形较直	白色	不得检出
三级	不限	≥10.0	不限	新鲜饱满，无破损	无病虫根形较直	白色	不得检出

注：符合三级标准，但不符合一级和二级标准的为三级。

5. 检测规则

5.1 抽样　检验员在抽样前应向种苗经营、生产、使用单位了解该批种苗生产、贮藏过程中有关种苗质量的情况，不同产地、不同收获时间、不同等级的种苗应分为不同的批次分开抽样，如果同一批次种苗数量比较多，应分成几个不同批次进行抽样。在每个不同批次种苗中随机抽取20～30株种苗，抽样后做好标记。

5.2 检测

5.2.1 重量：单根种苗重量，用电子称进行称量，以克（g）表示。

5.2.2 根长：从根茎基部至根尾部的长度，用分值度为1mm的直尺量，以厘米（cm）表示。如果种苗有好几条根，选择长度最长的根进行测量。如果测量的根上有分叉，则根长从根茎基部测至分叉处。

5.2.3 根径：分别测量20cm和12cm处根的直径，20cm处根径是指根上距离根茎基部20cm处根的直径，12cm处根径是指根上距离根茎基部12cm处根的直径。如果根长超过20cm则测量20cm处根径；如果根长超过12cm但不足20cm则测量12cm处根径，根径用游标卡尺测量，以厘米（cm）表示。

5.2.4 根数：是指同一白芍种苗上与根茎基部相连的根的数量。

5.2.5 外观：目测。

5.2.6 内色：将种苗横切，目测横切处颜色。

5.2.7 检疫对象：按GB 15569—1995的规定执行。

6. 判定规则

同一批次的白芍种苗中，随机抽取的样品标准率达到95%以上为合格，低于95%应重新挑选。检测完成，根据检测结果填写白芍种苗检验结果单，检测结果符合标准的可供生产上使用。

四、白芍种苗繁育技术研究

（一）研究概况

浙江白芍种植采用分根生殖方法，在白芍药材收获时，根据白芍植株生长情况，选择生长良好白芍起土作为种苗，采挖时，将较粗大的芍根从芍头处着生处切下加工成商品，可作种苗的部分统一收集，然后根据种苗修剪要求修剪成种苗。所以白芍种苗繁育技术大部分参照白芍药材种植技术，增加种苗修剪要求。

（二）白芍种苗繁育技术规程

1. 范围

本部分规定白芍的栽培技术和种苗生产的技术规程。

本部分适用于白芍的生产管理与白芍种苗的生产。

2. 规范性引用文件

下列文件中的条款通过本标准的引用而成为本标准的条款。凡是注明日期的引用文件，其随后所有的修改单（不包括勘误的内容）或修订版均不适用于本部分，然而，鼓励根据本部分达成协议的各方研究是否可使用这些文件的最新版本。凡是不注明日期的引用文件，其最新版本适用于本部分。

GB 4285—1989　安全使用标准

GB 8321.1—2000　农药合理使用准则

GB 8321.4—1993　农药合理使用准则

3. 术语与定义

3.1 无害化处理　为避免农家肥料直接施用对环境和白芍化学成分、味道、品质、抗性产生不良影响而预先进行堆、沤、压青、发酵等处理过程。

3.2 有机无机复合肥　有机肥料与无机肥料通过机械混合或化学反应而成的肥料。

3.3 厩肥　以猪、牛、羊、鸡、鸭等畜禽的粪尿为主与秸秆等垫料堆积并经微生物作用而成的一类有机肥料。

4. 栽培技术

4.1 选地整地

4.1.1 选地：选择阳光充足、土层深厚、保肥保水能力好、疏松肥沃、排水良好、远离松柏的地块种植，种过白芍的地块应间隔1年以上再种。

4.1.2 整地：栽种前，深翻土地25～35cm，清除草根、石块，然后耕细整平，四周开通排水沟。

4.2 栽种　可以选择种苗或芍头进行繁育生产白芍种苗。利用种苗繁育需要三年，三年后起土，大的根加工成白芍商品，符合种苗的根和根茎可以修剪成种苗，作为繁育材料。利用芍头繁育需要两年，两年后起土，修剪成种苗。芍头繁育的管理措施可以参照种苗繁育前两年的管理措施。

4.2.1 栽种时间：栽种适期10月下旬至12月上旬，最佳种植期为11月份。

4.2.2 选栽：选合格的白芍种苗或芍头，按等级分块栽种。

4.2.3 栽种方式

4.2.3.1 栽种密度，行距50cm，株距40cm，穴栽。

4.2.3.2 栽种时，开16～22cm的深穴，开成20°～30°斜面，每穴2根，分叉斜种，根呈“八”字形，芽头靠紧朝上，种后初覆细土压紧固定，然后在根尾部上方穴边施入种肥，覆细土成垄状，芽在地下3cm，根尾在地下8cm。

4.3 施肥

4.3.1 施肥原则：使用经无害化处理的农家肥料为主，以化肥为辅，实行配方施肥，不应施用硝态氮肥。

4.3.2 基肥：施用经无害化处理的农家肥1000～1500千克/亩，结合整地施入土中。

4.3.3 种肥：栽种后覆土时，穴边施入稀薄人粪尿1000～1500千克/亩。

4.3.4 追肥：每次施肥均应在株旁开穴或开环状浅沟施入，施后覆土。

4.3.4.1 第1年追肥：3月结合中耕除草，施25%有机无机复合肥30千克/亩或三元复合肥（15：15：15）20千克/亩；5月施硫酸铵15千克/亩；11～12月，施厩肥1500～2000千克/亩或三元复合肥30千克/亩。

4.3.4.2 第2年追肥：3月、5月、11月各施1次，25%有机无机复合肥40千克/亩或三元复合肥30千克/亩。

4.3.4.3 第三年追肥：3月中旬、5月上中旬各施1次，25%有机无机复合肥40千克/亩或三元复合肥30千克/亩。

4.3.5 上述施肥量是用种苗进行繁育时的施肥量，如用芍头进行繁育，施肥量可减半，施肥时间相同。

4.4 中耕除草　幼苗出土时，即应中耕除草。以后在5月上中旬、6月中下旬、9月上旬各中耕除草一次。中耕宜浅，勿伤及苗芽。

4.5 水分管理　四周开好排水沟，田块较大的应在当中开腰沟，排水沟深度应在30cm以上。雨季及时清沟排水，做到雨停田间无积水。干旱严重时，适当浇水抗旱。

4.6 摘蕾　于白芍现蕾盛期，选晴天露水干后将其花蕾全部摘除。

4.7 亮根修剪　对一年、二年生的白芍，枯苗后，在离地5～6cm处剪去枝叶，扒开芍根前部土壤，露根后抹去主根上全部侧根，在留好主根上芽头的同时，将带芽新根剪下作种苗，然后施肥、复土重新起垄。

5. 病虫害防治

5.1 主要病虫害　软腐病、灰霉病、红斑病、锈病、蛴螬、小地老虎。

5.2 防治策略　根据病虫害发生规律综合防治，以农业防治为主，辅以生物防治和物理防治，尽量减少化学防治次数，优先使用生物农药，化学农药宜选用高效低毒、低残留的农药种类，遵循最低有效剂量的原则。

5.3 农业防治

5.3.1 选择良种：选择对主要病虫害抗性较好的品种。

5.3.2 合理轮作：白芍不宜连作，轮作间隔时间1年以上，间隔期间种植禾本科作物为好。

5.3.3 减少菌源：发病季节及时摘除病叶，清除病残株，集中烧毁，收获后清洁田园，烧毁残枝落叶。

5.3.4 种苗处理：白芍收获时剪下的种苗，放置通风处干燥，待切口干燥再下种或贮藏。

5.4 物理防治

5.4.1 用灯光诱杀金龟子和小地老虎成虫。

5.4.2 整地时，发现蛴螬进行灭杀。在小地老虎危害高峰期的清晨进行田间人工捕杀。

5.5 生物防治

5.5.1 保护和利用天敌，控制病虫害的发生和危害。

5.5.2 用生物农药农抗120、多抗霉素等防治病害，方法见表17-6。

5.6 化学防治　根据白芍病虫害发生情况，选用对口农药防治，提倡交替用药和一药多治，严格掌握用药量、施药方法、施用次数和安全间隔期。使用药剂防治时应按照GB 4285—1989、GB 8321.1—2000、GB 8321.4—1993规定执行。可限制性使用的农药品种及方法见表17-6。

表17-6　可限制性使用的农药品种及方法

农药名称、剂型	稀释倍数	安全间隔期（天）	施药方法及每年最多使用次数	防治对象
50%多菌灵WP	800～1000	20	浸种、喷雾1次	软腐病、红斑病
70%甲基托布津WP	1000～1500	30	喷雾1次	灰霉病
50%腐霉利WP	1000～1500	10	喷雾1次	灰霉病
20%三唑酮EC	1000～2000	20	喷雾1次	锈病
2%农抗120AS	200	10	喷雾2次	锈病
75%百菌清WP	600～1000	10	喷雾1次	灰霉病、红斑病
10%多抗霉素WP	300～500	10	喷雾2次	灰霉病、红斑病
50%扑海因WP	1000～1500	7	喷雾1次	灰霉病、红斑病
70%代森锰锌WP	600～1000	10	喷雾1次	灰霉病、锈病
77%可杀得WP	1000～2000	10	喷雾1次	锈病
苯扎溴铵	800		浸种	软腐病
40%嘧霉胺EC	800～1200	3	喷雾1次	灰霉病
50%万霉灵WP	1000～1500	7	喷雾1次	红斑病、灰霉病
5%辛硫磷颗粒剂	3千克/亩		拌土	蛴螬、小地老虎
90%敌百虫G	750～1000	10	浇灌1次	蛴螬、小地老虎
48%乐斯本EC	1000～1500	30	浇灌1次	蛴螬、小地老虎

6. 采收、剪栽

6.1 时间　种苗栽后三年或芍头栽后两年，枯苗后，种苗随白芍商品一起采收。

6.2 方法　晴天，用锄头等工具挖出地下根，抖去泥土。

6.3 剪栽　将符合标准带芽新根剪下，每株留壮芽1～2个及根1～2条，即成种苗。

参考文献

[1] 么厉，程惠珍，杨智. 中药材规范化种植（养殖）技术指南[M]. 北京：中国农业出版社，2006.

任江剑　俞旭平（浙江省中药研究所）

18 冬凌草

一、冬凌草概况

冬凌草为唇形科香茶菜属植物碎米桠*Rabdosia rubescens*（Hemsl.）Hara的干燥地上部分。味甘苦，性微寒，具有清热解毒、消炎止痛、健胃活血及抗肿瘤之功效，为河南省重要的药用资源之一。

冬凌草广布我国黄河、长江流域，产湖北、四川、贵州、陕西、甘肃、山西、河南、河北、浙江、安徽、江西及湖南。主产区为河南济源太行山区。目前济源王屋山区下冶镇坡池村是全国最大的冬凌草种植基地，太行山枣庙和西许冬凌草种植基地于2011年通过国家GAP认证，该基地是全国第一家通过GAP认证检查的冬凌草基地，也是河南省药品生产企业第二家通过GAP认证检查的中药材基地。

冬凌草的开发利用广布各个领域，如在医药领域的冬凌草含片、冬凌草片、冬凌草糖浆等，用于咽喉炎、扁桃体炎和肿瘤的治疗。另外，由冬凌草等七味草药组成的复方PC-SPES，作为治疗前列腺癌的替代制剂，在北美地区为广大患者所广泛接受。在保健品行业里的如冬凌草茶、冬凌可乐、冬凌咖啡等。除此之外，冬凌草还被美容产业所应用，如冬凌草洁面乳、冬凌草爽肤水、冬凌草美白面膜、冬凌草营养霜等。同时冬凌草在河南省还被作为水土保持植物和蜜源植物，是很有开发前景的经济作物。但是目前冬凌草种子种苗的商品化程度还较低。冬凌草的主要繁殖方式为扦插繁殖和种子繁殖，繁殖材料是具芽的茎和种子。其种子为小坚果，种子外被蜡质，自然繁殖难度大。目前冬凌草人工引种驯化已取得初步成功，但是种子特性、种子种苗质量标准的研究比较少。由于冬凌草种子成熟期不一致，造成了种子质量不均一，发芽和出苗不整齐，进而影响了冬凌草的产量和质量。孔四新等曾对冬凌草种子质量形成的相关因子、标准化生产技术进行了研究，但未系统地对冬凌草种子质量相关因子的检验技术进行筛选和优化。

二、冬凌草种子质量标准研究

（一）研究概况

通过对不同产地的40份冬凌草种子的净度、千粒质量、发芽率、发芽势、含水量、生活力及带菌率等指标进行测定，采用SPSS 17.0分析软件对各检测结果进行分析，将冬凌草种子分为了3个等级，得出了划分等级的主要指标并制定出了冬凌草种子质量的分级标准。

（二）研究内容

1. 研究材料

不同产地、不同生态区域条件下采集的40份冬凌草种子，采集记录见表18-1。

表18-1 冬凌草种子采集记录

编号	样品来源	采集时间	海拔（m）	经纬度	备注
1	河南济源枣庙	2009.11.4	259.8	N35° 11′ 08.9″；E112° 30′ 14.7″	栽培
2	河南济源枣庙	2009.11.4	265.6	N35° 11′ 13.4″；E112° 30′ 20.9″	栽培
3	河南济源枣庙	2009.11.4	270.4	N35° 11′ 12.0″ E112° 30′ 18.5″	栽培
4	河南济源枣庙	2009.11.4	260	N35° 11′ 08.3″ E112° 30′ 21.2″	栽培
5	河南济源枣庙	2009.11.4	257.9	N35° 11′ 09.4″ E112° 30′ 19.0″	栽培
6	河南济源枣庙	2009.11.4	264	N35° 11′ 08.7″ E112° 30′ 09.2″	栽培
7	河南济源枣庙	2009.11.4	264.6	N35° 11′ 08.3″ E112° 30′ 11.6″	栽培
8	河南济源枣庙	2009.11.4	258.6	N35° 11′ 15.1″ E112° 30′ 33.0″	栽培
9	河南济源枣庙	2009.11.4	246.3	N35° 11′ 05.7″ E112° 30′ 20.5″	栽培
10	河南济源枣庙	2009.11.4	246.6	N35° 11′ 07.6″ E112° 30′ 23.9″	栽培
11	河南济源枣庙	2009.11.4	250.4	N35° 11′ 06.2″ E112° 30′ 25.4″	栽培
12	河南济源枣庙	2009.11.4	244.8	N35° 11′ 00.2″ E112° 30′ 23.2″	栽培
13	河南济源枣庙	2009.11.4	249.6	N35° 11′ 00.3″ E112° 30′ 21.6″	栽培
14	河南济源枣庙	2009.11.4	245.8	N35° 11′ 00.9″ E112° 30′ 20.7″	栽培
15	河南济源枣庙	2009.11.4	249.8	N35° 11′ 05.1″ E112° 30′ 21.1″	栽培
16	河南济源枣庙	2009.11.4	255.3	N35° 11′ 06.4″ E112° 30′ 21.2″	栽培
17	河南济源枣庙	2009.11.4	246.5	N35° 11′ 11.2″ E112° 30′ 25.2″	栽培
18	河南济源枣庙	2009.11.4	259.4	N35° 11′ 06.0″ E112° 30′ 10.7″	栽培
19	河南济源枣庙	2009.11.4	251.8	N35° 11′ 03.5″ E112° 30′ 10.6″	栽培
20	河南济源枣庙	2009.11.4	241.1	N35° 10′ 58.0″ E112° 30′ 14.7″	栽培
21	河南济源枣庙	2009.11.4	263.2	N35° 11′ 08.3″ E112° 30′ 05.5″	栽培
22	河南济源枣庙	2009.11.4	251.2	N35° 11′ 01.0″ E112° 30′ 12.4″	栽培
23	河南济源枣庙	2009.11.4	253.2	N35° 10′ 57.2″ E112° 30′ 13.4″	栽培
24	河南济源五龙口	2009.11.5	435.5	N35° 12′ 48.7″ E112° 43′ 46.2″	野生、阴坡山沟旁
25	河南济源五龙口	2009.11.5	275.5	N35° 11′ 04.2″ E112° 41′ 46.2″	野生、灌丛下
26	河南济源五龙口	2009.11.5	288.7	N35° 11′ 03.8″ E112° 41′ 56.9″	野生、灌丛下
27	河南新乡市八里沟	2009.11.11	877.2	N35° 38′ 68.0″ E112° 33′ 05.9″	野生、山沟里
28	河南鹤壁市淇县	2009.11.12	289.6	N35° 38′ 32.5″ E114° 07′ 03.7″	野生、山沟里
29	山西阳城莽河镇	2009.11.5	856.4	N35° 15′ 02.7″ E112° 24′ 18.2″	野生、阴坡灌丛下
30	山西绛县冷口镇	2009.11.6	690.7	N35° 24′ 33.9″ E111° 33′ 01.5″	野生、灌丛下

续表

编号	样品来源	采集时间	海拔（m）	经纬度	备注
31	山西绛县冷口镇	2009.11.6	684.7	N35° 24′ 35.0″ E111° 33′ 02.1″	野生、灌丛下
32	山西绛县冷口镇	2009.11.6	664.2	N35° 24′ 32.5″ E111° 33′ 00.8″	野生、灌丛下
33	山西闻喜县后宫瓦林	2009.11.7	836.9	N35° 19′ 09.3″ E111° 28′ 28.7″	野生、阳坡
34	山西闻喜县后宫瓦林	2009.11.7	824.1	N35° 19′ 08.5″ E111° 28′ 27.3″	野生、阳坡
35	山西闻喜县后宫瓦林	2009.11.7	822.4	N35° 19′ 09.5″ E111° 28′ 27.8″	野生、阳坡
36	山西闻喜县后宫瓦林	2009.11.7	816.8	N35° 19′ 12.4″ E111° 28′ 17.2″	野生、阳坡
37	山西夏县探马沟村	2009.11.8	761.4	N35° 13′ 36.3″ E111° 21′ 41.1″	野生、阴坡
38	西夏县探马沟村	2009.11.8	739.4	N35° 13′ 33.3″ E111° 21′ 70.6″	野生、阴坡
39	山西夏县探马沟村	2009.11.8	750.9	N35° 13′ 34.8″ E111° 21′ 41.7″	野生、阴坡
40	山西夏县探马沟村	2009.11.8	731.6	N35° 13′ 35.6″ E111° 21′ 44.2″	野生、阴坡

2. 扦样方法

（1）采用徒手法扦去初次样品　① 随机从样本容器中不同点取种子；② 手指合拢，握紧种子，以免有种子漏出；③ 确信盛样容器干净；④ 在扦取每次初次样品时，应把手上东西刷落。

（2）分取试验样品　采用“徒手减半法”分取试验样品，步骤如下：① 将种子均匀地倒在一个光滑洁净的平面上；② 使用平边刮板将样品先纵向混合，重复混合4～5次，充分混匀成一堆；③ 把整堆种子分成两半，每半再对分一次，这样得到的四个部分。然后把其中的每一部分再减半分成八个部分，排成两行，每行四个部分（图18-1）；④ 合并和保留交错的部分，如将第1行的第1、3部分和第2行的2、4部分合并，把留下的各部分拿开；⑤ 将上一步保留的部分，再按照2，3，4个步骤重复分样，直至分的所需的样品重量为止。

注意：重复样品必须独立分取，在分取第一份试样后，第二份试样或半试样须将送验样品一分为二的另一部分中分取。

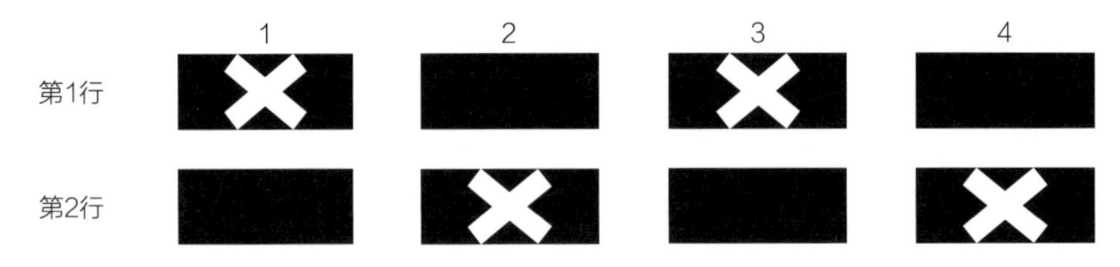

图18-1　徒手减半分取法示意图

（3）保存样品　试验样品经分取后，保存在最高温度不超过18℃、通风的条件下。

3. 种子净度分析

采用一份全试样法。

（1）采用“徒手减半法”分取试验样品　冬凌草种子净度分析实验中送检样品的最小重量为1.6g（至少含有2500粒冬凌草种子）。而送检样品的重量应超过净度分析的10倍以上至少为16g。本实验用此法从每份冬凌草种子中分取实验样本16g左右。

（2）重型混杂物的检查　清除与供试样品在大小和重量上明显不同的如土块、小石头等称为重型混杂物，并称其重量。

（3）试验样品的分离、鉴定、称重　用万分之一天平称取实验样本的重量在16g左右。

（4）借助放大镜、筛子、解剖刀等，在不损伤种子发芽力的基础上，根据种子的明显特征，在净度分析台上将试样分离成干净种子、其他植物种子和一般杂质三种成分后分别称重，以克（g）表示。

（5）结果计算和表示　将分析后的各种成分重量之和与原始重量比较，核对分析期间物质有无增失。如果增失差距偏离原始重量的5%，必须重新再做，计算各成分的百分率。

$$\text{净种子：}P(\%)=\frac{\text{净种子重量}}{\text{净种子重量+杂质重量+其他种子重量}}\times 100\%$$

$$\text{其他种子：}OS(\%)=\frac{\text{其他种子重量}}{\text{净种子重量+杂质重量+其他种子重量}}\times 100\%$$

$$\text{杂质：}P(\%)=\frac{\text{杂质重量}}{\text{净种子重量+杂质重量+其他种子重量}}\times 100\%$$

（6）结果分析　净度分析结果见表18-2。

以下是两份冬凌草种子按照一份全试样分析方法的步骤和结果，所有的百分率之和为100%成分少于0.05%填写报为“微量”，若某一成分结果为零，填报为“0.0”，具体结果见表18-2。

表18-2　冬凌草种子净度分析结果

编号	一般杂质（%）	其他种子（%）	净度（%）	增失差（%）
JY1	3.6551	0.1277	96.2171	1.1213
JY2	1.2419	0.1288	98.6292	2.4026

由表18-2可以看出，种子的增失差都小于5%，检验结果有效。

4. 真实性鉴定

（1）依据　种子外观形态特征是植物生活史中最稳定的性状之一，通过对种子形态、大小、颜色等表面特征可鉴定种子真实性。

（2）采用种子外观形态法　随机从样品中数取400粒种子，四次重复，每个重复不超过100粒种子。通过对冬凌草种子大小、形状、颜色、光泽、表面构造及气味等特征的观察，与资料文献中冬凌草种子形态描述、标本、照片相对照，对冬凌草种子的真实性进行评价。

（3）幼苗鉴别　随机从送验样品中数取400粒种子，四次重复，每重复为100粒种子。在培养室或温室中进行，可以用100粒。通过提供给植株以加速发育的条件（类似于田间小区鉴定，只是所需时间较短），当幼苗达到适宜评价的发育阶段时，与资料文献中冬凌草种苗形态描述、标本、照片相对照，对全部或部分幼苗进行形态鉴定做出真实性评价。

（4）结果分析　冬凌草种子的外部形态特征：冬凌草种子为小坚果，每个果萼中有3～4粒种子，倒卵形，长1.42～1.65mm；宽1.00～1.10mm，种皮革质，表面光滑无毛色泽为浅棕色至褐色或有白色花纹，种子顶端呈近浑圆形，种子基端（着生种脐的一端）有隆起的种阜，种脐呈疣状突起，种孔位于种阜尖端，尖端为灰白色，种阜周围有明显的晕环，呈深色，明显深于种皮颜色。而且种子饱满的种皮为白色花纹（图18-2）。

图18-2　冬凌草种子

冬凌草幼苗鉴定标准结果：

正常幼苗（图18-3）：① 完整幼苗：幼苗具有初生根，乳白色的茎和两片完整的嫩绿的小叶，并且生长良好、完全、匀称和健康。② 带有轻微缺陷的幼苗：幼苗的主要构造出现某种轻微缺陷，如两片初生叶的边缘缺损或坏死，或茎有轻度的裂痕等，但在其他方面仍能比较良好而均衡发展的完整幼苗。③ 次生感染的幼苗：幼苗明显的符合上述的完整幼苗和带有轻微缺陷幼苗的要求，但已受到不是来自种子本身的真菌或细菌的病源感染。

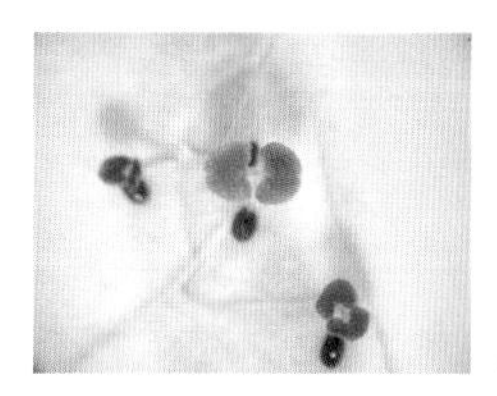 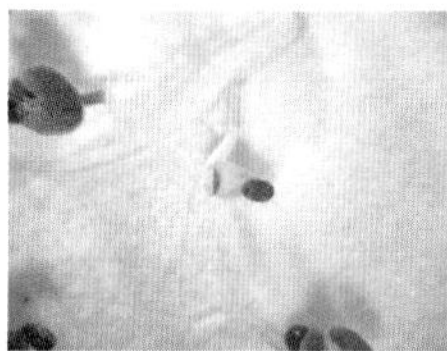 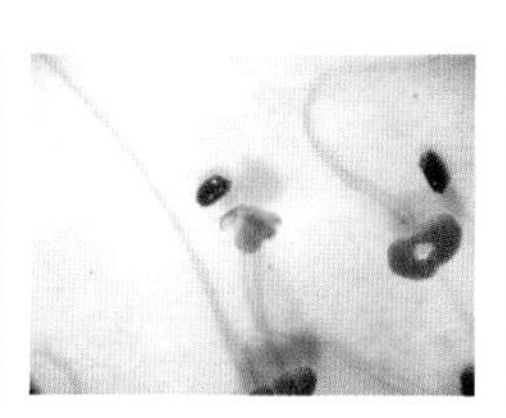 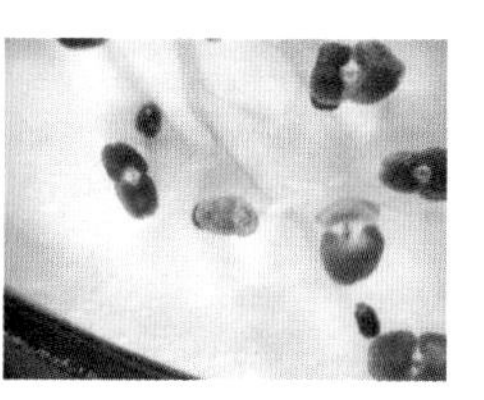

图18-3　正常幼苗

不正常幼苗（图18-4）：① 损伤的幼苗；幼苗没有子叶；幼苗没有初生根。幼苗带有皱折、破损或损伤的而影响上胚轴、下胚轴与根的疏导组织。② 畸形的幼苗：幼苗细弱、发育不平衡；发育停滞的胚芽、下胚轴或上胚轴；肿胀的幼芽及发育停滞的根；子叶出现后没有进一步发育的幼苗。③ 腐败的幼苗：幼苗的某种主要构造染病或腐烂严重，以致阻碍幼苗的正常发育。

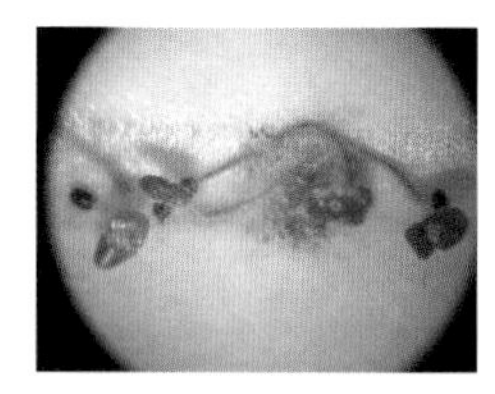 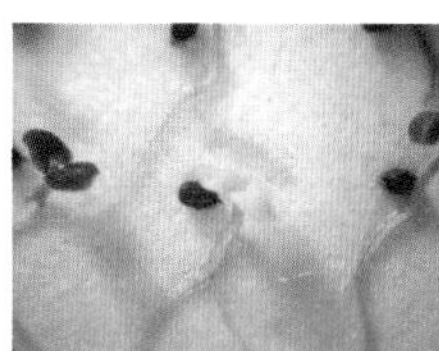 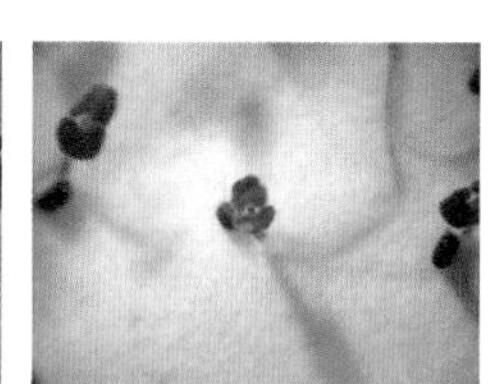 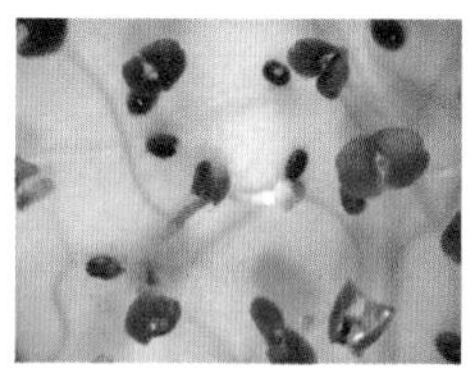

图18-4　不正常幼苗

5. 重量测定

（1）百粒法　测定样品的提取把净度测定所得样品铺在光滑洁净的桌面上，用四分法或其他随机方法提取所需数量的样品。从测定样品中随机点数种子100粒组成一组，共八个重复。分别称量各重复重量，精度同净度测定要求。计算公式根据八个重复的重量计算平均重量、标准差和变异系数。计算公式如下：

$$方差=\frac{n(\Sigma X^2)-(\Sigma X)^2}{n(n-1)}$$

$$标准差(S)=\sqrt{方差}$$

$$变异系数=(S/X)\times 100（或500）$$

式中：X——各重复重量，g；

n——重复次数；

S——标准差；

$\overline{X}$——100粒（或500粒）种子的平均重量，g；

Σ——总和。

结果计算与有效性分析种粒大小悬殊的种子，变异系数不超过6.0，一般种子的变异系数不超过4.0，即可按八个重复计算测定结果。如果变异系数超过这些限度，再数取8个重复，并计算16个重复的平均数和标准差。剔除与平均数之差超过二倍标准差的各重复，以其他有效重复的平均值乘以10表示种子的千粒重，其精度要求与称量相同。

（2）五百粒法　将净种子混合均匀，从中随机取试样3个重复，每个重复500粒；将3个重复分别称重（g），结果精确到10^{-4}g；计算3个重复的标准著、平均重量及变异系数。重复间差数与平均数之比<4.0，测定值有效。

（3）千粒法　测定样品的选取与称量将净度测定后的纯净种子铺在种子检验板上，用四分法区分开。从每个三角形中随机数取250粒，组成1000粒，共数取两组。分别称量两个重复的重量，并计算两个重复的平均数，称量精度同净度测定要求。数据计算与分析两组重复之间的差异不超过此平均数的5%，以该平均数表示其千粒重。两组重复之间的差异超过此平均数的5%，则再做两组重复，如第二次测定未超过5%误差范围，以第二次测定平均数表示其千粒重，如第二次测定超过5%误差范围，以4组重复的平均数表示其千粒重。

（4）重量测定测定结果与分析

① 百粒法：由表18-3可知，三分样本之间的变异系数<4，则结果有效。

表18-3　百粒法冬凌草种子千粒重

编号	千粒重（g）	标准差（S）	变异系数（CV）
1	0.4788	0.0118	2.4185
2	0.4849		
3	0.5016		

② 五百粒法：由表18-4可知，三份样本之间的变异系数<4，则结果有效。

表18-4　五百粒法测冬凌草种子千粒重

编号	千粒重（g）	标准差（S）	变异系数（CV）
1	0.5017	0.0022	2.1892
2	0.5042		
3	0.5061		

③ 千粒法：由表18-5可知，千粒法两次重复之间的误差为1.19%<5%，结果有效。

表18-5　千粒法测冬凌草种子千粒重

编号	千粒重（g）	标准差（S）	两组重复之间的误差范围（%）
1	0.5014		
2	0.5040	0.0030	1.19
3	0.5074		

④ 比较不同方法下测得三个样本千粒重的差异，结果见表18-6。

表18-6　三个样本千粒重的差异性比较（$P<0.05$）

方法	1	2	3	平均值（g）
百粒法	0.4788	0.4849	0.5016	0.4884[ab]
五百粒法	0.5017	0.5042	0.5061	0.5040[a]
千粒法	0.5014	0.5040	0.5074	0.5042[a]

由表18-6可知，由百粒法测得的3个相同样本的冬凌草种子的千粒重与五百粒法、千粒法有较大差异，而五百粒法和千粒法之间则没有显著性差异性，但整个过程来看，五百粒法相对易于操作，因此选择该法为测冬凌草种子千粒重的最佳方法。

6. 水分测定

先将种子样本分成等量两部分一部分磨碎，一部分保持原样。

（1）高温烘干法　对两份种子样本设四个时间处理1小时、2小时、3小时和4小时，每处理4次重复，每重复5g ± 0.001g。将种子样本连同称量瓶一起称重，记录，放置在温度达145℃恒温烘箱内。待烘箱温度回升至133℃时开始计时，温度保持在133℃ ± 2℃。到预定时间后，取出称重。根据烘后失去的重量计算种子水分百分率。通过所得数据，选择高温烘干时间。

注：一个样品的每次测定之间差距不能超过0.2%，其结果可用其算术平均数表示。否则必须重新测定。

（2）低恒温烘箱法：材料、仪器设备、方法步骤与高温烘干法基本一致，不同的是不设时间处理重复，将种子样本放在103℃ ± 2℃烘箱内烘17小时 ± 1小时。

（3）数据统计及分析：采用SPSS软件对数据进行方差分析。

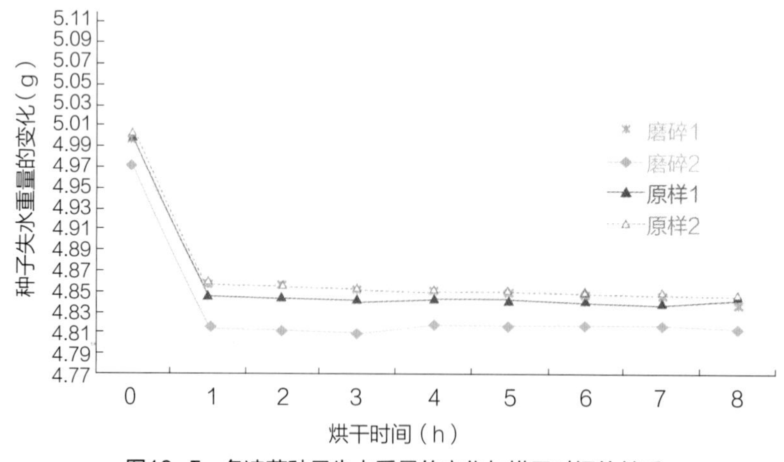

图18-5　冬凌草种子失水重量的变化与烘干时间的关系

（4）结果分析

① 高温烘干法：根据高温烘干法测得冬凌草种子水分和烘干时间的关系见图18-5。

冬凌草种子在最初的1小时内迅速失水，随后失水缓慢；烘干到4小时以后，种子的含水量趋于稳定，故选择适宜的烘干时间为4小时。

② 低温烘干法

表18-7 低温烘干法测得的冬凌草种子的含水量

样品的处理	含水量（%）	两次重复间差异（%）	样品的处理	含水量（%）	两次重复间差异（%）
研碎1	7.3654	1.6	原样1	7.3560	1.2
研碎2	7.2441		原样2	7.2659	

表18-8 高温烘干法各处理冬凌草种子的含水量

样品的处理	含水量（%）	两次重复间差异（%）	样品的处理	含水量（%）	两次重复间差异（%）
研碎1	7.3284	0.13	原样1	7.4651	0.08
研碎2	7.3385		原样2	7.4588	

两个样本研碎与否差异性并不是很显著，考虑到操作简便，和误差方面的原因，选择采用原样烘干测定其水分，两种烘干法测定的两个样本的水分含量值之间都没有显著性差异，并且误差都在0.2%以内，鉴于低温烘干法需要时间长，因此建议使用高温烘干法。

7. 发芽试验

（1）吸胀处理　扦样法分取的冬凌草种子用万分之一天平称取约0.5g，放入蒸馏水中室温下浸泡，分别在1小时、2小时、4小时、6小时、8小时、10小时、12小时、24小时取出用吸水纸吸取表面水分，并称重记录，直至恒重，得其最佳吸胀时间。

（2）消毒处理　① 75%乙醇浸泡1分钟；② 2%次氯酸钠溶液浸泡15分钟；③ 1%高锰酸钾溶液浸泡15分钟。通过观察比较选择最佳的消毒方法。

（3）适宜的发芽温度　先采用通用发芽床（纸床）通过设定15℃、20℃、25℃、30℃、35℃恒温等五个水平的发芽温度来探索确定适宜的发芽温度。

（4）适宜的发芽床　设定纸上、纸间、砂土、海绵等四种发芽床，在已确定的最佳发芽温度下进行发芽试验。每天观察并记录首末次发芽时间与发芽率。

（5）结果分析

① 吸胀处理结果。

表18-9 冬凌草种子吸胀处理结果

时间（小时）	0	1	2	4	6	8	12	24
重量（g）	0.5003	0.5429	0.5665	0.5835	0.5842	0.5843	0.5848	0.5850

由图18-6可知冬凌草种子在0~4小时变化比较大，4小时后变化缓慢，6小时后基本不变可认为种子已吸胀饱和，因此选取6小时作为冬凌草种子的最佳吸胀时间。

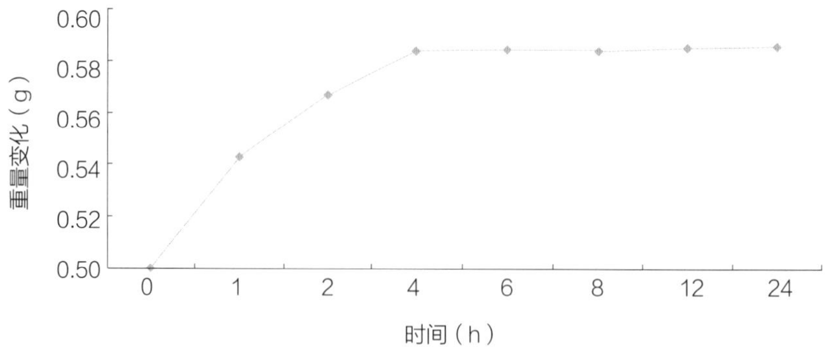

图18-6 冬凌草种子吸胀线形图

② 发芽前消毒处理：冬凌草种子在发芽过程中，种子易出现霉烂现象，发芽前用分别用75%的乙醇、1%的$KMnO_4$、2%NaClO消毒处理和直接用蒸馏水冲洗，10天后统计发芽情况。75%乙醇溶液处理后的种子霉烂率为25%，发芽率为56%，始发芽时间为2天；1%$KMnO_4$溶液处理后的种子霉烂率为5%，发芽率为95%，始发芽时间为1天；2%NaClO溶液处理后的种子霉烂率为1%，发芽率为99%，始发芽时间为1天；水冲洗霉烂率为40%，发芽率为60%，始发芽时间为1天（图18-7、表18-10）。可见，2%NaClO溶液对抑制种子发霉效果最佳；1% $KMnO_4$效果也比较好；75%乙醇溶液效果较差，且推迟种子的发芽时间；水冲洗效果最差。考虑经济、安全、方便等多方面因素，选取2%NaClO溶液作为最佳消毒处理方法。

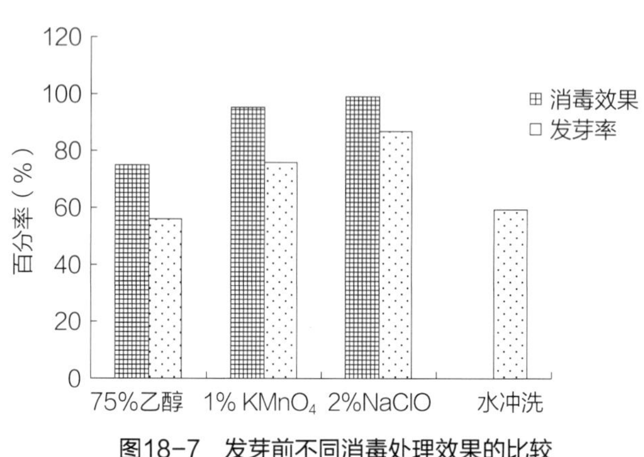

图18-7 发芽前不同消毒处理效果的比较

表18-10 发芽前不同消毒处理对种子发芽率和发病率的影响

参数	75%乙醇	1% $KMnO_4$	2%NaClO	水冲洗
始发芽所需时间（天）	2	1	1	1
10天后霉烂率（%）	25	5	1	40
消毒效果（%）	75	95	99	—
10天后发芽效果（%）	56	76	87	60

种子发芽前的清洁处理是为了能够真实地反映种子在最适条件下的发芽潜力，冬凌草种子在发芽过程中，易受霉菌的侵染影响发芽潜力，发芽前的清洁处理时很有必要的。

③ 发芽温度的选择：冬凌草种子在五个不同温度下，发芽差异性较显著，15℃、20℃、25℃、30℃温度下种子的发芽率无显著差异，35℃与其他温度下发芽率有显著差异。在25℃条件下发芽率最高达到95%，始发芽天数1天，且发芽最整齐，因此选择25℃作为冬凌草种子的最佳发芽温度（表18-11、图18-8）。

表18-11　不同发芽温度下的发芽情况

温度（℃）	始发芽时间（天）	平均发芽率（%）	标准差（S）	变异系数（CV）	差异显著性
15	2	89.33	2.5166	2.8171	a
20	1	92.67	1.5275	1.6484	a
25	1	95	1.1547	1.2506	a
30	1	92	2.6457	2.8758	a
35	1	65.67	7.2341	11.0165	ab

图18-8　不同发芽温度下发芽情况

图18-9　发芽首末次计数时间

④ 发芽的首末次计数时间：由图18-9可知，冬凌草种子在第1天时已经开始发芽，到第2天三份样品的发芽率都达到了30%以上，可作为冬凌草种子首次发芽计数时间，在第5天发芽率达到最高，以后随发芽时间延长，发芽率不再发生较大变化，建议第7天作为发芽末次计数时间。

⑤ 发芽床的选择：不同发芽床见图18-10。不同发芽床上冬凌草种子发芽情况如表18-12所示。

表18-12　不同发芽床冬凌草种子发芽率的比较

发芽床	始发芽时间（天）	平均发芽率（%）	标准差（S）	变异系数	差异显著性
纸间发芽床	1	85.33	2.5166	2.9492	a
砂床	2	86.33	3.7859	4.3853	a
海绵床	1	85.33	1.1547	1.3532	a
纸上发芽床	1	93	1.0000	1.0752	a

由表18-12和图18-10可知，不同发芽床对冬凌草种子的发芽影响差异并不显著，而纸上发芽床发芽率最高，且始发芽时间短，发芽整齐，且易于操作，水分保持情况较好，因此选择纸上发芽床为最佳发芽床。

8. 生活力测定

（1）红墨水染色法　① 预湿：将处理过得的净种子用自来水在30℃条件下浸泡6小时。② 组织暴露：将浸泡后的种子除去种皮，取出种子的整个胚和子叶复合体。③ 染色：将去皮后的种子置于10ml

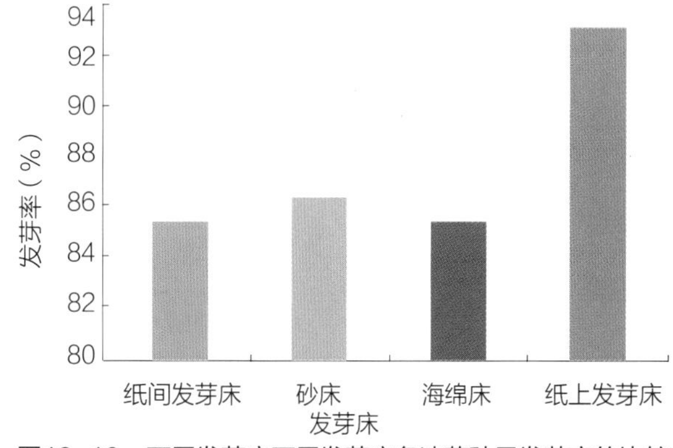

图18-10　不同发芽床不同发芽床冬凌草种子发芽率的比较

离心管浸没于10%红墨水里，于30℃条件下染色40分钟，4次重复，每重复100粒。④ 冲洗：染色到时间后，倒去红墨水，自来水冲洗净种子。⑤ 观察：借助手持放大镜逐粒观察种子，种胚着色者为丧失活力的种子，种胚不着色或浅色者为有生活力的种子，分别计数。

（2）溴麝香草酚蓝法（BTB法） 把经过前处理（方法同四唑染色法）的种子整齐地埋于备好的0.1%，0.15%，0.2%的BTB琼脂凝胶中，在35℃恒温条件下，定时观察种子周围出现黄色晕圈的情况，有晕圈证明有生活力。每个浓度水平设4次重复，每次重复用200粒种子，取4次重复的平均值作为试验结果。

（3）四唑染色测定法 ① 染色前种子处理：将种子用温水30℃浸泡6小时，使种子充分吸胀。② 染色浓度和时间。③ 配置溶液：配制浓度分别为0.1%、0.30%、0.5%、1.0%的四唑溶液，避光保存。④ 染色：设0.1%、0.3%、0.5%、1.0%，4个浓度处理，将处理好的种子置于10ml塑料离心管，每管100粒，每处理4次重复，30℃恒温避光染色；⑤ 观察：每间隔1小时取出一个处理，自来水冲洗净。观察并记录其染色情况，选出染色的最佳时间浓度的组合。

（4）染色鉴定标准 建立四唑染色鉴定标准。① 染色：随机取预湿后的400余粒种子。去除种皮后分装入4个10ml离心管内，每管100粒。用0.5%的四唑溶液浸没，封口后在30℃的恒温避光染色4小时。② 观察：4小时后取出，迅速用自来水冲洗净，仔细观察并记录其染色情况；③ 拟定标准：将发芽情况与染色情况比照，拟定标准。

通过讨论选出最佳染色方法，染色后以图片形式记录，作为鉴定标准。

（5）结果分析

① 红墨水染色法：红墨水染色情况如见图18-11所示：冬凌草种子用红墨水染色不易着色，且染色不均匀，呈斑块状，规律性不明显，对于子叶和胚分部染色面积大小和部位反应不够清晰。不能反映种子的真实生活力。因此，不使用此法作为冬凌草种子生活力的测定。

② 溴麝香草酚蓝法（BTB法）：BTB法染色局部情况见图18-12，BTB法染色整体情况见图18-13。

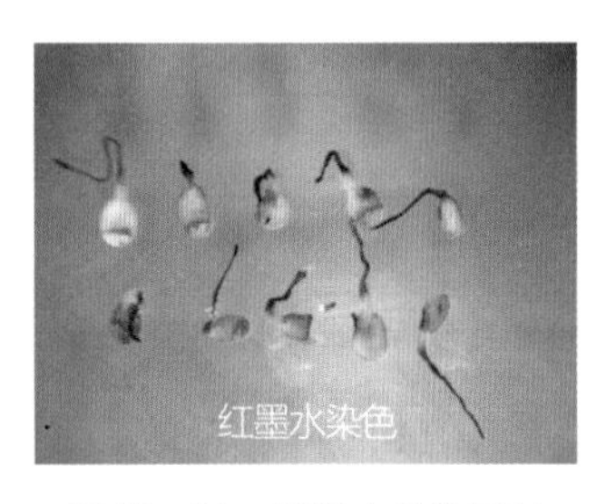

图18-11 红墨水染色情况

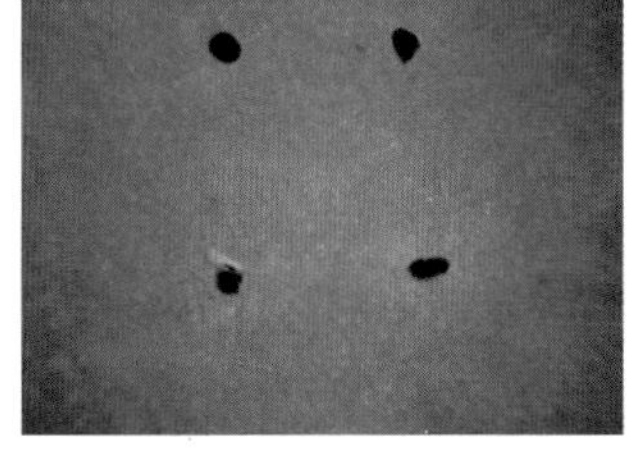

图18-12 BTB法染色局部情况

图18-13 BTB法染色整体情况

由于活种子的呼吸作用，放出二氧化碳改变种子周围凝胶pH，而产生黄色晕圈，由于BTB琼脂凝胶在空气中容易氧化成黄绿色，该颜色影响对有生活力种子的正常判断，不利于观察统计染色情况。因此，不选用此法测定冬凌草种子的生活力。

③ 四唑染色测定法：染色浓度和时间结果见表18-13和图18-14、图18-15。

表18-13 不同染色时间下的染色结果

染色情况	0.1%				0.3%				0.5%				1.0%			
	1h	2h	3h	4h	1h	2h	3h	4h	1h	2h	3h	4h	1h	2h	3h	4h
完全染色	64	64	80	86	70	80	84	88	73	85	88	94	75	86	96	91
部分染色	16	22	3	4	26	16	11	10	23	15	12	4	22	13	3	2

续表

染色情况	0.1%				0.3%				0.5%				1.0%			
	1h	2h	3h	4h	1h	2h	3h	4h	1h	2h	3h	4h	1h	2h	3h	4h
不染色	8	13	17	10	4	4	5	2	4	0	0	2	3	1	1	0

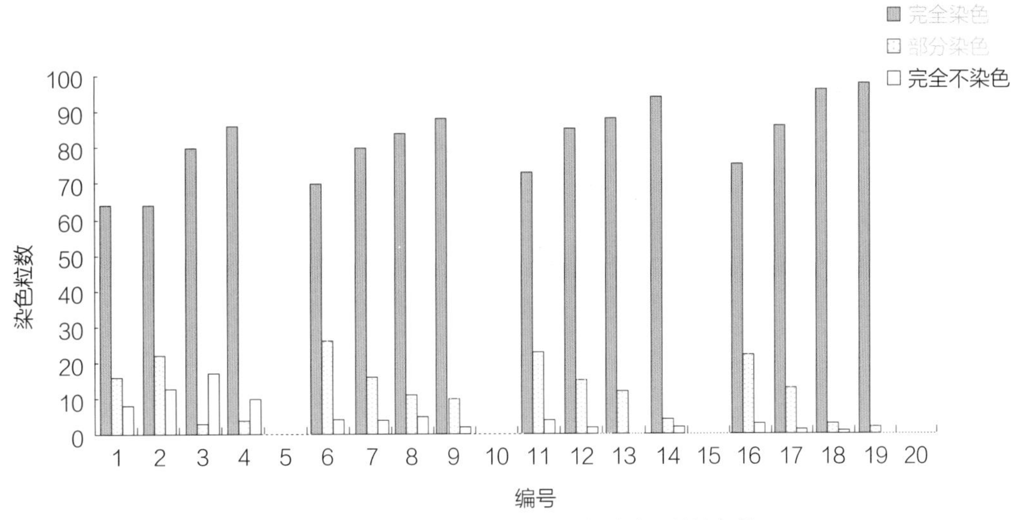

图18-14　不同染色时间和染色浓度下的染色情况

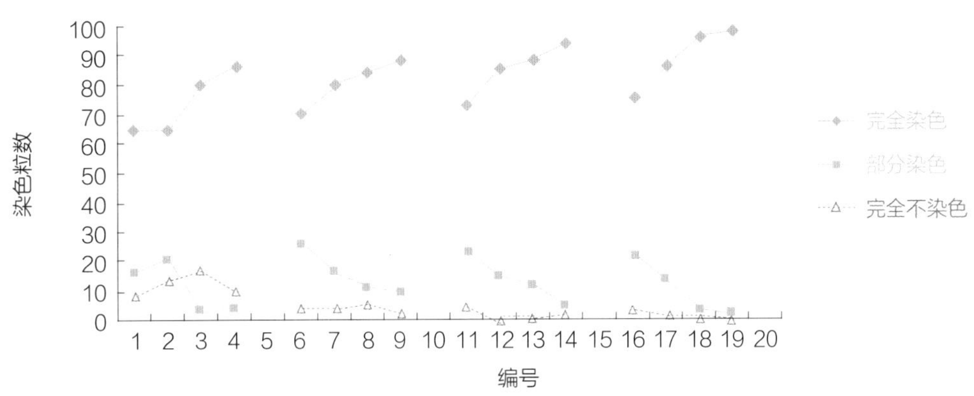

图18-15　不同染色时间和染色浓度下的染色情况

由表18-13和图18-14可知，随着染色时间和染色浓度的增加，染色效果越好，但是实际观察中浓度越大，染色越深，颜色过深不利于观察判别且浓度越高毒性越大，由图18-15可知，0.5%的四唑溶液染色4小时效果最好，因此采用0.5%的四唑溶液染色4小时作为冬凌草种子生活力测定的方法。

④ 染色鉴定标准。冬凌草种子生活力鉴定标准：a.有生活力的种子（图18-16）：胚和子叶全部均匀染色；子叶远胚根≤1/3不染色，其余部分完全染色；子叶侧边总面积≤1/3不染色，其余部分完全染色。b.无生活力的种子（图18-17）：胚和子叶完全不染色；子叶近胚根处不染色；胚根不染色；胚和子叶染色不均匀，其上有斑点状不染色；子叶不染色面积占总面积的1/2；胚所染颜色异常，且组织软腐。

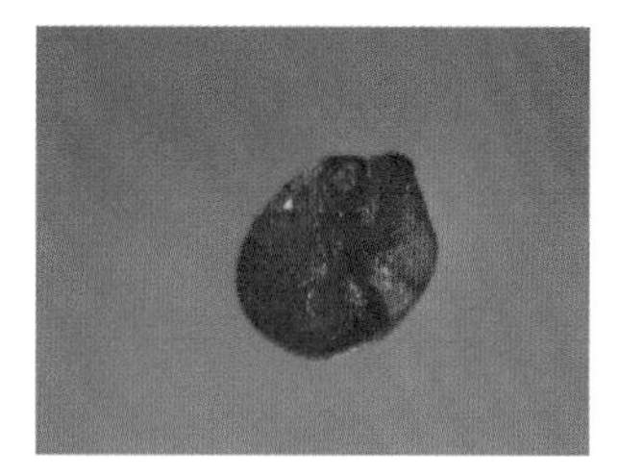
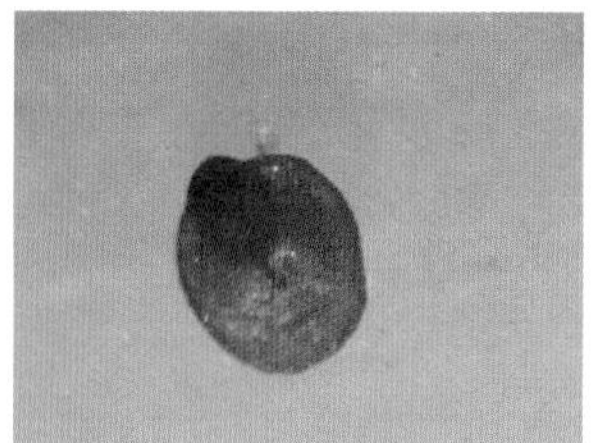
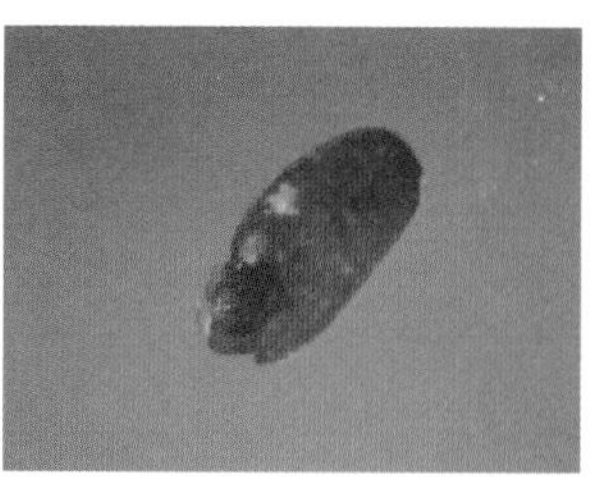
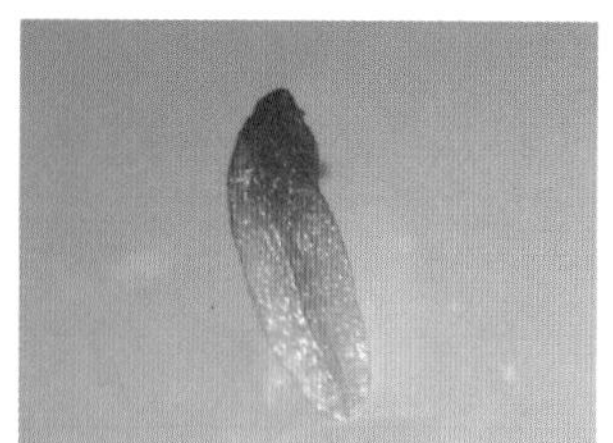

图18-16　冬凌草有活力的种子

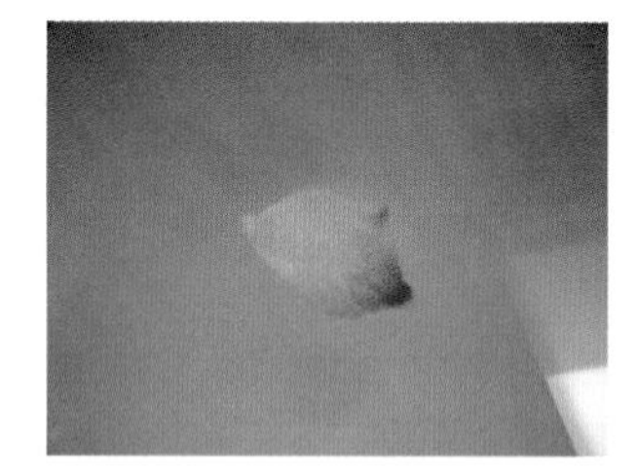
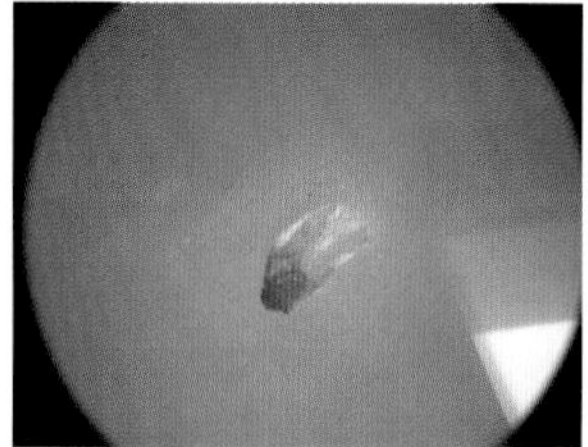
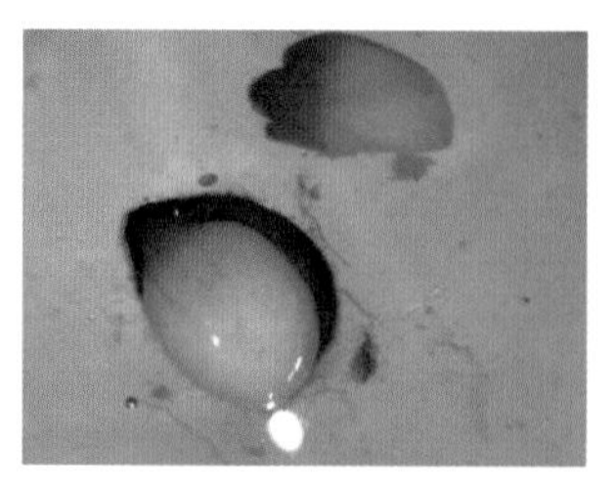
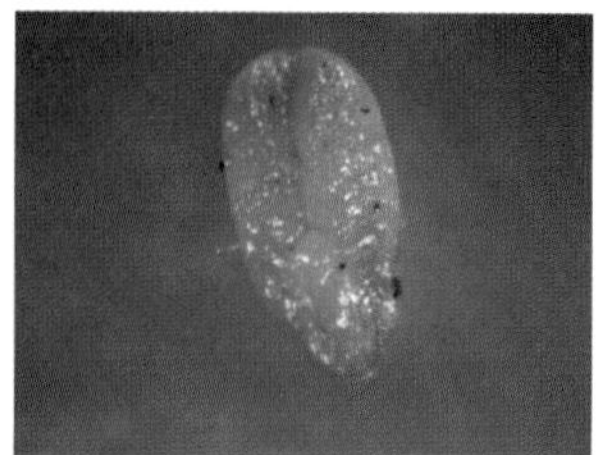

图18-17　冬凌草无活力的种子

9. 种子健康检验

（1）直接观察法　将测定样品放在白纸、白瓷盘或玻璃板上，挑出菌核、霉粒、虫瘿、活虫及病虫伤害的种子并分别统计，分别计算病虫害感染度。

（2）间接培养法

① 种子外部带菌检测：从每份样本中随机选取400粒种子，放入100ml锥形瓶中，加入40ml无菌水充分振荡，吸取悬浮液1ml，以2000r/min的转速离心l0分钟，弃上清液，再加入1ml无菌水充分震荡悬浮后吸取100加到直径为9cm的PDA平板上，涂匀，每个处理4次重复。相同操作条件下设无菌水空白对照。28黑暗条件下培养5天后观察记录。统计真菌种类、分离频率和带菌率。

② 种子内部带菌检测：将预先处理得种子蒸馏水浸泡1～2小时后，用2% NaClO溶液浸泡15分钟后无菌水冲洗3遍，无菌操作下将种皮和种仁分开，将同一样本的种皮和种仁分别均匀摆放在直径为9cm的PDA平板上，每皿摆放100个分别来自于100粒种子的种皮或种仁组织块，4次重复。28℃黑暗条件下培养5～7天席观察记录。统计真菌种类、分离频率和带菌率。

③ 种子带菌鉴定：将分离到的真菌分别进行纯化、镜检和转管保存。根据真菌培养性状和形态特征进行鉴定。

（3）结果分析　种子外部、内部带菌检测结果分别见表18-14、表18-15。

表18-14　种子外部带菌检测

编号	带菌率（%）	真菌种类和分离比例（%）				
		毛霉属	青霉属	曲霉属	头孢霉属	其他
1	3.49	28.57	57.14	—	14.29	—
2	2.43	51.43	33.26	14.29	—	1.02
3	4.31	46.51	50.23	—	—	3.26

表18-15　种子内部带菌检测

编号	带菌率（%）	真菌种类和分离比例（%）				
		毛霉属	青霉属	曲霉属	链格孢霉属	其他
1	2.61	14.29	50	12.50	—	5.48
2	2.42	25.81	49.19	—	18.75	6.25
3	3.58	39.24	43.25	17.51	—	—

另附健康度检查所分离得到的菌株（图18-18）。

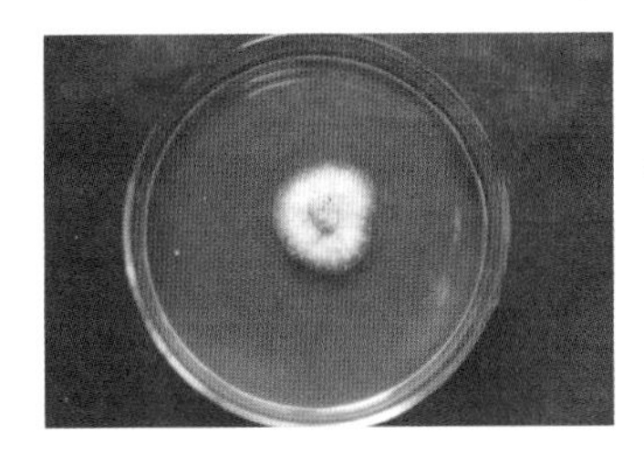
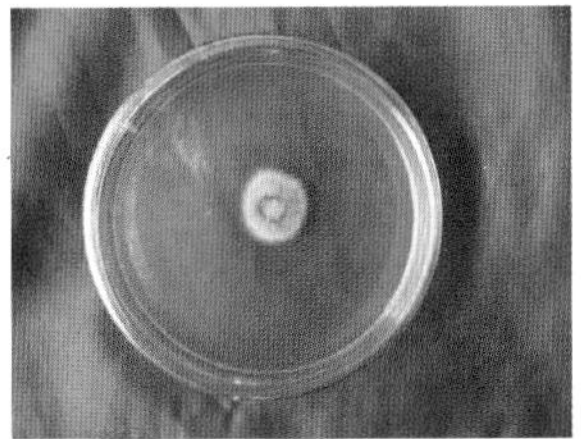
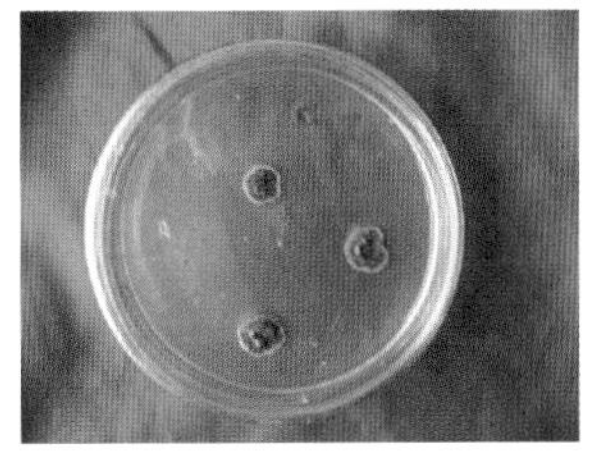
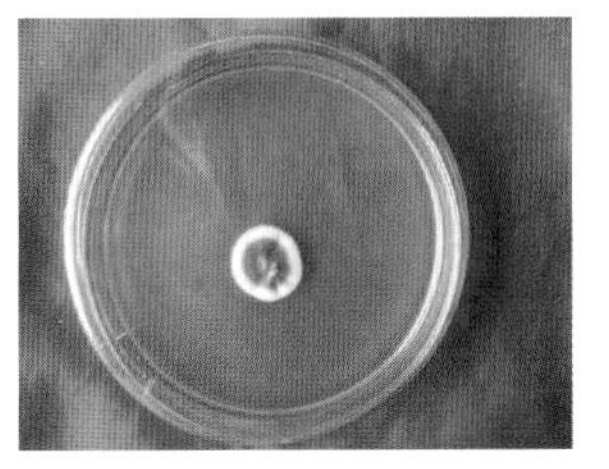

图18-18　健康度检查所分离得到的菌株

10. 种子质量对药材生长的影响

通过对冬凌草种子净度、千粒质量、发芽率等指标的研究后，根据质量差异，可以将冬凌草种子分为三个等级，褐色具花纹种子千粒重、发芽率、活力及蛋白质的表达量明显优于褐色种子。冬凌草种子作为繁殖材料的质量标准为：① 一级种子种皮呈白色花纹的占85%以上，千粒重0.63g以上；② 二级种子种皮呈白色花纹的占65%以上，千粒重0.60g以上；③ 三级种子种皮呈白色花纹的占50%以上，千粒重0.42g以上。

不同等级即不同质量的种子对药材的产量和质量影响较大，见表18-16。

表18-16　冬凌草种子等级与产量质量的关系

试验号	施肥量	播种时间	播种量（g）	播种密度（cm）	播种深度（cm）	出苗率（%）	有无断苗	株高（cm）	7月产量（kg）	8月产量（kg）	冬凌草甲素
Z1	45	3.11	15	25	1	72	无	14.7	0.31	0.37	0.611
Z2	75	3.11	23	40	3	0	100	0	0	0	0
Z3	100	3.11	30	40	5	0	100	0	0	0	0
Z4	20	3.11	36	30	3	0	100	0	0	0	0
Z5	0	3.11	23	30	1	85	无	13.3	0.40	0.42	0.613
Z6	45	3.23	15	25	1	80	无	21.5	0.43	0.46	0.621
Z7	75	3.23	23	40	3	79	无	10.3	0.61	0.67	0.609
Z8	100	3.23	30	40	2	72	无	19.6	0.48	0.54	0.614
Z9	20	3.23	36	30	3	76	无	17.1	0.35	0.36	0.621
Z10	0	3.23	23	30	1	69	无	18.5	0.40	0.35	0.612
Z11	45	3.29	23	40	2	56	40	9.2	0.39	0.35	0.607

续表

试验号	施肥量	播种时间	播种量（g）	播种密度（cm）	播种深度（cm）	出苗率（%）	有无断苗	株高（cm）	7月产量（kg）	8月产量（kg）	冬凌草甲素
Z12	75	3.29	30	30	1	76	无	6.0	0.46	0.30	0.620
Z13	100	3.29	36	25	3	74	无	4.0	0.46	0.50	0.614
Z14	20	3.29	15	40	1	72	20	27.8	0.49	0.35	0.622
Z15	0	3.29	30	25	2	71	无	24.0	0.47	0.38	0.617
Z16	45	4.5	30	30	3	70	25	24.6	0.49	0.40	0.619
Z17	75	4.5	36	25	2	72	无	22.7	0.40	0.33	0.615
Z18	100	4.5	15	30	1	70	无	17.5	0.51	0.38	0.612
Z19	20	4.5	30	25	2	70	无	6.0	0.47	0.42	0.613
Z20	0	4.5	15	40	3	0	100	0	0	0	0

三、冬凌草种苗质量标准研究

（一）研究概况

冬凌草的地下根茎的芽都萌发形成植株，因此种植时根据冬凌草根茎长度及其根茎所具有的芽数可以将其进行分类试验，根据结果将种苗分为了3个等级，制定了种苗的分级标准。

（二）研究内容

1. 研究材料

实验材料采自于济源市克井口镇太行山区的野生冬凌草以及试验田。选择健壮带地下根茎的冬凌草植株，挖出后，妥善包装（一般每捆约15kg），运往试验地种植。

2. 分株

在种植时从试验田将冬凌草植株起挖，修剪地上部分及地下部分的须状根，根据植株茎及根茎含芽的多少保留5～10cm并根据其萌芽状况（保留2～3芽）进行分株。

3. 根茎分类

一类：茎长10.0cm左右，径粗0.3～0.5cm，具3～4对芽；根茎具3～4个芽。二类：茎长7.0cm左右，径粗0.2～0.3cm，具2～3对芽；根茎具2～3个芽。三类：茎长3～5.0cm，径粗0.2～0.3cm，具1对芽；根茎具1～2个芽。

4. 定植

当冬凌草地下根茎有新的芽萌发时开始定植。定植时间为2月25日至3月25日，设4个种植期。其定植方法采用沟植，行株距35×35cm，深10～15cm，用种量6000～7000株/亩，整地前，每亩施底肥量（厩肥）2500kg。将肥料与土壤充分拌匀后种植，切忌将植株直接栽种于肥料上。定植时在畦面上开沟，沟深10～15cm，栽种时应将其根系伸展，以免“压根”而影响根的伸展和芽的萌发。然后覆土，压紧，使根系与土壤充分接触，以利于萌发。种后浇足定根水。

5. 萌发率

按分类标准整理根茎后，供试验定植用，每亩施基肥1500kg，分别于2月25日，3月8日，3月21日，3月29日进行播种。播种深度为5~10cm。定植后约15天左右茎上的芽开始萌动统计其萌发率。

6. 株高、成活率

根茎芽出土一般在1个月左右，4月18日统计株高、成活率。

7. 种苗质量对药材生长的影响

通过对根茎的萌发率，株高及成活率、产量等进行试验，分析总结后，将种苗分为3个等级：① 一级根茎长10cm左右，茎粗0.3~0.5cm，茎上芽数3~4个，根茎上芽数3~4个；② 二级根茎长7cm左右，茎粗0.2~0.3cm，茎上芽数2~3个，根茎上芽数2~3个；③ 三级根茎长3~5cm，茎粗0.2~0.3cm，茎上芽数1个，根茎上芽数1~2个。

不同质量即不同级别的种苗对产量影响较大，见表18-17。

表18-17　不同时期、级别分株繁殖萌发率与产量

序号	种植时间	级别	萌发率（%）	成活率（%）	株高（cm）	6月产量（kg）	10月产量（kg）	总产量（kg）
C1	2.25	1级	83.87	81.25	35.5	386.28	186.48	572.76
C2	2.25	2级	80.65	79.15	27.5	372.96	139.86	512.82
C3	2.25	3级	69.35	69.35	27	352.98	153.18	506.16
C4	3.8	1级	75.81	75.81	34	372.96	159.84	532.8
C5	3.8	2级	65.59	65.59	31	359.64	193.14	552.78
C6	3.8	3级	65.05	65.05	26	259.74	179.82	439.56
C7	3.2	1级	94.62	94.62	7.5	279.72	206.46	486.18
C8	3.2	2级	93.55	93.55	8.4	279.72	193.14	472.86
C9	3.2	3级	93.01	93.01	9.1	273.06	206.46	479.52
C10	3.29	1级	94.09	94.09	6.5	313.02	193.14	506.16
C11	3.29	2级	93.55	93.55	5.8	266.4	166.5	432.9
C12	3.29	3级	93.55	93.55	4.3	339.66	179.82	519.48
C13	3.2	野生	51.2	51.2	6	246.42	99.9	346.32

不同级别种苗生长发育状况也不同，见表18-18。

表18-18　不同级别种苗生长发育状况

序号	根茎级别	种植时间	株高（cm）	出苗率（%）	成活率（%）	产量（kg）
Fz1	一级	2.25	6.2	91	90	372.96
Fz2	二级	2.25	4.9	81	79	333
Fz3	一级	3.8	5	91	89	352.98
Fz4	二级	3.8	5.2	60	60	259.74

续表

序号	根茎级别	种植时间	株高（cm）	出苗率（%）	成活率（%）	产量（kg）
Fz5	二级	3.21	3.1	60	59	246.42
Fz6	一级	3.21	4.2	85	85	286.38
Fz7	二级	3.29	2.8	56	56	273.06
Fz8	一级	3.29	3.2	75	75	273.06
Fz9	野生一级	3.8	1.9	48	42	233.1

四、冬凌草种子标准草案

1. 范围

本标准规定了冬凌草种子分级、分等和检验。适用于冬凌草种子生产者、经营者和使用者。

2. 规范性引用文件

下列文件中的条款通过本标准的引用而成为本标准的条款。凡是注明日期的引用文件，其随后所有的修改单（不包括勘误的内容）或修订版均不适用于本标准，然而，鼓励根据本标准达成协议的各方研究是可使用这些文件的最新版本。凡是不注明日期的引用文件，其最新版本适用于本标准。如：

GB/T 3543.1～3543.7　农作物种子检验规程

中华人民共和国药典（2015年版）一部

GB 6264　中药材袋运输包装件

GB 6265　中药材压缩打包运输包装件

GB 6266　中药材瓦楞纸运输包装件

GB 195　包装储运指标标志

3. 术语和定义

下列术语和定义适用于本标准。

3.1 发芽率　在规定的条件下和时间内长成的正常幼苗种子数占供检种子总数的百分率。

3.2 含水量　种子样品按规定程序烘干所失去的重量，这个失去重量占供检样品原始重量的百分率为种子含水量。

3.3 生活力　种子发芽的潜在能力或胚具有的生命力，称为种子的生活力。

3.4 千粒重　从净种子中数取一定数量的种子，称其重量，计算其1000粒种子的重量，并换算成国家种子质量标准水分条件下的重量，称其为千粒重。

3.5 种子的健康状况　主要是指种子是否携带有病原菌，如真菌、细菌、病毒，以及害虫。

4. 要求

通过分析影响冬凌草种子品质的主要因素有：净度、发芽率、成熟度、千粒重、含水量、生活力、带菌率。综合考虑各因素对冬凌草种子质量的影响，本标准选定发芽率、成熟度、千粒重和生活力作为冬凌草种子质量分级标准，各等级种子的规定数值见表18-19。

表18-19　冬凌草种子质量分级标准指标

分级	级别		
	一级	二级	三级
发芽率（%），≥	89.13	81.53	74.08
成熟度（%），≥	86.47	78.52	69.74
千粒重（g），≥	0.614	0.607	0.555
生活力（%），≥	86.00	78.30	72.22

5. 检验方法

本标准规定了冬凌草种子检验的扦样、净度分析、发芽测定、含水量测定、重量测定、生活力测定、种子的健康度测定的方法。适用于冬凌草种子生产者、经营管理者和使用者在种子采收、调运、播种、贮藏时所进行的种子质量检验。

6. 包装、标识、贮存和运输

6.1 冬凌草包装规格按传统习惯或按客户要求执行（如每件包装30kg等），包装物要求洁净、干燥、无污染，符合国家有关卫生要求；包装物可用编织袋、麻袋或纸箱等物品，并须防潮。运输包装（外包装）标志必须清晰，粘贴牢固，并应符合GB 6264、GB 6265、GB 6266及GB 195的规定。同时每件包装物上应标明：品名、产地、规格、等级、净重、毛重、生产日期或批号、生产者或生产单位、执行标准、包装日期，并附质量检验合格证等。

6.2 冬凌草运输时，不得与农药、化肥等其他有毒有害的物质或易串味的物质混装。运载容器应具有较好的通气性，并保持干燥；遇阴雨天气应严密防雨防潮。

五、冬凌草种苗标准草案

1. 范围

本标准规定了冬凌草种苗的术语和定义、分级要求、检验方法、检验规则。用于冬凌草种子生产者、经营者和使用者。

2. 规范性引用文件

下列文件中的条款通过本标准的引用而成为本标准的条款。凡是注明日期的引用文件，其随后所有的修改单（不包括勘误的内容）或修订版均不适用于本标准，然而，鼓励根据本标准达成协议的各方研究是可使用这些文件的最新版本。凡是不注明日期的引用文件，其最新版本适用于本标准。

GB/T 9847　苹果苗木

GB/T 3543.2　农作物种子检验规程　扦样

中华人民共和国药典（2015年版）一部

3. 术语和定义

下列术语和定义适用于本标准。

根茎在地表下呈水平状生长，外形似根，同时形成分支四处伸展，先端有芽，节上有侧芽和不定根。

4. 要求

4.1 种苗获得　植株生长正常，选择长势良好、无病虫害的植株作为采种植株，采集其根茎。

4.2 质量　种苗质量应符合表18-20的规定。

表18-20　冬凌草种苗分级

级别	茎长（cm）	茎粗（cm）	地上茎芽（对）	地下茎芽（个）
一级	10.0	0.3~0.5	3~4	3~4
二级	7.0	0.2~0.3	2~3	2~3
三级	3.0~5.0	0.2~0.3	1	1~2

5. 检验规则

5.1 种茎高度　单位为厘米（cm），保留一位小数。

5.2 种茎粗度　用直尺测量营养土面1cm处种苗的直径，单位为厘米（cm），保留一位小数。

5.3 芽数　用目测法观测，记录芽的数量。

5.4 纯度检验　按照GB/T 3543.5规定执行，采用田间小区的植株鉴定法，将样品按附录A逐株检验，根据其品种的主要特征，记录品种的植株数，其他品种或变异植株的数量，并计算百分率。纯度按以下公式计算。

$$X=\frac{A}{B}\times 100\%$$

式中：X——品种纯度，%；

A——样品中本品种株数，株；

B——鉴定总株数，株。

计算结果保留一位小数。

6. 判定规则

6.1 一级苗评判　同一批检验种苗中，允许有5%的种苗低于一级苗标准，但应达到二级苗标准，超过此范围，则为二级苗。

6.2 二级苗评判　同一批检验种苗中，允许有5%的种苗低于二级苗标准，但应达到三级苗标准，超过此范围，则为三级苗。

6.3 三级苗评判　同一批检验种苗中，允许有5%的种苗低于三级苗标准，超过此范围，该批种苗为不合格种苗。

六、冬凌草种子种苗繁育技术研究

（一）研究概况

通过对冬凌草种子、种苗的一系列研究，制定出了冬凌草的种子种苗繁育技术规程。

（二）冬凌草种子种苗繁育技术规程

1. 适用范围

本标准操作规程（SOP）规定了冬凌草种子（苗）的术语和定义、分级要求、检验方法、检验规则，适应冬凌草种子（苗）繁育。适用于冬凌草种子（苗）生产者、经营者和使用者。

2. 引用标准

下列文件中的条款通过本标准的引用而成为本标准的条款。凡是注明日期的引用文件，其随后所有的修改单（不包括勘误的内容）或修订版均不适用于本标准，然而，鼓励根据本标准达成协议的各方研究是可使用这些文件的最新版本。凡是不注明日期的引用文件，其最新版本适用于本标准。

GB 3095—1982 大气环境质量标准

GB 9137—1988 大气污染物最高允许浓度标准

GB 5084—1992 农田灌溉水质标准

GB 5618—1995 土壤环境质量标准

GB 4285—1989 农药安全使用标准

GB/T 5009.19—2003 食品中六六六、滴滴滴残留的测定方法

GB/T 5009.12—2003 食品中铅的测定方法

GB/T 5009.15—2003 食品中镉的测定方法

GB/T 5009.17—2003 食品中总汞的测定方法

GB/T 5009.11—2003 食品中总砷的测定方法

中华人民共和国卫生部药品标准

中药材生产质量管理规范（GAP）

3. 定义

3.1 冬凌草品种　本标准操作规程（SOP）规范化种植的冬凌草，系指唇形科香茶菜属植物碎米桠*Rabdosia rubescens*（Hemsl.）Hara。

3.2 冬凌草药材　系指按本标准操作规程（SOP）规范化种植生产、质量达到本标准规定的冬凌草药材。

4. 生产技术

4.1 种质资源　本标准操作规程（SOP）的繁殖材料为植物碎米桠的具芽的根茎和种子。上述繁殖材料须经鉴定，应为唇形科植物碎米桠*Rabdosia rubescens*（Hemsl.）Hara。

4.2 选地与整地　建立按本规程规范化种植冬凌草的示范基地，必须是冬凌草的较适宜生长区，应有与之相适应的生态环境条件。按GAP规定要求，大气环境应符合GB 3095—1982《大气环境质量标准》的二级标准；土壤环境应符合GB 15618—2018《土壤环境质量标准》的二级标准；灌溉水应符合GB 5084—1988《农田灌溉水质标准》的农田灌溉水质量标准。应选择远离主干公路及污染源，交通方便，坡度＜25°，光照良好，近水源，灌溉方便，土层深厚，肥沃，疏松，富含腐殖质和有机质，保水保肥性能良好，土壤酸碱度适中的壤土、砂壤土或轻黏土。土壤过于板结或砂性过重，低洼易积水的地方不宜种植冬凌草。

4.2.1 土壤类型：应选择地势平坦、排水良好、土层深厚、疏松肥沃、含腐殖质丰富的砂质壤土或腐殖质壤土为好。但过砂，保水保肥性能差；过黏，通透性能差，且易板结、易积水，不宜种植冬凌草。

4.2.2 整地：地选好后，于头年冬季深翻土壤30cm以上，让其风化熟化。翌春结合整地，每亩施入厩肥或堆肥2500kg左右，翻入土中作基肥。然后，整平耙细，按宽2m，长度依地而定做平畦，备用。在作畦时要求做畦沟、腰沟、田头沟并与总排水沟相同：① 畦沟：上宽40cm，下宽30cm，沟深30cm；② 腰沟：沿畦方向每隔50m设与畦沟垂直的腰沟，上宽40cm，下宽30cm，沟深30cm；③ 田头沟：上宽50cm，下宽40cm，沟深40cm，有利于排水。

4.3 种植　根茎繁殖在3月初，气温回升在10℃以上；种子繁殖在3月中下旬，气温在15℃以上。

4.3.1 种子繁殖

4.3.1.1 条播：冬凌草种子细小，播前，要进行精细整地，充分整平耙细，然后，在畦面上，按行距30cm开沟条播，沟深1.5～2cm，深度不能超过2cm。播幅宽10cm左右。沟底要平整。播前，最好将种子用0.3%～0.5%高锰酸钾浸种24小时，取出冲洗去药液，晾干后下种，可以提高发芽率，增加产量。播时，将种子与草木灰拌匀后，均匀地撒入沟内，覆盖土，以不见种子为度。播后浇水覆盖草帘，保温保湿。出苗后至苗高10cm时，按株距35cm定苗。每亩用种量0.5kg左右。

4.3.1.2 撒播：用耙子将畦面耧平，将种子与细河沙按1∶5拌匀，均匀撒入田间，用石磙镇压即可。

4.3.2 根茎繁殖

4.3.2.1 根茎处理：将选择好的根茎按规定的分级要求分级，并用500倍的50%可湿性粉剂的多菌灵浸10分钟，捞出稍凉一会儿以不滴水为度，待种。

4.3.2.2 种植：在整好的畦面根据繁殖材料的级别，一级、二级、三级按行距25cm开沟，沟深5cm左右，按株距25cm种栽，如一年只收获一次，行株距应为40×40cm为宜。覆土镇压，耧平畦面。浇定植水。

4.4 田间管理（提纯与复壮方法、肥料等）

4.4.1 间苗、定苗：种子播种出苗后，当苗高7～10cm时，按去弱留强的原则进行间苗。当苗高12cm时，按株距35cm左右定苗，留壮苗1株。

4.4.2 中耕除草：齐苗后进行第1次中耕除草，以后每隔半个月除草1次，保持田间无杂草。封行后可以停止中耕除草。

4.4.3 排灌水：由于春季干旱，一定要注意土壤水分的检测，及时灌溉，否则由于水分的不足导致芽不萌发和死苗现象。雨水过多时，应及时清沟排水，防止田间积水。

4.4.4 实生苗的移栽定植：苗床中的实生苗，经过40天左右的生长，此时株高8～10cm，具6～8对真叶时，即可在整理好的土地上，按行株35cm×35cm进行移栽定植。

4.4.5 追肥：冬凌草在施足基肥后，后期生长过程中，对肥的需求并不很大，但是基肥不足时，在苗高25cm时，结合中耕除草，每亩可追施尿素20～30kg或复合肥25～40kg。

4.5 病虫害防治　目前，冬凌草病虫害发生较少，仅偶见菜青虫、小甲虫和叶斑病发生；可采用农业综合防治法，以提高植株的抗逆性，减少其病虫害的发生。

4.6 采收、加工与储存

4.6.1 种子的采收、加工与储存

4.6.1.1 采收时间：冬凌草果期较长。11月果实由下至上陆续成熟，根据当时的气候条件，当果皮颜色由白变褐并带白色花纹，果皮变硬（最好经一次初霜）时，可以进行采集。为了培育良种，留种植株选择健壮无病虫害并于7月上旬剪去小侧枝，剔除周围的弱小植株（株行距最好为40cm×40cm），以使养分集中于留种植株上，当果实充分发育成熟，籽粒饱满，果皮颜色由白变褐并带白色花纹，果皮变硬（最好经一次初霜）时，及时将果枝收割。采回后，置通风干燥的室内干燥4～5天，然后晒干、脱粒、除去杂质，贮藏备用。当年种子发芽率75%～92%。隔年陈种发芽率较低不宜作种用。

4.6.1.2 种子加工及储存：采收试验田冬凌草种子，采后置阴凉干燥处储藏一周后，用竹竿敲打果穗脱粒，脱离后利用风选的方法除去庇秄和枝叶等杂质，使果皮带白色花纹的超过50%以上。 用纸袋包装保存在干燥通风处。

4.6.2 药材的采收、加工与储存

4.6.2.1 采收方法：人工栽培冬凌草在五月底至6月初采收，在距地面10～15cm割取冬凌草幼嫩的地上部分。实践表明，利用分株繁殖的冬凌草连续采收3～4年后，植株基部常常木化，从而影响其茎芽的数量和质量以及来年的新叶产量和质量。为此，连续采割3～4年后，应采用种子繁殖或根茎繁殖以恢复种群活力。

4.6.2.2 产地加工：将采收的冬凌草及时除去杂质，并置于阴凉通风干燥处阴干或晾干。产地加工过程中，应认真加强田间管理及时除去杂草，以防止杂草混入。采收后选出杂质、粗梗及有可能混入的异物，以保证药材质量。

4.6.2.3 贮藏：冬凌草经产地加工后，应于通风干燥处或专门仓库室温下贮藏。仓贮应具备透风除湿设备条件，货架与墙壁的距离不得少于1m，离地面距离不得少于50cm。水分超过10%的冬凌草不得入库。库房应有专人管理，防潮，防霉变，防虫蛀；库存冬凌草商品应定期检查与翻晒。

4.7 包装与运输

4.7.1 包装与标志：冬凌草包装规格按传统习惯或按客户要求执行（如每件包装30kg等），包装物应洁净、干燥、无污染，符合国家有关卫生要求；包装物可用编织袋、麻袋或纸箱等物品，并须防潮。运输包装（外包装）标志必须清晰，粘贴牢固。同时每件包装物上应标明：品名、产地、规格、等级、净重、毛重、生产日期或批号、生产者或生产单位、执行标准、包装日期，并附质量检验合格证等。

4.7.2 冬凌草运输时，不得与农药、化肥等其他有毒有害的物质或易串味的物质混装。运载容器应具有较好的通气性，并保持干燥；遇阴雨天气应严密防雨防潮。

参考文献

[1] 李晓婷，董成明，谢小龙. 冬凌草种子质量分级标准的研究［J］. 中医学报，2013,28（5）：697-699.

[2] 全国农作物种子标准化技术委员会，全国农业技术推行服务中心. 农作物种子检验规程实施指南［M］. 北京：中国标准出版社，2000：126-129.

[3] 许红艳，李章成，丁德蓉. 冬凌草的栽培与利用［J］. 特种经济动植物，2004（2）：28-30.

[4] 刘晨江，赵志鸿. 冬凌草的研究进展［J］. 药学杂志，1998,33（10）：577-581.

[5] 贾永贵. 野生冬凌草无公害栽培技术［J］. 现代农业科技，2009（4）：33-34.

[6] 郑虎占，董泽宏，佘靖. 中药现代化研究与应用［M］. 北京：学苑出版社，1997：16-32.

[7] 刘晨江，赵志鸿. 冬凌草的研究进展［J］. 中国药学杂志，1998，33（10）：577-581.

[8] 淡红梅. 甘草、丹参、牛膝种子检验规程与质量分级标准的研究［D］. 北京：中国协和医科大学，2006.

[9] 胡晋，李永平，胡伟民，等. 种子生活力测定原理和方法［M］. 北京：中国农业出版社，2009.

[10] 刘子凡. 种子学实验指南［M］. 北京：化学工业出版社，2010：79-93.

[11] 淡红梅，李静，李晞，等. 牛膝种子带菌检测和药剂消毒处理效果研究［J］. 时珍国医国药，2007,18（1）：7-8.

[12] 刘西莉，李健强，朱春雨，等. 不同水稻品种种子带菌检测及药剂消毒处理效果［J］. 中国农业大学学报，2000，5（5）：42-47.

[13] 李健强，刘西莉，朱春雨，等. 云南省玉米种子带菌检测及种衣剂处理的生物学效应［J］. 云南农业大学学报，2001，16（1）：5-9.

[14] 陈胜可. SPSS统计分析从入门到精通［M］. 北京：清华大学出版社，2010：103-105.

[15] 张红生，胡晋. 种子学［M］. 北京：科学出版社，2010：33-36.

冯卫生　董诚明　陈随清（河南中医药大学）

19 半夏

一、半夏概况

半夏为天南星科植物半夏*Pinellia ternata*（Thunb.）Breit.的干燥块茎，国内除内蒙古、新疆、青海、西藏未见野生外，其余各省区均有分布。主产甘肃、四川、重庆、湖北等省，其次是河南、贵州、安徽、江苏、山东、江西、浙江、湖南、云南等省。甘肃西和县被誉为“中国半夏之乡”，种植历史悠久，湖北荆州地区的“荆半夏”“潜半夏”也是全国闻名，四川和重庆出产药材众多，其中半夏也是主要产出之一。

半夏的繁殖器官有块茎、珠芽、种子，目前已研究出用块茎进行人工种子和组织培养苗的繁殖手段。在实际生产中，半夏坐果率低，种子小、发芽率较低，出苗缓慢，生长期长，经种子发芽得到的植株非常幼小，不能形成复叶，植株的抗逆性较差，故不是栽培半夏的主要繁殖材料；人工种子和组培苗只是在实验室里研究成功，还没有在生产中进行大规模推广，也不是主要的繁殖材料；珠芽是由叶柄上生长的球形芽状体，具有繁殖功能，用珠芽繁殖发芽率高、成熟期早，是半夏栽培的主要繁殖材料；块茎是植株上生长的珠芽掉落到土壤中生长得到的，来源也是珠芽。在实际种植过程中，有部分珠芽在土壤中发育和生长，形状、大小和块茎无明显区别，在采收和加工中都作为块茎来处理，所以很多的珠芽与块茎混淆在一起，无有效手段进行鉴定。本标准以半夏种苗作为研究对象，在此明确半夏主要的繁殖器官为珠芽，块茎为珠芽的多年生长形态，较小块茎也是重要的繁殖材料，故将半夏的珠芽和小块茎统称为种苗。

二、半夏种苗质量标准研究

（一）研究概况

半夏属于广布种，全国大部分省市都有分布，其药材质量和种苗质量均有显著差异，由于各地区研究材料的不同，标准也有不同，如云南省对半夏种苗进行了标准研究，发布了省级地方标准。2012年湖北省制定了地方标准《半夏种苗》，道地药材“荆半夏、潜半夏”主产湖北潜江、仙桃、京山一带，甘肃省西和县种植半夏历史悠久，产量大、质量优良。

（二）检验方法研究

1. 研究材料

完成半夏种苗的收集工作，共收集到样品30份（表19-1）。

（1）药材原产地收集的种苗11份　贵州赫章A、贵州赫章B、贵州赫章C、重庆南川A、重庆南川B、甘肃西和A、甘肃西和B、甘肃西和C、湖北京山、湖北襄樊、湖北潜江。

（2）直接从田间采挖的种苗5份　湖北来凤A、湖北来凤B、湖北恩施A、湖北恩施B、湖北恩施C。

（3）从药材集市或市场上收集的种苗14份　陕西商洛、广西西林、湖南怀化、江苏邳州、广西贵港、河南唐河、重庆涪陵、四川南充、山东菏泽、江苏泰州、贵州贵阳、浙江杭州、云南昭通、山东临沂。

表19-1　样品信息表

编号	样品来源	采集时间	编号	样品来源	采集时间
SL01	陕西商洛	2010.3	ZT01	云南昭通	2010.3
XL01	广西西林	2010.3	XH01	甘肃西和A	2009.11
HH01	湖南怀化	2010.3	XH02	甘肃西和B	2009.11
PZ01	江苏邳州	2010.3	XH03	甘肃西和C	2009.11
GG01	广西贵港	2010.3	NC11	重庆南川A	2010.2
XF01	湖北襄樊	2010.3	NC12	重庆南川B	2010.2
TH01	河南唐河	2010.3	LY01	山东临沂	2010.3
FL01	重庆涪陵	2010.3	HZ21	贵州赫章A	2010.4
NC01	四川南充	2010.3	HZ22	贵州赫章B	2010.4
HZ01	山东菏泽	2010.3	HZ23	贵州赫章C	2010.4
JS01	湖北京山	2010.3	LF01	湖北来凤A	2010.4
QJ01	湖北潜江	2010.3	LF02	湖北来凤B	2010.4
TZ01	江苏泰州	2010.3	ES01	湖北恩施A	2010.4
GY01	贵州贵阳	2010.3	ES02	湖北恩施B	2010.4
HZ11	浙江杭州	2010.3	ES03	湖北恩施C	2010.4

2. 扦样方法

（1）同批次扦样原则　① 总件数不足5件的，逐件取样。② 5～99件，随机抽5件。③ 100～1000件，按5%比例取样。④ 超过1000件的，超过部分按1%比例取样。

（2）每件扦样方法　在每件上、中、下各部位设立扦样点，抽取3份样品，每份0.2kg，将样品充分混合为总样品，若总样品量超过检验样品的数倍时，可采用四分法，将样品倒在光滑的桌上或玻璃板上，用分样板将样品先纵向混合，再横向混合，重复混合4～5次，然后将种子摊平成四方形，用分样板划两条对角线，使样品分成4个三角形，再取两个对顶三角形内的样品继续按上述方法分取，直到两个三角形内的样品接近1kg的重量为止。

3. 净度

（1）杂质　多为其他植物的种苗，脱落的外皮、石头、泥块、沙土。

（2）废种苗　霉变、虫蛀、病斑、损伤疤痕超过1/3、干缩小于正常体积2/3的珠芽和小块茎。

$$J=\frac{G-(F+Z)}{G}\times 100$$

式中：J——净度；

G——供检样品总重量；

F——废种苗重量；

Z——杂质重量。

取待检测种苗200g左右，分离杂质、废种苗分别称重，保留一位小数点，折算百分率，计算净度，重复3次，取平均值（表19-2）。

表19-2 半夏种苗净度统计表

编号	净度（%）	编号	净度（%）	编号	净度（%）
SL01	92.0	JS01	90.5	NC12	97.8
XL01	93.3	QJ01	92.1	LY01	93.2
HH01	95.1	TZ01	83.1	HZ21	96.7
PZ01	92.3	GY01	95.5	HZ22	94.2
GG01	87.2	HZ11	97.2	HZ23	97.4
XF01	94.5	ZT01	94.5	LF01	95.8
TH01	92.3	XH01	97.2	LF02	96.5
FL01	91.5	XH02	94.8	ES01	98.6
NC01	95.6	XH03	95.2	ES02	95.0
HZ01	95.6	NC11	98.2	ES03	86.4

数据表明：除了GG01、TZ01、ES03三个样品的净度低于90%，其余样品均有较高的净度。

4. 外形

（1）真实性研究 《中国药典》（2015年版）规定：中药半夏为天南星科植物半夏*Pinellia ternata*（Thunb.）Breit.的干燥块茎。

半夏种苗：呈类球形，有的稍偏斜，粒径5～12mm，围径15～38mm。表面被灰褐色或棕褐色表皮，皮上有麻点状根痕，芽长2～10mm不等。

半夏植株形态：叶2～5片，叶3全裂，中间小叶较大，长5～8cm，两侧小叶较小，先端锐尖，两面光滑，全缘。根据叶型可分为：心形、卵状椭圆形、披针形、条形、长椭圆形。叶柄长达20cm，近基部内侧和复叶基部生有珠芽。花序柄与叶柄近等长或更长；佛焰苞卷合成弧曲型管状，绿色，上部内面常为深紫红色；肉穗花序顶生。

在种苗的收集中发现有个别产区的种苗中混杂有虎掌（天南星科植物*Pinellia pedatisecta* Schott），块茎也是类球形，直径4cm，常生小块茎。叶1～3或更多；叶鸡足状分裂，裂片6～11，披针型。由于虎掌的块茎与半夏的块茎较难鉴别，加之产量高于半夏，药农在种植中可能有混杂，导致半夏药材可能有混杂现象。其他少量的混杂品种有天南星［*Arisaema erubescens*（Wall.）Schott］、滴水珠（*Pinellia cordata* N. E. Brown，同科同属）、水半夏［*Typhonium flagelliforme*（Lodd.）Blume，同科犁头尖属］，这几种伪品与半夏的功效有很大区别，故半夏的种苗检验需要进行严格的控制。

由于药材生产中将采收的半夏进行了分类，粒径大于12mm的种苗用于药材加工，故用于繁殖的半夏种苗为粒径小于12mm的种苗。见图19-1至图19-8。

图19-1　图19-2　图19-3　图19-4

图19-5　图19-6　图19-7　图19-8

（2）完整度分析　完整种苗：表皮未脱落、无破裂、无损伤，芽体完好。

$$W=\frac{w}{G}\times 100$$

式中：W——完整度；

　　w——完整种苗数；

　　G——供检样品数。

（3）饱满度分析　饱满种苗：外在饱满、健壮、无破裂损伤。

$$B=\frac{b}{G}\times 100$$

式中：B——饱满度；

　　b——饱满种苗数；

　　G——供检样品数。

随机选取100粒种苗进行完整度和饱满度分析，进行3次重复，取平均值（表19-3）。

表19-3　种苗完整度和饱满度

编号	完整度（%）	饱满度（%）	编号	完整度（%）	饱满度（%）
SL01	99.3	99.7	ZT01	98.7	97.7
XL01	97.3	99.7	XH01	96.3	98.3
HH01	97.7	100.0	XH02	94.3	97.7
PZ01	97.0	99.0	XH03	97.7	98.0
GG01	97.0	98.7	NC11	96.7	97.3
XF01	97.0	96.3	NC12	96.3	97.3
TH01	98.7	97.7	LY01	97.0	95.7
FL01	96.7	95.7	HZ21	99.7	97.7

续表

编号	完整度（%）	饱满度（%）	编号	完整度（%）	饱满度（%）
NC01	99.0	97.0	HZ22	99.3	98.3
HZ01	86.0	86.7	HZ23	99.3	96.0
JS01	99.7	96.3	LF01	98.0	98.3
QJ01	98.7	99.0	LF02	96.3	97.7
TZ01	97.0	96.3	ES01	98.0	99.3
GY01	84.3	84.3	ES02	97.3	98.3
HZ11	99.7	98.7	ES03	85.0	84.3

数据表明：除了HZ01、GY01、ES03三个样品的完整度和饱满度低于90%，其余样品均有较高的完整度和饱满度。

5. 水分测定

（1）预先烘干　由于半夏种苗的含水量一般在50%以上，必须采用预先烘干法。将需要烘干的样品在（105±2）℃烘箱中预烘30分钟，取出后放在室温冷却和称重。

（2）低温烘干法　采用低温烘干法（105±2）℃，烘16小时，每4小时测定一次失重。水分含量变化如图19-9所示。

（3）高温烘干法　采用高温烘干法（133±2）℃，烘4小时，每1小时测定一次失重。水分含量变化如图19-9所示。

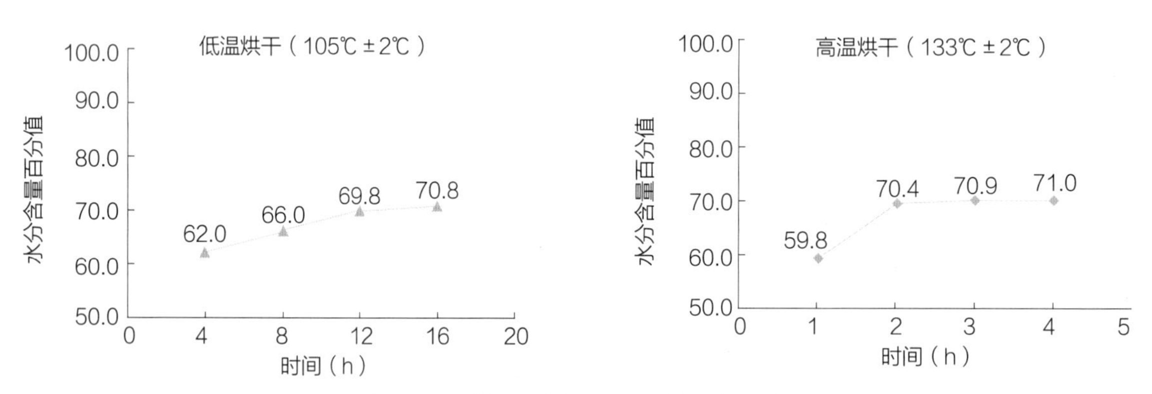

图19-9　种苗低温烘干和高温烘干种苗水分变化

（4）小结　两种烘干方法各测定三次，取平均值，比较结果如表19-4所示。

表19-4　两种烘干法后种苗水分含量结果比较

方法	水分含量（%）	差异显著性	
		5%	1%
高温烘干	71.4	a	A
低温烘干	70.9	a	A

两种烘干法测定的两个样本水分含量值之间都没有显著性差异，并且误差都在0.5%以内，鉴于低温烘干法需要时间长，采用高温烘干的方法，操作时间短，测定数据稳定，推荐使用高温烘干法测定水分。

取适量样品先进行预烘干，此后立即将半干样品分别磨碎或切成薄片，再采用高温烘干法（133±2）℃烘2小时，一个样品进行2次测定之间的差距不超过0.2%，其结果可以用2次测定值的算术平均数表示。否则，重新测定2次。

$$S=\frac{M_2-M_3}{M_2-M_1}\times 100$$

式中：S——种苗水分，%；

M_1——样品盒和盖的重量；

M_2——样品盒和盖及样品的烘前重量；

M_3——样品盒和盖及样品的烘后重量。

样品进行高温烘干试验结果如表19-5所示。

表19-5 高温烘干种苗水分含量

编号	水分（%）	编号	水分（%）	编号	水分（%）
SL01	69.5	JS01	68.6	NC12	48.4
XL01	70.3	QJ01	69.8	LY01	59.7
HH01	71.6	TZ01	72.1	HZ21	52.3
PZ01	66.2	GY01	67.5	HZ22	51.6
GG01	69.4	HZ11	71.1	HZ23	53.7
XF01	66.2	ZT01	65.7	LF01	50.1
TH01	62.5	XH01	48.9	LF02	50.7
FL01	63.9	XH02	49.0	ES01	68.7
NC01	68.8	XH03	50.3	ES02	61.2
HZ01	70.8	NC11	48.8	ES03	56.7

样品收集的时间、贮藏的方式不同对水分的影响较大。大部分样品水分在50%~70%，样品水分大于75%容易引起发霉、腐烂，小于45%，会影响种苗的活力。

6. 千粒重

分别采用百粒法和千粒法测定种苗的千粒重。

（1）百粒法　试样取8或16个重复，每个重复100粒，重复间变异系数小于4.0，测定值有效。测定8个重复的结果如表19-6所示。

表19-6 采用百粒法测定种苗千粒重

样品	千粒重（g）	标准差（S）	变异系数（CV）
1	263.6	0.955	0.04
2	357.8	1.023	0.03
3	332.9	0.562	0.02

（2）千粒法　试样取2个重复，每个重复1000粒，两重复间差数与平均数之比小于5%，测定值有效 。测定2个重复的结果如表19-7所示。

表19-7　采用千粒法测定种苗千粒重

样品	千粒重（g）	重复间差数	差数和平均数之比（%）
1	710.4	3.4	0.5
2	457.6	9.6	2.1
3	237.9	9.4	4.0

比较两种测定方法，百粒法测定简单可行。所有样品测定结果如表19-8所示。

表19-8　半夏种苗千粒重测定结果

编号	千粒重（g）	编号	千粒重（g）	编号	千粒重（g）
SL01	850.7	JS01	437.2	NC12	417.4
XL01	782.6	QJ01	590.3	LY01	293.4
HH01	283.9	TZ01	357.8	HZ21	263.6
PZ01	267.5	GY01	283.6	HZ22	286.3
GG01	264.0	HZ11	250.7	HZ23	305.9
XF01	370.4	ZT01	650.1	LF01	486.3
TH01	273.6	XH01	371.3	LF02	503.5
FL01	332.9	XH02	345.2	ES01	710.4
NC01	577.2	XH03	353.5	ES02	457.6
HZ01	343.8	NC11	436.3	ES03	237.9

千粒重从200g到800g不等，大部分集中在300～500g。

7. 粒径测定

用游标卡尺测定最大直径，取2个重复，每个重复随机选20粒种苗算平均值。两重复间差数与平均数之比<5%，测定值有效（表19-9）。

表19-9　半夏种苗粒径测定结果

编号	粒径（mm）	编号	粒径（mm）	编号	粒径（mm）
SL01	10.3	JS01	8.1	NC12	8.3
XL01	9.6	QJ01	9.2	LY01	7.3
HH01	7.3	TZ01	8.2	HZ21	6.7
PZ01	6.8	GY01	7.7	HZ22	6.8
GG01	6.9	HZ11	7.6	HZ23	6.8

续表

编号	粒径（mm）	编号	粒径（mm）	编号	粒径（mm）
XF01	8.6	ZT01	9.3	LF01	9.1
TH01	6.9	XH01	8.0	LF02	9.2
FL01	7.7	XH02	7.8	ES01	9.6
NC01	9.3	XH03	7.6	ES02	7.2
HZ01	8.7	NC11	8.4	ES03	6.7

数据表明：最大的种苗粒径为10.3mm，最小的粒径为6.7mm，主要集中在7～9mm。

8. 发芽率测定

半夏种苗为块茎或珠芽，虽然不是真实意义上的种子，但是可以参照农作物种子的发芽试验进行发芽率测定。

（1）选择发芽床　随机选取种苗，放入培养皿中在光照培养箱中温度控制在恒温25℃，分别用滤纸、沙、蛭石为发芽床进行发芽试验，每次100粒，观察25天发芽数，计算发芽率，重复4次（表19-10）。

表19-10　半夏种苗发芽床试验结果

发芽床	发芽率（%）	差异显著性	
		0.05	0.01
滤纸	91.8	a	A
沙	84.5	b	A
蛭石	59.8	c	B

比较三种发芽床，滤纸和沙作为发芽床都有很好的效果，考虑到滤纸操作简单方便，故选择滤纸作为发芽率检验的发芽床。

（2）选择温度　随机选取种苗，放入培养皿中，以滤纸为发芽床，在光照培养箱中温度分别控制在10℃、15℃、20℃、25℃，每次100粒，观察25天发芽数，计算发芽率，重复4次（表19-11）。

表19-11　半夏种苗发芽温度试验结果

温度（℃）	发芽率（%）	差异显著性	
		0.05	0.01
10	3.5	a	A
15	34.0	b	B
20	92.0	c	C
25	95.5	c	C

比较四个温度，20℃发芽率最高，可以作为发芽率检验的温度。

（3）避光条件及陈年种苗的发芽情况　用滤纸为发芽床，在光照培养箱中温度控制在25℃，观察25天发芽数，计算发芽率，每次100粒，重复4次（表19-12）。

表19-12　半夏种苗光照条件和陈种试验结果

处理	发芽率	差异显著性	
		0.05	0.01
光照	93.0	a	A
避光	97.0	a	A
陈种	13.0	b	B

比较不同处理条件的发芽情况，光照和避光条件对半夏种苗的发芽率无显著性影响，陈年种苗的发芽率明显降低，不推荐用陈年的种苗做种。

（4）小结　发芽率最佳检验条件是：滤纸为发芽床，在20℃避光条件，连续观察25天，可以测定较好的发芽率。根据发芽温度试验，半夏种苗在10℃就开始萌发，故半夏的播种时间应选择在土壤深5cm温度在10℃左右时，即在每年的3月，适宜半夏种苗的萌发，不宜迟于3月中旬，以免缩短半夏的生长周期。也可通过盖地膜的方式提高地温，延长半夏的生长周期。

样品的发芽率如下表19-13所示。

表19-13　半夏种苗发芽率统计表

编号	发芽率（%）	编号	发芽率（%）	编号	发芽率（%）
SL01	95.3	JS01	97.8	NC12	82.3
XL01	92.3	QJ01	98.5	LY01	79.5
HH01	82.3	TZ01	90.8	HZ21	71.5
PZ01	82.8	GY01	79.3	HZ22	74.3
GG01	85.0	HZ11	75.3	HZ23	79.0
XF01	91.5	ZT01	97.5	LF01	91.3
TH01	87.5	XH01	87.0	LF02	95.5
FL01	90.3	XH02	87.3	ES01	97.0
NC01	96.8	XH03	85.5	ES02	90.8
HZ01	92.0	NC11	94.3	ES03	78.5

半夏种苗发芽率最高为98.5%，最低为71.5%。普遍的发芽率在80%～95%。

9. 生活力检验

分别对半夏种苗进行红墨水染色法、纸上荧光法、四唑染色法的生活力测定，确定最佳的染色方法；对测定方法进行染色浓度、染色时间、染色温度的考察，确定最佳的生活力检验方法。

红墨水染色法：规律性不明显，对于子叶和胚部分染色面积大小和部位反应不够清晰。

纸上荧光法：种苗切面无明显的荧光现象，不能区别是否具有活力。

四唑染色法：染色清晰，子叶和胚部分染色面积大小容易区分，能很好判断有活力和无活力的种苗。

采用四唑染色法有较好的染色效果，有活力与无活力种苗的区别在于切开的胚是否大部分染成红色。

（1）染色时间试验　随机选取100粒种苗进行生活力试验，用无菌手术刀从芽体处切开半夏种苗，采用0.5%TTC溶液进行染色处理，染色时间为1小时、2小时 、3小时，温度为20℃室温，重复3次，确定最佳的染色时间（表19-14）。

表19-14　半夏种苗染色时间试验结果

时间（小时）	生活力（%）	差异显著性	
		0.05	0.01
1	28.3	a	A
3	60.7	b	B
5	62.7	b	B

（2）染色溶液浓度试验　随机选取100粒种苗进行生活力试验，用无菌手术刀从芽体处切开半夏种苗，采用不同浓度TTC溶液0.1%、0.5%、1.0%进行染色处理，染色时间为3小时，温度为25℃，重复3次，确定最佳的染色浓度（表19-15）。

表19-15　半夏种苗染色浓度试验结果

浓度（%）	生活力（%）	差异显著性	
		0.05	0.01
0.1	0.0	a	A
0.5	93.3	b	B
1.0	94.7	c	B

（3）染色温度试验　随机选取100粒种苗进行生活力试验，用无菌手术刀从芽体处切开半夏种苗，采用0.5%TTC溶液进行染色处理，染色时间为3小时，温度为20℃、25℃、30℃，重复3次，确定最佳的染色温度（表19-16）。

表19-16　半夏种苗染色温度试验结果

温度（℃）	生活力（%）	差异显著性	
		0.05	0.01
20	82.3	a	A
25	96.7	b	B
30	97.7	b	B

（4）小结　通过方差分析，TTC溶液浓度在0.5%时能达到99%以上的效果，与0.1%染色处理具有显著

性差异，故0.5%TTC溶液染色效果最佳；染色3小时与1小时有显著性差异，染色3小时与5小时差别不大，故选择3小时为最佳染色时间；染色20℃与25℃有显著性差异，染色在25℃与30℃差别不大，故选择25℃为最佳染色温度。

生活力最佳检验条件是：采用0.5%TTC溶液进行染色处理，染色时间为3小时，温度为25℃。样品生活力测定结果见表19-17。

表19-17　半夏样品生活力统计表

编号	生活力（%）	编号	生活力（%）	编号	生活力（%）
SL01	98.3	JS01	98.7	NC12	92.7
XL01	97.7	QJ01	97.0	LY01	87.7
HH01	94.3	TZ01	96.3	HZ21	76.3
PZ01	98.3	GY01	91.3	HZ22	77.7
GG01	93.3	HZ11	88.7	HZ23	90.3
XF01	92.7	ZT01	99.0	LF01	97.3
TH01	92.0	XH01	97.0	LF02	97.7
FL01	97.7	XH02	92.3	ES01	99.3
NC01	98.3	XH03	93.3	ES02	96.7
HZ01	96.7	NC11	94.0	ES03	81.7

半夏种苗的生活力最高为99.3%，最低为76.3%，主要在90%～99%。

10. 健康度检验

（1）试验材料　半夏种苗，试验培养基用PDA（马铃薯葡萄糖琼脂培养基）。

（2）试验方法

实验材料准备：选取大小均一，直径1cm的半夏种苗，置于无菌水中浸泡15分钟，重复3次后，将洗净种苗置于灭菌的培养皿中，得到干净的半夏种苗；另外将同样的半夏种苗至于70%酒精中浸泡10分钟，然后用无菌水洗涤，重复3次，得到表面无菌的半夏种苗，并用无菌手术刀从中间切开半夏种苗。将所有种苗放在无菌操作台中吹干备用。

半夏种苗健康度检测：将两个处理的半夏种苗置于PDA上，每个培养皿中放4粒种苗，每个采集点及处理设置3个重复，然后置于室温下密封培养。培养3天后检测各个处理上真菌的生长状况，统计带菌率和各种菌的分离频率。

带菌率（%）=100×带菌总数/检验数

分离频率（%）=100×某一分离物出现数/分离物出现总数

（3）小结　通过培养观察发现，半夏种苗的表皮和内部在PDA上均长出微生物，经鉴定主要有芽孢杆菌属、灰霉属、镰刀菌属和根霉属（图19-10）。

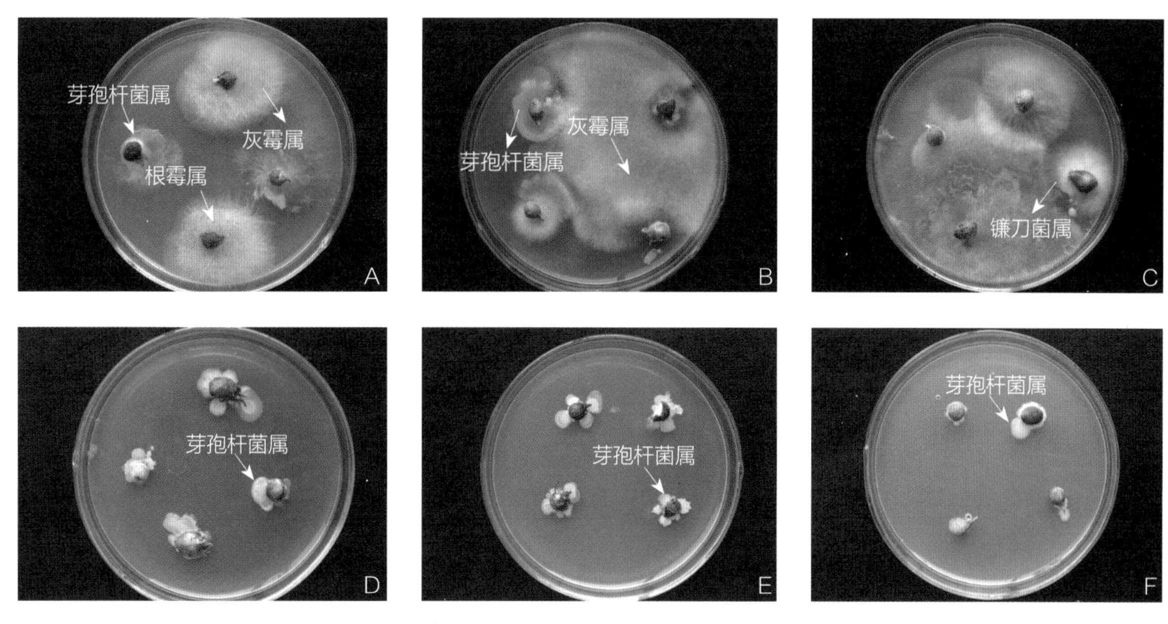

图19-10

A. 甘肃西和外部；B. 重庆涪陵外部；C. 贵州贵阳外部；D. 甘肃西和内部；E. 重庆涪陵内部；F. 贵州贵阳内部

表19-18 甘肃西和重庆洛陵、贵州贵阳三个地点采集的半夏种苗内外部带菌率与分离频率

采集地	带菌率（%）	分离频率（%）			
		芽孢杆菌属	根霉属	镰刀菌属	灰霉属
甘肃西和外部	100	21.43	57.14	7.14	14.29
重庆涪陵外部	100	15.38	38.46	15.38	30.77
贵州贵阳外部	100	38.46	15.38	7.69	38.46
甘肃西和内部	100	100.00			
重庆涪陵内部	100	100.00			
贵州贵阳内部	100	100.00			

由表19-18可知，在3个地点采集的半夏种苗内外部均带菌，其中甘肃西和和重庆涪陵的外部带菌最多的是根霉属，贵州贵阳的种苗外部带菌最多的为芽孢杆菌属和灰霉属。甘肃西和、重庆涪陵和贵州贵阳的半夏种苗内部携带的均为芽孢杆菌。

11. 病虫害

（1）叶斑病　病原为一种真菌，以菌核随病残体或在土壤中越冬，4月初萌发，危害半夏叶片，发病时叶片上出现紫褐色斑点，轮廓不清，叶色先由淡绿色变黄绿色，后变淡褐色，后期病斑出现小黑色，叶片焦枯而死。常在高温多雨季节发生。

（2）病毒病　又称缩叶病、花叶病，由感染病毒引起，多在夏季发生。发病时叶片上产生黄色不规则病斑，出现花叶斑状，叶变形、皱缩、卷曲，直至枯死。

（3）根腐病　由真菌和细菌引起，危害地下块茎。多在高温多湿季节、乍晴乍雨和排水不良的情况下发生。发病时地下块茎腐烂，地上茎叶枯黄倒苗死亡。

（4）红天蛾　鳞翅目天蛾科昆虫。夏季发生，幼虫咬食叶片，食量大，严重时可将叶片食尽。

（5）蚜虫　同翅目蚜科昆虫。夏季发生，以成虫和幼虫吮吸嫩叶嫩芽的汁液，使叶片变黄，植株生长受阻。

（三）分级标准研究

1. 试验材料

从全国各地收集的30份种苗为试验材料。

2. 试验方法

选取主要的指标作为分级评定的依据，根据统计学方法中聚类分析法，结合药农的实际经验和农田操作的方便，选取合适指标作为评定方法。重要指标：完整度、饱满度、净度、水分、千粒重、粒径、发芽率、生活力、外部形态、健康状况（表19-19）。

表19-19　30份半夏种苗各指标情况

编号	完整度（%）	饱满度（%）	净度（%）	水分（%）	千粒重（g）	粒径（mm）	发芽率（%）	生活力（%）
SL01	99.3	99.7	92.0	69.5	850.7	10.3	95.3	98.3
XL01	97.3	99.7	93.3	70.3	782.6	9.6	92.3	97.7
HH01	97.7	100.0	95.1	71.6	283.9	7.3	82.3	94.3
PZ01	97.0	99.0	92.3	66.2	267.5	6.8	82.8	98.3
GG01	97.0	98.7	87.2	69.4	264.0	6.9	85.0	93.3
XF01	97.0	96.3	94.5	66.2	370.4	8.6	91.5	92.7
TH01	98.7	97.7	92.3	62.5	273.6	6.9	87.5	92.0
FL01	96.7	95.7	91.5	63.9	332.9	7.7	90.3	97.7
NC01	99.0	97.0	95.6	68.8	577.2	9.3	96.8	98.3
HZ01	86.0	86.7	95.6	70.8	343.8	8.7	92.0	96.7
JS01	99.7	96.3	90.5	68.6	437.2	8.1	97.8	98.7
QJ01	98.7	99.0	92.1	69.8	590.3	9.2	98.5	97.0
TZ01	97.0	96.3	83.1	72.1	357.8	8.2	90.8	96.3
GY01	84.3	84.3	95.5	67.5	283.6	7.7	79.3	91.3
HZ11	99.7	98.7	97.2	71.1	250.7	7.6	75.3	88.7
ZT01	98.7	97.7	94.5	65.7	650.1	9.3	97.5	99.0
XH01	96.3	98.3	97.2	48.9	371.3	8.0	87.0	97.0
XH02	94.3	97.7	94.8	49.0	345.2	7.8	87.3	92.3
XH03	97.7	98.0	95.2	50.3	353.5	7.6	85.5	93.3
NC11	96.7	97.3	98.2	48.8	436.3	8.4	94.3	94.0

续表

编号	完整度（%）	饱满度（%）	净度（%）	水分（%）	千粒重（g）	粒径（mm）	发芽率（%）	生活力（%）
NC12	96.3	97.3	97.8	48.4	417.4	8.3	82.3	92.7
LY01	97.0	95.7	93.2	59.7	293.4	7.3	79.5	87.7
HZ21	99.7	97.7	96.7	52.3	263.6	6.7	71.5	76.3
HZ22	99.3	98.3	94.2	51.6	286.3	6.8	74.3	77.7
HZ23	99.3	96.0	97.4	53.7	305.9	6.8	79.0	90.3
LF01	98.0	98.3	95.8	50.1	486.3	9.1	91.3	97.3
LF02	96.3	97.7	96.5	50.7	503.5	9.2	95.5	97.7
ES01	98.0	99.3	98.6	68.7	710.4	9.6	97.0	99.3
ES02	97.3	98.3	95.0	61.2	457.6	7.2	90.8	96.7
ES03	85.0	84.3	86.4	56.7	237.9	6.7	78.5	81.7

（1）八项指标进行系统聚类分析结果（图19-11）。

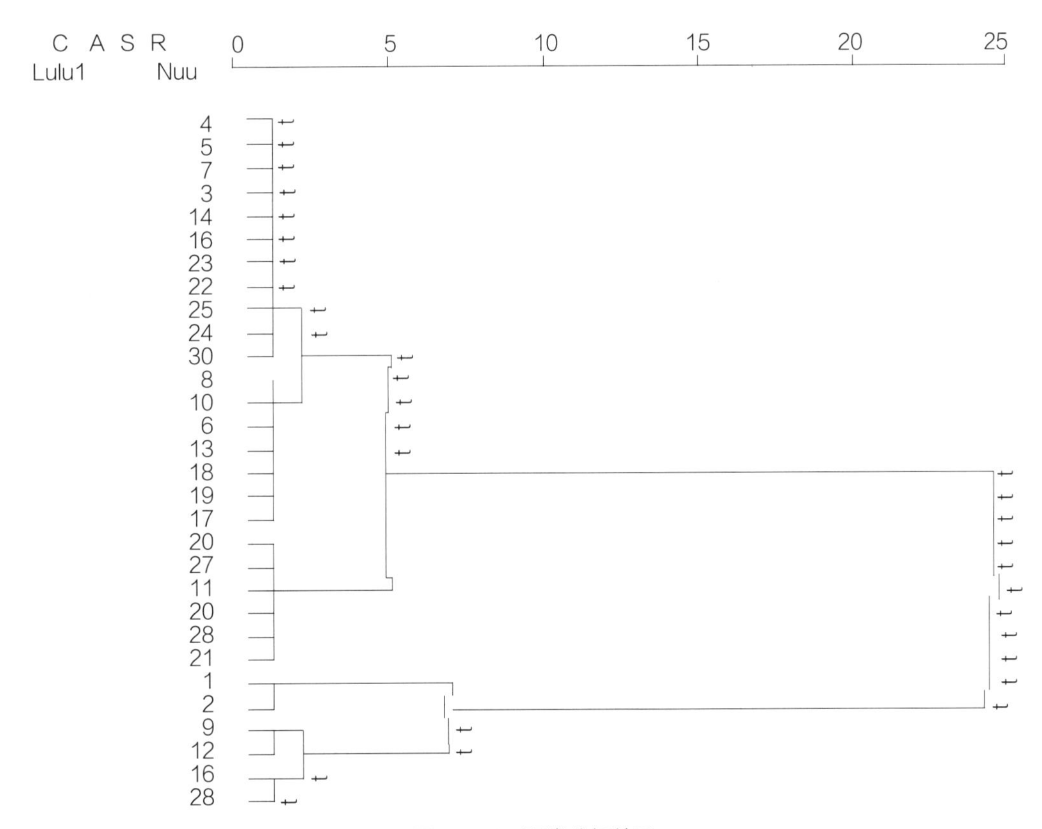

图19-11　聚类分析结果

系统聚类分析将30份样品分成了2类，一级种苗为1、2、9、12、16、28。其他为二级种苗。质量较好的一级种苗较少，大部分为二级种苗。

（2）八项指标进行K聚类分析结果（表19-20）。

表19-20 半夏种苗八项指标聚类分析结果

指标	等级	
	一级（%）	二级（%）
完整度（%）	98.50	96.00
饱满度（%）	98.73	96.03
净度（%）	94.35	93.88
水分（%）	68.80	59.64
千粒重（g）	693.55	342.65
粒径（mm）	9.55	7.68
发芽率（%）	96.23	85.47
生活力（%）	98.27	92.28
30份样本分级情况	6	24

通过K聚类分析将30份样本分成2个等级，发现一级种苗数量较少、二级种苗数量较多，结果同系统分析结果。其中一级品6份，二级品24份。

（3）分析总结　聚类分析将种苗分成2级，但实际生产中为了避免浪费资源，二级以下的部分种苗也可用于生产，故结合农业生产实践和采收加工方式，将种苗分为3级，其余为不合格种苗。

药农将粒径12mm以上的块茎用来加工药材，剩余的小块茎进行繁殖，在粒径5mm以下的块茎不仅采收较困难，而且繁殖效果较差，故种苗的粒径大小在5～12mm。

通过八项指标的判定可以检验种苗的等级，但在实际生产中操作性差，故在完整度、饱满度、净度三项中选择净度为指标，种苗水分的范围较大从50%到70%，在检验中变化也较大，故限定种苗水分范围在45%～75%为合格，种苗水分大于75%容易引起发霉、腐烂，小于45%会影响种苗的活力。发芽率与生活力有相互关系，故选定其中之一为指标。同时增加外形描述为感官指标。

综合考虑将分级指标定为：

表19-21 半夏种苗分级指标

指标	等级		
	一级	二级	三级
净度（%）	≥95.0	90.0～94.9	85.0～89.9
发芽率（%）	≥96.0	85.0～95.9	80.0～84.9
千粒重（g）	≥700.0	350.0～699.9	200.0～349.9
粒径（mm）	≥9.5	7.5～9.4	5.0～7.4
纯度（%）	≥95.0		
感官指标	无病虫害、饱满无损伤、芽体完好的健壮种苗		

（4）种苗等级与药材产量之间的关系　选取1.2m×5m试验小区，按行株距20cm×3cm播种，每个等级种苗进行3次重复，夏秋季倒苗时采挖，测定鲜重取平均值（换算成每667m^{2}药材鲜重）。不同级别种苗产量如表19-22所示。

表19-22　不同级别半夏种苗产量

种苗等级	产量（kg /667m^2）	种苗等级	产量（kg /667m^2）
一级	449.6^{aA}	三级	340.4^{bB}
二级	439.3^{aA}		

注：小写字母为α=0.05时差异显著性、大写字母为α=0.01时差异显著性。

结果表明：不同等级种苗在药材的产量上有显著性差异。一级种苗产量最高，达到每亩449.6kg，二级种苗产量为每亩439.3kg，明显高于三级种苗。播种前要尽量选择一级、二级种苗有助于提高产量。

（5）种苗等级与药材品质之间的关系　采用《中国药典》（2015年版）通则2201浸出物测定法，取不同等级种苗生产的药材适量，适当干燥，测定药材中水溶性浸出物的含量，进行三次重复，取平均值。测定结果如表19-23。

表19-23　不同级别半夏种苗生产的药材水溶性浸出物含量

种苗等级	水溶性浸出物（%）	种苗等级	水溶性浸出物（%）
一级	11.4^{aA}	三级	10.4^{aA}
二级	11.1^{aA}		

注：小写字母为α=0.05时差异显著性，大写字母为α=0.01时差异显著性。

结果表明：不同等级种苗与药材品质无显著性差异，说明不同等级的种苗都能产出合格的药材。

三、半夏种苗标准草案

1. 范围

本标准规定了半夏种苗的术语与定义、分级标准、检验方法、判定规则、检验报告及包装、标识、贮藏与运输、保质期。

本标准适用于湖北省半夏种苗的生产、经营和使用。

2. 规范性引用文件

下列文件对于本文件的应用是必不可少的。凡是注明日期的引用文件，仅所注明日期的版本适用于本文件。凡是不注明日期的引用文件，其最新版本（包括所有的修改版本）适用于本文件。

GB/T 191　包装储运图示标志

GB/T 3543.3　农作物种子检验规程　净度分析

GB/T 3543.4　农作物种子检验规程　发芽试验

GB/T 3543.6　农作物种子检验规程　水分测定

GB/T 8855　新鲜水果和蔬菜　取样方法

3. 术语与定义

下列术语和定义适用于本标准。

3.1 半夏　为天南星科植物半夏的干燥块茎。

3.2 块茎　地下生长的变态茎。

3.3 珠芽　叶柄上生长的球形芽状体。

3.4 种苗　用于繁殖的块茎和珠芽。

4. 分级标准

应符合表19-24的规定。

表19-24　分级标准

指标	一级	指标	二级
净度（%）	≥90.0	净度（%）	85.0~89.9
发芽率（%）	≥85.0	发芽率（%）	80.0~84.9
粒径（mm）	12.0~7.6	粒径（mm）	7.5~5.0
水分（%）	45~60	水分（%）	45~60

5. 检验方法

5.1 取样　按GB/T 8855的规定执行。

5.2 净度　按GB/T 3543.3的规定执行。

计算公式为：

$$J=\frac{G-Z}{G}\times 100$$

式中：J——净度；

G——供检样品总重量；

Z——石粒、泥块、沙土、脱落的外皮以及其他植物体。

5.3 发芽率　按GB/T 3543.4的规定执行。

5.4 粒径　用游标卡尺测定最大直径，取2个组，每组随机选20粒种苗算平均数。两组差数与平均数之比<5%，测定值有效。

5.5 水分　按GB/T 3543.6的规定执行。

6. 合格判定

按分级标准，各项指标测定结果达到表19-24规定的最低要求的判定合格。一级种苗中允许有二级种苗不超过10%；二级种苗中允许不合格种苗不超过5%。

7. 包装、标识、贮藏和运输

7.1 包装　可用麻袋、纸箱、篓筐等符合卫生要求的包装材料包装，每件25kg，包装上应附有标签。标明产品名称、等级、净含量、批号、产地、生产单位、收获日期。

7.2 标识　按GB/T 191的规定执行。

7.3 贮藏与运输　贮藏处应清洁、卫生、阴凉、通风、防雨淋，贮藏时应定期检查和养护，保持温湿度，防止霉变和虫蛀。运输工具应以清洁、无异味、无污染。运输过程中应注意防雨、防晒、防污染；注意装车时不能堆压过紧，装车后及时起运，严禁与其他污染物混装运输。

7.4 保质期　12个月。

四、半夏种苗繁育技术研究

（一）研究概况

半夏的生产以无性繁殖为主，通过珠芽和小块茎生长而成，半夏的种植和种苗的繁育是在一个过程中进行。2006年四川省发布省级地方标准《无公害农产品生产技术规程》，规定了半夏生产环境条件、播种技术、田间管理技术、采收与采后处理。强调在采挖时将小块茎保湿储藏后再播种。湖北省于2010年选育出中药材新品种“鄂半夏2号”，该品种是在来凤县大量的野生半夏品系中经系谱法选育的半夏新品种，并通过品质产量比较试验，新品种半夏两季平均亩产490kg，比来凤地方种增产24.5%。

（二）半夏种苗繁育技术规程

1. 范围

本标准规定了半夏种苗的术语和定义、种植环境、生产技术。

本标准适用于半夏种苗生产的全过程。

2. 规范性引用文件

下列文中的条款通过本标准的引用而成为本标准的条款。凡是注明日期的引用文件，其随后所有的修改单（不包括勘误内容）或修订版均不适用于本部分。然而，鼓励根据本标准达成协议的各方研究是否使用这些文件的最新版本。凡是不注明日期的引用文件，其最新版本适用于本标准。

GB 3095　环境空气质量标准

GB 4285　农药安全使用标准

GB 5084　农田灌溉水质标准

GB/T 8321.1　农药合理使用准则（一）

GB/T 8321.2　农药合理使用准则（二）

GB/T 8321.3　农药合理使用准则（三）

GB/T 8321.4　农药合理使用准则（四）

GB/T 8321.5　农药合理使用准则（五）

GB/T 8321.6　农药合理使用准则（六）

GB/T 8321.7　农药合理使用准则（七）

GB 15618　土壤环境质量标准

NY/T 496　肥料合理使用准则　通则

中华人民共和国药典（2015年版）一部

3. 术语与定义

3.1 半夏　天南星科半夏属多年生草本植物。

3.2 块茎　半夏地下生长的变态茎。

3.3 珠芽　半夏叶柄上生长的球形芽状体。

3.4 种苗　用于繁殖的小块茎（一年生珠芽）和珠芽，粒径5~12mm。

4. 种植环境

4.1 海拔　海拔高度200～2000m。

4.2 气候条件　年平均气温10～17℃，年降水量为1380～1900mm，无霜期260～295天，年均日照时数为1100～1500小时，空气相对湿度≥80%。

4.3 土壤质量　有机质含量1.5%～2.0%、pH为6.0～7.0、含水量20%～30%、土层深厚、质地疏松、排水良好的沙质壤土。土壤质量应符合GB 15618规定。

4.4 灌溉水质量　符合GB 5084的规定。

4.5 环境空气质量　符合GB 3095的规定。

5. 生产技术

5.1 种质来源　天南星科半夏属植物半夏*Pinellia ternata*（Thunb.）Breit.，应符合《中国药典》（2015年版）一部。

5.2 选地与整地

5.2.1 选地：选取前茬未种过天南星科或茄科植物的砂壤地。

5.2.2 整地：深耕土地20cm并清除杂草和石块；每667m^{2}均匀施腐熟饼肥200kg＋复合肥30kg或腐熟堆肥（1500～2000kg）＋复合肥（25kg）。整细耙平，起宽1.2m的高畦，畦沟宽30cm，沟深20cm，畦面略呈瓦背形。肥料使用按NY/T 496的规定执行。

5.3 播种

5.3.1 播种时间：根据气候因素适时播种，一般为每年的2～3月。

5.3.2 种苗选择：用于半夏种苗繁育的种苗应选择无病虫害、饱满无损伤、芽体完好、健壮粒径10mm左右的种苗。

5.3.3 播种方式：播种前用50%多菌灵500倍液浸种30分钟。条播为主，播种沟深3～5cm，宽15cm，行距15cm，在沟内均匀排列块茎，间距5～8cm，覆盖细土3～5cm。每667m^{2}用种量50～80kg。

5.4 田间管理

5.4.1 除草：晴天及时人工除草，禁止使用化学除草剂。

5.4.2 施肥：全生育期，施肥4次。第一次于半夏齐苗后进行，每667m^{2}施入腐熟的淡人畜粪水1000～2000kg。第二次在珠芽形成期，每667m^{2}施入腐熟的人畜粪水2000kg或草木灰3500kg。第三次于倒苗后，用1∶10的腐熟粪水泼浇。第四次于半夏齐苗时，每667m^{2}施入腐熟饼肥25kg，过磷酸钙20kg。

5.4.3 遮阴：半夏为中性喜阴植物，田间可套种中高杆阳性田间喜光植物如玉米、小麦或豆类等作物。

5.4.4 防旱与防涝：苗开始卷叶时，选择上午10:00前或下午4:00后灌溉补水。雨季来临前，及时清沟排水。

5.5 病虫害防治　应坚持“预防为主，综合防治”的方针。优先采用农业防治、生物防治、物理防治，配合科学合理地使用化学防治，将有害生物危害控制在允许范围以内。农药安全使用间隔期遵守GB 4285、GB/T 8321.1～8321.7的规定，没有标明农药安全间隔期的农药品种，农药的间隔期执行其中残留性最大的有效成分的安全间隔期。

5.5.1 叶斑病：叶斑病病原为一种真菌，以菌核随病残体或在土壤中越冬，4月初萌发，危害半夏叶片，发病时叶片上出现紫褐色斑点，轮廓不清，叶色先由淡绿色变黄绿色，后变淡褐色，后期病斑出现小黑色，叶片焦枯而死。常在高温多雨季节发生。

5.5.1.1 农业防治：选抗病植株的块茎留种；田间作业时注意工具消毒，减少人为传播；及时拔除病株烧毁，病穴消毒；秋后彻底清园，将残叶、病叶集中烧毁。

5.5.1.2 化学防治：叶面喷施40%氟硅唑800～1000倍液或50%多菌灵800～1000倍液或70%托布津1000倍液，每7～10天一次，连续2～3次。

5.5.2 病毒病：又称缩叶病、花叶病，由感染病毒引起，多在夏季发生。发病时叶片上产生黄色不规则病斑，出现花叶斑状，叶变形、皱缩、卷曲，直至枯死。

5.5.2.1 农业防治：选抗病植株的块茎留种；及时拔除病株烧毁，病穴消毒。

5.5.2.2 化学防治：用25%病毒唑600倍液叶面喷施或1.5%植病灵1000倍液配合500mg/kg赤霉素叶面喷雾。

5.5.3 腐烂病：又称根腐病，由真菌和细菌引起，危害地下块茎。多在高温多湿季节、乍晴乍雨和排水不良的情况下发生。发病时地下块茎腐烂，地上茎叶枯黄倒苗死亡。

5.5.3.1 农业防治：选抗病植株的块茎留种；及早拔除病株，用5%石灰乳淋穴消毒。

5.5.3.2 化学防治：用50%多菌灵或甲基硫菌灵1000倍液，或3%光枯灵600～800倍液淋穴或浇灌病株根部，一般7天喷灌1次，连喷灌3次以上。

5.5.4 红天蛾：鳞翅目天蛾科昆虫。夏季发生，幼虫咬食叶片，食量大，严重时可将叶片食尽。防治方法：用90%晶体敌百虫800～1000倍液，每5～7天喷1次，连续喷2～3次。

5.5.5 蚜虫：同翅目蚜科昆虫。夏季发生，以成虫和幼虫吮吸嫩叶嫩芽的汁液，使叶片变黄，植株生长受阻。防治方法：用40%乐果乳油1500～2000倍稀释液喷洒，或用灭蚜松1000～1500倍液喷杀。

5.6 采种、选种与贮藏

5.6.1 采种

5.6.1.1 采种时间：夏季植株倒苗时于6月下旬至7月中旬采集散落在畦面的珠芽，采收后将枯萎的茎叶清理出大田，秋季植株倒苗时于10月下旬到11月中旬采集散落在厢面的珠芽，采收后采挖地下种苗。

5.6.1.2 采挖方法：顺畦挖15～20cm深，逐一挖出，小心采挖，避免损伤种苗。

5.6.2 选种：选取无病虫害、饱满无损伤、芽体完好、健壮粒径为5～12mm的种苗用于生产。粒径大约12mm的块茎加工成药材。

5.6.3 贮藏：将种苗晾去一定水分，待表面干燥后即可保存。贮存处应清洁、卫生、阴凉、通风、防雨淋，储存期应定期检查和养护，保持温湿度，防止霉变和虫蛀。

5.7 包装、标识与运输

5.7.1 包装：用透气性好的编织袋或麻袋包装，每袋25kg，其他规格根据市场需求而定。

5.7.2 标识：每批种苗应挂有标签，表明种苗产地、采收时间、重量、净度，产品标识按有关规定执行。

5.7.3 运输：运输过程应防雨、防晒。不得与粮食、其他中药、动物饲料及有毒有害物混装混运。

参考文献

[1] 薛建平，张爱民，葛红林，等. 半夏的人工种子技术［J］. 中国中药杂志，2004，5(29)：402-405.

[2] 罗光明，刘贤旺，姚振生，等. 半夏的组织培养和植株再生［J］. 江西中医学院学报，2000，3(12)：125-126.

艾伦强　由金文（湖北省农业科学院中药材研究所）

20 地黄

一、地黄概况

地黄是常用中药材，在我国主产地有河南、山西、陕西、河北等地。年种植面积10万~20万亩。地黄以分根繁殖。生产上一般在前一年7~8月移栽地黄，繁殖下一年生产的种栽。由于种栽为地黄的块根，受繁殖时间及土壤、天气等因素的影响，种栽大小参差不齐，因此，必须制定种苗质量标准，以规范地黄种苗交易市场。

二、地黄种苗质量标准研究

1. 试验材料的来源

选用河南省焦作市温县怀地黄种栽18份（表20-1）为试验材料，研究地黄种苗检验方法。

表20-1 怀地黄种栽收集记录

序号	样品产地	采集时间
1	焦作市温县祥云镇张寺村	2009年7月15日
2	焦作市温县祥云镇张寺村	2009年7月20日
3	焦作市温县祥云镇张寺村	2009年7月15日
4	焦作市温县祥云镇闫庄村	2009年7月15日
5	焦作市武陟县北部乡西余会村南	2009年7月15日
6	焦作市温县祥云镇古贤村	2009年7月15日
7	焦作市温县祥云镇南贾村（沙地）	2009年7月20日
8	焦作市温县招贤乡罗安寨村	2009年8月10日
9	焦作市孟州县大定办事处北开仪村	2009年7月15日
10	焦作市温县祥云镇张寺村	2009年7月21日
11	焦作市温县祥云镇作礼村	2009年7月20日
12	焦作市温县番田镇西南马村	2009年7月15日
13	焦作市温县祥云镇南贾村（沙地）	2009年7月20日
14	焦作市温县番田镇树楼村	2009年7月10日
15	焦作市温县番田镇东留石村	2009年7月21日

续表

序号	样品产地	采集时间
16	焦作市孟州县大定办事处北开仪村	2009年7月20日
17	焦作市温县番田镇西留石村（北）	2009年7月15日
18	焦作市温县祥云镇张寺村（东）	2009年7月15日

2. 抽样

将收集的每份样品中所有的地黄种苗依次进行重量测定、直径测定、净度测定、饱满度测定及真实性鉴定。

3. 直径测定

用游标卡尺分别准确量出每份样品中的每根地黄种栽上端和下端的围径，精确到0.01cm。

4. 重量测定

用电子称准确称量出每份样品中每个种栽的重量，精确到0.01g，取平均值，求出每组平均根重量。

5. 净度测定

净度测定是测定供检样品不同成分的重量百分率，并据此推测样品的质量。

废种栽：a.损伤疤痕超过1/3；b.霉变；c.病斑；d.无顶芽。

杂质：根、泥沙、土块等。

计算公式：

$$J=[G-(F+Z)]/G\times 100$$

式中：J——净度；

G——供检样品总重量；

F——废种栽重量；

Z——杂质重量

6. 饱满度测定

饱满度分析是测定供检样品的饱满情况，并据此推测样品的质量。

饱满种栽：外在饱满、健壮、无损伤的怀地黄种栽。

计算公式：

$$A=(a/G)\times 100$$

式中：A——饱满度；

a——饱满种栽数；

G——供检样品数

7. 真实性鉴定

（1）形态鉴定　优良的地黄种栽为生长健壮、无病的良种植株。个头大、芦头短、芽密、根茎充实。直径为1.7～2.2cm，长度为4～6cm，重量为30～50g（图20-1）。

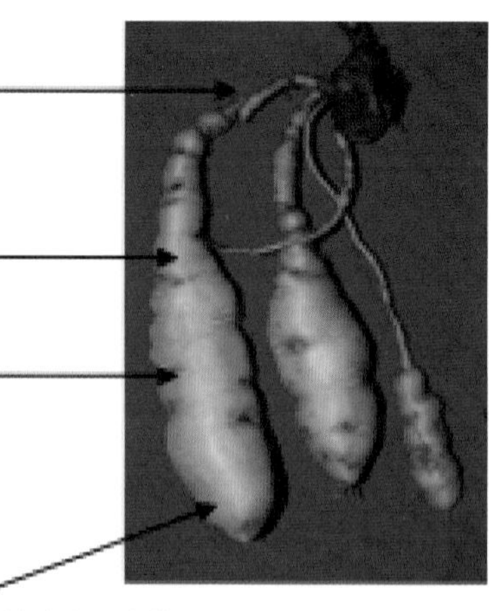

图20-1　地黄种栽形态指标

（2）幼苗鉴定　幼苗茎、叶柄、叶脉、叶色均呈现黄绿色为地黄种栽幼苗。

三、地黄种苗标准草案

1. 范围

本标准规定了地黄种苗（种栽）的术语和定义，分级要求，检验方法，检验规则包装、运输及贮存。

本标准适用于地黄种苗生产者、经营者和使用者。

2. 规范性引用文件

下列文件中的条款通过本标准的引用而成为本标准的条款。凡是注明日期的引用文件，其随后所有的修改单（不包括勘误的内容）或修订版均不适用于本标准，然而，鼓励根据本标准达成协议的各方研究是可使用这些文件的最新版本。凡是不注明日期的引用文件，其最新版本适用于本标准。

GB/T 18247.5　花卉种苗产品等级标准

GB/T 18247.6　花卉种球产品等级标准

3. 术语和定义

下列术语和定义适用于本标准。

3.1 种栽　用于繁殖的带芽根茎。

3.2 种栽根重　每个种栽的重量，以克（g）表示。

3.3 种栽直径　种栽上端和下端最大直径的平均值，以厘米（cm）表示。

3.4 净度　健康的、完整的种栽的重量占供检样品总重的百分率。

3.5 废种栽　损伤疤痕超过1/3、霉变、病斑、无顶芽的种栽。

3.6 杂质　指种栽中夹杂的根、泥沙、土块等。

4. 要求

4.1 基本要求

4.1.1 外观要求：块根薯状或纺锤状。表皮淡黄色、新鲜、完整、饱满。

块根直径≥0.5cm，长度≥4cm。

4.1.2 检疫要求：无检疫性病虫害。

4.2 质量要求　依据块根直径、根重、净度等进行分等，质量分级符合表20-2的规定。

表20-2 地黄种栽质量分级标准

分级标准	一级	二级	三级
直径（cm），≥	2.15	1.65	1.15
根重（g），≥	50.00	30.00	15.00
净度（%），≥	90.0	85.0	75.0

5. 检测方法

5.1 外观检验 根据质量要求目测块根的外形、色泽、饱满度、完整性。

5.2 直径的测定 用游标卡尺分别准确量出分级后每根地黄种栽上端和下端的直径，精确到0.01cm。

5.3 根重的测定 准确称量出每组（50个）中的总重，精确到0.01g，取平均值。

5.4 净度检验 净度分析是测定供检样品不同成分的重量百分率，并据此推测样品的质量。

废种栽：a.损伤疤痕超过1/3；b.霉变；c.病斑；e.无顶芽

杂质：根、泥沙、土块等

计算公式：

$$J=[G-(F+Z)]/G\times 100$$

式中：J——净度；

G——供检样品总重量；

F——废种栽重量；

Z——杂质重量。

6. 检验规则

6.1 组批 同一批地黄种根为一个检验批次。

6.2 抽样 种根批的最大重量2000kg，送检样品5kg，净度分析3kg。

6.3 交收检验 每批种根交收前，种根质量由供需双方共同委托种子（苗）质量检验技术部门或获得该部门授权的其他单位检验，并由该部门签发地黄种苗质量检验证书（见附录）。

6.4 判定规则 按4.2的要求对种苗进行评判，同一批检验的一级种苗中，允许5%的种苗低于一级标准，但必须达到二级标准，超此范围，则为二级种苗；同一批检验的二级种苗，允许5%的种苗低于二级标准，超此范围，则为三级种苗；同一批检验的三级种苗，允许5%的种苗低于三级标准，超此范围则判为等外品。

6.5 复检 供需双方对质量要求判定有异议时，应进行复检，并以复检结果为准。

7. 包装、标识、贮存和运输

7.1 包装 用透气的麻袋、编织袋包装，每个包装不超过30kg，包装外附有种苗标签以便识别。

7.2 标识 销售的袋装地黄种栽应当附有标签。每批种栽应挂有标签，表明种栽的产地、重量、质量等级、植物检疫证书编号、生产日期、生产者或经营者名称、地址。

7.3 运输 禁止与有害、有毒或其他可造成污染物品混贮、混运，严防潮湿。车辆运输时应用蓬布盖严，船舶运输时应有下垫物。

7.4 贮存 地黄种栽为现采现用，可在常温下保存1～5周。

四、地黄种苗繁育技术规程草案

1. 范围

本标准规定了地黄种子（苗）生产技术规程。

本标准适用于地黄种子（苗）生产的全过程。

2. 规范性引用文件

下列文中的条款通过本标准的引用而成为本标准的条款。凡是注明日期的引用文件，其随后所有的修改单（不包括勘误内容）或修订版均不适用于本部分。然而，鼓励根据本标准达成协议的各方研究是否使用这些文件的最新版本。凡是不注明日期的引用文件，其最新版本适用于本标准。

GB 4285　农药安全使用标准

GB/T 8321　农药合理使用准则

NY/T 496—2002　肥料合理使用准则通则

3. 生产技术

3.1 种质来源　选择地黄主栽品种，如怀地黄1、2、3号，北京1、2号，85-5等。

3.2 选地与整地　选地势较高、土层深厚肥沃、灌溉、排水均方便的向阳、周围不种高秆作物的地块，土质以壤土、砂质壤土为好。洼地、盐碱地、黏土地均不宜选用。翻耕整时，要达到上虚下实的目的。除施足有机肥外，加施过磷肥钙40～50kg。降水少、有灌溉条件的地方可作平畦，畦宽1.5m、长约7m。除育苗地之外，最好采用南北向的高垄，特别是雨水多的地方或城势较低处，更应该作为高垄，垄面宽70cm，垄间距30cm、垅沟深约20cm。

3.3 种植　地黄主产地种植方式主要有两种："闷头栽"和"拐栽"。闷头栽又称"隔年旺"，系前1年收获地黄时选出的饱满、无病虫害、色泽统一的块根，分一级、二级和三级，置室内晾干，砂藏在室（或窖）或埋于田内越冬，也有的在原地越冬的，翌春种植时，刨出栽种。拐栽需特定生产而得，生产拐栽过程叫"翌栽留种"。即当春地黄生长到7月上旬至8月上旬间，选健壮植株，刨出块根，折成3cm大小段，每段要有2～3个芽眼，切口蘸以草木灰，稍晾干后下种，按行距15cm、株距6～9cm、深6cm栽于畦内，覆土高出畦面3～5cm后稍加镇压。栽后6～8天出亩。秋末枯苗后原地越冬，翌春栽种时收获出作种栽。用拐栽作种发苗率可达90%～100%，闷头栽仅50%～80%。

3.4 田间管理

3.4.1 间苗补苗：当苗高10～12cm时，开始间苗，每穴留壮苗1株。遇有缺株，应于阴天及时补栽，补栽时应带土起苗，这样成活率较高。

3.4.2 中耕除草：出苗后及时松土除草，宜浅锄，若切断根茎，影响根长粗，易形成"串皮根"。当植株封行后，最好拔草，以利于地上和地下块根的生长发育。

3.4.3 追肥：地黄喜肥，肥足块根长得好，产量高。齐苗后到封行前追肥1～2次，每次每亩追施人畜粪水1000kg或硫酸铵10kg，于行间开沟施下，施后浇水1次。

3.4.4 提纯与复壮方法：大田选出优良单株，第一年种在小片地田，先育一年苗，翌年选取大而健壮的根茎移到地里继续繁殖。第三年再进行优中选优，继续用根茎繁殖。第四年选出高产而稳定的根茎繁殖，如此连续坚持选优汰劣，提纯复壮可以获得优良品种。

3.5 病虫害防治

3.5.1 斑枯病：4月始发，7～8月多雨时为害严重，主要为害叶部。发病时可用50%多菌灵粉剂500倍液喷施

2～3次。

3.5.2 枯萎病：又称根腐病，5月始发，6～7月发病严重，为害根部和地上部茎干。防治方法：选地势高燥地块种植；与禾本科作物轮作；选用无病种根留种；用50%多菌灵1000倍液浸种；发病初期用50%退菌特1000倍液或50%多菌灵1000倍液浇灌根部。

3.5.3 病毒病：又称花叶病，4月下旬始发，5～6月严重。防治方法：选无病毒种子繁殖；无病毒茎尖繁殖；防治蚜虫，选择抗病品种。

3.5.4 棉红蜘蛛：为害叶片。发生时用5%唑螨酯1000倍液喷雾2～3次。

3.5.5 地黄拟豹纹蛱蝶：4～5月始发，以幼虫为害叶片。防治方法：清洁田园；幼龄期用90%敌百虫800倍液喷杀。

3.6 采收、加工与储存

3.6.1 倒栽：在7月中旬，选好的品种和健壮植株挖起，将块根截成5cm小段，按行株距25cm×10cm，重新栽到另一块肥沃的田里，每亩约栽种栽20000个。翌年春挖出分栽，其出苗整齐，产量好。

3.6.2 窖藏：秋收地黄时，挑选无病、中等大小的块根贮藏于窖内。

3.6.3 原地留种：生长差的地黄，块根小，秋天不刨，留在原地越冬，第二年春天，种地黄前刨出来，挑选块形好的作种栽。

3.7 包装与运输

3.7.1 包装：容器应该用干燥、清洁、无异味以及不影响品质的材料制成。包装要牢固、通风、防潮，能保持品质。包装材料应易回收、易降解。

3.7.2 运输：运输工具必须清洁、干燥、无异味、无污染，运输中应防雨、防潮、防污染，严禁与可能污染其品质的货物混装运输。

参考文献

[1] 中国医学科学院药用植物资源开发研究所. 中国药用植物栽培学[M]. 北京：农业出版社，1981：530-542.

李先恩　周丽莉（中国医学科学院药用植物研究所）

21 | 百合

一、百合概况

中药百合来源于百合科植物卷丹*Lilium lancifolium* Thunb、百合*Lilium brownii* F. E. Brown var. *viridulum* Baker或细叶百合*Lilium pumilum* DC. 的干燥肉质鳞片，性味甘寒，有养阴润肺、清心安神之功，用于治疗阴虚久咳、痰中带血、虚烦惊悸、失眠多梦、精神恍惚等症。

百合的主产区为湖南隆回、邵阳及江西泰和、万载等地，龙牙百合即为该种的人工驯化种。卷丹主产于江苏宜兴、吴江，安徽霍山、天长，浙江湖州和湖南龙山等地，太湖流域栽培的宜兴百合即为卷丹的优良栽培种。细叶百合仅有一些生长发育及引种栽培方面的试验研究，尚无大面积人工种植。

百合主要采用鳞茎繁殖，现在生产上所用的种球仍为农户自繁自用，缺乏按照科学化、规范化、标准化要求生产的种球，容易导致种质退化，生长势变弱、病毒病频发，并最终造成产量降低、品质变差，影响产品的质量及农户的收益。

二、百合种球质量标准研究

（一）研究概况

百合种球的产业化水平很低，各产区主要还是依照传统经验来留种，种球规格、等级不一且混乱。目前，国家层面尚没有相应的质量标准，仅有江西省质量技术监督局发布的“龙牙百合种球”“无公害食品龙牙百合生产技术规程”两个地方标准，但执行情况不容乐观。

2008年，甘肃中医药大学的科研人员对药用百合的主要产区进行了调查，共收集药用百合种球样品31份，其中细叶百合（*Lilium pumilum* DC.）2份，卷丹（*Lilium lancifolium* Thunb.）25份，百合（*Lilium brownii var. viridulum* Baker）4份。31份样品中，26份来自产地，5份购自市场。检验时以卷丹（25份）为试验材料，进行了百合种球分级标准方面的系列研究，制定出了百合种球分级标准草案。

（二）研究内容

1. 研究材料

表21-1　样品采集表

编号	种名	收集地	编号	种名	收集地
1	卷丹	江苏省宜兴市湖汊镇洑西村	4	卷丹	江苏省宜兴市新庄镇经销商
2	卷丹	江苏省宜兴市大浦镇百合示范园	5	卷丹	江苏省宜兴市新庄镇官渎村
3	卷丹	江苏省宜兴市汽车站农贸市场	6	卷丹	江苏省宜兴市新庄镇官渎村漏沟9号

续表

编号	种名	收集地	编号	种名	收集地
7	卷丹	江苏省宜兴市湖汊镇苗干	17	卷丹	湖南省龙山县洗洛镇芭蕉村3组
8	卷丹	江苏省宜兴市大浦镇洋渭村70号	18	卷丹	湖南省龙山县洗洛镇芭蕉村4组
9	卷丹	江苏省宜兴市大统华超市	19	卷丹	湖南省龙山县洗洛镇芭蕉村7组
10	卷丹	江苏省宜兴市宜客隆超市	20	卷丹	湖南省龙山县洗洛镇硝洞村
11	卷丹	浙江省湖州市长兴县水口村	21	卷丹	湖南省龙山县洗洛镇牌楼村
12	卷丹	安徽霍山漫水河镇新铺沟村	22	卷丹	湖南省龙山县洗洛镇芭蕉村3组
13	卷丹	安徽霍山漫水河镇万家山村	23	卷丹	湖南省龙山县茅坪乡观村
14	卷丹	安徽霍山漫水河镇李家和村	24	卷丹	湖南省龙山县茅坪乡观村1组
15	卷丹	安徽霍山漫水河镇万家山村	25	卷丹	湖南省龙山县洗洛镇坪中10组
16	卷丹	安徽霍山南溪镇百合基地			

2. 扦样方法

从各采集点采样时，随机选定取样点，从中抽取3kg种球，即为初次样品。

3. 净度

净度是指正常种球的重量占样品总重量的百分比。

净度的计算方法：

种球净度（%）=（种球总重量-杂质重量）/种球总重量×100%

4. 外形

饱满度（%）=饱满种球数/检测种球数×100%

完整度（%）=完整种球数/检测种球数×100%

5. 单球重

称取单个种球的重量，精确至0.01g。

6. 围径

用卷尺量取种球直径最大处的周长，精确至0.01cm。

7. 试验样品的分取

送检样品充分混合后采用徒手减半法分成两份，一份作为待检样品，另一份作为重复。

8. 病虫害

（1）虫害检测　肉眼检查种球外部是否有害虫附着，是否有虫眼。

（2）病害检测　采用洗涤法和平皿培养法。

9. 百合种球分级标准的制定

（1）指标测定　以饱满度、完整度、围径、单球重为测定指标，取平均值，结果详见表21-2。

表21-2　各指标测定结果

编号	饱满度（%）	完整度（%）	围径（cm）	单球重（g）
1	72	74	9.29	9.92
2	90	87	9.26	13.90
3	98	93	9.87	13.66
4	94	99	8.75	10.71
5	85	87	10.85	13.81
6	83	83	7.14	6.61
7	95	97	9.03	11.90
8	74	67	9.73	11.51
9	97	95	9.83	14.67
10	61	68	8.83	8.47
11	70	66	9.19	14.76
12	77	74	7.94	7.78
13	78	77	8.94	11.23
14	100	100	11.86	24.42
15	70	78	8.71	10.39
16	66	72	10.01	12.86
17	58	59	7.69	6.13
18	76	95	7.90	7.65
19	62	66	8.65	8.70
20	59	61	8.53	7.42
21	59	69	8.53	7.42
22	53	67	9.01	9.67
23	70	91	9.02	11.20
24	95	96	9.57	12.20
25	61	68	9.58	11.09

（2）百合种球分级标准的制定　对测定的数据进行聚类分析，以聚类结果将百合种球分为3级，详细分级结果如表21-3。

表21-3　百合种球分级结果

指标	一级	二级	三级
饱满度（%）	93	72	50

续表

指标	一级	二级	三级
完整度（%）	96	79	58
围径（cm）	10.30	8.90	7.60
单球重（g）	16.03	11.15	7.31

10. 百合种球质量对药材生产的影响

（1）试验设计　根据百合种球分级结果，以种球重量为主要指标分级。种球重量>16.03g为一级种球，种球重量<7.31g为三级种球，介于7.31～16.03g的为二级种球。三个级别作为三个试验处理，采用随机排列，重复3次，小区面积6（2×3）m^2，行距33.3cm，株距15cm，每小区种10行，每行种14粒种球，每小区种140粒，折合667m^2种15560粒。

（2）百合种球等级对药材品质及产量的影响

表21-4　百合种球等级对药材品质及产量的影响

种球等级	纵径（cm）	横径（cm）	小鳞茎数	鲜重（g/个）	产量（千克/亩）
一级	3.8	6.1	3.4	51.9	478.0
二级	3.4	5.2	3.1	33.4	422.4
三级	3.4	5.5	2.8	36.1	300.2

从表21-4分析，不同级别的种球对百合药材鳞茎的大小、鲜重及产生的小鳞茎数均有影响，一级种球都明显地高于二、三级种球，二、三级种球间差异很小且无规律；不同等级的种球产量上也存在差异，一级种球产量最高，二级次之，三级最差。

（3）百合种球等级对药材浸出物及多糖含量的影响

表21-5　百合种球等级对药材浸出物及多糖含量的影响

种球等级	浸出物（%）	多糖（%）
一级	37.4	9.2
二级	41.6	11.6
三级	43.5	9.6

从表21-5中可看出，浸出物含量大小与种球等级成反比，但都远高于18%的国家标准；多糖含量总体呈上升态势，以二级产品含量最高，一级和三级间差异微小，因多糖含量不属于指标成分，对其数据大小尚无法评价。

（4）百合种球等级对药材生产的影响　从百合不同等级种球与其产量和质量的关系来看，产量与种球等级成正相关，且一、二级种球的产量与三级种球产量差异显著，不同等级的种球对其产品的外观性状有较大影响，一级种球产品的鳞茎大小、单重均大于二、三级种球产品，但对于化学成分含量的影响不甚显著。基于保证质量、提高产量的目的，百合生产上应尽量选用一级种球。

三、百合种球标准草案

1. 范围

本标准规定了卷丹（*Lilium lancifolium* Thunb）种球的术语和定义、质量要求、试验方法、检验规则、标签、包装、贮藏。

本标准适用于卷丹种球的生产和销售。其他种类的药用百合也可参照使用。

2. 规范性引用文件

下列文件中的条款通过本标准的引用而成为本标准的条款。凡是注明日期的引用文件，其随后所有的修改单（不包括勘误的内容）或修订版均不适用于本标准，然而，鼓励根据本标准达成协议的各方研究可使用这些文件的最新版本。凡是不注明日期的引用文件，其最新版本适用于本标准。

中华人民共和国药典（2015年版）一部

GB/T 3543.2—1995　农作物种子检验规程　扦样

LY/T 2065—2012　百合种球生产技术规程

SN/T 3746—2013　百合枯萎病菌检疫鉴定方法

GB/T 28681—2012　百合、马蹄莲、唐菖蒲种球采后处理技术规程

DB36/T 436—2004　龙牙百合种球

DB36/T 435—2004　无公害食品龙牙百合生产技术规程

3. 术语和定义

下列术语和定义适用于本标准。

3.1 百合种球　指从百合鳞茎上分开的小鳞瓣，作为百合生产的繁殖体。

3.2 饱满度　检验百合种球饱满情况的指标。

3.3 完整度　鳞茎盘、鳞片完整情况的指标。

3.4 围径　百合种球直径最大处的周长。

3.5 单球重　单个百合种球的重量。

4. 要求

表21-6　百合种球质量标准

指标	一级	二级	三级
饱满度（%），≥	93	72	50
完整度（%），≥	96	80	60
围径（cm），≥	10.30	8.90	7.60
单球重（g），≥	16.03	11.15	7.31

5. 检验规则

5.1 抽样　参照LY/T 2065—2012。

5.2 检测

5.2.1 饱满度：百合种球无缩水、干瘪等情况为饱满种球，否则视为不饱满。

5.2.2 完整度：鳞片完整无缺损，否则视为不完整。

5.2.3 围径：百合种球直径最大处的周长。

5.2.4 单球重：单个百合种球的全重。

6. 判定规则

6.1 鳞片肥厚，结构紧凑，无严重机械损伤及脱水现象。

6.2 以单球重为主要判定因子，不达标者不能划入相应级别。

6.3 凡出现检疫性病、虫害者不能作为种球使用。

7. 包装

宜使用60cm×40cm×23cm方形塑料箱做容器，把打好孔的塑料膜衬在塑料筐内部，用经过消毒的草炭做基质，基质含水量保持50%～60%。将种球与基质充分混匀。数量根据种球等级，按以下标准放置：

一级种球，500～600粒/箱；二级种球，600～700粒/箱；三级种球，700～800粒/箱。放满后，将塑料膜封严。贴上标签，注明品种、规格、数量、日期、产地、生产商。

8. 贮藏

百合种球放置在4～5℃冷库中，4～7周打破休眠，之后在-2℃条件下冻藏，可贮藏12个月左右，在-1.5℃条件下冻藏，可贮藏7个月左右。

四、百合种苗繁育技术研究

（一）研究概况

百合在自然条件下能结种子，一个果实的种子数可达几百粒，但除了个别品种以外，多数百合种子发芽后生长缓慢，从出苗到开花要好几年的时间，而且杂种百合的后代还会发生分离，不能保持原有的种性，故在生产上不常应用。目前，百合大多采用鳞茎繁殖、籽球繁殖、鳞片扦插繁殖、珠芽繁殖、茎段和叶片扦插繁殖，除此之外，利用组织培养方法来繁殖百合已经成为一种行之有效的方法。

近年来，针对海拔高度、播种时间、种植深度、田间管理、病虫害防治、栽培基质和施肥配比组合对百合种球繁育的影响研究较多，但研究成果的推广应用不够深入，导致目前生产上所用的种球仍为农户自繁自用，缺乏按照科学化、规范化、标准化要求生产的种球。

（二）百合种苗繁育技术规程

1. 种质来源

种质主要来源于安徽、湖南、江苏、浙江所产的百合，原植物为卷丹（*Lilium lancifolium* Thunb）。

2. 选地与整地

选择地势较高、地下水位较低的旱坡地；要求排水良好、土层深厚、富含腐殖质的壤土或砂壤土，前茬以小麦等大田作物为好，三年内未种过茄科和百合科作物。深翻土地，深约30cm，翻耕、晒土2～3天，耙耱整平，结合整地施肥，每667m^{2}施入腐熟农家肥3000kg，复合肥50kg。

3. 种球选择及处理

选用一级种球，要求小鳞茎单重≥16g，围径≥10cm，完整度≥96%，饱满度≥93%。种球播前用50%多菌灵600倍或50%代森锰锌可湿性粉剂800倍液浸种15分钟。

4. 移栽

江西在9月中旬至10月中下旬，江苏在8月下旬至9月中旬，湖南在9月至11月上旬，安徽9月至11月上旬。总之低海拔地区稍早，高海拔地区较迟。按30cm行距开沟，沟深10cm，将百合种球按15cm株距均匀摆放于沟中，耙平地表。每667m^{2}种植密度为14800株。

5. 田间管理

百合田间管理的一项主要工作是除草，视土壤墒情及时中耕，结合中耕锄草。现蕾前，根据植株性状及长势进行一次去杂去劣，主要根据植株茎秆颜色、绒毛、叶形、叶色、珠芽等性状进行鉴别，淘汰杂株及劣株，采收时，根据鳞茎颜色、形状再进行一次去杂去劣，淘汰形状不一致的种球。为减少养分消耗，当花蕾和珠芽形成时，及时将花蕾及珠芽摘去。6月中旬，百合进入旺盛生长阶段，此期可追施一次提苗肥，每667m^{2}施尿素20kg，7月中旬，摘除花蕾后，每667m^{2}施三元复合肥30kg。平地栽培的百合，田间要留有排水沟，以便雨季排水。

6. 病虫害防治

6.1 叶枯病　发病初期喷施40%施佳乐悬浮剂1000倍液，50%扑海因悬浮剂1000倍液或50%多菌灵超微粉800倍液，每隔10天左右施一次，交替使用，连续喷2～3次。

6.2 枯萎病　使用腐熟的农家肥，合理轮作，及时拔除病株，75%百菌清可湿性粉剂600倍液灌根。

6.3 炭疽病　发病初期可喷施25%施保克乳油500～1000倍液或50%多菌灵800倍液，间隔10天左右喷一次，交替使用。

6.4 红蜘蛛　15%哒螨灵1500倍液喷雾，50%嗅螨酯1000～3000倍液喷雾。

7. 采收、加工与储存

南方在大暑过后，植株地上部分变黄枯萎后即可采收，北方地区在10月中下旬采收。选择晴天、土壤干爽时采收，采收时应尽量减少机械损伤，稍晾干后将鳞瓣分开，选16g以上的健康鳞瓣作为种球，不能做种球的鳞瓣分开贮藏，下年再行培育成种。

参考文献

[1] 杜弢，陈红刚，连中学，等. 中药材百合生产现状及发展对策［J］. 中药材，2011，34（2）：165-168.

[2] 王艳，杜弢，连中学，等. 百合鳞茎带真菌检测［J］. 甘肃中医学院学报，2011，28（2）：48-51.

[3] 李润根，罗霞，曾巧灵，等. 万载龙牙百合开花生物学特性研究［J］. 安徽农业科学，2014，（29）：10134-10135，10138.

[4] 王心中，吴志科，吕昆坤，等. 龙山百合种植气候适宜性分析［J］. 安徽农业科学，2014（21）：7126-7127，7163.

[5] 纪岚溪. 药用百合的种植技术［J］. 农家科技，2014（9）：24-25.

[6] 向志堂. 百合的形态特征及栽培技术［J］. 科学种养，2015（z1）：60-60.

[7] 汪竟秀. 漫水河药百合种植栽培技术［J］. 农民致富之友，2015（8）：182-182.

[8] 赵强，李颖，赵玉玲，等. 百合的繁育研究概述［C］. 园艺学进展（第七辑），2006：785-789.

杜弢　陈红刚（甘肃中医药大学）

22 当归

一、当归概况

当归为伞形科植物当归*Angelica sinensis*（Oliv.）Diels的干燥根。距今已有1000多年的栽培历史，目前的商品全部来源于人工栽培。甘肃省是我国当归最重要的道地产区，主要分布于岷山山脉北麓与青藏高原的交汇过渡带的岷县、漳县、宕昌、渭源、临洮、临潭及卓尼等地。另外，在云南、四川、陕西、湖北等省也有少量栽培。

当归种子的繁殖依然沿用传统的繁殖方式。初夏播种，9月底至10月初起苗，收获的种苗经冬藏后供应翌年的生产市场，而育苗地中遗留的种苗则会在翌春返青出土，是为“毛归”。“毛归”经过一年的生长，秋季地上部枯萎后露地越冬，第三年春季返青后很快抽薹结实，8月下旬种子成熟。

目前当归种子种苗的生产和流通还很原始，产业化程度非常低。种子大都是农户自繁自留的混杂群体，产量不高、质量不稳，而且种子很少上市交易，都被农户用来繁殖种苗，市场交易的都是种苗。市场流通的种子种苗良莠不齐，尤其是“火药子”（即两年生植株抽薹所结种子）育成的种苗也常常混迹其中，导致当归早期抽薹率高，给农户造成极大损失。据调查，正常年景当归的早期抽薹率在20%左右，严重时可达90%以上，有些地方有时还会出现全部抽薹的现象。种子种苗的质量问题已成为制约当归生产的一大瓶颈。

二、当归种子质量标准研究

1. 研究材料

表22-1　当归种子目录

序号	收集地	编号	序号	收集地	编号
1	湖北省农科院中药材研究所	DG-HB20091022dt002	6	甘肃省漳县殪虎桥乡瓦房村上社南山	DG-ZX20091226chg004
2	云南省丽江市鲁甸县拉美荣乡	DG-YN20091118jl003	7	甘肃省漳县殪虎桥乡瓦房村上社北山	DG-ZX20091226chg005
3	云南省大理市鹤庆县大马厂乡	DG-YN20091118jl004	8	甘肃省漳县大草滩乡流沙坡	DG-ZX20091226chg009
4	甘肃省漳县殪虎桥乡龙架月村龙上社南山	DG-ZX20091226chg001	9	甘肃省宕昌县红河新村	DG-TC20091228chg010
5	甘肃省漳县殪虎桥乡龙架月村龙上社东山	DG-ZX20091226chg002	10	甘肃省宕昌县理川镇	DG-TC20091228chg011

续表

序号	收集地	编号	序号	收集地	编号
11	甘肃省宕昌县理川镇陈家沟东山	DG-TC20091228chg012	31	甘肃省岷县禾驮乡石家台村一社车场湾	DG-MX20091214gzx010
12	甘肃省宕昌县理川镇陈家沟南山	DG-TC20091228chg013	32	甘肃省岷县禾驮乡直沟村二社枫桦村	DG-MX20091214gzx011
13	甘肃省宕昌县理川镇陈家沟二社	DG-TC20091228chg014	33	甘肃省岷县茶埠镇尹家村背后河	DG-MX20091214gzx012
14	甘肃省宕昌县理川镇陈家沟二社	DG-TC20091228chg015	34	甘肃省岷县茶埠镇尹家村背后河	DG-MX20091214gzx013
15	甘肃省宕昌县上哈达铺镇上塄布村	DG-TC20091228chg018	35	甘肃省岷县茶埠镇屯地	DG-MX20091214gzx014
16	甘肃省岷县禾驮乡哈地哈村一社南山	DG-MX20091229chg019	36	甘肃省岷县茶埠镇板桥河	DG-MX20091214gzx015
17	甘肃省岷县禾驮乡哈地哈村一社	DG-MX20091229chg020	37	甘肃省岷县茶埠镇青山	DG-MX20091214gzx016
18	甘肃省岷县禾驮乡牛沟阴山一社大坡山	DG-MX20091229chg021	38	甘肃省岷县麻子川上沟村七社大冰草湾	DG-MX20091214gzx017
19	甘肃省岷县禾驮乡牛沟村五社大坡山	DG-MX20091229chg022	39	甘肃省岷县麻子川绿叶村三社	DG-MX20091214gzx018
20	甘肃省岷县禾驮乡义仁沟家珍梁地沟湾	DG-MX20091229chg025	40	甘肃省岷县麻子川吴纳村四社	DG-MX20091214gzx019
21	甘肃省岷县禾驮乡石家台村三社下片沟	DG-MX20091229chg027	41	甘肃省岷县麻子川上沟村四社新龙沟	DG-MX20091214gzx020
22	甘肃省临潭县三岔乡高棒子村	DG-LT20091230chg029	42	甘肃省岷县麻子川上沟村四社扎岗沟	DG-MX20091214gzx021
23	甘肃省临潭县三岔乡岳家河村607号	DG-LT20091230chg030	43	甘肃省渭源县田家河乡西沟村	DG-WY20091225lzx001
24	甘肃省临潭县三岔乡岳家河村一社	DG-LT20091230chg031	44	甘肃省渭源县田家河乡十路村	DG-WY20091225lzx002
25	甘肃省岷县茶埠镇尹家河村一社	DG-MX20100203gzx001	45	甘肃省渭源县庆坪乡连家河湾朱家咀	DG-WY20091225lzx004
26	甘肃省岷县茶埠镇尹家河村七社	DG-MX20100203gzx002	46	甘肃省渭源县庆坪乡龚家沟村连家河湾	DG-WY20091225lzx005
27	甘肃省岷县茶埠镇尹家河村六社	DG-MX20100203gzx003	47	甘肃省渭源县庆坪乡龚家沟村大湾	DG-WY20091225lzx006
28	甘肃省岷县茶埠镇尹家河村三社	DG-MX20100203gzx004	48	甘肃省渭源县大湾	DG-WY20091225lzx007
29	甘肃省岷县茶埠镇尹家河村四社	DG-MX20100203gzx005	49	甘肃省岷县秦许乡扎那村	DG-MX20091214gzx022
30	甘肃省岷县茶埠镇尹家河村七社	DG-MX20100203gzx006	50	甘肃省岷县秦许乡大族沟	DG-MX20091214gzx023

种子的收集坚持以下原则：主产区、分布区和其他产区都有代表样品；主产区内有不同气候、不同土壤生态区域的样品；主产区内样品适当考虑行政区域，如县、乡和村；适当考虑不同年份的样品。种子的收集可从药材产地收集，以乡镇为行政区分单位，收集10～15份；可从生产或植株上直接收集种子，即在种子成熟时期，及时采收的成熟种子，收集5～10份；也可从地方集贸市场或商户收集种子，收集10～15份；还可从中药材专业市场上收集流通的中药材种子，收集10～15份。按照上述原则和方法，2009年12月，研究人员赴当归主产区甘肃岷县、漳县、渭源、宕昌、临潭、礼县及云南鲁甸、鹤庆等地收集种子，同时写信从湖北农科院征集到一份种子，共征集到不同产地的当归种子50份，其中甘肃47份、云南2份、湖北1份。由于当归的种植地域狭窄，目前仅有甘肃、云南、湖北有人工种植，以甘肃面积最大，陕西已少见报道，四川有少量人工种植的报道，所以，当归种子大部分来自甘肃，而且全部来自产区。

50份种子经甘肃中医药大学李成义教授鉴定，为伞形科植物当归［*Angelica sinensis*（Oliv.）Diels］的种子（表22-1）。

2. 扦样方法

用徒手法扦取初次样品；用徒手减半法分取试验样品。

将种子均匀地倒在一个光滑清洁的平面上；用平边刮板将样品先纵向混合，再横向混合，重复混合4-5次，充分混匀成一堆；把整堆种子分成两半，每半再对分一次，得到四个部分。然后把其中的每一部分再减半分成八个部分，排成两行，每行四个部分；合并和保留交错部分，如将第一行的第1、3部分和第2行的2、4部分合并，把留下的四个部分拿开；将上一步保留的部分，再按照二、三、四步骤重复分样，直至分得所需的样品重量为止。各样品重量见表22-2。

表22-2　各样品重量

植物名	种子批的最大重量（kg）	样品最小重量（g）	
		送验样品	净度分析样品
当归	500	40	4

种子净度分析试验中送检样品的最小重量不少于2500粒种子。而送检样品的重量应超过净度分析重量的10倍以上。

3. 种子净度分析

（1）试验样品的分取　采用徒手减半法分取样品，每份5g，过18目筛。

（2）试样分离　将试样分离成净种子、其他植物种子和杂质三部分。

（3）结果计算　核查分析后的各种成分重量之和与原始重量比较，核对分析期间物质有无增失，要求重量损失不许超过5%。

根据分析后净种子占各种成分重量总和的百分比计算净度，计算到1位小数。

4. 真实性鉴定

《中国药典》（2015年版）规定的当归基源植物仅有1个种，即伞形科植物当归［*Angelica sinensis*（Oliv.）Diels］，因此可从种子形态上与其他种植物区别。当归种子形态见图22-1。当归种子为双悬果，卵圆形，翅果，长4.5～6.5mm，宽4.0～5.2mm，厚1.1～1.5mm，表面粉白色，平滑无毛；顶端有突起的花柱基，基部心形。分果背面略隆起，具5条明显隆起的肋线，中间的3条较低平，两侧的2条特宽大成翅状，腹面平常存一细线状果柄，与果实顶端相连。横切面上可见肋线间各具油管1条，腹面有油管2条。含种子1枚，种子横切面长椭圆状肾形或椭圆形。胚乳含油分，胚细小，白色，埋生于种仁基部。

图22-1　当归种子

5. 重量测定

千粒法：从净种子中随即数出1000粒种子，3次重复，分别称重，精确到0.01g。以重复间误差记，若<5%则取其平均值作为实测千粒重。

6. 水分测定

由于当归种子中有油管，因此只能采用低恒温烘干法测定。先将样品盒预先烘干、冷却、称重、标记。按照徒手减半法分取试验样品，从送检样品中称取两份试样，每份4.5g，将试样放入样品盒内，再称重（精确至0.001g）。使烘箱通电预热至110～115℃，将样品摊平放入烘箱内的上层，迅速关闭烘箱门，使烘箱在5～10分钟内回升至103±2℃时开始计时，烘4小时。取出后放入干燥器内冷却至室温，约30分钟后再称重。

结果计算

按下式计算种子水分百分含量，精确至小数点后1位：

$$种子水分（\%）=\frac{M_2-M_3}{M_2-M_1}\times 100$$

式中：M_1——样品盒和盖的重量，g；

M_2——样品盒和盖及样品的烘前重量，g；

M_3——样品盒和盖及样品的烘后重量，g。

若一个样品的两次测定值之间的差距不超过0.2%，其结果可用两次测定值的算数平均数表示。

7. 发芽测定

（1）数取试验样品　当归的播种材料为双悬果，可视为一个种子单位。从经充分混合的净种子中，随机数取400粒种子。

（2）发芽床选择　选用砂上（TS）培养。在培养皿中铺5mm厚、粒径为0.05～0.80mm的湿砂，然后将种子均匀地排在湿润的发芽床上，粒与粒之间保持一定的距离。

（3）发芽条件　① 水分：发芽前期要保持足够的水分，砂床含水量为其饱和含水量的60%～80%（以培养皿倾斜不积水为宜），发芽期间始终保持发芽床湿润。② 空气：发芽期间种子周围应有足够的空气，注意通气。③ 温度：当归种子的最适发芽温度为20℃恒温。④ 光照：当归种子萌发对光照不敏感，但以黑暗较适宜。

（4）种子处理　2%NaClO浸泡种子10分钟，蒸馏水冲洗3遍。

（5）初次和末次计数时间　以第7天作为初次计数时间；第12天作为末次计数时间。

（6）幼苗鉴定　根据对当归种子发芽和种苗发育的观察，在统计时期内只有一条主根发育，幼苗鉴定时只考虑初生根的发育状况，可以把它归入子叶出土的双子叶种子。在对种苗进行评价时，应该遵循该类种子的鉴定标准。

① 正常幼苗

完整幼苗：根发育良好，初生根长而细，子叶出土型发芽，同时具有伸长的上胚轴和下胚轴，子叶两片，在计数时为绿色，有的子叶尖端部干缩。

带有轻微缺陷的幼苗：初生根局部损伤，或生长迟缓。下胚轴或上胚轴局部损伤，但不影响幼苗的发育。子叶局部损伤，但有一半面积以上功能正常。

次生感染的幼苗：幼苗已发育，但严重腐烂，经观察不是由于种子本身感染引起的，而是由真菌或细菌侵害引起的，并能确定所有主要构造仍保留。

② 不正常幼苗：幼苗带有下列缺陷的一种或几种为不正常幼苗。

初生根：粗短；停滞；缺失；初生感染引起的腐烂。

下胚轴：由初生感染引起的腐烂；坏死。

子叶：畸形；坏死；变色；由初生感染引起的腐烂。

8. 种子质量对药材生产的影响

（1）当归种子质量分级标准　作为种用的当归种子必须是三年生种子。依据研究制定的当归种子质量检验规程，对50份当归种子样本的千粒重、发芽率、水分、净度等四个主要因素进行检测（表22-3）。依据聚类分析结果（表22-4）及他人相关研究成果，拟定当归种子质量分级标准（表22-5）。

表22-3　50份当归种子样品主要指标测定值

编号	水分（%）	发芽率（%）	千粒重（g）	净度（%）
1	7.2	35.7	1.91	80.2
2	7.6	0.0	1.85	74.0
3	7.0	71.0	1.75	84.5
4	8.0	76.3	1.52	77.0
5	7.6	74.3	2.19	82.3
6	7.4	51.0	1.34	88.5
7	7.8	40.0	1.78	93.0
8	7.3	53.7	1.75	80.0
9	7.1	0.0	1.54	86.2
10	7.2	0.0	2.02	75.4
11	7.0	41.0	1.29	83.6
12	7.8	56.0	2.32	72.0
13	7.7	39.7	2.04	89.0
14	7.9	51.7	1.91	80.5
15	7.4	0.0	1.69	92.8
16	7.8	53.7	1.31	90.0
17	7.3	83.7	1.68	94.5
18	7.1	47.0	1.36	82.0
19	7.1	43.3	1.44	83.6

续表

编号	水分（%）	发芽率（%）	千粒重（g）	净度（%）
20	7.1	58.0	1.65	73.8
21	7.3	48.3	1.44	82.0
22	7.8	77.3	2.09	77.0
23	7.1	22.0	1.72	81.6
24	7.6	49.7	1.25	73.0
25	7.4	61.3	1.51	86.1
26	7.8	65.7	1.20	94.7
27	7.2	87.7	1.24	90.0
28	8.2	78.7	1.61	80.3
29	7.8	75.3	1.40	91.3
30	8.1	85.3	1.43	94.0
31	8.0	83.7	1.59	87.6
32	8.0	83.3	1.78	77.0
33	7.2	78.7	1.54	83.0
34	7.9	82.7	1.18	85.8
35	7.8	89.3	1.30	87.6
36	7.6	76.0	1.21	91.0
37	8.0	61.3	1.46	84.5
38	7.6	67.3	1.17	87.0
39	7.4	77.3	1.35	87.0
40	7.9	80.7	1.40	84.3
41	8.4	89.3	1.71	91.0
42	7.8	79.7	1.51	71.0
43	7.7	47.0	1.72	84.5
44	8.0	79.7	1.20	72.0
45	7.5	80.0	1.64	81.6
46	7.4	66.3	1.45	87.9
47	8.8	80.7	1.78	84.5
48	7.8	25.7	1.51	88.3
49	8.3	59.3	1.64	89.2
50	7.5	82.3	1.50	84.6

表22-4 当归种子主要指标K聚类分析结果

指标	聚类中心值		
	一类	二类	三类
发芽率（%）	84.1	76.8	42.4
净度（%）	92.2	85.9	79.2
千粒重（g）	1.90	1.64	1.33
水分（%）	7.3	7.9	8.5

表22-5 当归种子质量分级标准

指标	一级	二级	三级
水分（%），≤	8.0	8.0	8.0
发芽率（%），≥	85.0	77.0	42.0
千粒重（g），≥	1.9	1.6	1.3
净度（%），≥	92.0	86.0	80.0

（2）种子质量对种苗生产的影响 ① 分级材料：试验材料为不同产地的伞形科植物当归［*Angelica sinensis*（Oliv.）Diels］种子50份，从每份种子中称取混合均匀的种子5g，组成混合样品。② 过筛分级：出于可操作性原则，依据种子大小与重量的相关性分级，大小种子的分级采用过筛的方法。当归种子几乎都能通过孔径为6mm的圆孔筛，一部分能过孔径为5mm圆孔筛，少部分通过4mm圆孔筛，除少量杂质、细小瘪粒或已脱翅的种子外，所有种子几均不能通过孔径为3mm的圆孔筛。将种子分别通过不同孔径的圆孔筛，筛选成粒径＞5mm、4～5mm、3～4mm三个级别的种子，分别测定这些种子的千粒重，结果见表22-6。

表22-6 当归种子粒径与千粒重对应表

项目	一级种子	二级种子	三级种子
种子粒径（mm）	>5	4~5	3~4
千粒重（g）	2.07	1.60	1.32

将不同级别粒径种子的千粒重与种子质量标准中的相应级别千粒重对比，发现其数值完全吻合，可见，利用种子的不同粒径来区分相应千粒重的方法是可行的。

以当归种子千粒重为主要分级指标，采用筛选法分级，将种子分为一级、二级、三级三个处理。田间试验设两次重复，随机排列。每小区播种$1.1m \times 2m=2.2m^2$，试验面积共$2.2m^2 \times 6=13.2m^2$。2010年6月3日播种，播量$75kg/hm^2$。

田间调查物候期、植物学特征、生物学特性。其他管理同普通育苗田。

从8月11日起，到10月5日止，每间隔20天取样一次。调查叶片数、叶长，根长、根粗，测定鲜重、干重、地上部重、地下部重。

表22-7　各处理不同时期生长量

级别	日期	株高（cm）	叶片数	最大叶长（cm）	最大叶宽（cm）	根长（cm）	根粗（cm）	地上鲜重(g)	地上干重(g)	地下鲜重(g)	地下干重(g)
一级	8-11	7.9	3.4	2.3	2.8	4.0	0.1	0.10	0.02	0.02	0.01
	8-31	10.6	2.8	3.0	3.3	7.2	0.3	0.24	0.04	0.07	0.02
	9-19	13.0	2.5	4.8	4.5	9.9	0.3	0.83	0.15	0.62	0.19
	10-5	11.4	2.7	4.3	4.2	11.5	0.4	0.61	0.14	0.67	0.22
二级	8-11	5.6	3.4	1.8	2.3	3.4	0.1	0.09	0.01	0.02	0.01
	8-31	10.6	2.6	3.3	3.3	5.2	0.3	0.29	0.05	0.08	0.02
	9-19	12.2	3.1	4.8	4.0	9.5	0.4	0.85	0.15	0.57	0.18
	10-5	10.3	2.4	4.6	4.7	13.0	0.5	0.71	0.15	0.90	0.29
三级	8-11	6.0	3.2	1.8	2.4	3.0	0.1	0.10	0.01	0.02	0.00
	8-31	10.8	3.1	3.4	3.3	6.4	0.3	0.26	0.05	0.08	0.02
	9-19	11.8	3.0	4.3	3.8	10.2	0.4	0.70	0.14	0.46	0.14
	10-5	10.2	2.2	4.4	4.4	11.8	0.5	0.65	0.14	0.79	0.26

从表22-7中可知，株高、叶面积、地上鲜重、地上干重均在9月中旬达到最大，其后由于气温降低，营养物质转移，使得株高降低，叶面积萎缩，地上部重量相应降低。根长、根粗、地下鲜重、地下干重等指标均随生长期的延长而增加，这一点符合膨大肉质根的生长规律，尤其是单根重，从8月31日直至采收，根重增长迅速。

从图22-2看出，各处理的单根鲜重生长动态一致，8月份增长缓慢，9月份到采收（10月5日）有一个显著增长期；从9月下旬起，二级、三级种子的单根鲜重增长速度超过了一级种子的单根鲜重增长速度，直至采收。

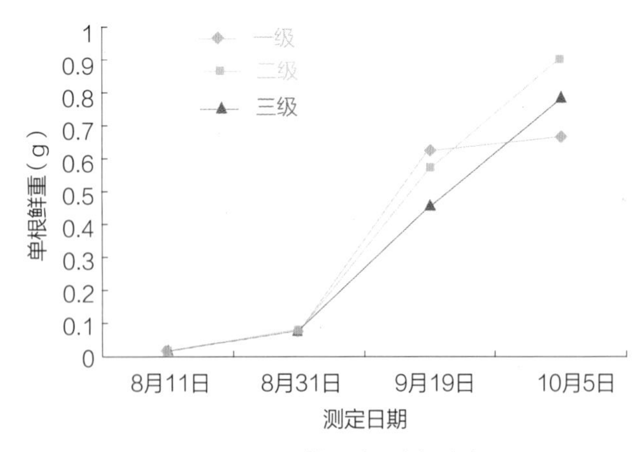

图22-2　不同处理种子生长动态

从表22-8可知，各处理的株高、根长、根粗、重量等指标变化与生长期成正相关；各处理形成种苗的植株特征也呈现规律性变化，叶片大小、根长、根粗、地上重、地下重等指标中，处理二（二级种子）均高于其他两个处理，尤其是单株鲜重最终高于其他处理，达0.9g，而处理一（一级种子）的单株鲜重最低（0.67g）。

表22-8　不同处理种子的种苗特征

处理	株高（cm）	叶片数	最大叶长（cm）	最大叶宽（cm）	根长（cm）	根粗（cm）	地上鲜重（g）	地上干重（g）	地下鲜重（g）	地下干重（g）
一级	11.4	2.7	4.3	4.2	11.5	0.4	0.61	0.14	0.67	0.22
二级	10.3	2.4	4.6	4.7	13.0	0.5	0.71	0.15	0.90	0.29
三级	10.2	2.2	4.4	4.4	11.8	0.5	0.65	0.14	0.79	0.26

当归种子等级与种苗生长、产量和质量的关系研究表明：在苗期的初期，苗高、叶片数、叶面积、根长等生长指标与种子等级成正比，即种苗等级越高，生长量越大，到9月19日以后，处理一的生长速度减缓，最终落后于其他两个处理。处理一落后的原因，尚待以后进一步研究。

由于种植的密度较大，而且基本一致，因此种苗的产量主要决定于单株重。处理二的种苗鲜重达0.9g，位居第一，其种苗产量也当属最高。在本课题后面的研究中，认为单根重在0.74～1.38g的为二级种苗，其药材产量最高。而二级种子所育成的种苗平均单根重为0.9g，正好在二级种苗的范围内，因此，二级种子所育成的种苗产量、质量最好。

根据种子等级与种苗生长、产量和质量的关系研究结果，千粒重在1.6～1.9g的二级种子所育成的种苗单根重最大，千粒重1.3～1.6g的种子所育成的种苗单根重位居第二，千粒重大于1.9g的种子所育成的种苗单根重最小。参照含水量、净度、发芽率等指标，结合生产用种实际，制定当归的种子质量标准（表22-9）。

表22-9　当归种子质量分级标准

指标	一级	二级	三级
水分（%），≤	8.0	8.0	8.0
发芽率（%），≥	85.0	77.0	42.0
千粒重（g）	1.6-1.9	1.3-1.6	>1.9
净度（%），≥	92.0	86.0	80.0

注：三级种子不能做种用。

三、当归种苗标准研究

1. 研究材料

表22-10　30份不同来源当归种苗

序号	编号	产区	序号	编号	产区
1	DG-MX20100331chg001	甘肃岷县茶埠镇尹家村	4	DG-MX20100331chg004	甘肃岷县禾驮乡石门村
2	DG-TC20100331chg002	甘肃宕昌庞家乡童哈村	5	DG-ZX20100331chg005	甘肃漳县石川镇虎龙口
3	DG-ZX20100331chg003	甘肃漳县石川镇三条沟	6	DG-MX20100331chg006	甘肃漳县石川镇占卜村

续表

序号	编号	产区	序号	编号	产区
7	DG-TC20100331chg007	甘肃宕昌县车拉乡车拉村	19	DG-ZX20100401chg004	甘肃漳县殪虎桥乡光明村
8	DG-TC20100331chg008	甘肃宕昌县将台乡隆家村	20	DG-ZX20100401chg005	甘肃漳县金钟乡寨子川村
9	DG-TC20100331chg009	甘肃宕昌县贾河乡同寨村	21	DG-ZX20100401chg006	甘肃漳县金钟乡石灰楼
10	DG-MX20100331chg010	甘肃宕昌县车拉乡车拉村（阴山）	22	DG-ZX20100401chg007	甘肃漳县金钟乡树木村
11	DG-ZX20100331chg011	甘肃漳县石川虎龙口村路松坡社	23	DG-ZX20100401chg008	甘肃漳县大草滩乡新联村
12	DG-ZX20100331chg012	甘肃漳县石川镇鱼儿沟	24	DG-ZX20100401chg009	甘肃漳县大草滩乡山支村
13	DG-ZX20100331chg013	甘肃漳县石川镇路松坡背后沟	25	DG-MX20100402chg001	甘肃岷县禾驮乡隧固六社
14	DG-MX20100331chg014	甘肃漳县石川镇	26	DG-MX20100402chg002	甘肃岷县禾驮乡立合四社
15	DG-WY20100331chg015	甘肃渭源县庆坪乡李家堡	27	DG-MX20100402gzx001	甘肃岷县麻子川乡新龙沟
16	DG-MX20100401chg001	甘肃岷县禾驮乡禾驮村	28	DG-MX20100402gzx002	甘肃岷县麻子川乡白苏沟
17	DG-MX20100401chg002	甘肃岷县康家隆乡大庄	29	DG-MX20100402dt001	甘肃岷县秦许乡马营槽
18	DG-ZX20100401chg003	甘肃漳县殪虎桥乡瓦房村	30	DG-MX20100402dt002	甘肃岷县秦许乡南沟

试验材料为不同产地的当归种苗30份（表22-10），分别来自甘肃渭源、岷县、宕昌、漳县，除DG-WY20100331chg015、DG-MX20100402gzx001、DG-MX20100402gzx002、DG-MX20100402dt001、DG-MX20100402dt002等5份种苗采自田间外，其余均购自于渭源县清源镇及会川镇的农贸市场。经甘肃中医药大学李成义教授鉴定，均为伞形科植物当归［*Angelica sinensis*（Oliv.）Diels］种苗。

2. 扦样方法

从各采集点采样时，随机选定取样的袋，从中随机抽取3kg，即为初次样品，送验样品充分混合后采用徒手减半法减到规定数量，另一半作为重复。

3. 完整率

完整率（%）=完好种苗数/检测种苗总数×100

检验当归种苗是否有病害、虫害、外部损伤，若有则属于有缺陷种苗，若无则属于完好种苗。

4. 侧根数

计数主根上的一级侧根数（直径大于1mm），测定100株，求其平均数。

5. 根长

用直尺测量从主根生长点到末尾的长度，测定100株，求其平均数，精度达到1mm。

6. 围径

用卷尺量取根上端最粗处的周长，测定100株，求其平均数，精度达到1mm。

7. 根重

准确称量每一根种苗的重量，精度达到0.01g。

8. 种苗质量对药材生产的影响

（1）种苗质量分级标准的制定　试验对30份不同来源当归种苗的侧根数、围径、单根重和根长四项主要指标进行检测（表22-11），然后进行K聚类分析（表22-12），以单根重为主要指标分级（表22-13）。

表22-11　30份不同来源当归种苗质量指标测定结果

序号	编号	侧根数	围径（cm）	根重（g）	根长（cm）	完好率（%）
1	DG-MX20100331chg001	0.7	2.1	1.30	13.4	98
2	DG-TC20100331chg002	0.5	1.7	0.78	12.3	99
3	DG-ZX20100331chg003	1.6	2.2	1.32	12.8	95
4	DG-MX20100331chg004	0.1	1.8	0.75	12.0	94
5	DG-ZX20100331chg005	0.9	2.0	1.20	14.2	91
6	DG-MX20100331chg006	0.5	1.6	0.82	12.8	100
7	DG-TC20100331chg007	0	1.4	0.50	10.5	92
8	DG-TC20100331chg008	0.2	1.7	0.72	13.3	88
9	DG-TC20100331chg009	0.3	1.6	0.71	12.1	95
10	DG-MX20100331chg010	0.1	1.6	0.69	16.5	95
11	DG-ZX20100331chg011	2.0	2.6	2.32	16.0	92
12	DG-ZX20100331chg012	0.9	1.9	1.12	11.4	97
13	DG-ZX20100331chg013	0.6	1.5	0.63	11.6	99
14	DG-MX20100331chg014	0.8	2.1	1.32	16.2	95
15	DG-WY20100331chg015	0.2	1.3	0.50	13.2	89
16	DG-MX20100401chg001	0.5	1.8	0.93	11.7	91
17	DG-MX20100401chg002	0.1	1.5	0.66	10.2	90
18	DG-ZX20100401chg003	0.3	1.6	0.66	13.2	97
19	DG-ZX20100401chg004	1.0	1.8	0.98	14.9	96
20	DG-ZX20100401chg005	0.1	1.2	0.33	13.6	94
21	DG-ZX20100401chg006	0.3	1.4	1.13	11.3	96
22	DG-ZX20100401chg007	0.5	1.6	0.60	10.9	94

续表

序号	编号	侧根数	围径（cm）	根重（g）	根长（cm）	完好率（%）
23	DG-ZX20100401chg008	0.7	1.8	0.97	13.6	98
24	DG-ZX20100401chg009	0.8	1.5	0.52	9.5	99
25	DG-MX20100402chg001	1.8	2.3	1.27	11.6	94
26	DG-MX20100402chg002	0.2	1.7	0.65	9.8	90
27	DG-MX20100402gzx001	1.4	2.1	1.45	13.4	96
28	DG-MX20100402gzx002	0.9	1.7	0.86	12.2	96
29	DG-MX20100402dt001	0.1	1.5	0.41	8.9	97
30	DG-MX20100402dt002	0.3	1.7	0.65	9.8	98

表22-12　当归种苗K聚类分析结果

指标	聚类中心值		
	一类	二类	三类
侧根数	0.2	0.7	1.7
围径（cm）	2.2	1.7	1.4
苗重（g）	1.38	0.74	0.45
苗长（cm）	14.1	11.8	9.9

表22-13　当归种苗质量标准

指标	一级	二级	三级
侧根数	0.2	0.7	1.7
围径（cm）	2.2	1.7	1.4
苗重（g）	1.38	0.74	0.45
苗长（cm）	14.1	11.8	9.9

（2）当归种苗等级与植株生长发育的关系　根据K聚类分析结果，以单根重为主要指标分级，将指标测定后的种苗全部混合，分为一级、二级、三级三个等级，即三个处理，以混合苗为对照（CK），分级方法如下：一级≥1.38g；二级0.74~1.38g；三级0.45~0.74g。

2010年4月5日定植，平地覆膜栽培。田间调查物候期，从6月10日起至10月23日，每间隔15天调查田间生长状况，采收期（10月23日）田间实际测定产量，实验室测定阿魏酸含量。

图22-3为当归不同等级种苗的植株生长期单株干重变化动态。随着生长期延长，当归植株总干重变化呈现前期增加（9月10日前），之后降低的趋势。8月上旬前，植株干物质积累与种苗大小成正相关，之后二级苗植株干物质积累量显著高出一级苗。分析认为，进入9月后植株总干重的降低是由于地上部干物质积累

下降引起的。

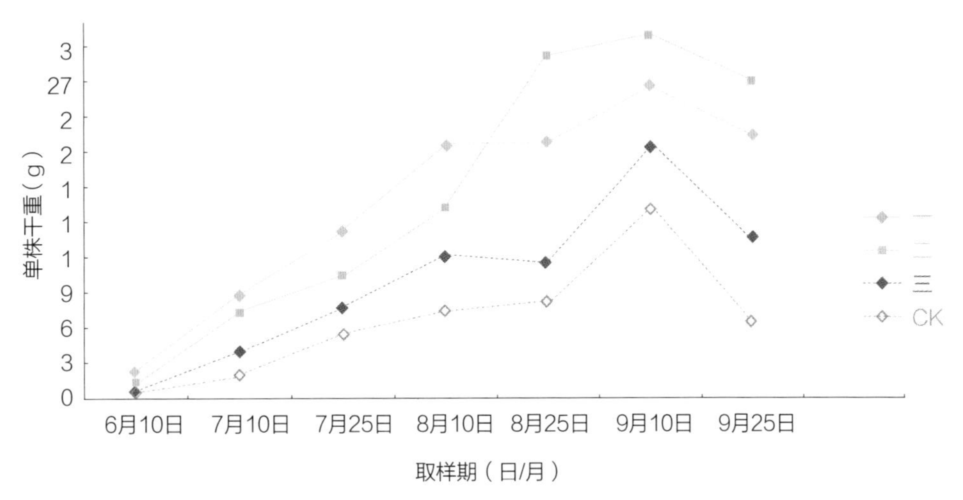

图22-3　当归不同等级种苗生长期单株干重变化动态

表22-14　不同等级当归种苗植株干物质的分配动态

调查日期	单株总重（g）				根中分配比例（%）				地上分配比例（%）			
	一级	二级	三级	CK	一级	二级	三级	CK	一级	二级	三级	CK
6月10日	2.21	1.31	0.57	0.58	23.5	21.4	24.6	24.1	76.5	78.6	75.4	75.9
7月10日	8.73	7.36	3.85	1.99	18.7	17.7	16.6	16.6	81.3	82.3	83.4	83.4
7月25日	14.14	10.37	7.67	5.53	25.7	21.6	21.6	23.9	74.3	78.4	78.4	76.1
8月10日	21.67	15.97	11.97	7.50	27.0	27.2	23.2	23.9	73.0	72.8	76.8	76.1
8月25日	21.81	29.19	11.44	8.13	28.4	29.8	30.9	29.0	71.6	70.2	69.1	71.0
9月10日	26.57	30.82	21.58	16.21	41.1	44.2	44.3	40.4	58.9	55.8	55.7	59.6
9月25日	22.40	26.91	13.52	6.52	70.2a	48.0b	57.2b	50.3b	29.8	52.0	42.8	49.7

从当归不同等级种苗植株成药期干物质分配规律来看，4个处理的单株总重在9月10日以前随生长期的延长而增加，9月10日以后单株总重降低，其原因在于地上部合成产物的减少；各处理间的单株总重在8月10日以前与种苗大小成正相关，从8月25日起直至采收，二级苗的单株总重高出其他两个处理及对照。

从6月10日起，各处理及对照分配到根中的干物质量逐渐下降，至7月10日又开始上升，直至采收，其中一级苗植株在采收前分配至根中的干物质量较以前有显著增加。各处理在9月10日以前分配到根中的干物质量没有显著差异，随着生长期的延长，分配至根中的干物质比例逐步上升。9月10日后，一级苗植株分配至根中的干物质比例显著高于其他处理。地上部的分配比例恰好相反。

（3）当归种苗等级与药材产量的关系　表22-15显示，当归不同等级种苗药材产量从高到低依次为二级苗、三级苗、CK和一级苗。二级苗和三级苗的产量显著高于一级苗和CK，而且二级苗与三级苗间也存在显著性差异。分析原因是由于一级苗个体过大，抽薹率高，田间有效株数大幅度减少而导致产量降低，而CK是一级、二级、三级苗混合在一起的，抽薹率也相对高于二级苗和三级苗，导致产量下降。

表22-15　当归不同等级种苗药材产量表

处理	重复	株数（株）	重量（kg）	单株重（kg）	抽薹率（%）	小区产量（kg）	折合产量（kg/hm²）	平均值（kg/hm²）
一级	Ⅰ	6	0.20	0.03	46.5	2.70	3859.7	4137.7[c]
	Ⅱ	4	0.20	0.05	55.6	3.85	5503.7	
	Ⅲ	3	0.10	0.03	12.5	2.13	3049.7	
二级	Ⅰ	44	1.82	0.04	13.2	5.21	7450.5	7624.0[a]
	Ⅱ	52	2.45	0.05	18.8	5.89	8419.5	
	Ⅲ	43	1.80	0.04	5.6	4.90	7002.0	
三级	Ⅰ	50	1.40	0.03	2.8	3.81	5443.5	5652.0[b]
	Ⅱ	51	0.98	0.02	0.7	2.69	3846.0	
	Ⅲ	32	1.20	0.04	0.7	5.36	7666.5	
ck	Ⅰ	53	1.16	0.02	1.4	3.13	4474.5	4055.5
	Ⅱ	30	0.65	0.02	0.0	3.08	4398.0	
	Ⅲ	25	0.40	0.02	0.0	2.30	3294.0	

（4）当归种苗等级与药材中阿魏酸含量的关系

表22-16　不同处理药材的阿魏酸含量

处理	称样量（g）	mAU	ug	mg	含量（%）
对照	0.2555	107.6	0.0312	0.1560	0.0611
一级苗	0.2548	127.4	0.0375	0.1874	0.0736
二级苗	0.2525	109.5	0.0318	0.1591	0.0630
三级苗	0.2561	132.2	0.0390	0.1950	0.0762

从阿魏酸含量看出，各处理的阿魏酸含量均大于对照，且都超过《中国药典》（2015年版）标准。以三级苗所成药材的含量最高，但处理间的含量没有明显的规律可循，这说明药材中阿魏酸的含量与种苗及药材的大小没有明显的线性关系。

根据对当归种苗主要指标的测定及聚类分析，在当归种苗等级与药材生长发育、产量及质量的关系研究基础上，结合当归生产对种苗的要求、当归种苗生产及应用现状，制定当归的种苗质量标准（表22-17）。

表22-17　当归种苗分级标准

指标	一级	二级	三级
侧根数（个），≤	0.7	1.7	0.2
围径（cm）	1.7~2.2	>2.2	1.4~1.7
苗重（g）	0.74~1.38	>1.38	0.45~0.74
苗长（cm），≥	11.8	14.1	9.9

参考文献

[1] 邱黛玉，蔺海明，方子森. 种苗大小对当归成药期早期抽薹和生理变化的影响 [J]. 草业学报，2010，19 (6)：100-105.

[2] 王兴政，蔺海明，刘学周. 种苗大小对当归综合农艺性状及抽薹率的影响 [·J]. 甘肃农业大学学报，2007，42 (5)：59-63.

[3] 邱黛玉，李应东，蔺海明，等. 当归种子质量标准研究 [J]. 科技导报，2010，28 (20)：82-86.

[4] 蔺海明，鱼亚琼，邱黛玉. 种苗大小和外源激素对当归抽薹及产量构成的影响 [J]. 广东农业科学，2011，8：27-29.

[5] 颜启传. 种子检验的原理和技术 [M]. 北京：中国农业出版社，1992.

[6] 雒晓芳. 不同处理方法对当归种子萌发率的影响 [J]. 西北民族大学学报：自然科学版，2008, 29 (2)：8-10.

[7] 王楠，蔺海明，武延安. 当归种子活力 [J]. 兰州大学学报：自然科学版，2008,44 (3)：56-59.

[8] 杜弢. 当归种子种苗质量标准研究 [D]. 兰州：甘肃农业大学，2011.

[9] 何俊彦，顾静文，胡杰荃. 贮藏温度及种子含水量对当归种子发芽力丧失的影响 [J]. 西北植物学报，1982，1 (4)：50-54.

[10] 汤飞宇，郭玉海，马永良，等. 当归 [M]. 北京：中国中医药出版社，2001.

[11] 颜启传，毕辛华译. 国际种子检验规程 [M]. 北京：中国农业出版社，1996.

[12] 魏建和，陈士林，程惠珍，等. 中药材种子种苗标准化工程 [J]. 世界科学技术-中医药现代化：2005，7 (6)：1042-1081.

杜弢　张延红（甘肃中医药大学）

23 肉苁蓉

一、肉苁蓉概况

肉苁蓉（*Cistanche deserticola* Y. C. Ma）为列当科（Orobanchaceae）肉苁蓉属多年生寄生性草本植物，以干燥带鳞叶的肉质茎入药，味甘、咸，性温，有补肾阳、益经血、润肠通便等功效，素有“沙漠人参”之美誉。肉苁蓉始载于《神农本草经》，被列为上品，后为历版《中国药典》收载。现代研究证明肉苁蓉还有抗疲劳、调节免疫功能、抗老年痴呆、抗衰老等多方面的作用。

肉苁蓉是我国西北干旱地区特有的沙生濒危药材，主要分布于乌兰布和沙漠、腾格里沙漠、巴丹吉林沙漠和古尔班通古特沙漠边缘，东西横跨内蒙古、陕、甘、宁及新疆等省区。其中内蒙古阿拉善盟境内野生分布较多且药材质量较优，是肉苁蓉的道地产区之一。而新疆北疆地区野生蕴藏量较大。随着大量采挖和梭梭林面积急剧缩小，肉苁蓉野生资源已濒临枯竭，人工栽培成为肉苁蓉开发的必由之路。肉苁蓉的人工栽培研究始于20世纪70年代，取得了一些成果，但推广应用效果不稳定。近年来，新疆、内蒙古、宁夏等省区纷纷开展肉苁蓉人工种植及基地建设。目前种子繁殖仍是肉苁蓉唯一的繁殖方式。由于肉苁蓉种子数量少，价格高，随着人工种植面积不断扩大，掺杂使假现象时有发生，导致种子质量不稳定，直接影响肉苁蓉的接种寄生率和产量。

二、肉苁蓉种子质量标准研究

（一）研究概况

在肉苁蓉栽培过程中，种子质量的好坏直接决定着用种量、接种寄生率以及药材产量的高低。而肉苁蓉种子生理和质量评价等方面的研究有助于了解种子质量的形成和变化。由于肉苁蓉种子细小（1g约1万粒），存在胚后熟和休眠特性，而且种子萌发还需要寄生根系分泌物的刺激，很难在室内测定其真实发芽率，种子质量评价具有一定难度；因此前期研究多集中于四唑（TTC）染色法测定肉苁蓉种子生活力和促进发芽条件摸索方面，为肉苁蓉种子质量分级标准的研究奠定了基础。中国医学科学院药用植物研究所陈君课题组就肉苁蓉种子的检测规程、质量分级标准进行了系统研究，在宁夏回族自治区申报了地方标准，质量技术监督局于2013年12月17日发布并实施了《肉苁蓉种子》地方标准（DB64T 934-2013）。该标准规定合格的肉苁蓉种子，应去除杂质和破损、霉变及不饱满种粒，可依据生活力、净度、千粒重和含水量等指标进行分级。根据肉苁蓉种子自身的形态和生理特性，可利用有效的辅助工具和四唑染色法快速测定肉苁蓉种子生活力。

（二）研究内容

1. 研究材料

由于肉苁蓉种子寿命长，在干燥低温储存条件下可达几十年；同时目前市场上或者生产中实际使用的肉苁蓉种子均是几年内积攒的种子。为反映市场实际情况，本研究材料为2001年至2016年在肉苁蓉主产区和道地产区的野生和栽培等地收集的肉苁蓉种子共计58份（编号RCR001-RCR058），其中包括内蒙古和新疆地区主要野生产地肉苁蓉种子17份；宁夏和内蒙古不同种植基地和生产年限的栽培肉苁蓉种子16批次；同时在宁夏种植基地采集个体差异较大，有独特性状的单株肉苁蓉种子13份。种子检验规程制定的依据用种主要以近3～6年内的种子为主。由于部分野生肉苁蓉种子收集量较少（小于5g），未进行净度、含水量或千粒重测定。除从个别产地直接少量取样的种子在检验过程中已用完以外，其余大部分种子样品在中国医学科学院药用植物研究所种质库-18℃长期库低温保藏。

2. 扦样方法

根据肉苁蓉种子的市场流通情况和单次交易量，以及种子的形状、大小、表面光滑度、散落性等因素，确定肉苁蓉种子批的重量在100kg以内。送验样品的重量因检测项目的不同而异。参照《国际种子检验规程》中对一般牧草种子的规定，确定肉苁蓉净度分析试样量 0.5g，批次送验样品最小重量 15g。采用“四分法”分取试验样品。具体扦样方法应符合GB/T 3543.2的规定。

3. 净度分析

因肉苁蓉千粒重一般为0.06～0.1g，0.25g种子数量符合GB/T 3543.2规定净度分析试样应估计至少含有2500个种子单位的重量。2500粒肉苁蓉种子重量估算为（0.08×2500）/1000=0.20（g），净度分析采用两份半试样，因此肉苁蓉净度分析试样的最小重量为 0.40g。肉苁蓉净度分析需使用感量0.1mg的分析天平，精确至4位小数位数。

肉苁蓉生长在沙土和沙壤土中，花序接近地表，种子收获时很容易掺入沙粒等杂质。同时，肉苁蓉生境为荒漠和半荒漠地区，伴生植被种类较少，虽然同处西北地区，但肉苁蓉与管花肉苁蓉等近缘种的寄主完全不同、分布区不重叠。而且肉苁蓉种子收获时以花序为单位采收后集中脱粒，因此很少自然混杂其他植物种子。如果人为混入同属植物种子从外观上很难区分。

由于肉苁蓉种子较轻，种皮多孔，漂浮于水面，而主要杂质为未发育成种子的胚珠、沙粒、花序破损碎片等（图23-1），不适合用水分离法和风选法。因此，肉苁蓉种子清选方法确定为徒手法，主要步骤包括：称重—过筛（筛孔直径0.45mm）去掉废种子—分离去掉碎片杂质—解剖镜下挑拣沙粒杂质—净种子与杂质分别称重计算5步。计算公式为：种子净度（%）=净种子/（净种子+废种子+其他植物种子+杂质）×100%。其他项目应符合GB/T 3543.3的规定。

图23-1　肉苁蓉种子净度分析图例

a. 净种子；b. 花序破损碎片；c. 与种子形态颜色相似的沙粒

通过对不同来源的6份肉苁蓉种子的净度分析（表23-1）可以看出，6份试样中有3份试样的净度在90%～95%，3份试样在50%～80%。各试样增失比例均不超过1%，符合未偏离原始质量5%的要求，故该方法和程序切实可行。

表23-1　肉苁蓉种子净度分析示例

样品编号	原重（g）	净种子（g）	杂质（g）	分析后重（g）	增失比例（%）	净度（%）
RCR007	0.2572	0.2416	0.0168	0.2584	-0.47	93.50
RCR008	0.2624	0.2404	0.0239	0.2643	-0.72	90.96
RCR009	0.2629	0.2406	0.0233	0.2639	-0.38	91.17
RCR038	0.2570	0.2015	0.0554	0.2569	0.04	78.44
RCR039	0.3017	0.2249	0.0741	0.2990	0.89	75.22
RCR040	0.3338	0.1828	0.1508	0.3336	0.06	54.80

除表中列出的6份样品，我们还将收集到的另外19份肉苁蓉种子进行了净度分析，发现不同产地和批次间的肉苁蓉种子净度差异巨大，其中4份试样净度低于30%，最低的净度仅有15.0%，有必要在种子流通和使用前进行净度分析。

4. 真实性鉴定

（1）种子形态鉴定　肉苁蓉种子细小，表面具典型的蜂窝状纹饰，种皮细胞近圆形、长圆形或多边形，不等大。颜色一般为黑色或褐色。种子长0.95～1.35mm，宽0.62～0.86mm；形态各异，有椭圆状、长圆状、长方状等，但多为一头钝圆一头尖。种仁存在于钝圆端，表面有网形纹络，颜色白色、黄褐、褐色、黑褐色等，长0.48～0.75mm，宽0.26～0.38mm；一端稍圆，一端稍尖，胚存在于稍尖端（图23-2）。

图23-2　肉苁蓉种子的外观特征及结构组成

a. 某单株肉苁蓉种子；b. 吸涨后的肉苁蓉种仁；c. 湿润情况下挤出胚；d. 胚的形态

（2）与同属种子形态特征比较　肉苁蓉属包括4个种，种皮均具蜂窝状纹饰，对4种肉苁蓉属种子同时进行显微镜和扫描电镜观察比较（图23-4）发现，肉苁蓉与盐生肉苁蓉*C. salsa*（C. A. Mey.）G. Beck种子形态较相似，管花肉苁蓉种子*C. tubulosa*（Schenk）R. Wight不规则近圆形，而沙苁蓉种皮较圆滑；其中肉苁蓉种子个体最大，种子长和宽均显著大于其他三种；盐生肉苁蓉种子较肉苁蓉略小，椭圆状或长圆状，长约（0.92±0.17）mm，宽约（0.61±0.08）mm；管花肉苁蓉种子大小和形状差异最明显，种子直径最小，而种子宽长比和种皮细胞孔径极显著大于其他三种。

张志耘根据种皮细胞超微结构差异将4种肉苁蓉属种子分为两类：一类是沙苁蓉，种皮细胞的内垂周壁上纹饰变异较大，同时在一些细胞的外平周壁上有小穴纹饰。另一类包括盐生肉苁蓉、肉苁蓉及管花肉苁蓉，这3种肉苁蓉种皮细胞垂周壁上纹饰较稳定，具条纹状增厚纹饰。肉苁蓉种皮细胞形状不规则，近圆形、长圆形或多边形，不等大，细胞内垂周壁上具较均匀、有断裂的较粗的条纹状增厚。盐生肉苁蓉种皮细胞多边形，不等大，细胞内垂周壁上具不大清晰的、断裂的条纹状增厚。管花肉苁蓉种皮细胞的整个内垂周壁上具分布较密、较均匀、较细的环状条纹增厚，并具细小的小穴（图23-3，图23-4）。因此可以从种子形态和种皮细胞明确区分4种肉苁蓉属种子。

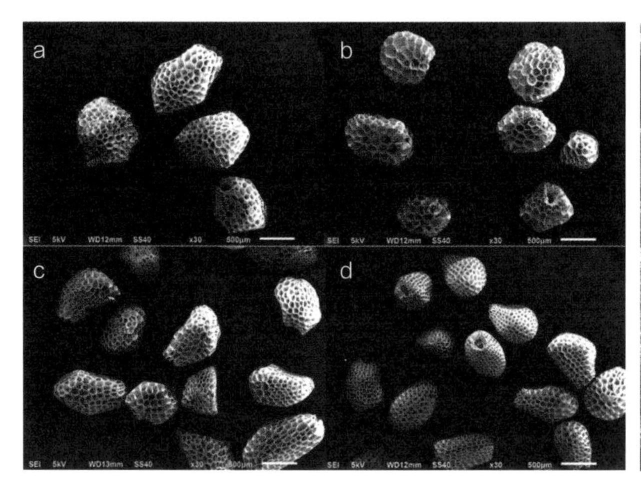

图23-3　4种肉苁蓉属种子扫描电镜图

a. 肉苁蓉；b. 管花肉苁蓉；c. 盐生肉苁蓉；d. 沙苁蓉

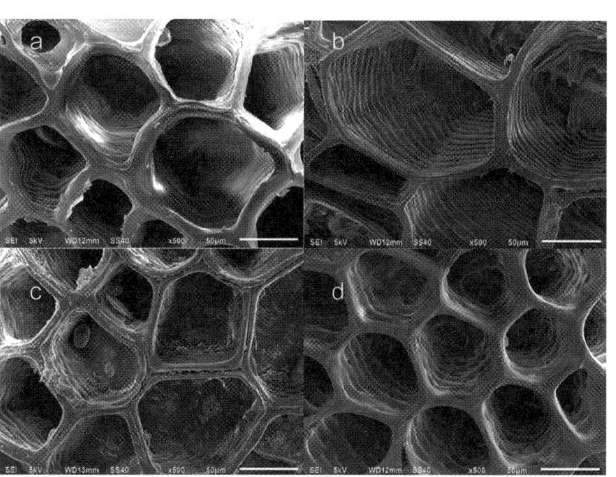

图23-4　4种肉苁蓉属种皮扫描电镜图

a. 肉苁蓉；b. 管花肉苁蓉；c. 盐生肉苁蓉；d. 沙苁蓉

5. 重量测定

采用百粒法和千粒法测定3份肉苁蓉种子重量，确定百粒法和千粒法测定肉苁蓉种子千粒重的有效性（表23-2）。百粒法取8个重复，每个重复100粒，测定结果重复间变异系数均<4.0%，测定值有效。千粒法取3个重复，每个重复1000粒，测得两重复间差数与平均数之比均<5%，测定值有效。平均值分别是77.5mg和77.4mg。两种方法得到的各样品间的重量关系基本相同，依据变异系数不高于4%，误差不高于5%的标准，两种方法均有效。

由于肉苁蓉种子粒小、很轻，一般数粒仪很难准确计数，而人工数也会存在很大的误差，而采用百粒法的人为误差较小，且较省时、省力，因此建议采用百粒法进行肉苁蓉种子的千粒重测定。如果在个别变异较大的种子批中，如果测定的8个重复的变异系数大于4.0%时，需要再补充2个100粒，去掉两个最值后再次计算，直至变异系数小于4.0%为止。

表23-2　不同方法测得肉苁蓉种子重量数值分析

样本编号	百粒法测得			千粒法测得		
	千粒重（mg）	变异系数（%）	误差（%）	千粒重（mg）	变异系数（%）	误差（%）
RCR020	84.0	3.4	0.29	83.4	2.8	0.37
RCR021	54.8	3.7	0.21	54.9	3.1	0.32
RCR022	93.7	2.5	0.23	93.8	4.9	0.78

续表

样本编号	百粒法测得			千粒法测得		
	千粒重（mg）	变异系数（%）	误差（%）	千粒重（mg）	变异系数（%）	误差（%）
平均值	77.5	3.2	0.24	77.4	3.6	0.49

6. 水分测定

依据GB/T 3543.6-1995中规定，考察高恒温烘干法和低恒温烘干法，确定适宜的方法和烘干时间。用两种烘干减重法测定肉苁蓉种子水分含量的结果表明（表23-3），采用高温烘干法133℃测定种子水分1小时种子水分急剧丧失，2小时后水分减重基本保持不变。因此，可以采取高温烘干种子2小时的方法测定肉苁蓉种子水分。将高温烘干法与低恒温烘干法烘干17小时的结果比较可知，两种方法测定样品的含水量基本一致，无显著差异；高温烘干法2小时与103℃低温烘干法8小时均可使肉苁蓉种子含水量达到恒定值（低温烘干17小时的值）。由于肉苁蓉种子价格昂贵，仅选择了一份试样对含水量的测定方法进行了考察，设定的时间间隔也较大。但由于含水量测定时间的长短并不影响总的种子检验时间，烘干时可以同时进行其他项目的检验，因此建议采用低温烘干8小时进行肉苁蓉种子水分测定。

表23-3　不同烘干法和烘干时间对肉苁蓉种子（RCR045）水分测定的比较（$P<0.05$）

方法	温度（℃）	持续时间	含水量（%）	方法	温度（℃）	持续时间	含水量（%）
高恒温烘干法	133	1小时	5.88 ± 0.08^{a}	低恒温烘干法	103	8小时	6.28 ± 0.09^{b}
高恒温烘干法	133	2小时	6.19 ± 0.06^{b}	低恒温烘干法	103	17小时	6.24 ± 0.05^{b}

注：a，b表示显著差异。

7. 生活力测定

本研究考察了溴麝香草酚蓝法（BTB法）、纸上荧光法、四唑染色测定法对肉苁蓉种子生活力测定的可行性。结果发现，由于肉苁蓉种子细小且存在休眠特性，呼吸强度弱，BTB法和纸上荧光法均无法检测出其生活力。四唑染色测定法可以得到较好的染色效果，但染色前种子处理、染色液的浓度和染色时间、染色鉴定标准均需进一步优化和明确。因此采用正交实验设计并结合单因素和多因素实验，对肉苁蓉种子生活力四唑测定的各个因素水平进行筛选，最终得到快速测定出代表肉苁蓉种子真实发芽能力的处理组合。

（1）去种皮与否及挤胚观察对肉苁蓉种子生活力测定的影响　通过对去皮和不去皮的肉苁蓉种子进行染色、逐粒解剖和挤胚的统计结果表明，两种处理的最终染色率不存在显著性差异（P=0.453）。但逐粒解剖和挤胚的过程非常费时费工，甚至比染色的时间更长。同时，挤胚观察发现，凡是染成均匀且较深红色的种仁胚部均为红色，染成浅红或花红的种仁胚部为浅红色（图23-5b，d）；两者均可判断为有生活力的种子，但活力的强弱不同；未被染色的种仁胚呈水状或极小不规则（图23-5c）。因此，可以直接通过种仁的染色程度来判断肉苁蓉种子的生活力水平，省去挤胚的过程，可以大幅度缩短测定时间，达到快速测定的目的。

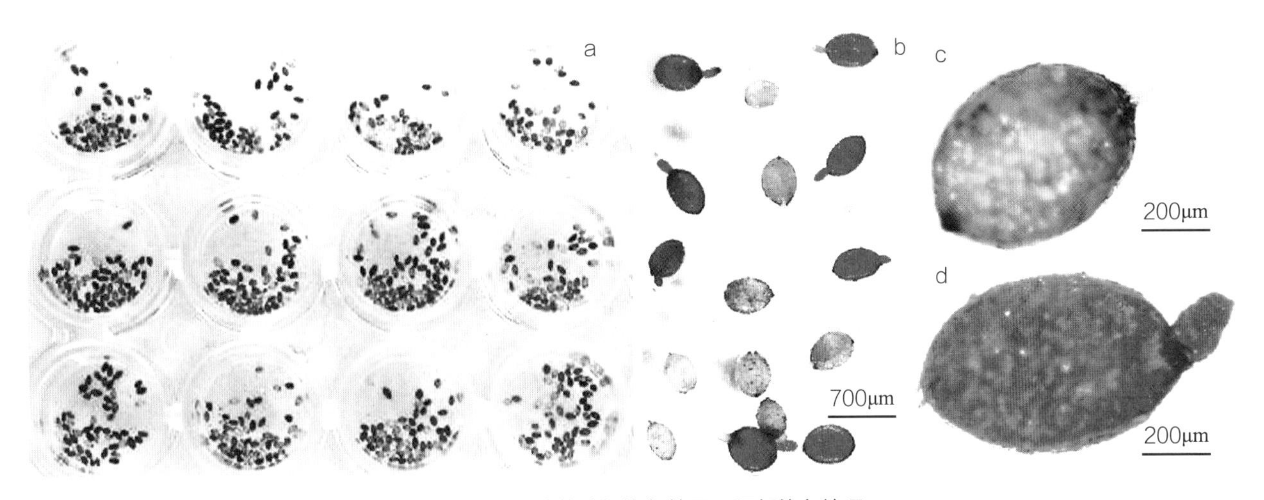

图23-5 肉苁蓉种仁染色效果及胚部染色情况

a. 96孔板中种仁染色效果；b. 染色后挤出胚；c. 未染色种仁；d. 染色种仁

为避免更加繁琐费时的解剖去种皮过程，笔者对种皮的透明方法进行了多种尝试，包括乳酸-苯酚透明法和NaClO漂白法。结果显示，乳酸-苯酚透明法效果较差且具有较大的刺激性气味，而用1%和4%NaClO漂白5分钟与10分钟均可使部分种皮透明，其中以4%NaClO漂白5分钟透明效果最好（图23-6）。但由于肉苁蓉种皮性状各异，差别很大，有的种皮已经漂好透明，而有的种皮颜色仍较深未透明，难以判断种仁染色情况，且漂白时间过长时染红的种子也会被漂成无色。因此，NaClO漂白使种皮透明的方法不理想；要准确反映有生活力的种子，有必要在染色前去除种皮，以利于快速染色和观察，加快TTC测定进程。

（2）不同浸泡温度和时间以及浸泡液对染色率的影响　采用交叉分组的两因素方差分析对25℃和35℃下分别浸泡1、2、4、8小时的染色率进行分析。结果显示，在通常报道的磷酸缓冲液中不同染色温度和染色时间的染色率均不存在显著差异。从柱状图（图23-7）可以看出35℃的染色率稍高于25℃，浸泡4小时和8小时的染色率稍高于浸泡1小时和2小时。因此有必要作进一步验证。对已报道的几种浸泡液：磷酸缓冲液、0.3%H_2O_2和30mg/kg GA浸泡4小时后的染色效果进行比较，同时设定了稍高浓度即0.45%H_2O_2和60mg/kg GA的处理；以去离子水为对照。染色率单因素方差分析结果均不存在显著性差异。

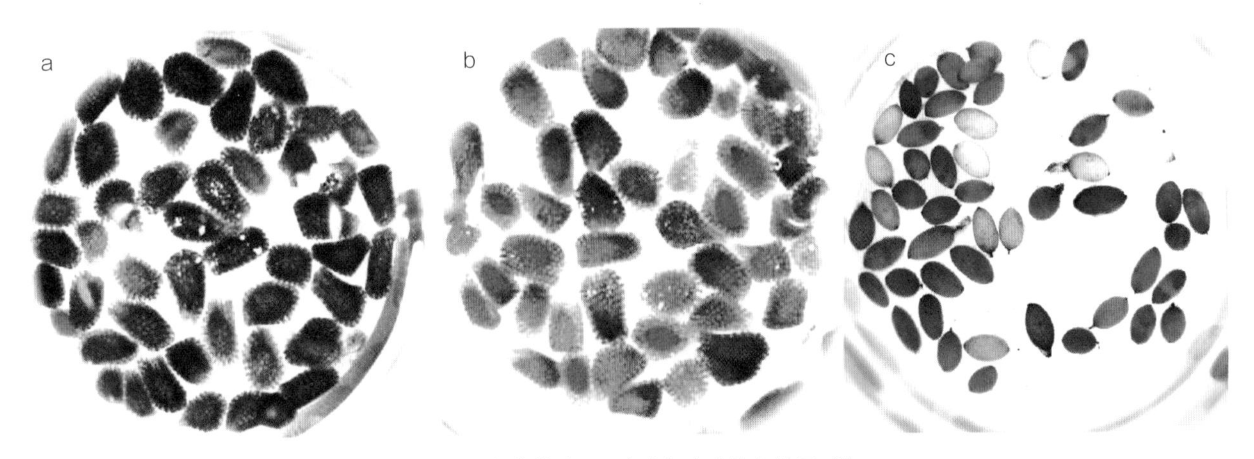

图23-6 肉苁蓉种子不去皮与去皮染色效果对比

a. 未去皮染色；b. 未去皮染色后4%NaClO漂白5分钟观察；c. 去皮种子染色

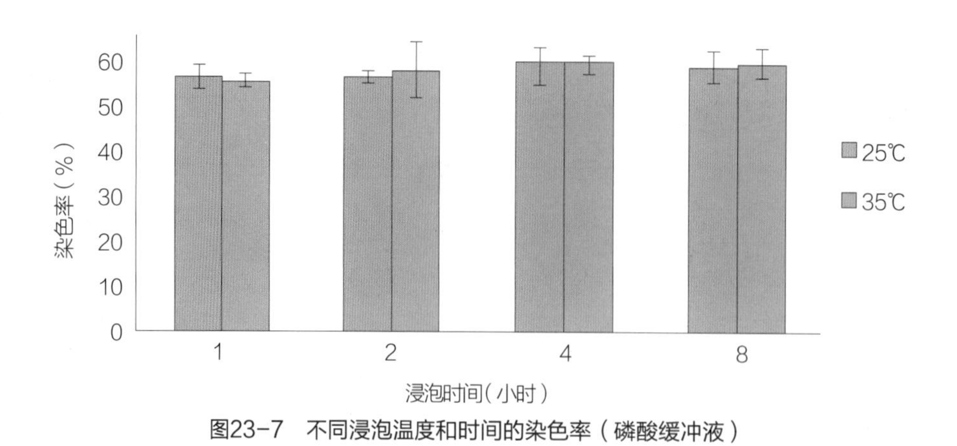

图23-7 不同浸泡温度和时间的染色率（磷酸缓冲液）

（3）不同浓度染色液对染色率的影响 参考以上几组实验结果，进一步将选择的4种浸泡液、浸泡时间（0、1、2、4小时）和染色液pH值、TTC浓度，进行L4^{5}正交试验。TTC浓度为0.1%、0.3%、0.5%、1.0%；染色液pH选择6.4、6.8、7.2、7.6。方差分析结果表明，不同浸泡液种类、染色液浓度和pH值的染色率均存在显著性差异（P<0.05）。通过多重比较（表23-4）发现，浸泡液仍以去离子水效果最好。同时，不浸泡和浸泡1小时、2小时、4小时的效果基本一致，四者间的极差仅为2.2%。因此在测定肉苁蓉种子生活力过程中去除了浸泡步骤。

文献报道肉苁蓉生活力测定的染色液，pH一般为7.0和6.8，而ISTA规定染色液的pH约为6.5，由于肉苁蓉生境为盐碱地较多，因此作者设置了6.4～7.6的4个梯度。结果表明，6.4和6.8的染色效果较好，以酸度最高的6.4效果最好，而偏碱性的染色液效果较差。染色液浓度除最低值0.1%的效果最差外，其余浓度不存在显著性差异。因此下面的实验调整为染色液pH值：6.0、6.4、6.8；TTC浓度：0.3%、0.6%、1.0%。

表23-4 不同预处理及和染色液对肉苁蓉种子染色率影响的多重比较

浸泡液	染色率（%）	染色液pH	染色率（%）	染色液浓度（%）	染色率（%）
60mg/kg GA	52.98^a	7.6	48.50^a	0.1	50.40^a
0.3%H_2O_2	55.18^a	7.2	54.18^a	1.0	60.18^b
磷酸缓冲	60.28^{ab}	6.8	63.23^b	0.5	61.20^b
去离子水	65.25^b	6.4	67.78^b	0.3	61.90^b

注：S-N-K法，N=4，Alpha = 0.05，a、b表示显著差异。

（4）超声及染色过程中各因素适宜条件摸索 对超声、染色温度、TTC浓度及染色液pH的4因素3水平正交试验（L3^4）进行方差分析发现，染色4小时、8小时、16小时、24小时、32小时统计的染色结果中不同超声时间和染色温度间均存在显著性差异。统计结果分析（表23-4、表23-5）得出，染色温度的极差已达到25.4%，三个温度和超声时间梯度间均存在极显著性差异（P<0.01），45℃的最高，平均值为87.05%。超声时间1分钟效果最好但与不超声的结果无显著性差异。观察发现，超声1分钟和2分钟、染色24小时，染色温度为45℃的第6组、9组实验的染色液均有变微红现象，体视镜下观察发现，超声使个别种仁发生了不同程度的损坏，因此，不建议对种仁实施超声处理。有必要对染色时间和不同温度下的染色效果进行比较，以确定最佳的染色时间。

表23-5 不同超声时间和染色温度对肉苁蓉种子染色率影响的多重比较

超声时间（分钟）	染色率（%）	染色温度（℃）	染色率（%）
2	68.17[A]	45	87.05[A]
0	74.83[AB]	38	72.25[B]
1	77.97[B]	30	61.67[C]

注：S-N-K法，N=6，Alpha = 0.01，A、B表示极显著差异。

对以上9组实验染色4小时、8小时、16小时、24小时、32小时的染色结果进行统计，结果显示，不同染色温度下染色的快慢存在很大差异，一般在32小时达到稳定和最高值。高温染色对提高肉苁蓉种子生活力测定的效率具有显著效果。但高温下染色时间过长时，个别管中的TTC染色液变成浅红色，同时，经高温灭活后的死种子对照也呈现微红。因此，在高温下的染色时间不宜过长，否则容易出现假阳性。

观察发现，肉苁蓉种仁染色效果存在很大差异，有的通体深红色，有的浅红色，有的红色斑驳不均匀，还有的仅胚端染红。统计发现，高活力的种子比率（染色结果为均匀的深红和全红的种仁比率）较低，染色率最高的实验处理号也未超过60%。如果将整体浅红或花红的种子共同作为活力较高的种子，则染色率最高可达到75%左右。而生活力测定的目的是为了预测田间的发芽率，肉苁蓉种子萌发需要寄主根系分泌物的刺激，而由于吸器的长度有限，推测生活力微弱的种子萌发并寄生的成功率很低。因此，笔者认为，染色32小时全部染红的种子可确定为具有发芽能力的高活力种子，染成花红的种子少部分也能具有发芽能力，因此推断本实验中肉苁蓉种子的实际生活力应该在60%左右，与发芽验证试验的最高值为59.3%相符。

经过反复实验，摸索出通过去皮直接染色、解剖镜下成像并利用软件统计染色率的肉苁蓉种子生活力快速测定方法，克服了现有测定技术中时间过长、操作复杂、结果不可靠等缺点，最快可将染色时间缩短到6～8小时。适宜的染色条件为：染色液pH为6.0～6.8，TTC浓度为0.3%～1.0%；染色温度38～48℃，染色时间6～15小时。最优的染色组合为：以pH 6.4、0.6%的TTC溶液于42℃下染色10小时。本方法的测定结果重复性好，准确可靠，与种子本身的生理特性和发芽率结果相符，可以代替种子发芽试验来预测肉苁蓉种子的发芽潜力。

8. 种子质量对药材生产的影响

肉苁蓉种子质量的差异直接影响到药材的种植环节，是保证药材安全生产的关键因素。不同质量的种子的发芽时间长短、发芽率、接种寄生率等都将无法保证整齐一致。因此，肉苁蓉药材的生产也会受到影响，最直接的影响是药材产量不稳定，药材生产效率降低。前期我们将不同质量的种子接种的田间进行试验，质量差的种子几乎无法生产出正常的肉苁蓉药材。由于肉苁蓉种子一般接种在深度在40～80cm的寄主梭梭根际土壤中，2～3年后才可以完成营养生长期，期间一直在地下生长，无法进行补苗或间苗操作。因此，不了解肉苁蓉种子质量而盲目播种会给药材生产带来巨大的麻烦。充分了解肉苁蓉种子质量的好坏，会使药材生产有据可依，保障药材产量和质量的稳定。

三、肉苁蓉种子标准草案

1. 范围

本标准规定了肉苁蓉种子的术语和定义、分级标准和种子检验。

本标准适用于肉苁蓉种子生产者、经营者和使用者的质量检验。

2. 规范性引用文件

下列文件对于本文件的应用是必不可少的。凡是注明日期的引用文件，仅所注明日期的版本适用于本文件。凡是不注明日期的引用文件，其最新版本（包括所有的修改单）适用于本文件。

GB/T 3543.1—1995　农作物种子检验规程　总则

GB/T 3543.2—1995　农作物种子检验规程　扦样

GB/T 3543.3—1995　农作物种子检验规程　净度分析

GB/T 3543.6—1995　农作物种子检验规程　水分测定

GB/T 3543.7—1995　农作物种子检验规程　其他项目检验

3. 术语和定义

饱满度为有胚乳（种仁）的种子占测定粒数的百分数。

4. 种子分级标准

肉苁蓉种子质量分级标准见表23-6。

表23-6　肉苁蓉种子质量分级标准

指标	级别		
	一级	二级	三级
生活力（%）	≥50	40~50	30~40
饱满度（%）	≥85	70~85	60~80
千粒重（mg）	≥80	60~80	60~80
含水量（%）		≤8.0	
净度（%）	≥85	80~85	70~80

注：生活力不符合标准的种子相应降等。净度不符合标准要进行筛选或风选。判定原则：前3项作为分级的主要指标，同时满足5项指标方可定为一级，前3项指标中的任何一项低于标准时降低一级；净度比前3项指标低一级时，按前3项定级，低两级时则降低一级。

5. 种子检验

5.1 扦样　扦样按GB/T 3543.2—1995的规定执行。

5.1.1 扦样原则：扦样点在种子批各个部位的分布要随机、均匀。每个扦样点所扦取的初次样品数量要基本一致，不能有很大差别。

5.1.2 种子批的最大重量为20kg，容许差距为5%。

5.1.3 具体步骤：徒手从种子袋上、中、下3点或使用单管扦样器直接扦取初次样品；每袋至少扦取5个初次样品，将全部初次样品混合均匀，然后把这个样品经对分递减或随机抽取法分取规定重量的样品作为送验样品。

5.1.4 送验样品的最小重量为3.0g，水分测定送验样品最小重量为0.5g，装入纸袋或布袋后再放入防湿容器如密封袋内，写好种子批编号等标识信息，尽快送检。

5.2 净度

5.2.1 按GB/T 3543.3—1995的规定执行，徒手减半法分取试验样品约0.3g，采用两份半试样，每份半试样约0.15g。

5.2.2 分析步骤：万分之一天平称试样总重，过0.4mm筛去掉无效种子，解剖镜或放大镜下用镊子分离碎片、沙粒等杂质，将肉苁蓉净种子与杂质分别称重。将分析后的各种成分重量之和与原始重量比较，核对分析期间物质有无增失，若增失差超过原始重量的5%，则需重做。

5.2.3 数值计算：种子净度（%）=净种子重量/（净种子重量+杂质重量）×100；计算百分率至少保留到两位小数，两份半试样间的误差不得超过容许误差，填报结果为的加权平均值，即 种子净度（%）=（试样1净种子重量+试样2净种子重量）/（试样2分析后总种子重量+试样2分析后总种子重量）×100，保留1位小数。

5.3 真实性

5.3.1 按GB/T 3543.5—1995的规定执行，采用种子形态鉴定法。

5.3.2 检测步骤：随机从送验样品中数取400粒种子，分为4个重复，每个重复100粒种子。根据标准样品或鉴定图片资料中肉苁蓉种子的形态特征，借助体式显微镜或放大镜等进行逐粒观察，记录异种种子粒数。结果用种子纯度百分率表示。

5.3.3 数值计算：种子纯度（%）= (供检种子粒数 - 异种种子粒数)/供检种子粒数×100，取平均值则为所测种子的真实性，保留1位小数。

5.4 千粒重

5.4.1 按GB/T 3543.7—1995的规定执行，千粒重测定采用百粒法，万分之一天平称重。

5.4.2 检测步骤：从净度分析后的全部种子中均匀分出，随机数取试样8个重复，每个重复100粒；分别称重。

5.4.3 数值计算 ：计算8个重复的标准差、平均重量和变异系数，为方便计算单位用mg；测定结果重复间变异系数均≤4.0%，则测定值有效，否则需要增加2个重复，去掉最大值和最小值。将百粒重的平均值乘以10倍即为实测的千粒重。千粒重（规定水分，mg）=实测种子千粒重×（1 - 实测水分，%）/（1 - 规定水分，%），本标准中规定水分为 8%。

5.5 种子水分

5.5.1 按GB/T 3543.6—1995的规定执行，采用低温烘干法，恒温烘箱干燥，万分之一天平称重。

5.5.2 检测步骤：将恒温烘箱预热至110～115℃，将25×25型号的玻璃称量瓶烘干冷却并称重，快速用药匙取约0.2g肉苁蓉种子放入称量瓶中，2个重复，盖好瓶盖后称重，注意瓶和瓶盖同时写上编号；将瓶盖打开后放入烘箱，103℃保持8小时。烘干后将称量瓶从烘箱中取出后加盖在干燥器内放凉后称重。

5.5.3 数值计算：种子水分（%）=（烘干前样品重量—烘干后样品重量）/烘干前样品重量×100，在两组试验样品容许误差不超过0.2%范围内，取平均值则为所测种子的水分，保留1位小数。

5.6 饱满度和生活力

5.6.1 按GB/T 3543.7—1995的规定执行，采用四唑测定法，配制0.6%的四氮唑（TTC）磷酸缓冲液，pH 6.4～6.8。

5.6.2 检测步骤：取一定量的种子计数，一般为50粒或100粒，2个重复，将待测肉苁蓉种子去除种皮，加入适量的四氮唑磷酸缓冲液，45℃黑暗条件下放置16小时。染色结束后取出种仁冲洗两遍，解剖镜下判断种胚部染红的种仁个数，并计所有种仁总数。

5.6.3 数值计算：饱满度（%）= 种仁总数/待测种子总数×100；生活力（%）= 胚部染红的种仁个数/待测种子总数×100；两份试样取平均值，保留1位小数。

四、肉苁蓉种子繁育技术研究

（一）研究概况

肉苁蓉与许多中药材一样经历了由野生采集、野生变家种到规模化种植的发展过程。近年来，内蒙古、宁夏、新疆等自治区纷纷开始发展肉苁蓉人工种植，其中宁夏地区种植面积已达6000余亩。而人工种植需要大量的种子，由于肉苁蓉种子繁育具有生产周期长、自交不亲和性、成熟时间不一致和种子千粒重小等特点，有必要建立标准化的中药材种子繁育基地，严格控制肉苁蓉种子质量，加强对肉苁蓉种子繁育和生产的管理。

以下是中国医学科学院药用植物研究所与永宁县本草苁蓉种植基地研究制定的《肉苁蓉种子（生产）繁育技术规程》。

（二）肉苁蓉种子繁育（生产）技术规程

1．范围

本标准规定了肉苁蓉种子生产过程中的适宜生产区域、种子田和适宜采种株选择、田间管理、种子采收和清选、标识、包装、运输、贮存等。

本标准适用于肉苁蓉种子生产。

2．规范性引用文件

下列文中的条款通过本标准的引用而成为本标准的条款。凡是注明日期的引用文件，其随后所有的修改单（不包括勘误内容）或修订版均不适用于本部分。然而，鼓励根据本标准达成协议的各方研究是否使用这些文件的最新版本。凡是不注明日期的引用文件，其最新版本适用于本标准。

中华人民共和国药典（2015年版）一部

GB/T 3543.3～3543.7—1995　农作物种子检验规程

GB 10016　林木种子贮藏标准

GB 15569　农业植物调运检疫规程

GB 15618　土壤环境质量标准

GB/T 191　包装储运图示标志

GB 3095　环境空气质量标准

GB 5084　农田灌溉水质标准

GB 7414　主要农作物种子包装

GB 7415　主要农作物种子贮藏

（三）适宜生产区域

1. 地理气候条件

在海拔150～1500m的半荒漠和荒漠地区的沙漠或沙荒地，以地下水较高的沙丘间低地、干河床、湖盆边缘、山前平原或石质砾石地，含有一定量盐分的土壤或沙地生长为好。以气候干旱，干燥度大于4；降雨量少，年降水量200mm以下；年蒸发量1800～2000mm，日照时数长，年太阳总辐射量1.3×10^9～1.50×10^9K/m^2，昼夜温差大，年平均气温2～10℃，有效活动积温2500～3000℃的地区最为适宜。

2. 环境质量

空气质量应符合GB 3095二级以上标准。灌溉水质达到GB 5084二级以上标准。土壤质量符合GB 15618二级以上标准。

（四）肉苁蓉种植及种子繁育技术规程

1. 种质来源

1.1 肉苁蓉种源　为列当科（Orobanchaceae）肉苁蓉属多年生寄生性草本植物肉苁蓉（*Cistanche deserticola* Y. C. Ma），可采自野生及种植基地自行繁殖的肉苁蓉种子。

1.2 寄主梭梭种源　选择藜科梭梭属多年生小乔木梭梭（*Haloxylon ammodendron*）的种子或种苗。

2. 寄主梭梭育苗及种植

2.1 育苗

2.1.1 育苗地的选择：土壤要含盐量不超过1%，地下水位在1～3m的沙土和轻沙壤土最为适宜。

2.1.2 整地：选沙地或轻沙壤土做苗圃，播种前浅翻细耙，锄去杂草，灌足底水。

2.1.3 播种期：3月下旬至5月上旬均可播种，4月下旬播种最为适宜。

2.1.4 种子处理：播前用0.1%～0.3%的高锰酸钾或硫酸铜水溶液浸种20～30分钟，捞出晾干拌细沙待播。

2.1.5 播种量：下种量30kg/hm^{2}左右为宜，每公顷产苗量可达90万～110万株。播种方式要因地制宜。

2.1.6 播种方式：开沟条播，播幅20～30cm，沟深1～1.5cm ，间距25～30cm，播后覆土1cm，稍加镇压。

2.1.7 田间管理：播种后喷灌或小水漫灌，保持苗床湿润，可视土壤的干旱情况随时灌水，忌大水漫灌或苗床积水。出苗后，及时松土、锄草。

2.1.8 苗木出圃：起苗时保持根系完整，根长在25～45cm。当年10月中下旬起苗后，选择土壤疏松、湿润、排水和通气良好的沙土或沙壤土，管理方便和向阳避风的地方，根据苗木大小，挖40～60cm宽假植沟进行假植越冬。若翌年3月下旬至4月上旬出苗后直接起苗种植。

2.2 种植

2.2.1 苗的选择：种植前剔除残苗和因假植不当造成的干死苗、烂根苗。

2.2.2 种植时间：3～4月均可进行移栽种植，最佳时间是4月中旬前，梭梭苗萌芽前。

2.2.3 种植方式：秋季起苗，移栽时剪去干枝；春季起苗，现起现栽，栽后及时浇水。株距1m，行距3～4m。

2.2.4 田间管理：种植后及时浇水，以提高梭梭移栽成活率。灌溉采用沟灌或喷灌均可。5月和6月初再各喷灌1次，如遇中量降雨，则可相应减去1次。7～9月可视天然降水情况，适量喷灌或沟灌。随时检查成活率，适时进行补栽。

3. 肉苁蓉种植

3.1 寄主梭梭的选择　生长健壮的3年生梭梭。

3.2 接种时间　肉苁蓉从春季到秋季均可接种，6月中旬至7月初最为适宜。

3.3 接种方式　在梭梭行两侧距梭梭40～50cm，开沟深40～60cm，沟宽15～30cm，沟内放入肉苁蓉种子，将土回填。

3.4 接种量　接种量为每亩10～20g。

3.5 田间管理

3.5.1 浇水：接种后及时浇透水1次，之后视土壤干燥情况灌溉1次。每年浇透水1～2次。

3.5.2 除草：浇水后或雨后及时除草，行间可用机械除草，株间人工除草。

3.6 病虫害防治

3.6.1 寄主梭梭主要病虫害：寄主梭梭主要病虫害发生为害状况及防治方法见表23-7。

表23-7　梭梭主要病虫害发生为害状况及防治方法

名称	拉丁名	为害部位	发生或为害状况	防治方法
草地螟	*Loxostege stieticatis* Linnaeus	梭梭同化枝	幼虫取食同化枝，严重时同化枝全部吃光	春夏季结合田间管理，清除田间及周边杂草，消灭卵和初孵幼虫；幼虫发生盛期及时喷施25%灭幼脲悬浮剂1500倍或2.5%敌杀死3000倍
梭梭白粉病	*Leveillula saxaouli* (Sorok) Golov.forma haloxyli (Jacz.) Golov	同化枝	7～10月发生，病枝变淡黄色，随后出现白粉	发病时用25%粉锈宁4000倍液喷雾防治
梭梭根腐病	*Fusarium oxysporum* Schlecht	梭梭根	多发生在苗期，雨水多，土壤板结、通气不良易引发此病	及时拔除病株、死株，然后用1%～3%硫酸亚铁沿根浇灌；选排水良好的沙土种植，加强松土；发生期用50%多菌灵1000倍液灌根
梭梭锈病	*Camarosporium Paletzkii* Sereb	同化枝及老枝	幼嫩同化枝上分布点状锈孢子，老枝上常形成包状凸起，上面布满锈病孢子	25%粉锈宁4000倍喷雾防治

3.6.2 肉苁蓉主要病虫害：肉苁蓉主要病虫害发生为害状况及防治方法见表23-8。

表23-8　肉苁蓉主要病虫害发生为害状况及防治方法

名称	拉丁名	为害部位	发生或为害状况	防治方法
肉苁蓉茎腐病	*Fusarium sambucinum* Fuckel	肉苁蓉肉质茎	病原菌为接骨木镰刀菌，使肉质茎腐烂	注意控水，对发病株做彻底清理并用多菌灵、菌线威、绿亨二号进行土壤处理
黄褐丽金龟	*Anomala exoleta* Faldermann	肉苁蓉肉质茎	幼虫在地下啃食小苁蓉和肉质茎	种植时每亩沟内撒施3%辛硫磷颗粒剂4～8kg或用杀虫灯诱杀

4. 种子田和适宜采种株选择

4.1 种子田选择　用作生产肉苁蓉种子的地块，应选择在地势开旷、通风良好、光照充足、土层深厚、排灌水方便、肥力适中、杂草较少，交通便利、可较好看护条件的地段上。寄主梭梭树龄3年以上，肉苁蓉接种2～3年后。

4.2 适宜采种株选择　在肉苁蓉出土期，选择花序无损伤，花序顶端下方1～5cm最粗部位周长大于7.5cm的植株作为采种株。

5. 田间管理

5.1 人工辅助授粉　肉苁蓉始花期，进行辅助授粉，蜂箱放置密度为每100hm^2 3～4箱（6万～10万只蜜蜂）；也可借助棉签进行人工辅助授粉以提高结实率，人工授粉可分2～3次完成。

5.2 营养调控　在肉苁蓉盛花期（指花序中35%～75%花朵完全开放）或末花期（花序中76%～95%花朵完全开放），将肉苁蓉花序顶端4～8cm去除，并在花序上部伤口处撒地表干沙快速干燥；去除的时间为傍晚或者阴天，减少水分损失对种子发育的影响。

5.3 套网保种　5月中下旬，花序顶端去除后2～10天，待所有花朵开败且下部蒴果变褐开裂前，用40～70目（或孔径为0.42～0.21mm）的尼龙网袋将整株花序套住，并将尼龙网袋下部用有弹力的皮筋线捆绑扎紧，以保持种子成熟期的花序通风，并防止已成熟种子散落损失。

6. 种子采收和清选

6.1 种子采收　6月中旬至下旬，花序套网袋后10～20天，大部分种子成熟、果皮变褐色时，将肉苁蓉花序与尼龙网袋一起采收，统一在帆布上晾晒。

6.2 种子清选　待种子完全干燥后，打开尼龙网袋，将收集种子过筛去杂，先用孔径为1mm的筛网过筛，去除筛上脱落果荚花被等杂质；再过孔径为0.45mm的筛网，除去小于0.45mm的杂质或无效种子，收集种子装入纸袋或布袋中，于阴凉干燥处保存。

7. 种子检验和分级

种子检验和分级根据已申报的《肉苁蓉种子》地方标准执行。

8. 标识、包装、运输、贮存

8.1 标识　包装储运图示标志按GB/T 191规定执行。每批种子应附有合格标签，标明种子等级、数量、批号、产地、生产单位、采收日期、包装日期、产品标准号等。

8.2 包装　根据种子含水量情况，用适宜的纸袋、布袋或密封袋等符合GB 7414要求的材料包装。

8.3 运输　注意装车时不能堆压过紧，装车后及时启运，并有防晒、防淋、通风等措施。跨省调运时，参照GB 15569执行，在运输前应经过检疫并附植物检疫证书。

8.4 贮存　参照GB 7415和GB 10016要求执行，肉苁蓉种子需放阴凉、通风、干燥处储存；贮藏时种子水分要求低于8.0%。有条件的情况下，可选择干燥低温保存。贮藏期间要定期对种子含水量、生活力等进行检查，每次检查结果应详细记录。肉苁蓉种子室温常规保存十余年生活力下降不明显，5℃以下低温贮藏，可以延长种子寿命，活力可保持20年以上。

参考文献

[1] 陈庆亮，张秀省，郭玉海，等. 肉苁蓉种子的活力研究［J］. 中草药，2008（9）：1403-1407.

[2] 牛东玲，宋玉霞，郭生虎，等. 肉苁蓉种子休眠与萌发特性的初步研究［J］. 种子，2006，25（2）：17-24.

[3] 乔学义，王华磊，郭玉海，等. 肉苁蓉种子发芽条件研究［J］. 中国中药杂志，2007，7（18）：1848-1850.

[4] 蔺海明. 中药材种子繁育中存在的问题及建议［J］. 甘肃农业科技，2013（10）：55-56.

[5] 徐荣，周峰，陈君，等. 肉苁蓉种子质量评价技术与分级标准研究［J］. 中药材，2009，32（4）：475-478.

[6] 张志耘. 国产肉苁蓉属（列当科）花粉及种皮的形态研究［J］. 植物分类学报，1990，28（4）：294-298.

[7] 魏建和，陈士林，程惠珍，等. 中药材种子种苗标准化工程［J］. 世界科学技术-中医药现代化，2005，7（6）：104-108.

[8] 颜启传. 种子学 [M]. 北京：中国农业出版社，2001.
[9] 赵文吉，李敏，黄博，等. 中药材种子种苗市场现状及对策探讨 [J]. 中国现代中药，2012，14 (3)：5-8.
[10] 浙江大学种子科学中心. 国际种子检验规程 [M]. 北京：中国农业出版社，1999.
[11] 袁彦，郑雷，赵军元，等. 磴口地区不同产地肉苁蓉种子质量研究 [J]. 现代农业科技，2015 (18)：86-87.

徐荣　陈君（中国医学科学院药用植物研究所）

24 防风

一、防风概况

防风[*Saposhnikovia divaricata* (Turcz.) Schischk.]始载于《神农本草经》，列为草部上品。李时珍释其名称的由来谓："防者，御也。其功效风最重，故名"。《中国药典》(2015年版)收载的防风为伞形科防风属植物防风的未抽花莲植株的干燥根。本草记载其味辛、甘，性温，归脾、膀胱经。我国大部分地区使用，主产于东北和华北等地。古今防风主产地发生了很大的变化，即产地向北迁移，由关内移到了关外、东北和内蒙古地区。东北及内蒙古东部所产的称为"关防风""东防风"，品质最佳；内蒙古西部、河北产的称为"口防风"，品质次于关防风。野生防风在我国北方各省都有分布，但主产地为东北三省、河北、山东、内蒙古等地。黑龙江省主产于西部草原，杜尔伯特、安达、青冈、齐齐哈尔、林甸等地。野生防风生态区域广，从山坡草地到深山峡谷，从干旱草原到低湿草甸，田边、路旁草地均有生长。以草原地区分布最为广泛，占据了所有的沙岗、高坡地和缓丘地段。多野生于草原地带，在冲积坡地、荒山坡、原野、林缘、丘陵、石码山坡等地也有分布。

防风以种子繁殖为主，也可进行分根繁殖。防风喜温暖气候，耐寒，能在田间越冬，喜干。对土壤要求不严，以排水良好、疏松肥沃的沙质壤土栽培较好，忌低洼渍水。防风为伞形科多年生草本植物，根茎药用，有解表发汗、祛风除湿的作用。主治风寒感冒、头痛无汗、偏头痛、关节疼痛、破伤风等症。在临床上由于其疗效显著，用量不断增加，并且还出口韩国、日本及东南亚各国等。防风即是一种重要的药用植物，同时也是固沙植物。防风的人工栽培可实现对生态环境的保护，美化环境。但防风在生产上也存在一些问题，如园林上利用率低、出苗低、出苗缓慢等。

二、防风种子质量标准研究

(一)研究概况

对全国不同地区防风种子的品质进行测定，研究防风种子的检验方法和分级标准，测定了不同产地的防风种子的净度、千粒重、含水量、生活力、发芽率，并初步制定了防风种子的质量分级标准。

(二)研究内容

1. 研究材料

实验所用的防风种子为2009~2010年采自黑龙江、内蒙古等30个地区的野生或栽培居群，具体来源和编号见表24-1。经作者鉴定，贮藏于低温种子储藏柜。

表24-1　防风种子来源及编号

编号	产地	编号	产地
A1	山东泗水	A16	内蒙古牛家营子（3）
A2	陕西旱防风	A17	内蒙古赤峰下水地（3）
A3	陕西水防风	A18	内蒙古赤峰于营子（1）
A4	内蒙古赤峰	A19	内蒙古赤峰大牛群
A5	内蒙古海拉尔	A20	黑龙江永丰（1）
A6	河北张家口	A21	内蒙古赤峰药王庙
A7	内蒙古野生	A22	黑龙江友谊龙山镇
A8	黑龙江	A23	内蒙古杨营子
A9	河北安国	A24	内蒙古于营子（2）
A10	内蒙古西蒙	A25	内蒙古赤峰牛家营子（1）
A11	黑龙江大庆林甸	A26	黑龙江大庆黑鱼泡
A12	内蒙古牛家营子（2）	A27	黑龙江明水家种
A13	黑龙江永丰（2）	A28	黑龙江泰来
A14	内蒙古赤峰下水地（1）	A29	黑龙江大庆泰康
A15	内蒙古赤峰下水地（2）	A30	黑龙江七台河

2. 扦样方法

根据种子披散装种子数量确定扦样点数样点分布：水平、垂直分布均有点。扦样时按扦样点的位置和层次逐点逐层进行，先扦上层，次扦中层，后扦下层。

3. 种子净度分析

采用四分法。分别将抽取的两份样品倒入光洁的白纸上，把纯净的种子与废种子、其他种子与杂质区分开，重复三次，若样品中含较大或较多的杂质时，应先进行必要的清理并称重。

$$种子净度（\%）=\frac{试样重量-其他植物种子-杂质}{试样重量}\times 100\%$$

百分率必须根据分析后各种成分重量的总和计算，而不是根据试验样品的原始重量计算。若分析后的各种成分重量之和与原始重量的增失差距超过原始重量的5%，则必须重做。从表24-2可知，防风种子净度大多在80%以上，但A4净度为73.76%最低，含沙石较多。

表24-2　不同产地防风种子净度比较

编号	净度（%）	编号	净度（%）	编号	净度（%）
A1	83.38	A4	73.76	A7	93.12
A2	95.18	A5	84.06	A8	80.60
A3	92.94	A6	76.68	A9	86.62

续表

编号	净度(%)	编号	净度(%)	编号	净度(%)
A10	83.45	A19	88.88	A28	86.09
A11	95.26	A20	89.16	A29	90.93
A12	95.26	A21	99.15	A30	89.62
A13	89.82	A22	92.29	最大值	99.15
A14	94.41	A23	81.63	最小值	73.76
A15	94.45	A24	84.24	F值	71.4**
A16	93.61	A25	91.10	平均值	88.30
A17	91.70	A26	76.51	标准差	6.44
A18	93.42	A27	81.85		

4. 真实性鉴定

随机从送检样品中数取400粒种子，鉴定时须设重复，每个重复不超过100粒种子。根据种子的形态特征，必要时可借助扩大镜等进行逐粒观察，必须备有标准样品或鉴定图片和有关资料（图24-1）。

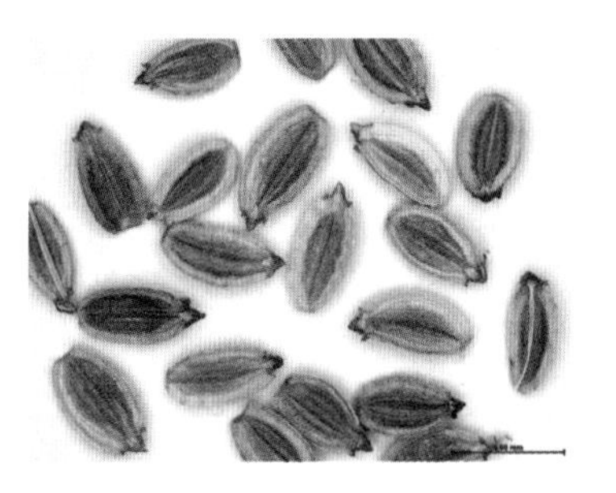

图24-1 防风种子

5. 重量测定

将全部纯净的种子用四分法分成4份，每份随机取250粒，1000粒为1组，在万分之一精度的电子天平上称重。从表24-3中可知防风种子的千粒重在2.03~4.63g。

表24-3 不同产地防风种子千粒重比较

编号	千粒重(g)	编号	千粒重(g)	编号	千粒重(g)
A1	4.64	A13	3.04	A25	2.95
A2	3.14	A14	3.36	A26	3.97
A3	2.03	A15	3.56	A27	2.60
A4	3.33	A16	3.05	A28	4.02
A5	2.98	A17	3.46	A29	2.36
A6	2.94	A18	2.61	A30	2.93
A7	2.84	A19	3.54	最大值	4.63
A8	3.13	A20	3.30	最小值	2.03
A9	3.90	A21	2.88	F值	95.6**
A10	3.07	A22	3.04	平均值	3.15
A11	2.19	A23	3.61	标准差	0.64
A12	2.99	A24	2.99		

6. 水分测定

采用105℃恒重法：称取一定质量的整粒种子粉碎后放入烘箱进行含水量测定。由表24-4可知不同产地防风种子的含水量在6%～32%之间。

表24-4 不同产地防风种子含水量比较

编号	含水量（%）	编号	含水量（%）	编号	含水量（%）
A1	7. 11	A13	7.72	A25	15.25
A2	8.65	A14	8.82	A26	8.84
A3	8.82	A15	8.85	A27	7.61
A4	13.20	A16	10.85	A28	6.61
A5	13.40	A17	8.77	A29	7.73
A6	14.85	A18	12.90	A30	7.73
A7	12.03	A19	12.01	最大值	31.98
A8	12.19	A20	12.46	最小值	5.99
A9	5.99	A21	31.98	F值	25.3**
A10	14.13	A22	12.83	平均值	11.29
A11	10.95	A23	12.56	标准差	4.86
A12	7.22	A24	16.64		

7. 发芽试验

在防风种子适宜的发芽条件下，对不同产地的防风种子的发芽率进行测定，确定不同地区防风种子的发芽率。经研究表明，防风种子的最适萌发温度为20℃，不产地的防风种子的发芽率如表24-5所示。

表24-5 不同产地防风种子发芽率比较

编号	发芽率（%）	编号	发芽率（%）	编号	发芽率（%）
A1	65	A11	66	A21	79
A2	67	A12	93	A22	85
A3	71	A13	89	A23	87
A4	58	A14	87	A24	88
A5	86	A15	89	A25	93
A6	82	A16	92	A26	38
A7	73	A17	93	A27	72
A8	55	A18	91	A28	80
A9	81	A19	88	A29	85
A10	83	A20	84	A30	90

续表

编号	发芽率（%）	编号	发芽率（%）	编号	发芽率（%）
最大值	93	F值	17.1**	标准差	13.22
最小值	38	平均值	79.67		

8. 生活力测定

每100ml磷酸缓冲液中溶入1g四唑盐类即得1%浓度的溶液。配成的溶液须贮存在黑暗处或棕色瓶里。将种子在水中浸泡16～24小时，待种皮软化后，沿种脊小心的通过胚中心将种子切成两瓣，放入烧杯或培养皿内，切面朝下，注入TTC溶液，浸没剖面，放入设定温度条件下的温箱内染色。经过染色的种子取出后，用清水冲洗净，放在白色滤纸上，逐粒观察胚和胚乳的染色情况。有生活力的种子胚被染成红色，无生活力的种子则不染色或仅有浅红色斑点。最适染色条件0.5%TTC浓度、35℃条件下6小时的防风种子生活力测定结果见表24-6。

表24-6　不同产地防风种子活力比较

编号	活力（%）	编号	活力（%）	编号	活力（%）
A1	81	A11	80	A24	94
A2	85	A12	97	A25	91
A3	79	A13	82	A26	90
A4	74	A14	87	A27	84
A5	74	A15	95	A28	89
A6	77	A16	93	A29	90
A7	79	A17	92	A30	94
A8	77	A18	88	最大值	97
A9	81	A19	90	最小值	74
A10	78	A20	88	F值	0.1**
A11	80	A21	89	平均值	86
A9	81	A22	84	标准差	6.15
A10	78	A23	87		

9. 种子健康检验

将测定的防风种子样品放在白纸等载体上，挑出菌核、虫瘿、活虫，霉粒及病虫伤害的种子，分别计算病虫害感染度。

10. 种子质量对药材生产的影响

分析种子等级与药材的生长发育、产量和品质（形态、外观、色泽、质地和有效成分含量等）之间的关系。

三、防风种苗质量标准研究

（一）研究概况

对全国不同地区防风种苗的品质进行测定，研究防风种苗的检验方法和分级标准，测定了不同产地的防风种子的净度、株高、叶长宽、根茎粗、根长、叶片数、单株鲜重，并初步制定了防风种苗的质量分级标准。

（二）研究内容

1. 研究材料

将2009～2010年采自黑龙江、内蒙古等30个地区的防风种子田间播种，在苗床上开浅沟，撒播种子，每平方米播种量3g，覆土2～3cm，然后用木石硫镇压。选取苗龄为35天的防风幼苗为实验材料，具体来源和编号见表24-1。

2. 扦样方法

根据种子披散装种子数量确定扦样点数样点分布：水平、垂直分布均有点。扦样时按扦样点的位置和层次逐点逐层进行，先扦上层，次扦中层，后扦下层。

3. 净度

采用四分法。分别将抽取的两份样品倒入光洁的白纸上，把纯净的种子与废种子、其他种子与杂质区分开，重复三次，若样品中含较大或较多的杂质时，应先进行必要的清理并称重。

$$\text{种子净度（\%）}=\frac{\text{试样重量}-\text{其他植物种子}-\text{杂质}}{\text{试样重量}}\times 100\%$$

百分率必须根据分析后各种成分重量的总和计算，而不是根据试验样品的原始重量计算。若分析后的各种成分重量之和与原始重量的增失差距超过原始重量的5%，则必须重做。

4. 外形

用游标卡尺对35天苗龄的种苗进行叶长宽、根茎粗及根长的测定，测定10株，取平均值。

5. 重量

用自来水清洗干净种苗根系后晾干，测定单个植株的生物量鲜重，测定10株，取平均值。

6. 大小

株高测定方法：将防风采挖样叶片拉直后用米尺测量株高，从最高茎叶到芦头的长度计做株高，测定10株，取平均值。

7. 数量

叶片数量观察：对35天苗龄的种苗进行叶片数量的统计，统计10株，取平均值。

8. 病虫害

检验防风种苗是否有病害、虫害、外部损伤。完好种苗指无病害、虫害、外部损伤的种苗。用完好率表示。

虫害检测：肉眼检查根外部是否有害虫附着，是否有虫眼，用完好率表示。

$$\text{完好率（\%）}=\text{完好种苗数}/\text{检测种苗数}\times 100\%$$

9. 种苗质量对药材生产的影响

根据K-均值聚类分析结果，以株高、根茎粗、绿叶数为主要指标分级，将拟定的3个级别的防风种苗作为3个处理，分析种苗等级与药材的生长发育、产量和品质（形态、外观、色泽、质地和有效成分含量等）之间的关系。

10. 繁育技术

研究优良种苗繁育适宜生态环境（气候和土壤）、栽培方式、提纯复壮方法、田间管理、采收时间及干燥、贮藏与保存方法等，在此基础上制定种苗繁育技术操作规程。

四、防风种子标准草案

1. 范围

本标准规定了防风种子分级、分等和检验。

本标准适用于防风种子生产者、经营者和使用者。

2. 规范性引用文件

下列文件中的条款通过本标准的引用而成为本标准的条款。凡是注明日期的引用文件，其随后所有的修改单（不包括勘误的内容）或修订版均不适用于本标准，然而，鼓励根据本标准达成协议的各方研究是可使用这些文件的最新版本。凡是不注明日期的引用文件，其最新版本适用于本标准。

GB/T 3543.1～3543.7　农作物种子检验规程

中华人民共和国药典（2015年版）一部

3. 术语和定义

下列术语和定义适用于本标准。

3.1 防风净种子定义　有或无花梗的分果/分果月，但明显没有种子的除外；超过原来大小一半的破损分果月，但明显没有种子的除外；果皮部分或全部脱落的种子；超过原来大小一半，果皮部分或全部脱落的种子。

3.2 种子真实性　供检品种与文件记录（如标签等）是否相符。

4. 要求

防风种子单项指标等级划分标准见表24-7，千粒重、净度、生活力、发芽率4个指标采用平均数加上1倍标准差作为一、二级的分界点，平均数作为二、三级的分界点，平均数减去1倍标准差作为三级种子的下限点。含水量采用平均数加上1倍标准差作为一、二、三级种子统一的上限指标。

表24-7　防风种子单项指标等级划分标准

分级指标	级别			
	一级	二级	三级	四级
活力（%）	>92.21	86.07～92.21	79.93～86.07	<79.93
千粒重（g）	>3.70	3.15～3.70	2.60～3.15	<2.60
水分（%）	>16.15	11.29～16.15	6.43～11.29	<6.43
净度（%）	>94.75	88.30～94.75	81.86～88.30	<81.86
发芽率（%）	>92.88	79.67～92.88	66.45～79.60	<66.45

5. 检验方法

5.1 净度分析　采用四分法。分别将抽取的两份样品倒入光洁的白纸上，把纯净的种子与废种子、其他种子与杂质区分开，重复三次，若样品中含较大或较多的杂质时，应先进行必要的清理并称重。

5.2 发芽测定　在防风种子适宜的发芽条件下，对防风种子的发芽率进行测定，确定防风种子的发芽率。

5.3 真实性鉴定　根据种子的形态特征，必要时可借助扩大镜等进行逐粒观察，必须备有标准样品或鉴定图片和有关资料。

5.4 含水量测定　采用105℃恒重法称取一定质量的整粒种子粉碎后放入烘箱进行含水量测定。

5.5 生活力的测定　采用四唑染色测定法对防风种子的生活力进行测定，有生活力的种子胚被染成红色，无生活力的种子则不染色或仅有浅红色斑点。

5.6 重量测定　从经净度分析后的试验样品中随机数取1000粒，重复3次，各重复在万分之一精度的电子天平上称重。计算3次样品测定的平均值，保留2位小数。

5.7 种子健康状况测定　将测定的防风种子样品放在白纸等载体上，挑出菌核、虫瘿、活虫，霉粒及病虫伤害的种子，分别计算病虫害感染度。

6. 检验规则

抽样：随机选取防风种子75000粒，分三组，每组25000粒。

检测：测定防风种子的净度、千粒重、含水量、生活力、发芽率，重复3次，取其平均数进行计算。

7. 包装、标识、贮存和运输

7.1 包装　挑选后按质量等级将种子分类，用包装袋包装。包装袋由各单位自行制作，采用纸质口袋较好；建议规格大号21cm×11cm，小号12cm×11cm。

7.2 标识　销售的种子包装上应当附有标签，国家药用植物种质资源库提供电子版标签。

7.3 贮存　每份种子的2/3自存，建议纸袋包装，内加适量干燥剂冰箱冷藏，冷藏条件根据种子特性具体确定。

7.4 运输　运输工具必须清洁、干燥、无异味、无污染。严禁与可能污染其品质的货物混装运输。

五、防风种苗标准草案

1. 范围

本标准规定了防风种苗的术语和定义、分级要求、检验方法、检验规则。

本标准适用于防风种苗生产者、经营者和使用者

2. 规范性引用文件

下列文件中的条款通过本标准的引用而成为本标准的条款。凡是注明日期的引用文件，其随后所有的修改单（不包括勘误的内容）或修订版均不适用于本标准，然而，鼓励根据本标准达成协议的各方研究是可使用这些文件的最新版本。凡是不注明日期的引用文件，其最新版本适用于本标准。

GB 15569—2009　农业植物调运检疫规程

中华人民共和国药典（2015年版）一部

3. 术语和定义

下列术语和定义适用于本标准。

3.1 苗龄　通常以“一年生”“二年生”……表示。系苗木繁殖、培育年数。

3.2 株高　常以“H”表示，系苗木自地面至最高生长点之间的垂直距离。

3.3 鲜重　鲜活的植物采集来后立刻测出的重量

4. 要求

将试验数据进行聚类分析。壮苗，表现为苗较高、根茎基较粗、绿叶数多和根系较长，平均单株鲜重较重。一般苗，表现为苗高中等、绿叶数相对稍少、根茎基部相对较细、平均单株鲜重相对较轻。弱苗，表现为苗较矮、叶片较少、根茎基部较细根系较短、发根力较弱、单株鲜重较轻。

5. 检验规则

5.1 抽样　随机选取苗龄为35天的防风幼苗，分三组，每组10株。

5.2 检测　测定株高、根茎粗、根长、叶片数、单株鲜重，重复3次，取其平均数进行计算。

6. 判定规则

6.1 判定　同一批检验的一级种苗中，允许有5%的种苗低于一级标准，但必须达到二级标准，超过此范围，则为二级种苗；同一批检验的二级种苗中，允许有5%的种苗低于二级标准，超过范围，则视该批种苗为等外苗。

6.2 复验　对质量要求的判定有异议时，应进行复验，并以复验结果为准.品种纯度，变异率和疫情指标不复检。

六、防风种子种苗繁育技术研究

（一）研究概况

研究防风优良种子种苗繁育适宜生态环境（气候和土壤）、栽培方式、提纯复壮方法、田间管理、采收时间及干燥、贮藏与保存方法等，在此基础上制定防风种子种苗发育技术操作规程。

（二）防风种子种苗繁育技术规程

1. 防风种子繁育环境

以排水良好、疏松、干燥的砂壤土为佳，土地过湿过涝易导致防风根部或基生叶腐烂。轻黏壤土或碱土地亦可种植防风。因防风主根粗而长，播栽前对耕地要进行深松深耕。土壤瘠薄地块结合耕地可增施基肥，每公顷施45～67.5吨为宜。建立大面积商品基地，以选择有野生防风分布的荒地为好，也可选用农田地；建立防风种子田多选择二荒地或农田地。

2. 防风种子栽培方法

播前要进行深松深耕，每公顷施基肥45～67.5吨，垄作。垄宽65cm，在上面用锄头耧出20cm宽、2cm深的浅沟，踩格子或木石硫镇压。将精选好的种子于播种前在室温45℃的温水里浸泡24小时，使种子充分吸水、并去除种子中的内源抑制物质，以利发芽。浸泡时要边搅拌、边撒种子，捞出浮在水面上的瘪籽和杂质，将沉底的饱满种子泡好后取出，稍晾后掺沙（种子与沙子的比例为1：1）人工播种。于2004年5月6日田间播种，每公顷播15kg种子，盖土，再踩格子或木石硫镇压，播种面积总计约 200000m^2（300余亩）。

按照随机区组排列布设播种试验小区，试验共设4个处理：种子未经浸泡与掺沙处理+播前与盖土后未踩格子或木石磙镇压（Ⅰ）；种子经浸泡与掺沙处理+播前与盖土后未踩格子或木石磙镇压（Ⅱ）；种子未浸泡与掺沙处理+播前与盖土后踩格子或木石磙镇压（Ⅲ）；种子经浸泡与掺沙处理+播前与盖土后踩格子或木石磙镇压（Ⅳ），每处理重复3次。试验小区总面积约1200m^2。

3. 田间管理

播后待苗高 10cm左右进行一次间苗，留“拐子苗”（按“之”字型留苗），每平方米保苗100株左右。防风幼苗期要及时进行人工除草。播后至出苗前，需保持土地湿润，以使苗齐苗壮。雨季要注意排水，防止烂根。

6月上旬和8月下旬是防风地上部分和地下部分生长旺盛时期，应在此关键时期，施好关键肥。6月上旬应以氮肥为主，附加钾肥，每公顷施尿素300kg或人粪尿 1000kg，并加入适量草木灰或磷酸二氢钾。8月下旬应以磷肥为主，每公顷施磷酸二铵300kg或过磷酸钙450kg，附加氮肥。

防风播种当年只形成叶丝，翌年7月抽薹开花。当田间出现病虫害，及时用药防治。

4. 采收时间及干燥

采种防风花期在7～9月，果期在8～10月，种子陆续成熟，可随熟随采，亦可等大部分种子成熟后割下果枝，晾干脱粒。野生防风选择生产旺盛、无病虫危害、特征明显的植株单株采种。种子田应在生长季节去杂去劣的基础上，再次去掉病株、弱株及杂株，将性状一致、长势强壮的群体统一割下脱粒。晾干后放阴凉干燥处备用。

野生防风一般8～10年采收，种植的防风2～3年即可采收，管理不当或土壤贪瘠地块3～4年采收，河北以南地区分根繁殖的当年即可采收。春、夏、秋三季均可采收，但以春、秋萌发前和落叶后为最佳采收期，这一时期药材的有效成分含量高，含水量低，药材质量好，折干率高，一般2.2～2.5kg鲜货可出1kg干货。在根长和直径分别达到 30cm、1.7cm以上时采挖较好，过早产量不高，过晚根部木质化，影响质量。防风根入土较深，根脆易断，采收时可从畦的一端挖深沟，沟深视药材的根入土深度而定，然后顺序采收。挖出的根去掉残留茎叶和泥土，晒至半干去掉须根，按粗细分级，扎成小捆，晒至全干即可。

为了保证防风资源的持续利用，缩短生长期，提高产量，可采取随收获随栽种的方法，即将不够等级的根立即剪下，切成3～5cm的小段，按行株距 50cm×15cm栽种，既能够保证高的成活率，又可缩短生育期。

参考文献

[1] 高智，刘鸣远，关贺群. 东北“小蒿子”防风生态特性及其栽培条件研究［J］. 中国野生植物资源，1997，16（2）：45-48.

[2] 王成章，张崇禧. 防风国内外研究进展［J］. 人参研究，2008，10（1）：35-41.

[3] 张贵君，张艳波，李影. 我国生药防风近10年的研究概况［J］. 时珍国药研究，1997，8（1）：73-75.

[4] 孙连波，于晶彬. 防风栽培技术［J］. 北京农业，2003（10）：12.

何森　高文杰（东北林业大学）

25 麦冬

一、麦冬概况

麦冬别名不死药、禹余粮、麦门冬、沿阶草等，为百合科植物麦冬*Ophiopogon japonicus*（L. f）Ker-Gawl. 的干燥块根，始载于《神农本草经》，列为上品，甘、微苦，微寒，具有养阴生津，润肺清心之效。商品麦冬主要来源于人工栽培，主产于四川省绵阳市三台县、南充市南部县、遂宁市射洪县、德阳市中江县等地。据清同治十一年（1873年）《绵州志》记载："麦冬，绵州城内外皆产，大者长寸许为拣冬，中色白力较薄，小者为米冬，长三四分，中有油润，功效最大。"麦冬主要化学成分为甾体皂苷、高异黄酮、多糖、氨基酸等。甾体皂苷类化合物中，麦冬皂苷A、B、C、D等的苷元为鲁斯考皂苷元，麦冬皂苷B′、C′、D′等的苷元为薯蓣皂苷元；高异黄酮类化合物有甲基麦冬黄酮A、B，甲基麦冬黄烷酮E等。

麦冬在整个生育期中虽有有性繁殖过程，但是产籽量少，培育种苗过程繁杂，投入时间周期长，不能满足实际生产需要，故人工栽培均以无性方式进行分株繁殖，其繁殖材料为麦冬截去须根后的植株分株而得。在麦冬的GAP研究中，虽对种苗进行了部分研究，但是未形成统一的种苗质量标准，实际生产中，仍是凭借主产区药农在长期生产实践中的经验积累进行判定。因此，当前迫切需要开展麦冬种苗质量评价方法、分级标准的系统深入研究及其繁育技术的规范化研究，从而指导麦冬优良品种的推广生产，促进麦冬药材的开发利用。

二、麦冬种苗质量标准研究

（一）研究概况

在麦冬产区，药农对麦冬种苗质量的认识多依据传统经验进行判别，对优质麦冬种苗的判定尚没有实际可行的指标，种苗在处理过程中的处理方法亦不尽相同，哪些因素是影响麦冬产量、质量的主要因素？如何通过科学的方法控制和优化麦冬种苗质量？成都中医药大学通过多年的研究，弄清了其相关性，为麦冬种苗质量等级标准的制定提供了科学依据。

（二）研究内容

1. 试验材料

（1）种质来源　百合科植物麦冬*Ophiopogon japonicus*（L. f）Ker-Gawl.。

（2）样品来源　见表25-1。

表25-1 样品来源

样品编号	麦冬种苗产地	样品编号	麦冬种苗产地
1	四川省绵阳市三台县涪城村三组	20	四川省绵阳市三台县营城村九组
2	四川省绵阳市三台县涪城村七组	21	四川省绵阳市三台县光明六村五组
3	四川省绵阳市三台县涪城村五组	22	四川省绵阳市三台县光明六村四组
4	四川省绵阳市三台县涪城村四组	23	四川省绵阳市三台县光明六村三组
5	四川省绵阳市三台县涪城村八组	24	四川省绵阳市三台县光明五村一组
6	四川省绵阳市三台县花园镇三组	25	四川省绵阳市三台县光明六村八组
7	四川省绵阳市三台县花园六村一组	26	四川省绵阳市三台县光明三村五组
8	四川省绵阳市三台县花园七村一组	27	四川省绵阳市三台县光明五村四组
9	四川省绵阳市三台县花园七村二组	28	四川省绵阳市三台县光明六村二组
10	四川省绵阳市三台县花园七村六组	29	四川省绵阳市三台县光明五村三组
11	四川省绵阳市三台县花园一村六组	30	四川省绵阳市三台县光明四村四组
12	四川省绵阳市三台县花园七村五组	31	四川省绵阳市三台县光明七村三组
13	四川省绵阳市三台县营城村二组	32	四川省绵阳市三台县光明六村三组
14	四川省绵阳市三台县营城村八组	33	四川省绵阳市三台县光明七村五组
15	四川省绵阳市三台县营城村三组	34	四川省绵阳市三台县光明六村一组
16	四川省绵阳市三台县营城村五组	35	四川省绵阳市三台县光明一村三组
17	四川省绵阳市三台县营城村七组	36	四川省绵阳市三台县老马五村五组
18	四川省绵阳市三台县营城村六组	37	四川省绵阳市三台县老马六村二组
19	四川省绵阳市三台县营城村一组	38	四川省绵阳市三台县老马四村一组

注：麦冬种苗等级划分与植株生长发育、药材产量和质量的相关性研究所用样品号为12号样。

（3）材料　天平、卡尺、直尺、台秤、农资材料等。

2．试验方法

（1）采用外观形态法结合统计分析对麦冬种苗进行等级划分。

（2）采用田间区组试验进行不同等级麦冬与植株生长发育、药材产量相关性研究。① 试验设计：随机区组设计，设置3次重复，按常规种植，设置9个小区，分别栽种三个等级麦冬种苗，每个小区面积10m^2，并在试验地四周设置保护行。② 观察：从栽种到成熟期，对麦冬生长的不同生长发育期分别进行测量。每个小区按“Z”形随机选择10株挂牌进行定点观察，包括出苗率、幼苗长势（定性，分-、+、++、+++、++++，分别计分为0、1、2、3、4）、生根数、块根重（干重）、叶片数、分蘖数等，并进行统计分析。

（3）不同等级种苗及其药材产量、质量的相关性研究采用常规生药鉴定的方法，麦冬总皂苷含量采用《中国药典》（2010年版）麦冬项下方法进行测定。

3．结果与分析

（1）根据麦冬优质种质相关文献研究及传统优质种质使用经验，本试验对麦冬种苗的生物学性状与药材产量的相关性进行了研究，如表25-2。

表25-2　麦冬种苗生物学性状与药材产量相关性研究

种苗类别	测定指标	相关系数（r）	显著性（P）
分株繁殖苗	茎基长	0.473*	<0.05
	单蘖重	0.746**	<0.01
	单蘖叶片数	0.739**	<0.01

由上表可见，麦冬种苗的茎基长、单蘖生和单蘖叶片数均对麦冬植株成熟后产量有显著性影响，而茎基长影响较单蘖重、单蘖叶片数小；同时，考虑实际生产中检测、检验的需要，及测定中茎基长指标测定主观性强，不易控制，故种苗质量主要以单蘖重、单蘖叶片数为其质量控制指标，茎基长及其形态特征作为综合控制指标，一并收入标准正文。

（2）麦冬种苗分级指标的确定：数据分析结果见表25-3、图25-1。

表25-3　麦冬种苗生物学性状指标统计数据表

种苗类别	测定指标	平均值（$\overline{X}$）	标准差（S）	标准误差（S_X）	精度（%）
分析繁殖苗	单蘖重	8.54	5.29	0.68	96.36
	单蘖叶片数	16.89	4.12	0.53	97.75

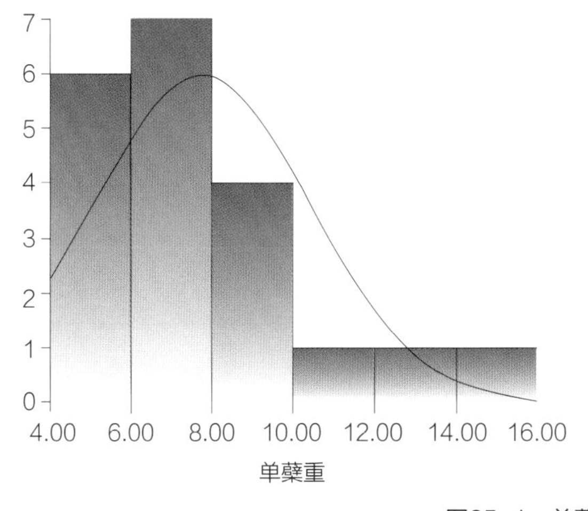

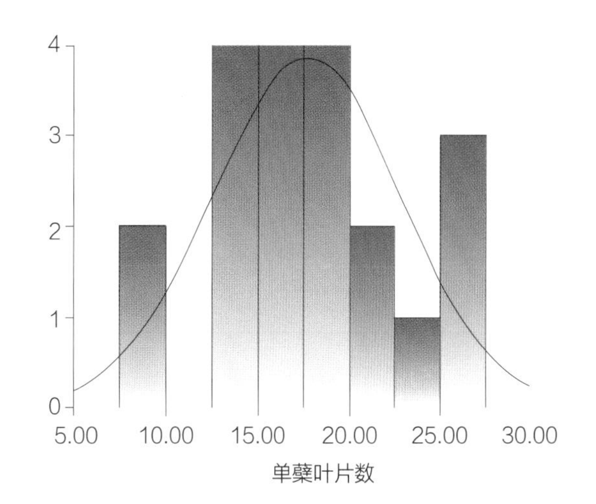

图25-1　单蘖重、单蘖叶片数正态分布图

从图25-1我们可以看出，麦冬种苗生物学性状数据均符合正态分布，且数据分析中精度均达到95%以上，故可以采取（$x^2 \pm S$）的方法对种苗进行分级（表25-4）。

表25-4　麦冬种苗等级理论分级表

种苗类别	质量等级					
	Ⅰ级苗		Ⅱ级苗		Ⅲ级苗	
	单蘖重（g）	单蘖叶片重（g）	单蘖重（g）	单蘖叶片重（g）	单蘖重（g）	单蘖叶片重（g）
分株繁殖苗	≥13.83	≥21.01	3.25~13.83	12.77~21.01	<3.25	<12.77

（3）不同等级麦冬种苗对其植株生长发育的影响：结果见表25-5、表25-6。

表25-5　不同等级麦冬种苗对苗期生长影响（n=3）

技术指标	一级苗	二级苗	三级苗
平均出苗率（%）	9.80	9.50	9.27
平均苗长势	3.50	3.20	2.83
平均生根数	4.70	4.47	3.77

表25-6　不同等级麦冬种苗对麦冬成熟期的影响（n=3）

技术指标	一级苗	二级苗	三级苗
块根干重（克/株）	11.62	10.35	9.04
叶片数（片/株）	66.94	56.38	50.41
分蘖数（个/株）	4.28	3.80	3.05
总皂苷含量（%）	0.209	0.199	0.212

以上研究结果表明不同等级麦冬种苗对麦冬的生长影响不一致，一等麦冬种苗在出苗率、苗长势、苗生根数、叶片数和分蘖数等方面均表现比二等和三等更佳，而三级麦冬种苗在不同生长时期，以上各方面表现最差，说明麦冬种苗等级的划分对麦冬的生长影响较大，结合麦冬的生长过程，证明麦冬种苗的等级划分是合理的。

（4）麦冬种苗分级标准的制订　综合上述实验结果，表25-7中麦冬种苗的分级系统能有效地反映麦冬种苗质量，结合传统生产经验、实际生产要求和相关数据限量的规定，对相应等级限量进行修正，修正后的麦冬种苗分级为（表25-7）：

表25-7　麦冬种苗质量分级表

种苗类别	质量等级					
	I级苗		II级苗		III级苗	
	单蘖重（g）	单蘖叶片重(g)	单蘖重（g）	单蘖叶片重(g)	单蘖重（g）	单蘖叶片重(g)
分株繁殖苗	≥12.50	≥19.00	3.00~12.50	11.50~19.00	<3.00	<11.50
综合控制指标	选作种苗的麦冬植株为叶色深绿，生长健壮，块根多而大、饱满、无病虫害的宽短叶麦冬植株。种苗处理时，茎基处切面平整，长3~6mm，呈“菊花心”。无病叶、枯叶					

三、麦冬种苗标准草案

1. 范围

本标准规定了麦冬种苗的术语和定义、分级要求、检验方法、检验规则。

本标准适用于麦冬种苗生产者、经营者和使用者。

2. 规范性引用文件

下列文件中的条款通过本标准的引用而成为本标准的条款。凡是注明日期的引用文件，其随后所有的修改单（不包括勘误的内容）或修订版均不适用于本标准，然而，鼓励根据本标准达成协议的各方研究是可使用这些文件的最新版本。凡是不注明日期的引用文件，其最新版本适用于本标准。

中华人民共和国药典（2015年版）一部

3. 术语和定义

下列术语和定义适用于本标准。

3.1 麦冬　为百合科植物麦冬*Ophiopogon japonicus*（L. f）Ker-Gawl. 的干燥块根。

3.2 种苗　系指选做繁殖、生产用的麦冬进行无性繁殖材料处理后所得的麦冬苗。

3.3 菊花心　生产中将选好的麦冬种苗进行处理时，从基部切下根茎，只留下长3～5mm的茎基，以根茎断面现出白心，叶片不散开为度，俗称“菊花心”。

3.4 单糵重　系指经过处理后所得麦冬种苗单个分糵地上部分鲜重。

3.5 单糵叶片数　系指经过处理后所得麦冬种苗单个分糵所具有的叶片数。

3.6 茎基长　系指麦冬种苗在处理时切下茎基部须根后，种苗上所余下茎节的长度。

4. 要求

表25-8　麦冬种苗分级标准

种苗类别	质量等级					
	Ⅰ级苗		Ⅱ级苗		Ⅲ级苗	
	单糵重（g）	单糵叶片重（g）	单糵重（g）	单糵叶片重（g）	单糵重（g）	单糵叶片重（g）
分株繁殖苗	≥12.50	≥19.00	3.00～12.50	11.50～19.00	<3.00	<11.50
综合控制指标	选作种苗的麦冬植株为叶色深绿，生长健壮，块根多而大、饱满、无病虫害的宽短叶麦冬植株。种苗处理时，茎基处切面平整，长长3～6mm，呈“菊花心”。无病叶、枯叶					

注：“菊花心”系指麦冬种苗处理时切下地下部分须根后茎基处所呈瑞的菊花状花纹。

5. 检验规则

5.1 抽样

5.1.1 抽样前检查是否有霉变、污染、腐坏等情况，凡有异常应单独检验，并拍照。

5.1.2 同批麦冬种苗中抽取供检验用样品的原则：总包件数不足5件的，逐件抽样；5～99件的，随机抽取5件样；100～1000件的，按5%比例抽样；超过1000件的，超过部分按1%比例抽样。

5.1.3 每包件至少在2～3个部位抽样1份，其抽样量一般为200～500g。

5.1.4 抽样总量超过检验用量数倍时，可按四分法再次取样，即将所有样品摊成正方形，依对角线划“×”分为四等份，取用对角线两份，如上操作，直至最后剩余量能满足检验用样品量。

5.2 检测

5.2.1 真实性鉴定：麦冬品种鉴定；观察麦冬的外观形状，包括叶色、叶宽、叶倾斜度、叶长、分糵数、块根数、须根数等。

5.2.2 形态指标：观察麦冬种苗叶色、叶宽、茎基长（菊花心）、叶片数等。

5.2.3 单蘖重：用天平或者台秤称量麦冬种苗单蘖重量，生产中亦可称量其百蘖重，进行衡量。

5.2.4 混杂率：麦冬种苗中的杂质系指混入的其他植物、石块；茎基过短，影响麦冬种苗存活率的不合格种苗；茎基过长影响麦冬产量质量的种苗等。

检查方法：取供试品，摊开，用肉眼观察，将混杂物拣出，称重，计算其在供试品中的含量。

5.2.5 病虫害：肉眼观察麦冬种苗表观或断面带病虫害的情况。

6. 判定规则

6.1 性状特征　麦冬种苗呈1～2个分蘖，叶色深绿，叶片宽而短，种苗基部茎基一般长3～6mm，基部切面平整，呈“菊花心”状，叶片紧凑而不散开。

6.2 单蘖重与单蘖叶片数　一般单蘖重与单蘖叶片数越大越好，生产中可参照种子百粒重的研究方法，采用百蘖重与百蘖叶片数进行测定。

6.3 混杂率　非本品物质及失去使用价值的本品物质的混杂率不得高于11%。

6.4 病虫害　被黑斑病危害麦冬植株叶片发黄，并呈现青、白黄等不同颜色的水渍状斑点，严重者叶片全部发黄枯死；被根结线虫病危害的麦冬植株根部造成瘿瘤，使其须根缩短，根表面变得粗糙，开裂，呈红褐色，瘿瘤内有大量乳白色发亮球状物，即为雌成虫。以上植株均不能作为种苗植株。

四、麦冬种苗繁育技术研究

（一）研究概况

长期以来麦冬种苗生产主要是自繁自用，缺乏规范的繁育技术，成都中医药大学制订了麦冬种苗繁育技术规程，为优质种苗的生产提供了技术保障。此外，麦冬在整个生长过程中有性生殖过程结籽少，不能达到实际生产的需要，主要采用小丛分株繁殖，繁殖材料为去除地下部分须根的麦冬植株。由于实际生产中整地等需要，麦冬种苗常储藏一定时间后方能下种，成都中医药大学通过对麦冬种苗短期储藏的条件及时间进行了探索，确立了麦冬种苗可短期储藏，且时间最好不超过一周。麦冬生长力旺盛，适应性强，目前长期保存主要采取在地保存的方式。

（二）麦冬种苗繁育技术规程

1. 范围

本标准规定了麦冬种苗生产技术规程。本标准适用于麦冬种苗生产的全过程。

2. 规范性引用文件

下列文中的条款通过本标准的引用而成为本标准的条款。凡是注明日期的引用文件，其随后所有的修改单（不包括勘误内容）或修订版均不适用于本部分。然而，鼓励根据本标准达成协议的各方研究是否使用这些文件的最新版本。凡是不注明日期的引用文件，其最新版本适用于本标准。

中华人民共和国药典（2015年版）一部

中药材生产质量管理规范（GAP）（试行）

DB 51/336　无公害农产品（或原料）产地环境条件

DB 51/337　无公害农产品农药使用准则

DB 51/338　无公害农产品生产用肥使用准则

3. 术语与定义

下列术语和定义适用于本标准。

3.1 品种

3.1.1 直立型麦冬：叶片植株较坚韧挺拔，向下弯曲弧度15°以下，叶丛呈直立生长，产量较匍匐型麦冬略低。

3.1.2 匍匐型麦冬：植株叶片柔软，向下弯曲弧度15°～45°，叶丛呈匍匐状态，产量较高。

3.2 菊花心　生产中将选好的麦冬种苗进行处理时，从基部切下根茎，只留下长3～5mm的茎基，以根茎断面现出白心，叶片不散开为度，俗称“菊花心”。

3.3 养苗　实际生产中由于收获期与栽苗期接近，常因整地不及和劳力安排等矛盾，需将种苗暂时贮放起来。贮放种苗，产区称为“养苗”。

4. 生产技术

4.1 种质来源　百合科植物麦冬*Ophiopogon japonicus*（L. f）Ker-Gawl.。

4.2 选地与整地　麦冬喜温暖气候，稍能耐寒，喜较荫蔽的环境，宜选择地势平坦，利于排灌，土层深厚，土壤疏松、肥沃、湿润而排水良好的壤土或沙壤土较佳。可间、套种玉米、大蒜等。

在选好的种苗繁育地上，浅挖松土，除尽地上杂草，耙细整平表土。按10cm×10cm行株距开穴栽苗。

4.3 种植

4.3.1 种质起挖、品种选择、种苗处理：栽种前一周，从坝区麦冬地里起挖生长健壮，块根多而大、饱满、无病虫害的宽短叶麦冬的植株，在茎基处切去地下部分的须根，使切面平整成“菊花心”，去除地上部分的老叶、枯叶，将处理好的种苗用稻草叶或甘蔗叶捆成40～50cm的小捆，以备栽种。

4.3.2 种苗分类与栽种密度：将麦冬种苗按一级、二级、三级进行分类，以10cm×10cm行株距，三级麦冬苗产量、质量差，生产中建议不予栽种；一级、二级苗按下列规格栽种：一级苗每穴栽种1～2株；二级苗每穴栽种2～4株。

4.3.3 栽种：时间4月上、中旬。按不同等级种苗分类、分片栽种，栽种前先将种苗放入水中吸足水分，于苗穴中施入基肥，垂直种下3～5cm深，以叶片不散开为度，然后用脚将苗两边土踩紧，使苗稳固直立土中，做到土平苗正。栽完后灌水一次，称为“定根水”，让土壤和水分充分接触，利于种苗的成活。

4.4 田间管理

4.4.1 灌溉保苗：麦冬喜湿润的土壤环境，生长期需水较多。栽苗后应及时浇灌定根水，保持土壤湿润，以促进种苗早抽新根。发现死苗、缺苗，应及时补苗，以保全苗。

4.4.2 施肥：肥料施用应符合DB51/338的规定。

4.4.2.1 第一次：结合整地进行，施足基肥，再进行翻地，将基肥翻入土中。一般每667m^{2}施用堆肥1500～2000kg，厩肥1000～1500kg，或在栽种前每穴施过磷酸钙，与土混匀，利于麦冬生长。

4.4.2.2 第二次：麦冬栽后约半个月开始，1个月开始抽生新根，此时应及时施肥，促使早抽根，新根多，生长快，分蘖早。一般每667m^{2}用人畜粪尿750kg和过磷酸钙15kg。

4.4.2.3 第三次：7月份，一般每667m^{2}用人畜粪尿1250kg和过磷酸钙15kg，以促进其苗期的生长。

4.4.3 除草：麦冬植株矮小，种植密度大，杂草易滋生，消耗肥力，影响植株生长，一般苗期除草两次。第一次：与选地整地同时进行。第二次：于栽种后15天左右进行。

4.4.4 水分管理：保持地块四周排水良好，遇干旱天气及时浇水。

4.5 病虫害防治

4.5.1 农业防治：采取轮作等方式避病虫害的发生。

4.5.2 生物防治：间套种大蒜、洋葱等具有生物杀菌功效的农产品。

4.5.3 化学防治：原则上以施用生物源为主。农药使用应符合DB51/337规定。

4.6 采收、加工与储存

4.6.1 采收时间：4月份麦冬栽种前一周对符合栽种要求的麦冬进行采收。

4.6.2 采收方法：起挖后摘除麦冬药材块根，选择生长健壮，块根多而大、饱满、无病虫害的宽短叶麦冬的植株作种苗材料。在茎基处切去地下部分的须根，去除地上部分的老叶、枯叶，将处理好的种苗用稻草叶或甘蔗叶捆成40~50cm的小捆，以备栽种。

4.6.3 加工：用剪刀或铡刀在麦冬植株茎基处平整切去地下部分的须根，不宜过长，亦不宜过短，使其切面处呈“菊花心”，去除地上部分的老叶、枯叶。用稻草叶或甘蔗叶捆成40~50cm的小捆，以备栽种。

4.6.4 贮藏：实际生产中由于收获期与栽苗期接近，常因整地不及和劳力安排等，需将种苗暂时贮放起来。贮放种苗，产区称为“养苗”，其做法是：将捆好的种苗茎基部分在清水中浸泡2~3分钟，竖放在荫蔽处，四周覆土保护，视情况灌水，避免发热和干燥。养苗时间以7天为限，过长会影响发根。

4.7 包装与运输　通常将处理好的麦冬种苗捆成小捆。运输工具应干燥、无污染，不要与可能造成污染的货物混装，不要使用运输过有毒、有害物质以及有异味的运输工具。运输过程不宜过长，以种苗处理后一周为度，且运输过程中注意种苗水分的补充。

附录：麦冬苗期主要病虫害及防治方法

类型		防治方法
病害	黑斑病	选用健壮种苗，并在栽种前用1：1：100倍波尔多液或65%代森锌500倍液浸种苗5分钟，进行消毒。发病初期，于早晨露水未干前，每亩施草木灰20kg；雨季及时排除积水，降低土壤温度。发病期，可将严重病株的病叶，喷1：1：100倍波尔多液，每隔10~14天一次，连续3~4次
	根结线虫病	选用无病种苗，剪尽老根；勿与烟草、紫云英、豆角、薯蓣、瓜类、白术、丹参、颠茄等作物轮作；最好与禾本科作物或水生作物轮作
虫害	非洲蝼蛄	可施用敌百虫毒土、毒谷诱杀，或施堆肥、圈肥时用敌百虫拌肥诱杀
	蛴螬	最好与水稻轮作，田地淹水后，即可以完全杀死蛴螬；秋季间种大蒜，由于大蒜能分泌大蒜素，可以大大减少蛴螬为害；栽苗前可用敌百虫拌细土2~3倍，撒入沟中防治。发生期可用敌百虫200~500倍液浇兜防治

参考文献

[1] 周一峰，戚进，朱丹妮，等. 麦冬须根高异黄酮类成分及其清除氧自由基作用[J]. 中国天然药物，2008，6(32)：201-204.

[2] 邝婷婷. 麦冬药材及其种苗的质量控制方法研究[D]. 成都：成都中医药大学，2010.

邝婷婷　张艺（成都中医药大学）

26 远志

一、远志概况

远志是常用中药材，在我国主产地有山西、陕西、河北等地。年种植面积10万～20万亩。远志以种子直播繁殖。远志野生变家种时间不长，开花期长，种子易脱落，种子成熟度不一致，种子质量参差不齐，因此，必须制定种子质量标准，以规范远志种子交易市场。

二、远志种子质量标准研究

远志主产于山西、陕西及河北等，据不完全统计远志年种植面积10万～15万亩，年生产种子年产种子500～600吨，种子的年交易量300～400吨，种子交易额2000万～3000万元。生产上远志全部采用种子直播的方法。远志花期长，开花时间6～8月，种子成熟度不一致，造成种子的发芽率差别较大，发芽率一般从70%～90%。由于没有相应的远志种子质量标准，造成种子交易无法可依，许多陈年种子及一年生的种子上市交易，发芽率只有50%左右，坑农害农的现象时有发生。

同时，现行的《中国药典》《中华人民共和国种子管理条例》《中华人民共和国农作物种子实施细则》对远志种子质量都没有要求，没有国家或地方标准。因此，制定出远志种子质量标准，对规范种子市场，保证远志生产发展具有其重要意义。

（一）研究材料

在远志种子主产区山西省南部不同地点收集21份种子，每份约230g。均为2010年8月份收集的栽培种子。其收收集地点和生长年限见表26-1。

表26-1　种子样品的收集情况

编号	产地	生长年限	编号	产地	生长年限
1	临汾	一年生	8	阳宝	三年生
2	青松	三年生	9	春生	三年生
3	春红	三年生	10	金录	三年生
4	稳平	二年生	11	杨建平	二年生
5	秦生	三年生	12	三娃	二年生
6	齐太	二年生	13	玉痍	二年生
7	秦太	二年生	14	玉堂	二年生

续表

编号	产地	生长年限	编号	产地	生长年限
15	齐有	三年生	19	根二	二年生
16	秀俭	三年生	20	冠芳	三年生
17	爱花	二年生	21	沿森	三年生
18	生官	二年生			

（二）扦样

采用“徒手减半法”分取试验样品，步骤如下：① 将种子均匀地倒在一个光滑清洁的平面上；② 使用平边刮板将样品先纵向混合，再横向混合，重复混合4～5次，充分混匀成一堆；③ 把整堆种子分成两半，每半再对分一次，这样得到四个部分。然后把其中的每一部分再减半分成八个部分，排成两行，每行四个部分；④ 合并和保留交错部分，如将第一行的第1、3部分和第2行的2、4部分合并，把留下的四个部分拿开；⑤ 将上一步保留的部分，再按照2，3，4个步骤重复分样，直至分得所需的样品重量为止。

（三）净度分析

采用全试样分析法，因远志种子中没有其他植物种子，所以测定时记录了远志净种子和杂质的重量。见表26-2。

表26-2　净度分析结果

编号	产地	净重	杂质	总重量	净度（%）	杂质（%）
1	临汾	7.9780	0.9910	8.9690	89.0	11.0
2	青松	7.6670	1.2510	8.9180	86.0	14.0
3	春红	7.8690	1.0990	8.9680	87.7	12.3
4	稳平	7.3110	1.6105	8.9215	81.9	18.1
5	秦生	8.3210	0.6510	8.9720	92.7	7.3
6	齐太	7.6430	1.3360	8.9790	85.1	14.9
7	秦太	8.2730	0.7610	9.0340	91.6	8.4
8	阳宝	8.3990	0.6230	9.0220	93.1	6.9
9	春生	8.4288	0.4758	8.9046	94.7	5.3
10	金录	8.1444	0.6380	8.7824	92.7	7.3
11	杨建平	7.6353	1.2495	8.8848	85.9	14.1
12	三娃	8.4805	0.4410	8.9215	95.1	4.9
13	玉痍	8.4211	0.4118	8.8329	95.3	4.7
14	玉堂	7.5770	1.2990	8.8760	85.4	14.6
15	齐有	8.0278	0.8697	8.8975	90.2	9.8

续表

编号	产地	净重	杂质	总重量	净度（%）	杂质（%）
16	秀俭	6.6496	2.1432	8.7928	75.6	24.4
17	爱花	7.4380	1.3939	8.8319	84.2	15.8
18	生官	8.2440	0.6772	8.9212	92.4	7.6
19	根二	8.0552	0.7777	8.8329	91.2	8.8
20	冠芳	7.7136	1.1559	8.8695	87.0	13.0
21	沿森	6.9432	1.8808	8.8240	78.7	21.3

注：净度分析的结果应保留一位小数，所有百分率的和为100%，成分少于0.05%为填报“微量”，若某一成分结果为零，填为“0.0”。

各试验样品均没有其他植物种子，所以此次检验无此项记录。使用此方法作净度分析，各试验样品增失差距均没有偏离原始重量的5%，所以此方法和程序切实可行。

（四）发芽测定

对发芽前处理、发芽实验温度和发芽床进行了探索与研究，以选择远志种子的最适发芽条件。

1. 发芽温度

通过试验确定远志种子以首次计数时间为7天，以10天为末次计数时间。选择确定发芽时间较短，发芽率最高，在发芽率近似相等的情况下选择发芽势较高的温度为最适的发芽温度。见表26-3。不同温度下远志种子发芽率差异较大，以20～30℃变温条件最好。

表26-3　不同发芽温度条件的发芽情况

发芽温度	首次计数	末次计数	总计	发芽势	发芽率	发芽天数
15℃	0	37	50	0	74	
	0	41	50	0	82	
	0	37	50	0	73	
均值	0	38	50	0	76	15
20℃	15	42	50	29	84	
	9	40	50	18	79	
	6	39	50	12	78	
均值	10	40	50	19	80	11
25℃	30	33	50	60	66	
	28	34	50	56	67	
	33	33	50	66	66	
均值	31	33	50	61	66	10

续表

发芽温度	首次计数	末次计数	总计	发芽势	发芽率	发芽天数
30℃	29	35	50	58	70	
	29	34	50	57	68	
	25	33	50	50	65	
均值	28	34	50	55	67	10
20～30℃	38	42	50	76	83	
	37	41	50	73	82	
	30	38	50	59	76	
均值	35	40	50	70	80	10

2. 发芽床

为全面了解种子最适发芽条件，本实验确定了以7天为首次计数时间，以10天为末次计数时间并计算种子发芽率。选择确定发芽时间较短，发芽率最高，在发芽率近似相等的情况下选择发芽势较高的发芽床为最适的发芽床。见表26-4。

表26-4　两种温度下不同发芽床的发芽情况

发芽温度	编号	首次计数	末次计数	总粒数	发芽势	发芽率
20℃	1	5	45	50	10	90
	2	14	45	50	27	90
	3	7	39	50	14	78
均值		9	43	50	17	86
20～30℃	1	26	43	50	51	85
	2	26	45	50	52	90
	3	26	44	50	52	88
均值		26	44	50	51	88
20℃	4	15	42	50	30	83
	5	8	43	50	15	85
	6	18	45	50	35	89
均值		14	43	50	27	86
20～30℃	4	35	44	50	70	88
	5	35	46	50	69	92
	6	33	45	50	66	90
均值		34	45	50	68	90

注：1、2、3为纸间；4、5、6为纸上。

实验结果表明不同发芽床在不同温度下远志种子发芽率差异显著，以纸上发芽床为最适发芽床。

远志最适发芽条件确定：发芽床：纸上（双层滤纸、培养皿）；发芽温度：20～30℃变温（光照16小时，30℃，黑暗8小时，20℃）；首次计数时间：7天；末次计数时间：10天。

（五）真实性鉴定

种子外观形态法　种子长倒卵形，长约3mm，宽约2mm，厚约2mm。种皮灰黑色，密被灰白色绢毛，先端有黄白色种阜，假种皮白色。有胚乳，黄白色，中间有黄色的胚，子叶2枚，长圆形，先端钝圆，基部凹入呈心形，下面有一短圆的胚根（图26-1）。

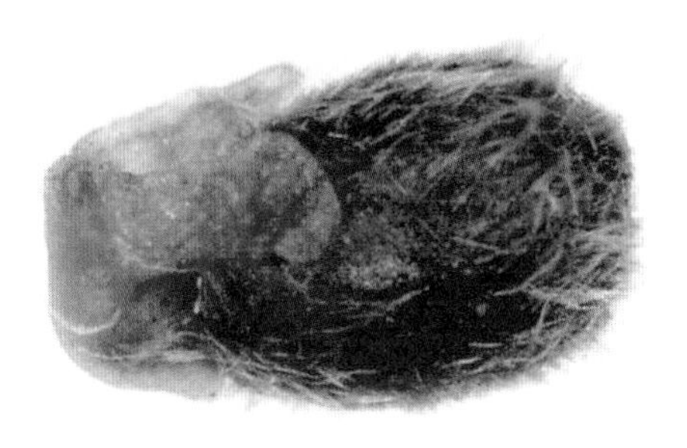
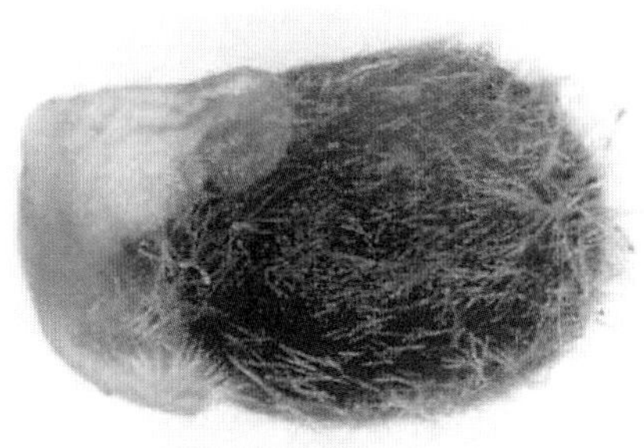
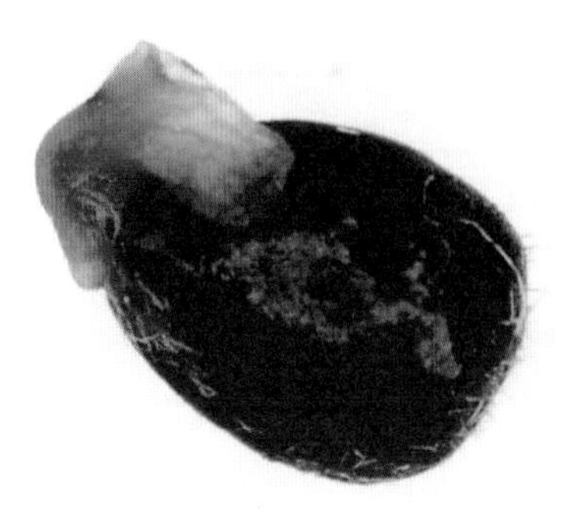

图26-1　种子形态图

（六）水分测定

采用高温烘干法测定远志种子的含水量，试验结果见表26-5。一个样品的每次测定重复之间差距没有超过0.35%，测定结果有效。

表26-5　种子水分测定结果

编号	产地	重复1	重复2	均值	重复间差距
1	临汾	8.3944	8.5784	8.5	-0.23
2	青松	7.8625	7.8102	7.8	0.05
3	春红	7.8917	7.8894	7.9	0.00
4	稳平	8.2382	8.3540	8.3	-0.12
5	秦生	7.4407	7.6231	7.5	-0.35
6	齐太	7.9356	8.0253	8.0	-0.09
7	秦太	8.3793	8.2497	8.3	0.13
8	阳宝	7.7625	7.8025	7.8	-0.04
9	春生	9.0742	9.2348	9.2	-0.35
10	金录	6.5567	6.4371	6.5	0.12
11	杨建平	7.4405	7.6245	7.5	-0.31
12	三娃	8.4808	8.2858	8.4	0.19
13	玉痍	8.2976	8.4649	8.4	-0.17
14	玉堂	7.9033	8.0804	8.0	-0.22

续表

编号	产地	重复1	重复2	均值	重复间差距
15	齐有	8.0113	7.9364	8.0	-0.31
16	秀俭	7.5961	7.4984	7.5	0.10
17	爱花	7.0604	7.1972	7.1	-0.14
18	生官	7.6769	7.7292	7.7	-0.05
19	根二	7.1446	7.0872	7.1	0.06
20	冠芳	8.1743	8.2727	8.2	-0.10
21	沿森	7.6114	7.5995	7.6	0.01

（七）生活力的测定

本实验用四唑法测定远志种子的生活力，结果见表26-6。

表26-6　种子生活力分析结果

样号	产地	重复1	重复2	均值
1	临汾	81	79	80
2	青松	99	95	97
3	春红	97	95	96
4	稳平	97	99	98
5	秦生	96	88	92
6	齐太	95	96	96
7	秦太	71	75	73
8	阳宝	93	94	94
9	春生	96	98	97
10	金录	97	96	97
11	杨建平	92	93	93
12	三娃	86	92	89
13	玉痍	97	92	95
14	玉堂	52	58	55
15	齐有	95	97	96
16	秀俭	96	92	94
17	爱花	94	96	95
18	生官	85	86	86

续表

样号	产地	重复1	重复2	均值
19	根二	96	96	96
20	冠芳	42	44	43
21	沿森	94	95	95

试验测定结果能客观反映各试验样品的生活力的差异，表明可以使用四唑法快速测定种子的生活力。

（八）重量测定

本试验采用百粒测定法，测得并计算8个重复的平均值、标准差和变异系数，并计算出千粒重。结果见表26-7。

表26-7　千粒重测定结果

编号	产地	平均值	标准差	变异系数	千粒重
1	临汾	0.3088	0.0030	0.98	3.088
2	青松	0.2710	0.0054	1.99	2.710
3	春红	0.2963	0.0027	0.91	2.963
4	稳平	0.3065	0.0030	0.97	3.065
5	秦生	0.3069	0.0041	1.34	3.069
6	齐太	0.2918	0.0043	1.48	2.918
7	秦太	0.3096	0.0033	1.06	3.096
8	阳宝	0.2861	0.0055	1.94	2.861
9	春生	0.2893	0.0019	0.65	2.893
10	金录	0.2911	0.0043	1.46	2.911
11	杨建平	0.3283	0.0052	1.59	3.283
12	三娃	0.2911	0.0044	1.51	2.911
13	玉痍	0.2937	0.0038	1.29	2.937
14	玉堂	0.3088	0.0032	1.05	3.088
15	齐有	0.3113	0.0047	1.50	3.113
16	秀俭	0.2938	0.0055	1.87	2.938
17	爱花	0.2801	0.0028	0.98	2.801
18	生官	0.2980	0.0041	1.37	2.980
19	根二	0.2981	0.0065	2.18	2.981
20	冠芳	0.3055	0.0039	1.27	3.055
21	沿森	0.3281	0.0042	1.28	3.281

使用此方法检测试验样品，21份远志种子的变异系数均不超过4.0，表明百粒法可用于远志千粒重测定。

三、远志种子标准草案

1. 范围

本标准规定了远志种子术语和定义，分级要求，检验方法，检验规则包装、运输及贮存等。

本标准适用于远志种子生产者、经营管理者和使用者在种子采收、调运、播种、贮藏以及国内外贸易时所进行种子质量分级。

2. 规范性引用文件

下列文件中的条款通过本标准的引用而成为本标准的条款。凡是注明日期的引用文件，其随后所有的修改单（不包括勘误的内容）或修订版均不适用于本标准，然而，鼓励根据本标准达成协议的各方研究是可使用这些文件的最新版本。凡是不注明日期的引用文件，其最新版本适用于本标准。

GB/T 3543.2　农作物种子检验规程　扦样

GB/T 3543.3　农作物种子检验规程　净度分析

3. 术语和定义

3.1 远志种子　为远志科植物远志（*Polygala tenuifolia* Willd）的成熟种子。

3.2 扦样　从大量的种子中，随机取得一个重量适当，有代表性的供检样品。

3.3 种子净度　本种的种子数占供检植物样品种子数的百分率表示。

3.4 种子含水量　按规定程序把种子样品烘干所失去的重量，用失去的重量占供检样品原始重的百分率表示。

3.5 种子千粒重　表示1000粒种子的重量，它是体现种子大小与饱满程度的一项指标，是检验种子质量和作物考种的内容，也是田间预测产量时的重要依据。

3.6 种子发芽率　在规定的条件和时间内长成的正常幼苗数占供检种子数的百分率。

3.7 种子生活力　指种子的发芽潜在能力和种胚所具有的生命力，通常是指一批种子中具有生命力（即活的）种子数占种子总数的百分率。

3.8 种子健康度　指种子是否携带病原菌，如真菌、细菌、病毒，以及害虫等。

4. 要求

4.1 基本要求

4.1.1 外观要求：种子近圆形，表面浅褐色或褐色、外形饱满、完整。

4.1.2 检疫要求：无检疫性病虫害。

4.2 质量要求　依据种子发芽率、净度、千粒重、含水量等进行分等，质量分级符合表26-8的规定。

表26-8　远志种子质量分级标准

指标	一级	二级	三级
发芽率（%）	≥88.0	≥82.0	≥75.0
净度（%）	≥90.0	≥90.0	≥85.0
千粒重（g）	≥3.10	≥2.90	≥2.90
水分（%）	≤9.00	≤9.0	≤9.0

5. 检验方法

5.1 外观检验　根据质量要求目测种子的外形、色泽、饱满度。

5.1 扦样　按GB/T 3543.2执行。

5.2 净度分析　按GB/T 3543.3执行。

5.3 含水量测定　采用高恒温烘干法测定，方法与步骤具体如下：打开恒温烘箱使之预热至130℃。烘干干净铝盒，迅速称重，记录。迅速称量需检测的样品，每样品2个重复，称后置于已标记好的铝盒内，一并放入干燥器；烘箱达到规定温度时，把铝盖放在铝盒基部，打开烘箱，快速放入箱内上层。保证铝盒水平分布，迅速关闭烘箱门；待烘箱温度回升至130℃时开始计时；1.5小时后取出，迅速放入干燥器中冷却至室温，30～40分钟后称重。根据烘后失去的重量占供检样品原始重量的百分率计算种子水分百分率。

5.4 重量测定　采用百粒法测定，方法与步骤具体如下：将净种子混合均匀，从中随机取试样8个重复，每个重复100粒种子；将8个重复分别称重（g），结果精确到10^{-4}g；按以下公式计算结果：

$$\text{平均重量}\left(\overline{X}\right)=\frac{\Sigma X}{n}$$

式中：$\overline{X}$指100粒种子的平均重量；

X指各重复重量；

n指重复次数。

$$\text{种子千粒重（g）}=\text{百粒重（}\overline{X}\text{）}\times 10$$

5.5 发芽测定　具体方法与步骤如下：取净种子100粒，4次重复；用自来水浸泡1小时，再用蒸馏水冲洗干净；把种子均匀排放在玻璃培养皿（12.5cm）的双层滤纸。置于光照培养相中，在20～30℃，16小时光照条件下培养。记录从培养开始的第7天至第10天的各处理远志种子发芽数，并计算发芽率。

5.6 生活力测定　测定方法与步骤如下：从试样中数取种子100粒，4次重复；种子在常温下用蒸馏水中浸泡8～12小时；种子垂直腹缝线纵切去2/5。将种子置于1.0%四唑溶液中，在30℃恒温箱内染色。6～8小时后取出，迅速用自来水冲洗，至洗出的溶液为无色。根据染色情况记录其有生活力和无生活力种子的数目。

6. 检验规则

6.1 组批　同一批远志种子为一个检验批次。

6.2 抽样　种子批的最大重量1000kg，送检样品90g，净度分析9g。

6.3 交收检验　每批种子交收前，种子质量由供需双方共同委托种子质量检验技术部门或获得该部门授权的其他单位检验，并由该部门签发远志种子质量检验证书（见附录B）。

6.4 判定规则　按4.2的要求对种子进行评判，同一批检验的一级种子中，允许5%的种子低于一级标准，但必须达到二级标准，超此范围，则为二级种子；同一批检验的二级种子，允许5%的种子低于二级标准，超此范围，则为三级种子；同一批检验的三级种子，允许5%的种子低于三级标准，超此范围则判为等外品。

6.5 复检　供需双方对质量要求判定有异议时，应进行复检，并以复检结果为准。

7. 包装、标识、贮存和运输

7.1 包装　用透气的麻袋、编织袋包装，每个包装不超过50kg，包装外附有种子标签以便识别。

7.2 标识　销售的袋装远志种子应当附有标签。每批种子应挂有标签，表明种子的产地、重量、净度、发芽率、含水量、质量等级、植物检疫证书编号、生产日期、生产者或经营者名称、地址。

7.3 运输　禁止与有害、有毒或其他可造成污染物品混贮、混运，严防潮湿。车辆运输时应有苫布盖严，船舶运输时应有下垫物。

7.4 贮存　远志种子可在常温下保存，寿命为2年，超过两年的种子不能使用。

四、远志种子繁育技术研究

1. 范围

本标准规定了远志种子栽培的适宜地区，种子生产技术规程。

本标准适用于远志种子生产的全过程。

2. 规范性引用文件

下列文中的条款通过本标准的引用而成为本标准的条款。凡是注明日期的引用文件，其随后所有的修改单（不包括勘误内容）或修订版均不适用于本部分。然而，鼓励根据本标准达成协议的各方研究是否使用这些文件的最新版本。凡是不注明日期的引用文件，其最新版本　适用于本标准。

GB/T 3543.1—1995　农作物种子检验规程　总则

GB 15618—2018　土壤环境质量标准

GB 4285—1995　农药安全使用标准

3. 术语和定义

本标准采用下列定义。

种质来源　本标准适用的种子是指远志科远志属的细叶远志 *Polygala tenuifolia* Willd. 或卵叶远志 *Polygala sibirica* L. 的种子。

4. 生产技术

4.1 选种　播种时用风选法分离出实粒种子，要求出芽率不低于75%，千粒重不低于2.9g，净度不低于85%。

4.2 播前种子处理　播前用种衣剂每500g拌远志种子10kg（江苏铜山17%种衣剂效果较好），拌种主要防治蚂蚁等危害。

4.3 选地与整地　选择向阳、地势高燥且排水良好的壤土或砂壤土地块。翻地时须一次施足底肥，每亩施过磷酸钙100kg，碳酸钾50kg，磷酸氢铵50kg，厩肥2500～3000kg，深耕25cm以上，整平做成宽畦。整地后将氟乐灵均匀喷洒在地表（300g/亩），立即浇水，待5~7天地表松散时，搂平畦面。

4.4 种植　远志宜直播，种子萌发的适温为22～25℃，直播在4月中下旬，不可过早，秋季不可晚于8月下旬。在搂平的畦内，按行距20cm左右，手撒或用播种器均匀播下，然后用脚踩一遍，盖上一层麦糠即可。亩用种量1.5～2.0kg。

4.5 田间管理

4.5.1 间苗、补苗：在苗高3～5cm时，间去弱苗和过密苗，按株距2～3cm定苗，缺苗的地方及时补苗。

4.5.2 松土除草：远志小苗出土后，此时气温较高，利于杂草生长，远志植株又较矮小，这期间必须勤除草松土，以免草高欺苗。播后当年需除草2～3次，以远志田间无杂草为准。第二年田间管理类似第一年，锄头能入地时可锄草代替人工拔草。

4.5.3 浇水追肥：远志喜干燥，除种子萌发期，幼苗期保持土壤湿润，严重干旱适量浇水外，不必经常浇水。在施足基肥的基础上，每年春、冬季及4～5月各追肥1次，以提高根部产量，追肥以有机肥或磷肥为主，每亩可追饼肥20～25kg 或过磷酸钙15～20kg。

4.5.4 叶面施肥：于每年6月中旬至7月上旬，在远志生长旺盛期，每亩喷施1%的硫酸钾溶液50～60kg或0.3%的磷酸二氢钾溶液80～100kg，隔10～12天喷施1次，连喷2～3次，喷施时间以上午10点前或下午4

点以后为佳。喷施钾肥能增强远志的抗病能力，并能促进根部的生长和膨大，进一步提高产量。

4.5.5 打顶：远志种子6月中下旬后开始陆续成熟，以后仍不断开花结果，8月中下旬以后仍有开花，但后期开的花，种子不能完全成熟，应在8月初及时打顶，以免消耗养分，促进下部种子充分成熟。

4.5.6 培土：等到冬季远志地上部分枯萎后，将行间土埋在远志上面，以防冻害。

4.6 病虫害防治

4.6.1 根腐病：在多雨季节发生，为害根部。应加强田间管理，发现病株及时拔除、烧毁，发病初期每隔6～7天喷洒50%多菌灵1000倍液2～3次。

4.6.2 叶枯病：高温季节易发生，为害叶片。防治方法是代森锰锌800～1000倍液或瑞毒霉素800倍液叶面喷洒1～2次。

4.6.3 蚜虫：用40%的氧化乐果1500倍液喷洒，每6～7天1次，连喷2次。

4.6.4 蝼蛄：蝼蛄喜欢在砂壤土或粉沙壤土、多腐殖质地里钻蛀，活动与土壤温湿度的关系很大，苗期常为害幼苗的根、茎造成缺苗断垄。幼苗期每亩用50%辛硫磷乳油150ml加30倍的水与炒香的豆饼、棉籽饼或麦麸4～5kg拌匀，做成毒饵，于傍晚施入田间。

4.6.5 金针虫：危害植物根部、茎基、取食有机质，定植前可用48%地蛆灵乳油每亩200g，拌细土10kg撒在种植沟内，也可将农药与农家肥拌匀施入。生长期发生沟金针虫可用48%地蛆灵乳油每亩200～250g，50%辛硫磷乳油每亩200～250g，加水10倍，与25～30kg细土拌匀，顺垄条施，随即浅锄。

4.7 采收、加工与储存

4.7.1 种子采收时间：在7～8月份种子完全成熟时，选持续晴朗的天气收集种子。

4.7.2 种子收集：远志第二年开花结籽。收籽时可在畦内行间铺塑料膜，让种子成熟以后自然掉落，再分次集中扫取，也可在结籽期趁雨后天气，把行间踩实，形成沟状，成熟的籽落入其中。

4.7.3 采后加工：从田间采收的种子土壤颗粒等杂质较多，收回后用水洗法去除杂质，水洗后应置通风干燥处晾干，期间要经常翻动种子，并辅以人工风扇加速空气流动，缩短干燥时间，避免种子霉变或引起种子生理变化。

4.7.4 种子分级：收获后的种子按照“远志种子标准”进行分级。

4.8 包装与贮藏

4.8.1 包装：用编织袋等较小孔隙材料包装，称重、封袋，帖标有品名、产出地、日期等标签。

4.8.2 贮藏条件：置低温、干燥、通风。

参考文献

[1] 中国医学科学院药用植物资源开发研究所. 药用植物栽培学[M]. 北京：中国农业出版社，1981：583-587.

李先恩（中国医学科学院药用植物研究所）

27 苍术（北苍术）

一、北苍术概况

北苍术为菊科多年生草本植物苍术*Atractylodes chinensis*（DC.）Koidz的干燥根茎，含挥发油、淀粉等成分。具燥湿健脾、祛风、散寒、明目等功效，临床上用于治疗脘腹胀满、泄泻、水肿、脚气痿躄、风湿痹痛、风寒感冒等症。

北苍术主要分布于河北、吉林、辽宁、山西、黑龙江、内蒙古、陕西、甘肃、宁夏、青海等省、自治区，海拔300~900m的山坡，稀疏的阔叶林或针阔混交林下。

北苍术多以野生资源为主；但随着市场需求量的不断增加，只能通过大田种植来解决供需矛盾。大田种植北苍术多以根茎繁殖为主，致使北苍术生产中品种退化严重、病虫害、种子发芽率低等问题频发，影响药材产量、品质。

二、北苍术种子质量标准研究

（一）研究概况

由于北苍术具有药食两用的特殊性，市场需求量越来越大，导致野生资源采挖程度较大，其资源量越来越少，人工栽培种植成为必然趋势，然而，目前对其繁殖特性及栽培技术的研究较少。实际大田生产中存在着出苗率低（仅为50%左右）、出苗缓慢及种子出苗不齐等问题。

（二）研究内容

1. 研究材料

北苍术［*Atractylodes chinensis*（DC.）Koidz.］，为菊科植物（表27-1）。

表27-1　不同产地不同批次北苍术种子名录

物质名称	产地	物质名称	产地
北苍术（黑黄-1）	黑龙江黑河	北苍术（黄元高-1）	黑龙江桦南
北苍术（黑黄-2）	黑龙江黑河	北苍术（黄元高-2）	内蒙古扎兰屯
北苍术（黑黄-3）	黑龙江黑河	北苍术（黄元高-3）	内蒙古扎兰屯
北苍术（黑黄-4）	黑龙江黑河	北苍术（黄元高-4）	内蒙古扎兰屯
北苍术（黑黄-5）	黑龙江黑河	北苍术（黄元高-5）	内蒙古扎兰屯
北苍术（黑元高小-1）	黑龙江桦南	北苍术（多油-1-黑白）	黑龙江桦南

续表

物质名称	产地	物质名称	产地
北苍术（黑元高小-2）	黑龙江桦南	北苍术（多油-2-黑白）	黑龙江桦南
北苍术（黑元高小-3）	黑龙江桦南	北苍术（多油-3-黑白）	黑龙江桦南
北苍术（黑元高小-4）	黑龙江桦南	北苍术（多油-4-黑白）	黑龙江桦南
北苍术（黑元高小-5）	黑龙江桦南	北苍术（多油-5-黑白）	黑龙江桦南
北苍术（黄白-1）	黑龙江林口	北苍术（黑红-1）	内蒙古赤峰
北苍术（黄白-2）	黑龙江林口	北苍术（黑红-2）	内蒙古赤峰
北苍术（黄白-3）	黑龙江林口	北苍术（黑红-3）	内蒙古赤峰
北苍术（黄白-4）	黑龙江林口	北苍术（黑红-4）	内蒙古赤峰
北苍术（黄白-5）	黑龙江林口	北苍术（黑红-5）	内蒙古赤峰
北苍术（黄红-1）	内蒙古扎兰屯	北苍术（黄黄-1）	吉林珲春
北苍术（黄红-2）	内蒙古扎兰屯	北苍术（黄黄-2）	吉林珲春
北苍术（黄红-3）	内蒙古扎兰屯	北苍术（黄黄-3）	吉林珲春
北苍术（黄红-4）	内蒙古扎兰屯	北苍术（黄黄-4）	吉林珲春
北苍术（黄红-5）	内蒙古扎兰屯	北苍术（黄黄-5）	吉林珲春

2. 扦样方法

种子批扦样前的准备：了解北苍术种子堆装混合、贮藏过程中有关种子质量的情况。种子批的确定参照GB/T 3543.2—1995。扦取送检样品和试验样品按GB/T 3543. 2—1995执行（表27-2、表27-3）。

（1）扦取送检样品　采用徒手法扦取初次样品，方法如下：① 从样品袋中随机不同点取样，下层样品的扦样检验，要求某部分倒出，后再装回；② 手指合拢，握紧种子，以免有种子洒落；③ 再次确认盛样容器洁净无杂质；④ 在每次扦样前，应把手上杂质刷落。

（2）分取试验样品　采用“徒手减半法”分取试验样品，步骤如下：① 将种子均匀地铺在一个光滑清洁的实验台面上；② 使用平边刮板将样品先纵向混合，再横向混合，重复混合4～5次，充分混匀成一堆；③ 把整堆种子分成两半，对每半再次进行一次对分，即得四份样品。然后把其中的每一部分再减半分成八个部分，排成两行，每行四个部分；④ 合并和保留交错部分，如将第一行的第1、3部分和第2行的2、4部分合并，把留下的四个部分拿开；⑤ 将上一步保留的部分，再按照2，3，4个步骤重复分样，直至分得所需的样品重量为止。

（3）保存样品　试验样品经分取完成后，应储藏在低温（最高温度不超过18℃）、通风的室内。若在较长时间内（如1个月）不能进行检验，则用样品袋封好放入冰箱冷藏室（温度为0～4℃）低温储藏。

表27-2　袋装北苍术种子扦样袋（容器）数

种子批的袋数（容器数）	扦取的最低袋数（容器数）	种子批的袋数（容器数）	扦取的最低袋数（容器数）
1～4	每袋扦取3个初次样品	16～30	总计15个初次样品

续表

种子批的袋数（容器数）	扦取的最低袋数（容器数）	种子批的袋数（容器数）	扦取的最低袋数（容器数）
5~8	每袋扦取2个初次样品	31~59	总计20个初次样品
9~15	每袋扦取1个初次样品	60以上	总计30个初次样品

表27-3　散装北苍术种子扦样点数

种子批大小（kg）	扦样点数
50以下	不少于5点
51~300	每30kg扦取一点，但不少于5点
301~1000	每50kg扦取1点，但不少于10点

3. 种子真实性鉴别

按照GB/T 3543.5—1995执行。随机数取待检验样品种子4份，每份100粒，观察种子颜色、性状、表面特征等，并记录真实种子数量，结果用平均值表示（图27-1）。

图27-1　北苍术种子

4. 净度分析

具体分析应符合GB/T 3543.3—1995的规定。扦取不少于扦样所确定最少重量的种子样品，按GB/T 3543.3-1995进行。按净种子、其他植物种子及杂质类别将种子分成三种成分，分离后并分别称重，以克（g）表示，折算为百分率。见表27-4。

（1）无重型杂质的情况

$$种子净度：P（\%）=m/M\times 100$$

$$其他植物种子：OS（\%）=m_1/M\times 100$$

$$杂质：I（\%）=m_2/M\times 100$$

式中：M——种子样品总重量，g；

m——纯净北苍术种子的重量，g；

m_1——其他植物种子的重量，g；

m_2——杂质的重量，g；

P——种子净度，%。

各种成分之和应为100.0%，小于0.05%的微量成分在计算中应除外。如果其和是99.9%或100.1%，那么从最大值（通常是净种子部分）增减0.1%。如果修约值大于0.1%，则需检查计算结果有无差错。

（2）有重型杂质的情况

$$净种子：P_2（\%）=P_1\times[（M-m）/M]\times 100$$

$$其他植物种子：OS_2（\%）=OS_1\times[（M-m）/M]+（m_1/M）\times 100$$

$$杂质：I_2（\%）=I_1\times[（M-m）/M]+（m_2/M）\times 100$$

式中：M——送验样品的重量，g；

m——重型混杂物的重量，g；

m_1——重型混杂物中的其他植物种子重量，g；

m_2——重型混杂物中的杂质重量，g；

P_1——除去重型混杂物后的净种子重量百分率，%；

I_1——除去重型混杂物后的杂质重量百分率，%；

OS_1——除去重型混杂物后的其他植物种子重量百分率，%。

最后应检查（$P_2+I_2+OS_2$）%=100.0%。各种成分之和应为100.0%，小于0.05%的微量成分在计算中应除外。如果其和是99.9%或100.1%，那么从最大值（通常是净种子部分）增减0.1%。如果修约值大于0.1%，则需检查计算结果有无差错。

随机从送验样品中数取400粒种子，鉴定时须设重复，每个重复不超过100粒种子。

根据种子的形态特征，必要时可借助放大镜等进行逐粒观察，必须备有标准样品或鉴定图片以及有关资料。北苍术种子应根据种子类型、大小、形状、颜色、翅的形状、脐部形状及脐部颜色、光泽等。鉴定时，对种子进行逐粒仔细观察鉴定，区分本品种和异品种的种子，计算品质纯度。

品种纯度（%）=100×（供检种子数-异品种种子数）/供检种子数

表27-4　不同品种、批次、扦样量北苍术种子净度分析

品种	批次	种子扦样量（g）					平均净度（%）
		25g	50g	75g	100g	150g	
黑黄	1	93.8700	97.7813	97.0971	97.8064	98.0779	96.9266
	2	93.7087	97.6132	96.6221	97.5733	97.5981	96.6231
	3	94.0267	97.9445	97.0411	97.9521	98.0213	96.9971
	4	93.1066	96.986	96.0265	96.8947	96.9965	96.0021
	5	94.0553	97.9743	97.1255	98.0615	98.1066	97.0647
黑元高小	1	93.6861	97.5897	96.5857	97.6135	97.5613	96.6073
	2	93.9172	97.8304	96.8844	97.8256	97.863	96.8641
	3	94.0116	97.9288	95.9669	97.9232	96.9363	96.5534
	4	92.7633	96.6284	95.7515	96.8767	96.7187	95.7477
	5	94.0908	98.0113	97.0094	97.9908	97.9893	97.0183
黄白	1	93.7236	97.6288	96.7626	97.7114	97.740	96.7133
	2	94.9127	98.8674	97.8366	98.8141	98.8248	97.8511
	3	94.2375	98.1641	97.3400	98.009	98.3232	97.2148
	4	94.7317	98.6789	97.7089	98.7039	98.6959	97.7039
	5	94.9185	98.8734	97.7779	98.7678	98.7656	97.8206
黄红	1	95.6009	99.5843	96.6380	97.5867	97.6141	97.4048
	2	94.9165	98.8714	96.9461	98.9014	97.9254	97.5122
	3	94.9302	98.8856	96.9164	98.9112	97.8954	97.5078
	4	94.5028	98.4404	97.4748	98.3912	98.4594	97.4537
	5	94.1989	98.1239	96.9877	98.1894	97.9674	97.0935

续表

品种	批次	种子扦样量（g）					平均净度（%）
		25g	50g	75g	100g	150g	
黄元高	1	93.5331	97.4303	96.3917	97.3528	97.3654	96.4147
	2	93.7581	97.6647	96.7828	97.6986	97.7604	96.7329
	3	94.7337	98.6809	96.7184	98.7143	97.6954	97.3085
	4	93.0145	96.8901	96.9165	97.8873	97.8955	96.5208
	5	93.9757	97.8914	96.9265	98.008	97.9056	96.9415
多油黑白	1	93.7161	97.6209	96.9065	97.3897	97.8854	96.7037
	2	94.9345	98.8901	96.8172	98.8546	97.7952	97.4583
	3	93.9791	97.8949	96.9953	98.0054	97.9751	96.9700
	4	94.0920	98.0125	96.9785	98.0067	97.9581	97.0096
	5	94.2132	98.1387	97.1614	97.9981	98.1428	97.1308
	6	93.8775	97.7891	96.8174	98.0499	97.7954	96.8659
黑红	1	93.9760	97.8917	96.9146	98.1097	97.8935	96.9571
	2	94.0267	97.9445	96.9766	97.9636	97.9562	96.9735
	3	93.8572	97.7679	96.8174	97.7827	97.7954	96.8041
	4	93.9836	97.8996	96.9168	98.0166	97.8958	96.9425
	5	94.1855	98.1099	96.9739	97.9894	97.9534	97.0424
黄黄	1	94.8759	98.8291	96.8203	96.8131	97.7983	97.0274
	2	94.0829	98.003	96.9065	98.0151	97.8854	96.9786
	3	94.2654	98.1931	96.9263	98.0469	97.9054	97.0674
	4	94.1729	98.0968	97.0152	98.1812	97.9952	97.0923
	5	94.1922	98.1169	97.0066	98.0911	97.9865	97.0787

4. 重量测定

采用百粒法、五百粒法和千粒法测定北苍术种子重量。先采用四分法，将样品分成四份，从每份中随机取总数的1/4，混合后，用万分之一电子天平称重。见表27-5。

（1）百粒法测定　① 将净种子混合均匀，从中随机取样8个重复，每个重复100粒种子；② 将8个重复分别称重，结果精确至10^{-4}g。

计算8个重复的标准差、平均数和变异系数。

（2）五百粒法测定　① 将净种子混合均匀，从中随机取样4个重复，每个重复500粒种子；② 将4个重复分别称重，结果精确至10^{-4}g。

计算4个重复的标准差、平均数和变异系数。

（3）千粒法测定　① 将净种子混合均匀，从中随机取试样3个重复，每个重复1000粒种子；② 将3个重复分别称重，结果精确至10^{-4}g。

计算3个重复的标准差、平均数和变异系数。

（4）百粒法、五百粒法和千粒法测定同一种子样本千粒重　① 按百粒法测定混合种子样本千粒重，4次重复；② 按五百粒法测定混合种子样本千粒重，4次重复；③ 按千粒法测定混合种子样本千粒重，4次重复；④ 对三组千粒重数据进行差异性显著分析。比较三种方法测定结果是否存在差异，选择适合的方法。

表27-5　不同批次不同产区北苍术种子含水量比较

	批号	方法	重复1	重复2	重复3	重复4	重复5	重复6	重复7	重复8	平均值	标准差	变异系数	含水量（%）	千粒重
黑黄	1	百粒法	1.473	1.469	1.481	1.478	1.476	1.467	1.476	1.472	1.4740	0.0044	0.2957	7.543	14.6539
		五百粒法	7.336	7.316	7.375						7.3422	0.0248	0.3384		14.5986
		千粒法	14.745	14.705							14.7247	0.0200	0.1360		14.6387
	2	百粒法	1.468	1.462	1.463	1.469	1.471	1.478	1.462	1.474	1.4684	0.0055	0.3745	7.714	14.5710
		五百粒法	7.487	7.456	7.461						7.4681	0.0134	0.1792		14.8215
		千粒法	14.974	14.912							14.9430	0.0306	0.2048		14.8283
黑元高小	1	百粒法	1.542	1.543	1.543	1.391	1.544	1.548	1.541	1.542	1.5243	0.0504	3.3067	7.348	15.1855
		五百粒法	7.725	7.730	7.730						7.7288	0.0024	0.0306		15.3997
		千粒法	15.528	15.538							15.5331	0.0050	0.0324		15.4750
	2	百粒法	1.513	1.522	1.497	1.523	1.519	1.538	1.476	1.494	1.5103	0.0186	1.2315	7.543	15.0143
		五百粒法	7.54987	7.59478	7.47003						7.5382	0.0516	0.6844		14.9884
		千粒法	15.024241	15.11361							15.0689	0.0447	0.2965		14.9809

续表

	批号	方法	重复1	重复2	重复3	重复4	重复5	重复6	重复7	重复8	平均值	标准差	变异系数	含水量（%）	千粒重
黄白	1	百粒法	1.626	1.638	1.634	1.625	1.629	1.629	1.635	1.627	1.6304	0.0044	0.2707	7.714	16.1786
		五百粒法	8.146	8.206	8.186						8.1797	0.0250	0.3056		16.2337
		千粒法	16.211	16.331							16.2709	0.0598	0.3676		16.1460
	2	百粒法	1.621	1.628	1.654	1.654	1.649	1.589	1.625	1.627	1.6309	0.0203	1.2466	7.348	16.2477
		五百粒法	8.089	8.124	8.253						8.1553	0.0708	0.8687		16.2496
		千粒法	16.258	16.329							16.2936	0.0351	0.2155		16.2326
黄红	1	百粒法	1.431	1.542	1.478	1.535	1.426	1.527	1.398	1.476	1.4766	0.0513	3.4737	7.543	14.6800
		五百粒法	7.141	7.695	7.375						7.4035	0.2270	3.0662		14.7205
		千粒法	14.353	15.466							14.9094	0.5567	3.7336		14.8224
	2	百粒法	1.459	1.452	1.447	1.453	1.469	1.448	1.456	1.454	1.4548	0.0065	0.4478	7.073	14.5361
		五百粒法	7.310	7.275	7.249						7.2779	0.0247	0.3388		14.5443
		千粒法	14.692	14.622							14.6570	0.0352	0.2405		14.6455
黄元高	1	百粒法	1.647	1.658	1.653	1.659	1.491	1.653	1.652	1.649	1.6328	0.0055	0.3369	7.534	16.2337
		五百粒法	8.219	8.273	8.248						8.2468	0.0274	0.3328		16.3989
		千粒法	16.519	16.630							16.5744	0.0552	0.3328		16.4792
	2	百粒法	1.618	1.599	1.611	1.613	1.616	1.620	1.622	1.617	1.6145	0.0095	0.5884	7.643	16.0334
		五百粒法	8.106	8.011	8.071						8.0628	0.0476	0.5903		16.0140
		千粒法	16.293	16.102							16.1978	0.0957	0.5906		16.0858

续表

	批号	方法	重复1	重复2	重复3	重复4	重复5	重复6	重复7	重复8	平均值	标准差	变异系数	含水量（%）	千粒重
多油黑白	1	百粒法	1.675	1.689	1.678	1.676	1.589	1.645	1.674	1.662	1.6610	0.0070	0.4214	7.678	16.4889
		五百粒法	8.358	8.428	8.373						8.3865	0.0349	0.4165		16.6508
		千粒法	16.633	16.772							16.7024	0.0695	0.4162		16.5807
	2	百粒法	1.721	1.719	1.702	1.674	1.698	1.687	1.753	1.787	1.7176	0.0010	0.0582	7.519	17.0804
		五百粒法	8.622	8.612	8.527						8.5871	0.0050	0.0583		17.0784
		千粒法	17.331	17.311							17.3206	0.0101	0.0581		17.2239
黑红	1	百粒法	1.764	1.787	1.779	1.787	1.811	1.785	1.793	1.765	1.7839	0.0115	0.6447	7.632	17.7175
		五百粒法	8.838	8.953	8.913						8.9011	0.0576	0.6473		17.6812
		千粒法	17.587	17.816							17.7016	0.1147	0.6477		17.5813
	2	百粒法	1.782	1.787	1.769	1.789	1.801	1.792	1.792	1.775	1.7859	0.0025	0.1400	7.535	17.7560
		五百粒法	8.892	8.917	8.827						8.8789	0.0125	0.1405		17.6556
		千粒法	17.695	17.745							17.7203	0.0248	0.1401		17.6183
黄黄	1	百粒法	1.636	1.638	1.665	1.658	1.644	1.589	1.637	1.683	1.6438	0.0010	0.0608	7.468	16.3548
		五百粒法	8.196	8.206	8.342						8.2481	0.0050	0.0607		16.4132
		千粒法	16.475	16.495							16.4848	0.0101	0.0611		16.4018
	2	百粒法	1.649	1.638	1.645	1.642	1.639	1.648	1.644	1.639	1.6430	0.0055	0.3348	7.365	16.3655
		五百粒法	8.261	8.206	8.241						8.2364	0.0276	0.3345		16.4082
		千粒法	16.606	16.495							16.5502	0.0554	0.3347		16.4853

5. 水分测定

（1）低温烘干法 设4小时、6小时、8小时、10小时和12小时共5个处理，每处理4次重复，每重复25g。将处理后的种子放入预先烘干并称过重的铝盒记录总重量，并置于105℃±2℃烘箱内。按照预定时间，测定重量，分别计算种子水分含量。见表27-6。

$$种子水分（\%）=[（M_2-M_3）/（M_2-M_1）]\times 100$$

式中：M_1——样品盒和盖的重量，g；

M_2——样品盒和盖及样品的烘前重量，g；

M_3——样品盒和盖及样品的烘后重量，g。

（2）高温烘干法 首先将烘箱预热至140～145℃，打开箱门5～10分钟后，烘箱温度须保持130～133℃，设1小时、2小时、3小时、4小时共4个处理，每处理4个重复，每重复25g。将处理后的种子放入预先烘干并称重记录总重量，并置于131℃烘箱内。按照预定时间，测定重量，分别计算种子水分含量。

$$种子水分（\%）=[（M_2-M_3）/（M_2-M_1）]\times 100$$

式中：M_1——样品盒和盖的重量，g；

M_2——样品盒和盖及样品的烘前重量，g；

M_3——样品盒和盖及样品的烘后重量，g。

计算到小数点后一位，若一个样品的两次测定之间的差距不超过0.2%，其结果可用两次测定值的算术平均数表示。否则，重做两次测定。

表27-6 不同测定方法下北苍术种子中水分含量的比较分析

品种	种子水分（%）		
	150℃±2℃加热1小时	130℃±2℃加热3小时	105℃±2℃加热8小时
北苍术（黑黄-1）	7.452	7.440	7.618
北苍术（黑黄-2）	7.200	7.187	7.362
北苍术（黑黄-3）	7.454	7.447	7.653
北苍术（黑黄-4）	7.728	7.721	7.791
北苍术（黑黄-5）	7.055	7.056	7.258
北苍术（黑元高小-1）	7.472	7.474	7.478
北苍术（黑元高小-2）	7.414	7.408	7.421
北苍术（黑元高小-3）	7.435	7.439	7.448
北苍术（黑元高小-4）	7.678	7.687	7.704
北苍术（黑元高小-5）	7.326	7.319	7.337
北苍术（黄白-1）	7.695	7.701	7.818
北苍术（黄白-2）	6.543	6.545	7.659
北苍术（黄白-3）	7.494	7.492	7.620
北苍术（黄白-4）	7.415	7.412	7.497

续表

品种	种子水分（%）		
	150℃±2℃加热1小时	130℃±2℃加热3小时	105℃±2℃加热8小时
北苍术（黄白-5）	7.371	7.377	7.492
北苍术（黄红-1）	7.392	7.394	7.485
北苍术（黄红-2）	7.409	7.413	7.540
北苍术（黄红-3）	7.359	7.354	7.457
北苍术（黄红-4）	7.520	7.527	7.618
北苍术（黄红-5）	7.237	7.230	7.362
北苍术（黄元高-1）	7.121	7.374	7.395
北苍术（黄元高-2）	7.127	7.130	7.144
北苍术（黄元高-3）	7.528	7.516	7.536
北苍术（黄元高-4）	7.826	7.833	7.849
北苍术（黄元高-5）	7.599	7.596	7.609
北苍术（多油-1-黑白）	7.087	7.089	7.224
北苍术（多油-2-黑白）	7.595	7.601	7.713
北苍术（多油-3-黑白）	7.610	7.613	7.719
北苍术（多油-4-黑白）	7.525	7.520	7.636
北苍术（多油-5-黑白）	7.534	7.536	7.634
北苍术（黑红-1）	7.654	7.651	7.755
北苍术（黑红-2）	7.422	7.420	7.544
北苍术（黑红-3）	7.623	7.637	7.720
北苍术（黑红-4）	7.520	7.525	7.594
北苍术（黑红-5）	7.255	7.257	7.348
北苍术（黄黄-1）	7.419	7.415	7.543
北苍术（黄黄-2）	7.594	7.600	7.708
北苍术（黄黄-3）	7.292	7.289	7.439
北苍术（黄黄-4）	7.617	7.613	7.752
北苍术（黄黄-5）	7.534	7.537	7.610

6. 发芽方法试验

北苍术种子不存在休眠现象。其种子萌发率主要由浸种时间和浸种温度的确定。试验前对所采集到的种子按样品编号并扦样和净度分析后，从每份样品中分别取出100g干净种子充分混匀，检测发芽率。

（1）浸种时间的选择　用蒸馏水对同一批次北苍术种子室温20℃浸种，浸泡时间设12小时、18小时、24小时、48小时、72小时共5个处理，观察种子吸水膨胀情况。每处理50粒种子，重复4次。发芽床采用2层湿润滤纸，试验过程中保持滤纸湿润，每日观察并记录各处理种子发芽数量，并剔除霉烂种子，保持发芽盒内湿度要求。

（2）浸种温度的选择　浸种温度设定10℃、15℃、20℃、25℃、30℃、35℃共6个处理，浸种时间为18小时，选择纸床（纸上）发芽。统计并比较不同浸种温度的种子发芽情况。

（3）发芽床的对比筛选（表27-7）。

纸上（TP）：在9cm培养皿内垫上两层湿润滤纸。

纸间（BP）：在9cm培养皿内垫上2层湿润滤纸，另外用一层湿润滤纸松松地盖在种子上。

砂上（TS）：在9cm培养皿中铺1cm厚的湿砂（砂水比为4∶1），后置种。

砂中（S）：在9cm培养皿中铺1cm厚的湿砂（砂水比为4∶1），置种后再盖上一薄层10mm湿润的细砂。然后取经净度分析的混合种子，充分浸种吸胀后将数取的50粒种子均匀地排在湿润的发芽床上，保持一定的粒间距，并置于25℃光照培养箱中培养。每日观察并记录各处理种子发芽情况，并随时剔除霉烂种子，保持发芽盒内湿度要求。

表27-7　不同发芽床对北苍术种子萌发的影响

发芽床	第1次计数时间（天）	末次计数时间（天）	发芽率（%）	$P_{0.05}$
TP	4	10	87	ab
BP	4	10	86	b
TS	4	10	89	a
BS	4	10	87	ab

（4）发芽温度的选择　将经过净度分析的种子浸种吸涨后置纸上（TP）发芽床上，分别置于5℃、10℃、15℃、20℃、25℃、30℃、35℃共7个恒温和18℃（16小时）/25℃（8小时）、15℃（16小时）/30℃（8小时）2个变温条件下进行发芽实验。每个处理50粒/盒，重复4次（表27-8）。

表27-8　不同发芽温度对北苍术种子萌发的影响

温度（℃）	发芽势（%）	$P_{0.05}$	发芽率（%）	$P_{0.05}$
10	20	c	81	b
15	30	a	89	a
20	27	ab	88	a
25	22	bc	82	b
30	18	d	72	c

（5）发芽首末次计数时间的确定　取纯净的混合北苍术种子，经浸种吸胀后，置纸上发芽床培养皿，每皿50粒，4次重复，在25℃培养箱培养。每日观察记录北苍术种子发芽数量，保持培养皿温度，并随时剔除霉烂种子。发芽计数时间视具体发芽情况，确定初次计数和末次计数时间。以达到（10%）发芽率的天数为初次计数时间，以发芽率达到最高时，以后再无萌发种子出现时的天数为末次计数时间。

发芽率以最终达到的正常幼苗百分率计。即：

发芽率（%）=已达正常幼苗的种子数/每个发芽盒种子数×100%

发芽指数（*GI*）以下列公式进行计算：$GI=\sum(Gt/Dt)$。

式中：*Gt*为在发芽后t日的发芽数，*Dt*为相应的发芽天数。

7. 生活力测定

TTC法：① 将采集的北苍术种子25℃蒸馏水浸泡6小时，使其充分吸胀；② 随机数取200粒种子，分为4份，每份50粒，经种胚准确纵切取其半粒备用；③ 把切好的种子分别置培养皿，加TTC溶液，以浸没种子为宜，然后放入30℃、35℃、40℃黑暗恒温箱；④ 保温时间设定1小时、2小时、3小时、4小时、5小时。处理结束，倾出药液，用蒸馏水冲洗2~3次，洗去浮液，立即观察种胚着色情况，判断种子生活力。

补充：北苍术种子生活力鉴定标准如下：

Ⅰ. 有生活力的种子（图27-2）：胚及胚乳全部染色；胚及胚乳染色面积≥1/3，其余部分完全染色；

Ⅱ. 无生活力种子类（图27-3）：胚及胚乳完全不染色；胚及胚乳染色总面积≤1/3；其余部分不染色；胚及胚乳染颜色异常，且组织软腐。

表27-9　TTC染色法对北苍术种子生活力影响

时间	30℃			36℃			40℃		
	A组 0.1% TTC	B组 0.3% TTC	C组 0.6% TTC	A组 0.1% TTC	B组 0.3% TTC	C组 0.6% TTC	A组 0.1% TTC	B组 0.3% TTC	C组 0.6% TTC
1小时	16	17	32	15	23	36	21	25	31
2小时	32	66	87	31	68	85	33	65	88
3小时	62	84	88	64	81	89	65	81	90
4小时	81	88	89	78	92	90	78	88	89
5小时	86	88	90	89	93	91	86	92	93

图27-2　TTC染色法检测有生活力北苍术种子

图27-3　TTC染色法检测无生活力北苍术种子

结果表明：30℃染色时间不够种胚着色不均匀。36℃时，0.3%四唑溶液的条件下，种胚着色均匀，并获得较理想的观察结果。所以TTC法测定北苍术种子生活力，最佳条件可确定为36℃，0.3%四唑溶液，

4～5小时观察。

8．健康度检测

（1）种子外部带菌检测　从每份样本中随机选取100粒种子，放入无菌的250ml锥形瓶中，加入40ml无菌水充分振荡，吸取悬浮液1ml，以2000r/min的转速离心10分钟，取其上清液，再加入1ml无菌水充分震荡悬浮后，制成孢子悬浮液。吸取100μl加到直径为9cm的 PDA平板上涂匀，4次重复。以无菌水作空白对照。20℃±2℃黑暗条件下培养5天后观察菌落生长情况，鉴别种子携带真菌种类，计算分离频率。

（2）种子内部带菌检测　分别将不同批次北苍术种子充分吸涨后，经5%次氯酸钠溶液中浸泡8分钟，然后用无菌水冲洗3次，取40粒种子将其种壳和种仁分开，种仁置于1%次氯酸钠溶液中表面消毒5分钟，无菌水冲洗3次，分别将不同批次的种子均匀摆放在直径9cm PDA平板，每皿摆放10粒，每个批次北苍术种子重复4次。于22℃恒温箱中12小时光照/黑暗交替下培养5天后，鉴别种仁携带真菌种类，计算分离频率。

（3）分离鉴定　将分离到的真菌分别进行纯化、镜检和转管保存后镜检。根据真菌培养性状和形态特征，参考有关工具书和资料将其鉴定到属。

9．种子质量对药材生产的影响

种子发芽率、种子活力、植株抗性、产量。

三、北苍术种苗质量标准研究

（一）研究概况

优质种质资源是中药材实现标准化生产，保障中药材质量的重要条件。目前，北苍术尚未颁布统一的种子种苗质量标准，生产中也尚无比较规范的种子种苗划分等级，对大力推广和开展北苍术规范化种植十分不利。北苍术属于多年生药用植物，一般在2年以上采挖，生长周期长，选择优质的北苍术种苗就显得尤为重要。然而，目前北苍术虽已开展大田种植，但是其种苗主要是药农自产自用或农户之间流通，少部分流入市场的种苗也没有正规的渠道，规模小且分散无序。移栽前未进行科学的分级筛选，种苗质量低下，造成田间出苗不齐，幼苗生长差异较大，产量较低，对北苍术的规范化种植及其质量控制极其不利。

（二）研究内容

1．研究材料

北苍术［*Atractylodes chinensis*（DC.）Koidz.］是菊科多年生草本植物，以根状茎入药，为《中国药典》（2015年版）收载的苍术基原植物之一。

2．扦样方法

种苗批扦样前的准备：了解北苍术种苗堆装混合、贮藏过程中有关种苗质量的情况。

3．净度分析方法研究

具体分析应符合GB/T 3543.3—1995《农作物种子检验规程—净度分析》的规定。扦取不少于扦样所确定最少重量的种苗样品，按GB/T 3543.3—1995《农作物种子检验规程—净度分析》进行。按净种苗、其他植物种苗及杂质类别将种苗分成三种成分，分离后并分别称重，以克（g）表示，折算为百分率。

（1）无重型杂质的情况

$$种苗净度：P（\%）=m/M\times 100$$

$$其他植物种苗：OS（\%）=m_1/M\times100$$

$$杂质：I（\%）=m_2/M\times100$$

式中：M——种苗样品总重量，g；

m——纯净北苍术种苗的重量，g；

m_1——其他植物种苗的重量，g；

m_2——杂质的重量，g；

P——种苗净度，%。

各种成分之和应为100.0%，小于0.05%的微量成分在计算中应除外。如果其和是99.9%或100.1%，则从最大值（通常是净种苗部分）增减0.1%。如果修约值大于0.1%，应检查计算有无差错。

（2）有重型杂质的情况

$$净种苗：P_2（\%）=P_1\times[（M-m）/M]\times100$$

$$其他植物种苗：OS_2（\%）=OS_1\times[（M-m）/M]+（m_1/M）\times100$$

$$杂质：I_2（\%）=I_1\times[（M-m）/M]+（m_2/M）\times100$$

式中：M——送验样品的重量，g；

m——重型混杂物的重量，g；

m_1——重型混杂物中的其他植物种苗重量，g；

m_2——重型混杂物中的杂质重量，g；

P_1——除去重型混杂物后的净种苗重量百分率，%；

I_1——除去重型混杂物后的杂质重量百分率，%；

OS_1——除去重型混杂物后的其他植物种苗重量百分率，%。

最后应检查（$P_2+I_2+OS_2$）%=100.0%。各种成分之和应为100.0%，小于0.05%的微量成分在计算中应除外。如果其和是99.9%或100.1%，则从最大值（通常是净种子部分）增减0.1%。如果修约值大于0.1%，应检查计算有无差错。

4. 外形

在采集到的30份不同产地的北苍术种苗中，随机抽取30株，逐一进行观察，种苗的完整程度、外观色泽、侧根数、种苗病斑程度等（图27-4）。

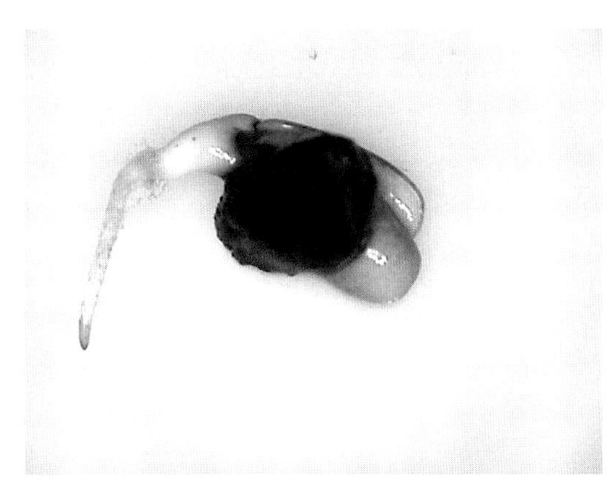

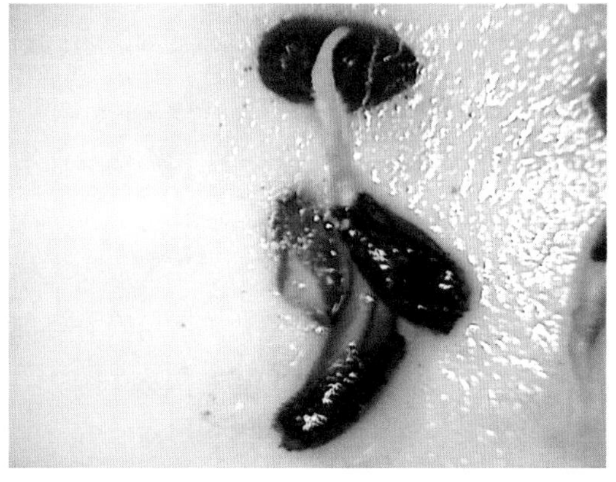

图27-4　正常萌发与非正常萌发北苍术种子的比较

5. 重量

完成上述基本检查后，对挑选的种苗测量单株重。

6. 大小

完成上述基本检查后，对挑选的种苗测量根长、根粗（图27-5）。

7. 数量

每500g种苗的个数、每100g种苗的数量。各重复4次。

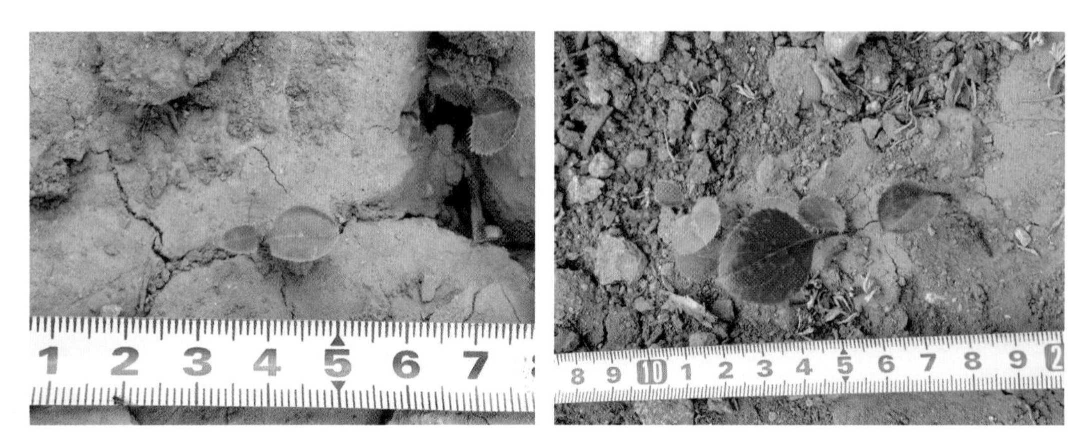

图27-5 北苍术幼苗

8. 病虫害

随机抽取100株，统计染病率。重复4次。

9. 种苗质量对药材生产的影响

不同大小、重量的种苗对产量的影响。

10. 繁育技术

不同种子前处理，对种苗生长的影响。

四、北苍术种子标准草案

1. 范围

本标准研究确定了菊科植物北苍术［*Atractylodes chinensis*（DC.）Koidz.］种子的质量等级以及等级划分参数。

本标准适用于北苍术种子的生产、经营以及使用过程中进行的种子质量分级。

2. 规范性引用文件

下列文件中的条款通过本标准的引用而成为本标准的条款。凡注明日期的引用文件，其随后所有的修改单（不包括的勘误的内容）或修订版均不适用于本标准。凡不注明日期的引用文件，其最新版本适用于本标准。

GB/T 3543.1～3543.7 农作物种子检验规程

3. 术语和定义

3.1 净种子 送验者所叙述的种（包括该种的全部植物学变种和栽培品种），其构造凡能明确的鉴别出它们是属于所分析的（已变成菌核、黑穗病孢子团或线虫瘿除外），包括完整的种子单位和大于原来种子1/2的破损种子单位都属于净种子。

3.2 其他植物种子　除净种子以外的任何植物种子单位，包括杂草种子和异作物种子。其鉴定原则与净种子相同。

3.3 杂质　除净种子和其他植物种子外的种子单位和所有其他物质和构造。包括：① 明显不含本品种子的种子单位。② 破裂或受损伤的种子单位的碎片为原来大小的一半或不及一半的。③ 脆而易碎、呈灰白色、乳白色的菟丝子种子。④ 泥土、砂粒、及其他非种子物质。

3.4 正常幼苗　在良好土壤及适宜水分、温度和光照条件下，具有继续生长发育成为正常植株的幼苗。北苍术的正常幼苗包括从发芽开始一直到发芽计数时间结束，幼苗都能一直正常生长，并且长出两片展开的、呈叶状的绿色子叶。

3.5 不正常幼苗　生长在良好土壤及适宜水分、温度和光照条件下，不能继续生长发育成为正常植株的幼苗。北苍术的不正常幼苗是指，虽已萌发，但由于初生感染（病源来自种子本身）引起幼苗形态变化，并妨碍其正常生长者或者由于生理紊乱导致的胚轴未萌发子叶便已枯萎的幼苗。

3.6 发芽计数时间　根据具体发芽表现，确定初次计数和末次计数时间。在初次计数时，把发育良好的正常幼苗从发芽床中捡出，对可疑的或损伤、畸形或不均衡的幼苗可以留到末次计数。在北苍术发芽试验中，以达到10%发芽率的天数为初次计数时间，初次计数时间一般在第3～5天，北苍术发芽周期一般为14天，末次计数时间为第14天。

3.7 发芽势　种子发芽初期（规定日期内）正常发芽种子数占供试种子数的百分率。种子发芽势高，则表示种子活力强，发芽整齐，出苗一致，增产潜力大。北苍术种子在发芽的第7天，发芽率开始迅速增加，所以北苍术种子发芽势为第7天正常发芽种子数占供试种子数的百分率。

4. 质量要求

依据种子净度、水分、千粒重和发芽率将北苍术种子分级如表27-10。

表27-10　北苍术种子等级划分标准

指标	级别		
	一级	二级	三级
发芽率（%）	55.12	45.45	35.32
含水量（%）	6.79	8.51	8.77
千粒重（%）	0.29	0.25	0.19
净度（%）	75.45	63.21	50.16

5. 检验方法

参照GB/T 3543.1～3543.7—《农作物种子检验规程》，对北苍术种子检验规程执行。

6. 检验规则

种苗质量分级各项指标中的任一项指标达不到标准则降为下一级。

7. 包装、标识、贮存和运输

7.1 北苍术种子的包装物上应标注原产地域产品标志、注明品名、产地、规格、等级、毛重、净重、生产者、生产日期或批号、产品标准号。

7.2 包装物应洁净、干燥、无污染，符合国家有关卫生要求。运输不得与农药、化肥等其他有毒有害物质混装。

7.3 运载容器应具有较好的通气性，以保持干燥，应防雨防潮。贮存仓库应具备透风除湿设备，货架与墙壁的距离不得少于1m，离地面距离不得少于20cm。水分超过13%不得入库。

五、北苍术种苗标准草案

1. 范围

本标准研究确定了菊科植物北苍术［*Atractylodes chinensis*（DC.）Koidz.］种苗的质量等级以及各质量等级划分参数。

本标准适用于北苍术种苗的生产、经营以及使用过程中进行的种苗质量分级。

2. 规范性引用文件

下列文件中的条款通过本标准的引用而成为本标准的条款。凡注明日期的引用文件，其随后所有的修改单（不包括的勘误的内容）或修订版均不适用于本标准。凡不注明日期的引用文件，其最新版本适用于本标准。

3. 术语和定义

3.1 块茎长度　用直尺量取种苗主根基部至最长的须根末端的长度。

3.2 块茎粗度　采用游标卡尺量取距种苗主根基部 1cm 处的根茎直径。

4. 质量要求

根据种苗单株鲜重、苗长和苗粗，将北苍术种苗质量分级标准规定如表27-11所示。

表27-11　北苍术种苗等级划分标准

等级	单株鲜重	种苗长度	种苗茎粗
一级	≥14.1	≥6.1	≥8.1
二级	8.1~14.0	4.5~6.0	7.5~8.0
三级	2.0~8.0	3.5~4.5	5.5~7.4

5. 检验规则

种苗质量分级各项指标中的任一项指标达不到标准则降为下一级。

6. 判定规则

确定主要定级标注项级别；在主要定级标准级别确认后，按照相应规定逐一定级。

六、北苍术种子种苗繁育技术研究

（一）研究概况

近年来，中药材规范化生产工作取得重大发展。但是种子种苗的管理工作，仍处于比较落后的境地，亟需颁布相关的法规条例。由于不正确的留种技术和选种方法，加之无性繁殖的劣势，因此进行北苍术的良性种植、科学种植，就显得尤为急迫。

（二）北苍术种子繁育技术规程

1. 选地、整地

选土质疏松、肥力中等、排水良好的砂壤土。育苗地忌连作，一般间隔3年以上。不能与白菜、玄参番茄等作物轮作，前作以禾本科作物为好。

前作收获后要及时进行冬耕，既有利于土壤熟化，又可减轻杂草和病虫危害。北苍术下种前深翻一次，并结合整地施足基肥，整地要细碎平整。南方多做成宽1.2m左右，畦长根据地形而定，畦沟宽30cm左右，畦面呈龟背形，便于排水。山区坡地的畦向要与坡向垂直，以免水土流失。

2. 种子播前处理及播种

生产用种子应选择色泽发亮、颗粒饱满、大小均匀一致的种子。将选好的种子先用25～30℃的清水浸泡12～24小时，然后再用50%多菌灵可湿性粉剂500倍液浸种30分钟，然后捞出种子沥去多余水分。

北苍术的播种期，因各地气候条件不同而略有差异。南方以3月下旬至4月上旬为好。过早播种，易遭晚霜危害，过迟播种，则由于温度较高，生长期缩短，幼苗长势差，在夏季易遭受病虫及杂草危害，种栽产量低。北方以4月下旬播种为宜。

3. 播种方式

播种主要采用撒播和条播的方式。

3.1 撒播　将种子均匀撒于畦面，覆细土或焦泥灰，约2cm，然后再盖一层草，保持土壤湿润。气温25℃以上时，10天左右出苗。播种量每亩1.2～1.5kg。

3.2 条播　在整好的畦面上开横沟，沟心距约为25cm，播幅10cm，深3～5cm。沟底要平，将种子均匀撒于沟内。在浙江产区，先撒一层火灰土（所谓火灰土，就是将土肥用杂草堆积焚烧，这样可减少病虫来源，也可增加肥料中K的含量），最后再撒一层细土，厚约3cm。在春旱比较严重的地区，为防止种子“落干”现象的发生，应覆盖一层草进行保湿。播种量4～5千克/亩。育苗田与移栽田的比例为1：（5～6）。

4. 田间管理

播种后要经常保持土壤湿润，以利出苗。幼苗生长较慢，要勤除杂草。同时苗高3～4cm时拔除过密或病弱苗；苗高10cm左右时，按株行距50cm×60cm定植。苗期一般追肥两次，第一次在6月上中旬，第二次在7月份，施用稀人畜粪尿或速效氮肥。

（三）北苍术种苗繁殖技术规程

1. 种茎繁殖时间

北苍术的栽种季节，因各地气候、土壤条件不同而异。浙江、江苏、四川等地，移栽期在12月下旬到翌年2月下旬，以早栽为好。早栽根系发达，扎根较深，生长健壮，抗旱力强、吸肥效果好。北方在4月上、中旬栽种。

应选顶芽饱满，根系发达，表皮细嫩，顶端细长，尾部圆大的根茎作种。根茎畸形，顶端木质化，主根粗长，侧根稀少者，栽后生长不良。栽种时按大小分类，分开种植，出苗整齐，便于管理。

2. 移栽前处理

在生产中，为了减轻病害的发生，需进行术栽处理。方法是先用清水淋洗种栽，再将种栽浸入40%多菌灵可湿性粉剂300～400倍或80%甲基托布津500～600倍液中1小时，然后捞出沥干，如不立即栽种应摊开晾干表面药液。种栽于10月下旬至11月下旬收获，选晴天挖取根茎，剪去须根，距根茎2～3cm处剪去茎叶。将种栽摊放于阴凉通风处2～3天，待表皮发白，水气干后进行贮藏。

3. 种茎的贮藏

贮藏方法各地不同，南方采用层积法砂藏：选通风凉爽的室内或干燥阴凉的地方，在地上先铺5cm左右厚的细砂，上面铺10～15cm厚的种栽，再铺一层细砂，上面再放一层种栽，如此堆至约40cm高，最上面盖一层约5cm厚的砂或细土，并在堆上间隔树立一束秸秆或稻草以利散热透气，防止腐烂。砂土要干湿适中。

在北方一般选背阴处挖一个深宽各约1m的坑，长度视种栽多少而定，将种栽放坑内，10～15cm厚，覆盖土5cm左右，随气温下降，逐渐加厚盖土，让其自然越冬，到第二年春天边挖边栽。

贮藏种栽应有专人管理，在南方每隔15～30天要检查一次，发现病栽应及时挑出，以免引起腐烂。如果北苍术芽萌动，要进行翻堆，以防芽继续增长，影响种栽质量。

4. 移栽方式

种植方法有条栽和穴栽两种，行株距有20cm×25cm、25cm×18cm、25cm×12cm等多种，可根据不同土质和肥力条件因地制异。适当密植可提高产量，栽种深度以5～6cm为宜，不宜栽得过深，否则出苗困难，影响产量。

5. 田间管理

移栽后要及时灌溉定根，增施追肥；注意观察药田病虫害，坚持以预防为主的原则。

参考文献

[1] 张舒娜，孔祥义，张浩，等. 不同温度对北苍术种子发芽及其胚根生长的影响[J]. 种子，2014，1：77-79.

[2] 许梦云. 道地药材茅苍术的遗传多样性分析[D]. 镇江：江苏大学，2009.

[3] 魏云洁，王志清，孔祥义，等. 不同种子处理方式对北苍术出苗率及植株生长性状的影响[J]. 特产研究，2012(2)：40-42.

[4] 郑丽. 苍术属系统发育及药用植物白术的群体遗传和栽培起源研究[D]. 杭州：浙江大学，2013.

[5] 魏继新. 浅谈北苍术的生产与发展[J]. 农民致富之友，2013，18：21.

[6] 王春霞，王宪文，李庆. 北苍术林地栽培技术[J]. 中国林副特产，2005(3)：28.

[7] 邹威，陶双勇. 北苍术栽培技术[J]. 特种经济动植物，2005，11：29.

[8] 李英奇，孙伟. 北苍术种子繁殖技术[J]. 特种经济动植物，2009(5)：35.

郑玉光　王乾（河北中医学院）

陈敏　李颖（中国中医科学院中药资源中心）

28 何首乌

一、何首乌概况

何首乌 *Follopia multiflora*（Thunb）Harald. 为蓼科多年生植物，全株入药。藤茎称为“首乌藤”，又名“夜交藤”，具有养血安神、祛风通络的功效；块根为“何首乌”，生用能解毒消痈、截疟、润肠通便，制后具有补肝肾、益精血、乌须发、壮筋骨的功效。

何首乌广泛分布于我国的陕西、甘肃、贵州、四川、云南、河南、山东等省区。生态适应性较强，生于海拔200～3000m的山谷灌木丛、山坡林下、山沟石隙中。商品药材主要来自广西、贵州、四川、广东、河南、湖北、江苏等省区，其中以广西南丹和靖西、贵州铜仁和黔南、四川乐山和宜宾、广东德庆、河南嵩县、湖北建始和恩施、江苏江宁和江浦等地产量较大，其中广东德庆自明代人工种植何首乌，被誉为“何首乌之乡”。

近三十年来，随着中成药、保健品、美容化妆品、化工业等行业对何首乌的需求量日益增加，人们相继对其生物学特性、种源筛选、种植栽培开展了系列的研究和实践工作，为提高种植何首乌的质量、产量及基地建设发挥了一定作用。如何有效提高种植产量和质量，保证临床用药的治疗效果是现今何首乌种植产业的重点。

何首乌喜温怕寒、好光怕阴，喜湿润怕积水，土壤宜深不宜浅。温度低于8℃时，块根上的潜伏芽进入休眠状态。出苗期间的温度15℃以上为宜，块根膨大的期间温度以25～30℃为好；温度低于15℃时，地上部分开始枯萎，低于10℃时块根停止膨大；光照充足，地上部分可形成较大的营养体，光合作用合成较多的营养物质，有利于块根膨大期间物质的转移，光照不足，会使下部叶片早落，不利于块根的膨大。块根可深入土壤40cm以上，含钾和有机质较多的土壤有利于何首乌块根生长。

何首乌的繁殖方式有扦插繁殖、种子繁殖、块根繁殖、压条繁殖等，目前比较常用的主要是扦插繁殖和种子繁殖，近年来虽然已对何首乌种子发芽、检验等方面做了一定的研究，但缺少规范的种子品质检验和质量分级标准，种子质量优劣差异较大。因此，建立系统的何首乌种子品质检验规程及质量分级标准，将为何首乌种子育苗繁殖提供重要的保障。

二、何首乌种子质量标准研究

（一）研究概况

目前，何首乌药材的来源虽仍以野生资源为主体，但人工繁育将成为其资源可持续利用的必然，而何首乌种子育苗繁殖又是人工繁育的重点。近年来已有不少学者对何首乌种子进行了研究，发现不同种源何首乌种子的成熟期及种子性状均存在显著差异，也筛选出适宜何首乌种子发芽温度和发芽床。在上述研究基础上，筛选并明确了何首乌种子净度、千粒重、真实性、含水量、生活力、发芽率等研究指标，确定了何首乌种子的检验方法，制定了何首乌种子的质量分级标准。

（二）研究内容

1. 材料

用于品质检验规程制定的种子采自四川省雅安市汉源县九襄镇，用于质量分级标准的种子采自贵州贵阳市、黔南州、安顺市、黔西南州、黔东南州、毕节市，四川雅安市，云南昆明市，湖南怀化市及江西吉安市等地区，共37份。种子自然晾干，低温储藏。见表28-1。

表28-1　采样信息

采样地区	样地数	采样地区	样地数
贵州省贵阳市	13	贵州省黔东南州	3
贵州省黔南州	8	云南省昆明市	1
贵州省黔西南州	1	湖南省怀化市	1
贵州省毕节市	1	江西省吉安市	1
贵州省安顺市	2	四川省雅安市	6

注：每个样地一份试样。

2. 方法

（1）扦样　根据何首乌种子的市场流通情况和单次可能的交易量，采用徒手减半法分取初次样品和试验样品，净度分析样品不少于2500粒种子，送检样品为净度分析样品10倍量。

（2）净度分析　将种子过10目筛除去植株残体、土粒和石子等大型混杂物，再用20目筛筛去搓碎的果皮和叶片。置净度工作台上，用镊子将净种子、其他植物种子、废种子、果皮及残枝、泥沙及其他杂质分开，分别称重。3次重复。

（3）真实性鉴定　随机取100粒种子，逐粒观察种子形态、颜色及表面特征，测量种子大小，并记录数据。4次重复。

（4）重量测定　采用百粒法、五百粒法和千粒法测定种子重。① 百粒法：随机从净种子中数取100粒，称重，8次重复。② 五百粒法：随机从净种子中数取500粒，称重，3次重复。③ 千粒法：随机从净种子中数取1000粒，称重，3次重复。

（5）水分测定　采用低恒温烘干法（105±2）℃和高恒温烘干法（130±2）℃。① 低恒温烘干法：种子分为整粒和粉碎处理，前者称取1g整粒种子在（105±2）℃低恒温条件下，每隔1小时取出冷却至室温后称重，总烘干时间为7小时；后者将种子粉碎（50%以上通过四号筛），方法同上。② 高恒温烘干法：种子分为整粒和粉碎处理，在（130±2）℃高恒温条件下烘干测定，方法同 ①。4次重复。

（6）发芽试验　① 发芽床的优选：种子在25℃下浸泡26小时，分别置于砂上、砂间、纱布上和纸上4种发芽床进行发芽试验，发芽温度设为25℃，每日观察，记录各发芽床中的发芽数与霉烂种子数，种子发芽15天，从每个重复中选取10株幼苗测量株高、10株鲜重、10株干重，每个处理4次重复，每个重复60粒种子。② 发芽温度的优选：种子在25℃下浸泡26小时，以纱布为发芽床，分别在10℃、15℃、20℃、25℃、30℃恒温，10/20℃、15/25℃变温条件下进行发芽实验，其中变温采用高温8小时、光照，低温

16小时、黑暗，每日观察，记录各温度下的发芽数与霉烂种子数。种子发芽15天后，从每个重复中选取10株幼苗测量株高、10株鲜重、10株干重，每个处理4次重复，每个重复60粒种子。③ 发芽计数时间的确定：以胚根伸出种皮2mm时的天数为初次计数时间，以种子发芽率发达到最高后再无种子萌发出现时的天数为末次计数时间。

（7）生活力测定　选择TTC溶液浓度（0.2%、0.4%、0.6%）、染色时间（1小时、2小时、3小时）、染色温度（35℃、45℃、55℃）设计3因素3水平正交试验。将预湿后的种子去除种皮，取出种子胚，放入培养皿中，滴入不同浓度的TTC溶液直至浸没种胚，置设定温度的恒温箱中避光染色，每个处理3次重复，每重复30粒种子。

（8）种子分级标准　采用上述研究确定的检验方法对收集的37份何首乌种子进行净度、千粒重、含水量、发芽率等指标进行测定并聚类分析。

3. 结果与结论

（1）扦样　何首乌种子批的最大质量为1000kg，采用徒手减半法分取试样样品，净度分析试验所需试样量最少为5g，送检样品最少为50g。

（2）净度分析　净度分析3次重复的增失差均未偏离原始质量的5%，故该方法切实可行（表28-2）。

表28-2　何首乌种子净度分析

No.	净种子（g）	其他植物种子(g)	废种子（g）	果皮及残枝（g）	泥沙及其他杂质（g）	原样品重（g）	分析后样品重(g)	净度（%）	增失（%）
第1份试样	4.890	0.0	0.027	0.051	0.022	4.999	4.990	97.82	0.18
第2份试样	5.001	0.0	0.023	0.062	0.013	5.126	5.099	97.56	0.53
第3份试样	4.926	0.0	0.031	0.048	0.018	5.047	5.023	97.60	0.48

（3）真实性鉴定　何首乌种子较小，三棱形，表面有光泽，深褐色或棕褐色，种子千粒重为0.976～1.955g，种子长为1.9～2.7mm、厚为1.1～1.9mm，长宽比为1.1～2.5（图28-1）。

图28-1　何首乌种子真实性鉴定

（4）重量测定　3种测量方法中，变异系数均未超过允许变异系数（4.0%），变异系数由大到小分别为百粒法（2.957%）、五百粒法（2.078%）和千粒法（1.874%）。百粒重小于0.2g，不利于实际操作，五百粒法变异系数与千粒法差异不大，可减少工作量，故以五百粒法作为何首乌种子千粒重的测定方法。见表28-3。

表28-3　何首乌种子千粒重测定

方法	平均值（g）	标准差	变异系数（%）	千粒重（g）
百粒法	0.1771	0.0052	2.957	1.7710
五百粒法	0.8825	0.0183	2.078	1.7650
千粒法	1.7148	0.0321	1.874	1.7148

（5）水分测定　在相同烘干时间，种子整粒（105±2）℃所测得的水分明显低于其他3种处理方法；种子粉碎（130±2）℃烘干5小时后，与种子整粒（130±2）℃所测水分差异不大；种子整粒（130±2）℃烘干6小时及以上，含水量不发生显著变化。结合减少工作量和节约能源的工作实际，将种子整粒（130±2）℃烘干6小时作为测定何首乌种子含水量的方法。见表28-4。

表28-4　何首乌种子水分测定

烘干时间（h）	低恒温（整粒种子）（%）	高恒温（整粒种子）（%）	低恒温（种子粉碎）（%）	高恒温（种子粉碎）（%）
1	11.45^{a}	12.60^{a}	12.26^{a}	13.07^{a}
2	12.07^{b}	13.02^{b}	12.42^{b}	13.19^{b}
3	12.24^{c}	13.12^{bc}	12.49^{b}	13.21^{b}
4	12.43^{cd}	13.18^{bc}	12.51^{b}	13.26^{bc}
5	12.41^{d}	13.29^{c}	12.49^{b}	13.36^{cd}
6	12.51^{d}	13.41^{dc}	12.58^{b}	13.39^{cd}
7	12.50^{d}	13.42^{dc}	12.57^{b}	13.44^{d}

注：差异显著分析取α=0.05水平，同一列中不同字母表示存在显著性差异。后表亦同。

（6）发芽试验　①发芽床筛选：砂上和纱布上发芽床发芽率和发芽势较高，显著高于砂间和纸上发芽床；4种发芽床上种子霉烂率无显著差异；砂上发芽床幼苗的株高、10株鲜重和10株干重最大，均显著高于其他发芽床；纸上发芽床幼苗的株高、10株鲜重和10株干重均为最小。综合分析，砂上发芽床何首乌种子发芽率高、幼苗生长快，为何首乌种子萌发和幼苗生长的最佳发芽床。见表28-5和表28-6。

②温度的优选：温度20℃、25℃和15/25℃时，发芽率和发芽势较高，均显著高于其他发芽温度，种子霉烂率差异不大；同时选用另一份未完全成熟的种子进行发芽试验，结果表明20℃发芽率（16.67%）显著低于25℃的发芽率（36.25%）；20℃幼苗的株高、10株鲜重和10株干重最大，其中株高显著高于其他发芽温度；25℃幼苗的株高、10株鲜重和10株干重除株高显著低于20℃的株高外，10株鲜重和10株干重与20℃无显著差异。综合分析，25℃恒温无光照何首乌种子发芽率高、幼苗生长快，为何首乌种子萌发和幼苗生长的最佳温度。见表28-7和表28-8。

③发芽计数时间的确定：种子第3天胚根露出种皮，第8天后发芽趋于平缓，第14天后几无再发芽情况。故以第3天作为初次计数时间，第15天作为末次计数时间。见表28-5和表28-7。

表28-5　不同发芽床下何首乌种子的发芽情况

发芽床	开始发芽天数（d）	发芽持续天数（d）	发芽率（%）	发芽势（%）	种子霉烂率（%）
砂上	3	14	85.83[a]	77.50[a]	0.83[a]
砂间	3	13	52.92[b]	29.17[b]	1.25[a]
纱布上	4	13	85.42[a]	79.17[a]	1.25[a]
纸上	3	12	77.91[c]	68.75[c]	0.83[a]

表28-6　不同发芽床对何首乌幼苗生长的影响

发芽床	株高（cm）	10株鲜重（g）	10株干重（g）
砂上	5.92[a]	0.1167[a]	0.0334[a]
砂间	5.50[b]	0.1120[b]	0.0264[b]
纱布上	4.13[c]	0.0856[c]	0.0208b[c]
纸上	4.05[c]	0.0536[d]	0.0185[c]

表28-7　不同温度下何首乌种子的发芽情况

发芽温度（℃）	开始发芽天数（d）	发芽持续天数（d）	发芽率（%）	发芽势（%）	种子霉烂率（%）
10	9	14	55.42[a]	0.00[a]	1.25[a]
15	4	13	78.65[bc]	66.46[b]	2.50[a]
20	4	11	85.42[bd]	82.50[c]	0.84[a]
25	4	13	85.42[bd]	79.17[cd]	1.25[a]
30	3	11	72.09[c]	62.50[b]	1.25[a]
10/20	7	14	82.08[bd]	0.42[a]	0.00[b]
15/25	4	14	87.92[d]	76.25[d]	1.67[a]

表28-8　不同温度对何首乌幼苗生长的影响

发芽温度（℃）	株高（cm）	10株鲜重（g）	10株干重（g）
10	0.75[a]	0.0186[a]	0.0069[a]
15	3.61[b]	0.0717[b]	0.0224[b]
20	4.50[c]	0.0875[c]	0.0232[b]
25	4.13[d]	0.0857[c]	0.0208[b]
30	3.39[e]	0.0682[b]	0.0149[cd]
10/20	1.98f	0.0476[f]	0.0121[d]
15/25	3.85[g]	0.0900[c]	0.0172[c]

④ 幼苗鉴定：正常幼苗包括完整幼苗、带有轻微缺陷的幼苗和次生感染的幼苗。完整幼苗：幼苗具有两片完整嫩绿色子叶，完整乳白色的胚轴和淡黄色胚根，并且生长良好、匀称和健康。带有轻微缺陷的幼苗：幼苗的主要构造出现某种轻微缺陷，如子叶前端、边缘缺损或坏死小于子叶的三分之一，或子叶上少许颜色不一致的小斑点；或初生根局部损伤生长稍迟缓；或胚轴有轻度的裂痕等，但在其他方面仍比较良好而能均衡发展的完整幼苗。次生感染的幼苗：幼苗明显符合上述完整幼苗和带有轻微缺陷幼苗的要求；由真菌或细菌感染引起，使幼苗主要构造发病和腐烂，但不是来自种子本生的真菌或细菌病源感染。不正常幼苗包括损伤的幼苗、畸形或不匀称的幼苗、腐烂幼苗。损伤的幼苗：幼苗的任何主要构造残缺不全，或受严重的和不能恢复的损伤，以至于不能均衡生长者，如幼苗子叶缺失大于二分之一，胚轴二分之一以上均破裂或其他部分完全分离等症状。畸形或不匀称的幼苗：幼苗过于纤细，子叶枯黄、变色、坏死或仅有一片子叶，胚轴下端膨大且不长根，胚轴断裂等症状。腐烂幼苗：由种皮携带的病菌引起幼苗子叶和胚轴发病和腐烂，以至于妨碍其正常生长者。见图28-2。

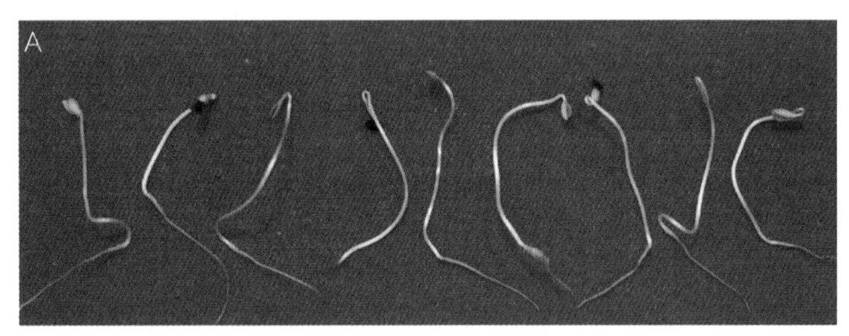

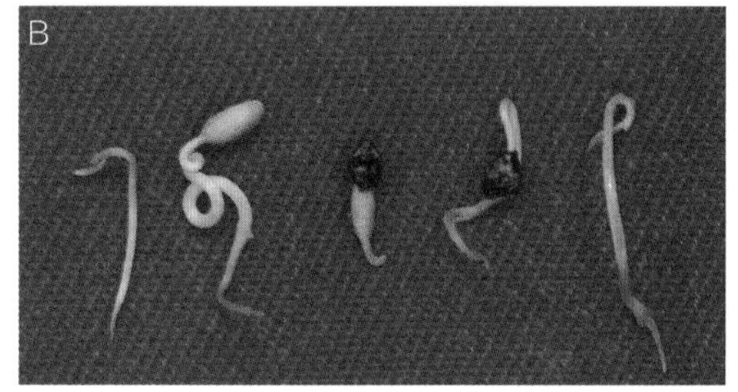

图28-2　何首乌正常幼苗与不正常幼苗

A. 正常幼苗；B. 不正常幼苗

（7）生活力测定　对测定何首乌种子生活力的影响因素中，C（染色温度）>B（染色时间）>A（TTC浓度）；染色温度为45℃时测得的生活力最高，TTC浓度、染色时间对生活力测量影响较小，考虑生产中的实际可操作性，选定四唑染色法测定种子生活力最佳条件为$A_1B_1C_2$，即TTC浓度为0.2%，染色时间1小时，染色温度为45℃。见表28-9、表28-10和图28-3。

表28-9　TTC法测定何首乌种子生活力的正交试验结果

实验号	A	B	C	D	染色率（%）
1	1	1	1	1	96.67
2	1	2	2	2	98.39
3	1	3	3	3	75.21
4	2	1	2	3	98.44
5	2	2	3	1	40.59
6	2	3	1	2	86.66
7	3	1	3	2	70.97
8	3	2	1	3	80.33
9	3	3	2	1	95.00

表28-10　TTC法测定何首乌种子生活力的方差分析

方差来源	离差平方和	自由度	均方	F比
A	331.86	2	165.93	0.37
B	409.22	2	204.61	0.45
C	1971.47	2	985.73	2.18
D（误差）	115.61	2	57.80	

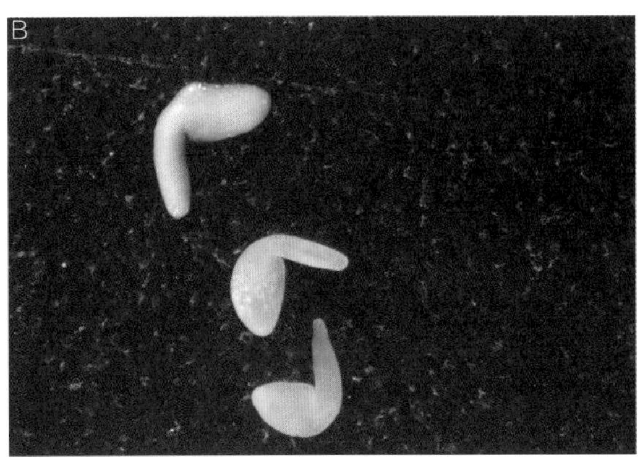

图28-3　何首乌种子生活力测定

A. 有生活力种子；B. 无生活力种子

本研究对何首乌的扦样、净度分析、真实性鉴定、千粒重、含水量、生活力及发芽率等方面进行研究，确定了何首乌种子质量检验方法，见表28-11。

表28-11　何首乌种子品质检验方法

项目	检验方法
扦样	种子批的最大重量为1000kg，送检样品最少50g，试验样品最少5g
净度分析	过10目和20目筛后进行净度分析
重量测定	五百粒法测定千粒重
真实性鉴定	外观形态观察和种子大小测量
水分测定	整粒高恒温（130±2）℃，烘干时间6小时
发芽试验	以砂上为发芽床，25℃无光培养，计数时间为3~15天
生活力测定	25℃蒸馏水浸种30小时，取胚，于0.2% TTC溶液中45℃避光浸染1小时

（8）种子分级标准制定　根据何首乌种子品质检验方法，测定37份种子的净度、含水量、千粒重和发芽率（表28-12）。

表28-12　何首乌种子质量检测结果

No.	净度（%）	含水量（%）	千粒重（g）	发芽率（%）	No.	净度（%）	含水量（%）	千粒重（g）	发芽率（%）
1	76.38	8.88	1.258	14.52	2	87.85	8.65	1.415	15.02

续表

No.	净度（%）	含水量（%）	千粒重（g）	发芽率（%）	No.	净度（%）	含水量（%）	千粒重（g）	发芽率（%）
3	63.29	9.10	1.247	18.50	21	91.20	11.94	1.550	64.51
4	82.34	8.98	1.752	34.51	22	74.28	9.55	1.160	68.50
5	91.37	10.52	1.367	25.54	23	97.66	13.41	1.765	85.83
6	89.22	9.78	1.102	74.26	24	97.80	11.53	1.552	77.50
7	78.28	11.24	1.376	61.08	25	95.58	11.59	1.553	71.67
8	80.49	9.04	1.664	59.41	26	98.20	11.70	1.660	86.67
9	93.26	8.55	1.656	80.03	27	96.52	11.26	1.350	84.17
10	80.78	11.78	1.223	22.02	28	98.48	11.63	1.552	85.17
11	96.88	10.13	1.503	73.01	29	97.60	13.49	1.104	42.09
12	87.20	10.93	1.310	47.01	30	97.39	12.85	1.425	60.83
13	89.38	9.86	1.955	68.30	31	97.47	12.70	1.263	61.67
14	88.27	9.90	1.502	82.02	32	96.93	12.48	1.007	57.50
15	94.32	8.42	1.265	69.51	33	95.76	12.08	1.198	67.50
16	96.88	8.58	1.471	44.50	34	98.79	12.75	1.166	66.67
17	92.93	11.06	0.976	69.43	35	97.67	12.43	1.243	54.23
18	87.82	9.80	1.173	69.51	36	98.62	13.33	1.093	62.50
19	93.12	10.52	1.785	51.05	37	97.29	12.64	1.561	80.84
20	87.76	10.84	1.694	32.06					

根据系统聚类的类平均法原理，采用DPS分析软件中的K-均值聚类对检验结果进行分析，得最终类中心值（表28-13）。

表28-13　K类中心聚类的最终类中心值（n=37）

级别	发芽率（%）	千粒重（g）	含水量（%）	净度（%）
Ⅰ	75.59	1.425	9.82	93.47
Ⅱ	55.53	1.312	10.87	91.14
Ⅲ	23.17	1.208	12.63	81.40

结合何首乌在生产实践、种子检验工作中的可操作性，选择以种子发芽率、含水量、千粒重和净度4项指标的聚类中心值为参考，制定了何首乌种子质量分级标准，见表28-14。该分级方法采用最低定级原则，即任何一项指标不符合规定都不能作为相应等级种子。Ⅰ级和Ⅱ级种子为质量较好的种子，满足何首乌种子生产和种植用种的基本要求，Ⅲ级以下为不合格种子。

表28-14　何首乌种子质量分级标准

级别	发芽率（/%）	千粒重/（g）	含水量/（%）	净度（/%）	外观特征
Ⅰ	≥75	≥1.4	≤10	≥95	饱满，大小均匀，基本无杂质
Ⅱ	55~75	1.3~1.4	10~11	90~95	较饱满，大小较均匀，有少许瘪粒及杂质
Ⅲ	≥25	≥1.2	≤13	≥80	瘦瘪，大小不均匀，有瘪粒及杂质

三、何首乌种苗质量标准研究

（一）研究概况

采用藤茎进行扦插繁殖种苗是何首乌无性繁殖的重要方式，其扦插繁殖育苗技术已有研究，但种苗分级还未见有报道。本研究整理并制定了以枝条长、枝条粗、节数为指标的插穗分级标准，并通过藤茎扦插繁殖的种苗以新生枝条数、新生枝条长、新生叶片数、根系的发达程度等制定了何首乌扦插育苗的种苗分级标准。

（二）研究内容

1. 材料

扦插茎藤分别采自贵州贵阳、龙里、开阳、平坝、惠水，云南昆明，湖南新晃及四川峨眉等30个样地。选择三至五年生，健康无病害、枝叶生长旺盛何首乌植株，剪健壮的茎藤枝条，各地采集100株（表28-15）。

表28-15　材料信息

No.	产地	类型	No.	产地	类型
1	贵州花溪区小碧乡	野生	16	贵州惠水县好花红乡	野生
2	贵州花溪区高坡乡	野生	17	贵州兴仁县回龙镇	野生
3	贵州贵阳市孟关乡	野生	18	贵州罗甸县龙坪镇	野生
4	贵州开阳县花梨乡	野生	19	贵州安龙县龙山镇	野生
5	贵州贵阳市百宜乡	野生	20	贵州雷山县方祥乡	野生
6	贵州龙里县湾寨乡	野生	21	贵州锦屏县敦寨镇	野生
7	贵州龙里县谷脚镇	野生	22	贵州施秉县牛大场镇	野生
8	贵州龙里县湾寨乡	野生	23	贵州施秉县双井镇	野生
9	贵州龙里县谷脚镇	野生	24	贵州息峰县小寨坝镇	野生
10	贵州开阳县马场镇	野生	25	贵州兴义市郑屯乡	野生
11	贵州安顺平坝县农场	野生	26	江西吉安市	野生
12	贵州安顺平坝县谭家庄	野生	27	湖南新晃县洞坪乡	野生
13	贵州惠水县摆金镇	野生	28	云南昆明市龙泉山	野生
14	贵州惠水县好花红乡	野生	29	四川峨嵋山市峨嵋山	野生
15	贵州惠水县好花红乡	野生	30	四川阿坝州九寨沟	野生

2. 方法

（1）试验地概况　试验地设在贵州省施秉县牛大场镇山口村中药材种植基地，地理位置在东经108° 00′~108° 09′，北纬27° 06′~27° 07′，海拔850~962.2m。该地区属中亚季风湿润气候，年平均气温14.6℃，年平均降水量1046mm，年平均日照时数1195小时，无霜期260~290天，土壤pH 5.5~7.0。

（2）插穗的选择与处理　剪取茎枝作为插穗，上端于节上1~2cm处平剪，下端于节下1cm 处斜剪成马耳形。每枝插穗上留1枚叶片，边剪边放在装有清水的塑料盆中，防止失水，影响扦穗成活率。

（3）扦插　将插穗分为直径≤3mm、3~4.5mm及≥4.5mm 3种。扦插后90天观察扦插苗的成活与生长情况，并测每株的新枝数、新枝长、新生叶片数。插穗按要求处理后斜插于预先准备的苗床内，扦插深度为5~10cm，株行距8cm×8cm，覆土、踏实、浇透水，使插条与土壤密接。其他与何首乌种植田间管理措施一致。

（4）插穗年限对扦插成活及生长的影响　随机抽取一定量插穗，从中分取一至二年生和三至五年生的插穗。扦插后60天观察扦插苗的成活与生长情况，并测量每株的生根数、根总长、生根率。

（5）插穗及种苗分级　以插穗枝条长、枝条粗及茎节数作为插穗分级指标，以新生枝条数、新生枝条长及新生叶片数作为种苗分级指标。测量30个样地所有样本，采用DPS分析软件中的K-均值聚类对测量结果进行分析，得最终类中心值，

结合生产实践和检验的可操作性，在聚类中心值的基础上初步制定何首乌插穗和种苗质量分级标准。

3. 结果与结论

（1）不同粗细何首乌插穗的存活率有较大差异，茎枝粗，出苗率、存活率及新枝数较高，而新枝长和新生叶片数差异不大。因此，何首乌宜选择直径≥4.5mm的插穗作为扦插样本。见表28-16。

表28-16　何首乌不同粗细插穗扦插生长情况

插条直径（mm）	扦插总数	成活数	成活率（%）	新枝数	新枝长（cm）	新生叶片数
≥4.5	200	156	78	4.60	4~17.1	6.8
3~4.5	200	151	72.5	4.75	6~18	7.5
≤3	200	107	53.5	3.62	8~23	6.5

（2）不同年限插穗对何首乌扦插成活率、生根数、生根长及生根率均有较大的影响，老枝（三至五年生）比嫩枝（一至二年生）扦插的成活率高，且老枝的生根率、生根数、根系总长显著高于与嫩枝的生根率、生根数、根系总长。因此，何首乌插穗宜以3~5年生的茎藤（表28-17）。

表28-17　何首乌不同年限插穗扦插生长情况

插穗年限	扦插总数	成活数	每株生根数	每株根总长（cm）	生根率（%）
老枝（三至五年生）	150	92	7.4	62.4	43.7
嫩枝（一至二年生）	150	63	3.6	11.3	16.4

（3）结合何首乌在生产实践、插穗及种苗检验工作的可操作性，在聚类中心值的基础上初步制定了何首乌插穗及种苗质量分级标准（表28-18、表28-19）。该分级方法采用最低定级原则，即任何一项指标不符合规定都不能作为相应等级。Ⅰ级和Ⅱ级为质量较好的插穗及种苗，满足何首乌插穗及种苗生产和种植用种

的基本要求，Ⅲ级以下为不合格插穗及种苗。

表28-18　何首乌插穗分级标准

级别	枝条长（cm）	枝条粗（cm）	节数（个）
Ⅰ	25~28	0.40~0.50	4~5
Ⅱ	22~24	0.30~0.38	3~4
Ⅲ	≥20	≥0.25	1~2

表28-19　何首乌扦插种苗分级质量指标

级别	新生枝条数	新生枝条长（cm）	新生叶片数	根系	外观
Ⅰ	2~3	>10	6~10	发达	外观整齐均匀，茎藤棕褐色，根系完整，无萎蔫现象
Ⅱ	2	>8	5~6	较发达	
Ⅲ	1	>5	5<	一般	

四、何首乌种子标准草案

1. 范围

本标准规定了何首乌种子的术语与定义、质量要求、检验方法、评定方法、标签、包装、贮存、运输。

本标准适用于何首乌种子生产、销售、管理和使用时进行的种子质量分级和检验。

2. 规范性引用文件

下列文件中的条款通过本标准的引用而成为本标准的条款。凡是注明日期的引用文件，其随后所有的修改单（不包括勘误的内容）或修订版均不适用于本标准，然而，鼓励根据本标准达成协议的各方研究是否可使用这些文件的最新版本。凡是不注明日期的引用文件，其最新版本适用于本标准。

GB/T 3543.1~3543.7　农作物种子检验规程

DB34/T 142—1997　农作物种子标签

中华人民共和国药典（2015版）一部

3. 术语与定义

下列名词术语适用于本标准。

3.1 何首乌种子　为蓼科植物何首乌*Polygonum multiflorum* Thunb.的干燥成熟种子。

3.2 种子含水量　按整粒高恒温（130±2）℃烘干6小时种子样品所失去的重量，失去重量占供检样品原始重量的百分率。

3.3 种子千粒重　指自然干燥状态下（含水率≤12%）1000粒种子重量，以克（g）为单位。

3.4 种子真实性　供检种子与本规程规定的何首乌种子是否相符。

4. 质量要求

4.1 感官要求　感官要求应符合表28-20的规定。

表28-20　感官要求

项目	要求
形态	种子较小，三棱形，成熟表面有光泽

续表

项目	要求
颜色	深褐色或棕褐色
大小	长1.9～2.7mm，厚1.1～1.9mm

4.2 质量分级　以种子发芽率、含水量、千粒重、净度等为质量分级指标将何首乌种子质量分为Ⅰ级、Ⅱ级、Ⅲ级（表28-21）。

表28-21　质量分级

级别	发芽率（%）	千粒重（g）	含水量（%）	净度（%）	外观特征
Ⅰ	≥75	≥1.4	≤10	≥95	饱满，大小均匀，基本无杂质
Ⅱ	55～75	1.3～1.4	10～11	90～95	较饱满，大小较均匀，有少许瘪粒及杂质
Ⅲ	≥25	≥1.2	≤13	≥80	瘦瘪，大小不均匀，有瘪粒及杂质

4.3 检测方法　种子质量分级各项指标的检验须按本标准"检验规则"规定的方法进行。

5. 检验规则

5.1 扦样　每批种子不得超过1000kg，其容许差距为5%，若超过规定重量时，须另行划批，若小于或等于规定重量的1%时，作小批种子。每批对上、中、下三点进行取样，扦取一定量种子后充分混合。混合样品与送检样品的规定数量相等时，将混合样品作为送检样品；当混合样品数量较多时，用四分法从中分取规定数量的送检样品。种子批的最大重量和样品最小重量见表28-22。其余按GB/T 3543.2执行。

表28-22　种子批的最大重量和样品最小重量

种名		种子批的最大重量（kg）	样品最低重量（g）		
学名	中文名		送检样品	净度分析试验样品	其他植物种子计数试样
Polygonum multiflorum Thunb.	何首乌	1000	50	5	50

5.2 净度分析　用10目筛除去植株残体、土粒和石子等大型混杂物，再用20目筛筛去搓碎的果皮和叶片。将试验样品分成净种子、其他植物种子、废种子、果皮及残枝、泥沙及其他杂质，并测定各成分的重量，单位以克（g）表示，保留3位小数。各组分重量之和与原试样重量增失如超过原试样重量的5%，必须重做，如果增失小于原试样重量的5%，则计算净种子百分率。其余按GB/T 3543.3执行。

5.3 重量测定　将种子充分混合均匀，随机取出500粒称重（g），保留3位小数，3次重复，重复间变异系数不得超过5%，超过则重做3次重复，如第2次测定仍超过误差，则以6组平均数作测定结果，并折算成千粒重。其余按GB/T 3543.7执行。

5.4 发芽试验　取种子适量浸泡26小时，取100粒置于具有湿润河砂的培养皿中，种子均匀排放在砂上，每个培养皿放10粒种子，25℃无光培养，4次重复，每日观察，挑出霉烂种子，并记录第3～15天种子的发芽数与霉烂种子数。对幼苗进行鉴定，① 正常幼苗：具有继续生长成为良好植株潜力的幼苗，包括完整幼苗、带有轻微缺陷的幼苗和次生感染的幼苗。② 不正常幼苗：不能生长成为良好植株的幼苗，包括损伤至不能均衡生长的幼苗、畸形或不匀称的幼苗、腐烂幼苗。③ 未发芽种子：在试验末期仍不能发芽的种子，包括新鲜种子、死种子和虫害种子。其余按GB/T 3543.4执行。

5.5 真实性鉴定　取100粒种子，逐粒观察种子形态、颜色及表面特征，测量种子大小。鉴别依据如下：种子较小，三棱形，深褐色或棕褐色，表面有光泽，千粒重0.97～1.96g，长度1.9～2.7mm，厚度1.1～1.9mm。其余按GB/T 3543.5执行。

5.6 水分测定　取混匀样品约1g放入预先烘干的样品盒内，称重，保留3位小数，4次重复。将烘箱预热至140～145℃，将样品盒放入烘箱，箱温保持（130±2）℃时，开始计算时间，样品烘干时间为6小时。取出冷却至室温，再称重。计算种子烘干后失去的重量占供检样品原重量的百分率，即为种子含水量（%）。其余按GB/T 3543.6执行。

5.7 生活力测定　取种子约100粒，置于25℃的蒸馏水中浸泡30小时，预湿后的种子去除种皮及胚乳，取出种子的胚，置于培养皿中，加入0.2%浓度的四唑溶液，置45℃黑暗条件下染色1小时。取出种子用清水冲洗种胚，观察其染色情况，根据染色情况记录其有生活力和无生活力种子的数目。4次重复。判断标准：① 符合下列任意一条的列为有生活力种子：胚全部染色；子叶远胚根一端≤1/3不染色，其余部分全染色；子叶侧边总面积≤1/3不染色，其余部分全染色。② 符合下列任意一条的列为无生活力种子：胚完全不染色；子叶近胚根处不染色；胚根不染色；子叶不染色总面积＞1/3；胚染颜色异常，且组织软腐。其余按GB/T 3543.7执行。

5.8 健康度检查　采用直接检查法检查感染病害和虫害的种子；采用平皿培养法检测带菌种子。① 直接检查：取400粒种子放在白纸或玻璃上，用肉眼检查，取出感染病害和虫害的种子，分别计算其粒数，并计算感染率。② 平皿培养法：将培养皿及PDA培养基灭菌；取100粒种子，放入加有15～20ml培养基的培养皿中，每个培养皿排放5粒，在25℃的培养箱中培养3～5天并适时观察；挑取真菌较纯的部分至另一新的培养基上进行培养；挑取纯化后的真菌，用棉兰染色剂对其进行染色，然后在显微镜下观察，鉴定，并计算分离率和带菌率。

6. 评定方法

本标准规定的指标作为检验依据，若其中任一项要求达不到感官要求或三级以下定为不合格种子。

6.1 单项指标定级　根据发芽率、净度、含水量、千粒重进行单项指标的定级，三级以下定为不合格种子。

6.2 综合定级　根据发芽率、净度、含水量、千粒重四项指标进行综合定级。① 四项指标均在同一质量级别时，直接定级。② 四项指标有一项在三级以下，定为不合格种子。③ 四项指标不在同一质量级别时，采用最低定级原则，即以四项指标中最低一级指标进行定级。

7. 标签、包装、贮存、运输

7.1 包装　种子视量多少可用编织袋、布袋、篓筐等符合卫生要求的包装材料包装。

7.2 标签　销售的袋装种子应当附有标签。每批种子应挂有标签，表明种子的产地、重量、净度、发芽率、含水量、质量等级、生产日期、生产者或经营者名称、地址等。其余按DB 34/142执行。

7.3 贮存　存放在低温干燥阴凉处。

7.4 运输　禁止与有害、有毒或其他可造成污染物品混运，严防潮湿，车辆运输时应盖严，船舶运输时应有下垫物。

五、何首乌种苗标准草案

1. 范围

本标准规定了何首乌种苗的术语和定义、分级要求、检验方法、检验规则。

本标准适用于何首乌种苗生产、销售、管理和使用时进行的种苗质量分级和检验。

2. 规范性引用文件

下列文件中的条款通过本标准的引用而成为本标准的条款。凡是注明日期的引用文件，其随后所有的修改单（不包括勘误的内容）或修订版均不适用于本标准，然而，鼓励根据本标准达成协议的各方研究是可使用这些文件的最新版本。凡是不注明日期的引用文件，其最新版本适用于本标准。

中华人民共和国药典（2015年版）一部

GB 15569—2009　农业植物调运检疫规程

3. 术语和定义

下列术语和定义适用于本标准。

3.1 插穗　用于扦插繁殖的何首乌*Polygonum multiflorum* Thunb.藤茎。

3.2 种苗　为何首乌藤茎扦插繁育的苗。

3.3 枝条长　为修剪后插穗的总长，以厘米（cm）表示。

3.4 枝条粗　为插穗中部节间的直径，以厘米（cm）表示。

3.5 新生枝条数　指幼苗上长度在3cm以上的枝条数量，以条表示。

3.6 新生枝条长　指幼苗最长枝条的长度，以厘米（cm）表示。

3.7 新生叶片数　指幼苗生长出的完全的叶，以片表示。

3.8 标准率　指符合标准的种苗数占总数的比率。

4. 质量分级

4.1 插穗分级　以插穗枝条长、枝条粗、节数为质量分级指标将何首乌插穗质量分为Ⅰ级、Ⅱ级、Ⅲ级。见表28-23。

表28-23　何首乌插穗分级标准

级别	枝条长（cm）	枝条粗（cm）	节数（个）
Ⅰ	25~28	0.40~0.50	4~5
Ⅱ	22~24	0.30~0.38	3~4
Ⅲ	≥20	≥0.25	1~2

4.2 种苗分级　以扦插繁殖种苗的新生枝条数、新生枝条长、新生叶片数、根系等为质量分级指标将何首乌种苗分为Ⅰ级、Ⅱ级、Ⅲ级。见表28-24。

表28-24　何首乌扦插种苗分级质量指标

级别	新生枝条数	新生枝条 长（cm）	新生叶片数	根系	外观
Ⅰ	2~3	>10	6~10	发达	外观整齐均匀，茎藤棕褐色，根系完整，无萎蔫现象
Ⅱ	2	>8	5~6	较发达	
Ⅲ	1	>5	5<	一般	

4.3 检测方法　质量分级各项指标的检验须按本标准“检验规则”规定的方法进行。

5. 检验规则

5.1 抽样　插穗及种苗抽样量，见表28-25。

表28-25　插穗及种苗的抽样量

株/批	样本数	株/批	样本数
≤10000	100	50000～100000	300
10000～50000	200	＞100000	500

5.2 感官检验　各等级种苗均要求植株形态正常，根系完整，无萎蔫甚至脱水。

5.3 插穗及种苗大小检验　用米尺测量长度，用游标卡尺测量直径。

5.4 种苗长势检验　清查样本种苗的枝条数、根茎数以及叶片数。

5.5 疫情检验　按中华人民共和国国务院《植物检验条例》、农业部《植物检验条例实施细则（农业部分）》和GB 15569的规定执行。

5.6 计算标准率

$$标准率=\frac{合格种苗数}{取样量}\times 100\%$$

6. 评定方法

本标准规定的指标作为检验依据，若其中任一项要求达不到感官要求或三级以下定为不合格插穗和种苗。

6.1 单项指标定级　根据各项指标进行单项指标的定级，三级以下定为不合格插穗和种苗。

6.2 综合定级　根据各项指标进行综合定级。① 四项指标均在同一质量级别时，直接定级。② 四项指标有一项在三级以下，定为不合格。③ 四项指标不在同一质量级别时，采用最低定级原则，即以四项指标中最低一级指标进行定级。

7. 复检

供需双方对质量要求判定有异议时，应进行复检，并以复检结果为准。疫情检验不复检。

8. 包装、标识、贮存和运输

8.1 包装　同一级别的插穗或种苗以50株或100株扎成小捆，500株或1000株捆成大捆，麻袋、纸箱、篓筐等符合卫生要求的包装材料包装。包装袋上挂标签，注明品种、数量、发送地点与单位等。长途运输的种苗要用黄泥浆蘸根，并用苔藓等填充包装保湿。

8.2 标识　每批次插穗或种苗都应挂有双标签，标明品种、生产单位、地址、等级、数量、批号、采种或出圃日期、标准号等。

8.3 运输　插穗或种苗在运输中要有防风、防晒、防发热、防冻、防雨淋设施，装车不能堆放过紧、过高，装车后及时启运。

8.4 贮藏　贮藏处应清洁、卫生、阴凉、通风、防雨淋，贮藏时应定期检查和养护，保持温湿度，防止霉变和虫蛀。

参考文献

[1] 黄和平，王键，黄璐琦，等. 何首乌资源现状及保护对策 [J]. 海峡药学，2013，25 (1)：40-42.

[2] 施福军，王凌晖，曹福亮，等. 何首乌野生种源花期与种子成熟期性状的地理变异研究 [J]. 安徽农业科学，2009，37 (25)：11997-12000.

[3] 王华磊，徐绯，赵致，等. 何首乌种子发芽试验研究 [J]. 农学学报，2012，2 (1)：1-3.

[4] 刘丽娜，关文灵. 何首乌种子萌发对温度、光照和外源生长调节物质的响应 [J]. 中药材，2012，35 (11)：1732-1735.

[5] 肖承鸿，周涛，陈敏，等. 何首乌种子品质检验及质量分级标准研究 [J]. 时珍国医国药，2015，26 (8)：2017-2021.

周涛　肖承鸿（贵州中医药大学）

29 沙苑子

一、沙苑子概况

沙苑子为豆科植物扁茎黄芪*Astragalus complanatus* R. Br. 的干燥成熟种子。本品具有温补肝肾，固精，缩尿，益肝明目的功效。沙苑子主要分布于东北、华北、西北地区，市场上商品来源主要产自陕西大荔。随着资源的不断开发利用，市场需求增大，以及主产地产量不稳定等多种因素导致沙苑子入药基源较为混乱，亟须完善的质量标准对其严加管理，同时寻找适宜产区，以保障生产。

二、沙苑子种子质量标准研究

（一）研究概况

随着国内外对沙苑子商品质量要求的提升，现行《中国药典》（2015年版）规定的检查项目（性状、鉴别、炮制、性味归经、功能与主治、用法用量及贮藏）已不能完全指导安全用药。尤其是缺乏“种子种苗质量标准方面”的评价指标，极不利于对沙苑子药材及炮制品质量稳定性的调控。

近年来，沙苑子的市场需求量的增加，由此导致野生资源受破坏程度扩大，资源量减少不足，人工栽培生产成为必然趋势，然而，目前对其繁殖及栽培技术的研究较少。生产中存在着种子硬实、出苗率低、种苗长势差等问题。

（二）研究内容

1. 研究材料

豆科植物扁茎黄芪*Astragalus complanatus* R.Br.的干燥成熟种子。见表29-1。

表29-1 沙苑子种子样品收集表

名称	种名	产地	收集地	种子编号	提供人
沙苑子	*Astragalus complanatus* R.Br.	陕西大荔	大荔仁兴一组	SHX20101216CHM001	向金华
沙苑子	*Astragalus complanatus* R.Br.	陕西大荔	大荔仁兴三组	SHX20101216CHM002	王留锁
沙苑子	*Astragalus complanatus* R.Br.	陕西大荔	大荔仁兴七组	SHX20101216CHM003	于东顺
沙苑子	*Astragalus complanatus* R.Br.	陕西大荔	大荔仁兴四组	SHX20101216CHM004	曹文献
沙苑子	*Astragalus complanatus* R.Br.	陕西大荔	大荔仁兴四组	SHX20101216CHM005	刘国锋
沙苑子	*Astragalus complanatus* R.Br.	陕西大荔	大荔仁兴七组	SHX20101216CHM006	张建奇
沙苑子	*Astragalus complanatus* R.Br.	陕西大荔	大荔仁兴七组	SHX20101216CHM007	张新奇

续表

名称	种名	产地	收集地	种子编号	提供人
沙苑子	*Astragalus complanatus* R.Br.	陕西大荔	大荔仁兴七组	SHX20101216CHM008	吴小勤
沙苑子	*Astragalus complanatus* R.Br.	陕西大荔	大荔仁兴七组	SHX20101216CHM009	陈义民
沙苑子	*Astragalus complanatus* R.Br.	陕西大荔	大荔仁兴二组	SHX20101216CHM010	陈天民
沙苑子	*Astragalus complanatus* R.Br.	陕西大荔	大荔仁兴七组	SHX20101216CHM011	马培深
沙苑子	*Astragalus complanatus* R.Br.	陕西大荔	大荔仁兴三组	SHX20101216CHM012	张百顺
沙苑子	*Astragalus complanatus* R.Br.	陕西大荔	大荔仁兴三组	SHX20101216CHM013	张发财
沙苑子	*Astragalus complanatus* R.Br.	陕西大荔	大荔仁兴三组	SHX20101216CHM014	郭超
沙苑子	*Astragalus complanatus* R.Br.	陕西大荔	大荔仁兴三组	SHX20101216CHM015	王胜建
沙苑子	*Astragalus complanatus* R.Br.	陕西大荔	大荔仁兴三组	SHX20101216CHM016	王小刚
沙苑子	*Astragalus complanatus* R.Br.	陕西大荔	大荔仁兴一组	SHX20101216CHM017	张常娃
沙苑子	*Astragalus complanatus* R.Br.	陕西临潼	临潼何寨	SHX20101216CHM018	米革命
沙苑子	*Astragalus complanatus* R.Br.	陕西临潼	临潼相桥	SHX20101216CHM019	阎顺娃
沙苑子	*Astragalus complanatus* R.Br.	陕西临潼	临潼零口范家	SHX20101216CHM020	范金龙
沙苑子	*Astragalus complanatus* R.Br.	陕西蒲城	蒲城苏坊镇药材公司	SHX20101216CHM021	鱼新社
沙苑子	*Astragalus complanatus* R.Br.	陕西蒲城	蒲城苏坊镇药材公司	SHX20101216CHM022	鱼新社
沙苑子	*Astragalus complanatus* R.Br.	陕西蒲城	蒲城苏坊镇药材公司	SHX20101216CHM023	鱼新社
沙苑子	*Astragalus complanatus* R.Br.	陕西蒲城	蒲城苏坊镇药材公司	SHX20101216CHM024	鱼新社
沙苑子	*Astragalus complanatus* R.Br.	陕西蒲城	蒲城苏坊镇药材公司	SHX20101216CHM025	鱼新社
沙苑子	*Astragalus complanatus* R.Br.	陕西潼关	蒲城苏坊镇药材公司	SHX20101216CHM026	鱼新社
沙苑子	*Astragalus complanatus* R.Br.	陕西潼关	蒲城苏坊镇药材公司	SHX20101216CHM027	鱼新社
沙苑子	*Astragalus complanatus* R.Br.	陕西潼关	蒲城苏坊镇药材公司	SHX20101216CHM028	鱼新社
沙苑子	*Astragalus complanatus* R.Br.	陕西潼关	蒲城苏坊镇药材公司	SHX20101216CHM029	鱼新社
沙苑子	*Astragalus complanatus* R.Br.	陕西潼关	蒲城苏坊镇药材公司	SHX20101216CHM030	鱼新社
沙苑子	*Astragalus complanatus* R.Br.	河北张家口	河北安国中药材种子公司	SHX20101216CHM031	张占永
沙苑子	*Astragalus complanatus* R.Br.	河北张家口	河北安国中药材种子公司	SHX20101216CHM032	张占永
沙苑子	*Astragalus complanatus* R.Br.	河北张家口	河北安国中药材种子公司	SHX20101216CHM033	张占永
沙苑子	*Astragalus complanatus* R.Br.	河北张家口	河北安国中药材种子公司	SHX20101216CHM034	张占永
沙苑子	*Astragalus complanatus* R.Br.	河北张家口	河北安国中药材种子公司	SHX20101216CHM035	张占永
沙苑子	*Astragalus complanatus* R.Br.	陕西渭南	河北安国中药材种子公司	SHX20101216CHM036	郭永杰
沙苑子	*Astragalus complanatus* R.Br.	陕西渭南	河北安国中药材种子公司	SHX20101216CHM037	郭永杰

续表

名称	种名	产地	收集地	种子编号	提供人
沙苑子	*Astragalus complanatus* R.Br.	陕西渭南	河北安国中药材种子公司	SHX20101216CHM038	郭永杰
沙苑子	*Astragalus complanatus* R.Br.	陕西渭南	河北安国中药材种子公司	SHX20101216CHM039	郭永杰
沙苑子	*Astragalus complanatus* R.Br.	陕西渭南	河北安国中药材种子公司	SHX20101216CHM040	郭永杰

2. 扦样方法

种子批扦样前的准备：了解沙苑子种子堆装混合、贮藏过程中有关种子质量的情况。种子批的确定参照GB/T 3543.2—1995。扦取送检样品和试验样品按GB/T 3543. 2—1995执行。

（1）扦取送检样品　采用徒手法扦取初次样品，方法如下：① 从样品袋中随机不同点取样，下层样品的扦样检验，要求某部分倒出，后再装回；② 手指合拢，握紧种子，以免有种子洒落；③ 再次确认盛样容器洁净无杂质；④ 在每次扦样前，应把手上杂质刷落。

（2）分取试验样品　采用“徒手减半法”分取试验样品，步骤如下：① 将种子均匀地铺在一个光滑清洁的实验台面上；② 使用平边刮板将样品先纵向混合，再横向混合，重复混合4～5次，充分混匀成一堆；③ 把整堆种子分成两份，对每份再次进行一次对分，即得四份样品。然后把其中的每一部分再减半分成八个部分，排成两行，每行四个部分；④ 合并和保留交错部分，如将第一行的第1、3部分和第2行的2、4部分合并，把留下的四个部分拿开；⑤ 将上一步保留的部分，再按照2，3，4个步骤重复分样，直至分得所需的样品重量为止。

（3）保存样品　试验样品经分取完成后，应储藏在低温（最高温度不超过18℃）、通风的室内。若在较长时间内（如1个月）不能进行检验，则用样品袋封好放入冰箱冷藏室（温度为0～4℃）低温储藏。

表29-2　袋装沙苑子种子扦样袋（容器）数

种子批的袋数（容器数）	扦取的最低袋数（容器数）	种子批的袋数（容器数）	扦取的最低袋数（容器数）
1～4	每袋扦取3个初次样品	16～30	总计15个初次样品
5～8	每袋扦取2个初次样品	31～59	总计20个初次样品
9～15	每袋扦取1个初次样品	60以上	总计30个初次样品

表29-3　散装沙苑子种子扦样点数

种子批大小（kg）	扦样点数	种子批大小（kg）	扦样点数
50以下	不少于5点	301～1000	50kg扦取1点，但不少于10点
51～300	每30kg扦取一点，但不少于5点		

3. 种子真实性鉴别

按照GB/T 3543.5—1995执行。随机数取待检验样品种子4份，每份100粒，观察种子颜色、性状、表面特征等，并记录真实种子数量，结果用平均值表示（图29-1）。

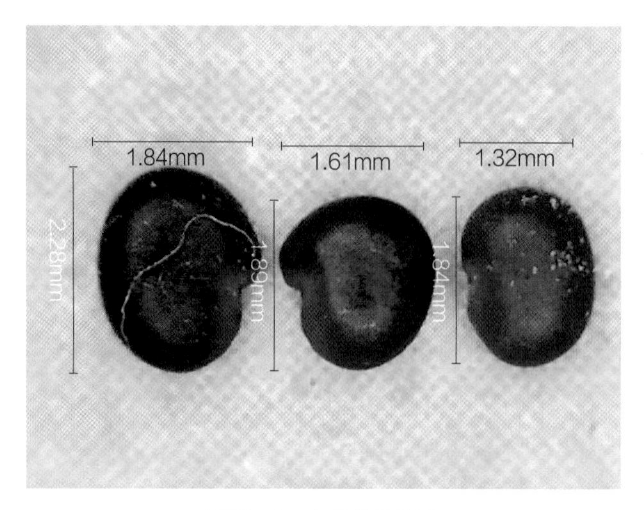

图29-1　扁茎黄芪种子

4. 净度分析方法研究

（1）具体分析应符合GB/T 3543.3—1995的规定。扦取不少于扦样所确定最少重量的种子样品，按GB/T 3543.3—1995进行。按净种子、其他植物种子及杂质类别将种子分成三种成分，分离后并分别称重，以克（g）表示，折算为百分率。见表29-4。

$$种子净度：P（\%）=m/M\times100$$

$$其他植物种子：OS（\%）=m_1/M\times100$$

$$杂质：I（\%）=m_2/M\times100$$

式中：M——种子样品总重量，g；

m——纯净沙苑子种子的重量，g；

m_1——其他植物种子的重量，g；

m_2——杂质的重量，g；

P——种子净度，%。

各种成分之和应为100.0%，小于0.05%的微量成分在计算中应除外。如果其和是99.9%或100.1%，那么从最大值（通常是净种子部分）增减0.1%。如果修约值大于0.1%，则需检查计算结果有无差错。

（2）有重型杂质的情况

$$净种子：P_2（\%）=P_1\times[（M-m）/M]\times100$$

$$其他植物种子：OS_2（\%）=OS_1\times[（M-m）/M]+（m_1/M）\times100$$

$$杂质：I_2（\%）=I_1\times[（M-m）/M]+（m_2/M）\times100$$

式中：M——送验样品的重量，g；

m——重型混杂物的重量，g；

m_1——重型混杂物中的其他植物种子重量，g；

m_2——重型混杂物中的杂质重量，g；

P_1——除去重型混杂物后的净种子重量百分率，%；

I_1——除去重型混杂物后的杂质重量百分率，%；

OS_1——除去重型混杂物后的其他植物种子重量百分率，%。

最后应检查（$P_2+I_2+OS_2$）%=100.0%。各种成分之和应为100.0%，小于0.05%的微量成分在计算中应除外。如果其和是99.9%或100.1%，那么从最大值（通常是净种子部分）增减0.1%。如果修约值大于0.1%，则需检查计算结果有无差错。

随机从送验样品中数取400粒种子，鉴定时须设重复，每个重复不超过100粒种子。

根据种子的形态特征，必要时可借助放大镜等进行逐粒观察，必须备有标准样品或鉴定图片以及有关资料。沙苑子种子应根据种子类型、大小、形状、颜色、翅的形状、脐部形状及脐部颜色、光泽等。鉴定时，对种子进行逐粒仔细观察鉴定，区分本品种和异品种的种子，计算，计算品质纯度。

品种纯度（%）=100×（供检种子数-异品种种子数）/供检种子数

表29-4　不同品种、批次、扦样量沙苑子种子净度分析

批次	产地	不同种子扦样量净度（%）					平均净度（%）
		2.5g	5.0g	7.5g	10.0g	15.0g	
1	陕西大荔	90.8664	96.7073	96.9008	96.8040	96.5139	95.5585
2	陕西大荔	90.9839	95.9323	96.1243	96.0282	95.7404	94.9618
3	陕西大荔	90.9932	96.9136	97.1075	97.0105	96.7198	95.7489
4	陕西大荔	90.9746	96.6485	96.8419	96.7451	96.4552	95.5331
5	陕西大荔	89.9716	96.9123	97.1062	97.0092	96.7185	95.5436
6	陕西大荔	90.1371	95.937	96.1290	96.0329	95.7451	94.7962
7	陕西大荔	87.4102	96.7032	96.8967	96.7999	96.5098	94.8640
8	陕西大荔	89.1814	95.9702	96.1622	96.0662	95.7783	94.6317
9	陕西大荔	90.8212	96.6558	96.8492	96.7525	96.4625	95.5082
10	陕西大荔	90.1502	96.0511	96.2433	96.1472	95.8590	94.8901
11	陕西大荔	89.9208	95.6762	95.8676	95.7719	95.4848	94.5443
12	陕西大荔	81.0697	92.9073	93.0932	93.0002	92.7215	90.5584
13	陕西大荔	90.4573	96.2008	95.6544	95.5588	96.0084	94.7759
14	陕西大荔	90.8002	96.7053	96.3325	96.2363	96.5119	95.3172
15	陕西大荔	90.8644	96.8959	96.3949	96.2986	96.7021	95.4312
16	陕西大荔	87.4937	95.8467	96.2877	96.1915	95.6550	94.2949
17	陕西大荔	90.1171	96.1477	95.6352	95.5397	95.9554	94.6790
18	陕西临潼	89.9744	96.8525	94.4872	94.3928	96.6588	94.4731
19	陕西临潼	90.0546	96.0429	95.6603	95.5647	95.8508	94.6347
20	陕西临潼	90.073	96.2292	95.6913	95.5957	96.0367	94.7252
21	陕西蒲城	90.1556	96.1349	95.8224	95.7267	95.9426	94.7565
22	陕西蒲城	85.406	91.6402	91.3900	91.2987	91.7318	90.2933
23	陕西蒲城	89.7903	95.6609	95.2291	95.1340	95.7566	94.3142
24	陕西蒲城	90.1796	95.9856	95.5988	95.5033	96.0816	94.6698

续表

批次	产地	不同种子扦样量净度（%）					平均净度（%）
		2.5g	5.0g	7.5g	10.0g	15.0g	
25	陕西蒲城	83.1973	93.375	93.3111	93.2179	93.4684	91.3139
26	陕西潼关	90.2581	96.0148	95.7056	95.6100	96.1108	94.7399
27	陕西潼关	89.7564	95.6379	95.2684	95.1732	95.7335	94.3139
28	陕西潼关	90.034	95.8738	95.4754	95.3800	95.9697	94.5466
29	陕西潼关	90.5826	96.4716	96.0273	95.9314	96.5681	95.1162
30	陕西潼关	82.9251	90.3928	89.8584	89.7686	90.4832	88.6856
31	河北张家口	89.5762	95.4817	95.0139	94.9190	95.5772	94.1136
32	河北张家口	89.9396	95.7114	95.3514	95.2561	95.8071	94.4131
33	河北张家口	89.8798	96.7073	96.3426	96.2464	96.8040	95.1960
34	河北张家口	90.0639	94.9523	95.5355	95.4401	95.0473	94.2078
35	河北张家口	90.0732	95.9336	95.6534	95.5578	95.7417	94.5919
36	陕西渭南	90.0546	95.6685	95.0500	94.9550	95.4772	94.2410
37	陕西渭南	89.9718	95.8333	95.6943	95.5987	95.6416	94.5479
38	陕西渭南	90.062	95.9339	95.7527	95.6570	95.7420	94.6295
39	陕西渭南	90.7637	95.9856	96.5860	96.4895	95.7936	95.1237
40	陕西渭南	89.9718	95.8125	95.4334	95.3381	95.6209	94.4353

5. 重量测定方法研究

采用百粒法、五百粒法和千粒法测定沙苑子种子重量。先将全部纯净种子用四分法分成4份，从每份中随机取总数的1/4，混合后用万分之一电子天平称重。

（1）百粒法测定　① 将净种子混合均匀，从中随机取样做8个重复，每个重复100粒种子。② 将8个重复分别称重，结果精确至10^{-4}g。③ 计算8个重复的标准差、平均数和变异系数。

（2）五百粒法测定　① 将净种子混合均匀，从中随机取样4个重复，每个重复500粒种子。② 将4个重复分别称重，结果精确至10^{-4}g。③ 计算4个重复的标准差、平均数和变异系数。

（3）千粒法测定　① 将净种子混合均匀，从中随机取试样3个重复，每个重复1000粒种子。② 将3个重复分别称重，结果精确至10^{-4}g。③ 计算3个重复的标准差、平均数和变异系数。

（4）百粒法、五百粒法和千粒法测定同一种子样本千粒重　① 按百粒法测定混合种子样本千粒重，4次重复。② 按五百粒法测定混合种子样本千粒重，4次重复。③ 按千粒法测定混合种子样本千粒重，4次重复。④ 对三组千粒重数据进行差异性显著分析。比较三种方法测定结果是否存在差异，选择适合的方法。

表29-5　不同测定方法分析沙苑子种子重量

批号	产地	方法	重复1	重复2	重复3	重复4	重复5	重复6	重复7	重复8	平均值	标准差	变异系数	含水量（%）	千粒重（g）
1	陕西大荔	百粒法	0.2386	0.2410	0.2393	0.2370	0.2385	0.2394	0.2402	0.2387	0.2391	0.0011	0.4706	10.4245	2.3794
		五百粒法	1.1928	1.2048	1.1964						1.1980	0.0050	0.4197		2.6622
		千粒法	2.5049	2.5301							2.5175	0.0126	0.5005		2.7972
2	陕西大荔	百粒法	0.2049	0.2070	0.2081	0.2040	0.1927	0.2090	0.2062	0.2098	0.2052	0.0051	2.4694	10.3652	2.0438
		五百粒法	0.9834	0.9938	0.9988						0.9920	0.0064	0.6449		2.2044
		千粒法	1.8685	1.8882							1.8784	0.0098	0.5241		2.0871
3	陕西大荔	百粒法	0.2298	0.2271	0.2285	0.2278	0.2280	0.2293	0.2273	0.2294	0.2284	0.0010	0.4165	10.4451	2.2726
		五百粒法	1.1262	1.1129	1.1196						1.1196	0.0054	0.4861		2.4879
		千粒法	2.1961	2.1701							2.1831	0.0130	0.5952		2.4257
4	陕西大荔	百粒法	0.2385	0.2355	0.2318	0.2394	0.2401	0.2367	0.2371	0.2330	0.2365	0.0028	1.1705	10.3006	2.3571
		五百粒法	1.1328	1.1187	1.1009						1.1175	0.0131	1.1689		2.4832
		千粒法	2.2429	2.2151							2.2290	0.0139	0.6243		2.4767
5	陕西大荔	百粒法	0.2397	0.2390	0.2393	0.2394	0.2399	0.2402	0.2408	0.2398	0.2398	0.0005	0.2213	10.4152	2.3865
		五百粒法	1.1625	1.1590	1.1605						1.1606	0.0014	0.1230		2.5792
		千粒法	2.3017	2.2947							2.2982	0.0035	0.1506		2.5535
6	陕西大荔	百粒法	0.2318	0.2394	0.2401	0.2394	0.2399	0.2402	0.2319	0.2397	0.2378	0.0034	1.4490	10.3217	2.3694
		五百粒法	1.1078	1.1441	1.1476						1.1332	0.0180	1.5877		2.5182
		千粒法	2.3264	2.4027							2.3646	0.0381	1.6132		2.6273

续表

批号	产地	方法	重复1	重复2	重复3	重复4	重复5	重复6	重复7	重复8	平均值	标准差	变异系数	含水量（%）	千粒重（g）
7	陕西大荔	百粒法	0.2234	0.2242	0.2239	0.2249	0.2242	0.2238	0.2245	0.2241	0.2241	0.0004	0.1880	10.5173	2.2283
		五百粒法	1.1391	1.1436	1.1420						1.1416	0.0019	0.1622		2.5369
		千粒法	2.3922	2.4016							2.3969	0.0047	0.1965		2.6632
8	陕西临潼	百粒法	0.2241	0.2242	0.2239	0.2248	0.2245	0.2234	0.2238	0.2247	0.2242	0.0004	0.1938	10.4668	2.2303
		五百粒法	1.1159	1.1167	1.1151						1.1159	0.0007	0.0585		2.4798
		千粒法	2.2095	2.2111							2.2103	0.0008	0.0357		2.4559
9	陕西临潼	百粒法	0.2393	0.2362	0.2369	0.2360	0.2386	0.2381	0.2372	0.2366	0.2374	0.0011	0.4597	10.5232	2.3598
		五百粒法	1.2203	1.2048	1.2081						1.2111	0.0067	0.5512		2.6913
		千粒法	2.5627	2.5301							2.5464	0.0163	0.6393		2.8293
10	陕西临潼	百粒法	0.2730	0.2706	0.2724	0.1919	0.1902	0.1929	0.1940	0.1917	0.2221	0.0387	17.4153	10.3325	2.2127
		五百粒法	1.3430	1.3316	1.3402						1.3382	0.0049	0.3633		2.9739
		千粒法	2.6456	2.6232							2.6344	0.0112	0.4269		2.9271
11	陕西蒲城	百粒法	0.2719	0.2711	0.2706	0.1924	0.2719	0.1910	0.1917	0.1921	0.2316	0.0398	17.1915	10.2397	2.3097
		五百粒法	1.3324	1.3285	1.3261						1.3290	0.0026	0.1946		2.9534
		千粒法	2.6382	2.6304							2.6343	0.0039	0.1473		2.9270
12	陕西蒲城	百粒法	0.2026	0.2018	0.2039	0.2036	0.2018	0.2032	0.2030	0.2023	0.2028	0.0007	0.3564	10.2505	2.0223
		五百粒法	1.0335	1.0294	1.0400						1.0343	0.0044	0.4225		2.2984
		千粒法	2.0359	2.0279							2.0319	0.0040	0.1976		2.2577

6. 水分检验

低温烘干法。设4小时、6小时、8小时、10小时和12小时共5个时间处理，每处理4个重复，每重复25g。将处理后的种子与预先烘干并称重的铝盒中一起称重，记录，放置在（105±2）℃烘箱内。按照预定时间，测定重量，分别计算种子水分含量（表29-6）。

$$种子水分（\%）=[（M_2-M_3）/（M_2-M_1）]\times 100$$

式中：M_1——样品盒和盖的重量，g；

M_2——样品盒和盖及样品的烘前重量，g；

M_3——样品盒和盖及样品的烘后重量，g。

表29-6　不同检测方法分析沙苑子种子中水分含量差异

样品号	产地	测定温度及时间		
		（150±2）℃加热1小时	（130±2）℃加热3小时	（105±8）℃加热8小时
1	陕西大荔	9.861	9.867	10.495
2	陕西大荔	10.046	10.044	10.747
3	陕西大荔	10.619	10.615	11.294
4	陕西大荔	9.622	9.625	10.114
5	陕西大荔	9.692	9.695	10.352
6	陕西大荔	10.534	10.530	11.098
7	陕西大荔	10.542	10.544	11.124
8	陕西大荔	9.732	9.729	10.347
9	陕西大荔	10.441	10.439	11.039
10	陕西大荔	9.704	9.716	10.257
11	陕西大荔	10.486	10.488	11.044
12	陕西大荔	10.434	10.428	11.086
13	陕西大荔	10.452	10.456	11.015
14	陕西大荔	9.754	9.762	10.337
15	陕西大荔	10.353	10.347	11.005
16	陕西大荔	10.429	10.433	11.102
17	陕西大荔	10.383	10.379	11.120
18	陕西临潼	9.610	9.616	10.169
19	陕西临潼	10.272	10.265	10.933
20	陕西临潼	10.401	10.397	11.061
21	陕西蒲城	9.252	9.254	9.958
22	陕西蒲城	9.617	9.607	10.235

续表

样品号	产地	测定温度及时间		
		（150±2）℃加热1小时	（130±2）℃加热3小时	（105±8）℃加热8小时
23	陕西蒲城	10.136	10.137	10.898
24	陕西蒲城	9.678	9.684	10.308
25	陕西蒲城	9.692	9.695	10.265
26	陕西潼关	9.614	9.610	10.138
27	陕西潼关	9.518	9.515	10.145
28	陕西潼关	9.677	9.683	10.255
29	陕西潼关	10.322	10.320	11.102
30	陕西潼关	9.699	9.695	10.344
31	河北张家口	9.548	9.537	10.169
32	河北张家口	9.319	9.307	9.973
33	河北张家口	9.550	9.543	10.154
34	河北张家口	9.063	9.057	9.585
35	河北张家口	9.433	9.427	10.045
36	陕西渭南	9.769	9.775	10.359
37	陕西渭南	9.640	9.642	10.256
38	陕西渭南	9.586	9.585	10.162
39	陕西渭南	10.435	10.432	11.062
40	陕西渭南	10.383	10.379	11.024

7. 发芽方法研究

沙苑子种子萌发主要由浸种时间和浸种温度的决定。试验前对所采集种子样品进行编号后依次开展扦样和净度分析，从每份样品中分别取出100g干净种子充分混匀，用于种子的发芽试验。

（1）浸种时间的选择　用蒸馏水对同一批次沙苑子种子室温20℃浸种，浸泡时间设12小时、18小时、24小时、48小时、72小时共5个处理，观察种子吸水和种皮损伤情况。每处理50粒种子，重复4次。发芽床采用2层湿润滤纸，试验过程中保持滤纸湿润，每日观察并记录各处理种子发芽情况，并剔除霉烂种子，保持发芽盒内湿度要求。

（2）浸种温度的选择　浸种温度设定10℃、15℃、20℃、25℃、30℃、35℃共6个处理，浸种时间为18小时，选择纸床（纸上）发芽。统计并比较不同浸种温度的种子发芽情况。见表29-7。

表29-7　不同浸种温度对沙苑子种子萌发的影响

温度（℃）	发芽势（%）	$P_{0.05}$	发芽率（%）	$P_{0.05}$
10	19	de	87	c

续表

温度（℃）	发芽势（%）	$P_{0.05}$	发芽率（%）	$P_{0.05}$
15	27	b	91	ab
20	31	a	93	a
25	24	c	93	a
30	21	d	92	a

（3）发芽床的对比筛选。

纸上（TP）：在9cm培养皿内垫上2层湿润滤纸。

纸间（BP）：在9cm培养皿内垫上2层湿润滤纸，另外用一层湿润滤纸松松地盖在种子上。

砂上（TS）：在9cm培养皿中铺1cm厚的湿砂（砂水比为4∶1），后置种；砂中（S）：在9cm培养皿中铺1cm厚的湿砂（砂水比为4∶1），置种后再盖上一薄层10mm湿润的细砂。然后取经净度分析的混合种子，充分浸种吸胀后将数取的种子均匀地排在湿润的发芽床上，保持一定的粒间距，并置于25℃光照培养箱中培养。

每日观察并记录各处理种子发芽情况，并随时剔除霉烂种子，保持发芽盒内湿度要求（表29-8）。

表29-8　不同发芽床对沙苑子种子萌发的影响

发芽床	第1次计数时间（d）	末次计数时间（d）	发芽率（%）	$P_{0.05}$
TP	4	7	92	a
BP	4	7	88	ab
TS	4	7	91	a
BS	4	7	92	a

（4）发芽温度的选择　将经过净度分析的种子浸种吸涨后置纸上（TP）发芽床上，分别置于5℃、10℃、15℃、20℃、25℃、30℃、35℃共7个恒温和18℃（16小时）/25℃（8小时）、15℃（16小时）/30℃（8小时）2个变温条件下进行发芽实验。每个处理50粒种子，重复4次。

（5）发芽首末次计数时间的确定　取纯净的混合沙苑子种子，经浸种吸胀后，置纸上发芽床培养皿，每皿50粒，4次重复，在25℃光照培养箱培养。每日观察记录沙苑子种子发芽数量，保持培养皿温度，随时剔除霉烂种子。发芽计数时间视具体发芽情况，确定初次计数和末次计数时间。以达到50%发芽率的天数为初次计数时间，以发芽率达到最高时，再无萌发种子出现时的天数为末次计数时间。

发芽率以最终达到的正常幼苗百分率计。即：

$$发芽率（\%）=已达正常幼苗的种子数/每个发芽盒种子数\times 100\%$$

发芽指数（*GI*）以下列公式进行计算：$GI=\sum(Gt/Dt)$。

式中，*Gt*为在发芽后t日的发芽数，*Dt*为相应的发芽天数。

8. 种子生活力测定方法研究

TTC法：① 将采集的沙苑子种子25℃蒸馏水浸泡6小时，使其充分吸胀；② 随机数取200粒种子，分为4份，每份50粒，经种胚准确纵切，取其半粒备用；③ 把切好的种子分别置培养皿，加TTC溶液，以浸没种子为宜，然后放入30℃、35℃、40℃黑暗恒温箱；④ 保温时间设定1小时、2小时、3小时、4小时、5小时。处理结束，倾出药液，用蒸馏水冲洗2～3次，洗去浮液，立即观察种胚着色情况，判断种子生活力。见表29-9。

补充：沙苑子种子生活力鉴定标准如下：

Ⅰ.有生活力的种子（图29-2）：胚及胚乳全部染色；胚及胚乳染色面积≥1/3，其余部分完全染色；

Ⅱ.无生活力种子类（图29-3）：胚及胚乳完全不染色；胚及胚乳染色总面积≤1/3；其余部分不染色；胚及胚乳染颜色异常，且组织软腐。

表29-9　TTC法检测不同培养温度处理下沙苑子种子生活力差异

时间（h）	30℃			36℃			40℃		
	A组 0.1%TTC	B组 0.3%TTC	C组 0.6%TTC	A组 0.1%TTC	B组 0.3%TTC	C组 0.6%TTC	A组 0.1%TTC	B组 0.3%TTC	C组 0.6%TTC
1	15	17	30	16	25	36	22	24	32
2	32	65	86	31	69	85	33	66	88
3	60	81	88	64	83	88	65	81	89
4	81	86	89	80	91	90	80	89	90
5	86	87	90	88	93	91	88	93	92

图29-2　TTC染色法检测有生活力沙苑子种子

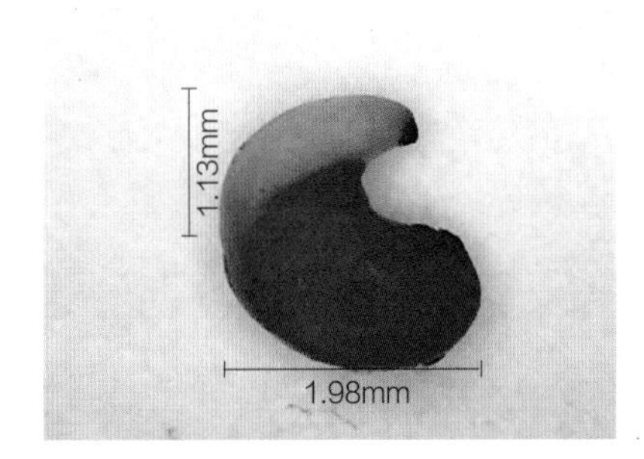

图29-3　TTC染色法检测无生活力沙苑子种子

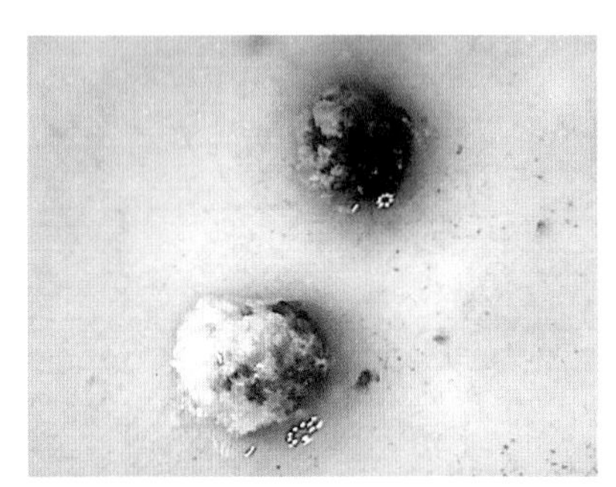

图29-4　沙苑子种子外部带菌

9. 健康度检测方法研究

（1）种子外部带菌检测　从每份样本中随机选取100粒种子，放入无菌的250ml锥形瓶中，加入40ml无菌水充分振荡，吸取悬浮液1ml，以2000r/min的转速离心10分钟，取其上清液，再加入1ml无菌水充分震荡悬浮后，制成孢子悬浮液。吸取100μl加到直径为9cm的PDA平板上涂匀，4次重复。以无菌水作空白对照。20℃±2℃黑暗条件下培养5天后观察菌落生长情况，鉴别种子携带真菌种类，计算分离频率（图29-4）。

（2）种子内部带菌检测　分别将不同批次沙苑子种子充分吸涨后，在5%次氯酸钠溶液中浸泡8分钟，然后用无菌水冲洗3次，取40粒种子将其种壳和种仁分开，种仁经1%次氯酸钠溶液中表面消毒5分钟，无菌水冲洗3次，分别将不同批次的种子均匀摆放在直径9cm PDA平板，每皿摆放10粒，每个批次沙苑子种子重复4次。在22℃恒温箱中12小时光照/黑暗交替下培养5天后，鉴别种仁携带真菌种类，计算分离频率。

（3）分离鉴定　将分离到的真菌分别进行纯化、镜检。根据真菌培养性状和形态特征，参考有关工具书和资料将其鉴定到属。

10. 种子质量对药材生产的影响

种子发芽率、种子活力、植株抗性、产量。

三、沙苑子种苗质量标准研究

（一）研究概况

中药材是我国中药产业发展壮大的先决条件，中药材质量的优劣和安全性直接影响用药安全和临床疗效。人工生产中，沙苑子存在着繁殖难度大、种子硬实等现象，自然萌发率低；加之种苗种子市场的监管不力、信息流通不畅等问题；已严重制约着沙苑子大规模标准化种植。

（二）研究内容

1. 研究材料

豆科植物扁茎黄芪*Astragalus complanatus* R. Br. 的干燥成熟种子。

2. 扦样方法

种苗批扦样前的准备：了解沙苑子种苗堆装混合、贮藏过程中有关种苗质量的情况。

3. 净度分析方法研究

具体分析应符合GB/T 3543.3—1995的规定。扦取不少于扦样所确定最少重量的种苗样品，按GB/T 3543.3—1995进行。按净种苗、其他植物种苗及杂质类别将种苗分成三种成分，分离后并分别称重，以克（g）表示，折算为百分率。

（1）无重型杂质的情况

$$种苗净度：P（\%）=m/M\times 100$$

$$其他植物种苗：OS（\%）=m_1/M\times 100$$

$$杂质：I（\%）=m_2/M\times 100$$

式中：M——种子样品总重量，g；

m——纯净沙苑子种苗的重量，g；

m_1——其他植物种苗的重量，g；

m_2——杂质的重量，g；

P——种苗净度，%。

各种成分之和应为100.0%，小于0.05%的微量成分在计算中应除外。如果其和是99.9%或100.1%，则从最大值（通常是净种苗部分）增减0.1%。如果修约值大于0.1%，应检查计算有无差错。

（2）有重型杂质的情况

$$净种苗：P_2（\%）=P_1\times[（M-m）/M]\times 100$$

$$其他植物种苗：OS_2（\%）=OS_1\times[（M-m）/M]+（m_1/M）\times 100$$

$$杂质：I_2（\%）=I_1\times[（M-m）/M]+（m_2/M）\times 100$$

式中：M——送验样品的重量，g；

m——重型混杂物的重量，g；

m_1——重型混杂物中的其他植物种苗重量，g；

m_2——重型混杂物中的杂质重量，g；

P_1——除去重型混杂物后的净种苗重量百分率，%；

I_1——除去重型混杂物后的杂质重量百分率，%；

OS_1——除去重型混杂物后的其他植物种苗重量百分率，%。

最后应检查（P_2+I_2+OS_2）%=100.0%。各种成分之和应为100.0%，小于0.05%的微量成分在计算中应除外。如果其和是99.9%或100.1%，则从最大值（通常是净种子部分）增减0.1%。如果修约值大于0.1%，需检查计算结果有无差错。

4. 外形

在采集到的30份不同产地的沙苑子种苗中，随机抽取30株，逐一进行观察，种苗的完整程度、外观色泽、侧根数、种苗病斑程度等。

5. 重量

完成上述基本检查后，对挑选的种苗测量单株重。

6. 大小

完成上述基本检查后，对挑选的种苗测量根长、根粗。

7. 数量

每500g种苗的个数、每100g种苗的数量。各重复4次。

8. 病虫害

随机抽取100株，统计染病率。重复4次。

9. 种苗质量对药材生产的影响

不同大小、重量的种苗对产量的影响。

10. 繁育技术

不同种子前处理，对种苗生长的影响。

图29-5　不正常沙苑子种苗

四、沙苑子种子标准草案

1. 范围

本标准研究确定了豆科植物扁茎黄芪*Astragalus complanatus* R.Br. 的干燥成熟种子的质量等级以及各质量等级划分参数。

本标准适用于沙苑子种子的生产、经营以及使用过程中进行的种子质量分级。

2. 规范性引用文件

下列文件中的条款通过本标准的引用而成为本标准的条款。凡注明日期的引用文件，其随后所有的修改单（不包括的勘误的内容）或修订版均不适用于本标准。凡不注明日期的引用文件，其最新版本适用于本标准。

GB/T 3543.1~3543.7　农作物种子检验规程

3. 术语和定义

3.1 净种子　送验者所叙述的种（包括该种的全部植物学变种和栽培品种），其构造凡能明确的鉴别出它们是属于所分析的（已变成菌核、黑穗病孢子团或线虫瘿除外），包括完整的种子单位和大于原来种子1/2的破损种子单位都属于净种子。

3.2 其他植物种子　除净种子以外的任何植物种子单位，包括杂草种子和异作物种子。其鉴定原则与净种子相同。

3.3 杂质　除净种子和其他植物种子外的种子单位和所有其他物质和构造。包括：① 明显不含本品种子的种子单位。② 破裂或受损伤的种子单位的碎片为原来大小的一半或不及一半的。③ 脆而易碎、呈灰白色、乳白色的菟丝子种子。④ 泥土、砂粒、石砾及其他非种子物质。

3.4 正常幼苗　在良好土壤及适宜水分、温度和光照条件下，具有继续生长发育成为正常植株的幼苗。沙苑子的正常幼苗包括从发芽开始一直到发芽计数时间结束，幼苗都能一直正常生长，并且长出两片展开的，呈叶状的绿色子叶。

3.5 不正常幼苗　生长在良好土壤及适宜水分、温度和光照条件下，不能继续生长发育成为正常植株的幼苗。沙苑子的不正常幼苗是指，虽已萌发，但由于初生感染（病源来自种子本身）引起幼苗形态变化，并妨碍其正常生长者或者由于生理紊乱导致的胚轴未萌发子叶便已枯萎的幼苗。

3.6 发芽计数时间　根据具体发芽表现，确定初次计数和末次计数时间。在初次计数时，把发育良好的正常幼苗从发芽床中捡出，对可疑的或损伤、畸形或不均衡的幼苗可以留到末次计数。在沙苑子发芽试验中，以达到10%发芽率的天数为初次计数时间，初次计数时间一般在第3～5天，沙苑子发芽周期一般为11天，末次计数时间为第11天。

3.7 发芽势　种子发芽初期（规定日期内）正常发芽种子数占供试种子数的百分率。种子发芽势高，则表示种子活力强，发芽整齐，出苗一致，增产潜力大。沙苑子种子在发芽的第7天，发芽率开始迅速增加，所以沙苑子种子发芽势为第7天正常发芽种子数占供试种子数的百分率。

4. 要求

依据种子净度、水分、千粒重和发芽率将沙苑子种子分级如表29-10。

表29-10　沙苑子种子等级划分标准

指标	级别		
	一级	二级	三级
发芽率（%）	45.12	35.45	25.32
含水量（%）	6.79	8.51	8.77
千粒重（%）	0.29	0.25	0.19
净度（%）	65.45	53.21	40.16

5. 检验方法

根据GB/T 3543.1～3543.7—1995，对沙苑子种子检验规程执行。

6. 检验规则

种苗质量分级各项指标中的任一项指标达不到标准则降为下一级。

7. 包装、标识、贮存和运输

7.1 包装与标志　沙苑子种子的包装物上应标注原产地域产品标志、注明品名、产地、规格、等级、毛重、净重、生产者、生产日期或批号、产品标准号。包装包装物应洁净、干燥、无污染，符合国家有关卫生要求。运输不得与农药、化肥等其他有毒有害物质混装。

7.2 贮存与运输　运载容器应具有较好的通气性，以保持干燥，应防雨防潮。贮存仓库应具备透风除湿设备，货架与墙壁的距离不得少于1m，离地面距离不得少于20cm。入库储藏水分不超过13%。

五、沙苑子种苗标准草案

1. 范围

本标准研究确定了豆科植物扁茎黄芪*Astragalus complanatus* R. Br.的干燥成熟种子的质量等级以及各质量等级划分参数。

本标准适用于沙苑子种苗的生产、经营以及使用过程中进行的种苗质量分级。

2. 规范性引用文件

下列文件中的条款通过本标准的引用而成为本标准的条款。凡注明日期的引用文件，其随后所有的修改单（不包括的勘误的内容）或修订版均不适用于本标准。凡不注明日期的引用文件，其最新版本适用于本标准。

3. 要求

根据种苗单株鲜重、苗长和苗粗，将沙苑子种苗质量分级标准规定如下表29-11。

表29-11　沙苑子种苗等级划分标准

等级	单株鲜重	种苗长度	种苗茎粗
一级	≥14.1	≥6.1	≥8.1
二级	8.1~14.0	4.5~6.0	7.5~8.0
三级	2.0~8.0	3.5~4.5	5.5~7.4

4. 检验规则

种苗质量分级各项指标中的任一项指标达不到标准则降为下一级。

5. 判定规则

确定主要定级标注项级别；在主要定级标准级别确认后，按照相应规定逐一定级。

六、沙苑子种子种苗繁育技术研究

（一）研究概况

沙苑子的繁殖既可用种子直播，又可用育苗移栽；但在播种前都需对种子进行前处理。沙苑子有性繁殖生长周期长；无性繁殖后常导致严重的种性退化，抗性减弱、病虫害频发、产量和质量下降等问题，从而制约了沙苑子规范化生产。

（二）沙苑子种子繁育技术规程

1. 选地、整地

扁茎黄芪是深根性植物，对土壤酸碱度要求不严，一般以pH 6.5~8的砂壤土最为适宜。平地栽培应选择地势高、排水良好、疏松而肥沃的砂壤土；山区应选择土层深厚、排水好、背风向阳的山坡或荒地种植。

选好地后进行整地，以秋季翻地为好。一般耕深30~45cm，结合翻地施基肥，每亩施农家肥

2500～3000kg、饼肥50kg、过磷酸钙25～30kg；也可春季翻地，但要注意土壤保墒，然后耙细整平，作畦或垄，一般垄宽40～45cm，垄高15～20cm，排水好的地方可做成宽1.2～1.5m的宽垄。

2. 种子播前处理及播种

2.1 温汤浸种法　在春雨后，立即将扁茎黄芪种子进行开水催芽。取种子置于容器中，加入适量开水，不停搅动约1分钟，然后加入冷水调水温至40℃，放置2小时，将水倒出，种子加覆盖物闷8～10小时，待种子膨大或外皮破裂时，可趁雨后播种。

2.2 碾磨法　将种子置于石碾上，将种子碾至外皮由棕黑色变为灰棕色，然后倒入30～40℃水中浸2～4小时，使其吸水膨胀率达90%以上。

3. 播种方式

生产上一般采用条播或穴播。条播按行距33cm，穴距27cm挖浅坑；条播按行距20cm开浅沟（沟深1cm）种子拌适量细砂，均匀撒于沟内，覆土约1cm，稍加镇压。播种量1.5～2千克/亩。

播种时，将种子用菊酯类农药拌种预防地下害虫，播后覆土1.5～2cm，稍加镇压，施底肥尿素8～10千克/亩，硫酸钾5～7千克/亩。播种至出苗期要保持地面湿润，或加覆盖物以提高低温促进出苗。穴播多按20～25cm穴距开穴，每穴点种3～10粒，覆土1.5cm，踩平，播种量1千克/亩。

4. 田间管理

出苗前保持土壤湿润，以利出苗。幼苗生长较慢，要勤除杂草。扁茎黄芪生长需肥量大，每年可结合中耕除草施肥1～2次，每次按每亩沟施厩肥500～1000千克，施用化肥应以P、K肥为主。扁茎黄芪“喜水又怕水”，管理中要注意“灌水又排水”。

（三）沙苑子种苗繁殖技术规程

1. 种茎繁殖时间

移栽可选择立冬前或者春季萌发前，忌日晒，一般采用穴栽，株行距为（15～20）cm×（20～30）cm，起苗时应深挖，严防损伤根皮或折断根，并将细小、自然分岔苗淘汰。栽后踩实或镇压紧密，利于缓苗，移栽后及时浇灌定根水。

2. 种茎选择

选植株健壮、主根肥大粗长、侧根少、当年不开花的根留作种苗，芦头下留10cm长的根。

3. 田间管理

移栽后要及时灌溉定根，增施追肥；注意观察药田病虫害，坚持以预防为主的原则。

参考文献

［1］贾文秀．蒙古黄芪种子质量标准研究［D］．呼和浩特：内蒙古农业大学，2011.

［2］李秀凤，葛淑俊，王静华．药用植物种子标准化研究进展［J］．中草药，2009，5：840-843.

［3］刘滨．黄芪种子生产关键技术研究与质量评价［D］．银川：宁夏大学，2013.

［4］王秋玲．沙苑子质量标准研究［D］．咸阳：陕西中医学院，2007.

郑玉光　王乾（河北中医学院）

陈敏　杨光（中国中医科学院中药资源中心）

30 附子

一、附子概况

附子为毛茛科植物乌头*Aconitum carmichaeli* Debx. 的子根。附子适应性强，野生附子主要分布于长江中游，秦岭巴山中部，北至秦岭和山东东部，南至广西北部。栽培附子主产于四川江油市、布拖等地，为川产道地药材，量大质优，畅销国内外；陕西为我国第二产区，主产城固、南郑等地；云南、贵州亦有部分种植。

四川江油为附子著名的道地产区，人工栽种历史可追溯至1900多年前。江油附子为国家质检总局批准的地理标志产品。截至2011年10月，通过国家GAP认证的附子种植基地就有4个，主要包括：2008年雅安三九中药材科技产业化有限公司在四川省江油市建立的GAP基地；2010年四川佳能达攀西药业有限公司在四川省凉山州布拖县建立的GAP基地；2011年四川新荷花中药饮片股份有限公司在四川省江油市建立的GAP种植基地；2011年四川江油中坝附子科技发展有限公司在四川省北川羌族自治县漩坪乡烧坊村和四川省江油市建立的GAP基地。

附子主要繁殖方式为种根繁殖，少部分使用种子繁殖。附子种子（种根）是其种植的源头，其质量直接关系到附子的产量和质量。相对农作物而言，附子种子（种根）市场流通体系不健全，大部分为农户自用或农户之间流通，部分进入市场流通的种子（种根）由个体商贩经营，规模小、分散、无序。附子种子（种根）质量标准的匮乏，在一定程度上导致了附子种子（种根）市场的混乱。

二、附子种子质量标准研究

（一）研究概况

附子一般用种根繁殖，很少用种子，近年来，由于附子一直采用无性繁殖，种根病虫害增多，产量下降，种源更新迫在眉睫，以种子繁殖的栽植方式得到重视。附子种子质量缺乏统一规范，在外形、净度、发芽率等方面差异较大。目前尚缺乏较为全面的附子种子质量标准，难以对市场上流通的参差不齐的附子种子进行准确的质量评价和等级区分。

为规范附子种子生产、经营和保护使用者的利益，避免不合格种子用于生产所带来的损失，使栽培的优良品种优质、高产，从而增加药材种植户的收益。有必要尽快建立相关地方标准，用于指导种源、药材、饮片的规范化生产和质量监控，保障药材和饮片质量及临床用药的安全性和有效性。

在贯彻落实《国务院关于扶持和促进中医药事业发展的若干意见》和《中医药标准化中长期发展规划纲要（2011—2020年）》提出的“全面推进中医药标准体系建设”的重要任务，进一步强化对中医药标准制修订工作的指导和管理的前提下，在国家中药标准化项目“白术等14种中药饮片标准化建设——附子、川乌专题”（ZYBZH-Y-ZY-45）、国家基本药物所需中药材种子种苗繁育基地建设专项“国家基本药物所需中药材种子种苗繁育（四川）基地建设——附子种子种苗繁育基地建设”（A-2013N-34-4）、四川省十三五育种攻关专项“道地药材新品种选育——川附子新品种选育”（2016NYZ0036）、四川省科技成果转化项目“中药材新品种‘中附3号’及配套种植技术示范推广”（2016CC0064）、四川省科技厅支撑计划“国家基本药物所需重要中药材种子种苗繁育（四川）基地建设关键技术研究及示范——附子专题”（2015SZ0034）等项目的资助下，开展了大量的工作。目前已研究建立附子种根质量标准1套，并研究建立了附子种根繁育技术规范1套。

（二）研究内容

1. 研究材料

毛茛科植物乌头*Aconitum carmichaeli* Debx.的干燥成熟种子。研究测定各项指标材料均来源于以下6个批次（表30-1）。

表30-1　附子种子样品编号及来源

编号	采集地	海拔（m）	编号	采集地	海拔（m）
1	青川茅坝乡张家山	1400	4	青川茅坝乡张家山	1400
2	青川茅坝乡张家山	1400	5	青川茅坝乡袁家山	1500
3	青川茅坝乡张家山	1400	6	安县茶坪乡白果村	1050

2. 扦样方法

参考“GB/T 3543.2—1995农作物种子检验规程扦样”相关要求执行。

3. 种子净度分析

测定6个批次样品，每个批次3个重复，每个样品随机抽样1g，将试验样品分成净种子、其他植物种子、废种子、果皮及残枝、泥沙及其他杂质，将分离后的各部分用电子天平分别称量，称量结果精确至0.0001g。计算种子净度。种子净度%=（试样重量-废种子重量-夹杂物重量）/试样重量×100%。具体参考“GB/T 3543.3—1995农作物种子检验规程净度分析”相关要求执行。

结果显示6个材料3个重复的种子净度82.23%～93.42%，平均89.44%。方差分析结果表明，材料间差异极显著（F=80.595，P=0<P=0.01）。多重比较结果表明，材料3种子净度最高（93.42%），略高于材料1（92.60%），极显著高于其他材料；材料2（90.26%），略高于材料5（89.70%）、材料4（88.44%），三者极显著高于材料6（82.23%）（表30-2、表30-3）。

表30-2　不同批次种子净度（%）

材料编号	重复I	重复II	重复III	材料编号	重复I	重复II	重复III
1	92.94	91.85	93.01	4	89.15	88.19	87.99
2	90.25	91.05	89.48	5	90.12	89.96	89.01
3	93.15	93.1	94.01	6	82.15	83.45	81.09

表30-3　不同批次种子净度多重比较

处理	均值（%）	5%显著水平	1%极显著水平	处理	均值（%）	5%显著水平	1%极显著水平
处理3	93.42	a	A	处理5	89.70	bc	B
处理1	92.60	a	A	处理4	88.44	c	B
处理2	90.26	b	B	处理6	82.23	d	C

注：表中相同字母表示差异不显著，小写字母表示0.05水平上显著，大写字母表示0.01水平上差异极显著。

4. 真实性鉴定

参考“GB/T 3543.5—1995农作物种子检验规程真实性和品种纯度鉴定”相关要求。确定了附子种子的真实性鉴定应从外观形状、长度、宽度、厚度，表皮颜色、质地，饱满度等方面进行。结果显示附子种子蓇葖果，三棱形，只在二面密生横膜翅。长4～6mm，宽1.5～3.0mm，厚1.0～1.5mm。表皮黄棕色至黑褐色。质坚硬。外形饱满（图30-1）。

图30-1　附子种子

5. 重量测定

测定6个批次样品，每个批次3个重复，每个样品从净种子中随机取1000粒，用万分之一电子天平称重，计算千粒重。具体参考“GB/T 3543.7—1995农作物种子检验规其他项目检验”相关要求执行。

结果显示6个材料3个重复的种子千粒重1.9033～2.4233g，平均2.1883g。方差分析结果表明，材料间差异极显著（F=75.399，P=0<P=0.01）。多重比较结果表明，材料5种子千粒重最高（2.4233g），略高于材料4（2.3833g），二者极显著高于其余材料；材料1（2.2433g），材料2（2.1700g）极显著高于材料3（2.0067g），三者极显著高于材料6（1.9033g）。

表30-4　不同批次种子千粒重（g）

材料编号	重复I	重复II	重复III	材料编号	重复I	重复II	重复III
1	2.27	2.23	2.23	4	2.35	2.41	2.39
2	2.17	2.13	2.21	5	2.45	2.41	2.41
3	2	2.03	1.99	6	1.99	1.88	1.84

表30-5　不同批次种子千粒重多重比较

处理	均值（g）	5%显著水平	1%显著水平	处理	均值（g）	5%显著水平	1%显著水平
处理5	2.4233	a	A	处理2	2.1700	c	B
处理4	2.3833	a	A	处理3	2.0067	d	C
处理1	2.2433	b	B	处理6	1.9033	e	D

6. 水分测定

随机称取6个批次样品，每个批次3个重复，每个样品2g，140℃烘干6小时，取出放在干燥器中冷却至室温，分别称重，称量结果精确至0.0001g。种子水分（%）=（ 种子烘干前的重量-种子烘干后的重量）/种子烘干前的重量×100%。具体参考“GB/T 3543.6—1995农作物种子检验规程水分测定”相关要求执行。

结果显示6个批次样品种子水分平均值为10.74%～12.28%，平均11.33%。方差分析结果表明，材料间差异极显著（F=11.996，P=0.0002<P=0.01）。多重比较结果表明，材料4水分最高（12.27%），显著高于材料1（11.74%）及其余几个材料。

表30-6　不同批次种子水分（%）

	重复Ⅰ	重复Ⅱ	重复Ⅲ		重复Ⅰ	重复Ⅱ	重复Ⅲ
1	12.01	11.72	11.48	4	12.04	12.01	12.78
2	11.05	11.07	11.15	5	11.07	11.09	11.52
3	10.28	10.96	11.01	6	10.85	10.96	10.85

表30-7　不同批次种子水分多重比较

处理	均值（%）	5%显著水平	1%极显著水平	处理	均值（%）	5%显著水平	1%极显著水平
处理4	12.28	a	A	处理2	11.09	c	BC
处理1	11.74	b	AB	处理6	10.89	c	C
处理5	11.23	bc	BC	处理3	10.75	c	C

7. 发芽试验

750～1250lx光照8小时，5℃黑暗16小时培养，以发芽盒为容器，以细沙作发芽床，种子埋藏于沙中，保持发芽床湿润。每个处理设3个重复，每个重复50粒种子。隔天调查发芽数，计算发芽率。发芽率（%）=发芽的种子数/供试种子数×100%，具体参考“GB/T 3543.4—1995农作物种子检验规程发芽试验”相关要求执行。

结果显示6个材料3个重复的终发芽率方差分析结果表明，不同材料间差异达极显著水平（F=131.297，P=0<P=0.01）。多重比较结果表明，6个批次种子发芽率18%～65%，平均44.39%。

所测6个批次样品中，材料5发芽率最高（65%），极显著高于材料1（57%）、材料2（50%）。其余几个材料发芽率均低于50%。

表30-8　不同批次附子种子发芽率（%）

材料	重复Ⅰ	重复Ⅱ	重复Ⅲ	材料	重复Ⅰ	重复Ⅱ	重复Ⅲ
1	55	56	60	4	35	34	30
2	50	52	48	5	65	63	67
3	45	41	43	6	15	19	21

表30-9　不同批次附子种子发芽率多重比较

处理	均值（%）	5%显著水平	1%极显著水平	处理	均值（%）	5%显著水平	1%极显著水平
处理5	65	a	A	处理3	43	d	D
处理1	57	b	B	处理4	33	e	E
处理2	50	c	C	处理6	18	f	F

8. 种子健康检验

测定6个批次样品，每个批次3个重复，每个样品从净种子中随机取100粒，用肉眼或借助放大镜直接对种子病害和虫害进行检验，记录病害和虫害数。具体参考GB/T 3543.7—1995执行。

结果显示6个材料3个重复的种子发病率为0，虫害发生率仅0.6%～2.6%，平均1.53%。方差分析、多重比较结果表明，材料间差异极显著（F=40.998，P=0<P=0.01），其中材料6、材料4、材料5病虫害发生率极显著高于材料3、2、1。

表30-10　不同批次种子虫害发生率（%）

材料编号	重复Ⅰ	重复Ⅱ	重复Ⅲ	材料编号	重复Ⅰ	重复Ⅱ	重复Ⅲ
1	0.5	0.9	0.4	4	2	1.9	2.3
2	0.7	0.9	0.8	5	2	2	1.9
3	1.1	1.4	0.9	6	2.7	2.7	2.5

表30-11　不同批次种子虫害发生率多重比较

处理	均值（%）	5%显著水平	1%极显著水平	处理	均值（%）	5%显著水平	1%极显著水平
处理6	2.6	a	A	处理3	1.1	c	B
处理4	2.1	b	A	处理2	0.8	d	BC
处理5	2.0	b	A	处理1	0.6	d	C

9. 附子种子质量标准的建立

根据上述对6个批次附子种子进行种子发芽率、净度、千粒重、水分等测定结果，将4项指标测定结果进行K-means动态聚类分析。6份附子种子被划分为3类。第1类包含1、2、5等3个样品，第2类包含6号1个样本，第3类包含3、4等2个样本。

得到各项指标的平均值，发芽率的3个类平均值分别为38%、18%、57.33%，种子净度的3个类平均值分别为90.93%、82.23%、90.85%，千粒重的3个类平均值分别为2.1950g、1.9g、2.2767g，水分的3个类平均值分别为11.51%、10.89%、11.35%。

方差分析结果表明，发芽率在类间的差异性达到显著水平（F=11.8094，0.01<P<0.05），而种子净度、病株率、水分等指标在类间的差异性未达到显著水平（P>0.05）。

F值从大到小依次为发芽率>种子净度>千粒重>水分。说明，发芽率对附子种子质量的影响较大，种子净度、千粒重、水分等对附子种子质量的影响较小。因此，本研究将发芽率确定为划分附子种子质量标准的主要指标，种子净度、千粒重、水分确定为次要指标。

根据各个指标平均值，结合实际生产的可行性将种子质量划分等级，划分出附子种子质量等级标准。

第1类种子属于一级质量种子，包含材料1、2、5，发芽率≥50%，千粒重2.1～2.5g，种子净度89%～93%，水分11%～12%。

第2类种子属于二级质量种子，包含材料3、4，发芽率≥33%，千粒重2～2.4g，种子净度88%～94%，水分10%～13%。

第3类种子属于三级质量种子，包含材料6，发芽率18%，千粒重1.9g，种子净度约82%，水分10.89%。

按照最低定级原则制定种子质量分级标准，即同一等级种子的任一指标若达不到标准则降为下一级。

表30-12　6批次附子种子质量性状K-means动态聚类结果

组别	样本号	发芽率（%）	净度（%）	千粒重（g）	水分（%）
1	1	57	92.6000	2.2400	11.7367
1	2	50	90.2600	2.1700	11.0900
1	5	65	89.6967	2.4200	11.2267
第1组3个样本	平均值	57.3333	90.8522	2.2767	11.3511
2	6	18	82.2300	1.9000	10.8867
第2组1个样本	平均值	18.0000	82.2300	1.9000	10.8867
3	3	43	93.4200	2.0100	10.7500
3	4	33	88.4433	2.3800	12.2767
第3组2个样本	平均值	38.0000	90.9316	2.1950	11.5133

表30-13　附子种子质量分级标准

等级	发芽率（%）	种子净度（%）	千粒重（g）	水分（%）	批次编号
Ⅰ	≥50	89～94	2.1～2.5	10～13	1、2、5
Ⅱ	30～49	88～94	2.0～2.4	10～13	3、4
Ⅲ	<30	<88	<2.0	10～13	1、6

三、附子种根质量标准研究

（一）研究概况

附子用种根育苗是目前附子繁殖育苗的主要方式，但一直未建立科学的种根质量标准。为此，以前期的研究基础，探索建立附子种根质量标准，规范附子种根生产、销售、管理和使用，有利于保障附子规范化、规模化种植的源头。

在贯彻落实《国务院关于扶持和促进中医药事业发展的若干意见》和《中医药标准化中长期发展规划纲要（2011—2020年）》提出的“全面推进中医药标准体系建设”的重要任务，进一步强化对中医药标准制修订工作的指导和管理前提下，在国家中药标准化项目“白术等14种中药饮片标准化建设——附子、川乌专题”（ZYBZH-Y-ZY-45）、国家基本药物所需中药材种子种苗繁育基地建设专项“国家基本药物所需中药材种子种苗繁育（四川）基地建设——附子种子种苗繁育基地建设”（A-2013N-34-4）、四川省十三五育种攻关专项“道地药材新品种选育——川附子新品种选育”（2016NYZ0036）、四川省科技成果转化项目“中药材新品种‘中附3号’及配套种植技术示范推广”（2016CC0064）、四川省科技厅支撑计划“国家基本药物所需重要中药材种子种苗繁育（四川）基地建设关键技术研究及示范——附子专题”（2015SZ0034）等项目的资助下，开展了大量的工作。目前已研究建立附子种根质量标准1套，并研究建立了附子种根繁育技术规范1套。

（二）研究内容

1. 试验材料的收集和准备

附子种根7个批次，由本课题组自行采集（表30-14）。

表30-14　附子种根样品编号及来源

编号	采集地	海拔（m）	编号	采集地	海拔（m）
1	青川茅坝乡茅坝村	1460	5	青川茅坝乡张家坝	1560
2	青川茅坝乡茅坝村	1460	6	安县茶坪乡白果村	1050
3	青川茅坝乡茅坝村	1460	7	安县茶坪乡白果村	1350
4	青川茅坝乡张家坝	1560			

2. 扦样方法

参考GB/T 3543.2—1995执行。

3. 种根净度分析

测定7个批次样品，每个批次3个重复，每个样品随机抽样500g，分选出杂质、废种根及其他异类种根，分离成干净种根，将分离后的各部分用电子天平分别称量，称量结果精确至0.01g。计算种根净度。种根净度%=（试样重量-废种根重量-夹杂物重量）/试样重量×100%，具体参考“GB/T 3543.3—1995农作物种子检验规程净度分析”相关要求执行。

结果显示7个材料3个重复的种根净度85.82%～99.06%，平均94.31%。方差分析结果表明，材料间差异极显著（F=23.86，P=0<P=0.01）。多重比较结果表明，材料1种根净度最高（99.06%），略高于材料3（96.70%）、材料5（96.28%），显著高于材料7（95.49%）、材料2（94.23%），材料4显著较低（92.52%），材料6最低，仅为85.82%。

表30-15　不同批次附子种根净度测定结果（%）

材料编号	重复Ⅰ	重复Ⅱ	重复Ⅲ	材料编号	重复Ⅰ	重复Ⅱ	重复Ⅲ
1	99.43	99.06	98.69	5	95.25	97.37	96.23
2	92.54	94.92	95.22	6	83.1	88.55	85.82
3	95.88	97.99	96.23	7	93.67	97.35	95.44
4	93.21	91.88	92.49				

表30-16　不同批次附子种根净度多重比较分析结果

处理	均值（%）	5%显著水平	1%极显著水平	处理	均值（%）	5%显著水平	1%极显著水平
处理1	99.06	a	A	处理2	94.23	bc	BC
处理3	96.70	ab	AB	处理4	92.52	c	C
处理5	96.28	b	AB	处理6	85.82	d	D
处理7	95.49	b	ABC				

4. 重量测定

测定7个批次样品，每个批次3个重复，每个样品从净种根中随机取100粒，用千分之一电子天平称重，计算百粒重。具体参考“GB/T 3543.7—1995农作物种子检验规程其他项目检验”相关要求执行。

结果显示7个材料3个重复的种根百粒重332.20～1492.25g，平均943.95g。方差分析结果表明，材料间差异极显著（F=288.52，P=0<P=0.01）。多重比较结果表明，材料5种根百粒重最高（1492.95g），极显著高于材料2（1174.73g）、材料3（1132.93g），材料2、材料3极显著高于材料6（947.47g）、材料1（916.30g），材料7极显著降低（611.83g），材料4是农户自己留种作为乌药原种，所以百粒重最低，仅为332.20g，极显著低于其他所有材料。

表30-17　不同批次附子种根百粒重测定结果

材料编号	重复Ⅰ	重复Ⅱ	重复Ⅲ	材料编号	重复Ⅰ	重复Ⅱ	重复Ⅲ
1	901.6	881.8	965.5	5	1492.3	1492.2	1492.1
2	1116.8	1229.2	1178.2	6	915.8	921.6	1005
3	1102.3	1116.3	1180.2	7	582.3	652.3	600.9
4	332.2	330.9	333.5				

表30-18　不同批次附子种根百粒重多重比较分析结果

处理	均值（g）	5%显著水平	1%极显著水平	处理	均值（g）	5%显著水平	1%极显著水平
处理5	1492.20	a	A	处理1	916.30	c	C
处理2	1174.73	b	B	处理7	611.83	d	D
处理3	1132.93	b	B	处理4	332.20	e	E
处理6	947.47	c	C				

5. 水分测定

称取7个批次样品，每个批次3个重复，每个样品200g，切为5～8mm厚的薄片，140℃烘干5小时，取出放在干燥器中冷却至室温，分别称重，称量结果精确至0.01g。

种根水分%=（种根烘干前的重量-种根烘干后的重量）/种根烘干前的重量×100%，具体参考“GB/T 3543.6—1995农作物种子检验规程水分测定”相关要求执行。

结果显示7个批次样品种根水分平均值为57.89%～73.83%，平均66.18%。方差分析结果表明，材料间差异极显著（F=304.18，P=0<P=0.01）。多重比较结果表明，材料7水分最高（73.83%），显著高于材料6（71.30%），二者极显著高于材料5（67.87%）、材料2（66.51%）、材料3（65.62%），材料1、材料4极显著低于其他材料（60.20%、57.89%）。

表30-19　不同批次附子种根水分（%）

材料编号	重复Ⅰ	重复Ⅱ	重复Ⅲ	材料编号	重复Ⅰ	重复Ⅱ	重复Ⅲ
1	60.2	59.97	60.42	5	68.67	67.08	67.87
2	66.74	66.62	66.18	6	72.05	71.26	70.6
3	66.01	65.42	65.43	7	74.69	72.97	73.83
4	57.64	58.15	57.89				

表30-20　不同批次附子种根水分多重比较分析结果

处理	均值（%）	5%显著水平	1%极显著水平	处理	均值（%）	5%显著水平	1%极显著水平
处理7	73.83	a	A	处理3	65.62	d	D
处理6	71.30	b	B	处理1	60.20	e	E
处理5	67.87	c	C	处理4	57.89	f	F
处理2	66.51	d	CD				

6. 附子种根发芽率的测定

750～1250lx光照8小时/黑暗16小时培养，以塑料篮筐为容器，以细沙作发芽床，种根埋藏于沙中，保持发芽床湿润，置于30℃人工气候箱中。每个处理设3个重复，每个重复50粒种根。隔天调查发芽数，计算发芽率。发芽率（%）=发芽的种根数/供试种根数×100%，具体参考“GB/T 3543.4—1995农作物种子检验规程发芽试验”相关要求执行。

结果显示7个材料3个重复的终发芽率结果。方差分析结果表明，不同材料间差异达极显著水平（F=17.84，P=0.0102<P=0.01）。多重比较结果表明，7个批次种根发芽率40.00%～93.33%，平均77.78%。

所测7个批次样品中，材料3发芽率最高（93.33%），略高于材料7、5、2（86.67%、83.33%、75.00%），极显著高于材料6（63.33%）、材料1（56.67%）。

表30-21　不同批次附子种根发芽率测定结果（%）

材料	重复Ⅰ	重复Ⅱ	重复Ⅲ	材料	重复Ⅰ	重复Ⅱ	重复Ⅲ
1	40.00	73.33	56.67	5	86.67	80.00	83.33
2	66.67	83.33	75.00	6	66.67	60.00	63.33
3	93.31	94.37	92.32	7	80.00	93.33	86.67
4	39.10	42.40	38.50				

表30-22　不同批次附子种根发芽率测定结果多重比较

处理	均值（%）	5%显著水平	1%极显著水平	处理	均值（%）	5%显著水平	1%极显著水平
处理3	93.33	a	A	处理6	63.33	cd	B
处理7	86.67	ab	A	处理1	56.67	d	BC
处理5	83.33	ab	A	处理4	40.00	e	C
处理2	75.00	bc	AB				

7. 种根健康检查

测定7个批次样品，每个批次3个重复，每个样品从净种根中随机取100粒，用肉眼或借助放大镜直接对种根病害和虫害进行检验。记录病害和虫害数。具体参考“GB/T 3543.7—1995农作物种子检验规其他项目检验”相关要求执行。

结果显示7个材料3个重复的种根发病率仅3.00%～4.60%，平均3.94%。方差分析、多重比较结果表明，材料间差异显著（F=5.80，P=0.0032<P=0.01）。附子种根样品中未发现虫害发生，偶见根腐病发生，种根表皮变软、黑色、水浸状，发生率低于5%。这些种根均不能作为繁殖材料使用，否则易导致病害扩散。

表30-23　不同批次附子种根病害发生率（%）

材料编号	重复Ⅰ	重复Ⅱ	重复Ⅲ	材料编号	重复Ⅰ	重复Ⅱ	重复Ⅲ
1	4.1	4.6	3.8	5	3.1	4.2	4.1
2	4.1	3.9	3.8	6	4.3	3.7	3.9
3	4.5	4.6	4.5	7	3.7	4.1	3.9
4	3	3.3	2.7				

表30-24　不同批次附子种根病害发生率多重比较分析结果表

处理	均值（%）	5%显著水平	1%极显著水平	处理	均值（%）	5%显著水平	1%极显著水平
处理3	4.53	a	A	处理7	3.90	b	A
处理1	4.17	ab	A	处理5	3.80	b	AB
处理6	3.97	ab	A	处理4	3.00	c	B
处理2	3.93	b	A				

8. 附子种子质量标准的建立

根据上述对7个批次附子种根进行种根净度、百粒重、水分、发芽率、病害率等测定结果，将5项指标测定结果进行K-means动态聚类分析。7份附子种根被划分为3类。第1类包含2、3、5等3个样品，第2类包含4、7号2个样本，第3类包含1、6号2个样本。

得到各项指标的平均值，种根净度的3个类平均值分别为95.74%、94%、92.44%，百粒重的3个类平均值分别为1266.62g、472.01g、931.88g，水分的3个类平均值分别为66.67%、65.86%、65.75%。发芽率的3

个类平均值分别为83.89%、63.33%、60%。变病害率的3个类平均值分别为4.09%、3.45%、4.07%。

方差分析结果表明，百粒重在类间的差异性达到显著水平（$F=12.98$，$0.01<P=0.0178<0.05$），而种根净度、水分、发芽率、病株率等指标在类间的差异性未达到显著水平（$F<2.0$，$P>0.05$）。

F值从大到小依次为百粒重>病害率>发芽率>种根净度>水分。说明，百粒重对附子种根质量的影响较大，种根净度、水分、发芽率、病株率等对附子种根质量的影响较小。因此，本研究将百粒重确定为划分附子种根质量标准的主要指标，种根净度、水分、发芽率、病株率确定为次要指标。

根据各个指标平均值，结合实际生产的可行性将种根质量划分等级，划分出附子种根质量等级标准。

第1类种根属于一级质量种根，包含材料2、3、5，百粒重1100～1500g，净度94%～97%，水分66%～68%，发芽率75～94%，病害率3%～4.5%。

第2类种子属于二级质量种根，包含材料1、6，百粒重900～1000g，净度85%～99%，水分60%～72%，发芽率56%～64%，病害率3%～4.5%。

第3类种子属于三级质量种根，包含材料4、7，百粒重<900g，净度92%～96%，水分57%～74%，发芽率40%～87%，病害率3%～4.5%。

按照最低定级原则制定种根质量分级标准，即同一等级种根的任一指标若达不到标准则降为下一级。

表30-25 7批次附子种根质量性状K-means动态聚类结果

组别	样本号	净度（%）	百粒重（g）	水分（%）	发芽率（%）	病害率（%）
1	2	94.23	1174.73	66.51	75.00	3.93
1	3	96.70	1132.93	65.62	93.33	4.53
1	5	96.28	1492.20	67.87	83.33	3.80
第1组5个样本	平均值	95.74	1266.62	66.67	83.89	4.09
2	4	92.52	332.20	57.89	40.00	3.00
2	7	95.49	611.83	73.83	86.67	3.90
第2组1个样本	平均值	94.00	472.01	65.86	63.33	3.45
3	1	99.06	916.30	60.20	56.67	4.17
3	6	85.82	947.47	71.30	63.33	3.97
第3组2个样本	平均值	92.44	931.88	65.75	60.00	4.07

结合生产实践和检验的可操作性，本文以种根净度、水分、发芽率、病株率和百粒重等5项指标的聚类中心为附子种根分级标准的参考值，在聚类中心值的基础上初步制定了附子种根质量分级标准，见表30-26。

表30-26 附子种根质量分级标准

级别	净度（%）	水分（%）	发芽率（%）	病株率（%）	百粒重（g）
一级	≥90	65～75	≥70	≤4.5	1100～1500
二级	≥85	60～75	≥60	≤4.5	900～1099
三级	≥85	55～75	≥60	≤4.5	600～899

四、附子种子标准草案

1. 范围

本标准规定了附子种子的名词术语和定义、质量要求、检验方法、评定方法、标签、包装、采集、贮存。

本标准适用于中华人民共和国境内附子种子的生产、销售、管理和使用时的种子质量分级和检验。

2. 规范性引用文件

下列文件中的条款通过本标准的引用而成为本标准的条款。凡是注明日期的引用文件，其随后所有的修改单（不包括勘误的内容）或修订版均不适用于本标准，然而，鼓励根据本标准达成协议的各方研究是否可使用这些文件的最新版本。凡是不注明日期的引用文件，其最新版本适用于本标准。

GB/T 3543.1—3543.7　农作物种子检验规程

GB 7414—1987　主要农作物种子包装

GB/T 7415—2008　农作物种子贮藏

DB 34/142—1997　农作物种子标签

中华人民共和国药典（2015版）一部

3. 术语和定义

3.1 附子种子　毛茛科植物乌头*Aconitum carmichaeli* Debx.的干燥成熟种子。

3.2 扦样　从大量的种子中随机取得一个重量适当且具代表性的供检样品。

3.3 种子净度　净种子重量占供检样品的百分率。包括完整的、发育正常的种子，发育不完全的种子，不能识别出的种子空粒，虽已破口但仍具发芽能力的种子。

3.4 种子水分　按规定程序把种子样品烘干所失去的重量，失去重量占供检样品原始重量的百分率。

3.5 种子千粒重　指自然干燥状态下1000粒种子重量，以克（g）为单位。

3.6 种子发芽率　在检验规程规定的条件和时间内，生长成正常幼苗数占供检种子数的百分率。

3.7 正常幼苗　指在良好土壤及适宜水分、温度和光照条件下，具有能继续生长发育成为正常植株条件的幼苗。

3.8 不正常幼苗　指在良好土壤及适宜水分、温度和光照条件下，不具备能继续生长发育成为正常植株条件的幼苗。

3.9 种子真实性　供检种子与本规程规定的附子种子是否相符。

4. 要求

4.1 质量要求　感官要求应符合表30-27的规定。

表30-27　感官要求

项目	要求
形态	三棱形，只在二面密生横膜翅
颜色	黄棕色至黑褐色
大小质地	长4.0~6.0mm，宽1.5~3.0mm，厚1.0~1.5mm坚硬

4.2 质量分级　依据种子发芽率、净度、千粒重、健康率、水分、外形、种皮颜色等7项指标将附子种子质

量分为一级、二级、三级。质量分级见表30-28。

表30-28　质量分级

级别	发芽率（%）	种子净度（%）	千粒重（g）	健康率（%）	水分（%）	外形	种皮颜色
一级	≥50	89~94	2.1~2.5	≥97	10~13	饱满	黑褐色
二级	30~49	88~94	2.0~2.4	≥97	10~13	饱满	黑褐色
三级	<30	<88	<2.0	≥97	10~13	饱满或半饱满	黄棕色至黑褐色

5. 检验方法

5.1 扦样　每批种子不得超过表30-29所规定的重量，其容许差距为5%。若超过规定重量时，须另行划批，并分别给以批号。抽样后，对送检样品的种子要按种子批次做好标识，防止混杂。

通常混合样品与送检样品的规定数量相等时，将混合样品作为送检样品。当混合样品数量较多时，按四分法从中分取规定数量的送检样品。

种子批的最大重量和样品最小重量见表30-29。其余部分按GB/T 3543.2执行。

表30-29　种子批的最大重量和样品最小重量

种子批的最大重量（kg）	样品最低重量（g）	
	送检样品	净度分析试验样品
100	500	40

5.2 真实性鉴定　随机从送验样品中数取150粒种子，鉴定时设三重复。采用形态鉴定法，逐粒观察种子形状、饱满度、表面颜色、质地等；游标卡尺测量种子长、宽、厚，保留2位小数，记录并拍照。其余按GB/T 3543.5执行。

5.3 净度分析　用7目筛除去筛上的大型混杂物，用12目筛除去筛下的小型混杂物。将试验样品分成净种子、其他植物种子、废种子、果皮及残枝、泥沙及其他杂质，测定各成分重量，单位以克（g）表示，保留4位小数。

试验样品和各组分称重结果按以下公式计算净度，结果如果超过5%，必须重做，反之，则计算各组分重量的百分率。

种子净度%=（试样重量-废种子重量-夹杂物重量）/试样重量×100%

实验设置2次重复，每次重复不低于3g样品。试验结果2个重复间的变异系数应小于2%。若变异系数在容许范围内，则取其平均值；若超过容许范围，则再分析一份试样；若分析后的最高值和最低值差异没有大于容许误差两倍时，则填报三者的平均值。如果其中的一次或几次显然是由于差错造成的，那么该结果须去除。

其余部分按GB/T 3543.3—1995执行。

5.4 发芽试验

5.4.1 发芽：随机数取净种子150粒，三次重复，种子均匀地排在湿润的发芽床上，粒与粒之间保持一定的距离。种子表面再加盖松散砂，以刚好盖住种子为标准。其中发芽床中砂粒大小要求均匀，直径

0.05～0.80mm，无毒无菌无种子，持水力强，pH为6.0～7.5，发芽盘中沙的厚度不低于5cm。

在发芽盘上贴上标签，置于人工气候箱中，调整人工气候箱为15℃，750～1250Lx光照8小时，5℃黑暗16小时。

发芽期间每日检查温度、水分和通气状况。始终保持发芽床湿润，砂不易压得太紧，以便通气。发芽盘、人工气候箱、发芽室的温度在发芽期间应尽可能一致，有光照时应注意不要超过培育温度，仪器温度的变幅应不超过±1℃。

发芽期间如有发霉的种子应取出冲洗，严重发霉的应更换发芽床。

记录第3～15天的种子发芽数与霉烂种子数。

样品最终记录发芽数的时间为120天。如果样品在规定时间内只有几粒种子开始发芽，则试验时间可延长10天，或延长规定时间的一半。根据试验情况，可增加计数的次数。反之，如果在规定试验时间结束前，样品已达到最高发芽率,则该试验可提前结束。

5.4.2 幼苗鉴定：正常幼苗和不正常幼苗的鉴别标准如下。

① 正常幼苗：完整幼苗：幼苗具有初生根，有两片完整嫩绿色子叶，完整乳白色的胚轴和淡黄色胚根长满根毛，且生长良好、匀称和健康；

带有轻微缺陷的幼苗：幼苗的主要构造出现某种轻微缺陷，如子叶前端、边缘缺损或坏死小于子叶的三分之一，或子叶上有少许颜色不一致的小斑点，或初生根局部损伤生长稍迟缓，或胚轴有轻度的裂痕等，但在其他方面仍比较良好能均衡发展的幼苗；

次生感染的幼苗：幼苗符合上述的要求，但在发芽中有外源真菌或细菌感染引起幼苗发病和轻微腐烂。

② 不正常幼苗：受损伤的幼苗：幼苗的任何主要构造残缺不全，或受严重和不能恢复的损伤，以至于不能均衡生长者，如幼苗子叶缺失大于二分之一，胚轴二分之一以上破裂，根部开裂、残缺或缺失、分离等症状；

畸形或不匀称的幼苗：根部生长停滞或过于细长，幼苗过于纤细，幼苗呈透明水肿状，子叶枯黄、卷曲、变色、坏死或仅有一片子叶，胚轴下端膨大且不长根，胚轴断裂等症状；

腐烂幼苗：由初生感染（病源来自种子本身）引起，幼苗子叶和胚轴发病和腐烂，不能正常生长者。

当一个试验的三次重复正常幼苗的百分率变异系数不超过15%，则其平均数表示发芽率。不正常幼苗、硬实、新鲜不发芽种子和死种子的百分率按三次重复平均数计算。正常幼苗、不正常幼苗和未发芽种子百分率的总和必须为100。

其余部分按GB/T 3543.4—1995执行。

5.5 水分测定　采用高恒温烘干法测定。供水分测定的样品，应装在一个防湿容器中送检。样品接收后立即测定，测定过程中的取样和称量应操作迅速，不宜超过2分钟。在相对湿度70%以下的室内进行所有测定操作。

5.5.1 取样：用匙在样品罐内搅拌混匀，取样品1g，两次重复，放入预先烘干的干燥瓶（25mm×40mm）内，称重，保留4位小数。取样、称重戴手套操作。

5.5.2 烘干称重：将烘箱预热至140～145℃，打开烘箱门5～10分钟后，将干燥瓶放入烘箱上层，迅速关闭烘箱门。箱温保持140℃时，开始计时，样品烘干时间为6小时。取出时，打开烘箱，用坩埚钳或戴上手套盖好盒盖（在箱内加盖），取出后放入干燥器内冷却至室温，再称重。

5.5.3 结果计算：根据烘后失去的重量计算种子水分百分率，按下式计算到小数点后一位。

$$种子水分（\%）=\frac{M_2-M_3}{M_2-M_1}\times 100\%$$

式中：M_1——样品盒和盖的重量，g；

M_2——样品盒和盖及样品的烘前重量，g；

M_3——样品盒和盖及样品的烘后重量，g。

若一个样品的两次重复测定之间的差距不超过4%，其结果可用两次测定值的算术平均数表示。否则，应重做。

其余部分按GB/T 3543.6—1995执行。

5.6 千粒重测定　将种子充分混合均匀，随机取出500粒称重，单位以克（g）表示，称重保留4位小数，两次重复，重复的差数与平均数之比不应超过5%，如超过应再分析第三份重复，直至达到要求，取差距小的两份按以下公式计算测定结果。其余部分按GB/T 3543.7执行。

$$\text{平均重量}(\overline{X}) = \frac{\sum X}{n}$$

式中：$\overline{X}$——500粒种子的平均重量；

X——各重复重量；

n——重复次数。

种子千粒重（g）= 五百粒重（$\overline{X}$）×2

5.7 健康度检查　采用直接检查法检查感染病害和虫害的种子；采用平皿培养法检测带菌种子。

5.7.1 直接检查：随机数取400粒种子作为试样，放在白纸或玻璃上，用肉眼检查。取出感染病害和虫害的种子，分别计算其粒数，并计算感染率。

感染病率（%）=病粒种子数/供试种子数×100%

感染虫率（%）=被虫蛀种子数/供试种子数×100%

5.7.2 平皿培养法：培养基的制备：马铃薯200g，切块，置于烧杯内加入1000ml水，煮沸20分钟。在煮沸过程中适时加水以补充蒸发掉的水，纱布过滤，滤液加17g琼脂粉，再放入20g葡萄糖，搅拌溶解，溶解后纱布过滤。取滤液，加热水补足为1000ml。培养基、培养皿及接种用耗材，应121℃高压灭菌20分钟。

灭菌后的培养基趁热于超净台内进行无菌分装。每个培养皿（直径12.5cm）倒入20～30ml培养基，平置，放冷。

随机选取100粒种子，每5粒放于一个培养皿中，置25℃的培养箱中培养3～5天，适时观察。

菌的纯化：挑取真菌较纯的部分至另一新的培养基上进行培养。

菌种检验：根据真菌培养性状和形态特征进行鉴定，挑取纯化后的真菌，用棉蓝染色剂对其进行染色，然后在显微镜下观察，菌落、孢子形态拍照记录，鉴定菌种。

分离频率（%）=某一分离物出现数/分离物出现总数×100%

带菌率（%）=带菌种子总数/检测种子总数×100%

其余部分按GB/T 3543.7执行。

6. 评定方法

本标准规定的指标作为检验依据，若其中任一项要求达不到感官要求，或三级以下定为不合格种子。

6.1 单项指标定级　根据表30-13发芽率、种子净度、千粒重、健康率、水分、外形、种皮颜色进行单项指标的定级，三级以下定为不合格种子。

6.2 综合定级　① 根据发芽率、种子净度、千粒重、健康率、水分、外形、种皮颜色七项指标进行综合定级。② 七项指标均同一质量级别时，直接定级。③ 七项指标有一项在三级以下，定为不合格种子。④ 七项指标不在同一质量级别时，采用最低定级原则，即以四项指标中最低一级指标进行定级。

7. 包装、标识、贮存和运输

7.1 采集 11～12月份，果皮枯黄时，采收果实，果实存放在20～25℃通风处自然阴干，去除杂物。

7.2 标签 销售的袋装种子应当附有标签。每批种子应挂有标签，表明种子的产地、重量、净度、发芽率、水分、质量等级、生产日期、生产者或经营者名称、地址等。其余按DB34/142执行。

7.3 包装 种子视量多少可用编织袋、布袋、篓筐等符合卫生要求的包装材料包装。其余按GB 7414执行。

7.4 贮存 存放在低温干燥阴凉处，其余按GB 7415执行。

五、附子种根标准草案

（一）附子种根质量标准

1. 范围

本标准规定了附子种根的术语和定义、分级要求、检验方法、检验规则。

本标准适用于附子种根的生产、流通、使用和的检验。

2. 规范性引用文件

下列文件对于本文件的应用是必不可少的。凡是注明日期的引用文件，仅所注明日期的版本适用于本文件。凡是不注明日期的引用文件，其最新版本（包括所有的修改单）适用于本文件。

GB/T 3543.2—1995 农作物种子检验规程 扦样

GB/T 3543.1—1995 农作物种子检验规程 总则

GB/T 3543.2—1995 农作物种子检验规程 扦样

GB/T 3543.3—1995 农作物种子检验规程 净度分析

GB/T 3543.4—1995 农作物种子检验规程 发芽试验

GB/T 3543.5—1995 农作物种子检验规程 真实性和品种纯度鉴定

GB/T 3543.6—1995 农作物种子检验规程 水分测定

GB/T 3543.7—1995 农作物种子检验规程 其他项目检验

GB/T 7414—1987 主要农作物种子包装

GB/T 7415—1987 主要农作物种子贮藏

GB 20464—2006 农作物种子标签通则

中华人民共和国药典（2015版）一部

3. 术语和定义

下列术语和定义适用于本标准。

3.1 附子 毛茛科植物乌头*Aconitum carmichaeli* Debx. 的干燥子根。

3.2 附子种根 乌头（栽培品）的旁生块根（子根），由母根旁生侧根局部膨大而形成，在一株植物上，可以形成多个种根，每个种根都带有芽口和根系，可以独立长成为植株。通常用作附子大田栽培的繁殖材料。

3.3 扦样 从大量的种根中随机取得一个重量适当且具代表性的供检样品。

3.4 种根净度 净种根重量占供检样品的百分率。包括完整的、发育正常的种根，发育不完全的种根，虽已破口但仍具发芽能力的种根。

3.5 种根水分　按规定程序把种根样品烘干所失去的重量，失去重量占供检样品原始重量的百分率。

3.6 种根百粒重　以克（g）表示的一百粒种子的重量。

3.7 种根发芽率　在检验规程规定的条件和时间内，生长成正常幼苗数占供检种根数的百分率。

3.8 正常幼苗　指在良好土壤及适宜水分、温度和光照条件下，具有能继续生长发育成为正常植株条件的幼苗。

3.9 不正常幼苗　指在良好土壤及适宜水分、温度和光照条件下，不具备能继续生长发育成为正常植株条件的幼苗。

4. 质量要求

4.1 感官要求　感官要求应符合表30-30的规定。

表30-30　感官要求

项目	要求
形态	纺锤状或倒卵形，略弯曲，顶端宽大，上身肥满，周围生有瘤状隆起的分支
芽体	饱满、紧包、无损，未萌发或稍萌发
主根	3条以上，下部有细小须根，根系健壮

4.2 质量分级　以种根的净度、水分、发芽率、病株率和百粒重为质量分级指标将附子种根质量分为一级、二级、三级。质量分级见表30-31。

表30-31　质量分级

级别	净度/%	水分（%）	发芽率（%）	病株率（%）	百粒重（g）
一级	≥90	65~70	≥70	≤4.5	1100~1500
二级	≥85	60-75	≥60	≤4.5	900~1099
三级	≥85	55-75	≥60	≤4.5	600~899

4.3 检测方法　种根质量分级各项指标的检验须按本标准“种子检验”规定的方法进行。

5. 种根检验

5.1 扦样　每批种根不得超过表3所规定的重量，其容许差距为5%。若超过规定重量时，须另行划批，并分别给以批号。抽样后，对送检样品的种根要按种根批次做好标识，防止混杂。

通常混合样品与送检样品的规定数量相等时，将混合样品作为送检样品。当混合样品数量较多时，按四分法从中分取规定数量的送检样品。

种根批的最大重量和样品最小重量见表30-32。其余部分按GB/T 3543.2—1995执行。

表30-32　根批的最大重量和样品最小重量

种根批的最大重量（kg）	样品最低重量（kg）	
	送检样品	净度分析试验样品
1000	15	1.5

5.2 净度分析　拣出大型混杂物，用8目筛除去筛下的小型混杂物。将试验样品分成净种根、其他植物种

子、废种子、其他杂质，测定各成分重量，单位以克（g）表示，保留3位小数。

试验样品和各组分称重结果按以下公式计算净度，结果如果超过5%，必须重做，反之，则计算各组分重量的百分率。

种根净度%=（试样重量-废种根重量-夹杂物重量）/试样重量×100%

其余部分按GB/T 3543.3—1995执行。

5.3 百粒重测定　将种根充分混合均匀，随机取出100粒称重，单位以克（g）表示，称重保留3位小数，三次重复，计算3个重复的平均重量、标准差、变异系数。重复间的变异系数应小于6%，测定值有效。如超过上述限度，则应再测定3个重复，并计算6个重复的标准差×。凡与平均数之差超过两倍标准差的重复略去不计。按以下公式计算测定结果。

$$平均重量(\overline{X}) = \frac{\Sigma X}{n}$$

式中：$\overline{X}$——100粒种子的平均重量

X——各重复重量

n——重复次数

5.4 发芽试验

5.4.1 发芽床：采用砂作为发芽床。砂粒大小均匀，直径0.05～0.80mm，无毒无菌无种根（种根），持水力强，pH为6.0～7.5。使用前必须进行洗涤和高温消毒。化学药品处理过的种根样品发芽所用的砂子，不再重复使用。湿润发芽床的水质应纯净、无毒无害，pH为6.0～7.5。

5.4.2 试验样品的准备：从经充分混合的净种根中，手工随机数取种根，通常以50粒为一次重复，通常设4个重复。注意不要故意抽选过大或过小的种根。

5.4.3 置床培育：将上述砂装入发芽盘或塑料篮筐中，厚度不低于10cm，作为发芽床。

将数取的种根均匀地排在湿润的发芽床上，粒与粒之间保持一定的距离。种根表面再加盖2～3cm厚度的松散砂。

在发芽盘或塑料篮筐上贴上标签，置于度人工气候箱中，调整人工气候箱温度为30℃、75℃～1250Lx光照8小时/黑暗16小时。

5.4.4 控制发芽条件：发芽期间经过检查温度、水分和通气状况。始终保持发芽床湿润，砂不易压得太紧，以便通气。发芽盘、人工气候箱、发芽室的温度在发芽期间应尽可能一致，有光照时应注意不要超过培育温度，仪器温度的变幅应不超过±1℃。

发芽期间如有发霉的种根应取出冲洗，严重发霉的应更换发芽床。每日观察，保持纸床湿润，挑出霉烂种子，记录第3～70天的种根发芽数与霉烂种根数。如果样品在规定时间内只有几粒种根开始发芽，则试验时间可延长7天，或延长规定时间的一半。根据试验情况，可增加计数的次数。反之，如果在规定试验时间结束前,样品已达到最高发芽率,则该试验可提前结束。

5.4.5 幼苗鉴定

5.4.5.1 正常幼苗：在良好土壤及适宜水分、温度和光照条件下，具有继续生长发育成为正常植株的幼苗。

5.4.5.2 不正常幼苗：生长在良好土壤及适宜水分、温度和光照条件下，不能继续生长发育成为正常植株的幼苗。

5.4.5.3 未发芽的种根：生长在良好土壤及适宜水分、温度和光照条件下，试验末期仍不能发芽的种根，包括新鲜不发芽的种根、死种根（变软、变色、发霉，并没有幼苗生长的迹象）和其他类型。

5.4.5.4 新鲜不发芽种根：由生理休眠引起，试验期间保持清洁和一点硬度，有生长成为正常幼苗潜力的种根。

5.4.5.5 鉴定：每株幼苗都必须按照GB/T 3543.4附录A（补充件）规定的标准进行鉴定。鉴定要在绝大部分幼苗应达到真叶从种根中伸出时进行。

在计数过程中，发育良好的正常幼苗应从发芽床中拣出，对可疑的或损伤、畸形或不均衡的幼苗，通常到末次计数。严重腐烂的幼苗或发霉的种根应从发芽床中除去，并随时增加计数。

5.4.6 重新试验：当试验出现下列情况时，应重新试验。

由于真菌或细菌的蔓延而使试验结果不一定可靠时。

当发现试验条件、幼苗鉴定或计数有差错时，应采用同样的方法进行重新试验。

当50粒种根重复间变异系数超过1%时，应采用同样的方法进行重新试验。如果第二次结果与第一次结果相一致，即其差距不超过容许差距，则将两次试验的平均数填报在结果单上。如果第二次结果与第一次结果不符合，其差异超过容许差距，则采用同样的方法进行第三次试验，填报符合要求的结果平均数。

5.4.7 结果计算和表示：试验结果以粒数的百分率表示。当一个试验的三次重复正常幼苗的百分率变异系数不超过1%，则其平均数表示发芽率。不正常幼苗、硬实、新鲜不发芽种根和死种根的百分率按三次重复平均数计算。正常幼苗、不正常幼苗和未发芽种根百分率的总和必须为100。

5.5 水分测定　采用高恒温烘干法测定。供水分测定的样品，应装在一个防湿容器中送检。样品接收后立即测定，测定过程中的取样和称量应操作迅速，不宜超过2分钟。在相对湿度70%以下的室内进行所有测定操作。

5.5.1 取样：将净度分析后的净种根均匀混合，分出一部分作为试验样品。两次重复，每个重复试验样品应估计至少50粒种根的重量或至少500g，放入预先烘干的样品盒内，称重，保留3位小数。取样、称重戴手套操作。将样品用刀纵切为5～8mm厚的薄片，切片应尽量均匀。

5.5.2 烘干称重：先将样品盒预先烘干、冷却、称重，并记下盒号，取得切片的试样2份，每份200g。将试样放入预先烘干和称重过的样品盒内，再称重，精确至0.001g。将烘箱预热至140～145℃，打开烘箱门5～10分钟后，将干燥瓶放入烘箱上层，迅速关闭烘箱门。箱内温度在5～10分钟内回升至140±2℃时开始计算时间，样品烘干时间为5小时。取出时，打开烘箱，用坩埚钳或戴上手套盖好盒盖（在箱内加盖），取出后放入干燥器内冷却至室温，再称重。

5.5.3 结果计算：根据烘后失去的重量计算种根水分百分率，按下式计算到小数点后一位。

$$种子水分（\%）=\frac{M_2-M_3}{M_2-M_1}\times 100\%$$

式中：M_1——样品盒和盖的重量，g；

M_2——样品盒和盖及样品的烘前重量，g；

M_3——样品盒和盖及样品的烘后重量，g。

若一个样品的两次重复测定之间的差距不超过1%，其结果可用两次测定值的算术平均数表示。否则，应重做。

其余部分按GB/T 3543.6执行。

5.5.4 检查重复间的误差：附子种根水分重复间的变异系数应小于1%，测定值有效，其结果可用两次测定值的算术平均数表示，否则重新做两次测定。

5.6 健康度检查　采用直接检查法检查感染病害和虫害的种根；采用平皿培养法检测带菌种根。

5.6.1 直接检查：随机数取300粒种根作为试样，放在白纸或玻璃上，用肉眼检查。取出感染病害和虫害的种根，分别计算其粒数，并计算感染率。

感染病率（%）=病粒种根数/供试种根数×100%

感染虫率（%）=被虫蛀种根数/供试种根数×100%

5.6.2 平皿培养法：培养基的制备：马铃薯200g，切块，置于烧杯内加入1000ml水，煮沸20分钟。在煮沸过程中适时加水以补充蒸发掉的水，纱布过滤，滤液加17g琼脂粉，再放入20g葡萄糖，搅拌溶解，溶解后纱布过滤。取滤液，加热水补足为1000ml。培养基、培养皿及接种用耗材，应121℃高压灭菌20分钟。

灭菌后的培养基趁热于超净台内进行无菌分装。每个培养皿（直径12.5cm）倒入20~30ml培养基，平置，放冷。

随机选取100粒种根，每5粒放于一个培养皿中，置25℃的培养箱中培养3~5天，适时观察。

菌的纯化：挑取真菌较纯的部分至另一新的培养基上进行培养。

菌种检验：根据真菌培养性状和形态特征进行鉴定，挑取纯化后的真菌，用棉兰染色剂对其进行染色，然后在显微镜下观察，菌落、孢子形态拍照记录，鉴定菌种。

分离频率（%）=某一分离物出现数/分离物出现总数×100%

带菌率（%）=带菌种根总数/检测种根总数×100%

5.7 评定方法　本标准规定的指标作为检验依据，若其中任一项要求达不到感官要求，或三级以下定为不合格种根。

5.7.1 单项指标定级：根据表30-26种根净度、水分、发芽率、病株率和百粒重进行单项指标的定级，三级以下定为不合格种根。

5.7.2 综合定级：根据表30-26种根净度、水分、发芽率、病株率和百粒重五项指标进行综合定级。

五项指标均同一质量级别时，直接定级。

五项指标有一项在三级以下，定为不合格种子。

五项指标不在同一质量级别时，采用最低定级原则，即以五项指标中最低一级指标进行定级。

5.8 采集、包装、标签、运输、贮存

5.8.1 采集：11月上中旬开始采挖，一周左右采完。将采挖的附子种根从植株上掰下，去除种根表面泥土和异物，剔除焦巴、水漩及缺芽种根。用剪刀或用手直接剪去过长须根，保留2-3cm左右。

5.8.2 包装

5.8.2.1 包装材料：编织袋，要求清洁、干燥、无污染、无破损。将称准确调零，抽取10条空袋进行称重，并计算出平均袋重作为包装的皮重。其余按GB 7414执行。

5.8.2.2 装袋：不同规格等级产品分别装袋；每袋净重50kg。

5.8.2.3 封袋：把种根装完后，用打包针将口袋缝合。

5.8.3 标签：销售的袋装种根应当附有标签，标明种根的品名、产地、重量、净度、发芽率、水分、质量等级、生产日期、生产者或经营者名称、储藏条件、地址、注意事项等。其余按DB 34/142执行。

5.8.4 运输：将装袋的种根及时运至坝区栽种，不宜久放，以免腐烂。运输途中不能日晒雨淋，防止发热霉烂。

5.8.5 贮存

5.8.5.1 坝区种根保存：运坝区后1~2天，不能及时栽种的，应摊放于铺有草的阴凉干燥处，厚4~5cm，并随时翻动，防止发烧。存放时间不超过7天。其余按GB 7415执行。

5.8.5.2 山区种根保存：如果当年采收后不及时运往坝区栽种，而是在山区保存一段时间后再运往坝区，或继续在山区作为原种繁殖用的种根，可以根据具体情况适当保存。如果产区气温低于4℃，可直接堆放于铺有草的阴凉干燥处保存，如产区温度高于4℃，则应将种根储藏于4℃低温冷库。保存时间0~60天。其余按GB 7415执行。

六、附子种根繁殖技术研究

（一）研究概况

在贯彻落实《国务院关于扶持和促进中医药事业发展的若干意见》和《中医药标准化中长期发展规划纲要（2011—2020年）》提出的“全面推进中医药标准体系建设”的重要任务，进一步强化对中医药标准制修订工作的指导和管理的前提下，在国家中药标准化项目“白术等14种中药饮片标准化建设——附子、川乌专题”（ZYBZH-Y-ZY-45）、国家基本药物所需中药材种子种苗繁育基地建设专项“国家基本药物所需中药材种子种苗繁育（四川）基地建设——附子种子种苗繁育基地建设”（A-2013N-34-4）、四川省十三五育种攻关专项“道地药材新品种选育——川附子新品种选育”（2016NYZ0036）、四川省科技成果转化项目“中药材新品种‘中附3号’及配套种植技术示范推广”（2016CC0064）、四川省科技厅支撑计划“国家基本药物所需重要中药材种子种苗繁育（四川）基地建设关键技术研究及示范——附子专题”（2015SZ0034）等项目的资助下，开展了大量的工作。

（二）附子种根繁殖技术规程

1. 概述

本规程规定了附子种根繁育必须运用的栽培技术措施及操作规程。

1.1 产品名称　附子种根。

1.2 来源　毛茛科植物乌头*Aconitum carmichaeli* Debx.的旁生块根（子根）。

2. 附子种根繁殖技术规程

2.1 选地

2.1.1 环境质量：空气符合国家GB 3095—1996《环境空气质量标准》、土壤符合国家GB 15618—2018《土壤环境质量标准》、灌溉水符合国家GB 5084—2005《农田灌溉水质量标准》。

2.1.2 海拔：种根繁育地应选择在海拔1000～1500m的阳山地。

2.1.3 地块：选择地势向阳、排水良好的熟地或生荒地，土层深厚、富含有机质的壤土或砂壤土。

2.1.4 轮作：种根地应实行轮作，要求每两年轮作一次。

2.2 整地作厢

2.2.1 整地：栽种前15天左右，在选好的种根繁育地上，除尽地上杂草。连作的土地，每亩可用草木灰3.5kg，撒土面，再3犁3耙，作30cm高、40～50cm宽的畦，畦间开宽25cm的沟，土地四周挖好排水沟，沟深15～20cm。

2.2.2 底肥：每亩用干牛粪1500kg，拌匀，翻入畦面。

2.3 栽种

2.3.1 植物检疫：种根采收后请当地植物检疫部门到种根基地检疫，检疫合格后，开具植物检疫证。

2.3.2 种根选留：选倒卵形、个圆、中等大小、色泽新鲜、芽口紧包、无病虫的健壮块根。对无根毛，或根毛少而短，毛上长有根瘤菌的，块根上有病菌、黑斑、霉烂、缺芽的块根不能做种。

2.3.3 种根分级：种根采挖后，除去须根并按大、中、小分为三级，最大的Ⅰ级可以做药材卖，也可以留山区作乌头种；中等大的Ⅱ级运坝区作附子种；最小的Ⅲ级块根留山区作乌头原种。

2.3.4 栽种密度及栽种规格：不同等级种根按相应的种植密度栽种。

Ⅰ级种根株距17cm，穴深12～15cm，每畦2行，交错排列，每穴栽1个，亩栽10000～12000个；

Ⅲ级种根株距13cm，穴深7～10cm，每畦3行，每穴栽1个，亩栽20000～23000个。

栽种时在行间多栽10%～15%的种根，以作补苗之用。

栽后覆土9cm厚，成鱼背形以利于排水。

2.3.5 用种量：Ⅰ级种根每亩用种根120～210kg。Ⅲ级种根每亩用种根130～240kg。

2.3.6 栽种时间：11月上旬开始采挖，一周左右采完。作乌头原种的块根可于采挖后立即栽种；也可放在背风阴凉的地方摊开（厚约6cm）晾7～15天，使皮层水分稍干一些就可栽种；也可根据具体情况于4℃左右编织袋低温储藏最多60天后栽种。栽种时要避开雨、雪天。

2.3.7 浸种：种根栽种前用多菌灵800～1000倍液浸种30分钟。

2.3.8 栽种方法：按照密度要求在整好的厢上打窝，每窝放1个种根，栽种时种根芽眼朝上，不可倒置。栽好后，每窝浇适量腐熟清粪水后盖土。

2.4 田间管理

2.4.1 补苗

2.4.1.1 时间：第二年早春苗出齐后。

2.4.1.2 方法：取健苗带土补栽，压实，浇清水以利成活。

2.4.2 套种：4月上旬于畦面按40cm株距点播玉米，每穴留苗2～3株，以利遮阴。

2.4.3 中耕除草

2.4.3.1 采用人工除草，禁用除草剂。

2.4.3.2 人工除草次数及时间：苗期经常除草，以保证幼苗生长；苗高30cm封行后，可根据具体情况除草。

2.4.4 灌溉及排水

2.4.4.1 灌溉

2.4.4.1.1 时间：久晴无雨，表土干燥现白；植株顶部叶片出现轻度萎蔫症状时。

2.4.4.1.2 方法：清晨或傍晚（不能在中午高温时进行）从水沟引水浇灌或担水浇灌。

2.4.4.2 排水

2.4.4.2.1 时间：中雨后、大雨后，厢沟、边沟有积水时。

2.4.4.2.2 方法：雨后及时疏通厢沟和边沟，排出积水。

2.5 施肥

2.5.1 第一次施肥：栽种时每亩施清粪水1500kg，施肥后盖土。

2.5.2 第二次施肥：早春时，每亩施清粪水1500kg，促进出苗。

2.5.3 第三次施肥：4月下旬至5月初拔草，结合追肥，每亩施人畜粪水1500kg，并清理畦沟、培土。

2.6 种根病虫害防治　种根病虫害防治，贯彻“预防为主，综合防治”的原则，农业措施防治和化学防治相结合，做好病虫害预测预报，禁止使用国家禁用农药，原则上尽量使用生物源农药，不施或少施化学农药。

2.6.1 农业防治

2.6.1.1 实行轮作，切忌重茬。

2.6.1.2 用无病、虫种根作种，栽种前注意淘汰带病、带虫种根。

2.6.1.3 整地时，适度深翻晾晒，雨后及时排水，降低田间湿度。

2.6.1.4 病害发生后立即拔除病株，集中销毁，以防蔓延。

2.6.2 化学防治

2.6.2.1 白绢病

2.6.2.1.1 防治时间：5～8月。

2.6.2.1.2 防治指标：主要为害附子茎与母根交界的部位，多发生于夏季高温多雨季节。发病初期叶片萎蔫下垂，严重时地上部分倒伏，叶子青枯，但茎不折断，母根仍与茎连在一起。病株达到2%以上时防治。

2.6.2.1.3 防治方法：选无病乌头作种；轮作；不用化肥；发病初期，将病株和病土挖起深埋，并用5%石灰或50%多菌灵可湿性粉剂1000倍淋灌病株附近的健壮植株，防止蔓延。

2.6.2.2 霜霉病

2.6.2.2.1 防治时间：3～5月。

2.6.2.2.2 防治指标：是苗期较为普遍而又严重的病害。幼苗期，病株须根不发达，叶片直立向上伸长，且狭小卷曲，呈灰白浅绿色，叶背产生紫褐色霉层。发病后，全株逐渐枯死，产区叫“灰苗”。成株受害顶部叶变白，叶片卷缩，呈暗红色或黑色焦枯，茎秆破裂而死，产区叫“白尖”。病株达到2%以上时防治。

2.6.2.2.3 防治方法：及时拔除病苗，用1∶1∶200的波尔多液喷洒。也可用50%多菌灵可湿性粉剂500～800倍液喷雾防治。

2.6.2.3 萎蔫病

2.6.2.3.1 防治时间：4月上中旬。

2.6.2.3.2 防治指标：茎秆上有黑褐色的条纹，麻叶，叶脉呈黑色油状条纹，叶子变黄死亡，横切块根亦可见黑色一圈。病株达到2%以上时防治。

2.6.2.3.3 防治方法：为土壤传染病害，病害由块根伤口浸入维管束，再浸入到下一代种根上。采种、运输、栽种时注意勿伤种根；发现病株立即拔除。

2.6.2.4 根腐病

2.6.2.4.1 防治时间：4～7月。

2.6.2.4.2 防治指标：上部植株蔫萎，叶片下垂，严重时病株死亡。病株达到2%以上时防治。

2.6.2.4.3 防治方法：用50%退菌特可湿性粉剂0.5kg兑水300kg加石灰15kg淋灌，亦可按比例兑在粪水中施用或用50%多菌灵可湿性粉剂1000倍液淋灌。

2.6.2.5 白粉病

2.6.2.5.1 防治时间：5～9月。

2.6.2.5.2 防治指标：叶片先扭曲向上，叶背产生褐色斑块，椭圆形，逐渐焦枯。病菌在病残植株上越冬，次年病菌萌发产生白粉，随风蔓延，天旱时特别严重。病株达到2%以上时防治。

2.6.2.5.3 防治方法：发病初期可用3波美度石硫合剂喷射，每7～10天1次，连续3次。

2.6.2.6 根结线虫

2.6.2.6.1 防治时间：5、6、7月。

2.6.2.6.2 防治指标：受病植株纤弱，种根个小，须根上结成瘤状物。达到5%时防治。

2.6.2.6.3 防治方法：忌连作，选无病地栽种或进行土壤消毒，选用无病种根作种。

2.6.2.7 蛀心虫

2.6.2.7.1 防治时间：4、5、6月。

2.6.2.7.2 防治指标：危害茎秆，咬坏组织，致使植株上部逐渐蔫萎下垂，称为“勾头”。严重时植株枯死。虫株率达5%时防治。

2.6.2.7.3 防治方法：收挖乌头时，集中茎秆烧毁；及时摘除“勾头”，集中沤肥；用90%晶体敌百虫1000倍液喷杀；用黑光灯诱杀成虫。

2.7 种根采收

2.7.1 种根采收时间：霜降后15天内为适宜采收期。选择阴天或晴天采收。

2.7.2 采收的方法：挖起全株，掰下单个块根。剪去过长须根，保留2~3cm，剔除焦巴、水漩及缺芽种根。

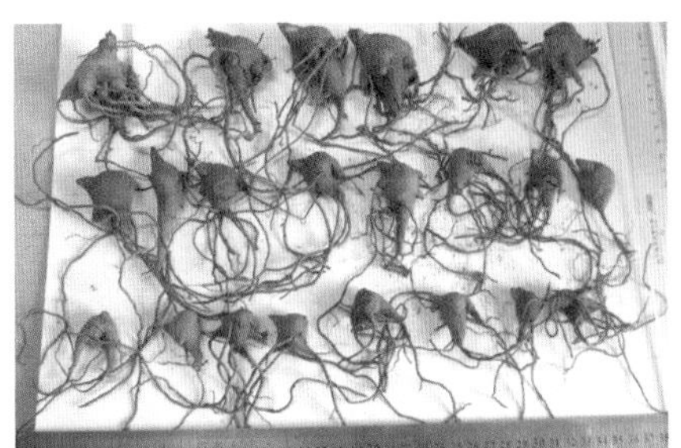

图30-1 附子种根

图30-2 栽种方法

图30-3 根腐病

参考文献

[1] 赵润怀，王继永，孙成忠，等. 基于TCMGIS-I道地药材附子栽培区适宜性分析[J]. 中国现代中药，2006，(7)：4-8.

[2] 肖小河，陈士林，陈善墉. 四川乌头和附子气候生态适宜性研究[J]. 资源开发与保护，1990，6(3)：151-153.

[3] 胡平，夏燕莉，杨玉霞，等. 乌头种质资源遗传多样性的RAMP分析[J]. 西南农业学报，2014，27(3)：984-990.

[4] 胡平，夏燕莉，周先建，等. 乌头种质资源形态学多态性研究初报[J]. 资源开发与市场，2008，24(5)：448-449.

[5] 夏燕莉，舒光明，胡平，等. 附子新品种中附1号、中附2号多点品比试验研究[J]. 中药材，2014，37(8)：1331-1336.

[6] 夏燕莉，胡平，丁建，等. 附子种胚培养技术研究[J]. 西南农业学报，2010，23(6)：2167-2170.

[7] 夏燕莉，胡平，周先建，等. 不同等级乌药种子形态及发芽特性研究[J]. 中国中药杂志，2009，34(6)：781-782.

[8] 夏燕莉，胡平，张美，等. 附子优良品种选育及生物学特性研究[J]. 种子，2009，28(2)：85-88.

[9] Ma R, Sun L, Chen X, et al. Proteomic changes in different growth periods of ginseng roots[J]. Plant Physiol Biochem, 2013, 67: 20.

[10] Colzani M, Altomare A, Caliendo M, et al. The secrets of Orien-tal panacea: Panax ginseng[J]. J Proteomics, 2016, 150-159.

[11] Sun H, Liu F, Sun L, et al. Proteomic analysis of amino acid metabolism differences between wild and cultivated Panax ginseng[J]. J Ginseng Res, 2016, 40(2): 113.

[12] Tian N, Liu S, Li J, et al. Metabolic analysis of the increased adventitious rooting mutant of Artemisia annua reveals a role for the plant monoterpene borneol in adventitious root formation[J]. Physiol Plantv, 2014, 151(4): 522.

[13] Wu T, Wang Y, Guo D. Investigation of glandular trichome pro-teins in *Artemisia annua* L. using comparative

proteomics [J]. PLoS ONE, 2012, 7 (8) : e41822.

[14] Rai R, Pandey S, Shrivastava A K, et al. Enhanced photosynthe-sis and carbon metabolism favor arsenic tolerance in Artemisia an-nua, a medicinal plant as revealed by homology-based proteomics [J]. Int J Proteomics, 2014: 163962.

[15] Bryant L, Flatley B, Patole C, et al. Proteomic analysis of Artemisia annua——towards elucidating the biosynthetic pathways of the anti-malarial pro-drug artemisinin [J]. BMC Plant Biol, 2015, 15: 175.

[16] Zhu W, Yang B, Komatsu S, et al. Binary stress induces an in-crease in indole alkaloid biosynthesis in Catharanthus roseus [J]. Front Plant Sci, 2015, 6: 582.

[17] 侯大斌，任正隆，舒光明. 附子野生资源群体遗传多样性的RAPD分析 [J]. 生态学报，2006，26 (6) :1833-1841.

[18] 高福春. 新疆地产7种乌头属植物基因多态性的ISSR分析 [D]. 乌鲁木齐：新疆医科大学，2014.

[19] 罗群，马丹炜，王跃华. 川乌遗传多样性的ISSR鉴定 [J]. 中草药，2006，37 (10)：1554-1556.

夏燕莉（成都大学）

周先建（四川省中医药科学院）

赵润怀　王继永　曾燕　周海燕　焦连魁（中国中药有限公司）

31 板蓝根（菘蓝）

一、菘蓝概况

菘蓝（*Isatis indigotica* Fort.）十字花科菘蓝属二年生草本植物，生产上采用种子作为繁殖材料，春播或初夏播种，秋季收获，以干燥根或干燥叶入药。干燥根药材名板蓝根，干燥叶药材名大青叶。板蓝根为常用中药，有悠久的入药历史。菘蓝抗寒、耐旱，抗性强，适应性广，在我国南北各地均有种植。1960年前主要产区为安徽阜阳和宿县、河北安国、江苏海门和如皋，1970年后栽培区域扩展到河南、山东、山西、北京、上海等地，产量从500吨上升到1983年全国产量8000吨，1992年达2万吨。1996年资料表明，安徽主要种植地区为阜阳、泗县、亳州、临泉；河北省主要种植地区为安国、邢台，栽培量减少；河南省禹州、柘城、安阳、辉县等地有栽种，面积下降；江苏省射阳县为省内板蓝根的主产地，如皋、泰兴等地亦有少量种植，南通、太仓、溧阳等地现已基本停产；山东省临沂、陕西咸阳、内蒙古赤峰、山西太谷等地有少量种植。全国板蓝根总产量2008年达到7.5万吨，种植面积达30万亩左右。2008年后黑龙江省大庆市和甘肃省民乐县逐渐发展为我国板蓝根主要产区，据不完全统计这两个区域2014年菘蓝种植面积达20万亩以上，总产量6万吨左右。

目前我国板蓝根种子来源比较复杂，部分区域利用秋季未采收或部分采收的根部作为繁殖材料生产种子自用，新产区或不能进行种子生产的区域在安徽亳州、河北安国种子市场收购。目前菘蓝种子生产、加工、经营不规范，种子来源复杂，无稳定繁殖材料，种子纯度、净度、含水量和活力无法保证，严重影响中药材产量品质和种子效益，分析河南、安徽（临泉、邓庙、阜南）、辽宁、吉林、黑龙江、山东、河北、浙江、江苏等产地腺苷含量，结果显示各地腺苷含量在0.061～0.286mg/g，有较大差距；同时混乱交易使病虫草害随同菘蓝种子的传播蔓延，影响产区的可持续发展。

二、菘蓝种子质量标准研究

（一）研究概况

目前关于菘蓝种子学研究较少，报道主要集中在环境条件对菘蓝种子质量影响、种子质量调查、种子发芽条件筛选、环境胁迫对种子发芽影响及贮存条件对种子活力影响等方面。作者单位研究主要集中栽培技术对菘蓝种子产量和质量影响、种子发芽条件优化、贮存条件对种子活力影响、种子活力快速评估技术建立等方面的研究，初步建立了菘蓝种子检验方法和菘蓝种子质量标准。

（二）研究内容

1. 研究材料

发芽试验供试种子为2011年6月份收获于中国农业大学上庄实验站，种子阴干后用种子分选机去杂（农业部规划设计院加工所生产，风挡都为2档），用纸袋外包自封袋保存于低温库中备用。

2. 扦样方法

种子净度分析试验中试验样品的最小重量至少不少于含有2500粒种子，板蓝根种子的千粒重在5.5～8.9g，故试验样品的重量为20.0g左右。而送验样品的重量应超过净度分析量的10倍以上，故送验样品为200.0g左右，种子批的最大重量为1000kg。

3. 种子净度分析

采用“徒手减半法”，把收集的种子分别经过筛选、风选和重力选的种子用分样器随机取15g左右称重，三次重复。置于净度分析台，然后进行重型混杂物的检查，若有应挑出这些重型混杂物并称重，在将重型混杂物分离为其他种子和杂质。试样称重后，将试样分离成净种子，其他植物种子和杂质三种成分。净种子为完整种子单位，大于原来大小一半的破损种子单位，果皮完全脱落的种子。小于原来大小一半的破损种子单位，无生命杂质，其他植物种子都不能称作净种子。

4. 真实性鉴定

板蓝根种子角果长圆形，扁平，翅状，长13.2～18.4mm，宽3.5～4.9mm，厚1.3～1.9mm，表面紫褐色或黄褐色，稍有光泽。先端微凹或平截，基部渐窄，具残存的果柄或果柄痕；两侧面各具一中肋，中部呈长椭圆状隆起，内含种子1枚。种子长椭圆形，长3.2～3.8mm，宽1.0～1.4mm，表面黄褐色，基部具一小尖突状种柄，两侧面各具一较明显的纵沟（胚根与子叶间形成的痕）及一不甚明显的纵沟（两子叶之间形成的痕）。胚弯曲，黄色，含油分，胚根圆柱状，子叶2枚，背倚于胚根（图31-1）。

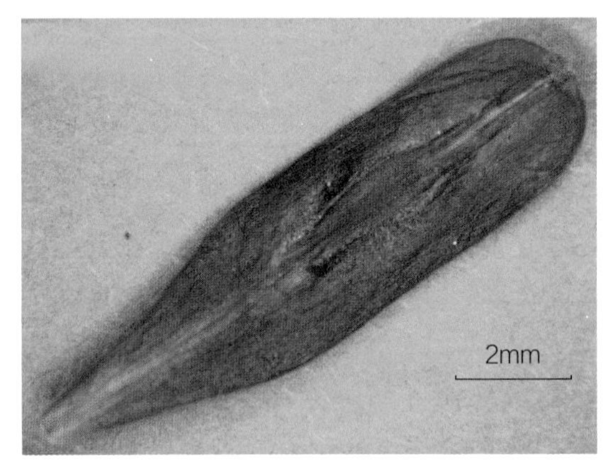

图31-1　板蓝根种子

5. 重量测定

采用合适量程的天平称取样品重量，大粒种子用感量0.1g的天平，中小粒种子用感量0.01g的天平称重。

百粒法：取8/16次重复，每重复100粒，记录重量。

五百粒法：取3次重复，每重复100粒，记录重量。

千粒法：取2次重复，每重复100粒，记录重量。

计算重复间的平均重量 标准差及变异系数，按以下公式计算：

$$方差=[n(\sum x^2)-(\sum x)^2]/[n(n-1)]$$

$$标准差(S)=\sqrt{方差}$$

$$变异系数=(S/X)\times 100(或500)$$

式中：x——各重复重量，g；

n——重复次数；

S——标准差；

X——100粒（或500粒）种子的平均重量，g。

种子的变异系数不超过4.0，则可计算测定的结果。如变异系数超过上述限度，则应再测定8个重复，并计算16个重复的标准差。凡与平均数之差超过两倍标准差的重复略去不计。将板蓝根种子样品充分混合，随机从中取两份试样，每份1000粒，放在天平上称重，精确到0.01g。两份试样平均值的误差允许范围为5%，不超过5%，其平均值就是该样品的千粒重，测得板蓝根种子的千粒重在5.5～8.9g。

6. 水分测定

取净度分析后的种子，一部分用粉碎机将其磨碎，另一部分不做处理。每个处理三次重复，将其放在恒温箱中，每15分钟取出放入干燥器内冷却至室温称重，直至水分恒定为止。

低恒温烘干法（表31-1）：先将样品盒预先烘干冷却称重，并记下盒号，取试样三份，每份1.0g，将试样放入预先烘干和称重过的样品盒内，在称重（精确至0.001g）。使烘箱通电预热至110～115℃，烘至水分恒定为止。高温烘干法：过程同低恒温烘干法，温度为130～133℃，烘箱预热至140～145℃。试验结果表明，整粒103℃/8小时、整粒130℃/1小时、磨碎103℃/8小时、磨碎130℃/1小时处理对板蓝根种子含水量影响不大，故采用高温130℃/1小时法测量含水量。

表31-1　不同处理的种子的含水量

处理	含水量（%）	处理	含水量（%）
整粒103℃/8小时	8.83[a]	磨碎103℃/8小时	8.95[b]
整粒130℃/1小时	8.82[a]	磨碎130℃/1小时	8.93[b]

7. 发芽试验

（1）种子预处理对种子发芽的影响　对板蓝根种子发芽前进行不同的预处理，冷水浸泡24小时，冷水浸泡48小时，0.2%（W/V）浓度KNO_3湿润发芽床，0.02%（W/V）浓度GA湿润发芽床，1%（V/V）浓度H_2O_2浸种24小时5种处理，观察记录其发芽势和发芽率，计算其相对活力指数（表31-2）。

表31-2　不同预处理对板蓝根种子发芽的影响

处理方法	发芽势（%）	发芽率（%）	相对活力指数
冷水浸泡24小时	84.4[b]	90.0[a]	27.57[a]
冷水浸泡48小时	81.1[b]	92.2[a]	21.19[b]
0.2%（W/V）浓度KNO_3湿润发芽床	82.2[b]	92.2[a]	26.80[a]
0.02%（W/V）浓度GA湿润发芽床	73.3[b]	87.8[a]	19.96[b]
1%（V/V）浓度H_2O_2浸种24小时	88.9[a]	92.2[a]	28.62[a]

结果表明，其他种子预处理对板蓝根种子发芽的影响不显著。相对而言，用1%浓度H_2O_2浸种24小时效果好，活力指数、发芽率和发芽势都较高。

（2）最佳发芽条件研究　为了研究光照等发芽条件对种子萌发的影响，光照设全光、全暗、12小时光12小时暗、8小时光16小时暗4个处理；发芽温度设15℃、20℃、25℃、30℃和15℃/20℃变温、20℃/25℃变温（高温8小时，低温16小时）等6个处理；发芽床设纸上（TP）、纸间（BP）、褶裥纸（PP）和砂中（S）等4种处理；每个处理均设置3个重复，每组50粒种子（表31-3）。

表31-3　光照对板蓝根种子萌发的影响（25℃）

光照时间（h）	发芽势（%）	发芽率（%）	相对活力指数	光照时间/（h）	发芽势（%）	发芽率（%）	相对活力指数
24	90.0[a]	92.2[a]	25.00[a]	12	84.4[a]	87.8[a]	27.17[a]
0	85.6[a]	89.9[a]	28.25[a]	8	85.6[a]	96.7[a]	29.13[a]

注：同一列数据中字母不同表示差异显著（$P<0.05$）。

结果表明，光照对板蓝根种子萌发影响不大，各处理的发芽势、发芽率和活力指数差异不显著。但光照对发芽后小苗叶片颜色影响较大，光照时间为0的处理小苗叶片颜色为泛白色或淡黄色，光照时间为8小时以上的处理小苗叶片颜色为绿色。

表31-4　不同温度对板蓝根种子萌发的影响

温度（℃）	发芽势（%）	发芽率（%）	相对活力指数	温度（℃）	发芽势（%）	发芽率（%）	相对活力指数
15	10.0[b]	61.1[b]	7.72[b]	30	88.9[a]	94.4[a]	34.58[a]
20	58.9[a]	94.4[a]	26.99[a]	15/20	77.8[a]	93.3[a]	27.49[a]
25	86.7[a]	93.3[a]	30.34[a]	20/25	92.2[a]	95.6a[a]	34.80[a]

表31-4结果表明，温度对板蓝根种子萌发影响较大。30℃和20℃/25℃变温情况下的相对活力指数较高，说明30℃和20℃/25℃变温情况下有利于板蓝根幼苗健壮成长，鲜重增加较快；15℃条件下，发芽率、发芽势和活力指数都较低。从以上各项测定指标结果说明，板蓝根种子适宜发芽温度是30℃或20～25℃变温，变温更有利于种子的发芽。发芽动态表明种子置床后3天有少部分种子发芽，到第7天发芽率趋于稳定，因此可将发芽初次计数定为3天，末次计数时间定为7天。

表31-5　不同发芽床对板蓝根种子发芽的影响（25℃）

发芽床	发芽势（%）	发芽率（%）	相对活力指数	发芽床	发芽势（%）	发芽率（%）	相对活力指数
纸上（TP）	87.8[a]	92.2[a]	28.94[a]	褶裥纸（PP）	86.7[a]	95.6[a]	29.16[a]
纸间（BP）	85.6[a]	90.0[a]	27.92[a]	砂中（S）	86.7[a]	91.1[a]	27.73[a]

发芽床对板蓝根种子发芽的影响，从表31-5可以看出，发芽床对板蓝根种子萌发影响不大。各处理的发芽势、发芽率和活力指数差异不显著，纸间对于不正常幼苗的判断比较有利。

（3）生活力测定　将经过不等时间浸种的板蓝根种子置于培养皿中，每皿30粒，3次重复，加入不同浓度的TTC溶液，以覆盖种子为度，然后置于不同温度的恒温暗培养箱中放置。采用沿胚中线纵切处理的种子，凡胚被染为红色为活种子，过30分钟后，每10分钟拿出来观察一次，记录染色种子数。

将板蓝根种子在常温下用蒸馏水中浸泡8～12小时；种子垂直腹缝线纵切去2/5；将种子分别置于0.5%，0.75%和1.0%四唑溶液中，在37℃恒温箱内染色，每半小时拿出来观察一次，记录染色种子数。由表31-5结果可知,板蓝根种子的颜色的不同对其发芽率和发芽势影响不大.

根据实验测定结果,可采用板蓝根种子在常温下用蒸馏水中浸泡8～12小时；种子垂直腹缝线纵切去2/5；将种子置于1.0%四唑溶液中，在37℃恒温箱内染色1小时。有活力的种子染成有光泽的红色，且染色均匀。符合下列任意一条的列为有生活力种子一类：胚和子叶全部均匀染色；子叶远胚根一端≤1/3不染色，其余部分完全染色；子叶侧边总面积≤1/3不染色，其余部分完全染色。不满足以上条件的为无生活力种子（表31-6）。

表31-6　TTC浓度与处理时间对菘蓝种子染色的影响

TTC浓度%	染色种子百分数（%）		
	处理0.5小时	处理1小时	处理1.5小时
0.5	23	69	91
0.75	41	80	93
1.0	57	93	

（4）种子健康检验

① 普通滤纸培养检测：从每个供试品种种子样品中随机选取每份50粒的两份测试样品，设置种子表面不消毒和消毒（1%次氯酸钠溶液表面消毒10分钟，灭菌水漂洗4次）两种处理。在超净工作台上离接将种子均匀摆放在培养皿中润湿的滤纸上，每皿50粒，4个重复。以打开皿盖保持和摆放种子基本相等时间的未接种种子的培养皿作为该检测方法的空白对照。接种后的培养皿在25℃恒温箱中培养7天，观察记录种子带菌情况，计算带菌率。

② 未处理种子表面带菌检测：随机选取40粒供测种子，将其摆在PDA培养基上，每皿10粒种子，4个重复。以打开皿盖保持和摆放种子基本相等时间的未接种种子的PDA培养基作为该检测方法的空白对照。将其放在25～28℃恒温箱中培养进行观察菌落生长情况，记录种子表明携带的真菌种类和分离频率。

③ 种子洗涤后表面带菌与洗涤液中带菌检测：从供测种子中选出100粒。放入250ml三角瓶中，加30ml无菌水后充分震荡，放置30分钟后，收集悬浮液5ml，以4000r/min的转速离心20分钟，倒去液体，在液体中加入1ml无菌水悬浮，制成孢子悬浮液。将悬浮液做1倍、10倍、100倍稀释，分别吸取100μl孢子悬浮液加到9cm直径PDA平板上，均涂，相同操作条件下设无菌水空白对照。放入25～28℃培养箱中黑暗条件下培养，观察菌落生长情况，记录种子表面携带的真菌种类和分离比例。将洗涤的种子摆在培养基上，每皿10粒，3皿一个重复。以打开皿盖保持和摆放种子基本相等时间的未接种种子的PDA培养基作为该检测方法的空白对照。将其放在25～28℃恒温箱中培养进行观察菌落生长情况，记录种子表明携带的真菌种类和分离频率。

④ 种子内部带菌检测方法：将种子在5%NaClO中浸泡5分钟，用无菌水冲洗3遍，将种壳和种仁剖开，将种仁浸在1%NaClO中3分钟，用无菌水冲洗3遍，将种仁，种壳，整粒种子和用无菌水洗过的整粒种子分别摆放在PDA培养基上，置250C下于12小时光照/黑暗培养5天，记录种子带菌情况、不同部位真菌种类和分离频率。

⑤ 研究结果表明：板蓝根种子空白对照上无杂菌菌落出现，未经过表面消毒处理的种子有带菌现象；表面经过消毒处理的种子无带菌现象。普通滤纸法检测种子表面带菌效果差，能够分离的真菌类群少，此方法不适合板蓝根种子健康度检测。板蓝根种子PDA培养基检测种子健康度检测空白对照平板上无杂菌生长。可以看出，板蓝根种子表面未经消毒处理种子带菌率很高，未作任何处理的种子（简称整种）为79.0%、用无菌水洗涤后的种子（简称洗种）为83.8%；板蓝根种子内部种仁带菌率为0，洗后的种壳带菌率为28.3%。

根据分离获得的真菌孢子形态和孢子着生方式对检测获得的真菌做了初步鉴定，未作任何处理的整粒种子表面检测到的真菌为青霉8.9%、曲霉3.2%、链格孢菌17.9%、根霉35.6%，其他主要为细菌13.4%；用无菌水洗涤后的种子表面检测到的真菌为青霉1.3%、镰刀菌1.8%、链格孢菌2.5%，其他主要为细菌76.9%；用

5%NaClO中浸泡过的种壳检测到的真菌为镰刀菌18.3%、链格孢菌3.2%、根霉13.1%；用无菌水洗涤种子得到的液体检测到主要为细菌，其中未稀释直接涂布的液体中能够检测到部分真菌，如镰刀菌。由于真菌和细菌的生长存在抑制现象，所以在重复检测过程中结果有差异。

三、菘蓝种子标准草案

（一）范围

本标准规定了菘蓝种子质量要求、检验方法和检验原则。

本标准适用于中华人民共和国境内销售的菘蓝种子。

（二）规范性引用文件

下列文件中的条款通过本部分的引用而成为本部分的条款。凡是注明日期的引用文件，其随后所有的修改单（不包括勘误的内容）或修订版均不适用于本部分，然而，鼓励根据本部分达成协议的各方研究是否可使用这些文件的最新版本。凡是不注明日期的引用文件，其最新版本适用于本部分。

GB/T 3543.2　农作物种子检验规程　扦样

GB/T 3543.3　农作物种子检验规程　净度分析

GB/T 3543.4　农作物种子检验规程　发芽试验

GB/T 3543.5　农作物种子检验规程　真实性和品种纯度鉴定

GB/T 3543.6　农作物种子检验规程　水分测定

中华人民共和国药典（2015年版）一部

（三）术语和定义

下列术语和定义适用于本标准。

1. 扦样

1.1 种子批　同一来源、同一品种、同一年度、同一收获期和质量基本一致，在规定数量之内的种子。

1.2 初次样品　从种子批的一个扦样点上所扦取的一小部分种子。

1.3 混合样品　由种子批内扦取的全部初次样品混合均匀就成为混合样品。

1.4 送验样品　送到种子检验机构活检验室供检验用的样品，其数量必须满足规定的最低标准。送验样品可以直接从混合样品中分取，或者用整个混合样品作为送验样品。

1.5 试验样品　在实验室中从送验样品中分出的供测定某一检验项目用的样品。

2. 净度

2.1 种子净度　是指种子清洁干净的程度，即样品除去杂质和其他植物种子后，留下的本作物（种）净种子重量占样品总重量的比例。

2.2 重型杂质　指重量和体积明显大于所分析种子的杂质。

2.3 其他植物种子　指样品中除净种子以外的任何植物种类的种子单位，包括杂草和异作物种子两类。

3. 含水量

3.1 种子水分　也称种子含水量，是指按规定程序把种子样品烘干所失去水分的重量占供检样品原始重量的比例。它是以湿重为基数计算的百分率。

3.2 千粒重　是检验种子质量和作物考种的内容，也是田间预测产量时的重要依据。

3.3 发芽率　指在规定的条件下，末次计数时间内长成的正常幼苗数占供检种子数的百分率。

3.4 生活力　指种子发芽的潜在能力。

3.5 健康度　是检验种子是否携带有病原菌（如真菌、细菌及病毒）以及有害动物（如线虫及害虫）等的健康状况，即对种子所携带病虫害种类及数量进行检验。

（四）种子分级标准

表31-7　板蓝根种子质量分级标准

指标	级别	
	一级	二级
发芽率（%）	≥85	70~85
千粒重（g）	≥8	6~8
水分（%）	≤8	≤8
净度（%）	≥97	≥97

（五）检验方法

1. 扦样

种子批的最大重量为10000kg，容许差距为5%，板蓝根种子的送检样品最小重量为200g，水分测定试样最小重量为20g；净度分析试样最小重量为20g；其他种子计数试样最小重量为200g，其余部分按GB/T 3543.2。

2. 净度分析

种子分别经过用分样器随机取15g左右称重，三次重复。置于净度分析台，然后进行重型混杂物的检查，若有应挑出这些重型混杂物并称重，在将重型混杂物分离为其他种子和杂质。试样称重后，将试样分离成净种子，其他植物种子和杂质三种成分。

按GB/T 3543.3执行。

3. 水分测定

采用高温130℃/h法测量含水量，具体按GB/T 3543.6执行。

4. 重量

先将样品充分混合，随机从中取两份试样，每份1000粒，放在天平上称重，精确到0.01g。两份试样平均值的误差允许范围为5%，不超过5%的，则其平均值就是该样品的千粒重；超过5%的，则如数取第三份试样称重，取平均值作为该样的千粒重。

5. 发芽试验

发芽床采用纸间（BP）或纸上（TP），置床培养温度25℃，初次记数天数3天，末次记数天数7天，其余部分按GB/T 3543.4执行。

6. 生活力测定

在1000ml水中溶解9.078g KH2PO4配制成溶液（1），在1000ml水中溶解9.472g Na_2HPO_4配制成溶液（2）；取溶液（1）2份和溶液（2）3份混合，配制成pH 6.5~7.5缓冲溶液，取100ml加入1g TTC（2，3，5-三苯基氯化四氮唑）成1%溶液。

板蓝根种子在常温下用蒸馏水浸泡8～12小时，从短角果中取出种子，延腹缝线纵切，将种子置于1.0%四唑溶液中，在37℃恒温箱内染色60分钟。有活力的种子染成有光泽的红色，且染色均匀。符合下列任意一条的列为有生活力种子一类：胚和子叶全部均匀染色；子叶远胚根一端≤1/3不染色，其余部分完全染色；子叶侧边总面积≤1/3不染色，其余部分完全染色。不满足以上条件的为无生活力种子。

7. 真实性和品种纯度鉴定

按GB/T 3543.5执行。

8. 健康度检查

8.1 普通滤纸培养检测　从每个供试品种种子样品中随机选取每份50粒的两份测试样品，设置种子表面不消毒和消毒（1%次氯酸钠溶液表面消毒10分钟，灭菌水漂洗4次）两种处理。在超净工作台上再将种子均匀摆放在培养皿中润湿的滤纸上，每皿50粒，4个重复。以打开皿盖保持和摆放种子基本相等时间的未接种种子的培养皿作为该检测方法的空白对照。 接种后的培养皿在25℃恒温箱中培养7天，观察记录种子带菌情况，计算带菌率。

8.2 PDA培养基法检测　随机选取40粒未处理供测种子

将其摆在培养基上，每皿10粒种子，4个重复。以打开皿盖保持和摆放种子基本相等时间的未接种种子的PDA培养基作为该检测方法的空白对照。将其放在25～28℃恒温箱中培养进行观察菌落生长情况，记录种子表明携带的真菌种类和分离频率。从供测种子中选出100粒。放入250ml三角瓶中，加30ml无菌水后充分震荡，放置30分钟后，收集悬浮液5ml，以4000r/min的转速离心20分钟，倒去液体，在液体中加入1ml无菌水悬浮，制成孢子悬浮液。将悬浮液做1倍、10倍、100倍稀释，分别吸取100μl孢子悬浮液加到9cm直径PDA平板上，均涂，相同操作条件下设无菌水空白对照。放入25～28℃培养箱中黑暗条件下培养，观察菌落生长情况，记录种子表面携带的真菌种类和分离比例。

将洗涤的种子摆在培养基上，每皿10粒，3皿一个重复。以打开皿盖保持和摆放种子基本相等时间的未接种种子的PDA培养基作为该检测方法的空白对照。将其放在25～28℃恒温箱中培养进行观察菌落生长情况，记录种子表明携带的真菌种类和分离频率。

将种子在5%NaClO中浸泡5分钟，用无菌水冲洗3遍，将种壳和种仁剖开，将种仁浸在1%NaClO中3分钟，用无菌水冲洗3遍，将种仁，种壳，整粒种子和用无菌水洗过的整粒种子分别摆放在PDA培养基上，置25℃下于12小时光照/黑暗培养5天，记录种子带菌情况、不同部位真菌种类和分离频率。

8.3 种传病害检测　板蓝根种传病害包括菌核病、霜霉病

8.3.1 菌核病病源：*Sclerotinia sclerotiorum* 属子囊菌亚门，核盘菌属。菌核表面褐色，内部白色，荚果内均和较小，菌核萌发产生1至数个淡褐色至暗褐色具长柄的子囊盘。子囊盘表面由许多子囊和侧丝组成子实层。子囊棍棒状，无色，内生8个子囊孢子，无色，单孢，椭圆形。可以用过筛检验，比重检验。计算单位重量种子携带菌核数量。

8.3.2 霜霉病病源：*Peronospora isatidis* Gaum属鞭毛菌亚门，霜霉属，菌丝无色，无隔膜；孢囊梗1至数根无色，主梗粗壮，基部膨大，无隔膜，2～6次的二叉状分枝，分枝顶端弯曲，其上着生1个孢子囊，孢子囊圆形或椭圆形。

8.3.3 检验方法：洗涤检测，计算单位重量种子携带的

（六）检验规则

以品种上述指标为检验依据，达不到一项指标为不合格种子

（七）包装、标识、贮存和运输

按GB/T 7414、GB/T 7415执行

四、菘蓝种子繁育技术研究

（一）研究概况

目前关于板蓝根种子生产技术的系统性研究鲜有报道，作者实验室重点研究了施肥、灌水、打顶、采收期对菘蓝种子产量和质量的影响，同时分析了结实部位和种子物理特征对种子活力的影响，初步研究表明，水分亏缺可以加快菘蓝种子的成熟，并可降低菘蓝种子的百粒重，其中以结果中期缺水影响最大，但水分亏缺对菘蓝种子的活力影响不显著；施用N肥及NPK肥可提高菘蓝种子的产量，但施肥处理对种子的活力影响不显著；菘蓝种子在下部开始成熟后大约15天的完熟期收获产量和活力较高；打顶可以提高种子的产量，疏去1/3内围花可以提高种子的产量和活力；不同分枝的粒重、发芽率和种子活力之间无显著差异。

（二）菘蓝种子繁育技术规程

1. 范围

本标准规定了菘蓝种子生产技术规程。

本标准适用于菘蓝种子生产的全过程。

2. 规范性引用文件

下列文中的条款通过本标准的引用而成为本标准的条款。凡是注明日期的引用文件，其随后所有的修改单（不包括勘误内容）或修订版均不适用于本部分。然而，鼓励根据本标准达成协议的各方研究是否使用这些文件的最新版本。凡是不注明日期的引用文件，其最新版本适用于本标准。

中华人民共和国药典（2015年版）一部

3. 术语和定义

3.1 生育期　作物的生育期一般指从到成熟所经历的时间。以所需的日数表示。

3.2 整地　作物播种或移栽前进行的一系列土壤耕作措施的总称。

3.3 条播　把种子均匀地播成长条，行与行之间保持一定距离，成行播种的播种方法。

3.4 间苗　又称苗疏苗，在栽培种子出苗过程中或完全出苗后，采用机械、人工、化学等人为的方法去除多余部分的幼苗的过程。

3.5 中耕除草　通过人工中耕和机械中耕可及时防除作物田间杂草的方法。

3.6 追肥　是指为了供应作物某个时期对养分需要，在作物生长过程中施用肥料的措施。

4. 生产技术

4.1 种质来源　《中国药典》（2015年版）一部板蓝根来源于为十字花科植物菘蓝（*Isatis tinctoria* Fort.）

4.2 选地与整地　菘蓝对土壤适用范围广，选择疏松肥沃、土层深厚、排灌方便或有水源壤土地块，利于根系生长。原种田前茬选择小麦、玉米、大豆等作物种植2～3年的地块，最好不用种植十字花科植物的地块。前茬收获后及时耕翻，耕深20～25cm，耙平，拣拾田内杂草及石块，培好田埂，10月中旬至11月上旬灌足水分，无机肥料与有机肥料同时作基肥在整地过程中施入，播前施腐熟厩肥3000千克/亩，肥料均匀撒施地表，浅耕（耙）10～20cm，耙平。腐熟有机肥可结合秋耕施用。有机肥中不得伴有生活垃圾、医院垃圾和

工业垃圾。无机肥施磷酸二铵（15～20）千克/亩。

4.3 作畦　施入基肥后，旋耕土壤，按宽1.5～2.0m作成平畦，长度根据地块大小决定，畦面要平整。

4.4 播种　春播4～5月，以土壤解冻，气温稳定通过10℃为宜。夏播一般6月，不宜太晚，避免营养生长期生长量过小。经过筛选和风选的种子亩种量1500～2000克/亩。

4.5 播种方法　按行距30cm，用开沟器开沟，沟深2～3cm。种子均匀播于沟内，浅覆土2cm，轻轻镇压。如果土壤墒情不好，可于播前在沟内灌水；也可在播种后立即喷灌。

4.6 营养生长期田间管理　齐苗后4～5片真叶及时间苗，当真叶达6～8片时，按株距20cm进行定苗。根据杂草生长情况中耕（松土）除草2～3次。中耕宜浅，勿伤及根。在生长旺盛期观察田间植株叶片生长形态、色泽，发现与原类型标准不一致的植株挖出并淘汰。视降雨量和土壤墒情灌溉，保持土壤湿润，不得长时间积水。结合浇水于6月中、下旬追施尿素（20千克/亩），7月结合中耕施入优质有机肥料（1500～2000千克/亩）。

生殖生长期田间管理：水肥管理、中耕除草同营养生长期。在盛花期观察植株形态，叶片形状、色泽，花序形态，花冠形状、色泽，发现与原品种标准不一致的变异植株或异品种植株，及时挖出并淘汰。

5. 病虫害防治

5.1 霜霉病　清洁田园，处理病株，减少病原，通风透光；轮作；选择排水良好的土地种植，雨季及时开沟排水；用40%乙磷铝2000～3000倍液，或用1∶1∶100的波尔多液喷雾，隔7天喷一次，连续 2 ～ 3 次。

5.2 菌核病　水旱轮作或与禾本科作物轮作；增施P肥；开沟排水，降低田间温度；使用石硫合剂于植株基部。发病初期用65%代森锌500～600倍喷雾，隔7天喷一次，连续3次。

5.3 白锈病　不与十字花科作物轮作；选育抗病新品种；发病初期喷洒1∶1∶120波尔多液。

5.4 根腐病　采用75%百菌清可湿性粉剂600倍液或70%敌可松1000倍液进行喷药防治效果最佳。桃蚜：用40%乐果乳油1500倍液喷杀。

6. 种子采收加工与储存

6月上旬～中旬角果色泽变紫黑色，种子达到固有硬度即可采收。割取种子成熟后收割整株，打捆，晒干后脱粒，通过风选和筛选去除杂质，烘干至标准含水量后，种子质量应达到菘蓝种子标准指标，应贮藏在低温低湿的种子贮藏库内

7. 包装运输

用种子袋包装，种子袋内外均应有种子标签，标明品种、采收地点、时间、重量、采收人和验收人。运输过程中应注意防潮和种子混杂。

参考文献

［1］陈怡平，崔瑛，任兆玉. 微波处理菘蓝种子的子叶发育与生物光子辐射的相关性［J］. 红外与毫米波学报，2006，25（4）：275-278.

［2］陈怡平. 微波辐射对菘蓝种子生理及幼苗发育的影响［J］. 中草药，2005，36（6）：915-917.

［3］付世景，宗良纲，张丽娜，等. 镉、铅对菘蓝种子发芽及抗氧化系统的影响［J］. 种子，2007，26（3）：14-17.

［4］孟红梅，韩多红，李彩霞，等. NaCl胁迫对菘蓝种子萌发的影响［J］. 干旱地区农业研究，2008，36（1）：213-216.

［5］宋军生，王芳，鱼小军. PEG胁迫对菘蓝种子萌发和幼苗生长的影响［J］. 种子，2011，30（11）：11-14.

［6］王竹承，梁宗锁，丁永华. 水分胁迫对菘蓝幼苗生长和生理特性的影响［J］. 西北农业学报，2010，19（12）：98-103.

［7］吾拉尔古丽，王建华，李先恩. 菘蓝种子发芽试验标准化研究［J］. 种子，2005，6（24）：34-36.

［8］冯娇，吴啟南. 菘蓝种子萌芽习性初步研究［J］. 中华中医药学刊，2008，26：576-577.

［9］白隆华，董学会，沙迪力·赛提尼牙孜，等. 板蓝根种子的吸水特性及发芽条件研究［J］. 广西植物，2009，6：836-838.

董学会　郭玉海（中国农业大学）

32 | 刺五加

一、刺五加概况

刺五加［*Acanthopanax senticosus*（*Rupr.et Maxim.*）*Harms*］，又叫刺拐棒、刺老牙、刺龙芽等，为五加科多年生落叶灌木，国家三级重点保护物种，《中国植物红皮书——稀有濒危植物（第一册）》中将其列为渐危植物。刺五加以根和根茎或茎入药，具有益气健脾，补肾安神之功效，用于脾肺气虚、体虚乏力、食欲不振、肺肾两虚、久咳虚喘、肾虚腰膝酸痛、心脾不足、失眠多梦等。主要分布在我国黑龙江、吉林、辽宁、河北和山西等地，在俄罗斯、朝鲜和日本也有，东北三省为道地产区。

刺五加种子种苗商品化程度低。刺五加自然更新周期约10年以上。刺五加生产上主要以种子繁殖及分根繁殖、分株繁殖、扦插繁殖等无性繁殖为主。此外，刺五加种子具有深休眠特性，需次年经夏越冬，种子休眠周期长，败育率高，发芽率低，发芽不整齐，是刺五加生产和质量评价中的难题。种植面积增加，药用减少，食用增加。目前市场出售的种子混乱，短梗五加种子多作为刺五加种子出售。

二、刺五加种子质量标准研究

目前国内只有刺五加育苗技术（LY/T 1653—2006）和刺五加培育技术规程（LY/T 1771—2008）两个林业标准，缺乏种子种苗质量评价标准。因此，刺五加种子质量标准的提出和建立，可以从药材生产的源头——种子上对药材质量进行控制，有利于规范刺五加种子种苗市场。

（一）研究材料

刺五加种子采自黑龙江、吉林两省不同生态区域下的30个栽培居群，具体来源和编号见表32-1。

表32-1　刺五加种子收集表

编号	来源	编号	来源
1	黑龙江七台河	7	黑龙江亚布力林业局石头河子林场
2	黑龙江七台河	8	黑龙江七台河桃山区
3	黑龙江七台河	9	黑龙江七台河桃山区
4	黑龙江七台河	10	黑龙江七台河桃山区
5	黑龙江亚布力林业局石头河子林场	11	黑龙江七台河桃山区
6	黑龙江亚布力林业局石头河子林场	12	黑龙江伊春幺河经营所

续表

编号	来源	编号	来源
13	黑龙江伊春幺河经营所	22	黑龙江密山金山林场
14	黑龙江亚布力林业局宝山林场	23	黑龙江佳木斯汤原县正阳林场
15	黑龙江亚布力林业局宝山林场	24	黑龙江林副特产研究所
16	黑龙江东京城林业局	25	吉林通化集安财源镇
17	黑龙江东京城林业局	26	黑龙江东方红林业局玉林洞林场
18	黑龙江省虎林林业局七虎林林场	27	黑龙江哈尔滨方正县
19	黑龙江密山林业局金沙林场	28	黑龙江东方红林业局东林林场
20	黑龙江亚布力林业局亮河林场	29	黑龙江林副特产研究所
21	黑龙江亚布力林业局石头河子林场	30	黑龙江林副特产研究所

（二）扦样方法

扦样袋数：5袋以下每袋都扦取，并且至少扦取5个初次样品；5袋以上每增加5袋扦取1袋。

样点分布：按上中下和左中右原则，平均确定样袋，每个样袋按上中下取三点。

扦样方法：用扦样器拨开袋的线孔，由袋的一角向对角线方向，将扦样器插入，插入时槽口向下，当插到适宜深度后，将槽口转向上，敲动扦样器木柄，使种子从扦样器的柄孔中漏入容器，当种子数量符合要求时，拔出扦样器。

（三）净度分析

净度分析参照GB/T 3543.3—1995《农作物种子检验规程—净度分析》，采用两份半试样（全试样重量的一半）法，将试样分离成净种子、其他植物种子和杂质三种成分。分离后各成分分别称重，以克（g）表示，折算为百分率。

计算公式为：

种子净度=[（饱满种子+瘦小种子+干瘪种子）/实际重量]×100%

杂质=虫蛀种子+果柄+皮肉+其他杂质

本研究中收集的刺五加种子的净度在95.1%～99.9%之间，平均净度为98.0%。杂质中无重型混杂物，主要由虫蛀的种子、果肉和果梗组成。除6、7号样品均不含其他植物种子。上述结果表明：水洗法结合风选法适用于刺五加种子处理。

用SPSS 15.0系统聚类分析方法中的K-means聚类方法可将净度水平分成三类，第一类 97.79；第二类 95.98；第三类 99.31。但在实际拟定相关标准时，应结合生产实践和相关标准。

（四）真实性鉴定

本项检验内容主要考查刺五加种子的外观形态、颜色、大小及鉴别特征等，以期与易混淆种子，如短梗五加等相区别，保证检验品种的真实性。

刺五加种子长6.4～9.0mm，宽2.4～3.6mm，厚0.9～2.2mm，表面红棕色，棕色，土黄色，无毛，有细小突起；横椭圆形或弓形，略显空瘪状，质地坚硬，一侧边缘为半圆弧形，向两侧微凸起，凹陷的沟槽不明显，一侧边缘平直，两面略凹，基部有圆形吸水孔，种脐位于种子基部尖端，下陷为近似椭圆形（如图32-1A）；胚乳丰富，为黄棕色，胚细小。

短梗五加种子长约8.0mm，宽2.8～4.0mm，厚2.0～3.0mm，表面棕褐色或棕色，无毛，粗糙，有不规则网状凹痕密布于种皮两侧（如图32-1B）；三角肾形，略显饱满状，质地疏松，顶部与基部区别明显，顶部略尖锐，基部较钝，弧形一侧边缘有明显凹陷的沟槽，种脐位于种子基部尖端，下陷为近似椭圆形（如图32-1B）；胚乳丰富，为黄棕色，胚细小，埋生于种仁基部。

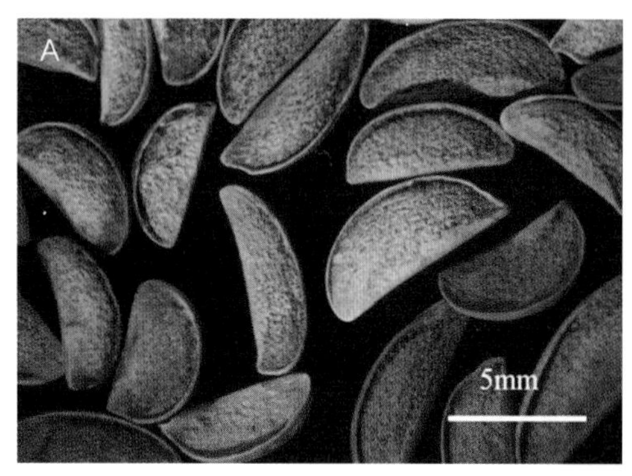

图32-1　刺五加及短梗五加种子群体图

A. 刺五加种子；B. 短梗五加种子

（五）重量测定

参照农作物种子检查规程GB/T 3543.7—1995其他项目检查中重量测定，采用百粒法对不同产地刺五加种子进行了重量测定。随机从净种子中数取100粒，重3次，分别称重（g），计算3个重复的平均重量、标准差及变异系数，再换算成1000粒种子的平均重量。

表32-2　种子千粒重

样品编号	千粒重1（g）	千粒重2（g）	千粒重3（g）	平均值（g）	STDEV	SE
1	7.9650	6.4500	7.6200	8.0002	0.7941	0.4584
2	7.3600	6.5500	7.6700	7.2920	0.5783	0.3339
3	6.0250	7.5800	6.9850	7.2599	0.7846	0.4530
4	8.6500	8.3000	8.2600	7.1207	0.2146	0.1239
5	5.7050	5.6650	7.3750	6.0527	0.9759	0.5635
6	8.0150	7.9700	8.9100	5.8345	0.5302	0.3061
7	6.9000	7.5400	8.0850	6.4869	0.5931	0.3424
8	7.7400	7.1450	6.4950	7.8495	0.6227	0.3595
9	6.2700	6.4350	6.2350	5.7285	0.1068	0.0617
10	19.3250	8.0700	6.6450	7.1410	6.9461	4.0103

续表

样品编号	千粒重1（g）	千粒重2（g）	千粒重3（g）	平均值（g）	STDEV	SE
11	6.2400	6.9300	6.9150	6.9013	0.3941	0.2275
12	4.9200	6.0050	5.1250	6.0766	0.5764	0.3328
13	5.7900	5.7000	4.0750	5.8251	0.9652	0.5573
14	7.4200	9.1200	7.7800	6.1958	0.8958	0.5172
15	6.3800	7.8300	6.9850	5.7097	0.7283	0.4205
16	5.3150	8.1100	7.1800	5.7419	1.4233	0.8218
17	8.6800	6.1400	7.2800	7.3648	1.2722	0.7345
18	8.0100	6.5700	6.4250	9.6693	0.8762	0.5059
19	5.6800	6.1900	7.2300	8.2509	0.7900	0.4561
20	7.5150	7.1500	6.9000	6.2798	0.3093	0.1786
21	5.7050	5.6650	7.3750	5.8979	0.9759	0.5635
22	7.1300	5.6250	5.6450	5.2757	0.8632	0.4984
23	7.2150	6.7950	5.8000	6.6227	0.7267	0.4196
24	8.8150	9.0200	9.9600	8.3024	0.6106	0.3525
25	9.9700	8.1450	8.6850	8.9805	0.9375	0.5413
26	3.3250	4.3750	2.7750	8.5837	0.8129	0.4693
27	6.9300	7.1900	6.7450	7.0041	0.2236	0.1291
28	6.1250	4.8250	5.5550	6.8627	0.6516	0.3762
29	7.6600	6.9350	8.3000	7.1662	0.6829	0.3943
30	6.4450	6.1500	7.0550	8.5586	0.4615	0.2665

测量结果如表32-2所示不同产地的刺五加种子千粒重差异显著（$P<0.05$）。不同产地的刺五加种子的千粒重在5.276～9.669g之间，其中密山林场最小，为5.276g，七虎林林场最大，为9.669g，平均千粒重为7.001g。将所测刺五加种子含水量用SPSS软件进行聚类分析，将其分为3类：① 一类：8.621g；② 二类：7.144g；③ 三类：5.925g。

结合生产实际和相关标准将刺五加种子按千粒重标准可分为三等，分别为：① Ⅰ级≥8.6g；② Ⅱ级≥6.6g；③ Ⅲ级≥6.0g。

（六）水分测定

参照GB/T 3543.6—1995农作物种子检验规程—水分测定方法，采用高恒温烘干法（130℃/4小时）进行水分测定。

表32-3　刺五加种子含水量

编号	1	2	3	平均值
1	8.41	8.53	8.14	8.36
2	7.34	7.63	7.11	7.36
3	7.14	7.32	6.94	7.13
4	7.51	7.29	7.32	7.38
5	6.75	6.53	5.76	6.35
6	5.86	5.71	5.78	5.78
7	6.01	5.77	5.88	5.89
8	7.82	7.98	8.31	8.04
9	7.26	6.84	7.22	7.10
10	3.13	7.06	7.15	5.78
11	7.21	7.07	7.23	7.17
12	6.40	6.24	5.85	6.17
13	6.13	5.88	5.40	5.80
14	6.20	6.14	6.49	6.28
15	5.96	5.87	5.80	5.88
16	5.46	5.73	5.50	5.56
17	5.99	5.86	6.18	6.01
18	10.05	9.97	9.88	9.97
19	9.15	9.37	9.13	9.22
20	6.25	6.29	5.80	6.11
21	6.75	6.53	5.76	6.35
22	5.40	4.62	5.31	5.11
23	5.89	5.81	5.60	5.77
24	8.45	8.15	8.38	8.33
25	8.38	8.72	8.75	8.61
26	9.47	8.91	9.55	9.31
27	7.29	7.02	6.97	7.09
28	7.02	6.94	6.66	6.87
29	6.98	7.21	7.23	7.14
30	7.06	7.32	7.30	7.23

测量结果如表32-3所示。不同居群的刺五加种子含水量差异显著（P<0.05），30份刺五加种子的含水量在5.56%~9.97%，平均含水量为6.97%。用SPSS 15.0系统聚类分析方法中的K-means聚类方法，可将种子含水量分为3类：① 一类：5.92%；② 二类：7.25%；③ 三类：8.97%。

但结合生产实际和相关标准，刺五加种子水分含量应控制在10%以下。

（七）发芽试验

刺五加种子具有深休眠特性。在自然条件下，种子离开母体后，需次年经夏越冬依次完成形态发育和生理后熟后，在第三年春季陆续发芽。休眠周期长，发芽率低，发芽不整齐，种子败育率高，是刺五加种子发芽率检测和质量评价中的难点。生产上一般采用变温层积法解除刺五加种子休眠，缩短萌发时间。即将消毒后的刺五加种子与湿沙1：3混合，在15~20℃下湿沙层积60天左右，移入25℃条件下层积30天左右，最后移入0~5℃的低温层积150天左右，萌发率最高可达30%。在本研究中，根据前期五加科植物种子的研究基础，结合生产实践，建立了一种新的刺五加种子变温层积方法，可快速解除刺五加种子休眠，并有效提高萌发率，最高萌发率可达65%。刺五加种子在采用上述变温层积疗法处理裂口后，取出置适宜条件下萌发。发芽基质为沙床，发芽温度为20℃，12小时光照。第10天作为初次计数时间，第30天作为末次计数时间。鉴别正常与不正常幼苗，计数并计算发芽率。

不同居群的刺五加种子发芽率差异显著（P<0.05），平均萌发率为31.04%，发芽率最低的是玉林洞林场，为13.97%，发芽率最高的是黑龙江林副特产研究所24号样品和吉林通化集安财源镇分别为56.00%和65.33%，其余样品的发芽率集中在20%~40%。

将所测刺五加种子发芽率用SPSS 15.0系统中的K-means方法进行聚类分析，将其分为3类：① 一类：60.67%；② 二类：38.13%；③ 三类：25.86%。

再根据上述数据，以及生产实际和相关标准，按发芽率标准可将刺五加种子划分为三级：① Ⅰ级≥50%；② Ⅱ级≥20%；③ Ⅲ级≥14%。

（八）生活力测定

采用氯化三苯基四氮唑法（TTC法）。当刺五加种子沙藏至种胚发育到1mm左右时进行生活力检测。具体方法为：种子在20℃吸胀6小时，在解剖镜下纵切后转移至TTC溶液中，30℃染色4小时，观察并统计胚的染色情况。胚全部染成红色视为有活力，部分红色或未被染成红色视为无活力。3个重复，每个重复15粒种子。

不同居群的刺五加种子活力差异显著（P<0.05），种子活力在60.08%~90.00%之间，平均活力为78.03%。

三、刺五加种子标准草案

1. 范围

本标准规定了刺五加种子的术语和定义、分级要求、检验方法、检验规则、包装、贮存及运输等。

本标准适用于刺五加种子的生产和销售。

2. 规范性引用文件

下列文件中的条款通过本标准的引用而成为本标准的条款。凡注明日期的引用文件，仅注明日期的版本适用于本文件。凡是不注明日期的引用文件，其最新版本适用于本标准。

GB/T 3543.1~3543.7　农作物种子检验规程

3. 术语和定义

3.1 刺五加种子　五加科（Araliaae）五加属植物刺五加*Acanthopanax senticosus*（Rupr.et Maxim.）Harms的成熟种子（含内果皮）。

3.2 扦样　从大量的种子中随机扦取有一定重量且代表性的供检样品。

3.3 种子净度　指完整的刺五加种子重量占检验样品总重量的百分比。

3.4 千粒重　自然干燥状态一千粒刺五加种子重量，以克（g）为单位。

3.5 种子含水量　指把种子样品烘干所失去的重量，用失去重量占供检样品原始重量的百分率表示。

3.6 发芽率　指在规定的条件和时间内正常发芽种子数占种子数的百分率。

4. 要求

4.1 外观要求　种子横椭圆形成弓形，表面红棕色、棕色或土黄色，外形完整、饱满，无检疫性病虫害。

4.2 质量要求　依据刺五加种子净度、千粒重、含水量，及发芽率为依据进行分级（表32-4）。

表32-4　刺五加种子质量分级标准

级别	净度（%）	千粒重（g）	含水量（%）	发芽率（%）
一等	≥90.0	≥8.6	≤10.00	≥50.0
二等	≥85.0	≥6.6	≤10.00	≥20.0
三等	≥80.0	≥6.0	≤10.00	≥14.0

5. 检验方法

5.1 外观检验　根据质量要求目测种子的外形、色泽、饱满度。

5.2 扦样　按GB/T 3543.2—1995农作物种子检验规程执行。

5.3 净度分析　按GB/T 3543.3农作物种子检验规程 净度分析执行。

5.4 重量测定　选择百粒法测定。将净种子混合均匀，从中随机数取 8个重复，每个重复100粒种子，分别称重，结果精确到0.0001g；按以下公式计算结果：

$$平均重量（\overline{X}）=\frac{\sum X}{n}$$

式中：$\overline{X}$——100粒种子的平均重量，

X——各重复重量，g；

n——重复次数

$$种子千粒重（g）=百粒重（\overline{X}）\times 10。$$

5.5 水分测定　参考GB/T 3543.6—1995农作物种子检验规程 水分测定执行。

5.6 生活力　采用四唑染色法（TTC法）测定刺五加种子生活力。将种子在20℃清水中浸泡5小时，将吸胀的种子纵切后，置于含有TTC溶液的培养皿中，30℃下恒温培养4小时，统计种胚的染色情况。

5.7 发芽率　采用变温处理法，方法与步骤具体如下：① 取净种子100粒，4次重复；② 40℃温水浸种24 小时，用蒸馏水冲洗后，控干；③ 按种子与湿沙体积比1∶3混合（湿沙含水量为20%～40%），置于15～20℃层积60天～80天；④ 将种子移至0～5℃低温处理30～45天；至种子裂口；⑤ 将种子移至6～10℃层积至种子裂口；⑥ 将种子放在萌发盘上萌发，发芽基质为沙床，置于光照培养箱，于20℃，

12小时光照条件下培养；⑦ 记录从培养开始的第10天至第30天的各重复刺五加种子发芽数，鉴别正常幼苗与不正常幼苗，计数并计算发芽率。

6. 检验规则

6.1 组批　同一批刺五加种子为一个检验批次。

6.2 抽样　种子批的最大重量2000kg，送检样品250g，净度分析50g。

6.3 交收检验　每批种子交收前，种子质量由供需双方共同委托种子质量检验技术部门或获得该部门授权的其他单位检验，并由该部门签发刺五加种子质量检验证书。

6.4 判定规则　按4.2的质量标准要求对种子进行评判，同一批检验的一级种子中，允许5%的种子低于一级标准，但必须达到二级标准，超此范围，则为二级种子；同一批检验的二级种子，允许5%的种子低于二级标准，超此范围，则为三级种子；同一批检验的三级种子，允许5%的种子低于三级标准，超此范围则判为等外品，不能作为种子用。

6.5 复检　供需双方对质量要求判定有异议时，应进行复检，并以复检结果为准。

7. 包装、标识、贮存、运输

7.1 包装　用透气的麻袋、编织袋包装，可混湿沙或锯末等保湿材料，每个包装不超过50kg。包装外附有种子标签以便识别。

7.2 标识　销售的袋装刺五加种子应当附有标签。每批种子应挂有标签，表明种子的产地、重量、净度、发芽率、含水量、质量等级、采收期、生产者或经营者名称、地址等，并附植物检疫证书。

7.3 贮存　刺五加种子应在2~5℃的低温下贮存，贮藏期不宜超过2年。

7.4 运输　禁止与有害、有毒或其他可造成污染物品混贮、混运。运输种子时要防止曝晒、雨淋、受潮、受冻，防止种批混杂，要保湿通气。车辆运输时应有苫布盖严，船舶运输时应有下垫物。

四、刺五加种子种苗繁育技术研究

（一）研究概况

刺五加生产上主要以无性繁殖为主。无性繁殖包括分株繁殖、分根繁殖、扦插繁殖等。扦插繁殖包括硬枝扦插、嫩枝扦插、近芽扦插、地槽式拱棚地膜扦插等。为了完善刺五加种子的繁育技术，我们进行了育苗，野生苗移栽及扦插繁殖研究，并结合研究结果和生产实际，在以往的行业标准基础上修订了种子种苗繁育技术规程。

（二）刺五加种子种苗繁育技术规程

1. 范围

本标准规定了五加科植物刺五加 *Acanthopanax senticosus*（Rupr. et Maxim.）Harms采种与处理、苗木培育、林下栽培、大田栽培、采收及建立档案。

本标准适用于刺五加药材的栽培。

2. 规范性引用文件

下列文件中的条款通过本标准的引用而成为本标准的条款。凡是注明日期的引用文件，其随后所有的修改单（不包括勘误的内容）或修订版均不适用于本标准，然而，鼓励根据本标准达成协议的各方研究是否可使用这些文件的最新版本。凡是不注明日期的引用文件，其最新版本适用于本标准。

GB 2772　林木种子检验规程

GB 3095　环境空气质量标准

GB 5084　农田灌溉水质标准

GB 6000　主要造林树种苗木质量分级

GB/T 6001—1985　育苗技术规程

GB 15618　土壤环境质量标准

GB/T 15776—2006　造林技术规程

GB 18406.1　农产品安全质量　无公害蔬菜安全要求

GB/T 18407.1—2001　农产品安全质量　无公害蔬菜产地环境要求

3．术语和定义

下列术语和定义适用于本标准。

幼苗移植为未满一年生的苗木，经间苗后再进行移植的方法。

4．采种与调制技术

4.1 采种时间　9月上旬至9月下旬，果实成熟后至脱落前进行。

4.2 种子调制技术　① 采收后的种子，经堆沤后及时搓种、淘洗、阴干。② 采用水选、风选、筛选等方法净种。

4.3 种子质量标准　种子检验方法应按照GB 2772执行。千粒重≥6.6g，净度≥90%，发芽率≥20%。

4.4 种子贮藏　种子应低温贮藏，温度范围为2～5℃，贮藏期不宜超过2年。

5．苗木培育技术

5.1 苗圃地的选择

5.1.1 苗圃应具备的条件：① 地势平坦，排水良好，地下水位≥1.5m。灌溉水质的质量应符合GB 5084二类标准或GB/T 18407.1—2001中3.2.1的规定。② 栽培环境质量应符合GB 3095二级标准或GB/T 18407.1—2001中3.2.2的规定。③ 土层厚≥50cm，pH 5.0～7.0，质地为沙壤土或壤土。土壤环境质量应符合GB 15618—2018二级标准或GB/T 18407.1—2001中3.2.3的规定。

5.1.2 苗圃区划与建设：① 育苗区划分为生产区与非生产区。生产区设有播种区、换床区、休闲区。非生产区设有办公室、机具库、物药料库、苗木窖或假植场、种子处理场、积肥场、圃道。② 作业设计：以苗圃的现状及年度生产计划，进行面积分配，确定种子处理方法、播种量、播种密度及田间管理、防灾、起苗、越冬管理等技术措施。③ 肥水条件好的安排新播育苗区，换床区、休闲区安排在肥水条件低的地块。

5.2 种子与种子处理

5.2.1 种子应选用种质纯正、适宜种源，有主管部门签发的种子质量检验合格证书和植物检疫证书，种子质量达到4.3的要求。

5.2.2 种子处理之前，需复查种子的净度、千粒重、发芽率。种子检验方法按GB 2772执行。

5.2.3 种子处理前进行样种抽取，抽样量在0.1%左右，在不影响生活力的条件下，保留一年。样种袋内放标签，注明树种、数量、种源、种子处理方法、播种时间、播种地点。

5.2.4 种子采用地面混砂堆积催芽处理方法进行，参照附录A。

5.3 土壤管理

5.3.1 苗圃土壤应具备的条件：① 土壤耕作层≥25cm，有机质含量≥5%，团粒结构。② 土壤耕作层主要矿物质含量：全氮（N）量≥0.25%，全磷（P_2O_5）量≥0.2%，全钾（K_2O）量≥0.4%，pH 5.0～7.0。③ 土壤耕作层主要物理性状：土壤容重0.7～0.9g/cm^3，总空隙度65%～75%。

5.3.2 苗圃土壤化验项目：土壤密度、容重、pH、有机质含量、全氮量、全磷量、全钾量、全钙量、阳离子代换量和微量元素及土壤化学毒害因子。

5.3.3 苗圃改土包括客土、掺砂等。客土选用腐殖土或粉碎草灰土。改土与施肥相结合。用于改土的土壤（除腐殖土外）需堆积一年以后使用。

5.4 播种前准备作业

5.4.1 苗圃施基肥：依据土壤化验结果，合理施用有机肥，不宜施用或少施用无机肥。有机肥经充分腐熟后，按照附录B的规定使用。基肥施用量为4.5×10^4～4.5×10^4kg/hm^2。基肥采用“分期分层”方法，也可一次性施用。在秋翻地时施入年施肥量的40%，作为底肥层，其余的60%在作床（垄）时施入，作为上层肥。基肥施用时应扬均、拌匀，使之与土壤充分混合。

5.4.2 苗圃整地：整地原则在秋季起苗后进行。用于下年育苗地块原则上实行秋翻、秋耙、春作床（垄），或春翻春作床（垄）。翻地深度在25～30cm，不漏耕，不应将底层冷浆生土翻上来。有明显潜育化作用的圃地，采取松动底层，翻动表层的耕作方法。田间持水量＞70%时不宜整地。

5.4.3 作床（垄）：作床（垄）前充分碎土，清除残根、石块，拌匀粪便，作床（垄）应整齐一致。作床规格：床面宽110cm，步道宽50～70cm，床高≥20cm，床长20～30m或与作业区同长。床内无直径1.5cm以上土块，搂平和镇压床面。作垄规格：垄基宽60～65cm，垄长与作业区同长。

5.5 播种

5.5.1 播种前准备：采用床式育苗。床面四周各留5cm宽保护带，实际播种床面宽100cm。垄式播种采用单行或双行播种育苗。按照播种面积备足覆土材料。

5.5.2 播种时间：播种时间为春季。当土壤5cm深处的平均地温稳定在8℃以上时播种。

5.5.3 播种量计算：按以下公式计算播种量。

$$X=P\times n\times 10\times C/E\times K$$

式中：X——播种量，g/m^{2}或g/m；

P——种子千粒重，g；

n——设计密度，株/平方米或株/米；

E——种子净度，%；

K——种子发芽率，%；

C——播种系数，$C=5.0$；

10——常数。

5.5.4 播种方式：垄式采用单行或双行方式。双行行距为5～8cm。床式采用条播，播幅与行间距的宽度比为（2～3）：1，用播种框控制。

5.5.5 育苗密度：参照表32-5中的种子质量与播种量系数给出的数值确定。

表32-5 育苗密度和播种量表

作业方式	育苗密度（株/平方米或株/米）	千粒重（g）	净度（%）	发芽率（%）	播种系数	播种量（g/m^{2}或g/m）	备注
垄式	50～60	6.6	85	14	5.0	13.9～16.6	垄作播种面积=垄宽×垄长
床式	100～120	6.6	85	14	5.0	27.7～33.3	

5.5.6 覆土

5.5.6.1 覆土材料：有机肥、腐殖土、腐熟锯屑（或草炭粉）、细河沙。

5.5.6.2 覆土厚度：覆土0.4～0.6cm，以看不见种子为宜。

5.5.6.3 覆盖遮阴：播种后用遮阴网、苇帘或稻草盖床面。幼苗出至50%～70%时，在傍晚或阴天撤掉覆盖材料。

5.6 换床（垄）

5.6.1 床栽密度为80～100株/m^2，垄式双行移栽密度为50株/m^2。

5.6.2 移植苗木先选苗、分级，不同级别苗木，移植在不同地段。

5.6.3 移植苗起苗时间秋起或春起，进行春换。早春土壤解冻10～15cm以上进行，苗木萌动前换完。

5.6.4 移植时，剪除根长的l/3～1/4，保留主根应在12～15cm，剪根在苗木窖内或蔽荫无风处进行。

5.6.5 换床时，苗木放在带水的苗木罐内或者带土移栽，随取随栽，缩短根系的裸露时间，栽植时苗木直立根系舒展，埋上深度至地径以上1cm处。移栽后及时浇水。

5.7 田间管理

5.7.1 灌溉与排水：苗圃排灌水应做到步道低于床面，水道低于步道，排水沟低于送水沟。种子发芽出土与出土后幼苗阶段采用"量少次多"的方法浇水；苗木旺盛生长阶段以"量多次少"的方法浇水。应保持根系分布层的水分供给。

5.7.2 施肥：苗木追肥应于幼苗出现侧根以后开始进行，7月末前以氮肥为主，8月上中旬以磷、钾肥为主。常用施肥种类参照附录C。实行喷洒追肥时，及时用清水冲洗苗木；叶面追肥时浓度不应超过0.1%～0.3%。

5.7.3 除草与松土：用手工或机械除草，圃地应无杂草，不宜使用化学除草剂。

5.7.4 间苗、幼苗移植作业：新播苗大于设计密度时应间苗。间密留稀，间小留大，间劣留优，分布均匀。间苗时间与次数：在6月上中旬进行，1～2次。有剩余的优质幼苗，可另置一处进行幼苗移植，密度比播种苗宜上调10%～20%。间苗或幼苗移植宜在阴天进性，作业后及时灌水。

5.7.5 病虫害防治：① 立枯病：用波尔多液（1：1：100或1：1：125水溶液）、敌克松（1：800或1：1 000水溶液）、多菌灵（1：800水溶液）进行喷雾防治。② 地下害虫：发现蛴螬、蝼蛄、地老虎等地下害虫危害苗木，进行综合防治，以人工诱杀和捕杀为主。

5.8 苗木调查

5.8.1 调查时间：9月25日至10月5日，苗木停止生长后、枯叶前进行。

5.8.2 调查内容：按照附录D的规定进行。

5.9 起苗、苗木分级、包装、运输和贮藏

5.9.1 起苗：起苗前做好准备工作。选好假植场，起苗时间10月5至15日，在结冻前结束。起苗深度：造林苗20cm以上，换床（垄）苗15cm以上。苗木损失率≤3%。起苗时做到随掘、随捡、随选、随分级、随假植。苗木拣出后用湿草帘覆盖。不应在温度25℃、风力5级以上进行作业。

5.9.2 苗木分级：分级标准按照符合附录D的规定。起苗分级时按数扎捆，每25株为一捆。将捆后的苗木进行浆根，归入苗木窖或固定假植场。

5.9.3 包装和运输：用草帘、编织袋或苗木箱包装，苗根向内，互相重叠，内加含水填充物。每个包装附以标签标明树种、种源、苗龄、苗木等级、苗木数量、起苗日期、苗木质量检验证编号、批号、检验人、检验日期、植物检疫证书编号、种子生产许可证或经营许可证编号、产苗单位。运输时应保持苗根湿润。苗木贮藏：留圃越冬的苗木，应进行妥善保管，秋起后，进入窖藏。临时假植苗木，挖沟假植。沟深20～30cm，苗

木按行单捆30° 倾斜摆放，培土，超过地径3～5cm踏实，架设荫棚或用草帘覆盖。专人保护，及时浇水，保持苗木生活力不降低。

5.10 苗木出圃　经过越冬的苗木，在上山造林前测定生活力，生活力指标达到Ⅰ级～Ⅱ级可以出圃。

6. 林下栽培技术

6.1 造林地的选择

6.1.1 水质质量应符合GB 5084二类标准和GB/T 18407.1—2001中3.2.1的规定，应排水良好。

6.1.2 环境空气质量应符合GB 3095二级标准和GB/T 18407.1—2001中3.2.2的规定，应避开霜带。

6.1.3 土壤质量应符合GB 15618二级标准和GB/T 18407.1—2001中3.2.3的规定，土壤应肥沃、深厚、湿润。

6.1.4 适宜立地条件：针阔混交林的过伐林地，疏林地或阔叶杂木林的过伐林及疏林地，上层郁闭度0.3～0.5。半阳坡、半阴坡、阴坡、退耕还林地块、农田坡度＜10° 的适宜地块。

6.2 清林　杂草灌木丛生的林地，整地前先清林、割草，林地内目的树种幼苗、幼树全部保留。割带3m、保留1m。

6.3 整地

6.3.1 整地方法：① 穴状整地：按照GB/T 15776—2006中8.3.1.1的要求执行。② 揭草皮子整地：适用于土壤疏松的有林地，穴面直径40cm，揭除草根盘结层，露出表土。

6.3.2 整地时间：穴状整地于造林前一年秋进行。春季揭草皮子适于现整现造。

6.4 栽植苗木

6.4.1 苗木准备：苗木应符合附录D的规定，实行分级造林。苗木运到造林地后应立即栽植，若不能立即造林，应及时假植。

6.4.2 栽植密度：4400～6600株/公顷。

6.4.3 栽植点配置：三角形、正方形或长方形配置。

6.4.4 植苗时间：应以春季预浆造林为主。

6.4.5 植苗方法：按照GB/T 15776—2006中8.5.2.1的要求执行。植苗时用带水的苗木罐装苗，保持苗根湿润。

6.5 幼林抚育管理

6.5.1 抚育年限和次数：抚育年限为三年：第一年三次，第二生二次，第三生一次。

6.5.2 抚育时间：春季栽植后，第一次在栽植结束后立立即进行镐抚，第二次在6月末前刀抚，第三次在7月末前刀抚。第二年6月上中旬和7月末前各进行一次刀抚。第三年7月中旬刀抚。

6.6 补植　苗木栽植成活率低于90%，于当年秋季或翌年春季送行补植。

6.7 成林抚育管理

6.7.1 透光抚育原则：在成林前，清除压抑刺五加生长的林木和影响幼树生长的灌木，促进成林。

6.7.2 抚育对象：符合下列条件的林分进行引透光抚育：

——杂草、灌木、藤蔓等明显影响生长的林分；

——上层林分郁闭度≥0.6：明显抑制幼树生长的林分。

6.7.3 抚育方法：采用全面透光抚育或带状透光抚育的方法进行抚育。

6.7.4 抚育时间：开始时间，应根据林分状况，达到透光条件即进行。幼抚后3～4年开始进行抚育。抚育时间为每年1～2月，间隔期3年至4年。

7. 大田栽培技术

7.1 选地 按6.1.1、6.1.2、6.1.3执行。

7.2 整地 全面整地前，前一年秋季翻地、耙地、搂平。时间在早春用旋耕机旋耕。

7.3 苗木准备

7.3.1 苗木标准：按附录D执行。

7.3.2 核对数量、检疫证，无病虫害。

7.3.3 苗木根系保留长15～18cm，去除损伤较大的根。

7.4 栽植

7.4.1 栽植密度：6600～8000株/公顷。

7.4.2 栽植方式：带状栽植。

7.4.3 栽植定点：行距在平缓地南北方向定植点，坡地以长边沿等高线方向定栽植点。

7.4.4 带状栽植：带宽30～40cm，深度30～35cm，翻出，底部放入基肥，每穴3～5kg，回填15～20cm土。

7.4.5 植苗：把苗放入带中，使其根系舒展、株行对齐，地际处比水平面低2～3cm。回土填至一半时，将苗轻轻上提，边填边踩实，使根系有土壤紧密结合。栽植后应灌足灌透水。

7.5 管理

7.5.1 除草每年进行3～4次。

7.5.2 浇水时间在植苗后至6月中旬。

7.5.3 虫害防治按5.7.5执行。

7.5.4 施肥：① 施肥原则：通过土壤测试，确定相应的施肥种类。有机与无机相结合，基肥与追肥相结合，平衡施肥量。② 施肥量和施肥方法：优质有机施用量不低于（5.0～6.0）$\times 10^4$kg/hm^2。有机肥料符合附录B的要求。氮肥总量30%～50%，大部分磷、钾肥料做基肥，结合翻耕整地充分混拌混匀。

8. 采收技术

8.1 采收茎干

8.1.1 年龄：3～4年进行采收。

8.1.2 季节：9月下旬至翌年4月中旬。

8.1.3 标准：苗高＞100cm，无不良性状、病虫，保留萌生枝2～3个，留茬高度应为5～8cm。

8.2 采收嫩叶

8.2.1 树龄：3年以上。

8.2.2 季节：5月上旬至5月下旬，嫩叶完全伸展开时进行。

8.2.3 标准：无病害，无不良性状，采摘强度应低于30%。产品安全质量符合GB 18406. 1中的规定。

9. 建立档案

9.1 苗圃档案

9.1.1 包括基本情况，技术管理和科学实验。

9.1.2 技术管理方面有耕作情况，苗木生长发育情况及各阶段采取的技术措施，各项作业的实际情况，肥、药、物料的使用情况。

9.2 培育技术档案 档案记录的内容：记载每项作业，每次作业的规模等内容，发生变化逐次记入档案中。

9.3 档案管理 应专人管理，依照有关规定，按时建档和记载各项经营活动，如实上报。

参考文献

[1] 李晓琳，黄璐琦，李颖，等. 刺五加种子质量分级标准研究 [J]. 现代中药研究与实践，2017 (2)：50-53.
[2] 贾继明，王宏涛，王宗权，等. 刺五加的药理活性研究进展 [J]. 中国现代中药，2010，12 (2)：7-10.
[3] 赵建卓，王鑫，周晓丹，等. 刺五加种子采收和催芽处理 [J]. 吉林林业科技，2016，45 (2)：48-48.
[4] 祝宁，臧润国. 刺五加种子生态学的初步研究 [J]. 东北林业大学学报，1991，19 (5)：107-112.
[5] 于天源，于宏伟. 刺五加种子室内层积催芽期间种子形态质量测定与调控方法 [J]. 林业科技，2010，35 (6)：58-59.
[6] 李敏，金基万，梁焕起，等. 刺五加种胚生长发育规律的分析 [J]. 延边大学农学学报，2007，29 (2)：107-110.
[7] 单会娇，王冰，韩荣春，等. 刺五加种子生活力测定方法研究 [J]. 中国园艺文摘，2011，27 (4)：1-3.
[8] 刘俊义，薛茂贤. 刺五加种子育苗技术的研究 [J]. 中国林副特产，1992 (2)：5-6.
[9] 胡志强. 刺五加育苗技术 [J]. 吉林林业科技，2013，42 (1)：47-47.
[10] 董庆武. 刺五加的栽培技术 [J]. 人参研究，2006，18 (2)：41-42.

李晓琳　陈敏　李颖　杨光（中国中医科学院中药资源中心）
张顺捷（黑龙江省林副特产研究所）
黄璐琦（中国中医科学院）

33 郁李仁（欧李）

一、郁李仁概况

郁李仁为蔷薇科李属植物欧李*Prunus humilis* Bge.、郁李*P. japonica* Thunb.或长柄扁桃*P. pedunculata* Maxim.的干燥成熟种子，为传统常用中药，具有润肠通便、下气利水的功效，用于治疗津枯肠燥、食积气滞、腹胀便秘、水肿、脚气、小便不利等。现代研究表明，郁李仁中主要含苦杏仁苷、郁李仁苷A、B、脂肪油58.3%~74.2%、挥发性有机酸、粗蛋白质、纤维素、淀粉、油酸等，具有促进小肠蠕动、镇静、利尿、镇痛抗炎、祛痰止咳平喘等药理作用。欧李生于阳坡砂地、山地灌丛中，海拔100~1800m，主产于黑龙江、吉林、辽宁、内蒙古、河北、山东、河南等。郁李生于山坡林下、灌丛中或栽培，海拔100~200m，主产于黑龙江、吉林、辽宁、河北、山东、浙江等，日本和朝鲜也有分布。长柄扁桃生于丘陵地区向阳石砾质坡地或坡麓，也见于干旱草原或荒漠草原，主产于内蒙古、陕西、宁夏等，蒙古和前苏联西伯利亚也有。

随着欧李的种植面积不断扩大，欧李种子和种苗的需求量不断增加，但仍未建立相应的种子、种苗检验规程和质量分级标准，为了保证种子质量和母本的优良性状，提高生产效率，规范郁李仁（欧李）药材生产，必须进行欧李种子和扦插苗的品质检验。因此，制定规范化的种子种苗质量分级标准非常必要。

二、郁李仁（欧李）种子质量标准研究

（一）研究概况

欧李种子质量分级标准已有相关研究。北京中医药大学承担国家科技重大专项《中药材种子种苗和种植（养殖）标准平台》，制定了郁李仁（欧李）种子质量分级标准。

（二）研究内容

1. 研究材料

2013年7月至11月，从主产区收集欧李种子50份，见表33-1。

表33-1　欧李种子来源和收集方式

编号	来源	收集方式	编号	来源	收集方式
1	吉林省吉林市磐石市	从药材产地收集	4	辽宁省朝阳市朝阳县	从中药材专业市场收集
2	辽宁省朝阳市建平县	从生产直接收集种子	5	内蒙古锡林郭勒盟锡林浩特市	野外收集
3	辽宁省阜新市彰武县	野外收集	6	内蒙古锡林郭勒盟正蓝旗	从药材产地收集

续表

编号	来源	收集方式	编号	来源	收集方式
7	内蒙古赤峰市克什克腾旗	野外收集	29	山东省临朐县黄山店村	野外收集
8	内蒙古赤峰市克什克腾旗	从生产直接收集种子	30	山东省东营市	从药材产地收集
9	内蒙古呼和浩特市新城区	野外收集	31	山西省临汾市	从生产直接收集种子
10	内蒙古赤峰市松山区	野外收集	32	山西省临汾市	野外收集
11	内蒙古赤峰市敖汉旗	从药材产地收集	33	山西省绛县卫庄镇	野外收集
12	北京市延庆县刘滨宝镇	野外收集	34	山西省绛县大交镇	从生产直接收集种子
13	北京市延庆县千家店镇	野外收集	35	山西省绛县中杨村	野外收集
14	北京市延庆县张山营镇	从药材产地收集	36	山西省绛县北杨村	野外收集
15	北京市延庆县井庄镇	从生产直接收集种子	37	山西省晋城市	从药材产地收集
16	北京市延庆县珍珠泉乡	野外收集	38	山西省晋城市	野外收集
17	北京市怀柔区九渡河镇	野外收集	39	山西省晋城市	从中药材专业市场收集
18	北京市怀柔区喇叭沟门满族乡	从生产直接收集种子	40	山西省绛县陈村镇	野外收集
19	北京市怀柔区官帽山村	野外收集	41	山西省运城市夏县	从生产直接收集种子
20	北京市怀柔区雁栖镇	野外收集	42	山西省运城市闻喜县	从药材产地收集
21	北京市怀柔区宝山镇	从中药材专业市场收集	43	山西省稷山县城关镇	野外收集
22	北京市怀柔区汤河口镇	从药材产地收集	44	陕西省延安市黄陵县	从生产直接收集种子
23	北京市昌平区南口镇	野外收集	45	陕西省延安市宜川县	野外收集
24	北京市平谷区东高村镇	从生产直接收集种子	46	河南省三门峡市灵宝市	从药材产地收集
25	北京市海淀区四季青镇	野外收集	47	河南省济源市	野外收集
26	北京市海淀区四季青镇	从生产直接收集种子	48	河南省新乡市辉县	从中药材专业市场收集
27	北京市海淀区四季青镇	从生产直接收集种子	49	河南省安阳市林州市	从生产直接收集种子
28	河北省唐山市遵化市	野外收集	50	河南省洛阳市新安县	从生产直接收集种子

2. 扦样方法

机械分样器法和徒手减半法均能分得符合实验需求的种子，但机械分样器法需要额外够买仪器，且实际操作中的灵活性不及徒手减半法，因此采用徒手减半法分取试验样品，步骤如下：① 将种子均匀地倒在一个光滑清洁的平面上；② 使用平边刮板将样品先纵向混合，再横向混合，重复混合4-5次，充分混匀成一堆；③ 把整堆种子分成两半，每半再对分一次，这样得到四个部分。然后把其中的每一部分再减半分成八个部分，排成两行，每行四个部分；④ 合并和保留交错部分，如将第一行的第1、3部分和第2行的2、4部分合并，把留下的四个部分拿开；⑤ 将上一步保留的部分，再按照2，3，4个步骤重复分样，直至分得所需的样品重量为止。

确定批次送验样品试样量：送验样品最少为8200g，净度分析试样最少为820g（2500粒种子重）。

3. 种子净度分析

欧李种子净度分析中送检样品的最小重量为820g。送检样品的重量应超过净度分析量的10倍以上，至少8200g。

取编号24、35、50的试样，分别采用1份全试样法和2份半试样法测定欧李种子净度，如表33-2、表33-3所示。

表33-2　1份全试样法欧李种子净度分析

编号	样品量（g）	净种子（g）	杂质重（g）	净度后重（g）	增失（%）	净度（%）
24	823.8	822.0	1.2	823.2	0.07	99.9
35	868.8	559.8	308.4	868.2	0.07	64.5
50	857.4	773.4	83.4	856.8	0.07	90.3

表33-3　2份半试样法欧李种子净度分析

编号	原样品重（g）	净种子（g）	杂质重（g）	分析后样品重（g）	增失（%）	净度（%）	净度差距（%）	平均净度（%）
24	419.7	418.6	0.6	419.2	0.11	99.86	0.07	99.9
	426.6	425.7	0.6	426.3	0.07	99.93		
35	415.9	267.0	148.3	415.3	0.14	64.29	0.10	64.2
	421.0	269.9	150.6	420.5	0.12	64.19		
50	441.8	398.1	43.3	441.4	0.09	90.19	0.09	90.1
	432.2	388.8	42.7	431.5	0.16	90.10		

3个产地欧李种子试样均没有其他植物种子，所以不记录这一项。采用1份全试样法和2份半试样法，将3份种子分析后的各种成分质量之和与原始质量比较，增失差都不超过原始质量的5%，且2份半试样法分析后任一成分的相差没有超过 GB/T 3543.3中的重复分析间的容许差距，所以2种方法净度分析结果均有效。用1份全试样法更简便快捷，因此，欧李种子净度分析采用1份全试样法。

4. 真实性鉴定

欧李种子略呈桃形，长5～7mm，最大横径3～5mm。表皮黄白色黄棕色或深棕色。顶端锐尖，基部钝圆，种皮极薄，尖端一侧有一线形种脐，钝端一侧为合点，自合点处发散出多数棕色脉纹（维管束），形成纵向不规则纹理。剥去外皮，可见白色子叶两片，气微味微苦（图33-1）。

图33-1　欧李种子

5. 重量测定

取编号为24、35、50的试样，分别考察百粒法、五百粒法和千粒法测定种子千粒重。具体设计如下：① 百粒法：随机从净种子中数取100粒，重复8次，分别记录百粒重，计算标准差及变异系数；② 五百粒法：随机从净种子中数取500粒，重复3次，分别记录五百粒重，计算标准差及变异系数；③ 千粒法：随机从净种子中数取1000粒，重复3次，分别记录千粒重，计算标准差及变异系数。

表33-4 欧李种子千粒重测定方法比较

不同编号	百粒法			五百粒法			千粒法		
	百粒重（g）	标准差（g）	变异系数（%）	五百粒重（g）	标准差（g）	变异系数（%）	千粒重（g）	标准差（g）	变异系数（%）
24	25.2	0.429	1.7	1260	0.902	0.7	251.8	1.061	0.4
35	21.11	0.598	2.8	106.6	0.666	0.6	212.3	1.715	0.8
50	21.33	0.269	1.3	105.6	1.137	1. 1	213.1	2.041	1. 0

百粒法、五百粒法和千粒法测定欧李种子千粒重的研究结果见表33-4。结果表明，3种方法变异系数均＜4.0%；对每份试样的3种方法做方差检验，结果表明每份试样的3种方法之间均没有显著性差异。用百粒法测定千粒重过程相对简单，所以选择百粒法测定千粒重。

6. 水分测定

取三个产地的欧李种子，分别采用133℃±2℃高恒温烘干法和103℃±2℃低恒温烘干法测定，每个产地重复3次。结果表明，利用高恒温烘干2小时后再继续进行烘干，3份种子水分含量基本保持恒定，随着时间的增加，含水量无显著性差异，因此，利用高恒温烘干法对欧李种子进行含水量测定烘干时间应不少于2小时（表33-5）。低恒温烘干10小时后继续对欧李种子进行烘干，种子水分含量变化不明显，因此，利用低恒温烘干法对欧李种子进行含水量测定的时间应不少于10小时。分析表明，高恒温烘干2小时与低恒温烘干10小时之间的欧李种子含水量无显著差异。因此，确定测定欧李种子含水量时应采用高恒温烘干法，时间不少于2小时。

表33-5 高恒温烘干和低恒温烘干对欧李种子含水量（%）的影响

烘干方法	时间（h）	样品编号		
		24	35	50
高恒温	1	7.42[a]	9. 11[a]	6. 36[a]
	2	7. 83[b]	9. 45[b]	6. 61[b]
	3	7. 84[b]	9. 42[b]	6. 61[b]
	4	7. 88[b]	9. 50[b]	6. 66[b]
低恒温	5	6. 95[a]	8. 88[a]	6. 08[a]
	10	7. 13[b]	9. 08[b]	6. 31[b]
	15	7. 17[b]	9. 15[b]	6. 33[b]
	20	7. 19[b]	9. 15[b]	6. 39[b]

注：同一列中不同小写字母，表示在5%水平上有显著差异。

7. 发芽试验

由于欧李种子存在休眠现象，一些种源的欧李种子发芽率极低甚至不发芽，这可能是因为不同种源的欧李种子休眠程度不一样，低温沙藏90天时大部分欧李已经萌芽，而少部分休眠程度高的欧李却还没有打破休眠。欧李种子发芽试验步骤如下：

（1）取净度分析后的种子室温条件下用蒸馏水浸泡72小时使种子充分吸胀。

（2）将种子与湿沙按 1∶4 充分混匀，再将种子埋于地下低温沙藏90天，挖出后置于沙床上，在25℃条件下发芽。

（3）待不再有新芽冒出时统计未发芽种子数与发芽种子数，计算发芽率，小数位数参考 GB/T 3543.4。每份试样 3 次重复，每次重复 100 粒。

表33-6 欧李种子的发芽情况

编号	发芽率（%）	编号	发芽率（%）	编号	发芽率（%）
1	20	18	27	35	20
2	22	19	21	36	24
3	27	20	9	37	64
4	7	21	24	38	52
5	35	22	22	39	87
6	10	23	24	40	11
7	26	24	71	41	29
8	29	25	25	42	14
9	6	26	16	43	8
10	40	27	27	44	0
11	21	28	20	45	27
12	24	29	26	46	13
13	11	30	44	47	22
14	25	31	21	48	22
15	28	32	34	49	18
16	24	33	6	50	68
17	38	34	12		

欧李种子发芽试验结果见表33-6，表33-6表明，不同产地欧李种子的发芽率从0%～87%，经方差分析，F= 377.64，P=0.01，说明不同产地欧李种子的发芽率有极显著的差异。

8. 生活力测定

采用四唑法测定欧李种子的生活力。每次测定不少于200粒种子，从经净度分析后并充分混合的净种子中，随机数取每重复100粒或少于100粒的若干副重复。具体步骤如下：① 取欧李种子用蒸馏水浸泡72小时，使种子充分吸胀后沿中轴纵切，使胚和胚乳露出。② 染色条件采用 3 因素3水平L_9（3^4）的正交试验设计。四唑染色时间为1小时、3小时、5小时，四唑浓度设0.2%、0.4%、0.6%，染色温度为25℃、30℃、35 ℃。③ 3次重复，每重复 100 粒种子。④ 染色结束后，沥去溶液，用清水冲洗3次，置于培养皿中逐一检查，计算着色率，小数位数参考 GB/T 3543.7。凡胚全部或大部分被染成红色的即为具有生活力的种子，种胚不被染色的为死种子。

生活力鉴定标准：有活力的种子染成有光泽的红色，且染色均匀。不满足以上条件的均为无生活力种子。

正交试验结果见表33-7。结果表明，处理5和处理7的着色率最高。由于四唑有毒性，在不影响着色率的情况下，尽可能选取浓度较低的处理，并减少染色时间。因此，选择处理5，即利用0.4%四唑在35℃温度条件下染色3小时作为欧李种子生活力检测的染色条件。

表33-7　四唑染色时间、浓度和温度对着色率影响

处理号	时间（h）	浓度（%）	温度（℃）	着色率（%）
1	1	0.2	25	0
2	1	0.4	30	15
3	1	0.6	35	63
4	3	0.2	30	43
5	3	0.4	35	98
6	3	0.6	25	30
7	5	0.2	35	98
8	5	0.4	25	44
9	5	0.6	30	96

三、欧李扦插苗质量标准研究

（一）研究概况

欧李扦插苗质量分级标准已有相关研究。北京中医药大学承担国家科技重大专项《中药材种子种苗和种植（养殖）标准平台》，制定了欧李扦插苗质量分级标准，并发表研究论文《欧李扦插苗质量分级标准研究》。

（二）研究内容

1. 研究材料

供试材料于2012年12月采集于河南省洛阳市新安县。按照随机抽样法对欧李扦插苗进行采集，共采集一年生苗30份，每份15株，总共450株。

2. 测定及分析方法

对所采集的每一份欧李苗，测量单株苗的株高、地径、分枝数、主根长、主根直径、侧根数共6项指标。应用Excel 2010软件对每份欧李扦插苗的各个指标进行整理，求出对应的算术平均值，应用SPSS 19.0软件对测量指标进行方差分析和相关性分析，确定欧李扦插苗质量分级的主要指标，利用SPSS 19.0软件对欧李扦插苗质量分级的主要指标进行聚类分析，根据聚类结果并结合生产实际按照最低定级原则，制定欧李扦插苗质量分级标准，即同一等级欧李扦插苗的任一指标若达不到标准则降为下一级。

于2012年12月，将分级后的欧李扦插苗进行大田移栽，试验地设在河南省洛阳市新安县欧李基地。试验采用随机区组设计，3次重复。每小区6株，移栽株行距为80cm×120cm。欧李苗移栽后浇透水，第2年进行常规田间管理，未施用任何肥料。于2013年12月，统计各级欧李扦插苗移栽后存活率。

3. 欧李扦插苗各项指标测量结果

对30份欧李扦插苗样品的测量结果见表33-8。各指标变异幅度分别为株高11.1～57.6cm、地径2.8～5.8mm、分枝数1.1～3.9、主根长9.1～25.9cm、主根直径1.3～5.2mm、侧根数4.4～11.7。

表33-8 欧李扦插苗各项指标测量结果

样品	株高（cm）	地径（mm）	分枝数	主根长（cm）	主根直径（mm）	侧根数
1	54.2	5.769	3.1	21.6	5.079	6.3
2	53.7	5.023	3.1	22.4	5.008	6.3
3	47.1	4.423	3.1	18.0	4.218	7.0
4	46.2	4.324	2.1	22.8	3.866	5.5
5	57.6	5.466	2.9	25.9	5.157	8.6
6	32.2	4.754	3.0	14.6	3.393	10.5
7	32.2	4.243	3.0	14.8	3.538	8.7
8	29.3	3.840	1.8	14.2	4.286	4.7
9	30.4	4.409	3.4	14.8	3.529	7.3
10	17.2	3.713	2.0	10.7	2.501	7.7
11	16.2	3.485	1.2	10.7	2.726	6.2
12	17.6	3.561	1.4	9.8	2.736	5.0
13	17.1	3.660	1.7	12.0	2.698	6.0
14	17.9	3.636	1.1	9.1	2.753	4.4
15	11.1	2.868	1.7	9.3	1.611	5.6
16	11.6	2.795	1.5	9.6	1.332	5.6
17	11.1	2.807	1.4	11.2	1.487	4.8
18	11.4	2.785	1.4	11.0	1.635	5.1
19	32.1	5.109	3.7	17.8	3.355	11.7
20	31.3	4.351	3.7	18.8	3.234	8.9
21	29.6	4.546	3.6	12.2	3.460	10.3
22	30.4	4.532	3.9	17.4	3.474	10.1
23	39.7	4.613	2.4	14.1	4.341	5.5
24	36.8	4.497	2.4	13.6	4.564	5.4
25	35.0	4.047	1.9	12.4	4.245	4.5
26	39.6	4.301	2.5	15.3	3.818	7.0
27	26.5	3.869	1.2	14.6	3.057	7.0
28	33.7	4.486	2.6	13.9	3.923	5.6
29	33.5	4.053	2.0	16.6	3.905	7.1

续表

样品	株高（cm）	地径（mm）	分枝数	主根长（cm）	主根直径（mm）	侧根数
30	33.2	4.348	2.3	14.5	4.153	7.0
F	169.405	33.736	12.513	66.690	42.743	3.502
P	0.000	0.000	0.000	0.000	0.000	0.044

4. 欧李扦插苗质量分级标准

对欧李扦插苗各项指标进行方差分析，结果表明不同的欧李扦插苗在株高、地径、分枝数、主根长、主根直径等5项指标的差异均达到极显著水平（$P<0.01$），在侧根数指标的差异达到显著水平（$P<0.05$），说明这些指标均可作为欧李扦插苗质量分级标准的依据。

对欧李扦插苗各项指标进行相关性分析结果如表2所示。表2表明，除侧根数与株高、侧根数与主根长、侧根数与主根直径之间不显著相关外，其他各项指标之间均呈极显著的正相关关系，其中，地径、分枝数与其他各项指标均呈极显著的正相关关系（表33-9）。由于指标间存在较好的相关关系，结合生产实际，采用株高、地径和分枝数作为欧李扦插苗质量分级指标。

表33-9　欧李扦插苗各测量指标之间的相关性分析表

	株高	地径	分枝数	主根长	主根直径	侧根数
株高	1	0.887**	0.590**	0.882**	0.926**	0.232
地径		1	0.751**	0.784**	0.870**	0.508**
分枝数			1	0.595**	0.509**	0.753**
主根长				1	0.726**	0.354
主根直径					1	0.146
侧根数						1

注：**表示在0.01水平上显著相关。

5. 欧李扦插苗质量分级

利用SPSS 19.0软件对欧李扦插苗的地径和分枝数进行K类中心聚类分析，经过多次叠加，最终获得的三个聚类中心值（表33-10）。将聚类中心作为欧李扦插苗分级标准的参考值，结合生产拟定欧李扦插苗的分级标准（表33-11）。从表4可以看出，欧李扦插苗可分为3个等级，一级苗：株高≥52cm，地径≥5.0mm，分枝数≥2.9；二级苗：52cm>株高≥15cm，5.0mm>地径≥3.3mm，2.9>分枝数≥1.5；三级苗：株高<15cm，地径<3.3mm，分枝数<1.5。

表33-10　欧李扦插苗分级最终聚类中心表

聚类中心	一	二	三
株高（cm）	51.76	32.84	14.58
地径（mm）	5.00	4.37	3.26
分枝数	2.86	2.71	1.49

表33-11　欧李扦插苗分级标准

分级标准	一级苗	二级苗	三级苗
株高（cm）	≥52	≥15，<52	<15
地径（mm）	≥5.0	≥3.3，<5.0	<3.3
分枝数	≥2.9	≥1.5，<2.9	<1.5

6. 欧李扦插苗移栽后存活率

欧李的扦插苗等级与移栽后存活率关系密切（表33-12）。移栽后一级苗存活率为93%、二级苗存活率为86%、三级苗存活率为72%。方差分析结果表明，扦插苗分级移栽后存活率有极显著差异。因此，分级移栽对于提高欧李扦插苗存活率具有重要意义。

表33-12　欧李扦插苗分级移栽一年后存活率

等级	一级苗	二级苗	三级苗
存活率	93% [A]	86% [B]	72% [C]

注：同一行中不同大写字母，表示在0.01水平上有极显著差异。

四、郁李仁（欧李）种子标准草案

1. 范围

本标准规定了郁李仁术语和定义、分级要求、检验方法、检验规则、包装、运输及贮存等。

本标准适用于郁李仁生产者、经营管理者和使用者在种子采收、调运、播种、贮藏以及国内外贸易时所进行种子质量分级。

2. 规范性引用文件

下列文件中的条款通过本标准的引用而成为本标准的条款。凡是注明日期的引用文件，其随后所有的修改单（不包括勘误的内容）或修订版不适用于本标准，然而，鼓励根据本标准达成协议的各方研究是否可使用这些文件的最新版本。凡是不注明日期的引用文件，其最新版本适用于本标准。

GB/T 3543.2　农作物种子检验规程　扦样

GB/T 3543.3　农作物种子检验规程　净度分析

3. 术语和定义

3.1 郁李仁　为蔷薇科（Rosaceae）樱属植物欧李（*Prunus humilis* Bge.）的干燥成熟种子。

3.2 扦样　从大量的种子中，随机取得一个重量适当，有代表性的供检样品。

3.3 种子净度　样品种子去掉杂质（包括破损、空瘪的坏种子）、其他植物种子后的净种子质量占样品总质量的百分率。

3.4 种子含水量　按规定程序把种子样品烘干所失去的重量，用失去的重量占供检样品原始重的百分率表示。

3.5 种子千粒重　规定含水量范围内1000粒种子的质量。

3.6 种子发芽率　在规定的条件和时间内长成的正常幼苗数占供检种子数的百分率。

3.7 种子生活力　指种子的发芽潜在能力和种胚所具有的生命力，通常是指一批种子中具有生命力（即活的）种子数占种子总数的百分率。

3.8 种子自然吸胀特性　指种子浸于水中一定时间后，质量达到恒定，即认为种子已充分吸胀。

4. 要求

4.1 基本要求　外观要求：种子略呈桃形，表皮黄白色黄棕色或深棕色。表面黄褐色或黄棕色，外形完整、饱满。

检疫要求：无检疫性病虫害。

4.2 质量要求　依据种子发芽率、净度、千粒重、含水量等指标进行分等，质量分级符合表33-13的规定。

表33-13　欧李种子质量等级测定标准

级别	发芽率（%）	千粒重（g）	净度（%）	含水量（%）
Ⅰ级	≥68	≥383	≥94	≤5
Ⅱ级	≥26	≥266	≥73	≤9
Ⅲ级	≥10	≥208	≥50	≤13

5. 检验方法

5.1 外观检验　根据质量要求目测种子的外形、色泽、饱满度。

5.2 扦样　按GB/T 3543.2　农作物种子检验规程　扦样执行。

5.3 真实性鉴定　采用种子外观形态法，通过对种子形态、大小、表面特征和种子颜色进行鉴定，鉴别依据如下：欧李种子略呈桃形，长5～7mm，最大横径3～5mm。表皮黄白色、黄棕色或深棕色。顶端锐尖，基部钝圆，种皮极薄，尖端一侧有一线形种脐，钝端一侧为合点，自合点处发散出多数棕色脉纹（维管束），形成纵向不规则纹理。剥去外皮，可见白色子叶两片，气微味微苦。

5.4 净度分析　按GB/T 3543.3　农作物种子检验规程净度分析执行。

5.5 发芽试验　取净种子100粒，3次重复；取净度分析后的种子室温条件下用蒸馏水浸泡72小时使种子充分吸胀；将种子与湿沙按1∶4充分混匀，再将种子埋于地下低温沙藏90天，挖出后置于沙床上，在25℃条件下发芽；待不再有新芽冒出时统计未发芽种子数与发芽种子数，计算发芽率，小数位数参考 GB/T 3543.4。

5.6 水分测定　采用高恒温烘干法测定。

5.7 生活力测定　从试样中数取种子100粒，3次重复；种子在常温下用蒸馏水浸泡72小时；沿种子中轴纵切，使胚和胚乳露出；将种子置于0.4%四唑（TTC）溶液中，在35℃恒温箱内染色；染色3小时后取出，迅速用自来水冲洗，至洗出的溶液为无色；根据种子染色情况，记录有活力及无活力种子数量，并计算生活力。

6. 检验规则

6.1 组批　同一批欧李种子为一个检验批次。

6.2 抽样　送验样品最小重量为8200g，净度分析试样最少为820g。

6.3 交收检验　每批种子交收前，种子质量由供需双方共同委托种子质量检验技术部门或获得该部门授权的其他单位检验，并由该部门签发欧李种子质量检验证书。

6.4 判定规则　按欧李种子质量分级标准的要求对种子进行评判，分级方法采用最低定级原则，即任何一项指标不符合规定标准都不能作为相应等级的合格种子。

6.5 复检　供需双方对质量要求判定有异议时，应进行复检，并以复检结果为准。

7. 包装、标识、贮存和运输

7.1 包装　用透气的麻袋、编织袋包装，每个包装不超过50kg，包装外附有种子标签以便识别。

7.2 标识　销售的袋装欧李种子应当附有标签。每批种子应挂有标签，标明种子的产地、重量、净度、发芽率、含水量、质量等级、植物检疫证书编号、生产日期、生产者或经营者名称、地址等。

7.3 运输　禁止与有害、有毒或其他可造成污染物品混贮、混运，严防潮湿。车辆运输时应有苫布盖严，船舶运输时应有下垫物。

7.4 贮存　欧李种子入库前先进行种子清选、干燥和库房消毒；入库后注意通风换气和防潮、防虫、防鼠并定期检查和测定发芽率。

五、欧李扦插苗标准草案

1. 范围

本标准适用于欧李扦插苗。

2. 要求

本研究将株高、地径和分枝数作为欧李扦插苗分级的主要指标，不仅能直观的表达欧李苗形状，而且在生产实际中可以不用拔出欧李苗测量其地下部分，所以在生产过程中操作方便，易于实现种植的标准化和规范化。

表33-14　欧李扦插苗分级标准

级别	株高（cm）	地径（mm）	分枝数
一级苗	≥52	≥5.0	≥2.9
二级苗	15~52	3.3~5.0	1.5~2.9
三级苗	<15	<3.3	<1.5

欧李扦插苗分级标准提供了各性状的具体指标，据此可有目的地进行田间管理，对培育壮苗和判断扦插苗质量具有指导意义。欧李扦插苗经分级移栽后，每个等级欧李苗长势一致，便于规范化管理。

3. 备注

通过对一年生欧李扦插苗的研究，确定了其质量分级指标及检验方法，为今后地方标准和国家标准的制定奠定了研究基础。

参考文献

[1] 刘星劼，张永清，李佳. 中药郁李仁本草考证及化学成分研究［J］. 辽宁中医药大学学报，2017，19（12）：100-103.

[2] 田硕，武晏屹，白明，等. 郁李仁现代研究进展［J］. 中医学报，2018，33（11）：2182-2183，2190.

[3] 文浩，任广喜，高雅，等. 欧李种子质量检验规程及分级标准研究［J］. 中国中药杂志，2014，39（21）：4191-4196.

[4] 李卫东，刘志国，魏胜利，等. 早熟欧李新品种'京欧1号'［J］. 园艺学报，2010，37（4）：679-680.

[5] 李卫东，刘志国，魏胜利，等. 中熟欧李新品种‘京欧2号’[J]. 园艺学报，2010，37(5)：847-848.

[6] 国家技术监督局. 农作物种子检验规程[M]. 北京：中国标准出版社，2005.

[7] Li W D, Li O, Mo C, et al. Mineral element composition of 27Chinese dwarf cherry (*Cerasus humilis* (Bge.) Sok.) genotypes collected in China [J]. J Hortic Sci Biotech, 2014, 89 (6) : 674-678.

[8] Song X S, Shang Z W, Yin Z P, et al. Mechanism of xanthophyll-cycle-mediated photoprotection in *Cerasus humilis* seedlings under water stress and subsequent recovery [J]. Photosynthetica, 2011, 49 (4) : 523-530.

[9] 李卫东. 中国“一带一路”战略下的欧李沙产业开发策略[J]. 中国水土保持，2016(12)：6-9.

[10] 李卫东，李欧，和银霞，等. 基于TXRF法的欧李果肉中营养元素特征分析[J]. 食品科学，2015，36(4)：164-167.

[11] 刘俊英，张虎成，危晴，等. 欧李果脂肪酸GC-MS检测及其营养分析[J]. 食品研究与开发，2012，33(9)：119-123.

[12] 张美莉，邓秋才，杨海霞，等. 内蒙古欧李果肉和果仁中营养成分分析[J]. 氨基酸和生物资源，2007，29(4)：18-20.

[13] 李卫东，顾金瑞. 果药兼用型欧李的保健功能与药理作用研究进展[J]. 中国现代中药，2017，19(9)：1336-1340.

[14] 李卫东. “生态扶贫”与“经济扶贫”相结合模式—以欧李产业开发为例[J]. 农学学报，2018，8(8)：89-93.

[15] 陈铭阳，耿路，罗隽，等. 欧李扦插苗质量分级标准研究[J]. 中国现代中药，2016，18(3)：326-328.

李卫东　刘春生　任广喜　姜丹（北京中医药大学）

34 郁金（姜黄）

一、郁金概况

郁金为姜科姜黄属植物姜黄*Curcuma longa* L.的干燥块根，为著名的川产道地药材，具行气止痛，活血破瘀、清心解郁、利胆退黄之功效，常用于经闭痛经、胸腹胀痛、黄胆尿赤等证，为历代医家所推崇，在我国已有1000多年的栽种和使用历史，其原植物主要分布于四川、云南、福建、江西等地，广西、湖北、陕西、台湾等地亦产，主产四川的崇州、双流等市县之金马河流域一带，地域性很强。《本草品汇精要》《药物出产辨》均记载："产四川为正地道。"清光绪三年《崇庆州志物产》记载："郁金，姜黄所结子，可以入药，可以和羹，川东三江场一带种植者很多。"

郁金极少开花结实，生产中利用根茎进行无性繁殖，繁殖材料常被成为"种姜"或"种茎"。目前郁金生产中，药农仅依据多年的种植经验进行种姜的选择，没有市场标准，同时生产中也多是自繁自用，或到以生产姜黄为主的产区购买，无专门的交易市场，整体上种姜处于一种无章可循、无法可依的粗放状态。

二、郁金种姜质量标准研究

（一）研究概况

由郁金种姜的相关研究报道可知，种姜质量对郁金生长发育影响显著，种姜质量好坏直接影响郁金出苗和苗期生长，并最终影响郁金产量和质量，种姜质量差，易造成缺苗、缺窝及弱苗，导致减产；反之，如果苗生长过旺，使得地上部与地下部不能相互协调，也必将影响产量的提高。编者课题组曾发表了"不同规格种姜对郁金产量和质量的影响研究""种姜和播种方式对郁金块根产量的影响"两篇文章，一定程度上阐释了种姜质量对郁金产量和质量的影响作用。

近几年，在国家科技重大专项"大黄、郁金、白术、当归、北苍术、刺五加、沙苑子、何首乌等种子（苗）质量标准和青蒿、地黄、三叶木通技术规范制定与示范研究"之子课题"郁金种苗质量标准示范研究"以及国家公共卫生专项"国家基本药物种子种苗繁育（四川）基地建设项目"之子课题"姜黄郁金种苗繁育基地建设"项目的支持下，课题组针对郁金种姜又进一步考察了不同来源种姜质量、种姜质量检验方法、贮藏条件对种姜质量的影响等，通过研究初步形成了郁金种姜质量标准草案。该草案主要依据种姜粗壮度、芽体质量、种姜大小等指标体系进行分级，级别的划分主要根据种姜质量对郁金植株生长的影响以及其与郁金药材产量和质量关系的研究结果确定，同时级别的划分也是在充分研究不同产区的种姜级别情况以及不同栽培条件下的种姜黄质量基础上确定的。

（二）研究内容

1. 研究材料

收集郁金种姜样品共40份，分别来自四川的犍为、沐川、宜宾、崇州、双流等地，经四川省中医药科学院姜荣兰研究员鉴定为姜科姜属植物姜黄（*Curcuma longa* L.）的根茎。样品来源见表34-1。

表34-1　实验材料简况

样品编号	种姜来源	样品编号	种姜来源
1	陕西汉中城固县	21	广西玉林兴业
2	陕西汉中城固县	22	四川沐川县
3	云南罗平县	23	四川沐川县沐溪镇
4	云南罗平县	24	四川沐川县大楠镇
5	云南丘北县	25	四川沐川县炭库乡
6	云南丘北县	26	四川沐川县新街镇
7	云南丘北县	27	四川沐川县新凡乡
8	云南丘北县	28	四川犍为县九井乡
9	云南麻栗坡县	29	四川犍为县榨鼓乡
10	云南麻栗坡县	30	四川犍为县榨鼓乡
11	云南麻栗坡县	31	四川沐川县大楠镇
12	云南马关县	32	四川沐川县炭库乡
13	云南马关县	33	四川崇州市三江镇
14	云南马关县	34	四川崇州三江镇
15	广西玉林	35	四川双流金桥镇
16	广东南雄市	36	四川双流金桥镇
17	广东南雄市	37	四川宜宾市高县
18	四川犍为县新民镇	38	四川宜宾市高县
19	四川犍为县孝故镇	39	四川双流彭镇
20	四川犍为县清溪镇	40	四川双流彭镇

2. 扦样方法

采用“徒手减半法”扦样。种姜净度分析试验中郁金种姜批次送检样品最少不低于10kg，净度分析试样最少不低于1kg。

3. 净度

按照测定项目将样品分成净种姜、杂质和废种姜，分别称重，按照下列公式计算：种姜净度P（%）=［$G-(F+I)$］/$G\times 100$，其中：P为净度，G为试样重量，F为废种姜重量，I为杂质重量。

杂质是指脱落的茎叶、鳞片、须根、土块、石块、其他杂物等。

废种姜分为以下四种：表型性状特征不符合姜黄特征的；霉变受损种姜为原来的2/3或大于2/3的；病斑占正常种姜的2/3或大于2/3的；虫蛀占正常种姜的2/3或大于2/3以致不能正常发芽的均视为废种姜。

4. 外形

采用目测观察法。表皮呈浅黄色，卵圆形、圆柱形或纺锤形，质坚实，断面棕黄色至金黄色，种皮有皱缩纹理和留有叶痕的明显环节。

5. 病虫害

通过目测重点检查是否有腐烂、疤斑、肿块、芽肿、畸形、害虫和虫蚀。不同产地郁金种姜无病虫为害，无腐烂、机械损伤等。

6. 大小

以种姜直径和种姜的节数作为指标。种姜粗用精度为0.01mm的数显游标卡尺测量。种姜节数采用目测法。

考虑到实际操作性和方便性，课题组进行了种姜直径和种姜百粒重的相关性研究。对40份种姜进行了种姜直径和百粒重的全面测定，对测定结果进行相关性分析发现，种姜直径和百粒重呈极显著的正相关。说明可以只采用两者中的一个指标进行分级，考虑实际操作性选择种姜直径作为郁金种姜分级指标。

种姜直径可反映出种姜的粗壮度。试验研究发现种姜粗壮度对郁金药材产量和质量有一定影响，进一步的研究还发现，随种姜粗壮度（种姜直径）增加，植株地上部生长更健壮，郁金产量也随之增加，种姜瘦小不仅药材产量低，而且不利于总姜黄素和挥发油含量积累。因此，将种姜直径作为种姜质量的检测指标。

7. 出芽情况

是否出芽采用目测法，芽体长短采用卷尺进行测量。

8. 种姜质量情况

对收集到的不同栽培产地和不同生态区域条件下的40份种姜质量进行调查测定，发现不同产地种姜粗壮度间存在显著差异，云南各产地以及四川的犍为、沐川、宜宾、崇州和双流两地的种姜断面直径最小，外观性状和断面颜色等方面差异较小；采用分光光度法测各材料种姜姜黄素含量结果表明，川内各主产区种姜间姜黄素含量都在3%左右，无明显差异。

连续三年对崇州、双流、犍为和沐川四个郁金种姜主要来源地的种姜情况进行了研究。结果表明，犍为和沐川两地的种姜合格率在85%以上，崇州和双流两地的种姜合格率低于75%，不合格的主要限制指标是种姜粗壮度不够；犍为和沐川的合格种姜中，70%以上为一级种姜，崇州和双流两地合格种姜大部分为二级种姜。连续三年的结果基本一致。

9. 种姜质量对郁金药材产量和质量的影响

（1）种姜大小对郁金产量和质量的影响　郁金产区调查中发现，实际生产中对于种姜的应用很不一致，有的采用整块姜作种，有的将整块姜掰成小姜块作种，还有的用母姜作种。为此，试验设母姜、整块姜、具3～4节子姜块和具1～2节子姜块四个处理，分别以B1，B2，B3，B4表示，进行了种姜大小对郁金块根产量的影响研究。

① 种姜大小对出苗数的影响：经方差分析可知，不同种姜间$F=80.4>F_{0.01}$，差异达极显著水平，表明种姜对郁金出苗影响显著。多重比较结果可以看出（表34-2），B2为最高，极显著高于其他处理，其次为B3，极显著高于B1和B4，B1和B4间差异不显著。

表34-2　种姜对出苗数的影响（单位：株/小区）

种姜	出苗数	差异显著性	
		0.05	0.01
B1	213.0	c	C
B2	361.5	a	A
B3	264.0	b	B
B4	210.0	c	C

② 种姜大小对苗期生长的影响：由图34-1可见，苗期生长总的趋势为：7月至9月株高增长缓慢，9月中旬至10月上旬植株快速增长，10月后株高基本稳定。比较不同种姜处理间株高的差异发现，以B2株高最高，其次是B1和B3，B4株高最低。整个调查过程中B1和B3的株高几乎相等，B2与其他处理的差异则随植株的生长而增大。这充分说明，种姜越大，植株地上部生长越旺盛，植株越高。

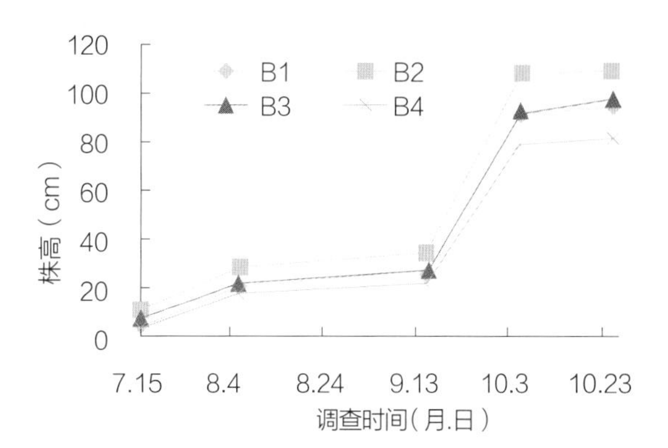

图34-1　种姜对株高动态变化的影响

③ 对块根产量的影响：由表34-3可以看出，种姜对郁金块根产量影响显著。以B3为最高，其次为B1，两者之间差异不显著，均显著或极显著高于B2和B4，B3较B2、B4分别提高30.0%和25.4%，B1较B2、B4分别提高26.2%和21.3%。由此可见，姜块过大不行，过小也不行，只有适当大小的姜块作种才有利于郁金块根产量提高。

表34-3　不同种姜处理下的郁金的产量差异显著性（kg/hm^2）

种姜	A1	差异显著性	
		0.05	0.01
B1	1949.7	a	A
B2	1559.9	b	B
B3	2040.5	a	A
B4	1263.8	c	C

④ 结论：本研究结果表明，子姜作种，以具3～4节姜块的产量为最高，姜块过大（整块姜）过小（具1～2节），均导致减产。究其原因主要与出苗及植株生长情况有关，整块姜的植株最高，出苗数最多，密度过大，致使地上部生长过旺，通风透光不好，从而抑制地下部生长；1～2节子姜的出苗数少，植株较矮，苗质量较差，直接影响最终产量提高。马铃薯上的研究亦认为，马铃薯产量与种薯大小呈抛物线关系，即存在最适大小，种薯过大过小对高产均不利。实际生产上应注意子姜作种的姜种以具3～4节的姜块为宜。因此，郁金生产上在播种前需要将种姜进行

（2）不同级别种姜对郁金产量和质量的影响研究　试验共设4个处理，按照子姜姜块百粒重分成3个处

理，分别为G：500±10g，直径：1.39±0.05cm；H：450±10g，直径：0.96±0.05；I：350±10g，直径：0.64±0.05；J为母姜，百粒重约400g。采用单因素随机区组设计，定株定期进行调查测定，收获后测各器官干物重、产量和主要有效成分含量。

① 对植株生长的影响：调查过程中发现，截至9月底各处理植株叶片基本上已全部抽出，最后一叶也完全展开，此时苗高已不再增加。由图34-2可见，不同处理苗高增长趋势基本一致，前期增长相对较慢，后期处理间差距增大。整个生长过程中，G处理苗高基本处于相对较低的水平，I处理在生长后期苗高相对较高，较G处理苗高超过10cm，表明种姜大小对植株生长有一定影响。

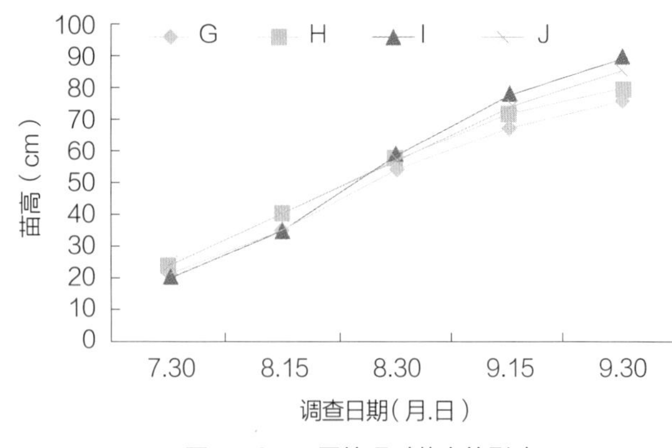

图34-2　不同处理对苗高的影响

② 对干物质积累和收获指数的影响：由表34-4可以看出，种姜粗壮度不一，对植株各器官的物质积累和收获指数均有一定影响。就各器官物质积累而言，方差分析得不同处理对须根无显著影响，对根茎影响显著，对块根和地上部的影响达到极显著水平。不同处理最终收获时每平方米积累的块根、根茎、须根及地上部干重均以G处理最高，单就有经济价值的药用部位根茎和块根的积累量来看，均以I处理为最低。

就收获指数来看，方差分析得其F=7.723，P=0.0386，差异达显著水平，由多重比较可以看出，I处理收获指数显著低于其他三个处理，其余三处理的收获指数无显著差异，且均高于0.7，表明种姜太小不利于提高收获指数。

表34-4　不同处理对干物质积累和收获指数的影响

	块根（g/m^2）	根茎（g/m^2）	须根（g/m^2）	地上部（g/m^2）	收获指数
G	271.0^{aA}	339.5^{aA}	32.1^{a}	217.5^{aA}	0.710^{aA}
H	208.5^{bB}	363.0^{aA}	22.0^{a}	210.0^{abA}	0.711^{aA}
I	176.5^{cB}	273.5^{bA}	25.0^{a}	199.5^{bAB}	0.667^{bA}
J	213.0^{bB}	273.5^{bA}	24.0^{a}	184.0^{cB}	0.701^{aA}

③ 对药材郁金产量和有效成分的影响：就药材郁金产量来看，G处理显著高于其他三个处理，I处理最低，显著低于其他处理，H和J处理无显著差异，G处理较H、I、J处理分别高出23.1%、34.9%和21.4%。就总姜黄素含量来看，以G处理最高，I处理最低，由表34-5的多重比较结果可见，G处理的总姜黄素含量显著高于其他处理，较H、I、J处理分别高出26.6%、37.5%和27.5%，其他三处理间无显著差异。就挥发油含量来看，G处理最高，其次是J和H，I处理最低，方差分析得F=6.872，P=0.0467<0.05，差异达显著水平。各处理总姜黄素和挥发油含量的差异显著水平均大于0.01，表明种姜对药材质量的影响未达到极显著水平。

表34-5　不同处理对药材郁金产量和质量的影响

	产量（kg/hm^2）	总姜黄素含量（%）	挥发油含量（%）
G	2710.1^{aA}	0.3035^{aA}	2.20^{aA}
H	2085.1^{bB}	0.2228^{bA}	1.65^{bA}

续表

	产量（kg/hm²）	总姜黄素含量（%）	挥发油含量（%）
I	1765.1^{cB}	0.1897^{bA}	1.40^{bA}
J	2130.1^{bB}	0.2201^{bA}	1.75^{abA}

④ 结论：种姜直径和百粒重最大的G处理苗高相对较低，地上部干物质积累量最高，药材郁金产量也最高，种姜直径和百粒重最小的I处理苗高较高，郁金产量和地上部干物质积累量都显著低于*G*处理，中间水平*H*、*J*处理的苗高和郁金产量也居于中间水平，表明随种姜粗壮度增加，植株地上部生长更健壮，郁金产量也随之增加。从其他几项指标看，种姜瘦小也不利于总姜黄素和挥发油含量积累。说明以种姜直径和百粒重为郁金种姜分级指标是合理的。

（3）种姜出芽状况对郁金产量和质量的影响研究　按照播种前种姜出芽的长短将其划分为三个标准，设D、E、F共3个处理，D：未发芽或刚露白的种姜；E：种姜发芽长度≤4cm；F：种姜发芽长度＞6cm。采用单因素随机区组设计，研究不同芽长的种姜对郁金植株生长及产量和质量的影响，通过对试验结果进行方差分析和多重比较，得出种姜出芽状况对郁金产量和有效成分含量影响的差异程度。

研究结果表明，芽长超过6cm的种姜即F处理出苗最早，苗期苗高显著高于其他处理，随生育进程推进，处理间苗高差异逐渐缩小，但F处理在整个生育期的苗高一直保持最高。结合干物质积累来看，F处理地下部干物质积累量最少，显著低于其他两处理。由最终药材产量和有效成分来看，F处理药材郁金产量显著低于D和E，较D和E分别低16.1%和40.4%，D和E处理的姜黄素含量显著高于F处理，较F分别高25.3%和48.3%，各处理挥发油含量基本都处于2.0%左右。表明播种的种姜芽长不一，会直接影响植株生长以及最终的药材产量和质量。因此将出芽情况作为种姜分级的指标。

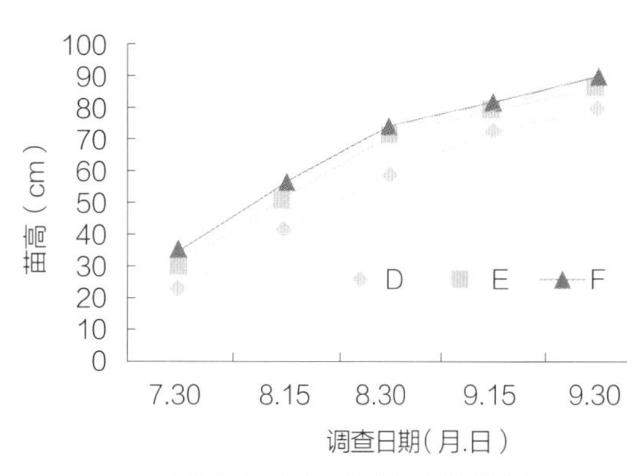

图34-3　不同处理对苗高的影响

表34-6　不同处理对干物质积累和收获指数的影响

	块根（g/m²）	根茎（g/m²）	须根（g/m²）	地上部（g/m²）	收获指数
D	202.5^{abA}	423.2^{bAB}	21.4^{aA}	300.5^{bA}	0.66^{aA}
E	245.0^{aA}	531.0^{aA}	34.3^{aA}	377.0^{aA}	0.65^{aA}
F	174.5^{bA}	337.5^{bB}	26.0^{aA}	313.5^{bA}	0.58^{bA}

表34-7　不同处理对药材郁金产量和质量的影响

	产量（kg/hm²）	总姜黄素含量（%）	挥发油含量（%）
D	2025.1^{abA}	0.2562^{abA}	2.05^{aA}
E	2450.1^{aA}	0.3031^{aA}	2.00^{aA}
F	1745.1^{bA}	0.2044^{bA}	1.95^{aA}

三、郁金种姜标准草案

1. 范围

本标准规定了郁金种姜的质量要求、检验方法、检验规则、判定规则及标志、包装、贮存等要求。

本标准适用于郁金种姜的生产、经营和使用。

2. 规范性引用文件

下列文件中的条款通过本标准的引用而成为本标准的条款。凡是注明日期的引用文件，其随后所有的修改单（不包括勘误的内容）或修订版均不适用于本标准，鼓励根据本标准达成协议的各方研究是否可使用这些文件的最新版本。凡是不注明日期的引用文件，其最新版本适用于本标准。

中华人民共和国药典（2015年版）一部

3. 术语和定义

下列术语和定义适用于本标准。

3.1 郁金　姜科姜黄属植物姜黄*Curcuma longa* L.的干燥块根。

3.2 种姜　着生于姜黄（*Curcuma longa* L.）植株基部，能萌发生长为姜黄植株的健壮膨大根茎。

3.3 品种　指遗传性状稳定、具有传统药用价值的姜黄群体，包括地方品种、近年选育并经过审定的品种。

4. 种姜质量要求

4.1 外观性状　多成丛，侧根茎呈圆柱形，略弯曲，常具短分叉，表面黄棕色，有退化的膜质叶鞘和须根痕，有明显环节，每个节上有1个芽苞，芽苞淡黄色。无病虫害、腐烂和机械损伤。

4.2 断面性状　断面橙黄色，内皮层环纹明显。芳香，辛辣味。

4.3 分级标准　在符合外观性状和断面性状要求的前提下，依照种姜直径、子姜节数、芽长和芽体质量进行分级，质量分级标准见表34-8。

表34-8　郁金种姜质量分级标准

项目名称	一级	二级	三级
直径（cm），≥	1.3	0.9	0.6
子姜节数（个）	3~4	3~4	≤2
芽长（cm），≤	1.0	4.0	6.0
芽体质量	饱满、肥大	饱满、肥大	瘦弱、细小

注：低于三级标准属于不合格种姜。

5. 检验方法

测量工具用钢卷尺、游标卡尺进行测量。

以《中国植物志》所描述的性状进行鉴别。

外观采用目测法进行鉴别。

6. 检验规则

每批种姜均应按照本标准质量要求中所列项目进行验证。

检验采用随机抽样的方法进行。500kg以下的种姜按照10%比例抽取，500kg以上的，在500kg以下抽样10%的基础上，对其剩余种姜再按2%比例抽取。

7. 判定规则

按4.种姜质量要求对种姜进行评判，抽检样品的各项指标均同时符合某一等级时，则判定所代表的该批次种苗为该等级；当有任意一项指标低于该等级标准时，则按单项指标最低值所在等级定级。任意一项低于三级标准时，则判定所代表的该批次种姜为等级外种姜。

8. 标志、包装、贮存

8.1 标志　郁金种姜外包装上应有清晰、牢固的标识，标识内容为：生产单位、地址、品种名称、质量等级、数量、装箱日期等。包装箱内应附郁金种姜质量检验合格证书。合格证书上应表明下列内容：品种名称、重量、等级、包装日期、生产单位、检验员等。

8.2 包装　种姜采用竹编筐或麻袋包装。

8.3 贮存　一般常温下贮存即可，贮存期间应打开包装，摊开晾2～3天，避免内部湿度大，过早发芽。

四、郁金种苗繁育技术研究

（一）研究概况

作为郁金繁殖材料的种姜，既是郁金的繁殖材料，也是药材姜黄，目前多是关于播期、对姜黄产量和质量影响的报道，专门针对郁金种姜生产技术和严格制种技术规范的研究鲜见报道。近几年，在国家科技重大专项“大黄、郁金、白术、当归、北苍术、刺五加、沙苑子、何首乌等种子（苗）质量标准和青蒿、地黄、三叶木通技术规范制定与示范研究”之子课题“郁金种苗质量标准示范研究”以及国家公共卫生专项“国家基本药物种子种苗繁育（四川）基地建设项目”之子课题“姜黄郁金种苗繁育基地建设”项目的支持下，编者课题组开展了种姜贮藏条件、播期、产地等对姜黄根茎的影响研究，发现播期、产地对姜黄根茎农艺性状和产量影响显著，贮藏方法对播种前的种姜质量影响显著。通过研究，完成了郁金种姜繁育技术研究，初步形成了郁金繁育技术草案，在四川建立了200亩郁金种苗繁育基地。

（二）郁金种姜繁育技术规程

1. 范围

本标准规定了郁金种姜繁育方法、繁育基地环境条件、栽培技术、采收及贮藏。

本标准适用于四川省郁金种姜的生产。

2. 规范性引用文件

下列文件中的条款通过本标准的引用而成为本标准的条款。凡是注明日期的引用文件，其随后所有的修改单（不包括勘误的内容）或修订版均不适用于本标准，鼓励根据本标准达成协议的各方研究是否可使用这些文件的最新版本。凡是不注明日期的引用文件，其最新版本适用于本标准。

GB 3095　环境空气质量标准

GB 5084　农田灌溉水质标准

GB 15618　土壤环境质量标准

DB 51/337　无公害农产品农药使用准则

DB 51/338　无公害农产品生产用肥使用准则

3. 术语和定义

下列术语和定义适用于本标准。

3.1 姜黄　姜科姜黄属植物姜黄*Curcuma longa* L.的根茎。

3.2 种姜　姜黄植株的健壮膨大根茎，分为侧根茎（子姜）与主根茎（母姜）。

3.3 母姜　姜黄植株的健壮膨大根茎的主根茎。

3.4 子姜　姜黄植株的健壮膨大根茎的侧根茎。

4. 繁育方法

采用无性繁殖，以姜黄根茎为繁殖材料。

5. 基地环境

应符合GB 3095、GB 15618要求。

5.1 适宜区域　年平均气温>16℃，年降雨量1000mm左右，海拔300～800m区域。

5.2 适宜土壤　土壤耕层厚度>20cm、pH为7.0～8.5的壤土。

6. 栽培管理

6.1 选种　选健康无病虫害、无机械损伤的完整母姜做种。

6.2 选地整地　选向阳地块。栽前翻地，翻深25cm，耙细整平。按宽5m开厢，沟深20cm。

6.3 播种

6.3.1 播种期：清明前后。

6.3.2 播种方法：采用穴播。穴深5～6cm，口大而底平，行与行间的穴交错排列。下种前每穴施清粪水和过磷酸钙，肥料上盖一层薄土，每穴放种姜1块，覆盖细土厚3～4cm。

6.3.3 播种密度：每亩播种5000窝左右，行距35～40cm，穴距35cm左右。

6.4 田间管理

6.4.1 排灌水：应符合GB 5084的要求。土壤要保持湿润，在天气干旱土层干燥时，应在早上或傍晚进行灌溉或淋水。雨季注意排水，防止积水。

6.4.2 中耕除草：齐苗后及时中耕除草，中耕宜浅，浅松表土3～4cm。植株封行后，杂草生长过旺应及时进行人工拔草。

6.4.3 施肥：施肥原则：应符合DB51/338的规定。

基肥：每亩施农家粪水2500～3000kg，P_2O_5 10～15kg，油饼50kg或草灰200～300kg。

追肥：结合中耕除草分三次进行。

第一次6月上旬。每亩施粪水500～750kg，加水稀释，于早晨或傍晚施入。

第二次7月上旬。每亩施粪水800～1000kg，加水稀释，于早晨或傍晚施入。

第三次8月上中旬。每亩施K_2O 5.0～7.5kg，加粪水1000～1500kg，施于植株基部地面，施后培土。

6.5 病虫害防治

6.5.1 防治原则：农药使用应符合DB51/337要求。贯彻“预防为主，综合防治”的植保方针。

6.5.2 防治方法：主要防治地老虎和蛴螬。每亩用25%敌百虫粉剂2kg，拌细土15kg，撒于植株周围；每亩用90%晶体敌百虫100g与炒香的菜籽饼5kg做成毒饵，撒在田间诱杀；清晨进行人工捕捉幼虫。

7. 采收及采后处理

7.1 采收时间　12月底至次年3月上旬。

7.2 采收方法　选晴天，割去地上叶苗，挖出整个地下部分，抖去泥土，摘下块根和根茎，分开放置。采收完毕后及时清洁田园，将枯叶、杂草等清理干净。

7.3 采后处理　摘除根茎上残留的须根，剔除腐烂、有机械损伤和感染病虫害等不健康以及有明显变异的根茎。将良好的母姜和子姜分别按一定规格分别放置。

8. 贮藏

8.1 贮藏条件　室内通风干燥处。

8.2 贮藏方法

8.2.1 沙藏：采用一层种姜盖一层沙，种姜厚度10～12cm，沙子厚度5cm左右。

8.2.2 自然堆放+晾晒：堆放的厚度以30～40cm为宜，表面覆盖稻草。3～4月份应翻堆1～2次；4～6月份摊开晾2～3次，每次晾1天，晾时避免日光直射。

9. 包装、标识、运输

9.1 包装　种姜宜用竹筐、袋或其他透气性良好的容器进行包装。单件重量不宜超过25kg。

9.2 标识　填写种子检验证书，并附检疫证书和标签。标签上标明品种、规格、数量、批号、日期、产地名称、生产单位、采收日期、贮藏条件、注意事项及质量合格标志。

9.3 运输　应符合保质、保量、运输安全等要求，严防污染。运输过程中防止重压、暴晒、风干、雨淋、冻害等。

参考文献

[1] 李隆云，秦松云，杨会全. 栽培措施对郁金块根产量的影响［J］. 中国中药杂志，1997，22（2）：77.

[2] 李青苗，姜荣兰，雷加伦，等. 种姜和播种方式对郁金块根产量的影响［J］. 中国中药杂志，2005（6）：419-421.

[3] 李青苗，张美，周先建，等. 不同规格种茎对郁金产量和质量的影响［J］. 中国中药杂志，2009，34（5）：542-543.

[4] 俸世洪，李敏，吴发明. 郁金不同用种对产量和质量影响的研究［J］. 现代中药研究与实践，2010（5）：8-9.

[5] 李隆云，张艳. 栽培措施对姜黄产量和品质的影响［J］. 中国中药杂志，1999（9）：19-21.

方清茂（四川省中医药科学院）

35 明党参

一、明党参概况

明党参（*Changium smyrnioides* Wolff）是我国特有的伞形科明党参属单种属多年生草本植物，以根入药，药材名明党参，为珍稀名贵药材之一。传统中医认为明党参是一种滋补药，是外贸出口药材重要品种之一，历来畅销于广东、香港、东南亚一带。主要分布于浙江西北部，江苏西南部和安徽东南部，为伞形科特有属中唯一的华东分布型古老种。1984年被列为国家三级濒危保护植物。野生资源越来越少，各地明党参药材收购量逐年下降，现在已有许多原产地停止收购。江苏南京与安徽九华山两地为明党参道地产区，现在全国仅江苏省句容市有部分种植。明党参以种子繁殖，种子来自于野生植株或种植地自行留种，商品化程度低。

二、明党参种子质量标准研究

（一）研究概况

明党参人工栽培工作始于20世纪50年代，由于分布范围狭窄，适应区很小，栽培规模较小，系统的栽培理论研究缺乏，目前生产技术水平较低，长期处于经验总结阶段，种子种苗系统研究工作始于21世纪初，南京农业大学中药材研究所在国家科技部重大科技专项“明党参种子质量标准和检验规程的研究与制定（2001BA701A59）”和“明党参规范化种植研究（2001BA701A62-04）”的资助下，系统地开始了明党参栽培学研究，初步制订了明党参种子质量分级标准。

（二）研究内容

1. 研究材料

明党参种子采于江苏省句容市红山明党参栽培基地和南京紫金山、句容茅山等野生居群。明党参种子于倒苗后6月中旬种子黄熟时采收，通风自然干燥。

2. 扦样方法

采用四分法，也叫对角线法，把种子倒在平滑的桌面或玻璃板上铺平，均匀混合后，摊成1～2cm厚的正方形，用分样板按对角线把种子分成4个三角形，除去两种相对的三角形后，再把种子重新混合，按上法继续分样，直到相对的两个三角形中的种子相当于平均样品的重量为止。

3. 种子净度分析

分别将已抽取的两份样品倒在光洁的桌面上，把纯净种子、废种子、杂质（其他植物种子和其他夹杂物）分开，分别称重，精确至0.001g。

如样品混有较大的或多量的杂物时，要在样品称重后，在分取测定样品前进行必要的清理并称重。

纯净种子包括：完整的、没受伤害的、发育正常的种子；虽已破口或发芽，但仍具发芽能力的种子。

废种子包括：能明显识别的空粒、腐坏粒、已萌发的显然丧失发芽能力的种子，严重损伤的种子和无种皮的裸粒种子。

其他夹杂物包括：叶子、鳞片、苞片、果皮、种翅、种子碎片、块和其他非生命杂质；昆虫的卵块、成虫、幼虫或蛹。

种子净度（%）=100%－［废种子含量（%）+杂质含量（%）］

明党参种子净度分析测定结果见表35-1，一般明党参种子样品中杂质多为明党参果柄、茎秆碎片、杂草种子等，在净度分析时，可先用筛子将种子与较小的杂质分离，再将较大的杂质与种子分离。

一般没有经过除杂处理的明党参种子样品的净度在95%左右。而较纯净的种子样品净度则应在99%左右。

表35-1　种子净度测定结果

		净种子	其他植物种子	其他杂质	重量合计	样品原重	重量差值
第一份（全）试样	重量（g）	9.44	0.05	0.48	9.97	10.04	0.07
	百分率（%）	94.73	0.49	4.78	100	—	0.75
第二份（全）试样	重量（g）	9.46	0.06	0.46	9.98	10.02	0.04
	百分率（%）	94.83	0.55	4.62	100	—	0.49
百分率样间差异（%）		0.10	0.06	0.16	0.00	—	0.26
平均百分率（%）		94.78	0.52	4.70	100	—	0.62

4. 真实性鉴定

明党参为单种属植物，目前无栽培类型或品种的区别，故种子真实性鉴定采用形态鉴定法。明党参种子（果实）圆卵形至卵状长圆形，侧面扁，光滑，有10~12条纵纹；果棱不明显，分生果横剖面近圆形，胚乳腹面内凹，呈马蹄形，在2个不明显的果棱中间有油管3个，合生面2个；长2~3mm（图35-1）。

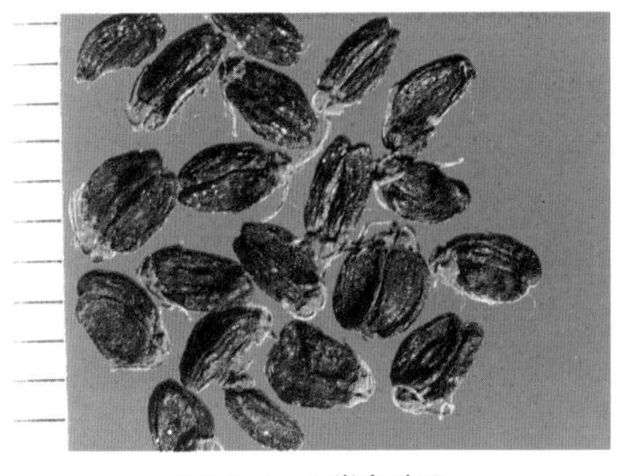

图35-1　明党参种子

5. 千粒重测定

将明党参纯净种子用四分法分成4份，从每份中随机取250粒，共1000粒为一组，取3组即为3个重复。用万分之一电子天平称重，称重后计算3组平均数。

如表35-2所示，明党参种子的千粒重分布范围在3.0~6.0g，在4.1~5.8g范围内的种子占绝大多数。植株生长年限越长，所产明党参种子的千粒重越重。栽培居群所产的种子比野生居群所产的种子千粒重较大。

表35-2　明党参种子千粒重

种子来源	千粒重（g）	种子来源	千粒重（g）
四年生栽培植株	5.8611	南京老山野生	4.2016
三年生栽培植株	5.7275	南京青龙山野生	4.5689

续表

种子来源	千粒重（g）	种子来源	千粒重（g）
二年生栽培植株	4.7044	南京紫金山野生	5.1606
句容茅山野生	4.9020	句容虎山野生	4.1212
浙江杭州野生	4.1252	安徽安庆野生	3.5680

注：表中所涉及材料为2005年6月采集。

6. 水分测定

为寻找明党参种子含水率最佳测定方法，分别采用四种方法进行测定种子含水率，每隔1小时称重一次，比较4种方法测定的结果与烘干时间的关系以及最终结果。测定方法试验方案见表35-3。

表35-3　种子含水率测定方法

代号	前处理	烘干温度（℃）	烘干总时间（h）	代号	前处理	烘干温度（℃）	烘干总时间（h）
A	整粒	105±3	10	C	磨碎	105±3	10
B	整粒	130±3	6	D	磨碎	130±3	6

整粒低恒温烘干法测定：待测种子不粉碎，从中称取0.5g直接用于含水量的测定。先将称量盒放在105℃烘干至恒重，称重，再将样品放入预先烘干和称重过的样品盒内，在感量为0.001～0.01g的天平上称取试样3次。然后，打开盒盖，一起放入预先预热至110℃的烘箱内关好箱门，保持105℃（±3℃），经6～8小时后，取出，盖上盖子，移入干燥器内冷却至室温称重。每一样品三个重复，最后取三组数据均值。

种子水分（%）=［（烘前试样重-烘后试样重）/烘前试样重］×100%

4种不同方法测定的明党参种子含水量结果见表35-4和表35-5，4种烘干方法测得的种子含水率存在显著差异。以种子磨碎后在130℃下烘干测得含水率最高。《96国际种子检验规程》规定种子含水率测定方法即为此方法。

种子磨碎后130℃下烘干4小时以后种子含水率基本不再增加，变化差异不显著。因此，明党参种子含水率测定标准方法可定为种子磨碎后在130±3℃恒温下，烘干4小时。

表35-4　不同烘干法测定的明党参种子含水率随测定时间的变化

时间（h）	A	显著性5%	B	显著性5%	C	显著性5%	D	显著性5%
10	0.0993	a	—	—	0.1196	a	—	—
9	0.0976	ab	—	—	0.1184	ab	—	—
8	0.0964	abc	—	—	0.1177	bc	—	—
7	0.0943	bcd	—	—	0.1170	bcd	—	—
6	0.0936	bcde	0.1097	a	0.1163	cde	0.1338	a
5	0.0917	cde	0.1086	a	0.1155	de	0.1330	ab
4	0.0914	cde	0.1074	b	0.1148	ef	0.1324	ab
3	0.0903	de	0.1056	cd	0.1136	fg	0.1303	b

续表

时间（h）	A	显著性5%	B	显著性5%	C	显著性5%	D	显著性5%
2	0.0886	e	0.1047	cd	0.1120	g	0.1264	c
1	0.0812	e	0.1041	d	0.1044	h	0.1248	c

表35-5　不同烘干法测定的明党参种子含水率比较

代号	前处理	烘干温度（℃）	时间（h）	重复			平均	显著性5%
				1	2	3		
A	整粒	105±3	10	0.0973	0.1038	0.0968	0.0993	d
B	磨碎	130±3	6	0.1091	0.1108	0.1092	0.1097	c
C	整粒	105±3	10	0.1193	0.1214	0.1182	0.1196	b
D	磨碎	130±3	6	0.1341	0.1352	0.1321	0.1338	a

7. 发芽试验

（1）层积温度对明党参种胚发育的影响　明党参种子存在休眠现象，主要是由于种子成熟时胚尚未发育完全，处于球形胚阶段，需要继续生长发育到一定长度后，才能萌发。种子采集后不能立即萌发，自然条件下必须经过3~5个月的休眠期才能萌发，可经过层积处理促进萌发。

室温条件下将种子用清水浸泡24小时，用多菌灵800倍液浸泡15分钟，拌入消毒过的湿润细河砂中，分别放在5℃、10℃、15℃、20℃、25℃的恒温箱中层积，定期检查湿度，保持砂土湿润。每隔10天取样测定种子的胚长和种子长，胚长与种子长度比值为胚率。每个处理4个重复，每个重复每次测定10粒种子，解剖镜下测定，取平均值，并观察形态变化，将有代表性的种子制作成石蜡切片，并进行显微摄像。

明党参种子在不同温度层积过程中胚的变化见表35-6，温度对明党参种子后熟阶段胚的生长发育快慢影响显著。15℃下胚的生长发育最快。10℃和5℃下前期生长较慢，二者差异不显著，但后期生长加快，10℃生长显著快于5℃。25℃和20℃下胚的生长发育受到明显抑制。25℃、20℃、15℃、10℃下种子的霉烂率远远高于5℃，达到30%以上。显然，这不利于发芽率的测定。因此，明党参种子最佳层积温度应为5℃。

表35-6　层积过程中胚的变化

温度（℃）	层积不同时间（d）后的胚长（mm）						霉烂率（%）	
	0	10	20	30	40	50	20	40
5	0.59	0.65^{b}	0.81^{b}	0.90^{c}	1.18^{c}	1.60^{a}	4.51	22.75
10	0.59	0.63^{b}	0.79^{b}	1.07^{b}	1.40^{b}	1.67^{a}	18.56	40.25
15	0.59	0.77^{a}	1.16^{a}	1.84^{a}	1.85^{a}	1.85^{a}	63.25	61.34
20	0.59	0.65^{b}	0.85^{b}	0.86^{c}	0.91^{d}	—	60.21	63.25
25	0.59	0.63^{b}	0.78^{b}	0.87^{c}	0.89^{d}	—	69.61	70.18

注：显著性分析α=0.05水平。

（2）层积时间与发芽床对明党参种子发芽的影响　取5℃层积后的种子进行常规发芽实验，发芽床分别为纸床和砂床，发芽温度为15℃，每个处理4个重复，每个重复100粒种子。每日记录发芽的粒数。发芽结束后计算发芽起始时间、发芽持续时间、最终发芽率和发芽势。发芽率、发芽势测定参照国家农作物种子检验规程和国际种子检验规程中的有关规定，用萌发10天的发芽数来计算发芽势；25天统计最终发芽率。

如表35-7所示，相同前处理条件下纸床和砂床两种发芽床相比，发芽率差异不显著，但发芽势差异极显著，纸床显著高于砂床。发芽起始时间也早于砂床。且砂床湿度不易控制，故种子发芽最适合的发芽床为纸床。层积时间对发芽也有较大影响。对于同为9月份的种子，层积45天和层积50天最终发芽率和发芽势差异不显著，但两者都显著高于层积40天的发芽率（$P<0.05$）和发芽势（$P<0.01$）。对于贮藏到11月份的种子，层积45天即可完全打破休眠，发芽势很高。因此，明党参种子以层积45天为宜。

表35-7　层积时间与发芽床对明党参种子发芽的影响

发芽前处理	发芽床	发芽开始天数（d）	发芽持续天数（d）	发芽率（%）		发芽势（%）	
				平均值	5%	平均值	5%
9月层积50天	纸床	2	19	60.50	a	35.75	b
11月层积45天	纸床	2	20	60.00	a	51.00	a
9月层积45天	纸床	2	20	57.25	a	30.75	b
9月层积50天	砂床	5	16	55.50	a	15.50	c
9月层积40天	纸床	3	20	46.25	b	16.25	c
9月层积40天	砂床	7	19	41.00	b	3.00	d

（3）温度对明党参种子发芽率的影响　根据上面结果，选用5℃层积45天后的种子在25℃、20℃、15℃、10℃、5℃下采用纸床做常规发芽实验。每个处理4个重复，每个重复100粒种子。每日记录发芽的粒数。发芽结束后计算发芽起始时间、发芽持续时间、最终发芽率和发芽势。发芽率、发芽势测定参照国家农作物种子检验规程和国际种子检验规程中的有关规定，用萌发10天的发芽数来计算发芽势；25天统计最终发芽率。

从表35-8可以看出，不同温度对发芽的影响极大。在15℃和10℃下发芽率和发芽势差异不显著，但都远高于25℃、20℃、5℃下的发芽率和发芽势。25℃、20℃和5℃下发芽明显受到抑制。因此，明党参种子发芽的最佳温度范围为10～15℃。

表35-8　不同温度对明党参种子发芽的影响

发芽温度（℃）	发芽开始天数（d）	发芽持续天数（d）	发芽率（%）		发芽势（%）（10天）	
			平均值	显著性5%	平均值	显著性5%
25	6	12	4.50	d	3.00	c
20	5	17	12.00	c	7.50	b
15	2	20	60.00	a	51.00	a
10	3	22	57.00	ab	36.50	a
5	4	26	44.50	b	7.50	b

综合以上研究，明党参种子存在着明显的形态后熟，低温层积可有效促进明党参种子后熟，明党参种子最佳层积预处理条件为5℃、层积45天左右；温度是影响明党参发芽的主要因素，适宜温度为10～15℃；明党参种子最佳发芽基质为纸床。

8. 生活力测定

采用TTC法测定明党参种子生活力。将种子在清水中浸泡后，沿中线纵切为两半，取其中一半用于测定。将种子浸入TTC溶液中，放入恒温箱中在规定的温度下放置规定的时间，取出观察。胚染色，胚乳未染色面积＜1/5者为有生活力的种子。每个样品3个重复，每个重复100粒。取3个重复平均值作为该样品的生活力值。

种子生活力（%）=（有生活力种子数/供试验种子数）× 100%

为确定最佳测定条件，采用正交实验设计以确定种子浸泡温度、种子浸泡时间、TTC溶液浓度、染色温度、染色时间的最优条件，试验方案见表35-9。

表35-9　TTC法测定生活力测定条件的正交实验设计

水平	染色时间（A）（h）	染色温度（B）（℃）	TTC浓度（C）（%）	种子浸泡温度（D）（℃）	种子浸泡时间（E）（h）
（1）	2	25	0.5	25	24
（2）	4	30	1	15	48
（3）	6	35	—	—	—
（4）	8	40	—	—	—
（5）	10	—	—	—	—
（6）	12	—	—	—	—

根据表35-10中显示正交实验结果，最优实验条件组合为A（4）B（3）C（2）D（2）E（2），即TTC法测定明党参种子生活力最佳条件为15℃浸泡48小时，1%TTC溶液，35℃恒温染色8小时。测定标准方法见表35-11。

表35-10　TTC测定生活力正交试验结果

实验号	染色时间（h）	染色温度（℃）	TTC浓度（%）	浸泡温度（℃）	浸泡时间（h）	y_{i1}	y_{i2}	$\bar{y}_i$
1	2（1）	25（1）	0.5（1）	25（1）	48（2）	0.00	0.00	0.00
2	2（1）	30（2）	0.5（1）	15（2）	24（1）	5.88	6.00	5.94
3	2（1）	35（3）	1（2）	15（2）	48（2）	87.76	87.50	87.63
4	2（1）	40（4）	1（2）	25（1）	24（1）	92.00	92.45	92.23
5	4（2）	25（1）	1（2）	15（2）	24（1）	79.59	78.00	78.80
6	4（2）	30（2）	1（2）	25（1）	48（2）	84.00	83.33	83.67
7	4（2）	35（3）	0.5（1）	25（1）	24（1）	92.00	92.00	92.00
8	4（2）	40（4）	0.5（1）	15（2）	48（2）	88.00	89.80	88.90

续表

实验号	染色时间（h）	染色温度（℃）	TTC浓度（%）	浸泡温度（℃）	浸泡时间（h）	y_{i1}	y_{i2}	$\bar{y}_i$
9	6（3）	25（1）	0.5（1）	25（1）	24（1）	12.50	10.00	11.25
10	6（3）	30（2）	0.5（1）	15（2）	48（2）	80.00	82.35	81.18
11	6（3）	35（3）	1（2）	15（2）	24（1）	82.69	82.35	82.52
12	6（3）	40（4）	1（2）	25（1）	48（2）	86.54	84.31	85.43
13	8（4）	25（1）	1（2）	15（2）	48（2）	84.00	84.31	84.16
14	8（4）	30（2）	1（2）	25（1）	24（1）	94.00	96.00	95.00
15	8（4）	35（3）	0.5（1）	25（1）	48（2）	89.13	90.38	89.76
16	8（4）	40（4）	0.5（1）	15（2）	24（1）	88.24	88.00	88.12
17	10（5）	25（1）	0.5（1）	25（1）	24（1）	26.00	28.00	27.00
18	10（5）	30（2）	0.5（1）	15（2）	48（2）	90.00	90.00	90.00
19	10（5）	35（3）	1（2）	15（2）	24（1）	90.00	88.00	89.00
20	10（5）	40（4）	1（2）	25（1）	48（2）	80.77	80.35	80.56
21	12（6）	25（1）	1（2）	15（2）	48（2）	87.50	86.96	87.23
22	12（6）	30（2）	1（2）	25（1）	24（1）	82.00	86.00	84.00
23	12（6）	35（3）	0.5（1）	25（1）	48（2）	90.20	91.84	91.02
24	12（6）	40（4）	0.5（1）	15（2）	24（1）	90.00	90.38	90.19
优水平	A（4）	B（3）	C（2）	D（2）	E（2）	最优组合：A（4）B（3）C（2）D（2）E（2）		
主次因素	B	C	A	D	E			

表35-11　TTC法测定明党参种子生活力标准方法

种（变种）名	明党参	种（变种）名	明党参
学名	*Changium smyrnioides* Wolff	溶液浓度%	1%
浸种温度	15~20℃	染色温度	35℃
浸种时间	48小时	染色时间	8小时
染色前的准备	沿种子背面正中线纵切	有生活力种子允许不染色、较弱或坏死的最大面积	不染色的面积小于1/5，胚必须染色

9. 种子质量对明党参种子发芽率的影响

将不同千粒重的种子样品在测定生活力（TTC法）后按上面的发芽方法进行发芽实验，通过Excel软件计算种子千粒重、种子生活力、种子发芽率之间的相关系数，分析它们之间的相关性，结果见表35-12。

应用Excel软件计算种子千粒重、种子生活力和种子发芽率之间的相关性，结果表明：种子千粒重与种子生活力之间的相关系数r = 0.7638，r_2=0.5834，说明种子千粒重与种子生活力成正相关性，种子千粒重较大的种子，生活力较高。千粒重较低的种子生活力也较低。

种子千粒重与种子发芽率之间的相关系数r = 0.2881，r_2=0.0830，说明种子千粒重与种子发芽率成一定的正相关性。千粒重过大和过小，都使发芽率降低。

种子生活力与种子发芽率之间的相关系数r = 0.6065，r_2=0.3678，说明种子生活力与种子发芽率之间存在一定的正相关性，生活力较高的种子发芽率也较高，而生活力较低的种子发芽率也较低。生活力低于一定限度，发芽率迅速降低。当种子生活力低于50%时，则发芽率低于30%，基本失去应用价值。

表35-12　千粒重对明党参种子萌发的影响

种子千粒重（g）	发芽率（%）	霉烂率（%）	生活力（%）	种子千粒重（g）	发芽率（%）	霉烂率（%）	生活力（%）
5.9	28	72	88	4.7	58	42	93
5.7	38	62	87	3.8	73	27	86
5.3	67	33	89	3.4	9	90	82
5.1	39	61	89	2.7	19	81	75

三、明党参种苗质量标准研究

（一）研究概况

南京农业大学中药材研究所在国家“十一五”重大科技专项“中药材种子种苗和种植（养殖）标准平台”（2009ZX09308-002）的资助下，对明党参种苗质量标准进行了较为系统的研究，初步制订了明党参种苗质量标准。

（二）研究内容

1. 研究材料

明党参种苗搜集于苏、浙、皖3省的9个野生明党参居群和江苏句容红山明党参种植基地的1个栽培居群，共搜集样品31份，其中人工培育的明党参种苗10份，一年生与二年生种苗各5份。样品来源见表35-13，样品采集点地理信息由随身携带的GPS定位仪测定。

表35-13　明党参种苗搜集信息

样品名称（居群名称）	样品来源	采样份数	样品采集点地理信息		
			经度（E）	纬度（N）	海拔（m）
大龙山	安徽安庆大龙山	4	116° 54′	30° 36′	79.5~83.2
青龙山	江苏高淳青龙山	3	118° 58′	31° 58′	88.9~97.5
茅山	江苏句容茅山	3	119° 18′	31° 47′	96.5~118.3
浮山	江苏溧水浮山	3	119° 10′	31° 41′	92.3~101.1
红山	江苏句容红山栽培基地	10	119° 13′	31° 42′	41.3~41.8

续表

样品名称（居群名称）	样品来源	采样份数	样品采集点地理信息		
			经度（E）	纬度（N）	海拔（m）
老山	南京江浦老山	2	118° 35′	32° 05′	88.7~95.3
紫金山	南京紫金山	1	118° 28′	32° 02′	71.6~94.3
九华山	安徽青阳九华山	2	117° 45′	30° 37′	49.2~55.9
琅琊山	安徽滁州琅琊山	2	118° 17′	32° 17′	67.6~74.2
南高峰	浙江杭州南高峰	1	120° 08′	30° 13′	52.3~65.1

2. 抽样方法

采用随机抽样的方法进行。1000株以下的种苗按照10%比例抽取，1000株以上的，在1000株以下抽样10%的基础上，对其剩余株数再按2%比例抽取。

3. 外形

由于明党参叶柄长、节间长和总叶长易随生长环境或生长时间等外部因素的变化而变化，故本研究选择它们相关的比值这些较稳定的性状来进行明党参种苗的植株形态分析。通过明党参植株形态特征的比较，表明明党参存在植株形态上的多样性。如根据羽状复叶节间距的大小，可以将株型分为“松散型”“紧凑型”和“中间型”3类；根据明党参叶裂的深浅，可以分为深裂型、浅裂型和中间型3类；根据根形，可以分为根状茎较长、根球形的“卵子参”、根长柱形的“柱形参”和根中部粗壮、两端渐尖的“纺锤形参”。这些外观性状较为稳定，可以作为明党参种苗外形鉴定的依据。

4. 明党参种苗大小、重量与等级划分

根据明党参种苗植株形态和生产实际，确定根长、根顶端粗度及单株根鲜重为种苗等级划分指标，并兼顾顶芽及根形质量。于江苏省句容市红山明党参栽培基地取一年生和二年生实生苗各500株，分别测量各划分指标，结果如表35-14所示。

表35-14　明党参实生苗等级划分指标均值

种苗年龄	样品数（株）	测定指标	平均值	标准差	精度（%）
一年生	500	根长（cm）	7.12	2.13	96.25
		根粗（cm）	0.41	0.11	98.73
		单株鲜重（g）	0.66	0.28	95.49
二年生	500	根长（cm）	8.58	3.37	95.76
		根粗（cm）	0.53	0.18	97.78
		单株鲜重（g）	1.57	0.54	96.03

明党参一年生与二年生实生苗的根长、根顶端粗度及单株根鲜重均呈偏正态公布，采用“平均值±标准差”划分种苗等级。根据各等级划分指标的分布概率，结合生产实际，综合考虑各项等级划分指标，确定各等级划分指标值，结果如表35-15所示。明党参1年生和2年生种苗一、二级苗合格率均达到85%以上，符合生产要求。

表35-15 明党参实生苗等级划分指标值及合格率

种苗年龄	测定指标	一级苗（合格率/%）	二级苗（合格率/%）	三级苗（合格率/%）
一年生	根长（cm）	≥10.0（11.57）	5.0～10.0（75.32）	<5.0（13.11）
	根粗（cm）	≥0.5（13.45）	0.3～0.5（76.51）	<0.3（10.04）
	单株鲜重（g）	≥1.0（16.74）	0.3～1.0（73.17）	<0.3（10.09）
二年生	根长（cm）	≥10.0（21.36）	6.5～10.0（72.49）	<6.5（6.15）
	根粗（cm）	≥0.6（15.38）	0.4～0.6（73.11）	<0.4（11.51）
	单株鲜重（g）	≥2.0（16.16）	1.1～2.0（73.58）	<1.1（10.26）

5. 病虫害

先进行目测，主要看有无病症及害虫危害症状，如发现症状，则应进一步用显微镜检害虫或病原虫，若关系到检疫性病害则应进一步分离培养鉴定。

明党参主要病虫害及其防治方法如下：

（1）根腐病　主要因选地不良，洼涝积水而发生根腐病。防治方法：主要做好清沟排水，注意选地，防涝防病。亦可用适量石灰或西力生与赛力散防治。

（2）裂根病　明党参种植在黏重、干旱的土壤上，如遇降雨集中或大量浇水，根部表皮组织会因大量吸水膨胀而形成纵向裂口，易感染病菌，引起伤口腐烂，甚或蔓延至死。防治方法：选择适宜土壤种植，做到及时排水或浇水，控制土壤湿度。

（3）猝倒病　多发生于高温潮湿季节，幼苗易感染，以致茎基折断而死，防治方法：于播种前将根部或种子用“401”抗生素1000倍液浸泡24小时，取出后晒干再种植；发病后，可用“401”抗生素1000倍液浇根部。

（4）地下害虫　主要因备耕地本身有虫害，或因用堆肥带入虫卵引起。防治方法：提前备耕晒垡；整地时施用灭虫卵的药剂防治；发现后寻找害虫捕杀，或用毒饵诱杀。

（5）蚜虫　多在4月底至5月中旬发生，为害叶片及花茎，造成新叶不能展开，老叶皱缩，不抽薹、不开花。防治方法：用40%乐果乳剂2000倍喷洒。

（6）黄凤蝶　以幼虫为害幼苗和嫩枝。防治方法：用90%晶体敌百虫1000倍液喷洒，7～10天一次，连续2次即可。

6. 种苗质量对药材生产的影响

（1）不同等级种苗对明党参移栽出苗的影响　于2010年10月25日进行不同等级种苗盆栽实验，盆高30cm，直径25cm，每盆5株，露天栽培，4个重复，15天后考察出苗率，结果如表35-16所示。一年生和二年生种苗均以一、二级苗的出苗速度快，40天观察期内出苗率高，种苗大，出苗快且整齐。

表35-16 不同等级种苗对明党参移栽出苗率的影响

种苗年龄	种苗等级	出苗率（%）				
		15天	20天	25天	30天	40天
一年生	一级	35	50	85	90	100
	二级	35	45	70	85	90
	三级	10	15	30	35	35

续表

种苗年龄	种苗等级	出苗率（%）				
		15天	20天	25天	30天	40天
二年生	一级	35	55	80	95	100
	二级	30	45	80	90	100
	三级	25	40	75	85	95

（2）不同等级种苗对明党参根中干物质积累与药材产量的影响　于11月上旬进行不同等级种苗小区栽培实验，种苗为一年生苗，每个等级种苗设置3个重复小区，每个小区12m^2，小区按照随机区组实验设计安排。从表35-17可以看出，不同等级种苗的明党参根生长规律高度相似，快速生长期在3～6月，6月份根中干物质积累量达到最大值。一年中3个等级种苗的明党参干物质积累速率以三级种苗最大，但由于种苗过于弱小，若在大田生产中，与其他植株较大的种苗种植在一起，对光照和水肥的竞争能力弱，其生长受限，干物质积累速率将较大下降，根中干物质积累量与其他等级种苗的明党参差异将逐渐增大，不利于田间统一管理。一级和二级种苗的明党参在移植后第一年内干物质积累量显著大于三级种苗。从表35-18可以看出，种苗质量对明党参药材产量有较大影响，一级苗和二级苗产量差异不显著，但显著高于三级种苗明党参的产量，种苗过小，干物质积累少，生长慢，产量低。因此明党参移栽时种苗质量应不低于二级，即根茎长≥5.0cm、根粗≥0.3cm、单株鲜重≥0.3g。

表35-17　不同等级种苗的明党参根干重年动态变化

采样时间（月份）	一级种苗（g）	二级种苗（g）	三级种苗（g）	采样时间（月份）	一级种苗（g）	二级种苗（g）	三级种苗（g）
1	0.38	0.18	0.08	7	2.33	1.27	1.06
2	0.42	0.17	0.07	8	3.01	1.26	0.77
3	0.56	0.15	0.06	9	1.65	1.96	1.13
4	1.35	0.58	0.35	10	3.34	1.40	1.16
5	2.25	1.22	0.71	11	2.08	1.08	0.74
6	3.43	2.23	1.39	12	2.33	1.50	0.96

表35-18　不同等级种苗对明党参产量的影响

种苗等级	亩产鲜重（kg）	亩产干重（kg）	亩产成品（kg）	成品率（%）
一级	1146.1^{a}	390.2^{a}	331.4^{a}	28.92^{a}
二级	1021.2^{a}	342.5^{a}	325.2^{a}	31.85^{a}
三级	865.9^{b}	242.8^{b}	218.6^{b}	25.25^{ab}

（3）不同等级种苗对明党参种子质量的影响　采收不同等级种苗的明党参种子，分别检测千粒重、生活力和发芽率，结果如表35-19所示。不同等级种苗的明党参种子千粒重、生活力和发芽率均存在显著性差异。一级种苗的明党参种子千粒重、生活力和发芽率均显著高于二、三级种苗，种子质量最好。二级种苗与

三级种苗的明党参种子千粒重和生活力的差异不显著，但二级种苗明党参种子发芽率显著高于三级种苗，但发芽率也仅为25.33%，无生产应用价值。一年生三级种苗明党参种子发芽率极低，几乎不能正常发芽，且田间采种时发现，植株的结实率很低。人工栽培明党参在移栽后第二年进行药材采收，采收当年为了提高药材质量和产量，一般不留种，基本上在移栽后第一年留种。综合以上分析，生产留种宜选择一年生一级种苗或株龄二年以上的明党参种子。

表35-19　不同等级种苗对明党参种子质量的影响

种苗等级	千粒重（g）	生活力（%）	发芽率（%）
一级	4.70[a]	92.67[a]	50.47[a]
二级	3.80[b]	76.00[b]	25.33[b]
三级	3.37[b]	68.67[b]	8.01[c]

四、明党参种子标准草案

1. 范围

本标准规定了明党参种子的术语和定义、分级要求、检验方法、检验规则。

本标准适用于明党参种子生产者、经营者和使用者。

2. 规范性引用文件

下列文件中的条款通过本标准的引用而成为本标准的条款。凡是注明日期的引用文件，其随后所有的修改单（不包括勘误的内容）或修订版均不适用于本标准，然而，鼓励根据本标准达成协议的各方研究是可使用这些文件的最新版本。凡是不注明日期的引用文件，其最新版本适用于本标准。

GB/T 3543.2　农作物种子检验规程　扦样

GB/T 3543.3　农作物种子检验规程　净度分析

GB/T 3543.4　农作物种子检验规程　发芽试验

GB/T 3543.5　农作物种子检验规程　真实性和品种纯度鉴定

GB/T 3543.6　农作物种子检验规程　水分测定

GB/T 3543.7　农作物种子检验规程　其他项目检测

GB/T 8170　数值修约规则

3. 术语和定义

下列术语和定义适用于本标准。

3.1 纯度　指明党参种子数占供检样品种子数的百分率。

3.2 净度　指具有发芽能力的明党参种子数占供检样品种子数的百分率。

3.3 发芽率　指发芽的明党参种子数占供检样品种子数的百分率。

3.4 水分　指明党参种子中的含水量。

3.5 千粒重　指1000粒明党参的重量。

3.6 生活力　指运用TTC检测后具备活力的明党参种子数占供检样品种子数的百分率。

4. 分级要求

明党参种子质量应符合表35-20的要求。

表35-20 明党参种子质量分级标准

级别	纯度（%）	净度（%）	发芽率（%）	水分（%）	千粒重（g）	生活力（%）
一	100	≥98.0	≥60	12	3.8~5.3	≥90
二	100	95~97.9	50~59.9	12	3.8~5.3	80~89.9
三	100	≤95	≤40	12	3.8~5.3	70~79.9

5. 检验方法

5.1 扦样　种子批的最大重量为1000kg，容许差距为 5%；送验样品的最小重量为400g；水分测定送验样品最小重量为200g；净度分析试样最小重量为500g；其余部分按GB/T 3543.2执行。

5.2 净度分析　按GB/T 3543.3执行。

5.3 发芽试验　发芽床采用纸床；置床培养温度15℃；初次记数天数10天；末次记数天数25天；其余部分按GB/T 3543.4执行。

5.4 水分测定　按GB/T 3543.6执行。

5.5 生活力测定　按GB/T 3543.7执行。

6. 检验规则

纯度、净度、生活力、裂口率、发芽率、水分其中一项达不到指标的即为不合格种子。

五、明党参种苗标准草案

1. 范围

本标准规定了明党参种苗的术语和定义、分级要求、检验方法、检验规则。

本标准适用于明党参种苗生产者、经营者和使用者。

2. 规范性引用文件

下列文件中的条款通过本标准的引用而成为本标准的条款。凡是注明日期的引用文件，其随后所有的修改单（不包括勘误的内容）或修订版均不适用于本标准，然而，鼓励根据本标准达成协议的各方研究是可使用这些文件的最新版本。凡是不注明日期的引用文件，其最新版本适用于本标准。

GB 6000—1999　主要造林树种苗质量分级

中华人民共和国药典（2015年版）一部

GB/T 8170　数值修约规则

3. 术语和定义

下列术语和定义适用于本标准。

3.1 实生苗　由种子播种繁育的明党参种苗。

3.2 根系　明党参地下部根的总称。

3.3 根形　明党参根的外观形状，呈长圆柱形。

3.4 根长　明党参根的长度。

3.5 根粗　根顶部的直径。

3.6 鲜重　种苗起出时，洗出表面泥土，晾干水分，单株种苗的重量。

3.7 起苗　种苗从育苗地中起出。

4. 分级要求

明党参种苗质量应符合表35-21的要求。

表35-21 明党参实生苗质量要求

项目			质量等级		
			一级	二级	三级
一年生苗	根	根长（cm）	≥10.0	5.0~10.0	<5.0
		根粗（cm）	≥0.5	0.3~0.5	<0.3
	单株鲜重（g）		≥1.0	0.3~1.0	<0.3
	芽		充实	充实	充实
二年生苗	根	根长（cm）	≥10.0	6.5~10.0	<6.5
		根粗（cm）	≥0.6	0.4~0.6	<0.4
	单株鲜重（g）		≥2.0	1.1~2.0	<1.1
	芽		充实	充实	充实
根形			整批外观整齐、细长均匀，芽完好，根系损伤较小	整批外观基本整齐、细长均匀，芽完好，根系损伤较小	整批较整齐、较均匀，芽基本完好，根系损伤较小
病虫害			无检疫对象		

5. 检测规则

5.1 抽样　采用随机抽样的方法进行。1000株以下的种苗按照10%比例抽取，1000株以上的，在1000株以下抽样10%的基础上，对其剩余株数再按2%比例抽取。

5.2 检测　测量工具用游标卡尺和电子天平进行测量；病虫害的检疫按照检疫规程进行；外观以感官进行鉴别。

6. 判定规则

明党参种苗检验在苗圃中进行；每批（同一产地）出圃的种苗均应由生产商按照本标准质量要求中所列项目进行验证，检验合格后方可定级出售；质量技术监督部门应委派具有资质的检验人员对生产商自检合格待售的明党参种苗进行抽样检查；供需双方发生质量纠纷时，由质量技术监督部门进行仲裁。

六、明党参种子种苗繁育技术研究

（一）研究概况

南京农业大学中药材研究所在国家科技部重大科技专项“明党参种子质量标准和检验规程的研究与制定（2001BA701A59）”“明党参规范化种植研究（2001BA701A62-04）”以及“十一五”重大科技专项“中药材种子种苗和种植（养殖）标准平台”（2009ZX09308-002）的资助下，对明党参种子种苗繁育技术进行了系统的研究，初步制订了明党参种子种苗繁育技术规程。

（二）明党参种子种苗繁育技术规程

1. 范围

本标准规定了明党参种子种苗生产技术规程。

本标准适用于明党参种子种苗生产的全过程。

2. 规范性引用文件

下列文中的条款通过本标准的引用而成为本标准的条款。凡是注明日期的引用文件，其随后所有的修改单（不包括勘误内容）或修订版均不适用于本部分。然而，鼓励根据本标准达成协议的各方研究是否使用这些文件的最新版本。凡是不注明日期的引用文件，其最新版本适用于本标准。

GB 3095　环境空气质量标准

GB 4285　农药安全使用标准

GB 5084　农田灌溉水质标准

GB/T 8321.1—2000　农药合理使用准则（一）

GB/T 8321.2—2000　农药合理使用准则（二）

GB/T 8321.3—2000　农药合理使用准则（三）

GB/T 8321.4—2006　农药合理使用准则（四）

GB/T 8321.5—2006　农药合理使用准则（五）

GB/T 8321.6—2000　农药合理使用准则（六）

GB/T 8321.7—2002　农药合理使用准则（七）

GB 15618　土壤环境质量标准

NY/T 496—2002　肥料合理使用准则 通则

中华人民共和国药典（2015年版）一部

中药材生产质量管理规范（试行）（2002）

3. 术语与定义

3.1 实生苗　由种子播种繁育的明党参种苗。

3.2 根系　明党参地下部根的总称。

3.3 根形　明党参根的外观形状，呈长圆柱形。

3.4 根长　明党参根的长度。

3.5 根粗　根顶部的直径。

3.6 鲜重　种苗起出时，洗出表面泥土，晾干水分，单株种苗的重量。

3.7 起苗　种苗从育苗地中起出。

4. 生产技术

4.1 种质来源　明党参（*Changium smyrnioides* Wolff.）隶属我国特有的伞形科单种属植物，仅分布于我国华东地区的苏、浙、皖等省的局部区域，为我国著名的特产药材之一。近年来，我国学者对野生明党参的遗传多样性及保护生物学方面进行了研究，但由于明党参引种栽培历史较短，栽培面积较小，栽培种质来源于产地野生资源，栽培后的种内分化尚需进一步研究。

4.2 选地与整地　宜选疏松、排水良好、半阴半阳斜坡的生荒地。整地时，砍去灌木、杂草，火烧作为基肥，再行深翻、碎土、开沟，作畦（畦宽1～1.5m），畦平整后，即可播种。如选熟地，亦应耕耙、碎土、作畦、平整。土壤以马肝土、腐殖质土为好，沙质土也能栽种，但根条细长，无粉质。死黄泥土，板结地及低洼积水地，不宜选用。

整地过程中，如是荒地应先除去杂草，再作条翻，碎土开沟作畦，畦高20～25cm、宽1～1.5m，长度视情况而定。如选熟地宜应耕耙，碎土，平整。

基肥应足，腐熟的人畜粪、土灰粪和饼肥都可以。基肥数量一般每亩使用人畜粪1500～2000kg，饼肥100kg，具体又据肥源和土地肥力而定。

4.3 播种育苗　明党参采用育苗移栽法。在自然条件下，明党参种子有5个月的休眠期。由于明党参种子的生理后熟特性，因此，对于调控明党参的生长，种子的处理至关重要。一般低温（10℃左右）湿沙冷藏处理40天即可打破休眠。当年10月至翌年1月播种。播后约40天萌动，"立春"至"清明"间出苗。每亩撒播种子10kg左右，然后覆土和盖草。明党参种子出苗率低，一般在60%～70%。播种后，如天旱不雨，土壤干燥苗透不出来时，需及时浇水，以保持土壤湿润促使透苗。

4.4 移栽定植　一般以生长二周年的苗龄移栽，以白露前后移栽为宜。通常为条栽，在整好的畦面上打横沟槽、沟壁稍倾斜，沟槽深度与苗的长度相适应，以略深一点为好，按行距30cm、株距6～7cm定植，把苗排好稍斜放入沟内，注意苗根不能弯曲，施上杂肥或火灰粪，如用饼肥必须离根稍远防止烧苗，并培土压紧，防止根头露出土面，以免旱、冻受伤死亡，最后盖土2～3cm，开后行培前行，一行复一行的条栽。起苗时应根据当时栽苗需要量起挖，挖时要细心，因苗根幼嫩易断，起挖的苗不要被太阳晒着，以免影响成活率，在移栽前，按苗长短分别放置，便于栽植。

4.5 选种留种　野生明党参种子采集困难，种子成熟又不一致，未成熟的种子出苗率极低，成熟后的种子在田间容易脱落。为保证生产发展需要，必须培养家种种子。选种应选移栽后两年以上、生长健壮、无病虫害、株形高矮适中、分枝紧凑、籽粒饱满、成熟度整齐的明党参，加强管理，增施花肥。一般在小满至芒种采收种子，种子成熟不一致，应分批分期采摘，以种子棕黄色将要变黑褐色时采收为好，亦可等待种子大部分由棕黄色将要变黑褐色、茎秆将近枯萎时连梗割回，放室内阴凉六七天后，脱粒，簸净杂质。一般每亩可产鲜种子10kg左右。采收的种子，置于阴凉通风处，晾干，忌太阳晒干和西南风吹干，以免种子失水而丧失发芽力，晾干到种子用手一抓不发出响声即可。去除杂质，沙藏。即把种子与湿润细沙拌匀，种沙比为1∶3，拌匀在室内窖储、缸储均可，室内要阴凉，以朝北房间为好。经常检查翻动，方法是用手插入种子堆中，感觉凉爽为佳。如果觉得发热、湿手、结块、种子表面有少量的白霉等现象，应立即摊开晾干，晾干后，再行沙藏。

4.6 田间管理　除草与追肥　春季出苗后，苗高3cm左右时，结合间苗进行除草、追肥，要求每次在除草后都要施肥，以疏松土壤、提高土温、增加养分、促苗生长。追肥以稀薄水粪为宜，或雨后叶片无水时撒施复合肥10～15千克/亩。

防旱、防涝、防冻　主要做好揭草与盖草，种子早春发芽时应在阴天或晴天下午，先揭去一部分盖草，大部分发芽时再全部揭掉，促进苗叶生长。幼苗怕旱，"小暑"以后，进入"伏天"，如遇伏旱，应砍草覆盖畦面，减少水份蒸发，保持土壤湿润。盖草不仅防旱，还可抑制杂草。在雨季注意做好排水清沟防止积水受涝。秋季草枯时，可火烧畦面杂草及落叶，并向根际适当培土，护根越冬。

4.7 病虫害防治　明党参的病害主要是根腐病，虫害有蝼蛄、蛴螬和蚜虫。

根腐病：主要因选地不良，洼涝积水而发生根腐病。防治方法：主要做好清沟排水，注意选地，防涝防病。亦可用适量石灰或西力生与赛力散防治。

裂根病：明党参种植在黏重、干旱的土壤上，如遇降雨集中或大量浇水，根部表皮组织会因大量吸水膨胀而形成纵向裂口，易感染病菌，引起伤口腐烂，甚或蔓延至死。防治方法：选择适宜土壤种植，做到及时排水或浇水，控制土壤湿度。

猝倒病：多发生于高温潮湿季节，幼苗易感染，以致茎基折断而死，防治方法：于播种前将根部或种子用"401"抗生素1000倍液浸泡24小时，取出后晒干再种植；发病后，可用"401"抗生素1000倍液浇根部。

地下害虫：主要因备耕地本身有虫害，或因用堆肥带入虫卵引起。防治方法：提前备耕晒垡；整地时施用灭虫卵的药剂防治；发现后寻找害虫捕杀，或用毒饵诱杀。

蚜虫：多在4月底至5月中旬发生，为害叶片及花茎，造成新叶不能展开，老叶皱缩，不抽薹、不开花。防治方法：用40%乐果乳剂2000倍喷洒。

黄凤蝶：以幼虫为害幼苗和嫩枝。防治方法：用90%晶体敌百虫1000倍液喷洒，7～10天一次，连续2次即可。

4.8 采收、加工与储存　明党参大田移栽时间宜在10月下旬至11月上中旬。明党参入土较深，易折断，种苗采收时，沿畦头用铁耙深挖，挖空下部土，再按序将苗翻起，拣取种苗，避免折断主根。去除畸形、有病害或长势过弱的种苗，挑选根条匀称、根系完整的种苗用于大田移栽。种苗宜随挖随栽，短期储存应摊放于室内或温沙中，保温保湿，通风透气。

4.9 包装与运输　包装材料宜通风透气，用编织袋或麻袋包装，每袋30～40kg。运输工具必须清洁、干燥、无污染，并具有防晒、防雨等措施。

参考文献

[1] 单人骅，佘孟兰. 中国植物志：55卷 [M]. 北京：科学出版社，1979：122-124.

[2] 傅国力. 中国植物红皮书 [M]. 北京：科学出版社，1992.

[3] 郭巧生，厉彦森，王长林. 明党参种子品质检验及质量标准研究 [J]. 中国中药杂志，2007，32 (6)：478-481.

[4] 郭巧生，王长林，厉彦森，等. 明党参干物质积累及多糖含量的动态研究 [J]. 中国中药杂志，2007，32 (1)：24-26.

[5] 厉彦森，郭巧生，王长林，等. 明党参种子休眠机制和发芽条件的研究 [J]. 中国中药杂志，2006，31 (3)：197-199.

[6] 厉彦森，郭巧生，王长林. 明党参野生居群生物学及其药材质量调查 [J]. 中国中药杂志，2007，32 (22)：2349-2352.

[7] 刘守炉，叶锦生，陈重明，等. 中国明党参属植物综合研究 [J]. 植物研究，1991，11 (2)：75-83.

[8] 南京中山植物园药物组. 江苏植物药材志 [M]. 北京：科学出版社，1959：194.

[9] 潘泽惠，佘孟兰，刘心恬，等. 中国伞形科特有属的核型演化及地理分布 [J]. 植物资源与环境，1995，4 (3)：1-8.

[10] 佘孟兰，单人骅. 伞形科两新属一环根芹属和川明参属 [J]. 植物分类学报，1980，18 (1)：45-49.

[11] 佘孟兰，舒璞. 南京中山植物园研究论文集 [M]. 南京：江苏科学技术出版社，1987：14-23.

[12] 盛海燕，常杰，殷现伟，等. 濒危植物明党参种子散布和种子库动态研究 [J]. 生物多样性，2002，10 (3)：269-273.

[13] 王长林，郭巧生，童君，等. 明党参居群间植物学形态比较 [J]. 中国中药杂志，2010，35 (21)：2808-2811.

[14] 王长林，厉彦森，郭巧生，等. 种苗与施肥对明党参产量和质量的影响 [J]. 中国中药杂志，2007，32 (4)：293-296.

[15] 殷现伟，常杰，葛滢，等. 濒危植物明党参与非濒危种峨参种子休眠和萌发比较 [J]. 生物多样性，2002，10 (4)：425-430.

[16] 郭巧生，赵敏. 药用植物繁育学 [M]. 北京：中国林业出版社，2008.

郭巧生　王长林（南京农业大学）

36 | 罗汉果

一、罗汉果概况

罗汉果［*Siraitia grosvenorii*（Swingle）C. Jeffrey］主要分布于广西北部地区。广西产量占全国90%以上，种植面积约5万亩，其中永福县和临桂县是其道地产区，龙胜县、兴安县和融安县也是其重要产地。此外，湖南、福建等省有少量种植。种苗主要通过组培与扦插结合方式进行繁殖，商品化率达90%以上。生产中病毒病发病严重、徒长而不开花结果和遇低温严重死苗问题与种苗质量密切相关。

二、罗汉果种苗质量标准研究

（一）研究概况

罗汉果种苗的组培繁殖研究较多，但其标准化研究较少。秦碧霞等研究表明ELISA法能成功检测罗汉果组培苗的携带病毒情况。广西植物研究所蒋水元等进行了组培苗繁殖、育苗、保种（2008）和规范化种植（2007）研究。广西药用植物园莫长明等进行了组培苗繁殖与育苗（2008）、标准化种植（2008）和品种评价（2009）研究；马小军等制定发布了广西地方标准《罗汉果组培苗生产技术规程》（DB45/T539—2008）和《罗汉果组培苗》（DB45/T630—2009）。目前，尚无种苗国家标准与行业标准。

（二）研究内容

1. 研究材料

选择长势由强到弱的永青1号、大叶青皮和伯林3号青皮果品种组培苗，调查分析生产中不同栽培品种组培苗的长势和病虫害情况，结果不同长势品种组培苗纯度均较高、在95%以上，病虫害发生率在3.2%～4.3%，品种间纯度和病虫害发生情况差异不明显。长势强的品种组培苗植株相对较大，株高较高，叶片数也较多。

表36-1　不同品种繁殖种苗比较

品种	纯度（%）	外形	株高（cm）	叶片数（片）	病株率（%）
永青1号	95.8	5叶1芯	8.8	5.4	4.3
大叶青皮	96.3	5叶1芯	7.2	5.1	3.6
伯林3号	98.3	4叶1芯	6.5	4.5	3.2

2. 扦样方法

选取永青1号、大叶青皮和伯林3号品种组培苗，采取3种扦样量研究比较不同扦样方法对种苗质量评价影响，结果0.1%、0.2%、0.3%随机扦样方法检测的种苗纯度、外形、株高、叶片数和病株率结果基本一致。

表36-2　不同扦样方法抽检种苗质量比较

扦样量（%）	净度（%）	外形	株高（cm）	叶片数（片）	病株率（%）
0.1	98.5	4叶1芯	6.7	4.3	3.4
0.2	97.6	4叶1芯	6.8	4.5	3.5
0.3	98.7	4叶1芯	6.5	4.8	3.1

3. 纯度

以永青1号、大叶青皮和伯林3号3个栽培品种为材料，研究不同外植体、激素浓度和繁殖代数培育的组培苗变异情况，结果营养生长二级蔓、现蕾开花二级蔓、现蕾开花三级蔓培育的组培苗变异不大，种苗纯度均在95%以上；0.1mg/L、0.5mg/L、1.0mg/L和2.0mg/L浓度 BA培育的组培苗也变异不大，种苗纯度也均在95%以上；继代1次、继代10次和继代20次培育的组培苗变异不明显，种苗纯度均在96%以上。这些表明所研究范围内外植体、激素浓度和繁殖代数培育的组培苗未出现明显变异。

表36-3　不同方式繁殖种苗纯度比较

处理	永青1号（%）	大叶青皮（%）	伯林3号（%）
营养生长二级蔓	95.6	96.3	97.3
现蕾开花二级蔓	97.0	97.0	98.3
现蕾开花三级蔓	96.0	98.6	99.3
0.1mg/L浓度 BA	98.3	97.3	99.0
0.5mg/L浓度 BA	97.0	97.0	98.3
1.0mg/L浓度 BA	96.0	96.0	97.6
2.0mg/L浓度 BA	95.3	96.3	97.3
继代1次	98.3	98.3	99.0
继代10次	97.0	98.6	98.6
继代20次	96.0	98.0	98.3

4. 外形

永青1号、大叶青皮和伯林3号品种组培苗调查分析显示，大棚中假植培育出圃时组培苗，永青1号品种株高为3.6～9.9cm，完全叶片数为2.2~7.9片，不完全叶片数为1.3~2.0片；大叶青皮品种株高为3.4～9.4cm，完全叶片数为2.1~6.7片，不完全叶片数为1.3~1.6片；伯林3号品种株高为3.2～8.6cm，完全叶片数为2.0~6.1片，不完全叶片数为1.0~1.6片。三个品种株高、完全叶片数、不完全叶片数变化范围分别在3.0～10.0cm、2.0～8.0片、1.0～2.0片之间。可根据株高和叶片数大致划分为三个等级。一级苗株高8.0～10.0cm，具有6.0片至8.0片展开叶子和1个芯芽（图36-1）。二级苗株高5.0～8.0cm，具有4.0～5.0片绿色展开叶子和1个芯芽（图36-2）。三级苗株高3.0～5.0cm，具有3.0片绿色展开叶子和1个芯芽（图36-3）。

图36-1

图36-2

图36-3

表36-4 不同品种繁殖种苗外形比较

品种	株高（cm）	完全叶片数（片）	不完全叶片数（片）
永青1号	3.6~9.9	2.2~7.9	1.3~2.0
大叶青皮	3.4~9.4	2.1~6.7	1.3~1.6
伯林3号	3.2~8.6	2.0~6.1	1.0~1.6

5. 病虫害

罗汉果常见病害有花叶病毒病和根结线虫病等，其中花叶病毒病是危害罗汉果最为严重的病害。永青1号、大叶青皮和伯林3号品种组培苗调查分析显示，由于育苗过程通过基质选择和消毒控制，3个品种组培苗根结线虫病发生均不严重；由于脱毒不完全，3个品种组培苗均会出现一定比例携带花叶病毒的植株。携带花叶病毒的种苗（图36-4）种植后会出现植株无法上棚（图36-5），花畸形（图36-6），幼果畸形（图36-7）、开裂（图36-8）、花皮（图36-9）等症状，最终果实发育成畸形小果实（图36-10）或花皮小果实（图36-11），且易导致病毒病在田间传播，严重影响果实大小、外观品质、内在品质和产量。

图36-4 图36-5 图36-6

图36-7 图36-8 图36-9

图36-10

图36-11

表36-5 不同品种繁殖种苗主要病虫害发病情况比较

品种	线虫病株率（%）	病毒病株率（%）
永青1号	0.4	3.8
大叶青皮	0.3	3.6
伯林3号	0.3	3.4

6. 种苗质量对药材生产的影响

种苗质量对罗汉果开花期、成熟期、果实大小和果实品质等具有明显影响。质量好的种苗，开花和果实成熟较早，果实较大且品质较好。一级苗开花早于二级苗约6天、三级苗约14天；果实成熟早于二级苗约5天、三级苗约15天。虽然一级苗果实膨大时处于高温期，果实大小和品质不如二级苗的，但还是优于三级苗的。三级苗开花和果实成熟较晚，果实大小和品质易受后期低温影响。

表36-6 不同等级种苗对药材生产的影响

指标	一级苗	二级苗	三级苗
开花天数（d）	89.6	95.3	103.6
成熟天数（d）	174.6	179.0	189.6
结果数量（d）	104.2	95.4	83.7
果实横径（cm）	5.59	5.72	5.43
果实纵径（cm）	6.16	6.37	5.89
单果重量（g）	75.38	80.19	71.27
甜苷V含量（%）	1.15	1.23	0.98

7. 繁育技术

（1）诱导分化和继代培养基筛选　不同浓度BA诱导分化芽的诱导率、愈伤大小和增生系数存在显著差异。随着BA浓度增加，诱导率先增加后减少，愈伤大小和增生系数则逐渐增加。BA浓度为0.5mg/L时，诱导率最高，为83.33%。在此浓度下，愈伤大小和增生系数仍显著低于更高浓度处理，但更高浓处理愈伤大小和增生系数增加已变缓。综合考虑诱导率、愈伤大小、增生系数和变异、成本等因素，因此诱导分化和继代培养的适宜培养基为：MS+BA 0.5mg/L+NAA 0.05mg/L+白糖3%+琼脂4.5g/L，pH 5.8。

表36-7　BA激素对芽诱导分化的影响

BA浓度（mg/L）	NAA浓度（mg/L）	诱导率（%）	愈伤大小（mm）	增生系数
0	0.05	34.67^{e}	3.12±0.44^{e}	2.46±0.25^{e}
0.05	0.05	46.33^{e}	3.15±0.12^{e}	2.59±0.12^{e}
0.1	0.05	56.67^{d}	4.09±0.43^{d}	3.69±0.35^{d}
0.5	0.05	83.33^{a}	7.19±0.42^{c}	4.02±0.19^{cd}
1.0	0.05	76.67^{b}	8.25±0.30^{b}	4.07±0.12^{c}
2.0	0.05	73.33^{bc}	8.75±0.21^{ab}	5.02±0.20^{b}
4.0	0.05	66.67^{c}	9.44±0.12^{a}	5.69±0.61^{a}

注：同列中不同字母表示处理组间存在显著差异（$P<0.05$），下表同。

（2）诱导生根培养基筛选　不同NAA浓度下诱导生根，再生植株基部愈伤大小、生根率和假植成活率存在显著差异。随着NAA浓度增加，愈伤大小和生根率呈增加趋势，假植成活率则先增加后降低。NAA浓度达0.1mg/L以上时，生根率增加不显著。NAA浓度在0.1～2.0mg/L时，假植成活率变化不显著，但NAA浓度升至4.0mg/L时，假植成活率会显著降低。综合考虑愈伤大小、生根率、假植成活率和变异、成本等因素，因此诱导生根的适宜培养基为：MS+NAA 0.1mg/L+IBA 0.15mg/L+BA 0.07mg/L+活性炭0.01%+白糖3%+琼脂4.5g/L，pH 5.8。

表36-8　NAA激素对诱导生根的影响

NAA浓度（mg/L）	愈伤大小（mm）	生根率（%）	假植成活率（%）
0	3.08±0.41^{e}	83.07±7.23^{b}	99.24±1.97^{a}
0.05	3.59±0.12^{de}	91.02±7.02^{ab}	96.74±1.92^{ab}
0.1	3.70±0.30^{cde}	93.43±1.80^{a}	97.75±3.85^{ab}
0.5	4.18±0.55^{cd}	96.40±3.91^{a}	97.74±3.44^{ab}
1.0	4.32±0.16^{c}	97.66±1.73^{a}	96.74±1.92^{ab}
2.0	5.43±0.24^{b}	97.33±3.72^{a}	93.40±1.93^{b}
4.0	6.39±0.81^{a}	97.62±1.79^{a}	82.29±3.34^{c}

（3）瓶苗质量对假植育苗的影响　瓶苗质量对假植成活率具有较大影响，其中具3条以上正常根苗的成活率最高，达91.11%，显著优于其他处理。方差分析表明，不同根数瓶苗的成活率差异显著，3条以上、2条至3条根苗与1条以下根苗之间差异极显著。不同根数瓶苗间株高和叶片数差异显著。

表36-9　瓶苗质量对假植育苗的影响

瓶苗根数（条）	成活率（%）	株高（cm）	叶片数（片）
>3	91.11±11.33^{a}	9.78±0.53^{a}	6.35±0.33^{a}
2～3	70.00±9.87^{b}	6.05±0.15^{b}	4.61±0.27^{b}
≤1	3.33±0.32^{c}	3.11±0.40^{c}	3.01±0.51^{c}

（4）基质对假植育苗的影响　组培苗的假植培育过程中，不同基质对组培苗的成活率具有很大影响。组培苗假植30天后，含塘泥基质中的成活率高于含园土基质中的，达80.08%～93.56%，且植株生长健壮，以育苗土为基质的则全部萎蔫死亡。塘泥与育苗土、蛭石、珍珠岩混合增加基质疏松度可促进植株成活与生长。其中，塘泥+育苗土+蛭石混合基质（T7）的成活率最高，为93.56%。含园土的基质容易板结变硬，纯育苗土透水性差，因此在二者基质中植株不易成活或长势弱。这些表明组培苗假植培育需要疏松度和肥力良好的基质。

表36-10　不同处理基质组成

处理	基质类型	处理	基质类型
T1	塘泥	T6	塘泥：育苗土（1：1）
T2	园土	T7	塘泥：育苗土：蛭石（1：1：1）
T3	育苗土	T8	塘泥：育苗土：珍珠岩（1：1：1）
T4	塘泥：蛭石（2：1）	T9	园土：蛭石（2：1）
T5	塘泥：珍珠岩（2：1）	T10	园土：珍珠岩（2：1）

表36-11　不同基质对假植育苗的影响

处理号	成活率（%）	株高（cm）	叶片数（片）	植株生长状况
T1	80.08 ± 16.51^{b}	7.86 ± 0.33^{b}	5.07 ± 0.13^{b}	苗正常，根系细弱，叶淡绿色，新芽抽生少
T2	31.39 ± 7.32^{d}	$5.43 \pm .24^{c}$	4.63 ± 0.25^{b}	苗长势弱，新根少，叶黄绿色，新芽抽生少
T3	0^{e}	—	—	苗未出新根而萎蔫死亡
T4	90.13 ± 20.33^{a}	7.89 ± 0.56^{b}	5.93 ± 0.57^{a}	苗健壮，根系发达，叶深绿色，新芽抽生快
T5	82.33 ± 17.05^{b}	8.03 ± 0.39^{b}	5.78 ± 0.19^{a}	苗正常，根系一般，叶深绿色，新芽抽生较少
T6	81.23 ± 16.92^{b}	7.12 ± 0.67^{b}	5.67 ± 0.47^{a}	苗正常，根系一般，叶深绿色，新芽抽生较少
T7	93.56 ± 21.03^{a}	10.89 ± 0.51^{a}	6.63 ± 0.71^{a}	苗健壮，根系发达，叶深绿色，新芽抽生快
T8	89.22 ± 19.03^{a}	8.67 ± 0.43^{a}	6.11 ± 0.39^{a}	苗健壮，根系发达，叶深绿色，新芽抽生快
T9	36.67 ± 10.33^{d}	6.08 ± 0.17^{c}	5.67 ± 0.37^{a}	苗长势弱，新根少，叶黄绿色，新芽抽生少
T10	45.34 ± 7.67^{c}	6.12 ± 0.48^{c}	5.82 ± 0.55^{a}	苗长势弱，新根少，叶黄绿色，新芽抽生少

（5）温度对假植育苗的影响　温度对组培苗假植成活率及生长状况有显著影响。最适于罗汉果假植育苗的温度为25～30℃，其成活率达到96.67%，显著高于其他温度处理；植株生长优于其他温度处理，株高和叶片数显著高于其他温度处理，且发根和抽芽速度快于其他温度处理。30℃以上和15℃以下温度不利于组培苗假植成活。15～25℃温度范围组培苗假植成活率低，恢复生长慢。

表36-12 不同温度对假植育苗的影响

温度（℃）	成活率（%）	株高（cm）	叶片数（片）	植株生长状况
≥30	5.56±0.07[d]	5.72±0.63[b]	4.35±0.37[b]	叶发黄萎蔫，有日灼现象，最后干枯死亡
25~30	96.67±3.64[a]	8.09±0.65[a]	5.63±0.25[a]	根系恢复生长快，新芽抽生快，叶深绿色
20~25	52.22±2.47[b]	4.19±0.35[b]	4.32±0.43[b]	根系恢复生长较快，但新芽抽生慢，叶淡绿色
15~20	24.44±0.38[c]	3.12±0.21[c]	3.69±0.32[c]	根系恢复生长慢，不抽生新芽，叶黄绿
≤15	0[d]	—	—	直接萎蔫死亡

三、罗汉果种苗标准草案

1. 范围

本标准规定了罗汉果*Siraitia grosvenorii*（Swingle）C. Jeffrey组培苗的术语和定义、分级、要求、罗汉果花叶病病毒的检验、检验规则和包装、标志、运输与贮存。

本标准适用于广西境内通过组织培养技术生产出来的罗汉果组培苗的检验。

2. 规范性引用文件

下列文件中的条款通过本标准的引用而成为本标准的条款。凡是注明日期的引用文件，其随后所有的修改单（不包括勘误的内容）或修订版均不适用于本标准，然而，鼓励根据本标准达成协议的各方研究是否可使用这些文件的最新版本。凡是不注明日期的引用文件，其最新版本适用于本标准。

GB/T 191　包装储运图示标志

GB/T 6682　分析实验室用水规格和试验方法

3. 术语和定义

下列术语和定义适用于本标准。

3.1 罗汉果组培苗　罗汉果组培瓶装（袋装）生根苗经过一定时间培养后，在设施大棚条件下，移栽入装有营养土的营养杯中，经培育而成并检验合格的，可供大田定植的种苗。

3.2 分级　罗汉果组培苗按要求分为一级、二级、三级三个等级。

4. 要求

4.1 质量分级要求　罗汉果组培苗的要求应符合表36-13的规定。

表36-13 罗汉果组培苗的要求

项目	一级	二级	三级
茎高度（cm）	8.0~10.0	5.0~8.0	3.0~5.0
叶片数（张）	6.0~8.0	4.0~5.0	3.0
继代数	≤20.0	≤20.0	≤20.0
变异株率（%）	≤2.0	≤3.0	≤5.0
品种纯度（%）	≥98.0	≥97.0	≥95.0
病毒情况	罗汉果花叶病病毒不得检出		

4.2 罗汉果花叶病病毒的检测

4.2.1 一般规定：所有试剂均为分析纯（AR）。所用的水质量符合GB/T 6682中二级要求，当班使用。

4.2.2 检验方法

4.2.2.1 原理：采用免疫学DAS—ELISA法检测。检测的病毒种类为罗汉果花叶病病毒。

4.2.2.2 药品试剂：氯化钠（NaCl）、磷酸二氢钾（KH_2PO_4）、磷酸氢二钾（K_2HPO_4）、氯化钾（KCl）、叠氮化钠（NaN_3）、碳酸钠（Na_2CO_3）、碳酸氢钠（$NaHCO_3$）、氯化镁（$MgCl_2 \cdot 12H_2O$）、二乙醇胺、磷酸氢二钠（$Na_2HPO_4 \cdot 12H_2O$）、罗汉果花叶病病毒单克隆抗体、酸性磷酸酶标记罗汉果花叶病病毒酶标抗体。

0.05%吐温－20：量取0.05ml吐温－20，用重蒸水定容稀释至100ml，混匀。

1mol/L盐酸（HCl）：量取8.33ml的37%盐酸，用重蒸水定容稀释至100ml，混匀。

1mol/L氢氧化钠（NaOH）：称取4.00g氢氧化钠，用重蒸水溶解定容至100ml，混匀。

0.5%亚硫酸钠（Na_2SO_3）：称取0.50g亚硫酸钠，用重蒸水溶解定容至100ml，混匀。

0.2%牛血清白蛋白（BSA）：称取0.20g牛血清白蛋白，用酶标板洗涤缓冲液溶解定容至100ml，混匀。

1mg/ml 4-硝基苯酚磷酸钠（PNPP）：称取100mg 4-硝基苯酚磷酸钠，用底物缓冲液溶解定容至100ml，混匀。

3mol/L氢氧化钠（NaOH）：称取12.00g氢氧化钠，用重蒸水溶解定容至100ml，混匀。

4.2.2.3 缓冲液的配制：酶标板洗涤缓冲液：称取氯化钠8.00g、磷酸二氢钾0.20g、磷酸氢二钠2.90g、氯化钾0.20g、叠氮化钠0.20g（现配现用），取0.05%吐温-20溶液0.02ml（现配现用），溶解于995ml重蒸水中，并用1mol/L的盐酸和1mol/L的氢氧化钠调pH至7.40，用重蒸水定容至1000ml，搅匀。

包埋缓冲液：称取碳酸钠1.50g、碳酸氢钠2.93g，溶于995ml重蒸水中，并用1mol/L的盐酸和1mol/L的氢氧化钠调pH至9.60，用重蒸水定容至1000ml。搅匀。

底物缓冲液（现配现用）：称取氯化镁100.00mg，二乙醇胺97.00ml，加800ml重蒸水溶解，并用1mol/L的盐酸和1mol/L的氢氧化钠调pH至9.60，重蒸水定容至1000ml。搅匀。

罗汉果花叶病病毒提取缓冲液：称取磷酸氢二钾27.86g，磷酸二氢钾5.44g，溶于995ml重蒸水中，并用1mol/L的盐酸和1mol/L的氢氧化钠调pH至7.40，重蒸水定容至1000ml，用时现加0.5%亚硫酸钠溶液，搅匀。

4.2.2.4 检测步骤：包埋：将罗汉果花叶病毒的单克隆抗体用包埋缓冲液稀释200倍后，每孔加100μl置37℃水浴2小时或4℃冰箱24小时。

洗涤：空干后，用酶标板洗涤缓冲液洗板3次，每次3～5分钟。

加样：将样品按1/4（W/V）比例加提取缓冲液研磨后，3000r/min离心5分钟，取上清液每孔加100μl，37℃水浴2小时。

洗涤：同上。

加酶标抗体：酸性磷酸酶标记罗汉果花叶病病毒酶标抗体用0.2%牛血清白蛋白（现配现用）稀释200倍后，每孔加100μl，37℃水浴2小时。

洗涤：同上。

显色：每孔加1mg/ml的4-硝基苯酚磷酸钠（现配现用）100μl，30～60分钟，后观察显色反应，如呈橘黄色，则为阳性，否则为阴性。

终止反应：底物颜色差异显著时，加入3mol/L的NaOH终止反应。

测光密度（OD）值：需设立空白、阳性及阴性对照，在酶标仪上测OD_{405}值。样品与阳性对照比值大于等于2则判断为阳性。以上每个样品2个重复。

4.2.3 变异株的鉴别和剔除

4.2.3.1 变异株的类型：叶片褪绿、叶脉半透明状。叶片绿色、开展，但部分叶片发育不全，引起叶片扭曲；叶脉短缩不均匀。叶肉肥厚，叶片反卷，褪绿黄化。叶片出现黄白色斑点或缺绿斑点。顶芽变红褐色，生长滞慢，萎缩。腋芽早发，叶片缺刻或呈线状畸形，茎秆木质化。

4.2.3.2 变异株的剔除：在育苗期间，随时将变异株全部拔除。

4. 其他项目检验

用标准量具测定茎高、叶片数。通过观察品种主要特征、特性，确定品种纯度、变异株率和植株病虫害情况。

5. 检验规则

5.1 同批检验　同一时间，同一地点，取得同一单株的外植体经组培扩大繁殖后，同时段进行生根培养进入大棚培育的组培苗为同批。

5.2 出厂（圃）检验

5.2.1 病毒检验：同批出厂（圃）组培苗按0.1%的量随机抽样，由省级有关部门确认的检测单位进行血清反应检测组培苗病毒，检定后出具病毒检测报告（参见附录A）。

5.2.2 常规检验：同批出厂（圃）组培苗按0.1%的量随机抽样，由专业技术人员检验罗汉果组培苗的茎高、茎粗、侧根数、叶片数、变异株率、品种纯度和茎叶颜色，并附有出厂（圃）检验记录表（参见附录B）。

6. 判定规则

出厂（圃）检验达到相应等级者判定为该等级，并附有出厂（圃）检验合格证（参见附录C）；达不到相应等级标准者降为下一等级；如低于第三级者，判定为不合格。如样品不合格率大于10%，应加倍抽样，对不合格项目进行复检，若样品不合格率仍大于10%，则判定该批产品为不合格。

7. 包装、标志、运输与贮存

7.1 包装　早春气温稳定在15℃以上时，按等级分装入规格统一、高出苗顶5cm以上的竹子、塑料等制的装载筐，并及时浇透水。

7.2 标志　罗汉果组培苗出售时，装载筐外表面标上标注有品种名称，质量指标，生产日期，执行标准号，生产、经营许可证编号，检疫证明编号，生产单位名称，地址及电话的种苗标签，数量在5000株以上的客户附检定罗汉果组培苗病毒检测报告（参见附录A）、罗汉果组培苗出厂（圃）检验记录表（参见附录B）和罗汉果组培苗出厂（圃）检验合格证（参见附录C）。如一车中装有两个以上品种，应按品种分别包装并做出明显标志。

罗汉果组培苗的包装储运图示标志，按GB/T 191的规定执行。

7.3 运输　罗汉果组培苗包装后，在3天内运输到达目的地，运输前做好植物检疫，手续随车同行，运输尽量在夜间进行，避免高温烧苗，运输车应具遮避风雨的车箱，运输过程中注意防雨、防寒、防晒、防土散。

7.4 贮存　罗汉果组培苗运至目的地下车后，宜先按筐摆开、浇水、避免暴晒、减少搬动次数。

四、罗汉果种苗繁育技术研究

（一）研究概况

针对就地压蔓繁殖种苗带病重的问题，张碧玉等（1980）研制了种子和离土压蔓繁殖方法。蒲瑞翎（1985）通过切段繁殖提高了种薯繁殖系数，并减少线虫病危害。林荣等（1980，1985）率先采用叶片和茎段培育出组培苗，并种植于大田开花结果。李伯林等（2002）繁殖茎段组培苗并成功应用于生产栽培。由于组培苗刚应用于生产，育苗及栽培技术不够成熟，种苗徒长而不开花结果现象时有发生。随后，组培苗繁殖与工厂化育苗（基质选择、炼苗移栽、水肥管理、病虫害防治）被广泛研究（秦时可等，2005；杨洪元等，2006；蒋水元等，2008），并建立组培苗繁育标准操作技术规程（莫长明等，2008）。

（二）罗汉果种苗繁育技术规程

1. 范围

本标准规定了罗汉果*Siraitia grosvenorii*（Swingle）C. Jeffrey组培苗的术语和定义、培育技术、病毒病检测、包装、运输和生产档案。

本标准适用于广西境内罗汉果通过组织培养技术规范化生产种苗。

2. 规范性引用文件

下列文件中的条款通过本标准的引用而成为本标准的条款。凡是注明日期的引用文件，其随后所有的修改单（不包括勘误的内容）或修订版均不适用于本标准，然而，鼓励根据本标准达成协议的各方研究是否可使用这些文件的最新版本。凡是不注明日期的引用文件，其最新版本适用于本标准。

GB/T 8321　农药合理使用准则

3. 术语和定义

下列术语和定义适用于本标准。

3.1 常规苗　剪取外植体带芽茎段，未经脱毒培养，直接组织培养繁殖成的完整小植株。

3.2 脱毒苗　切取外植体茎尖≤0.2mm不带病毒的分生组织，组织培养繁殖成的无病毒完整小植株。

3.3 组培瓶苗　经植物组织培养繁殖，在培养瓶中达到移栽炼苗标准，即具有2条以上白根、2cm高以上青绿色茎、2片以上完全绿叶的完整小植株。

3.4 营养杯苗　将组培瓶苗在大棚中移栽于盛有营养基质的营养杯中，在适宜光、温、湿条件下，经过一定时间培育出的可供大田定植的完整小植株。

3.5 病毒病　由黄瓜花叶病毒-2的一个株系即WMV-2-Luo等病原引起，可通过棉蚜和汁液摩擦传染，叶片出现褪绿呈斑状或畸形呈疱状病症的罗汉果病害。

4. 培育技术

4.1 种源基地选择　海拔200～1000m，年降雨量≥1050mm，年无霜期≥308天，年平均温度16.0～19.3℃，4月至10月空气相对湿度≥80.0%，pH 4.5～6.5壤土地区，选择避风向阳，土层深厚肥沃，排灌良好的山地或平地作种源基地。

4.2 组培瓶苗培育技术

4.2.1 外植体取材：取材前处理：植株现蕾期，在罗汉果种源基地，选择健壮、无病虫危害、性状遗传稳定的植株，于晴天的上午采集前2小时，用杀菌剂喷雾灭菌。

取材：在灭菌植株上采集长20～30cm连续现蕾的嫩茎，去叶后整齐装入保鲜袋内，按株系编号标识并封口，放入4～10℃的低温保温容器内，密封带回组培室。

记录：每份外植体材料按株系记录品种名称、种植地点、海拔高度、田间环境概况、取材时间、取材人等，建立信息档案，必要时进行全株拍照。

4.2.2 外植体消毒：消毒前处理：将外植体材料冲洗干净，在超净工作台中除去叶柄，剪切成3～5cm带腋芽或顶芽的茎段，分别放入消毒瓶中，每瓶材料不超过瓶子容积的1/3。

消毒：在超净工作台中，带上防护胶手套，向消毒瓶中加入0.1%升汞溶液，带腋芽茎段振荡消毒6～8分钟，带顶芽茎段振荡消毒3分钟，然后用无菌水冲洗4次以上。消毒药液可加“吐温—80”等表面活性剂。

4.2.3 接种：常规苗：在超净工作台中，将灭菌好的带腋芽茎段切成1～2cm，用镊子夹起斜植入瓶中的固体诱导培养基（MS+BA 0.5mg/L+NAA 0.05mg/L+白糖3%+琼脂4.5g/L，pH 5.8）上，腋芽朝上，茎段尽量与培养基表面接触，拧紧瓶盖。

脱毒苗：在超净工作台中，将灭菌好的带茎尖的茎段放在解剖镜上，用解剖刀进行剥离切取≤0.2mm茎尖放入的固体诱导培养基上表面，拧紧瓶盖。

4.2.4 诱导培养：接种好的材料按编号在培养瓶上做好标识，于暗室培养至外植体长出新芽，再每天光照4～6小时；在接种3～7天后，清除真菌和细菌污染的芽体；待无菌芽长出3片以上功能叶时，每天光照8～10小时，并进行是否带病毒检测，及时清除带病毒的芽体。培养间温度白天保持在24～28℃，夜间保持在20～24℃。

4.2.5 继代培养：选取生长势旺盛的无菌芽，剪切成带腋芽或顶芽的茎段，分别以微扦插法转接入培养瓶中的固体继代培养基（MS+BA 0.5mg/L+NAA 0.05mg/L+白糖3%+琼脂4.5g/L，pH 5.8）上，于暗室培养5～7天，新芽长出1cm时，每天光照2～4小时，长至2cm时，每天光照4～6小时，达到所需高度时，每天光照8～10小时，强度为2000lx左右。培养间温度白天保持在24～28℃，夜间保持在20～24℃。重复继代培养代数<20代。

4.2.6 生根培养：将继代培养无根苗剪切成带腋芽或顶芽的茎段，分别以微扦插法转接入培养瓶中的固体生根培养基（MS+NAA 0.1mg/L+IBA 0.15mg/L+BA 0.07mg/L+活性炭0.01%+白糖3%+琼脂4.5g/L，pH 5.8）上，放入暗室培养5天，清除污染苗，待长出根系时，移至培养架摆放。新芽长出1cm时，每天光照2～4小时，长至2cm时，每天光照6～8小时，直至叶绿茎粗。长出根系前温度保持在约30℃，新芽长出后，白天温度保持在28℃左右，夜间保持20～24℃。当苗高≥3cm时，逐步降低培养间温度至15℃，再把苗移至大棚炼苗。

4.3 营养杯苗培育技术

4.3.1 大棚选址构建：温室大棚应背风向阳，排灌良好，以透光性强、保温性好的塑料薄膜或阳光板作覆盖材料，配备喷淋、控温、调湿及遮阳设备和防虫网。

4.3.2 大棚灭菌：大棚炼苗7～10天前密闭用熏蒸剂消毒处理。

4.3.3 苗床的构建：苗床宽1.2m，其间设置工作道。苗床每亩均匀撒施400kg石灰消毒，表面铺一层隔离物如煤渣或板材将营养杯与地面隔离。加温设施管线置于隔离物下。

4.3.4 营养杯的准备：选取疏松、透气、透水、肥效好的泥土，与充分腐熟的有机肥按8∶2比例充分拌匀成基质，装入营养杯，相互依靠整齐排放于苗床上，按照GB/T 8321的规定，对基质淋施杀菌剂、杀线虫剂。

4.3.5 移栽炼苗前处理：当年10月至翌年1月期间，将组培瓶苗移入大棚，整齐摆放炼苗7～15天。移栽前3天将瓶盖打开，用杀菌剂对小苗喷雾。移栽前1天向瓶苗内淋入适量的洁净水。

4.3.6 移栽炼苗：用70%～90%遮阳网进行大棚遮阴，将前处理好的苗用镊子夹住茎基部取出放入水盆中，清洗净根部黏附的培养基，移至营养杯栽种，并淋透定根水，以根不外露，根土密接，植株固定不倒为宜。苗床上用塑料薄膜搭制小拱棚。

4.3.7 大棚育苗管理：温度控制：棚内温度宜保持在15～30℃，最低不低于5℃。温度过高过低时启动降温或加温设备，高温时将小拱棚开口通风，小苗长出新芽和新根时，揭去小棚。

湿度控制：棚内空气相对湿度维持在60%～80%，定植后的7天内苗床上的小拱棚保持密闭，基部叶片较干时应进行喷雾，此后逐渐多开口通风或使用抽湿机降低湿度。

光照控制：保持大棚薄膜的清洁，增加透光度。小苗长出新芽和新根前晴天要盖遮阳网，避免阳光直射。小苗长出新芽和新根后揭去大棚遮阳网，延长光照时间。

水肥管理：营养杯土湿度应保持在60%～80%，当杯土干燥时，应及时喷淋水保湿。当小苗长出新芽时，喷施叶面肥；长出一片以上新叶时，分别淋施硼肥、钙肥一次；长出两片和三片以上新叶时，分别淋施硫酸钾复合肥一次。

苗期病虫害防治：及时剔除死苗、病株，按照GB/T 8321的相关规定，每隔10～20天喷施杀菌剂一次，并根据发生病虫害的状况进行针对性防治。

5. 病毒病检测

通过植株叶片，进行病症观察，疑似病株少，直接去除，疑似病株率≥3%，可抽样采用免疫学DAS—ELISA法等更精确方法进行病毒检测，检测结果呈阳性，则全部去除。

6. 生产档案

对生产技术、病虫害防治等各环节所采取的措施进行详细记录，建立生产档案。

参考文献

[1] 蒋水元，蒋剑刚，李锋，等. 罗汉果组培繁殖的技术要点［J］. 广西植物，2008，28（6）：827-831.
[2] 蒋水元，李锋，李虹，等. 罗汉果组培苗规范化种植生产操作规程（SOP）［J］. 广西植物，2007，27（6）：867-872.
[3] 莫长明，白隆华，马小军，等. 罗汉果组培苗繁育标准操作规程研究［J］. 时珍国医国药，2008，19（8）：1845-1847.
[4] 白隆华，莫长明，马小军，等. 组培苗罗汉果生产标准操作规程［J］. 时珍国医国药，2008，19（9）：2092-2094.
[5] 刘为军，马小军，莫长明，等. 罗汉果主要性状相关分析与通径分析研究［J］. 广西农业科学，2009，40（3）：284-289.
[6] 张碧玉，周良才，覃良，等. 罗汉果种子繁殖试验简报［J］. 广西农业科学，1980（4）：26-27.
[7] 张碧玉，周良才，覃良，等. 罗汉果离土压蔓繁殖试验简报［J］. 广西植物，1980（8）：37-38.

马小军（中国医学科学院药用植物研究所）
莫长明（广西农业科学院广西作物遗传改良生物技术重点开放实验室）

37 | 知母

一、知母概况

知母为百合科知母属植物知母*Anemarrhena asphodeloides* Bge.的干燥根茎，为传统常用中药，因产地不同又名胡子根、地参、蒜瓣子草等。其味苦、甘，性寒；归肺、胃、肾经；具有清热泻火，滋阴润燥的功效；用于外感热病，高热烦渴，肺热燥咳，骨蒸潮热，内热消渴，肠燥便秘等病症。现代研究表明，知母中主要含有皂苷类（知母皂苷BⅡ）、双苯吡酮类（芒果苷）、生物碱类、氨基酸类、挥发油类、知母多糖A、B、C、D等成分，具有抗血小板血栓、改善阿尔茨海默症、抗肿瘤、抗炎、解热等药理作用。知母分布较广，山西省、内蒙古东部及南部、河南黄河以北地区、陕西北部、甘肃东部等产地皆有分布；现今河北易县为其道地产区，所产称作“西陵知母”。

知母原为野生，现已有大面积栽培品种。目前包括知母在内的绝大部分中药材种子尚未建立起相应的种子检验方法，无法对其质量进行有效控制，造成了市场上的种子质量良莠不齐，造成了种子市场的混乱，制约了种子贸易的发展，影响了道地药材质量的稳定。

二、知母种子质量标准研究

（一）研究概况

知母种子质量分级标准已有相关研究。邢丹等通过测定不同产地的知母种子净度、千粒重、含水量、发芽率，观察种子的外部特征，初步制订了知母种子的质量分级标准。北京中医药大学承担科技部国家科技重大专项子课题《甘草、知母、益母草、北沙参种子质量标准研究》，制定了知母种子质量分级标准，发表了研究论文《知母种子质量检验方法研究》。

（二）研究内容

1. 研究材料

2009年9月至2010年4月，项目组3人参加对我国知母分布区的生产用种的收集、调查，得到50份知母种子样品，见表37-1。

表37-1　知母种子产地来源

编号	来源	收集方式	编号	来源	收集方式
1	河北安国市场	中药材专业市场收集	4	河北安国市场	中药材专业市场收集
2	河北安国市场	中药材专业市场收集	5	河北安国市场	中药材专业市场收集
3	河北安国市场	中药材专业市场收集	6	河北安国市场	中药材专业市场收集

续表

编号	来源	收集方式	编号	来源	收集方式
7	河北安国市场	中药材专业市场收集	27	河北安国市明伍仁桥镇	地方商户收集
8	河北安国市场	中药材专业市场收集	28	河北易县坡仓乡	药材产地收集
9	河北安国市场	中药材专业市场收集	29	河北易县坡仓乡	药材产地收集
10	河北安国市场	中药材专业市场收集	30	河北易县坡仓乡	药材产地收集
11	河北安国市场	中药材专业市场收集	31	河北易县坡仓乡	药材产地收集
12	河北安国市场	中药材专业市场收集	32	河北易县坡仓乡	药材产地收集
13	河北安国市场	中药材专业市场收集	33	河北易县坡仓乡	药材产地收集
14	河北安国市场	中药材专业市场收集	34	河北易县坡仓乡	药材产地收集
15	河北安国市场	中药材专业市场收集	35	河北承德市平泉县	药材产地收集
16	山东省邹城市	地方商户收集	36	河北承德市平泉县	药材产地收集
17	河北易县	地方商户收集	37	河北承德市平泉县	药材产地收集
18	河北易县	地方商户收集	38	河北安国市石佛镇	药材产地收集
19	河北易县	地方商户收集	39	河北安国市石佛镇	药材产地收集
20	河北易县	地方商户收集	40	河北安国市石佛镇	药材产地收集
21	河北隆化县蓝旗镇	地方商户收集	41	河北安国市石佛镇	药材产地收集
22	河北隆化县蓝旗镇	地方商户收集	42	河北安国市明官店乡	药材产地收集
23	河北隆化县蓝旗镇	地方商户收集	43	河北安国市明官店乡	药材产地收集
24	河北安国市明伍仁桥镇	地方商户收集	44	河北易县西陵镇	从植株直接采集
25	河北安国市场	中药材专业市场收集	45	河北易县西陵镇	从植株直接采集
26	河北安国市明伍仁桥镇	地方商户收集	46	河北易县西陵镇	从植株直接采集
27	河北安国市明伍仁桥镇	地方商户收集	47	河北易县西陵镇	从植株直接采集
28	河北易县坡仓乡	药材产地收集	48	河北隆化县蓝旗镇	从植株直接采集
29	河北易县坡仓乡	药材产地收集	49	河北承德市平泉县	从植株直接采集
26	河北安国市明伍仁桥镇	地方商户收集	50	河北安国明官店乡	从植株直接采集

2. 扦样方法

采用“四分法”分取试验样品，步骤如下：① 把知母分别均匀地倒在干净光滑的白纸板上；② 将种子充分混匀；③ 将样品种子倒在光滑的平面上，用分样板将样品先纵向混合，再横向混合，重复混合四次，然后将种子摊平成四方形，用分样板划两条对角线，使样品分成4个三角形，再取两个对顶三角形内的样品继续按上述方法分取，直到两个三角形内的样品接近两份试验样品的重量为止。

注：确定批次送验样品试样量：知母种子批最大重量为1000kg，送验样品最小重量为250g，净度分析试样最小重量为25g。

3. 种子净度分析

知母种子净度分析试验中送检样品的最小重量为25g(至少含有2500粒种子)。送检样品的重量应超过净度分析量的10倍以上，至少250g。

知母种子清选方法和步骤：助于筛子等工具，在不损伤种子发芽力的基础上，根据种子的明显特征，在净度分析台上将试样分离成干净种子、其他植物种子和一般杂质三种成分。

知母种子净度分析如表37-2所示。

表37-2 知母种子净度分析

不同产地	分取样品质量（g）	杂质质量（g）	净种子质量（g）	其他种子质量（g）	净度后总质量（g）	增失质量（g）	增失（%）	杂质(%)	净种子（%）	其他种子（%）
河北安国药材市场	25.00	3.21	21.68	0.000	24.89	0.11	0.44	12.90	87.10	0.00
河北易县宝石村	25.00	1.81	23.14	0.000	24.95	0.05	0.20	7.25	92.75	0.00
河北安国霍庄村	25.00	5.26	19.69	0.000	24.95	0.05	0.20	21.08	78.92	0.00

3份知母种子试样均没有其他植物种子，所以本次检验不用记录这一项。知母种子的增失差距均小于5%，所以测定数据有效。

4. 真实性鉴定

知母（*Anemarrhena asphodeloides* Bge.）种子形态鉴定：呈新月形或长椭圆形，长7.5～12.0mm，宽2.1～4.2mm，厚1.7～1.9mm，表面黑色。具3～4翅状棱，背部呈弓状隆起，腹棱平直，下端有一微凹的种脐，表面有很细瘤状突起。胚乳白色，半透明，胚稍弯，白色，胚根圆柱形（图37-1）。

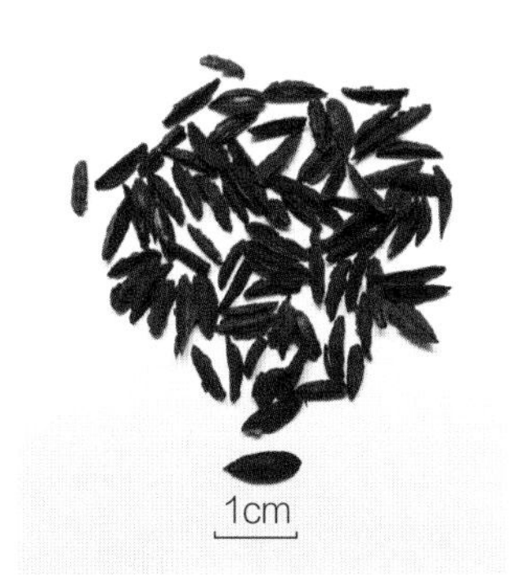

图37-1 知母种子

5. 重量测定

分别设置百粒法、五百粒法及千粒法对知母种子进行测定。具体方法如下：① 百粒法：随机数取100粒净种子，重复8次，分别记录百粒重，计算标准差及变异系数；② 五百粒法：随机数取500粒净种子，重复3次，分别记录五百粒重，计算标准差及变异系数；③ 千粒法：随机数取1000粒净种子，重复3次，分别记录千粒重，计算标准差及变异系数（表37-3）。

表37-3 知母种子千粒重的方法考察

不同产地	百粒法			五百粒法			千粒法		
	百粒重（g）	标准差（g）	变异系数（%）	五百粒重（g）	标准差（g）	变异系数（%）	千粒重（g）	标准差（g）	变异系数（%）
河北安国药材市场	0.685	0.008	1.168	3.425	0.141	4.117	6.750	0.085	1.259
河北易县宝石村	0.654	0.013	1.946	3.439	0.099	2.879	6.540	0.067	1.024
河北安国霍庄	0.755	0.016	2.248	3.628	0.124	3.418	7.575	0.098	1.294
均值	0.698	0.012	1.787	3.497	0.121	3.471	6.955	0.083	1.191

百粒法和五百粒法测定知母种子千粒重的研究结果表明，百粒法测定千粒重变异系数为1.191，而五百粒法的变异系数为3.471，五百粒法不符合要求，故采用百粒法测定知母千粒重。

6．水分测定

采用两个产地的知母进行高低温烘干法的测定，每个产地重复三次。采用（133±2）℃高恒温烘干和（105±2）℃低恒温烘干。结果表明，知母种子水分测定使用高恒温烘干法只需要5小时，而低恒温烘干法需要15小时。两种烘干方法对知母种子含水量的影响无显著差异（表37-4），故知母选择（133±2）℃高温烘干法5小时作为水分测定方法。

表37-4　两种烘干法对知母种子水分含量（%）的影响

处理方法	烘干时间（h）	失水量（%）	
		河北易县宝石村	河北安国霍庄村
高温烘干法（133±2）℃	1	6.16[a]	6.13[a]
	2	6.58[b]	6.56[b]
	3	6.96[c]	7.12[c]
	4	7.29[d]	7.36[d]
	5	7.40[d]	7.44[d]
	6	7.42[d]	7.46[d]
低恒温烘干法（105±2）℃	5	5.03[a]	5.87[a]
	10	6.01[b]	6.71[b]
	15	7.03[c]	7.63[c]

7．发芽试验

（1）发芽前处理　将知母净种子放于清水中浸泡12小时，以0.2%高锰酸钾溶液消毒20分钟后用清水冲洗干净。

（2）发芽床的选择　根据适宜发芽条件下的发芽表现，确定初次计数和末次计数时间。以达到50%发芽率的天数为初次计数时间，以种子萌发达到最高时，以后再无萌发种子出现时的天数为末次计数时间。

由表37-5知以滤纸作为知母种子发芽床的处理，发芽率、发芽指数均高于其他两种发芽床的指标，因此选择滤纸作为知母种子发芽床。

表37-5　发芽床对知母种子发芽率（%）的影响

发芽床	始发芽所需天数（d）	河北安国药材市场	河北易县宝石村	河北安国霍庄村
滤纸床	3	73.65[a]	80.45[a]	72.44[a]
纱布床	3	55.26[b]	64.23[b]	58.35[b]
蛭石	4	60.50[b]	65.20[b]	63.24[b]

（3）发芽温度的选择　在以滤纸为发芽床的条件下，分别考察20℃、25℃、30℃三种温度，每处理重复4次，每重复50粒种子。

其中在25℃温度下种子发芽率、发芽指数均高于20℃和30℃的指标，因此选择25℃为知母种子的发芽温度（表37-6）。

表37-6　温度对知母种子发芽率（%）的影响

温度（℃）	河北安国药材市场	河北易县宝石村	河北安国霍庄村
20℃	54.50[a]	62.71[a]	55.83[a]
25℃	75.75[b]	82.65[b]	71.00[b]
30℃	55.00[a]	58.20[a]	55.40[a]

8. 生活力测定

根据知母种子特点采用四唑染色法（TTC法）测定知母种子生活力。

（1）预湿处理和种子胚的暴露方法　① 预湿处理：随机抽取一定量的净种子，室温下在清水中浸泡12小时；② 种子胚的暴露方法：利用解剖刀将种子纵切使之一分为二，使种子胚完全露出。

（2）染色时间、浓度和温度　本实验采用3因素3水平的正交实验设计$L_9(3^4)$，四唑染色时间设1小时、3小时和5小时，浓度设0.2%、0.4%和0.6%，温度设25℃、30℃和35℃。每个处理400粒种子，4次重复，每次重复100粒种子。染色结束后，沥去溶液，用清水冲洗，将种仁摆在培养皿中，逐一检查。

由表37-7可以看出，知母种子染色情况与染色的时间、浓度、温度均有密切联系。结果表明，处理9情况较好，即染色时间5小时、四唑浓度0.6%、温度30℃是知母种子生活力检测的适宜条件。

表37-7　四唑不同处理对知母种子染色着色率的影响

处理号	时间（h）	浓度（%）	温度（℃）	着色率（%）
1	1	0.2	25	60.12
2	3	0.2	30	68.24
3	5	0.2	35	76.15
4	1	0.4	30	60.01
5	3	0.4	35	64.03
6	5	0.4	25	68.25
7	1	0.6	35	74.45
8	3	0.6	25	80.26
9	5	0.6	30	94.54

（3）染色鉴定标准的建立　有生活力知母种子的染色情况：胚和胚乳完全着色，呈红色。不满足以上条件的均为无生活力种子。

9. 种子健康检验

（1）直接法　从3份样本中随机取100粒种子，3次重复，用放大镜逐粒观察，挑选出虫害种子，分别计数。经观察知母种子并没有明显病虫害情况。

（2）间接法　① 种子外部带菌：采用针对种子寄藏真菌检测的普通滤纸培养法、PDA平板检验培养法进行知母种子的外部带菌健康检测，挑选出适合知母种子外部检测健康检测的最佳方法。

从知母种子中各选取两份表面不消毒100粒种子，放入100ml锥形瓶中，加入50ml无菌水充分振荡，吸取悬浮液1ml，以2000r/min转速离心10分钟，弃上清液，再加入1ml无菌水充分震荡、悬浮；吸取震荡、悬浮后的带菌液100 μl均匀加到已润湿的滤纸（3层）以及PDA培养皿上，以打开皿盖保持和摆放种子基本相等时间的未接种种子的3层润湿滤纸和PDA培养皿，作为该检测方法的空白对照；接种后的培养皿连同对照一起在25℃恒温箱中黑暗培养7天，观察记录种子带菌情况，计算带菌率。

② 种子内部带菌：采用针对种子寄藏真菌检测的普通滤纸培养法、PDA平板检验培养法进行知母种子的内部带菌健康检测，挑选出适合知母种子内部带菌健康检测的最佳方法。

从知母种子中各选取两份表面消毒的100粒种子（1%次氯酸钠溶液表面消毒10分钟，灭菌水漂洗4次）；在超净工作台上直接将处理好的知母种子用镊子均匀摆放和滤纸和PDA培养皿中，每皿25粒，共4个重复，以打开皿盖保持和摆放种子基本相等时间的未接种种子的滤纸和PDA培养基作为该检测方法的空白对照；在25℃温箱中恒温箱黑暗培养7天后取出进行观察检测。

③ 知母种子带菌率：观察发现滤纸培养皿中种子并没有出现带菌情况，而PDA培养皿中则出现带菌情况，记录种子带菌情况，故以PDA培养作为适合知母种子内、外部带菌健康检测的最佳方法，知母外部带菌基本都是细菌，内部带菌以真菌为主，优势菌群为青霉属、链格孢属。还有尚未鉴定的细菌也占有一定比例，内部带菌率见表37-8。

表37-8 知母种子携带菌种类和分离频率（%）

不同产地知母	种子内部带菌率（%）	真菌种类和分离频率（%）		细菌（%）
		青霉属	链格孢属	
Ⅰ	82	29	34	19
Ⅱ	86	26	28	32

10. 种子质量对药材生产的影响

选取不同等级知母种苗进行田间比较试验，研究不同等级种子、种苗与药材的生长发育、药材产量和品质（形态、外观、色泽、质地和有效成分含量等）之间的关系。

对已经分级的种苗进行田间试验，试验地点设在北京华宏康中药材种植基地，土壤疏松向阳。小区面积6m^2，3次重复。移栽株行距为15cm × 25cm，小区间设置50cm空地作为隔离。

于2011年9月对影响知母药材产量的全草相关生物学进行调查。每小区分别随机选取30个根茎，对侧根数和单根鲜重进行测定。并对粉碎后的药材粉末采用HPLC-ELSD法分析测定知母皂苷BⅡ、知母皂苷AⅢ；采用UPLC法测定芒果苷和新芒果苷含量。并对数据采用SPSS16.0进行分析，不同等之间各项指标差异具有统计学学意义，见表37-9。

表37-9 不同等级知母种苗药用成分含量比较

等级	知母皂苷 BⅡ(%)	知母皂苷 AⅢ(%)	芒果苷(%)	新芒果苷(%)
一等	8.552 ±0.222 ^{a}	0.299 ±0.033	1.279 ±0.014 ^{a}	0.893 ±0.016 ^{a}
二等	6.803 ±0.069 ^{b}	0.247 ±0.051	1.263 ±0.030 ^{a}	0.703 ±0.007 ^{b}
三等	4.760 ±0.111 ^{c}	0.207 ±0.068	1.028 ±0.017 ^{b}	0.571 ±0.002 ^{c}

表9表明，知母皂苷BⅡ和新芒果苷在3个等级间均存在显著差异（$P<0.05$），且一等苗>二等苗>三等苗。一等苗和二等苗知母的芒果苷含量显著高于三等苗（$P<0.05$）。

三、知母种子标准草案

1．范围

本标准规定了知母种子术语和定义，分级要求，检验方法，检验规则，包装，运输及贮存等。

本标准适用知母种子生产者、经营管理者和使用者在种子采收、调运、播种、贮藏以及国内外贸易时所进行种子质量分级。

2．规范性引用文件

下列文件中的条款通过本标准的引用而成为本标准的条款。凡是注明日期的引用文件，其随后所有的修改单（不包括勘误的内容）或修订版不适用于本标准，然而，鼓励根据本标准达成协议的各方研究是否可使用这些文件的最新版本。凡是不注明日期的引用文件，其最新版本适用于本标准。

GB/T 3543.2　农作物种子检验规程　扦样

GB/T 3543.3　农作物种子检验规程　净度分析

3．术语和定义

3.1 知母种子　为百合科知母属植物*Anemarrhena asphodeloides* Bge.的成熟种子。

3.2 扦样　从大量的种子中，随机扦取一定重量且有代表性的供检样品。

3.3 种子净度　指种子的清洁干净程度。用供检样品中正常种子的重量占试验样品总重量（包含正常种子之外的杂质）的百分比表示。

3.4 种子含水量　按规定程序把种子样品烘干所失去的重量，用失去的重量占供检样品原始重的百分率表示。

3.5 种子千粒重　表示自然干燥状态1000粒种子的重量，以克（g）为单位。

3.6 种子发芽率　在规定的条件和时间内长成的正常幼苗数占供检种子数的百分率。

3.7 种子生活力　指种子的发芽潜在能力和种胚所具有的生命力，通常是指一批种子中具有生命力（即活的）种子数占种子总数的百分率。

4．要求

4.1 基本要求　外观要求：种子长卵形，表面黑色，具3～4翅状棱，背部呈弓状隆起，腹棱平直，下端有一微凹的种脐，外形饱满、完整。

检疫要求：无检疫性病虫害。

4.2 质量标准　依据种子发芽率、净度、千粒重、含水量等指标进行分级，质量等级符合表37-10的规定。

表37-10　知母种子质量分级标准

分级指标	一等	二等	三等
发芽率(%)，≥	83.0	73.4	60.7
净度(%)，≥	88.9	85.4	82.6
千粒重(g)，≥	7.5	7.3	7.1
水分(%)，≤	7.6	7.7	7.7

5. 检验方法

5.1 外观检验 根据质量要求目测种子的外形、色泽、饱满度。

5.2 扦样 按GB/T 3543.2 农作物种子检验规程扦样执行。

5.3 真实性鉴定 采用种子外观形态法，通过对种子形态、大小、表面特征和种子颜色进行鉴定，并与标准图对照，鉴别依据如下：种子呈新月形或长椭圆形，表面黑色，具3～4翅状棱，背部呈弓状隆起，腹棱平直，下端有一微凹的种脐，外形饱满、完整。

5.4 净度分析 按GB/T 3543.3 农作物种子检验规程净度分析执行。

5.5 发芽试验 ① 取净种子50粒，4次重复；② 将知母净种子放于清水中浸泡12小时，以0.2 %高锰酸钾溶液消毒20分钟后用清水冲洗干净；③ 把种子均匀排放在玻璃培养皿的滤纸。置于培养箱中，在25℃照条件下培养；④ 记录从培养开始的第3天至第10天的各处理知母种子发芽数，并计算发芽率。

5.6 水分测定 采用高恒温烘干法测定，方法与步骤如下：① 打开恒温烘箱使之预热至（133±2）℃。烘干干净铝盒，迅速称重，记录；② 迅速称量需检测的样品，每样品2个重复，称后置于已标记好的铝盒内，一并放入干燥器；③ 烘箱达到规定温度时，把铝盖放在铝盒基部，打开烘箱，快速放入箱内上层。保证铝盒水平分布，迅速关闭烘箱门；④ 待烘箱温度回升至（133±2）℃时开始计时；⑤ 5小时后取出，迅速放入干燥器中冷却至室温，30～40分钟后称重。⑥ 根据烘后失去的重量占供检样品原始重量的百分率计算种子水分百分率。

5.7 重量测定 采用百粒法测定，方法与步骤具体如下：① 将净种子混合均匀，从中随机数取种子100粒，8个重复；② 将8个重复分别称重（g），结果精确到10^{-4}g；③ 按以下公式计算结果：

$$平均重量(\overline{X}) = \frac{\sum X}{n}$$

式中：$\overline{X}$——100粒种子的平均重量；

X——各重复重量；

n——重复次数。

$$种子千粒重(g) = 百粒重(g) \times 10$$

5.8 生活力测定 ① 从试样中数取种子100粒，4次重复；② 将种子在常温下用蒸馏水中浸泡12小时；③ 利用解剖刀将种子纵切使之一分为二，使种子胚完全露出；④ 将种子置于0.6%四唑溶液中，在30℃恒温箱内染色；⑤ 4小时后取出，迅速用自来水冲洗，至洗出的溶液为无色为止；⑥ 5小时后取出，迅速用自来水清洗，至洗出的溶液为无色。根据染色情况记录其有生活力和无生活力种子的数目。

5.9 健康检测 采用间接培养法，方法与步骤如下：① 种子外部带菌检测：每份样品随机选取100粒种子，放入100ml锥形瓶中，加入50ml无菌水充分振荡，吸取悬浮液1ml，以2000r/min的转速离心10分钟，弃上清液，再加入1ml无菌水充分震荡、浮载后吸取100μl加到直径为9cm的PDA平板上，涂匀，重复4次，以无菌水为空白对照。放入25℃温箱中黑暗条件下培养7天后观察，记录种子外部带菌种类和分离比例。② 种子内部带菌检测：将每份样品用清水浸泡30分钟，再在1% NaClO溶液中浸泡10分钟，用无菌水冲洗3遍后，将种子均匀摆放在PDA平板上，每皿摆放25粒，重复4次。在25℃温箱中黑暗条件下培养7天后取出进行观察检测，记录种子带菌情况、不同部位的真菌种类和分离频率。③ 种子带菌鉴定：将分离到的真菌分别进行纯化、镜检和转管保存。根据真菌培养性状和形态特征进行鉴定。

6. 检验规则

6.1 组批　同一批知母种子为一个检验批次。

6.2 抽样　种子批的最大重量1000kg，送检样品250g，净度分析25g。

6.3 交收检验　每批种子交收前，种子质量由供需双方共同委托种子质量检验技术部门或获得该部门授权的其他单位检验，并由该部门签发远志种子质量检验证书。

6.4 判定规则　按4.2的质量标准要求对种子进行评判，同一批检验的一级种子中，允许5%的种子低于一级标准，但必须达到二级标准，超此范围，则为二级种子；同一批检验的二级种子，允许5%的种子低于二级标准，超此范围则为三级种子；同一批检验的三级种子，允许5%的种子低于三级标准，超此范围则判为等外品不能作为种子用。

6.5 复检　供需双方对质量要求判定有异议时，应进行复检，并以复检结果为准。

7. 包装、标识、贮存和运输

7.1 包装　用透气的麻袋、编织袋包装，每个包装不超过50kg，包装外附有种子标签以便识别。

7.2 标识　销售的袋装知母种子应当附有标签。每批种子应挂有标签，表明种子的产地、重量、净度、发芽率、含水量、质量等级、采收期、生产者或经营者名称、地址等，并附植物检疫证书。

7.3 运输　禁止与有害、有毒或其他可造成污染物品混贮、混运，严防潮湿。车辆运输时应有苫布盖严，船舶运输时应有下垫物。

7.4 贮存　知母种子采用干藏法，在常温、干燥、通风条件下可储藏2年。

二、知母种子繁育技术研究

（一）研究概况

北京中医药大学承担科技部国家科技重大专项子课题“甘草、知母、益母草、北沙参种子质量标准研究”，开展了知母种子繁育技术研究，制定了知母道地药材种子繁育技术规程。

（二）知母种子繁育技术规程

1. 选地与整地

1.1 选地　知母多野生于山坡丘陵、草地或固定的沙丘上，喜凉爽气候，耐寒耐旱，适应性强，地下根能安全越冬，适宜在海拔2200～2500m排水良好的砂质土壤和富含腐殖质的中性土壤中生长整地。

1.2 整地　秋季选排水良好、肥沃的砂质壤土地块深翻25～30cm，至翌春解冻后结合春耕基施腐熟有机肥15.0～19.5t/hm^2、氯化钾90～105kg/hm^2、复合肥900kg/hm^2，并施杀虫剂12kg/hm^{2}进行土壤消毒，然后耙细做成高10～15cm、宽120～150cm的畦，畦沟宽30cm。

2. 种植

2.1 播种　知母通常春播，于4月上旬播种。播种时按行距20cm开浅沟进行条播，覆土1~2cm，稍镇压。

2.2 留种　采种母株宜选3年以上的植株，每株可长花茎5～6支，每穗花数可达150～180朵。果实成熟时易开裂,造成种子散落，故当蒴果呈黄绿色，将要开裂时，应及时分批采收，晾干，脱粒，去除杂质，置于干燥处贮藏备用。

3. 田间管理

3.1 间苗　种子繁殖出苗后，应及时间苗。苗高10cm时，按株距7～10cm定苗。

3.2 中耕除草　定苗后，及时行松土除草，浅锄松土，通常进行2～3次。

3.3 追肥　每年4～8月，每亩应分次追施农家肥4000kg、三元复合肥20kg，捣细拌匀，撒于根旁，并结合锄地以土盖肥。追肥后喷灌1～2次水。此外，每年的7～8月生育旺盛时期，于下午4:00时左右，间隔10～15天连续2次喷施0.3%的磷酸二氢钾溶液，可提高植株的抗病能力，促进根茎的生长和膨大。

3.4 排灌　播种后，要保持畦面湿润。越冬前视天气和墒情，适时浇越冬水。翌春发芽后，若遇干旱可适时灌溉，雨季要及时排涝，防止烂根。

4. 病虫害防治

贯彻“预防为主，综合防治”的植保方针。以农业防治为基础，提倡生物防治和物理防治，科学应用化学防治技术的原则。主要病虫害及防治方法参见表37-11。

表37-11　知母主要病虫害及防治方法

种类	受害部位及症状	防治方法
立枯病	被害后的植株叶片变黄，甚至整株发黄枯萎，根状茎腐烂。高温多雨时发病严重	在知母正常生长情况下减少浇水次数，发现感染植株须及时清除，并用50%多菌灵可湿性粉剂500倍或50%甲基托布津可湿性粉剂喷洒在植株基部，每10天喷洒一次，连续喷洒2~3次
枯萎病	病斑先发生在根茎部，出现褐色斑点，向四周扩展，环割根颈引起整株枯死。病部黄褐色。根部也发生腐烂	用300倍石灰水或300倍50%多菌灵可湿性粉剂浇灌知母根部，染病严重、枯萎的植株须迅速拔除，集中烧毁
蛴螬	危害幼苗的根、茎，造成枯死苗	人工捕获或用90%敌百虫1000倍液浇灌根部或投放毒饵诱杀
蚜虫	主要危害植株的叶片、嫩茎，使叶片皱缩、卷曲、畸形，严重时引起枝叶枯萎甚至整株死亡	首先灭杀越冬虫源，灾情严重可用40%吡虫啉水溶剂 1500～2000 倍液

参考文献

[1] 翁丽丽，陈丽，宿莹，等. 知母化学成分和药理作用[J]. 吉林中医药，2018，38(1)：90-92.

[2] 王明霞. 知母的特征特性与人工栽培技术[J]. 甘肃农业科技，2005(8)：71-72.

[3] 杜祥更，王佃强，席建峰. 知母的高效栽培技术[J]. 内蒙古农业科技，2005(S2)：105.

王文全（中国医学科学院药用植物研究所）
李卫东　侯俊玲　邢丹（北京中医药大学）

38 金莲花

一、金莲花概况

金莲花（*Trollius chinensis* Bunge）为毛茛科多年生草本植物，以花入药，具清热解毒、抗菌消炎之功效。金莲花喜冷凉阴湿气候，耐寒、忌高温干旱，主要分布于河北北部、内蒙古南部和山西等省区的高寒山区，全国人工种植以河北北部的围场县和沽源县为主，黑龙江黑河市和大兴安岭地区、内蒙古呼伦贝尔市及宁夏隆德县等地也有种植。金莲花主要以种子进行繁殖，人工种植才刚刚起步，种子商品化程度低，亟需制定标准以规范市场。

二、金莲花种子质量标准研究

（一）研究概况

从2006年开始，中国医学科学院药用植物研究所从金莲花自然分布地的河北省围场县机械林场和御道口牧场、阜平县南坨，山西浑源县、方山县，内蒙古阿尔山市、克什克腾旗，以及北京雾灵山等地收集金莲花种子共50余份，进行了金莲花种质资源评价、种子筛选及引种驯化研究。同时进行了金莲花种子检验规程的主要内容如扦样、净度分析、含水量测定、重量测定、发芽测定、生活力测定等方面的预实验。

（二）研究内容

1. 研究材料

本实验的金莲花种子来自河北省承德市围场县广字村的金莲花种子繁育基地。2009年7月上旬至7月中旬，采一蕾和二蕾长成的果实，阴干后打下种子。每项内容的研究均采用2份以上的供试种子。

2. 扦样方法

（1）种子批量　根据金莲花种子生产水平状况，参照GB/T 3543.5—1995《农作物种子检验规程》中所列124种作物品种，暂定种子批量如下：

种子批量10（kg），送验样品250（g），净度分析试样25（g），发芽试验（粒）净种子1000粒。真实性与品种纯度送样250g，水分测定送验样品100g。

（2）净度分析试样最小重量　净度分析完全检验最少为2500个种子单位，送检样品大约是其重量的10倍。金莲花千粒重划定净度分析试样为25g。

（3）送检样品最小重量　参考GB/T 3543.5—1995《农作物种子检验规程》规定送检样品最小重量确定金莲花种子的送检样品最小重量为25g。

（4）扦样方法　金莲花商品种子多为散装，应随机从各部位不同的深度取样，每次至少取5个原样，每个不少于5g。

室内检验取工作样本时，共试验了抽样杯法、徒手减半法，根据金莲花种子特点，最终选用对分法。如果是专业检验机构，可以用专业的分样器。

徒手减半法分取试验样品具体操作：将样品倒在光滑的桌上或玻璃板上，用分样板将样品先纵向混合，再横向混合，重复混合4~5次，然后将种子摊平成四方形，用分样板划两条对角线，使样品分成4个三角形，再取两个对顶三角形内的样品继续按上述方法分取，直到两个三角形内的样品接近两份试验样品的重量为止。

3. 种子净度分析

种子净度是指样品中去掉杂质和其他植物种子仅留下的金莲花种子重量占样品重量的百分率，净度是判断种子品质的一项重要指标。

（1）扦取　扦取约10g的种子样品，在天平上称重（*M*）（参照《农作物种子检验规程》1995. GB/T 3543.1~3543.7），然后将其倒入光滑的搪瓷盘中，挑出与待检种子大小或重量明显不同，且严重影响结果的重型混杂物，如土块、小石块或其他混杂的大粒种子等，并称重（*M*）。

（2）去杂　再将重型混杂物中属于其他植物种子的重型混杂物与属于杂质的重型混杂物分别称重，并计算各自的百分比。

（3）试验样品的分取　将除去重型混杂物的实验样品混匀，将其分成两等分，分别称重。

（4）试样的分取　选用筛孔适当的两层套筛，小孔筛的孔径（20目）小于金莲花的种子，大孔筛的孔径（10目）大于金莲花的种子。使用时将小孔筛套在大孔筛的下面，再把筛底盒套在小孔筛下面，倒入试样，加盖，手工筛动2分钟。

筛理后将各层筛及盒底中的分离物分别倒在净度分析台上，或铺有玻璃般的桌面上进行分析鉴定，分类并称重。

（5）计算结果

$$\text{种子净度}（\%）=\text{净种子}/（\text{净种子}+\text{废种子}+\text{其他植物种子}+\text{杂质}）\times 100\%$$

$$\text{净种子}：P_2（\%）=p_1\times（M-m）/M$$

$$\text{其他植物种子}：OS_2（\%）=OS_1\times（M-m）/M+m_1/M\times 100$$

$$\text{杂质}：I_2（\%）=I_2\times（M-m）/M+m_2/M\times 100$$

式中：M——送检样品的重量，g；

m——重型混杂物的重量，g；

m_1——重型混杂物中的其他植物种子重量，g；

m_2——重型混杂物种的杂质重量，g；

P_2——含重型混杂物的净种子重量百分比；

I_2——含重型混杂物的杂质重量百分比；

OS_2——含重型混杂物的其他植物种子重量百分比。

4. 真实性鉴定

（1）种质来源　为毛茛科金莲花（*Trollius chinensiss* Bunge），多年生草本，叶掌状深裂，基生叶具长柄，茎生叶上部的叶片具短柄或无柄，花单独顶生或2~3朵组成稀疏的聚伞花序，萼片10~18片，金黄色，花瓣18~25枚，狭长形，稍长于萼片或与萼片等长。

（2）种子特征　金莲花种子为*Trollius chinensis* Bunge.的果实，蓇葖果，心皮20~30，喙长约1mm。近倒卵形，长约1.5mm，黑色，光滑，具4~5棱角。种子千粒重1.0~1.2g（图38-1）。

图38-1 金莲花种子

种子的形状和颜色在遗传上相当稳定，种子真实性鉴定多采用微观形态观察鉴定。随机从送验的样品中数取400粒种子，每重复不超过100粒种子。根据种子的形态特征进行逐粒观察。

5. 重量测定

本试验分别采用百粒法、五百粒法和千粒法测定金莲花种子重量，最终筛选出适合金莲花的重量测定法。

（1）百粒法测定 ① 将净种子混合均匀，从中随机取样8个重复，每个重复100粒；② 将8个重复分别称重，结果精确至10^{-3}g；③ 计算8个重复的标准差、平均数和变异系数。

（2）五百粒法测定 ① 将净种子混合均匀，从中随机取样4个重复，每个重复500粒；② 将4个重复分别称重，结果精确至10^{-3}g；③ 计算4个重复的标准差、平均数和变异系数。

（3）千粒重法测定 ① 将净种子混合均匀，从中随机取样2个重复，每个重复1000粒；② 将2个重复分别称重，结果精确至10^{-3}g；③ 计算2个重复的标准差、平均数和变异系数。

表38-1 百粒法测定种子千粒重（8次重复）

样本	千粒重（g）	标准差（S）	变异系数（CV）
TL	1.05375	0.00417	0.0396
RL	1.141	0.00982	0.086

表38-2 500粒法测定种子千粒重（4个重复）

样本	千粒重（g）	标准差（S）	变异系数（CV）
TL	1.054	0.01771	0.0396
RL	1.129	0.06143	0.1089

表38-3 1000粒法测定种子千粒重（2个重复）

样本	千粒重（g）	标准差（S）	变异系数（CV）
TL	1.069	0.01697	0.0159
RL	1.009	0.06152	0.0609

通过分析，千粒法变异系数最小，相对稳定。因此，种子千粒重测定采用千粒法，两个重复。

6. 水分测定

（1）金莲花种子含水量测定实验设计　设4个处理，每处理3个重复，每个重复2g。① 粉碎机粉碎3分钟，105℃；② 不经过粉碎机粉碎，105℃；③ 粉碎机粉碎3分钟，130℃；④ 不经过粉碎机粉碎，130℃。将处理后的种子放入预先烘干并称过重的铝盒中一起称重，记录，分别放置在105℃和130℃烘箱内烘干。每隔一段时间取出称重，直到重量趋于稳定，计算种子水分百分率（图38-2）。

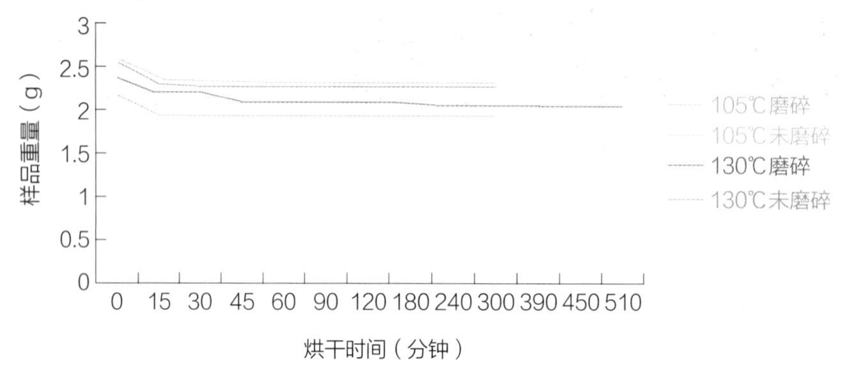

图38-2　不同烘干处理样品重量随时间变化趋势

（2）在130℃磨碎条件下，测得种子含水率最高，在5小时后趋于稳定，因此金莲花的含水率测定方法为：130℃磨碎条件下烘干5小时。见表38-4。

表38-4　不同处理样品水分含量随时间的变化（%）

处理方式	处理时间（分钟）									
	0	15	30	45	60	90	120	180	240	300
105℃，磨碎	11.21	1.40	0.52	0.61	0.68	0.40	0.49	0.11	0.00	0.00
105℃，未磨碎	10.14	1.72	0.88	0.46	1.01	0.17	0.20	0.03	0.04	0.00
130℃，磨碎	13.40	6.95	6.76	2.56	2.80	2.52	2.36	1.07	0.43	0.00
130℃，未磨碎	11.40	1.87	0.13	0.51	0.41	0.37	0.49	0.19	0.01	0.00

7. 发芽试验

研究金莲花种子发芽的前处理方法和程序，考察不同的发芽床；研究不同温度条件下的发芽率，根据发芽率情况确定初次和末次发芽记数时间、确定正常与非正常幼苗形态。在上述工作的基础上确定适宜发芽床、适宜的温度范围、发芽初次和末次记数时间等指标。详见表38-5和图38-3、图38-4。

表38-5　不同发芽床对金莲花种子萌发率的影响

种子样本	砂床（%）	纸床（%）	纱布床（%）	海绵床（%）
2009年广字村	58.33	82.67	72.33	76.60
2010年御道口	65.67	92.67	75.33	83.33

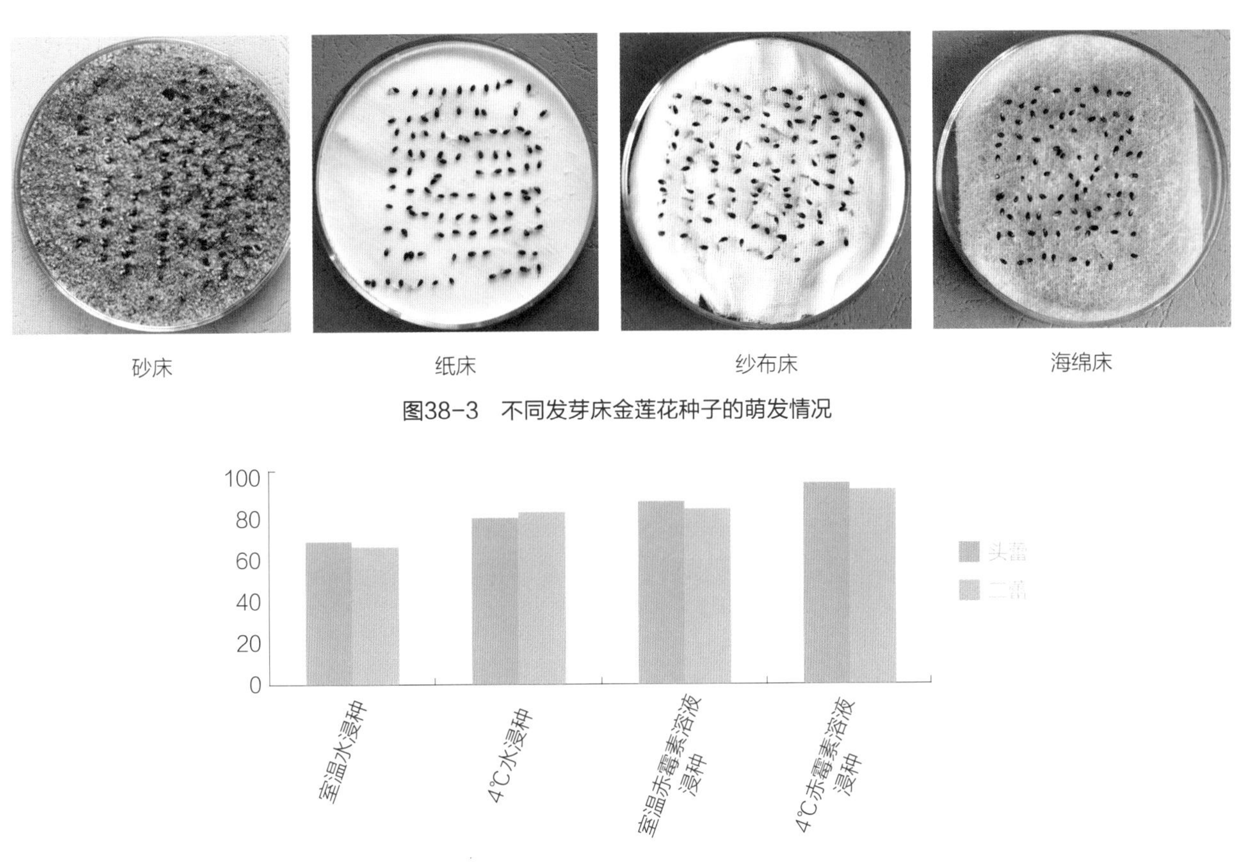

图38-3　不同发芽床金莲花种子的萌发情况

图38-4　不同浸种处理提高金莲花种子萌发效果

在金莲花种子萌发测定中，选用9cm培养皿内垫上2层湿润滤纸作为发芽床，每天补充水分，保持滤纸湿润，方法简便易行且发芽率明显高于其他处理。最终确定金莲花种子萌发测定发芽床为纸上（TP），打破种子休眠方法为：预先4℃冷浸在500μg/ml的GA_3溶液中48小时。

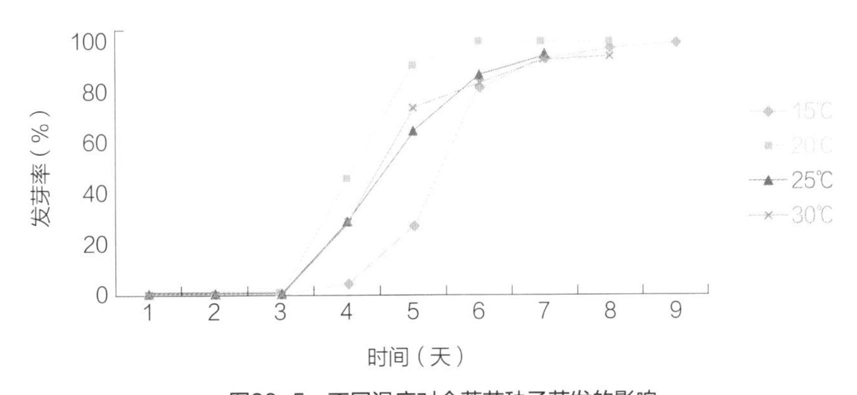

图38-5　不同温度对金莲花种子萌发的影响

综合不同温度条件下金莲花种子萌发率、萌发势以及萌发所需天数，最终确定20℃为金莲花种子萌发率测定的最佳温度，温度过低萌发缓慢，温度过高种子易霉烂。经过赤霉素处理的金莲花种子一般在第3～4天开始萌发，到第10～12天全部萌发完毕，故可初步确定金莲花种子萌发检验时间为15天。最终确定了金莲花种子萌发测定条件。

8. 生活力测定

（1）四唑（TTC）染色测定法测定金莲花种子生活力

① 种子预湿处理：置于双层湿润滤纸上，上面再盖一层湿润滤纸，于常温下预湿。直接浸泡于自来水中，于常温下预湿。每隔1小时观察并解剖吸涨种子吸涨程度，随时捡出吸涨完全的种子，以确定预湿方法与时间。

② 染色前的准备：取预湿后的种子，分别进行如下处理：完整剥去种皮。沿种脊线将种子对半纵切，其中一半用TTC染色，另一半在沸水中煮5分钟杀死种胚，再做染色处理，作为对照观察。不剥种皮直接染色。于0.1%、0.2%、0.5%、1.0%浓度四唑中黑暗染色，根据操作难易程度和染色情况确定最适染色方法。

③ 染色时间的确定：对于不剥种皮的染色浓度，参考《农作物种子检验规程》设1%浓度，将经过预湿的种子置于玻璃试管中，每管100粒，设6个重复，35℃恒温避光染色。

④ 观察：每隔1小时取出一个处理，自来水冲洗干净，观察并记录其染色情况，选出最佳染色时间。

⑤ 计算：活种子（%）=种胚被染成红色的种子数×100/供试种子数

（2）生活力鉴定标准的建立　将种子发芽实验结果与四唑染色结果对比，建立四唑染色的鉴定标准。

① 发芽试验：将预湿后的种子400粒，100粒/皿，4次重复，置于25℃的光照培养箱中培养，观察记录发芽情况，并完全剥开种皮观察子叶情况。

② 染色：随机数取预湿后的种子400粒，100粒/管，4次重复。浸于5%浓度四唑溶液中，于35℃恒温避光染色，5小时取出观察染色情况。

③ 拟定标准：观察发芽实验幼苗胚根、子叶、胚芽完整情况，与四唑染色情况对比，拟定标准。

（3）确定检测方法　通过上述研究，最终确定了金莲花种子的检测方法为：① 种子浸泡约2小时。② 金莲花种子的胚属直立型，直接纵切，暴露胚（有时不能完全做到对半切，则保留较大部分；胚未暴露，观察时须挤出胚）。③ 0.5%TTC在35℃染色5小时作为四唑（TTC）染色法测定金莲花种子生活力的初步方案。

9. 种子健康检验

（1）种子外部带菌情况　从每份样本中随机选取0.5g种子，放入50ml锥形瓶中，加入10ml无菌水充分振荡，吸取悬浮液1ml，2000r/min离心10分钟，弃上清液，再加入1ml无菌水充分震荡悬浮后吸取100μl加到直径为9cm的PDA平板上，涂匀，每个处理4次重复。相同操作条件下设无菌水空白对照。25℃黑暗条件下培养，观察记录。

（2）种子内部带菌情况　将充分吸涨的种子用5%NaClO溶液浸泡3分钟，无菌水冲洗3遍，将其均匀摆放在直径9cm的PDA平板上，每皿摆放20粒种子，4次重复，25℃黑暗条件下培养，观察记录。

（3）金莲花种子带菌鉴定　将分离的真菌、细菌分别纯化、镜检和转管保存。根据其培养性状和形态特征对分离菌进行鉴定。

（4）金莲花种子带虫检测方法　金莲花种子细小，一般种子内不会带虫。取10g金莲花种子，用水漂洗，观察是否有储藏害虫。

10. 种子质量对药材生产的影响

目前全国金莲花人工种植刚刚起步，种子商品化程度较低，发芽率低或者隔年种子时有出现，质量参差不齐，严重影响了金莲花植株生长。

三、金莲花种子质量标准草案

1. 范围

本标准规定了金莲花种子分级、分等和检验。

本标准适用于金莲花种子生产者、经营者和使用者。

2. 规范性引用文件

下列文件中的条款通过本标准的引用而成为本标准的条款。凡是注明日期的引用文件，其随后所有的修改单（不包括勘误的内容）或修订版均不适用于本标准，然而，鼓励根据本标准达成协议的各方研究是可使用这些文件的最新版本。凡是不注明日期的引用文件，其最新版本适用于本标准。

GB/T 3543.1～3543.7　农作物种子检验规程

中华人民共和国药典（2015年版）一部

3. 术语和定义

下列术语和定义适用于本标准。

3.1 扦样

3.1.1 扦样：是从大量的种子中，随机取得一个重量适当、有代表性的供检样品。样品应由从种子批不同部位随机扦取若干次的小部分种子合并而成，然后把这个样品经对分递减或随机抽取法分取规定重量的样品。不管哪一步骤都要有代表性。

3.1.2 种子批：同一来源、同一品种、同一年度、同一时期收获和质量基本一致、在规定数量之内的种子。

3.1.3 初次样品：从种子批的一个扦样点上所扦取的一小部分种子。

3.1.4 混合样品：由种子批内扦取的全部初次样品混合而成。

3.1.5 送验样品：送到种子检验机构检验、规定数量的样品。

3.1.6 试验样品（简称试样）：在实验室中从送验样品中分出的部分样品，供测定某一检验项目之用。

3.1.7 封缄：把种子装在容器内，封好后如不启封，无法把种子取出。如果容器本身不具备密封性能，每一容器加正式封印或不易擦洗掉的标记或不能撕去重贴的封条。

3.2 净度分析　净度分析是测定供检样品不同成分的重量百分率和样品混合物特性，并据此推测种子批的组成。

分析时将试验样品分成三种成分：净种子、其他植物种子和杂质，并测定各成分的重量百分率。样品中的所有植物种子和各种杂质，尽可能加以鉴定。

3.2.1 净种子：送验者所叙述的种（包括该种子的全部植物学变种和栽培品种）符合附录A（补充件）要求的种子单位或构造。

3.2.2 其他植物种子：除净种子以外的任何植物种子单位，包括杂草种子和异作物种子。

3.2.3 杂质：杂净种子和其他植物种子外的种子单位和所有其他物质和构造。

3.3 发芽试验　发芽试验是测定种子批的最大发芽潜力，据此可比较不同种子批的质量，也可估测田间播种价值。

发芽试验须用经净度分析后的净种子，在适宜水分和规定的发芽技术条件进行试验，到幼苗适宜评价阶段后，按结果报告要求检查每个重复，并计数不同类型的幼苗。如需经过预处理的，应在报告上注明。

3.3.1 发芽：在实验室内幼苗出现和生长达到一定阶段，幼苗的主要构造表明在田间的适宜条件下能否进一步生长成为正常的植株。

3.3.2 发芽率：在规定的条件和时间内长成的正常幼苗数占供检种子数的百分率。

3.3.3 幼苗的主要构造：因种而异，由根系、幼苗中轴（上胚轴、下胚轴或中胚轴）、顶芽、子叶和芽鞘等构造组成。

3.3.4 正常幼苗：在良好土壤及适宜水分、温度和光照条件下，具有继续生长发育成为正常植株的幼苗。

3.3.5 不正常幼苗：在良好土壤及适宜水分、温度和光照条件下，不能继续生长发育成为正常植株的幼苗。

3.3.6 未发芽的种子：试验末期仍不能发芽的种子，包括硬实、新鲜不发芽种子、死种子（通常变软、变色、发霉，并没有幼苗生长的迹象）和其他类型（如空的、无胚或虫蛀的种子）。

3.3.7 新鲜不发芽种子：由生理休眠所引起，试验期间保持清洁和一定硬度，有生长成为正常幼苗潜力的种子。

3.4 水分测定　测定送验样品的种子水分，为种子安全贮藏、运输等提供依据。种子水分测定必须使种子水分中自由水和束缚水全部除去，同时要尽最大可能减少氧化、分解或其他挥发性物质的损失。

水分：按规定程序把样品烘干所失去的重量，用失去重量占供检样品原始重量的百分率表示。

3.5 生活力的生化（四唑）测定　在短期内急需了解种子发芽率或当某些样品在发芽末期尚有较多的休眠种子时，可应用生活力的生化法快速估测种子生活力。生活力测定是应用2，3，5-三苯基氯化四氮唑（简称四唑，TTC）无色溶液作为一种指示剂，这种指示剂被种子活组织吸收后，接受活细胞脱氢酶中的氢，被还原成一种红色的、稳定的、不会扩散的和不溶于水的三苯基甲（TTF）。据此，可依据胚和胚乳组织的染色反应来区别有生活力和无生活力的种子。

种子生活力：种子发芽的潜在能力或种胚具有的生命力。

3.6 重量测定　测定送验样品每1000粒种子的重量。从净种子中数取一定数量的种子，称其重量，计算其1000粒种子的重量，并换算成国家种子质量标准水分条件下的重量。

千粒重：国家种子质量标准规定水分的1000粒种子的重量，以克为单位。

3.7 种子健康测定　通过种子样品的健康测定，可推知种子批的健康状况，从而比较不同种子批的使用价值，同时可采取措施，弥补发芽试验的不足。根据送验者的要求，测定样品是否存在病原体、害虫，尽可能选用适宜的方法，估计受感染的种子数。已经处理过和种子批，应要求送验者说明处理方式和所用的化学药品。

种子健康状况：种子是否携带病原菌（如真菌、细菌及病毒）、有害动物（如线虫及害虫）。

3.8 结果报告　种子检验结果单是按照本标准进行扦样与检测而获得检验结果的一种证书表格。

4. 种子分级标准

表38-6　金莲花种子分级标准

指标	一级	二级	三级
种子净度（%），≥	98.0	95.0	92.0
千粒重（g），≥	1.1	0.9	0.7
种子含水量（%），≤	9.5	13.0	19.0
发芽率（%），≥	90.0	85.0	80.0

三级以下为不合格种子。

5. 种子检验

5.1 扦样

5.1.1 主题内容与适用范围：本规程规定了种子批的扦样程序，实验室分样程序和样品保存的要求。本规程适用于金莲花种子质量的检测。

5.1.2 种子批的扦样程序：扦样只能由受过扦样训练、具有实践经验的扦样员（检验员）担任。

5.1.2.1 扦样前的准备：扦样前应向种子经营、生产、使用单位了解该批种子的堆混合、贮藏过程中有关种子质量的情况。

扦样是种子检验式作的第一步。也是种子检验最关键的环节。扦样是否正确、有代表性，将直接影响检验结果的可靠性。所以扦样必须高度重视。

5.1.2.2 扦取初样品

5.1.2.3 袋装种子扦样法：扦样器用单管，适用于中小粒种子。随机选定取样的袋。根种子批袋（容器）的数量确定扦样袋数，表中的扦样袋数应作为最低要求。

表38-7 袋装的扦样袋（容器）数

种子批的袋数（容器数）	扦取的最低袋数（容器数）	种子批的袋数（容器数）	扦取的最低袋数（容器数）
1～5	每袋都取样	30～50	不少于10袋
6～15	不少于5袋	50～400	每5袋取样1袋
15～30	每3袋1袋	400以上	每7袋取样1袋

5.1.2.4 种子批的最大重量和样品的最小量。

表38-8 金莲花种子批的最大重量和样品最小重量

种名	种子批的最大重量（kg）	样品最小重量（g）	
		送验样品	净度分析试样
金莲花	10000	100	10

5.1.3 试验样品的分取：检验机构接到送验样品后，首先将送验样品充分混合，然后用分样器经多次对分法或抽取递减法分取供各项测定用的试验样品，其重量必须与规定重量相一致。

重复样品须独立分取，在分取第一份试样后，第二份试样或半试样须将送验样品一分为二的另一部分中分取。

5.1.3.1 机械分样器法：使用钟鼎式分样器时应先刷净，样品放入漏斗时应铺平，用手很快拨开活门，使样品迅速下落，再将两个盛接器的样品同时倒入漏斗，继续混合2～3次，然后取其中一个盛接器按上述方法继续分取，直至达到规定重量为止。使用横格式分样器时，先将种子均匀地散布在倾倒盘内，然后沿着漏斗长度等速倒入漏斗内。

5.1.3.2 四分法：将样品倒在光滑的桌上或玻璃板上，用分样板将样品先纵向混合，再横向混合，重复混合4～5次，然后将种子摊平成四方形，用分样板划两条对角线，使样品分成4个三角形，再取两个对顶三角形内的样品继续按上述方法分取，直到两个三角形内的样品接近两份试验样品的重量为止。

5.1.4 样品保存：送验样品验收合格并按规定要求登记后，应从速进行检验，如不能及时检验，须将样品保存在凉爽，通风的室内，使质量的变化降到最低限度。

为便于复验，应将保留样品在适宜条件（低温干燥）下保存一个生长周期。

5.2 净度分析

5.2.1 主题内容与适用范围：本标准规定了种子净度分析的测定方法。本标准适用于金莲花种子质量的检测。

5.2.2 测定程序

5.2.2.1 试验样品的分取：净度分析的试验样品应按扦样6条中规定的方法，从送验样品中分取。金莲花种子净度试验样品送检重量应在100～1000g。

试样样品须称重，以克表示，精确至小数点后1位。

5.2.2.2 试样的分离方法：① 扦取约10g的种子样品，在天平上称重（按《农作物种子检验规程》1995. GB/T 3543.1～3543.7进行），然后将其倒入光滑的搪瓷盘中，挑出与供检种子在大小或重量明显不同的且严重影响结果的重型混杂物，如土块、小石块或混杂于其中其他大粒种子等，并称重。② 再将重型混杂物中属于其他植物种子的重型混杂物与属于杂质的重型混杂物分别称重，并计算各自的百分比。③ 将除去重型混杂物的实验样品混匀，将其分成两等分，分别称重。④ 选用筛孔适当的两层套筛小孔筛的孔径小于金莲花的种子，大孔筛的孔径大于金莲花的种子。使用时将小孔筛套在大孔筛的下面，再把筛底盒套在小孔筛的下面，倒入试样，加盖，手工筛动2分钟。

筛理后将各层筛及盒底中的分离物分别倒在净度分析台上，或铺有玻璃板的桌面上进行分析鉴定，分类并称重。

5.2.2.3 计算结果

种子净度（%）=净种子/（净种子+废种子+其他植物种子+杂质）× 100%

5.2.3 结果报告：分析结果应保留2位小数，各种成分的百分率总和必须为100%。

种子净度（%）=净种子/（净种子+废种子+其他植物种子+杂质）×100%

5.3 含水量测定

5.3.1 主题内容与适用范围：本规程规定了种子水分的测定方法。本规程适用于金莲花种子质量的检测。

5.3.2 测定程序：种子的水分极易受外界环境的影响，所以在测定过程中要尽量避免水分的增失，如送检样品必须装在防湿容器中；样品接受后立即测定；测定过程中取样、磨碎和称重操作迅速。水分测定要求在相对湿度70%以下的室内进行。

5.3.2.1 取样磨碎：将送检样品充分混合，可用匙在样品罐内搅拌，也可将样品罐的罐口对准另一个同样大小的空罐口，把种子在两个容器间往返倾倒。从混合均匀的样品中取15～20g种子，设置3个重复。

烘干前将待检验的种子用小型粉碎机磨碎3分钟。样品盒的大小使试验样本在盒中的分布每平方厘米不超过0.3g。

取样时不要直接用手触摸种子，可用勺或铲子。

将处理后的种子放入预先烘干并称过重的铝盒（m）中一起称重（M_1），记录。

5.3.2.2 烘干称重：金莲花种子的最佳烘干方法为高温磨碎烘干，烘箱温度为130～133℃，样品烘干时间为5小时。将烘干好的样品取出，置于天平上称重（M_2）。

5.3.3 结果计算和报告：根据烘干失去的重量计算种子水分百分率，求3次重复的平均值作为检验种子的含水率。精确度为0.01%。

$$种子含水率=（M_1-M_2）/（M_1-m）\times 100\%$$

5.4 重量测定

5.4.1 测定程序

5.4.1.1 试验样品：将净度分析后的全部净种子均匀混合，分出一部分作为试验样品。

5.4.1.2 测定方法：千粒法。用手或数粒仪从试验样品中随机数取2个重复，每个重复1000粒，分别称重（g）。计算2个重复的平均重量、标准差及变异系数。

$$标准差（S）=\sqrt{\frac{n(\sum X^2)-(\sum X)^2}{n(n-1)}}$$

式中：X——各重复重量，g；

N——重复次数。

$$变异系数=(S/X)\times 100$$

式中：S——标准差；

X——100粒种子的平均重量，g。

两份的差数与平均数之比不应超过5%，若超过应再分析第三份重复，直至达到要求，取差距小的两份计算测定结果。

5.5 发芽测定

5.5.1 主题内容与适用范围：本规程规定了种子发芽率分析的测定方法。本规程适用于金莲花种子质量的检测。

5.5.2 试验程序

5.5.2.1 数取试验样品：从经充分混合的净种子中，用数种设备或手工随机数取400粒。通常以100粒为一次重复，一个试验共设四次重复。

5.5.2.2 选用发芽床：通过实验得出金莲花种子的适合发芽床为纸床，具体要求为纸上（TP），即将种子放在2~3层滤纸上发芽。

5.5.2.3 置床培养：将种子均匀地排在湿润的发芽床上，粒与粒之间要保持一定的距离。放在规定的条件下进行培养。检查光、温、水汽状况，发芽床要始终保持湿润状态，定期补充水分。

每天观察一次，记录发芽种子数。发霉的种子取出冲洗，严重发霉的应更换发芽床。

表38-9 金莲花种子萌发测定条件

发芽床	温度（℃）	初次计数天数（d）	末次计数天数（d）	附加说明，包括破除休眠的建议
纸上（TP）	20	3	12	预先冷浸在500μg/ml的GA_3溶液中48小时

5.5.2.4 结果计算和表示：试验结果以粒数的百分率表示。一个试验设四次重复，则其平均数表示发芽百分率。正常幼苗、不正常幼苗和未发芽种子百分率的总和必须为100%。

5.6 生活力测定

5.6.1 主题内容与适用范围：本规程规定了种子生活力分析的测定方法。本规程适用于金莲花种子质量的检测。

5.6.2 测定程序

5.6.2.1 试验样品的数取：从经净度分析后并充分混合的净种子中，随机数取100粒每重复，共设3个重复。

5.6.2.2 种子的预湿：待检测的种子直接浸泡于自来水中2小时，于常温下预湿。

5.6.2.3 染色前处理：金莲花种子的胚属直立型，直接纵切，暴露胚。有时不能完全做到对半切，就保留较大的那部分。对照组种子沸水煮5分钟杀死种胚，其余处理与待检测种子相同。

5.6.2.4 染色条件

表38-10 金莲花种子生活力检测染色条件

预湿方式	预湿时间（h）	染色前准备	溶液浓度（%）	35℃染色时间（h）	鉴定前处理
水中	20～30℃恒 温水浸种2小时	纵切胚（有时不能完全做到对半切，就保留含胚的部分）	0.5	5	a.观察切面 b.如果胚未暴露，观察时须挤出胚

5.6.2.5 观察前处理：金莲花种子的胚应该属直立型，直接纵切，暴露胚（有时不能完全做到对半切，就保留较大的那部分，胚未暴露，观察时须挤出胚）。

5.6.2.6 观察鉴定：金莲花种子较小，一般于10倍视式镜下观察，并记录观察结果。

活种子（%）=种胚被染成红色的种子数×100/供试种子数

5.7 健康度检查

5.7.1 主题内容与适用范围：本规程规定了种子健康度分析的测定方法。本规程适用于金莲花种子质量的检测。

5.7.2 金莲花种子带菌检测方法

5.7.2.1 种子外部带菌情况：从每份样本中随机选取0.5g种子，放入50ml锥形瓶中，加入10ml无菌水充分振荡，吸取悬浮液1ml，以2000r/min的转速离心10分钟，弃上清液，再加入1ml无菌水充分震荡悬浮后吸取100μl加到直径为9cm的PDA平板上，涂匀，每个处理4次重复。相同操作条件下设无菌水空白对照。25℃黑暗条件下培养，观察记录。

5.7.2.2 种子内部带菌情况：将充分吸涨的种子用5%NaClO溶液浸泡3分钟，无菌水冲洗3遍，将其均匀摆放在直径9cm的PDA平板上，每皿摆放20粒种子，3次重复，25℃黑暗条件下培养，观察记录。

5.7.2.3 金莲花种子带菌鉴定：将分离到的真菌、细菌分别进行纯化、镜检和转管保存。根据其培养性状和形态特征进行鉴定。

5.7.3 金莲花种子带虫检测方法：金莲花种子细小，一般种子内不会带虫，取10g左右金莲花种子，用水漂洗，观察是否有储藏害虫。

5.7.4 结果表示与报告：以供检的样品重量中感染种子数的百分率或病原体数目来表示结果。填报结果要填报病原菌的学名，同时说明所用的测定方法，包括所用的检测方法，并说明用于检查的样品部分样品的数量。

5.8 真实性鉴定

5.8.1 主题内容与适用范围：本标准规定了种子真实性和品种纯度鉴定方法，适用于金莲花质量标准的检测。

5.8.2 测定程序

5.8.2.1 送验样品的重量：金莲花纯度测定的送验样品的最小重量，限于实验室测定为250g。

5.8.2.2 种子鉴定：随机从送验的样品中数取400粒种子，鉴定时须设重复，每个重复不超过100粒种子。根据种子的形态特征，必要时可借助扩大镜等进行逐粒观察，必须具有标准样品或有关资料。

金莲花种子是指*Trollius chinensis* Bunge.的果实：蓇葖果，心皮20～30个，喙长约1mm。近倒卵形，长约1.5mm，黑色，光滑，具4～5棱角。种子千粒重0.9～1.4g。

5.8.3 纯度鉴定的结果计算的报告：种子鉴定结果，用该种子纯度的百分率表示。

6. 检验规则

以种子的上述指标为质量检验的依据，若其中一项达不到指标即为不合格种子。

7. 包装、标识、贮存和运输

宜选用透气性好的无毒、无污染包装袋。注明品名、规格、产地、批号、生产日期、生产单位、产品合格标志等。应贮藏于干燥通风、阴凉的仓库，以低温冷藏为好，以防止发霉和虫蛀。

四、金莲花种子繁育技术规程

1. 范围

本规程规定了金莲花种子繁育的术语和定义。本规程适用于金莲花主要产区，即河北省北部、内蒙古东部及山西北部等地区种子生产者、经营者和使用者。其他地区均可参照执行。

2. 规范性引用文件

下列文件中的条款通过本规程的引用而成为本规程的条款。凡是注明日期的引用文件，其随后所有的修改单（不包括勘误的内容）或修订版均不适用于本规程，然而，鼓励根据本规程达成协议的各方研究是可使用这些文件的最新版本。凡是不注明日期的引用文件，其最新版本适用于本规程。

GB 3095—1996　大气环境质量标准

GB 5084—1992　农田灌溉水质标准

GB 3838—1988　国家地面水环境质量标准

GB 5618—1995　土壤环境质量标准

3. 术语和定义

3.1 净度　是测定供检样品不同成分的重量百分率和样品混合物特性，并据此推测种子的组成。

3.2 净种子　金莲花种子单位或构造。

3.3 杂质　杂净种子和其他植物种子外的种子单位和所有其他物质和构造。

3.4 发芽　在实验室内幼苗出现和生长达到一定阶段，幼苗的主要构造表明在田间的适宜条件下能否进一步生长成为正常的植株。

3.5 发芽率　在规定的条件和时间内长成的正常幼苗数占供检种子数的百分率。

3.6 种子生活力　种子发芽的潜在能力或种胚具有的生命力。

3.7 千粒重　国家种子质量标准规定水分的1000粒种子的重量，以g为单位。

4. 具体要求

4.1 生态环境

4.1.1 自然环境：金莲花生长于海拔750～2200m的山地或坝区的草坡、疏林或沼泽地，喜冷凉阴湿气候，耐寒、耐荫，忌高温。种植基地极端最高气温38.9℃，极端最低气温-42℃，无霜期80～190天。年均降水量360～390mm，金莲花主要分布于河北北部、内蒙古东北部和山西北部，主要栽培及野生抚育区在河北北部的坝上地区。

4.1.2 产地生态环境质量标准：生产基地应选择水质、土壤、大气、无污染源的地区，应远离公路、铁路、厂矿及医院等，周围不得有污染源，灌溉水应符合“农田灌溉水”质量标准；土壤环境质量应符合国家相关二级标准。大气环境应符合“大气环境”质量标准的二级标准。

4.2 品种类型

4.2.1 种质资源：我国有金莲花属植物16种和6个变种，其中我国北方分布有药用金莲花4种。本规程选用的是金莲花（*Trollius chinensis* Bunge）。

4.2.2 种源鉴定：该种叶掌状深裂，基生叶具长柄，茎生具短柄或无柄，花单独顶生或2～3朵组成稀疏的聚伞花序；萼片10～18片，金黄色，花瓣18～25枚，狭长形，稍长于萼片或与萼片近等长。

4.3 适宜地区选择 根据野生金莲花分布的地域，选择其邻近的周边地区作为引种栽培和野生抚育区，使栽培环境接近野生金莲花分布的生态环境，以保证人工栽培的金莲花质量不变。

4.4 栽培地选择

4.4.1 土壤物理性状：应选择土质疏松、肥沃的砂质壤土如棕壤、褐土和草甸土等排水良好的缓坡地。

4.4.2 土壤化学性状：应选择无污染的土壤，其重金属、有毒元素及水质等都应符合国家制定的标准。

4.4.3 产地土壤环境质量：根据检测结果证明我金莲花栽培基地各项检测指标均符合国家标准。

4.4.4 整地：根据以上用地标准把地选好后即可整地。先施足基肥，每亩用腐熟有机肥2000～3500kg，然后耕地深约30cm，耕后耙细整平，作畦。直播地只把地充分耙细整平即可。育苗地再作平畦，畦宽1.2m，长10m，畦埂高15cm，畦面耕细整平后播种。

4.5 繁殖方法 目前生产上多采用种子繁殖，即用育苗后移栽为主，种子大田直播少用；分根繁殖几乎不用。

4.5.1 种子繁殖：生产上用的种子应选用上述达标的优良种子作播种材料，播种前应作种子处理，处理时间应于采种当年的10～11月进行，采用砂藏处理，处理前将种子浸泡于清水中约2天，每天换水1～2次，捞出，漂净表面的瘪籽和杂质，取出下沉的饱满种子进行砂藏，将种子与约5倍体积的湿砂拌匀，于室外干燥背阴处，挖一个深30～40cm的坑，坑的大小视种子多少而定。坑底整平，先铺约5cm厚的细砂，再铺与细砂拌匀的种子10～15cm厚，上再盖10～15cm厚的细砂。浇水后再盖土15～20cm，使高于出地面，避免雨水或冰雪融化后渗入种子层内，引起种子腐烂。如冬季严寒应加草或土防寒。如种子数量少可装在盆或木箱内，再埋于坑内。到第二年春解冻后种子多数裂开，个别种子发芽即可取出播种。如延迟播种，种子多数发芽会影响操作，也会影响出苗，大大降低出苗率。

4.5.1.1 育苗栽培法：播种期，可秋播也可春播，一般应采用春播，春播较秋播便于管理，又节约种子，出苗率又高。秋播者于种子采收后及时播种，使种子在地里接受自然低温，打破休眠；春播者，可在早春地解冻后及时取用经低温砂藏处理的种子播种育苗。

4.5.1.1.1 播种方法：播种前2～3天把育苗地浇透水，待地稍干时耙平整细，作成平畦苗床，播种时如秋播采用干籽播种应掺5～10倍的细砂拌匀后播种，如为春播应取经沙藏处理带细砂的种子播种，于畦面按10cm行距条播，或撒播，播后覆盖3～5mm厚的细砂或细土，上面再盖一层约5cm厚的稻草并浇足水，保湿。秋冬播者于第二年早春出苗，春播者于播后15～20天出苗，出苗后要逐渐揭去盖草。在寒冷或风大的地区播后应加铁棍、木棍或土压草，避免草被风吹散。也可再加农膜拱棚，保湿保温防寒，春季可提早出苗。

4.5.1.1.2 幼苗管理：出苗后如气温较高应破膜放风、降温，当苗基本出齐后，要逐渐揭去盖草，并注意常拔草，经常保持畦面干净无杂草，干旱时应及时浇水保湿。金莲花幼苗根系较浅，不耐旱，应经常浇水保湿。当苗出齐后，幼苗长出3～4片真叶时，每亩撒施尿素3～5kg，撒匀后用细树枝轻轻敲打幼苗叶片，使化肥颗粒落下，避免烧苗，并浇水1次，15天后可再追施1次，使幼苗生长健壮。幼苗生长一年后，于第二年早春萌芽前移栽，按行株距30cm×20cm定植于大田，栽后浇水，最高成活率可达100%。

4.5.1.2 直播栽培法：大田直播，应把地整平耙细，播种期和播种方法同育苗，只是播种行距应宽点，为30～40cm，以春播为宜，播种时应抢墒播种，播后一定要盖膜否则出苗率很低，因种子细小，直播要求技术难度较高，保苗难，一般不采用。

4.5.2 分根繁殖：可在9～10月植株枯萎时，挖取野生种苗或栽培的种苗，或者在早春地解冻后4月份挖取未出苗的种株根茎进行繁殖。分株时，每株应有芽1～2个，剪去过长的须根，栽种的株行距同育苗移栽，栽后浇水。生长季节也可移栽，但成活率较低，生长也较差。

4.6 田间管理

4.6.1 补苗：金莲花种植成活后，发现死亡或缺苗者应及时选用同龄苗，移栽补上，保证全苗生长。

4.6.2 中耕除草：植株生长前期应常除草松土，经常保持畦内清洁无杂草，金莲花幼苗生长缓慢，如不及时除草，杂草长得快会把幼苗埋没，此时再除草会把幼苗一起拔除，造成大量缺苗。7月植株基本封垄，为避免伤苗不再松土。

4.6.3 施肥：播种前施足基肥者，一般生长1～2年的可不再追肥。但三年生后应适当追肥，最好于每年冬季或早春、每亩施用腐熟有机肥2000～3000kg，撒施于畦上。施肥后浅锄，将肥料与表土拌匀，并盖2cm左右的土。也可于生长期5～6月份喷腐植酸浓缩叶面肥1～2次。

4.6.4 浇水：视墒情以植株生长良好为依据，每年灌水3～5次。

4.7 病虫害防治

4.7.1 病害：金莲花生长地区的海拔比较高，气候冷凉，野生变家栽后仍生长在海拔750～1500m的地区，几乎不发生病害，但人工栽培面积较大的地块，苗期的立枯病及生长期的叶枯病、白粉病和植原体病害均有不同程度的发生。

4.7.2 虫害

4.7.2.1 斑须蝽（*Dolycoris baccarum* L.）：以成虫、若虫刺吸叶和花蕾，严重时使叶片发黄和皱缩特别对金莲花种子危害严重。用0.36%的苦参碱水剂防治每隔10天喷1次，连喷2～3次。

4.7.2.2 斜纹夜蛾［*Prodenia litura*（Fabr.）］：幼虫取食金莲花的叶片、花蕾等部位，5月中旬幼虫开始为害，6～7月发生严重，可利用黑光灯诱杀成虫。

4.7.2.3 蝼蛄（*Gryllotalpa unispina* Sausure）：成虫，若虫在土中咬食刚发芽的种子、根及幼芽，苗期危害严重，可用黑光灯诱杀成虫。

4.7.2.4 华北大黑鳃金龟［*Holotrichia oblita*（Falder）］：幼虫危害金莲花地下根茎，苗期危害将根茎咬断。另外有鞘翅目花蚤科一种，成虫主要取食花，金莲花产区均有分布。

4.7.3 金莲花害虫的综合防治

4.7.3.1 害虫综合防治：从金莲花生产现状及害虫发生程度看，野生抚育的金莲花一般以自然生态控制为主，人工栽培的防治重点播前进行种子处理。苗期进行地下害虫防治可兼治其他害虫发生；重视预防措施，以预防为主，在害虫发生之前防治；采用优良农业措施，创造适合其生长的生态的环境，结合物理防治方法、化学防治和生物防治，混合用药达到兼治多种病虫害的目的。

4.7.3.2 化学农药防治：应考虑农药对其他因素有无影响，如是否杀伤天敌，对金莲花的根、茎、叶及花的农药污染。选择低毒低残留化学农药，选好施药时间也可混合用药来治多种害虫，如40%辛硫磷乳剂或阿维菌素等防治地下害虫及夜蛾类幼虫。

4.7.3.3 综合防治：① 农业防治：地下害虫主要在播种期、苗期发生危害，应采用轮作倒茬、精细整地，清除田间杂草和枯枝落叶，合理密植科学进行田间管理。即创造适合其生长的生态环境，使植株生长健壮，增强抗病虫能力，再结合生物防治和化学防治等才能收到更好的效果。② 生物防治：具有无公害、无污染、控制害虫的优点。目前可以用植物农药防治害虫，做到无公害、无污染和可控性，如植物性农药可用0.36%

苦参碱水剂。③ 物理防治：利用黑光灯，人工捕杀金龟子、夜蛾等害虫。

4.8 种子采收与贮藏

4.8.1 种子采收：金莲花一般于7月份下旬种子开始成熟，应分期分批陆续采收，因果实成熟时果端开裂，种子很容易从裂孔处掉落。如遇风雨，种子最易掉落，种子采收的适期为当金莲花果实由绿转黄褐色，种子呈黑色时即表示种子成熟，应及时采收。采种时要小心将果枝折下，勿倒置，以免种子掉落，装于布袋内或密的编织袋内，运回放在干燥通风的室内，倒在大张牛皮纸或报纸上，摊开数天后，抖动果实打下种子，簸去杂质，种子置阴凉处或冰箱内保存，在室温下保存不宜超过9个月，1年后发芽力明显下降。放于冰箱5℃左右下可延长种子寿命，2～3年仍有发芽力。

4.8.2 种子贮藏与保存：金莲花种子有低温休眠的特性。新采收的金莲花种子在5～6℃低温下砂藏75天，胚率达47%左右即可发芽；种子通过低温的时间，随低温处理前贮藏时间的长短而不同，种子在室温下干藏6～9个月后再经一个月的低温砂藏处理，即可打破休眠并发芽，但干藏种子1年左右完全丧失发芽力；金莲花种子在室温、低温，甚至在0℃以下冷冻条件下都能完成形态后熟；其种子的形态后熟和生理后熟两个发育阶段，都可以在低温下逐渐完成。室温干藏1年以上的种子全部丧失发芽力，生产上不宜采用室温干藏方法贮存种子。从生产角度考虑，宜用低温干藏的方法对金莲花的种子进行保存，生产中使用低温干藏2年的种子进行播种育苗。

4.8.3 种子质量：种子按上述方法采收、脱粒、簸净，其优质种子表皮黑色，有光泽，净度应在99%以上，种子千粒重为1g以上，一般0.9～1.5g。经低温砂藏5～6个月的种子发芽率应在90%以上。

参考文献

[1] 丁万隆，陈君，丁建宝，等. 贮藏方法对打破金莲花种子休眠的影响[J]. 中国中药杂志，2000，25(5)：266-269.

[2] 严力群，丁万隆，朱殿龙，等. 金莲花种子寿命的初步研究[J]. 中国中药杂志，2007，32(20)：2185-2187.

[3] 赵东岳，李勇，丁万隆，等. 金莲花种子品质检验及质量标准研究[J]. 中国中药杂志，2011，36(24)：3421-3424.

丁万隆（中国医学科学院药用植物研究所）

39 金银花

一、金银花概况

金银花为忍冬科植物忍冬*Lonicera japonica* Thunb. 的干燥花蕾或带初开的花，味苦、性寒，具有清热解毒、疏散风热等功效，是名贵中药材之一。据统计约1/5中医处方用到金银花，并在双黄连、银翘解毒丸等中成药中得到广泛应用，被誉为“中药中的青霉素”。金银花因花蕾成对生长，俗称“二花”或“双花”。金银花分布广泛，在除黑龙江、内蒙古、宁夏、青海、新疆、海南和西藏等省区外全国各地均有分布。山东、河南、河北、陕西等地有大量种植，其中山东、河南有金银花GAP种植基地，传统上以河南新密、封丘，山东平邑、费县等为道地产区。目前，商品金银花药材主要来源于家种。随着市场需求的增加，金银花种植面积不断扩大。

目前生产上金银花繁殖主要以扦插为主，也可播种、分根、压条繁殖。因受市场高价的刺激，金银花曾经种植势头迅猛，除在山东、河南等道地产区大规模种植外，很多非传统产区如四川、湖南、浙江、广西、重庆等地也都积极种植，涌现出诸多以培育和销售金银花种苗为主的中药材生产企业或专业合作社，因此种子种苗的商品化程度较高。然而，随着金银花种植面积不断扩大，出现了不少与种子种苗相关的问题。首先，各地盲目引种比较普遍，很多地区的药农受不法商贩误导，种植的是产量高、易采摘的山银花，而非金银花，曾一度导致金银花产业面临巨大发展困境。其次，市场金银花种质资源混乱，种苗质量缺乏标准，优良种质缺乏配套栽培措施及生产管理规范，从而导致金银花的产量和质量都存在严重缺陷和不稳定性。另外，采收过程中，技术落后，加工手段和保存方法不规范，据不完全统计，每年因产地加工不当，药材褐变现象严重而导致药材质量下降，产地直接经济损失超过1/3。

二、金银花种子质量标准研究

（一）研究概况

山东全省各地均有野生金银花分布，而栽培品种产区则主要分布在山东费县新庄、上冶，平邑郑城、流峪，河南新密、封丘、温县，河北巨鹿等地。将不同品系金银花外观性状与内在品质进行了相关性分析，发现不同品系忍冬植株外观性状与内在化学成分之间存在一定的相关性；将不同品系金银花花粉粒和种子微形态特征与亲缘关系进行相关性分析，发现不同品系种子微形态特征、花粉粒微形态特征与亲缘关系间也有一定关联。生产中金银花种质差异很大，种苗一般为农户自繁自售，难以对其质量进行有效评价和控制，种苗质量差别也较大，严重影响金银花规范化生产。因此，种苗质量分级标准研究迫在眉睫。生产中常用种苗是采用扦插繁殖的小苗，很少采用种子繁殖，但在育种和良种复壮时常采用种子繁殖。因此，判定金银花种子质量标准有重要意义。

（二）研究内容

1. 研究材料

种质资源收集主要集中在老主产区、主产区周边地区和金银花苗圃，包括山东费县新庄、上冶，平邑郑城、流峪、武台、保太、柏林、大洼，临沂、临沭等，河南新密、封丘、温县，河北巨鹿等地。搜集到金银花种质50余份，有小鸡爪花、大鸡爪花、大毛花、小毛花、红裤腿、红梗子、细毛针、小米花、麻针、大麻叶、中金一号、巨花一号、金丰一号、四季五茬、线花、毛花等，具体见表39-1。通过整理、鉴定和迁地种植，建立了金银花种质资源圃。

表39-1　样品编号与产地

编号	俗名	产地	株数
1	小毛花	郑城松林	5
2	大毛花	郑城西岭	5
3	小鸡爪	郑城巩家山	5
4	细毛针（线花）	郑城康成	5
5	红裤腿	郑城康成	5
6	大麻叶	郑城康成南岭	5
7	麻针（小麻叶）	郑城康成	5
8	大鸡爪	郑城柿子峪	5
9	大毛花	郑城西石龙口	5
10	大麻叶	康成陈山头	5
11	犊牛儿腿（火柴头）	郑城康成南岭	5
12	大毛花	冯现伟苗园	5
13	2号	冯现伟苗园	5
15	淡红忍冬	冯现伟苗园	5
16	淡红忍冬	武台西武沟	5
17	3号	冯现伟苗园	5
18	湖南花	孙宝喜苗园	5
17	九丰一号	九间棚苗园	10
20	九丰一号	保太苗园	6
21	红鸡爪	康成东岭	5
22	红梗子	康成东沟	5
23	红梗子	燕家玲南	5
24	米花子	康成东山根	5
25	巨花一号	费县上冶	5

续表

编号	俗名	产地	株数
26	河北花	郯城埠西	10
27	中金一号	费县新庄	10
28	中金一号	费县新照庄东	5
29	四季五茬花	武台西武沟	10
30	四季五茬花	武台西武沟	5
31	大毛花	武台西武沟	5
32	野生忍冬	烟台昆嵛山	5
33	东营银花	东营盐生植物园	5
34	红梗子	康成北岭	5
35	大毛花（典型）	康成北岭	5
36	麻针	燕家岭水库南	5
37	红鸡爪	燕家岭水库南	5
38	青鸡爪	燕家岭水库南	5
39	长红鸡爪	平邑基地种质圃内	4
40	大毛花	平邑基地种质圃内	3
41	懒汉一号	武台西武沟	5
42	封丘花	河南新乡封丘	3
43	温县花	河南温县	2
44	线花	河南新密	2
45	毛花	河南新密	2
46	巨花一号	河北巨鹿	2
47	菏泽花	山东淄博沂源	1

2. 扦样方法

采用“四分法”分取试验样品，将分取后的样品，放入密封牛皮纸袋内，于4℃环境下保存备用。

3. 净度分析

（1）采用“徒手减半法”分取试验样品　具体分析过程要符合GB/T 3543.3—1995《农作物种子检验规程-净度分析》的相关规定，金银花种子净度分析实验中的最小重量为450g（至少含有2500粒金银花种子），而送检样品重量应至少为净度分析的10倍，故标准采用此法取试验样本4500g左右，重复两次。

（2）试验样品的分离、称重　通过对金银花种子肉眼观察可知，供试品应不含有重型杂质，故按净种子、杂质及其他植物种子将供试品分成三种成分，分离后分别对各成分进行称重，以g表示。

$$种子净度：P（\%）=m/M\times100$$

$$杂质含量：I（\%）=m_1/M\times100$$

$$其他植物种子含量：OS（\%）=m_2/M\times100$$

式中：M——种子样品总重量，g；

m——纯净种子质量，g；

m_1——杂质重量，g；

m_2——其他种子重量，g；

P——种子净度，%。

4. 真实性鉴定

将种子与标准样品种子进行比较，确定试验样品为金银花种子。

5. 重量测定

分别采用百粒法、五百粒法、千粒法来对金银花种子重量进行测定，变异系数显示为：百粒法>五百粒法>千粒法，但均小于5%，即都适合金银花种子的重量测定，但是百粒法操作相对简单，便于执行。因此，选择百粒法为测定种子重量的最佳方法。

6. 水分测定

先将净种子按GB/T 3543.6—1995要求磨碎程度进行磨碎处理，再分别采用低温烘干法和高温烘干法进行考察。结果显示，其含水量和水分丢失受时间的影响均比较明显，所得含水量结果有差异：高温法所得结果>低温法。采用低温烘干24小时后水分含量仍较低，相比而言，采用高温法种子在0.5小时即迅速失水，1小时后趋于稳定，所得含水量较高，且所需时间较短，省时省力。综合以上因素考虑，金银花种子水分测定宜采用高温烘干法（133℃±2℃），烘干时间为1小时。

7. 发芽试验

金银花种子发芽条件为：发芽前30℃温水吸胀8小时，采用2%次氯酸钠浸泡15分钟，发芽温度为30℃，采用滤纸发芽床，光照12小时。

8. 生活力测定

选用1.0%的TTC溶液染色4小时得到金银花种子的生活力数据。

9. 种子健康检验

可采用直接检查、种子吸胀检查和剖粒检查的方法来检验金银花种子的健康情况。

10. 种子质量对药材生产的影响

选育优质种质不仅可以提高金银花药材产量，且对优良种质提纯复壮、实现良种大面积推广有积极作用。

三、金银花种苗质量标准研究

（一）研究概况

药用植物种苗质量的优劣对药材产量和质量均有较大影响，在实际生产中，金银花选种比较盲目，种苗质量尚无明确的标准可依，造成出苗率低，质量差别较大。种子繁殖一般不用，生产中常用扦插繁殖，所用种苗多为扦插无性繁殖苗。

（二）研究内容

1. 研究材料

选取不同种质植株的枝条进行扦插。金银花的主产地山东平邑，在利用枝条扦插进行营养繁殖时，多是直接进行，不再育苗。如果实行育苗，对扦插成活后的植株一般在春天进行移栽。繁育小苗的质量，对以后植株的生长发育具有重要影响。不同时间扦插、生长时间长短不同，忍冬小苗的质量具有很大差异。为此，我们于8月下旬，对不同时间扦插的小苗进行了生长发育情况统计，目的在于评价其质量高低，具体情况如下。

（1）扦插半年小苗的生长情况　春季3～4月份，扦插于比较肥沃的土壤上，8月下旬进行生长发育情况统计，结果如表39-2所示。

表39-2　扦插半年忍冬植株的生长情况

株号	根数（个）	根长（cm）	根直径（cm）	插枝长（cm）	插枝直径（cm）	分枝数（个）	新枝长（cm）	新枝直径（cm）
1	9	22	0.23	23	0.49	1	64	0.35
2	10	23	0.16	19	0.44	1	120	
3	13	17	0.23	20	0.5	2	143	0.4
4	9	22	0.12	12	0.25	1	7.5	0.3
5	12	12	0.2	29	0.52	3	61	0.3
6	11	15	0.12	20	0.32	1	73	0.3
7	17	25	0.23	21	0.45	2	110	0.4
8	10	8	0.05	28	0.3	1	93	0.3
9	18	31	0.2	16	0.5	1	66	0.5
10	5	20	0.2	18	0.42	2	80	0.3
11	5	18	0.22	15	0.5	3	130	0.32
12	20	19	0.2	17	0.28	2	130	0.28
13	9	18	0.2	21	0.5	1	130	0.35
14	7	11	0.12	17	0.3	1	61	0.3
15	6	13	0.1	22	0.32	1	56	0.18
16	7	19	0.12	26	0.2	2	76	0.18
17	3	17	0.08	20	0.17	1	68	0.15
18	5	15	0.1	24	0.28	1	68	0.28
19	11	14	0.11	26	0.28	2	74	0.18
20	4	10	0.12	11	0.26	1	54	0.24
X±SD	9.55±4.71	17.45±5.55	0.16±0.06	20.25±4.90	0.36±0.12	1.50±0.69	83.23±34.03	0.23±0.09

（2）扦插一年小苗的生长情况　8月中旬扦插，翌年5月份就有大量植株开花，翌年8月下旬随机在田间

选取一定数量植株进行统计，结果如表39-3所示。

表39-3 扦插一年忍冬植株的生长情况

株号	根数（个）	根长（cm）	根直径（cm）	插枝长（cm）	插枝直径（cm）	分枝数（个）	新枝长（cm）	新枝直径（cm）
1	6	50	0.2	35	0.5	3	108	0.3
2	9	26	0.15	29	0.5	3	108	0.15
3	13	27	0.15	30	0.6	7	150	0.2
4	6	31	0.1	21	0.3	4	97	0.15
5	9	23	0.1	26	0.3	4	102	0.2
6	12	28	0.15	30	0.5	6	97	0.15
7	9	30	0.1	35	0.6	8	115	0.15
8	8	32	0.5	19	0.4	3	64	0.15
9	3	20	0.1	27	0.3	1	95	0.15
10	4	23	0.15	29	0.3	2	82	0.2
11	5	21	0.1	28	0.6	5	97	0.2
12	2	18	0.2	23	0.3	3	72	0.15
13	5	28	0.2	29	0.3	3	86	0.15
14	16	17	0.1	28	0.25	2	101	0.1
15	12	26	0.1	28	0.7	9	231	0.2
16	8	20	0.15	31	0.35	2	69	0.15
17	7	16	0.2	24	0.3	2	56	0.2
18	3	23	0.1	24	0.3	2	95	0.15
19	3	22	0.15	13	0.25	2	81	0.15
20	6	19	0.1	22	0.25	2	66	0.15
X±SD	7.37±3.88	25.68±7.54	0.153±0.092	26.69±5.41	0.403±0.143	3.737±2.257	100.3±38.0	0.172±0.043

（3）扦插一年半小苗的生长情况　春季3~4月份，扦插于山坡比较瘠薄的砂质土壤上，小苗生长比较瘦弱，翌年8月下旬进行统计，其生长发育情况如表39-4所示。

表39-4 扦插一年半忍冬植株的生长情况

株号	根数（个）	根长（cm）	根直径（cm）	插枝长（cm）	插枝直径（cm）	分枝数（个）	新枝长（cm）	新枝直径（cm）
1	8	16	0.15	24	0.3	2	80	0.24
2	10	21	0.16	16	0.3	1	66	0.28

续表

株号	根数（个）	根长（cm）	根直径（cm）	插枝长（cm）	插枝直径（cm）	分枝数（个）	新枝长（cm）	新枝直径（cm）
3	13	22	0.18	18	0.32	1	77	0.3
4	16	17	0.18	14	0.32	3	61	0.32
5	16	33	0.3	22	0.32	4	77	0.23
6	11	14	0.18	23	0.3	1	45	0.2
7	5	25	0.1	23	0.28	1	43	0.2
8	8	24	0.08	17	0.18	1	52	0.18
9	4	16	0.1	12	0.24	1	52	0.16
10	6	16	0.03	18	0.2	1	40	0.15
11	9	27	0.08	17	0.29	1	40	0.14
12	6	8	0.03	15	0.19	1	26	0.12
13	6	26	0.1	23	0.26	1	35	0.19
14	8	16	0.15	24	0.3	2	80	0.24
15	9	40	0.12	23	0.38	3	64	0.22
16	10	28	0.1	17	0.35	1	26	0.15
17	13	22	0.18	18	0.32	1	77	0.3
18	5	21	0.2	23	0.52	1	53	0.25
19	6	18	0.08	16	0.4	2	28	0.15
20	22	17	0.15	20	0.32	4	43	0.18
X±SD	9.55±4.56	21.35±7.25	0.13±0.06	19.15±3.72	0.31±0.08	1.65±1.04	53.25±18.57	0.21±0.06

2. 抽样方法

随机取培养年限不同的种苗各100株，测其根数、根长、根粗、茎粗、分枝数、枝长、枝粗，将上述指标作为Excel表格的自动筛选条件得出金银花种苗的划分依据，以二、三级的数目较多占据较大比例，较为符合事物的一般规律。

3. 外形

幼枝呈红褐色，密被黄褐色、开展的硬直糙毛、腺毛和短柔毛，下部常无毛。叶纸质，卵形至矩圆状卵形，有时卵状披针形，稀圆卵形或倒卵形，极少有1至数个钝缺刻，长3～5cm，顶端尖或渐尖，少有钝、圆或微凹缺，基部圆或近心形，有糙缘毛，上面深绿色，下面淡绿色，小枝上部叶通常两面均密被短糙毛，下部叶常平滑无毛而下面多少带青灰色；叶柄长4～8mm，密被短柔毛（图39-1至图39-3）。

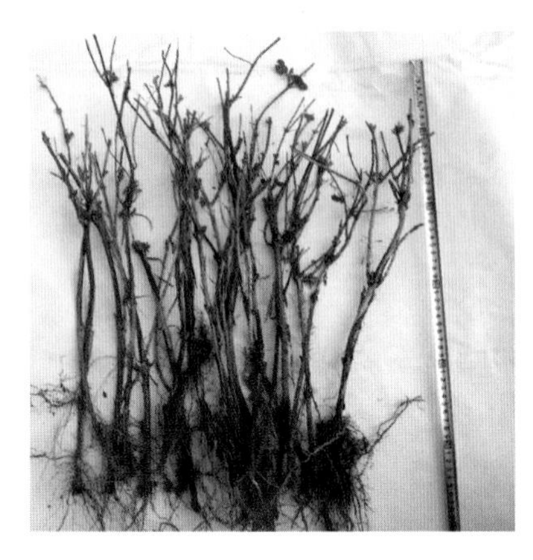

图39-1　金银花一年生种苗

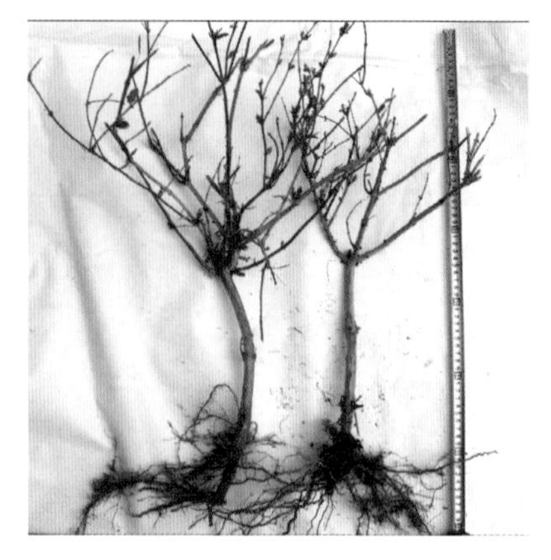

图39-2　金银花二年生种苗

图39-3　金银花三年生种苗

4. 大小

使用直尺测定金银花种苗长度，使用游标卡尺测定茎、根直径。

5. 病虫害

针对金银花苗期的褐斑病、白粉病等，进行病原菌鉴定、发病症状和发病规律调查，在此基础上制定病害综合防治措施和农药安全使用目录。针对金银花尺蠖、蚜虫等虫害，制定虫害综合防治措施和安全农药使用目录。同时根据金银花杂草危害，制定杂草综合防治措施。

6. 种苗质量对药材生产的影响

种苗质量会显著影响药用植物的生长，优质种苗的发芽率、发芽势、地上分支数、分支最大长度、叶片数及根数都会明显高于劣质种苗。活性成分含量是评价药材质量的重要目标，本实验以绿原酸和木犀草苷含量来对金银花品质进行研究。

7. 繁育技术

开展金银花田间规范化育苗技术研究，包括育苗时期、温度、水分、育苗地选择与整理（整地与消毒）、插条选择、苗期管理等，制定金银花育苗标准操作规范与种苗分级标准。

四、金银花种子标准草案

1. 范围

本标准规定了金银花种子的术语和定义、分级要求、检验方法、检验规则。

本标准适用于金银花生产、科研和经营中对金银花种子的分级及质量检验。

2. 规范性引用文件

下列文件对于本文件的应用是必不可少的。凡是注明日期的引用文件，仅所注明日期的版本适用于本文件。凡是不注明日期的引用文件，其最新版本（包括所有的修改单）适用于本文件。

GB/T 8170　数值修约规则

GB/T 3543.2　农作物种子检验规程　扦样

GB/T 3543.3　农作物种子检验规程　净度分析

GB/T 191　包装储运图示标志

中华人民共和国药典（2015年版）一部

3. 术语和定义

3.1 金银花　忍冬科忍冬属植物忍冬（*Lonicera japonica* Thunb.）的干燥花蕾。

3.2 种子　裸子植物和被子植物特有的繁殖体，它由胚珠经过传粉受精形成。

3.3 扦样　从大量种子随机取得一个重量适当、有代表性的供检样品。

3.4 种子净度　品种在特征、特性方面典型一致的程度。

3.5 种子含木量　按规定程序把种子样品烘干所失去的重量。

3.6 种子百粒重　100粒种子的重量，是体现种子大小与饱满程度的一项指标。

3.7 种子发芽率　在规定的条件和时间内长成的正常幼苗数占供检种子数的百分率。

3.8 种子生活力　种子的发芽潜在能力和种胚所具有的生命力。

3.9 种子健康度　指种子是否携带有病原菌，如真菌、细菌、病毒及害虫等。

4. 质量要求

根据种子的净度、百粒重等质量指标将金银花种子分为三级，具体分级标准见表39-5。

表39-5　金银花种子质量分级标准

等级	净度（%）	百粒重（g）	含水量（%）	发芽率（%）	生活力（%）
一	≥92.00	≥0.40	≤6	≥78.00	≥83.00
二	≥90.00	0.30~0.39	≤8	≥66.00	≥74.00
三	≥83.00	0.25	≤10	≥40.00	≥59.00

5. 检验方法

5.1 净度检验　具体分析过程要符合GB/T 3543.3《农作物种子检验规程-净度分析》的相关规定，金银花种子净度分析实验中的最小重量为40g（至少含有10000粒金银花种子），而送检样品重量应至少为净度分析的10倍，重复两次。

5.2 重量检验　采用测定百粒重的方式进行检验。

5.3 水分检验　采用高温烘干法（133℃±2℃），烘干时间为1小时。

5.4 发芽率检验　发芽前30℃温水吸胀8小时，采用2%次氯酸钠浸泡15分钟，发芽温度为30℃，采用纸上发芽床，光照12小时。

5.5 生活力检验　选用1.0%的TTC溶液染色4小时，得到种子生活力数据。

6. 包装、标识、贮存和运输

6.1 包装　干燥后的金银花种子要妥善保管贮藏，否则易发霉、虫蛀、变质。

6.2 标志和标签　标签应表明品名、产地、采样时间、批次和采样人，并符合GBT 191的规定。

6.3 运输及贮存　运输、贮存应选择清洁、卫生、无污染、通风干燥、防潮的运输工具和场所。运输过程应防止雨淋、曝晒。

五、金银花种苗标准草案

1. 范围

本标准规定了金银花种苗的术语和定义、分级要求、检验方法、检验规则。

本标准适用于金银花生产、科研和经营中对金银花种苗的分级及质量检验。

2. 规范性引用文件

下列文件对于本文件的应用是必不可少的。凡是注明日期的引用文件，仅所注明日期的版本适用于本文件。凡是不注明日期的引用文件，其最新版本（包括所有的修改单）适用于本文件。

GB/T 8170　数值修约规则

GB 6000—1999　主要造林树种苗木质量分级

中华人民共和国药典（2015年版）一部

3. 术语和定义

3.1 金银花　忍冬科忍冬属植物忍冬*Lonicera japonica* Thunb.的干燥花蕾。

3.2 插条　扦插时所用的枝条。

3.3 种苗　插条经培育而成的健壮植株幼体。

3.4 根粗　指最大不定根离原插枝1cm处的直径，用卡尺测量，单位以mm表示。

3.5 根长　最大不定根从原插枝至其根尖末端的长度，单位以cm表示。

3.6 根的数量　指插枝下部直径在0.5mm以上的不定根数量，单位以个表示。

3.7 茎粗　指地面以上2cm处插枝的直径，单位以mm表示。

3.8 枝条长度　为幼苗上最长枝条的长度，无论主枝或侧枝，以最长者为准，单位以cm表示。

3.9 分枝数量　指幼苗上长度在3cm以上的枝条数量，单位以个表示。

3.10 枝粗　指幼苗之上最长枝条离插枝1cm处的直径，单位以mm表示。

3.11 种苗标准　主要依据种苗的根粗、茎粗、根长、枝长、根的数量、分枝数量等因素而定。苗株尽量完整，根系与茎枝过长可以伤断，大小相对一致，无病虫害发生。

4. 要求

随机取培养年限不同的种苗各100株，测其根数、根长、根粗、茎粗、分枝数、枝长、枝粗，将上述指标作为Excel表格的自动筛选条件得出金银花种苗的划分依据，以二、三级的数目较多占据较大比例，较为符合事物的一般规律。具体划分的种苗标准如表39-6。

表39-6　金银花等级划分

培养年限（年）	等级	根数（个）	根长（cm）	根粗（mm）	茎粗（mm）	分枝数（个）	枝长（cm）	枝粗（cm）	百分比（%）
一年生	一等苗	≥5	≥14	≥1.90	≥3.90	≥3	≥40.00	2.40	5
一年生	二等苗	≥3	≥10	≥1.50	≥3.00	≥2	≥30.00	2.00	20
一年生	三等苗	≥1	≥8	≥1.00	≥2.50	≥1	≥20.00	1.50	55
二年生	一等苗	≥10	≥24	≥2.90	≥6.00	≥6	≥70.00	3.50	5
二年生	二等苗	≥8	≥20	≥2.50	≥5.00	≥5	≥60.00	3.00	15
二年生	三等苗	≥6	≥15	≥2.00	≥4.00	≥4	≥50.00	2.50	50
三年生	一等苗	≥13	≥35	≥4.00	≥9.00	≥9	≥100.00	6.00	5
三年生	二等苗	≥12	≥30	≥3.50	≥8.00	≥8	≥90.00	5.00	25
三年生	三等苗	≥11	≥25	≥3.00	≥7.00	≥7	≥80.00	4.00	45

注：金银花一般采用扦插繁殖，八月份育苗，翌年春天移栽，因此培养年限一年者，实际为半年，培养年限为二年者，实际为一年半，培养年限三年者，实际为二年半。

5. 检验规则

5.1 抽样　从分选出的种苗之中，随机取样，取样数量按表39-7规定进行。

表39-7　金银花苗木抽样表

批量数	样本数	批量数	样本数
≤10000	50	50000~100000	200
10000~50000	100	>100000	300

5.2 检测

5.2.1 种苗规格检验：检查种苗叶片、根表面害虫、活虫卵块及病斑情况；用米尺测量苗高、根长、枝长，用游标卡尺测量根直径、茎直径、枝直径；检查种苗的分枝数。计算标准率。标准率达95%以上者为合格，低于95%者应重新挑选。

5.2.2 检疫：检疫对象按GB 15569规定进行。种苗表面应无害虫、活虫卵块、病斑等。

6. 判定规则

对抽取的样本逐株检验，同一株中有一项不合格就判为不合格。根据检验结果，计算出样本的合格数与不合格数。当不合格数≤5%时，判该批合格。当不合格数>5%时，判该批不合格。对不合格批应重新分级并再按5.检验规则规定重新抽样检验，严禁外运。

参考文献

[1] 嵇仙峰，单联宏，潘青华. 金银花市场供需现状及发展前景研究[J]. 科技创业月刊，2010(12)：88-90.

[2] 徐建伟，赵小俊，王雪艳，等. 常用中药材金银花的评价、育种和应用研究进展[J]. 科技创新导报，2011(1)：17.

[3] 段志坤，段紫阳，郑时安，等. 修剪整形对金银花的增产效应[J]. 现代园艺，2013(2)：19-21.

张永清　李佳（山东中医药大学）

40 | 泽泻

一、泽泻概况

泽泻是常用中药材，始载于《神农本草经》，历版《中国药典》均有记载，为泽泻科植物泽泻*Alisma orientalis* (Sam.) Juzep.的干燥块茎，主产福建、四川、江西和广西等省区，普遍认可的泽泻的道地药材为“建泽泻”和“川泽泻”。福建、四川已分别建立泽泻规范化种植基地，福建省的泽泻GAP基地于2004年通过国家食品药品监督管理局的GAP现场检查。福建种植泽泻主要集中在福建省建瓯市吉阳镇、南平市建阳市(区)及漳州龙海市等地，以建瓯为中心，有2000多年的种植历史，素有“建泽泻”之称，自古以来就闻名中外，享誉东南亚，《药物出产辨》载：“福建省建宁府为上”，是福建省地道药材之一，《神农本草经》将其列为上品，《本草纲目》将建泽泻列为正品。四川种植泽泻面积相对较大，主要集中在彭山县、眉山市、乐山市(五通桥区)、夹江县等地。江西省泽泻产区主要分布于广昌县驿前镇，种源早期来自福建。广西泽泻种植区域主要有贵港和玉林等地，玉林种植泽泻的种质为20世纪90年代从四川引种，贵港种植泽泻的种质早期来源于福建，后为当地留种，但品种退化严重，目前不少药农正从四川引种泽泻。

陈菁瑛等研究发现，福建产泽泻与江西产泽泻的来源植物为同一基源植物，即东方泽泻*A. orientalis* (Sam.) Juzep. ，与川泽泻在植株形态、生长发育特性等方面有显著的区别，四川泽泻来源植物为*A. plantago-aquatica* Linn.。

当前，泽泻药材生产上均以种子繁殖，生产单位之间调运、交换种子频繁，很少进行种苗间的交流交换。目前泽泻种子来源于药农自繁自育，福建、四川、江西和广西等四个主要产地尚未有专门的机构进行制种与销售，尚未见有关泽泻种子或泽泻种植规程等相关标准，仅见开展GAP生产的单位制定了企业标准，仍然处于一种自产自销的原始生产状态，与魏建和等报道的我国中药材种子种苗的现状类似，急需实施泽泻种子的标准化工程。

二、泽泻种子质量标准研究

（一）研究概况

泽泻主产福建、四川、江西，此外广西、贵州、云南等地亦产，均以种子繁殖种苗应用于生产，而有关泽泻的研究文献，主要集中在药理作用、化学成分和栽培技术等方面，有关泽泻种子的质量研究除张静等报道川泽泻种子形态和发芽特性外，主要见陈菁瑛等开展了泽泻种子质量比较、发芽特性、贮藏特性等研究，结果表明，泽泻种子寿命较短，自然温度条件下贮藏一年几乎丧失发芽能力。泽泻种子具有高温、高湿和非光敏特性，创造种子萌发的环境条件可提高和控制种子发芽率和出苗整齐度。种子成熟度是影响泽泻种子萌发和植株生长的重要因素，花茎中部花序的种子成熟度适中，发芽率高。泽泻种子带菌检测结果表明，种子表面的孢子负荷量为0.3%～3.0%、内部带菌率为1%～60%，种子内外部携带的真菌主要为曲霉属

（*Aspergillus*）、青霉属（*Penicillius*）、木霉属（*Trichoderma*），苯醚甲基唑、百菌清、多菌灵对泽泻带菌种子有一定的消毒效果。不同来源的泽泻种子质量存在显著差异，生产上调运种子时需要关注种子的产地及其制种的时间。泽泻种子小，可利用电导率法测定泽泻种子活力，并作为泽泻种子质量检验的重要指标之一对种子质量进行检测。以上研究结果也提示，由于种子正是发展泽泻的瓶颈，应加强泽泻种子繁育、种子质量控制体系研究和泽泻种子质量标准的制定，为泽泻药材的质量控制与高效开发利用创造条件。

（二）研究内容

1. 研究材料

供试样品为2009年采集的37份泽泻种子。

2. 扦样方法

（1）仪器设备　感量0.1g与0.1mg天平、平边刮板、自封袋、标签等。

（2）扦样的步骤　① 将均匀一致的初次样品合并后充分混匀成混合样品。② 按徒手减半法将混合样品减少到规定的数量，即将种子均匀地倒在一个光滑清洁的平面上；用一平边刮板将样品先纵向混合，再横向混合，重复4～5次，种子充分混匀形成一堆；把整堆种子分成两半，每半对分一次，然后把其中的每部分再减半，共分成八个部分，排成两行，每行四部分。合并和保留交错部分，例如将第一行的1、3部分和第二行2、4部分合并。把剩余的四部分移开。把保留的部分，按同样的方法重复分样，直至分得所需的样品重量为止。

（3）结果　净度分析的试验样品应至少含有2500个种子单位的重量，而送验样品至少是净度分析试样重量的10倍。根据泽泻种子的大小及检验所需重量的要求，确定泽泻种子批的最大重量及样品最小重量。泽泻种子扦样的规格见表40-1。

表40-1　泽泻种子批的最大重量和样品最小重量

植物名	种子批的最大重量（kg）	样品最小重量（g）	
		送验样品	净度分析试样
泽泻	10	100	1

3. 种子净度分析

（1）供试样品　为37份泽泻种子。

（2）仪器设备　净度分析台、手持放大镜、筛子、感量0.1mg天平等。

（3）方法与步骤　① 检查重型混合物，在送验样品（或至少是净度分析试样重量的10倍）中，若有与供检种子在大小或重量上明显不同且严重影响结果的混杂物，如土块、小石块或小粒种子中混有大粒种子等，应先挑出这些重型混杂物并称重，再将重型混杂物分离为其他植物种子和杂质。② 分取试验样品，净度分析的试验样品采用徒手减半法从送验样品中分取，泽泻种子的实验样品为1g（注：试验样品应估计至少含有2500个种子单位的重量），称重至4位小数。③ 试样的分离、鉴定与称重，试样称重后，将试样分离成净种子、其他植物种子和杂质三种成分；分离时可借助于放大镜、筛子、吹风机等器具，或用镊子施压，在不损伤发芽力的基础上进行检查；种皮或果皮没有明显损伤的种子单位，不管是空瘪或充实，均作为净种子或其他植物种子；若种皮或果皮有一个裂口，必须判断留下的种子单位部分是否超过原来大小的一半，将超过种子原来大小一半的那部分列为净种子或其他植物种子；将剩下的小部分列为杂质；分离后各成分分别称重，以克（g）表示，折算为百分率。④ 结果计算，核查分析过程的重量增失。将分析后的各种成分重量之和与原始重量比较，核对分析期间物质有无增失。若增失差超过原始重量的5%，则必须重做。计算各成分的重量百分率。试样分析时，所有成分（即净种子、其他植物种子和杂质三部分）的重量百分率应计算到一位小数。⑤ 检查重复间的误差，分析三份试样，三份试样中的最高值和最低值差异不得超过（根据农作物种子检验规程）的容许差距，结果为三份试样的平均值。

（4）结果与分析　对采集的37份泽泻种子按照检验规程进行净度分析，结果如表40-2所示。测得的泽泻种子净度范围在69.44%～98.12%。

表40-2　泽泻种子的净含量

种子编号	Ⅰ	Ⅱ	Ⅲ	误差	平均值
ZX-1	71.48	70.62	70.19	1.29	70.66
ZX-2	69.38	70.14	68.80	1.34	69.44
ZX-3	79.33	79.31	79.34	0.03	79.33
ZX-4	74.46	75.00	75.56	1.10	75.01
ZX-5	79.16	78.70	77.84	1.32	78.57
ZX-6	74.82	73.84	72.94	1.88	73.87
ZX-7	77.02	76.52	77.65	1.13	77.06
ZX-8	78.69	78.85	77.99	0.86	78.51
ZX-9	78.89	79.64	77.98	1.66	78.84
ZX-10	77.67	77.50	77.75	0.25	77.64
ZX-11	75.69	74.08	75.75	1.67	75.17
ZX-12	78.57	78.63	78.58	0.06	78.59
ZX-13	79.34	77.92	78.03	1.42	78.43
ZX-14	76.62	76.30	77.71	1.41	76.88
ZX-15	78.38	79.29	79.50	0.21	79.06
ZX-16	79.71	81.15	79.60	1.55	80.15
ZX-17	77.88	75.32	77.40	2.56	76.87
ZX-18	80.57	80.45	79.79	0.78	80.27
ZX-19	87.46	89.15	90.13	2.67	88.91
ZX-20	82.33	83.45	81.21	2.24	82.33
ZX-21	94.53	95.24	94.82	0.71	94.86
ZX-22	94.78	94.79	94.18	0.61	94.58
ZX-23	95.47	96.31	95.73	0.84	95.84
ZX-24	96.34	96.68	96.20	0.48	96.41
ZX-25	97.77	98.44	98.14	0.67	98.12

续表

种子编号	Ⅰ	Ⅱ	Ⅲ	误差	平均值
ZX-26	97.68	97.92	98.48	0.80	98.03
ZX-27	96.67	97.04	97.03	0.37	96.91
ZX-28	96.69	97.00	96.78	0.31	96.82
ZX-29	94.52	94.56	93.07	1.49	94.05
ZX-30	86.30	87.04	86.85	0.74	86.73
ZX-31	95.80	95.87	96.00	0.20	95.89
ZX-32	96.66	96.68	96.36	0.32	96.57
ZX-33	96.95	97.31	96.84	0.47	97.03
ZX-34	94.99	96.62	95.45	1.63	95.67
ZX-35	93.56	93.47	93.66	0.19	93.56
ZX-36	97.11	97.23	96.57	0.66	96.97
ZX-37	87.82	88.25	86.54	1.71	87.54

4. 真实性鉴定

（1）材料　从供试样品中随机抽取6份种子，样品号分别为ZX-6、ZX-9、ZX-20、ZX-21、ZX-32、ZX-37。

（2）方法　在田间小区里鉴定：需具有能使鉴定性状正常发育的气候、土壤及栽培条件，并对防治病虫害有相对的保护措施。播种30天后观察鉴别。

（3）结果与分析　根据植株形态特征辨别其真实性：叶全部基生；叶片长椭圆形，先端渐尖，全缘，有明显的弧形叶脉5～7条，两面均光滑无毛，色绿有光泽。

5. 重量测定

（1）供试样品　为37份泽泻种子。

（2）仪器设备　感量0.1mg天平等。

（3）方法与步骤　净度分析后，将纯净的泽泻种子利用徒手减半法将其均分成八个部分，然后从每个部分当中随机挑取125粒种子，合成1000粒为一组，称重，共4个重复。四份的差数与平均数之比不应超过5%，若超过应再分析一份重复，直至达到要求，取差距小的四份计算平均值。

（4）结果与分析　根据规程规定方法测定37份泽泻种子的千粒重，结果如表40-3所示。

表40-3　泽泻种子千粒重

种子编号	Ⅰ	Ⅱ	Ⅲ	Ⅳ	测量误差	平均值	差数/平均数（%）
ZX-1	0.1618	0.1637	0.1643	0.1587	0.0056	0.1621	3.45
ZX-2	0.1743	0.1734	0.1660	0.1669	0.0083	0.1702	4.88
ZX-3	0.1810	0.1794	0.1836	0.1824	0.0042	0.1816	2.31
ZX-4	0.1758	0.1779	0.1811	0.1740	0.0071	0.1772	4.01

续表

种子编号	Ⅰ	Ⅱ	Ⅲ	Ⅳ	测量误差	平均值	差数/平均数（%）
ZX-5	0.1823	0.1781	0.1858	0.1780	0.0078	0.1811	4.31
ZX-6	0.1729	0.1785	0.1711	0.1742	0.0074	0.1742	4.25
ZX-7	0.1870	0.1915	0.1843	0.1887	0.0072	0.1879	3.83
ZX-8	0.1726	0.1751	0.1768	0.1779	0.0053	0.1756	3.02
ZX-9	0.1800	0.1835	0.1793	0.1796	0.0042	0.1806	2.33
ZX-10	0.1855	0.1800	0.1853	0.1822	0.0055	0.1833	3.00
ZX-11	0.1681	0.1730	0.1713	0.1695	0.0049	0.1705	2.87
ZX-12	0.1785	0.1806	0.1850	0.1838	0.0065	0.1820	3.57
ZX-13	0.1800	0.1801	0.1786	0.1751	0.0050	0.1785	2.80
ZX-14	0.1778	0.1836	0.1816	0.1768	0.0068	0.1780	3.82
ZX-15	0.1830	0.1834	0.1865	0.1795	0.0070	0.1831	3.82
ZX-16	0.1830	0.1843	0.1838	0.1833	0.0013	0.1836	0.71
ZX-17	0.2327	0.2283	0.2340	0.2314	0.0057	0.2316	2.46
ZX-18	0.2352	0.2440	0.2458	0.2406	0.0106	0.2414	4.39
ZX-19	0.2780	0.2752	0.2702	0.2718	0.0078	0.2738	2.85
ZX-20	0.1822	0.1815	0.1802	0.1861	0.0059	0.1825	3.23
ZX-21	0.3503	0.3468	0.3471	0.3536	0.0068	0.3495	1.95
ZX-22	0.3469	0.3447	0.3465	0.3498	0.0051	0.3470	1.47
ZX-23	0.3425	0.3415	0.3430	0.3398	0.0032	0.3417	0.94
ZX-24	0.3507	0.3452	0.3365	0.3432	0.0142	0.3439	4.13
ZX-25	0.3683	0.3572	0.3672	0.3718	0.0146	0.3661	3.99
ZX-26	0.3655	0.3633	0.3616	0.3604	0.0051	0.3627	1.41
ZX-27	0.2959	0.2993	0.2901	0.2978	0.0092	0.2958	3.10
ZX-28	0.3063	0.3041	0.3095	0.3112	0.0071	0.3078	2.31
ZX-29	0.3624	0.3648	0.3636	0.3659	0.0035	0.3642	0.96
ZX-30	0.3121	0.3168	0.3114	0.3082	0.0086	0.3121	2.76
ZX-31	0.3343	0.3324	0.3309	0.3335	0.0034	0.3328	1.02
ZX-32	0.3376	0.3314	0.3301	0.3305	0.0075	0.3324	2.26
ZX-33	0.3458	0.3449	0.3420	0.3439	0.0038	0.3442	1.10
ZX-34	0.3353	0.3349	0.3412	0.3377	0.0063	0.3373	1.87
ZX-35	0.3446	0.3439	0.3500	0.3460	0.0061	0.3461	1.76

续表

种子编号	Ⅰ	Ⅱ	Ⅲ	Ⅳ	测量误差	平均值	差数/平均数（%）
ZX-36	0.3446	0.3364	0.3361	0.3384	0.0085	0.3389	2.51
ZX-37	0.3136	0.3079	0.3093	0.3057	0.0079	0.3091	2.56

6. 含水量测定

（1）供试样品　为37份泽泻种子。

（2）仪器设备　恒温烘箱、样品盒、干燥器、干燥剂、感量0.1mg天平等。

（3）方法与步骤　烘干后称重。详细如下：烘干称重，先将样品盒预先烘干、冷却、称重，并记下盒号；取得试样两份，每份4.5～5.0g，将试样放入预先烘干和称重过的样品盒内，再称重（精确至0.1mg）；使烘箱通电预热至130～135℃，将样品摊平放入烘箱内的上层，样品盒距温度计的水银球约2.5cm处，迅速关闭烘箱门，使箱温在5～10分钟内回升至133℃±2℃时开始计算时间；烘干2.5小时后用坩埚钳或戴上手套盖好盒盖（在箱内加盖），取出后入干燥器内冷却至室温，30～45分钟后再称重。

结果计算：根据烘后失去的重量计算种子水分百分率，按式计算到小数点后一位：

$$种子水分（\%）=[（M_2-M_3）/（M_2-M_1）]\times 100\%$$

式中：M_1——样品盒和盖的重量，g；

M_2——样品盒和盖及样品的烘前重量，g；

M_3——样品盒和盖及样品的烘后重量，g。

容许差距：若一个样品的两次测定之间的差距不超过0.2%，其结果可用两次测定值的算术平均数表示。否则，重做两次测定。

（4）结果与分析　根据检验规程的高恒温法测定泽泻种子含水量，测得泽泻种子的含水量在11.60-12.74之间，具体结果见表40-4（两次测定之间的差距不超过0.2%）

表40-4　泽泻种子含水量

编号	Ⅰ	Ⅱ	测量误差（%）	平均值（%）
ZX-1	12.64	12.57	0.07	12.61
ZX-2	12.83	12.64	0.19	12.74
ZX-3	12.38	12.32	0.06	12.35
ZX-4	12.40	12.22	0.18	12.31
ZX-5	12.20	12.20	0.00	12.20
ZX-6	12.41	12.36	0.05	12.39
ZX-7	12.65	12.74	0.09	12.70
ZX-8	12.45	12.57	0.12	12.51
ZX-9	12.38	12.49	0.11	12.44
ZX-10	12.26	12.35	0.09	12.31
ZX-11	12.64	12.44	0.20	12.54

续表

编号	Ⅰ	Ⅱ	测量误差（%）	平均值（%）
ZX-12	12.25	12.17	0.08	12.21
ZX-13	12.18	12.35	0.17	12.27
ZX-14	12.44	12.32	0.12	12.38
ZX-15	12.25	12.30	0.05	12.28
ZX-16	12.33	12.31	0.02	12.32
ZX-17	12.01	11.85	0.16	11.93
ZX-18	11.53	11.66	0.13	11.60
ZX-19	11.89	12.07	0.18	11.98
ZX-20	11.60	11.59	0.01	11.60
ZX-21	11.97	12.01	0.04	11.99
ZX-22	12.18	12.20	0.02	12.19
ZX-23	12.17	12.11	0.06	12.14
ZX-24	12.25	12.31	0.06	12.28
ZX-25	12.29	12.45	0.16	12.37
ZX-26	12.33	12.36	0.03	12.35
ZX-27	12.44	12.37	0.07	12.41
ZX-28	12.27	12.37	0.10	12.32
ZX-29	12.49	12.43	0.06	12.46
ZX-30	12.60	12.48	0.12	12.54
ZX-31	12.23	12.33	0.10	12.28
ZX-32	12.26	12.38	0.12	12.32
ZX-33	12.27	12.17	0.10	12.22
ZX-34	12.58	12.40	0.18	12.49
ZX-35	12.46	12.37	0.09	12.42
ZX-36	12.40	12.22	0.18	12.31
ZX-37	12.34	12.15	0.19	12.25

7. 发芽试验

（1）供试材料　为收集的37份泽泻种子。

（2）仪器设备　光照培养箱或人工气候箱、发芽皿、发芽盘等。

（3）方法与步骤　① 从经过净度测定的纯净种子中，随机取出100粒泽泻种子，重复4次；② 用30℃浅水浸泡泽泻种子24小时；③ 发芽床为纸床；④ 培养温度为30℃。

（4）计数　3天后观察发芽情况，记录发芽数，20天后最终统计发芽率。如发现霉菌孳生，应及时取出洗涤去霉。当发霉种子超过5%时，应调换发芽床，以免霉菌传开。如发现腐烂死亡种子，则应将其除去并记载。在计数过程中，发育良好的正常幼苗应从发芽床中拣出，对可疑的或损伤、畸形或不均衡的幼苗，通常到末次计数。

（5）结果分析　根据检验规程对37份泽泻种子进行发芽率的测定，测定结果如表40-5所示。测定的发芽率在0%～88.75%，不同产区及不同批次之间的发芽率存在显著差异。

表40-5　泽泻种子发芽率

编号	Ⅰ	Ⅱ	Ⅲ	Ⅳ	测量误差	平均值
ZX-1	32	35	19	32	16	29.50
ZX-2	33	25	19	30	14	26.75
ZX-3	27	28	14	28	14	24.25
ZX-4	31	31	47	31	16	35.00
ZX-5	45	29	33	37	16	36.00
ZX-6	48	36	48	46	12	44.50
ZX-7	38	33	38	39	6	37.00
ZX-8	41	31	40	47	16	39.75
ZX-9	40	41	37	48	11	41.50
ZX-10	36	39	39	38	3	38.00
ZX-11	37	32	34	34	5	34.25
ZX-12	37	29	34	45	16	36.25
ZX-13	26	33	28	39	13	31.50
ZX-14	26	36	37	24	13	30.75
ZX-15	53	42	42	54	13	47.75
ZX-16	44	45	43	46	3	44.50
ZX-17	0	1	0	0	1	0.25
ZX-18	1	0	1	0	1	0.50
ZX-19	0	0	0	0	0	0.00
ZX-20	21	21	29	18	11	22.25
ZX-21	89	80	86	86	9	85.25
ZX-22	85	86	80	89	9	85.00
ZX-23	75	79	78	80	5	78.00
ZX-24	82	76	73	71	11	75.50

续表

编号	Ⅰ	Ⅱ	Ⅲ	Ⅳ	测量误差	平均值
ZX-25	84	90	89	85	6	87.00
ZX-26	78	90	78	85	12	82.75
ZX-27	70	66	72	71	6	69.75
ZX-28	80	69	71	74	11	73.50
ZX-29	66	82	75	71	16	73.50
ZX-30	62	64	68	72	10	66.50
ZX-31	83	86	83	80	6	83.00
ZX-32	85	89	85	89	4	87.00
ZX-33	86	93	92	84	9	88.75
ZX-34	83	80	89	87	9	84.75
ZX-35	88	83	75	73	15	79.75
ZX-36	86	79	77	87	9	82.25
ZX-37	61	72	68	68	11	67.25

8. 生活力测定

（1）供试样品　为37份泽泻种子。

（2）仪器设备　电导仪等。

（3）方法与步骤　取纯净泽泻种子200粒，3次重复，放入洁净的150ml三角瓶中，加入50ml去离子水，同时设置一组对照（50ml去离子水），封口后于25℃下浸泡24小时，用FE30型电导仪测定浸泡液的电导率，减去对照组电导率即为种子浸出液电导率。

（4）结果与分析　根据检验规程的电导率方法测定泽泻种子的生活力，测定的结果如表40-6所示。将测定结果与发芽率结合进行分析发现，随着电导率升高发芽率降低，种子活力降低。从本研究的结果可以看出，利用电导率法测定泽泻种子生活力是一种可行、快速并且准确的方法。用种子活力与发芽率相结合的方法对泽泻种子质量进行检验，这将对泽泻的规范化栽培起到至关重要的指导作用。

表40-6　泽泻种子电导率测定

种子编号	Ⅰ	Ⅱ	Ⅲ	测量误差	平均值	电导率 [μs/（cm·g）]
ZX-1	30.20	27.70	31.10	3.4	29.63	913.94
ZX-2	29.40	29.70	30.90	1.5	30.00	881.32
ZX-3	30.10	29.90	34.90	5.0	31.63	870.87
ZX-4	34.90	36.60	32.10	4.5	34.53	974.32
ZX-5	30.90	31.40	29.60	1.8	30.63	845.67
ZX-6	30.00	29.00	29.50	1.0	29.50	846.73

续表

种子编号	Ⅰ	Ⅱ	Ⅲ	测量误差	平均值	电导率［μs/（cm·g）］
ZX-7	31.90	31.70	35.00	3.3	32.87	874.67
ZX-8	28.80	33.00	30.40	4.2	30.73	875.00
ZX-9	32.10	31.10	32.00	1.0	31.73	878.46
ZX-10	30.90	30.90	29.10	1.8	30.30	826.51
ZX-11	32.40	30.50	33.30	2.8	32.07	940.47
ZX-12	37.50	34.70	36.30	2.8	32.17	883.79
ZX-13	34.00	31.50	35.10	3.6	33.70	943.98
ZX-14	30.70	34.20	30.60	3.6	32.20	904.49
ZX-15	32.60	33.30	31.50	1.8	32.47	886.67
ZX-16	38.00	34.90	39.30	4.4	37.40	1018.52
ZX-17	39.60	42.40	42.60	3.0	41.53	896.59
ZX-18	45.70	45.40	42.20	3.5	44.43	920.26
ZX-19	48.00	47.50	46.70	1.3	47.40	865.60
ZX-20	48.00	51.20	47.00	4.2	48.73	1335.07
ZX-21	31.95	32.35	32.65	0.7	32.32	462.37
ZX-22	35.15	31.65	31.85	3.5	32.88	473.78
ZX-23	43.25	43.75	47.15	3.9	44.72	654.38
ZX-24	46.45	46.65	43.75	2.9	45.62	663.27
ZX-25	48.05	48.15	51.45	3.4	49.22	672.22
ZX-26	47.45	46.45	47.15	1.0	47.02	648.19
ZX-27	32.95	34.75	35.45	2.5	34.38	581.14
ZX-28	37.65	34.85	34.05	3.6	35.52	577.00
ZX-29	33.45	31.15	34.65	3.5	33.08	454.15
ZX-30	47.25	50.75	51.15	3.9	49.72	796.54
ZX-31	21.85	20.75	24.15	3.4	22.25	334.28
ZX-32	23.15	20.45	21.15	2.7	21.58	324.61
ZX-33	18.85	22.25	22.95	4.1	21.35	310.14
ZX-34	19.65	23.35	20.05	3.7	21.02	311.59
ZX-35	37.75	36.25	37.05	1.5	37.02	534.82
ZX-36	27.95	28.65	25.35	3.3	27.32	403.07
ZX-37	52.85	51.55	49.95	2.9	51.45	832.25

9. 种子健康检验

（1）材料与仪器设备　随机选取37份泽泻种子中6份用于健康度的检测，分别为ZX-6、ZX-9、ZX-20、ZX-21、ZX-32、ZX-37。仪器设备有显微镜、培养箱、高压消毒锅、培养皿等。

（2）方法与步骤　检测种子外部、内部带菌及携带的真菌。

① 种子外部带菌检测：随机选取每个样品种子各100粒，放入250ml三角瓶中，加入50ml无菌水后充分振荡收集悬浮液，以2000r/min的转速离心10分钟后，倒去上清液，加入3ml无菌水悬浮，从中吸取100μl悬浮液加入到直径为9cm的PDA平板中涂匀，相同操作条件下设无菌水空白对照，每个处理3次重复。放入25~28℃恒温箱中培养5天后观察菌落生长情况。记录菌落数，并且计算种子孢子负荷量。菌种经过纯化鉴定后，记录种子表面携带的真菌种类并且计算分离频率。

孢子负荷量（%）=菌落数/种子数×100%

分离频率（%）=某一种类真菌数/真菌总分离数×100%

② 种子内部带菌检测：将每个样品的种子在5%NaClO溶液中浸泡5分钟，用无菌水冲洗3遍，每个处理4次重复。在25~28℃恒温箱中培养5天后观察真菌生长情况，并且计算种子内部带菌率。

内部带菌率（%）=有真菌生长的种子数/试验种子数×100%

③ 真菌鉴定：将灭菌盖玻片斜插入PDA琼脂中，接入已经纯化的菌种，经过培养后，取出已经分布生长有真菌菌丝的盖玻片，镜检观察真菌的形态特征，依据《真菌鉴定手册》进行形态鉴定。

（3）结果与分析　① 泽泻种子的健康度：泽泻种子外部真菌孢子负荷量为0.3%～3.0%。泽泻种子内部带菌率为1%～60%，不同地区及不同批次之间差异十分显著，结果如表40-7所示。

表40-7　泽泻种子带菌检查

泽泻品种	种子外部孢子负荷量（%）	种子内部带菌率（%）	泽泻品种	种子外部孢子负荷量（%）	种子内部带菌率（%）
ZX-6	2.7	6	ZX-21	0.3	42
ZX-9	1.2	7	ZX-32	3	34
ZX-20	0.3	1	ZX-37	1.5	60

② 泽泻种子携带真菌分离频率：对泽泻种子携带的真菌种类进行了分离鉴定，结果发现不同产地及不同批次的泽泻种子所携带的真菌种类主要为曲霉属（*Aspergillus*）、青霉属（*Penicillius*）、木霉属（*Trichoderma*），三种真菌分离频率总和超过90%，其中青霉属为优势菌群，分离频率最高达60%。

10. 种子质量对药材生产的影响

（1）试验材料　将供试的37份泽泻种子按质量标准分成三个等级，三个等级种子分别种植所生产的泽泻药材，样品号J110301、J110302和J110303。

（2）试验方法　分级种子所产药材成分23-乙酰泽泻醇B（$C_{32}H_{50}O_5$）含量测定依据《中国药典》（2010年版一部）中泽泻药材含量测定。

（3）试验结果　由表40-8可知，不同等级泽泻种子种植的药材产量与化学成分比较，一级种子的产量和化学成分含量均明显高于二级和三级种子，二级种子的泽泻块茎产量明显高于三级种子的，但其23-乙酰泽泻醇B（$C_{32}H_{50}O_5$）含量与三级种子的药材接近，综合比较，泽泻种子分成三个等级具有一定的依据，是可行的。

表40-8 不同等级泽泻种子种植的药材产量与化学成分比较

种子来源	块茎产量（kg/hm²）	药材样品编号	23-乙酰泽泻醇B（$C_{32}H_{50}O_5$）含量（%）
三级	9160	J110301	0.109
二级	10502	J110302	0.112
一级	11406	J110303	0.280

三、泽泻种子标准草案

1. 范围

本标准规定了泽泻种子分级、分等和检验。

本标准适用于泽泻种子生产者、经营者和使用者。

2. 规范性引用文件

下列文件中的条款通过本标准的引用而成为本标准的条款。凡是注明日期的引用文件，其随后所有的修改单（不包括勘误的内容）或修订版均不适用于本标准，然而，鼓励根据本标准达成协议的各方研究是可使用这些文件的最新版本。凡是不注明日期的引用文件，其最新版本适用于本标准。

GB/T 3543.1～3543.7　农作物种子检验规程

中华人民共和国药典（2015年版）一部

3. 术语和定义

下列术语和定义适用于本标准。

3.1 千粒重　1000粒种子的重量，以克（g）表示。

3.2 种子分级　按种子大小分成五级。

3.3 生活力　指种子的生活能力，用百分数表示。

3.4 杂质　指种子内夹杂的土粒、砂粒、石块、果柄、碎果核等。

3.5 净度　完整的泽泻种子占样品重量的百分率。

3.6 扦样　贮藏的种子用扦样器取样，称为扦样。

3.7 种子真实性　供检品种与文件记录（如标签等）是否相符。

4. 要求

以泽泻种子千粒重、发芽率、种子净度、种子含水量等为依据进行分等，将泽泻种子分为三个级别。泽泻种子质量分级标准见表40-9。

表40-9 泽泻种子质量分级标准

分级指标	一级	二级	三级
发芽率（%）不低于	80.0	70.0	40.0
千粒重（g）不低于	0.34	0.30	0.18
水分（%）不高于	12.30	12.40	12.50
净度（%）不低于	90.0	85.0	75.0

注：三级属于不合格种子。必须是采收不超过一年的种子。

5. 种子检验

5.1 扦样 按GB/T 3543.2执行。

5.2 净度分析 按GB/T 3543.3执行。

5.3 含水量测定

5.3.1 仪器设备：恒温烘箱、样品盒、干燥器、干燥剂、感量0.1mg天平等。

5.3.2 方法与步骤：① 烘干称重：先将样品盒预先烘干、冷却、称重，并记下盒号；取得试样两份，每份4.5～5.0g，将试样放入预先烘干和称重过的样品盒内，再称重（精确至0.1mg）；使烘箱通电预热至130～135℃，将样品摊平放入烘箱内的上层，样品盒距温度计的水银球约2.5cm处，迅速关闭烘箱门，使箱温在5～10分钟内回升至133±2℃时开始计算时间；烘干2.5小时后用坩埚钳或戴上手套盖好盒盖（在箱内加盖），取出后入干燥器内冷却至室温，30～45分钟后再称重。

5.3.3 结果计算：根据烘后失去的重量计算种子水分百分率，按式计算到小数点后一位：

$$种子水分（\%）=[（M_2-M_3）/（M_2-M_1）]\times 100\%$$

式中：M_1——样品盒和盖的重量，g；

M_2——样品盒和盖及样品的烘前重量，g；

M_3——样品盒和盖及样品的烘后重量，g。

5.3.4 容许差距：若一个样品的两次测定之间的差距不超过0.2%，其结果可用两次测定值的算术平均数表示。否则，重做两次测定。

5.4 重量测定 按GB/T 3543.7执行。

5.5 发芽测定

5.5.1 仪器设备：光照培养箱或人工气候箱、发芽皿、发芽盘等。

5.5.2 方法与步骤：① 从经过净度测定的纯净种子中，随机挑选100粒泽泻种子，重复4次。② 用30℃浅水浸泡泽泻种子24小时。③ 发芽床：纸床。④ 培养温度：30℃。⑤ 计数：3天后观察发芽情况，记录发芽数，20天后最终统计发芽率。如发现霉菌孳生，应及时取出洗涤去霉。当发霉种子超过5%时，应调换发芽床，以免霉菌传开。如发现腐烂死亡种子，则应将其除去并记载。在计数过程中，发育良好的正常幼苗应从发芽床中拣出，对可疑的或损伤、畸形或不均衡的幼苗，通常到末次计数。

5.6 生活力测定

5.6.1 仪器设备：电导仪等。

5.6.2 方法与步骤：取纯净泽泻种子200粒，3次重复，放入洁净的150ml三角瓶中，加入50ml去离子水，同时设置一组对照（50ml去离子水），封口后于25℃下浸泡24小时，用FE30型电导仪测定浸泡液的电导率，减去对照组电导率即为种子浸出液电导率。

5.7 健康度检查

5.7.1 仪器设备：显微镜、培养箱、高压消毒锅、培养皿等。

5.7.2 方法与步骤：健康度主要有种子外部带菌检测、内部带菌检测及真菌鉴定。其方法与步骤介绍如下：

5.7.3 种子外部带菌检测：随机选取每个样品种子各100粒，放入250ml三角瓶中，加入50ml无菌水后充分振荡收集悬浮液，以2000r/min的转速离心10分钟后，倒去上清液，加入3ml无菌水悬浮，从中吸取100μl悬浮液加入到直径为9cm的PDA平板中涂匀，相同操作条件下设无菌水空白对照，每个处理3次重复。放入25～28℃恒温箱中培养5天后观察菌落生长情况。记录菌落数，并且计算种子孢子负荷量。菌种经过纯化鉴定后，记录种子表面携带的真菌种类并且计算分离频率。

孢子负荷量（%）=菌落数/种子数×100%

分离频率（%）=某一种类真菌数/真菌总分离数×100%

5.7.4 种子内部带菌检测：将每个样品的种子在5%NaClO溶液中浸泡5分钟，用无菌水冲洗3遍，每个处理4次重复。在25～28℃恒温箱中培养5天后观察真菌生长情况，并且计算种子内部带菌率。

内部带菌率（%）=有真菌生长的种子数/试验种子数×100%

5.7.5 真菌鉴定：将灭菌盖玻片斜插入PDA琼脂中，接入已经纯化的菌种，经过培养后，取出已经分布生长有真菌菌丝的盖玻片，镜检观察真菌的形态特征，依据《真菌鉴定手册》进行形态鉴定。

6. 检验规则

以品种纯度指标为划分种子质量级别的依据。纯度达不到一级指标降为二级，达不到二级指标降为三级，三级即不合格种子。

净度、发芽率、水分其中一项达不到指标的即为不合格种子。

7. 包装、标识、贮存和运输

选用以黄、红麻为原料的机制麻袋为贮运包装材料。运输包装用材料应符合材质轻、强度高、抗冲击、耐捆扎，防潮、防霉、防滑的要求。宜采用的包装材料品种有：塑料编织布、麻袋布、瓦楞纸板、钙塑板、塑料打包带、压敏胶粘带、纺织品等。运输包装标志应符合 GB/T 191、GB/T 6388规定。

四、泽泻种子种苗繁育技术研究

（一）研究概况

迄今有关泽泻种子繁育方面的研究报道多见于泽泻种植技术相关文献中的内容之一进行介绍，仅见陈菁瑛等人报道了泽泻种子成熟度对萌发的影响及泽泻育苗技术的相关研究，报道了泽泻花茎不同层次的花序其种子成熟度不同，其萌发率和植株生长情况存在差异，花茎中部的种子成熟度适中，萌发率高，种苗质量好，适宜用于大田生产。研究发现在传统的泽泻种植区，莲－泽、稻－泽这种非水旱轮作种植泽泻的模式极易感染白斑病，药剂处理泽泻种子和育苗床消毒能有效抑制白斑病的发生，提高存苗率；新园地培育泽泻种苗白斑病发病率较老园地的低，并提高存苗率。在前期研究与实践基础上，总结发表了“闽产泽泻育苗技术标准操作规程（草案）”。

（二）泽泻种子种苗繁育技术规程

1. 范围

本标准规定了泽泻种子生产技术规程。本标准适用于泽泻种子生产的全过程。

2. 规范性引用文件

下列文中的条款通过本标准的引用而成为本标准的条款。凡是注明日期的引用文件，其随后所有的修改单（不包括勘误内容）或修订版均不适用于本部分。然而，鼓励根据本标准达成协议的各方研究是否使用这些文件的最新版本。凡是不注明日期的引用文件，其最新版本适用于本标准。

中华人民共和国药典（2015年版）一部

GB/T 191—2000　包装储运图示标志

GB/T 6388—1986　运输包装收发货标志

3. 术语与定义

良种　本规程中的良种为成熟度、生活力、千粒重均达到《泽泻种子质量标准（草案）》规定的泽泻种子。

4. 生产技术

4.1 种子来源　采用泽泻种子检验规程检验后符合要求的泽泻种子。

4.2 选地与整地

4.2.1 选地：制种田要求在相对隔离的区域，至少与泽泻生产田间隔30m以上。大气、水源、土壤环境符合国家相关标准；在达到生产环境规定的范围内，选择土壤肥沃、排灌方便、背风向阳的浅水田，不宜选用冷烂田和保水保肥力差的砂土田等。前茬不种泽泻的水田；泽泻幼苗期喜荫蔽，成株期要求阳光充足；泽泻出苗期最适宜气温28～35℃，生育期适宜气温为28～35℃。

4.2.2 整地：播种前放干水，清除田间前茬留下的枯枝病叶并拔除杂草，带出苗地销毁，以消灭再侵染源，再深翻20cm，将田块烤干。为预防泽泻白斑病和地下害虫，播种前，可结合耙田晒土，每平方米施用　生石灰或本规程中允许使用的农药进行土壤处理；播种前每亩 施腐熟人粪尿100～150kg担作基肥；苗地整成畦宽1.0～1.2m，畦面略高于畦沟。

4.3 育苗　① 播种时间为 6月下旬（6月25日前后5～8天）。② 泽泻种子应进行优选，种子质量必须符合《泽泻种子质量标准（草案）》的要求。③ 播种时，可选用《泽泻农药使用规范及安全使用准则（草案）》中规定的1～2种杀菌剂进行浸种处理。④ 播种密度以种子播种量计为800g/666.67m^2。⑤ 播种方法以草木灰拌泽泻种子均匀撒播。⑥ 播种后用遮阴网遮阴。⑦ 灌溉水管理，播种后2～3天排干水，播种后7～8天灌“跑马水”，再过7～8天灌一次“跑马水”。⑧ 肥料管理，播种20天左右施一次断奶肥10kg的复合肥；移栽前7～8天施一次送嫁肥10～15kg的复合肥。⑨ 苗地管理，及时间苗去杂草，修补遮阴网。

4.4 种植

4.4.1 时间：可根据移栽时间及秧苗生长情况而定，一般是7月上、中旬。

4.4.2 起苗：用自制竹条或木棍削平后从苗床的一端向另一端顺序采挖。起苗时应避免损伤种苗，受损伤的种苗和受病虫危害的种苗在采挖时应清除并单独存放。随起随栽，最好在阴天或下午3时以后移栽。

4.4.3 种植规格一般为（36～40cm）×（36～40cm）。每隔5～8行还要留1条宽50cm左右的作业行。

4.4.4 补苗：泽泻移栽后通常少有死苗，一般6～7天即可返青、成活；但若被风吹水浮，则应及时重栽或补苗，在进行第1、2次中耕锄草时也应注意及时查苗补苗。

4.5 田间管理

4.5.1 灌溉：移栽后1～2天，田面不需灌水，土壤保持湿润即可，3～4天后要灌水。

4.5.2 追肥：第1次追肥于移栽后7天，每亩点施草木灰（P_2O_5：2.5%、K_2O 10.0%）25kg。第2次追肥于移栽后20天，每亩撒施泽泻专用肥（N：P_2O_5：K_2O=11：6：6）25kg。第3次追肥在移栽后30天进行，每亩撒施复合肥（俄罗斯生产，N：P_2O_5：K_2O=16-16-16）45kg。第4次追肥于移栽后65天，每亩撒施稻草灰（P_2O_5：2.5%、K_2O 10.0%）25kg。

4.6 病虫害防治　泽泻的主要病虫害有白斑病、斜纹夜蛾和福寿螺等。防治原则为坚持“预防为主，综合防治”的植保方针，树立对主要病虫害进行生态控制的理念，采取多种防治措施相结合，实施产地检疫，以防止种子、种苗带有国家规定的植物检疫性对象，导致异地蔓延。实行轮作合理规划，选用和培育健壮无病、虫的种子、种苗，保持泽泻田清洁，及时清除病、虫、杂草。

4.6.1 白斑病防治方法：开花期气温较高，田间湿度大，白斑病容易发生，应及时防治，以防花序感病，导致种子带菌。化学防治方法主要采用高效低毒符合无公害防治标准的化学药剂40%福星乳油（美国杜邦公司）8000倍液或30%特富灵可湿性粉剂（日本曹达株式会社）4000倍液，在发病初期喷施。生物防治方法是采用10%的宝丽安可湿性粉剂（多氧霉素）500倍液或2%加收米水剂（春雷霉素）400倍液，在采挖前1个月喷施。

4.6.2 斜纹夜蛾防治：物理防治方法是于斜纹夜蛾盛发期，可用人工在大田寻找、捕杀幼虫。利用该虫的趋光性，用糖、酒、醋液（糖、白酒、醋、水按6：1：3：10的比例混合，并加入少量90%晶体敌百虫调匀即成）来诱杀成虫。化学农药防治采用10%菜虫四绝EC1000倍液，10%除尽SC1500倍液，在害虫发生初期喷施防治。生物防治法多采用2.5%多杀霉素EC2000倍（商品名称：菜喜），0.1阿维1000倍，100亿活芽孢/克苏WP500倍（商品名称：千虫克），在害虫发生初期喷施防治。保护和利用当地主要的有益生物及优势种群，如发挥广赤眼蜂、黑卵蜂、小茧蜂、寄生蝇等这些寄生性天敌对斜纹夜蛾的控制作用。

4.6.3 福寿螺防治方法：首先清洁田园，在犁田前，刮除卵块、拾除成螺，以减少繁殖源。化学防治法是每亩选用70%百螺杀WP 30g、6%密达GR 750g进行防治。要掌握住防治适期，以产卵前为宜，当水田每平方米平均有螺2～3头以上时，就要马上防治。

5. 采收、加工与储存

5.1 采收　泽泻果实成熟期不一致，于10月中旬开始陆续成熟，应对花茎色泽由绿转褐的成熟花序分批采收。一般选用花序中间部位，分别去除花序顶端（花茎为绿色部位）和下端花茎为深褐色或红褐色部位，挑选出的泽泻花序晾挂于屋檐下或阴凉处阴干。

5.2 加工　将阴干的花序用手搓揉，拂去杂质后，置于竹匾上继续晾干。收藏前用25目及40目分样筛筛去果梗、果皮等杂质。

5.3 储存　经过阴干并分筛后的种子分批分级收储，填写质量档案。包装物内外各加标签，写明种子名称、种子纯度、净度、发芽率、含水量、等级、生产单位、生产时间等。贮藏于阴凉干燥通风的地方，供生产使用。有条件的地方贮藏于10℃以下冰箱。每间隔20天左右检查一次，以及时发现保存条件是否符合要求。

6. 包装与运输

贮运包装材料，选用以黄、红麻为原料的机制麻袋为贮运包装材料。运输包装用材料应符合材质轻、强度高、抗冲击、耐捆扎，防潮、防霉、防滑的要求。宜采用的包装材料品种有：塑料编织布、麻袋布、瓦楞纸板、钙塑板、塑料打包带、压敏胶粘带、纺织品等。

运输包装标志应符合GB/T 191、GB/T 6388规定。

参考文献

[1] 徐树南，牛占兵．神农本草经［M］．石家庄：河北科学技术出版社，1996：34.

[2] 彭贤，黄舒，郦皆秀，等．泽泻属植物化学成分与药理活性［J］．国外医学：植物药分册，2000，15（6）：245-247.

[3] 徐良．中国名贵药材规范化栽培与产业化开发新技术［M］．北京：中国协和医科大学出版社，2001.

陈菁瑛（福建省农业科学院生物资源研究所）

41 细辛（北细辛）

一、细辛概况

细辛是常用中药材，为辛温解表之要药。《中国药典》（2015年版）规定细辛为马兜铃科植物北细辛*Asarum heterotropoides* Fr. Schmidt var. *mandshuricum*（Maxim.）Kitag.、汉城细辛*A. sieboldii* Miq.var. *sroulmsr* Naka，或华细辛*A. sieboldii* Miq.的干燥根和根茎。具有祛风散寒，祛风止痛，通窍，温肺化饮之功效。前2种统称“辽细辛”。细辛广泛用于中医临床和中成药，并可出口创汇。

细辛始载于东汉末年《神农本草经》，为华细辛，列为上品。辽细辛为用药过程中形成的道地药材，主要分布于东北三省的长白山及周边地区。辽宁省东部(昌图、沈阳、营口一线以东)和吉林省南部(扶余、长春、抚松一线以南)至朝鲜半岛为辽细辛道地产区。过去，商品细辛一直由野生药材供应，东北地区从20世纪50年代开始引种辽细辛（主要为北细辛），80年代初发展为市场主流商品。现今，辽细辛栽培区主要集中在辽宁和吉林所属的长白山脉及周边地区，其中吉林通化、集安、柳河、长白、抚松、靖宇、桦甸、临江，辽宁省本溪、桓仁、宽甸、新宾、清原等市县栽培面积较大。

人工栽培北细辛以种子繁殖为主，经过2~3年的育苗后，移栽于大田，生长3~4年采收。目前，种子种苗生产主要以自繁自用为主，商品化程度不高。由于缺乏统一的种子种苗质量标准和繁育规范，致使种子种苗质量迥异，间接影响药材产量、质量及种植效益。因此，研究和制定辽细辛种子种苗质量标准和繁育规范，对于规范辽细辛种子种苗生产、经营和使用，是实现药材“安全、稳定、有效、可控”的前提，对于促进辽细辛生产标准化具有重要意义。

二、北细辛种子质量标准研究

（一）研究概况

中药现代化产业基地建设以来，中药材无公害规范化生产理念进入人们的视野，2000年国家在吉林省建立了北药基地，东北三省相继建立了辽细辛GAP生产基地，辽细辛规范化种植水平、药材质量和质量显著提高，但是作为药材生产的源头种子种苗标准化相对滞后。从2009年开始，中国农业科学院特产研究所相继承担国家科技重大专项“中药材种植（养殖）标准平台”项目子课题、国家公共卫生专项“国家基本药物所需中药材种子种苗基地建设”项目及吉林省地方标准制定项目，对北细辛种子休眠特性、萌发特性、贮藏特性，以及种子质量分级标准和繁育技术进行了系统的研究，制定的“北细辛种子”吉林省地方标准于2014年发布实施。

（二）试验材料

试验材料为从东北三省收集到不同产地北细辛种子81份，均为人工栽培细辛种子。其中吉林42份、辽宁38份、黑龙江1份（表41-1）。经中国农业科学院特产研究所王英平研究员鉴定为北细辛种子，低温冷藏备用。

表41-1 北细辛种子来源

序号	收集地点	序号	收集地点	序号	收集地点	序号	收集地点
1	吉林省吉林市左家镇	22	辽宁省宽甸县下露河镇	43	吉林省通化县三棵榆树乡	64	辽宁省新宾县北四平乡
2	吉林省吉林市左家镇	23	辽宁省宽甸县下露河镇	44	吉林省通化县三棵榆树乡	65	吉林省通化县富江乡
3	吉林省吉林市左家镇	24	辽宁省宽甸县下露河镇	45	吉林省通化县三棵榆树乡	66	吉林省通化县富江乡
4	吉林省吉林市左家镇	25	黑龙江省牡丹江市	46	吉林省通化县三棵榆树乡	67	吉林省通化县富江乡
5	吉林省吉林市左家镇	26	吉林省通化县开发区乡	47	吉林省通化县三棵榆树乡	68	吉林省通化县富江乡
6	吉林省吉林市左家镇	27	吉林省通化县开发区乡	47	吉林省敦化市江源镇	69	辽宁省新宾县火石村四组
7	吉林省吉林市左家镇	28	吉林省通化县开发区乡	49	吉林省敦化市江源镇	70	辽宁省新宾县火石村五组
8	吉林省通化县富江乡	29	辽宁省清源县英额门镇	50	吉林省敦化市江源镇	71	辽宁省新宾县火石村六组
9	吉林省通化县富江乡	30	辽宁省清源县英额门镇	51	辽宁省清原县英额门镇	72	辽宁省新宾县火石村一组
10	吉林省通化县富江乡	31	辽宁省清源县英额门镇	52	辽宁省清原县清原镇	72	辽宁省新宾县火石村二组
11	吉林省通化县富江乡	32	辽宁省新宾县北四平乡	53	辽宁省清原县英额门镇	74	辽宁省新宾县火石村三组
12	吉林省通化县富江乡	33	辽宁省新宾县北四平乡	54	辽宁省清原县英额门镇	75	吉林省通化县富江乡
13	吉林省通化县大泉源乡	34	吉林省江源县	55	辽宁省清原县英额门镇	76	辽宁省桓仁县五田甸
14	吉林省通化县大泉源乡	35	吉林省江源县	56	辽宁省清原县英额门镇	77	辽宁省宽甸县下露河镇
15	吉林省通化县大泉源乡	36	吉林省敦化市江源镇	57	辽宁省清原县大苏河乡	78	辽宁省宽甸县下露河镇
16	辽宁省桓仁县五里甸子镇	37	吉林省抚松县北岗镇	58	辽宁省清原县大苏河乡	79	吉林省集安县清河镇
17	辽宁省桓仁县五里甸子镇	38	吉林省抚松县北岗镇	59	辽宁省清原县弯甸子镇	80	吉林省集安县清河镇
18	辽宁省桓仁县五里甸子镇	39	吉林省敦化市江源镇	60	辽宁省新宾县汪清门镇	81	吉林省集安县清河镇
19	辽宁省桓仁县五里甸子镇	40	吉林省通化县三棵榆树乡	61	辽宁省新宾县北四平乡		
20	辽宁省桓仁县五里甸子镇	41	吉林省通化县三棵榆树乡	62	辽宁省新宾县北四平乡		
21	辽宁省宽甸县下露河镇	42	吉林省通化县三棵榆树乡	63	辽宁省新宾县北四平乡		

（三）北细辛种子检验方法研究

1. 扦样方法

（1）试验方法 ① 种子批的大小及扦样方法 依据《农作物种子检验规程 其他项目检验》（GB/T 3543.7），种子批的大小种子粒数最大为1×10^9粒划分种子批大小。根据《农作物种子检验规程 扦样》规定的方法扦取初次样品，初次样品均匀一致后，混合成混合样品。② 送检样品的最小重量 按照GB/T 3543. 7规定计算。

（2）试验结果 采用千粒法测定81份细辛鲜种子千粒重在5.13～12.55g，平均值为9.33g；绝对千粒重为2.25～4.88g，平均值为3.79g。按81份湿种子千粒重上限值计算种子批最大重量、批次送检样品重量、试验样品重量。

① 种子批的最大重量：以种子粒数1×10^9粒划分种子批大小，为保证种子数量，采用81份鲜种子千粒重上限值作为种子批大小限量值，由此计算种子批最大重量为：12.55g/1000粒×10^9粒=12550000g=12550kg

北细辛种子生产、经营大多为种植户一家一户小规模分散生产，多为自产自用。种子贸易也是使用者从农户直接购买的小批量种子，目前，尚无集中的、大批量的种子经营和贸易。根据生产实际，每亩北细辛可产种子60～80kg，每个种植户种植面积多在1～5亩，产种子在60～400kg，依据《国家农作物检验规程》计算的得到种子批大量为12550kg，显然不符合生产实际。因此，根据生产实际，划分种子批的最大重量为500kg湿种子。

② 送检样品的重量：按照种子净度分析试验中送检样品的最小重量至少含有2500粒种子计算最小重量为：12.55g/千粒×2500粒=31.375g，为保证送检样品数量，确定为32g。

种子批送检样品的重量至少达到净度分析试验样品10倍重量计算，应为320g；如果不进行其他种子数目测定，送检样品至少达到32g；其中其他种子数目检验送检样品的重量不少于320g；水分分析送检样品重量，不需磨碎的种子送检样品的重量为50g。

2. 净度分析

采用水选法清选实粒种子。用四分法从净度分析送检样品中分取试验样品，称取约40g样品用于净度分析，每试样称取20g，2次重复。将试样按净种子、其他植物种子、杂质分开后，分别称重，计算各成分的百分率，求2次重复的平均值，保留1位小数。

3. 真实性鉴定

在东北地区，细辛主要栽培种为北细辛和汉城细辛，而且2个栽培种混合种植，其真实性鉴别主要鉴定二者区别。

（1）试验方法　① 果实鉴别：在细辛开花期至结果期，取北细辛和汉城细辛果实各100个，对二者果实各部特征进行比较，找出鉴别性状。② 种子形态鉴别：于种子成熟期，采集北细辛和汉城细辛果实，采用水洗法清选后，随机从样品中数取400粒种子，鉴定时须设重复，每个重复不超过100粒种子。根据种子的形态特征，如大小、形状、颜色、光泽、表面构造及气味等，借助放大镜进行逐粒观察，比较2种种子形态的差异。

（2）试验结果　经观测，北细辛种子深褐色或棕黑色，种子长2.6～4.3mm，宽1.2～2.3mm，干种子千粒重2.50～4.88g，平均3.50g；汉城细辛颜色较深，种子长3.0～3.8mm，宽1.9～2.2mm，干种子千粒重6.63g，但这些牲征不足以作为二者种子主要鉴别特征。最有效的方法是，在开花至结果期进行果实特征的鉴别，北细辛花被筒壶形，表面无棱条纹；花被片反卷；而汉城细辛花被筒表面缢缩不成圆形，花被筒表面有明显的棱条纹；花被片斜向上伸展。

图41-1　北细辛果实形态

图41-2　汉城细辛果实形态

图41-3　北细辛种子形态　　图41-4　汉城细辛种子形态

4. 千粒重测定

（1）试验方法　取净度分析后的试样（样品30），参照采用百粒法、千粒法测定种子质量。测定方法按照GB/T 3453.7执行。

（2）试验结果　百粒法测定种子质量重复间变异系数为1.86（＜4.0），五百粒重法、千粒重法测定的种子质量复间差数与平均数之比分别为3.16%、2.97%（＜5.0%），误差均在允许范围内。因此，3种方法均可用于北细辛种子千粒重测定。以百粒法、五百粒法、千粒法测定样品30的重量换算为千粒重分别为8.353g、8.478g、8.340g。

表41-2　百粒法测定种子质量重复间变异系数

重复	Ⅰ	Ⅱ	Ⅲ	Ⅳ	Ⅴ	Ⅵ	Ⅶ	Ⅷ	平均值	CV
测定值	0.835	0.861	0.872	0.855	0.868	0.862	0.833	0.835	0.8527	1.86

表41-3　五百粒法/千粒法测定种子质量误差统计结果

重复	五百粒法			千粒法		
	测定值（g）	重复间差数（g）	重复间差数/平均数（%）	测定值（g）	重复间差数（g）	重复间差数/平均数（%）
Ⅰ	4.306	0.134	3.16	8.453	0.247	2.97
Ⅱ	4.172			8.206		
平均值	4.239			8.330		

5. 水分测定

（1）试验方法　取清选后的净种子2个试样（样品15、样品30），每处理5.0g种子，2次重复。分别采用高温烘干法（133±2）℃与低温烘干法（105±2）℃进行含水量测定。每隔30分钟称重一次，取出放入干燥器内冷却至室温（30~45分钟）后称重，直至恒重，分析2种烘干方法所得种子含水量的差异性确定适宜的干燥方法。

（2）试验结果　2个干燥温度测定北细辛种子含水量均在烘干至1.5小时达到恒定值，且2份种子在低恒温干燥和高恒温干燥条件下含水量差异均较小，仅0.2%~0.3%的差异；同时细辛种子含有挥发油，高温容易造成挥发油散失，影响测定值，因此北细辛种子水分测定宜采用低恒温干燥法，干燥时间为1.5小时。

表41-4　不同干燥方法下北细辛种子含水量（%）

干燥方法	干燥时间（h）	样品15	样品30
高恒温干燥	0.5	56.8	56.4
	1.0	57.1	56.8
	1.5	57.4	58.8
	2.0	57.4	58.8
低恒温干燥	0.5	56.4	57.8
	1.0	56.8	58.2
	1.5	57.1	58.6
	2.0	57.1	58.6

6. 发芽率测定

（1）试验方法　除田间播种试验外，其他种子萌发处理设4次重复，每重复120粒种子，种子萌发以胚根出现为标志，发芽以子叶形成露出种皮为标志，每周统计1次萌发率。种子萌发条件设置如下。

光照条件：将摆有种子的培养皿放入恒温为25℃的HPG-280BX型光照培养箱中，分别给予1、2级光照（光/暗=12小时/12小时）、24小时黑暗、24小时光照、暗培养后偶见光。

温度：恒温，将摆有种子的培养皿放入恒温分别为10℃、15℃、20℃、25℃和28℃的PG-280BX型光照培养箱中，给予1级光照（光照/黑暗=12小时/12小时）。变温，将摆有种子的培养皿置于温度为10℃/20℃，15℃/25℃，20℃/30℃的PG-280BX型光照培养箱中，给予1级光照（光照/黑暗=12小时/12小时，高温光照，低温黑暗）。

育苗床自然萌发：将种子条播于育苗床，使其在自然地温变温条件萌发。发芽率调查采用四分法，随机取 520粒种子，统计其发芽率。

（2）试验结果　① 光照对种子萌发的影响：从25℃、不同光照条件下北细辛种子萌发率的动态变化（图41-5）可看出，种子在黑暗条件下培养16周，不能萌发（Ⅳ）。暗中培养的种子在12周后偶见光，15周后开始萌发，且萌发率迅速升高（Ⅴ）。给予1级光照（光/暗=12小时/12小时）和2级光照（光/暗=12小时/12小时）和全天24小时光照，种子均在培养5周后开始萌发（Ⅰ，Ⅱ，Ⅲ）。12周后，种子的萌发率达到最大值，每周种子的萌发率无显著差异，光照强度对种子萌发率的影响不显著。

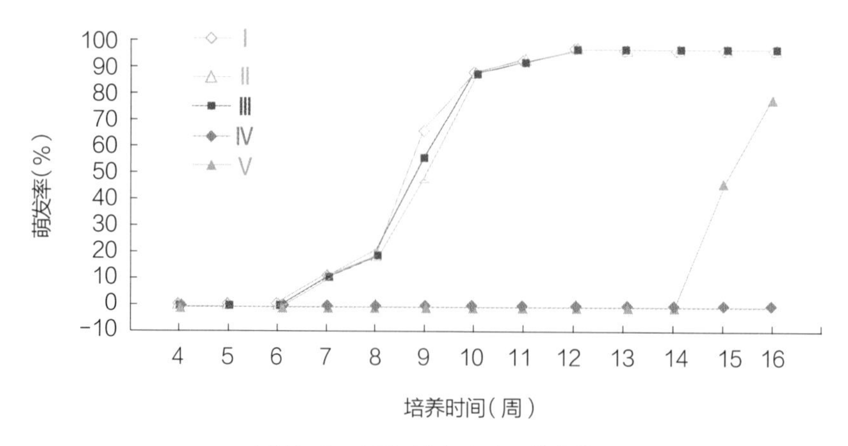

图41-5　光照对北细辛种子萌发的影响

② 温度对种子萌发的影响

恒温条件下种子萌发情况：从5个恒温条件下种子萌发率动态变化（表41-5）可看出，在10℃和28℃条件下培养13周，种子萌发率均为0；15℃、20℃和25℃下种子的最大萌发率均达到94%以上，萌发率无显著差异。15℃条件下，种子在培养5周萌发率可达到最大值比20℃下缩短3周，比25℃下缩短7周。

变温条件下种子萌发情况：4个变温条件下种子萌发率动态变化见表41-5。在15℃/25℃条件下，种子培养4周后萌发率为13.03%，在培养8周后，萌发率达到最大值，为94.52%。萌发趋势与恒温20℃下极为相似。在10℃/20℃条件下，种子在培养3周后即可萌发，在9周后，种子萌发率达到最大值（79.92%），明显小于15℃/25℃和恒温15℃、20℃、25℃下的萌发率。20℃/30℃条件下，种子在培养7周后萌发率仅为3.94%，13周后萌发率为18.21%，萌发率明显低于其他3个变温条件下的（$P<0.05$）。

播种于育苗床的种子萌发情况：在播种4周后萌发率为12.9%，9周后达到最大萌发率（88.33%），小于室内培养条件下（15℃、20℃、25℃和15℃/25℃）的萌发率。

综上，15～25℃恒温及15℃/25℃变温、田间均为北细辛种子适宜萌发温度条件，最适萌发温度为15℃，低于10℃或高于28℃北细辛种子不能萌发。种子在10℃和28℃条件下不能萌发，但在变温10℃/20℃和20℃/30℃条件下可以萌发。10℃/20℃下，种子萌发率可达80%左右，而20℃/30℃下子萌发率仅为18%左右。可见，影响种子萌发的温度因素主要是高温。

表41-5　不同温度条件下北细辛种子萌发率变化动态（%）

温度（℃）	10	15	20	25	28	10/20	15/25	20/30	田间
3周	0^{B}	7.90 ± 0.92^{A}	7.20 ± 1.84^{A}	0^{B}	0^{B}	6.92 ± 1.52^{A}	0^{B}	0^{B}	0^{B}
4周	0^{C}	34.13 ± 11.71^{A}	36.55 ± 10.75^{B}	0^{C}	0^{C}	31.23 ± 0.53^{A}	13.03 ± 1.08^{B}	0^{C}	12.90 ± 1.69^{B}
5周	0	94.13 ± 2.08^{A}	79.49 ± 3.90^{B}	0.29 ± 0.49^{E}	0^{E}	39.68 ± 2.54^{C}	33.36 ± 2.43^{D}	0^{E}	28.38 ± 3.56^{D}
6周	0	94.13 ± 2.08^{A}	90.25 ± 2.92^{A}	0.89 ± 0.51^{C}	0^{C}	54.29 ± 2.43^{B}	56.21 ± 2.54^{B}	0^{C}	52.58 ± 5.45^{B}
7周	0	94.13 ± 2.08^{A}	92.90 ± 3.40^{A}	10.17 ± 2.11^{C}	0^{D}	75.07 ± 3.33^{B}	78.11 ± 2.96^{B}	3.94 ± 2.79^{CD}	88.03 ± 3.24^{A}
8周	0^{D}	94.13 ± 2.08^{A}	94.50 ± 3.40^{A}	18.04 ± 4.86^{C}	0^{D}	77.24 ± 3.17^{B}	94.52 ± 2.34^{A}	5.14 ± 2.47^{D}	88.10 ± 3.20^{A}
9周	0^{C}	94.13 ± 2.08^{A}	94.50 ± 3.40^{A}	65.27 ± 25.61^{B}	0^{C}	79.92 ± 3.457^{AB}	94.52 ± 2.34^{A}	6.38 ± 2.50^{C}	88.33 ± 3.10^{AB}
10周	0^{D}	94.13 ± 2.08^{A}	94.50 ± 3.40^{A}	85.52 ± 9.37^{AB}	0^{D}	79.92 ± 3.45^{B}	94.52 ± 2.34^{A}	15.86 ± 5.38^{C}	88.33 ± 3.10^{AB}
11周	0^{D}	94.13 ± 2.08^{A}	94.50 ± 3.40^{A}	91.88 ± 2.18^{A}	0^{D}	79.92 ± 3.45^{B}	94.52 ± 2.34^{A}	16.75 ± 5.40^{C}	88.33 ± 3.10^{AB}
12周	0^{D}	94.13 ± 2.08^{A}	94.50 ± 3.40^{A}	95.06 ± 1.32^{A}	0^{D}	79.92 ± 3.45^{B}	94.52 ± 2.34^{A}	17.48 ± 5.43^{C}	88.33 ± 3.10^{AB}
13周	0^{D}	94.13 ± 2.08^{A}	94.50 ± 3.40^{A}	95.06 ± 1.32^{A}	0^{D}	79.92 ± 3.45^{B}	94.52 ± 2.34^{A}	18.21 ± 5.65^{C}	88.33 ± 3.10^{AB}
14周									

注：$\overline{X}\pm M$，$\overline{X}$表示平均值，M表示标准差；同一列中字母表示差异显著（$P<0.05$）。

7. 生活力测定

（1）试验方法　采用氯化三苯基四氮唑法进行北细辛生活力测定。为获得最佳反应条件，设计了浸种时间、TTC溶液浓度染色温度、染色时间等4因素3水平L_9（3^4）（表41-6）。采用pH=7.0磷酸缓冲溶液配制TTC溶液。染色前用温水浸泡种子不同时间，将种子纵向切开将胚保留较好的一半种子放入培养皿中，分别放入不同浓度的TTC溶液中，置于不同温度的恒温箱内，分别避光染色不同时长，取出种子后，倒出培养皿中的药液，用蒸馏水冲洗两次，吸干种子表面的水分，置于放大倍数为40倍的解剖镜下观察染色效果，记录染色种子的数量。每个处理取100粒种子，3次重复。

表41-6　正交设计因素水平

水平	因素A浸种时间（h）	因素BTTC浓度（%）	因素C染色温度（℃）	因素D染色时间（h）
1	4	0.1	20	6
2	6	0.5	30	12
3	8	1.0	40	18

为判断TTC法对北细辛种子的染色效果，本试验先用0.1% TTC溶液，对具有活力的种子进行染色，以用沸水浴煮50分钟杀死细胞的种子浸药做对照，每个处理100粒种子，3次重复。观测有无生活力的北细辛种子染色效果上差异。

采用Excel 2010进行数据处理，利用SASS 9.1.3统计分析软件进行统计分析。

（2）试验结果　采用TTC法（0.1% TTC溶液）测定种子活力的效果，具有生活力的种子剖面全部组织均被染成鲜红色，生活力可达97.6%±0.7%。用沸水浴煮50分钟杀死细胞的种子剖面未被染色。说明用TTC法测定北细辛种子生活力可行。

统计正交设计9组处理组合的北细辛种子染色情况，分析结果见表41-7，种子生活力最高的组合是4号，即浸种6小时，TTC浓度为0.1%，染色温度30℃，染色18小时所得到的种子的生活力达97.67%。

表41-7　TTC法测定种子生活力的正交试验结果（n=300）

处理组合	因素A浸种时间（h）	因素B TTC浓度（%）	因素C染色温度（℃）	因素D染色时间（h）	平均生活力（%）
1	1	1	1	1	65.67 ± 2.08^F
2	1	2	2	2	81.67 ± 1.53^C
3	1	3	3	3	75.33 ± 1.53^D
4	2	1	2	3	97.67 ± 0.58^A
5	2	2	3	1	77.00 ± 1.00^D
6	2	3	1	2	62.00 ± 1.00^G
7	3	1	3	2	91.00 ± 1.00^B
8	3	2	1	3	72.33 ± 1.53^E
9	3	3	2	1	64.67 ± 2.08^G

8. 健康检验

（1）试验方法　选取4份不同来源的北细种子样品，样品编号为13、32、42、45（详见表41-1），检测种子带菌带菌情况，种子带菌培养采用PDA培养基。测定方法如下：

种子外部带菌检测：每个样品随机抽取100粒种子，放入150ml锥形瓶中，加入20ml无菌水充分振荡，吸取悬浮液5ml以4000r/min的转速离心20分钟，弃上清液，再加入1ml无菌水震荡10分钟，浮载后吸取100μl加到PDA平板上涂匀，每个处理4次重复。相同操作条件下设无菌水空白对照。放入25℃恒温箱中黑暗条件下培养3～5天后观察，记录培养皿中菌落出现情况。

种子内部带菌检测：将每个种子样品在5%NaClO溶液中浸泡3分钟，用无菌水冲洗3遍；取70～75粒种子，将其种子对称切开，于1% NaClO溶液中浸泡1分钟，用无菌水冲洗3次。将同一种子样品的整粒种子、种壳种仁分别均匀摆放在直径为9cm的PDA平板上，每皿摆放15～18粒，每个处理4次重复。在25℃恒温箱中黑暗条件下培养5～7天后检查，记录种子内部带菌率及内部寄藏真菌的种类及其分离频率。

种子带菌鉴定：将分离到的真菌分别进行纯化、镜检和转管保存，参照《植病研究方法》和《真菌鉴定手册》中有关的方法，根据真菌培养性状和形态特征，参考工具书进行鉴定。

（2）试验结果

① 种子外部带菌检测：试验结果表明，种子外部带菌主要为根霉属、曲霉属、镰刀属、木霉属真菌，各种真菌的分离比例：根霉属＞曲霉属＞镰刀属＞木霉属。检测的4份种子孢子负荷量差异很大。对照细辛主要害病原形态，未发现细辛种子带有病原菌（表41-8）。

表41-8　北细辛种子外部携带真菌种类和分离比例

样品编号	孢子负荷量	真菌种类和分离比例（%）				
		根霉属	曲霉属	镰刀属	木霉属	其他
13	1.0×10^4	76.0	8.0	8.0	8.0	—
32	5.0×10^5	64.6	18.8	8.3	8.3	6.7
42	1.0×10^6	41.7	33.3	11.1		13.9
45	3.0×10^5	53.8	23.1	15.4		7.7

② 种子内部带菌检测：琼脂皿法对4份种子进行了种子内部带菌检测，由表41-9可以看出，各样品带菌率达100%，携带真菌主要为根霉属、曲霉属、镰刀属真菌，各种真菌的分离比例：根霉属＞曲霉属＞镰刀属。与细辛常见病害的病原菌形态对比，未发现种子携带病原菌。

表41-9　北细辛种子内部（整粒）携带真菌种类和分离频率

样品编号	带菌率（%）	真菌种类和分离频率（%）			
		根霉属	曲霉属	镰刀属	其他
13	100	66.7	46.7	13.3	—
32	100	80.0	40.0	26.7	6.7
42	100	86.6	40.0	6.7	—
45	100	73.3	33.3	26.7	—

9. 种子分级标准制定

（1）试验方法

① 供试种子样品检测：利用所确定的检测方法对供试的81份种子样品各项指标进行检测，对检测数据进行简单统计量分析，并考察进行质量分级的可行性。

② 分级标准制定：利用SPSS 19.0对81份北细辛种子各质量指标进行正态分布假设测验，若遵从正态分布，根据正态分布曲线分级方法进行种子质量等级划分。

（2）试验结果　供试种子样品检测：81份种子样品的净度为76.0%～98.9%，平均值93.57%；生活力在70.4%～100%，平均值为89.62%；发芽率在68.8%～98.2%，平均值为87.55%，生活力及发芽率均较高。千粒重在5.13～12.55g，平均值为9.33g；绝对千粒重为2.25～4.88g，平均值为3.79g，含水量在52.4%～66.7%，平均值为59.02%（表41-10）。各指标极差均较大；但仅湿种子千粒重和绝对千粒重变异系数较大，为15%左右，其他4个指标在4.39%～7.16%，进行数量性状分级相对可行。对1～50号种子样品外部带菌和内部带菌检测结果表明，种子外部带菌、种子内部带菌均为根霉属、曲霉属、镰刀属、木霉属、青霉属真菌，对照细辛主要病害病原真菌形态特征，未发现种子携带病原菌。因此，种子质量检测可不做病原菌检测。

表41-10　不同来源北细辛种子质量指标简单统计量

统计量	净度（%）	湿种千粒重（g）	绝对千粒重（g）	含水量（%）	生活力（%）	发芽率（%）
最小值	76.0	5.13	2.25	52.4	70.4	68.8
最大值	98.9	12.55	4.88	66.7	100	98.2
平均值	93.57	9.33	3.79	59.02	89.62	87.55
极　差	22.9	7.42	2.33	14.3	29.6	29.4
标准差	4.47	1.46	0.55	2.59	6.05	6.27
变异系数（%）	4.78	15.61	14.58	4.39	6.75	7.16

（3）种子质量分级　各质量指标均按一定的级别比例1级占10%、2级占50%、3级占20%，不合格种子占20%，由人为规定的百分率用正态分布公式 $u=(x-\bar{x})/s$ 求其在相应正态分布百分率下的级别数据值。根据上述方法求出各等级初步分级标准（表41-11）。例如，湿种子千粒重分级标准如下，1级指标10%的百分率查得正态分布表u值为1.28，算得x=11.20；2级指标50%的百分率查得正态分布表 u值为0，算得x=9.33；3级指标20%的百分率查得正态分布表 u值为-0.84，算得x=8.10。

表41-11　正态分布法下北细辛种子初步分级

质量指标	1级	2级	3级
湿种子千粒重（g）	11.20	9.33	8.10
绝对千粒重（g）	4.49	3.79	3.33
含水量（%）	62.34	59.02	56.84
净度（%）	99.29	93.57	89.82
生活力（%）	97.36	89.62	84.53

续表

质量指标	1级	2级	3级
发芽率（%）	95.58	87.55	82.28

北细辛种子各质量指标均服从正态分布，但因北细辛种子为顽拗型种子，种子需保湿贮藏，干燥贮藏会引起生活力下降，因此其适宜含水量应为一个区间，而不宜分为多级别。在种子安全水分未知的情况下，以本试验81份种子含水量区间52.4%～66.7%暂定为含水量限量值相对合理。湿种子千粒重虽然服从正态分布，但其实测值受含水量影响，而缺乏可比性，因此种子安全水分未知的情况下，采用绝对千粒重作为千粒重分级依据较为合理；发芽率测定需要5周时间，不能实现种子活力快速鉴定，因此以生活力判断种子发芽潜力更为适用。舍去湿种子千粒重、发芽率2个指标，对绝对千粒重、含水量、净度、生活力等4个质量分级指标进行修约，净度采用去除小数点取整数法，千粒重保留2位小数，含水量、生活力采用四舍五入保留整数，经数据修约后北细辛种子分级标准（表41-12）。

表41-12　正态分布法下北细辛种子分级标准

质量指标	1级	2级	3级
绝对千粒重（g）	4.49	3.79	3.33
含水量（%）	52～67	52～67	52～67
净度（%）	99	93	89
生活力（%）	97	90	85

（4）种子等级判定原则　为督促种子生产者和经营者重视种子质量，北细辛种子等级判别采用最低级原则，即任何一项指标不符合规定标准都不能作为相应等级的合格种子。在4个评价指标中，千粒重反映种子的饱满度、成熟度；生活力可直接反映发芽率和田间出苗率；细辛种子具顽拗型特性，须保湿贮藏才可保持种子活力，因此含水量对于北细辛种子质量评价非常重要；净度可通过洗选来提高质量。因此，千粒重、生活力、含水量作为主要评价指标，净度作为次要评价指标相对合理。

三、北细辛种苗标准研究

（一）研究概况

中药材种苗质量的稳定与否直接影响药材的质量稳定性。但到目前为止，辽细辛种苗尚无可控的质量标准，种苗质量参差不齐，制约了细辛规范化生产。2013年度国家公共卫生专项“国家基本药物所需中药材种子种苗繁育基地建设”，在广泛收集北细辛种苗的基础上，对北细辛种苗分级标准进行了研究，研究制定了北细辛种苗分级标准，2016年“北细辛种苗”吉林省地方标准发布实施。细辛种苗标准的制定可为北细辛种苗生产、经营、质量控制提供参考，为细辛的规范化生产提供保障。

（二）研究材料

2014年在吉林省主产区收集北细辛二年生种苗2900株、三年生种苗3000株（表41-13）。经中国农业科学院特产研究所王英平研究员鉴定为北细辛种苗。

表41-13　北细辛种苗来源及样本量

编号	收集地点	二年生	三年生
1	桦甸市二道甸子镇	300	300
2	通化县三棵榆树镇增胜村	300	300
3	通化县三棵榆树镇三棵榆树村	300	300
4	通化县富江乡富强村1	207	300
5	通化县富江乡富强村2	300	300
6	通化县富江乡富民村1	300	300
7	通化县富江乡富民村2	295	300
8	汪清县汪清镇	300	300
9	集安市清河镇	298	300
10	抚松县北岗镇	300	300

图41-6　北细辛育苗田

图41-7　北细辛种苗

（三）研究方法

1. 取样方法

按照五点取样法，每个样点不少于100株，每块育苗田不少于500株，作为送检样品。

2. 感观测定

从样品中随机取100株，目测种苗越冬芽、病害及损伤情况，挑出发育不正常、感病和机械损伤的种苗。计算病害和机械损伤种苗的百分率。种苗主要感染菌核病，且主要侵染根冠和越冬芽，受害部位形成黑腐，形成断根和越冬芽腐烂。单位“%”，保留1位小数。

3. 数量指标测定

（1）单根重测定　从样品中随机取30株，3次重复，单株分别称重，单位“g”。取3次重复的算术平均值，保留2位小数。

（2）须根数测定　从样品中随机取30株，3次重复，数取须根总数目，取3次重复的算术平均值，保留1位小数。单位“条”。

（3）须根粗测定　从样品中随机取30株，3次重复，用游标卡尺测定一条中等粗度的须根的直径，单位“mm”。取3次重复的算术平均值，保留2位小数。

（4）须根长测定　从样品中随机取30株，3次重复，用直尺测量须根长度，单位“cm”。取3次重复的算术平均值，保留1位小数。

4. 数据统计分析

利用SPSS 19.0统计软件分析不同来源种苗各性状指标的差异性、种苗各性状简单统计量，以及产量与其他性状的相关性，以此判断各性状分级的可行性。

5. 分级标准制定

利用SPSS 19.0统计软件进行各性状的次数分布统计，按照1级、2级、3级、不合格品各占10%、45%、25%和20%的比例查次分布表得到各性状的分级标准。

（四）试验结果

1. 种苗分级

（1）不同来源种苗各指标差异性分析　对10份不同来源的二年生、三年生北细辛种苗各质量指标进行差异显著性测验果表明，不同来源2年生、3年生种苗各质量指标须根长（$P<0.01$）、须根粗（$P<0.01$）、须根数（$P<0.01$）、单根重（$P<0.01$）均呈极显著差异，说明2年生北细辛种苗质量与种苗来源密切相关。

表41-14　不同来源二年生北细辛种苗各指标差异显著性测验

编号	须根长（cm）	须根粗（mm）	须根数（条）	单根重（g）
1	16.8^{bcB}	1.06^{dDE}	12.5^{abA}	1.10^{cBC}
2	14.6^{eE}	0.90^{fG}	10.9^{deCD}	0.80^{dD}
3	17.7^{aA}	1.06^{dDE}	10.0^{fE}	1.06^{cBC}
4	17.2^{abAB}	1.15^{bcBC}	11.9^{bcAB}	1.43^{aA}
5	15.7^{dCD}	1.11^{cCD}	10.5^{efDE}	1.06^{cBC}
6	15.8^{dCD}	0.97^{eF}	12.7^{aA}	1.05^{cC}
7	15.6^{dD}	1.02^{deEF}	10.9^{deCD}	1.09^{cBC}
8	14.8^{eE}	1.18^{abAB}	11.3^{cdBCD}	1.22^{bB}
9	16.5^{cBC}	1.22^{aA}	11.4^{cdBC}	1.38^{aA}
10	15.9^{dCD}	1.06^{dDE}	10.9^{deCD}	1.02^{cC}

注：小写字母表示在5%水平上显著，大写字母表示在1%水平上显著。

表41-15　不同来源三年生北细辛种苗各指标差异显著性测验

编号	须根长（cm）	须根粗（mm）	须根数（条）	单根重（g）
1	15.5^{cdeCD}	1.04^{cdC}	20.3^{aA}	1.14^{deDE}
2	15.7^{cdeBCD}	0.99^{eC}	20.2^{aA}	1.27^{cdBCD}
3	18.0^{aA}	1.03^{cdeC}	16.3^{bcB}	1.55^{aA}

续表

编号	须根长（cm）	须根粗（mm）	须根数（条）	单根重（g）
4	15.4deCD	1.11bB	11.6eD	1.05eE
5	15.2eD	1.18aA	16.0bcB	1.40bAB
6	15.9bcdBCD	1.16abAB	11.9eD	1.22cdCD
7	16.4bB	1.05cC	12.1eD	1.26cdBCD
8	15.3deD	1.00deC	16.6bB	1.20cdCDE
9	15.8bcdeBCD	1.11bB	14.6dC	1.32bcBC
10	16.2bcBC	1.02cdeC	15.5cdBC	1.43bAB

注：小写字母表示在5%水平上显著，大写字母表示在1%水平上显著。

（2）各质量指标简单统计量分析　对不同来源2年生北细辛2900株种苗、3年生北细辛3000株种苗进行主要质量性状进行描述性统计分析表明，2年生、3年生种苗须根长、须根粗、须根数、根重变异幅度均比较大，均达到20%以上，其中根重的变异幅度最大，2年生、3年生种苗根重的变异系数均达到为60%，其次是须根数，变异系数分别达30%和40%，变异幅度从大到小顺序为：根重>须根数>须根粗>须根长。

表41-16　2年生北细辛种苗各指标描述性统计结果（n=2900）

参数	须根长（cm）	须根粗（mm）	须根数（条）	根重（g）
最小值	5.90	0.24	4.0	0.11
最大值	29.30	2.10	30.0	4.55
平均数	15.98	1.070	11.23	1.098
标准差	3.57	0.286	3.69	0.666
变异系数（%）	22.34	26.71	32.85	60.68

表41-17　3年生北细辛种苗各指标描述性统计结果（n=3000）

参数	须根长（cm）	须根粗（mm）	须根数（条）	单根重（g）
最小值	6.1	0.27	4	0.16
最大值	32.0	2.46	51	6.57
平均数	15.92	1.071	15.50	1.282
标准差	3.69	0.288	6.38	0.776
变异系数（%）	23.17	26.89	41.18	60.56

（3）种苗各质量指标间相关分析　2年生、3年生北细辛种苗各质量指标相关分析结果表明，根重与根长、根粗、须根数均呈极显著正相关，其密切程度表现为：须根数>根长>根粗。

表41-18　2年生北细辛种苗指标间相关性分析（n=2900）

指标	须根长	须根粗	须根数
须根粗	0.303**		
须根数	0.302**	0.218**	
单根重	0.538**	0.483**	0.643**

注：**表示0.01水平显著相关。

表41-19　3年生北细辛种苗指标间相关性分析（n=3000）

指标	须根长	须根粗	须根数
须根粗	0.260**		
须根数	0.197**	-0.001	
单根重	0.466**	0.335**	0.512**

注：**表示0.01水平显著相关。

2. 次数分布

（1）北细辛种苗分级标准制定　对2900个2年生种苗、3000个3年生种苗各指标数据进行分布频率统计，得次数分布表。按照1级、2级、3级、不合格品的比率按10%、45%、25%、20%的比例查次数分布表得到初步分级标准（表41-20）。考虑到根粗测定方法不易为生产者掌握，同时与产量相关性程度相对较弱，故在确定质量标准时，将须根粗去掉。对表41-20中各指标值进行修约，得到2年生、3年生北细辛种苗分级标准（表41-21）。

表41-20　北细辛种苗初步分级标准

年生	等级	须根长（cm）	须根粗（mm）	须根数（条）	单根重（g）
二年生	1级	20.5	1.40	16	2.03
	2级	15.4	1.03	10	0.88
	3级	12.9	0.84	8	0.50
三年生	1级	20.6	1.42	24	2.34
	2级	15.2	1.02	13	0.99
	3级	12.7	0.84	9	0.69

表41-21　北细辛种苗分级标准

年生	等级	须根长（cm）	须根数（条）	单根重（g）
二年生	1级	21	16	2.03
	2级	15	10	0.88
	3级	13	8	0.50

续表

年生	等级	须根长（cm）	须根数（条）	单根重（g）
三年生	1级	21	24	2.34
	2级	15	13	0.99
	3级	13	9	0.69

图41-8　二年生种苗分级图示　　图41-9　三年生种苗分级图示

（2）感观测定　北细辛越冬芽第二年萌发长成地上部茎叶，一旦损坏，当年则不能再生。因此越冬芽是否完好是判断种苗质量的重要指标。根据实地挖取北细辛种苗，仅在畦的边缘的种苗容易受到机械损伤，且数量较少，通过规范种苗采收技术，可最大限度地减少根系的机械损伤。据报道，机械损伤，容易感染菌核病。种苗主要感染菌核病，且主要侵染根冠部位，受害部位呈黑色烂根现象，并从被害部基部断去；越冬芽感染严重者易形成黑腐，腐烂后不能再生，同时成为病害传播源。因此，不对机械损伤程度和感染病害程度进行分级

（3）判定原则　合格的各级种苗发病率应<5%，越冬芽健壮，越冬芽、根系无机机械损伤。数量指标按照表41-21要求进行判定，数量指标满足2项以上定为该级标准，只满足1项者应降为下一个等级，低于3级指标者定为不合格。

四、北细辛种子标准草案

1. 范围

本标准规定了北细辛种子的技术要求、检验方法、判定规则、标志标签及包装、贮藏和运输。

本标准适用于东北三省北细辛种子生产、销售和质量检测。

2. 规范性引用文件

下列文件对于本文件的应用是必不可少的。凡是注明日期的引用文件，仅注明日期的版本适用于本文

件。凡是不注明日期的引用文件，其最新版本（包括所有的修改单）适用于本文件。

GB 191　包装储运图示标志

GB/T 3543.2　农作物种子检验规程　扦样

GB/T 3543.3　农作物种子检验规程　净度分析

GB/T 3543.4　农作物种子检验规程　发芽试验

GB/T 3543.6　农作物种子检验规程　水分测定

GB/T 3543.7　农作物种子检验规程　其他项目检验

GB 15569　农业植物调运检疫规程

NY/T 611　农作物种子定量包装

3. 术语和定义

下列术语和定义适用于本文件。

3.1 北细辛种子　马兜铃科植物北细辛*A. heterotropoides* Fr. Schmidt var. *mandshuricum*（Maxim.）Kitag.果实除去果皮、果肉部分，由种皮、胚及胚乳组成的器官。

3.2 鲜种子　果实去除果皮和果肉，用清水漂洗后沥干表面水分获得的种子。

3.3 鲜种子千粒重　1000粒鲜种子的重量，以“g”表示。

4. 技术要求

4.1 感官要求　感官要求见表41-22。

表41-22　感观要求

项目	要求
形态特征	卵状圆锥形，硬壳质，灰褐色，几平滑，背部具少许皱纹，腹部具纵缝线，缝线稍压扁成槽状，附有黑色肉质附属物
大小限量值	鲜种子千粒重6.20～12.55g，平均值9.31g；绝对千粒重2.28～4.61g，平均值3.68g

4.2 质量分级　质量分级标准见表41-23。

表41-23　北细辛种子分级标准

质量指标	1级	2级	3级
绝对千粒重（A）（g）	≥4.49	≥3.79	≥3.33
含水量（%）	52～67	52～67	52～67
净度（B）（%）	≥99	≥93	≥89
生活力（C）（%）	≥97	≥90	≥85

5. 检验方法

5.1 扦样　扦样方法参照GB/T 3543.2进行。种子批的鲜种子最大重量<500kg；送检样品的最小重量320g，净度分析试样的最小重量32g，其他种子数目检验送检样品的最小重量320g；水分测定送检样品的重量50g。

5.2 净度分析　采用水选法清选种子，检验方法参照GB/T 3543.3，试验样品重量至少32g，利用1份全试样或2份半试样进行分析，结果计算取算术平均值，保留整数位。

5.3 发芽率测定　试验方法参照GB/T 3543.4执行。取100粒种子，4次重复。采用纸床做发芽床，在光照培养箱中进行，发芽温度15℃，12小时光暗交替。初次记数时间为第3周，末次记数时间为第5周。结果取4次重复的算术平均值，保留整数位。

5.4 水分测定　试验方法按照GB/T 3543.6进行。取鲜种子10g，2次重复。采用低恒温（105±2）℃烘干法，烘干时间1.5~2小时。结果取4次重复的算术平均值，保留整数位。

5.5 千粒重测定　鲜种子千粒重、绝对千粒重测定均按照GB/T 3543.7中千粒法进行。绝对千粒重干燥方法按GB/T 3543.7低恒温干燥法进行。取1000粒种子，2次重复。结果取2次重复的算术平均值，保留2位小数。

5.6 生活力测定　试验方法参照GB/T 3543.7的四唑（TTC）法进行。取100粒种子，种子在温水中预湿6小时后，将种子纵切，30℃条件下，用磷酸配制pH7的0.1%TTC溶液中染色18小时后，观测生活力，2次重复。结果取2次重复的算术平均值，保留整数位。

6. 判定规则

合格的北细辛种子感官应符合表41-22要求，分级按照表41-23执行，千粒重、生活力、含水量作为主要评价指标，净度作为次要评价指标。

7. 标志、标签

应符合GB 191的规定。

8. 包装、贮存、运输

8.1 包装　应符合NY/T 611的规定。并采用无毒、无害、透气性和保湿性好的包装材料。

8.2 贮存和运输　禁止与有害、有毒或其他可造成污染物品混贮、混运。种子贮藏，应用沙子保湿，种子与沙比例为（1：3）~（1：5），在阴凉处保湿贮藏，湿度10%~15%（手握成团而不滴水，松开时裂开），贮藏温度15~25℃，贮藏期不应超过1个月。种子运输时，注意保湿，防止高温、雨淋、干燥。跨生产区域调运，应按照GB 15569规定执行。

五、细辛种苗标准草案

1. 范围

本标准规定了北细辛种苗的术语和定义、质量分级、检验方法、判定原则、标志标签及包装、贮藏和运输。

本标准适用于吉林省北细辛生产、经营及质量检测。

2. 规范性引用文件

下列文件对于本文件的应用是必不可少的。凡是注明日期的引用文件，仅注明日期的版本适用于本文件。凡是不注明日期的引用文件，其最新版本（包括所有的修改单）适用于本文件。

GB 191　包装储运图示标志

GB 15569　农业植物调运检验规程

3. 术语和定义

下列术语和定义适用于本文件。

3.1 北细辛　马兜铃科细辛属多年生阴性草本植物。

3.2 种苗　用于繁殖的二至三年生北细辛植株的地下部分，由越冬芽、根茎和须根组成。

4. 技术要求

4.1 感观要求　合格的各级种苗发病率应＜5%；越冬芽健壮，越冬芽、根系无机械损伤。

4.2 分级标准　依据单株重、须根数、须根长，将二年生、三年生北细辛种苗分为三级，分级标准见表41-24。

表41-24　北细辛种苗分级标准

年生	等级	根长（cm）	须根数（条）	根重（g）
二年生	1级	≥21	≥16	≥2.03
	2级	≥15	≥10	≥0.88
	3级	≥13	≥8	≥0.50
三年生	1级	≥21	≥24	≥2.34
	2级	≥15	≥13	≥0.99
	3级	≥13	≥9	≥0.69

5. 检验方法

5.1 取样　按照五点取样法，每个样点不少于100株，每块育苗田不少于500株。

5.2 感观测定　从样品中随机取100株，目测种苗越冬芽、病害及损伤情况，挑出发育不正常、感病和机械损伤的种苗。统计发病率，单位“%”，保留整数位。

5.3 单根重测定　从样品中随机取30株，3次重复，单株分别称重，单位“g”。取3次重复的算术平均值，保留2位小数。

5.4 须根数测定　从样品中随机取30株，3次重复，数取须根总数目，单位“条”。取3次重复的算术平均值，保留整数位。

5.5 须根长测定　从样品中随机取30株，3次重复，用直尺测量须根长度，单位“cm”取3次重复的算术平均值，保留2位小数。

6. 判定原则

合格的各级种苗发病率应＜5%；越冬芽健壮、根系无机械损伤。数量指标按表41-24进行判定，满足2项以上为该级标准，只满足1项者应降为下一个等级，低于3级指标的定为不合格。

7. 标志和标签

检验合格者分别归入相应等级之中，每个等级建立标志或标签。标志和标签应符合GB 191的规定。

8. 包装、贮存、运输

8.1 包装　选用无毒、无害的木箱或硬纸箱等耐挤压包装物。装箱时，将越冬芽朝向内侧，须根朝向箱壁摆放，尽量把箱装满，以免运输过程中颠簸压坏越冬芽。

8.2 贮藏　种苗起出后，如不能及时栽植，可以进行假植。在阴凉处挖坑，一层苗一层土，防止灌进雨水。禁止与有害、有毒或其他可造成污染物品混贮。

8.3 运输　如用纸箱包装，纸箱叠放层数不宜太多，防止压破越冬芽。运输过程中，防止种苗干燥、热伤和冻害。跨生产区域调运，应按照GB 15569规定执行。

六、细辛种子种苗繁育技术研究

（一）研究概况

中国农业科学院特产研究所在细辛种子种苗繁育技术方面开展了一系列研究，通过试验验证了北细辛种子为光萌发种子，提示细辛播种时履土薄，保证透光。采用25mg/L、50mg/L、100mg/L、200mg/L、400mg/L 共5个浓度的赤霉素溶液处理已萌发细辛种子，均能不同程度地解除上胚轴休眠，以50～200mg / L赤霉素处理解除上胚轴休眠效果较好。试验表明，北细辛种子适宜萌发温度为15℃~25℃，最适温度15℃，在10℃和28℃条件下种子不能萌发。在15℃条件下，北细辛种子培养5周达到最大萌发率94%。萌发后的种子，经50～200mg/L赤霉素处理，4周后子叶露出种皮并正常生根，2个月可完成形态后熟和生理后熟而生根和发芽。常温条件下保湿贮藏北细辛种子 4 周开始萌发，提示种子贮藏期不应超过 1 个月，6 月中下旬采种，播种时间不应超过 7 月末。此外，还研究制定了“北细辛种子”和“北细辛种苗”吉林省地方标准，为北细辛种子种苗的繁育规程的建立奠定了基础。

（二）北细辛种苗繁育技术规程

1. 范围

本标准规定了北细辛种苗生产技术规程。

本标准适用于吉林省北细辛种苗生产的全过程。

2. 规范性引用文件

下列文中的条款通过本标准的引用而成为本标准的条款。凡是注明日期的引用文件，其随后所有的修改单（不包括勘误内容）或修订版均不适用于本部分。然而，鼓励根据本标准达成协议的各方研究是否使用这些文件的最新版本。凡是不注明日期的引用文件，其最新版本适用于本标准。

GB 191　包装储运图示标志

GB 15569　农业植物调运检验规程

DB 22/2014　北细辛种子

DB 22/T 2434　北细辛种苗

3. 术语与定义

3.1 北细辛种苗　北细辛种苗为马兜铃科植物北细辛*Asarum heterotropoides* Fr. Schmidt var. *mandshuricum*（Maxim.）Kitag.的种子经2～3年育苗后得到的北细辛植株，主要指根部。

3.2 郁闭度　指遮挡阳光照射程度。如郁闭度0.7，是指遮光为70%，透光为30%。

4. 种苗质量

播种用种子应是采收后刚清洗的湿种子或保湿贮藏的种子，应饱满、无病粒、碎粒。参照DB 22/2014，选择2级以上北细辛种子育苗。

5. 选地整地

5.1 选地　选择10° 以下缓坡荒山或农田，坡地以北坡或东北坡为宜，土质为疏松肥沃的棕壤土或农田砂壤土为宜，pH 5.5～7.0。

5.2 整地　坡地，由下而上开垦，每隔50～60m设植被隔离带（宽10～15m），防止水土流失，清除灌木杂草，耕翻深度为20～25cm，拣出树根、石块等杂物，耙细整平。（注：保留“农田地”），先清理地上秸秆，再进行灭茬，然后耕翻耙细作畦。畦宽1.4～1.5m，作为道宽50～60m，畦高25～30m。

耕翻前，将肥料均匀撒施于田间，结合耕翻将粪肥与土壤充分混合，施腐熟农家肥50000kg/hm^2。或于作畦后，将粪肥均匀铺施于畦面，厚3～5cm，将粪肥与土壤混拌均匀。施腐熟农家肥30000～50000kg/hm^2。

5.3 播种

5.3.1 种子消毒：播种前，用50%多菌灵可湿性粉剂1000倍液或50%速克灵可湿性粉剂1000倍液浸泡种子30分钟。

5.3.2 播种时间：6月中下旬至7月末。

5.3.3 播种方法：条播，在做好的畦面上，按行距5cm横向开沟，沟宽8～10cm，深度3cm，沟底搂平，然后将种子混拌少量细沙，均匀播于沟内，覆土0.5～1.0cm，畦面覆盖松针或稻草保湿。鲜种子播种量50g/m^2。撒播，做畦时，将覆盖用土堆放在畦间距上面，搂平畦面，用少量细沙与种子拌匀，均匀地撒播在畦面上，覆土0.5～1cm，畦面覆盖松针或稻草保湿。鲜种子播种量70～80g/m^2。

6. 田间管理

6.1 检查覆盖物　播种后至翌春出苗前，经常检查畦面覆盖物变化，发现有裸露或过薄地方，应及时补盖。

6.2 撤出覆盖物　3月下旬至4月上旬，出苗时，将用草覆盖的育苗畦要全部撤出，然后再覆盖一薄层松针或锯末；用松针覆盖，于出苗前撤出2/3或1/2，剩余部分保留。

6.3 预防冻害　出苗后及时搭设荫棚，防止早春冻害。

6.4 除草　一年生至二年生细辛苗期，见草就除；三年生细辛，进行行间除草。

6.5 防旱　山地育苗，遇到干旱时要适当加厚畦面覆盖，降低光照强度。农田育苗，有灌溉条件的要及时浇水；无灌溉条件，可采取山地育苗的防旱措施。

6.6 防涝　雨季挖好排水沟，防止田间积水。

6.7 调节光照　出苗后及时搭设遮阴棚，5月下旬至8月中旬进行遮阴，郁闭度0.5左右为宜。

6.8 清理田园　在地上植株枯萎后将畦面清理干净。

6.9 防寒　土壤结冻前，在畦面铺盖1～2cm厚的腐熟农家肥，可起到追肥和防寒作用，如不覆盖头粪，可覆盖厚3～5cm落叶或稻草。

7. 病虫害防治

细辛展叶后，用10%多抗霉素可湿性粉剂200～300倍液，或70%代森锰锌可湿性粉剂800～1000倍液每隔7～10天叶面喷施1次连喷3～4次防治细辛叶枯病；用25%粉锈宁（三唑酮）可湿性粉剂500倍液进行叶面喷施防治细辛锈病，每隔7～10天喷一次，连喷2～3次；发现有菌核病株，立即清除病株及周围土壤，用生石灰进行土壤消毒，浇灌50%速克灵可湿性粉剂500倍液。

8. 起苗

8.1 种苗年生　二年生种苗或三年生种苗。

8.2 起苗时期　移栽前适时起苗，春栽于4月上中旬越冬芽萌动前，秋栽于9月下旬至10月上旬。

8.3 起苗方法　从畦的一头开始，用四齿钩将种苗刨出，抖净泥土。注意不要用力摔种苗，以免摔破芽苞。

8.4 种苗分级　种苗起出后，参照DB22/T 2434将种苗分成3级。

9. 包装、贮存、运输

9.1 包装　种苗运输前，要用木箱或硬纸箱包装，装箱时将种苗芽孢朝里，须根朝箱壁摆放，尽量把箱装满，以免运输过程中颠簸压坏芽孢。

9.2 贮存　种苗起出后，因故不能及时栽植时，必须进行假植。挖浅坑斜立摆放，即一层土一层苗埋在阴凉处，注意不得灌进雨水。也可在低湿种苗贮藏室保存。禁止与有害、有毒或其他可造成污染物品混贮。

9.3 运输　运输过程中，防止种苗高温、干燥。跨生产区域调运，应按照GB 15569规定执行。

（三）北细辛种子繁育规程草案

1. 范围

本标准规定了北细辛种子生产技术规程。

本标准适用于吉林省北细辛种子生产的全过程。

2. 规范性引用文件

下列文中的条款通过本标准的引用而成为本标准的条款。凡是注明日期的引用文件，其随后所有的修改单（不包括勘误内容）或修订版均不适用于本部分。然而，鼓励根据本标准达成协议的各方研究是否使用这些文件的最新版本。凡是不注明日期的引用文件，其最新版本适用于本标准。

GB 191　包装储运图示标志

GB 15569　农业植物调运检验规程

3. 术语与定义

3.1 北细辛种苗　用于繁殖的北细辛种子为马兜铃科植物北细辛*Asarum heterotropoides* Fr. Schmidt var. *mandshuricum*（Maxim.）Kitag. 二至三年生植株的地下部分，由越冬芽、根茎和须根组成。

3.2 郁闭度　指遮挡阳光照射程度。如郁闭度0.7，是指遮光为70%，透光为30%。

4. 种苗质量

参照DB 22/T 2434，选取种子繁殖的二至三年生2级以上种苗做繁殖材料。

5. 选地与整地

5.1 选地　要选择地势较平坦，土壤肥力较强，排灌方便，疏松肥沃的山地棕壤土或农田沙壤土。

5.2 整地　可在耕翻前将腐熟的有机肥均匀撒施于田间，结合耕翻将肥料与土壤充分混合，每公顷施腐熟农家肥50000kg；或作畦后将肥料均匀铺施于畦面，厚度3～5cm，将肥料与土壤混拌均匀，每公顷施腐熟农家肥30000～50000kg。做成宽1.4～1.5m的高畦或低畦备用，作业道宽50～60cm，畦长根据具体情况确定。

6. 移栽

6.1 移栽时间　秋栽，于9月下旬至土壤封冻前。

6.2 移栽方法　在做好的畦上，按行距20cm横畦或顺畦开沟，沟深视种苗根长而定，以不折根梢为宜，穴距15～20cm，每穴栽3～5株，芽苞向上，须根舒展，覆土3～5cm。春栽后土壤干旱应浇透水，保证出苗。

7. 田间管理

7.1 防寒　移植当年秋季，土壤疏松易透寒风，使越冬芽产生冻害。在移植后至土壤冻结前，畦面用稻草或树叶覆盖防寒，厚度为3～5cm。如果肥源充足，也可覆盖2cm厚的腐熟的猪粪或鹿粪，保暖和施肥兼顾。

7.2 覆盖物管理　翌春出苗前，经常检查畦面覆盖物变化情况，发现有裸露或过薄的地方，应及时补盖。3月下旬至4月上旬，用草覆盖的，出苗时要全部撤出，然后再覆盖一薄层松针或锯末；用松针覆盖，于出苗前撤出2/3或1/2，剩余部分保留。

7.3 松土除草　以人工除草为主，出苗至枯萎（4～9月），进行行间松土，松土深2～3cm，距根际1～2cm。用松针覆盖畦面者则不需松土。

7.4 调节光照　出苗后及时搭设荫棚。6月上旬至8月中旬进行遮阴，郁闭度0.5为宜。

7.5 水分管理　发现畦面土壤干旱，有灌溉条件的要及时浇水。无灌溉条件的应适当加厚畦面覆盖物，加大郁闭度，待旱情缓解后再调整到适宜光照强度。

在雨季到来之前挖好排水沟，疏通畦间沟，做好排水工作。

7.6 追肥　第一次追肥于细辛出苗前进行，在行间开沟追施，每公顷追施腐熟猪粪10000kg加尿素200kg，或加磷酸二铵200kg，或加过磷酸钙200kg；第二次追肥于采种后喷施生物制剂叶面肥，使用浓度按照使用说明进行；第三次追肥于植株枯萎后畦面覆盖头肥，以腐熟猪粪为好，厚度为1～2cm。

7.7 留种　经常检查留种田，拔去弱苗。5年生～6年生留种田，根据北细辛花被片反卷、汉城细辛花被片伸展这一标记性状，在花果期拔除汉城细辛植株；于细辛现蕾期，疏去感病果实、弱小果实和过密的果实，保留饱满健壮的大果实。

7.8 清理田园　当细辛地上部枯萎后，将茎叶清理干净。用50%多菌灵可湿性粉剂1000～1500倍液进行田间消毒。

8. 病虫害防治

于细辛展叶后，用10%多抗霉素可湿性粉剂200～300倍液，或70%代森锰锌可湿性粉剂800～1000倍液，每隔7～10天叶面喷施1次，连喷3～4次防治细辛叶枯病；用25%粉锈宁可湿性粉剂500倍液进行叶面喷施防治细辛锈病，每隔7～10天一次，连喷2～3次；发现有菌核病株，立即清除病株及周围土壤，用生石灰进行土壤消毒，浇灌50%速克灵可湿性粉剂500倍液，如发生严重，将此种子田作为生产田起收作货，另建种子田。

9. 种子采收

9.1 种子的采收　种子于6月中下旬陆续成熟，其特征为果实由红紫色变为粉白色或青白色，果实变软，剥开果皮检查，果肉粉质，种子黄褐色，无乳浆，此时便可采收。细辛种子成熟期不一致，要注意观察，随熟随采。一般每隔1～2天采种一次。

9.2 种子清选　果实采摘后在阴凉处放置2～3天，待果实变软成粉状即可搓去果皮果肉，用清水反复漂洗后，漂去果皮、果肉、未成熟种子，保留底层的种子，放在阴凉处沥干表面水分，待播或贮藏。

10. 包装、贮藏和运输

10.1 包装　应符合NY/T 611的规定。并采用无毒、无害、透气性和保湿性好的包装材料。

10.2 贮藏　禁止与有害、有毒或其他可造成污染物品混贮、混运。种子贮藏，应用沙子保湿，种子与沙比例为（1∶3）～（1∶5），在阴凉处保湿贮藏，湿度10%～15%（手握成团而不滴水，松开时裂开），贮藏温度15～25℃，常温下贮藏期不应超过1个月。

10.3 运输　种子运输时，也要保湿。避免雨淋、发霉、干燥，防止高温。跨生产区域调运，应按照GB 15569规定执行。

参考文献

［1］李耀利，俞捷，曹晨，等. 细辛类药材原植物资源和市场品种调查［J］. 中国中药杂志，2010，35（24）：3237-3241.

［2］王志清，张舒娜，韩月乔，等. 北细辛种子萌发特性研究［J］. 种子，2014，33（12）：13-18，22.

［3］李基平. 林木种子的正态分布曲线分级方法［J］. 云南林业科技，1998，84（3）：37-41.

［4］梁机，黄银珊，覃英繁，等. 任豆种子质量分级标准的初步研究［J］. 广东农业科学，2012（7）：67-68，72.

［5］张国容，张进玉. 乌拉尔甘草种子种苗分级标准制定［J］. 现代中药研究与实践，2004，18（5）：14-16.

［6］郭靖，王志清，邵财，等. 北细辛种子检验及质量分级标准初步研究［J］. 河北农业大学学报，2015，38（6）：53-56.

王英平　郭靖　于营　王志清（中国农业科学院特产研究所）

42 荆芥

一、荆芥概况

荆芥[*Schizonepeta tenuifolia*(Benth.)Briq.]，别名假苏、线芥、四棱杆蒿、香荆芥，唇形科一年生草本植物，以全草和花、穗入药，具有解表散风、透疹、消疮的功效。全国大部分地区均有分布，主产于江苏、浙江、江西、河北、湖北和湖南等省。其中河北安国和浙江萧山最为有名。荆芥采用种子繁殖，北方春播，南方春播、秋播均可。中国医学科学院药用植物研究所药用植物基因资源与分子育种实验室经近10年努力于2009年培育出品质优良的"中荆1号"和"中荆2号"等系列新品种，新品种已在河北安国、北京密云等荆芥主产区得到了推广，解决了荆芥生产无良种的问题。

二、荆芥种子质量标准研究

(一)研究概况

荆芥主产区中，只有安徽省颁布了荆芥种子(DB34/T480—2004)的地方标准，尚没有荆芥种子质量分级标准的全国标准或行业标准。为此，中国医学科学院药用植物研究所承担了国家科技重大专项"中药材种子种苗和种植(养殖)标准平台"子课题"荆芥药材种子(苗)质量标准研究"，通过收集全国荆芥主产区多批次荆芥种子，参考《1996国际种子检验规程》及《农作物种子质量检验规程》，建立荆芥种子检测方法，在此基础上开展荆芥种子质量分级标准研究，确定荆芥种子检验方法及质量标准系统，制定荆芥质量分级标准。

(二)研究内容

1. 研究材料

2010年在荆芥种子主要产区收集荆芥种子供50份，均为栽培品种种子，见表42-1。所有收集的荆芥种子样品在中国医学科学院药用植物研究所种质库10℃短期库低温保藏。

表42-1 供试荆芥种子收集记录

编号	荆芥样品来源	收集时间	编号	荆芥样品来源	收集时间
SS-1~14 SS-19~35 SS-41	河北安国药材市场	2010年3月	AG-15~18 AG-36~40 AG-42~45	河北安国	2010年3月
AH-46	安徽亳州	2010年3月	BJ-47~49	北京海淀	2010年3月
YT-50	河北玉田	2010年3月			

2. 扦样方法

根据荆芥种子的市场流通情况和单次可能的交易量，以及种子的形状、大小、表面光滑度、散落性等因素，确定荆芥种子批的重量在1000g以内，确定荆芥种子送验样品最小重量50g。送验样品的重量因检测项目的不同而异，由于用高温烘干法测定荆芥种子水分时不需要磨碎，用样量5g，确定荆芥送验样品最小重量50g，足以保证所有测定项目的需要。净度分析试验中送验样品的最小重量至少不少于含有2500粒种子单位的重量，根据分析，确定荆芥净度分析试样的最小重量为3g。

3. 种子净度分析

净度分析的大小估计至少含有2500个种子单位的重量，荆芥种子千粒重按0.3g计算，2500粒种子，2500粒种子重量为（0.3×2500）/1000=0.8g，确定荆芥净度分析试样的重量为3.0g。采用徒手减半法从每份荆芥样品中分取3份全试样，将试样分离成净种子、其他植物种子和一般杂质3种成分后分别称重。将每份试样各成分的重量相加，计算各成分所占百分率，如果分析后重和原重的差异超过原重的5%，重新分析。

荆芥种子净度差异较大在60.9%～95.6%，杂质主要是细碎的茎枝和小土粒组成，且荆芥种子内部混有其他植物种子数量较多，因此荆芥种子在收获时，应先出去田间杂草，以防其他种子混入（表42-2）。

表42-2 荆芥种子净度分析

样品编号	净种子（g）	其他种子（g）	无生命杂质（g）	净度（%）
SS-1	1.8459	0	1.0428	63.9
SS-2	2.1630	0.0123	1.0116	67.9
SS-3	2.6192	0.0156	0.3644	87.3
SS-4	2.4942	0	0.3777	86.8
SS-5	2.7817	0	0.3383	89.2
SS-6	2.7582	0.0032	0.4260	86.5
SS-7	2.4734	0.0044	0.4830	83.5
SS-8	2.8186	0	0.4242	86.9
SS-9	2.6166	0	0.3409	88.5
SS-10	2.4383	0.0026	0.6730	78.3
SS-11	2.8285	0	0.2226	92.7
SS-12	2.4265	0	0.5813	80.7
SS-13	2.4557	0.0130	0.3828	86.1
SS-14	2.2456	0	1.0235	68.7
AG-15	2.4068	0.0058	0.7188	76.9
AG-16	2.6981	0.0017	0.2497	91.5
AG-17	2.5706	0.0100	0.6823	78.8
AG-18	2.8454	0.0016	0.2155	92.9
SS-19	2.6172	0.0034	0.4577	85.0

续表

样品编号	净种子（g）	其他种子（g）	无生命杂质（g）	净度（%）
SS-20	2.7923	0	0.2209	92.7
SS-21	2.6702	0	0.3623	88.1
SS-22	2.4853	0.0027	0.5109	82.9
SS-23	2.5034	0.0049	0.5367	82.2
SS-24	2.3274	0	0.4759	83.0
SS-25	2.4341	0	0.5464	81.7
SS-26	2.8171	0.0049	0.2979	90.3
SS-27	2.3735	0	0.6901	77.5
SS-28	2.3625	0.0337	0.6564	77.4
SS-29	2.6297	0.0040	0.3638	87.7
SS-30	2.2905	0	0.7397	75.6
SS-31	2.6339	0	0.4799	84.6
SS-32	2.6903	0	0.3393	88.8
SS-33	2.4565	0.0033	0.5003	83.0
SS-34	2.4629	0	0.7418	76.9
SS-35	2.6588	0	0.3584	88.1
AG-36	2.5187	0	0.6026	80.7
AG-37	2.7325	0	0.2760	90.8
AG-38	2.6789	0	0.3896	87.3
AG-39	2.2456	0	0.9772	69.7
AG-40	1.9171	0	1.2328	60.9
SS-41	2.6217	0	0.6099	81.1
AG-42	2.9825	0	0.1385	95.6
AG-43	2.3840	0	0.9680	71.1
AG-44	2.8420	0.0050	0.2471	91.9
AG-45	2.5501	0.0053	0.6282	80.1
AH-46	2.5230	0	0.5334	82.5
BJ-47	2.9298	0	0.2042	93.5
BJ-48	2.8980	0	0.4488	86.6
BJ-49	2.8631	0	0.4827	85.6
YT-50	2.7826	0.0036	0.1741	94.0

4. 真实性鉴定

借助放大镜、显微镜进行逐粒观察荆芥种子形态：小坚果三棱状椭圆形，长1.4～1.7mm，宽0.4～0.6mm，表面棕色或棕褐色，略有光泽，解剖镜下可见密布小麻点。背面及两侧面均较平，腹面下部有棱，直达白色小圆点状果脐，果皮浸水后黏液化（图42-1）。

图42-1　荆芥种子

5. 重量测定

荆芥种子重量测采用1000粒法测定荆芥种子重量。由表42-3可知，荆芥种子千粒重在0.204～0.365g，平均千粒重为0.308g。

表42-3　荆芥种子重量测定结果

编号	千粒重（g）	编号	千粒重（g）	编号	千粒重（g）
SS-1	0.3067	AG-18	0.2788	SS-35	0.2807
SS-2	0.3089	SS-19	0.3093	AG-36	0.3504
SS-3	0.3014	SS-20	0.2991	AG-37	0.3355
SS-4	0.3082	SS-21	0.2924	AG-38	0.3126
SS-5	0.3353	SS-22	0.3281	AG-39	0.3388
SS-6	0.3247	SS-23	0.3158	AG-40	0.2972
SS-7	0.3106	SS-24	0.3180	SS-41	0.2891
SS-8	0.3587	SS-25	0.2954	AG-42	0.3485
SS-9	0.3116	SS-26	0.3321	AG-43	0.3047
SS-10	0.2800	SS-27	0.3243	AG-44	0.2954
SS-11	0.3137	SS-28	0.312	AG-45	0.3049
SS-12	0.2964	SS-29	0.3243	AH-46	0.2038
SS-13	0.2887	SS-30	0.2913	BJ-47	0.3202
SS-14	0.2807	SS-31	0.3476	BJ-48	0.2668
AG-15	0.3099	SS-32	0.3527	BJ-49	0.2289
AG-16	0.2729	SS-33	0.3163	YT-50	0.3645
AG-17	0.3096	SS-34	0.3062		

6. 水分测定

采取133℃高温烘干种子1小时的方法测定荆芥种子水分。荆芥种子含量水在5.7%~10.3%（表42-4）。

表42-4 高温烘干法荆芥种子水分测定

编号	水分（%）	编号	水分（%）	编号	水分（%）
SS-1	8.61	AG-18	9.20	SS-35	7.58
SS-2	7.64	SS-19	8.45	AG-36	7.60
SS-3	8.83	SS-20	8.20	AG-37	7.62
SS-4	10.27	SS-21	7.50	AG-38	7.72
SS-5	9.69	SS-22	6.99	AG-39	7.51
SS-6	8.53	SS-23	7.08	AG-40	8.28
SS-7	8.01	SS-24	7.99	SS-41	6.96
SS-8	8.74	SS-25	9.28	AG-42	6.93
SS-9	8.02	SS-26	5.82	AG-43	7.11
SS-10	8.04	SS-27	8.96	AG-44	7.65
SS-11	8.37	SS-28	5.71	AG-45	6.59
SS-12	8.59	SS-29	7.10	AH-46	7.35
SS-13	8.88	SS-30	7.22	BJ-47	7.46
SS-14	7.82	SS-31	7.62	BJ-48	7.70
AG-15	7.52	SS-32	9.62	BJ-49	7.14
AG-16	9.81	SS-33	8.70	YT-50	7.46
AG-17	8.93	SS-34	7.22		

7. 发芽试验

从充分混匀的净种子中随机取4重复，每重复100粒种子，选用有机塑料发芽盒，一层滤纸和一层海绵保湿。在25℃恒温培养箱中培养，光周期为8/16小时（昼/夜）。第7天计算发芽率，幼苗鉴定分为正常幼苗、不正常幼苗、新鲜不萌动种子、未发芽种子进行鉴定计数。

由表42-5可知不同来源荆芥种子发芽率差异显著，各个来源荆芥种子的发芽率从高到低依次为：北京海淀、河北玉田、河北安国药材市场、河北安国及安徽亳州。安徽亳州荆芥种子可能是陈种子或者由于保存不当而导致发芽率低。

表42-5 荆芥种子发芽率测定

样品编号	不正常幼苗（%）	新鲜不发芽	发芽率（%）	样品编号	不正常幼苗（%）	新鲜不发芽	发芽率（%）
SS-1	0.5	5.5	94.5	SS-3	0.0	24.5	75.5
SS-2	1.5	8.5	91.5	SS-4	1.0	26.0	74.0

续表

样品编号	不正常幼苗(%)	新鲜不发芽	发芽率(%)	样品编号	不正常幼苗(%)	新鲜不发芽	发芽率(%)
SS-5	0.0	11.0	89.0	SS-28	0.0	9.0	90.5
SS-6	0.0	4.5	95.5	SS-29	0.0	4.5	95.5
SS-7	0.5	18.5	81.5	SS-30	0.0	15.0	84.5
SS-8	0.0	4.0	95.5	SS-31	1.5	6.0	94.0
SS-9	2.5	30.5	69.5	SS-32	0.0	0.8	92.0
SS-10	0.5	19.0	81.0	SS-33	0.5	6.5	93.0
SS-11	0.5	21.5	77.0	SS-34	0.5	45.0	54.5
SS-12	0.5	10.0	90.0	SS-35	3.0	27.0	73.0
SS-13	0.0	24.0	75.5	AG-36	0.0	5.0	95.0
SS-14	1.0	3.5	96.5	AG-37	0.0	7.0	93.0
AG-15	1.5	39.0	59.5	AG-38	1.0	28.5	68.5
AG-16	1.0	32.0	68.0	AG-39	0.5	1.5	97.0
AG-17	2.0	11.5	88.5	AG-40	0.0	1.0	99.0
AG-18	0.5	36.0	64.0	SS-41	0.0	3.0	97.0
SS-19	0.5	11.5	83.5	AG-42	1.0	6.0	94.0
SS-20	0.0	3.0	97.0	AG-43	0.5	0.0	100.0
SS-21	1.5	21.0	79.0	AG-44	0.5	4.0	95.5
SS-22	0.0	2.5	97.5	AG-45	6.0	35.0	65.0
SS-23	1.0	3.0	97.0	AH-46	0.0	94.5	5.0
SS-24	0.5	1.4	85.0	BJ-47	0.0	1.0	99.0
SS-25	0.0	77.5	21.0	BJ-48	2.0	10.5	88.5
SS-26	0.0	8.5	91.5	BJ-49	6.0	5.0	94.5
SS-27	1.5	4.5	95.5	YT-50	0.0	7.0	93.0

8. 生活力测定

采用四唑（TTC）测定种子生活力。从充分混匀的净种子中随机取3重复，每重复50粒种子，在20℃水中浸泡6小时，让其达到充分吸胀。将预湿后的种子浸入1.0%的硫酸铝钾［$AlK(SO_4)_2 \cdot 12H_2O$］溶液中15～20分钟，之后经自来水冲洗干净，以减少胶黏物质对以后操作的不利影响。将除掉胶黏物质的荆芥种子沿中线纵向切开上半粒种子。将以准备好的荆芥种子放入同位素瓶中，加入0.5%的TTC溶液以完全淹没种子，移至30℃黑暗的电热恒温箱中进行染色18小时。在解剖镜下扩大荆芥种子切口，轻压挤出胚，观察整个胚。选用10～100倍体视显微镜进行观察。依据胚的主要构造和有关或营养组织的染色情况进行判断，允许不染色、较弱或坏死的最大面积为：从尖端起1/3胚根，子叶末梢1/3。荆芥种子生活力测定结果与发芽率的结果较一致。

表42-6　荆芥种子生活力四唑染色法测定结果

编号	生活力（%）	编号	生活力（%）	编号	生活力（%）
SS-1	93	AG-18	70	SS-35	80
SS-2	97	SS-19	90	AG-36	97
SS-3	82	SS-20	97	AG-37	92
SS-4	80	SS-21	92	AG-38	80
SS-5	90	SS-22	97	AG-39	99
SS-6	95	SS-23	99	AG-40	98
SS-7	95	SS-24	90	SS-41	98
SS-8	97	SS-25	50	AG-42	96
SS-9	83	SS-26	95	AG-43	100
SS-10	93	SS-27	97	AG-44	97
SS-11	89	SS-28	97	AG-45	82
SS-12	93	SS-29	96	AH-46	28
SS-13	90	SS-30	88	BJ-47	98
SS-14	93	SS-31	97	BJ-48	94
AG-15	75	SS-32	93	BJ-49	98
AG-16	79	SS-33	99	YT-50	97
AG-17	90	SS-34	69		

三、荆芥种子标准草案

1. 范围

本标准规定了荆芥种子术语和定义，分级要求，检验方法，检验规则，包装，运输及贮存等。

本标准适用于荆芥种子生产者、经营管理者和使用者在种子采收、调运、播种、贮藏以及国内外贸易时所进行种子质量分级。

2. 规范性引用文件

下列文件中的条款通过本标准的引用而成为本标准的条款。凡是注明日期的引用文件，其随后所有的修改单（不包括勘误的内容）或修订版均不适用于本标准，然而，鼓励根据本标准达成协议的各方研究是可使用这些文件的最新版本。凡是不注明日期的引用文件，其最新版本适用于本标准。

GB/T 3543.1～3543.7　农作物种子检验规程

中华人民共和国药典（2015年版）一部

3. 术语和定义

3.1 荆芥种子　为唇形科荆芥属植物荆芥（*Nepeta cataria* L.）的成熟种子。

3.2 扦样　从大量的种子中，随机扦取一定重量且有代表性的供检样品。

3.3 种子净度　指种子的清洁干净程度。用供检样品中正常种子的重量占试验样品总重量（包含正常种子之外的杂质）的百分比表示。

3.4 种子含水量　按规定程序把种子样品烘干所失去的重量，用失去的重量占供检样品原始重的百分率表示。

3.5 种子千粒重　表示自然干燥状态1000粒种子的重量，以克（g）为单位。

3.6 种子发芽率　在规定的条件和时间内长成的正常幼苗数占供检种子数的百分率。

3.7 种子生活力　指种子的发芽潜在能力和种胚所具有的生命力，通常是指一批种子中具有生命力（即活的）种子数占种子总数的百分率。

4. 要求

4.1 基本要求

4.1.1 外观要求：种子椭圆形，表面污白色或淡棕黄色，外形完整、饱满。

4.1.2 检疫要求：无检疫性病虫害。

4.2 质量标准　依据种子发芽率、净度、千粒重、含水量等指标进行分级，质量等级符合表42-7的规定

表42-7　荆芥种子质量分级标准

指标	级别		
	一级	二级	三级
发芽率(%)，≥	90	80	70
水分(%)，≤	8.5	8.5	8.5
净度(%)，≥	92	92	90

5. 检验方法

5.1 外观检验　根据质量要求目测种子的外形、色泽、饱满度。

5.2 扦样　按GB/T 3543.2 农作物种子检验规程扦样执行。

5.3 真实性鉴定　采用种子外观形态法，通过对种子形态、大小、表面特征和种子颜色进行鉴定，并与标准图对照，鉴别依据如下：种子椭圆形，表面污白色或淡棕黄色，顶端钝，腹面具1棕色线形种脊，合点位于种子中部稍上方，种脐位于种子近下端，种皮薄膜质。胚直生，白色，含油分，胚根细小，子叶2 枚，肥厚，卵状椭圆形，基部微心形。

5.4 净度分析　按GB/T 3543.3 农作物种子检验规程 净度分析执行。

5.5 发芽试验　① 从净种子中随机数取400粒种子，以100粒为一次重复。② 将种子均匀摆放在培养皿中（一层滤纸和一层海绵），至于光照培养箱中，25℃恒温，8小时光照，16小时黑暗。③ 记录从培养开始的第3天至第7天的各重复荆芥种子发芽数，鉴别正常幼苗与不正常幼苗，计数并计算发芽率（%）（精确到小数点后1位）。

5.6 水分测定　采用高恒温烘干法测定，方法与步骤如下：① 先将样品盒预先清洗、烘干、冷却、称重，并记下盒号，取试样两份，每份5.000g，将试样放入预先烘干和称重的样品盒内，在称重（精确至0.001g）。② 使烘箱预热至140℃，打开箱门5分钟后，烘箱温度保持133℃，将样品放入烘箱，迅速关闭烘箱门，样品烘干时间为1小时。③ 取出时要戴上手套，在烘箱内盖好盒盖，将取出的样品放入干燥器内冷却至室温，约40分钟后再称重（精确至0.001g）。④ 计算种子烘干后失去的重量占供检样品原重量的百分率，

即为种子含水量（%）（精确到小数点后1位）

5.7 重量测定 荆芥属小粒种子，故直接用手从荆芥试验样品中随机数取两个重复，每个重复1000粒，各重复称重（g）。计算每两个重复的平均重量。

5.8 生活力测定 ① 从净度分析后并充分混匀的荆芥纯种子中随机数取50粒作为一个重复。共取3次重复。② 将荆芥种子在20℃水中浸泡6小时，让其达到充分吸胀。③ 将预湿后的种子浸入1.0%的硫酸铝钾［$AlK(SO_4)_2 \cdot 12H_2O$］溶液中15～20分钟，之后经自来水冲洗干净，以减少胶粘物质对以后操作的不利影响。④ 将以准备好的荆芥种子放入同位素瓶中，加入0.5%的TTC溶液以完全淹没种子，移至30℃黑暗的电热恒温箱中进行染色18小时。⑤ 在解剖镜下扩大荆芥种子切口，轻压挤出胚，观察整个胚。⑥ 根据种子染色情况，记录有活力及无活力种子数量，并计算生活力。

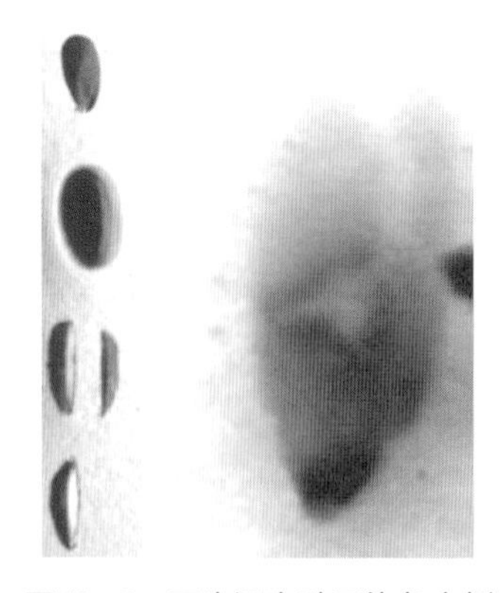

图42-2 无生活力种子染色实例

6. 检验规则

6.1 组批 同一批荆芥种子为一个检验批次。

6.2 抽样 种子批的最大重量1000g，送检样品50g，净度分析3g。

6.3 交收检验 每批种子交收前，种子质量由供需双方共同委托种子质量检验技术部门或获得该部门授权的其他单位检验，并由该部门签发荆芥种子质量检验证书。

6.4 判定规则 根据表1用净度、发芽率、水分三项指标进行定级。三项指标在表1同一质量等级时，直接定级；三项指标有一项在三级以下定为等外。三项指标均在三级以上（包括三级），其中净度和发芽率不在同一级时，则按低的等级定级。

6.5 复检 供需双方对质量要求判定有异议时，应进行复检，并以复检结果为准。

7. 包装、标识、贮存和运输

7.1 包装 用透气的麻袋、编织袋包装，每个包装不超过50kg，包装外附有种子标签以便识别。

7.2 标识 销售的袋装荆芥种子应当附有标签。每批种子应挂有标签，表明种子的产地、重量、净度、发芽率、含水量、质量等级、采收期、生产者或经营者名称、地址等，并附植物检疫证书。

7.3 运输 禁止与有害、有毒或其他可造成污染物品混贮、混运，严防潮湿。车辆运输时应有苫布盖严，船舶运输时应有下垫物。

7.4 贮存 荆芥种子在干燥、低温冷库中可保存5年以上。常温下保存寿命1年左右，超过1年的一般不适宜作种子用。

四、荆芥种子繁育技术研究

（一）研究概况

通过在河北安国、天津武清、北京密云和门头沟等地开展“中荆1号”“中荆2号”良种繁育工作，对不同栽培模式、播种方式等因素对种子产量影响进行研究。地点选择时考虑荆芥种植技术成熟、环境封闭、给排水良好、周围方圆500m无其他品种荆芥种植、地力充足等。通过对比发现，山地果药间作模式比平原连片种植种子亩产增加51.2%。原因可能是果药间作模式造成田间通风量大，透光效果好，更有利于荆芥药材生长。因此，荆芥新品种在京津冀地区均可以开展良种繁育，且以山地作为繁育基地较好。在山地果药间作模式中分别采用直播和育苗移栽方式进行播种，结果显示前者比后者种子亩产增加16.2%。原因可能是山地缺水，在雨季直播能防止出苗时土壤干旱问题。因此，在山地采用直播比较好。

表42-8 “中荆1号”不同栽培模式与制种量

繁育地区	制种面积（亩）	种子量（kg）	亩产（kg）
河北安国	5	100	20
天津武清	30	550	18.3
北京密云	17	457	26.9
北京门头沟	4	125	31.25

（二）荆芥种子繁育技术规程

1. 范围

本规程规定了荆芥常规种原种生产中三圃法、二圃法及荆芥良种生产操作技术规程。

本规程适用于荆芥常规种的原种、良种生产。

2. 规范性引用文件

下列文件对于本文件的应用是必不可少的。凡是注明日期的引用文件，仅所注明日期的版本适用于本文件。凡是不注明日期的引用文件，其最新版本（包括所有的修改单）适用于本文件。

荆芥种子标准草案

GB 7414　主要农作物种子包装

GB 7415　主要农作物种子贮藏

GB 20464　农作物种子标签通则

GB/T 3543.1～3543.7　农作物种子检验规程

3. 术语和定义

下列术语和定义适用于本标准。

3.1 原种　荆芥原种必须是保持原品种典型性、遗传稳定性和一致性的，不带检疫性病害、虫害和杂草的，按照本规程生产出来的符合原种质量标准的种子。

3.2 良种　荆芥良种是用原种在严格防杂保纯条件下繁殖的，保持原品种典型性、遗传稳定性和一致性的，不带检疫性病害、虫害和杂草的，按照本规程生产出来的符合良种质量标准的种子。

4. 原种生产

4.1 原种生产方法分类　原种生产可采用育种家种子直接繁殖，也可采用三圃或二圃的方法。

4.2 隔离　为了避免种子混杂，保持优良种性，原、良种生产田周围不得种植其他品种的荆芥。

4.3 用育种家种子生产原种

4.3.1 种子来源：由品种育成者或育成单位提供。

4.3.2 生产方法

4.3.2.1 播种：将育种家种子适度稀植于原种田中，播种时要将播种工具清理干净，严防机械混杂。春播4月下旬至5月上旬。在整好的高畦上，按行距25cm左右开横沟条播，沟深 3cm左右。将种子拌上草木灰，均匀地播入沟内，覆土以不见种子为度。最好选小雨后、土壤松软时播种。若遇干旱天气，应先浇水后播种。每 667m^{2}用种量500g左右。播种后约10左右出苗。

4.3.2.2 去杂去劣：在苗期、拔节期、花果期、成熟收获期要根据品种典型性严格拔除杂株、病株、劣株。

4.3.2.3 收获：成熟时及时收获。要单收、单脱粒、专场晾晒，严防混杂。

4.4 用三圃法生产原种

4.4.1 三圃：即株行圃、株系圃、原种圃。

4.4.2 单株选择：单株来源：单株在株行圃、株系圃或原种圃中选择，如无株行圃或原种圃时可建立单株选择圃，或在纯度较高的种子田，或在地道产区生长优良、隔离条件较好大田中选择。

选择时期：选择分为苗期、拔节期、花果期和成熟收获期四期进行。

选择标准和方法：要根据本品种特征特性，选择典型性强、生长健壮、丰产性好的单株。苗期根据基生叶长宽比例、叶色；拔节期根据拔节的早晚和叶形，花果期根据株型、茎色、茎节数、选单株，并标记；成熟收获期根据株高、熟期、种子大小和外观、抗病性、穗形、穗行数、从花期入选的单株中筛选。筛选时要避开地头、地边和缺苗断垄处。

选择数量：选择数量应根据原种需要量而定，一般每品种每亩株行圃选单株500～600株。

室内考种及复选：入选植株首先要根据植株的叶色、穗形、穗行数、茎色、分枝数、选丰产性好的典型单株，单株脱粒。决选的单株在剔除个别病虫粒后分别装袋编号保存。

4.4.3 株行圃：田间设计：各株行的长度应一致，行长5～10m，每隔19行或39行设一对照行，对照行为同一品种原种，或同一来源地种子。

播种：同上。

田间鉴评：田间鉴评分四期进行。苗期根据幼苗长相、基生叶长宽比例、叶色；拔节期根据拔节的早晚；花果期根据株型、茎色、分枝数，成熟收获期根据熟期、种子大小和外观、抗病性来鉴定品种的典型性和株行的整齐度。通过鉴评要淘汰不具备原品种典型性的、有杂株的、丰产性差的、病虫害中重的株行，并做明显标记和记载。对入选株行中的个别病劣株要及时拔除。

收获：收获前要清除淘汰株行，对入选株行要按行单收、单晾晒、单脱粒、单袋装，袋内外放、拴标签。

决选：在室内要根据各株行的叶色、穗形、穗行数、茎色、分枝数进行决选。淘汰籽粒性状不典型株行。决选株行种子单独装袋，放、拴好标签，妥善保管。

4.4.4 株系圃：田间设计：株系圃面积因上年株行圃入选株行种子量而定。各株系行数和行长应一致，每隔9区或19区设一对照区，对照应用同品种的原种或同一来源地种子。

播种：同上。

田间鉴评：田间鉴评各项同 ④ 项下“田间鉴评”，若小区出现杂株，则全小区淘汰。同时要注意各株系间的一致性。

收获：先将淘汰区清除后对入选小区单收、单晾晒、单脱粒、单称重、单袋装，袋内外放、拴标签。

决选：决选标准同上，决选时还要将产量显著低于对照的株系淘汰。入选株系的种子混合装袋，袋内外放、拴好标签，妥善保存。

4.4.5 原种圃：播种：将上年株系圃决选的种子适度稀植于原种田中，播种时要将播种工具清理干净，严防机械混杂。

去杂去劣：在苗期、拔节期、花果期、成熟收获期要根据品种典型性严格拔除杂株、病株、劣株。

收获：成熟时及时收获。要单收、单脱粒、专场晾晒，严防混杂。

4.5 用二圃法生产原种 ① 二圃即株行圃、原种圃。② 二圃法生产原种的“单株选择”和原种圃做法均同上。株行圃除决选后将各株行种子混合保存外，其余做法同上。

4.6 栽培管理 ① 原种生产田应由固定的技术人员负责，并有田间观察记载，详见附录（标准的附录）。② 要选择地势高燥、肥力均匀、土质良好、排灌方便、不重茬、不迎茬、不易受周围不良环境影响和损害的地块。

各项田间管理均要根据品种的特性采用先进的栽培管理措施，提高种子的繁殖系数，并应注意管理措施的一致性，同一管理措施要在同一天完成。

5. 良种生产

5.1 种子来源 如上文荆芥良种所描述。

5.2 生产方法 同上文“原种圃中方法”。

5.3 栽培管理 同上文“栽培管理”。

5.4 病虫害防治 荆芥病害主要有立枯病、茎枯病和黑斑病。立枯病发病初期植株茎基部变褐，后收缩、腐烂、倒苗。茎枯病侵害茎、叶和花穗，茎秆受害后出现水浸状病斑，后向周围扩展，形成绕茎枯斑，致使上部枝叶萎蔫，逐渐黄枯而死；叶片发病后，似开水烫伤状，叶柄为水渍状病斑；花穗发病呈黄褐色，不能开花。黑斑病侵害叶片，产生不规则形的褐色小斑点，后扩大，叶片变黑色枯死，茎部发病呈褐色、变细，后下垂、折倒。

综合防治方法：实行轮作，发现茎枯病病株应及时拔除病株，集中烧毁；发病初期可选用72%农用链霉素、2%青霉素、70%代森锰锌可湿性粉剂800~1000倍液喷施防治。

5.5 采种 荆芥采用种子繁殖。选择生长健壮、穗多而密、无病虫害的植株采种，于10月植株呈红色、种子呈深褐色或棕色时，将果穗剪下、晒干，打下种子，簸去杂质，装入布袋贮藏。一般每 667m^2可产种子35~50kg。

5.6 包装、贮存与运输 晾干后的荆芥药材即可包装贮运。每箱5kg，在每件包装上，应注明品名、规格、产地、批号、包装日期、生产单位，并附有质量合格的标志。要放置通风阴凉处。适宜温度28℃以下，相对湿度68%~75%，商品安全水分11%~14%。夏季最好放在冷藏室，防止生虫、发霉。贮藏期应定期检查，消毒，保持环境卫生整洁，经常通风。发现轻度霉变、虫蛀，要及时翻晒。运输工具或容器应具有良好的通气性，以保持干燥，并应有防潮措施，尽可能地缩短运输时间；同时不应与其他有毒、有害及易串味的物质混装。

5.7 种子质量检验 按《荆芥种子标准草案》规定执行。

参考文献

[1] 魏建和，李昆同，陈士林，等. 36种常用栽培药材种子播种质量现状研究［J］. 种子，2006，25（7）：58-61.

[2] 高峰. 荆芥种质资源评价与种子质量标准研究［D］. 北京：中国中医科学院，2007

[3] 颜启传. 种子学［M］. 北京：中国农业出版社，2001.

魏建和 金钺 范圣此（中国医学科学院药用植物研究所）

43 茯苓

一、茯苓概况

茯苓为多孔菌科真菌茯苓*Poria cocos*（Schw.）Wolf. 的干燥菌核，是我国传统常用中药材，已有2000多年的药用历史，在我国最早的药学专著《神农本草经》即有记载。茯苓在常用中医临床方剂中的配伍率达75%以上，以茯苓为原料的中成药如六味地黄丸、茯苓白术散等多达293种，近年全国每年的用量为1.6万～1.8万吨。由于用量大，茯苓野生资源已经很少，在安徽省岳西县、云南省大姚县和湖北省麻城市曾发现。目前茯苓商品主要来自人工栽培，我国人工栽培茯苓已有1500余年历史，形成了3个茯苓主要的道地产区：以云南丽江、楚雄、普洱等地所产茯苓，称为"云苓"，以质优闻名，但商品量较小。以大别山北部的安徽岳西县、霍山县、金寨县，以及河南商城所产茯苓，称为"安苓"；以大别山南部湖北罗田县九资河镇为中心的罗田县、英山县、麻城市所产茯苓常称为"九资河茯苓"，均以质量优良、产品丰硕统领市场。近年来，湖南的靖州县茯苓栽培面积不断扩大，形成一个新兴的茯苓产地。此外，广西、贵州、四川、福建等地亦有零星的茯苓栽培。

茯苓种植在主产区主要采用人工培育茯苓菌种，接种于松木段后置于地下窖栽的栽培方式。茯苓栽培菌种多由当地菌种专业户从外地菌种研究机构购买母种进行扩繁；其他产区则通过引种，或从本地采收的菌核中分离菌丝，进而生产菌种提供给苓农生产。茯苓发展强势的安徽、湖北、湖南均选育出深受种植户信任的茯苓菌种。但一级菌种的培育只有科研机构及少数有实力的茯苓企业具备，后者如英山百草堂实业有限公司、湖南补天药业有限公司等。菌种专业户购买茯苓一级菌种，培育二级菌种、三级菌种，就地销售给地方茯苓种植户。这些菌种专业户通常存在设备较简陋，生产环境不达标；专业知识有限；菌种生产不够规范；菌株来源混乱甚至不知道菌株名；不注重茯苓遗传世代的筛选及良种培育等问题，致使提供的菌种内在质量越来越差。生产中的茯苓菌种多是通过野生资源利用、不同地域间的引种以及从现有栽培群体中选择培育等途径获得，所以不同产区菌种间同质化现象严重，多数产区的菌种存在退化现象，种质创新不足，缺乏有效复壮等问题，影响着茯苓生产的产量及质量。

针对近年茯苓菌种生产中存在的各种问题，从栽培产量、产品内在质量及与栽培环境的关系等指标进行考察，筛选并确定各产区的优良菌株、最佳栽培模式、最佳采收期和产区加工方法，重点开展优良菌种选育和标准研究，用于规范茯苓的生产。其中，从优质的茯苓菌核中分离和选育优良菌株，目前仍然是茯苓母种的主要培育方法。

二、茯苓菌种质量标准研究

（一）研究概况

遵照我国现行食用菌菌种规定，茯苓菌种的生产实行母种、原种、栽培种三级繁育的制度。由茯苓种苓直接分离或其他方法选育得到的茯苓菌种为一级菌种，称茯苓母种；母种经扩大培育成的菌种为二级菌种，称茯苓原种；由原种扩大培育成的菌种为三级菌种，直接用于栽培种植，称栽培种。栽培种只能用于栽培，不可再次扩大繁殖菌种。

菌种标准是检验菌种质量的主要依据，目前我国已经颁布了5种食用菌菌种标准，即平菇（佛州侧耳、白黄侧耳、肺形侧耳、糙皮侧耳）、香菇、黑木耳、双胞蘑菇、杏鲍菇和白灵菇。相关检测方法目前只颁布了1个，适用于菌种的真实性鉴定，即2006年农业部颁布的《食用菌真实性鉴定 酯酶同工酶电泳法》（NY/T1097-2006）。但茯苓等药用真菌到目前为止，尚未制定和发布国家标准。湖北省于2009年发布了湖北省地方标准《茯苓菌种生产技术规程》（DB42/T 570-2009），该标准规定了茯苓菌种的分级及生产技术规程，主要对茯苓菌种的形态和感官要求进行了描述，茯苓菌种尚缺乏有效的定量指标。在茯苓菌种标准进一步的研究中，我们参照已经颁布的食用菌菌种国家标准，从每一级菌种的容器要求，茯苓菌丝生长量、菌丝体特征、菌丝体表面、杂菌菌落、菌丝分泌物、培养基斜面背面外观、气味等感官指标，以及菌丝生长速度、微生物学检验、菌种的真实性检验（含酯酶同工酶电泳法分析）等方面对各种茯苓菌种进行了深入的观察和比较分析，以制定茯苓菌种较完善的定性标准，但对于其质量规格仍然缺乏可靠的定量分析指标区分等级。有研究表明，茯苓菌丝体呼吸作用强，菌核产量也更高，可通过菌丝体呼吸作用的强弱筛选出生命力旺盛的菌种，初步判断菌种的优劣。对茯苓菌丝体和茯苓菌种区别质量等级的定量指标还有待进一步深入研究。

（二）研究内容

本研究参照食用菌的相关标准，对不同菌种进行了感官要求、微生物学指标（菌丝形态、细菌、霉菌）、菌丝生长速度、农艺性状及商品性状4方面的比较研究，并规定了相关检验的试验方法，对不同菌种进行包括酯酶同工酶电泳法在内的真实性检验。

1. 试验材料的来源

从全国主要茯苓产区、相关科研单位及从产区采集后自行分离共收集茯苓菌株48个，见表43-1。

表43-1 茯苓菌株来源

菌株编号	菌株名称	菌株来源（提供单位）
1	Y_1（宝山）	云南省宝山县
2	YN	云南
3	A_9	安徽农业大学，后经华中农大进行紫外诱变株
4	A_{10}	安徽农业大学，后经华中农大进行紫外诱变株
5	L	野生，采自安徽
6	P_0	野生，采自大别山
7	AH	安徽岳西
8	T_1(同仁堂1号)	湖北英山
9	$Z_{(z)}$	湖北英山
10	W	湖北英山陶河

续表

菌株编号	菌株名称	菌株来源（提供单位）
11	$Z_{(I)}$	湖北英山陶河
12	T_s	湖北英山石镇
13	麻城	湖北省麻城市科委食用菌研究所
14	鄂苓1号	华中农业大学菌种实验中心
15	华中茯苓	湖北华中食用菌栽培研究所
16	茯苓28号	湖北华中食用菌栽培研究所
17	茯苓5号	武汉华奉食用菌研究所
18	ACCC50478	中国农业微生物菌种管理保藏中心（北京）
19	ACCC50864	中国农业微生物菌种管理保藏中心（北京）
20	5.78	中国科学院微生物研究所（北京）
21	S_1(神苓1号)	陕西省洋县天麻研究所
22	靖州28号	陕西省西方县古城菌研所
23	SD(光大)	山东省济宁市光大食用菌科研中心
24	SD(金乡)	山东省金乡县真菌研究所
25	茯苓3号	河南省西峡县菇源菌物研究所
26	GZ	贵州省习水县酒镇食用菌研究中心
27	GD	广东省广州市微生物研究所菌种供应站
28	福建006	福建农业大学生命科学院
29	901	福建三明真菌研究所
30	ZJ	浙江省云和县家山食用菌研究所
31	DB	黑龙江东北食（药）用真菌研究所
32	F6	华中农业大学真菌研究所
33	7号	华中农业大学真菌研究所
34	86	湖南靖州药用菌研究所
35	野生王	湖北罗田九资河王炎吉
36	野生刘	湖北罗田九资河刘姓栽培者
37	华农	采自湖北罗田九资河
38	12	采自湖北罗田九资河
39	10	采自湖北罗田九资河
40	9	采自湖北罗田九资河

续表

菌株编号	菌株名称	菌株来源（提供单位）
41	14	采自湖北罗田九资河
42	16	采自湖北罗田九资河
43	13	采自湖北罗田九资河
44	大别山	采于湖北大别山区
45	武汉同仁堂	武汉同仁堂提供
46	J518	采自湖北罗田九资河
47	5杨	采自湖北罗田九资河
48	ACCC50876	中国农业微生物菌种管理保藏中心（北京）

2. 菌种检验流程图（图43-1）

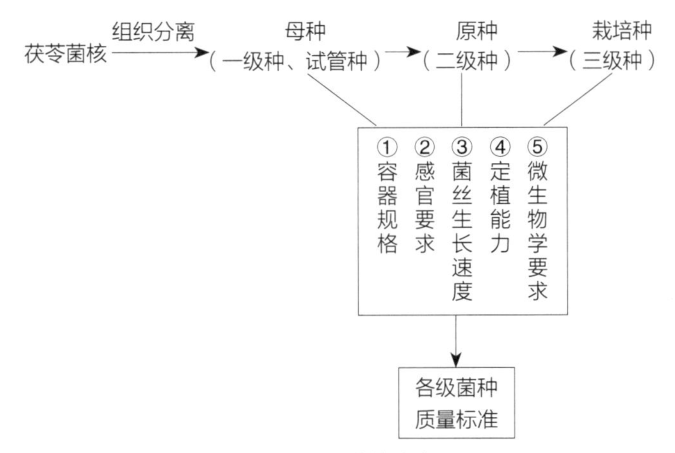

图43-1 菌种检验流程图

3. 感官检验

感官检验项目包括观察容器、棉塞（无棉塑料盖）、斜面长度、菌种生长量、斜面背面外观、菌丝特征、培养基上表面距离瓶口距离、接种量、分泌物、杂菌菌落、子实体原基、角变等。各种茯苓菌株母种、原种、栽培种的感官检查。

4. 菌丝生长状态

不同种的菌类或其不同栽培品种具有不同菌丝形态特征。有的菌丝粗细不均匀，有的均匀一致，一般异宗结合菌类单核菌丝不能出菇，且没有锁状联合，而异核菌丝具锁状联合。目前对于茯苓的遗传类型尚不明确，有研究倾向于同宗结合。

将试验材料接种于PDA平板上，25℃培养3天，在菌落边缘处插入无菌盖玻片，再继续培养2～3天后，取出盖玻片用水装片，通过显微观察其形态特征，是否有锁状联合（图43-2），必要时在目镜内装测微尺测量菌丝粗细。

对培养物用水装片，于不低于10×40的光学显微镜下观察菌丝和杂菌。茯苓菌丝体呈管状、具有明显隔膜、分枝较多，无明显锁状联合，每个细胞含有多数细胞核，粗壮菌丝直径为2.5～10μm 。

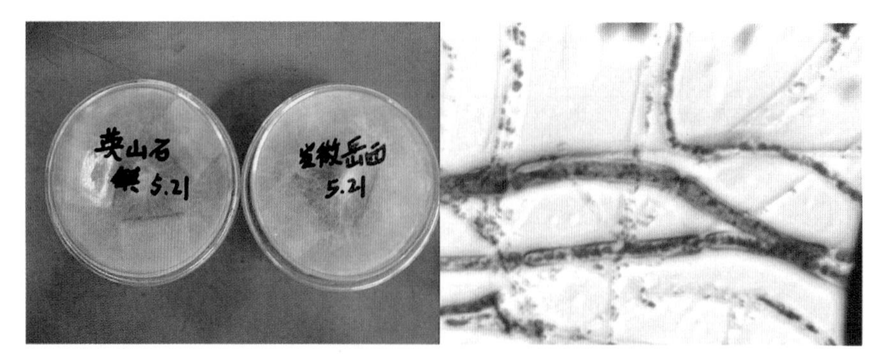

图43-2 菌丝生长状态观察

5. 霉菌检验

危害食药用菌类菌种的霉菌生长条件多与食药用菌种相似，所以采用食药用菌通用的PDA培养基即可，无须使用霉菌专用培养基。霉菌的菌丝和菌落外观与食药用菌明显不同，可以培养后肉眼鉴别（图43-3a）。

无污染的茯苓菌种外观洁白，气生菌丝发达，生长旺盛，污染过木霉的培养物外管明显不同，表面灰绿色，有粉状绿色分生孢子。

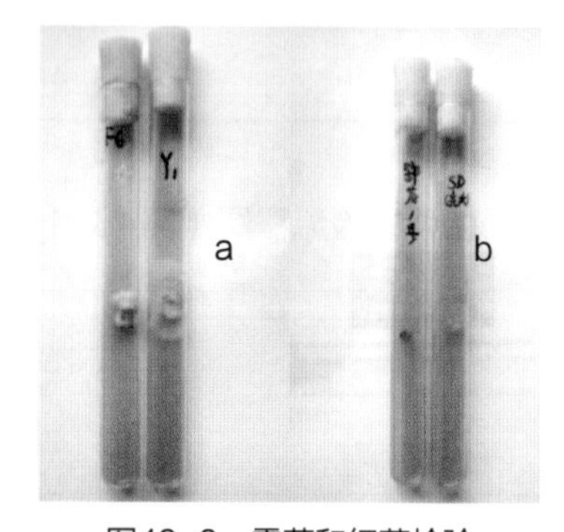

图43-3 霉菌和细菌检验

霉菌检验（a. 无茯苓菌落外的其他菌落，无霉菌污染）；细菌检验（b. 无黏液状细菌污染）

6. 细菌检验

危害食药用菌的细菌在食药用菌的生长条件下可以很好生长。因此采用食药用菌通用的PDA培养基或细菌肉汤培养基均可，在25～28℃条件下培养，不用细菌培养通用温度37℃。在PDA培养基上，糊状的细菌菌落可以很明显地区别开来；在液体培养基中，若有细菌污染，则培养产生的大量细菌会使培养基由半透明变为浑浊（图43-3b）。

7. 菌丝生长速度测定

对于食药用真菌菌丝的生长，温度过高菌丝生长速度固然加快，但往往易造成菌丝体徒长，易衰老，菌丝活力和抗性不强；在适宜温度稍低的环境下，菌丝生长速度虽有所下降，但菌种健壮，活力和抗性均较强，作为接种物使用时萌发快，长势好。一般菌种的质量不完全取决于菌丝生长速度的快慢，其最终产量和菌丝生长速度间也没有明显的相关性。且多数食药用真菌在通用PDA固体培养基，以及24℃±1℃温度条件下均能较好生长，并在生产上也多采用该条件。所以本试验中未用菌丝生长速度作为筛选培养基类型和温度等条件的指标，而是按照常规条件对不同菌株的生长速度进行了测量。

（1）母种　材料：菌龄10天的茯苓母种1支。

观察和测量：按要求准备PDA试管斜面，取材料斜面试管上约1/2处菌种3～5mm见方，菌丝朝上接种于试管中，接种试管5个，置于24℃±1℃下培养。48小时后观察是否有污染，如无污染4日后再观察，如尚未长满，以后每日观察，直至第8天。记录长满试管的天数（表43-2）。

表43-2 不同菌株母种菌丝生长速度、定植时间

菌株	定植时间（h）	长满时间（d）	菌株	定植时间（h）	长满时间（d）
Y1（宝山）	22	6	麻城	24	7
YN	21	5.5	鄂苓1号	26	7

续表

菌株	定植时间（h）	长满时间（d）	菌株	定植时间（h）	长满时间（d）
A9	24	6	华中茯苓	24	6.5
A10	24	7	茯苓28号	24	7.5
L	36	7.5	茯苓5号	24	7
P0	30	7	ACCC50478	24	7
AH	22	6	ACCC50864	38	6
T1(同仁堂1号)	24	6	5.78	36	7
Z（z）	24	6.5	S1(神苓1号)	36	8
W	24	6	靖州28号	40	7
Z(l)	24	7	SD(光大)	24	6
Ts	24	7	SD(金乡)	24	6
茯苓3号	23	7.5	华农	24	7
GZ	24	7	12	26	5.5
GD	24	7.5	10	26	6
福建006	35	7	9	36	6
901	24	6.5	14	24	7
ZJ	36	8	16	21	5.5
DB	36	7	13	26	7
F6	24	6.5	大别山	24	6.5
7号	24	7.5	武汉同仁堂	36	5.5
86	24	7	J518	21	5.5
野生王	24	7	5杨	26	7
野生刘	36	8	ACCC50876	24	7.5

结论：在PDA培养基上，在适温（24℃±1℃）时，母种萌发定植时间为1～2天，长满试管斜面的时间为5～8天。

（2）原种　培养基配方：小麦粒90%，松木屑10%，营养液（1%蔗糖、0.4%硝酸铵或硫酸铵），含水量65%～70%（小麦粒需置40℃左右温度的营养液中浸泡10小时后用于培养基配制）；松木屑77%，麦麸或米糠20%，糖2%，石膏1%，含水量65%～70%；松木屑60%，玉米粉30%，麦麸10%，含水量65%～70%。

观察：按要求以母种制备原种，然后接种，每支母种试管接原种数量4～5袋，接种物≥12mm×15mm，置于25～30℃下培养3～5天后进行首次观察，目的在于排除污染。以后每5～7天观察一次；2周后开始每天观察，记录长满日期（表43-3）。

表43-3　不同菌株原种菌丝生长速度

菌株	长满时间（d）	菌株	长满时间（d）	菌株	长满时间(d)	菌株	长满时间(d)
Y1（宝山）	17	华中茯苓	21	茯苓3号	22天	7号	22天
YN	15	茯苓28号	26	GD	22天	野生王	20天
L	25	ACCC50478	21	福建006	20天	12	18天
P0	21	ACCC50864	23	901	18天	16	18天
AH	17	靖州28号	28	ZJ	25天	J518	17天
W	20	SD(金乡)	21	DB	20天	ACCC50876	22天
Ts	22			F6	19天		

结论：在松木屑77%，麦麸或米糠20%，糖2%，石膏1%组成的培养基上，25～30℃温度下，菌丝长满菌袋一般为15～28天。

（3）栽培种

培养基配方：松木屑77%，麦麸或米糠20%，糖2%，石膏1%，含水量65%～70%；松木屑60%，玉米粉30%，麦麸10%，含水量65%～70%；松木块（边材）65%，松木屑11%，麦麸或米糠22%，糖1%，石膏1%，含水量65%～70%；松木块（1cm×1cm×0.5cm）30%，松木屑50%，米糠17%，糖2%，石膏1%，含水量65%～70%；松木条（1cm×2cm×0.5cm）66%，松木屑10%，麦麸或米糠21%，糖2%，石膏1%，含水量65%～70%

观察：按要求以原种制备栽培种，然后接种，每支原种接栽培种数30～50袋，置于25～30℃下培养3～5天后进行首次观察，目的在于排除污染。以后每5～7天观察一次，2周后开始每天观察，记录长满日期（表43-4）。

表43-4　不同菌株栽培种菌丝生长速度

菌株	长满时间(d)	菌株	长满时间（d）	菌株	长满时间(d)	菌株	长满时间（d）
Y1（宝山）	18	16	18天	DB	21天	福建006	20天
F6	20天	茯苓28号	26	GD	22天	野生王	23天
L	28	华中茯苓	21	7号	21天	W	20
P0	20	ACCC50864	25	901	18天	茯苓3号	22天
ACCC50478	22	J518	22天	ZJ	23天	SD(金乡)	23
12	18天	靖州28号	30	YN	15	ACCC50876	22天
Ts	23			AH	17		

结论：在松木屑77%，麦麸或米糠20%，糖2%，石膏1%组成的培养基上，25～30℃温度下，菌丝长满菌袋一般为15～30天。

8. 真实性鉴定

（1）菌丝形态鉴定　对菌丝体颜色、菌丝浓密程度、分泌物、气味等特征进行观察，是否与茯苓菌丝体特征吻合。

（2）结实性试验　将菌丝体接种至试管斜面或平板中，24℃±1℃培养，30天左右菌丝体表面陆续可见子实体原基分化，并逐渐转变为淡黄色至深褐色的幼小蜂窝状子实体（图43-4）。

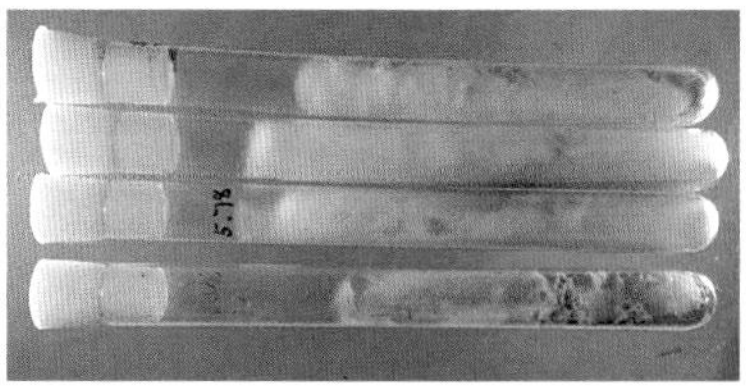

图43-4　茯苓幼小蜂窝状子实体

9. 酯酶同工酶电泳

取菌龄为15~20天的试管母种，刮取菌丝，采用聚丙烯酰胺垂直板凝胶电泳，酶谱特征显示有2条酶带为44个菌株共有。以酯酶区带向正极泳动距离与溴酚蓝指示剂向正极泳动距离的比值作为电泳相对迁移率（R_f），两条谱带的R_f分别为0.128和0.341。这44个菌株涵盖全国大部分产区的茯苓用种，故这2条谱带可以作为茯苓菌种真实性鉴定的依据（图43-5）。

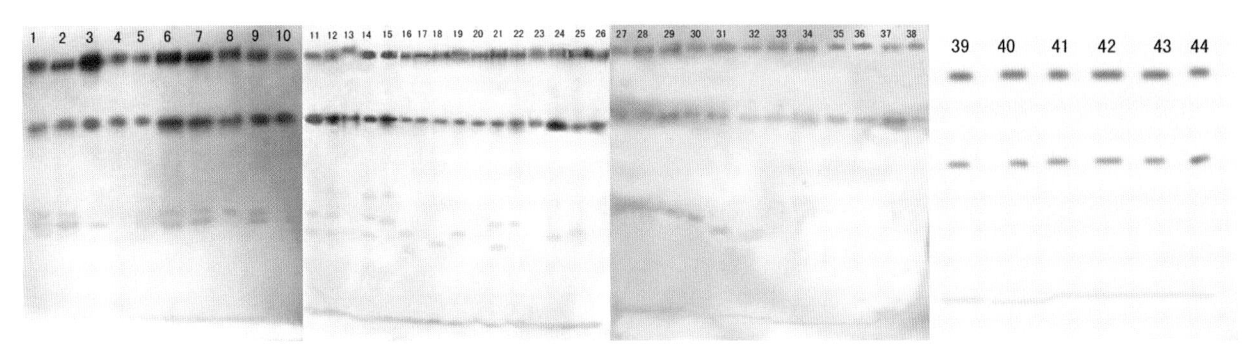

图43-5　不同茯苓菌株的酯酶同工酶电泳

注：各编号所对应的菌种分别为1:GD，2:ZJ，3:5.78，4:Y1，5:A9，6:同仁堂，7:86，8:5杨，9:Z(L)，10:华农，11:麻城，12:P0，13:DB，14:901，15:ACCC50864，16:L，17:茯　苓5号，18:福　建006，19:T1，20:ACCC50876，21:靖28，22:茯　苓28，23:SD(光大)，24:A10，25:YN，26:华中茯苓，27:9号，28:16，29:AH，30:Z(Z)，31:W，32:S1，33:SD（金乡），34:F6，35:7号，36:野生（王），37:12，38:J518，39:TS，40:鄂苓1号，41:14，42:GZ，43:10，44:ACCC50478。

三、茯苓菌种标准

1. 范围

本标准规定了茯苓（*Poria cocos*）菌种的质量要求、抽样、试验方法及标签、包装、运输、贮存等。

本标准适用于茯苓菌种的生产、流通和使用。

2. 规范性引用文件

下列文件中的条款通过本标准的引用而成为本标准的条款。凡是注明日期的引用文件，其随后所有的修改单（不包括勘误的内容）或修订版均不适用于本标准。然而鼓励根据本标准达成协议的各方研究可使用这些文件的最新版本。凡是不注明日期的引用文件，其最新版本适用于本标准。

GB 4789.28—2013　食品卫生微生物学检验　染色法、培养基和试剂

GB 9687—1988　食品包装用聚乙烯成型品卫生标准

GB 9688—1988　食品包装用聚丙烯成型品卫生标准

GB 19172—2003　平菇菌种

NY/T 528—2010　食用菌菌种生产技术规程

3. 术语和定义

下列术语和定义适用于本标准。

3.1 茯苓　为非褶菌目（Aphyllophorales）多孔菌科（Polyporaceae）真菌茯苓［*Poria cocos*（Schw.）Wolf］的干燥菌核。呈类球形、椭球形或不规则团块，大小不一，体重，质坚实。外皮薄而粗糙，棕褐色至黑褐色，有明显的皱缩纹理。内部白色，少数淡红（棕）色，粉粒状，有的中间包有松根。无臭，味淡，嚼之粘牙。子实体无柄，呈蜂窝状，厚3～10mm，幼时白色，成熟后变为浅褐色；孔管内壁着生棍棒状担子。菌核入药，能利水渗湿、健脾宁心。

3.2 母种　经各种方法选育得到的具有结实性的菌丝体纯培养物及其继代培养物，以玻璃试管为培养容器和使用单位，也称一级种、试管种。

3.3 原种　由母种移植、扩大培养而成的菌丝体纯培养物。常以玻璃菌种瓶或塑料菌种瓶或15cm×28cm聚丙烯塑料袋为容器，也称二级种。

3.4 栽培种　由原种移植、扩大培养而成的菌丝体纯培养物。常以玻璃瓶、塑料瓶或塑料袋为容器，也称三级种。栽培种只能用于栽培，不可再次扩大繁殖菌种。

3.5 颉颃现象　具有不同遗传基因的菌落间产生不生长区带或形成不同形式线行边缘的现象。

3.6 角变　因菌丝体局部变异或感染病毒而导致菌丝变细、生长缓慢、菌丝体表面特征成角状异常的现象。

3.7 高温抑制线　食用菌菌种在生产过程中受高温的不良影响，培养物出现的圈状发黄、发暗或菌丝变稀弱的现象。

3.8 种性　食用菌的品种特性是鉴别食用菌菌种或品种优劣的重要标准之一。一般包括对温度、湿度、酸碱度、光线和氧气的要求，抗逆性、丰产性、出菇迟早、出菇潮数、栽培周期、商品质量及栽培习性等农艺性状。

4. 要求

4.1 母种

4.1.1 容器规格：使用玻璃试管和棉塞（或硅胶塞），试管18mm×180mm或20mm×200mm，棉塞用梳棉不要用脱脂棉。

4.1.2 感官要求：应符合表43-5规定。

表43-5　母种感官要求

项目		要求
容器		完整无损
硅胶塞或棉塞		干燥、洁净、松紧适度、能满足透气和滤菌要求
培养基灌入量		为试管总体积的1/5～1/4
培养基斜面长度		顶端距塞子40～50mm
斜面接种块大小		（3～5）mm×（3～5）mm
菌种正面外观	菌丝生长量	长满斜面
	菌丝体特征	菌丝色白、均匀、粗壮、气生菌丝旺盛
	菌丝体表面	均匀、平整、无角变
	杂菌菌落	无
	菌丝分泌物	菌丝体尖端可见晶莹的露滴状分泌物
培养基斜面背面外观		培养基不干缩，颜色均匀、无暗斑、无色素
气味		有茯苓菌丝特有的气味，无酸、臭、霉等异味

4.1.3 菌丝生长速度、定植能力：在PDA培养基上，在适温（24℃±1℃）时，萌发定植时间为1~2天，长满试管斜面的时间为5~8天。

4.1.4 微生物学检验：菌丝粗壮，无细菌、霉菌污染。

4.1.5 母种真实性鉴定：供种单位需对母种进行酯酶同工酶电泳鉴定，茯苓菌种具有共有带迁移率R_f为0.128和0.341，确定其与对照相同后，再经结实试验进一步确定其真实性，方可用于扩大繁殖或出售。

4.2 原种

4.2.1 容器规格：使用650~750ml，耐126℃高温无色或近无色玻璃菌种瓶，或850ml耐126℃高温白色半透明符合GB 9687卫生规定的塑料菌种瓶，或15cm×28cm耐126℃高温符合GB 9688卫生规定的聚丙烯塑料袋。各类容器应使用棉塞，也可使用满足滤菌和透气要求的无棉塑料盖。

4.2.2 感官要求：应符合表43-6要求。

表43-6 原种感官要求

项目		要求
容器		完整无损
硅胶塞或无棉塑料盖		干燥、洁净、松紧适度，能满足透气和滤菌要求
培养基上表面距袋口的距离		50mm±5mm
接种量		每支母种试管接原种数量4~5袋（瓶），接种物≥12mm×15mm
菌种外观	菌丝生长量	长满容器
	菌丝体特征	洁白浓密、生长健旺均匀，布满菌袋
	培养基及菌丝体	紧贴袋壁，无干缩
	培养物表面分物	菌丝体尖端可见乳白色露滴状分泌物
	颉颃作用	无
	杂菌菌落	无
气味		特异香气浓郁，无酸、臭、霉等异味

4.2.3 微生物学检验：菌丝粗壮，无细菌、霉菌污染。

4.2.4 原种菌丝生长速度：在适宜培养基上，25~30℃温度下，菌丝长满菌袋一般为15~28天。

4.3 栽培种

4.3.1 容器规格：使用15cm×28cm，也可以<17cm×35cm耐126℃高温符合GB 9688卫生规定的聚丙烯塑料袋。各类容器应使用棉塞，棉塞用梳棉不要用脱脂棉，也可使用满足滤菌和透气要求的无棉塑料盖。

4.3.2 感官要求：应符合表43-7要求。

表43-7 栽培种感官要求

项目	要求
容器	完整无损
硅胶塞或无棉塑料盖	干燥、洁净、松紧适度，能满足透气和滤菌要求
培养基上表面距袋口的距离	50mm±5mm

续表

项目		要求
接种量		每支原种接栽培种数30～50袋
菌种外观	菌丝生长量	长满容器
	菌丝体特征	洁白浓密、生长健旺均匀，布满菌袋
	培养基及菌丝体	紧贴袋壁，无干缩
	培养物表面分物	菌丝体尖端可见乳白色露滴状分泌物
	颉颃作用	无
	杂菌菌落	无
气味		特异香气浓郁，无酸、臭、霉等异味

4.3.3 微生物学检验：菌丝生长状态为菌丝粗壮，无细菌、霉菌污染。

4.3.4 栽培种菌丝生长速度：在适宜培养基上，25～30℃温度下，菌丝长满菌袋一般为15～30天。

5. 检验方法

5.1 感官检验

5.1.1 母种：母种的感官检验项目包括容器、棉塞（无棉塑料盖）、斜面长度、菌种生长量、斜面背面外观、菌丝特征、培养基上表面距离瓶口距离、分泌物、杂菌菌落、子实体原基、角变等。

5.1.1.1 容器：用游标卡尺测量试管外径和管底至管口的长度，肉眼观察试管有无破损。

5.1.1.2 棉塞（无棉塑料盖）：手触是否干燥；肉眼观察是否为梳棉制作，是否洁净，对着光源看是否有粉状霉菌；松紧度以手提起棉塞脱落与否判断；透气性和滤菌性以塞入水管长度达到1.5cm，试管外露长度达到1cm为合格。无棉塑料盖只检验洁净度。

5.1.1.3 斜面长度：用游标卡尺测量斜面顶端到试管口的距离。

5.1.1.4 斜面背面外观：肉眼观察培养基边缘是否与试管壁分离。

5.1.1.5 菌种外观其他各项：肉眼观察

5.1.1.6 气味：在无菌条件下拔出棉塞，将试管置于距鼻5～10cm处，屏住呼吸，用医用酒精消毒过的手在试管上方轻轻扇动，顺风鼻嗅。

5.1.2 原种和栽培种

5.1.2.1 容器：肉眼观察容器有无破损。

5.1.2.2 棉塞（无棉塑料盖）：手触是否干燥；肉眼观察是否为梳棉制作，是否洁净，对着光源看是否有粉状霉菌；松紧度以拔出或塞进不费力为合格；透气性和滤菌性以塞入水管长度达到2cm，试管外露长度达到1cm为合格。无棉塑料盖只检验洁净度。

5.1.2.3 培养基上表面距离瓶（袋）的距离：用游标卡尺测量。

5.1.2.4 接种量：原种用游标卡尺测量，栽培种检查生产记录。

5.1.2.5 菌种外观其他各项：肉眼观察。

5.1.2.6 气味：同母种气味的检验方法。

5.2 微生物学检验

5.2.1 菌丝生长状态：用放大倍数不低于10×40的光学显微镜对培养物的水封片进行观察，每一检样应观察不少于50个视野。

5.2.2 细菌检验：方法一：取少量疑有细菌污染的培养物，按无菌操作接种于GB/T 4789.28—2013中4.8规定的营养肉汤培养液中，25～28℃振荡培养1～2天，观察培养液是否混浊。如培养液混浊，为有细菌污染；培养液澄清，为无细菌污染。

方法二：从菌种中挑出3～5mm见方的菌种块，接种于PDA斜面上，置于25～28℃下培养，1～2天后取出，对比观察。

5.2.3 真菌检验：取少量疑有真菌污染的培养物，按无菌操作接种于PDA培养基（见附录A中A.1）中，25～28℃培养3～4天，出现白色以外色泽的菌落或非平菇菌丝形态菌落的，或有异味者为霉菌污染物，必要时进行水封片镜检。

5.3 菌丝生长速度

5.3.1 母种　PDA培养基，24℃±1℃培养，计算长满所需天数。

5.3.2 原种　按附录B中规定的配方任选其一，在25～30℃培养，计算长满所需天数。

5.3.3 栽培种　按附录C中规定的配方任选其一，在25～30℃培养，计算长满所需天数。

5.4 真实性检验

5.4.1 菌丝形态鉴定　对菌丝体颜色、菌丝浓密程度、分泌物、气味等特征进行观察，是否与茯苓菌丝体特征吻合。

5.4.2 结实性试验　将菌丝体接种至试管斜面或平板中，24℃±1℃培养，30天左右菌丝体表面陆续可见子实体原基分化，并逐渐转变为淡黄色至深褐色的幼小蜂窝状子实体。

5.4.3 酯酶同工酶电泳：方法：采用聚丙烯酰胺垂直板凝胶电泳。取菌龄为15～20天的试管母种，刮取菌丝，0.1mol/L磷酸缓冲液（ml）和石英砂（g），研磨成匀浆，台式离心机10000r/min离心5分钟，取上清液，40%蔗糖和0.01%溴酚蓝溶液作为电泳样品，4℃下冷藏备用。采用聚丙烯酰胺凝胶电泳。用pH 8.9 Tris-HCl缓冲液配制12%分离胶，用pH 8.3 Tris-甘氨酸作电极缓冲液。点样75μl。3℃下120V电泳20分钟压200V，4小时。用固蓝RR盐60mg，0.1mol/L磷酸缓冲液（pH 6.0）80ml，α-萘乙酯38mg和β-萘乙酯38mg溶于3ml丙酮配制的染色液，染色，显现酶谱。具体方法参见NY/T 1097　2006食用菌真实性鉴定酯酶同工酶电泳法。以酯酶区带向正极泳动距离与溴酚蓝指示剂向正极泳动距离的比值作为电泳相对迁移率（R_f），茯苓菌种具有R_f分别为0.128和0.341两条共有谱带。

5.5 留样　各级菌种都应留样备查，留样的数量应以每个批号母种3～5支，原种和栽培种 5～7瓶（袋），于 4～6℃下贮存，贮存至使用者在正常生产条件下该批菌种出第一批菌核。

5.6 检验规则

5.6.1 质检部门的抽样应具有代表性。

5.6.2 母种按品种、培养条件、接种时间分批编号，原种、栽培种按菌种来源、制种方法和接种时间分批编号。按批随机抽取被检样品。

5.6.3 母种、原种、栽培种的抽样量分别为该批菌种量的10%、5%、1%。但每批抽样数量不得少于10支（瓶、袋）；超过100支（瓶、袋）的，可进行两级抽样。按质量要求进行检验，检验项目全部符合质量要求时，为合格菌种；其中任何一项不符合要求，均为不合格菌种。

6. 包装、标识、贮存和运输

6.1 标签、标志

6.1.1 产品标签：每支（瓶、袋）菌种要贴有清晰注明以下要素的标签。产品名称（如茯苓母种）、品种名称（如50876）、生产单位（×××菌种厂）、接种日期（如××××.××.××）、执行标准。

6.1.2 包装标签：每箱菌种要贴有清晰注明以下要素的包装标签。产品名称、品种名称、厂名、厂址、联系电话、出厂日期、保质期、贮存条件、发货单位、收货单位、数量、毛重、净重、执行标准。

6.1.3 包装储运图示：按GB/T191规定，应注明小心轻放标志，防水、防潮、防冻标志，防晒、防高温标志，防止倒置标志，防止重压标志

6.2 包装

6.2.1 母种外包装：采用木盒或有足够强度的纸材制做的纸箱，内部用棉花、碎纸、报纸等具有缓冲作用的轻质材料填满。

6.2.2 原种、栽培种外包装：采用有足够强度的纸材制做的纸箱，内部用碎纸、报纸等具有缓冲作用的轻质材料填满。纸箱上部和底部用8cm宽的胶带封口，并用打包带捆扎两道，箱内附产品合格证书和使用说明（包括菌种种性、培养基配方及适用范围）。

6.3 运输　不得与有毒物品混装，气温达30℃以上时，需用2～20℃的冷藏车运输。运输中须有防震、防晒、防雨淋、防冻、防杂菌污染的措施。

6.4 贮存

6.4.1 母种：一般在5℃±1℃冰箱中贮存，保藏期不超过30天。

6.4.2 原种：应尽快使用，或置于10～25℃的常温培养室内储存，保藏期不超过45天。

6.4.3 栽培种：应尽快使用，置于10～25℃的常温培养室内储存，保藏期不超过60天。

四、茯苓菌种繁育技术研究

（一）研究概况

我国茯苓人工种植有肉引、木引和菌引三种方式。肉引即将新鲜茯苓剖开，将苓肉面紧贴松木段，苓皮朝外，边接边剖，引种茯苓。木引即用带有菌丝的木段引种，接种时把带菌丝木段和新鲜松木段头对头接拢即可。肉引、木引是传统的茯苓引种栽培方法。随着生产的发展，20世纪70年代初，华中农业大学杨新美教授指导成功研制出“茯苓纯菌丝菌种”引种法（菌引）。该技术的关键是菌种的培育生产，最初采用松木条法，由于接种成本较高，浪费松木资源，后来采用松木屑混合培养基育种法，形成了菌引生产茯苓的技术。

菌种的来源和繁育一般采取组织分离的营养繁殖方式进行。由于长期营养繁殖、继代培养、遗传变异、不适宜的环境条件、人工选择偏差等原因，导致茯苓菌种难免出现退化的现象。并且由于菌类植物生长速度快，退化速度较高等植物更高。菌种退化可导致菌丝体出现褐变、生活力下降、菌核产量降低等劣变现象，因此菌种的复壮及新品种的选育对保障茯苓生产尤为重要。目前茯苓菌繁育主要通过选择个体较大、质量较好的茯苓菌核进行组织分离，以及更换不同培养基进行菌种培养的方式，但由于菌核为菌丝休眠体并非生育过程中经过遗传重组新产生的繁殖器官，更换培养基也只是改善营养条件，这些途径只能减缓退化发生而非实质性复壮。有研究报道了不同培养基的效果，发现添加松木条的培养基释放营养的速度较慢，可延缓培养基营养的快速消耗，起到延迟菌丝老化的作用，同时在菌种与松树兜对接固定时，能起到支持作用。但添加松木条的培养基培养菌丝的感官质量不如常规松木屑或者两者无明显差异。还有报道发现在茯苓菌丝液体培养的过程中，在培养基中添加玉米浆可以显著改善培养基变黑和茯苓菌丝体的生长情况。但这主要用在茯苓菌丝的液体发酵培养过程中，对茯苓菌种的繁育效果还要观察。

由于茯苓的有性生殖机制尚不明确，且存在较大争议，目前茯苓育种通过自然选育、诱变育种、原生质

体融合育种等技术正在进行有益的探索；在紫外线照射培养、菌丝尖端转接分离、茯苓菌核分离复壮、单孢分离复壮、原生质体技术复壮等方面在进行复壮探索，这些探索仍处于试验阶段，有待取得生产实践的检验。目前茯苓生产中母种的主要来源取自野生资源或种植的优质茯苓菌核经分离纯化后获得，组织分离方法具有容易取材、容易培养菌丝的特点，但可能存在隔代产量不稳定的现象。

（二）茯苓菌种繁育技术研究

利用菌核组织分离是目前通过人工选择获取优良菌种生产母种的主要方法，也可对生产菌种进行复壮。具体操作方法是在栽培过程中，选择菌核个体硕大、质地坚实、表皮致密、菌肉洁白、有效成分含量高的个体，在无菌条件下对其进行表面消毒，然后将菌核剖开，挑取黄豆颗粒大小菌肉，接种到PDA试管培养基，经培养后选择菌丝生长旺盛、气生菌丝浓密、菌丝粗壮的试管培养为母种，进而扩繁为原种和栽培种，应用于生产。茯苓菌种繁育技术规程是在我国现行食用菌分级制度基础上，结合茯苓自身繁育的特性经总结和整理形成。由于菌丝的分离培养和培养基的选择都是沿用常规的经典方法，所以相关的研究内容较少；而不同菌株结苓的产量和质量差异很大，所以对菌株的选择和菌丝体结苓的比较在茯苓菌种繁育研究中是一项重要内容。

1. 不同产地茯苓菌株特点比较

茯苓菌种的种苗是菌丝体，不同菌株的菌丝体在显微镜下无明显的区别。我国目前有10多个省（区）进行了茯苓栽培，各地使用的菌种来源复杂，多为多品系的混合群体。本研究收集市场上具有地域特色的各种主要茯苓菌株，对其菌丝及菌核的特点进行观察和归纳（表43-8），为进一步研究不同菌株的特征提供参考。其他菌株可能为其延伸和扩展，也可能并不是具有地域特征和遗传特性的独立菌株，则有待进一步鉴定。

表43-8　不同产地主要茯苓菌株特征

菌株名称	产地	菌株特点
云苓1号	云南	PDA琼脂管：菌丝浓密、均匀，呈厚平茸状，菌丝爬壁力强 麦粒管：菌丝浓密，菌束多，粗壮 菌核：近圆球形或长椭球形，菌蒂小，菌核坚实；苓肉纯白致密
5.78	大别山	PDA琼脂管：菌丝浓密、均匀，呈厚平茸状，菌丝爬壁力强 麦粒管：菌丝致密，菌束一般 菌核：外皮色较深，褐或黑褐，质坚硬；苓肉洁白致密
S_1（神苓1号）	陕西	PDA琼脂管：菌丝稀疏、纤细、菌落呈短绒状，菌丝爬壁力弱 麦粒管：菌丝致密，菌束一般 菌核：多球形，表面光滑，结苓个数少，每窖通常一个，质地泡松；苓肉次白、颗粒粗
靖州28	湖南	PDA琼脂管：菌丝浓密、均匀，呈厚平茸状。菌丝爬壁力强 麦粒管：菌丝致密，菌束一般 菌核：形状不定，坚实、苓肉纯白致密
福建006（21）	福建	PDA琼脂管：菌丝稀疏、纤细，呈短绒状，菌苔薄，初期长速慢，菌丝爬壁力弱 麦粒管：菌丝稀疏、纤细，几无菌束 菌核：形状不定，较坚实，苓肉纯白，较细密
901	福建	PDA琼脂管：菌丝稀疏、纤细，呈短绒状，菌苔薄，初期长速慢，菌丝爬壁力弱 麦粒管：菌丝致密，菌束一般 菌核：球形，表面光滑；苓肉纯白，粗颗粒状
大炮引（俗称）	浙江	PDA琼脂管：菌丝较密、呈薄绒毛状，菌丝爬壁力较弱 麦粒管：菌丝较密，菌束一般 菌核：不定型，质地很泡松；苓肉纯白，粗粒颗

续表

菌株名称	产地	菌株特点
Z、T	英山 罗田	PDA琼脂管：菌丝较致密、呈绒毛状，菌丝爬壁力一般 麦粒管：菌丝致密，菌束较多，粗壮 菌核：不定型、坚实；苓肉纯白致密
光大	山东	PDA琼脂管：菌丝较密，呈薄绒毛状、初期生长速度慢，菌丝爬壁力较弱 麦粒管：菌丝稀疏、纤细，几无菌束 菌核：圆球形，表面光滑，菌核个数少，每窖通常一个，质地较泡松；苓肉次白、颗粒较粗，有一定空窖率
864、876	北京	PDA琼脂管：菌丝较稀疏、细，呈薄绒毛状，菌丝爬壁力较弱 麦粒管：菌丝较致密，菌束中等 菌核：不定形，质地较泡松；苓肉色白，颗粒较粗

2. 菌种保存及复壮

（1）菌种的保存　菌种保存目前常用的方法有斜面琼脂低温保藏法、矿物油保藏法、沙土法保藏法、滤纸保藏法、麦粒保藏法、木屑保藏法等，以及较先进的真空冷冻干燥保藏法和液氮超低温保藏法。其中沙土法保藏法、滤纸保藏法用于孢子的保藏。一般常用食用菌通过示范实验确定其优良种性后，其菌株菌丝体可通过低温保存供多年生产使用，其种性相对稳定。但茯苓产量的高低主要取决于菌种的结苓性能，为了保证这一性能的稳定性和可靠性，茯苓菌种通常要从高产苓场所收获的新鲜菌核中分离供当年使用。一般不用试管接种，保藏的时间较短。目前茯苓菌种的保存方法一般有斜面低温琼脂管保藏法、麦粒保藏法和木屑保藏法。

（2）菌种的复壮　“复壮”是通过改变内在品质如菌种的生理状况，或外在条件如营养成分等，使长期在人工条件下培养退化的菌种恢复生活力和正常生理功能的一种措施。

更换培养基法：长期在同一培养基上继代培养的菌种，生活力可能逐渐下降。将碳、氮、维生素、矿物质营养做适当调整，对因营养机质不适而衰退的菌种有一定复壮作用。接种时注意转管次数，或直接转接到松木上，并给予适宜的环境条件。

有性繁殖与无性繁殖交替进行法：反复进行无性繁殖会使菌种不断衰老，而有性繁殖所产生的孢子是其生活史中最年轻的起点，具有丰富的遗传特性，是最理想的方法。

现代科学育种法：不仅能使退化的物种得以复壮，而且能改良和创造新的优秀个体。目前，应用于茯苓育种研究的方法有原生质体单核化、原生质融合、原生质体紫外诱变技术等。

经反复试验，目前能成功应用于菌种生产实践的仍然是新鲜菌核分离菌种法。菌种的分离（无性繁殖）最好每年进行一次。

3. 不同茯苓菌株菌丝的生长速度

为考查茯苓菌株的产量与生长速度的相关性，课题组曾进行了菌丝生长速度与菌核产量的相关性分析，结果表明两者间无显著的相关性。但茯苓菌核的形成主要源于菌丝体对松木中纤维素和半纤维素分解利用，因此我们仍然有理由认为，茯苓菌丝生长速度是评价和衡量茯苓菌种质量的一个重要指标。

（1）试验方法　分别挑取各菌株的菌丝培养物（约0.6cm见方、厚0.1cm左右的菌丝体）接种于PDA培养基的试管斜面上，每个菌株做5支试管，于22～25℃温度下进行培养，每2天测量一次菌丝生长蔓延的长度，观察比较各菌株菌丝生长状况及长速。

（2）试验结果

表43-9　不同茯苓菌株菌丝生长速度

菌株	平均长速（cm/d）	菌株	平均长速（cm/d）
ACCC50864	2.13	AH	1.78
GD	2.00	ZJ	1.72
靖州28	1.98	茯苓3号	1.63
SD（光大）	1.88	GZ	1.54
YN	1.87	LT	1.47
SC	1.86	福建006	1.34

4. 茯苓菌株栽培试验

（1）样地选择　试验地设在湖北省黄冈市罗田县九资河镇，平均海拔500m，年平均气温12.5℃。最高气温18.7℃，最低气温8.8℃；1月份最冷平均气温0.2℃，7月份最热平均气温23℃；年均降水量1832.8mm，日照时数1400～1600小时，相对湿度79%，无霜期179～190天。试验地土壤为沙壤土，弱酸性，地势背风向阳，无大气、土壤、水质等方面的污染源，坡度为15°～25°未开垦的松林地。

（2）试验方法　栽培菌种制备：培养基按松木屑77%，麦麸或米糠20%，糖2%，石膏1%，含水量65%～70%，配制后装袋，0.12MPa灭菌1.5小时，冷却后接种置25℃培养室内培养，待菌丝长满菌袋即可用于栽培。

开窖：5月下旬在整好的种植场内按照深20～30cm、宽30～40cm、长50～60cm开窖，将处理好的段木呈“品”字形置入窖内，每窖段木用量均为6kg±0.1kg。

接种：每窖用菌种1袋，菌种用量为（250±10）g/袋。然后覆土8～10cm，呈龟背形。15～20天扒开段木非接种端，观察段木是否上引，若没有成功上引，应及时补接种。

采收：10月底当茯苓菌核裂口处弥合，裂纹不见白色，茯苓皮薄而粗糙，呈棕褐色时可采收。

加工：将采收的新鲜茯苓菌核刷去表面泥土，置于不通风的容器内，使其发汗。第1周每日翻动1次，取出摊放于阴凉处，待其表面干燥后，再堆置发汗。第2周后，每2～3天翻动1次。如此反复发汗3～4次，当表面生出白色绒毛状菌丝时，刷净，发汗后趁湿切制成茯苓块，将切制好的饮片进行晾晒，干燥后备用。

（3）试验结果　每个菌株栽培10窖，采收时统计每窖菌核鲜品产量，取平均值。不同茯苓菌株菌核鲜品产量见表43-10。

5. 茯苓多糖含量测定

（1）样品制备　对照品溶液的制备精密称取105℃干燥至恒重的葡萄糖对照品50mg于50ml容量瓶中，溶解并定容，摇匀。精密吸取5ml置于50ml量瓶中，加水至刻度，摇匀，即得100μg/ml的对照品溶液。

供试品溶液的制备 4.1中不同茯苓菌株生产的茯苓饮片打粉后过60目筛，精密称取药材粉末1.0g于具塞三角瓶中，加入1mol/L NaOH溶液50ml，于80℃水中超声提取50分钟，过滤，精密吸取续滤液1ml于50ml容量瓶中，加水定容，即得茯苓多糖供试品溶液。

（2）标准曲线　精密吸取对照品溶液0.0、0.1、0.2、0.4、0.6、0.8、1.0ml，分别置具塞试管中，各加水至1.0ml，精密加入5%苯酚溶液1.0ml，摇匀，再精密加入浓硫酸5ml，摇匀，100℃水浴20分钟，取出，置冷水浴中迅速冷却至室温，在490nm的波长处测定吸光度，以吸光度为纵坐标，多糖含量（μg）为横坐标，回归方程为$Y=0.0084X-0.0009$，$R^2=0.9992$，线性范围10～100μg。

（3）样品测定　按（2）项下方法制备供试液，分别精密移取0.2ml，按（2）项下步骤，测定吸光度，重复4次，通过回归方程计算相应多糖含量（μg），再换算出样品中多糖的百分比含量。不同茯苓菌株菌核多糖含量见表43-10。

表43-10　不同菌株茯苓检测结果

菌株	菌核产量（kg）	茯苓多糖含量（%）	茯苓酸（%）	水分（%）	总灰分
ACCC50864	1.07	77.89	0.2520	9.59	0.96
GD（广东）	1.12	68.53	0.2329	9.95	0.76
靖州28	1.52	78.82	0.1847	9.77	0.39
SD（光大）	0.97	70.62	0.1723	8.59	0.71
YN	1.36	78.55	0.1743	8.18	1.74
SC（四川）	1.21	60.79	0.2569	11.13	0.53
AH	1.39	75.13	0.1869	13.26	0.44
ZJ	1.25	58.89	0.1537	8.91	0.63
茯苓3号	1.27	62.25	0.1974	12.07	0.77
GZ	1.19	80.11	0.2217	9.82	0.51
LT	1.35	76.22	0.1944	10.17	0.52
福建006	1.48	66.82	0.2094	9.61	0.59

6. 茯苓酸含量测定

（1）色谱条件和样品制备　色谱仪：Agilent 1100液相色谱仪，Agilent色谱工作站；色谱柱：Kromasil 100-5C_{18}（250mm×4.6mm，5μm）；柱温30℃；流动相：乙腈-0.2%甲酸（80∶20）；流速：1.0ml/min；检测波长：242nm。

对照品溶液的制备：精密称取茯苓酸对照品2.40mg，置于10ml容量瓶中，加甲醇溶解并稀释至刻度，摇匀，即得每毫升含0.240毫克的茯苓酸对照品溶液。

供试品溶液的制备：精密称取4.1中不同菌株生产的茯苓粗粉（过60目筛）0.5000g，置于50ml具塞锥形瓶中，准确加甲醇25ml，加塞称定，浸泡25分钟，超声90分钟，放置，称重，用甲醇补足减失的重量，滤过，精密吸取续滤液5ml，置于蒸发皿中，水浴蒸干，残留物用甲醇定容至2ml容量瓶中，即得。

（2）样品测定　取不同菌种生产的茯苓粉末各3份，制备供试品溶液，用0.45μm微孔滤膜过滤，滤液密封备用，分别精密吸取各供试品溶液10μl，注入液相色谱仪，按上述色谱条件测定，计算样品溶液中茯苓酸的含量。

（3）结论分析　表43-10表明，菌种SC（四川）、ACCC50864培育的茯苓中茯苓酸含量较高，均高于0.25%；其次为GD（广东）、GZ、福建006，其茯苓酸含量在0.20%以上；其他菌株茯苓酸含量较低，为0.15%～0.20%，显示不同菌种茯苓酸含量有一定差异。

7. 水分、灰分测定

水分照水分测定法（《中国药典》2015年版通则0832第二法）测定。总灰分照灰分测定法（《中国药典》2015年版通则2302）测定。试验结果见表43-10。

由表43-10可看出，茯苓不同菌株的水分、总灰分均符合《中国药典》（2015年版）一部茯苓项下标准（水分<18.0%，总灰分<2.0%）。

8. 茯苓菌株品质综合评价

优良茯苓菌株的选育和推广是提高茯苓产量和品质最有效且经济的途径。我国幅员辽阔、气候复杂，野生茯苓分布较广，多样性的自然条件造就了丰富的茯苓种质资源，为开展茯苓遗传多样性研究和优良菌株选育奠定了重要基础。因此，以茯苓遗传特性的研究为基础，以我国丰富的种质资源为保障，开展高产、稳产、优质、适应性强、高生物学效率的茯苓种质创新，是推动茯苓栽培产业持续健康发展的重要突破口。在当前对茯苓基础生物学特性缺乏了解，遗传系统不明确，育种工作的滞后和种质创新不足的情况下，开展种质资源评价对筛选适合各产区栽培的具有较高经济效益的茯苓菌株以及跨地区引种栽培具有重要意义。本研究对茯苓菌丝的感官形态、生长速度、茯苓菌丝结苓后菌核的产量、有效成分含量进行了测定，还可对菌核的质地和断面色泽进行观察，这些指标可以综合对茯苓菌种的品质进行有效评价。

五、茯苓菌种繁育技术规程

1. 范围

本标规程定了茯苓母种、原种、栽培种生产以及菌种标签、包装、运输、贮存等。

本规程适用于各级茯苓菌种标准化生产 。

2. 规范性引用文件

下列文件中的条款通过本规程的引用而成为本规程的条款。凡是注明日期的引用文件，其随后所有的修改单（不包括勘误的内容）或修订版均不适用于本规程。然而鼓励根据本标准达成协议的各方研究可使用这些文件的最新版本。凡是不注明日期的引用文件，其最新版本适用于本规程。

GB/T 28118—2011　食品包装用塑料与铝箔复合膜、袋

SN/T 1891.1—2007　进出口微波食品包装容器及包装材料卫生标准　第1部分：聚丙烯成型品

NY/T528—2010　食用菌菌种生产技术规程

中华人民共和国中药材生产质量管理规范（试行）

中华人民共和国药典（2015年版）一部

3. 术语和定义

下列术语和定义适用于本标准。

3.1 品种　经各种方法分离、诱变、杂交、筛选而选育出来具特异性、均一（一致）性和稳定性的具有同一个祖先的群体。 也常称作菌株或品系 。

3.2 菌种　经人工培养并可供进一步繁殖或栽培使用的茯苓菌丝纯培养物，包括母种、原种和栽培种。

3.3 母种　经各种方法选育得到的具有结实性的菌丝体纯培养物及其继代培养物，以玻璃试管为培养容器和使用单位，也称一级种、试管种 。

3.4 原种　由母种移植、扩大培养而成的菌丝体纯培养物。 常以玻璃菌种瓶或塑料菌种瓶或15cm× 28cm

聚丙烯塑料袋为容器。

3.5 栽培种　由原种移植、扩大培养而成的菌丝体纯培养物。常以玻璃瓶、塑料瓶或塑料袋为容器。栽培种只能用于栽培，不可再次扩大繁殖菌种。

3.6 种性　食用菌的品种特性，是鉴别食用菌菌种或品种优劣的重要标准之一。一般包括对温度、相对湿度、酸碱度、光线和氧气的要求，抗逆性、丰产性、出菇迟早、出菇潮数、栽培周期、商品质量及栽培习性等农艺性状 。

3.7 料筒　用于茯苓栽培的段木，经过削皮留筋处理后，截成50cm左右的树段。

3.8 种苓　经过精心培育和挑选出的用于分离茯苓母种的优质鲜茯苓菌核。

3.9 潮苓　采收后用于加工的新鲜茯苓菌核。

4. 茯苓菌种的分级

用于分离茯苓菌种的鲜茯苓菌核称为种苓，由种苓直接分离、培育的一级菌种，称为茯苓母种；母种经扩大培育的二级菌种，称为茯苓原种；原种经扩大培育的三级菌种，直接用于栽培种植，称为茯苓栽培菌种。

5. 母种生产

5.1 种苓选择　在传统产区，选择优良栽培菌株（品系）提前进行培育；在栽培培育出的新鲜菌核中进行认真挑选。选择2～3代，体重2.5kg以上的优质鲜菌核；个体较大，近球形；外皮较薄，颜色黄棕色或淡棕色，有明显的白色或淡棕色裂纹；生长旺盛，切或掰开后，内部苓肉色白，茯苓气味浓郁，有较多乳白色或淡青色浆汁渗出；外皮完整，无虫咬损伤，无腐烂异样。种苓选定后要及时进行分离使用；若需短暂储存或运往他地使用，必须埋在湿沙内，以防干燥。

5.2 培养基配方　①PDA 培养基（马铃薯葡糖糖琼脂培养基）:（去皮）马铃薯200g（用浸出汁），葡萄糖20g，琼脂20g，水1000ml，pH自然。②CPDA培养墓（综合马铃薯葡糖糖琼脂培养基）:（去皮）马铃薯200g（用浸出汁），葡萄糖20g，磷酸二氢钾2g，硫酸镁0.5g，琼脂20g，水1000ml，pH自然。

5.3 培养基制备　根据上述配方，其中马铃薯去皮（挖去发芽薯块芽眼），洗净，切成薄片，用水冲洗干净，加水煮沸至软而不烂为度，用8层纱布（用水浸湿后拧干）过滤，取滤液。称取琼脂20g，加入马铃薯滤液中，煮至全部溶化。溶液中加入其他试剂，搅拌溶化，并加水补足1000ml，分装于试管中。使用玻璃试管和棉塞，试管18mm × 180mm或20mm × 200mm，棉塞要使用梳棉（不应使用脱脂棉）。将配制的母种培养基置高压灭菌锅内，0.11～0.12MPa灭菌30分钟，试管趁热摆放斜面，冷却后备用。

5.4 分离　预先选好的种苓用清水冲洗至无泥沙，待表面稍干移入无菌室超净工作台上，用0.2%升汞溶液或70%乙醇冲洗，进行表面消毒；再用无菌水（通过灭菌处理的清水）冲洗数遍，除去表面药液，打开紫外线灯照射片刻；待种苓表面稍干，用解剖刀或接种铲在茯苓皮内侧2～3cm处，挑取长宽各0.4cm左右、厚0.1cm小块白色苓肉，接入试管斜面或培养皿平板母种培养基上。

5.5 培养　从无菌箱或无菌室内将分离、接种后的试管或培养皿取出，贴上标签，注明菌种编号、种苓来源、分离接种时间等，然后移入24℃ ± 1℃恒温箱内培养；分离出的鲜苓块经1～2天培养，可看到接种块周围长出白色绒毛状的茯苓菌丝。随着培养时间的延长，可见茯苓菌丝在培养基上伸延，在培养过程中若发现有杂菌污染，要及时剔除。7天左右，茯苓菌丝长满培养基表面，即得到一次分离培养物。

5.6 提纯复壮与扩大培养将培养　好的一次分离培养物置无菌室超净工作台上，用无菌操作法从菌落边缘（即幼嫩菌丝）挑取长宽各0.5cm左右的菌丝体，移植到另一支母种培养基试管或平板内，于24℃ ± 1℃恒温箱内培养；培养1～2天即可见茯苓菌丝在培养基上呈放射状生长，且较旺盛致密。平板上可见茯苓菌落特有的同心环纹，试管内可见菌丝呈波纹起伏生长。培养7天左右，大量气生菌丝长满培养基，菌落环纹或波纹消失，并产生特异茯苓香味，即得到二次分离培养物；沿用此种方法，将二次分离培养物先端幼嫩菌丝经转接扩大培养，成为三次分离培养物；茯苓一次分离培养物经1～2次转管扩大培养，起到提纯和活化作用，培养出的二次、三次分离培养物即可作为母种用于扩大生产原种。

6. 原种生产

6.1 培养基配方　① 小麦粒90%，松木屑10%，营养液（1%蔗糖、0.4%硝酸铵或硫酸铵），含水量65%～70%（小麦粒需置40℃左右温度的营养液中浸泡10小时后用于培养基配制）。② 松木屑77%，麦麸或米糠20%，糖2%，石膏1%，含水量65%～70%。③ 松木屑60%，玉米粉30%，麦麸10%，含水量65～70%。

6.2 培养基制备　选用上述培养基配方，按比例混匀后，装入650～750ml耐126℃高温的无色或近无色的玻璃菌种瓶，或850ml耐126℃高温白色半透明符合SN/T 1891.1—2007规定的塑料菌种瓶，或15cm×28cm耐126℃高温符合GB/T 28118—2011规定的聚丙烯塑料袋。各类容器都应使用棉塞，棉塞要使用梳棉，不应使用脱脂棉。也可用能满足滤菌和透气要求的无棉塑料盖代替棉塞。边装料边振摇，稍压实，使之均匀装至瓶（袋）肩处，塞紧棉塞或具海绵塞的瓶盖。将配制的原种培养基置高压灭菌锅内，木屑培养基灭菌0.12MPa，1.5小时或0.14～0.15MPa，1小时。装容量较大时，灭菌时间要适当延长。灭菌完毕后，应自然降压，不应强制降压。常压灭菌时，在2小时之内使灭菌室温度达到100℃，然后保持100℃，8～10小时灭菌后慢慢冷却，备用。

6.3 接种与培养　将预先准备的优质母种置接种箱内，用无菌操作法挑取长、宽各1.5cm左右的菌块（连同培养基），迅速接种移入原种培养基瓶（袋）内中央，随即塞（盖）严瓶口，贴上标签；将接种后的原种瓶置25～30℃恒温箱或培养室内培养；培养1～2天，可见母种菌块上的菌丝恢复生长并逐渐向纵深延伸。待茯苓菌丝伸长至原种瓶2/3时，即可移入10～25℃常温室内继续培养。培养过程中必须经常检查，并调整培养温度、相对湿度，若发现菌丝生长异常，要及时分析原因，采取补救措施，对于菌丝长速明显缓慢，菌丝稀疏不均、发黑、杂菌污染等情况及时剔除。

7. 栽培种生产

7.1 培养基配方　① 松木屑77%，麦麸或米糠20%，糖2%，石膏1%，含水量65%～70%；② 松木屑60%，玉米粉30%，麦麸10%，含水量65%～70%；③ 松木块（边材）65%，松木屑11%，麦麸或米糠22%，糖1%，石膏1%，含水量65%～70%；④ 松木块（1cm×1cm×0.5cm）30%，松木屑50%，米糠17%，糖2%，石膏1%，含水量65%～70%；⑤ 松木条（1cm×2cm×0.5cm）66%，松木屑10%，麦麸或米糠21%，糖2%，石膏1%，含水量65%～70%。

7.2 培养基制备　选用上述配方，将培养基料配制后放置30分钟，待水分均匀透入料中，进行装袋。把配制的培养基装入袋中，使用15cm×28cm，也可以≤17cm×35cm耐126℃高温符合GB 9688卫生规定的聚丙烯塑料袋。各类容器应使用棉塞，棉塞用梳棉（不要用脱脂棉），也可使用满足滤菌和透气要求的无棉塑料盖。随后压实并抹平表面，擦净袋口内外壁表面沾有的物料，扎口。木屑培养基灭菌0.12MPa，1.5小时或0.14～0.15MPa，1小时；松木块培养基灭菌0.14～0.15MPa，2.5小时。装容量较大时，灭菌时间要适当延长。灭菌完毕后，应自然降压，不应强制降压。常压灭菌时，在2小时之内使灭菌室温度达到100℃，保持100℃，8～10小时灭菌后慢慢冷却，备用。

7.3 接种与培养　将预先准备的优质原种置接种箱内，用无菌操作法将原种瓶打开，去除原种表面的菌膜及表层培养物。用接种枪或接种匙挖取5g左右略加捣碎的原种块，接种移入栽培种培养基袋口中央，随即原样封口；将接种后的栽培菌袋置25～30℃培养室内培养；培养1～2天，即可见原种接种块上的茯苓菌丝恢复生长并向袋内纵深延伸。待茯苓菌丝伸长至培养袋2～3cm处时，即可移入10～25℃常温室内继续培养。培养过程中，必须经常检查，并调整培养温度、相对湿度，若发现菌丝生长异常，要及时分析原因，采取补救措施；对于菌丝长速明显缓慢，菌丝稀疏不均、发黑、杂菌污染等情况及时剔除。

8. 标签、包装、运输、贮存

见茯苓菌种标准草案。

参考文献

[1] 徐雷，陈科力，苏玮. 九资河茯苓栽培关键技术及发展演变［J］. 中国中医药信息杂志，2011,18（6）：106-108.

[2] 钟郁鸿，汤红. 茯苓产销趋势分析［J］. 中国现代中药，2014,16（6）：481-482,492

[3] 刘常丽，徐雷，解小霞，等. 湖北茯苓生产中存在的主要问题探讨［J］. 湖北中医药大学学报，2013,15（5）：42-44.

[4] 胡珂，赵梦静，王进，等. 利用呼吸作用鉴别优质茯苓菌种初探［J］. 中药材，2014,37（8）：1335-1338.

[5] 程磊，侯俊玲，王文全，等. 我国茯苓生产技术现状调查分析［J］. 中国现代中药，2015,17（3）：195-199.

[6] 陈秀虎，杨敏，郑会龙，等. 茯苓栽培菌种培养基的配制研究［J］. 食用菌，2015（3）：23-24.

[7] 屈直，刘作易，朱国胜，等. 茯苓菌种选育及生产技术研究进展［J］. 西南农业学报，2007,20（3）：556-559.

徐雷　陈科力（湖北中医药大学）

44 砂仁（阳春砂）

一、阳春砂概况

阳春砂（*Amomum villosum* Lour.）为姜科豆蔻属多年生草本植物，其干燥成熟果实为我国常用中药材砂仁，也是我国著名的“四大南药”之一。历版药典均有收载，具有化湿开胃、温脾止泻、理气安胎等功效，同时也是著名的食用调味品及香料。阳春砂原产于广东省阳春市，20世纪60年代，云南、广西、福建等省区相继引种，目前市场销售的国产砂仁以云南和广西栽培的阳春砂为主，而道地产区广东阳春由于产量低而劳动成本高等原因，市场占有比例较小，阳春砂主产地已由广东转移至云南。目前云南西双版纳为全国最大的阳春砂生产基地，种植面积和产量占全国80%以上。

阳春砂生产主要通过种子或分株苗繁殖，目前生产中存在种质混乱、缺乏种子种苗标准及育苗、栽培技术规范等问题，直接导致了砂仁药材产量低、品质差、生产成本高等问题，影响了药农收入和生产积极性。开展阳春砂种子种苗标准研究，有益于从源头规范阳春砂生产，保证阳春砂种子种苗质量，提高阳春砂产量和质量，保障砂仁药材的优质安全，从而促进整个砂仁产业的健康和可持续发展。

二、阳春砂种子质量标准研究

1. 研究概况

2009年，随着国家科技重大专项“中药材种子种苗和种植（养殖）标准平台”的实施，阳春砂作为该项目品种之一纳入了中药材种子种苗标准的研究。承担单位中国医学科学院药用植物研究所云南分所结合该项目，研究制定了阳春砂的种子质量检验方法（张丽霞等，2011）和种子质量标准；其他学者也开展了阳春砂不同栽培品种子的特性差异（杨锦芬等，2011）、种子的品质检验和贮藏特性（阮英恒等，2014）、种子质量及其萌发过程的生理特性（阮英恒等，2014）等方面的相关研究，但研究内容仅见论文报道，尚未见相关标准颁布。

2. 研究内容

（1）研究材料　阳春砂种子检验方法研究所用材料来自表44-1所示4批种子材料；种子分级标准研究所用材料来源于主产区云南、广东、广西、福建等地的52批种子材料（表44-2）。

表44-1　阳春砂种子检验方法研究材料来源

种质来源	收集时间
云南省景洪市景哈乡曼坝河	2010.08
福建省长泰县陈巷镇新吴村	2010.09

续表

种质来源	收集时间
广东省阳春市永宁镇双底村	2010.08
广西壮族自治区隆安县屏山乡上孟村	2010.09

表44-2　阳春砂种子分级标准研究材料来源

编号	种质来源	收集时间
YNJH1	云南省景洪市大渡岗乡	2009.08
YNJH2	云南省景洪市基诺乡	2009.08
YNJH3	云南省景洪市景哈乡	2009.08
YNML4	云南省勐腊县磨憨镇	2009.08
YNML5	云南省勐腊县象明乡	2009.08
YNML6	云南省勐腊县易武乡	2009.08
YNML7	云南省孟连县景昌乡	2009.09
YNLC8	云南省澜沧县拉巴乡	2009.09
YNXM9	云南省西盟县王莫村	2009.09
YNXM10	云南省西盟县翁嘎杆村	2009.09
YNJC11	云南省江城县曲水乡	2009.08
YNMG12	云南省马关县	2009.09
YNCY13	云南省沧源县	2009.09
YNRL14	云南省瑞丽市	2009.09
YNJH15	云南省景洪市景哈乡曼么村	2010.08
YNJH16	云南省景洪市景哈乡曼坝河	2010.08
YNJH17	云南省景洪市基诺乡	2010.08
YNJH18	云南省景洪市基诺乡新司土寨	2010.09
YNJH19	云南省景洪市基诺乡炸垒村	2010.09
YNJH20	云南省景洪市普文镇	2010.08
YNML21	云南省勐腊县瑶区乡下中山村	2010.08
YNML22	云南省勐腊县瑶区乡龙巴小寨	2010.08
YNML23	云南省勐腊县瑶区乡沙仁村	2010.08
YNML24	云南省勐腊县尚勇镇尚勇村	2010.08
YNML25	云南省勐腊县勐腊镇曼旦村	2010.08
YNML26	云南省勐腊县勐仑镇勐醒村	2010.09

续表

编号	种质来源	收集时间
YNML27	云南省勐腊县象明乡倚邦麻栗树寨	2010.08
YNML28	云南省勐腊县勐伴乡曼燕村	2010.08
YNML29	云南省勐腊县象明乡曼林村	2010.08
YNML30	云南省勐腊县象明锡空	2010.08
YNML31	云南省勐腊县易武乡倮德村	2010.08
YNJC32	云南省江城县曲水乡高山村	2010.08
YNLC33	云南省澜沧县拉巴乡	2010.09
YNLC34	云南省澜沧县拉巴乡塔拉弄村	2010.09
YNMG35	云南省马关县金厂镇	2010.09
YNMG36	云南省马关县南捞乡	2010.09
FJCH1	福建省长泰县武安镇	2009.09
FJCH2	福建省长泰县陈巷镇	2009.09
FJCH3	福建省长泰县马洋溪	2009.09
FJCT4	福建省长泰县陈巷镇新吴村	2010.09
FJCT5	福建省长泰县陈巷镇新吴村	2010.09
FJCT6	福建省长泰县陈巷镇新吴村4组	2010.09
FJCT7	福建省长泰县马洋溪	2010.09
FJCT8	福建省长泰县山重村	2010.09
FJHA9	福建省华安县高车乡前岭村	2010.09
FJHA10	福建省华安县高车乡	2010.09
GDYC1	广东省阳春市春湾镇新村	2010.08
GDYC2	广东省阳春市春湾镇	2010.08
GDYC3	广东省阳春市双窖镇七星村	2010.08
GDYC4	广东省阳春市永宁镇双底村	2010.08
GXFY1	广西壮族自治区扶绥县中东镇罗维村	2010.09
GXFY2	广西壮族自治区隆安县屏山乡上孟村	2010.09

（2）扦样方法　按GB/T3543.2—1995《农作物种子检验规程　扦样》扦样方法扦取送检样品和试验样品。根据阳春砂种子的市场流通情况和单次可能的交易量，以及净度分析试验样品不少于2500粒种子，送检样品的质量应超过净度分析量的10倍量的原则，确定阳春砂种子批的最大质量为1000kg，送验样品最少为500g，净度分析试样最少为50g。

（3）种子净度分析　按GB/T3543.3—1995《农作物种子检验规程　净度分析》净度分析执行。取云南景洪、广东阳春、福建长泰、广西隆安4个产地的种子样本，净度测定结果见表44-3。

表44-3　不同产地阳春砂种子净度测定

项目	云南景洪	广东阳春	福建长泰	广西隆安
分取样品重量（g）	50.01	50.06	50.02	50.04
净种子重量（g）	49.38	49.73	49.41	49.65
杂质重量（g）	0.60	0.31	0.59	0.33
其他种子重量（g）	0.00	0.00	0.00	0.00
净度后总重量（g）	49.98	50.04	50.00	49.98
增失重量（g）	0.03	0.02	0.02	0.06
增失（%）	0.06	0.04	0.04	0.12
杂质（%）	1.20	0.62	1.18	0.66
其他种子（%）	0.00	0.00	0.00	0.00
净种子（%）	98.74	99.34	98.78	99.22

试验结果显示：种子试样净度较高，达98.74%以上。使用此方法做净度分析，各试样增失差距均没有偏离原始质量的5%，所以此方法和程序切实可行。

（4）真实性鉴定　采用种子外观形态法，随机数取100粒净种子，重复4次，对照下列阳春砂种子形态特征逐粒观察并记录。

阳春砂种子外观形态特征：不规则多面体，表面黑褐色。有细皱纹，较小的一端有凹陷的发芽孔，较大的一端为合点。种脊沿腹面呈一纵沟，背面平坦。种子长2.75～4.26mm，宽1.88～3.74mm，千粒重8.81～20.42g（图44-1）。

图44-1　阳春砂种子形态

（5）重量测定　分别采用百粒法和千粒法测定每份种子样品重量。① 百粒法：随机从净种子中数取100粒，重复8次，计算平均重量、标准差及变异系数。要求重复间变异系数<4.0，测定值有效。② 千粒法：随机从净种子中数取1000粒，重复2次，计算平均重量、标准差及两重复间差数与平均数。要求两重复间差数与平均数之比<5%，测定值有效。

采用百粒法和千粒法测定4个产地种子试样结果见表44-4。

表44-4 阳春砂种子不同重量测定方法比较

样本	百粒法			千粒法		
	千粒重（g）	标准差（g）	变异系数（%）	千粒重（g）	重复间差数（g）	差数和平均数之比（%）
云南景洪	13.06	0.02	1.47	13.13	0.06	0.46
广东阳春	13.22	0.01	0.10	13.23	0.02	0.16
福建长泰	8.81	0.02	0.19	8.81	0.01	0.11
广西隆安	13.68	0.01	0.08	13.64	0.03	0.20

通过方差分析，采用两种方法测定4份种子试样的千粒重，各处理间无显著差异（$P<0.05$），且数据重复间变异系数（或差数和平均数之比）均小于4.0，测定值有效。鉴于百粒法所需种子量较少，所以确定百粒法为阳春砂种子重量测定的方法。

（6）水分测定 分别采用高温烘干法和低恒温烘干法测定每份种子样品水分。① 低恒温烘干法：在（103±2）℃低恒温条件下烘（17±1）小时后，计算种子水分。② 高恒温烘干法：在130～133℃高温条件下，分别烘1小时、2小时、3小时、4小时后计算种子水分。根据所得数据，选择高温烘干时间。每份称种子样品4g，重复2次，要求每份样品两次测定之间差距不超过0.2%。

采用高恒温烘干法1、2、3、4小时对4个产地种子试样的水分测定结果如表44-2所示。试验结果表明：采用高恒温烘干法，阳春砂种子在最初的2小时内迅速失去水分，随后失水缓慢；烘干3小时、4小时，测得种子的水分值趋于稳定，故选择适宜烘干时间为3小时。

对高恒温烘干3小时和低恒温烘干17小时测定的水分进行统计分析（表44-5），结果显示：采用两种方法测定4个产地种子试样的水分值均无显著性差异（$P<0.05$），并且误差都在0.2%以内。鉴于低温烘干法需要时间长，推荐使用高温烘干法3小时。

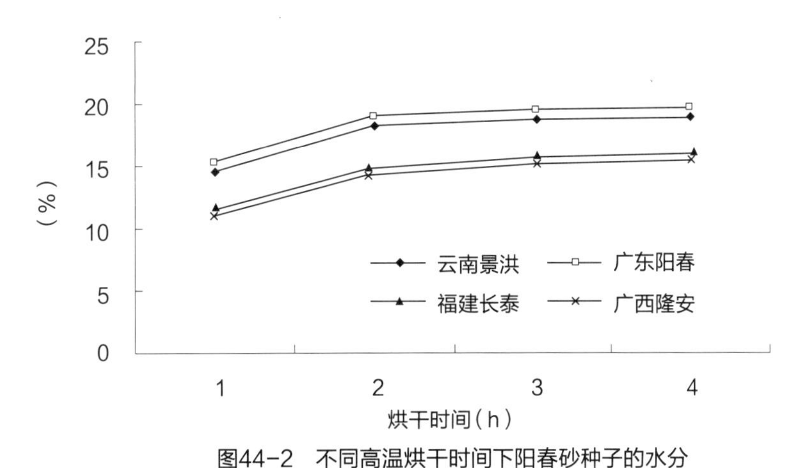

图44-2 不同高温烘干时间下阳春砂种子的水分

表44-5 两种方法测定阳春砂种子水分（%）

样本	高温烘干法3小时	低温烘干法17小时	样本	高温烘干法3小时	低温烘干法17小时
云南景洪	18.80	18.71	广东阳春	19.60	19.51
福建长泰	15.67	15.39	广西隆安	15.21	15.25

（7）发芽试验　研究阳春砂种子发芽前处理方法、发芽床、发芽温度和发芽首次和末次计数时间。

发芽前处理：采用以下方法进行发芽前处理。① 采用湿沙层积20、30、60天后取出进行种子萌发试验；② 采用100mg/L GA_3浸种30小时后进行种子萌发试验；③ 采用湿沙层积20天后，再用100mg/L GA_3浸种30小时后进行种子萌发试验；④ CK：用未经任何处理的种子直接进行发芽试验。以上种子以双层滤纸（纸上）做发芽床，在30/20℃变温、12小时光照条件下的培养箱中萌发。每处理100粒种子，重复5次。

湿沙层积试验结果显示（表44-6）：采用湿沙层积20～60天后，阳春砂种子的发芽势和发芽率均显著升高，且种子的始发芽天数比对照明显缩短。层积处理20天后，发芽率超过50%，发芽率和30天的发芽势均比对照显著升高；湿沙层积60天 后，发芽率可达67.22%，且在30天左右可基本结束发芽。试验结果表明：采用湿沙层积处理方法可有效破除阳春砂种子休眠，显著提高种子的发芽率、发芽速度和发芽整齐度，缩短发芽时间。

表44-6　湿沙层积对阳春砂种子萌发的影响

贮藏时间（d）	30天发芽势（%）	发芽率（%）	起始发芽天数（d）
现采现播	3.00^{c}	21.40^{c}	27
20	36.25^{b}	55.40^{b}	18
30	30.67^{b}	53.40^{b}	16
60	61.56^{a}	67.22^{a}	12

注：同列中的不同字母表示差异显著（$P<0.05$）。

GA_3浸种试验结果表明（表44-7）：播前采用100mg/L GA_3浸泡砂仁种子30小时，可加快阳春砂发芽，并显著提高其发芽势和发芽率。结合湿沙层积20天，阳春砂种子的发芽率可提高到76.25%，发芽率提高近50%，始发芽天数缩短17天。

因此，规定阳春砂发芽前处理方法为：湿沙层积20天后，采用100mg/L GA_3浸种30小时。

表44-7　发芽前处理对阳春砂种子萌发的影响

处理	30天发芽势（%）	发芽率（%）	起始发芽天数（d）
湿沙层积20d +GA_3浸种	69.25^{a}	76.25^{a}	11
GA_3浸种	32.25^{a}	49.00^{a}	23
CK	17.25^{b}	31.00^{b}	28

注：同列中的不同字母表示差异显著（$P<0.05$）。

发芽床的选择：试验样本经湿沙层积20天，100mg/L赤霉素浸种30小时后，选取纸上、褶裥纸、沙上、沙中、纱布5种发芽床试验。将种子分别置于不同发芽床，在30/20℃变温、12小时光照条件下的培养箱中发芽。每处理100粒种子，重复5次。

4个产地阳春砂种子在不同的发芽床上发芽结果如图44-3所示。从4份样本的发芽率看，纸上、褶裥纸、沙上3种发芽床的发芽率较高，三者之间发芽率无显著性差异；而4份样本在沙中和纱布的发芽率均较低。从试验结果看出，纸上、褶裥纸、沙上3种发芽床均适宜阳春砂发芽。但鉴于纸上发芽床操作简便，观察也更清晰。因此，规定纸上作为阳春砂发芽床。

发芽温度的选择：试验样本经湿沙层积20天，100mg/kg赤霉素浸种30小时后，分别置于15、20、25、30、35℃恒温和30/20℃变温、12小时光照条件下培养；以双层滤纸（纸上）做发芽床。每处理100粒种子，重复5次。

4个产地的阳春砂种子在不同的温度条件下萌发情况如图44-4所示。试验结果显示：4份种子样品在15℃时萌发率极低或不萌发，在20～35℃恒温条件下具有一定的萌发率，但种子在30/20℃变温条件下，萌发率均显著高于其他恒温处理，说明变温处理更有利于阳春砂种子萌发。因此，规定30/20℃变温作为阳春砂种子的发芽温度。

发芽首次和末次计数时间：根据最适萌发条件下的发芽表现，确定初次和末次计数时间。以胚根突出种皮长度超过种子直径时的天数作为初次计数时间，以种子萌发数达到最高时、以后再无萌发种子出现时的天数作为末次计数时间。

根据对4个产地阳春砂种子发芽的观测（图44-5），阳春砂种子一般在试验后14～20天内开始萌发，40～50天萌发基本结束。因此，规定砂仁种子萌发试验首末次记数时间为15～50天。

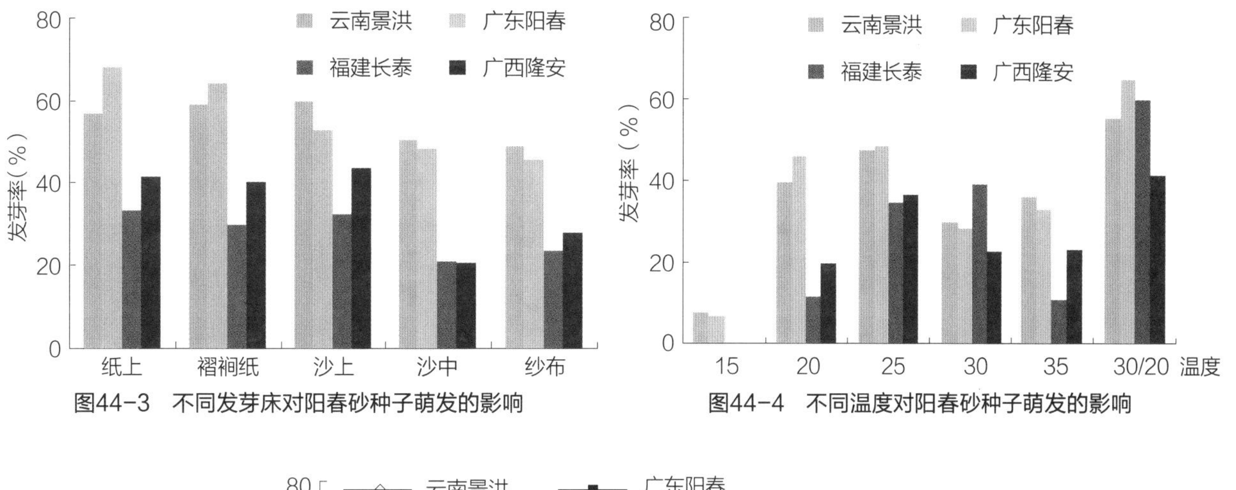

图44-3　不同发芽床对阳春砂种子萌发的影响

图44-4　不同温度对阳春砂种子萌发的影响

图44-5　阳春砂发芽率和发芽时间的动态变化

（8）生活力测定　研究TTC染色测定法染色温度、染色液浓度、染色时间和染色鉴定标准。

染色温度的确定：将供试种子用清水浸泡24小时，然后沿种脊小心地将种子切成两半，使其露出胚乳，一半放入培养皿，切面向下，滴入0.2%TTC溶液浸没剖面，加盖，分别置于30、35、40℃的恒温箱中，避光条件下染色12、18、24、30小时后各取出一个处理，自来水冲洗净，观察并记录染色情况。每处理100粒种子，重复4次。

采用TTC法测定阳春砂的种子生活力，染色温度对种子染色影响结果见表44-8。试验结果显示：染色的恒温箱温度对阳春砂种子染色有较大影响，在40℃恒温条件下，阳春砂种子染色效果好，染色较快。

表44-8　染色温度与种子染色的关系

染色温度（℃）	染色时间（h）			
	12	18	24	30
30	11.11	40.00	52.22	54.44
35	15.56	42.22	56.67	60.00
40	41.33	53.33	62.22	66.67

注：种子来源于云南景洪。

染色液浓度和染色时间的确定：将供试种子用清水浸泡24小时，然后沿种脊小心地将种子切成两半，使其露出胚乳，一半放入培养皿，切面向下，分别滴入0.1%、0.2%、0.3%的TTC溶液浸没剖面，加盖，置于40℃的恒温箱中，避光条件下染色12、18、24、30小时后各取出一个处理，自来水冲洗净，观察并记录染色情况。每处理100粒种子，重复4次。

四唑溶液浓度和时间与种子染色的关系见表44-9。试验结果显示：阳春砂种子不易染色，3份阳春砂种子在40℃恒温避光条件下，采用3种浓度TTC溶液浸泡，有生活力的种子均在12小时左右才开始着色，24小时后着色趋于稳定。

3份种子样品采用0.1%和0.2%两种浓度的TTC溶液，染色24小时后，生活力无显著差异，但其中2份样本（云南景洪、福建长泰）显著高于用0.3%浓度的TTC溶液染色的种子生活力，1份样本（广东阳春）与0.3%浓度的TTC溶液染色的种子生活力无显著差异。鉴于四唑有毒性，宜选择0.1%低浓度的TTC溶液。

因此，阳春砂采用TTC法测定生活力，应采用0.1%的TTC溶液、在40℃条件下染色24小时。

表44-9　TTC浓度和染色时间与种子染色的关系

种质来源	TTC浓度（%）	染色时间（h）			
		12	18	24	30
云南景洪	0.1	25.56	40.00	60.00	62.22
	0.2	41.33	53.33	62.22	66.67
	0.3	33.33	44.44	52.22	55.56
广东阳春	0.1	27.78	50.00	70.00	75.56
	0.2	25.56	41.11	70.00	74.44
	0.3	23.33	35.56	72.22	73.33
福建长泰	0.1	23.33	41.11	62.22	67.78
	0.2	16.67	37.78	60.00	64.44
	0.3	14.44	41.11	54.44	66.67

四唑染色鉴定标准的建立：根据种子染色特点和发芽率的对照分析拟定阳春砂种子生活力的鉴定标准。根据观察，有活力的阳春砂种子被染成有光亮的红色，且染色均匀。符合下列任意一条的列为有生活力

种子（图44-6）：① 胚完全着色；② 胚根端小于1/3不染色，其余全部染色；③ 子叶端小于1/3不染色，其余全部染色。无生活力的种子染色情况（图44-7）：① 胚完全不着色；② 胚根不染色。

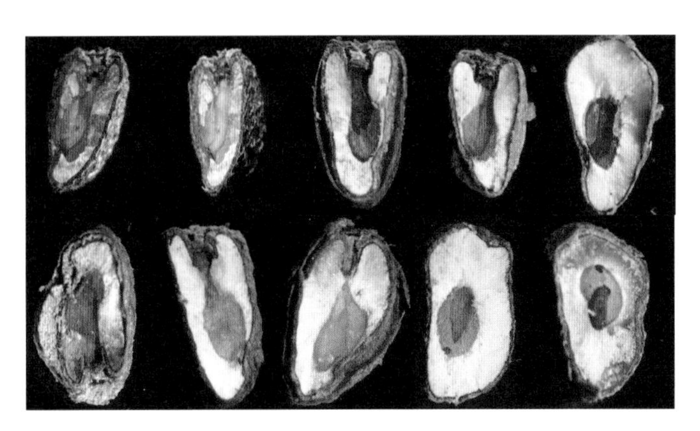

图44-6　阳春砂有生活力种子

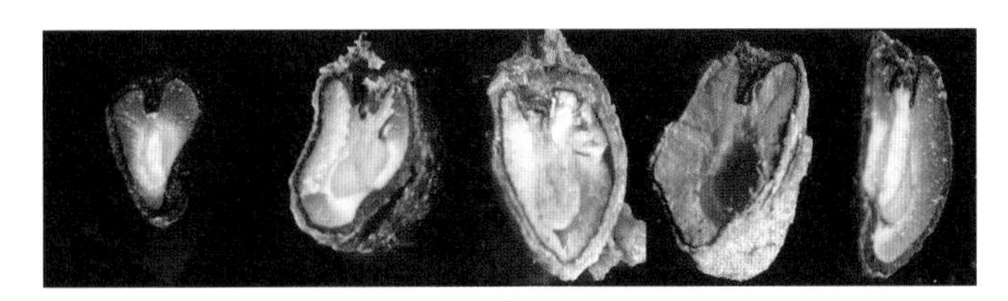

图44-7　阳春砂无生活力种子

（9）种子分级标准　徒手减半分样法分取样品进行净度测定；百粒法测定种子的千粒重；高温烘干法测定种子的含水量；TTC法测定种子的生活力；标准发芽法测定发芽率。按以上方法对收集的52份样品进行检测，检测结果见表44-10。

表44-10　阳春砂种子各指标检测值

编号	净度（%）	千粒重（g）	生活力（%）	水分（%）	发芽率（%）
YNJH1	98.08	12.27	20.00	14.14	6.67
YNJH2	99.66	13.78	24.50	14.38	9.33
YNJH3	99.85	12.31	57.00	18.25	47.00
YNML4	98.61	14.58	30.67	13.69	24.50
YNML5	99.30	17.36	47.00	13.20	18.33
YNML6	98.61	18.54	34.00	15.38	12.67
YNML7	99.42	14.54	56.00	17.53	18.00
YNLC8	99.65	17.64	56.00	17.25	34.67
YNXM9	99.39	15.16	50.00	18.47	12.67
YNXM10	99.79	16.11	67.00	16.05	16.67
YNJC11	97.38	13.05	22.00	14.50	10.33
YNMG12	99.09	19.50	56.00	18.64	12.33

续表

编号	净度（%）	千粒重（g）	生活力（%）	水分（%）	发芽率（%）
YNCY13	99.09	20.42	25.00	18.21	19.67
YNRL14	99.70	18.94	28.50	18.64	6.67
YNJH15	99.13	12.12	56.67	18.51	39.33
YNJH16	99.12	12.35	57.78	20.79	76.25
YNJH17	97.44	12.38	45.56	16.25	17.67
YNJH18	98.87	13.72	24.44	21.58	21.00
YNJH19	99.09	13.24	67.78	18.80	12.67
YNJH20	97.94	14.09	70.00	21.30	43.67
YNML21	96.66	11.44	35.56	19.00	13.33
YNML22	97.95	10.54	51.11	19.96	25.67
YNML23	96.55	12.52	68.89	20.68	17.00
YNML24	97.48	13.07	62.22	20.96	46.33
YNML25	98.03	13.50	64.44	21.13	43.33
YNML26	97.91	10.10	42.22	22.72	6.33
YNML27	96.31	12.67	37.78	20.02	47.33
YNML28	96.66	12.96	43.33	19.63	35.33
YNML29	97.65	14.30	46.67	19.91	13.67
YNML30	96.70	11.86	45.56	20.16	16.00
YNML31	96.66	11.48	37.78	19.98	21.67
YNJC32	99.37	13.83	48.89	22.14	34.67
YNLC33	95.12	11.34	37.78	21.86	30.67
YNLC34	96.55	12.26	33.33	23.48	15.33
YNMG35	98.63	12.83	66.67	16.28	11.00
YNMG36	99.18	15.76	71.11	16.82	40.33
FJCH1	96.55	12.24	76.00	20.13	59.50
FJCH2	99.27	18.13	67.00	16.22	42.49
FJCH3	99.64	17.87	65.00	23.58	39.75
FJCT4	98.78	8.88	63.33	18.42	23.33
FJCT5	98.38	8.81	51.11	17.94	38.67
FJCT6	99.06	10.02	63.33	18.97	30.00

续表

编号	净度（%）	千粒重（g）	生活力（%）	水分（%）	发芽率（%）
FJCT7	98.94	10.48	66.67	18.55	36.33
FJCT8	98.79	10.40	61.11	21.02	36.67
FJHA9	98.87	10.61	51.11	18.05	23.67
FJHA10	99.01	10.25	56.67	17.10	28.33
GDYC1	99.34	12.52	61.11	19.20	43.00
GDYC2	99.08	12.26	60.00	19.60	68.25
GDYC3	97.32	13.23	50.00	22.56	21.00
GDYC4	90.82	13.22	70.00	23.46	64.67
GXFY1	99.28	13.32	54.44	18.07	43.00
GXFY2	99.22	13.68	72.22	18.18	55.00
平均值	98.25	13.43	51.51	18.87	29.46
标准差	1.55	2.71	15.03	2.56	17.02
变异系数	1.57	20.18	29.18	13.55	57.76

剔除4份不成熟的种子（YNJH1，YNJH2，YNRL14，YNML26，发芽率<10%）后，对其他48份种子采用SPSS11.0统计分析软件对主要检测指标进行K聚类分析，结果见表44-11。将48份阳春砂种子聚类分析后，划分为3个等级，其中一级16个，二级18个，三级14个。

表44-11　K聚类分析结果

影响因素	K聚类中心值		
	一级	二级	多个级
生活力（%）	62.67	58.06	36.81
发芽率（%）	49.95	25.33	17.68
千粒重（g）	13.69	12.58	14.14
含水量（%）	19.76	18.87	18.26
净度（%）	98.14	97.72	98.63
48份检测的阳春砂分级情况（样本数）	16	18	14

考虑种子检验的快速有效、可操作性和决定种子质量的指标，选定净度、水分、千粒重、发芽率作为阳春砂种子质量的主要指标。根据以上试验结果，确定阳春砂种子质量要求如表44-12所示：

表44-12 阳春砂种子质量要求

项目		指标	项目		指标
净度（%）	≥	97	千粒重（g）	≥	10
水分（%）	≤	20	发芽率（%）	≥	50

三、阳春砂种苗质量标准研究

（一）阳春砂种子苗分级标准研究

1. 试验材料

于2015年8～11月在云南省西双版纳地区分别收集出圃的阳春砂种子苗3批，每批不少于100株苗。

2. 阳春砂种子苗各指标数据调查

对不同批次的阳春砂种子苗进行抽样调查，每个批次测定株高、叶片数、球状茎粗、丛芽数、根数、根长、匍匐茎粗等数据，统计结果如表44-13。

表44-13 阳春砂种子苗各指标数据结果统计表

指标	株高（cm）	叶片数	主茎粗（mm）	丛芽数	匍匐茎粗（mm）	根数	根长(cm)
范围	5～62.5	2～18	1.48～10.09	0～3	0～7.54	1～27	1～20

3. 阳春砂种子苗各指标主成分分析

应用SPSS 13.0统计分析软件对种子苗各指标进行统计和主成分分析，结果见表44-14。

表44-14 阳春砂种子苗各指标主成分分析表

项目	1	2	3	4
特征根	4.077	0.796	0.608	0.601
积累方差贡献率（%）	58.247	69.626	78.314	86.903
株高	0.875	0.241	-0.092	-0.144
叶片数	0.606	0.730	0.033	0.252
主茎粗	0.796	-0.019	-0.281	-0.402
丛芽数	0.810	-0.214	-0.210	0.263
匍匐茎粗	0.693	-0.099	0.686	-0.065
根长	0.783	-0.178	0.029	-0.275
根数	0.749	-0.344	-0.059	0.454

由表中可以看出，前4个特征值累计贡献率已经达到了86.903%，说明前4个主成分基本包含了全部的指标信息。在第一个主成分中，根据特征向量的系数，株高与丛芽数的系数最大，说明这两个指标起主要作用。根据主成分分析结果与生产实践，将株高与丛芽数作为阳春砂种子苗分级的主要指标。

4. 阳春砂种子苗初步分级标准

用SPSS统计软件采用K类中心聚类法(K-Means Cluster)对原始试验数据进行聚类分析，根据聚类分析结果和生产实际按照最低定级原则制定砂仁种子苗质量分级标准，即同一等级种子苗的任一指标若达不到标准则降为下一级。划分等级如表44-15。

表44-15 阳春砂种子苗分级标准（暂定）

等级	株高（cm）	丛芽数
Ⅰ	≥40	≥3
Ⅱ	15~40	1~3
Ⅲ	5~15	0

5. 阳春砂种子苗分级标准检验

将各级别的种子苗按类型分级各栽种一个小区，小区面积5m^2，每小区栽培30株，栽后淋定水并用落叶覆盖穴面，荫蔽度70%。定植1年后统计各级别苗木成活率、丛芽数、株高、茎粗等，检验分级的合理性。试验结果如表44-16。

表44-16 阳春砂种子苗不同质量等级检验结果

等级	成活率（%）	株高（cm）	叶片数	茎粗（mm）	丛芽数
Ⅰ	92.67	64.31	14.93	11.19	3.04
Ⅱ	89.67	45.34	11.47	9.24	2.19
Ⅲ	83.33	26.62	8.21	6.45	1.17

结果表明，Ⅰ级苗的成活率、株高、茎粗、萌发新株的能力生长情况均居最高，Ⅱ级苗次之，Ⅲ级苗较差；说明以株高和丛芽数作为阳春砂种子苗分级指标是合理的。

6. 阳春砂种子苗分级标准确定

根据试验结果，结合生产实践，最终确定阳春砂种子苗分级标准如表44-17。

表44-17 阳春砂种子苗质量分级标准

苗木种类	Ⅰ级		Ⅱ级	
	苗高（cm）	丛芽数	苗高（cm）	丛芽数
种子苗	≥40	≥3	15~40	1~3

（二）阳春砂分株苗分级标准研究

1. 试验材料

收集国内不同产区阳春砂分株苗30份，如表44-18，其中有17份来源于云南主产区，同时收集国内其他产区如广东、广西、福建等的种苗13份作为对照和参考。收集种苗样品时还考虑以下因素：① 主产区内不同气候、不同土壤生态区域的样品；② 主产区内的样品适当考虑行政区域，如县、乡和村。

表44-18　供试阳春砂种苗收集记录

编号	采样地点	采样时间	采样株数
YNZM1	云南省景洪市基诺乡	2009.09	150
YNZM2	云南省景洪市景哈乡曼坝河	2009.09	150
YNZM3	云南省景洪市大渡岗乡关平村	2009.09	150
YNZM4	云南省勐腊县勐腊镇曼旦村	2009.09	150
YNZM5	云南省勐腊县象明乡	2009.09	150
YNZM6	云南省勐腊县尚勇乡	2009.09	150
YNZM7	云南省勐腊县易武乡曼拉村	2009.09	150
YNZM8	云南省勐腊县勐伴乡	2009.09	150
YNZM9	云南省勐腊县瑶区乡	2009.09	150
YNZM10	云南省澜沧县拉巴乡	2009.09	150
YNZM11	云南省西盟县勐梭镇王莫村	2009.09	150
YNZM12	云南省孟连景信乡景冒村	2009.09	150
YNZM13	云南省河口县南溪镇芹菜塘村	2009.09	150
YNZM14	云南省瑞丽市畹町八队	2009.09	150
YNZM15	云南省马关县八寨镇弯子村	2009.09	150
YNZM16	云南省马关县篾厂乡	2009.09	150
YNZM17	云南省江城县	2009.09	150
FJZM1	福建省长泰县陈巷镇新吴村	2009.09	150
FJZM2	福建省长泰县美岭村	2009.09	150
GDZM1	广东省阳春市春城镇蟠龙村委会	2009.09	150
GDZM2	广东省阳春市春湾镇奥垌村	2009.09	150
GDZM3	广东省阳春市春城镇崆峒村	2009.09	150
GDZM4	广东省阳春市蟠龙乡金花坑	2009.09	150
GXZM1	广西壮族自治区南宁市宁明县爱店乡蒲何村	2009.09	150
GXZM2	广西壮族自治区隆安县屏山乡孟村下孟屯	2009.09	150
GXZM3	广西壮族自治区隆安县屏山镇龙虎山	2009.09	150
GXZM4	广西壮族自治区南宁市延安镇华南村	2009.09	150
GXZM5	广西壮族自治区南宁市药植园	2009.09	150
HNZM1	海南省屯昌县乌坡村	2009.09	150
HNZM2	海南省万宁市兴隆镇	2009.09	150

2. 试验方法

（1）数据调查　对来源于30个产区的阳春砂分株苗进行抽样调查，每产区随机挑选50株分株苗测定株高、叶片数、球状茎粗、匍匐茎粗等数据。

（2）分级指标的确立　应用SPSS 13.0统计分析软件对分株苗的株高、叶片数、球状茎粗、匍匐茎粗等指标进行统计和主成分分析，根据分析结果结合生产实际确立分级指标。

（3）分级方法　根据分析结果和生产实际确定分级指标，按照最低定级原则制定阳春砂分株苗质量分级标准，即同一等级分株苗的任一指标若达不到标准则降为下一级。

（4）栽植与检验方法　将各级别的种苗按30cm×30cm的密度栽植于试验地，每个产区采集的种苗按类型分级各栽种一个小区，小区面积5m^2，每小区栽培50株，栽后淋定水并用落叶覆盖穴面，荫蔽度70%。栽植1年后统计各级别苗木成活率、丛芽数、株高、球状茎粗，初步检验分级的合理性。

3. 试验结果

（1）阳春砂分株苗各指标数据调查　对来源于30个产区的阳春砂分株苗进行抽样调查，每产区随机挑选50株分株苗测定株高、叶片数、球状茎粗、匍匐茎粗等数据。对阳春砂分株苗各指标进行测定，统计结果如表44-19。

表44-19　阳春砂分株苗各指标数据结果统计表

指标	株高（cm）	叶片数	球状茎粗（mm）	匍匐茎粗（mm）
范围	57.6~212.6	2~22	12.32~25.43	6.14~18.16

（2）阳春砂分株苗各指标主成分分析　应用SPSS 13.0统计分析软件对分株苗的株高、叶片数、球状茎粗、匍匐茎粗等指标进行统计和主成分分析。对阳春砂分株苗各指标进行主成分分析，结果见表44-20。

表44-20　阳春砂分株苗各指标主成分分析表

因子/主成分	特征值	贡献率（%）	累积贡献率（%）
叶片数	2.148	53.700	53.700
株高	0.994	24.860	78.560
球状茎粗	0.694	17.338	95.895
匍匐茎粗	0.164	4.102	100

试验结果表明，在阳春砂分株苗的4个测定指标中，以叶片数的方差贡献率最高，达53.7%；而叶片数、株高、球状茎粗三个指标累积贡献率达到95.895%。根据主成分分析试验结果，结果生产实践，将株高和叶片数作为阳春砂分株苗分级的主要指标。

（3）分株苗分级

① 初步分级标准：根据试验结果，结合生产实践，初步以叶片数和株高将阳春砂分株苗划分为3级（表44-21）。

表44-21　阳春砂分株苗分级标准（暂定）

等级	叶片数	株高（cm）
Ⅰ级	5~10	60~110

续表

等级	叶片数	株高（cm）
Ⅱ级	10～20	110～180
Ⅲ级	<5	<60

② 分级标准检验：将各级别的种苗按30cm×30cm的密度栽植于试验地，每个产区采集的种苗按类型分级各栽种一个小区，小区面积5m^2，每小区栽培50株，栽后淋定水并用落叶覆盖穴面，荫蔽度70%。栽植1年后统计各级别苗木成活率、丛芽数、株高、球状茎粗，初步检验分级的合理性。将不同等级的阳春砂种苗栽植于试验地，种植一年后测定各生长指标结果见表44-22。

表44-22　阳春砂分株苗不同质量等级检验结果

等级	成活率（%）	丛芽数	新萌发株株高（cm）	新萌发株球状茎粗（mm）
Ⅰ级	38.89	7.59	83.47	11.10
Ⅱ级	31.11	6.08	76.29	11.71
Ⅲ级	18.33	5.8	64.14	8.96

结果表明，Ⅰ级苗的成活率、萌发新株的能力及萌发新株的生长情况均居最高，Ⅱ级苗次之，Ⅲ级苗较差；说明以叶片数和株高作为阳春砂分株苗分级指标是合理的。

③ 分株苗分级标准确定：根据试验结果，结合生产实践，最终确定阳春砂分株苗分级要求如表44-23。

表44-23　阳春砂分株苗质量分级要求

苗木种类	Ⅰ级		Ⅱ级	
	苗高（cm）	叶片数	苗高（cm）	叶片数
分株苗	60～110	5～10	110～180	10～20

四、阳春砂种子质量标准草案

1. 范围

本标准规定了阳春砂（*Amomum villosum* Lour.）种子质量要求、检验方法、包装、标识、贮藏等内容。

本标准适用于阳春砂种子生产和使用过程中的质量要求和质量检验。

2. 规范性引用文件

下列文件对于本标准的应用是必不可少的。凡是注明日期的引用文件，仅所注明日期的版本适用于本标准。凡是不注明日期的引用文件，其最新版本（包括所有的修改单）适用于本标准。

GB/T 3543.2　农作物种子检验规程　扦样

GB/T 3543.3　农作物种子检验规程　净度分析

GB/T 7414　主要农作物种子包装

GB 20464　农作物种子标签通则

3. 要求

种子饱满，黑褐色，无病虫害。种子质量符合表44-24规定。

表44-24 阳春砂种子分级标准

项目	指标	项目	指标
净度（%） ≥	97	千粒重（g） ≥	10
水分（%） ≤	20	发芽率（%） ≥	50

4. 检验方法

4.1 扦样 按GB/T 3543.2执行。

4.2 净度分析 按GB/T 3543.3执行。

4.3 水分 将样品盒预先烘干、冷却、称重，并记下盒号；称取试验样品两份，每份4.0g；将试样放入预先烘干和称重过的样品盒内，再称重（精确至0.001g），放置在温度已达145℃恒温烘箱内；待烘箱温度回至133℃开始计时，在133℃±2℃下烘3小时；3小时后取出放入干燥器内冷却至室温，30~45分钟后再称重。根据烘后失去的重量占供检原始重量的百分率计算种子水分。

4.4 千粒重 将净种子混合均匀，从中随机取试样8个重复，每个重复100粒；将8个重复分别称重（g），结果精确到0.0001g；计算平均重量，换算为千粒重量（g）。

4.5 发芽率 新鲜种子潮沙贮藏20天，用100ppm赤霉素浸种30小时；把种子均匀放在培养皿内双层滤纸上；置于光照培养箱中，在30/20℃变温，12小时光照条件下培养；记录从培养开始的第15天至第50天的各处理种子发芽数，并计算发芽率。

5. 包装、标识、贮藏

5.1 包装 按GB/T 7414执行。

5.2 标识 按GB 20464执行。

5.3 贮藏 将自然阴干的种子，置于潮沙（手握成团，手松即散）中贮藏，沙子埋藏厚度10~20cm，贮藏时间不宜超过180天。

五、阳春砂种苗质量标准草案

1. 范围

本标准规定了阳春砂（*Amomum villosum* Lour.）种子苗和分株苗的术语和定义、质量要求、检测方法、检验规则。

本标准适用于阳春砂种苗的生产、经营、使用的质量检验及等级评定。

2. 规范性引用文件

下列文件对于本文件的应用是必不可少的。凡是注明日期的引用文件，仅所注明日期的版本适用于本文件。凡是不注明日期的引用文件，其最新版本（包括所有的修改单）适用于本文件。

GB 6000 主要造林树种苗木质量分级

3. 术语和定义

下列术语和定义适用于本标准。

3.1 种子苗 由阳春砂种子繁育而成用于直接移栽或通过假植移栽的苗。

3.2 分株苗 从阳春砂根部萌发并繁育而成的苗，包括直立茎和匍匐茎。

3.3 苗高 指阳春砂从茎基部至顶芽基部的苗干长度。

3.4 丛芽数 从阳春砂种子苗根部萌发出的能够用做繁殖材料的总数。

3.5 直立茎 指阳春砂直立于地面的植株。

3.6 匍匐茎 指阳春砂植株匍匐于地面的根状茎。

4. 质量标准

4.1 感官要求 种子苗要求植株整体形态正常，根系完整，无明显病斑、失绿、虫害和损伤。分株苗要求植株健壮，根系完整，无明显病斑、失绿、虫害和损伤。直立茎近端的匍匐茎上带有1～2个新萌发的嫩芽。

4.2 分级标准 种苗质量标准划分按照表44-25要求。

表44-25 阳春砂种苗质量分级标准

类型	项目	等级	
		I级	II级
种子苗	苗高（cm）	≥40	15～40
	丛芽数	≥3	1～2
分株苗	苗高（cm）	60～110	110～180
	叶片数	5～10	10～20

5. 检测方法

5.1 苗高 用直尺测量苗高，读数精确到0.1cm。

5.2 丛芽数、叶片数 人工直接计数。

5.3 外观形态 感观检测。

6. 检验规则

6.1 苗批 以同一苗圃、用同一批繁殖材料，采用基本相同的育苗技术培育的同龄苗木为一批组。

6.2 交收检验 每批产品交收前，生产单位都要进行交收检验。交收检验项目包括外观形态和质量要求。检验合格并附合格证书后方可验收。

6.3 抽样 起苗后苗木质量检测要在一个苗批内进行，采取随机抽样的方法，抽样规则按GB 6000的要求执行。

6.4 判定规则 先按外观形态进行判定，达不到要求的为不合格苗木，达到要求者再按表1、表2规定的指标分级。各项指标均达到同一等级时，直接定级；各项指标在II级以上但不在同一等级时，定为II级；各项指标中有一项在II级以下，定为不合格品。检验项目有不合格时允许留样复检，以复检结果判定合格与否。

六、阳春砂种子种苗繁育技术研究

(一)研究概况

20世纪60年代，云南、广西、福建等省区相继引种阳春砂，并从种子种苗繁育、高产生态环境选择、水肥试验、传粉蜂类、病虫害、衰老株群更新等方面开展了阳春砂种子种苗繁育和栽培等方面的相关研究，但未见正式颁布的种子种苗繁育技术规程。

(二)阳春砂种苗繁育技术规程草案

1. 范围

本规程规定了阳春砂(*Amomum villosum* Lour.)种苗生产中的选地、整地、搭荫棚、苗床准备、灌溉设施、种子苗培育、分株苗培育、出圃等内容。

本规程适用于阳春砂种苗生产。

2. 规范性引用文件

下列文件对于本文件的应用是必不可少的。凡是注明日期的引用文件，仅所注明日期的版本适用于本文件。凡是不注明日期的引用文件，其最新版本(包括所有的修改单)适用于本文件。

NY/T393 绿色食品农药使用准则

3. 选地

苗圃地应选择在交通便利、地势平坦、排灌方便、土壤疏松的沙壤土或壤土地块。

4. 整地

清除地面杂草，翻耕晒土，碎地平整，育苗前用波美3度石硫合剂喷洒地面消毒。

5. 搭荫棚

用荫蔽度70%的遮阳网，竹子、木材或钢管等搭建高1.8～2.5m，长、宽依地形而定的遮阴棚。

6. 苗床准备

苗床分为沙床和假植床：① 沙床：作高25～30cm、宽1～1.2m的畦，沙层厚8～12cm，床底混少量腐熟细碎有机肥；② 假植床：翻耕晒土，碎地平整，按高25～30cm、宽1～1.2m起畦，长度依地形而定，步道宽30～40cm，每亩施腐熟有机肥1500～2000kg，均匀撒于畦面，然后翻入土层。

7. 灌溉设施

依据苗圃条件，布局喷灌、滴灌等灌溉系统。

8. 种子苗培育

8.1 种子采集和处理

8.1.1 种子采：选择果粒大，种子饱满，无病虫害的植株作采种母株。当果实变为紫红色，种子变为黑褐色，有浓烈辛辣味时采收。

8.1.2 种子处理：将选取的鲜果置于较柔和的阳光下晒2～3小时，连晒2天，再放置3～4天，取出种子团，然后加等量的河沙和少量清水揉擦去果肉种衣，再用清水漂净阴干。播前用3∶1种子混粗沙进行摩擦，或用100ppm赤霉素浸种30小时。

8.2 播种

8.2.1 播种时间：秋季播种宜在当年9月底前完成，或潮沙贮藏至翌年春季3月播种。

8.2.2 沙床催芽：每平方米播36g种子，撒播或条播。将沙子与种子按照5∶1混匀，撒播，覆盖1～2cm厚沙层；或开行距10cm，沟深2～3cm的小沟，沟内均匀条播种子，覆沙平沟。播种后搭30～40cm高塑料拱棚，温度过高时揭膜。

8.2.3 假植：当苗木具5～6片真叶时，从沙床上取苗，按20cm×10cm行株距移栽于假植床。

8.3 苗期管理

8.3.1 浇水：视土壤墒情每周浇水1～2次，保持土壤湿润。

8.3.2 除草：根据苗圃地杂草情况及时采用人工方法清除杂草，不应使用化学除草剂。

8.3.3 苗疫病防治：遵循“预防为主，综合防治”原则，保持苗圃通风，控制湿度。化学防治应执行NY/T 393的规定。出苗后15天，每隔7天交替喷50%多菌灵和75%百菌清可湿性粉剂700倍液，连续喷3次进行预防；发病初期及时清除病苗并集中烧毁，立即喷甲霜灵可湿性粉剂800～1000倍液，每隔7天喷1次，连续喷4次。

9. 分株苗培育

9.1 母株选择　选择历年丰产、生长健壮、分生能力强、无病虫害的植株作母株。

9.2 分株取苗　挖取株高60cm以上，具5～10枚叶片，剪留20～30cm长的老匍匐茎，且带1～2个嫩芽的壮实幼苗作种。

9.3 分株苗扩繁　每年3～10月，选取分株苗按照1m×1m行间距假植于苗圃地，水肥管理参照8.2。

10. 出圃

苗木出圃时应达到阳春砂种苗标准规定的质量要求。土壤过干的苗圃地起苗前2～3天应当适当灌水，保证取苗当天土壤潮湿。种子苗起苗时，如为疏松沙壤土可用手握住种子苗茎基部，慢慢将苗从土中拽取拔出；土壤粘度大时，先用铲子斜插到种子苗旁土下30～40cm处，摇动铲子疏松土壤，待松土后再拔取种子苗。分株苗起苗时，先用枝剪将老匍匐茎剪断，再按照种子苗拔取方式起苗。要求做到随起、随选、随运、随栽。按种苗质量标准进行苗木分级。

11. 包装、运输、标签

11.1 包装　同一级别的种苗以50株或100株扎成小捆，用包装袋将根部包裹好。包装袋应符合种苗包装材料要求。

11.2 运输　苗木运输途中应采取遮阴、保湿、降温、通气等措施。运输过程中的温度宜为20～28℃，最高温不宜超过32℃，湿度保持在60%～70%。苗木运到目的地后应存放在阴凉、通风的环境，并及时移栽，宜在3 天内移栽完。

11.3 标签　苗木调运时在包装明显处附以标签，标签内容包括：苗木类别、等级、生产者或经营者名称、地址、育苗时间、起苗时间。并附当地林业部门出具的三证（苗木检验证书、产地检疫合格证、植物检疫证）。

参考文献

[1] 么厉，程惠珍，杨智．中药材规范化种植（养殖）技术指南［M］．北京：中国农业出版社，2006：995-1002.

[2] 阮英恒．阳春砂种子质量及其萌发过程的生理特性研究［D］．广州：广州中医药大学，2014.

[3] 张丽霞，李学兰，唐德英，等．阳春砂仁种子质量检验方法的研究［J］．中国中药杂志，2011，36（22）：3086-3090.

张丽霞（中国医学科学院药用植物研究所云南分所）

45 | 姜黄

一、姜黄概况

姜黄为姜科姜属多年生宿根草本植物姜黄*Curcuma longa* L. 的干燥根茎或块根，具有破血行气、通经止痛、利胆保肝、抗癌、抗菌、抗氧化、免疫调节等诸多功效，还可作调味品、色素、香料、染料、杀虫剂等，是我国传统出口创汇的优质道地药材和化工原料，广泛用于轻化工业、食品工业和中医药等领域。姜黄商品主要来源于人工栽培，分布于我国华东、华南、西南地区，主产于四川犍为、乐山、井研、双流、新津、崇庆，重庆石柱，福建武平、龙岩，广东佛山、花县、番禺，江西铅山等地。生产中主要采用种姜（即主根茎）进行无性繁殖，但目前姜黄种姜的商品化程度不高，主要靠药农自繁自用或到主产区购买，没有专门的交易市场，处于一种无章可循、无法可依的粗放状态。

二、姜黄种姜质量标准研究

（一）研究概况

我国大多姜黄主产区判定种姜级别多依赖当地传统习惯，没有统一的标准进行规范。重庆市中药研究院早在20世纪90年代即开展了姜黄栽培、生长发育等方面的研究，但对姜黄种姜标准研究始于2009年承担的国家“十一五”“十二五”重大专项《中药材种子种苗和种植（养殖）标准平台》子课题“葛根、黄连、天门冬、姜黄等药材种子（苗）质量标准及大黄规范化种植绿色技术规范示范研究”，其中姜黄种姜质量标准的研究是主要内容之一。该课题目前已完成了姜黄种姜质量分级标准研究以及田间验证，初步形成了姜黄种姜质量分级标准草案，相关研究结果已公开发表。

（二）研究内容

1．研究材料

实验所用姜黄种姜采自重庆市石柱县，四川省犍为县、沐川县等姜黄的主产区，共计32份样品，均为2010年12月收集的田间栽培的姜黄种姜。经重庆市中药研究院李隆云研究员鉴定为姜科姜属姜黄（*Curcuma longa* L.）植物种姜。样品编号及产地见表45-1。

表45-1　姜黄种姜实验材料

编号	采集地点	编号	采集地点
1	重庆市石柱县下路镇红升村一组	4	重庆渝北区王家镇银花村五组
2	重庆市石柱县下路镇红升村三组	5	四川犍为县九井乡长山村
3	重庆市渝北区王家镇银花村一组	6	四川双流县金桥镇金河村十组

续表

编号	采集地点	编号	采集地点
7	四川崇州县三江镇听江村十组	20	四川犍为县新民镇（姜黄收集点）
8	四川沐川县大楠镇金盆村三组	21	四川犍为县土坪八队加工厂
9	四川沐川县大楠镇介龙村	22	四川犍为县光华村四组
10	四川沐川县大楠镇麻秧村一组	23	四川犍为县大兴乡黄金村六组
11	四川犍为县孝姑乡东风村二组	24	四川犍为县新民镇胜利村二队
12	四川犍为县新民镇	25	四川犍为县新民镇高洞村三组
13	四川犍为县新民镇岩门村二组-1	26	四川犍为县新民镇土坪六队加工厂
14	四川犍为县新民镇岩门村二组-2	27	四川犍为县新民镇高洞村一组
15	四川犍为县铁炉乡兴隆村六组	28	四川犍为县新民镇云谷村二组
16	四川沐川县新凡乡双石村四组	29	四川犍为县新民镇宫堂村四组
17	四川省犍为县榨鼓乡双黄村四组	30	四川犍为县新民镇光华村六组
18	四川省犍为县孝姑乡东风村	31	四川犍为县新民镇土坪村
19	四川省沐川县新凡乡双石村	32	四川沐川县箭板镇

2. 扦样方法

姜黄种姜采用“徒手减半法”扦样。种姜净度分析试验中姜黄种姜批次送检样品最少不低于10kg，净度分析试样最少不低于1kg。

3. 净度

测定供检样品不同成分的重量百分率，并据此推测样品的质量。杂质是指脱落的茎叶、鳞片、须根、子姜、大的土块等。废种姜的检验标准为以下5种：损伤疤痕超过2/3；霉变受损种姜为原来的2/3或大于2/3的；病斑占正常种姜的2/3或大于2/3的；干缩小于正常体积2/3的；虫蛀占正常种姜的2/3或大于2/3以致不能正常发芽的均视为废种姜。通过以下公式进行计算：

$$J=[G-(F+Z)]\div G\times 100$$

式中 J——净度；

G——供检样品总重量；

F——废种姜重量；

Z——杂质重量。

4. 外形

姜黄种姜外观主要通过目测进行观察。不同产地姜黄种姜表皮呈浅黄色，卵圆形、圆柱形或纺锤形，质坚实，断面棕黄色至金黄色，种皮有皱缩纹理和留有叶痕的明显环节，气香特异，味苦、辛（图45-1、图45-2）。

图45-1　母种

图45-2　姜黄苗期

5. 重量

种姜重量用精度达0.1g的电子天平称量，变异范围在7.4～93.9g，平均35.3g。不同产地差异较大，见表45-2。

表45-2　不同产地姜黄种姜性状

编号	长度范围	平均长度	粗度范围	平均粗	重量范围	平均重
1	4.0～10.0	7.1	19.15～30.73	24.28	11.2～51.8	27.7
2	4.4～10.8	7.0	18.99～33.52	25.35	11.4～64.8	30.6
3	4.2～9.6	6.8	15.84～34.56	26.03	9.5～59.4	30.0
4	4.0～9.2	7.0	19.36～34.04	28.35	14.3～58.9	35.0
5	5.5～11.0	7.9	19.15～32.51	24.99	14.7～54.8	32.3
6	4.8～9.2	7.4	17.36～34.23	26.13	8.9～56.2	31.5
7	4.0～10.0	7.0	19.15～29.49	24.06	11.2～50.2	26.9
8	5.5～14.0	9.0	14.81～31.76	25.86	11.6～85.9	43.4
9	4.5～11.0	8.1	18.44～33.39	27.37	12.3～75.5	42.6
10	5.3～11.0	7.9	23.99～34.51	29.38	19.2～80.6	46.1
11	4.0～8.5	6.2	20.24～33.39	26.79	10.7～54.3	26.8
12	4.5～10.0	6.3	20.69～34.63	27.32	15.7～65.3	29.2
13	4.5～11.0	6.5	18.50～34.60	26.22	16.0～73.5	30.9
14	7.4～9.5	8.0	25.40～34.35	29.74	17.3～74.4	43.4
15	6.0～11.0	7.9	19.23～36.99	30.74	18.4～79.0	48.9
16	4.0～10.5	7.6	15.07～33.32	25.48	7.4～64.5	30.7
17	3.7～8.7	6.9	20.47～36.83	27.72	12.8～56.9	29.9
18	4.4～9.5	6.8	7.25～32.92	27.61	10.9～55.0	32.7
19	4.5～11.0	8.1	22.22～39.82	30.92	14.6～93.9	48.8
20	5.0～10.5	8.4	24.46～38.00	32.65	19.5～74.9	49.7
21	5.2～9.5	7.4	25.03～34.05	29.17	21.5～52.5	37.5

续表

编号	长度范围	平均长度	粗度范围	平均粗	重量范围	平均重
22	6.0~10.1	7.8	22.95~33.66	29.25	20.7~55.9	38.2
23	4.2~9.5	6.9	19.13~35.36	25.90	10.1~51.0	28.9
24	5.0~10.2	7.7	22.15~32.55	29.31	16.7~62.8	41.0
25	4.2~8.5	6.6	18.06~34.27	25.97	11.9~51.3	28.3
26	5.5~10.5	8.0	24.91~38.2	29.27	22.2~65.9	41.2
27	4.3~9.5	7.4	22.53~33.76	28.82	17.0~63.0	39.1
28	5.2~9.7	7.2	20.14~32.08	28.09	17.4~55.3	32.0
29	3.5~9.2	6.3	17.22~31.74	26.66	11.0~50.0	27.1
30	6.0~11.5	7.5	20.53~31.34	28.00	20.9~65.6	34.8
31	4.0~9.0	6.1	17.33~34.45	25.90	11.4~48.5	26.0
32	6.0~10.2	7.7	22.56~37.34	28.94	20.1~67.1	38.2

6. 大小

种姜粗用精度为0.01mm的数显游标卡尺测量，变异范围在7.25~39.82mm，平均27.57mm。种姜长用分度值为0.1cm的刻度尺测量，长3.5~14.0cm，平均7.3cm。不同产地种姜的粗和长差异较大，见表45-2。

7. 病虫害

通过目测重点检查是否有腐烂、开裂、疱斑、肿块、芽肿、畸形、害虫、虫蚀孔和杂草粒。不同产地姜黄种姜无病虫为害，无腐烂、机械损伤等。

8. 种姜质量对药材生产的影响

（1）不同等级的姜黄种姜对植株生长发育的影响　待6月初姜黄齐苗时，田间统计不同等级姜黄的成活情况，计算保苗率。结果显示Ⅰ级种姜的出苗率达到了100%，而Ⅱ级、Ⅲ级的保苗率略低，说明姜黄种姜的保苗率是很高的。

2010年11月上旬，在每个试验小区随机选5株作为观测植株，测其株高、每株丛地上植株个数、茎粗、最长叶长、最长叶宽、嫩叶数、枯叶数7项指标结果见表45-3。由表45-3可知，不同等级种姜对姜黄植株生长性状影响较大：Ⅰ级姜黄的株高、株丛支数、茎粗、嫩叶数、叶长、叶宽均高于Ⅱ级和Ⅲ级苗，Ⅲ级苗的枯叶数最多，Ⅰ级、Ⅱ级苗的株高、枯叶数与Ⅲ级苗呈显著性差异。由此认为种姜的质量直接影响姜黄植株的生长发育情况，种姜越粗壮植株生长情况越好。

表45-3　不同等级种姜对姜黄植株生长情况的影响

等级	保苗率（%）	株高（cm）	株丛支数（个）	茎粗（mm）	嫩叶数（片）	枯叶数（片）	叶长（cm）	叶宽（cm）
Ⅰ级	100[a]	51.7[a]	6.64[a]	17.97[a]	8[a]	1.8[b]	61.2[a]	15.9[a]
Ⅱ级	98.3[a]	50.4[a]	6.86[a]	16.72[a]	8[a]	1.6[b]	59.8[ab]	15.8[a]
Ⅲ级	97.4[a]	40[b]	6.54[a]	15.74[a]	7[a]	3[a]	53[b]	15.7[a]

（2）不同等级种姜对姜黄产量的影响　2010年12月下旬收获试验地姜黄，不同等级的姜黄药材及繁殖所用种姜产量如图45-3所示，子姜产量和母姜产量均是Ⅰ级最大，Ⅲ级最小，说明姜黄种姜分级栽种可有效提高姜黄产量，种姜粗壮则产量高。

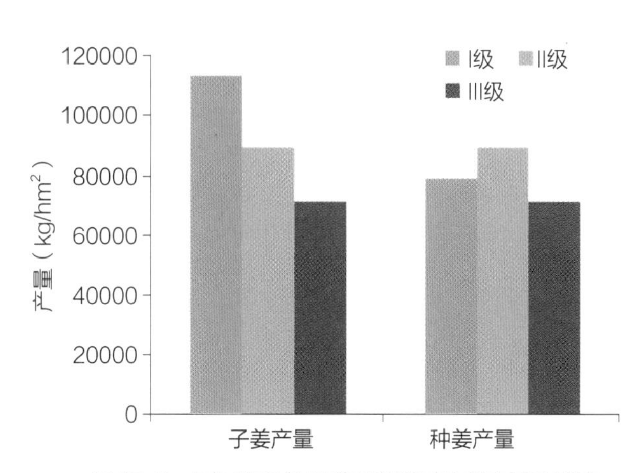

图45-3　不同等级的种姜对姜黄及种姜产量的影响

结果表明，培育健壮种苗并在栽种前按分级标准进行分级是提高姜黄产量的基本措施。从经济效益角度证明姜黄种姜标准应控制在Ⅱ级以上。

（3）姜黄种姜的等级划分与药材质量的关系　取不同等级姜黄药材粉末，依据《中国药典》（2010年版）一部“姜黄”项下高效液相色谱法测定姜黄药材中姜黄素含量，不同等级姜黄的姜黄素含量均达到了药典的要求，其中Ⅰ级姜黄的姜黄素含量为1.402%，Ⅱ级姜黄的姜黄素含量为1.211%，Ⅲ级的姜黄素含量为1.109%，Ⅰ级最大，Ⅲ级最小。结果表明，姜黄种姜的不同级别与姜黄素的含量有一定的正相关性，培育健壮种苗并在栽种前按分级标准进行分级是提高姜黄质量的基本措施。

三、姜黄种姜质量标准草案

1. 范围

本标准规定了姜黄种姜质量分级的技术要求、检测方法、检验规则及包装、标识、运输与储藏。

本标准适用于姜黄种姜的生产、经营和使用。

2. 规范性引用文件

下列文件对于本标准的应用是必不可少的。凡是注明日期的引用文件，仅所注明日期的版本适用于本标准。凡是不注明日期的引用文件，其最新版本（包括所有的修改单）适用于本标准。

GB/T 191—2008　包装储运图示标志

GB 15569—2009　农业植物调运检疫规程

GB/T 3543.2—1995　农作物种子检验规程 扦样

3. 术语和定义

下列术语和定义适用于本标准。

3.1 种姜　着生于植株基部，能萌发生长为姜黄植株的主根茎。

3.2 种姜长　种姜基部至顶端的长度。

3.3 种姜粗　种姜中腰处直径。

3.4 种姜重　单个种姜的质量。

3.5 顶芽　种姜顶部的萌发芽。

3.6 侧芽　种姜顶芽以外的萌发芽。

4. 质量要求

4.1 基本要求

4.1.1 外观要求：姜黄种姜外观粗壮，新鲜饱满，颜色为淡黄白色，顶芽完整，顶芽侧芽未萌发，无机械损伤。

4.1.2 检疫要求：无病斑和虫斑、无检疫性病虫害。

4.2 分级要求　在符合外观要求的前提下，依照种姜的长、粗、重进行分级，具体分级指标见表45-4。低于Ⅲ级标准的种姜不得作为生产性种姜使用。

表45-4　姜黄种姜质量分级标准

等级	种姜长（cm）	种姜粗（mm）	种姜重（g）
Ⅰ级	≥8.5	≥31.10	≥46.1
Ⅱ级	≥6.5	≥26.10	≥29.1
Ⅲ级	≥4.5	≥20.10	≥16.1

5. 检测方法

5.1 抽样方法　按GB/T 3543.2的规定执行。

5.2 外观检验　根据外观要求目测种姜的粗壮、颜色、顶芽部位、新鲜度等。

5.3 检疫检验　检疫对象按GB 15569—2009的规定执行。

5.4 分级检验　种姜粗用精度为0.01mm的数显游标卡尺测量；种姜长用分度值为0.1cm的刻度尺测量；种姜重用精度达0.1g的电子天平称量。

6. 检验规则

6.1 组批　同一批姜黄种姜为一个检验批次。

6.2 抽样　种姜批的最大重量2000kg，送检样品10kg，净度分析1kg。

6.3 交收检验　每批种姜交收前，种姜质量由供需双方共同委托种子种苗质量检验技术部门或获得该部门授权的其他单位检验，并由该部门签发姜黄种姜质量检验证书。

6.4 判定规则　按4.2的分级要求对种姜进行评判，抽检样品的各项指标均同时符合某一等级时，则判定所代表的该批次种苗为该等级；当有任意一项指标低于该等级标准时，则按单项指标最低值所在等级定级。任意一项低于Ⅲ级标准时，则判定所代表的该批次种姜为等级外种姜。

6.5 复检　供需双方对质量要求判定有异议时，应进行复检，并以复检结果为准。

7. 包装、标识、运输与储藏

7.1 包装　姜黄种姜如需调运，宜用竹筐或其他通风透气性良好的容器进行包装，每个包装不超过50kg。

7.2 标识　依据GB/T 191—2008的规定，销售的每批姜黄种姜应当附有标签。标签上注明种姜名称、质量等级、数量、产地、植物检疫证书编号、生产日期、生产者或经营者名称、地址等。填写标签时应该用不脱色的记号笔填写。

7.3 运输　姜黄种姜在运输途中严防日晒雨淋，应用有蓬车运输。禁止与有害、有毒或其他可造成污染物品混贮、混运，严防潮湿。

7.4 储藏　姜黄种姜可室外挖坑储藏，或窖藏，或沙藏于室内干燥通风处。储藏期间应勤检查，发现腐烂种姜及时捡出。第二年春季应尽早栽种。

四、姜黄种姜繁育技术研究

（一）研究概况

目前姜黄种姜主要作为姜黄药材的附属物进行生产和经营，大多为药农自种、自繁、自用或到主产区购买，缺乏专门的种姜生产技术和严格的制种技术规范，也无稳定的种姜生产基地，直接影响着姜黄药材质量的优劣与稳定，严重制约了姜黄的生产发展。姜黄种姜繁育技术研究国内外也尚未见报道。重庆市中药研究院2009年起承担国家“十一五”“十二五”重大专项《中药材种子种苗和种植（养殖）标准平台》子课题之一“葛根、黄连、天门冬、姜黄等药材种子（苗）质量标准及大黄规范化种植绿色技术规范示范研究”，完成了姜黄种姜繁育技术研究以及田间验证，初步形成了姜黄种姜繁育技术草案。

（二）姜黄种姜繁育技术规程草案

1. 范围

本标准规定了姜黄种姜繁育的种质来源、生产技术、采收与加工及包装、标识、运输与储藏等各个环节的操作规程。

本标准适用于姜黄种姜的生产、经营和使用。

2. 规范性引用文件

下列文件对于本规程的应用是必不可少的。凡是注明日期的引用文件，仅所注明日期的版本适用于本规程。凡是不注明日期的引用文件，其最新版本（包括所有的修改单）适用于本规程。

GB/T 191—2008　包装储运图示标志

DB50/T 642—2015　姜黄种姜质量分级

3. 术语和定义

下列术语和定义适用于本标准。

3.1 种姜　着生于植株基部，能萌发生长为姜黄植株的主根茎。

3.2 培土　将姜黄植株周围的地堆放到植株基部的过程。

4. 种质来源

姜黄为姜科姜黄属植物（*Curcuma longa* L.）。

5. 生产技术

5.1 选地与整地

5.1.1 选地：选择土层深厚（耕作层深25cm左右）、疏松肥沃的轻壤土或重壤土种植。

5.1.2 整地：前茬收获后的当年深翻地25cm以上，捡净石块、草根，耙细整平。栽种时做成宽120cm，沟宽20～30cm，长随地形而定的厢。

5.2 选种与栽种

5.2.1 选种：依据《姜黄种姜质量分级》（DB50/T 642—2015）优选Ⅲ级以上种姜作种。

5.2.2 栽种：3月中下旬，在整理好的厢面按株行距30cm×30cm，窝深10cm左右开穴，每穴安放种姜1个，芽朝上，底部与土壤密接，然后覆盖细土3～4cm。用种量为11万株/公顷。

5.3 田间管理

5.3.1 中耕除草：5月中旬、6月底至7月初、8月上旬各除草一次。除草时结合中耕，中耕宜浅，防止伤根。

5.3.2 追肥时期与用量：5月中旬苗高10cm左右时，施人粪尿22 500～30 000kg/hm^2，或尿素210～250kg/hm^2。6月底至7月初，施人粪尿30 000～375 500kg/hm^2，或人粪尿15 000～22 500kg/hm^2加尿素150～180kg/hm^2，或尿素150～200kg/hm^2加钾肥80～120kg/hm^2。8月上旬，施人粪尿37 500～45 000kg/hm^2，或尿素150～180kg/hm^2加钾肥130～170kg/hm^2，或有机肥15 000kg/hm^2加复合肥600kg/hm^2。

5.3.3 灌溉与排水：7～9月生长旺盛期如遇天气干旱、土层干燥时应及时在早晨或傍晚进行灌溉或淋水，10月后一般不再灌水。雨季应注意疏通排水沟，及时排除田间积水。

5.3.4 培土：第3次中耕除草和追肥后及时培土，培土深度6～8cm。

5.4 病虫害防治

5.4.1 病害防治：主要病害为根腐病。防治措施：雨季注意加强田间排水管理，保持地下无积水；及时烧毁病株，并用生石灰粉消毒；发病期灌浇50%退菌特可湿性粉剂1000倍液。

5.4.2 虫害防治：主要虫害为地老虎、蛴螬等。防治措施：每亩用25%敌百虫粉剂2kg，拌细土15kg，撒于植株周围，结合中耕，使毒土混入土内；或每亩用90%晶体敌百虫100g与炒香的菜粒饼5kg做成毒饵，撒在田间诱杀；或清晨人工捕捉幼虫。

6. 采收与加工

秋季姜黄茎叶枯萎、块根已生长充实时即可采挖，不宜过早，也不可迟延至雨水季节。采挖时，扳下种姜，抖去附着的泥土，稍晾干。

7. 包装、标识、运输与储藏

7.1 包装　宜用竹筐、编织袋或其他通风透气性良好的容器进行包装。

7.2 标识　依据GB/T 191—2008的规定，在每件外包装袋上应印制标签或在醒目处贴标（挂卡），其内容包括品名、规格、产地、批号、包装日期、生产单位、采收日期、储藏条件、注意事项及质量合格标志。

7.3 运输　应符合保质、保量、运输安全等要求，严防污染。运输过程中防止重压、暴晒、风干、雨淋、冻害等。

7.4 储藏　种姜室外挖坑储藏，或窖藏，或沙藏于室内干燥通风处。储藏期间应勤检查，发现腐烂种姜及时捡出。

参考文献

[1] 张艳，李隆云，廖光平. 姜黄中氮磷钾的吸收、分布与转运规律［J］. 中国中药杂志，1996，21（8）：462-509.

[2] 李隆云，张艳，秦松云，等. 姜黄生育规律研究［J］. 中国中药杂志，1997，22（10）：587-590.

[3] 李隆云，张艳，廖光平. 姜黄生育期间可溶性糖和氨基含量动态［J］. 中国中药杂志，1997，22（11）：655-657.

[4] 李隆云，张艳. 栽培措施对姜黄产量和品质的影响［J］. 中国中药杂志，1999，24（9）：531-533.

[5] 李隆云，宋红，张艳，等. 姜黄综合农艺措施优化数学模型研究［J］. 中国中药杂志，1999，24（11）：654-657.

[6] 李隆云，付善全，秦松云. 生育期、贮藏期和产地品种对姜黄品质的影响［J］. 中国中药杂志，1999，24（10）：589-590.

[7] 李隆云，张艳，宋红. 姜黄生长土壤的适宜性研究［J］. 中国中药杂志，1999，24（12）：718-721.

[8] 张雪，王钰，陈大霞，等. 姜黄种姜分级标准研究［J］. 种子，2013，32（10）：12-14.

陈大霞　张雪　王钰（重庆市中药研究院）

46 | 穿心莲

一、穿心莲概况

穿心莲为爵床科植物*Andrographis paniculata*（Burm. f.）Nees 的干燥地上部分，为《中国药典》（2015版一部）收载品种，又名一见喜、榄核莲、印度草等。性寒，味苦；具有清热解毒，凉血消肿等作用。用于感冒发热，咽喉肿痛，口舌生疮，泄泻痢疾，热淋涩痛，痈肿疮疡，毒蛇咬伤等。

穿心莲原产亚洲印度、斯里兰卡、巴基斯坦、泰国等热带国家。20世纪50年代始引种至我国广东、福建南部，逐渐在长江以南省份如广西、江西、湖南、四川等广泛栽培。商品药材主产于广东、福建、广西，行销全国，主要作为中成药原料。广东潮汕饶平、澄海、潮州和湛江吴川等市县在全国最早引种和栽培穿心莲，栽培面积大，产量高，商品质量声誉较高，行业普遍视其为“广药”道地品种之一。

穿心莲主要用种子繁殖。两广及福建多为农户自留种子，其他省区因气候原因不能结果，需到南方购种。穿心莲为自花授粉植物，其栽培环境变化及栽培方法差异引起种质退化，生产中亦缺乏选育；种传和土传病害等也影响穿心莲生产。穿心莲为无限圆锥花序，同一花序分枝上不同部位着生的小花开花结实时间不同，同一植株开花结果的时间相差一周至半个月以上，种子成熟度相差甚远。早熟的蒴果不及时采收则会开裂，种子散落。而栽培中留种的植株一般整株割取，统一晒干；采收后干燥、贮藏等条件不同也使得各批次种子质量差异较大。

二、穿心莲种子质量标准研究

（一）研究概况

20世纪初广州中医药大学因药材GAP生产的需要开始了穿心莲种子质量的初步研究，但鲜有人进行系统研究。从2009年始，广州中医药大学承担了国家科技重大专项子课题（“穿心莲种子质量标准和良种繁育技术规程研究”，编号：2012ZX09304006-010；2009ZX09308），对穿心莲种子质量检测和质量分级标准的主要指标进行了研究，制定了检验细则和质量标准。2014年6月10日，广西壮族自治区颁布了地方标准《穿心莲种子质量要求》（DB45/T 1037—2014）。

（二）研究内容

1. 研究材料

收集到2009年产自于广东、广西、福建三个主产省区的穿心莲种子23份（表46-1）。

表46-1 采样情况

种子编号	收集时间	产地	种子收集量（g）
FJ20091025HR	2009.10.25	福建省漳州市漳浦县	500
FJ20091028HR	2009.10.28	福建省漳州市漳浦县	500
FJ20091110HR	2009.11.10	福建省漳州市漳浦县	600
FJ20091116HR	2009.11.16	福建省漳州市漳浦县	350
FJ20091121HR	2009.11.21	福建省漳州市漳浦县	300
FJ20091201HR	2009.12.01	福建省漳州市漳浦县	300
GD20091125HR	2009.1125	广东省怀集县闸岗镇	415
GD20091216HR	2009.12.16	广东省饶平县井洲乡	450
GD20091026HR	2009.10.26	广东省台山市四九乡	400
GD20100317HR	2010.03.17	广东省阳春市	510
GD20091018HR	2009.10.18	广东省英德县大湾乡	620
GD20091129HR	2009.11.29	广东省英德县大湾乡	650
GD20091215HR	2009.12.15	广东省英德县大湾乡	450
GD20091216HR	2009.12.16	广东省英德县大湾乡麻布村	400
GD20091120HR	2009.11.20	广东省湛江市城月乡	490
GX20091102HR	2009.11.02	广西壮族自治区贵港市	485
GX20091026HR	2009.10.26	广西壮族自治区横县	474
GX20091001HR	2009.10.01	广西壮族自治区贵港市桥圩镇	1500
GX20091020HR	2009.10.20	广西壮族自治区贵港市桥圩镇	669
GX20091112HR	2009.1112	广西壮族自治区贵港市桥圩镇新华村	656
GX20091023HR	2010.01.23	广西壮族自治区贵港市石卡镇	586
GX20091119HR	2009.11.19	广西壮族自治区兴业县沙塘镇	489
GX20091209HR	2009.12.09	广西壮族自治区贵港市湛江镇	695

2. 扦样方法

（1）扦样种子批最大重量为50kg，容许差距为2%。

（2）净度分析送检样品最小量≥5g，故送检样品最少质量为50g。

（3）按GB/T3543.2—1995规定，采用钟鼎式分样器或徒手分样法分取样品。

3. 种子净度分析

按GB/T 3543.3—1995执行。穿心莲种子千粒重0.85～1.63g，净度分析送验样品最小重量≥5g（不少于2500个种子单位）。

4. 真实性鉴定

穿心莲成熟正常种子近卵圆形，黄褐色至黄棕色，直径1.0～2.0mm，表面具皱纹，侧面具一条沟纹并经过种孔，沿种子中轴线种孔的下方具一凹陷种脐（图46-1、图46-2）。

图46-1 穿心莲种子表面

图46-2 穿心莲种子种脐

5. 重量测定

按GB/T 3543.3—1222中百粒法，取8个重复样品，变异系数不超过4.0；若有超过，应再测定8个重复。凡与均数之差超过2倍标准差的结果剔除不计。

6. 水分测定

按GB/T 3543.6—1995中高温烘干法，即（130±2）℃烘烤150分钟。

7. 发芽试验

按GB/T 3543.4—1995执行。室温浸种18～20小时后播种，发芽床采用纸上（TP），光照，置床培养温度27.5℃恒温。初次计数时间为第2天，末次计数时间为第7天。

8. 生活力测定

按GB/T 3543.7—1995执行。种子室温预湿4小时后经穿刺（穿刺的部位在与种孔相对应的一端，即子叶顶端合点的附近），0.1%TTC于40℃染色17小时。

9. 种子质量对药材生产的影响

（1）依照初始拟订的分级，从一级、二级和等于或低于三级的种子中各随机选了两批种子，播种育苗，统计出苗率（表46-2）。

表46-2 用于育苗及植株生长发育观察的种子样品情况

组别/级别	样品编号	净度(%)	发芽率（%）	发芽指数	生活力（%）	水分（%）	千粒重（g，13%水分）
1/1	GX20091102HR	95.44	93.3±2.22	42.76±0.82	90.8±1.71	13.5	1.3970
2/1	GD20091018HR	84.52	88.3±2.87	38.70±2.54	91.8±1.71	10.3	1.2145
3/2	FJ20091025HR	95.86	66.8±6.4	27.27±2.86	81.8±1.71	10.8	1.1589
4/2	GX20091020HR	88.58	78.8±4.50	33.71±1.44	78.0±5.94	12.2	1.2623
5/<3	FJ20091201HR	98.69	34.3±5.44	12.11±1.63	84.3±2.87	16.6	1.6109
6/<3	GD20091120HR	66.04	41.5±4.20	16.35±2.0	40.0±7.53	7.2	1.0898

（2）播种50天后进行移栽：移栽前将苗起出，用坐标纸作背景拍照记录，立即移栽入盆中；用Digimizer软件在照片中测量穿心莲苗的株高，并随机选择第一、第二对真叶中的一片，用Digimizer软件测

量叶面积。

（3）移栽40天后用直尺测量株高、记录植株主茎节数、分枝数、真叶数，随机选择第三对真叶中的一片，用坐标纸作背景拍照记录并用Digimizer软件测量叶面积。

（4）收获期称量穿心莲植株鲜重：在25℃空调恒温室内放置2个月以上至干透，称量药材干重；按照药典规定方法进行有效成分含量测定。

（5）数据采用Microsoft Excel 2003或SPSS 13.0软件进行统计分析。

（三）结果与分析

样品检测结果见表46-3至表46-6。

表46-3　穿心莲种子样品净度分析结果

样品批号	净度分析结果		
	净种子（%）	其他种子（%）	杂质（%）
FJ20091025HR	95.86	0.06	4.08
FJ20091028HR	95.86	0.00	4.14
FJ20091110HR	98.50	0.00	1.50
FJ20091116HR	98.52	0.03	1.45
FJ20091121HR	98.73	0.03	1.23
FJ20091201HR	98.69	0.02	1.29
GD20091018HR	84.52	0.04	15.45
GD20091026HR	66.84	0.60	32.56
GD20091120HR	66.04	0.01	33.95
GD20091125HR	95.60	0.00	4.40
GD20091129HR	82.26	1.20	16.54
GD20091215HR	82.63	0.09	17.28
GD20091216HR	98.25	0.00	1.75
GD20091216HR	51.43	0.04	48.53
GX20091001HR	60.99	2.15	36.86
GX20091020HR	88.58	1.28	10.14
GX20091023HR	86.12	1.09	12.79
GX20091026HR	83.46	0.58	15.96
GX20091102HR	95.44	0.07	4.49
GX20091112HR	76.64	0.12	23.24
GX20091119HR	78.82	0.74	20.44
GX20091209HR	75.21	0.67	24.12

表46-4 穿心莲种子样品千粒重、水分测定结果

样品编号	百粒重测定		千粒重（g）	样品水分含量（%）	千粒重（g，水分13.0%）
	mean±SD	CV			
FJ20091025HR	0.1135±0.0047	4.1	1.1346	10.8	1.1589
FJ20091028HR	0.1420±0.0052	3.7	1.4198	18.5	1.3297
FJ20091110HR	0.1700±0.0040	2.4	1.6995	16.7	1.6267
FJ20091116HR	0.1624±0.0025	1.5	1.6244	16.8	1.5526
FJ20091121HR	0.1641±0.0029	1.8	1.6408	16.9	1.5666
FJ20091201HR	0.1681±0.0036	2.1	1.6808	16.6	1.6109
GD20091018HR	0.1178±0.0041	3.5	1.1775	10.3	1.2145
GD20091026HR	0.1094±0.0039	3.6	1.0944	9.2	1.1420
GD20091120HR	0.1070±0.0057	5.3	1.0703	7.2	1.0898
GD20091125HR	0.1394±0.0064	4.6	1.3941	20.0	1.2847
GD20091129HR	0.1338±0.0036	2.7	1.3384	8.3	1.4113
GD20091215HR	0.1148±0.0051	4.4	1.1478	7.5	1.2025
GD20091216HR	0.1230±0.0038	3.1	1.2296	7.4	1.3083
GD20091216HR	0.0841±0.0042	4.9	0.8408	9.3	0.8513
GX20091001HR	0.0935±0.0047	5.0	0.9349	10.6	0.9659
GX20091020HR	0.1284±0.0071	5.5	1.2844	12.2	1.2623
GX20091023HR	0.1046±0.0083	8.0	1.0459	12.1	1.0446
GX20091026HR	0.1074±0.0053	5.0	1.0738	12.1	1.0853
GX20091102HR	0.1405±0.0038	2.7	1.4046	13.5	1.3970
GX20091112HR	0.1421±0.0041	2.9	1.4209	14.3	1.3999
GX20091119HR	0.1195±0.0096	8.0	1.1954	11.8	1.2081
GX20091209HR	0.1191±0.0071	6.0	1.1911	12.2	1.1272

表46-5 穿心莲种子样品生活力（TTC染色）测定结果（mean±SD）

样品批次	TTC染色率（%）	样品批次	TTC染色率（%）
FJ20091025HR	81.75±1.71	GD20091215HR	78.25±2.87
FJ20091028HR	80.0±4.55	GD20091216HR	88.75±2.63
FJ20091110HR	84.50±3.11	GD20091216HR	71.50±7.19
FJ20091116HR	87.50±3.51	GX20091001HR	69.25±4.57

续表

样品批次	TTC染色率（%）	样品批次	TTC染色率（%）
FJ20091121HR	81.75±2.22	GX20091020HR	78.0±5.94
FJ20091201HR	84.25±2.87	GX20091023HR	79.25±2.50
GD20091018HR	91.75±1.71	GX20091026HR	69.75±7.41
GD20091026HR	32.0±6.48	GX20091102HR	90.75±1.71
GD20091120HR	40.0±7.53	GX20091112HR	87.0±2.16
GD20091125HR	92.0±3.92	GX20091119HR	85.25±2.63
GD20091129HR	92.50±3.87	GX20091209HR	83.50±6.40

表46-6　穿心莲种子样品发芽试验结果（27.5℃，TP，光照；mean±SD）

样品批次	发芽率（%）	发芽指数
FJ20091025HR	66.75±6.4	27.27±2.86
FJ20091028HR	61±3.16	23.24±1.33
FJ20091110HR	44.5±2.38	15.72±1.24
FJ20091116HR	41±4.55	14.38±0.74
FJ20091121HR	37.25±8.46	12.86±2.35
FJ20091201HR	34.25±5.44	12.11±1.63
GD20091018HR	88.25±2.87	38.70±2.54
GD20091026HR	42.50±2.38	16.14±0.88
GD20091120HR	41.50±4.20	16.35±2.0
GD20091125HR	74.50±5.80	24.13±2.67
GD20091129HR	79.75±6.80	27.61±4.46
GD20091215HR	82.50±2.65	37.01±1.5
GD20091216HR	78.0±4.83	33.96±2.12
GD20091216HR	74.0±5.35	26.60±2.16
GX20091001HR	78.0±5.29	30.171.66
GX20091020HR	78.75±4.50	33.71±1.44
GX20091023HR	75.75±4.03	29.70±2.48
GX20091026HR	73.50±4.20	28.96±2.51
GX20091102HR	93.25±2.22	42.76±0.82
GX20091112HR	78.75±4.99	35.23±1.99

续表

样品批次	发芽率（%）	发芽指数
GX20091119HR	72.0±3.56	27.01±2.49
GX20091209HR	76.50±3.00	30.0±2.64

1. 穿心莲种子分级标准的确定

单样本柯尔莫哥洛夫-斯米诺夫检验（One-Sample Kolmogorov-Smirnov Test）结果表明样本数据符合正态分布；以发芽率为主要因子，结合其他指标，采用SPSS软件的K聚类分析将22批2009年产种子（剔除发芽率为0的种子数据）初步分为三级。对穿心莲种子分级指标中各因素进行方差分析，结果表明各指标指导分级的优先顺序为：发芽率>水分>千粒重>净度。

因此，分级的过程中主要考虑发芽率，结合生产实际和可操作性制定了质量分级标准（表46-7）。

表46-7　穿心莲种子质量分级标准

项目	级别		
	1级	2级	3级
发芽率（%），≥	85	65	45
水分（%），≤	14.0	14.0	14.0
千粒重（g），≥	1.2	1.1	1.0
净度（%），≥	85	80	75

注：其中任意一项指标等于或低于3级穿心莲种子指标的为不合格穿心莲种子。

2. 穿心莲种子等级对药材生长的影响

结果见表46-8至表46-12。

表46-8　种子质量等级对穿心莲出苗率的影响（mean±SD）

组别/级别	样品编号	出苗率（%）				
		d6	d10	d14	d17	d24
1/1	GX20091102HR	48.0±9.8	63.5±5.7	63.8±5.7	64.5±4.2	63.3±4.8
2/1	GD20091018HR	55.3±3.8	58.0±5.4	59.8±6.3	59.8±6.1	58.8±5.6
3/2	FJ20091025HR	21.0±6.5	39.8±4.7	39.8±4.7	39.8±4.6	39.8±5.3
4/2	GX20091020HR	43.3±3.3	53.3±4.3	55.0±4.5	53.5±4.7	51.5±5.2
5/<3	FJ20091201HR	14.2±6.1	19.7±6.7	20.2±6.6	20.0±6.1	19.7±5.4
6/<3	GD20091120HR	6.2±1.7	12.5±3.4	14.3±5.7	14.8±5.9	14.3±5.3

表46-8结果显示，出苗率符合“1级>2级>3级以下”的规律；出苗后期1级的2组（GD20091018HR）与2级的4组（GX20091020HR）无显著差异；2级的两批种子间差异较大（$P \leq 0.005$）。

播种50天后，不合格的种子批植株的株高、单株真叶数和第1、第2对真叶面积的数据比其他级别种子批植株要小，其中6组（GD20091120HR）的株高、第2对真叶面积与1级、2级种子批植株的差异显著（$P \leqslant 0.05$）。2组（1级）与3组（2级），1组（1级）和4组（2级）间的株高、单株真叶数均无显著差异，1组、2组间这两个参数差异显著（$P \leqslant 0.05$）。除第6组外，其他各组间第1、第2对真叶面积无显著差异（表46-9）。

表46-9　种子质量等级对播种50日植株生长情况的影响（mean ± SD）

组别/级别	株高（cm）	单株真叶数（片）	第1对真叶面积（cm^2）	第2对真叶面积（cm^2）
1/1	6.72 ± 0.66	3.4 ± 0.5	3.65 ± 0.87	3.37 ± 0.60
2/1	7.41 ± 1.25	3.8 ± 0.4	3.96 ± 0.96	3.05 ± 0.34
3/2	8.04 ± 1.24	3.5 ± 0.5	4.47 ± 1.52	3.51 ± 0.60
4/2	7.30 ± 1.19	3.2 ± 0.4	3.55 ± 1.39	3.15 ± 0.66
5/<3	6.41 ± 0.80	3.2 ± 0.4	3.64 ± 1.20	3.34 ± 0.61
6/<3	5.86 ± 0.92	3.0 ± 0.2	2.83 ± 0.85	2.72 ± 0.47

种子播种50天后移栽穿心莲苗，种植至播种后3个月，1级的2组株高、节数、单株叶片数的数据均显著大于其他组（$P=0$）。但1组的株高、节数却是6个组中最小的。其他参数测量结果表明和种子级别之间没有显著的关联（表46-10）。

表46-10　种子质量等级对3个月植株生长情况的影响（mean ± SD）

组别/级别	株高（cm）	节数（个）	分枝数（个）	单株真叶片数（片）	第3对真叶面积（cm^2）
1/1	14.30 ± 2.80	7.4 ± 1.1	6.0 ± 2.1	31.1 ± 9.0	8.41 ± 1.71
2/1	27.14 ± 5.34	8.9 ± 0.7	6.1 ± 1.9	42.0 ± 12.0	10.17 ± 2.41
3/2	18.65 ± 4.70	8.1 ± 1.1	5.3 ± 2.6	32.2 ± 12.3	11.02 ± 3.03
4/2	16.73 ± 4.39	7.9 ± 1.0	4.6 ± 2.2	28.2 ± 8.8	8.82 ± 1.78
5/<3	17.69 ± 4.40	8.0 ± 0.9	5.8 ± 2.2	31.5 ± 9.5	10.48 ± 2.66
6/<3	16.08 ± 3.84	7.8 ± 0.9	4.9 ± 2.2	29.3 ± 10.1	9.28 ± 2.50

药材的干、鲜重数据显示1级的两组穿心莲种子生产的药材确实是6个组中产量最高的；其中2组药材的干、鲜重显著高于其他组别（$P=0$）。6批种子中，1组、2组产量最高，3组、5组次之，4组、6组产量最低（表46-11）。

表46-11　种子质量等级对药材鲜干重的影响（g，mean ± SD）

组别/级别	鲜重	干重
1/1	38.08 ± 12.98	14.27 ± 4.15
2/1	57.50 ± 23.53	21.51 ± 8.84
3/2	28.89 ± 13.33	11.97 ± 4.26

续表

组别/级别	鲜重	干重
4/2	25.26±9.58	8.42±3.19
5/<3	33.18±12.78	11.55±5.55
6/<3	25.12±12.59	8.59±3.92

由表46-12结果可知，不同等级的穿心莲种子与其药材质量无明确相关性，此6组穿心莲药材质量均符合药典规定（穿心莲内酯和脱水穿心莲内酯的总含量大于0.8%），为合格药材。

表46-12 种子质量等级对穿心莲药材质量的影响（%，mean±SD）

组别/级别	组别	穿心莲内酯	脱水穿心莲内酯	穿心莲内酯+脱水穿心莲内酯
1/1	1	1.74±0.44	0.45±0.08	2.20±0.47
2/1	2	2.02±0.37	0.49±0.18	2.52±0.39
3/2	3	1.85±0.59	0.67±0.15	2.51±0.54
4/2	4	1.39±0.47	0.58±0.16	2.00±0.46
5/<3	5	2.25±0.28	0.62±0.10	2.79±0.27
6/<3	6	1.26±0.51	0.55±0.15	1.88±0.47

从植株生长和产量情况来看，出苗率数据符合种子分级标准所定义的各批种子的级别。不同阶段测定各级别种子批培育的植株参数，其差异有所变化。3级种子中6组的植株始终属于较差的组别；1级种子中2组的植株参数及产量等一直保持较优。其他4个组排序变化较大，目前难以找出规律。种子级别对药材产量和的影响还需要进一步增加实验样品批次来验证和确定。

四、穿心莲种子质量标准草案

1. 范围

本标准规定了穿心莲［*Andrographis paniculata*（Burm. f.）Nees］种子分级、分等和检验。

本标准适用于穿心莲种子生产者、经营者和使用者。

2. 规范性引用文件

下列文件中的条款通过本标准的引用而成为本标准的条款。凡是注明日期的引用文件，其随后所有的修改单（不包括勘误的内容）或修订版均不适用于本标准；然而，鼓励根据本标准达成协议的各方研究可使用这些文件的最新版本。凡是不注明日期的引用文件，其最新版本适用于本标准。

中华人民共和国药典（2015年版）一部

GB/T 3543.1～3543.7　农作物种子检验规程

GB 7414—1987　主要农作物种子包装

GB 7415—1987　主要农作物种子贮藏

DB34/142—1997　农作物种子标签

3．术语和定义

下列术语和定义适用于本标准。

3.1 千粒重　指自然干燥的一千粒穿心莲种子的重量，以克（g）为单位。

3.2 水分含量　指把种子样品烘干所失去的重量，用失去重量占供检样品原始重量的百分率表示。

3.3 种子净度　指完整的穿心莲种子重量占检验样品总重量的百分率。

3.4 种子生活力　指种子生活能力或种胚具有的生命力。

3.5 发芽率　指在规定的条件和时间内正常发芽种子总粒数占供检样品总粒数的百分率。

3.6 穿心莲种子外观　穿心莲种子近卵圆形，黄褐色至黄棕色，直径1.0～2.0mm，表面具皱纹，侧面具一条沟纹并经过种孔，沿种子中轴线种孔的下方具一凹陷种脐。

4．种子分级标准

穿心莲种子质量指标应符合表46-13，其中任意一项指标等于或低于3级的穿心莲种子为不合格穿心莲种子。

表46-13　穿心莲种子质量分级标准

项目	级别		
	1级	2级	3级
发芽率（%），≥	85	65	45
水分（%），≤	14.0	14.0	14.0
千粒重（g），≥	1.2	1.1	1.0
净度（%），≥	85	80	75

5．检验规则

5.1 扦样　① 扦样种子批最大重量为50kg，容许差距为5%；② 送检样品最少重量为50g。按GB/T 3543.2-1995规定，采用钟鼎式分样器或徒手分样法分取样品。

5.2 净度分析　按GB/T 3543.3—1995执行。净度分析送验样品最小重量≥5g或不少于2500个种子单位。

5.3 水分　按GB/T 3543.6—1995中高温烘干法执行，即130℃±2℃烘烤150分钟。

5.4 千粒重　按GB/T 3543.3—1995中百粒法执行，取8个重复样品，变异系数不超过4.0；若有超过，应再测定8个重复。凡与均数之差超过2倍标准差的结果剔除不计。

5.5 发芽测定　按GB/T 3543.4—1995执行。室温浸种18～20小时后播种，发芽床采用纸上（TP），光照，置床培养温度27.5℃恒温。初次计数时间为第2天，末次计数时间为第7天。

5.6 生活力测定　按GB/T 3543.7—1995执行。种子室温预湿4小时后经穿刺，0.1%TTC于40℃染色17小时。

6．包装、标识、贮存和运输

6.1 包装　选用不易破损、干燥、清洁、无异味的包装材料，内包装建议使用牛皮纸或布袋。

6.2 标志　包装标签应注明名称、产地、采收日期、包装数量、质量等级、运输注意事项等。

6.3 储藏　彻底灭菌，消灭虫源，防止发生霉变和虫蛀；选择通风、干燥、无污染的环境，并有控温（30℃以下）控湿（45%～70%）装备的专用仓库中贮藏。

6.4 运输　运输工具应有通风设备。运输途中应防止日晒、雨淋、潮湿、损坏、污染。

五、穿心莲种子繁育技术研究

（一）研究概况

在南方广东、广西、福建等适宜穿心莲生长的地区，其种子较多且易得，普通药农以自留种子为主。20世纪70年代，陕西、北京、上海、四川等地因将习生于南方的穿心莲移栽到纬度较高地区，进行了北移穿心莲种子繁育技术的研究，主要着重于穿心莲在当地的留种。其后由于中成药生产及临床对药材需求的急剧增加，大面积种植穿心莲成为主产地农民的主要农业生产活动之一，对药材种子的需求推动了穿心莲种子的流通。目前在主要产区的集市和全国各大药材市场以及专业网站均可以买到穿心莲种子。然而，市场流通的穿心莲种子的生产繁育技术主要来自于药农自身的栽培经验，或如广药集团白云山和记黄埔中药有限公司自有的规模较大的栽培基地所设的企业内部生产规范。广州中医药大学通过走访主要产区药农及白云山和记黄埔中药有限公司穿心莲种植基地技术人员，对穿心莲药材种子繁育技术进行了总结。

（二）穿心莲种子繁育技术规程

1. 范围

本标准规定了穿心莲［*Andrographis paniculata*（Burm. f.）Nees］种子生产技术规程。

本标准适用于穿心莲种子生产的全过程。

2. 规范性引用文件

下列文中的条款通过本标准的引用而成为本标准的条款。凡是注明日期的引用文件，其随后所有的修改单（不包括勘误内容）或修订版均不适用于本标准。然而，鼓励根据本标准达成协议的各方研究是否使用这些文件的最新版本。凡是不注明日期的引用文件，其最新版本适用于本标准。

中华人民共和国药典（2015年版）一部

GB 3095—2012　环境空气质量标准

GB 5084—2005　农田灌溉水质标准

GB 15618—2018　土壤环境质量标准

中药材规范化种植研究项目实施指导原则及验收标准

3. 术语与定义

3.1 生物肥料　指利用生物活体或生物代谢过程中产生的具有生物活性的物质或从生物体提取的物质作为提高作物产量和品质的肥料。

3.2 生物源农药　指利用生物活体或生物代谢过程中产生的具有生物活性的物质或从生物体提取的物质作为防治作物病虫害的农药。

4. 生产技术

4.1 种质来源　原植物为爵床科植物穿心莲［*Andrographis paniculata*（Burm. f.）Nees］。

4.2 选地与整地

4.2.1 生态环境要求：环境空气质量应达到国家环境空气质量标准GB 3095—2012二级以上标准。

4.2.2 土壤环境质量：应达到国家土壤质量标准GB 15618—2018二级以上标准。

4.2.3 灌溉水：应达到国家农田灌溉水质标准GB 5084—2005二级以上标准。

4.2.4 选地整地：一般选择地势平坦，背风向阳，疏松肥沃，水湿条件好的山地或平地。前作以施肥多的作物为好（如菜地），但不宜以茄科作物作前茬，以防传染病害。4月初整地，下足基肥，每亩施熟人畜粪

4000～5000kg，翻耕做畦待植，一般畦宽1～1.3m，翻耕深度为20～25cm，耙平，修好灌、排水沟。育苗地畦面土块要细碎疏松。

4.3 育苗

4.3.1 种子发芽试验：播种前应提前进行种子发芽试验，特别是从外地引入的种子，确保种子质量合格。

4.3.2 种子处理：将种子用始温为40～50℃温水浸种24小时，捞起摊开，用湿纱布覆盖保湿。

4.3.3 播种期：留种地于3月中下旬到清明前播种。

4.3.4 播种方法：将种子与适量草木灰及20倍体积细沙拌匀撒播于苗床上，盖上细碎薄土，以不见种子为度。喷洒清水，再覆盖稻草或薄膜保湿，待4～7天后突破种皮的子叶转绿，当苗床出苗50%～70%时，应及时揭除稻草、薄膜等覆盖物。每平方米播种7.5～10g。

4.3.5 播种苗床管理

4.3.5.1 淋水：播种后常喷洒清水，保持畦面湿润。畦内相对湿度保持70%～80%。出苗后可适当减少浇水。

4.3.5.2 控温：苗床温度以保持25～30℃为宜。

4.3.5.3 除草：勤除杂草，除早、除小。

4.3.5.4 施肥：待苗长出第2对真叶，结合淋水每隔7天施1次稀粪水提苗，促进幼苗生长。施肥后用清水喷洗幼苗，以防烧苗。

4.3.5.5 种苗规格：长出4～5对真叶，苗高10cm，具完整根系，无病虫害，即可出圃移栽。

4.4 种植

4.4.1 栽植时间：于5月中下旬的阴天或傍晚进行。

4.4.2 栽培密度：根据穿心莲的生物学和生态学特征，结合种植地的土壤条件、当地气候条件和当地集约经营程度，供留种用的“种子田”应适当稀植，种植密度定为：行距50cm，株距30～50cm。

4.4.3 栽植方法：按行株距挖小穴，穴成品字形，每穴栽苗1株，带土移栽，土埋至子叶下方。移栽后应及时浇定根水。

4.5 田间管理

4.5.1 淋水排水：定植初期，每天早、晚淋水，缓苗之后每隔3～5天浇1次水，经常保持畦面湿润。在6月、7月、8月3个月的高温干旱时期，一般采用沟灌，在傍晚或早晨进行，待水渗湿畦面后即可将水排出。但雨季要严防土壤积水，以防止浸泡后植株死亡。

4.5.2 中耕除草：定植初期，要勤除杂草、松土。每隔15～20天中耕除草1次，中耕宜浅，以2cm深为宜，以免伤根。

4.5.3 摘心培土：当苗高30～40cm时，摘去顶芽，促进侧芽生长，使其枝多叶茂，提高产量；并结合中耕，适当培土，促进不定根生长，增强吸收水肥能力，防止风害。留种植株，在盛花期不打顶，将果实预计不能成熟的花序摘除。

4.5.4 补苗：缺株应及时补栽同龄苗。

4.5.5 施肥

4.5.5.1 施肥原则：穿心莲生长期间，要求氮肥为主；根据土壤肥力状况，适当施少量化肥；基肥主要施用农家肥。

4.5.5.2 施肥时间：大田施肥一般不少于3次，第一次在定植成活后，第二次在分枝抽出后，第三次在植株封行前后。

4.5.5.3 施肥量：在苗幼嫩根系生长初期，施用尿素3～5kg（1kg兑水500L）。第二、第三次每亩施人畜粪尿1000～2000kg，或尿素5～10kg（1kg兑水250L）。

4.5.5.4 留种地在植株长至封行后应停止追施氮肥，改为喷施磷钾肥（磷酸二氢钾2000倍液），以利花果生长。

4.6 病虫害防治　坚持贯彻保护环境、维持生态平衡的环保方针及预防为主、综合防治的原则，采取农业防治、生物防治和化学防治相结合，做好穿心莲病虫害的预防预报和田间药效试验工作，提高防治效果，将病虫危害降低到最低程度。

化学防治病虫害，严禁使用国家禁用的农药，如滴滴涕、六六六、甲基异柳磷、杀虫脒等。

4.6.1 农业综合防治　① 土壤消毒：结合整地做畦，每亩撒石灰100kg进行土壤消毒。② 清洁田园：清理杂草落叶，集中处理，以减少病虫源。③ 加强苗床管理，控制温度和相对湿度，避免温度过高、相对湿度过大。④ 清除病株并用5%石灰乳消毒。⑤ 发现虫害，采用人工捕捉或施放毒饵诱杀，避免直接喷施化学农药。如危害轻微，可完全不用农药。

4.6.2 药物防治

4.6.2.1 立枯病：又称幼苗猝倒病，俗称“烂秧”，病原物为丝核菌属立枯丝核菌（*Rhizoctonia solani* Kühn）。

防治时间：4～5月苗期。

农药品种：敌克松、50%托布津可湿性粉剂。

防治方法：发现病株用敌克松400～500倍液浇灌病区，或用50%托布津可湿性粉剂稀释1000倍液喷雾。

4.6.2.2 黑茎病：又称青枯病，病原物为茄科劳尔菌（*Fusarium moniliforme* Sheld）。

防治时间：4～5月。

农药品种：50%多菌灵、波尔多液。

防治方法：发病期间用50%多菌灵1000倍液喷雾或浇灌病区，或用1∶1∶120的波尔多液喷洒。

4.6.2.3 非洲蝼蛄

防治时间：5～11月。

农药品种：50%辛硫磷乳油、90%晶体敌百虫。

防治方法：每亩用50%辛硫磷乳油50～200ml，或用90%晶体敌百虫150～200g，加水稀释30倍，拌炒香的麦麸3～5kg配成毒饵诱杀。

4.6.2.4 斜纹灯蛾

防治时间：终年繁殖，无越冬休眠现象。

农药品种：50%辛硫磷乳油、90%晶体敌百虫。

防治方法：结合田间管理，及时摘除卵块和初孵化幼虫。采用50%辛硫磷乳油1000倍液或90%晶体敌百虫1000倍液喷雾。

5. 采收、加工与储存

5.1 采收与加工　9～11月，当果壳褪绿转黄，部分呈红紫色，种子已达中熟程度，应及时分期采摘，放在荫凉处后熟几日，用罩子盖住，以免种子弹跳损失。待果皮全部开裂后，晒干扬净果壳装入布袋，挂通风处贮存。种子干透后才能储存，否则影响发芽率。

5.2 储存　选择通风、干燥、无污染的环境，并有控温（30℃以下）控湿（45%～70%）装备的专用仓库中贮藏。彻底灭菌，消灭虫源，防止发生霉变和虫蛀。

6. 包装与运输

6.1 包装　选用不易破损、干燥、清洁、无异味的包装材料。内包装建议使用牛皮纸或布袋。包装标签应注明名称、产地、采收日期、包装数量、质量等级、运输注意事项等。筛选后供留种和流通用种子在包装前必须进行质量检测，在包装上附质检标识。

6.2 运输　运输工具应有通风设备。运输途中应防止日晒、雨淋、潮湿、损坏、污染。

参考文献

[1] 国际种子检验协会. 种苗评定与种子活力测定方法手册[M]. 徐本美，韩建国，等译. 李敏，校. 北京：北京农业大学出版社，1993：53-56.

[2] 苏丹. 穿心莲GAP标准评价体系的相关研究[D]. 广州：广州中医药大学，2002.

[3] 童家赟，张晓丽，何瑞，等. 穿心莲种子发芽试验标准化研究[J]. 种子，2011，30(2)：1-3.

[4] 何瑞，童家赟，张晓丽，等. 穿心莲种子质量分级标准研究[J]. 安徽农业科学，2011，39(24)：14595-14597.

[5] 西安植物园中草药研究组. 穿心莲的引种栽培技术[J]. 陕西新医药，1974(3)：47-49.

[6] 佚名. 一见喜育苗和留种[J]. 上海农业科技，1977，S2：23-25.

[7] 北京市药材公司，北京植物所药用植物生态组. 北京地区穿心莲的引种栽培方法[J]. 中药材科技，1978(2)：7-11.

[8] 周正，代成云，杨观梅，等. 穿心莲引种栽培研究[J]. 中药通报，1987(6)：17-20.

[9] 张敬君. 穿心莲栽培管理技术[J]. 现代农业科技，2007(17)：45.

[10] 邱道寿，王泽清，白春华，等. 优质穿心莲GAP种植技术[J]. 广东农业科学，2008，S1：102-105.

何瑞　童家赟（广州中医药大学）

47 桔梗

一、桔梗概况

桔梗［*Plantycodon grandiflorus*（Jacq）A.DC.］是常用大宗药材品种之一，因其药食兼备，广泛应用于中成药、饮片及食品加工，年需量约6000 吨以上。全国大部分地区均有栽培，其中山东淄博、安徽太和、内蒙古赤峰是我国三大主产区，以及陕西商洛、河南桐柏、河北安国、山东临沂等众多次产区。目前，市场上流通的桔梗种子主要来源于内蒙古和山东产区。内蒙古种质具有早熟、耐低温、发芽快、根条好的特点；山东种质具有晚熟、抗病、根条好、产量高的特点。每年桔梗种植面积在50000亩以上，对种子需求量巨大，但对其质量监管却一直处于空白，每年均发生劣种坑农事件，给农民造成巨大的经济损失。而相关管理部门由于无标可依，常常造成农民取证和维权困难。因此，亟待制定桔梗种子质量的行业标准，做到有标可依；同时，通过建立桔梗良种繁育技术体系和良种繁育基地，实现良种规范化和规模化的生产，才能从根本上保障桔梗安全稳定生产和维护农民权益。

二、桔梗种子质量标准研究

（一）研究概况

桔梗道地药材种子质量分级标准是中国医学科学院药用植物研究所承担的国家科技重大专项《中药材种子种苗和种植（养殖）标准平台》的支持下完成的。项目通过收集全国桔梗主产区多批次桔梗种子，参考《农作物种子检验规程》（GB/T3543—1995）和《牧草种子检验规程》（GB/T 2930—2001），研究并确定了桔梗种子检验方法，制定了桔梗质量分级标准。目前，桔梗种子质量分级标准只有地方标准，无行业标准和国家标准。在桔梗三大主产中，安徽省颁布了《梗桔种子质量要求》（DB34/T 831—2008），以及在本研究基础上制定的《桔梗种子质量分级》（DB15/T 1297—2017）已成为内蒙古自治区地方标准，于2018年3月正式颁布实施。

（二）研究内容

1. 研究材料

2010年初，从各桔梗产区收集了53份种子作为研究材料，见表47-1。所有种子样品保存在中国医学科学院药用植物研究所国家种质资源库短期库（10℃，相对湿度≤50%）。

表47-1　桔梗种子样品的库存编号和产地

编号	来源种或栽培类型	产地名称	编号	来源种或栽培类型	产地名称
CF1～10	产地	内蒙古赤峰	AG1～8	市场	河北安国
SD1～12	产地	山东博山	SC1	产地	四川绵阳
BZ1～6	市场	安徽亳州	BJ1～3	产地	北京海淀
DB1	产地	辽宁新宾县	BJ4	中梗1号	北京海淀
DB2	产地	辽宁桓仁县	BJ5	中梗2号	北京海淀
DB3～5	产地	吉林集安	BJ6	中梗3号	北京海淀
SL1-4	产地	陕西商洛	BJ7	产地	北京怀柔

2. 扦样方法

桔梗种子批的重量在1000kg以内，确定桔梗送验样品最小重量30g，种子净度分析试验中送检样品的最小重量至少不少于含有2500粒种子，而送检样品的重量应超过净度分析量的10倍以上，根据桔梗种子千粒重范围，确定桔梗净度分析试样的最小重量为3g。

3. 种子净度分析

净度分析试样的大小估计至少含有2500个种子单位的重量，桔梗种子千粒重按1.2g计算，2500粒种子重量为（1.2×2500）/1000=3.0g，试验中采用的桔梗净度分析试样的重量为5.0g。采用徒手减半法从每份桔梗样品中分取3份全试样，将试样分离成净种子、其他植物种子和一般杂质三种成分后分别称重。将每份试样各成分的重量相加，计算各成分所占百分率，如果分析后重和原重的差异超过原重的5%，重新分析。

采集到的桔梗种子总体净度水平较高，净度达到90%以上，且无重型混杂物，无生命杂物主要由桔梗细碎的梗枝和小土粒组成。但种子内部混有其他植物种子数量较多，在种子收获时，应去除田间的大型杂草，以防其他种子混入（表47-2）。

表47-2　桔梗种子净度分析

样品编号	无生命杂物（g）	其他植物种子（g）	净种子（g）	净度（%）
CF1	0.182	0	4.812	96.37
CF2	0.117	0	4.885	97.65
CF3	0.253	0.018	4.744	94.83
CF4	0.108	0.032	4.861	97.20
CF5	0.143	0.010	4.849	96.95
CF6	0.227	0	4.775	95.46
CF7	0.137	0.019	4.846	96.88
CF8	0.161	0	4.841	96.79
CF9	0.069	0	4.934	98.62
CF10	0.124	0	4.877	97.51

续表

样品编号	无生命杂物（g）	其他植物种子（g）	净种子（g）	净度（%）
SD1	0.140	0.025	4.836	96.70
SD2	0.171	0.010	4.821	96.39
SD3	0.212	0	4.792	95.76
SD4	0.182	0	4.821	96.36
SD5	0.181	0	4.822	96.38
SD6	0.090	0.006	4.908	98.12
SD7	0.382	0	4.621	92.36
SD8	0.159	0	4.844	96.82
SD9	0.458	0.029	4.515	90.26
SD10	0.233	0	4.771	95.34
SD11	0.118	0.007	4.877	97.51
SD12	0.116	0	4.887	97.68
DB1	0.095	0	4.909	98.09
DB2	0.306	0.072	4.625	92.46
DB3	0.195	0	4.808	96.10
DB4	0.187	0	4.816	96.26
DB5	0.168	0	4.834	96.64
AG1	0.096	0.048	4.851	97.12
AG2	0.256	0	4.723	94.88
AG3	0.258	0	4.718	94.85
AG4	0.290	0.016	4.683	93.87
AG5	0.052	0.010	4.869	98.75
AG6	0.125	0.011	4.856	97.43
AG7	0.173	0	4.796	96.55
AG8	0.155	0	4.832	96.91
BJ1	0.233	0	4.770	95.35
BJ2	0.172	0	4.832	96.57
BJ3	0.274	0	4.727	94.53
BJ4	0.193	0	4.808	96.14
BJ5	0.092	0	4.913	98.17

续表

样品编号	无生命杂物（g）	其他植物种子（g）	净种子（g）	净度（%）
BJ6	0.092	0	4.909	98.16
BJ7	0.168	0	4.834	96.64
BZ1	0.088	0.026	4.861	97.71
BZ2	0.155	0.046	4.767	95.98
BZ3	0.080	0.029	4.883	97.81
BZ4	0.095	0.037	4.858	97.36
BZ5	0.070	0.024	4.887	98.12
BZ6	0.588	0.047	4.317	87.32
SL1	0.290	0	4.602	94.20
SL2	0.412	0.011	4.530	91.56
SL3	0.134	0.041	4.814	96.49
SL4	0.131	0.054	4.802	96.30
SC1	0	0.221	4.771	95.59

4. 真实性鉴定

桔梗种子椭圆形或倒卵形，颜色从黑色过渡到棕色（图47-1至图47-4），种表有光泽，一侧具窄翅，长2.0～2.6mm，宽1.2～1.6mm，厚0.6～0.8mm，解剖镜下常见深色纵行短线纹。种脐位于基部，小凹窝状，种翼宽0.2～0.4mm，颜色常稍浅。胚乳白色半透明，具油性。胚小，直生，子叶2个（图47-1）。

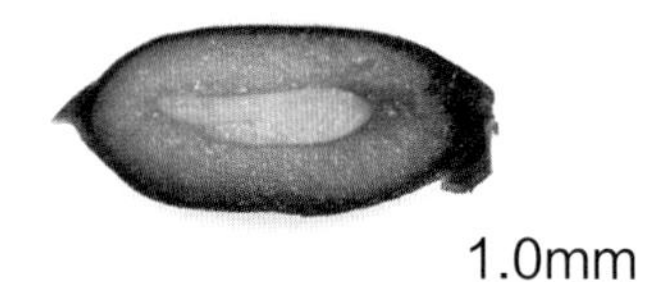

图47-1 桔梗种子

5. 重量测定

桔梗种子重量测采用1000粒法测定桔梗种子重量。由表47-3可知，桔梗种子千粒重为0.92～1.10g，各产地之间种子千粒重差异不大。

表47-3 千粒法测得桔梗种子重量

编号	平均值	编号	平均值	编号	平均值
SD1	0.954	AG1	0.952	SL1	0.944
SD2	0.940	AG2	1.092	SL2	0.948
SD3	0.949	AG3	1.006	SL3	0.958
SD4	0.956	AG4	0.985	SL4	0.947
SD5	0.968	AG5	0.942	DB1	1.025
SD6	0.995	AG6	0.946	DB2	0.997
SD7	0.971	AG7	0.946	DB3	0.959

续表

编号	平均值	编号	平均值	编号	平均值
SD8	0.980	AG8	0.942	DB4	0.979
SD9	0.963	CF1	0.985	DB5	0.950
SD10	1.011	CF2	0.950	BJ1	0.983
SD11	0.986	CF3	0.969	BJ2	0.946
SD12	0.930	CF4	0.955	BJ3	0.931
BZ1	0.921	CF5	0.938	BJ4	0.947
BZ2	0.911	CF6	0.919	BJ5	1.100
BZ3	1.001	CF7	0.965	BJ6	1.081
BZ4	1.011	CF8	0.923	BJ7	0.951
BZ5	0.953	CF9	0.926	SC1	0.928
BZ6	0.971	CF10	0.940		

6. 水分测定

采取133℃高温烘干种子4小时的方法测定桔梗种子水分。桔梗种子含水量为4.5%~7.2%（表47-4）。

表47-4　高温烘干法种子水分测定

编号	水分含量	编号	水分含量	编号	水分含量
SD1	6.38	BJ1	4.96	CF2	6.88
SD2	6.34	BJ2	4.52	CF3	6.74
SD3	6.22	BJ3	4.64	CF4	6.33
SD4	6.21	BJ4	5.18	CF5	6.62
SD5	6.19	BJ5	5.18	CF6	6.39
SD6	7.21	BJ6	6.12	CF7	6.38
SD7	6.38	BJ7	6.72	CF8	6.54
SD8	6.20	AG1	6.30	CF9	6.66
SD9	6.25	AG2	6.34	CF10	6.57
SD10	6.43	AG3	6.40	DB1	6.18
SD11	6.17	AG4	6.33	DB2	6.13
SD12	6.06	AG5	6.46	DB3	6.16
SL1	6.05	AG6	6.46	DB4	6.27
SL2	6.23	AG7	6.32	DB5	6.28
SL3	5.90	AG8	6.55		
SC1	6.68	CF1	6.88		

7. 发芽试验

从充分混匀的净种子中随机取4次重复，每重复100粒种子，选用有机塑料发芽盒，在双层滤纸下加0.5cm的海绵保湿。在25℃培养箱中培养，光周期为8小时/16小时（昼/夜）。第13天计算发芽率，幼苗鉴定分为正常幼苗、不正常幼苗、新鲜不萌动种子、未发芽种子进行鉴定计数。

由表47-5可知，桔梗发芽率差异很大，从0%～97%。内蒙古赤峰种子发芽率最好，其次是河北安国种子和山东种子，再次是北京、东北辽宁、吉林和安徽亳州种子，部分山东种子和陕西商洛的种子发芽率低于50%，说明有部分种子为陈种子或在新种子中掺入陈种子导致总体发芽率下降。

表47-5 桔梗种子发芽率测定

样品编号	不正常幼苗	新鲜不萌动种子	发芽率（%）	样品编号	不正常幼苗	新鲜不萌动种子	发芽率（%）
SD1	6.7	0.5	70.8	AG1	1.0	3.0	79.5
SD2	7.0	3.7	70.5	AG2	0	1.7	96.5
SD3	3.7	1.0	72.5	AG3	0	0	96.5
SD4	5.7	3.7	69.5	AG4	1.7	1.7	93.5
SD5	1.7	2.7	76.5	AG5	0.5	1.7	93.5
SD6	2.0	1.7	68.0	AG6	0	2.0	81.5
SD7	3.0	2.7	74.5	AG7	1.7	2.0	88.5
SD8	1.0	0.5	94.0	AG8	0	9.0	76.0
SD9	1.7	1.0	82.5	BJ1	3.7	3.0	84.0
SD10	1.0	0.5	89.0	BJ2	1.7	3.0	86.3
SD11	0	1.7	23.5	BJ3	3.0	1.7	85.5
SD12	0	9.7	19.0	BJ4	0	11	86.0
CF1	1.7	0	97.5	BJ5	0	9.0	83.0
CF2	1.7	0	97.0	BJ6	0	6.0	89.5
CF3	2.0	0.5	95.0	BJ7	0.5	4.0	86.5
CF4	1.7	0	95.5	BZ1	2.7	0	56.0
CF5	1.7	0	95.6	BZ2	1.0	3.6	60.3
CF6	2.7	0	95.5	BZ3	1.0	1	84.5
CF7	2.3	0	95.0	BZ4	1.7	0.7	85.4
CF8	2.3	0	97.5	BZ5	0.5	1.7	59.0
CF9	1.0	0	96.0	BZ6	2.7	0.7	85.3
CF10	2.0	0	99.7	SL1	0	0	0
DB1	1.7	1.7	89.5	SL2	2.0	1.0	30.2
DB2	1.0	0.7	46.5	SL3	0	0	0

续表

样品编号	不正常幼苗	新鲜不萌动种子	发芽率（%）	样品编号	不正常幼苗	新鲜不萌动种子	发芽率（%）
DB3	2.7	1.0	67.5	SL4	0	0	0
DB4	3.7	3.6	72.0	SC1	2.7	10.0	67.5
DB5	1.7	0.7	45.0				

8. 生活力测定

采用四唑（TTC）测定种子生活力。从充分混匀的净种子中随机取3次重复，每重复50粒种子，种子预处理采用25℃下，浸种24小时，将桔梗种子用刀片纵切两半，一半放入0.5% TTC溶液中，于30℃下染色4小时，解剖镜下观察并统计胚乳切面和胚染色情况。

桔梗种子生活力测定结果与发芽率的结果较一致，因为受到桔梗种子休眠现象所导致的新鲜不萌动的种子影响，种子生活力测定的数值要稍高于发芽率（表47-6）。

表47-6　桔梗种子生活力测定

样品编号	生活力（%）	样品编号	生活力（%）	样品编号	生活力（%）
SD1	88.2	CF1	94.5	AG1	85.5
SD2	91.2	CF2	95.3	AG2	90.2
SD3	85.3	CF3	94.7	AG3	94.4
SD4	81.1	CF4	93.0	AG4	92.2
SD5	88.2	CF5	94.0	AG5	88.5
SD6	84.3	CF6	95.5	AG6	91.4
SD7	87.2	CF7	90.6	AG7	90.6
SD8	94.2	CF8	93.3	AG8	94.4
SD9	87.5	CF9	96.0	BJ1	80.0
SD10	92.6	CF10	96.5	BJ2	83.5
SD11	23.3	BZ1	61.0	BJ3	79.6
SD12	22.2	BZ2	55.5	BJ4	82.0
DB1	77.5	BZ3	85.3	BJ5	76.9
DB2	47.5	BZ4	83.1	BJ6	85.6
DB3	54.6	BZ5	51.4	BJ7	81.5
DB4	60.4	BZ6	86.3	SC1	84.5
DB5	46.0	SL3	0	SL4	0
SL1	2.0	SL2	33.4		

9. 种子健康检验

方法：采用平皿法和吸水纸法测定种子带菌率。

（1）13份种子进行了平皿法检测种子内部带菌，先将各份种子分别用5%次氯酸钠处理10分钟，再用灭菌水冲洗3次，随机选取种子摆放在直径9cm的含0.01%硫酸链霉素PDA平板上，每皿摆放100粒，重复3次，在25℃恒温箱培养5～7天，记录各种真菌分离频率，计算带菌率，将分离到的病菌纯化、镜检和鉴定。

（2）对49份桔梗种子进行了吸水纸法测定种子表面带菌。采用吸水纸法，不经次氯酸钠消毒，直接在吸水滤纸上随机摆放种子，按上述方法培养、纯化、镜检和鉴定种子带菌种类，计算各种真菌的分离比例和种子带菌率。

种子带菌率（%）=带菌种子总数÷检测种子总数×100%

分离频率（%）=某一分离物出现数÷分离物出现总数×100%

从表47-7可知，不同地区种子的内部带真菌种类和分离比例不同，种子表面经消毒后，体内带菌率大幅降低，均在3%以下，除了曲霉属外其他6种真菌属在种子内部均存在。

从表47-8可知，不同地区种子的外部真菌种类和分离比例不同，内蒙古赤峰、河北安国、北京的种子没有根霉属真菌，而安徽亳州的种子没有链格孢属和平脐蠕属的真菌；内蒙古赤峰、河北安国、北京的种子带菌率小于山东博山、安徽亳州、东北（辽宁和吉林）的种子。除内蒙古赤峰的种子外，青霉属真菌在其他5个地区中分离比例最高，其次是镰孢菌属真菌。

表47-7 平皿法检测桔梗种子带菌率情况

编号	带菌率（%）	真菌种类和分离比例（%）					
		根霉属	曲霉属	镰孢菌属	链格孢属	平脐蠕属	青霉属
CF3	—	—	—	—	—	—	—
CF7	—	—	—	—	—	—	—
DB2	2.67	—	—	25	—	50	25
DB5	1.33	25	—	—	75	—	—
BZ2	0.33	—	—	100	—	—	—
BZ5	—	—	—	—	—	—	—
AG1	0.33	—	—	100	—	—	—
AG23	0.67	—	—	—	50	—	50
SD1	—	—	—	—	—	—	—
SD3	1.33	—	—	50	0	50	—
BJ2	—	—	—	—	—	—	—
BJ3	0.33	—	—	0	100	—	—
SC1	—	—	—	—	—	—	—

注：“—”表示无此种类真菌。

表47-8　吸水纸法检测桔梗种子带菌率情况

产地	带菌率（%）	真菌种类和分离比例（%）						
		根霉属	曲霉属	镰孢菌属	链格孢属	平脐蠕属	青霉属	其他
内蒙古赤峰	2.73	—	7.14	64.29	10.71	14.29	3.57	—
河北安国	4.74	—	6.41	16.67	8.97	3.85	60.26	3.85
北京	7.69	—	—	5.06	17.72	8.86	68.35	0
山东博山	11.99	2.56	0.51	10.26	16.92	8.21	60.00	1.54
安徽亳州	19.52	4.26	11.91	35.32	—	—	48.09	0.43
东北	25.43	1.50	3.38	31.58	6.77	0.75	47.37	8.65

注："—"表示无此种类真菌。

（三）桔梗种子标准草案

1. 范围

本标准规定了桔梗［*Platyodon grandiflorum*（Jacq.）A. DG.］种子的检验和质量分级。

本标准适用于桔梗种子的检验与质量评定。

2. 规范性引用文件

下列文件对于本文件的应用是必不可少的。凡是注明日期的引用文件，仅所注明日期的版本适用于本文件。凡是不注明日期的引用文件，其最新版本（包括所有的修改单）适用于本文件。

GB/T 2930.1　牧草种子检验规程　扦样

GB/T 2930.2　牧草种子检验规程　净度分析

GB/T 2930.3　牧草种子检验规程　其他植物种子数测定

GB/T 2930.4　牧草种子检验规程　发芽试验

GB/T 2930.5　牧草种子检验规程　生活力的生物化学(四唑)测定

GB/T 2930.8　牧草种子检验规程　水分测定

GB/T 2930.11　牧草种子检验规程　检验报告

3. 术语和定义

下列术语和定义适用于本文件。

3.1 桔梗　为桔梗科（Campanulaceae）桔梗属多年生草本植物。

3.2 种子用价　也称种子利用率，指真正有利用价值的种子所占的百分率。计算方法为：

$$SUV(\%)=CR\times PG\times 100\%$$

式中：SUV（%）—— 种子用价；

CR—— 净度；

PG—— 发芽率。

4. 质量等级评定

4.1 质量分级　种子质量分级的各项指标见表47-9。

表47-9　桔梗种子质量分级标准

指标	一级	二级	三级
净度（%），≥	98.0	96.0	94.0
发芽率（%），≥	95.0	85.0	75.0
种子用价（%），≥	93.0	81.5	70.5
其他植物种子数粒（kg），≤	1000	1500	2500
水分（%），≤	10.0	10.0	10.0

4.2 质量等级评定方法

4.2.1 单项指标定级：根据表47-9中净度、发芽率、其他植物种子数或水分四项指标之一的级别直接定级。

4.2.2 综合定级：根据表47-9用净度、发芽率、其他植物种子数、水分四项指标进行综合定级：

——四项指标在表47-9同一质量等级时，直接定级；

——四项指标有一项在三级以下定为等外；

——四项指标均在三级以上（包括三级）,其中净度和发芽率不在同一级时，先计算种子用价，用种子用价取代净度与发芽率。种子用价和其他植物种子数在同一级别，则按该级别定级；若不在同一级别，则按低的等级定级。

4.3 要求

4.3.1 外观要求：种子椭圆形或倒卵形，颜色以黑褐色为主，有少量黄、灰绿种子，种表有光泽，一侧具窄翅。

4.3.2 其他：要求种子中不应含有检疫性植物种子。

5. 种子检验

5.1 扦样　按照GB/T 2930.1规定执行，种子批的最大重量和样品最小重量见表47-10。

表47-10　种子批的最大重量和样品最小重量

种名		种子批的最大重量（kg）	样品最小重量（g）		
学名	中文名		送检样品	净度分析样品	计数其他植物种子试验样品
P. grandiflorum（Jacq.）A. DG.	桔梗	2000	30	3	30

5.2 净度分析　按照GB/T 2930.2规定执行，净度分析试样最小重量见表47-10。

5.3 其他植物种子数测定　按照GB/T 2930.3规定执行。

5.4 水分测定　按照GB/T 2930.8规定执行。

5.5 发芽测定　按照GB/T 2930.4规定执行，种子发芽方法见表47-11。

表47-11　桔梗种子发芽方法

学名	种名	发芽床	温度（℃）	初次计数（d）	末次计数（d）	附加说明
P. grandiflorum（Jacq.）A. DG.	桔梗	TP	25，30，20~30	4	14	16小时无光照，8小时光照。

5.6 生活力测定　按照GB/T 2930.5规定进行，种子四唑测定方法见表47-12。

表47-12　桔梗种子四唑测定方法

学名	种名	预湿方式	预湿时间（h）	染色前的准备	溶液浓度（%）	30℃染色时间（h）
P. grandiflorum (Jacq.) A. DG.	桔梗	水中	24	沿种子中线窄翅一侧纵切种子，取有胚一侧备用	0.5	4

6. 检验报告

按照GB/T 2930.11 检验报告进行。

三、桔梗种子繁育技术研究

（一）研究概况

桔梗以种子繁殖为主，栽培上以紫花型桔梗为主。相对二年生桔梗而言，一年生桔梗植株矮小，茎秆纤细，果实较小，籽粒色浅皱瘪，千粒重低，芽率低，生产上使用的均为二年生桔梗种子。市场上流通的桔梗种子以山东和内蒙古赤峰产区的种质为主，均为农民自种自繁。目前，桔梗生产推广种植的新品种只有中国医学科学院药用植物研究所培育的杂种一代新品种“中梗2号”，该品种于赤峰主产区表现突出，在单根重、直根率、产量等方面全面优于当地种质，受到药农欢迎。在杂交种良种繁育技术研究方面，通过对北京顺义、密云、陕西凤祥、甘肃白银等多点繁育试验（表47-13），确定了北京密云地区为最适宜繁育的制种基地。针对父母本花期不遇的问题（相差近1个月），在母本的蕾末期到初花期（7月1日左右）剪枝，茎留下40cm，促进植株再生花枝，实现母本花期推迟1个月，达到父母本花期大部分相遇，良种产量提高50%以上，在此基础上制定了桔梗良种繁育技术规程，为规范化和规模化良种生产奠定基础。

表45-13　2012年杂交种制种基地繁育地选择

繁育地区	制种面积（亩）	种子量（kg）	亩产（kg）
北京顺义	15.0	30.0	2.0
北京密云	2.7	63.7	23.6
陕西凤祥	2.0	5.0	2.5
甘肃白银	2.0	4.0	2.0

（二）桔梗种子繁育技术规程

1. 范围

本标准规定了桔梗制种用亲本种子繁育、杂交种制种和种子质量检验的技术要求。

本标准适用于桔梗三系杂交种子生产。

2. 规范性引用文件

下列文件对于本规程的应用是必不可少的。凡是注明日期的引用文件，仅所注明日期的版本适用于本规程。凡是不注明日期的引用文件，其最新版本（包括所有的修改单）适用于本规程。

GB 7414—1987　主要农作物种子包装

GB 7415—2008　主要农作物种子贮藏

GB 20464—2006　农作物种子标签通则

GB/T 3543.1～3543.7—1995　农作物种子检验规程

3. 术语和定义

下列术语和定义适用于本规程。

3.1 亲本系　亲本系包括雄性不育系（母本）、雄性不育保持系和自交系（父本），简称母本、保持系和父本。

3.2 繁育用亲本种子　用于繁育“制种用亲本种子”，质量指标应符合《桔梗道地药材种子标准》的规定。

3.3 制种用亲本种子　用于杂交种种子生产，质量指标应符合《桔梗道地药材种子标准》的规定。“制种用亲本种子”只能用于制种，不能用于繁育亲本。

3.4 杂交种种子　质量指标达到《桔梗道地药材种子标准》要求，直接用于大田生产的种子。

4. 种子繁育

4.1 母本种子繁育

4.1.1 隔离：繁育田周围3km以内禁止种植桔梗植物。

4.1.2 选地：选择地力均匀、土壤有机质含量不低于1%、排灌方便的地块，土层深厚。制种基地要固定。

4.1.3 播种：土壤5cm深处地温连续5天稳定通过12℃即可播种。先播不育系，后播种保持系。

4.1.4 密度：根据地力和亲本特性确定密度，每667m^{2}留苗10 000～15 000株。

4.1.5 行比：不育系繁育田父母本行比为4∶16。

4.1.6 播种方式：直行播种，不种行头，两侧边行种植保持系。

4.1.7 标记保持系行：标记保持系行，便于分辨不育系和保持系。

4.1.8 花前去杂：苗期、拔节后和开花前，分期将杂株和劣株全部拔除。

4.1.9 花期去杂：不育系行内一旦发现杂株和散粉株，及时拔除，就地掩埋。花期鉴定时，繁育用亲本杂株和散粉株率总和≤0.05%；制种用亲本杂株和散粉株率总和≤0.1%。花期严防人为因素将桔梗植物花粉带入隔离区内。

4.1.10 收获前去杂：收获前进行田间复检，拔除劣、杂株。

4.1.11 割除保持系：授粉结束后，保持系全部割除运走。

4.1.12 收获：适时收获，注意在果实刚开裂10%前将地上部收获，竖直分堆放于晾晒场，自然晒干至果实开裂，脱粒收获，同时注意在运输、晾晒、脱粒过程中防止机械混杂。

4.1.13 包装与贮藏：按GB 7414—1987、GB 7415—2008和GB 20464—2006规定执行。

4.2 保持系、父本种子繁育

4.2.1 隔离：同4.1.1。

4.2.2 选地：同4.1.2。

4.2.3 播种：同4.1.3。

4.2.4 密度：根据地力和亲本特性确定密度，每亩留苗4万～5万株。

4.2.5 花前去杂：同4.1.8。

4.2.6 花期去杂：散粉前及时拔除杂株，花期一旦发现杂株，及时拔除，就地掩埋。花期鉴定时，杂株率≤0.05%。花期严防人为因素将桔梗植物花粉带入隔离区内。

4.2.7 收获前去杂：同4.1.10。

4.2.8 收获：同4.1.12。

4.2.9 包装与贮藏：同4.1.13。

4.3 杂交种制种

4.3.1 制种地区气候条件选择：年平均温度9℃，年降水量500mm左右，年积温在3385℃以上，年平均日照2800小时以上，无霜期170天，降雨集中在6～8月。

4.3.2 选地：同4.1.2。

4.3.3 隔离：制种田周围3km以内禁止种植桔梗植物。

4.3.4 播种：土壤5cm深处地温连续5天稳定通过12℃即可播种。先播不育系，后播种父本种子。

4.3.5 密度：按照土壤肥力和亲本特征特性确定留苗密度，父母本每亩留苗4万～5万株。

4.3.6 确定行比：根据父本花粉量确定父母本种植行比，一般为4∶16。

4.3.7 苗期去杂：根据叶形、叶色、茎色性等主要特征，去除杂株。

4.3.8 拔节期去杂：根据株高、叶形、叶色、叶脉色、茎色等主要性状，及时将杂、劣株拔除。

4.3.9 开花前去杂：根据株型、花型、蕾型等主要性状去杂。

4.3.10 开花期去杂：拔除不育系行内散粉株。制种田亲本杂株率总和≤1%。

4.3.11 花期不育：在母本或父本的蕾末期到初花期剪枝，茎留下40cm，促进植株再生花枝，实现母本或父本花期推迟20～30天，达到父母本花期相遇。

4.3.12 割除父本：授粉结束后，父本全部割除运走。

4.3.13 收获：同4.1.12。

4.3.14 包装与贮存：同4.1.13。

4.3.15 种子质量检验：按《桔梗道地药材种子标准》规定执行。

参考文献

[1] 郭丽，张村，李丽，等. 中药桔梗的研究进展[J]. 中国中药杂志，2007，32(3)：181-186.

[2] 张玲，王德群. 安徽省桔梗科药用植物资源调查[J]. 安徽中医学院学报，2003，22(6)：48.

[3] 邢振杰. 中药材种植业的演变与发展[J]. 中国现代中药，2011，13(5)：53-55.

[4] 杨成民，张争，魏建和，等. 桔梗种子质量分级标准研究[J]. 中药材，2012，35(5)：679-682.

[5] 魏建和，杨成民，隋春，等. 利用雄性不育系育成桔梗新品种“中梗1号”“中梗2号”和“中梗3号”[J]. 园艺学报，2011，38(6)：1217-1218.

[6] 李增欣，徐崇德，韩文彬. 不同生长年限对桔梗质量的影响[J]. 中国中药杂志，2001，26(9)：598-599.

[7] 王康才，唐晓清，吴健，等. 桔梗的采收加工研究[J]. 现代中药研究与实践，2005，19(3)：15.

[8] 魏建和，李昆同，陈士林，等. 36种常用栽培药材种子播种质量现状研究[J]. 种子，2006，25(7)：58-61.

[9] 孙丽娜，严一字，吴基日，等. 市场上流通桔梗种子的质量分析[J]. 中国种业，2005，12：47-48.

[10] Shi FH, Sui C, Yangcm, et al. Development of a stable male-sterile line and its utilization in high yield hybrid of Platycodon Grandiflorum[J]. Journal of Medicinal Plants Research，2011，5(15)：3488-3499.

[11] 颜启传. 种子学[M]. 北京：中国农业出版社，2001.

[12] 郭巧生，赵荣梅，刘丽，等. 桔梗种子发芽特性的研究[J]. 中国中药杂志，2006，31(11)：879-881.

[13] 杨旭，杨志玲，周彬清，等. 不同地理种源桔梗种子性状及苗期生长分析[J]. 植物资源与环境学报，2008，17(1)：66-70.

[14] 汪晓峰，景新明，郑光华. 含水量对种子贮藏寿命的影响[J]. 植物学报，2001，43(6)：551-557.

[15] 严一字，吴基日，吴松全，等. 桔梗种子成熟天数与成熟度及发芽率的关系 [J]. 延边大学农学学报，2005，27（4）：244-248.

[16] 孟祥才，王喜军，孙晖. 桔梗种子不同成熟度对播种品质、贮藏及生长的影响 [J]. 现代中药研究与实践，2006，20（4）：22-23.

杨成民　魏建和　张争（中国医学科学院药用植物研究所）

48 栝楼

一、栝楼概况

栝楼（*Trichosanthes kirilowii* Maxim.），为葫芦科植物，以果实、根、种子、果皮入药，分别称瓜蒌（或全瓜蒌）、天花粉、瓜蒌子、瓜蒌皮，以“地楼”始载于《神农本草经》，列为中品。生于海拔200～1800m的山坡林下、灌丛中、草地和村旁田边。从历代本草和史料记载中可以看出，陕西、山西、河南、山东、湖南、湖北等省都曾是瓜蒌的道地产区，今黄河流域及以南地区为其主要分布区，存在大量野生和人工栽培，其中山东作为瓜蒌的主要道地产区具有悠久的历史。20世纪60～70年代，各地开始大规模种植并形成多个产区，种植面积较大的有安徽亳州、江苏盐城、河北安国、河南安阳、山西运城等，到2007年种植面积逐渐减少，只有江苏盐城、河北安国种植，到20世纪80年代种植面积开始增加。目前栝楼主要分布在河北、湖北、陕西、河南、山西、山东、甘肃、四川、云南、贵州等地。现普遍认为山东长清、肥城为栝楼道地产区。安徽是栝楼最大产区，种植面积高达5万亩以上，除此之外还有陕西渭南、河南许昌、广西等。栝楼可用种子、分根及压条繁殖，也可用组织培养法繁殖。栝楼是雌雄异株植物，种子繁殖虽然方法简便易行，但植株性别难以控制，且雌株比例通常较低，难以满足果实（瓜蒌）为目的的生产需求，所以通常用于天花粉生产。若以生产瓜蒌为目的，则一般采用雌株栝楼种根无性繁殖的方法。总体来看，栝楼生产中种子种根的商品化程度较低，老产区种植户一般以自繁自育为主要方式，新产区种植户引入种子种苗往往比较盲目，市场比较混乱，来源不明确，药材产量和质量难以保证。

二、栝楼种子质量标准研究

（一）研究概况

关于栝楼种子标准研究方面，开展比较少。仅见学者对华南地区作为栝楼习用品的截叶栝楼种子检验和萌发特性的研究，以及本团队栝楼种子质量检验方法的研究。国内制定栝楼种子的质量标准只有安徽省的《瓜蒌籽》，以及山东省的《栝楼种子质量标准》。后者是本团队为主研究制定的。

（二）研究内容

1. 研究材料

试验所用栝楼种子均为山东省栝楼主产区搜集的当年新种子，编号分别为：山东蒙阴（LC、TX、CL）、费县（XZ）、沂水（DT）。

2. 扦样方法

采用“徒手减半法”分取试验样品，种子净度分析试验中，送检样品的最小重量至少不少于含有2500粒种子。而送检样品的重量应超过净度分析量的10倍以上。

3. 种子净度分析

重型混杂物的检查：与供检样品在大小或重量上明显不同的如土块、小石块等称为重型混杂物，挑出这些重型混杂物，并称其重量。

试验样品的分离、鉴定、称重：借助放大镜、筛子、解剖刀等，在不损伤种子发芽力的基础上，根据种子的明显特征，在净度分析台上将试样分离成干净种子、杂质、破损粒3种成分后分别称重，以克（g）表示，计算净种子质量百分率、杂质质量百分率、破损粒质量百分率。

对5个批次的栝楼种子进行净度分析（表48-1），由表48-1可见：种子重量增失差距偏离原始重量不到5%，净度分析有效。瓜蒌种子净度较高，一般均在95%以上。

表48-1　栝楼种子净度分析结果%

样品	杂质	破损粒	净度	增失值
LC	2.178	2.02	95.682	0.120
DT	0.678	0.344	98.785	0.193
XZ	0.523	0.281	99.124	0.072
CL	0.515	0.774	98.822	0.111
TX	0.151	0.42	99.402	0.027

4. 真实性鉴定

（1）采用种子外观形态法　随机数取100粒净种子，4次重复，逐粒观察栝楼种子形态特征并记录。

（2）栝楼种子外部形态特征　卵状椭圆形，扁平，长11～16mm，宽7～12mm，厚3～3.5mm。黄棕色至棕色，种脐端稍窄微凹，另端钝圆，表面平滑，沿边缘有一圈棱线，两侧稍不对称，种脊生于较突出一侧（图48-1）。

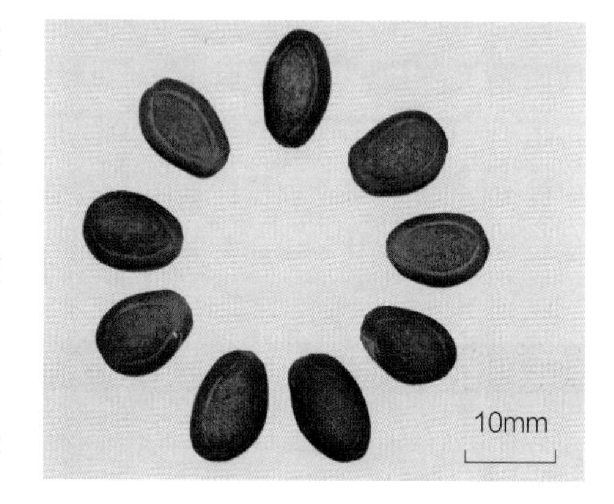

图48-1　瓜蒌种子

5. 重量测定

比较百粒法、五百粒法、千粒法的基础上，确定适宜的重量测定方法。

百粒法：选取5份瓜蒌净种子，数出100粒，8次重复，称重；千粒法：数出1000粒，2次重复，称重；五百粒法：数出500粒，2次重复，称重。

对5个批次的栝楼种子分别采用百粒法、五百粒法和千粒法测定千粒重，结果见表48-2、表48-3、表48-4，由表可见：栝楼种子千粒重变化较大。LC千粒重最大，为245.9g；XZ千粒重最小，为220.6g。百粒法中各样品测定值之间变异系数均小于4.0，结果有效。用五百粒法和千粒法测定的5份栝楼种子的千粒重结果表明，5份种子2个重复之间的差数都<5%，表明测定结果有效。三种测定方法测定同一份栝楼种子样本千粒重结果表明，三者之间没有显著性差异，但五百粒法测定栝楼种子的千粒重过程相对简单，所以栝楼种子质量的测定宜采用五百粒法。

表48-2　百粒法栝楼种子千粒重

样品	千粒重（g）	标准差	变异系数
LC	185.0	0.216	1.166
DT	245.9	0.666	2.710
XZ	220.6	0.572	2.512
CL	241.6	0.869	3.598
TX	223.2	0.119	0.509

表48-3　五百粒法栝楼种子千粒重

样品	千粒重（g）	2次重复差数	差数与平均数之比（%）
LC	182.6	0.402	0.47
DT	245.0	5.000	4.08
XZ	218.8	2.864	2.62
CL	235.2	4.582	3.90
TX	221.8	0.586	0.53

表48-4　千粒法栝楼种子千粒重

样品	千粒重（g）	2次重复差数	差数与平均数之比（%）
LC	185.2	1.491	0.85
DT	237.5	5.000	2.11
XZ	216.4	6.567	3.08
CL	239.8	9.590	4.17
TX	225.9	1.944	0.86

6. 水分测定

低温烘干法：先将样品和预先烘干、冷却、称重，并记下盒号，取得试样2份（按GB/T 3543.6-1995上的要求磨碎细度进行磨碎），每份4.5～5.0g，将试样放入预先烘干和称重过的样品盒内，再称重（精确至0.001g）。烘箱通电预热至110～115℃，将样品摊平放入烘箱内的上层，样品盒距温度计的水银球约2.5cm处，迅速关闭烘箱门，使箱温在5～10分钟内回升至（103±2）℃匙开始计算时间，烘8小时，用坩埚钳或戴上手套盖好盒盖（在箱内加盖），取出后放入干燥器内冷却至室温，约30分钟后称重。

高温烘干法：首先将烘箱预热至140～145℃，打开箱门5～10分钟后，烘箱温度须保持130～133℃，样品烘干时间为1小时。

两种水分测定方法对同一份样品测定结果存在较大差异，高温烘干法测定值高于低温烘干法测定值（表48-5）。二者之间存在显著的相关性（图48-2），其回归方程为：y=0.5491x+1.8522，相关系数为0.7942。

高温烘干法在开始30分钟内失水迅速，而后较慢。低温烘干法虽经过8小时烘干，测得含水量仍然较低。因此，采用高温烘干法较为适宜。

表48-5　含水率测定

样品	低温烘干法		高温烘干法	
	含水率（%）	容差（%）	含水率（%）	容差（%）
LC	0.935	0.18	2.14	0.12
TX	1.482	0.13	2.76	0.13
CL	1.129	0.07	2.69	0.1
XZ	1.935	0.15	2.82	0.09
DT	1.055	0.05	2.44	0.05

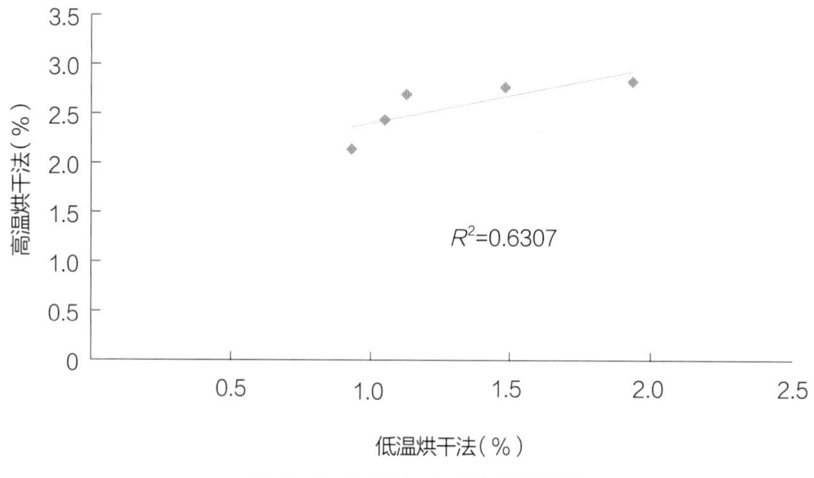

图48-2　两种烘干法的相关性分析

7. 发芽试验

发芽之前的预处理采用不同水温或进行变温处理（表48-6），预处理之后分别以滤纸、细沙和土壤做发芽床，置于30℃光照培养箱，测定各处理种子发芽率，重复3次。

表48-6　不同发芽预处理条件

处理	预处理	发芽温度（℃）
T1	沸水浸泡2分钟，转入冷水浸泡24小时	30
T2	温水40℃洗涤，冷水浸泡24小时	30
T3	温水浸泡4小时，冷水浸泡24小时	30
T4	温水浸泡6小时，冷水浸泡24小时	30
T5	温水浸泡8小时，冷水浸泡24小时	30
CK		30

由发芽试验结果（表48-7）可见：在T1处理中，沸水浸泡2分钟，对种子损伤较大，能将种子完全杀死。

表48-7　发芽试验结果（%）

处理	发芽指标	沙床	壤土	滤纸
T1	发芽势	0	0	0
	发芽率	0	0	0
T2	发芽势	21.1	35.6	34.4
	发芽率	45.6	67.8	52.2
T3	发芽势	60.0	80.0	65.6
	发芽率	70.0	86.7	67.8
T4	发芽势	66.7	62.2	83.3
	发芽率	77.8	71.1	87.8
T5	发芽势	1.1	5.6	3.3
	发芽率	1.1	7.8	3.3
CK	发芽势	16.7	40.0	38.9
	发芽率	33.3	66.7	61.1

壤土作发芽床，除T4外，在各处理中发芽率高于沙床和滤纸，沙床和滤纸床相比，互有高低，差异不显著。T4处理滤纸床发芽率最高。滤纸作发芽床时，种子外表皮易着生真菌，但对种子萌发无显著影响。用滤纸作发芽床，操作更简便。

从发芽势看，温水浸泡的三个处理T3、T4、T5，发芽势明显高于其他处理，7天时发芽势已占发芽率的80%～90%，说明发芽速度显著快于其他处理。

比较各处理，温水浸泡4～6小时，然后转入冷水浸泡24小时能显著提高发芽率10%～30%。因此，采用40℃温水浸泡4～6小时，然后转入冷水浸泡24小时，以土壤或滤纸作发芽床。

8. 生活力测定

选用栝楼种子“TX”，采用溴麝香草酚蓝法（BTB法）、红墨水染色法、四唑法以及纸上荧光法分别测定栝楼种子的生活力，探讨最佳方法。

溴麝香草酚蓝法（BTB法）、纸上荧光法测定种子生活力不成功。红墨水法和TTC法可作为测定栝楼种子生活力的方法。我们重点研究了TTC法测定生活力的条件。

从表48-8可见预湿时间和染色时间对生活力测定的影响较大，其中染色3小时可比染色1小时平均提高染色率3倍左右。室温下预湿2小时和4小时，置于1.0%四唑溶液中，在30℃恒温箱内染色速度最快，预湿时间过长反而不利于染色和最后生活力测定。从染色时间看，染色3小时可使栝楼种子均匀着色。

表48-8　预湿时间和染色时间对生活力测定的影响

预湿时间（h）	染色时间（h）	染色情况（%）
	1	21
0	2	43
	3	84

续表

预湿时间（h）	染色时间（h）	染色情况（%）
2	1	53
	2	69
	3	99
4	1	46
	2	67
	3	94
6	1	18
	2	44
	3	76
10	1	23
	2	42
	3	65

由表48-9可见破除硬实方法对栝楼种子生活力测定的影响。带种皮预湿后染色（CK），基本不能着色；剥去种皮预湿处理（T1）的染色效果要好于预湿后剥皮（T2）的染色效果，可能是前者预湿更充分的原因；预湿后纵切（T3）和平切（T4）染色效果相近，均好于其他处理。因此，应采用预湿后纵切或平切染色测定栝楼种子生活力。

表48-9　破除硬实方法对生活力测定的影响

方法代号	方法描述	染色情况（%）
T1	种子干剥：剥去外种皮，然后预湿4小时。30℃染色3小时	77
T2	种子湿剥：先将种子预湿4小时，然后剥去外种皮。30℃染色3小时	49
T3	种子纵切：先将种子预湿4小时，然后沿纵向切开。30℃染色3小时	94
T4	种子平切：种子预湿4小时后，沿种子扁平面切开。30℃染色3小时	98
CK	种皮不作处理，预湿4小时。30℃染色3小时	0

9. 种子健康检验

（1）直观法　栝楼种子随机取500粒，将样品放在白纸上，观察整齐度、色泽、虫叮、病斑等外观现象（表48-10）。

表48-10　直观法种子健康检验

编号	虫叮率（%）	色泽均一率（%）	病斑率（%）	壳薄率（%）
TX	0	95.8	4.4	2.4
LC	0	81.6	24.8	12.6

续表

编号	虫叮率（%）	色泽均一率（%）	病斑率（%）	壳薄率（%）
CL	0	95.2	5.2	2.8
DT	0	97.4	2.2	1.6
XZ	0	94.6	2.8	2.2

（2）表面携带真菌　将100粒种子在无菌水中浸泡30分钟，用力振荡，将洗涤液稀释100倍，分别在营养琼脂和虎红培养基涂皿，细菌和真菌分别在37℃、28℃培养箱培养，检测种子外表携带的细菌和真菌，并进一步鉴定特定菌（表48-11）。

表48-11　表面携带真菌

编号	种子外部		种子内部带菌率	
	真菌（个/粒）	细菌（个/粒）	真菌（%）	细菌（%）
TX	3.8	125.7	53.5	42.8
LC	5.6	111.5	77.6	26.8
CL	3.2	137.6	35.5	44.6
DT	4.7	99.8	43.8	35.5
XZ	6.6	108.5	66.4	32.6

（3）内部携带真菌　将100粒种子在1%次氯酸钠溶液中消毒30分钟，在用无菌水洗涤3次后浸泡2小时，剖开后分别接种在营养琼脂和虎红培养基上，细菌和真菌分别在37℃、28℃培养箱培养，经过3~7天时间培养后，检查种子内部是否存在病原菌，并进一步鉴定特定菌（表48-12）。

表48-12　内部携带真菌（%）

编号	果皮		种皮		子叶		胚芽	
	真菌	细菌	真菌	细菌	真菌	细菌	真菌	细菌
TX	100	100	31.98	78.13	28.9	41.6	37.31	55.4
LC	100	100	46.5	65.4	34.2	38.4	28.4	42.5
CL	100	100	52.4	55.8	18.8	53.2	31.4	36.8
DT	100	100	21.3	84.4	24.4	42.5	42.3	52.8
XZ	100	100	37.8	76.6	46.6	35.5	25.6	31.5

（4）真菌　不同真菌所占比例见表48-13。

表48-13　不同真菌所占比例

编号	毛霉属（%）	曲霉属（%）	刺盘孢霉属（%）	镰孢霉属（%）	其他（%）
TX	79.5	14.5	0	0	6.0

续表

编号	毛霉属（%）	曲霉属（%）	刺盘孢霉属（%）	镰孢霉属（%）	其他（%）
LC	83.5	5.5	0	0	11.0
CL	55.5	23.5	0	0	21.0
DT	67.0	18.5	0	0	14.5
XZ	73.5	11.6	0	0	14.9

经过试验分析，种子内不含病原菌，其他真菌和细菌只要携带适量不影响种子发芽和苗期生长。

三、栝楼种苗质量标准研究

（一）研究概况

现阶段栝楼（*Trichosanthes kirilowii* Marim）种根质量尚无明确分级标准，制约着中药材栝楼的生产。本单位联合山东中医药大学开展了栝楼种根质量检验方法以及栝楼种根质量分级标准研究，旨在从源头上把控栝楼种根质量，为规范栝楼生产方式，提高药材质量提供技术指导。

（二）研究内容

1. 研究材料

采集栝楼主要产区山东、河南、安徽等不同产地2～4年生新鲜栝楼种根30份，每份种根至少150根，重量大于5kg（表48-14）。

表48-14　栝楼种根来源

编号	产地	编号	产地
1	山东省临沂市蒙阴县高都镇上车夫峪村	13	安徽省亳州市谯城区张店乡泥店村
2	山东省泰安市宁阳县蒋集镇刘家庄村	14	河南省安阳市文峰区宝莲寺镇黎园村
3	山东省济南市长清区马山镇庄科村	15	安徽省安庆市潜山县天柱山镇斗洼村
4	山东省泰安市新泰龙亭镇北山村	16	山西省运城市新绛县三泉镇水西村
5	山东省临沂市蒙阴县野店镇焦坡村	17	安徽省黄山市祁门县箬坑乡八一村
6	江苏省盐城市射阳县千秋镇北尖村	18	山东省济南市平阴县东阿镇北市村
7	安徽省安庆市潜山县王河镇万安村	19	江苏省盐城市阜宁县芦浦镇曹安村
8	安徽省宿州市砀山县赵庄镇梅屯村	20	山东省聊城市临清戴弯镇李官营村
9	河北省保定市安国祁州镇东河村	21	河南省驻马店市平舆县郭楼镇北高庄村
10	山东省济南市平阴县东阿镇新市村	22	山东省临沂市兰陵县下村乡吴岭村
11	山东省泰安市肥城老城镇曹庄村	23	山东省济南市长清区马山镇小刘庄村
12	山东省淄博市博山区池上镇花林村	24	山东省济南市章丘龙山镇闫家村

续表

编号	产地	编号	产地
25	河北省保定市安国东河乡西固村	28	河北省保定市安国郑章镇海市村
26	山东省临沂市沂水县沂水镇七里堡子村	29	山东省泰安市肥城老城镇毛小庄村
27	江苏省盐城市阜宁县芦浦镇新荡村	30	山东省泰安市宁阳县磁窑镇齐家岭村

2. 扦样方法

将收集来的某一份种根置于光滑清洁的地面上，然后将种根集中于一起混匀，把整堆的种根随机分成三组，第一次分组后的每一组再随机分成三部分，使种根总共平均分成9份，按照不重复的原则进行合并，如第一组第一部分与第二组第二部分，第三组的第三部分三者合并，成为第一组试验用种根，按照以上方法合并出第二组与第三组，以用于试验。抽样方法如图48-3所示。

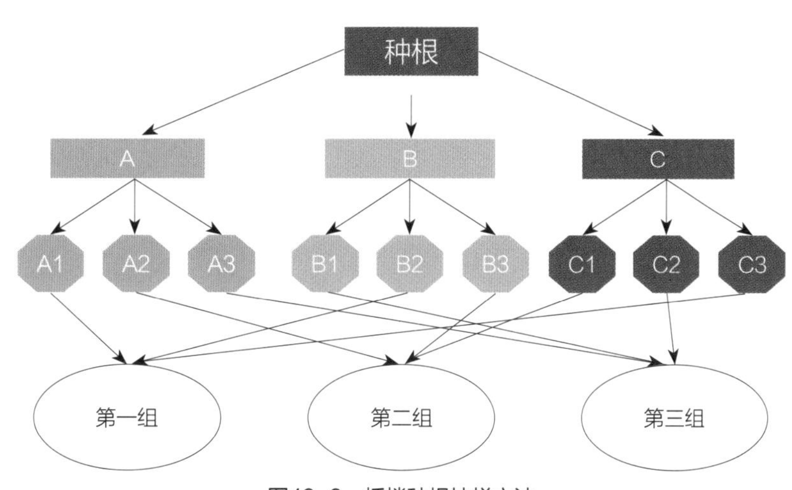

图48-3　栝楼种根抽样方法

3. 净度

分析方法：净度分析试验首先应对供试栝楼种根样品进行称重（G），对种根中的混杂物质进行挑拣分离，如泥土、小石块、植物非种根部分或其他植物种根等，并称取杂质重量（M）。由于栝楼种根收集为地下部分，所以种根上多带有泥土，分离时应用小刷子将泥土从种根表面剥离，以保证数据准确性，对种根中已坏死或腐烂的部分进行挑拣，称取重量（m）。

$$净种重根P（\%）=[G-（M+m）]\div G\times 100\%$$

公式：P——种根净度，%；

G——栝楼种根样品重量，g；

M——种根中掺入杂质的重量，g；

m——废种根重量，g。

分析结果：由表48-15可知，通过11个产地净度分析表明，栝楼种根净度在85.02%~97.42%，平均净度为91.35%，变异系数为4.42%。试验在对30份不同产地栝楼种根杂质分离过程中发现，其杂质主要为泥土与地上根茎部位的掺入，没有发现其他植物种根混入。

表48-15　部分栝楼种根净度分析结果

编号	样品总重（g）	净重（g）	杂质及废种根（g）	净度（%）	杂质及废种根（%）
2	9253.6	8543.9	709.1	92.33	7.67
3	8413.6	7674.1	739.5	91.21	8.79
9	7536.2	7170.7	365.5	95.15	4.85
11	7562.6	7318.3	244.3	96.77	3.23
12	8592.8	7305.6	1287.2	85.02	14.98
13	7972.5	7493.4	479.1	93.99	6.01
14	6813.7	5811.4	1002.3	85.29	14.71
17	7198.3	6443.2	755.1	89.51	10.49
20	7243.5	7056.6	186.9	97.42	2.58
24	8953.5	7968.6	984.9	89.60	10.40
28	9163.7	8115.4	1048.3	88.56	11.44

4. 外形

方法：外部形态、断面构造是鉴别栝楼种根真伪的主要依据，借助放大镜、显微镜等工具，从种根形态、颜色、光泽、外部特征、断面构造等方面仔细观察检测种根的真实性。

结果：栝楼种根肥厚，圆柱形或长纺锤形，少数近薯状，块根长40～100mm，直径15～50mm，少数较粗根可达60～70mm。表面淡棕黄色，近平直或稍扭曲，年久者较长大，褶皱较多，有时基部分枝，须根少而纤细，幼根表面平滑，老根表面略粗糙，有横向延长的突起皮孔及细纵纹。断面白色或淡黄色，质地较脆，易折断，横切面可见黄色木质部，略呈放射状排列，纵剖面可见黄色纵条纹状木质部。

5. 重量

重量测定采用60根重法、100根重法、150根重法测定栝楼种根重量。

不同产地栝楼种根根重测定结果参见表48-16。在对栝楼进行净度分析后，将净种根首先以60根重法测定根重，测得栝楼种根60根重为2206.24g，变异系数为9.04%；采用100根重法测定根重，测得栝楼种根100根重为3627.67g，变异系数为5.08%；采用150根重法测定根重，测得栝楼种根150根重为5487.62g，变异系数为2.97%。三种方法测得根重变异系数大小为60根重＞100根重＞150根重。

表48-16　不同方法测定不同产地栝楼种根重量

测定方法	根重（g）	标准差	变异系数（%）
60根重法	2206.24	199.505	9.04
100根重法	3627.67	182.403	5.08
150根重法	5487.62	163.319	2.97

同一产地栝楼种根根重测定结果参见表48-17。在对同一产地栝楼种根净度分析后，采用60根重法测定根重为2036.07g，变异系数为7.78%；100根重法测定根重3723.60g，变异系数为4.04%；150根重法测定根

重为5690.31g，变异系数为2.46%。三种方法测得根重变异系数大小为60根重>100根重>150根重。

通过对同一产地和不同产地的栝楼种根60根重、100根重、150根重三种根重测定方法进行分析可以看出，150根重法变异系数<4.0%，且均低于前两种重量测定方法，适宜作为根重测定方法。

表48-17　不同方法测定同一产地栝楼种根重量

测定方法	根重（g）	标准差	变异系数（%）
60根重法	2036.07	158.347	7.78
100根重法	3723.60	150.667	4.04
150根重法	5690.31	140.258	2.46

6. 含水量

栝楼种根含水量较高，选择一种合适的水分测定方法可以提高栝楼种根含水量测定效率和准确性。检验中药材含水量的测定方法主要有低温测定和高温测定法，对两种方法进行对比分析。由表48-18可以看出，在烘干设定的5个时间处理中，随着时间的增加，烘干样品重量呈下降趋势，含水量呈增加趋势。在0～60分钟随着时间的增加，含水量变化幅度较为明显，在第60分钟开始，随时间增加，含水率变化幅度明显减缓，重量下降趋势也趋于平稳，烘干第前60分钟共减重3.77g，第60~150分钟，共减重0.09g。

表48-18　低温法测定栝楼种根水分

烘干时间	含水量（%）	标准差	变异系数（%）	减重（g）
30分钟	49.38	2.44	4.94	2.47
60分钟	75.38	1.76	2.33	3.77
90分钟	76.32	0.91	1.19	3.82
120分钟	76.83	0.87	0.74	3.84
150分钟	77.16	0.65	0.84	3.86

高温法设定时间与低温法相同见表48-19，随着时间增加，烘干样品重量明显降低，含水率逐渐增加。种根含水率由大到小为150分钟>120分钟>90分钟>60分钟，从第60分钟开始，随着烘干时间增加，种根含水量增长趋于稳定。

表48-19　高温法测定栝楼种根水分

烘干时间	含水量（%）	标准差	变异系数（%）	减重（g）
30分钟	54.57	2.69	4.93	2.73
60分钟	75.03	1.42	1.89	3.75
90分钟	77.31	1.11	1.43	3.87
120分钟	78.17	0.69	0.88	3.91
150分钟	78.46	0.58	0.74	3.92

通过对高温烘干法和低温烘干法两种测定方法进行对比发现，栝楼种根含水量受到烘干温度和时间影响较大。表48-20显示在前30分钟烘干过程中，高温烘干法水分散失速度较快，含水量明显高于低温烘干法含水率；但随着烘干时间增加，从第60分钟开始两者之间含水量差距逐步接近，高温烘干法含水量只比低温高0.35%；第90～150分钟时间里，高温与低温烘干样品水分散失均较慢，含水量都趋于稳定，且略有下降，基本没有差距。高温烘干过程中，在第90分钟后，由于温度较高，烘干样品出现焦黄现象，部分可见焦黑斑点，低温烘干未出现此现象。由于高温烘干法与低温烘干法都在烘干第90分钟保持稳定，考虑到低温烘干法含水量略高于高温烘干法而且相对节能，因此应采用低温烘干法（103±2）℃烘干90分钟为最佳含水量测定方法。

表48-20　烘干时间对栝楼种根水分变化影响

烘干时间	高温法		低温法	
	重量（g）	含水量（%）	重量（g）	含水率（%）
30分钟	2.53	49.38	2.27	54.57
60分钟	1.23	75.38	1.25	75.03
90分钟	1.18	76.32	1.13	77.31
120分钟	1.16	76.83	1.09	78.17
150分钟	1.14	77.16	1.08	78.46

7. 发芽率

（1）温度对种根初始发芽时间和持续天数影响　初始发芽时间是种根发芽快慢的重要指标，不同温度初始发芽时间不同见表48-21，25℃与30℃温度条件下发芽时间较快，栝楼种根分别在第3天和第4天开始发芽；20℃与15℃的初始发芽天数逐渐向后推迟，15℃条件下在种植后的第10天才开始发芽，温度越低，发芽时间越晚。对比不同温度发芽持续天数，25℃、30℃发芽持续天数较短，说明较高的温度有利于加快种根发芽速度。

表48-21　温度对种根发芽时间影响

温度（℃）	初始发芽时间（d）	持续天数（d）	温度（℃）	初始发芽时间（d）	持续天数（d）
15	10	28	25	3	23
20	6	31	30	4	26

（2）温度对种根发芽率影响　在栝楼种根种植后第3天开始，以5天为一个统计周期进行发芽率统计，分析不同温度条件下栝楼种根发芽状况。表48-22中可以看出不同温度下种根发芽率差异较大，温度越高，发芽高峰越早出现，栝楼种根在30℃温度条件下，8～12天发芽率达到37.73%，显著高于其他温度处理，且为最早出现发芽高峰的温度。在第13～17天，25℃温度处理发芽率达到39.97%，为各处理发芽率最高值。20℃温度处理发芽高峰在第33～37天出现，此时25℃与30℃温度处理已经停止发芽。15℃温度处理未见明显发芽高峰，最高也只有14.73%。可能由于温度较低，15℃与20℃温度处理不仅发芽高峰出现较晚，且在发芽统计终期仍未停止发芽。

总发芽率统计到种植后第37天结束，通过结果可以看出，温度较高的25℃与30℃条件下之间无显著性差异，但与5℃、20℃相比差异都达到显著性。发芽率从25℃随温度降低而降低，其中25℃条件下发芽率最高达到98.57%；15℃发芽率最低，仅为43.43%，而且尚未停止发芽。试验中可以看出并不是温度越高发芽率越高，30℃处理中很多种根出现腐烂现象，可能与温度过高有关。

表48-22　不同温度下栝楼种根不同时期发芽率

温度	3~7天	8~12天	13~17天	18~22天	23~27天	28~32天	33~37天	终期
15℃	0.00±0.00[b]	2.20±1.91[c]	4.40±3.81[c]	5.50±1.91[b]	3.30±3.30[b]	13.3±3.30[a]	14.7±8.83[b]	43.4±8.40[c]
20℃	1.10±1.91[b]	5.50±1.91[c]	8.87±1.96[c]	7.73±1.96[b]	12.8±2.68[a]	16.6±2.78[a]	22.2±1.96[a]	74.9±1.96[b]
25℃	16.6±5.77[a]	15.5±8.40[b]	39.9±3.35[a]	21.0±5.08[a]	5.50±1.91[b]	0.00±0.00[b]	0.00±0.00[c]	98.5±1.88[a]
30℃	12.2±3.81[a]	37.7±1.96[a]	20.3±3.86[b]	10.7±4.96[b]	6.63±3.35[b]	2.90±2.72[b]	0.00±0.00[c]	91.2±2.21[a]

注:a、b、c表示有无显著性差异，字母相同表示无显著性差异，字母不同表示有显著性差异。

从表48-23可以看出，通过对不同温度条件下栝楼种根发芽势与发芽指数进行统计分析，不同温度条件对栝楼种根发芽势与发芽指数影响均存在显著性差异，发芽势由大到小为25℃>30℃>20℃>15℃，其中25℃温度条件下发芽势达到93.17%，为各温度发芽条件下最高。可见栝楼种根在25℃温度条件下，生活力较强，出苗比较整齐。15℃条件下发芽势只有12.10%，种根生活力较差，不利于发芽。

表48-23　不同温度下栝楼种根发芽势发芽指数

温度（℃）	发芽势（%）	发芽指数	温度（℃）	发芽势（%）	发芽指数
15	12.10±1.91[d]	0.25±0.40[b]	25	93.17±3.35[a]	2.57±0.42[a]
20	23.20±3.35[c]	0.53±0.13[b]	30	80.93±4.55[b]	2.44±0.11[a]

注:a、b、c表示有无显著性差异，字母相同表示无显著性差异，字母不同表示有显著性差异。

在25℃与30℃温度条件下发芽指数没有显著性差异，15℃与20℃温度条件下发芽指数也无显著性差异，但前两者发芽指数显著高于后两者，存在显著性差异。25℃仍然最高，表明在此温度下种根有较强的活力。

通过对不同温度条件下栝楼种根的发芽持续天数、发芽率、发芽势和发芽指数等指标进行统计发现，25℃温度条件下的各项测定指标均是最高且都优于其他温度处理。15℃温度条件下各项指标均为最低，可见栝楼种根在发芽过程中对温度要求较高，适合在较高温度条件下发芽。25℃条件为栝楼种根的发芽最佳温度。

8. 病虫害

仔细观察供试样品，检查种根表面和断面是否有虫蛀、霉变、病害等现象，记录虫蛀、霉变和病害种根个数，以计算种根病虫害率。

对栝楼种根样本随机抽取3份进行病虫害率检测，通过表48-24可以看出，抽取的3份样品每份栝楼种根都有生病的现象，这可能与栝楼种根在地里刨取过程中，块根断裂受伤未及时对断面进行处理，致使栝楼种根生病，进而发黄，影响栝楼种根质量。霉变可能是由于在储存过程中，储藏室温度与相对湿度过高导致。

表48-24　栝楼种根病虫害率测定结果

种根编号	生病种根数	霉变数	病虫害率（%）	种根编号	生病种根数	霉变数	病虫害率（%）
5	5	3	5.3	21	3	1	2.6
8	8	1	6.0				

9. 种苗质量对药材生产的影响

（1）栝楼种根分级种植对出苗率影响　出苗率是判断种根质量的重要指标，通过图48-4可以看出，一级种根从5月6日开始，出苗率开始显著升高，且一直高于二级和三级种根，显示种根发芽能力较强，5月6日到5月11日期间达到出苗率高峰。在5月16日以后，出苗率增长逐渐放缓，趋于稳定，5月31日统计终期时达到81.0%。二级种根在5月11日以前出苗率较低，从5月17日之后出苗率开始显著升高，出现发芽率高峰时间要晚于一级种根，5月31日出苗率在统计终期时达到72.8%。三级种根出苗率增长缓慢，出现出苗高峰较晚，从5月26日才开始升高，5月31日统计结束时达到50.4%。

从累计出苗率统计（图48-4）可以看出，栝楼种根在分级种植后，一级种根出苗率、出苗时间和出苗高峰都早于二级三级种根，说明一级种根吸收营养能力较强，长势较好。二级种根出苗高峰稍晚，但终期出苗率也达到了较高的水平。三级种根出苗高峰较晚，且出苗率明显低于一级、二级。由上述分析可知栝楼种根分级种植后对栝楼出苗率的影响较为明显，一级、二级种根出苗率较高，三级种根出苗率较低。

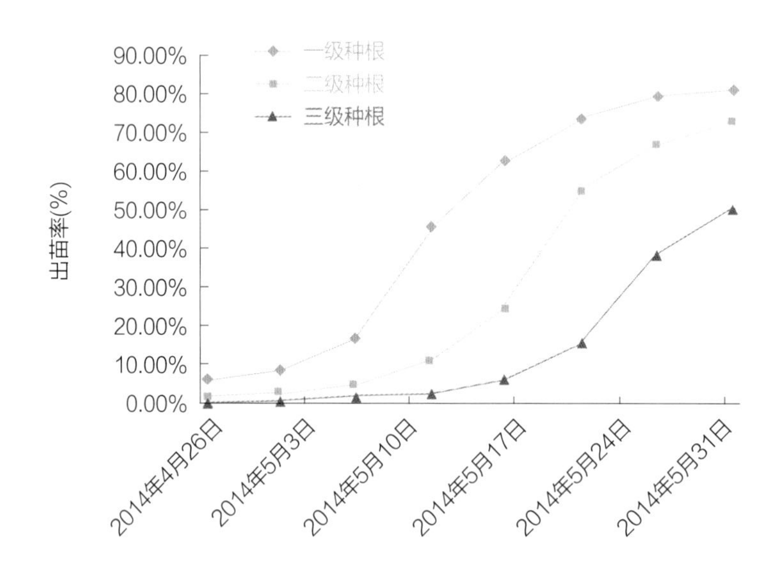

图48-4　栝楼种根分级种植累计出苗率统计

（2）栝楼种根分级种植对地上部分生长总体影响　通过观察（表48-25）栝楼地上部分生长及变化，一级、二级、三级种根各项测定指标都在5～9月期间逐渐增长，除了茎长茎粗之外，各项指标均于9月达到最大值，茎长在10月达到最大值。10月之后随着平均温度开始降低，栝楼地上部分也开始枯萎，各项指标逐渐减小。一级种根地上部分发育较早，生长情况要优于二级和三级种根，长势较好。二级种根生长速度慢于一级种根，发育也稍晚，但后期生长较快，与一级种根差异逐渐缩小，茎粗和叶面积等指标超过一级种根。三级种根发育晚于一级、二级种根，生长趋势也明显弱于一级和二级种根。

表48-25 栝楼种根分级种植对栝楼地上部分生长影响

日期	等级	5月5日	6月4日	7月4日	8月3日	9月2日	10月2日	11月1日
茎长（cm）	一级	62.36	102.51	157.88	195.62	258.14	322.06	234.91
	二级	41.35	82.64	123.90	171.16	251.83	339.21	228.28
	三级	24.39	57.56	83.44	131.26	178.01	231.95	187.31
茎粗（mm）	一级	1.26	1.55	1.65	1.69	2.05	2.11	2.15
	二级	0.92	1.48	1.76	1.95	2.31	2.38	2.41
	三级	0.85	1.36	1.44	1.76	2.13	2.20	2.27
单株叶片数（片）	一级	29.37	75.28	162.53	257.20	307.15	180.15	54.91
	二级	18.46	46.27	93.12	209.06	277.83	206.49	46.43
	三级	12.28	35.57	76.01	106.42	186.79	140.21	40.07
单株叶面积（cm^2）	一级	8.81	16.21	25.63	47.42	60.28	20.76	6.72
	二级	5.34	10.56	17.42	34.03	65.27	22.65	4.31
	三级	3.15	8.22	14.21	31.18	54.01	18.27	2.01
单株茎叶鲜重（g）	一级	11.57	52.85	117.09	230.11	335.82	246.73	46.06
	二级	8.37	33.02	74.17	202.86	317.59	194.54	27.19
	三级	6.83	15.69	46.58	105.73	244.06	157.92	35.17
单株茎叶干重（g）	一级	2.49	9.74	15.72	31.18	62.77	57.66	25.19
	二级	1.69	6.50	12.87	28.16	55.74	41.98	16.23
	三级	1.61	3.06	8.71	17.78	42.20	33.09	19.28
茎叶含水率（%）	一级	78.51	80.52	81.57	77.32	81.31	76.63	45.31
	二级	79.62	80.31	82.68	80.06	81.54	78.42	40.35
	三级	76.38	80.57	81.37	75.83	83.17	77.33	45.24

（3）栝楼种根分级种植对茎长、茎粗影响　图48-5与图48-6表明栝楼种根分级种植后栝楼茎长茎粗生长变化情况，茎长在种植后持续增长，一级、二级、三级种根生长趋势一致，均在10月2日达到最大值。一级种根前期生长较快。二级种根后期生长速度超过一级，在10月2日到达最大值339.21cm，一级种根为322.06cm；三级种根最低，为231.95cm。茎粗生长情况则是二级种根5月前低于一级种根，5月之后始终高于一级、三级种根，5～10月生长较快，10月之后生长放缓，11月时达到最大值2.41mm。三级种根茎粗在8月3日超过一级种根，最终茎粗为二级种根>三级种根>一级种根。一级种根茎粗不如二级、三级种根。虽然一级种根茎长与茎粗在生长初期要大于二级、三级种根，但最大值均为二级种根。说明种根分级种植对一

级、二级种根茎长茎粗生长后期影响不明显，对三级种根影响较为明显。

（4）栝楼种根分级种植对叶片数和叶面积影响　植物的叶片是进行光合作用的场所，叶片对植物生理生化代谢意义重大，因此叶面积的大小对植物的生长发育有着极其重要的作用。图48-7、图48-8显示了栝楼种根分级种植对叶片数和叶面积影响变化趋势，一级种根从6月4日开始叶片数迅速生长；二级种根叶片数前期增长较慢，7月开始生长加快；一级种根叶片数始终高于二级、三级种根，三级种根叶片数最低。三个等级种根都于9月2日达到最大数目，分别为一级种根307.15片、二级种根277.83片、三级种根186.79片。9～11月，进入秋天后，叶片开始掉落，数量逐步减少。生长过程中三个等级种根叶面积差别不大，一级种根叶面积略高于二级、三级种根，都于9月2日达到最大值，二级种根叶面积为65.27cm^2、一级种根为60.28cm^2、三级种根为54.01cm^2。9月底，叶子开始逐渐变黄枯萎，叶面积也随之缩小。

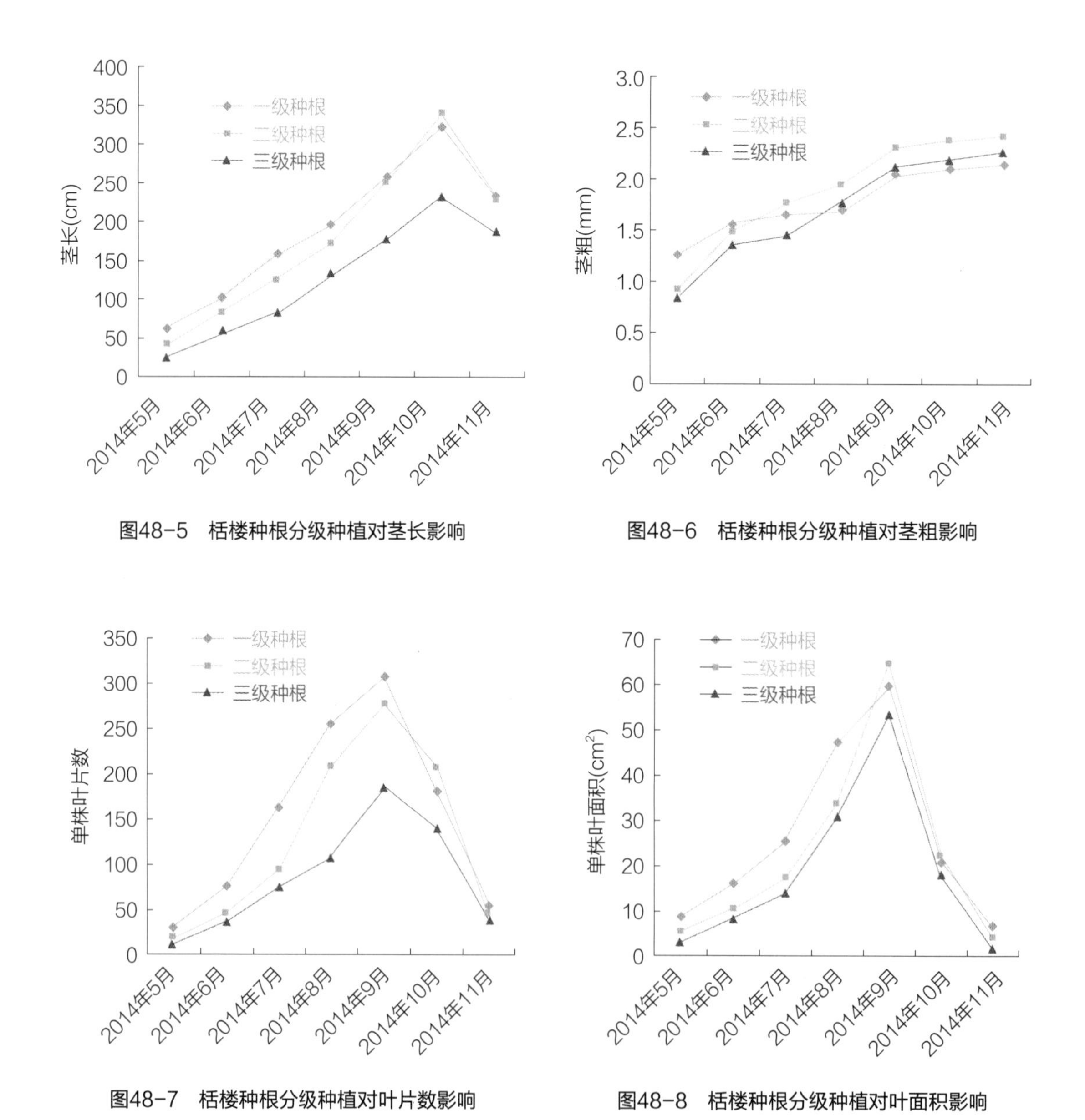

图48-5　栝楼种根分级种植对茎长影响

图48-6　栝楼种根分级种植对茎粗影响

图48-7　栝楼种根分级种植对叶片数影响

图48-8　栝楼种根分级种植对叶面积影响

（5）栝楼种根分级种植对茎叶鲜重、干重及含水量的影响　通过图48-9、图48-10可以看出，种根分级对茎叶鲜重干重影响基本一致，一级种根茎叶鲜重高于二级、三级种根，地上部分较为茂盛；二级种根在7月份之后重量增加迅速，逐步与一级种根接近；三级种根前期生长缓慢，8～9月份生长较快，但仍低于一级、二级种根。在9月2日，三个等级种根茎叶鲜重均达到最大值，分别为一级种根335.82g、二级种根317.59g、三级种根244.06g。9月过后，随着茎叶含水量逐步降低，鲜重呈明显下降趋势。三个等级种根茎叶干重区别不大，一级种根略高于二级、三级种根。同茎叶鲜重一样，也是在9月2日达到最大值，但9月之后干重下降速率较慢。

通过图48-11看出，栝楼种根分级种植后，茎叶含水量相对较为稳定，3个种根分级差别不大，都维持在75%～86%之间。此时都处于生长阶段，8月份含水量略低，可能是与天气炎热且降水量较少有关。10月2日至11月1日，含水量明显降低，最后降至40%左右。

（6）栝楼种根分级种植对果实产量影响　栝楼种根在分级种植后，从6月下旬开始逐渐进入花期，雌花开花结果，于11月1日统一采收果实，统计产量。由图48-12可以看出，一级种根与二级种根单株产量较高，分别为3.2kg和2.6kg，三级种根单株产量仅为0.6kg。三级种根与一级、二级种根产量相比差距较大，这是因为在6～8月份进入栝楼雌株花期时，三级种根生长势较弱，开花株数少，致使产量较低。

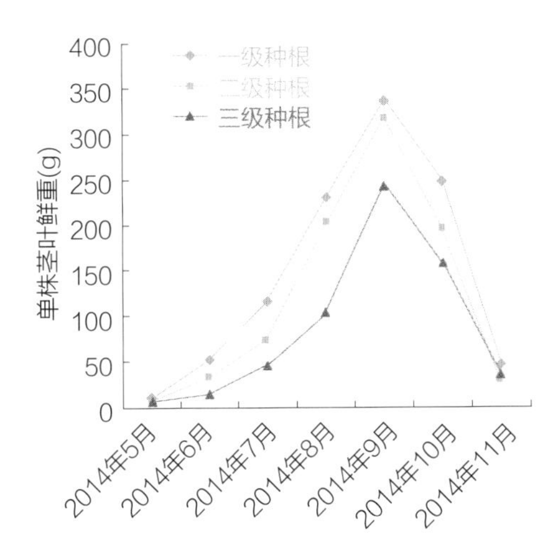

图48-9　栝楼种根分级种植对茎叶鲜重影响

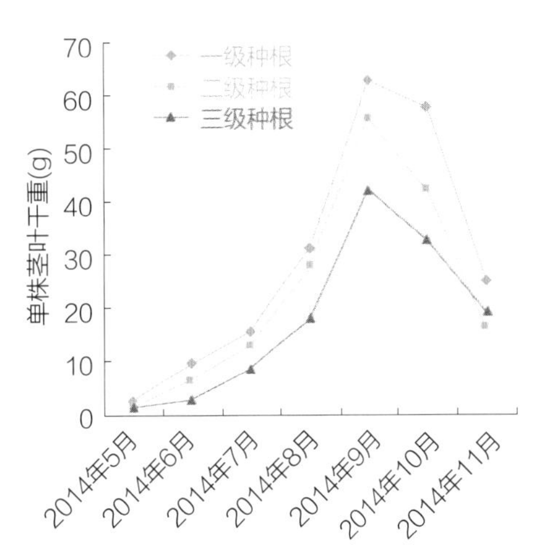

图48-10　栝楼种根分级种植对茎叶干重影响

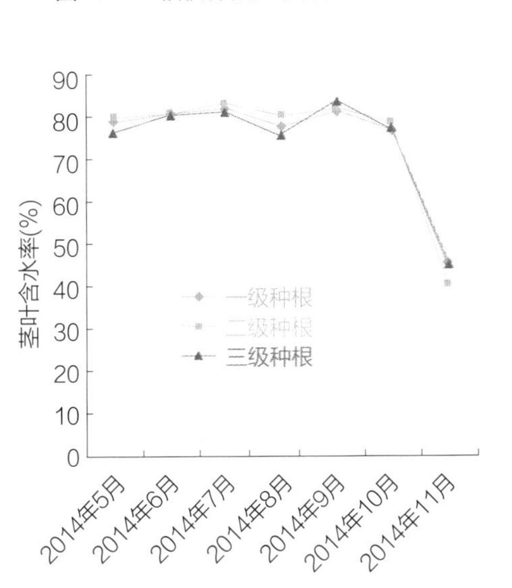

图48-11　栝楼种根分级种植对茎叶含水率影响

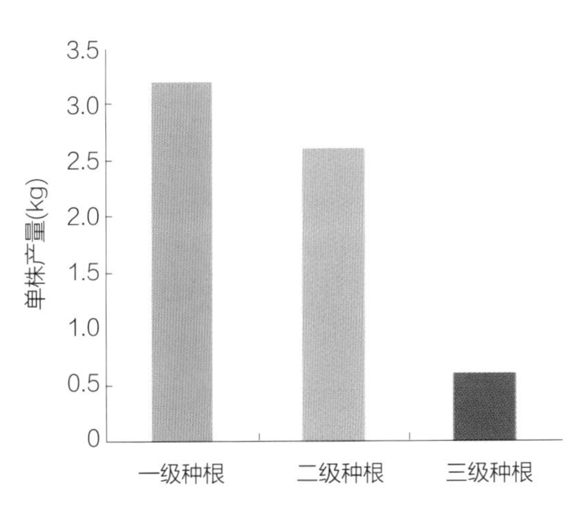

图48-12　栝楼种根分级种植对果实产量影响

10. 繁育技术

（1）栝楼种根分级种植对根长、根粗生长影响　由图48-13、图48-14可以看出，栝楼种根分级种植后，栝楼根不断生长，其中根长总体生长较为平稳，各级种根间差距不断缩小，三级种根根长于7月4日以后超过一级、二级种根，为3个等级中最长。3个等级根长都在11月1日达到最大值，三级种根最长达125.40mm，二级种根次之为121.01mm，一级种根最短为114.87mm。三个等级种根根粗生长趋势基本一致，差距变化不大。11月1日3个等级种根粗均达到最大，其中一级种根粗最大为55.85mm，二级种根与三级种根分别为48.23、44.07mm。通过对种根分级对根长根粗变化影响比较可以发现，同根长变化相比，根粗生长较慢，变化较小。根长的生长速度与根粗成反比关系，根粗越长，根长生长速度越慢。

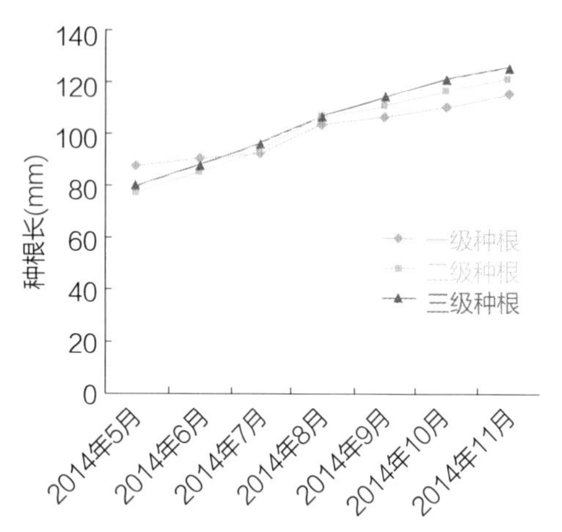

图48-13　栝楼种根分级种植对根长影响

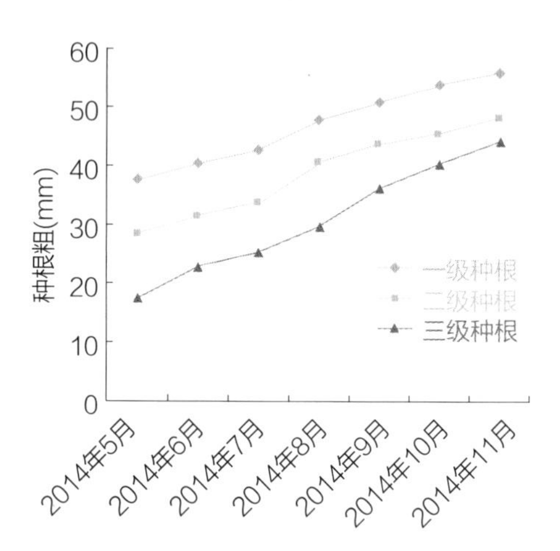

图48-14　栝楼种根分级种植对根粗影响

（2）栝楼种根分级种植对根鲜重、干重及含水量影响　栝楼种根分级种植后，种根鲜重增加较为缓慢（图48-15），一级、二级种根增长趋势比较平稳，始终高于三级种根。由于一级、二级相比三级种根地上部分生长较茂盛，因此一级、二级种根鲜重也比三级种根高。3个等级种根都于11月达到最大值，分别为一级种根94.25g，二级种根90.11g，三级种根81.15g。由图48-16可以看出种根分级种植对干重变化的影响，一级、二级种根变化不大，三级种根前期干重明显低于一级、二级种根。从8月3日开始三级种根增长速度加快，快于一级、二级种根，并且差距逐渐缩小。11月1日，3个等级种根干重均达到最大值。由图48-17可以看出不同等级栝楼根含水量的变化趋势，前两个呈不断上升趋势，三级种根含水量成M形趋势变化，7月4日略有下降，随后8月3日达到最大值83.32%，5月至8月高于一级、二级种根。8月至11月，随着秋天到来，降水减少，含水量逐步降低。一级、二级种根含水量最大值出现比三级种根晚1个月，在9月2日达到最大值，分别是82.35%和81.73%，随后呈现下降趋势，但下降幅度不大。

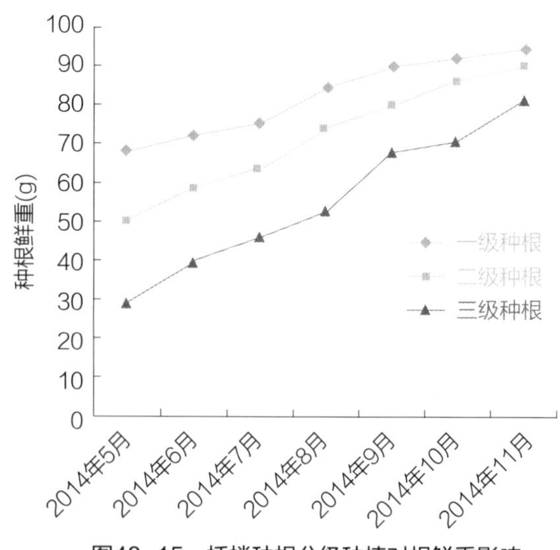

图48-15　栝楼种根分级种植对根鲜重影响

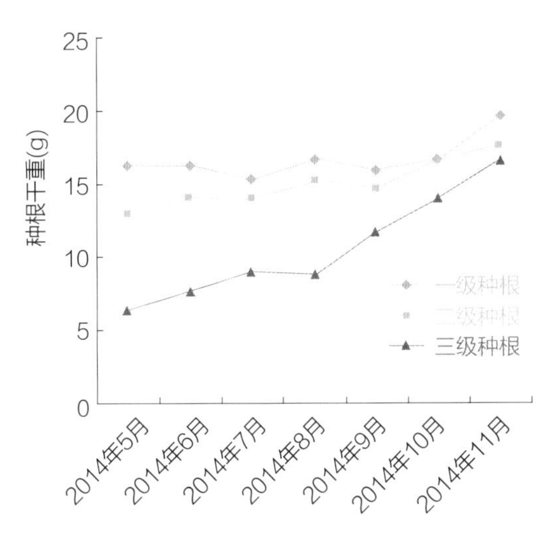

图48-16　栝楼种根分级种植对根干重影响

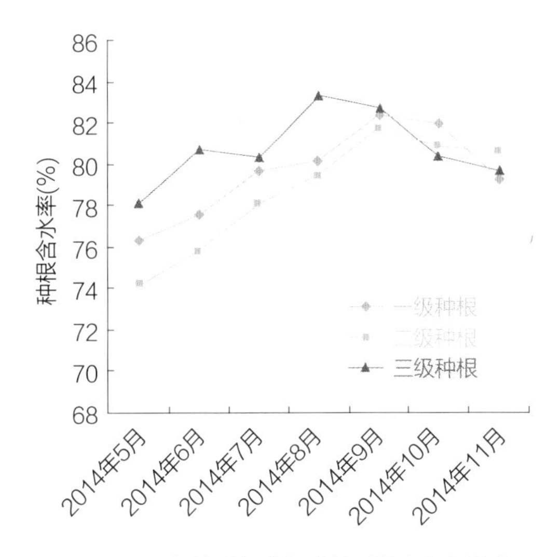

图48-17　栝楼种根分级种植对根含水率影响

四、栝楼种子标准草案

1. 范围

本标准规定了栝楼种子分级标准和检验规程。

本标准适用于栝楼种子生产者、经营者和检验者。

2. 规范性引用文件

下列文件对于本标准的应用是必不可少的。凡是注明日期的引用文件，仅所注明日期的版本适用于本标准。凡是不注明日期的引用文件，其最新版本（包括所有的修改单）适用于本标准。

GB/T 3543.1—1995　农作物种子检验规程　总则

GB/T 3543.2—1995　农作物种子检验规程　扦样

GB/T 3543.3—1995　农作物种子检验规程　净度分析

GB/T 3543.4—1995　农作物种子检验规程　发芽试验

GB/T 3543.6—1995　农作物种子检验规程　水分测定

GB/T 8170—2008　数值修约规则与极限数值的表示和判定

3. 术语和定义

栝楼：葫芦科栝楼属植物栝楼（*Trichosanthes Kirilowii* Maxim.）。

4. 要求

栝楼种子质量要求和分级标准见表48-26。

表48-26　栝楼种子质量分级标准

指标	1级	2级	3级（不合格）
净度（%）	≥98	95~98	<95
发芽率（%）	≥85	60~85	<60
千粒重（g）	≥100	85~100	<85
含水量（%）	≤8	≤8	>8

5. 检验方法

5.1 扦样　种子批的最大重量1000kg，容许差距为5%。送验样品的最小重量1000g。水分测定送验样品最小重量为500g，净度分析试样最小重量为500g，其他植物种子计数试样最小重量为1000g。

5.2 净度分析　按照GB/T 3543.3—1995执行。

5.3 含水量测定　按GB/T3543.6—1995高温烘干法。

5.4 千粒重测定　采用500粒法。其余部分按照GB/T 3543.7—1995执行。

5.5 发芽率测定　发芽床采用滤纸床。采用40℃温水浸泡4~6小时，然后转入冷水浸泡24小时，25℃置床。初次记数天数为7天。末次记数天数为14天。其余部分按照GB/T 3543.4—1995执行。

6. 检验规则

依据净度、发芽率、水分、千粒重4项指标进行质量单项定级和综合评定。当4项分级指标不在同一级别时，按低的等级定级。

7. 包装、标识、贮存和运输

经检验合格种子进行登记、挂牌（注明品种名称、采收日期、繁殖地名、数量、芽率等）入库，贮藏在低温（5~10℃）、干燥环境中，不能与其他品种种子混放，严防鼠咬和虫蛀。用麻袋或塑料真空包装后置于干燥阴凉、通风仓库或冷库贮藏。

五、栝楼种苗标准草案

1. 范围

本标准作为检验栝楼（*Trichosanthes kirilowii* Maxim.）种根质量分级依据。本标准适用于栝楼生产、科研、经营及使用过程中对种根质量分级。

2. 规范性引用文件

GB/T 3543.1~3543.7—1995　农作物种子检验规程

GB/T 18247.5—2000　花卉产品等级　第5部部分：花卉种苗

3. 术语和定义

3.1 栝楼　葫芦科栝楼属植物栝楼（*Trichosanthes Kirilowii* Maxim.）。

3.2 种根　用于种植生产的栝楼根。

3.3 根长　用直尺测量种根顶端至底端长度，以毫米（mm）表示。

3.4 根粗　用游标卡尺测量出的种根上中下三个部位粗度平均值，以毫米（mm）表示。

3.5 单根重　用电子天平称量单个种根重量，以克（g）表示。

4. 要求

根据栝楼种根粗、根长、根重、健康状况4项指标，栝楼种根质量分级标准规定见表48-27。

表48-27　栝楼种根质量分级标准

等级	根粗（mm）	根长（mm）	根重（g）	健康状况
一级	≥30	≥75	≥60	无病虫害
二级	≥20	≥70	≥40	无病虫害
三级	≥10	≥65	≥20	无病虫害

5. 检验规则

检测方法按GB/T 3543.1～3543.7—1995进行。

6. 判定规则

种根质量分级各项指标中任一项指标达不到标准则降为下一级。

六、栝楼种子种苗繁育技术研究

1. 种子繁育技术规程

1.1 选地整地　选择土层深厚、疏松肥沃、排水良好的沙质壤土、黏土。盐碱地、低洼积水地不宜种植。冬前结合深耕，每亩施无害化处理农家肥3000kg，整平、耙细。翌年春季开沟做畦，畦宽2m、高0.3m。在畦边0.5m处开沟，沟宽1m，每亩深施硫酸钾复合肥（15-15-15）50kg、饼肥100kg、磷肥20kg、硼1kg、锌肥1kg作基肥。

1.2 种子获取　9～10月筛选橙黄色、成熟果实，剖开取出种子，漂洗干净，晒干。

1.3 播前准备　北方地区第二年春天谷雨以前，将种子用40～50℃温水浸泡24小时，取出晾干

1.4 播种　将浸泡过的种子按照行距2m、株距33cm开穴点播，穴深4cm，每穴用种子1～2粒，覆土，浇水，保持苗床土壤湿润。

2. 种根繁育技术规程

2.1 选地整地　选择土层深厚、疏松肥沃、排水良好的沙质壤土、黏土。盐碱地、低洼积水地不宜种植。冬前结合深耕，每亩施无害化处理农家肥3000kg，整平、耙细。翌年春季，开沟做畦，畦宽2m、高0.3m。在畦边0.5m处开沟，沟宽1m，每亩深施硫酸钾复合肥（15-15-15）50kg、饼肥100kg、磷肥20kg、硼1kg、锌肥1kg作基肥。

2.2 种根获取　北方地区谷雨前后，挖取3～5年生健壮栝楼根，直径3～6cm断面白色新鲜的作种根。如以收获栝楼果实为目的，多挖雌株根，少挖雄根，雌雄株根要分开摆放，以免混杂。

2.3 种根处理　将种根切成6～10cm小段，切口沾上草木灰或多菌灵，摊开并置于室内通风干燥处晾放1天，待伤口愈合后下种。

2.4 栽植　在整好的畦上按株距33cm、行距3m挖穴，将种根平放穴内，覆土3～4cm，压实，并培土10～15cm，形成小土堆，以利保墒。

参考文献

[1] 农业部全国农作物种子质量监督检验测试中心. 农作物种子检验员考核学习读本[M]. 北京：中国工商出版社，2006.

[2] 国际种子检验协会. 国际种子检验规程[S]. 北京：中国农业出版社，1996.

[3] 马满驰. 栝楼种根质量标准研究[D]. 济南：山东中医药大学，2015.

[4] 王现科. 不同居群栝楼的种质资源评价[D]. 武汉：华中农业大学，2011.

[5] 陈泉. 不同居群苍术生长特性及种子（苗）质量标准研究[D]. 武汉：华中农业大学，2012.

[6] 魏建和，陈士林，程惠珍，等. 中药材种子种苗标准化工程[J]. 世界科学技术-中医药现代化，2015，7(6)：104-107.

[7] 单成钢，张教洪，朱连先，等. 栝楼种子质量检验方法的研 [J]. 种子，2011，30（5）：115-118.
[8] 马满驰，张教洪，单成钢，等. 中药种苗质量标准研究进展 [J]. 山东农业科学，2015，47（4）：139-142.
[9] 淡红梅，祁建军，周丽莉，等. 丹参种子质量检验方法的研究 [J]. 中国中药杂志，2008，33（17）：2090-2093.
[10] 雷志强，张寿文，刘华，等. 车前种子种苗分级标准的研究 [J]. 江西中医学院学报，2007，19（5）：65-67.
[11] 李瑞杰，陈垣，郭凤霞，等. 素花党参种苗质量分级标准研究 [J]. 中国中药杂志，2012，37（20）：3041-3046.
[12] 张芳芳，张永清，顾正位，等. 山东地区丹参种苗质量分级标准研究 [J]. 山东中医药大学学报，2012，36（3）：236-239.
[13] 于福来，刘凤波，王文全，等. 甘草种苗质量分级标准研究 [J]. 中国现代中药，2012，14（12）：32-35

单成钢[1]　王志芬[1]　李先恩[2]　马满驰[3]　张教洪[1]　王宪昌[1]　倪大鹏[1]　韩金龙[1]　张锋[1]　朱彦威[1]
（1.山东省农业科学院农产品研究所/药用植物研究中心；2.中国医学科学院药用植物研究所；3.山东省立医院）

49 柴胡

一、柴胡概况

据《中国药典》(2015年版)载：柴胡为伞形科植物柴胡*Bupleurum chinese* DC. 或狭叶柴胡*Bupleurum scorzonerifolium* Willd. 的干燥根。目前全国柴胡种植面积较大、在市场上流通较多的有甘肃省、山西省和陕西省种植的柴胡，其次是黑龙江省家种柴胡，另外内蒙古、河南、河北、吉林、四川等省、自治区也有种植。市场流通的野生柴胡占比较低。

柴胡的主要繁殖方式为种子繁殖。由于野生柴胡种较多，柴胡又是异花授粉植物，野生变家种后，栽培品混杂现象严重，生产上推广品种纯正、性状优良的栽培品种，是提高柴胡药材质量和稳定性的有效措施。中国医学科学院药用植物研究所选育的中柴系列品种中柴1号和中柴2号（京品鉴药2009004）已先后在生产上推广利用。

近年来，由于柴胡种植规模的扩大，柴胡种子的流畅也较以前增多。流通的柴胡种子表现出：① 种子成熟度不一致。柴胡各级种子成熟度不同，采收的种子往往只做简单净种，导致种子批内未成熟种子甚至一些有病虫害的种子与成熟种子混杂。② 种源退化。柴胡往往只种不选，种源退化。③ 种源混杂。市场上流通的柴胡种子有时混杂不同种或不同类型的种子，导致种子质量参差不齐。④ 杂质多，种子净度低。有必要制定切实可行的柴胡种子检验规程和分级标准，规范柴胡种子生产和流通。

二、柴胡种子质量标准研究

（一）研究概况

胡小荣等（1998）曾对柴胡种子的发芽条件和生活力测定方法进行了研究。史军星等（2012）曾对柴胡种子质量标准进行了研究。另外，河北省邯郸市质量技术监督局于2014年11月06日发布了柴胡种子质量标准（邯郸市地方标准，DB1304/T 268—2014），并于2014年11月07日开始实施。中国医学科学院药用植物研究所魏建和课题组就柴胡种子的检验规程、质量分级标准进行了较系统的研究，在内蒙古申请了地方标准。

（二）研究内容

1. 研究材料

选择三岛柴胡、银州柴胡、北柴胡、南柴胡种子以及中国医学科学院药用植物研究所选育的北柴胡新品种中柴系列及选育品系（“中柴4号”和“中柴5号”）种子为研究材料，见表49-1。以北柴的种子数量为主，其他种子数据为参考，制定标准。发芽和种子净度试验除以上种子外，还包括另外34份，编号CHHU0151～CHHU0200，共50份种子。所有种子样品在中国医学科学院药用植物研究所种质库-18℃长期低温保藏。

表49-1　柴胡种子样品的库存编号、来源种和产地

样品编号	来源种或栽培类型	产地	样品编号	来源种或栽培类型	产地
CHHU0152	三岛柴胡（*B. falcatum*）	河北安国	CHHU0190	中柴5号（*B. chinense* cv. Zhongchai No.5）	北京海淀
CHHU0153	北柴胡（*B. chinense*）	山西新绛	CHHU0191	中柴2号（*B. chinense* cv. Zhongchai No.2）	北京上庄
CHHU0161	银州柴胡（*B. yinchowense*）	甘肃陇西	CHHU0192	中柴3号（*B. chinense* cv. Zhongchai No.3）	北京上庄
CHHU0162	银州柴胡（*B. yinchowense*）	甘肃渭源	CHHU0193	中柴2号（*B. chinense* cv. Zhongchai No.2）	北京顺义
CHHU0182	三岛柴胡（*B. falcatum*）	甘肃陇西	CHHU0194	中柴3号（*B. chinense* cv. Zhongchai No.3）	北京上庄
CHHU0186	中柴1号（*B. chinense* cv. Zhongchai No.1）	北京海淀	CHHU0199	三岛柴胡（*B. falcatum*）	安徽亳州
CHHU0187	中柴2号（*B. chinense* cv. Zhongchai No.2）	北京海淀	CHHU0200	三岛柴胡（*B. falcatum*）	安徽亳州
CHHU0188	中柴3号（*B. chinense* cv. Zhongchai No.3）	北京海淀	CHHU0201	狭叶柴胡（*B. scorzonerifolium*）	黑龙江明水
CHHU0189	中柴4号（*B. chinense* cv. Zhongchai No.4）	北京海淀	CHHU0202	狭叶柴胡（*B. scorzonerifolium*）	黑龙江明水

2. 扦样方法

根据柴胡种子的市场流通情况和单次可能的交易量，以及种子的形状、大小、表面光滑度、散落性等因素，确定柴胡种子批的重量在1000kg以内，确定柴胡送验样品最小重量50g。送验样品的重量因检测项目的不同而异。由于用高温烘干法测定柴胡种子水分时不需要磨碎，用样量5g，确定柴胡送验样品最小重量50g，足以保证所有项目测定的需要。净度分析试样的大小估计至少含有2500个种子单位的重量，柴胡种子千粒重1.1g，2500粒种子重量为（1.1×2500）÷1000=2.75（g），考虑净度确定柴胡净度分析试样的最小重量为6g。

3. 种子净度分析

柴胡净度分析试样的最小重量为6g。采用徒手减半法从每份柴胡样品中分取两份全试样，将试样分离成净种子、其他植物种子和一般杂质三种成分后分别称重，以克（g）表示。将每份试样各成分的重量相加，计算各成分所占百分率，如果分析后重和原重的差异超过原重的5%，则重新分析。

通过对不同来源的柴胡种子的净度分析（表49-2）可以看出，各试样误差不超过2%，净度水平差异明显，此测定方法可行。

表49-2　柴胡种子净度分析

样品编号	原重（g）	净种子（g）	其他种子（g）	杂质（g）	分析后重（g）	净度（%）	误差（%）
CHHU0152	6.096	4.510	0.0173	1.450	5.977	75.5	2.0
CHHU0153	6.117	5.861	0.0425	0.1973	6.101	96.1	0.3

续表

样品编号	原重（g）	净种子（g）	其他种子（g）	杂质（g）	分析后重（g）	净度（%）	误差（%）
CHHU0161	6.002	4.766	0.0020	1.211	5.979	79.7	0.4
CHHU0162	6.001	5.328	—	0.5736	5.902	90.3	1.7
CHHU0186	6.001	5.577	—	0.3634	5.941	93.9	1.0
CHHU0187	6.001	5.830	—	0.0966	5.927	98.4	1.2
CHHU0199	6.204	5.098	0.0045	1.042	6.144	83.0	1.0
CHHU0200	6.096	4.818	0.0008	1.206	6.025	80.0	1.2

注："—"代表没有其他植物种子。

4. 真实性鉴定

（1）种子形态鉴定　柴胡属植物的种子为双悬果、椭圆形，侧面扁平，合生面收缩，表面棕褐色，略粗糙，悬果切面近半圆形或五边形，油管围绕胚乳四周，胚乳背面圆形，腹面平直，胚小。未见有柴胡种子存在易混淆植物种子的报道。我们对三岛柴胡、银州柴胡、山西产北柴胡和"中柴1号"的种子进行了观察。柴胡属不同种的种子间差别很小。从图49-1可以看出，银州柴胡和山西产北柴胡的种子一般无鳞片，而三岛柴胡种子几乎全部有密被鳞片，"中柴1号"种子部分有鳞片。银州柴胡种子呈短且厚的扁圆形，山西产北柴胡种子细长、颜色深，而三岛柴胡和"中柴1号"种子粒大饱满、颜色较浅。虽然从调查结果看，其种子存在细微差别，但由于柴胡为复伞形花序，分阶段成熟，种子外观又与种子的成熟度、植株上着生部位有关，生产中不同产区采集的种子个体间差别较大，因此仅依据种子形态特征还是难以鉴定到种。

图49-1　柴胡属主要种的种子形态

A. 三岛柴胡（河北产）；B. 银州柴胡（甘肃产）；C. 北柴胡（山西产）；D. 中柴2号（北柴胡品种，北京产）

（2）幼苗和植株鉴定　选择柴胡属栽培较多的三岛柴胡、银州柴胡、山西产北柴胡、北柴胡品种"中柴1号"和狭叶柴胡，进行播种和幼苗、成株特征观察。可以看出"中柴1号"的茎节数少于其他种质，三岛柴胡根茎短，而狭叶柴胡叶片颜色较深等特征。三岛柴胡主要特征是叶片较软，花的苞片较大；狭叶柴胡主要特征为根茎有基生叶脱落留下的毛刷状结构，叶片狭窄；"中柴1号"主要特征是叶尖尖锐，茎节数少；山西产北柴胡叶片狭长，茎节数多；银州柴胡茎中空，茎棱突出。只有结合植株各部位形态特征，才可区分来源不同柴胡种的栽培种质。

5. 重量测定

采用千粒法和五百粒法（1000粒2个重复和500粒3个重复）测定9份中柴系列柴胡种子重量，平均值分别是1.138g和1.144g（表49-3），两种方法得到的各样品间的重量关系基本相同，依据变异系数不高于4%，误差不高于5%的标准，建议采用千粒法测定柴胡种子重量。

表49-3 千粒法测得柴胡种子重量

样品编号	500粒法测得千粒重（g）	1000法测得千粒重(g)	变异系数（500法）	误差（%）(1000粒法)
CHHU0186	1.027	1.087	1.5	4.6
CHHU0187	0.943	0.956	0.8	1.8
CHHU0188	1.193	1.162	2.1	2.9
CHHU0189	1.089	1.143	5.2	4.4
CHHU0190	1.160	1.080	2.1	3.6
CHHU0191	1.363	1.324	5.6	2.5
CHHU0192	1.285	1.319	6.0	2.5
CHHU0193	0.959	1.102	0.3	4.3
CHHU0194	1.223	1.119	2.6	3.7
平均	1.138	1.144	2.9	3.4

6. 水分测定

用烘干减重法测定7份中柴系列柴胡种子水分含量的结果见图49-2，采用高温烘干法测定种子水分的前1.0小时种子水分急剧丧失，1.0小时后水分减重趋缓，1.5小时基本保持不变。因此，可采取130～133℃高温烘干种子1.5小时的方法测定柴胡种子水分。将低恒温烘干法烘干种子17小时的结果与高温烘干法比较可知（图49-3），低恒温烘干法所得水分稍低于高温烘干法，但每种方法测定各样品之间的含水量关系基本一致。考虑测定时间因素，建议使用高温烘干法烘干1.5小时后计算种子水分。50份种子的含水量见表49-4。

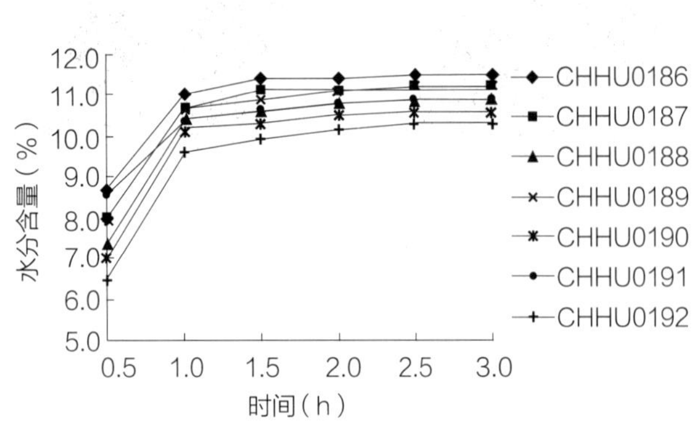

图49-2 高温烘干法（130℃～133℃）种子水分测定

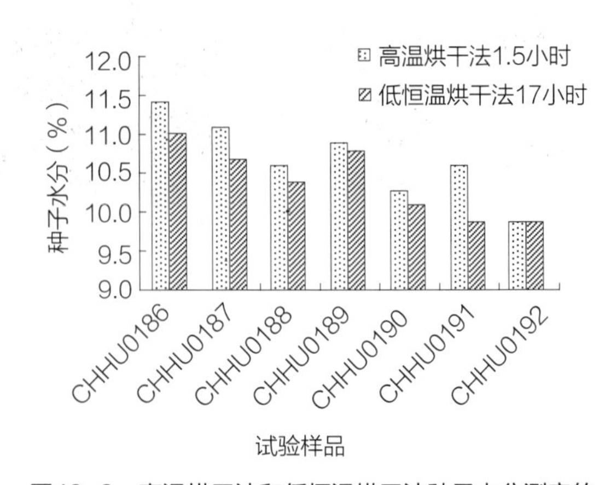

图49-3 高温烘干法和低恒温烘干法种子水分测定的比较

表49-4　柴胡种子含水量检测结果

样品编号	含水量(%)	样品编号	含水量(%)	样品编号	含水量(%)
CHHU0151	11.1	CHHU0168	11.8	CHHU0185	8.8
CHHU0152	11.6	CHHU0169	11.9	CHHU0186	11.4
CHHU0153	13.7	CHHU0170	9.9	CHHU0187	11.1
CHHU0154	11.4	CHHU0171	12.4	CHHU0188	10.6
CHHU0155	15.4	CHHU0172	10.1	CHHU0189	10.9
CHHU0156	11.5	CHHU0173	11.3	CHHU0190	10.3
CHHU0157	11.4	CHHU0174	11.8	CHHU0191	10.6
CHHU0158	12.2	CHHU0175	11.4	CHHU0192	9.9
CHHU0159	11.8	CHHU0176	11.9	CHHU0193	15.4
CHHU0160	11.7	CHHU0177	12.6	CHHU0194	11.8
CHHU0161	11.7	CHHU0178	10.4	CHHU0195	10.2
CHHU0162	14.9	CHHU0179	10.4	CHHU0196	11.3
CHHU0163	12.6	CHHU0180	8.8	CHHU0197	8.8
CHHU0164	12.0	CHHU0181	9.0	CHHU0198	12.0
CHHU0165	12.1	CHHU0182	11.2	CHHU0199	12.6
CHHU0166	11.7	CHHU0183	11.9	CHHU0200	13.4
CHHU0167	10.5	CHHU0184	10.8		

7. 发芽试验

收集到的50份种子（编号CHHU0151～CHHU0200）发芽实验结果见表49-5，将每个重复的100粒种子分为健籽（颗粒完整、饱满）和非健籽（嫩籽、小籽、瘦子、破损小于一半、带病籽、已发芽籽等）分开摆放，并记录个数。表49-5中非健籽率为4个重复的平均非健籽百分率，健籽发芽率为4个重复健籽发芽平均数，可以看出非健籽发芽能力很弱，影响种子发芽的整体水平。

表49-5　柴胡种子发芽试验结果

样品编号	启动日	非健籽率（%）	总发芽率（%）	健籽发芽率（%）	样品编号	启动日	非健籽率（%）	总发芽率（%）	健籽发芽率（%）
CHHU0151	10	12	78	80	CHHU0176	6	11	5	6
CHHU0152	7	10	61	64	CHHU0177	21	4	4	4
CHHU0153	—	8	—	—	CHHU0178	6	9	27	30
CHHU0154	9	30	36	51	CHHU0179	12	12	21	24
CHHU0155	10	15	8	9	CHHU0180	3	9	17	19

续表

样品编号	启动日	非健籽率（%）	总发芽率（%）	健籽发芽率（%）	样品编号	启动日	非健籽率（%）	总发芽率（%）	健籽发芽率（%）
CHHU0156	9	19	60	71	CHHU0181	12	18	15	18
CHHU0157	9	28	33	42	CHHU0182	8	5	57	59
CHHU0158	25	4	1	1	CHHU0183	3	4	9	9
CHHU0159	8	15	37	43	CHHU0184	12	9	48	52
CHHU0160	9	15	34	40	CHHU0185	8	4	31	32
CHHU0161	8	12	50	53	CHHU0186	7	11	44	49
CHHU0162	—	15	—	—	CHHU0187	7	12	58	66
CHHU0163	—	3	—	—	CHHU0188	6	12	58	66
CHHU0164	9	15	27	31	CHHU0189	7	13	63	73
CHHU0165	—	4	—	—	CHHU0190	6	11	66	74
CHHU0166	10	18	21	25	CHHU0191	7	11	66	74
CHHU0167	13	8	23	25	CHHU0192	9	11	76	85
CHHU0168	10	6	8	9	CHHU0193	5	12	42	41
CHHU0169	9	6	12	13	CHHU0194	7	16	17	16
CHHU0170	10	10	45	50	CHHU0195	12	16	45	46
CHHU0171	—	4	—	—	CHHU0196	7	19	56	61
CHHU0172	13	13	11	13	CHHU0197	12	20	5	5
CHHU0173	10	15	17	20	CHHU0198	6	15	87	87
CHHU0174	13	15	4	5	CHHU0199	—	17	—	—
CHHU0175	12	11	30	34	CHHU0200	—	17	—	—

注：“—”代表种子没有发芽。

8. 生活力测定

温度因素影响染色时间，在20～45℃温度范围内，温度每增加5℃，染色时间相应减半。根据柴胡种子的外形、胚的着生部位及胚的大小，横向切去分果末端（果柄着生端）1/3～1/2，能保证胚的完整。为操作容易，提高染色效果，种子染色前要经过预湿，预湿温度为20℃（不超过发芽最适温度），预湿时间根据柴胡种子吸水曲线和种子萌发所需时间确定，柴胡种子浸泡1.5小时后吸收的水分就达到干种子重量的50%以上，浸泡21小时后吸收的水分达到全部可吸收水分的90%以上，考虑1天的工作周期，确定柴胡种子的预湿时间为16小时。如图49-4所

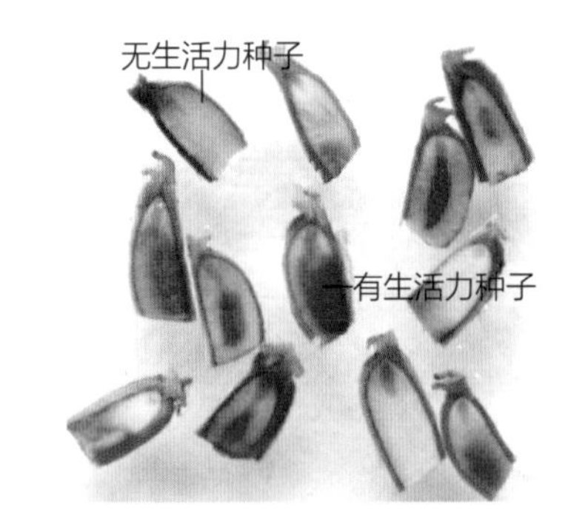

图49-4　柴胡种子四唑溶液染色结果

示，采用0.5%四唑溶液在30℃温度下染色18小时后，凡胚乳切面和胚全部染成有光泽的鲜红色，且组织状态正常的为正常有生活力的种子；否则为无生活力的种子。实验样品中有23%的种子样品生活力在50%以下，28%的样品生活力在50%～70%，49%的样品生活力高于70%。结果显示该方法可以用于检测柴胡种子的生活力。

9. 种子健康检验

分别采用洗涤检查法、吸水纸发和平皿法对编号为CHHU0199、CHHU0186、CHHU0162和CHHU0153的4份不同产地来源的柴胡种子进行健康度检验。

（1）洗涤检查法　检查孢子负荷量，计算结果：安徽产地2.2×10^7个/g，北京产地1.6×10^7个/g，甘肃产地3.4×10^7个/g，河北产地7.2×10^6个/g。可以推测柴胡种子孢子负荷量平均在2×10^7个/g水平，采用洗涤检查法可快速检测出种子外部带菌量，但不能区分真菌种类和孢子是否有生命力。

（2）吸水纸法　测定结果表明（表49-6）：链格孢属（*Alternaria* spp.）和曲霉菌属（*Aspergillus* spp.）是明显的优势菌群；其次为青霉属（*Penicillium* spp.）、腐霉属（*Fythium* spp.）、毛霉菌属（*Mucor* spp.）、木霉属（*Trichoderma* spp.）以及黑根霉属（*Rhizopus* spp.）。不同品种中以安徽产地种子带菌率最高，达到56%，并且分离出的真菌种类最多，主要携带曲霉和链格孢霉；北京产地种子的链格饱属分离频率达92.0%；甘肃产地种子和河北产地种子曲霉和链格孢霉的分离频率都超过30%。被检测到的真菌大部分为常见腐生性的（图49-5A），但仍然降低种子发芽率和出苗率。种子携带链格孢属（图49-5B）比率较高，它可能是叶斑病的初侵染源。

（3）平皿法　本实验中5%次氯酸钠对种子表面杀菌效果明显（图49-5C），可用于种子内部真菌检验。种子样品的内部真菌仅发现黄曲霉，其分离频率分别为安徽种子34%，北京产地种子8%，甘肃产地种子36%，河北产地种子24%。

表49-6　柴胡种子带菌种类和分离比例

供试菌种	带菌率（%）	分离频率（%）						
		链格孢属	黑根霉属	曲霉属	青霉属	毛霉属	木霉属	腐霉
安徽产地	56	20.0	—	54.3	17.1	2.9	2.9	2.9
北京产地	34	92.0	—	4.0	—	—	—	4.0
甘肃产地	24	55.6	—	44.4	—	—	—	—
河北产地	44	34.5	1.7	41.4	22.4	—	—	—
平均	39.5	50.5	0.4	36.0	9.9	0.7	0.7	1.7

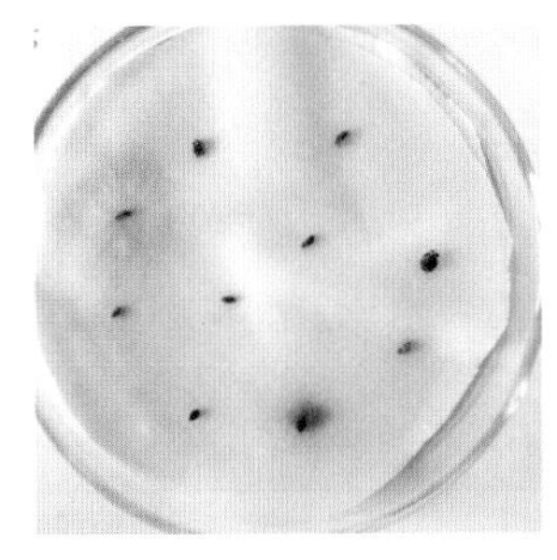

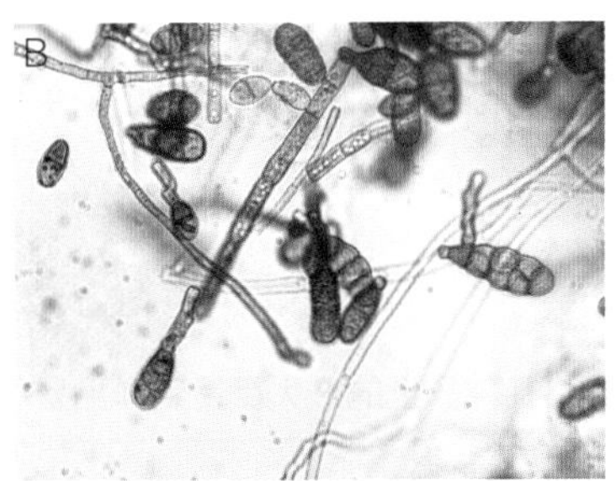

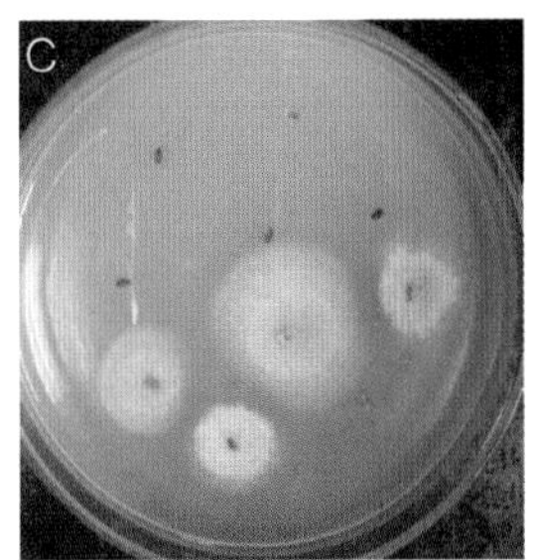

图49-5　柴胡种子健康测定

A. 吸水滤纸上生长的各种真菌；B. 链格孢菌显微照片；C. 5%次氯酸钠杀菌后PDA平板上生长的黄曲霉

三、柴胡种子标准草案

1. 范围

本标准规定了柴胡（*Bupleurum chinense* DC.）种子的检验和质量分级。

本标准适用于柴胡种子的检验与质量评价。

2. 规范性引用文件

下列文件对于本规程的应用是必不可少的。凡是标注明日期的引用文件，仅所注明日期的版本适用于本规程。凡是不注明日期的引用文件，其最新版本（包括所有的修改单）适用于本规程。

GB/T 3543.1～3543.7—1995　农作物种子检验规程

中华人民共和国药典（2015年版）一部

3. 术语和定义

下列术语和定义适用于本文件。

3.1 北柴胡　伞形科（*Umbelliferae*）柴胡属（*Bupleurum*）多年生草本植物，又称柴胡、硬苗柴胡等。

3.2 种子用价　也称种子利用率，指真正有利用价值的种子所占的百分率。计算方法为：

$$SUV(\%) = CR \times PG \times 100\%$$

式中：SUV（%）——种子用价；

CR——净度；

PG——发芽率。

4. 质量等级评定

4.1 质量分级　种子质量分级的各项指标见表49-7。

表49-7　北柴胡种子质量分级标准

等级	发芽率（%）	净度（%）	种子用价（%）	含水量（%）
Ⅰ	≥75	≥95.0	71.25	≤12
Ⅱ	≥63	≥90.0	56.7	≤12
Ⅲ	≥52	≥85.0	44.2	≤12

4.2 质量等级评定方法

4.2.1 单项指标定级：根据表49-7中净度、发芽率、水分三项指标之一的级别直接定级。

4.2.2 综合定级：根据表49-7用净度、发芽率、水分三项指标进行综合定级：三项指标在表49-7同一质量等级时，直接定级；三项指标有一项在三级以下定为等外；三项指标均在三级以上（包括三级），其中净度和发芽率不在同一级时，先计算种子用价，用种子用价取代净度与发芽率。

4.3 要求　种子中不应含有检疫性植物种子。

5. 种子检验方法

5.1 扦样　按照GB/T 3543.2 规定执行，种子批的最大重量和样品最小重量见表49-8。

表49-8　种子批的最大重量和样品最小重量

植物名	学名	种子批的最大重量（kg）	样品最小重量（g）	
			送验样品	净度分析试样
北柴胡	*Bupleurum chinense* DC.	1000	50	6

5.2 净度分析　按照GB/T 3543.3规定执行，净度分析试样最小重量见表49-8。

5.3 水分测定　按照GB/T 3543.6规定执行。

5.4 发芽测定　按照GB/T 3543.4规定执行，种子发芽方法见表49-9。

表49-9　北柴胡种子发芽方法

学名	种名	发芽床	温度（℃）	初次计数（d）	末次计数（d）	附加说明
B. chinense DC.	北柴胡	TP	25	7	35	16小时无光照，8小时光照

5.5 生活力测定　按照GB/T 3543.7规定进行，种子四唑测定方法见表49-10。

表49-10　北柴胡种子四唑测定方法

学名	种名	预温方式	预温时间（h）	染色前的准备	溶液浓度（%）	30℃染色时间（h）
B. chinense DC.	北柴胡	水中	16	横向切去分果末端（果柄着生端）1/3~1/2	0.5	18

5.6 检验报告　按照GB/T 3543.1检验报告进行。

四、柴胡种子繁育技术研究

（一）研究概况

柴胡药材经历了野生采集、野生变家种到规模化种植的发展过程。柴胡种子繁育具有周期较长、千粒重小、成熟时间不一致等特点。种子繁育技术难度较大，选育出的优良品种较少，没有标准的良种繁育基地，有必要重视柴胡新品种的选育，建立标准化的中药材种子繁育基地，严格控制柴胡种子质量，加强对柴胡种子的管理，从而建立规范的柴胡道地药材种子繁育和种植制度。虽然可见有柴胡种子繁育技术的研究报道，如郭战鹏等（2004）讨论了柴胡规范化生产标准操作规程（SOP），对柴胡的生长环境的要求、栽培技术、采收、留种、采种等进行了相关的规定。指出可采用稀植法进行留种，留种时应选择抗逆性强的植株的种子，并且要去除与该品种特征不同的杂株，以保证种子的纯度。但在实际的家种及种植过程中缺乏规范化、标准化的种子繁育环节，往往是在种植药材过程中任意留出部分植株进行采种。其中，也存在缺乏经审定或鉴定的广泛种植的柴胡品种问题。以往柴胡种植存在种子萌发率较低、萌发历时长问题，另外也存在产量不高、有效成分含量不稳定现象。中国医学科学院药用植物研究所魏建和课题组针对柴胡发芽慢和发芽率低问题，开展了柴胡种质资源调查和集团选育工作，于2003年在北京鉴定了第一个北柴胡新品种“中柴1号”，使柴胡种子的萌发率、产量等均有所提高。随后，从“中柴1号”中筛选优良单株，采用系统选育法选育鉴定了“中柴2号”（京品鉴药2009004）和“中柴3号”（京品鉴药2009005）新品种，较“中柴1号”具有整齐度高、根色深、药效成分含量高等优点。还选育了狭叶柴胡新品种“中红柴1号”（京品鉴药2012036）。在中柴和中红柴选育品系基础上，与多家单位合作选育出了适应四川柴胡产区种植的川北柴1号（川审药2015004）和川红柴1号（川审药2015003）。2014年河北省涉县农牧局农业技术推广中心制定了柴胡原种、良种生产技术操作规程（邯郸市地方标准，DB1304/T268—2014）。以下是中国医学科学院药用植物研究所针对中柴系列品种研究制定的柴胡种子繁育技术规程。

（二）柴胡种子繁育技术规程

1. 范围

本规程规定了柴胡种子生产技术规程。

本规程适用于柴胡种子生产的全过程。

2. 规范性引用文件

下列文中的条款通过本规程的引用而成为本规程的条款。凡是注明日期的引用文件，其随后所有的修改单（不包括勘误内容）或修订版均不适用于本规程。然而，鼓励根据本规程达成协议的各方研究可使用这些文件的最新版本。凡是不注明日期的引用文件，其最新版本适用于本规程。

中华人民共和国药典（2015年版）一部

GB/T 3543.3～3543.7—1995　农作物种子检验规程

产品标识标注规定［国技监局（1997）172号］

3. 术语与定义

3.1 柴胡　伞形科柴胡属柴胡（*Bupleurum chinense* DC.）和狭叶柴胡（*Bupleurum scorzonerifolium* Willd.）的干燥根。

3.2 原种　柴胡原种必须是保持原品种典型性、遗传稳定性和一致性，不带检疫性病害、虫害和杂草，按照本规程生产出来的符合原种质量标准的种子。

3.3 良种　柴胡良种是用原种在严格防杂保纯条件下繁殖，保持原品种典型性、遗传稳定性和一致性，不带检疫性病害、虫害和杂草，按照本规程生产出来的符合良种质量标准的种子。

4. 生产技术

4.1 种质来源　原种繁育种质来源于品种育成者或育成单位；良种繁育种质来源于原种。

4.2 选地与整地　为了避免种子混杂，保持优良种性，原、良种生产田周围不得种植其他品种的柴胡。纬度和经度：中柴系列新品种在北至黑龙江嫩江，南至河南，西至甘肃等地均有引种，均能顺利成活、收获。不同地区引种需考虑中柴系列品种的生育期特点，确定合适的种植制度。

4.2.1 选地：喜疏松肥沃的沙质壤土。肥力差、易板结、易积水的地块不宜种植。

4.2.2 整地施肥：土地一般耕30cm以上，细耙整平。耕前施充分腐熟的农家肥2000～3000kg或施50kg的N、P、K肥，比例为1∶2∶2，根据当地的肥料种类进行折算。一般做平畦，畦宽根据灌溉条件和管理方便确定。漫灌地畦宽1.5～2.0m，喷灌、滴灌或无灌溉条件可做宽畦，但每隔3m最好有作业道，同时利于通风透光。雨水多，易涝地可做高畦，畦高约20cm。

4.3 种植　种子采用硝酸钾0.2%溶液浸泡（种子和溶液重量比1∶2）24小时后（可直接用水），冲洗、沥去或晾干水分拌入多菌灵粉剂，100kg种子拌入200g粉剂。选干净河沙，晾干，用孔径1.5mm的筛子过筛（如用人工撒播，则用能筛去石块、土块等的筛子即可），按体积1∶1和种子拌匀，拌后的相对湿度应控制在沙子手握成团，松手散开的程度，过干加水，过湿再拌入些干沙子，或略晾干。沙堆积的厚度小于30cm，于无直射阳光处放置。每天翻动1～2次，保持潮湿。种子堆温度保证应低于35℃。15～20天种子开始萌动后播种。5月下旬后气温高，种子堆散热不良，不宜再做沙藏处理。种子处理能有效缩短田间出苗管理期15天以上，有利于保证出苗。生育期大于200天的中柴一级花序当年种子成熟，以种植1年收获为宜。生育期170～200天，种子当年难以完全成熟，种植2年收获。生育期短于150天的地区种植，建议2年收获。以8月份夏播1.5年收获为宜。夏播辽宁以北地区不宜晚于8月15日播种，以保证小苗能安全越冬。

中柴系列品种苗期遮阴90%以上，2个月基本不影响生长，整个生育期可耐50%以下的遮阴，但对药材生长有影响。据此可以设计合理的间套种措施。每亩播种量约2kg，根据种子活力和出苗保证措施调整。播深不能超过1cm，据此各地根据现有工具设备确定播种方法。为播匀，可拌入2倍草木灰、干细土或干沙。采用早春地膜覆盖直播、麦田套播、夏播、喷灌地直播、漫灌地直播等，均行之有效。但要根据当地的土壤、灌溉条件、劳动力、管理条件、种植习惯、收获器具等因素，结合操作时的经济性等确定。直播一般采用条播，行距10～15cm。播种深度，土壤细碎不超过1cm，坷粒较多，不超过1.5cm。播后必须镇压。生产上掌握的标准是播的种子不露土即可。如果杂草管理方便，撒播也可。地膜覆盖播种：以土壤解冻后能播种则越早越好，倒春寒不会对幼苗构成影响。播种时底墒必须良好。必须在最高气温持续20℃以前揭膜。旱地播种：底墒充足、湿度条件较好的地区或季节，经处理良好的种子在4月10日至5月1日间播种，播后不浇水基本可以保证出苗。漫灌播种：播种后漫灌，易造成地表板结，不利于出苗。喷灌地播种：能保证每5天喷灌一次的土地种植基本能保证中柴系列品种的出苗。土地必须整平，但土壤不必过细碎，按种植小麦、玉米平整土地即可。底墒充足时播种。一次喷水时间不超过2小时，防止地表板结。播种时要将播种工具清理干净，严防机械混杂。播前可喷施氟乐灵实行封闭除草，具体使用方法按药剂说明书实施，使用中等浓度；地膜覆盖使用偏低浓度。

4.4 田间管理　在苗期、拔节期、花果期、成熟收获期要根据品种典型性严格拔除杂株、病株、劣株。

4.4.1 出苗期管理：出苗期管理的根本是保证种子所在土层潮湿，特别是春季播种。覆盖物对出苗植株生长有影响的（如地膜）需及时揭除。

4.4.2 苗期管理：中柴系列品种亩苗密度6万株。过密间苗，苗株距3～5cm。柴胡苗期的管理主要是杂草管理，基本采用人工拔除。抽茎前，如有可能适当中耕，并追肥20～30kg（N、P、K肥，比例为1：2：2）。

4.4.3 花果期管理：柴胡的花果期管理较简单，基本不需要施加人工管理。二年高温高湿地区夏季易发生烂根死苗，其发生的机制、预防和防治的方法还不清楚，但与群体过密有关系。因此，在该地区种植最好为夏末秋初播种；二年生的群体密度以4万～5万株为宜；大面积连续种植时，田间每隔一段距离要有空隙道；注意及时排水防涝。

4.4.4 二年生柴胡的管理：深秋或早春地上部枯死时割除，清净田地。二年生田间管理工作较少，控制好杂草。二年生植株返青后即开始抽茎生长。结合灌水追肥30～50kg（N、P、K肥，比例为1：2：2）。

4.4.5 提纯与复壮：对现有推广品种，采取三年两圃（株行圃、原种圃）制的提纯复壮方法。主要技术包括单株选择、株行比较、混系繁殖原种。单株选择：对现有品种，从二年生种植群体内，选择具有原品种特征特性的优良单株。收获时，对当选的优良单株，单株收获种子，充分晒干，分株挂藏或分袋保存。株行圃选择地势平坦，地力均匀，旱涝保收，无线虫病、不重茬的地块作为圃地。将上年当选的优良单株，每株种一行。每5个株行设一原品种对照，花期用纱网隔离各株系，采用人工进行授粉。第一年和第二年均需做好记载，测定丰产性、典型性、大小、整齐度等，将性状较为一致的株行混合收种，干燥、贮藏。原种田选择中等以上肥力的沙壤土，施足基肥作为原种圃，将上年株行圃混收的种子播种繁殖原种，秋季适时收获、贮藏，以供次年一级种田和大田生产用种。

4.5 病虫害防治

4.5.1 柴胡根腐病：生长季均有发生。植株发病初期，须根、支根变褐腐烂，逐渐向主根蔓延，最后导致全根腐烂，外皮变为黑色，随着根部的腐烂程度地上茎叶枯萎死亡。高温多雨季节及低洼积水处易发生。另外，多年生苗春、夏季在主根的中上部发生的纵向开裂，常造成病原菌的侵入而发病，发生率可达10%，也造成一定损失。病原菌为一种镰刀菌（*Fusarium* sp.），属半知菌亚门真菌。病原菌以分生孢子在土壤或种根上越冬，成为第二年发病的初次侵染源。整个生长期均可发生，6～7月为发病盛期。植株过密、田间湿度大，病害蔓延迅速，为害严重。在主根上不明原因的纵向开裂的发生率，是决定病害严重程度的主要因素。

防治方法：① 选择地势高燥、排水良好的地块种植，有条件的地区可实行水旱轮作。② 加强田间管理，增施磷、钾肥，提高植株抗病力；封行前及时中耕除草，并结合松土用木霉制剂10～15g/m^{2}撒施。发病期用50%多菌灵800～1000倍液，或50%甲基托布津每亩1.5～2.5kg稀释成1000倍液浇灌病株，每周1次，连续2～3次。

4.5.2 蚜虫：为害柴胡的蚜虫主要为胡萝卜微管蚜［*Semiaphis heraclei*（Takahashi）］，其分布广，为害柴胡、防风、白芷、北沙参等伞形花科药材，造成植株生长不良，幼叶、嫩茎常畸形、皱卷。无翅孤雌蚜体长2.1mm，黄绿色或土黄色，被薄粉。触角上有瓦纹，各节有短毛。腹管短而弯曲，无瓦纹。尾片圆锥形，中部不收缩，有微刺状瓦纹，上有细长曲毛6～7根。有翅孤雌蚜体长1.6mm，黄绿色，有薄粉，触角第3节很长，翅脉正常，腹管无线突，尾片有毛6～8根，其他特征与无翅蚜相似。每年发生20余代，以卵越冬。早春越冬卵孵化后为害越冬寄主，5～7月为害柴胡、防风、小茴香等药材，10月产生有翅性母蚜和雄蚜，迁飞到越冬寄主上交配后产卵越冬。越冬卵附着在柴胡、北沙参的叶片、叶柄、叶腋及心叶等处过冬。留种田或春播田内密度大，发生严重。

防治方法：① 掌握越冬卵在柴胡等寄主上完全孵化，而嫩叶尚未卷缩的有利时机进行药剂防治；要在蚜虫发生高峰期前、植株受害但叶片未卷时施药。② 主要药剂有40%乐果乳油1000～1500倍液、50%敌敌畏乳油1000倍、20%杀灭菊酯或2.5%溴氰菊酯2000倍液。注意保护七星瓢虫等天敌，在瓢虫发生盛期禁止喷药。

4.5.3 赤条蝽：成虫体长10~12mm，宽约7mm，橙红色，有黑色条纹纵贯全体，头部2条，前胸背板6条，小盾片上4条；其中小盾片上黑纹向后方逐渐变细。体表粗糙，具细密刻点；体下方橙红色，其上散生若干大块黑色斑点。每年发生代数因地而异，黄河以北地区1～2代，长江以南地区3～4代。以成虫大田间杂草、枯枝落叶和避风向阳的隐蔽处越冬。多食性害虫，吸食寄主植物的营养物质，其卵多产于叶片正面及幼嫩部位。

防治方法：① 冬季清理田间残株落叶和杂草，破坏其越冬场所，减少越冬虫源。② 若在虫期或成虫刚迁入药材田时防治1～2次，可选用20%杀灭菊酯1500倍液或2.5%溴氰菊酯2000倍液等药剂喷雾，间隔7～10天。

5. 采收、加工与储存

5.1 采收期　不同地区和生长年限时间差异很大，以地上部开始枯萎或枯死时为采收时间。采收年限为一年生（生育期≥180天）或二年生均可。

5.2 种子采收　符合隔离要求，成熟度较好的种子可以采收。种子黄熟变黑时将地上部从根部割断，集中于晒场晾晒，略干后将种子用木棍敲下、晾干，采用风选等方法除去杂质。注意防止夏季将种子平摊在烈日下的水泥地面晾晒，以免种子易失去活力。

6. 包装与运输

6.1 包装　通过精选并经挂藏风干后的合格原种种子，用牛皮纸种子袋按每袋10g定量包装，外包装用瓦楞纸箱成件包装。

6.2 标识　产品标识按《产品标识标注规定》执行。

6.3 储存　入库前，整理风干室或种子仓库，备好储存架、种子袋、瓦楞纸箱等用具。入库后，安排专人管理。储存期间保持室内干燥，及时翻晒，防止混杂和虫蛀、鼠害、霉变等问题发生。

6.4 运输　以清洁、干燥、无异味、无污染的运输工具运输。运输过程中注意防雨、防潮、防晒；严禁与柴胡种子易发生混淆的其他种子或能对柴胡种子产生污染的其他货物混装运输；装卸时，禁用带钩工具或乱扔乱抛，避免损坏包装。

6.5 保质期　柴胡种子室温常规保存，4～7月份生活力下降不明显，但8月份生活力急剧下降，基本丧失发芽能力。5℃以下低温贮藏，可以延缓种子寿命，活力可保持2年以上。

参考文献

[1] Zhang Z, Wei JH, Yang CM, et al. First report of Alternaria leaf spot on *Bupleurum chinense* caused by *Alternaria alternata* in China[J]. Plant Disease, 2010, 94(7): 918.

[2] 步媛媛，关忠仁. 基于K-means聚类算法的研究[J]. 西南民族大学学报（自然科学版），2009，1：198-200.

[3] 郭战鹏，蒋传中，张兴悟，等. 柴胡规范化生产标准操作规程[J]. 中药研究与信息，2004，6(6)：17-22.

[4] 贺献林. 柴胡规范化栽培技术[M]. 北京：中国农业出版社，2015.

[5] 胡小荣，孙雨珍，陈辉，等. 柴胡种子发芽条件及TTC生活力测定方法的研究[J]. 种子科技，1998，3：28-29.

隋春（中国医学科学院药用植物研究所）

50 铁皮石斛

一、铁皮石斛概况

铁皮石斛道地药材为兰科植物铁皮石斛*Dendrobium officinale* Kimura et Migo的干燥茎。11月至翌年3月采收，除去杂质，剪去部分须根，边加热边扭成螺旋形或弹簧状，烘干；或切成段，干燥或低温烘干。前者习称“铁皮枫斗”（耳环石斛）；后者习称“铁皮石斛”。主产于浙江、云南等省（区）。

铁皮石斛性微寒，味甘，归胃、肾经。主治热病津伤，口干烦渴，胃阴不足，食少干呕，病后虚热不退，阴虚火旺，骨蒸劳热，目暗不明，筋骨痿软。

近年来，科研人员对铁皮石斛的化学成分进行了大量的研究，发现铁皮石斛化学成分结构类型多种多样，包括多糖、芪类（菲类和联苄类）、氨基酸、苯丙素和木脂素类、酚酸类、黄酮类、生物碱等，为铁皮石斛抗衰老、抗肿瘤、降低血糖和提高免疫能力等物质基础研究与开发利用提供了科学依据。

浙江省铁皮石斛种植面积、年产量和效益居全国第一，是全国闻名的铁皮石斛产地。浙江寿仙谷医药股份有限公司和浙江天皇药业有限公司铁皮石斛规范化种植基地通过国家药监局GAP基地认证。乐清市被评定为“浙江铁皮石斛产业基地”“中国铁皮枫斗加工之乡”；“天目山铁皮石斛”获国家质检总局地理标志保护产品，“武义铁皮石斛”获国家农业部农产品地理标志保护产品。

二、铁皮石斛种苗质量标准研究

（一）研究概况

石斛始载于东汉时期我国第一部药学专著《神农本草经》，列位上品：“味甘，平。主伤中，除痹，下气，补五脏虚劳、羸弱，强阴。久服，厚肠胃、轻身、延年。”其后的本草著作如《名医别录》《本草经集注》《本草纲目》等，大多沿用该书记载。道家养生经典《道藏》将铁皮石斛誉为“中国九大仙草”之首，民间有“救命仙草”之称。

1993年，浙江天皇药业人工栽培铁皮石斛取得成功之后，率先在国内推出了铁皮枫斗、铁皮枫斗晶等铁皮石斛加工品，从而迈出了铁皮石斛产业发展的第一步。经过20余年的发展，浙江省铁皮石斛种植面积约4万亩，产值超40亿元。

然而，值得注意的是，尽管铁皮石斛产业化取得了巨大成功，但是生产上也存在着基地管理不规范、种苗来源不明、种苗质量参差不齐、肥料激素过量施用等弊端，其中缺乏铁皮石斛种苗标准是影响生产健康发展的主要原因之一。

浙江省中药研究所进行了多年的铁皮石斛种苗质量标准研究，从全省各地收集了20份铁皮石斛种质，对外观性状（基原）、根系条数、叶片数量、株高、茎粗等指标依次开展研究，制定铁皮石斛道地药材种苗质量分级标准，开展了系统的研究，为铁皮石斛种苗质量标准的制定提供了依据。

（二）研究内容

1. 研究材料

研究材料共20份，分别从以下各地收集：浙江天台、浙江武义、浙江乐清、浙江义乌、浙江建德、浙江临安、浙江淳安、浙江磐安8个县（市）。

2. 抽样方法

检验员在抽样前应向种苗经营、生产、使用单位了解该批种苗生产、贮藏过程中有关种苗质量的情况，不同产地、不同收获时间、不同等级的种苗应分为不同的批次分开抽样，如果同一批次种苗数量比较多，应分成几个不同批次进行抽样。在每个不同批次种苗中随机抽取50株种苗，抽样后做好标记。

3. 检测方法

（1）材料　每份材料随机取50株种苗，共1000株。

（2）外观性状（基原）鉴定　铁皮石斛种苗的外观应具有以下特征：茎直立，圆柱形，不分枝，具多节，节间长1.3～1.7cm，常在中部以上互生3～5枚叶；叶2列，纸质，长圆状披针形，长3～7cm，宽9～15mm，先端钝并且多少钩转，基部下延为抱茎的鞘，边缘和中肋常带淡紫色。

（3）数量指标测定　统计每棵种苗的外观性状、根系条数、叶片数量、株高和茎粗。其中株高用分度值1mm的直尺测量，茎粗用游标卡尺测量。

（4）数据分析方法　将根系条数、叶片数量、株高和茎粗4个指标作为质量指标和质量分级指标提取因子，采用DPS软件和Excel进行统计分析，通过主成分分析法进行指标简化，确定质量分级指标；通过逐步聚类分析，将质量分级指标因子聚成3类，作为铁皮石斛种苗质量的划分等级；采用平均值-标准差法和聚类分级临界点法对比确定分级标准。

三、铁皮石斛种苗标准草案

1. 范围

本标准规定了铁皮石斛种苗质量及分级标准。

本标准适用于铁皮石斛种苗分级。

2. 规范性引用文件

下列文件中的条款通过本标准的引用而成为本标准的条款。凡是注明日期的引用文件，其随后所有的修改单（不包括勘误的内容）或修订版均不适用于本标准。然而，鼓励根据本标准达成协议的各方研究可使用这些文件的最新版本。凡是不标注明日期的引用文件，其最新版本适用于本标准。

GB/T 6682　分析实验室用水国家标准

GB/T 191　包装储运图示标志

GB 15569　农业植物调运检疫规程

GB 3095　环境空气质量标准

GB 5084　农田灌溉水质标准

GB 15618　土壤环境质量标准

GB/T 191　包装储运图示标志

3. 术语和定义

3.1 铁皮石斛种苗　兰科植物铁皮石斛的组培苗。

3.2 株高　从种苗茎基部到茎顶端的长度。

3.3 茎粗　茎基部以上1cm处的茎秆直径。

4. 要求

4.1 等级划分　将铁皮石斛种苗分为一等、二等两个等级，达不到二等要求的列为等外苗。

4.2 分级标准　以铁皮石斛种苗外观性状、根系条数、叶片数量、株高、茎粗和检疫对象为依据确定等级（表50-1）。

表50-1　铁皮石斛种苗分级标准

项目	一等种苗	二等种苗
性状	生长健壮、无污染、无烂茎、无烂根	
根（条），≥	3	2
叶片（片），≥	6	4
株高（cm），≥	5.0	3.0
茎粗（cm），≥	0.3	0.2
检疫对象	不得检出	不得检出

4.3 出苗要求　3～6月，小心取出经检验合格的种苗，用清水洗净培养基后，晾至根部发白。种苗应该为生长健壮、无污染、无烂茎、无烂根；根2条以上，叶4片以上，株高3.0cm以上，茎粗0.2cm以上，叶片正常展开，叶色嫩绿或翠绿。栽培前可用0.1%高锰酸钾溶液泡根3～5分钟。应将种苗单层直立放置在纸箱中，包装箱应结实牢固并设有透气孔，须出具质量检验证书，贴上合格标签。

5. 检验方法与规则

外观性状（基原）、根、叶片采用目测、计数方法进行，株高用分度值1mm的直尺测量，茎粗用游标卡尺测量。检疫对象按GB 15569规定执行。

通过上述检验，合格者由检验单位填写《种苗检验结果报告单》，签发检验合格证，一式三份，分送受检单位、检验单位和相关管理部门。对不合格的种苗，检验单位应填写《种苗检验结果单》，根据检验结果，提出“使用、停用或精选”等建议。分别报送受检单位、检验单位和相关管理部门。

6. 包装、标识、贮存和运输

6.1 包装、标识　包装储运图示标志按 GB/T 191 规定执行。种子和种苗应附有标签，标明种子（或种苗）名称、等级、数量、批号、产地、生产单位、保存期等。产品应附标签，标明产品名称、生产单位名称、详细地址、生产日期、批号、质量等级、保质期、净含量、产品标准号和商标等内容，标签要醒目、整齐，字迹应清晰、完整、准确。

种子应用无污染的编织袋、布袋或消毒后的玻璃瓶等包装，种苗应用洁净、无污染、透气的塑料筐或纸箱等包装。产品包装应符合牢固、整洁、防潮、美观的要求。包装材料应符合食品级的要求。

6.2 贮存　仓库应建在地势较高的干燥区域。房顶设置隔热层，地面用混凝土浇注，或用沥青等作防潮层。内墙面在种苗堆高线以下设防潮隔热层。门下安装活动的防鼠板，仓库外围要保持清洁。种苗应在2天内种植完毕。

保持仓内地面、墙及工具的清洁和干燥。仓内相对湿度45%～65%为宜。遇到雨、雾、雪、台风等天气，库房不宜通风。定期定点仔细检查，检查重点内容为虫口率、是否发霉、是否发热、含水量等。

6.3 运输　铁皮石斛种苗不能与有毒、有害物质混装；运输工具必须清洁、干燥、无异味、无污染，具有较好的通气性，以保持干燥，并有防晒、防潮等措施。

四、铁皮石斛种苗繁育技术研究

（一）研究概况

浙江省中药研究所对铁皮石斛种苗培养条件、培养方法、炼苗移栽、田间管理等方面展开了研究，形成了铁皮石斛道地药材种苗繁育技术规程。

（二）铁皮石斛种苗繁育技术规程

1. 范围

本规程规定了铁皮石斛种苗繁育技术规程。

本规程适用于铁皮石斛种苗生产。

2.繁育技术

2.1 材料和培养条件

2.1.1 试验的材料：采用铁皮石斛植株和蒴果，用胚、茎尖和根尖作外植体。诱导培养原球茎使用100ml的三角瓶作培养瓶，培养中苗到大苗都用罐头瓶。基础培养基为改良MS。

2.1.2 培养条件：培养室温25℃±1℃，光照强度2000～3000lx，每日光照10～12小时，分批上培养架进行培养。

2.2 培养方法

2.2.1 胚的培养：取铁皮石斛蒴果用75%乙醇和0.1%氯化汞表面灭菌。剖开蒴果，取其种胚并将之接种在改良的MS培养基上。诱导培养1个月到2个月长出原球茎。将原球茎转接到“改良1/2MS+植物汁液”的培养基上分化成小苗。小苗转接到“改良1／2MS+植物汁液”的优化的培养基上，培养出壮苗。

2.2.2 茎尖培养：铁皮石斛茎株，剪1cm的茎尖，剥去幼叶，用75%乙醇和0.1%氯化汞表面灭菌。取茎尖0.2～0.3cm接种在诱导培养基上，产生愈伤组织。将愈伤组织转接到原球茎培养基上，分化培养产生原球茎。将原球茎再转接至增殖培养基上增殖，最后转接到分化培养基上分化培养成小苗。

2.2.3 根尖培养：连根挖取铁皮石斛植株，首先用软刷在流水下将泥污冲刷干净。剪取0.5cm的根尖，使用75%乙醇和0.1%氯化汞表面灭菌。剥取根端0.2～0.3cm的根尖为外植体，接种在诱导培养基I上诱导产生愈伤组织；随之将愈伤组织相继转接在继代培养基和诱导培养基上分别进行愈伤组织的继代培养和诱导培养，产生原球茎。最后将原球茎接种在分化培养基上进行分化培养，分化出小苗。

2.3 种苗移栽方法

2.3.1 移栽前准备：将铁皮石斛从瓶中取出，在水池中清洗出根部的培养基，要将培养基全部清除干净，否则在种植后会污染基质，使基质板结，影响铁皮石斛幼苗的透气。注意不要将幼苗的茎、叶折断（幼苗的茎、叶极脆弱，易断）。清洗后将幼苗放在有孔的筐中，根朝下放整齐，置10～24小时，待根发白时再种植，如此幼苗根不会腐烂。如用生根粉浸泡根部2小时，种植效果会更好，有利于种苗在田间的发根。

2.3.2 种苗移栽：种苗移栽基地的环境空气应符合GB 3095规定的二级标准；农田灌溉水质应符合GB 5084

规定的旱作农田灌溉水质量标准；土壤环境应符合GB 15618规定的二级标准。

用松鳞、木屑及碎石片等材料，配制既保湿又通气的混合物作为栽种基质，整地做畦。在畦上，用黑色遮阴网架设网棚，保持其荫蔽率在70%~80%。将出瓶处理后的壮苗移栽到田畦上，株行距保持在20cm×25cm。移栽后，特别要保持基地空气相对湿度在85%以上。

2.4 田间管理

2.4.1 水分：视所用的基质而定，不积水、湿润即可，夏季空气相对湿度80%~90%为好。

2.4.2 肥料：在基质中应施入制成颗粒的农家肥（豆饼或菜籽饼粉碎后加入辅料制成），在生长期应每周薄施一次追肥，农家肥浸泡发酵后加水喷施。

2.4.3 病虫害防治

2.4.3.1 虫害：主要为蜗牛，人工抓除。

2.4.3.2 病害：黑腐病、疫病。中药农药“必效散”可湿性粉剂500液喷施。

参考文献

[1] 斯金平，俞巧仙，叶智根. 仙草之首——铁皮石斛养生治病［M］. 北京：化学工业出版社，2012：14-17.

[2] 吴韵琴，斯金平. 铁皮石斛产业现状及可持续发展的探讨［J］. 中国中药杂志，2010，35（15）：2033-2037.

[3] 何伯伟. 浙江铁皮石斛产业品质提升的实践与探索［J］. 中国药学杂志，2013，48（19）：1693-1696.

王志安　沈晓霞　江建铭（浙江省中药研究所）

51 | 粉葛

一、粉葛概况

粉葛为豆科多年生藤本植物甘葛藤*Pueraria thomsonii* Benth. 的干燥根，始载于我国汉代《神农本草经》，列为中品，是常用的传统中药，具有解表清热，生津止渴和止泻的功能，主治表证发热、无汗、口渴、头痛、麻疹不透、泄泻和痢疾等症。我国除西藏、新疆、青海外，大部分地区均有分布，主产重庆、贵州、广西、广东、江西、湖南、安徽等地。粉葛主要通过扦插或葛藤自然生长从茎节处生根成苗进行无性繁殖，繁殖系数较大。粉葛种苗的供应除药农自繁自用外，还可在规模较大的粉葛种植基地、粉葛种植专业合作社及一些网络交易平台购买。

二、粉葛种苗质量标准研究

（一）研究概况

我国粉葛主产区判定粉葛种苗级别的方法不尽相同，没有统一的标准，关于粉葛种苗质量分级标准的研究目前尚未见报道。重庆市中药研究院2009年承担了国家“十一五”“十二五”重大专项《中药材种子种苗和种植（养殖）标准平台》子课题“葛根、黄连、天门冬、姜黄等药材种子（苗）质量标准及大黄规范化种植绿色技术规范示范研究”，负责粉葛种苗质量分级标准的研究。该课题目前已完成了粉葛种苗质量分级标准研究以及田间验证，初步形成了粉葛种苗质量分级标准草案。

（二）研究内容

1. 研究材料

试验所用粉葛种苗是于2010年11月收集于重庆市粉葛主产区（县）的18个乡镇，经重庆市中药研究院李隆云研究员鉴定为甘葛藤（*P. thomsonii* Benth. ）的种苗（表51-1）。

表51-1　粉葛种苗实验材料

编号	采集地点	编号	采集地点
1	重庆合川张桥镇鹞子村	6	重庆合川狮滩镇
2	重庆合川张桥镇梁坝村	7	重庆合川童溪镇
3	重庆合川铜溪镇	8	重庆合川土场镇
4	重庆合川清平镇	9	重庆合川双凤镇
5	重庆合川小沔镇	10	重庆合川青平镇

续表

编号	采集地点	编号	采集地点
11	重庆合川盐井镇	15	重庆南川福寿乡
12	重庆合川云门镇	16	重庆铜梁
13	重庆合川钱糖镇	17	重庆酉阳
14	重庆合川育才学院	18	重庆长寿

2. 扦样方法

粉葛种苗采用“徒手减半法”扦样。净度分析试验中粉葛种苗批次送检样品最小株数不低于1000株，净度分析试样最小株数不低于100株。

3. 净度

测定供检样品不同成分的重量百分率，并据此推测样品的质量。杂质是指脱落的茎叶、大的土块等。其他植物种苗是指混杂在里面的野葛种苗，依据脆性不好及折断面不平整进行鉴别。废种苗的检验标准为以下5种：损伤疤痕超过2/3；霉变受损种苗为原来的2/3或大于2/3的；病斑占正常种苗的2/3或大于2/3的；干缩小于正常体积2/3的；虫蛀占正常种苗的2/3或大于2/3以致不能正常发芽的均视为废种苗。通过以下公式进行计算：

$$J=[G-(F+Z+Q)]\div G\times 100\%$$

式中：J——净度；

G——供检样品总重量；

F——废种苗重量；

Z——杂质重量；

Q——其他植物种苗。

4. 外形

粉葛种苗外观主要通过目测进行观察。不同产地粉葛种苗呈长圆柱形，外皮淡棕色。脆性好，易折断，且断面平整，呈白色，富粉性。气微，味微甜（图51-1、图51-2）。

图51-1　粉葛种苗

图51-2　葛根苗期

5. 重量

粉葛种苗的重量用精度达0.1g的电子天平称量，变异范围在3.5～37.3g，平均13.71g。不同产地差异较大，见表51-2。

表51-2　不同产地粉葛种苗性状

编号	粗度范围	平均粗度	长度范围	平均长度	重量范围	平均重量
1	0.96～1.77	1.26	13.2～29.0	20.9	6.4～34.2	15.5
2	0.86～1.96	1.41	14.0～29.0	22.0	6.6～34.2	17.6
3	0.96～1.96	1.44	13.2～31.0	21.2	7.7～30.8	17.5
4	0.93～1.49	1.12	7.5～25.0	18.5	4.7～15.4	9.8
5	0.82～1.42	1.12	11.0～35.2	20.2	5.3～18.6	11.1
6	0.85～1.75	1.20	8.9～28.0	20.5	3.5～20.9	12.7
7	0.96～1.57	1.26	10.4～31.0	20.1	6.4～22.4	12.7
8	0.82～2.31	1.22	12.3～27.0	18.4	6.0～31.3	11.7
9	0.87～1.86	1.24	13.5～30.0	20.9	6.8～21.3	13.7
10	0.83～1.58	1.18	12.4～32.2	21.7	6.2～23.0	13.7
11	0.73～1.62	1.20	12.7～26.2	19.6	6.8～19.2	11.5
12	0.99～1.51	1.20	12.0～32.0	20.9	5.5～20.1	12.0
13	0.88～1.62	1.20	10.3～28.0	18.8	5.6～19.7	10.9
14	0.83～1.50	1.90	11.2～29.0	19.3	6.7～26.1	11.9
15	0.75～2.19	1.23	14.0～25.7	20.2	7.0～37.3	13.6
16	0.99～1.94	1.35	12.3～30.0	20.6	7.5～25.3	15.0
17	0.84～2.21	1.48	15.0～26.5	20.5	9.0～25.1	17.6
18	1.05～2.25	1.54	9.5～31.2	20.1	8.7～33.2	18.2

6. 大小

种苗粗度用精度为0.01mm的数显游标卡尺测量，变异范围在0.73～2.25cm，平均1.31cm。种苗长用分度值为0.1cm的刻度尺测量，长7.5～35.2cm，平均20.2cm。不同产地种苗的粗和长差异较大，见表51-2。

7. 病虫害

通过目测重点检查是否有腐烂、开裂、疱斑、肿块、芽肿、畸形、害虫、虫蚀孔和杂草粒，用肉眼或放大镜检查有无活虫、螨类或软体动物等。不同产地粉葛种苗无病虫为害、无腐烂、无机械损伤等情况。

8. 种苗质量对药材生产的影响

（1）不同等级粉葛种苗的保苗效果　田间试验在重庆合川区粉葛规范化种基地进行，栽种时间在2010年3月初。每个等级50株，随机区组，3个重复。种植方式按单行起垄栽培，栽培密度为窝行间距1.3m×0.8m，每窝种植1株。小区面积随地形而定，单株测产。田间农艺措施及田间管理同大田。

5月初齐苗时，统计出苗株数，计算保苗率。

$$保苗率\%=（总株数-出苗株数）\div（总株数）\times 100\%$$

结果如图51-3所示：Ⅰ、Ⅱ级苗的保苗率差异不大，Ⅲ级的保苗率稍低。为保证高产及减少补苗的成本，粉葛生产用种苗应控制在Ⅱ级以上。

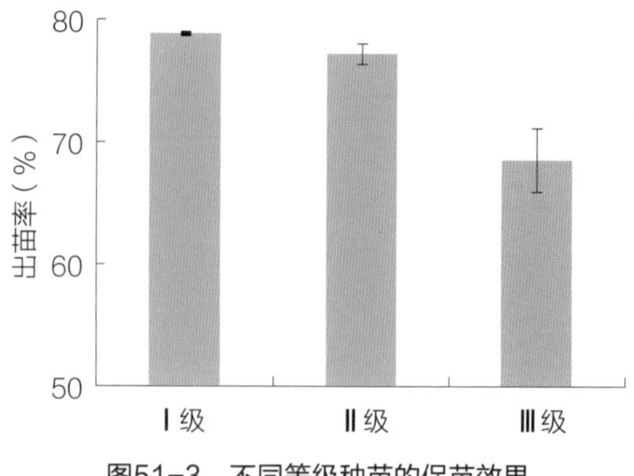

图51-3　不同等级种苗的保苗效果

（2）不同等级粉葛种苗的生长发育差异　不同等级种苗的地上部分在生长发育各阶段所测定性状差异明显，Ⅰ、Ⅱ级苗明显比Ⅲ级苗健壮，说明本标准具有生产上的可行性。如图51-4至图51-7所示。

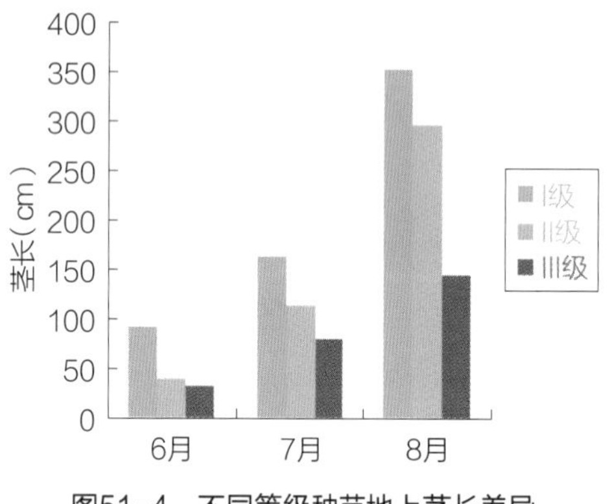

图51-4　不同等级种苗地上茎长差异

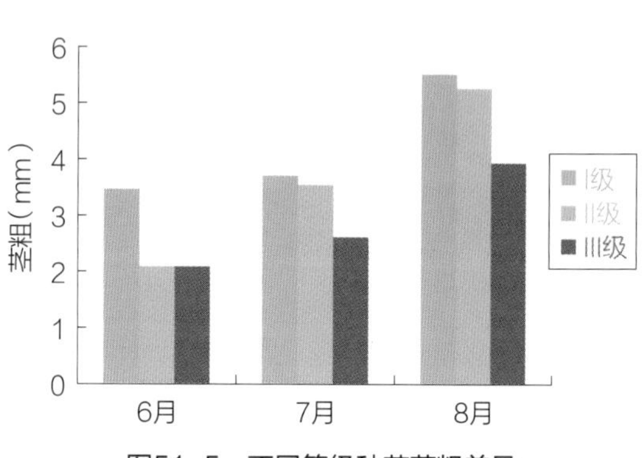

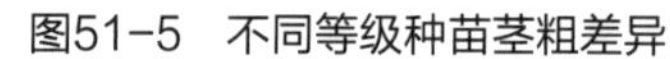

图51-5　不同等级种苗茎粗差异

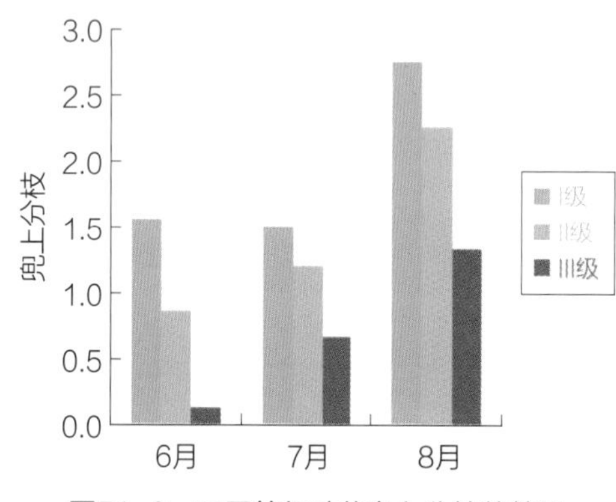

图51-6　不同等级种苗兜上分枝数差异

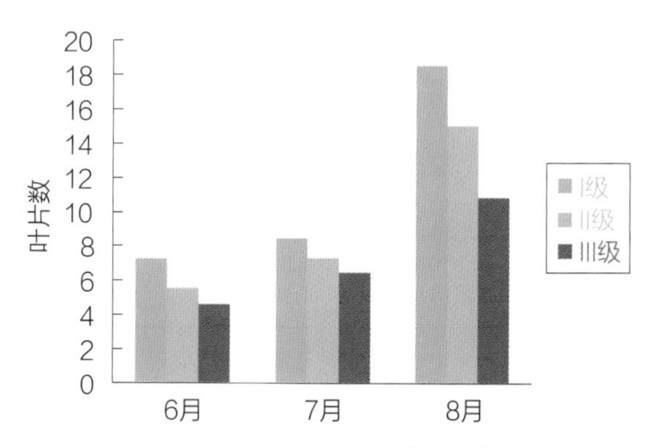

图51-7　不同等级种苗最长葛滕叶片数差异

（3）粉葛种苗的等级划分与药材产量的关系　田间试验设在重庆市中药研究院药用植物园进行。栽种时间在2012年3月初。种植方式按单行起垄栽培，栽培密度窝行间距1.3m×0.8m，每窝种植1株，小区面积随地形而定，每个种苗等级30株，随机区组，3次重复。田间农艺措施及田间管理同大田。2013年11月初进行田间测产，分别测定单株块根的根长、根粗、根重。从表51-3的产量结果中可以看出，粉葛产量以Ⅰ级苗最高，Ⅱ级苗次之，Ⅲ级苗为最低。应用计算机SPSS软件进行方差分析，结果表明：区组间差异不显著，处理间差异达极显著水平（F=55.57，P=0.000134＜0.001）。用LCD法进行多重比较，结果显示不同等级种苗之间差异显著（P＜0.01）。综上所述，不同等级种苗对产量的影响极大，实际生产中宜栽种Ⅱ级以上的种苗。不同等级种苗的鲜块根的外观性状差异也较大：根粗、根长、根重从高到低的排列顺序依次为Ⅰ级苗＞Ⅱ级苗＞Ⅲ级苗。

表51-3 不同等级粉葛种苗对块根性状、产量及质量的影响

处理	根粗（mm）	根长（cm）	根重（kg）	产量（千克/小区）				葛根素含量（%）			
				Ⅰ	Ⅱ	Ⅲ	平均	Ⅰ	Ⅱ	Ⅲ	平均
Ⅰ级	83.70	52.6	2.8	88.3	85.0	81.8	85.0	2.8146	2.7378	2.7412	2.7645
Ⅱ级	70.22	43.8	2.3	74.0	69.3	64.0	69.1	2.8578	2.8483	2.7557	2.8206
Ⅲ级	47.95	36.0	1.8	56.1	54.3	53.3	54.6	2.7359	2.8139	2.7426	2.7641

（4）粉葛种苗的等级划分与药材质量的关系　取不同等级粉葛药材粉末，依《中国药典》（2015年版）一部“粉葛”项下高效液相色谱法测定葛根素含量，结果见表51-3。不同等级种苗粉葛药材的葛根素含量均达到了药典的要求，由高到低依次为Ⅱ级≥Ⅰ级≥Ⅲ级，但差异不显著。质量检测结果表明粉葛种苗的等级与葛根素的含量有一定的相关性，因此生产中应注意培育健壮种苗，以提高粉葛药材的质量。

三、粉葛种苗质量标准草案

1. 范围

本标准规定了粉葛种苗质量分级的技术要求、检测方法、检验规则及包装、标识、运输与储藏。

本标准适用于粉葛种苗的生产、经营和使用。

2. 规范性引用文件

下列文件对于本标准的应用是必不可少的。凡是注明日期的引用文件，仅所注明日期的版本适用于本标准。凡是不注明日期的引用文件，其最新版本（包括所有的修改单）适用于本标准。

GB/T 191—2008　包装储运图示标志

GB/T 3543.2—1995　农作物种子检验规程 扦样

GB 15569—2009　农业植物调运检疫规程

3. 术语和定义

下列术语和定义适用于本标准。

3.1 品种纯度　指定品种的苗木株数占供检样品总株数的百分率。

3.2 根粗　一株粉葛种苗中最大种根的最大直径。

3.3 根长　一株粉葛种苗中最大种根发芽部位至根底部的长度。

4. 技术要求

4.1 基本要求

4.1.1 外观要求：粉葛种苗外观粗壮、新鲜；根脆、易折断，且断面平整，品种纯度≥90%；种苗萌枝部位完好，种根无机械损伤。

4.1.2 检疫要求：无病斑和虫斑、无检疫性病虫害。

4.2 分级要求　在符合4.1的前提下，依照种苗最大种根的根粗和根长进行分级，具体分级指标见表51-4。低于Ⅲ级标准的种苗不得作为生产性种苗使用。

表51-4 粉葛种苗质量分级指标

等级	根长（cm）	根粗（cm）
Ⅰ级	≥22.0	≥1.3
Ⅱ级	≥16.0	≥1.0
Ⅲ级	≥7.5	≥0.7

5. 检测方法

5.1 抽样方法 按GB/T 3543.2—1995的规定执行。

5.2 外观检验 根据外观要求目测种苗的粗壮、萌枝部位。

5.3 检疫检验 检疫对象按GB 15569—2009的规定执行。

5.4 分级检验 根粗用精度为0.01mm的游标卡尺测量；根长用分度值为0.1cm的刻度尺测量。

6. 检验规则

6.1 组批 同一批粉葛种苗为一个检验批次。

6.2 抽样 种苗批的最大株数100万株，送检样品1000株，净度分析100株。

6.3 交收检验 每批种苗交收前，种苗质量由供需双方共同委托种子种苗质量检验技术部门或获得该部门授权的其他单位检验，并由该部门签发粉葛种苗质量检验证书。

6.4 判定规则 按4.2的分级要求对种苗进行评判，抽检样品的各项指标均同时符合某一等级时，则判定所代表的该批次种苗为该等级；当有任意一项指标低于该等级标准时，则按单项指标最低值所在等级定级。任意一项低于Ⅲ级标准时，则判定所代表的该批次种苗为等级外种苗。

6.5 复检 供需双方对质量要求判定有异议时，应进行复检，并以复检结果为准。

7. 包装、标识、运输和贮存

7.1 包装 粉葛种苗如需调运，宜用竹筐或其他通风透气性良好的容器进行包装，每个包装不超过50kg，包装外附有种苗标签以便识别。

7.2 标识 依据GB/T 191—2008的规定，销售的每批粉葛种苗应当附有标签。标签上注明种苗名称、质量等级、数量、产地、植物检疫证书编号、生产日期、生产者或经营者名称、地址等。填写标签时应该用不脱色的记号笔填写。

7.3 运输 粉葛种苗在运输途中严防日晒雨淋，应用有蓬车运输。禁止与有害、有毒或其他可造成污染物品混贮、混运，严防潮湿。

7.4 储藏 粉葛种苗假植于土中或采取沙藏进行短时间储藏，第二年春季应尽早定植。

四、粉葛种苗繁育技术研究

（一）研究概况

粉葛种苗的生产多作为粉葛药材的附属物，大多自繁自用或到主产区购买，缺乏专门的种苗生产技术和严格的制种技术规范，直接影响着粉葛药材质量的优劣与稳定。目前，关于粉葛种苗繁育技术方面的研究报道较少，多侧重于探讨扦插方式、取材方式、基质选择对葛根种苗的影响以及组培快繁技术。重庆市中药研究院2009年起承担国家“十一五”“十二五”重大专项《中药材种子种苗和种植（养殖）标准平台》子课题之一“葛根、黄连、天门冬、姜黄等药材种子（苗）质量标准及大黄规范化种植绿色技术规范示范研究”，从扦插密度、肥水管理等方面对粉葛种苗繁育技术进行了系统研究与调研，结合生产实际，初步形成了粉葛种苗繁育技术规程。

（二）粉葛种苗繁育技术规程

1. 范围

本规程规定了粉葛种苗繁育的种质来源、技术要求、出圃及包装、标识、运输与储藏。

本规程适用于粉葛种苗繁育的全过程。

2. 规范性引用文件

下列文件对于本规程的应用是必不可少的。凡是注明日期的引用文件，仅所注明日期的版本适用于本规程。凡是不注明日期的引用文件，其最新版本（包括所有的修改单）适用于本规程。

GB/T 191—2008　包装储运图示标志

3. 术语和定义

下列术语和定义适用于本标准。

3.1 茎节　葛藤上能萌发生长为粉葛植株的部位。

3.2 插穗　具有1～2个茎节的葛藤。

3.3 扦插苗　用特定茎节，通过扦插方法繁育的种苗。

4. 种质来源

粉葛为豆科葛属多年生落叶藤本植物甘葛藤（*P. thomsonii* Benth.）。

5. 技术要求

5.1 选地　选择背风向阳、无畜禽危害、排灌方便、土壤疏松肥沃、保水保肥强的油沙土、沙壤土和半沙半泥土作苗床较佳。要求集中成片，四周无竹木荫蔽。

5.2 整地　开厢整地须精耕细作，清除杂草，施入腐熟的农家土杂肥1.5～2.5kg/m^2。厢面整平整细后，做成厢宽1～1.3m、厢高15～20cm、两侧沟宽20～300cm、长度不限的苗床，再用多菌灵500～600倍药液或甲基托布津600～800倍药液喷厢面，进行土壤消毒。

5.3 选取种藤

5.3.1 选取种藤的时间与标准：12月上旬，选取品种纯正、粗0.5cm以上、充分木质化、无病虫危害和损伤、节间较密、颜色呈青褐色、生长旺盛健壮的中下段（一般从蔸部以上1～1.5m处）成熟葛藤作为种源。

5.3.2 种藤贮藏：种藤可随选随插，也可将种藤圈好，放入薯窖或地窖，一层泥沙一层种藤，最上面用稻草盖好，压上木板封窖，注意防渍水和脱水，扦插时再剪成小段的插穗。

5.4 插穗的准备及处理

5.4.1 插穗的准备：用锋利的枝剪将种藤切断成长6～20cm的插穗，每段含1～2个健壮的茎节。刀口应平滑，上端剪口用油漆封口。

5.4.2 插穗消毒：插穗用甲基托布津1000倍液，或退菌特800倍液，或多菌灵可湿性粉剂1000倍液浸泡5分钟消毒处理。

5.4.3 插穗生根处理：将插穗基部2～3cm浸泡于生根粉药液（5g兑水2～4kg），12～24小时后即可扦插。

5.5 扦插

5.5.1 扦插时间：扦插可在春季和秋季进行，一般春季成活率高。春季扦插在3月为宜，秋季扦插在9月上旬至

10月上旬。

5.5.2 扦插方法：在整理好的苗床上开密度为20cm×20cm的浅沟。1个茎节的插穗，须将茎节全部插入土中。2个茎节的插穗保留1个茎节露出地表。扦插时，注意腋芽眼朝上，不能倒插。

5.6 苗期管理

5.6.1 温度管理：扦插后，覆盖厚1cm的细粪，浇透水，平铺地膜增温保水。待腋芽萌发长出葛藤时，用2m左右的竹片或小竹条在苗床上插成拱形，每隔35cm插1根，盖好地膜，保持苗床湿润，注意放风降温。苗床温度保持在20℃左右，当温度达到30℃以上时，应及时揭开地膜或喷水降温。在腋芽萌芽时，要避免阳光直射，晴天中午适当遮阴，以防灼伤。

5.6.2 水分管理：苗期需加强水分管理，使苗床保持湿润又不渍水。土壤地表干燥时宜在早上或晚上浇水，保持土壤湿润。

5.6.3 施肥：扦插15～20天后，插穗开始生根，可施一次淡粪水，肥水比例（10∶40）kg，之后15天左右施一次肥。

5.7 苗期病虫害防治　苗期预防咬食嫩芽的虫害——蛞蝓。主要防治方法：在苗床四周撒石灰粉（每亩苗床用量为5～7.5kg），施用6%密达杀螺颗粒剂（每亩用药0.5～0.6kg，拌细沙5～10kg，均匀撒施）或喷洒灭蛭灵90倍液（每亩喷兑好的药液75kg）。雨后或傍晚用药最佳，如施药后24小时内遇大雨，药粒易冲散，需酌情补施。

6. 出圃

出圃时间一般在当年5月下旬～6月上旬或次年的3月。若是次年移栽的种苗，需在新藤长到60～70cm时摘尖修剪，只留1根主藤。起苗动作要轻，尽量减少伤藤、伤根。每50株捆成一把。

7. 包装、标识、运输与储藏

7.1 包装　宜用竹筐或其他通风透气性良好的容器进行包装。

7.2 标识　依据GB/T 191—2008的规定，在每件外包装袋上应印制标签或在醒目处贴标（挂卡），其内容有品名、规格、产地、批号、包装日期、生产单位、采收日期，还要注明储藏条件、注意事项，并附有质量合格的标志。

7.3 运输　用有蓬车运输，途中严防日晒雨淋。阴天不盖棚布，晴天或高温天需遮阴，且堆放不得过高过厚

7.4 储藏　当运输到目的地后立即卸苗，并假植于土中或沙藏，应尽早定植。

参考文献

[1] 陈兴福，杨文钰，文涛，等. 扦插方式对葛根幼苗质量的影响[J]. 中国中药杂志，2008，33（2）：193-196.

[2] 马崇坚，韩展鹏，刘发光，等. 不同基质及取材方式对粉葛扦插生根的影响[J]. 中国园艺文摘，2014，5：204-20.

[3] 唐维，胡颖超，陈锋，等. 葛根藤条的不同部位育苗对苗木生长的影响[J]. 吉首大学学报（自然科学版），2013，34（1）：89-92.

[4] 胡万群. 细叶粉葛的组织培养和快速繁殖技术的研究[J]. 安徽农学通报，2006，12（10）：67.

[5] 马崇坚，郑声云，卓海标. 粉葛种苗离体繁殖技术初步研究[J]. 广东农业科学，2013，15：28-30，35.

陈大霞　张雪　玉钰（重庆市中药研究院）

52 浙贝母

一、浙贝母概况

浙贝母（*Fritillaria thunbergii* Miq.）别名浙贝、象贝（母）、大贝、珠贝，为百合科多年生草本，以干燥鳞茎入药，味苦，性寒。归肺、心经。具有清热、化痰、止咳，解毒、散结、消痈之功效。用于风热咳嗽、痰火咳嗽、肺痈、乳痈、瘰疬、疮毒等症。

浙江省作为浙贝母药材的发源地和主产区，其在规范化种植和新品种选育等技术创新和产业发展上处于全国领先水平。2008年以狭叶贝母为育种材料的“浙贝1号”新品种通过了浙江省非主要农家物品种认定委员会认定（浙认药2007001）。2013年，以宽叶贝母为育种材料的“浙贝2号”新品种通过了浙江省非主要农家物品种审定委员会审定［浙（非）审药2013001号］。2014年12月，新颁布了浙江省地方标准《浙贝母生产技术规程》（DB33/T 532—2014）以替代《无公害中药材　浙贝母》（DB33/T 532.1—2005），规范了标准化生产基地建设，推进了产地无硫加工技术的应用。宁波鄞州浙贝母主产区被农业部评为“中国浙贝之乡”，“樟村浙贝”获得国家原产地理标记产品注册证书，并被浙江省中药材协会授予道地中药材示范基地。“磐安浙贝母”获国家证明商标。目前，全省常年种植面积约2000hm^2，提供商品贝母5000吨左右，种植面积和药材产量占全国总量的90%左右。除宁波鄞州和金华磐安二个主产区外，金华东阳、武义和丽水莲都、缙云、景宁及温州永嘉、舟山定海等地也有较大面积栽种，浙贝母生产已成为浙江省山区农民栽种的主要药材品种和重要经济收入来源之一。

随着浙贝母生产上的扩大，一些影响浙贝母优质高效生产的瓶颈问题日渐突出：一是缺乏浙贝母良种繁育规程和良种分级标准，生产上种用鳞茎自繁自用现象较为普遍，缺乏专门的繁育基地，不仅造成已育成品种快速退化，而且也造成田间种源严重混杂，植株长势参差不齐，优质药材生产无法从种源得以控制；二是生产以农户分散经营为主，造成种植管理粗放、不合理采挖及农药化肥使用不规范，产地加工中硫黄熏蒸现象还未根治；三是浙江省的浙贝母主产区在大力推行产地鲜切片无硫加工新技术中，由于缺乏鲜切无硫加工片产品质量等级标准，给浙贝母鲜切片无硫加工技术推广造成较大的困难。

二、浙贝母鳞茎质量标准研究

（一）研究概况

长期以来，浙贝母生产种用鳞茎自繁自用现象较为普遍，导致浙贝母种茎退化鳞茎变小，产量逐年下降。随着种植规模的不断扩大，种植年限的增加，严重影响产量和经济效益，尤其是老产区品种退化现象十分严重。浙贝母优良品种的选育较少，无良种生产基地和严格的制种技术，良种推广工作滞后。浙江省中药研究所有限公司王志安教授等研究人员选育了3个有代表性的农家品种：大叶（高产，生长旺盛，繁殖率低，不抗病）、细叶（高产，生长旺盛，繁殖率低，不抗病）和多籽（中等产量，繁殖率高，不抗病），以及3个近缘种：野生浙贝母（生物碱含量高，抗病性强）、皖贝母（生物碱含量高，生长旺盛）和东贝母（繁殖率高，不抗病），进行杂交，获得了品种间及与3个近缘种间的杂种F1。2009年开始，浙江省中药研究所有限公司承担了国家科技重大专项《中药材种子种苗和种植（养殖）标准平台（2009ZX09308-002）》子课题“薏苡仁、白芍、杭白芷、浙贝母等药材种子（苗）质量标准及薏苡新品种评价技术规范示范研究”，对浙贝母种子种苗分级标准及繁育技术进行了规范，形成了相对完善、全面、科学的中药材种子种苗质量分级标准。

该研究对浙贝母鳞茎进行分级选择，有利于出苗后植株高度均匀，便于管理。原则上按个体大小对浙贝母种用鳞茎进行分级，较为合理。由于不同产地、不同年份出产的浙贝母种用鳞茎个体差异比较大，因此从经济效益最大化的角度考虑，按照重量百分比，选出34%最大的一级鳞茎和20%最小的三级鳞茎作为商品，其余46%的二级鳞茎留作种用鳞茎，最为合理。

（二）研究内容

1. 研究材料

收集样品时，主要考虑以下三点：① 广泛收集所有人工栽培浙贝母地区的样品；② 主产区内不同气候、不同土壤生态区域的样品；③ 主产区内的样品适当考虑行政区域，如县、乡（镇）。

2. 扦样方法

徒手法随机扦取浙贝母鳞茎样品4～6kg（不少于200个），将混合样品置洁净的平板上，轻轻将鳞茎摊平成四方形，再用分样板画两条对角线，将样品分成4个三角形，取2个对顶三角形内的样品为试验样品。重复样品须独立分取。

3. 外形

取浙贝母鳞茎若干，置平板上观察鳞茎外观、表皮、外形、心芽等。

4. 重量

播种前，对每个浙贝母鳞茎称重，并记录，然后把单个鳞茎重量数据输入计算机统计分析软件，进行聚类分析，分成三级。按照分级的结果，把每份种质的鳞茎分成3份，分别称重。收获后，称取每个小区的浙贝母鳞茎的总重量。

5. 大小

取成熟的浙贝母种鳞茎若干粒，置坐标纸上，用游标卡尺测量浙贝母鳞茎直径大小。

6. 浙贝母株高测量

按照浙贝母地上部分的生长时间，每间隔25～30天，测量株高。用卷尺测量，0刻度朝下，卷尺和地面垂直，轻轻地把浙贝母苗扶正，使苗顶端和卷尺靠近，读取苗高数据。

7. 浙贝母分株测量

在收获鳞茎前1个月，浙贝母植株生长很茂盛，此时处于生长后期，不会再有新的分株发生，于茎基部人工数每个浙贝母单株的分株数。

8. 浙贝母病虫害检验

检疫性病虫害按GB/T3534.7规程实施

9. 种苗质量对药材生产的影响

在试验生产中发现，选种鳞茎的大小重量分级对浙贝母产量有着显著影响。选种鳞茎越小，重量越轻（如三级贝），其产量增加值低；选种鳞茎较大，重量较重（如一级贝），其产量增加值有限，且种苗投入较大。因而从经济最大化考虑，选用鳞茎等级应适中，即选用二级种贝，不仅药材长势良好、一致，且产量增加也较显著。

10. 繁育技术

（1）选种　供繁育的鳞茎应选2级种贝，在2级种贝不足时，可用3级种贝代替。

（2）栽种　将选好的鳞茎栽种在种子田中。

栽种时间：9月中旬至10月下旬。

株行距与用种量：用2级种贝作种，株距16cm，行距20～24cm，每亩种15 000～16 000株，用种量400～500kg。

栽种深度：10～13cm。

（3）大田过夏

套种：过夏的浙贝母田块可套种瓜类、豆类、蔬菜、甘薯等作物，套种作物应在浙贝母未枯前套播和套种下去，在浙贝母栽种前必须收获完毕。

田间管理：过夏期间，田间要开深排水沟，并适时培土。各种田间操作人员不要踩在畦面上，防止土壤被踩实。

（4）收获　9月中旬至10月上旬种子田的鳞茎起土，全部作种。

三、浙贝母种苗标准草案

1. 范围

本标准规定了浙贝母种苗的术语和定义、分级要求、检验方法、检验规则。

本标准适用于浙贝母种子生产者、经营者和使用者。

2. 规范性引用文件

下列文件中的条款通过本标准的引用而成为本标准的条款。凡是注明日期的引用文件，其随后所有的修改单（不包括勘误的内容）或修订版均不适用于本标准。然而，鼓励根据本标准达成协议的各方研究可使用这些文件的最新版本。凡是不注明日期的引用文件，其最新版本适用于本标准。

GB 3095　环境空气质量标准

GB 15618　土壤环境质量标准

GB 5084　农田灌溉水质标准

GB 15569　农业植物调运检疫规程

GB/T 8321　农药合理使用准则

MY/T 496　肥料合理使用准则通则

3. 术语和定义

鳞茎：地下变态茎的一种，非常短缩，呈盘状，其上着生肥厚多肉的鳞叶。

4. 分级要求

4.1 分级与用途　对一批浙贝母种用鳞茎，以单个鳞茎重量为准，从大到小依次以34%、46%、20%的比例分成三级，其中二级鳞茎最适合作为浙贝母的种用鳞茎。浙贝母种用鳞茎分级标准见表52-1。

表52-1　浙贝母种用鳞茎分级标准

分级	重量百分比（%）	用种量（千克/亩）	亩产增加百分比（%）	用途
一级	34	300~400	8~13	商品用
二级	46	400~500	20~25	种用
三级	20	800~1000	10~18	商品用

4.2 质量要求　浙贝母种用鳞茎质量标准见表52-2。

表52-2　浙贝母种用鳞茎质量标准

外观	表皮	外形	心芽	内质	检疫病虫害
新鲜	无病斑、无破损	球形或扁球形	完整，一般2个	白色	不得检出

4.3 其他　不符合（1）（2）标准要求的不能作为种用鳞茎使用。

5. 检测规制

5.1 抽样　当90个小区的浙贝母全部出苗后，在每个小区随机选取10个单株，挂上吊牌。

5.2 检测　定期测量浙贝母株高（单位：cm），并记录了每个小区10个单株的分株数。

待浙贝母地上部分全部枯萎后，在适宜采收期，收获了所有90个小区的鳞茎，用电子分析天平测量鳞茎的重量（用g表示），用游标卡尺测量直径（单位：cm）。

6. 判定规则

在外形、外观、表皮、心芽、内质、病虫害等方面符合要求的情况下，以鳞茎重量的增殖率为判定规则，对浙贝母种用鳞茎分级。

四、浙贝母鳞茎繁育技术规程

1. 范围

本规程规定了浙贝母鳞茎生产技术规程。

本规程适用于浙贝母生产的全过程。

2. 规范性引用文件

下列文中的条款通过本规程的引用而成为本规程的条款。凡是注明日期的引用文件，其随后所有的修改单（不包括勘误内容）或修订版均不适用于本规程。然而，鼓励根据本标准达成协议的各方研究可使用这些文件的最新版本。凡是不注明日期的引用文件，其最新版本适用于本规程。

3. 术语与定义

3.1 种子田　用来供给浙贝母种用鳞茎的田块。

3.2 商品田　用来供给浙贝母商品鳞茎的田块。

4. 生产技术

4.1 种质来源　浙贝母种质来源于浙江宁波鄞州区、金华磐安县等传统道地产区。

4.2 生物学特性　浙贝母既可有性繁殖，也能无性繁殖，但有性繁殖生长发育较慢，一般要5年才能长到无性繁殖一样大的鳞茎，所以生产上一般采用无性繁殖。

4.2.1 种苗形态结构：地下鳞茎扁球形，外皮淡土黄色，常由2片肥厚的鳞片抱合而成，直径2～6cm。

4.2.2 开花习性：随着浙贝母茎叶的生长，茎顶端的花蕾逐渐出现，花梗呈伸直状，到花蕾将要开放时，花梗向下弯曲，花蕾下垂，花瓣开放。一个植株的花是由下而上顺次开放的。一般大田中3月中旬花蕾下垂，3月下旬开放，3月底或4月初凋谢。一朵花从花蕾下垂到开放为3～10天；从花开放到凋谢为5～7天。大田从开花初期到花谢初期约2周。

4.3 选地与整地　浙贝母种植地宜选土层深厚、疏松、含腐殖质丰富的沙质壤土，要求排水良好、阳光充足。浙贝母不宜连作，前作一般以芋艿、玉米、大豆、番薯等为好。

4.4 种植

4.4.1 鳞茎播前处理：① 对浙贝母常见病害进行播前防治，提高其质量和产量。原则：采用浸种的方法对鳞茎进行播前处理。② 程序和方法：播种前，鳞茎用150ppm农用链霉素（500万U0.8g加水25kg）加70%甲基拖布津500倍液浸0.5小时。待鳞茎外表稍干后再播种。

4.4.2 鳞茎起土：需备专用的种耙。田间过夏的种茎，先将种茎起土，再分级栽种。起土前先要清理套种作物和田间杂草。为避免挖破种茎，可先在畦边试挖，种耙要落在两行之间，且与地面成直角，这样不易挖破种茎。

4.4.3 栽种方法：有两种：一种是用种耙栽种，另一种用长柄锄头栽种。沙性土一般采用种耙栽种。开下种沟时应注意：① 沟要开得直，这样来年起土时不会挖破鳞茎；② 沟与沟之间距离均匀，使行距一致；③ 沟底平，保持栽种深度一致；④ 每行两边略开深些，可防止边土流失致鳞茎暴露。沟开好后按一定株距栽种，芽头朝上。若土壤沙性差，用长柄锄头栽种为宜。

4.4.4 栽种时间、密度　浙贝母一般在9月中旬至10月下旬栽种较好，前后持续1个半月左右。11月后下种会因根系生长差，植株矮小，叶子小，二杆发育不良等造成减产。一般向北引种的下种期应提前，向南引种的下种期应推迟。

种植密度与来年能收获的优质种用鳞茎数量有密切关系。种植过密，鳞茎小，株行距密至15cm×15cm，来年种茎不足。以株距15cm、行距18～20cm，每亩种15000～16000株为宜。每亩下种量400～500kg。

5. 田间管理

5.1 施肥

5.1.1 肥料种类：① 化学肥料：含一种或两种无机肥效成分，为肥效快、有效养分高、速效性的肥料，长期单独施用会造成土壤板结。② 农家肥料：指自行就地取材、积制，就地使用的各种肥料。其中包含大量生物物质、动植物残体、排泄物、生物废物等物质。一般应经过腐熟后才能使用。农家肥料营养全面，肥效持久，可增加土壤有机质，改良土壤性能。③ 人粪尿：是一种高氮的速效性农家肥料，多用作种肥和追肥。施用时要稀释，多采用开沟条施，穴施后覆土或随水使用。人粪尿须经腐熟后方可使用。④ 厩肥：牲畜粪尿、垫料和饲料残屑的混合物。含有多种有机质和氮、磷、钾、微量元素的肥料，肥效缓慢而持久。厩肥的施用常因作物、土壤、气候条件及肥料腐熟程度而有不同，腐熟的厩肥基本上是速效性肥料，可作追肥和种肥使用。⑤ 灰肥：植物体经充分燃烧后的灰黑色残留物。主要成分为碳酸钾，含量依原料而异。也含有钙、镁、磷及多种微量元素。可作基肥、追肥和种肥。⑥ 饼肥：油脂类植物种子经榨油后残留的饼状壳屑混合物。含氮为主，并含相当的磷、钾及微量元素，肥效高且持久。可作基肥和追肥，作基肥前需粉碎，作追肥前要发酵。

5.1.2 施肥原则：浙贝母肥料的施用遵循重肥巧用的原则；禁止施用城市垃圾及人体排泄物；农家肥料应经

高温腐熟，杀灭虫卵、病原菌、杂草种子等方可使用。

5.1.3 施肥种类和方法：① 栽种肥：栽种时施迟效性肥料，亩施1000～1500kg厩肥或250～500kg灰肥，铺施畦面，然后翻入土中。② 冬肥：浙贝母栽培中最重要且用肥量最大的一次施肥，以迟效性肥料为主，适当配些速效肥料，如人粪尿等。12月20日前后施，方法是用三角耙在畦面开浅沟，深3～4cm，沟间距约20cm，沟内施入人粪尿，每亩施750～1000kg，再施入饼肥75～100kg，用土盖没沟，再在畦面上铺厩肥，每亩约2000kg。③ 苗肥：在2月上、中旬苗基本出齐时施。以速效氮肥为主，每亩用人粪尿750～1500kg或肥田粉（硫酸铵或氯化铵）10～15kg。分二次施，第一次施后，相隔10～15天再施。第一次施肥后，相隔2～3天，每亩施500kg灰肥。④ 花肥：在3月下旬摘花后施，种类和数量与苗肥相似（草木灰不施），施用时视土壤肥力和浙贝母生长情况而定。

5.2 中耕除草

5.2.1 出苗前除草：下种后，12月中下旬施冬肥前，田间如有杂草应及时除去，冬肥中每亩须施2000kg厩肥盖在畦面上，可防止杂草生长。

5.2.2 出苗后除草：2月上旬苗出齐后进行第一次中耕除草，3月、4月各进行一次；5月中、下旬植株枯萎后，清除茎叶时再施肥一次。浙贝母鳞茎在田间过夏，其地面上套种作物（玉米、大豆等）也以应进行良好的田间管理。

5.3 摘花和打顶　3月下旬浙贝母植株已开花2～3朵，顶部还有3～4朵未开花时，将花连同6～10cm长的顶梢一起摘除。摘花打顶应选晴天进行。

5.4 种用鳞茎贮藏和过夏　浙贝母植株地上部分5月上、中旬全株枯黄，作商品的鳞茎在植株枯萎后就要采挖；但种用鳞茎要到9月中旬至10月下旬才栽种，因此必须安全度过高温炎热的夏天。目前留种过夏的方法主要有三种。① 室内过夏：植株枯萎后，将鳞茎起土，去掉破损和有病虫的鳞茎。在室内晾2～3天，然后一层沙一层鳞茎堆放在阴凉通风处。贮存期间定时检查鳞茎干湿度，过干时适量淋水，保持细沙土15%～20%的水分，同时要有防止鼠害的措施。② 移地过夏：把挖出的鳞茎集中贮存，贮存地应选地势高、排水好、阴凉的地方，一层鳞茎一层土，铺至3～4层，最上层盖土15～20cm。此法适合种用鳞茎较多时采用，同时可减轻蛴螬的危害。③ 田间过夏：大量的种用鳞茎不便于采用室内过夏和移地过夏时，可采用不采挖过夏。植株枯萎后，把残株清除干净，开好排水沟，把清沟的土加在畦面上，过夏的可套种瓜类、豆类、蔬菜、甘薯等作物，套种作物必须在浙贝母种用鳞茎起土前收获。

5.5 灌溉和排水　如干旱进行灌溉时，土壤被水湿透后要立即排水。雨后要及时排除积水，雷阵雨后尤其应及时检查，开通排水沟，排除积水。

6. 病虫害防治

6.1 灰霉病防治　一般在3月下旬至4月初开始发生，4月中旬盛发，为害严重。防治方法：① 实行轮作，不宜连作。② 合理密植，使株间通风，降低株间湿度。③ 科学用肥，后期不要施过多的氮肥，要增施草木灰、焦泥灰等钾肥。④ 药剂防治，从3月下旬开始，喷施1：1：100的波尔多液，每隔10天左右喷1次，连喷3～4次。

6.2 黑斑病防治　一般在3月下旬开始为害。防治方法：① 浙贝母收获后，清除残株病叶，集中烧毁。② 轮作。加强田间管理，及时开沟排水，以降低田间湿度。增施磷、钾肥，以加强浙贝母的抗病力。④ 自4月上旬开始，结合防治灰霉病，喷施1：1：100的波尔多液，每隔10天左右喷1次，连喷3～4次。

6.3 蛴螬防治　蛴螬从4月中旬起少量为害鳞茎，过夏期间为害最盛，到11月中旬后停止为害。受害鳞茎成麻点状或凹凸不平的空洞状，有时咬碎鳞茎残缺分散。成虫在5月中旬出现，傍晚活动，卵散产于较湿润的土中，喜在未腐熟的厩肥中孵化。防治方法：① 冬季清除杂草，深翻土地，消灭越冬虫口。② 施用腐熟的厩肥、堆肥，并覆土盖肥，减少成虫产卵量。③ 点灯诱杀。

7. 采收、分级

7.1 采收　在浙贝母地上部分枯萎后，选择晴天挖出浙贝母鳞茎。

7.2 分级　按照分级标准对收获的浙贝母鳞茎进行分级。

8. 包装与运输

8.1 包装　用篓筐、布袋等透气、干燥的包装材料包装。

8.2 运输　浙贝母种鳞茎批量运输时，注意不能与其他有毒、有害的物质混装；运输工具必须清洁、干燥、无异味、无污染，具有较好的通气性，有防晒和防雨淋等措施

参考文献

[1] 王翰华，周书军，张林苗. 鄞州浙贝产业现状及发展对策 [J]. 浙江农业科学，2010 (4)：755-756.

[2] 何伯伟，周书军，陈爱良，等. 浙贝母浙贝1号特征及栽培加工技术 [J]. 浙江农业科学，2014，(6)：833-835.

[3] 李隆云，彭锐，李红莉，等. 中药材种子种苗的发展策略 [J]. 中国中药杂志，2010，35 (2)：247-252.

[4] 向丽，韩建萍，陈士林. 人工栽培川贝母种苗质量标准研究 [J]. 环球中药，2011，4 (2)：91-94.

[5] 王志安. 浙贝母品种间及其近缘种种间杂交育种方法的初步研究 [J]. 中国中药杂志，1991，16 (6)：332-334.

[6] 王志安. 诱导浙贝母多倍体的研究初报 [J]. 浙江农业大学学报，1991，17 (1)：89-92.

[7] 王志安. 种子水分和贮藏温度对浙贝母种子存活力的影响 [J]. 中国中药杂志，1992，17 (2)：76-77.

[8] 王志安. 浙贝母地方品种资源的收集、考评和利用 [J]. 中国中药杂志，1993，18 (7)：404-406.

孙乙铭　江建铭　俞春英（浙江省中药研究所）

53 益母草

一、益母草概况

益母草（*Leonurus japonicus* Houtt.）为唇形科益母草新鲜或干燥地上部分，因产地不同又名茺蔚、坤草、九重楼等。其味苦、辛，性微寒；归肝、心包、膀胱经；具有活血调经，利尿消肿，清热解毒的功效；用于月经不调，痛经经闭，恶露不尽，水肿尿少，疮疡肿毒等病症，被誉为“妇科要药”。现代研究表明，益母草主要含有益母草碱、水苏碱、前西班牙夏罗草酮、鼬瓣花二萜、前益母草二萜及益母草二萜等成分，具有兴奋子宫、降低心率、抗血小板聚集和抗血栓形成、增强细胞免疫等药理作用。在我国各地均有分布。

益母草原为野生，现在已有大面积栽培。然而，包括益母草在内的绝大部分中药材种子还没有相应的种子检验规程和质量标准，无法对其质量进行有效控制，造成了市场上的种子质量良莠不齐。种子质量划分无依据，在一定程度上限制了优良种子的繁殖和生产，造成了种子市场的混乱，制约了种子贸易的发展，影响了道地药材质量的稳定。

二、益母草种子质量标准研究

（一）研究概况

益母草种子质量分级标准已有相关研究。胡璇等通过测定不同产地的益母草种子净度、粒重、含水量、发芽率，观察种子的外部特征，初步制订了益母草种子的质量分级标准。北京中医药大学承担科技部国家科技重大专项子课题《甘草、知母、益母草、北沙参种子质量标准研究》，制定了益母草种子质量分级标准，发表了研究论文《益母草种子质量分级标准》和《益母草种子发芽和生活力检验方法的研究》。

（二）研究内容

1. 研究材料

采集不同产地的30份益母草种子，见表53-1。

表53-1 益母草种子的收集

编号	来源	收集方式	编号	来源	收集方式
1	黑龙江佳木斯	从地方集贸市场收集	4	黑龙江东宁	从地方集贸市场收集
2	黑龙江双鸭山	从地方集贸市场收集	5	吉林四平	从地方集贸市场收集
3	黑龙江牡丹江	从地方集贸市场收集	6	吉林松原	从植株上直接收集

续表

编号	来源	收集方式	编号	来源	收集方式
7	辽宁锦州	从药材产地收集	19	河南安阳	从地方集贸市场收集
8	辽宁海城	从药材产地收集	20	安徽池州	从植株上直接收集
9	河北张家口	从地方集贸市场收集	21	安徽合肥	从商户收集
10	河北安国	中药材专业市场收集	22	安徽和县	从药材产地收集
11	河北唐山	从商户收集	23	安徽安庆	从中药材专业市场收集
12	河北邯郸	从地方集贸市场收集	24	安徽亳州	中药材专业市场收集
13	河北保定	从植株上直接收集	25	安徽怀宁	从中药材专业市场收集
14	河北邢台	从植株上直接收集	26	安徽泾县	从中药材专业市场收集
15	河南驻马店	从地方集贸市场收集	27	安徽大别山	从地方集贸市场收集
16	河南开封	从植株上直接收集	28	安徽阜阳	从植株上直接收集
17	河南周口	从中药材专业市场收集	29	湖北广水	从药材产地收集
18	河南洛阳	从药材产地收集	30	湖北神农架	从植株上直接收集

2. 扦样方法

采用“四分法”分取试验样品，步骤如下：① 把益母草种子分别均匀地倒在干净光滑的白纸板上；② 将种子充分混匀；③ 将样品种子倒在光滑的平面上，用分样板将样品先纵向混合，再横向混合，重复混合4～5次，然后将种子摊平成四方形，用分样板划两条对角线，使样品分成4个三角形，再取两个对顶三角形内的样品继续按上述方法分取，直到两个三角形内的样品接近两份试验样品的重量为止。

确定批次送验样品试样量：益母草种子批最大重量为1000kg，送验样品最小重量为20g，净度分析试样最小重量为2g。

3. 种子净度分析

益母草种子净度分析试验中送检样品的最小重量为2g（至少含有2500粒种子）。送检样品的重量应超过净度分析量的10倍以上，至少20g。

益母草种子清选方法和步骤：借助于筛子等工具，在不损伤种子发芽力的基础上，根据种子的明显特征，在净度分析台上将试样分离成干净种子、其他植物种子和一般杂质三种成分。

益母草净度分析如表53-2所示。

表53-2 不同产地益母草种子净度测定

产地	样品量（g）	净种子（g）	杂质（g）	净度后重（g）	增失（%）	净度（%）
安徽和县	2.003	1.783	0.218	2.001	0.0999	89.02
河南周口	2.004	1.805	0.202	2.007	0.1497	90.07
河北安国	2.006	1.843	0.166	2.009	0.1496	91.87

3个产地益母草种子试样均没有其他植物种子，所以本次检验不用记录这一项。益母草种子的增失差距均小于5%，所以测定数据有效。

4. 真实性鉴定

益母草种子呈三棱形，长1.5~3mm，宽0.7~1.6mm。表面灰棕色至灰褐色，有深色斑点，一端稍宽，平截状，另一端渐窄而钝尖。果皮薄，子叶类白色（图53-1）。

图53-1　益母草种子

5. 重量测定

分别考察百粒法、五百粒法。具体设计如下：① 百粒法：随机从净种子中数取100粒，重复8次，分别记录百粒重，计算标准差及变异系数；② 五百粒法：随机从净种子中数取500粒，重复3次，分别记录五百粒重，计算重复间差数及差数和平均数之比。

表53-3　益母草种子不同千粒重测定方法比较

产地	百粒法			五百粒法		
	百粒重(g)	标准差(g)	变异系数(%)	五百粒重(g)	重复间差数(g)	差数和平均数之(%)
安徽和县	0.087	0.002	2.3	0.45	0.023	5.1
河南周口	0.081	0.003	3.7	0.39	0.019	4.8
河北安国	0.096	0.003	3.1	0.51	0.025	4.9

百粒法和五百粒法测定益母草种子千粒重的研究结果（表53-3）表明，百粒法测定千粒重变异系数<4，而五百粒法中出现差数和平均数之比＞5%，综合比较，选择百粒法作为益母草种子千粒重的测定方法。

6. 水分测定

采用三个产地的益母草进行高低温烘干法的测定，每个产地重复三次。采用133±2℃高恒温烘干和105±2℃低恒温烘干。结果表明，益母草种子水分测定使用高恒温烘干法只需要5小时，而低恒温烘干法需要15小时。两种烘干方法对益母草种子含水量的影响无显著差异（表53-4），故益母草选择133±2℃高温烘干法作为水分测定方法。

表53-4　两种烘干法对益母草种子水分含量（%）的影响

烘干方法	安徽和县	河南周口	河北安国
高恒温烘干法	8.62±0.03	6.91±0.05	8.73±0.01
低恒温烘干法	8.47±0.05	6.81±0.01	8.56±0.03

7. 发芽试验

（1）发芽前处理　将益母草净种子在水中浸泡24小时，用0.2%高锰酸钾消毒20分钟，用水冲洗干净。

（2）发芽床的选择　根据适宜发芽条件下的发芽表现，确定初次计数和末次计数时间。以达到50%发芽率的天数为初次计数时间，以种子萌发达到最高时，以后再无萌发种子出现时的天数为末次计数时间。

由表53-5知以滤纸作为益母草种子发芽床的处理，其发芽率、发芽势和发芽指数都明显高于以纱布和细沙作为发芽床处理，故以滤纸为发芽床适合益母草种子萌发。益母草种子以滤纸为发芽床的末次记数时间为10天。

表53-5 发芽床对益母草种子发芽率（%）的影响

发芽床	始发芽所需天数	安徽和县	河南周口	河北安国
滤纸床	2	67.3±2.1[a]	85.3±2.1[b]	79.1±2.3[a]
纱布床	3	45.5±2.3[b]	62.5±3.4[b]	60.5±3.4[b]
砂床	3	48.2±3.1[b]	58.7±3.1[b]	52.3±2.7[b]

注：处理间多重比较采用LSD法，差异显著性分析取α=0.05水平，同一列中含有不同字母者为差异显著。

（3）发芽温度的选择　以滤纸为发芽床，分别考察温度20℃、25℃、30℃对种子萌发的影响，光照培养。每个处理400粒种子，4次重复，每重复100粒种子。

不同温度下，益母草种子发芽率表现出一定的差异（表53-6），结果表明，当温度为25℃时，发芽率较高，故选择25℃作为益母草种子的适宜发芽温度。

表53-6 温度对益母草种子发芽率（%）的影响（$\bar{x}\pm s$，n=4）

温度(℃)	安徽和县	河南周口	河北安国
20	62.6±1.3[a]	71.3±1.8[b]	72.3±1.4[a]
25	67.3±2.1[a]	85.3±2.1[a]	79.1±2.3[a]
30	66.1±1.3[a]	75.5±0.6[b]	75.3±0.5

注：处理间多重比较采用LSD法，差异显著性分析取α=0.05水平，同一列中含有不同字母者为差异显著。

8. 生活力测定

（1）BTB染色法使用该方法测定益母草种子时，BTB琼脂制作麻烦、冷凝时间快，并且不变观察，规律性不强。不能够准确反映种子的生活力状况。

（2）四唑法测定益母草种子生活力的方法如下。

① 预湿处理和种子胚的暴露方法：a. 预湿处理：将种子在室温下直接泡于自来水中。由于益母草的种皮比较坚硬，浸泡时间太短，不能使种子吸涨，所以选择益母草预湿时间为24 小时。b. 种子胚的暴露方法：由于益母草种子很小，不利于纵向切种子胚，故选择远胚根端切去四分之一。

② 染色时间、浓度和温度：采用3因素3水平L9（3^4）的正交试验设计。四唑染色时间为1小时，3小时，5小时，浓度设0.2%，0.4%，0.6%，培养温度为25℃，30℃，35℃。每个处理400粒种子，4次重复，每重复100粒种子。染色结束后，沥去溶液，用清水冲洗3次，将裸种子摆在培养皿中，逐一检查，子叶和胚完全染成红色的表示有生活力的种子。

由表53-7可以看出，益母草种子染色情况与染色的时间、浓度、温度均有密切联系。结果表明，处理3有着较高的染色率，故选择染色5小时、0.2%四唑浓度、35℃作为益母草种子生活力检测的染色条件。

表53-7 四唑不同处理对益母草种子染色着色率的影响

处理	时间（h）	浓度（%）	温度（℃）	益母草着色率（%）
1	1	0.2	25	0
2	3	0.2	30	82

续表

处理	时间（h）	浓度（%）	温度（℃）	益母草着色率（%）
3	5	0.2	35	98
4	1	0.4	30	3
5	3	0.4	35	93
6	5	0.4	25	92
7	1	0.6	35	20
8	3	0.6	25	62
9	5	0.6	30	88

③ 染色鉴定标准的建立：有生活力益母草种子的染色情况：① 胚完全着色；② 染色后，切口的横断面因染色时间增长或其他原因呈现伤口白，但胚下段染红，上段因在种子内部尚未着色。无生活力的种子染色情况：着色浅，呈粉色；胚完全不着色。

9. 种子健康检验

（1）种子外部带菌　采用针对种子寄藏真菌检测的普通滤纸培养法、PDA平板检验培养法进行益母草种子的外部带菌健康检测，挑选出适合益母草种子外部检测健康检测的最佳方法，其检测方法如下。从益母草种子中各选取一份种子表面不消毒100粒种子，放入100ml锥形瓶中，加入50ml无菌水充分振荡，吸取悬浮液1ml，以2000r/min转速离心10分钟，弃上清液，再加入1ml无菌水充分震荡、悬浮。

吸取震荡、悬浮后的带菌液100μl均匀加到已润湿的滤纸（三层）以及PDA培养皿上，以打开皿盖保持和摆放种子基本相等时间的未接种种子的3层润湿滤纸和PDA培养皿，作为该检测方法的空白对照。接种后的培养皿连同对照一起在25℃恒温箱中黑暗培养7天，观察记录种子带菌情况，计算带菌率。

（2）种子内部带菌　采用针对种子寄藏真菌检测的普通滤纸培养法、PDA平板检验培养法进行益母草种子的内部带菌健康检测，挑选出适合益母草种子内部带菌健康检测的最佳方法，其检测方法如下。从益母草种子中各选取一份种子表面消毒的100粒种子（1%次氯酸钠溶液表面消毒10分钟，灭菌水漂洗4次）。在超净工作台上直接将处理好的益母草种子用镊子均匀摆放和滤纸和PDA培养皿中，每皿25粒，共4个重复，以打开皿盖保持和摆放种子基本相等时间的未接种种子的滤纸和PDA培养基作为该检测方法的空白对照。在25℃温箱中恒温箱黑暗培养7天后取出进行观察检测。

（3）益母草种子带菌率　观察发现滤纸培养皿中益母草种子并没有出现带菌情况，而PDA培养皿中则出现带菌情况，记录种子带菌情况，故以PDA培养作为适合益母草种子内、外部带菌健康检测的最佳方法，益母草外部带菌基本都是细菌，内部带菌以真菌为主，优势菌群为青霉属、链格孢属。还有尚未鉴定的细菌也占有一定比例，内部带菌率见表53-8。

表53-8　益母草种子携带菌种类和分离频率（%）

产地	种子内部带菌率（%）	真菌种类和分离频率（%）		细菌（%）
		青霉属	链格孢属	
安徽和县	82	29	34	19
河南周口	86	26	28	32

10. 种子质量对药材生产的影响

选取不同等级益母草种子进行田间比较试验，研究不同等级种子、种苗与药材的生长发育、药材产量和品质（形态、外观、色泽、质地和有效成分含量等）之间的关系。

对已经分级的种子进行田间试验，试验地点设在安徽亳州的一块农田地，土壤疏松向阳。小区面积2m^2，3次重复。采用撒播方式，行株距25cm，用种量3.6～4.5g/m^2。小区间设置20cm为保护行（隔离区）。

2010年9月下旬对影响益母草药材产量的全草相关生物学特征进行调查。每一等级的益母草取3~5株进行株高，地径，鲜重的测定，并带回样品进行益母草中的有效成分盐酸水苏碱的含量测定，并对数据采用SPSS 16.0进行分析，不同等之间各项指标差异具有统计学学意义，见表53-9。

表53-9　不同等级益母草种子相关参数及产量比较

等级	株高（cm）	地径（mm）	盐酸水苏碱含量	小区产量（kg/m^2）
1	163.47±14.42^a	9.79±1.20^a	0.82±0.03^a	2.38±0.04^a
2	108.91±10.15^b	7.32±0.74^b	0.44±0.04^b	1.98±0.05^b
3	72.53±16.31^c	5.87±0.71^c	0.24±0.04^c	1.82±0.13^c

表53-9表明，株高、地径、单位面积产量鲜重和盐酸水苏碱含量均为一等种子>二等种子>三等种子，即益母草种子质量越好，其产量和品质越高。

三、益母草种子标准草案

1. 范围

本标准规定了益母草种子术语和定义，分级要求，检验方法，检验规则，包装，运输及贮存等。

本标准适用于益母草种子生产者、经营管理者和使用者在种子采收、调运、播种、贮藏以及国内外贸易时所进行种子质量分级。

2. 规范性引用文件

下列文件中的条款通过本标准的引用而成为本标准的条款。凡是注明日期的引用文件，其随后所有的修改单（不包括勘误的内容）或修订版不适用于本标准，然而，鼓励根据本标准达成协议的各方研究是否可使用这些文件的最新版本。凡是不注明日期的引用文件，其最新版本适用于本标准。

GB/T 3543.2　农作物种子检验规程　扦样

GB/T 3543.3　农作物种子检验规程　净度分析

3. 术语和定义

3.1 益母草种子　为唇形科（Labiatae）益母草属植物益母草（*Leonurus japonicus* Houtt.）的成熟种子。

3.2 扦样　从大量的种子中，随机取得一个重量适当，有代表性的供检样品。

3.3 种子净度　样品种子去掉杂质（包括破损、空瘪的坏种子）、其他植物种子后的净种子质量占样品总质量的百分率。

3.4 种子含水量　按规定程序把种子样品烘干所失去的重量，用失去的重量占供检样品原始重的百分率表示。

3.5 种子千粒重　规定含水量范围内1000粒种子的质量。

3.6 种子发芽率　在规定的条件和时间内长成的正常幼苗数占供检种子数的百分率。

3.7 种子生活力　指种子的发芽潜在能力和种胚所具有的生命力，通常是指一批种子中具有生命力（即活的）种子数占种子总数的百分率。

4. 要求

4.1 基本要求　外观要求：呈三棱形，表面灰棕色至灰褐色，有深色斑点，一端稍宽，平截状，另一端渐窄而钝尖。

检疫要求：无检疫性病虫害。

4.2 质量要求　依据种子发芽率、净度、千粒重、含水量等指标进行分级，质量等级符合表53-10的规定。

表53-10　益母草种子质量分级标准

分级指标	一等	二等	三等
净度(%)，≥	97.0	90.0	82.0
千粒重(g)，≥	1.150	0.950	0.780
发芽率(%)，≥	84.0	68.0	35.0
含水量(%)，≤	6.80	8.3	8.8

5. 检验方法

5.1 外观检验　根据质量要求目测种子的外形、色泽、饱满度。

5.2 扦样　按GB/T 3543.2　农作物种子检验规程　扦样执行。

5.3 真实性鉴定　采用种子外观形态法，通过对种子形态、大小、表面特征和种子颜色进行鉴定，鉴别依据如下：益母草种子呈三棱形，长1.5~3 mm，宽0.7~1.6 mm。表面灰棕色至灰褐色，有深色斑点，一端稍宽，平截状，另一端渐窄而钝尖。果皮薄，子叶类白色。

5.4 净度分析　按GB/T 3543.3　农作物种子检验规程净度分析执行。

5.5 发芽试验　取净种子100粒，4次重复；益母草净种子在水中浸泡24小时，用0.2%高锰酸钾消毒20分钟，用水冲洗干净；把种子均匀排放在玻璃培养皿（12.5cm）的双层滤纸。置于光照培养箱中，在25℃，12小时光照条件下培养；记录从培养开始的第4天至第10天益母草种子发芽数，并计算发芽率。

5.6 水分测定　采用高恒温烘干法测定，方法与步骤如下：打开恒温烘箱使之预热至145℃。烘干干净铝盒，迅速称重，记录；迅速称量需检测的种子样品，每样品3个重复，每重复5g（天平感量0.001g）。称后置于已标记好的铝盒内，一并放入干燥器；打开烘箱，快速放入箱内上层。保证铝盒水平分布，迅速关闭烘箱门；待烘箱温达到规定温度133℃开始计时；烘干5小时后取出，迅速放入干燥器中冷却至室温，30~40分钟后称重；根据烘后失去的重量占供检样品原重量的百分率计算种子水分百分率。

5.7 重量测定　采用百粒法测定，方法与步骤具体如下：将净种子混合均匀，从中随机数取种子100粒，8个重复；将8个重复分别称重（g），结果精确到10^{-4}g；按以下公式计算结果：

$$\text{平均重量}(\overline{X})=\frac{\sum X}{n}$$

式中：$\overline{X}$——100粒种子的平均重量；

X——各重复重量；

n——重复次数。

种子千粒重（g）=百粒重（g）×10

5.8 生活力测定　从试样中数取种子100粒，4次重复；种子在常温下用蒸馏水中浸泡24小时；在远胚根端切去四分之一；将种子置于0.2%四唑（TTC）溶液中，在35℃恒温箱内染色；染色5小时后取出，迅速用自来水冲洗，至洗出的溶液为无色；根据种子染色情况，记录有活力及无活力种子数量，并计算生活力。

6. 检验规则

6.1 组批　同一批益母草种子为一个检验批次。

6.2 抽样　种子批的最大质量为1000 kg，送验样品最少为20g，净度分析试样最少为2g。

6.3 交收检验　每批种子交收前，种子质量由供需双方共同委托种子质量检验技术部门或获得该部门授权的其他单位检验，并由该部门签发益母草种子质量检验证书。

6.4 判定规则　按益母草种子质量分级标准的要求对种子进行评判，同一批检验的一级种子中，允许5%的种子低于一级标准，但必须达到二级标准，超此范围，则为二级种子；同一批检验的二级种子，允许5%的种子低于二级标准，则为三级种子；同一批检验的三级种子，允许5%的种子低于三级标准，超此范围则判为等外品。

6.5 复检　供需双方对质量要求判定有异议时，应进行复检，并以复检结果为准。

7. 包装、标识、贮存和运输

7.1 包装　用透气的麻袋、编织袋包装，每个包装不超过50kg，包装外附有种子标签以便识别。

7.2 标识　销售的袋装益母草种子应当附有标签。每批种子应挂有标签，表明种子的产地、重量、净度、发芽率、含水量、质量等级、植物检疫证书编号、生产日期、生产者或经营者名称、地址等。

7.3 运输　禁止与有害、有毒或其他可造成污染物品混贮、混运，严防潮湿。车辆运输时应有苫布盖严，船舶运输时应有下垫物。

7.4 贮存　益母草种子放置于包装袋内置干燥阴凉处，防止受潮、虫蛀和鼠害。保存期应控制在24个月内。

四、益母草种子繁育技术研究

（一）研究概况

北京中医药大学承担科技部国家科技重大专项子课题“甘草、知母、益母草、北沙参种子质量标准研究”，开展了益母草种子繁育技术研究，制定了益母草道地药材种子繁育技术规程。

（二）益母草种子繁育技术规程

1. 选地与整地

1.1 选地　益母草对土壤要求虽不严，但仍以肥沃、排水良好、又能保水耐旱、pH值6～8的中性土壤为好。

1.2 整地　于播种前深翻25～30cm，亩施腐熟堆肥或厩肥15000～2000kg，翻入土中，耙细整平，平地作畦。条播者整畦，穴播者可不整畦，坡地可不开畦。因地制宜开好排水沟，以利排水。

2. 种植

2.1 播种时间　早熟益母草春播，夏播，秋播均可，冬性益母草必须于秋季9～10月播种。春性益母草秋播与冬性益母草相同，春播于2月下旬至3月下旬进行，夏播为6月下旬至7月下旬进行。春播者15～20天出苗，夏播者5～10天即可出苗，秋播者15天左右出苗，在海拔1000m以下的地区，可一年两熟，即秋、春播种者于6～7月收获，随即整地播种，于当年10～11月收获。

2.2 播种方式　播种前将益母草种子用细土拌匀，再适量用人畜粪水拌湿，以便播种。撒播、条播、点播均可，因撒播难于管理，生产上多以点播和条播为主。

3. 田间管理

3.1 间苗、补苗　苗高5cm开始间苗，后续间苗2～3次，至苗高15～20cm时定苗，间苗时若发现缺苗，要及时移栽补植。

3.2 中耕　除草　春播者中耕除草2～3次，中耕宜浅，夏播者按植株生长情况适时进行，秋播者中耕除草3～4次，第一次在12月前后间苗时进行，第二年视杂草及苗生长情况进行。

3.3 追肥　一般追肥结合中耕除草进行，肥料以氮肥为主，用尿素、硝酸铵、人畜粪尿均可，水稀释后施用，幼苗期可适量减少尿素用量或不施用，以免“烧苗”。

3.4 排灌　天旱应及时浇灌，以免干旱苗枯，同时雨后应及时疏沟排水，以免地面积水，使植株溺死或黄化。

4. 病虫害防治

贯彻“预防为主，综合防治”的植保方针。以农业防治为基础，提倡生物防治和物理防治，科学应用化学防治技术的原则。益母草具有较强的抗性，生长期极少有病虫害发生，一般在苗期做好预防斜纹夜蛾、蚜虫（秋、冬季）、地老虎等的危害工作即可，原则上以施用生物源农药为主。参考农药合理使用准则（GB 8321）规定。主要病虫害及防治方法参见表53-11。

表53-11　益母草主要病虫害及防治方法

种类	受害部位及症状	防治方法
白粉病	叶片变黄褪绿，并生有白色粉状物，重者可致叶片枯萎	用 25% 粉锈宁可湿性粉剂1000倍液喷雾。除治白粉病应赶早期，发生初期要防治一次，病发旺期连续防治2～3次
锈病	叶背出现赤褐色突起，叶面生有黄色斑点，导致全叶卷缩枯萎脱落	发病初期喷洒300～400倍液敌锈纳或0.2～0.3波美度石硫合剂，以后每隔7～10天，再连续喷2～3次
菌核病	基部出现白色斑点，继而皮层腐烂，病部有白色丝绢状菌丝。幼苗染病时，患部腐烂死亡，若在抽茎期染病，则表皮脱落，内部呈纤维状直至植株死亡	在选地时坚持水旱地轮作，以跟禾本作物轮作为宜；在发现病毒侵蚀时，及时铲除病土，并撒生石灰粉，同时用70%甲基托布津可湿性粉剂或40%菌核净可湿性粉剂1500倍液防治
蚜虫	主要危害植株的叶片、嫩茎，使叶片皱缩、卷曲、畸形，严重时引起枝叶枯萎甚至整株死亡	适时播种，避开害虫生长期，减轻蚜虫危害；发生虫害后，用烟草石灰水 (1:1:10) 溶液，或断虱净2000～300倍液，或1.8%阿维菌素3000～4000倍液喷杀
斜纹夜蛾	在苗期初孵幼虫群栖叶背取食叶肉，3龄后取食嫩叶成孔洞	90%敌百虫晶体500~600倍液、40.7%乐斯本乳油1000~1500倍液等淋施或喷雾防治

5. 提纯复壮方法

5.1 设置隔离区　益母草为异花授粉，可能会发生物学混杂而出现不良个体，应设置一定的隔离区，品种间隔100 m为宜。

5.2 去杂除劣　益母草具有较强的抗性，生长期病虫害较少。结合间苗定苗除去病株、生长不良株和畸形株，选留各性状基本一致的优良单株。

5.3 单株选种　根据益母草生物学特征以及种子特征选择变异个体，如全草植株大，种粒饱满等，单独脱粒保存。

参考文献

[1] 国家中医药管理局中华本草编委会. 中华本草：19卷 [M]. 上海：上海科学技术出版社，1999：62.

[2] 胡璇，李卫东，李欧，等. 益母草种子质量分级标准研究 [J]. 种子，2011，30 (4)：83-85.

[3] 李卫东，王淞翰，于福来，等. 益母草种子发芽和生活力检验方法的研究 [J]. 中国现代中药，2010，12 (11)：15-16.

李卫东（北京中医药大学）

王文全（中国医学科学院药用植物研究所）

侯俊玲（北京中医药大学）

54 | 黄芩

一、黄芩概况

黄芩（*Scutellaria baicalensis* Georgi.）为唇形科多年生草本植物，以其干燥根入药，为常用的大宗中药材，始载于《神农本草经》，列为中品。主产于内蒙古、河北、陕西、山东、辽宁、黑龙江等省（区），尤以河北北部产者为道地，俗称“热河黄芩”。其性寒，味苦；归肺、胆、胃、大肠经；具有清热解毒、止血、安胎等功效。用于治疗湿温、黄疸、泻痢、热淋、高热烦渴、肺热咳嗽、血热吐衄、痈肿疮毒、胎热不安等病症。现代研究证明，黄芩中黄芩苷、汉黄芩苷、黄芩素、汉黄芩素、千层纸素A等黄酮类成分是其主要活性成分，具有抗炎、抗菌、抗氧化、抗过敏、抗肿瘤、心血管保护、镇痛、保肝和抑制艾滋病毒HIV-RT等药理作用。

作为我国常用大宗药材，黄芩已被广泛应用于临床，根据《全国中成药产品目录》第一部的统计资料，66种蜜丸有45种用黄芩；64种片剂有46种用黄芩；36种水丸有25种用黄芩。由于临床对黄芩药材需求越来越大，供不应求现象越来越突出，人工种植黄芩的地区和面积亦不断增大，药材种质混杂、品质退化等问题也日益显现。中药材种子的优劣直接关系到药材品质和产量，对药材疗效的稳定性产生很大影响，而对黄芩种子严格分级，人工淘汰一些带病的、畸形的、弱小的种子是人工选择黄芩种子的重要环节，因此建立黄芩道地药材种子质量标准有着十分重要的作用。

二、黄芩种子质量标准研究

（一）研究概况

黄芩种子质量分级标准已有相关研究。孙志蓉等根据种子大小进行分级，通过测定不同粒径级别的黄芩种子净度、千粒重、含水量、发芽率和发芽势等，观察种子的外部特征，初步制定了黄芩种子的质量分级标准。李小丽等收集不同种源的黄芩种子，通过测定发芽率、发芽势、千粒重等，评价不同种源黄芩种子的质量；刘艳秋等通过对种子千粒重、含水量、发芽率、生活力和净度的测量，建立黄芩种子质量检验方法；张志梅等通过比较前处理方法、发芽床、温度对黄芩种子萌发的影响，确定了黄芩种子发芽的适宜条件。

（二）研究内容

1. 研究材料

2007年7～9月分别收集黄芩主产区种子27份（表54-1）进行试验。

2. 扦样方法

先用特制的扦样器如单管扦样器或羊角扦样器，在样品采集袋的不同部位均匀取样。将取样器槽口向下插入袋内，然后旋转180°，使槽口向上，抽出取样器。

然后采用“四分法”分取试验样品，步骤如下：① 把黄芩种子分别均匀地倒在干净光滑的白纸板上。② 将种子充分混匀。③ 将样品种子倒在光滑的平面上，用分样板将样品先纵向混合，再横向混合，重复混合4～5次，然后将种子摊平成四方形，用分样板画2条对角线，使样品分成4个三角形，再取2个对顶三角形内的样品继续按上述方法分取，直到2个三角形内的样品接近2份试验样品的重量为止。

表54-1　黄芩种子的收集

序号	产地	来源	序号	产地	来源
1	山西省	药材产地采集	15	甘肃省陇西县	药材产地采集
2	山东省莒县	药材产地采集	16	甘肃省陇西县	药材产地采集
3	山东省莒县	药材产地采集	17	甘肃省陇西县	药材产地采集
4	山东省沂水县	药材产地采集	18	甘肃省临洮县	药材产地采集
5	山东省沂水县	药材产地采集	19	甘肃省临洮县	药材产地采集
6	山东省沂水县	药材产地采集	20	甘肃省渭源县	药材产地采集
7	山东省沂水县	药材产地采集	21	甘肃省渭源县	药材产地采集
8	河北省安国市	药材市场购买	22	甘肃省渭源县	药材产地采集
9	河北省安国市	药材市场购买	23	陕西省	药材产地采集
10	河北省安国市	药材市场购买	24	内蒙古赤峰市	药材产地采集
11	河北省张家口市	药材产地采集	25	辽宁省	药材产地采集
12	河北省唐山市	药材产地采集	26	吉林省	药材产地采集
13	河北省石家庄市	药材产地采集	27	黑龙江省	药材产地采集
14	甘肃省陇西县	药材市场购买			

3. 种子净度分析

黄芩种子净度分析中，送检样品的最小重量为5g（至少含有2500粒种子）。送检样品的重量应超过净度分析量的10倍以上，至少50g。

种子净度是指样品中去掉杂质和废种子后，留下的好种子的质量占样品总质量的百分率，种子净度应区分好种子、废种子、有生命及无生命杂质。种子净度是衡量种子品质的一项重要指标，优良的种子应该洁净，不含任何杂质和其他废品。为了求得正确净度，应进行2～3次重复测定，取其平均值。

不同产地的黄芩种子的净度存在较大的差异（表54-2），黑龙江的净度仅为67.81%，而内蒙古的则可达96.44%。同一产地的黄芩种子，其净度也存在很大差异，这是由于黄芩种子粒径较小，与其中的杂质和杂种子难以混合均匀，测定时会存在较大误差，所以要求种子鉴定工作的扦样步骤必须保证均匀度。

表54-2　黄芩不同品种的净度测量

采集地	试样数	总重（g）	净种子（g）	杂质（g）	净度（%）
黑龙江	9	4.66±1.44	3.13±0.85	1.52±0.61	67.81±4.06
内蒙古	9	3.82±1.06	3.67±1.03	0.14±0.03	96.44±0.24

4. 真实性鉴定

（1）种子外观形态观察　黄芩种子小，坚果，三棱状椭圆形，长1.8～2.4mm，宽1.1～1.6mm，表面黑色，粗糙，解剖镜下可见密被小尖突。背面隆起，两侧面各具一斜沟，相交于腹棱果脐处，果腹位于腹面棱角中上部，污白色圆点状，果皮与种皮较难分离，内含种子1枚。种子椭圆形，表面淡棕色，腹面卧生一锥形隆起，其上端具一棕色点状种脐，种脊短线形，棕色。胚弯曲，白色，含油分，胚根略为圆锥状，子叶2枚，肥厚，椭圆形，背倚于胚根（图54-1、图54-2）。

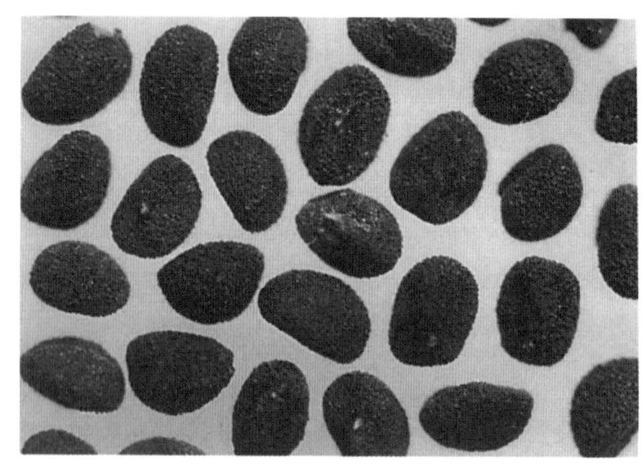

图54-1　黄芩种子

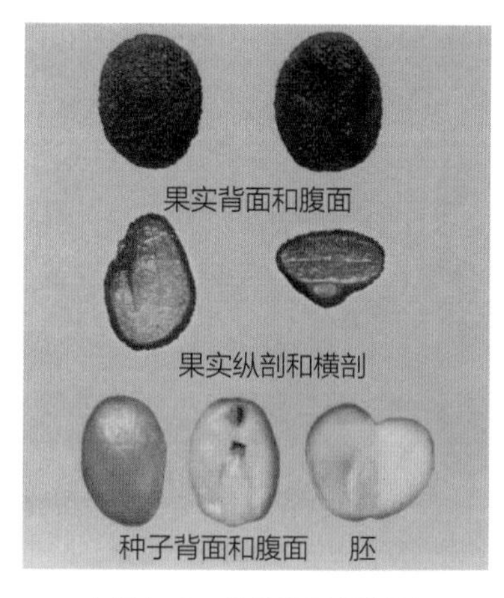

图54-2　黄芩种子解剖图

（2）扫描电镜观察结果　卵球形，黑褐色，长径1.98～2.46mm，短径1.20～1.80mm，厚1.28～1.98mm，表面具瘤状突起，腹面中部具一种脐。电镜下放大4×10^3倍观察，黄芩种子瘤状突起表面还具有均匀的乳头状次级突起，次级突起基部膨大，顶端具短尖，长约3μm，次级突起表面具不规则的网状纹理。

（3）种皮组织结构观察结果（石蜡切片横切片）　最外侧为一列切向延长的细胞，外壁增厚，外被角质层，角质层呈乳头状；其内为1～2列多角形细胞；最内层为颓废细胞层；胞腔内具棕色色素团块。

5. 重量测定

分别考察百粒法、五百粒法。具体设计如下：① 百粒法，随机从净种子中数取100粒，重复8次，分别记录百粒重，计算标准差及变异系数；② 五百粒法，随机从净种子中数取500粒，重复3次，分别记录五百粒重，计算重复间差数及差数和平均数之比。

表54-3　不同品种黄芩种子千粒重的测量

试样名称	试样数	千粒重
黑龙江	9	2.14±0.08
内蒙古	9	1.95±0.06

在标准含水量条件下，同种种子的千粒重能反映出种子的内在质量（表54-3）。千粒重大的种子通常具

有充实、饱满、均匀等优良特性，在田间往往表现为出苗率高、幼苗生长健壮、产量高。所以，千粒重是评价黄芩种子质量的重要指标。

6. 水分测定

采用三个产地的黄芩进行105℃恒温法的测定，每个产地重复3次。采用20小时，(105±2)℃低恒温烘干，结果见表54-4。

表54-4 105℃恒温法对黄芩种子水分含量(%)的影响

产地	试样数	盒重(g)	烘前重(g)	烘后重(g)	含水重(%)
黑龙江	9	17.18±1.72	21.44±1.06	21.06±1.04	1.76±0.14
内蒙古	9	16.88±1.11	20.55±1.35	20.27±1.33	1.35±0.11

7. 发芽试验

(1)种子的前处理　设吸胀和不吸胀2个处理，吸胀处理10小时，1%的次氯酸钠浸泡10分钟，纸上发芽法，25℃培养，重复3次，每次重复100粒。

由表54-5可以看出，吸胀后种子发芽率提高了20%，显著高于不吸胀处理，说明吸胀处理能提高种子发芽率，但吸胀处理和不吸胀处理的种子发芽势差异不显著，吸胀处理的发芽指数稍高于不吸胀处理。

表54-5 前处理对黄芩种子萌发的影响

处理	发芽率(%)	发芽势(%)	发芽指数
不吸胀	65.3[a]	18.8[a]	29.55[a]
吸胀	85.3[b]	18.0[a]	33.70[b]

(2)发芽床的选择　试验前吸胀3小时，1%的次氯酸钠浸泡10分钟后，筛选纸上(TP)、纸间(BP)、沙上(TS)、沙间(S)4种发芽床，每种发芽床设重复3次，每次重复100粒，25℃培养。

从表54-6可以看出，黄芩种子在纸上(TP)发芽床和纸间(BP)发芽床上的发芽率远高于沙上(TS)和沙间(S)，分别为78.6%和77.3%，差异显著，但纸上发芽床和纸间发芽床的发芽率差异不显著，沙间发芽床发芽率最低，仅为37.3%。从操作方便程度上考虑，建议采用纸上发芽床。

表54-6 发芽床对黄芩种子萌发的影响

处理	纸上(TP)	纸间(BP)	沙上(TS)	沙间(S)
发芽率(%)	78.6[c]	77.3[c]	66.0[b]	37.3[a]

(3)发芽温度的选择　设15、20、25、30℃4个恒温处理，采用纸上发芽法，重复3次，每次重复100粒。

以滤纸为发芽床，不同温度下黄芩种子发芽率差异显著。其中25℃恒温处理黄芩种子发芽率最高，达到85.3%；15℃处理发芽率最低，仅为15.3%；同时20℃处理黄芩种子的发芽率高于30℃处理种子的发芽率，因此25℃有利于黄芩种子萌发(表54-7)。

表54-7　温度对黄芩种子萌发的影响

处理/℃	15	20	25	30
发芽率/%	15.3[a]	73.3[b]	85.3[c]	66[b]

8. 生活力测定

BTB染色法：使用该方法测定黄芩种子时，BTB琼脂制作麻烦、冷凝时间快，并且不变观察，规律性不强。不能够准确反映种子的生活力状况。

四氮唑测定法：具有原理可靠、结果准确、不受休眠限制、方法简便、省时快速、成本低廉等特点，但它只能用于估测种子的潜在发芽能力而不能完全取代发芽试验。黄芩种子的发芽率最终还必须按照检验规程测定的试验方法来获得真实结果，尤其对于法定检验机构来说更应以实际检验结果为依据，测定方法如下。

（1）预湿处理和种子胚的暴露方法　① 预湿处理：将种子在室温下直接泡于自来水中。黄芩种子如果时间浸泡太长，组织会腐烂，故预湿时间为12小时。② 种子胚的暴露方法：黄芩则纵向1/2处切成两半。

（2）染色时间、浓度和温度　采用3因素3水平$L_9(3^4)$的正交试验设计。四唑染色时间为1、3、5小时，浓度设0.2%、0.4%、0.6%，培养温度为25、30、35℃。每个处理400粒种子，重复4次，每重复100粒种子。染色结束后，沥去溶液，用清水冲洗3次，将裸种子摆在培养皿中，逐一检查，子叶和胚完全染成红色的表示有生活力的种子。

根据黄芩种子染色情况与染色的时间、浓度、温度之间的关系，筛选黄芩最佳种子生活力检测的染色条件。

（3）染色鉴定标准的建立　有生活力黄芩种子的染色情况：① 胚完全着色；② 子叶远胚根端≤1/3不染色，其余部分完全染色。不满足以上条件的均为无生活力种子。

9. 种子健康检验

（1）直接法　从3份样本中随机取100粒种子，重复3次，用放大镜逐粒观察，挑选出虫害种子，分别计数。经观察黄芩种子并没有明显病虫害情况。

（2）间接培养法　① 种子外部带菌：采用针对种子寄藏真菌检测的普通滤纸培养法、PDA平板检验培养法进行黄芩种子的外部带菌健康检测，挑选出适合黄芩种子外部检测健康检测的最佳方法，其检测方法如下：

从黄芩种子中各选取一份表面不消毒种子100粒，放入100ml锥形瓶中，加入50ml无菌水充分振荡，吸取悬浮液1ml，以2000r/min转速离心10分钟，弃上清液，再加入1ml无菌水充分震荡、悬浮。

吸取震荡、悬浮后的带菌液100μl均匀加到已润湿的滤纸（三层）以及PDA培养皿上，以打开皿盖保持和摆放种子基本相等时间的未接种种子的3层润湿滤纸和PDA培养皿，作为该检测方法的空白对照。

接种后的培养皿连同对照一起在25℃恒温箱中黑暗培养7天，观察记录种子带菌情况，计算带菌率。

② 种子内部带菌：采用针对种子寄藏真菌检测的普通滤纸培养法、PDA平板检验培养法进行黄芩种子的内部带菌健康检测，挑选出适合黄芩种子内部带菌健康检测的最佳方法，其检测方法如下：

从黄芩种子中各选取一份表面消毒的种子100粒（1%次氯酸钠溶液表面消毒10分钟，灭菌水漂洗4次）。在超净工作台上直接将处理好的黄芩种子用镊子均匀摆放和滤纸和PDA培养皿中，每皿25粒，共4个重复，以打开皿盖保持和摆放种子基本相等时间的未接种种子的滤纸和PDA培养基作为该检测方法的空白对照。在25℃温箱中恒温箱黑暗培养7天后取出进行观察检测。

③ 黄芩种子带菌率：观察滤纸培养皿和PDA培养皿中黄芩种子是否出现带菌情况，记录种子带菌情况，确定适合黄芩种子内、外部带菌健康检测的最佳方法。

10. 种子质量对药材生产的影响

选取不同等级黄芩种子进行田间比较试验，研究不同等级种子、种苗与药材的生长发育、药材产量与品质（形态、外观、色泽、质地和有效成分含量等）之间的关系。

对已经分级的种子进行田间试验，试验地点设在河北省承德市滦平县安纯沟门乡上瓦房村黄芩GAP 种植试验田基地。采用随机区组排列方式进行小区试验，播种时每级重复4次，共12个小区，每个小区长5m，宽2m，面积10m^2。小区内条播12行，行距约40cm，播种时间为2010年5月。同年10月中旬采挖根部，去掉残茎、杂草及泥土杂质。在每一小区随机抽取植株30个，分别测定其茎粗、株高和根部的长度、直径等各项形态指标并称根部鲜重，以30个植株的平均值进行统计。然后在40℃条件下进行烘干，干燥后的植株根部用粉碎机粉碎，对黄芩苷、黄芩素、汉黄芩素成分进行含量测定，以外标一点法计算黄芩苷、黄芩素、汉黄芩素含量，并对数据采用SPSS 16.0进行分析，结果见表54-8。

表54-8　栽培黄芩性状与根鲜重及含量的差异

种子级别	株高（cm）	茎粗（mm）	根长（cm）	近芦（mm）	根梢（mm）	鲜重（g）	黄芩苷（mg/g）	黄芩素（mg/g）	汉黄芩素（mg/g）
1级（a）	29.90	2.20	18.60	6.72	1.80	3.77	111.92	4.51	1.91
1级（b）	27.88	1.84	19.48	5.87	1.80	3.32	113.80	3.81	1.63
1级（c）	27.30	1.91	18.78	6.44	1.52	3.18	110.47	3.90	1.93
1级（d）	29.23	2.15	18.97	6.97	2.09	4.53	113.33	2.83	1.29
1级平均值	28.58	2.03	18.96	6.50	1.80	3.70	112.38	3.76	1.69
2级（a）	29.30	1.93	19.92	6.23	1.59	3.03	111.15	4.82	1.68
2级（b）	29.71	1.57	19.73	5.43	1.29	2.34	100.33	7.14	2.95
2级（c）	26.37	1.72	19.61	5.88	1.71	2.72	118.26	2.69	1.50
2级（d）	23.47	1.55	18.01	5.68	1.44	2.22	100.42	6.06	2.79
2级平均值	27.21	1.69	19.32	5.80	1.51	2.58	107.54	5.18	2.23
3级（a）	26.86	2.01	20.43	6.54	1.69	3.86	114.99	5.88	2.40
3级（b）	27.70	1.92	21.26	6.04	1.34	2.98	105.73	5.35	2.37
3级（c）	27.39	1.85	20.65	6.16	1.51	2.83	109.99	5.55	2.39
3级（d）	28.38	1.70	19.36	5.74	1.49	2.70	101.59	3.93	2.09
3级平均值	27.58	1.87	20.42	6.12	1.51	3.09	108.07	5.18	2.32

注：a、b、c、d分别表示同级种子4次重复不同种植小区代码。

由表54-8可以看出，一年生的栽培黄芩根中黄芩苷平均含量为10.93%，黄芩素平均含量为0.47%，汉黄芩素平均含量为0.21%，其一年生的栽培黄芩黄芩苷含量均符合《中国药典》（2015年版）标准。2级种子发芽率最高，但根鲜重、有效成分含量及其他主要生物性状均未达到最高；而千粒重最重的1级种子，其根鲜重、有效成分含量及其他主要生物性状也不全为最高。这一现象说明不同级别的黄芩种子质量与其性状、根鲜重及有效成分含量等不呈现显著相关性。至于黄芩植株主要生物性状对单株根重以及有效成分含量的影响，有待进一步分析和统计。

三、黄芩种子标准草案

1. 范围

本标准规定了黄芩种子术语和定义、分级要求、检验方法、检验规则、包装、运输及贮存等。

本标准适用于黄芩种子生产者、经营管理者和使用者在种子采收、调运、播种、贮藏以及国内外贸易时所进行种子质量分级。

2. 规范性引用文件

下列文件中的条款通过本标准的引用而成为本标准的条款。凡是注明日期的引用文件，其随后所有的修改单（不包括勘误的内容）或修订版不适用于本标准。然而，鼓励根据本标准达成协议的各方研究可使用这些文件的最新版本。凡是不注明日期的引用文件，其最新版本适用于本标准。

GB/T 3543.2—1995　农作物种子检验规程　扦样

GB/T 3543.3—1995　农作物种子检验规程　净度分析

3. 术语和定义

3.1 黄芩种子　为唇形科（Lamiaceae）黄芩属植物黄芩（*Scutellaria baicalensis* Georgi.）的种子。

3.2 扦样　从大量的种子中，随机取得一个重量适当，有代表性的供检样品。

3.3 种子生活力　指种子的发芽潜在能力和种胚所具有的生命力，通常是指一批种子中具有生命力（即活的）种子数占种子总数的百分率。

3.4 种子健康度　指种子是否携带病原菌，如真菌、细菌、病毒，以及害虫等。

4. 要求

4.1 基本要求

4.1.1 外观要求：种子椭圆形，表面淡棕色，外形完整、饱满。

4.1.2 检疫要求：无检疫性病虫害。

4.2 质量要求　依据种子发芽率、净度、千粒重、含水量等指标进行分等，质量分级符合表54-9的规定。

表54-9　黄芩种子质量分级标准

等级	净度（%）	含水量（%）	发芽率（%）	千粒重（g）
1级	≥95%	≤10%	≥75%	≥1.80
2级	≥95%	≤10%	≥65%	≥1.65
3级	<95%	>10%	<65%	<1.65

5. 检验方法

5.1 外观检验　根据质量要求目测种子的外形、色泽、饱满度。

5.2 扦样　按GB/T 3543.2—1995《农作物种子检验规程　扦样》执行。

5.3 真实性鉴定　采用种子外观形态法，通过对种子形态、大小、表面特征和种子颜色进行鉴定。鉴别依据如下：小坚果三棱状椭圆形，长1.8～2.4mm，宽1.1～1.6mm，表面黑色，粗糙，解剖镜下可见密被小尖突。背面隆起，两侧面各具一斜沟，相交于腹棱果脐处，果腹位于腹面棱角中上部，污白色圆点状，果皮与种皮较难分离，内含种子1枚。种子椭圆形，表面淡棕色，腹面卧生一锥形隆起，其上端具一棕色点状种脐，种脊短线形，棕色。胚弯曲，白色，含油分，胚根略为圆锥状，子叶2枚，肥厚，椭圆形，背倚于胚根。

5.4 净度分析　按GB/T 3543.3—1995《农作物种子检验规程　净度分析》执行。

5.5 发芽试验　① 取净种子100粒，重复4次。② 黄芩净种子在水中浸泡12小时，1%的次氯酸钠浸泡10分钟，用水冲洗干净。③ 把种子均匀排放在玻璃培养皿（12.5cm）的双层滤纸。置于光照培养箱中，在25℃、12小时光照条件下培养。④ 正常幼苗与不正常幼苗鉴别。⑤ 记录从培养开始的第4～14天黄芩种子发芽数，并计算发芽率。

5.6 水分测定　按GB/T 3543.6—1995 农作物种子检验规程水分测定执行。

5.7 重量测定　按GB/T 3543.7—1995 农作物种子检验规程其他项目检验第三篇重量测定执行。

5.8 生活力测定　① 从试样中数取种子100粒，重复4次。② 种子在常温下用蒸馏水中浸泡12小时。③ 沿种子纵向1/2处切成两半。④ 将种子置于0.6%四唑（TTC）溶液中，在30℃恒温箱内染色。⑤ 染色5小时后取出，迅速用自来水冲洗，至洗出的溶液为无色。⑥ 根据种子染色情况，记录有活力及无活力种子数量，并计算生活力。

5.9 健康检测　采用间接培养法，方法与步骤如下。

5.9.1 种子外部带菌检测：每份样品随机选取100粒种子，放入100ml锥形瓶中，加入50ml无菌水充分振荡，吸取悬浮液1ml，以2000r/min的转速离心10分钟，弃上清液，再加入1ml无菌水充分震荡、浮载后吸取100μl加到直径为9cm的PDA平板上，涂匀，重复4次，以无菌水为空白对照。放入25℃温箱中黑暗条件下培养7天后观察，记录种子外部带菌种类和分离比例。

5.9.2 种子内部带菌检测：将每份样品用清水浸泡30分钟，再在1% NaClO溶液中浸泡10分钟，用无菌水冲洗3遍后，将种子均匀摆放在PDA平板上，每皿摆放25粒，重复4次。在25℃温箱中黑暗条件下培养7天后取出进行观察检测，记录种子带菌情况、不同部位的真菌种类和分离频率。

5.9.3 种子带菌鉴定：将分离到的真菌分别进行纯化、镜检和转管保存。根据真菌培养性状和形态特征进行鉴定。

6. 检验规则

6.1 组批　同一批黄芩种子为一个检验批次。

6.2 抽样　种子批的最大重量5000kg，送检样品50g，净度分析5g。

6.3 交收检验　每批种子交收前，种子质量由供需双方共同委托种子质量检验技术部门或获得该部门授权的其他单位检验，并由该部门签发黄芩种子质量检验证书。

6.4 判定规则　按黄芩种子质量分级标准的要求对种子进行评判。同一批检验的一级种子中，允许5%的种子低于一级标准，但必须达到二级标准，超此范围，则为二级种子；同一批检验的二级种子，允许5%的种子低于二级标准，则为三级种子；同一批检验的三级种子，允许5%的种子低于三级标准，超此范围则判为等外品。

6.5 复检　供需双方对质量要求判定有异议时，应进行复检，并以复检结果为准。

7. 包装、标识、贮存和运输

7.1 包装　用透气的麻袋、编织袋包装，每个包装不超过50kg，包装外附有种子标签以便识别。

7.2 标识　销售的袋装黄芩种子应当附有标签。每批种子应挂有标签，标明种子的产地、重量、净度、发芽率、含水量、质量等级、植物检疫证书编号、生产日期、生产者或经营者名称、地址等。

7.3 运输　禁止与有害、有毒或其他可造成污染物品混贮、混运，严防潮湿。车辆运输时应有苫布盖严，船舶运输时应有下垫物。

7.4 贮存　种子贮藏是种子保存的关键，长时间储藏降低种子发芽率，建议生产上最好用新种子，而不用陈种子。

四、黄芩种子繁育技术规程

北京中医药大学结合多年黄芩相关基础研究，研究并制定了黄芩道地药材种子繁育技术规程。

1. 选地与整地

1.1 选地　黄芩喜温暖凉爽气候，耐严寒，耐旱，耐瘠，成年植株地下部分可忍受低温至-30℃。阳光充足，土层深厚、肥沃的中性或微碱性壤土或沙质壤土栽培为宜。忌连作。

1.2 整地　选地后，当年秋季10～11月清除地内杂草及地表石块，打碎土块（山地丘陵可人工用镐刨或用锨挖；平地也可借助犁铧整地），深翻应达到20cm以上，利于底层土壤上翻杀死越冬虫害并进一步风化土壤；翌年土壤解冻后平整土地，要求地面平整，不能有大的坡度，防止雨季积水。

2. 播种

选择籽粒饱满、色泽鲜明且具有优良特征、发芽率高、发芽势强的种子作为播种用种子。种子繁殖方式有两种，即春播和秋播。黄芩对生长季节要求不严，春夏秋均可播种，在有灌溉的条件下，以地下5cm地温稳定到15℃以上时播种较好。春季5月中旬，在株行距为15cm×25cm的田间以10千克/亩的播种量进行播种。黄芩在平地采用穴播方式，播种以覆土2.4cm最好，1.2cm次之。

3. 田间管理

3.1 间苗　在5～6月份进行间苗，待黄芩苗高8～10cm时行进，同时拔除田间杂草。除去生长过密的幼苗并拔除田间杂草，按定苗规定的距离（株距在25cm）拔除幼苗，补苗在定苗后出现距离过大的块方进行移栽补苗，要求将拔出的杂草和幼苗带出田外，田内保持清洁。

3.2 中耕除草　一年生黄芩除草3～5次，二年生黄芩除草2～3次。垄内采用人工或用锄除草，黄芩周边草人工用手拔除。一年生黄芩，第1次、2次幼苗期结合间、定苗进行除草，第3次苗高20cm左右时除草，第4次封垄前，第5次是在杂草种子成熟前；二年生黄芩及多年生黄芩，第1次是早春苗高15cm以前，第2次封垄前，第3次是在杂草的种子成熟前。

3.3 追肥　封垄后至开花期（6月中下旬至8月初），施用Ca、Fe、Zn3种微量元素配比为2：4：2的肥料，常量66.7千克/亩。在垄沟内开沟，将配制好的肥料均匀撒于沟内，覆土盖好肥料。

3.4 排灌　黄芩种子田灌溉主要是在黄芩播种期、幼苗期、现蕾期保证土壤水分充足及种子田施肥后，其他时期根据土壤墒情确定是否需要灌溉。排水主要是由种植生产人员在每次大雨过后立即巡视所有生产田地，必要时进行排水。黄芩种子田灌溉主要以喷灌的形式进行灌溉。在地势低洼、易积水地块以人工挖排水沟进行排水，排水要彻底，不能留有积水，防止烂根。

4. 病虫害防治

贯彻“预防为主，综合防治”的植保方针，以农业防治为基础，提倡生物防治和物理防治，科学应用化学防治技术的原则。黄芩病虫害种类较多，原则上以施用生物源农药为主。参考《农药合理使用准则》（GB 8321）规定。主要病虫害及防治方法参见表54-10。病害主要有叶枯病，可定期清洁田园，发病初期喷洒

1∶1∶200波尔多液或用50%多菌灵1000倍液防治。防治根腐病，应注意排水，实行轮作。主要的虫害有黄芩舞蛾，可采用90%敌百虫进行防治。

表54-10　黄芩主要病虫害及防治方法

种类	受害部位及症状	防治方法
根腐病	栽植2年以上者易发病，往往根部呈现黑褐色病斑以致腐烂，全株枯死	雨季注意排水，除草、中耕加强苗间通风透光，实行轮作；50%甲基托布津1000倍液浇灌病株
叶枯病	主要危害叶部。一般6月初发病。发病初期，从叶尖或叶缘发生不规则的黑褐色病斑，逐渐向内延伸，由点扩散成片，并使叶片干枯，严重时叶片脱落，植株枯死。高温多雨季节发病严重。初为点片发生，如不及时防治可蔓延至全田	定期清洁田园，生育期田间少量植株发病时，可挖除病株烧掉，病穴用石灰消毒，发病初期喷洒1∶1∶200波尔多液或用50%多菌灵可湿性粉剂1000倍液喷洒防治，每隔7～10天喷1次，连喷2～3次
白粉病	主要侵染叶片。叶的两面生白色粉状病斑，像撒上一层白粉一样，病斑汇合而布满整个叶片，最后病斑上散生黑色小粒点。田间湿度大时易发病。一般7月份发生	加强田间管理，注意田间通风透光。发病初期可用50%代森铵或50%多菌灵800～1000倍液或70%甲基托布津800～1000倍液或25%的粉锈宁500倍液喷施防治
地老虎	幼虫多在地下活动，咬食植物根系或地下部分茎，对生产危害极大。其中，尤其以小地老虎最为突出	轻度发生时，可于清晨日出前，在被害植株处扒开土壤，进行人工捕杀；重度发生时，可用50%辛硫磷乳油700倍液，浇灌根系周围土壤；成虫发生时，于夜间采用灯火诱杀
黄芩舞蛾	黄芩的主要害虫，以幼虫在叶背作薄丝巢，虫体在丝巢内取食叶肉，仅留上表皮	用90%敌百虫800倍液或40%乐果乳油1000倍液喷雾防治，每7～10天1次，连续喷2～3次；造桥虫用20%速灭杀丁3000倍液或80%敌敌畏1000倍液喷施1～2次

5. 提纯复壮方法

5.1 设置隔离区　黄芩为异花授粉，应设置一定的隔离区。种子繁育田与药材生产田之间隔离距离100m以上，并种植高大作物，如玉米、高粱等。

5.2 去杂除劣　在黄芩整个生育期内进行2次去杂除劣。第一年结合定苗除去病株、生长不良株和畸形株，选留各性状基本一致的优良单株。第2次为种子采收前，根据成熟度选留饱满籽粒，混合收种，集中脱粒保存。

5.3 单株选种　根据籽粒特征，选择变异个体，如籽粒特别大、饱满的种子等，单独脱粒保存。

参考文献

[1] 孙志蓉，阎永红，武继红，等. 黄芩种子分级标准的研究［A］. 中国中西医结合学会中药专业委员会. 2007年中华中医药学会第八届中药鉴定学术研讨会、2007年中国中西医结合学会中药专业委员会全国中药学术研讨会论文集［C］. 中国中西医结合学会中药专业委员会，2007：2.

[2] 李小丽，韩志斌，宋国虎，等. 不同种源黄芩种子质量研究［A］. 中国自然资源学会天然药物资源专业委员会（The Society of Natural Medicinal Material Resources CSNR）：2010：3.

[3] 刘艳秋. 黄芩种子质量标准的研究［J］. 科技信息（学术研究），2008，36：372-374.

[4] 张志梅，周应群，曹海禄，等. 黄芩种子的发芽条件研究［J］. 中国现代中药，2011，2：23-24.

[5] 于晶，陈君，朱兴华，等. 不同产地黄芩种子质量及物候期研究［J］. 中药研究与信息，2004，10：17-19.

[6] 肖苏萍，曹海禄，张志梅，等. 黄芩种子质量与黄芩药材产量、质量关系的探讨 [J]. 中国现代中药，2011，7：19-21.

[7] 蒋瑜，李磊，陈建江，等. 高效液相色谱法测定砷胁迫下栽培黄芩根中5个黄酮类成分含量 [J]. 药物分析杂志，2009，29 (12)，2047-2050.

魏胜利　侯俊玲（北京中医药大学）

王文全（中国医学科学院药用植物研究所）

55 黄芪（蒙古黄芪）

一、蒙古黄芪概况

蒙古黄芪为豆科（Leguminosae）黄芪属植物蒙古黄芪*Astragalus membranaceus*（Fisch.）Bge. var. *mongholicus*（Bge.）Hsiao的干燥根，为传统常用中药，其味甘，微温。归肺、脾经。具有补气升阳，固表止汗，利水消肿，生津养血，行滞通痹，托毒排脓，敛疮生肌等功效。用于治疗气虚乏力，食少便溏，中气下陷，久泻脱肛，便血崩漏，表虚自汗，气虚水肿，内热消渴，血虚萎黄，半身不遂，痹痛麻木，痈疽难溃，久溃不敛等病症。现代研究表明，蒙古黄芪主要含有黄芪多糖、黄芪皂苷和黄酮类成分；具有增强免疫系统功能、抗心肌缺血、双向调节血压、保护血管内皮细胞、保肝、抗肿瘤、清除自由基和抗衰老等作用。

蒙古黄芪分布范围北至大兴安岭南部山地的南端，南达山西中部的关帝山，西以黄河为界，最西达内蒙古的大青山西部，东至太行山北部和燕山山脉，为华北北部山地分布种。现道地产区主要为山西和内蒙古地区，分别为山西北部浑源、应县、繁峙、代县等地；内蒙古南部固阳、武川、乌兰察布市、鄂伦春旗、锡林郭勒盟、哲里木盟（通辽市）等地。

二、蒙古黄芪种子质量标准研究

（一）研究概况

蒙古黄芪种子质量分级标准已有相关研究。王栋、贾文秀等通过测定不同产地的蒙古黄芪种子净度、千粒重、含水量、发芽率、生活力，观察种子的外部特征，初步制定了蒙古黄芪种子的质量分级标准。山西农业大学省级大学生创业训练项目进行了“黄芪优质种源种质筛选及评价”研究，完成了《不同产地蒙古黄芪种子发芽率的比较研究》、《药用黄芪不同变异类型形态特征分析》、《蒙古黄芪种子发芽率影响因素的研究》等论文。

（二）研究内容

1. 研究材料

2011～2015年从甘肃陇西首阳、甘肃岷县、甘肃渭源会川镇、内蒙古赤峰市、内蒙古正蓝旗、山西浑源泽清岭和山西浑源西泥沟7个产地收集了蒙古黄芪的种子进行了种子发芽率等试验。王栋等从甘肃、山西等地收集了20份不同产地、不同年份的蒙古黄芪种子试验材料；贾文秀等从内蒙古、山西、陕西、山东等不同地区收集了17份蒙古黄芪种子，进行了蒙古黄芪种子质量标准研究。

2. 扦样方法

参照《农作物种子检验规程—扦样》（GB/T 3543.2—1995）进行扦样，种子批的最大重量按GB/T 3543.2—1995确定，每批种子最大重量不得超过10吨，净度分析最小重量20g，送验样品最小重量200g，容许差距为5%；若超过规定重量时，须另行划批，并分别给以批号。若小于或等于规定重量的1%时，称作小批种子。

分取试验样品采用“徒手减半法”：将种子均匀地铺在清洁的台纸上，使用平边刮板将样品先纵向混合，再横向混合，重复混合4～5次，充分混匀；把种子堆分成两半，每一半再对分一次，分离得到均匀的四部分，把其中的每一部分半分成八个部分，排成两行，每行四个部分。合并和保留交错部分，把留下各部分拿开，将上一步保留的部分，再重复步骤分样，直至分得所需样品的重量为止。

3. 种子净度分析

将每份试验样品按净种子、杂质分开，分别称重，以克（g）表示，计算净种子的百分率。甘肃陇西首阳、甘肃岷县、甘肃渭源会川镇、内蒙古赤峰市、内蒙古正蓝旗、山西浑源6份种子，净度均在90%以上。

4. 真实性鉴定

蒙古黄芪种子有褐色、黄褐色、黑色；形状有肾形、球状肾形和宽肾形；大小为长3.19～3.33mm，宽2.47～2.58mm，厚0.96～1.08mm；种皮带斑类型有3种，即点状斑，片状斑和无斑，这些特征可以作为蒙古黄芪种子与其他植物种子鉴别的主要形态特征。但是蒙古黄芪从种子形态、大小、颜色与膜荚黄芪非常相似，如果二者的种子在样品中混杂，则很难从种子外观形态上进行准确的鉴定，需采用幼苗形态来鉴定（图55-1）。

图55-1　蒙古黄芪种子

5. 重量测定

分别考察百粒法、五百粒法及千粒法，具体设计如下。① 百粒法：随机从净种子中数取100粒，重复8次，分别记录百粒重，计算标准差及变异系数。② 五百粒法：随机从净种子中数取500粒，重复3次，分别记录五百粒重，计算标准差及变异系数。千粒法：随机从净种子中数取1000粒，重复2次，分别记录千粒重，计算标准差及变异系数。通过百粒法、五百粒法、千粒法测定蒙古黄芪种子千粒重的研究结果表明（表55-1），不同方法测定蒙古黄芪种子重量变异系数均小于4.0%。综合比较3种方法，百粒重法所需种子量较少，故选择百粒重法作为蒙古黄芪种子千粒重的测定方法。

表55-1　蒙古黄芪种子千粒重的方法考察

产地	百粒法			五百粒法			千粒法		
	千粒重（g）	标准差（g）	变异系数（%）	千粒重（g）	标准差（g）	变异系数（%）	千粒重（g）	标准差（g）	变异系数（%）
山西浑源	7.385	0.062	0.840	7.415	0.214	0.560	7.402	0.044	0.590
山西应县	7.933	0.136	1.710	7.859	0.194	2.470	7.929	0.062	0.780
甘肃文峰	6.272	0.123	1.960	6.272	0.214	1.420	6.192	0.118	1.910
甘肃宕昌	7.524	0.054	0.720	7.466	0.162	2.180	7.524	0.115	1.520
山西浑源泽清岭	10.850	0.052	0.480	11.04	0.12	1.090	10.87	0.056	0.520
山西浑源西泥沟	9.110	0.041	0.450	9.330	0.130	1.390	9.230	0.014	0.150
均值	8.179	0.078	1.030	8.230	0.173	1.520	8.191	0.068	0.910

6. 含水量测定

分别采用高恒温烘干法（130±2）℃和低恒温烘干法（105±2）℃进行测定。每个产地重复3次。

王栋等试验表明，蒙古黄芪种子用高恒温烘干法在1～3小时内迅速失水，5～6小时内无显著变化，且在4小时后种子含水量前后差异已达到试验要求。低恒温烘干法16小时后失水变化趋于平稳，在17～19小时内种子含水量无显著变化。综合4份蒙古黄芪种子含水量测定情况，高恒温烘干法选择烘干时间4小时为宜，低恒温烘干法选择烘干时间以16小时为宜（表55-2）。二者之间存在显著差异（$P<0.05$），可能是低恒温烘干法无法完全排出种子内的游离水。另外，鉴于低恒温烘干法所需时间较长，因此选择高恒温烘干4小时为蒙古黄芪种子含水量测定方法。

表55-2　两种烘干法对蒙古黄芪种子水分含量（%）的影响

烘干方法	不同产地蒙古黄芪种子含水量			
	山西浑源	山西应县	甘肃宕昌	甘肃文峰
高恒温烘干法	11.75 ± 0.13^a	10.98 ± 0.06^a	8.68 ± 0.14^a	9.09 ± 0.24^a
低恒温烘干法	11.50 ± 0.06^a	9.94 ± 0.04^b	8.23 ± 0.02^b	8.62 ± 0.09^a

7. 发芽试验

（1）发芽前处理　称取蒙古黄芪种子10g，用砂纸轻轻打磨至蒙古黄芪种子表面失去光泽，以破除种子硬实。

（2）发芽床的选择　根据蒙古黄芪种子特点，选择滤纸、纱布、沙床3种发芽床进行比较。每个处理重复3次，每次50粒种子。每12小时记录一次发芽数。

王栋等研究结果表明，沙床上蒙古黄芪种子发芽率较低，并且与滤纸床上和纱布床上发芽率达到显著水平（$P<0.05$），而滤纸床和纱布床上发芽率无显著差异（$P>0.05$）。在纱布床上，蒙古黄芪幼苗胚根深入纱布间隙，影响计数，鉴于滤纸床操作简单，观察清晰，选择滤纸床作为蒙古黄芪种子发芽床。

（3）发芽温度的选择　设20℃、25℃、30℃3个温度处理，每个处理3次重复，每次重复50粒种子。发芽床采用双层湿润滤纸，试验过程保持滤纸湿润，每12小时记录种子发芽数。不同发芽温度下，蒙古黄芪种子发芽率表现出一定的差异。通过比较不同产地蒙古黄芪种子在不同发芽温度下的发芽率和发芽势，王栋等试验结果表明，25℃、30℃蒙古黄芪种子发芽率和发芽势均较高，与20℃蒙古黄芪种子发芽率和发芽势达到显著水平（$P<0.05$），但25℃、30℃之间差异不显著（$P>0.05$）。当温度达到30℃时，种子易染霉菌，并且水分蒸发较快，故选择25℃作为蒙古黄芪种子发芽温度。

（4）发芽计数时间的确定　根据种子发芽情况，确定发芽开始和结束时间。以种子露白为发芽开始时间，每12小时记录1次发芽数，连续3次记录无萌发种子出现为发芽结束时间。蒙古黄芪种子以滤纸为发芽床的末次记数时间为72小时。

8. 生活力测定

（1）预湿处理和种子胚的暴露方法　取净种子，破除硬实，浸种吸涨，将吸涨的种子剥皮，置于TTC溶液中避光染色。

（2）染色时间、浓度和温度　采用3因素3水平$L_9(3^4)$的正交试验设计。TTC染色时间为1小时、3小时、5小时，TTC浓度设0.1%、0.3%、0.5%，培养温度为25℃、30℃、35℃。每个处理100粒种子，重复3次。染色结束后，沥去溶液，用清水冲洗3次，将裸种子摆在培养皿中，逐一检查（表55-3）。

（3）染色鉴定标准的建立　有生活力蒙古黄芪种子的染色情况：胚完全着色，1/2胚根、1/3子叶末端或不超过子叶边缘总面积的1/3不染色，其余部分完全染色。不满足以上条件的均为无生活力种子。

表55-3　TTC不同处理对蒙古黄芪种子染色着色率的影响

编号	时间（h）	浓度（%）	温度（℃）	着色率（%）
1	1	0.1	25	5.67[e]
2	3	0.1	30	89.33[c]
3	5	0.1	35	94.33[b]
4	5	0.3	30	93.33[b]
5	1	0.3	35	93.33[b]
6	3	0.3	25	82.00[d]
7	3	0.5	35	97.33[a]
8	5	0.5	25	87.67[c]
9	1	0.5	30	94.67[b]

9. 硬实率测定

取蒙古黄芪种子100粒，放置于培养皿中，加水，置25℃恒温培养箱中浸泡1天。没有明显膨胀的种子记为硬实种子，统计硬实种子数并计算硬实率，重复3次，计算公式为：

$$硬实率 = （硬实种子数/参试种子数）\times 100\%$$

试验测得甘肃陇西县首阳镇蒙古黄芪种子的硬实率为33.3%，甘肃省岷县为70.70%，甘肃省渭源县会川镇为48.70%，内蒙古赤峰市为11.30%，内蒙古正蓝旗为65.00%，山西省浑源县为39.30%。说明蒙古黄芪种子存在较高的硬实率。

10. 种子健康检验

范钱等对不同产地黄芪种子带菌情况进行了检测，检测方法如下：

（1）种子外部带菌检测　从蒙古黄芪种子中各选取1份种子表面不消毒种子200粒，放入100ml锥形瓶中，加入20ml无菌水充分振荡，吸取悬浮液1ml，以2000r/min转速离心10分钟，弃上清液，再加入1ml无菌水充分振荡、悬浮。吸取悬浮液100μl均匀加到直径为9cm的PDA平板上，涂匀，重复4次。以无菌水为空白对照。接种后在25℃恒温箱中黑暗培养5～7天，观察记录种子带菌情况，计算带菌率。

（2）种子内部带菌检测　将黄芪种子用灭过菌的沙子在研钵中蹭破种皮，用5% NaClO浸泡3分钟，再用自来水浸泡3～4小时后，将种皮和种仁分开，用1% NaClO溶液浸泡种皮、种仁1分钟后，用无菌水冲洗3遍，将同一样本的整粒种子、种皮和种仁分别均匀摆放在直径为9cm的PDA平板上，每皿摆放25个种皮或种仁组织块，重复4次。25℃恒温箱黑暗条件下培养5～7天后观察记录，统计真菌种类、分离频率和带菌率。以打开皿盖保持和摆放种子基本相等时间的未接种种子的滤纸和PDA培养基作为该检测方法的空白对照。

蒙古黄芪外部带菌、内部带菌基本都是真菌，主要有3类：链格孢菌、青霉菌和曲霉菌（表55-4）。

表55-4 蒙古黄芪外部带菌种子携带菌种类和分离频率

产地	孢子负荷量（孢子/粒）	真菌种类和分离频率（%）		
		链格孢属	青霉属	曲霉属
山西浑源县官儿乡	10.25	17.1	—	82.9
山西浑源县土岭乡	0.50	100	—	—
山西浑源县千佛岭乡	0.25	100	—	—
河北安国市	1.25	—	100	—
北京药用植物研究所	0.75	—	100	—

（3）种子带虫情况检测 随机取100粒种子，重复4次，用饱和盐水搅拌浸种20分钟，静置5分钟，取出水面漂浮的种子，用小刀和镊子剖开检验，确定带虫种子数，计算百分比。计算公式为：

种子带虫率（%）=（带虫的种子数÷供试种子数）×100%

三、蒙古黄芪种苗质量标准研究

（一）研究概况

有关蒙古黄芪的种苗等级相关研究较少，主要集中在对蒙古黄芪的生长发育和产量之间的影响方面。席旭东等通过比较大、中、小三个等级的蒙古黄芪种苗的生长发育和产量情况，发现不同种苗等级蒙古黄芪移栽对其根系生长和生殖生长均具有显著影响，大苗地上生长指标相对较好，适于大田生产；中苗在生长过程中长势相对较弱；小苗在生长前期长势相对较弱，但后期长势较快。

北京中医药大学承担了国家科技基础性工作专项子课题："蒙古黄芪静态资源调查"，开展了黄芪种苗规格方面的研究。王文全课题组于2012年4月采用取自内蒙古正蓝旗黄芪种苗规范化生产基地的蒙古黄芪种苗进行了相关试验，通过对蒙古黄芪种苗形态指标分析、形态指标之间简单相关系数分析以及形态指标主成分分析和聚类分析，进行了蒙古黄芪种苗等级标准的研究。

（二）研究内容

1. 研究材料

试验材料于2012年4月取自内蒙古正蓝旗蒙古黄芪种苗规范化生产基地一年生蒙古黄芪三种等级规格种苗，凭证标本存放于北京中医药大学中药资源系。种苗分级标准见表55-5。

表55-5 蒙古黄芪种苗分级划分标准

种苗等级	主根长（cm）	根粗（mm）
一级苗	>28	>3.8
二级苗	22~28	3.6~3.8
三级苗	16~22	2.5~3.6

2. 抽样

同一产地、同期收获的种苗为同一批次的产品，采用随机抽样的方法进行。

3. 净度

（1）废种苗　损伤疤痕超过1/3；霉变；病斑。

（2）杂质　石粒、泥沙、土块、脱落的外皮以及其他植物体等。

（3）计算公式

$$J=\frac{G-(Z+F)}{G}\times 100\%$$

式中：J——净度；

G——供检样品总重量；

F——废种苗重量；

Z——杂质重量。

4. 外形

种苗整体质量外观以目测为主。根据质量要求目测根的外形、色泽、饱满度、完整性。蒙古黄芪种苗呈长圆柱形，外观粗壮、新鲜饱满、完整、无机械损伤、无病斑和虫斑，整批外观整齐、细长均匀，根系损伤较小。

5. 重量

随机选出的500株蒙古黄芪种苗，测定根鲜重，结果见表55-6。

6. 大小

用钢卷尺量出蒙古黄芪根长；用游标卡尺准确量出每根蒙古黄芪种苗直径，精确到0.01mm。

（1）蒙古黄芪种苗形态指标　随机选出的500株蒙古黄芪种苗，测定其主根长、根粗、D15。蒙古黄芪种苗形态指标统计描述结果见表55-6。

表55-6　蒙古黄芪种苗形态指标（n=500）

形态指标	最小值	最大值	形态指标	最小值	最大值
根长	15.20	43.50	D15	0.40	6.20
根粗	1.10	8.20	根鲜重	0.50	18.30

（2）蒙古黄芪种苗形态指标之间简单相关系数　蒙古黄芪种苗形态指标之间简单相关系数见表55-7。由表可知，各项指标除了主根长和根粗两个指标呈较低正相关外，其他各项指标之间均达到极显著正相关（$P<0.01$）。

表55-7　蒙古黄芪种苗形态指标简单相关系数

相关系数	主根长	根粗	D15	根鲜重
主根长	1			
根粗	0.065	1		
D15	0.286**	0.737**	1	

续表

相关系数	主根长	根粗	D15	根鲜重
根鲜重	0.285**	0.741**	0.761**	1

注：*代表$P<0.05$；**代表$P<0.01$。

（3）蒙古黄芪种苗形态指标主成分特征　主成分分析结果见表55-8。前2个特征值累积贡献率达到88.421%，说明前2个主成分基本包含了全部的指标信息。取前2个特征值，并计算出相应的特征向量。前2个主成分表达式如下：

$$Z_1=0.368X_1+0.873X_2+0.916X_3+0.918X_4$$

$$Z_2=0.923X_1-0.323X_2-0.030X_3-0.033X_4$$

在第一主成分表达式中根粗、D15、根鲜重的系数最大，说明这3个指标起主要作用。由于第一主成分的累积方差贡献率最高，结合各形态指标相关性分析结果可以把根粗作为蒙古黄芪种苗分级的主要指标。此外，考虑到生产中主根长也是影响产量和药材规格的关键因素之一。因此，确定划分蒙古黄芪种苗等级划分的主要指标为主根长和根粗。

表55-8　蒙古黄芪种苗主成分分析特征根、累积方差贡献率及其特征向量

主成分	特征根	累积方差贡献率（%）	特征向量			
			主根长	根粗	D15	根鲜重
1	2.579	64.479	0.368	0.873	0.916	0.918
2	0.958	88.421	0.923	-0.323	-0.030	-0.033
3	0.239	94.398	0.016	0.049	-0.369	0.316
4	0.224	100.000	0.113	0.362	-0.152	-0.239

（4）蒙古黄芪种苗等级分级结果　利用SPSS 17.0软件对蒙古黄芪的主根长和根粗进行K类中心聚类分析，经过多次叠加，最终获得3个聚类中心值（表55-9）。将聚类中心作为蒙古黄芪种苗分级的参考值。依据对种苗的形态指标统计结果，主根长小于16cm或根粗小于2.5cm的种苗占的比例均低于1%，为病弱苗，故不在本研究范围内。结合生产，拟定蒙古黄芪种苗等级划分标准见表55-5。

表55-9　蒙古黄芪种苗分级最终聚类中心

聚类中心	一	二	三
主根长（cm）	28.12	22.36	15.87
根粗（cm）	3.82	3.58	2.49

7. 数量

采用随机抽样的方法进行。1000株以下的种苗按照10%比例抽取，1000株以上在1000株以下抽样10%的基础上，对其剩余株数再按2%比例抽取。

8. 种苗质量对药材生产的影响

（1）种苗质量对蒙古黄芪主根长的影响　由表55-10可知，移栽时3个等级蒙古黄芪种苗的主根长

具有显著性差异（$P<0.05$）。主根长以一级苗最长（31.9cm），三级苗最短（19.34cm）。采收时一级苗主根长仍最长（32.61cm），二级苗和三级苗主根长无显著性差异（$P\geq0.05$），但以三级苗较短（26.55cm）。主根长的年变化率大小顺序为三级苗＞二级苗＞一级苗。说明不同等级蒙古黄芪种苗对主根长影响较大，尽管三级苗的主根长增加比例最大，但仍以一级苗的主根长最大。

表55-10　种苗等级对蒙古黄芪主根长的影响（n=180）

种苗等级	主根长（cm）		变化率（%）
	移栽时	采收时	
一级苗	31.90^{a}	32.61^{a}	2.23
二级苗	25.26^{b}	27.62^{b}	9.33
三级苗	19.34^{c}	26.55^{b}	37.25

注：多重比较采用Duncan's法，差异显著性分析取α=0.05水平，同一列中含有不同字母者为差异显著。

（2）种苗质量对蒙古黄芪根粗的影响　种苗等级对蒙古黄芪根粗的影响见表55-11。由表可知，移栽时一级苗的根粗最粗（4.64mm），与二级苗和三级苗有显著性差异（$P<0.05$）。采收期时不同等级蒙古黄芪种苗根粗之间无显著性差异（$P\geq0.05$）。根粗的年变化率大小顺序为三级苗＞二级苗＞一级苗。

表55-11　种苗等级对蒙古黄芪根粗的影响（n=180）

种苗等级	根粗（mm）		变化率（%）
	移栽时	采收时	
一级苗	4.62^{a}	11.32	145.19
二级苗	3.50^{b}	11.65	232.56
三级苗	3.49^{b}	11.83	239.40

注：多重比较采用Duncan's法，差异显著性分析取α=0.05水平，同一列中含有不同字母者为差异显著。

（3）种苗质量对蒙古黄芪的影响　由表55-12可知，移栽时一级苗的D15最粗（3.46mm），且不同等级蒙古黄芪种苗的D15具有显著性差异（$P<0.05$）。采收时，一级苗和二级苗D15较三级苗有显著性差异（$P<0.05$），并以一级苗D15略粗（9.64mm），三级苗D15最细（7.22mm）。D15的年变化率大小顺序为二级苗＞三级苗＞一级苗。

表55-12　种苗等级对蒙古黄芪的影响（n=180）

种苗等级	D15（mm）		变化率（%）
	移栽时	采收时	
一级苗	3.46^{a}	9.64^{a}	178.29
二级苗	2.52^{b}	9.41^{a}	273.50
三级苗	2.41^{c}	7.22^{b}	200.35

注：多重比较采用Duncan's法，差异显著性分析取α=0.05水平，同一列中含有不同字母者为差异显著。

（4）种苗质量对蒙古黄芪根鲜重的影响　由表55-13可知，移栽时不同等级蒙古黄芪种苗根鲜重具有显著性差异（$P<0.05$），并以一级苗根鲜重最大（3.74g）。采收时不同等级蒙古黄芪种苗根鲜重仍具有显著性差异（$P<0.05$），并以一级苗根鲜重最大（26.49g）。根鲜重的年变化率为三级苗＞二级苗＞一级苗。

表55-13　种苗等级对蒙古黄芪根鲜重的影响（n=180）

种苗等级	根鲜重（g）		变化率（%）
	移栽时	采收时	
一级苗	3.74^{a}	26.49^{a}	608.49
二级苗	2.04^{b}	23.91^{b}	1069.67
三级苗	1.20^{c}	22.57^{c}	1775.68

注：多重比较采用Duncan's法，差异显著性分析取α=0.05水平，同一列中含有不同字母者为差异显著。

（5）种苗质量对蒙古黄芪药材产量的影响　对不同等级蒙古黄芪种苗采收时根鲜重和样方进行产量估算，见表55-14。由表可知，随着种苗等级的降低，产量呈降低的趋势，并以一级苗黄芪的药材产量最大（353.4kg）。说明不同等级蒙古黄芪种苗对药材产量影响较大，在条件允许的前提下，尽量选择种苗等级较大的蒙古黄芪种苗进行种植。

表55-14　不同种苗等级蒙古黄芪产量估算

种苗等级	根鲜重（g）	样方平均株数	小区重量（kg）	小区面积（m^2）	折合亩产量（kg）
一级苗	26.49	60	1.59	3	353.4
二级苗	23.91	60	1.43	3	318.9
三级苗	22.57	60	1.35	3	301.0

（6）种苗质量对蒙古黄芪地上部分表型性状的影响　在黄芪地上部分生长旺盛时对每个等级的黄芪进行地上部分生长测定，分别测定株高、株幅、分蘖数和地径4个表型性状（表55-15）。单因素方差分析结果显示，不同等级黄芪种苗的4个地上部分表型性状均无显著性差异（$P\geqslant0.05$），说明不同等级蒙古黄芪种苗对地上部分表型性状影响较小。

表55-15　种苗等级对蒙古黄芪地上部分表型性状的影响（n=180）

种苗等级	株高（cm）	株幅（cm）	分蘖数	地径（mm）
一级苗	68.27±11.26	55.47±10.42	1.50±0.63	4.61±0.96
二级苗	65.40±9.60	55.37±14.02	1.20±0.41	4.96±0.63
三级苗	64.83±13.87	51.53±11.85	1.27±0.45	4.99±1.08

（7）种苗质量对蒙古黄芪中黄芪甲苷含量的影响　由表55-16可知，不同等级蒙古黄芪在种苗移栽和采收时其黄芪甲苷含量之间均有显著性差异（$P<0.05$）。在移栽前，3个等级蒙古黄芪种苗等级中黄芪甲苷含量大小顺序为：二级苗＞三级苗＞一级苗；而采收时其大小顺序为：三级苗＞一级苗＞二级苗。一级苗和三

级苗黄芪中黄芪甲苷含量呈增加的趋势，但二级苗中黄芪甲苷含量呈降低的趋势。

表55-16　种苗等级对蒙古黄芪中黄芪甲苷含量的影响（n=3）

种苗等级	黄芪甲苷（mg/g）		变化率（%）
	移栽时	采收时	
一级苗	0.41 ± 0.00^{c}	0.60 ± 0.00^{b}	45.12
二级苗	0.70 ± 0.00^{a}	0.29 ± 0.00^{c}	-58.27
三级苗	0.66 ± 0.00^{b}	0.78 ± 0.00^{a}	17.42

注：多重比较采用Duncan's法，差异显著性分析取α=0.05水平，同一列中含有不同字母者为差异显著。

（8）种苗等级对蒙古黄芪毛蕊异黄酮葡萄糖苷含量的影响　由表55-17可知，不同等级蒙古黄芪在种苗移栽时和采收时其毛蕊异黄酮葡萄糖苷含量之间均有显著性差异（P<0.05）。在移栽前，3个等级蒙古黄芪种苗等级中毛蕊异黄酮葡萄糖苷含量大小顺序为：三级苗>二级苗>一级苗；而采收时其大小顺序为：二级苗>三级苗>一级苗。二级苗和三级苗黄芪中毛蕊异黄酮葡萄糖苷含量呈增加的趋势，但一级苗中毛蕊异黄酮葡萄糖苷含量呈降低的趋势。

表55-17　种苗等级对蒙古黄芪中毛蕊异黄酮葡萄糖苷含量的影响（n=3）

种苗等级	毛蕊异黄酮葡萄糖苷（mg/g）		变化率（%）
	移栽时	采收时	
一级苗	0.14 ± 0.01^{c}	0.11 ± 0.00^{c}	-20.80
二级苗	0.18 ± 0.01^{b}	0.63 ± 0.01^{a}	242.06
三级苗	0.19 ± 0.01^{a}	0.53 ± 0.00^{b}	175.74

注：多重比较采用Duncan's法，差异显著性分析取α=0.05水平，同一列中含有不同字母者为差异显著。

四、蒙古黄芪种子标准草案

1. 范围

本标准规定了蒙古黄芪种子术语和定义、分级要求、检验方法、检验规则、包装、运输及贮存等。

本标准适用于蒙古黄芪种子生产者、经营管理者和使用者在种子采收、调运、播种、贮藏以及国内贸易时所进行种子质量分级。

2. 规范性引用文件

下列文件中的条款通过本标准的引用而成为本标准的条款。凡是注明日期的引用文件，其随后所有的修改单（不包括勘误的内容）或修订版不适用于本标准。然而，鼓励根据本标准达成协议的各方研究可使用这些文件的最新版本。凡是不注明日期的引用文件，其最新版本适用于本标准。

GB/T 3543.1　农作物种子检验规程　总则

GB/T 3543.2　农作物种子检验规程　扦样

GB/T 3543.3　农作物种子检验规程　净度分析

GB/T 3543.4　农作物种子检验规程　发芽试验

GB/T 3543.5　农作物种子检验规程　真实性和品种纯度鉴定

GB/T 3543.6　农作物种子检验规程　水分测定

GB/T 3543.7　农作物种子检验规程　其他项目检验

3. 术语和定义

3.1 蒙古黄芪种子　为豆科（Leguminosae）黄芪属植物蒙古黄芪*Astragalus membranaceus*（Fisch.）Bge. var. *mongholicus*（Bge.）Hsiao的种子。

3.2 硬实率　蒙古黄芪种子外皮坚实而厚，透性不良，吸水力差，在正常温、湿条件下，有一部分种子不能萌发，影响自然繁殖。

4. 分级要求

4.1 基本要求

4.1.1 外观要求：种子扁宽，卵状肾形，表面暗棕色，或黄绿褐色或至褐色，光滑，略有光泽，外形完整、饱满。

4.1.2 检疫要求：无检疫性病虫害。

4.2 质量要求　依据种子发芽率、净度、千粒重、含水量等指标进行分等，质量分级符合表55-18的规定。

表55-18　蒙古黄芪种子质量分级标准

分级指标	等级划分		
	一等	二等	三等
净度（%），≥	95	90	85
千粒重（g），≥	7.58	5.99	5.20
发芽率（%），≥	90	85	80
含水量（%），≤	7	8	9

5. 检验方法

5.1 外观检验　随机选取每份蒙古黄芪种子各10粒，在4×10倍显微镜或解剖镜下观察种子颜色和形态。

5.2 扦样　蒙古黄芪种子批的最大质量为10 000kg，送验样品最少为200g，净度分析试样最少为20g。具体的扦样方法应符合GB/T 3543.2的规定。

5.3 真实性鉴定　采用种子外观形态法，通过对种子形态、大小、表面特征和种子颜色进行鉴定，鉴别依据如下：蒙古黄芪种子扁宽，卵状肾形，长2.4～3.4mm，宽2.0～2.6mm，表面暗棕色，或黄绿褐色或至褐色，光滑，略有光泽，两侧面常微凹入，腹侧肾形凹入处具一污白色中间裂口的小圆点，即为种脐，背部平滑隆起，种脊不明显。胚弯曲，淡黄色，含油分，胚根较粗大，子叶2枚，歪倒卵形。

5.4 净度分析　按《农作物种子检验规程　净度分析》（GB/T 3543.3）进行。结合10目或8目筛子，在不损伤发芽力的基础上进行检查，直接挑选纯净种子。

5.5 硬实率测定　取蒙古黄芪种子100粒，放置于培养皿中，加水，置25℃恒温培养箱中浸泡1天。没有明显膨胀的种子记为硬实种子，统计硬实种子数并计算硬实率，重复3次，计算公式为：

$$硬实率=（硬实种子数/参试种子数）\times 100\%$$

5.6 发芽试验　按《农作物种子检验规程　发芽试验》（GB/T 3543.4）进行。

5.7 水分测定　采用高恒温烘干法测定，方法与步骤如下：打开恒温烘箱使之预热至145℃。烘干干净铝盒，迅速称重，记录；迅速称量需检测的种子样品，每样品3个重复，每重复（5±0.001）g。称后置于已标记好的铝盒内，一并放入干燥器；打开烘箱，快速放入箱内上层。保证铝盒水平分布，迅速关闭烘箱门；待烘箱温达到规定温度133℃开始计时；烘干3小时后取出，迅速放入干燥器中冷却至室温，30～40分钟后称重；根据烘后失去的重量占供检样品原重量的百分率计算种子水分百分率。

5.8 重量测定　采用百粒法测定，方法与步骤具体如下：将净种子混合均匀，从中随机取试样种子100粒，8个重复；将8个重复分别称重（g），结果精确到10^{-4}g；按以下公式计算结果：

$$平均重量(\overline{X}) = \frac{\sum X}{n}$$

式中：$\overline{X}$——100粒种子的平均重量；

X——各重复重量。

n——重复次数。

种子千粒重（g）=百粒重（g）×10

5.9 生活力测定　从试样中数取种子100粒，3次重复；用砂纸轻轻打磨至蒙古黄芪种子表面失去光泽，处理后的种子在常温下用蒸馏水中浸泡12小时；沿种子纵向1/2处切成两半；将种子置于0.5%四唑（TTC）溶液中，在35℃恒温箱内染色；染色3小时后取出，迅速用自来水冲洗，至洗出的溶液为无色；根据种子染色情况，计算生活力。有生活力蒙古黄芪种子的染色情况：胚完全着色，1/2胚根、1/3子叶末端或不超过子叶边缘总面积的1/3不染色，其余部分完全染色。不满足以上条件的均为无生活力种子。

5.10 健康检测　采用间接培养法，方法与步骤如下。

5.10.1 种子外部带菌检测：每份样品随机选取100粒种子，放入100ml锥形瓶中，加入50ml无菌水充分振荡，吸取悬浮液1ml，以2000r/min的转速离心10分钟，弃上清液，再加入1ml无菌水充分震荡、浮载后吸取100μl加到直径为9cm的PDA平板上，涂匀，重复4次，以无菌水为空白对照。放入25℃温箱中黑暗条件下培养7天后观察，记录种子外部带菌种类和分离比例。

5.10.2 种子内部带菌检测：将每份样品用清水浸泡30分钟，再在1% NaClO溶液中浸泡10分钟，用无菌水冲洗3遍后，将种子均匀摆放在PDA平板上，每皿摆放25粒，重复4次。在25℃温箱中黑暗条件下培养7天后取出进行观察检测，记录种子带菌情况、不同部位的真菌种类和分离频率。

5.10.3 种子带菌鉴定：将分离到的真菌分别进行纯化、镜检和转管保存。根据真菌培养性状和形态特征进行鉴定。

5.10.4 种子带虫情况检测：随机取100粒种子，重复4次，用饱和盐水搅拌浸种20分钟，静置5分钟，取出水面漂浮的种子，用小刀和镊子剖开检验，确定带虫种子数，计算百分比。计算公式为：

种子带虫率（%）=（带虫的种子数÷供试种子数）×100%

6. 检验规则

6.1 组批　同一批蒙古黄芪种子为一个检验批次。

6.2 抽样　种子批的最大重量10000kg，送检样品200g，净度分析20g。

平均供试品的量一般不得少于实验所需的3倍数，即1/3供实验室分析用，另1/3则供复核用，其余1/3则为留样保存，保存期至少1年。

6.3 交收检验　每批种子交收前，种子质量由供需双方共同委托种子质量检验技术部门或获得该部门授权的其他单位检验，并由该部门签发蒙古黄芪种子质量检验证书。

6.4 判定规则　按蒙古黄芪种子质量分级标准的要求对种子进行评判，同一批检验的一级种子中，允许5%

的种子低于一级标准，但必须达到二级标准，超此范围，则为二级种子；同一批检验的二级种子，允许5%的种子低于二级标准，则为三级种子；同一批检验的三级种子，允许5%的种子低于三级标准，超此范围则判为等外品。

6.5 复检　供需双方对质量要求判定有异议时，应进行复检，并以复检结果为准。

7. 包装、标识、贮存和运输

7.1 包装　按等级规格要求将黄芪种子晾干后装袋，选用不易破损、干燥、清洁、无异味以及透气的材料制成专用袋包装，以保证种子的运输、贮藏、使用过程中的质量。每个包装不超过50kg。

7.2 标识　销售的袋装蒙古黄芪种子应当附有标签。每批种子应挂有标签，表明种子的产地、重量、净度、发芽率、含水量、质量等级、植物检疫证书编号、生产日期、生产者或经营者名称、地址等。

7.3 贮存　蒙古黄芪种子贮藏过程中除了避免机械混杂外，适宜贮藏在干燥冷凉的条件下。要求贮藏在低温（-20～10℃）干燥（含水量6%～12%）条件下，一般放在室温下或较凉爽的温度下无不良影响。在种子容器周围必须适当通风，仓库应采取常规的防护措施，防止鸟兽为害。贮藏期间定期检查，发现虫蛀要及时晾晒。因长时间储藏降低种子发芽率，故不建议隔年之后再使用。

7.4 运输　种子运输时，注意不能与其他种子混杂，禁止与有害、有毒或其他可造成污染物品混贮、混运；运输工具必须清洁、干燥，具有较好的通气性，严防潮湿。须有防晒、防潮等措施，车辆运输时应有苫布盖严，船舶运输时应有下垫物。

五、蒙古黄芪种苗标准草案

1. 范围

本标准规定了蒙古黄芪种苗的术语和定义、分级要求、检验方法、检验规则。

本标准适用于蒙古黄芪种苗生产者、经营者和使用者。

2. 术语和定义

下列术语和定义适用于本标准。

2.1 蒙古黄芪种苗　用豆科（Leguminosae）黄芪属植物蒙古黄芪［*Astragalus membranaceus*（Fisch.）Bge. var. *mongholicus*（Bge.）Hsiao］的种子繁殖的一年生幼苗，是生产蒙古黄芪药材的繁殖材料。

2.2 健康度　检验蒙古黄芪种苗是否有病害、虫害、外部损伤的指标。

2.3 主根长　蒙古黄芪种苗从根粗沿主根至分支处距离。

2.4 根粗　蒙古黄芪种苗主根头部直径。

3. 要求

蒙古黄芪种苗呈长圆柱形，外观粗壮、新鲜饱满、完整、无机械损伤、无病斑和虫斑、无检疫性病虫害。依据主根长和根粗等进行分级，质量分级符合表55-5的规定，低于三级苗标准的种苗不得作为生产性种苗使用。

4. 检验规则

4.1 抽样　同一产地、同期收获的种苗为同一批次的产品。采用随机抽样的方法进行。1000株以下的种苗按照10%比例抽取，1000株以上在1000株以下抽样10%的基础上，对其剩余株数再按2%比例抽取。

4.2 检测　测量工具用钢卷尺和游标卡尺进行测量。

4.3 病虫害的检疫按照检疫规程进行。

4.4 外观以感官进行鉴别。

5. 判定规则

直径小于2.5mm的种苗为不合格种苗。完好率小于75%的种苗不能作种用。同一批检验的一级种苗中，允许有5%的种苗低于一级标准，但必须达到二级标准，超过此范围，则判为二级种苗；同一批检验的二级种苗中，允许有5%的种苗低于二级标准，但应达到基本要求二级标准，超过此范围，则判该批种苗不合格。

六、蒙古黄芪种子种苗繁育技术研究

（一）研究概况

北京中医药大学进行了在读研究生自主选题项目珍稀濒危和大宗常用药用植物资源调查——膜荚黄芪与蒙古黄芪资源调查的研究，承担了国家科技基础性工作专项子课题："蒙古黄芪［*Astragalus membranaceus*（Fisch.）Bge. var. *mongholicus*（Bge.）Hisao］静态资源调查"，发表了研究论文《黄芪药材质量的差异及影响因素研究》。

（二）蒙古黄芪种子种苗繁育技术规程

1. 选地与整地

1.1 选地　选择有黄芪种植历史，且产量高、质量好，地势高燥，海拔1000～2300m，土层深厚（50cm以上）、质地疏松、排水渗透力强、坡度在25°以下、土壤有机质含量较高的沙质壤土坡地。周围无任何污染源，经资质部门环测分析符合有关国家标准，远离居民区，距公路主干道500m以上，交通运输方便，利于生产管理的地块。避免与豆科作物轮作，忌重茬。

1.2 整地　秋翻应在8～10月进行，深度25～30cm，随翻随耙，除残根、石块，耙平耙细。旱地春季解冻后趁春雨及时整地，整地时亩施2000kg完全腐熟达到无公害标准的农家肥和25kg过磷酸钙，或施100kg生物有机肥料。将基肥均匀撒于地面，然后翻入土壤混匀。翻耕后将土块打碎，捡拾碎石块、杂草根，将地块整理平整待播。

2. 种植

2.1 播种　精细耙耱平整地面后，将种子均匀撒于地表，浅耕（耕深3～5cm）耙耱，使种子入土1～2cm处，再镇压，然后立即覆盖2～3cm细沙或麦草保墒。

选择上年采收、籽粒饱满、种皮黄褐色或棕黑色、发芽率为60%以上的（一级、二级）优良黄芪种子播种。如发芽率低需加大播种量。将种子晾晒、机械划破种皮、药剂拌种进行处理。黄芪春、夏、后秋三季均可播种，分别为4月上旬清明节前后，6～7月雨季，秋后地冻前（约10月下旬）。

2.2 留种

2.2.1 采收时间：黄芪定植当年即可产籽，但产量极低；定植2年黄芪的种子产量虽高，多不饱满，一般采集定植3年后结的种子最好。

黄芪种子是夏季成熟，黄芪荚果易自然开裂。种子适宜采收期应在花后50天左右（7月底），黄芪种荚外观转为黄白色但种荚尚未开裂，种子由红棕色转变为黑褐色时采收为最佳，应根据成熟度及时分批采收种荚为宜。如采后即播，应采收适度成熟（较嫩）的种子。

2.2.2 采收方法：采种时不宜为了省工而割取全株，以免影响根的生长。当黄芪果荚变黄时用枝剪或采种镰等将果枝割下。

2.2.3 采收注意事项：在采收过程中，除了避免机械混杂外，必须进一步去杂去劣，选健壮、生活力强、株型良好、籽粒饱满的植株采种，生长不良或不正常、有病虫感染的植株不宜采种。

3. 田间管理

3.1 查苗、补苗　播种齐苗后（播种后20天左右）应及时进行查苗补苗，对于缺苗断垄的地块进行补种。补种时在缺苗处开浅沟，将种子撒于沟内，覆少量湿土盖住种子即可。补种时间不得晚于7月中旬 。

3.2 间苗、定苗　苗高8cm左右时进行第一次间苗，苗高12cm左右时进行第二次定苗，以后每年中耕除草时将当年长出的小苗和垄背苗除去。定苗后行距保持45～50cm，株距保持10cm左右。

间苗方法：结合中耕除草，用小锄或宽5cm左右的小铁铲将弱小苗、病虫苗、变异苗、多余苗除去。

3.3 中耕除草　当年生芪地在间苗、定苗的同时进行中耕除草，以后每年黄芪返青后封垄前进行第一次中耕锄草，6月中旬至7月上旬进行了第二次除草。一般每年中耕除草2次，以后根据杂草生长情况拔草。

中耕除草方法：当年生黄芪地使用小锄头或小铁铲中耕锄草，二年生及二年以上的黄芪地用大锄头进行第一次中耕锄草，第二次及以后用人工拔草。

3.4 蓄水、排水　整地时将地块沿等高线打成4～6m的条形梯田，以防止下雨时形成径流，造成水土流失，冲刷黄芪植株。同时根据地形整好排水沟渠，使田间积水能够顺利排出。每年春季和雨季及时清理排水沟，把易积水的地方疏通，防止堵塞。大雨过后，及时派人查看、排水，避免田间积水引起烂根。

3.5 施肥　5月中旬结合第一次中耕除草，每亩追施磷酸二铵10kg，撒入行间。为保证根部生长，8月上旬再追施磷酸二铵或氮磷钾三元复合肥10～15kg。叶面追肥：分别在植株生长旺期、花期、结荚期、采荚后结合病虫害防治喷施0.4%磷酸二氢钾和0.3%尿素。

3.6 打顶去蕾

3.6.1 去蕾时间：当80%的主茎现蕾时进行第一次打顶去蕾；当80%的侧枝出现花蕾时进行第二次打顶去蕾。一般2次即可。

3.6.2 去蕾方法：去蕾应选择在晴天露水晒干后进行，用手掐去植株顶部蕾穗，将摘除的黄芪花蕾装入袋子内带出田外，集中处理。

3.7 越冬管理　进入冬季，要及时清除残枝枯叶，除去田间地埂杂草，运出地块外集中堆沤或深埋，消除病虫害越冬场所，以减少病虫害的越冬基数。另外，加强冬季看护，禁牧，禁止人畜践踏，禁止放火烧坡。

3.8 病虫害防治　蒙古黄芪主要病虫害及防治方法见表55-19。

表55-19　蒙古黄芪主要病虫害及防治方法

种类	受害部位及症状	防治方法
根腐病	主要危害黄芪根部，根尖或侧根先发病并向内蔓延至主根，植株叶片变黄枯萎。病株极易自土中拔起	实行3年以上轮作，雨后及时排水；合理密植；50%甲基托布津800倍液浇或75%百菌清可湿性粉剂600倍液喷茎基部，或用100倍石灰水灌根
锈病	被害叶片背面生有大量锈菌孢子堆。锈菌孢子堆周围红褐色至暗褐色。叶面有黄色的病斑，后期布满全叶，最后叶片枯死	实行轮作，合理密植。彻底清除田间病残体，及时喷洒硫制剂或20%粉锈宁可湿性粉剂2000倍液。生长注意开沟排水，降低田间湿度，减少病菌为害。选择排水良好、向阳、土层深厚的沙壤土种植。发病初期喷80%代森锰锌可湿性粉剂（600～800倍液）或敌锈钠防治
白粉病	主要危害黄芪叶片，初期叶两面生白色粉状斑；严重时，整个叶片被一层白粉所覆盖，叶柄和茎部也有白粉。被害植株往往早期落叶，产量受损。黄芪荚果和茎秆也可受害	宜选新茬地种植，忌连作，合理密植，注意株间通风透光。施肥以有机肥为主，不要偏施氮肥，以免植株徒长，导致抗病性降低。用25%粉锈宁可湿性粉剂800倍液或50%多菌灵可湿性粉剂500～800倍液喷雾；25%敌力脱乳油3000倍液加15%三唑酮可湿性粉剂2000倍液喷雾

续表

种类	受害部位及症状	防治方法
枯萎病	被害黄芪地上部枝叶发黄，植株萎蔫枯死。地下部主根顶端或侧根首先患病，然后渐渐向上蔓延。受害根部表面粗糙，呈水渍状腐烂，其肉质部红褐色。严重时，整个根系发黑溃烂，极易从土中拔起。土壤湿度较大时，在根部产生一层白毛	整地时进行土壤消毒。对带病种苗进行消毒后再播种。用75%百菌清可湿性粉剂500~600倍液或30%固体石硫合剂150倍液喷雾；50%硫黄悬浮剂200倍液或25%敌力脱乳油2000~3000倍液喷雾；25%敌力脱乳油3000倍液加15%三唑酮可湿性粉剂2000倍液喷雾
蚜虫	多集中为害枝头幼嫩部分及花穗等，多在6~8月发生。植株虫害率可高达80%~90%，致使植株生长不良，造成落花、空荚等	清除田间残株、杂草，减少虫源；在田间施放饲养草蛉或七星瓢虫；发生期于叶片正、背面均匀喷洒药剂。可用植物农药0.36%苦参碱水剂1000倍液防治。开花前抓紧时机防治蚜虫
黄芪籽蜂	黄芪籽蜂是为害黄芪的一类食心虫，主要为害黄芪种子和果荚	及时清除田内杂草，冬季进行清田，处理残株和枯枝落叶，以减少越冬虫源；做好种子清选，清除有虫籽，减少籽蜂传播，收种后用l：（100~150）倍液的多菌灵拌种，杀死正在羽化或尚未羽化的籽蜂；田间药剂防治应于盛花期和青果期各喷乐果乳油1000倍液1次；种子采收前每亩可喷5%西纳粉1.5kg防治正在大量羽化的籽蜂

参考文献

[1] 刘凤波，于福来，侯俊玲，等. 不同来源黄芪药材总皂含量比较研究［J］. 中国现代中药，2013，15（8）：650-653.

[2] 王栋，李安平，王玉龙，等. 蒙古黄芪种子质量分级标准研究［J］. 中国现代中药，2014，16（9）：745-750，754.

[3] 席旭东，姬丽君，晋小军. 蒙古黄芪种苗分级移栽的比较研究［J］. 中国农学通报，2012，28（34）：284-288.

[4] 张丽萍，史静，杨春清，等. 黄芪种子规范化生产操作规程SOP的制定［J］. 世界科学技术，2005（6）：72-78，66.

[5] 王俊杰，张红霞，金雄. 蒙古黄芪与膜荚黄芪种子形态特征及其鉴别方法的研究［J］. 中草药，2005，36（7）：1072-1075.

[6] 范钱，简恒. 黄芪种子带菌检测及药剂消毒处理［J］. 云南农业大学学报，2010，25（4）：494-499.

[7] 荆彦民，马伟民，王富胜，等. 黄芪不同育苗模式在种苗生产中的应用效果［J］. 甘肃农业，2014，（22）：74-75.

[8] 周巧梅，田伟，温春秀. 蒙古黄芪育苗与平栽新技术［J］. 河北农业科技. 2007（2）：10.

刘亚令（山西农业大学）

侯俊玲（北京中医药大学）

王文全　王秋玲（中国医学科学院药用植物研究所）

56 黄连

一、黄连概况

黄连（*Coptis chinensis* Franch）为毛茛科多年生植物，以根状茎入药，具有泻火、解毒、清热、燥湿和良好的抗菌作用。黄连在我国有悠久的药用历史，是一种在国际市场上享有盛誉的川产道地药材，也是常用中药之一。黄连均为人工种植，重庆、四川、湖北、陕西、湖南等地是黄连主要种植区，种植面积达1万公顷。其中重庆石柱土家族自治县栽培黄连历史悠久，据史料记载已有600多年的历史，黄连种植规模最大，是我国黄连的道地产区，被誉为“中国黄连之乡”。黄连在生产上以种子繁殖，种子主要靠农户自己繁殖为主，市场上也有黄连种子和种苗销售。

二、黄连种子质量标准研究

（一）黄连种子标准研究情况

目前，对黄连种子的研究主要是在种子生物学特性等方面，黄连种子质量标准的研究还未见报道。如张春平等对黄连种子的萌发特性研究，表明种子生活力仅为56%，种子吸水时间为24小时，22℃是种子较为适宜的萌发温度，发芽率为52.9%，50mg/L的GA_3处理后的萌发率可达71.2%。黄连在生产上是以种子作为繁殖材料，种子质量是保证黄连药材质量和产量的前提。只有制定出相应的种子检验标准和质量标准，才能对种子质量进行有效控制。目前，各黄连产区的种子均无质量标准，既不利黄连标准化生产，也影响到黄连质量与产量稳定性。为制定黄连种子质量标准，重庆市中药研究院开展了大量的前期研究工作，包括对黄连种子净度、重量、水分含量、生活力等指标的检验方法研究，黄连种子发芽最佳条件筛选等。在此基础上对来自重庆、湖北、四川等黄连主产区的50份黄连种子进行净度、发芽率、生活力、千粒重和含水量5个指标的检测，最终以种子净度发芽率、千粒重和含水量4个指标作为判定黄连种子质量的分级指标，最终初步制定了黄连种子质量分级标准。

（二）研究内容

1. 研究材料

本试验材料为50份不同地方的黄连种子，于2010年5月采自黄连主产区重庆、湖北、四川、湖南、陕西等地的乡镇（表56-1）。

2. 扦样方法

黄连种子采用“徒手减半法”扦样。种子净度分析试验中送检样品的最小重量不少于含有2500粒种子，送检样品的重量应超过净度分析量的10倍以上。因此，黄连种子批次送检样品最小重量不低于30g，净度分析试样最小重量不低于3g。

表56-1 黄连种子来源地

编号	种源地	编号	种源地
1	重庆石柱县黄水镇大风堡村	26	重庆石柱县黄水镇黄水药用植物园
2	重庆石柱县黄水镇渔湖公司（红石）	27	重庆石柱县黄水镇渔湖公司
3	重庆石柱县黄水镇楠木村曾家坪	28	湖北建竹溪
4	湖南省桑植县八大公山乡罗家台	29	重庆石柱县黄水镇黄水药用植物园
5	四川省洪雅县高庙镇黑山村丁木坝	30	陕西平利八仙镇中朝二组
6	湖北恩施长岭岗华中药用植物园旁	31	重庆开县满塘乡双明村岳塘坝
7	重庆金佛山扇子坪	32	重庆石柱县悦崃镇
8	四川省峨眉山市龙溪镇虎一村	33	重庆石柱县粟新蟠龙村
9	重庆石柱县黄水镇临溪黎家	34	重庆石柱黄水镇渔湖公司（四方碑）
10	湖北省利川市佛宝山	35	湖北利川谋道
11	重庆城口县北屏乡	36	湖北利川团堡乡
12	重庆石柱县黄水镇石家乡三块石	37	重庆石柱县黄水镇洋洞乡清河村
13	重庆石柱县黄水镇枫木乡高中坪	38	四川洪雅县高庙镇黑山村三个石
14	重庆石柱县黄水镇明月村太阳岭	39	重庆石柱县黄水镇枫木乡昌坪村
15	重庆石柱县冷水镇八龙村纸厂坪	40	重庆石柱县黄水镇枫木乡苦草湾
16	湖北省利川市佛宝山大石桥李家院子	41	湖北利川忠路
17	重庆石柱县黄水镇黄水药用植物园	42	湖北恩施太山庙新塘乡
18	重庆石柱县南宾镇粟新	43	重庆石柱县黄水镇洋洞乡清溪村
19	湖北省恩施市太山庙	44	重庆石柱县粟新盘龙村
20	四川省峨眉市黄溪乡万年村	45	四川省洪雅县高庙镇七里村
21	重庆石柱县黄水镇黄水药用植物园	46	四川省洪雅县石板沟
22	湖北省咸丰市黄金洞白杉坪苦草坪	47	四川省洪雅县红石沟
23	重庆石柱县黄水镇黄水药用植物园	48	陕西省镇坪百家乡友谊村
24	湖南省龙山县太安乡	49	四川省洪雅县高庙镇七里村浸水河
25	湖北省竹溪县丰溪镇长松村	50	重庆巫溪双阳乡西安村

3. 净度分析

采用“徒手减半法”扦样。分别将已抽取的2份黄连种子样品分成干净种子、其他植物种子和杂质三类，并将各成分分别称重。称量结果精确至0.0001g。种子的增失差<5%，检验结果有效。不同产地黄连种子净度检验结果见表56-2所示。

表56-2 不同产地黄连种子净度分析结果

编号	种子净度（%）	编号	种子净度（%）	编号	种子净度（%）
1	95.02	18	95.40	35	95.33
2	94.08	19	92.93	36	96.43
3	97.56	20	89.40	37	96.79
4	97.22	21	89.37	38	92.22
5	94.73	22	94.04	39	90.40
6	90.15	23	92.92	40	89.94
7	84.46	24	91.66	41	95.12
8	89.44	25	94.78	42	96.35
9	90.76	26	91.24	43	93.12
10	93.47	27	93.58	44	92.15
11	90.89	28	88.13	45	94.36
12	88.02	29	91.71	46	95.02
13	92.07	30	90.88	47	94.08
14	87.12	31	94.02	48	95.46
15	91.47	32	92.27	49	96.22
16	95.82	33	87.12	50	94.03
17	97.43	34	91.25		

4. 真实性鉴定

从用于发芽试验的种子中随机取100粒，根据种子的形态特征，如种子大小、形状、颜色、光泽及表面构造等，借助放大镜进行逐粒观察、测定。在萌发期间，观察种苗发育过程，参照《国际种子检验规程》对黄连进行评价和归类。黄连种子的真实性鉴定结果表明：50个产地的种子均为黄连种子，种子长椭圆形，呈棕褐色、棕色，种皮光滑，有光泽。种子长1.76～2.56mm，宽 0.74～0.86mm（图56-1至图56-3）。

图56-1 黄连种子

图56-2 黄连种子出苗

图56-3 黄连种苗

5. 重量测定

采取千粒测定法来测定黄连种子质量。随机取2个重复，每个重复1000粒净种子，2次重复间差数与平均数之比＜5%，测定值有效。用1/10000电子天平称重，称重后计算组平均数。不同产地黄连种子千粒重检验结果见表56-3。

表56-3 不同产地黄连种子千粒重

编号	千粒重（g）	编号	千粒重（g）	编号	千粒重（g）
1	0.797	18	0.553	35	0.726
2	0.778	19	0.764	36	0.801
3	0.750	20	0.709	37	0.652
4	0.728	21	0.641	38	0.681
5	0.793	22	0.691	39	0.674
6	0.708	23	0.669	40	0.682
7	0.683	24	0.672	41	0.746
8	0.972	25	0.776	42	0.760
9	0.754	26	0.693	43	0.747
10	0.677	27	0.726	44	0.782
11	0.817	28	0.832	45	0.717
12	0.832	29	0.720	46	0.672
13	0.660	30	0.928	47	0.932
14	0.958	31	0.865	48	0.760
15	0.849	32	0.872	49	0.670
16	0.719	33	0.876	50	0.817
17	0.672	34	0.752		

6. 水分测定

采用高恒温烘干法（133℃）将种子烘干2小时后取出，迅速放入干燥器中冷却至室温后称重，进行水分含量计算。计算公式为：

种子水分（%）=［（烘前试样重－烘后试样重）/烘前试样重］×100%

不同产地黄连种子含水量检验结果见表56-4。

表56-4 不同产地黄连种子的含水量

编号	含水量（%）	编号	含水量（%）	编号	含水量（%）
1	9.12	6	9.78	11	9.61
2	10.06	7	9.46	12	9.32
3	10.12	8	9.23	13	10.6
4	9.47	9	10.47	14	10.53
5	8.9	10	9.14	15	10.43

续表

编号	含水量（%）	编号	含水量（%）	编号	含水量（%）
16	10.51	28	9.46	40	9.47
17	9.25	29	10.22	41	10.12
18	9.38	30	10.73	42	9.35
19	8.98	31	9.15	43	10.12
20	10.61	32	9.46	44	9.15
21	9.78	33	10.44	45	9.36
22	10.44	34	9.76	46	9.02
23	9.89	35	9.47	47	9.08
24	10.02	36	8.89	48	10.46
25	9.07	37	9.02	49	10.22
26	8.92	38	10.07	50	10.03
27	9.08	39	9.12		

7. 发芽试验

随机选取黄连种子，放在铺有3层滤纸的培养皿中，3个重复，每个重复50粒种子，放入光照培养箱中，于10℃条件下进行培养。按GB/T 3543.4—1995执行。光照条件下发芽。发芽开始后，若出现严重霉烂的种子，则随时拣出。发芽结束后记录发芽种子数。发芽率计算公式为：

$$发芽率（\%）=发芽总粒数 \div 实验总粒数 \times 100\%$$

不同产地黄连种子发芽率结果见表56-5。

表56-5　不同产地黄连种子发芽率

编号	发芽率（%）	编号	发芽率（%）	编号	发芽率（%）
1	75.02	12	88.02	23	75.46
2	64.08	13	67.05	24	86.22
3	77.56	14	69.77	25	84.03
4	89.94	15	45.92	26	69.60
5	85.12	16	85.82	27	60.23
6	66.35	17	77.43	28	67.05
7	73.12	18	65.40	29	69.77
8	55.15	19	87.15	30	45.92
9	56.72	20	84.36	31	46.51
10	50.96	21	55.02	32	49.65
11	65.76	22	64.08	33	68.37

续表

编号	发芽率（%）	编号	发芽率（%）	编号	发芽率（%）
34	60.23	40	89.88	46	80.20
35	65.77	41	70.33	47	65.69
36	61.31	42	65.00	48	50.55
37	57.43	43	71.23	49	86.00
38	64.62	44	75.56	50	85.00
39	78.51	45	80.55		

8. 生活力测定

采用电导率法测定黄连种子生活力。选取黄连种子浸泡在20ml无离子水中搅拌，于常温下浸泡24小时。蒸馏水作对照。用DDS-307电导仪测定浸出液和对照的电导率，然后将试样电导率减去对照电导率。按以下公式计算样品电导率值：

电导率 =［（试样1的值/试样1的种子质量+试样2的值/试样2的种子质量+试样3的值/试样3的种子质量+试样4的值/试样4的种子质量）］/4

不同产地黄连种子生活力检验结果见表56-6。

表56-6　不同产地黄连种子生活力

编号	电导率（%）	编号	电导率（%）	编号	电导率（%）
1	26.33	18	26.32	35	26.54
2	30.37	19	21.85	36	26.31
3	33.35	20	23.66	37	22.02
4	35.49	21	22.71	38	25.08
5	28.03	22	22.65	39	21.07
6	24.59	23	23.98	40	25.64
7	25.59	24	25.13	41	26.66
8	28.02	25	30.54	42	24.52
9	32.44	26	29.11	43	23.32
10	24.28	27	22.04	44	27.09
11	31.33	28	27.33	45	28.61
12	24.13	29	22.61	46	26.34
13	21.01	30	29.30	47	26.51
14	23.55	31	22.80	48	24.31
15	29.45	32	28.33	49	24.38
16	26.82	33	25.12	50	26.37
17	28.81	34	24.31		

9. 种子健康检验

（1）直接检验法　从平均样品中取试样500～1000粒，放在白纸或玻璃纸上，用5～10倍扩大镜检验，果核表面有病症斑点者即为病粒，挑出后数清粒数，计算病粒率。

（2）破口检验法　取平均样品2份，每份100粒，然后逐粒用刀片沿内果皮结合痕将种子切开，观察被害粒数，计算被害率。本试验对50份黄连种子开展健康度检查均未发现感病种子，病粒率为0。

10. 种子质量对药材生产的影响

试验所用的3个等级的四年生黄连种子采于重庆石柱县沙子镇。三个等级种子的质量指标见表56-7。种子育苗方式为搭棚精细育苗法，试验地为石柱县黄水镇、沙子镇，每小区为1m²，随机区组，重复3次。

表56-7　黄连种子质量指标

等级	净度（%）	发芽率（%）	千粒重（g）	含水量（%）
Ⅰ级	95	88	0.88	10.0
Ⅱ级	91	72	0.77	10.2
Ⅲ级	88	65	0.62	9.9

种子育苗二年后，在移栽前对种苗的株高、叶数、叶长、叶宽、成活率等指标进行拷种，结果见表56-8。方差分析结果表明：不同等级的黄连种子所培育的种苗在株高、叶片数、叶长和叶宽等指标上没有显著的差异。Ⅰ级和Ⅱ级种子所育种苗的成活率无显著差异，但显著高于Ⅲ级种苗。

表56-8　黄连不同等级种子育苗生长情况

等级	株高（cm）	叶数（片）	叶长（cm）	叶宽（cm）	成活率（%）
Ⅰ级	3.4	5.2	2.3	2.6	67^A
Ⅱ级	3.3	5.2	2.27	2.47	62^A
Ⅲ级	3	4.8	2.07	2.37	52^B

注：不同等级种子培育的黄连种苗在株高、叶片数、叶长和叶宽等指标上没有显著的差异，因此未在表格中标注。

种苗移栽五年后，对黄连药材进行产量和6种生物碱的含量测定，结果见表56-8。方差分析表明：经不同等级种子培育的黄连药材在产量和含量之间均没有显著性差异。

表56-9　黄连不同等级种子收获黄连药材产量和含量

等级	小区产量（斤）	亩鲜产量（kg）	亩药材产量（kg）	药根碱（%）	非洲防己碱（%）	表小檗碱（%）	黄连碱（%）	盐酸巴马汀（%）	小檗碱（%）
Ⅰ级	2.99	1991	398	0.659	0.718	2.691	1.757	1.318	6.886
Ⅱ级	3.04	2027	385	0.648	0.759	2.935	1.319	1.286	7.089
Ⅲ级	3.30	2200	418	0.684	0.865	3.105	1.463	1.365	7.496

注：黄连鲜产量为“毛坨子”重量。不同等级种子培育的黄连药材产量之间以及含量之间均没有显著性差异，因此未在表格中标注。

三、黄连种子质量标准草案

1. 范围

本标准规定了黄连种子质量分级的技术要求、检测方法、检验规则。

本标准适用于黄连种子的生产、经营和使用。

2. 规范性引用文件

下列文件对于本标准的应用是必不可少的。凡是注明日期的引用文件，仅所注明日期的版本适用于本标准。凡是不注明日期的引用文件，其最新版本（包括所有的修改单）适用于本标准。

GB/T 191—2008　包装储运图示标志

GB/T 3543.2—1995　农作物种子检验规程　扦样

GB/T 3543.3—1995　农作物种子检验规程　净度分析

GB/T 3543.4—1995　农作物种子检验规程　发芽试验

GB/T 3543.6—1995　农作物种子检验规程　水分测定

3. 术语和定义

下列术语和定义适用于本标准。

3.1 扦样　采用专用的扦样器具，从袋装或散装种子批取样的过程。

3.2 种子批　同一来源、同一品种、同一年度、同一时期收获和质量基本一致，在规定数量之内的种子。

3.3 种子净度　正常黄连种子占供检样品重量的百分率。

3.4 净种子　凡能明确地鉴别出它们属于所分析的种子（已变成菌核、黑穗病孢子团或线虫瘿除外），即使是未成熟的、瘦小的、皱缩的、带病的或发过芽的种子单位都应作为净种子。

3.5 杂质　除净种子和其他植物种子外的破损或受损伤种子单位的碎片和所有其他物质的构造。

3.6 种子含水量　按规定程序把种子样品烘干所失去的重量，用失去重量占供检样品原始重量的百分率表示。

3.7 种子发芽率　在规定条件下和时间内长成的正常幼苗种子数占供检种子总数的百分率。

4. 技术要求

4.1 基本要求

4.1.1 外观要求：种子长椭圆形，表面棕褐色或棕色，种皮光滑，外形完整、饱满。

4.1.2 检疫要求：无检疫性病虫害。

4.2 分级要求　依据种子净度、发芽率、千粒重、含水量等指标进行分级，质量分级指标应符合表56-10的要求，低于Ⅲ级的种子不得作为生产性种子使用。

表56-10　黄连种子质量分级指标

等级	净度（%）	发芽率（%）	千粒重（g）	含水量（%）
Ⅰ级	≥93.4	≥84	≥0.85	≥9.0
Ⅱ级	≥88.5	≥67	≥0.75	≥9.0
Ⅲ级	≥83.5	≥51	≥0.55	≥9.0

5. 检测方法

5.1 抽样方法　按GB/T 3543.2的规定执行。

5.2 外观检验 根据质量要求目测种子的外形、色泽、饱满度。

5.3 检疫检验 检疫对象按GB 15569—2009的规定执行。

5.4 净度分析 按GB/T 3543.3—1995的规定执行。将种子样品分成干净种子、其他植物种子和杂质，并将各成分分别称重。称量结果精确至0.0001g。种子的增失差＜5%，检验结果有效。

5.5 含水量测定 按GB/T 3543.6—1995的规定执行。采用高恒温烘干法测定黄连种子含水量。随机称取净度分析后的黄连种子样品各5.00g±0.02g，置于称量盒中，烘2小时后，取出迅速放入干燥器中冷却至室温后称重，进行水分含量计算。一个样品的2次测定之间的差距不超过0.2%，其结果可用2次测定值的算术平均数表示。否则，重做2次测定。

根据烘后失去的重量计算种子含水率，按式（52-1）计算至小数点后1位：

$$种子水分（\%）=\frac{M_2-M_3}{M_2-M_1}\times 100\%$$

式中：M_1——称量盒和盖的重量，g；

M_2——称量盒和盖及样品的烘前重量，g；

M_3——称量盒和盖及样品的烘后重量，g。

5.6 千粒重测定 采取千粒测定法测定黄连种子质量。随机取2个重复，每个重复1000粒净种子，2个重复间差数与平均数之比＜5%，测定值有效。用1/10000电子天平称重，称重后计算组平均数

5.7 发芽测定 按GB/T 3543.4—1995的规定执行。在10℃下，以培养皿为容器，在皿底铺3cm厚的细土（土水比为4：1），置种，再盖上一层湿润的薄细土。光照条件下发芽。发芽开始后，若出现严重霉烂的种子，则随时拣出。发芽结束后记录发芽种子数。发芽率计算公式如下：

$$发芽率（\%）=\frac{发芽总粒数}{试验总粒数}\times 100\%$$

6. 检验规则

6.1 组批 同一批黄连种子为一个检验批次。

6.2 抽样种子批的最大重量为300kg，送检样品最少为30g，净度分析试样最少为3g。

6.3 交收检验 每批种子交收前，种子质量由供需双方共同委托种子种苗质量检验技术部门或获得该部门授权的其他单位检验，并由该部门签发黄连种子质量检验证书。

6.4 判定规则 按表56-10的分级要求对种子进行评判，抽检样品的各项指标均同时符合某一等级时，则判定所代表的该批次种子为该等级；当有任意一项指标低于该等级标准时，则按单项指标最低值所在等级定级。任意一项低于Ⅲ级标准时，则判定所代表的该批次种子为等级外种子。

6.5 复检 供需双方对质量要求判定有异议时，应进行复检，并以复检结果为准。

7. 包装、标识、运输与储藏

7.1 包装 用透气的麻袋、编织袋包装，每个包装不超过25kg，包装外附有种子标签以便识别。

7.2 标识 依据GB/T 191—2008的规定，销售的袋装黄连种子应当附有标签。每批种子应挂有标签，表明种子的产地、重量、净度、发芽率、含水量、质量等级、植物检疫证书编号、生产日期、生产者或经营者名称、地址等。

7.3 运输 禁止与有害、有毒或其他可造成污染物品混贮、混运，严防潮湿。车辆运输时应有苫布盖严，船舶运输时应有下垫物。

7.4 储藏 黄连种子在产地可在常温下保存，寿命为1年，超过1年的黄连种子不能使用。种子与洁净的湿河

沙按重量1：（5～10）或体积1：1.5混合拌匀，装入编织袋中，封口，窖藏。在贮存期间应保持河沙处于湿润状态。

四、黄连种子繁育技术规程

（一）研究概况

到目前为止，就黄连种子繁育技术研究方面的报道较少。1991年徐锦堂等建立了黄连种子湿沙棚贮、精细育苗技术，在此技术下黄连种子发芽率达98%，每kg种子可育苗14万株，比原撒茅林育苗方法种子育苗率提高了8倍。重庆市中药研究院为建立黄连道地药材种子繁育规程开展了大量的研究工作，包括不同用种量、不同等级种子、不同浸种处理、不同肥料及施用量对黄连种子发育及种苗生长的影响。

（二）黄连种子繁育技术规程

1. 范围

本规程规定了黄连种子繁育的技术要求、采收与加工及包装、标识、运输与储藏。

本规程适用于黄连种子繁育的全过程。

2. 规范性引用文件

下列文件对于本规程的应用是必不可少的。凡是注明日期的引用文件，仅所注明日期的版本适用于本规程。凡是不注明日期的引用文件，其最新版本（包括所有的修改单）适用于本规程。

GB/T 191—2008　包装储运图示标志

DB50/T 599—2015　黄连规范化种植技术规程

3. 术语和定义

下列术语和定义适用于本规程。

3.1 实生苗　由种子发芽长出的幼苗。

3.2 连作　指在同一块土地上连续2个以上黄连生长周期种植黄连的种植方式。

3.3 轮作　指在同一块土地上前后种植两茬不同作物的种植方式。

3.4 上面泥　黄连生长期内，向植株间撒施薰土、腐殖土、有机肥或疏松肥沃土壤及其混合物的农艺措施。

3.5 间苗　黄连完全出苗后，采用人工方法去除多余幼苗的过程。

4. 技术要求

4.1 育苗

4.1.1 选地：宜选择土壤肥沃、腐殖质层深厚、排水良好、避风的阴山或半阳山的生荒地和油沙土地，海拔在1000～1600m，坡度≤20°为宜。

4.1.2 整地：10～11月整地，翻土深度以20～25cm为宜。整地后按宽120cm、深10～12cm开沟作厢，沟宽15cm。厢长依地势而定，以不超过10m为宜。

4.1.3 梳土：选阴天用齿耙梳去厢面的草根、石块和粗土块。现梳现栽，当天的梳土没有栽完，第2天栽秧苗前应重新梳土。

4.1.4 底肥：梳土后，将磷肥1500kg/hm^{2}或打碎的厩肥6000～7500kg均匀撒在厢面上，然后泼撒猪粪。15天后，用锄头浅挖一遍后整细表土，或再盖厚3cm左右的细土，或按上述方法施肥后覆10cm的生土。

4.1.5 搭棚遮阴：依据DB50/T 599—2015黄连规范化种植技术规程的规定进行。

4.1.6 播种：11～12月初播种。用种量7kg/hm^{2}左右。黄连种子拌和10～20倍细腐殖质土或沙土，混合均匀后撒于厢面。播后用木板稍压平整，并撒盖一层牛粪干粉，厢面覆盖厚3～5cm的稻草或松针。

4.1.7 苗期管理

4.1.7.1 除草：4～5月、6～7月、9～10月各除草1次。若杂草较多，应增加除草次数。拔除杂草时，应一手按住黄连苗，另一手拔草，并用栽秧刀或一端削尖的小竹片撬松表土。

4.1.7.2 追肥：播种后的第二年追肥3次：4～5月施尿素120kg/hm^{2}左右；6～7月施尿素180kg/hm^2；10～11月撒施腐熟的厩肥2250kg/hm^2。播种后的第三年春季，施碳酸氢铵180kg/hm^{2}和过磷酸钙300kg/hm^2。撒施化肥应注意选择晴天，黄连叶片上无露水时进行，撒后即用小树枝轻轻将粘在叶片上的肥料颗粒扫落。

4.1.7.3 间苗：种子长出1～2片真叶时，拔除病苗和畸形苗。至幼苗时应拔除部分弱苗，使株距保持1cm左右。

4.1.7.4 上面泥：施肥后，立即均匀撒施面泥。第2、第3年上面泥厚约1cm，第4年上面泥厚约2cm。

4.2 移栽

4.2.1 选地：适宜生长在土层深厚、疏松肥沃、利水，土壤上层富含腐殖质、下层保水保肥力较强的沙壤土、壤土和黏壤土，常选土壤为黄棕壤、黄壤，其有机质1.0%以上，全氮、全钾含量高，有效微量元素中等，pH 5.0～7.0，坡度10°～20°。

4.2.2 整地：多在11月整地，整地方法同4.1.2。

4.2.3 底肥：约施腐熟的厩肥37500kg/hm^{2}和过磷酸钙2250kg/hm^2。将厩肥捣碎与过磷酸钙混合，均匀铺于厢面，然后用锄头浅挖，拌匀肥料与表土。若厩肥不足也可拌施沤肥、堆肥和其他土杂肥。

4.2.4 作厢：根据地势开沟作厢。

4.2.5 搭棚荫蔽：依据DB50/T 599—2015《黄连规范化种植技术规程》的规定进行。

4.2.6 移栽时间：宜在3～6月阴天移栽，尽量早栽。3月移栽者应注意防止“倒春寒”。

4.2.7 移栽密度：栽植密度为株行距12cm×12cm，每窝栽1株。

4.2.8 种苗移栽方法：以左手握秧苗的柄叶，右手取苗1株，握住种苗的柄叶，食指压住幼苗根茎向土中插下旋转半周后，取出手指将连苗留在孔穴中，然后把种苗扶正，将手指留下的孔穴覆土填盖即可。

4.3 田间管理

4.3.1 补苗：移栽当年秋季挑选大苗、壮苗补苗1次。第二年春季查苗补苗1次，并将露出土面尚未冻死的黄连苗的根重新按入土中。

4.3.2 除草松土：移栽后的第1、第2年内，每年至少除草4～5次。第3、第4年，应在春季、夏季采种后及秋季各除草一次。第5年后，一般不必除草。

4.3.3 追肥培土：依据DB50/T 599—2015的规定进行。采种当年应增施高氮和高钾的复混肥。

4.3.4 补棚：黄连移栽后应特别注意棚架棚盖，不能任其倒塌掉落，尤其是冬寒之后，更应检查补修一次。平时如被风吹折，或水滴过大之处，亦应修补、调整。

4.4 病虫害防治　依据DB50/T 599—2015的规定进行。

5. 采收与加工

5.1 采收

5.1.1 采收时间：以移栽后第4、第5年植株作为采种植株。采集时间在5月上旬。

5.1.2 采收标准：选取芽苞数多、外侧芽发达、分枝多、总叶片多、花薹多而粗、果实壮实、无病虫害的黄连植株，当果实由绿变黄绿色或由紫色变为淡紫色，果实顶端出现裂口，种子由绿变为淡黄绿色或淡黄色，用手压碎有脆感（即种子成熟）时采收黄连种子。

5.1.3 采收方法：选晴天，采时一手拿住果序保持直立（不可倒拿果序），一手用剪刀剪下果序，除去未成熟的果实、劣果及顶部果实，放入布袋中。

5.2 加工　将果实堆放在室内阴凉处的竹席晾2～3天。待果实全部裂开时抖出种子，簸去空果序、果壳及杂质。种子放在室内摊晾7～10天，厚度为0.5～1.0cm。每天翻3～4遍，以防烂种。

6. 包装、标识、运输与储藏

6.1 包装　宜用布袋或其他通风透气性良好的容器进行包装。

6.2 标识　依据GB/T 191—2008的规定，在每件外包装袋上应印制标签或在醒目处贴标（挂卡），其内容有品名、规格、产地、批号、包装日期、生产单位、采收日期，还要注明储藏条件、注意事项，并附有质量合格的标志。

6.3 运输　种子须符合保质、保量、运输安全等储存的要求，严防污染。运输过程中防止重压、曝晒、风干、雨淋等。

6.4 储藏　种子由淡黄及黄绿色变成褐色即可储藏。种子与洁净的河沙按重量1：（5～10）或体积1：1.5混合拌匀，装入编织袋中，封口，窖藏。前4个月内每月检查一次，以后可隔2个月检查一次。

参考文献

[1] 张春平，何平，何俊星，等. 药用保护植物黄连种子萌发特性研究［J］. 西南大学学报，2008，30（9）：89

[2] 中国医学科学院药用植物资源开发研究所. 中国药用植物栽培学［M］. 北京：中国农业出版社，1991.

王钰　陈大霞　张雪（重庆市中药研究院）

57 | 菊花

一、药用菊花概况

药用菊花（*Chrysanthemum morifolium* Ramat.）系菊科菊属多年生草本植物，具有1300多年的栽培历史。而长期的人工栽培，造成了各生产地种质混乱，且种苗缺乏相对统一的标准，极大地制约了高品质菊花规模化、规范化生产。

药用菊花可扦插、分株和压条繁殖，主要采用扦插、分株繁殖。分株繁殖虽然前期容易成活，但因后期根系不太发达，易早衰；进入花期时，叶片大半已枯萎，对开花有一定影响，花少而小，且易引起品种退化；扦插繁殖虽较费工，但扦插苗移栽后生长势强，抗病性强，产量高，故目前生产上常用扦插繁殖。

种苗是药用菊花品质的首要环节，目前各个产地生产用杭菊种苗都为自留，各产地甚至各个生产单位之间尚无统一的种苗标准，而参差不齐的菊花种苗势必直接影响后期菊花药材的品质。同时，我国中药材实际生产中只有甘草、人参、黄芩等少数品种制定了国家标准，而其他常用的大宗药材尚处空白状态。中药材质量标准的缺乏，很大程度上导致中药材生产的盲目性，直接影响了后期中药材的品质。药用菊花的种子种苗也没有一定的标准。药材种子种苗质量标准的匮乏，在一定程度上导致了药材种子（苗）市场的混乱。

开展药用菊花优质种苗质量标准规范研究，为菊花规模化规范化生产提供优质的种苗，培育高产、优质菊花种质，解决目前菊花供不应求的市场需求具有重要意义。

二、药用菊花种苗质量标准研究

（一）研究概况

目前，我国药用菊花的种植面积不断增加，已建立多个药用菊花种植基地，种苗需求量也不断增加。由于没有完善的种苗供需市场，种苗质量令人担忧，种苗质量低劣将会对生产造成巨大的损失。本研究基于这一现实问题，通过不同级别种苗栽培试验，从而对不同质量的种苗对其生长、药材产量和品质的影响作定量的描述，进而确定药用菊花种苗质量分级标准，为药用菊花规范化生产提供依据。

本研究所通过对药用菊花种苗各形态指标进行相关性分析和主成分分析，并结合生产实践，确定地径和苗高作为种苗分级的指标。用地径和苗高作为种苗分级指标，采用逐步聚类法对药用菊花种苗进行了分级，并初步确定了种苗分级标准。

（二）研究内容

1. 研究材料

材料为药用菊花中杭菊品系的红心菊60天扦插苗。

2. 方法

对种苗的地径和苗高进行测量，作为药用菊花种苗分级的主要指标。然后对指标数据进行逐步聚类分析，将药用菊花种苗初步分为三个等级。然后将不同等级的苗进行盆栽试验，每隔一月测量株高和地径的大小。待其开花成熟时，进行采收，计算产量。然后对药材的外观形态和质量进行检测，药材质量主要参考《中国药典》（2015年版），最后确定种苗分级。

（1）药用菊花种苗分级　取健康红心菊植株，随机选取100株，选用地径、株高、根长、地径全株鲜重、地上部分重、地下部分重作为主要的分级指标。用逐步聚类分析法（SPSS 18.0）对原始数据进行处理。

对测量得到的地径、地径、株高、根长、地径全株鲜重、地上部分重、地下部分7个指标进行了主成分分析。根据主成分分析结果，结合实际生产的可操作性，选定苗高和地径为药用菊花扦插苗分级的指标。对药用菊花种苗的苗高及地径参数数据标准化值后，用K-均值聚类法进行初始分级，分成3个等级。为了避免主观判断误差，用欧式距离数学公式对其进行修正，反复修正，直到完全没有变化，即结束分级。分级结果见表57-1。

表57-1　药用菊花扦插种苗质量等级表

等级	地径（cm）	苗高（cm）
Ⅰ级	$D \geq 0.35$	$H \geq 20.43$
Ⅱ级	$0.35 > D \geq 0.28$	$20.43 > H \geq 18.54$
Ⅲ级	$D < 0.28$	$H < 18.54$

（2）种苗分级对药材生长发育、产量和质量的影响

① 生长指标测定方法：定期测定植株的株高、地径和分枝数。株高用直尺测量，精确到0.1cm。地径用游标卡尺测量，精确到0.01cm。

② 单株产量测定及采收加工方法：待药用菊花全部开放时摘取花，称量单株花鲜重。然后在110℃水蒸气下杀青2分钟，在60℃下烘干。

③ 药材质量的测定：药材外观形态的测定，每个等级随机选取10朵花，分别测量其花朵直径、花瓣层数、花瓣数、花瓣长、花瓣宽、花心直径和管状花数。药材内在品质测定总黄酮、绿原酸、槲皮苷、木犀草苷和3，5-*O*-双咖啡酰基奎宁酸的含量，方法参考《中国药典》（2015年版）菊花项的方法。

3. 种苗质量对药材生产的影响

（1）不同等级药用菊花种苗对药用菊花植株生长的影响

① 种苗分级对植株株高的影响：从表57-2可以看出，不同等级种苗在7月份株高的大小顺序为Ⅰ级＞Ⅱ级＞Ⅲ级，但在种植1个月后，8月份Ⅰ级苗的高度小于Ⅱ级和Ⅲ级苗高，Ⅲ级苗株高最高。到9月份和10月份株高的大小顺序变为Ⅰ级＞Ⅱ级＞Ⅲ级。

表57-2　不同级别种苗植株株高生长情况

等级	株高（cm）			
	7月	8月	9月	10月
Ⅰ级	21.84 ± 2.08^{a}	44.53 ± 5.64^{b}	52.65 ± 7.25^{b}	59.00 ± 5.97^{c}
Ⅱ级	20.42 ± 1.21^{b}	45.70 ± 5.88^{b}	54.67 ± 4.77^{ab}	60.86 ± 3.94^{b}

续表

等级	株高（cm）			
	7月	8月	9月	10月
Ⅲ级	18.14±1.03[c]	47.19±5.98[a]	55.77±10.08[a]	62.54±7.72[a]

注：同列不同小写字母表示在0.05水平上存在显著差异。

② 种苗分级对植株地径的影响：从表57-3可以看出，经过分级的种苗的地径Ⅰ级苗最大，Ⅲ最小级。经过一定时间的栽培生长后，不同等级不同栽培类型的种苗，其地径的大小还为Ⅰ级苗最大，Ⅲ最小级。具体大小顺序为：Ⅰ级＞Ⅱ级＞Ⅲ级。可以得出，经过分级得到的壮苗，移栽后会比差苗长得更加粗壮。

表57-3　不同级别种苗植株地径生长情况

等级	株高（cm）			
	7月	8月	9月	10月
Ⅰ级	0.39±0.04[a]	0.64±0.09[a]	0.66±0.08[a]	0.69±0.07[a]
Ⅱ级	0.32±0.03[b]	0.53±0.11[b]	0.62±0.12[b]	0.65±0.11[b]
Ⅲ级	0.30±0.02[c]	0.52±0.09[c]	0.59±0.07[c]	0.63±0.07[c]

注：同列不同小写字母表示在0.05水平上存在显著差异。

③ 种苗分级对植株分枝数的影响：从表57-4可以看出，经过1个月时间的生长，种苗的分枝数开始发生变化，Ⅰ级苗的分枝数要多于Ⅱ级苗和Ⅲ级苗，Ⅲ级苗的分枝数最少，具体顺序为Ⅰ级＞Ⅱ级＞Ⅲ级苗。

表57-4　不同等级植株分枝数情况

等级	分枝数			
	7月	8月	9月	10月
Ⅰ级	1.00±0.00[a]	6.65±2.32[a]	8.24±1.64[a]	10.18±1.81[a]
Ⅱ级	1.00±0.00[a]	6.20±2.44[a]	7.92±2.08[b]	9.25±1.87[b]
Ⅲ级	1.00±0.00[a]	5.88±1.99[b]	7.62±1.33[c]	7.98±2.02[c]

注：同列不同小写字母表示在0.05水平上存在显著差异。

不同等级种苗对植株生长具有一定的影响，Ⅰ级苗和Ⅱ级苗的地径较粗，分枝数要多于Ⅲ级苗，而Ⅲ级苗的株高要比Ⅰ级苗和Ⅱ级苗要高。Ⅰ级苗和Ⅱ级苗苗期的地径较大，株高较高，在种苗栽植后储存的营养物质较多，更有利于植株的后期生长，到盛花期时植株更加粗壮，分枝数较多。而Ⅲ级苗植株较小，栽植后生长较慢，在盛花期时植株较高，茎干较细，分枝数较少。

（2）不同等级药用菊花种苗对药用菊花产量的影响　Ⅰ级、Ⅱ级和Ⅲ级苗药材单株产量分别为288.56、192.53和124.59g，Ⅰ级苗和Ⅱ级苗的药材产量显著高于Ⅲ级苗药材产量。总体表现为Ⅰ级苗＞Ⅱ级苗＞Ⅲ级苗药材产量。说明不同等级种苗对药材产量有显著的影响，I级苗的产量最高。

（3）药用菊花种苗分级对药材品质的影响

① 种苗分级对药材外观形态的影响：从表57-5可以看出，种苗分级对药材外观形态的影响主要表现为对药材花心直径和管状花数的影响，Ⅰ级苗和Ⅱ级苗的花心直径和管状花数显著大于Ⅲ级苗，对花朵直径、花瓣层数、花瓣数、花瓣长和花瓣宽无明显的影响。

表57-5 不同等级药用菊花种苗菊花外观形态

等级	花直径（cm）	花瓣层数	花瓣数	瓣长（cm）	瓣宽（cm）	花心直径（cm）	管状花数
Ⅰ级	4.46±0.32[a]	3.10±0.32[a]	61.20±12.63[a]	2.12±0.14[a]	0.55±0.07[a]	1.41±0.19[a]	217.10±39.18[a]
Ⅱ级	4.19±0.37[ab]	3.00±0.47[a]	57.70±7.80[ab]	2.11±0.20[a]	0.51±0.05[a]	1.29±0.21[a]	195.50±38.11[a]
Ⅲ级	4.04±0.36[b]	3.00±0.94[a]	48.30±13.78[b]	1.96±0.21[a]	0.50±0.06[a]	1.12±0.09[b]	138.30±16.86[b]

注：同列不同小写字母表示在0.05水平上存在显著差异。

（4）药用菊花种苗分级对药材内在品质的关系　从表57-6可以看出，种苗分级对药用菊花药材总黄酮、槲皮苷、绿原酸、木犀草苷和3，5-*O*-二咖啡酰基奎宁酸含量差异显著。

表57-6 不同等级种苗药材内在品质比较

等级	总黄酮（%）	木犀草苷（mg/g）	槲皮苷（mg/g）	绿原酸（mg/g）	3，5-*O*-二咖啡酰奎宁酸（mg/g）
Ⅰ级	5.05±0.04[b]	6.33±0.17[a]	11.47±0.30[b]	2.54±0.08[a]	8.37±0.22[a]
Ⅱ级	5.16±0.12[a]	5.89±0.13[b]	11.76±0.25[a]	2.36±0.11[c]	8.25±0.30[b]
Ⅲ级	5.00±0.07[c]	5.93±0.10[b]	10.92±0.41[c]	2.49±0.08[b]	8.29±0.19[b]

注：同列不同小写字母表示在0.05水平上存在显著差异。

从不同级别菊花种苗的药材外观形态和内在品质的测定结果可知，不同级别种苗的药材花心直径和管状花数以Ⅰ级和Ⅱ级苗为好，显著大于Ⅲ级苗，而对药材内在品质也差异显著。

4. 繁育技术

（1）材料与方法

① 供试材料：供试材料采自南京农业大学药用菊花种质圃，经南京农业大学郭巧生教授鉴定为药用菊花杭菊品系中的红心菊。

② 方法

a. 插穗类型试验：选择当年生生长健壮、无病虫害的顶梢和茎段，修剪长为8～10cm，基部距下芽0.5cm，修剪平整，扦插于经过消毒处理的细沙中。10根插条为1组，3次重复，40天后测其生根时间、生根率、根数、根长、叶片数和株高，计算根系效果指数。

b. 不同激素及其溶度试验：根据试验需要，将吲哚乙酸（IAA）、萘乙酸（NAA）、吲哚丁酸（IBA）分别配置成250、500、750、1000mg/L溶液备用。选取当年生生长健壮、无病虫害的嫩梢置于不同类型和溶度的激素中浸泡10分钟后，扦插于经过消毒处理的细沙中。10根插条为1组，3次重复，40天后调查生根时间、生根率、根数、根长、叶片数和株高，计算根系效果指数。

c. 扦插后管理：扦插试验在2011年4月统一进行，温度为18～25℃。苗床设在南京农业大学实验大棚内，用黑色遮阳网遮盖（遮阴度为60%），插后定期喷水以保证扦插基质湿度保持在90%左右。

③ 扦插部位的筛选：从表57-7中可以看出，嫩梢扦插其生根数、株高和根系效果指数与茎段扦插都有极显著差异，根长、地径和叶片数无显著差异。嫩梢扦插的根数平均有13.63，而茎段只有5.96；嫩梢的株高平均为13.00cm，而茎段只有10.25cm；根系效果指数嫩梢平均为3.13，茎段的只有1.4。从以上可以得出，嫩枝扦插生根效果优于茎段扦插，所以选择嫩梢作为扦插的插穗。

表57-7 不同扦插部位对药用菊花扦插地下和地上部分生长的影响

部位	生根率（%）	生根数	根长（cm）	地径（cm）	叶片数	株高（cm）	根系效果指数
嫩梢	100	13.63±4.43[a]	6.98±1.74[a]	0.36±0.07[a]	12.53±2.56[a]	13.00±2.38[a]	3.13±1.27[a]
茎段	100	5.97±2.17[b]	6.84±1.67[a]	0.33±0.09[a]	12.07±4.82[a]	10.25±3.32[b]	1.40±0.71[b]

注：同列不同小写字母表示在0.05水平上存在显著差异。

（2）外源激素的选择　通过比较不同激素及溶度条件下药用菊花扦插苗的生根率、生根数、根长、地径、叶片数、株高和根系效果指数，除生根率都为相同的100%外，不同处理之间有显著差异。

① 不同激素及其溶度处理对扦插生根的影响：从表57-8中可以看出不同激素及溶度处理生根数最多的为IAA（1000mg/L）、IBA（750mg/L）和NAA（1000mg/L）分别为53.95、56.1和52.25，生根数最少的为空白对照处理的为17.85，说明这3种激素在以上各自的溶度下具有明显的促进药用菊花插穗生根数的效果；不同激素及溶度处理后插穗生根根长最长的为IBA（250mg/L）和NAA（250mg/L），分别为7.03cm和7.49cm，根长最短的为空白处理为3.02cm；不同处理根系效果指数最大的为IBA（750mg/L）和IAA（1000mg/L），分别为17.68和15.12，最小的为空白处理为2.84。

表57-8 不同激素及溶度对扦插生根的影响

激素	处理	溶度（mg/L）	生根率（%）	根数	根长（cm）	根系效果指数
IAA	1	250	100	18.30±6.45[c]	5.71±1.11[cde]	5.36±2.79[ef]
	2	500	100	34.30±9.51[b]	5.49±1.26[de]	9.32±2.94[d]
	3	750	100	37.05±10.10[b]	6.65±1.29[b]	12.68±5.09[bcd]
	4	1000	100	53.95±25.43[a]	5.34±1.35[e]	15.12±9.25[ab]
IBA	5	250	100	33.20±8.25[b]	7.03±1.26[ab]	11.57±3.06[cd]
	6	500	100	36.00±11.88[b]	5.25±1.61[e]	9.56±4.29[d]
	7	750	100	56.10±15.30[a]	6.35±0.88[bc]	17.68±4.92[a]
	8	1000	100	38.55±16.80[b]	5.24±1.08[e]	10.50±5.42[d]
NAA	9	250	100	16.80±5.68[c]	7.49±1.35[a]	6.23±2.19[e]
	10	500	100	34.9±12.674[b]	6.63±1.12[b]	11.89±5.23[bcd]
	11	750	100	35.90±18.15[b]	6.21±1.20[bcd]	10.90±5.86[cd]
	12	1000	100	52.25±15.80[a]	5.31±1.32[e]	14.05±5.85[bc]
空白	13	0	100	17.85±7.39[c]	3.02±1.03[f]	2.84±1.81[f]

注：同列不同小写字母表示在0.05水平上存在显著差异。

② 不同激素及其溶度处理对扦插地上部分生长的影响：从表57-9中可以看出，不同激素及其溶度处理后地径生长最大的为IAA（750mg/L）、IBA（250mg/L）、IBA（750mg/L）、NAA（500mg/L）和NAA（750mg/L），分别为0.37cm、0.38cm、0.39cm、0.36cm和0.35cm，最小的为空白处理为0.29cm；不同激素及溶度处理后叶片数最多的为IAA（250mg/L）、IAA（500mg/L）、IAA（1000mg/L）、IBA（250mg/L）、IBA（1000mg/L）和空白对照；不同激素及其溶度处理后株高最高的为IAA（250mg/L）、IAA（500mg/L）、IBA（250mg/L）和空白对照。

表57-9　不同激素及浓度对插穗地上部分生长的影响

激素	处理	溶度（mg/L）	地径（cm）	叶片数	株高（cm）
IAA	1	250	0.35 ± 0.067^{bcde}	9.35 ± 2.39^{a}	10.91 ± 1.61^{a}
	2	500	0.36 ± 0.072^{abcd}	8.65 ± 1.93^{ab}	10.49 ± 1.88^{ab}
	3	750	0.37 ± 0.059^{abc}	6.80 ± 2.12^{efg}	8.64 ± 1.53^{cd}
	4	1000	0.31 ± 0.045^{fgh}	8.50 ± 1.50^{abc}	9.48 ± 1.69^{bc}
IBA	5	250	0.38 ± 0.06^{ab}	9.30 ± 2.43^{a}	10.44 ± 1.78^{ab}
	6	500	0.32 ± 0.06^{efgh}	6.35 ± 1.81^{fg}	7.79 ± 1.99^{de}
	7	750	0.39 ± 0.06^{a}	7.90 ± 2.15^{bcde}	8.76 ± 1.49^{cd}
	8	1000	0.33 ± 0.05^{defg}	8.20 ± 1.15^{abcd}	9.09 ± 1.52^{c}
NAA	9	250	0.34 ± 0.06^{cdef}	7.25 ± 1.86^{cdef}	9.02 ± 1.66^{c}
	10	500	0.36 ± 0.06^{abcd}	7.00 ± 1.84^{def}	8.47 ± 1.37^{cd}
	11	750	0.35 ± 0.08^{abcde}	5.60 ± 2.30^{g}	7.35 ± 2.24^{e}
	12	1000	0.30 ± 0.04^{gh}	7.95 ± 1.54^{bcde}	9.20 ± 1.36^{c}
空白	13	0	0.29 ± 0.03^{h}	9.15 ± 1.27^{ab}	11.46 ± 1.49^{a}

注：同列不同小写字母表示在0.05水平上存在显著差异。

通常壮苗都具有一定的粗度和高度，枝叶旺盛、无徒长现象，根系发达、主根健壮、侧根和细跟较多且具有一定的长度。综上所述，选择以IBA 750mg/L作为扦插处理的激素，在此激素和溶度处理下得到的扦插苗根系效果较好，地径发达，株高和叶片数适中，符合壮苗标准。

三、药用菊花种苗标准草案

1. 范围

本标准规定了药用菊花种苗的术语和定义、分级要求、检验方法、检验规则。

本标准适用于药用菊花种苗生产者、经营者和使用者。

2. 规范性引用文件

下列文件中的条款通过本标准的引用而成为本标准的条款。凡是注明日期的引用文件，其随后所有的修改单（不包括勘误的内容）或修订版均不适用于本标准。然而，鼓励根据本标准达成协议的各方研究可使用这些文件的最新版本。凡是不注明日期的引用文件，其最新版本适用于本标准。

GB 6000—1999　主要造林树种苗木质量分级

中华人民共和国药典（2015年版）一部

3. 术语和定义

下列术语和定义适用于本标准。

3.1 扦插苗　健康的母株上提供的分枝，经扦插生根后获得的种苗。

3.2 苗高　种苗植株在自然生长状态下，从根、茎结合部至种苗最高一片叶子顶端的高度。

3.3 地径　种苗主干靠近地面处的直径，是种苗地上与地下部的分界线。

3.4 根系状况　根的丰满程度、颜色、新鲜感等。

3.5 病虫害　种苗植株受病虫害及携带病虫的情况和程度。

3.6 药害、肥害及药渍　种苗植株因农药、肥料使用不当导致茎叶受损伤或留下残渍。

3.7 机械损伤　种苗植株在生产、贮运过程中受到人工或机械损伤。

4. 质量分级要求

4.1 药用菊花种苗质量　根据其地径、苗高、根系发育状况、病虫害情况等综合因素，分为Ⅰ级苗、Ⅱ级苗和Ⅲ级苗。具体规定见表57-10。

4.2 药用菊花扦插种苗质量等级表，见表57-10。

表57-10　药用菊花扦插种苗质量等级表

等级	地径（cm）	苗高（cm）
Ⅰ级	$D>0.35$	$H>20.43$
Ⅱ级	$0.28\leq D<0.35$	$18.54\leq H<20.43$
Ⅲ级	$D<0.28$	$H<18.54$

5. 检测方法

5.1 抽样　起苗后苗木质量检测要在一个苗批内进行，采取随机抽样的方法，按表57-11抽样规则进行。

表57-11　种苗检测抽样数量

苗木株数	检测株数	苗木株数	检测株数
500～1000	50	50 001～100 000	350
1001～10 000	100	100 001～500 000	500
10 001～50 000	250	50 0001以上	750

注：摘自《主要造林树种苗木质量分级》（GB6000-1999）。

5.2 检测

5.2.1 苗高：用钢卷尺或直尺测量，从地径处量沿苗干至顶芽基部，检测数值精确到0.1cm。

5.2.2 地径：用游标卡尺测量，如测量的部位出现膨大或干形不圆，则测量其上部苗木起始正常处，检测数值精确到0.01cm。

5.2.3 根系状况：目测。

5.2.4 整体感：目测。

5.2.5 病虫害：先进行目测，主要看有无病症及害虫为害症状，如发现症状，则应进一步用显微镜检害虫或病原菌，若关系到检疫性病害则应进一步分离培养鉴定。

5.2.6 药害、肥害及药渍，机械损伤：目测。

6. 判定规则

① 种苗成批检测；② 检验工作限在原苗圃进行；③ 种苗检验允许范围，同一批种苗中低于该等级的种苗数量不超过5%；④ 检验结果超过允许范围应进行复检；⑤ 检验结束后，填写检验证书。凡出圃的种苗，均应附种苗检验证书，向县以外区域调运的苗木要经过检疫并附检疫证书。

四、药用菊花种子种苗繁育技术研究

(一) 研究概况

药用菊花的繁殖方法有分株和扦插繁殖。分株和压条繁殖系数较低，枝茎短缩而分枝多，花较小。扦插繁殖不仅具有简单易行、保持品种的优良性状等优点，而且能克服分株和压条繁殖造成的种苗少、产量下降等不足，还能结合花修剪进行扦插，即能达到种苗生产的需要，又能节约成本。不同规格的插穗其内源的营养物质、生长调节剂含量及解剖结构等方面存在差异，营养物质是维持其生长和生根的重要能源，其含量与扦插生根关系密切，生根效果也不同。外源生长调节剂对生根有促进作用，能加快扦插生根速度，提高成活率，促进早生根并增加生根数量，但不同的生长调节剂和溶度其生根效果不同。

本研究所通过进行不同插穗和不同生长调节剂及溶度的药用杭菊花扦插比较试验，寻找最佳扦插插穗和生长调节剂及溶度，为药用杭菊花扦插繁殖提供参考标准。

(二) 药用菊花种子种苗繁育技术规程

1. 范围

本规程规定了药用菊花种苗生产技术要求。

本规程适用于药用菊花种苗生产的全过程。

2. 规范性引用文件

下列文中的条款通过本规程的引用而成为本规程的条款。凡是注明日期的引用文件，其随后所有的修改单(不包括勘误内容)或修订版均不适用于本部分。然而，鼓励根据本规程达成协议的各方研究是否使用这些文件的最新版本。凡是不注明日期的引用文件，其最新版本适用于本规程。

GB 3095　环境空气质量标准

GB 4285　农药安全使用标准

GB 5084　农田灌溉水质标准

GB/T 8321.1—2000　农药合理使用准则（一）

GB/T 8321.2—2000　农药合理使用准则（二）

GB/T 8321.3—2000　农药合理使用准则（三）

GB/T 8321.4—2006　农药合理使用准则（四）

GB/T 8321.5—2006　农药合理使用准则（五）

GB/T 8321.6—2000　农药合理使用准则（六）

GB/T 8321.7—2002 农药合理使用准则（七）

GB 15618　土壤环境质量标准

NY/T 496—2002　肥料合理使用准则 通则

中华人民共和国药典（2015年版）一部

中药材生产质量管理规范（试行）（2002）

3. 术语与定义

3.1 扦插苗　健康的母株上提供的分枝，经扦插生根后获得的种苗。

3.2 病虫害　种苗植株受病虫害及携带病虫的情况和程度。

4. 生产技术

4.1 种质来源　药用菊花（*Chrysanthemum morifolium* Ramat.）为菊科多年生草本植物。因栽培历史悠久，栽培地区广泛，迄今在我国已分化成较为稳定的具明显地方特色的栽培类型。如，以地区和商品名称分就有杭菊、滁菊、亳菊、贡菊、怀菊、济菊、祁菊及川菊等；如以花的颜色分则可分为白菊和黄菊两大类；如以花期来分可分为早熟菊和晚熟菊；如以栽培品种分，则据初步统计至少有20多个：如属杭菊类型中大洋菊和小洋菊，主产浙江桐乡；主产江苏射阳的小白菊和红心菊等均为当地比较优良的当家品种。

4.2 选地和整地　选取地势高爽、排水畅通、土壤有机质含量较高的壤土、砂壤土、黏壤土为好。选地如是冬闲地，则冬前应进行耕翻，耕深在20cm以上，保证立垡过冬。

繁殖前每亩施入充分腐熟的厩肥2000～3000千克，并加过磷酸钙20kg作基肥，耕翻20cm深、耙平，南方栽培要作高畦，并按南北向作成高30cm、宽2m左右的宽畦，沟深20cm。整个田块沟系要求做到三沟配套，即应有畦沟、腰沟和田头沟，保证地下水位离畦面0.6m以下。北方则多作平畦。

4.3 繁殖　主要用分根繁殖和扦插繁殖，少数地区还沿用压条繁殖或嫁接繁殖。分根繁殖虽然前期容易成活，但因根系后期不太发达，易早衰，进入花期时，叶片大半已枯萎，对开花有一定影响，花少而小，还易引起品种退化；而扦插繁殖虽较费工，但扦插苗移栽后生长势强，抗病性强，产量高，故目前生产上常用。

4.3.1 分根繁殖：在4月20日到5月上旬，待越冬种株发出新苗15～25cm高时，可进行分株移栽。分株时，一般选择阴天，将菊全棵挖出，轻轻震落泥土，然后顺菊苗分开，选择粗壮和须根多的种苗，并将过长的根和老根以及苗的顶端切掉，每株苗应带有白根，根保留6～7cm长，地上部保留15cm长。

4.3.2 扦插育苗：3月下旬至4月上旬，5～10cm日平均地温在10℃以上时进行。

4.3.2.1 苗床准备：苗床应选择向阳地，于冬前12月深翻冻垡，施充分腐熟厩肥3000～4000千克/亩作基肥，深翻25cm。育苗前，细耙整平，按宽1.5～1.8m、长4～10m作平畦。

4.3.2.2 扦插方法：选择无病斑、无虫口、无破伤、无冻害、壮实、直径在0.3～0.4cm粗的春发嫩茎（萌蘖枝）作为种茎。将所选种茎切上部10～15cm长，去除下部1/2的叶片，同时保证上部留有4～6片叶子的的嫩茎作为扦插枝，随切随插。将种茎按3cm×5cm的株行距以75°～85°的向北夹角斜插在准备好的苗床上，扦插枝入土1/3～1/2，插后立即浇足水分。

4.3.2.3 苗期管理：扦插后，在苗床上应搭建40cm高的荫棚用以白天遮阳。荫棚材料可就地取材，常用的芦帘，透光度控制在0.3～0.4。正常情况下即晴天上午8～9时至下午4～5时遮阴，其他时间包括晚上和阴雨天应撤去遮阴物。育苗期间要保持苗床土壤湿润，浇水宜用喷淋。10～15天后待插枝生根后即可拆去荫棚，以利壮苗。

4.4 病虫害防治

4.4.1 斑枯病（*Septoria chrysanthemella* Sacc.）：又名叶枯病。一般于4月中、下旬发生。植株下部叶片首先发病，出现圆形或椭圆形紫褐色病斑，大小不一，中心呈灰白色，周围褪绿，有一块褐色圈。后期叶片病斑上生小黑点（病原分生孢子器），严重时病斑汇合，叶片变黑干枯，悬挂在茎秆上。4～9月雨水较多时，发病严重。防治方法：适施氮肥，雨后开沟排水，降低田间湿度，减轻危害；发病初期，摘除病叶，并交替喷施1∶1∶100波尔多液和50%托布津1000倍液。选晴天，在露水干后喷药。每隔7～10天喷1次，续喷3次以上。

4.4.2 枯萎病［*Fusarium solani*（Mart.）App. et Wollenw.］：俗称"烂根"。于6月上旬始发，受害植株，叶片变为紫红色或黄绿色，由下至上蔓延，以致全株枯死，病株根部深褐色呈水渍状腐烂。地下害虫多，地势低洼积水的地块，容易发病。防治方法：作高畦，开深沟，排水降低湿度；拔除病株，并在病穴中撒施石灰粉或用50%多菌灵1000倍液浇灌。

4.4.3 霜霉病（*Peronospora danica* Goumann）：被害叶片出现一层灰白色的霉状物（病原菌孢囊梗和孢子囊）。一般于3月中旬发生。遇雨，流行迅速，染病植株枯死。防治方法：种苗用40%霜疫灵300～400倍液浸10分钟后栽种；发病期可喷40%疫霜灵200倍液或50%瑞毒霉500倍液喷治。

4.4.4 花叶病毒：发病植株，其叶片呈黄色相间的花叶，对光有透明感。病株矮小或丛枝，枝条细小，发生危害时间较长，蚜虫为传毒媒介。防治方法：及时治蚜防病；发病后可喷25～50mg/L的农用链霉素溶液。

4.4.5 菊天牛（*Phytoecia rufivantris* Gautier）：又名菊虎。成虫将菊茎梢咬成一圈小孔并在圈下1～2cm处产卵于茎髓部，致使茎梢部失水下垂，容易折断。卵孵化后幼虫在茎内向下取食。有时在被咬的茎秆分枝处折裂，愈合后长成微肿大的结节，被害枝不能开花或整枝枯死。防治方法：在产卵孔下3～5cm处剪除被产卵的枝梢，集中销毁；成虫发生期于晴天上午在植株和地面喷5%西维因粉，5天喷1次，喷2次，清除杂草，并在7月间释放肿腿蜂进行生物防治。5～7月，早晨露水未干前在植株上捕杀成虫。

4.4.6 蛴螬:为鞘翅目多种金龟甲科昆虫幼虫的总称,其中以华北大黑鳃金龟（*Holotrichia oblita* Faldermann）常见,一般于4～6月以若虫（俗称蛴螬）地下钻洞并咬食菊地下部根皮，或蘖芽。其成虫（金龟子）白天潜伏于土中,黄昏时陆续出土咬食菊花茎叶。防治方法：用90%敌百虫1000倍液喷杀或人工捕杀。

4.4.7 菊小长管蚜［*Macrosiphoniella sanborni*（Gillette）］：9～10月间集中于菊嫩梢、和叶背为害，吸取汁液，使叶片皱缩。菊蚜一年发生20多代。防治方法：清除杂草；发生期喷40%乐果2000倍液，每隔7 d喷1次，连续喷2～3次。

其他尚有绿盲蝽（*Lygus lucorum* Meyer Dür）、斜纹夜蛾［*Prodenia litura*（Fabricius）］、棉大造桥虫（*Ascotis selenaria* Schiffermüller et Denis）、茶小卷叶蛾［*Adoxophyes orana*（Fischer von Roslerstamm）］、管蓟马等为害。

4.5 采收与加工

4.5.1 采收

4.5.1.1 分株苗采收：在4月20日到5月上旬，待越冬种株发出新苗15～25cm高时进行分株采收。采收时，一般选择阴天，将菊全株挖出，轻轻震落泥土，然后顺菊苗分开，选择粗壮和须根多的种苗，并将过长的根和老根以及苗的顶端切掉，每株苗应带有白根，根保留6～7cm长，地上部保留15cm长。

4.5.1.2 扦插苗采收：一般苗龄控制在40～50 d后即可采收。采收应选阴天或晴天进行。采收时，将菊苗挖出，轻轻震落泥土。

4.5.2 产地加工：去除有病虫害和发育不良的植株，然后将菊苗每200株捆成一捆。

4.6 包装、贮藏与运输

4.6.1 包装：为了种苗的根系在运输过程中不至于失水和折断，并保护种苗的植株免受机械损伤，对种苗加以保护，必要时进行包装。为了维持种苗水分平衡，在包装前可用种苗蘸根剂、保水剂处理根系，也可以通过喷施蒸腾抑制剂处理种苗，以减少水分蒸发。所使用的包装材料有编织袋、草包、麻袋等包装时注意避免种苗数量过多，压的过实会导致种苗腐烂发热。包装好的种苗都要挂以标签，注明种苗品种、种类和苗龄、等级、株数、苗圃名称和出圃日期。

4.6.2 贮藏：起苗后栽植前的一段时间内，为了保持种苗的质量，减少种苗失水，防止发霉或腐烂等问题，最大限度地保持种苗的生命力，要做好种苗的贮藏工作。可通过假植和低温贮藏种苗的方法。价值是将种苗用湿润的土壤进行暂时的埋植。低温贮藏是将种苗置于可控制温度和湿度的低温环境中贮藏，。低温贮藏的条件以5～10℃为宜。贮藏的空气湿度应达到85%以上，要有通气设备。

4.6.3 运输：大量种苗的外运可用汽车、火车等运输工具，可将种苗包装运输。最好的种苗运输环境是将种苗保持在近似贮藏的温度、湿度下，即温度5～10℃，空气相对湿度90%～95%。最好采用冷藏车厢，也可采取加冰降温的办法。

在运输期间，要定期倒腾苗包，经常检查包内的温度和湿度，防止种苗发热霉烂。如包内温度过高，要打开适当通风，必要时更换湿润物。如到达目的地时种苗失水严重，要先用水将根部浸泡一夜再进行定植。

参考文献

[1] 窦全琴，仲磊，张敏，等. 榉树苗木质量分级研究 [J]. 江苏林业科技，2009，36 (1)：1.

[2] 顾瑶华，秦民坚. 我国药用菊花的化学及药理学研究新进展 [J]. 中国野生植物资源，2004，23 (6)：7.

[3] 郭巧生，汪涛，程俐陶，等. 不同栽培类型药用菊花黄酮类成分比较分析 [J]. 中国中药杂志，2008，33 (7)：756.

[4] 郭巧生，汪涛，程俐陶，等. 药用菊花不同栽培类型总黄酮动态积累研究 [J]. 中国中药杂志，2008，33 (11)：1237.

[5] 郭巧生，王桃银，汪涛，等. 药用菊花不同栽培类型叶片超微结构比较研究 [J]. 中国中药杂志，2008，33 (1)：10-14.

[6] 郭巧生，王桃银，汪涛，等. 药用菊花不同栽培类型叶片超微结构比较研究 [J]. 中国中药杂志，2008，33 (1)：10.

[7] 郭巧生，赵敏. 药用植物繁育学 [M]. 北京：中国林业出版社，2008：218.

[8] 郭伟珍，林艳，曹军合，等. 河北省桧柏苗木分级标准研究 [J]. 林业实用技术，2008 (11)：23.

[9] 蒋水元，李虹，黄夕洋，等. 两面针苗木分级标准的研究 [J]. 福建林业科技，2010 (4)：87.

[10] 井德林，刘伟，邢志霞，等. 五种不同产地药用菊花的质量对比分析 [J]. 中国现代应用药学，2007，24 (6)：467.

[11] 李冬玲，方炎明，徐增莱，等. 不同来源药用菊花花部形态研究 [J]. 林业科技开发，2010，24 (6)：37.

[12] 李冬玲，朱洪武，任全进，等. 不同来源药用菊花营养器官形态研究 [J]. 中药材，2010，33 (12)：1845.

郭巧生　汪涛（南京农业大学）

58 紫草（新疆紫草）

一、新疆紫草概况

新疆紫草［*Arnebia euchroma*（Royle）Johnst.］为紫草科（Boraginaceae）软紫草属多年生草本植物，药材紫草（Arnebiae Radix）为其干燥根部。主要分布在我国新疆、西藏及国外尼泊尔、巴基斯坦、阿富汗、伊朗、苏联西伯利亚等中亚地区高山草甸。其中，天山山脉北坡海拔1600～2600m的高山草甸区为道地产区。新疆紫草人工驯化繁育的研究始于21世纪，以种子繁殖方式栽培，因其与植物生物学特性研究几乎同时起步，故局限了其栽培技术的研究，尚未实现人工种植规模化和产业化。新疆紫草栽培研究经验表明：不同产区的新疆紫草存在品质差异，所以种源是影响新疆紫草生产实现产业化的关键。目前新疆紫草栽培的种子皆源于野生采集，收集的种子是否源于道地产区？品质如何？直接关系到栽培产品的品质，因此研究和制定新疆药材种子标准具有重要的现实意义。

二、新疆紫草种子质量标准研究

（一）研究概况

新疆紫草繁育的研究始于“七五”科学技术部的重大专项。至今，先后已有中国科学院生态与地理研究所、新疆大学、新疆中药民族药研究所、新疆农业大学、新疆天牧实业有限公司、中国科学院过程研究所等单位承担了科学技术部、国家发展和改革委员会、教育部等部门及新疆科技厅设立的研究项目，开展了新疆紫草生物学特性、栽培技术、生物技术繁育等方面的研究，并取得了大量的科研成果。其中，新疆中药民族药研究所李晓瑾团队在中国医学科学院药用植物研究所李先恩团队的指导下，开展了种子质量分级标准的研究。

（二）研究内容

1. 研究材料

新疆紫草种子：小坚果宽卵形，灰褐色，有光泽，坚硬，长3～4mm，宽2～3mm，有粗网纹和少数疣状突起，先端微尖，背面凸，腹面略平，中线隆起，着生面略呈三角形（图58-1）。

图58-1　紫草种子

2009年8月在新疆紫草主产区新疆维吾尔自治区温泉县、和静县、奇台县等地收集不同生态区新疆紫草花种子20份，均为野生品种的种子。其具体收集时间、收集地点、来源见表58-1。

表58-1　供试新疆紫草种子收集记录

编号	新疆紫草种子来源	收集时间	收集人
1	温泉哈夏林场	2010.7	李晓瑾，朱军
2	温泉哈夏林场	2010.7	李晓瑾，朱军
3	温泉哈夏林场	2010.7	李晓瑾，朱军
4	温泉草原站	2010.7	李晓瑾，朱军
5	温泉卡站1牧场	2010.7	李晓瑾，朱军
6	温泉卡站 3牧场	2010.7	李晓瑾，朱军
7	温泉库站 2牧场	2010.7	李晓瑾，朱军
8	伊犁巩留	2010.8	李晓瑾，朱军
9	伊犁巩留	2010.8	李晓瑾，朱军
10	和静县实验基地	2010.8	李晓瑾，朱军
11	和静县农业局	2010.8	李晓瑾，朱军
12	巴音布鲁克1牧场	2010.8	李晓瑾，朱军
13	巴音布鲁克2牧场	2010.8	李晓瑾，朱军
14	巴音布鲁克3牧场	2010.8	李晓瑾，朱军
15	一号冰川	2010.7	李晓瑾，朱军
16	一号冰川	2010.7	李晓瑾，朱军
17	玛纳斯山	2010.8	李晓瑾，朱军
18	玛纳斯山	2010.8	李晓瑾，朱军
19	奇台县	2010.8	李晓瑾，朱军
20	奇台县草原站	2010.8	李晓瑾，朱军

2. 试验方法

（1）净度分析　采用“四分法”取试验样品，在净度分析台上将试样分离成干净种子、其他植物种子和一般杂质3种成分。将分离后的各成分分别称重，计算新疆紫草净种子的百分率。千粒重和发芽率测定均使用干净种子。

（2）千粒重　选择百粒法测定：做8个重复，每个重复500粒的平均重量，再换算成1000粒新疆紫草种子的平均重量。

（3）发芽率测定　发芽床，纸上（双层滤纸、发芽盒）；发芽温度25℃；首次计数时间4天；末次计数时间10天。

（4）水分测定　试验采用高温烘干法。将新疆紫草种子连同干燥铝盒一起称重，放置在温度达105℃的恒温烘箱内。烘8小时后取出放入干燥器内冷却后称重，然后再烘2小时，再按上法称重，记下读数。直到前后2次的重量之差小于0.01g时，即认为已达到恒重，计算含水量。

（5）分级标准制定　根据系统聚类的类平均法原理，使用计算机SPSS统计分析软件，对千粒重、发芽率测定数据进行标准化后，所得到的综合指标即可形成一些自然类。把自然类从大到小排序，然后利用聚类分析方法，计算它们之间的距离，把距离小的逐步两两合并，直到需要的分级数为止。靠近大数的类一般应属一级种子，靠近小数的类应属于等外级。以容重、发芽率两个指标为主判断种子质量，再结合水分和净度指标制定种子分级标准。

3. 结果与分析

按照以上方法对选取收集种子具有代表性的10份进行了检测，检测结果见表58-2。

表58-2　新疆紫草种子样品检验指标测定

样品名	千粒重（g）	发芽率（%）	含水量（%）	净度（%）
哈夏林场	10.17	81	5.64	97.13
卡站1牧场	9.6	33	6.24	94.16
伊犁 巩留	9.41	62	5.64	93.77
一号冰川	9.9	69	6.35	93.84
奇台县	10.11	30	6.37	85.38
奇台县草原站	9.33	22	5.99	85.94
和静县农业局	9.47	28	6.24	86.23
温泉草原站	9.64	20	6.27	92.53
和静实验基地	10.32	79	5.73	96.54
玛纳斯山	9.88	26	5.9	93.38

将试验数据进行聚类分析，综合考虑，得到新疆紫草种子3个等级的标准（表58-3），以发芽率、千粒重两项指标作为种子质量分级主要依据。Ⅰ级种子：种子饱满、整齐，干净；Ⅱ级种子：种子饱满，整齐度略差；Ⅲ级种子：种子不饱满，色泽暗淡，发芽率较低。

表58-3　新疆紫草种子质量分级标准

指标	一级	二级	三级
发芽率（%）	≥75	≥60	≥30
千粒重（g）	≥10.0	≥9.6	≥9.3
水分（%）	6≤	6≤	6≤
净度（%）	≥95	≥90	≥85

三、新疆紫草种子标准草案

1. 范围

本标准规定了新疆紫草种子分级、分等和检验。

本标准适用于新疆紫草种子生产者、经营者和使用者。

2. 规范性引用文件

下列文件中的条款通过本标准的引用而成为本标准的条款。凡是注明日期的引用文件，其随后所有的修改单（不包括勘误的内容）或修订版均不适用于本标准。然而，鼓励根据本标准达成协议的各方研究可使用这些文件的最新版本。凡是不注明日期的引用文件，其最新版本适用于本标准。

GB/T 3543.2—1995　农作物种子检验规程　扦样

GB/T 3543.3—1995　农作物种子检验规程　净度分析

GB/T 3543.4—1995　农作物种子检验规程　发芽试验

GB/T 3543.5—1995　农作物种子检验规程　真实性和品种纯度鉴定

GB/T 3543.6—1995　农作物种子检验规程　水分测定

GB/T 3543.7—1995　农作物种子检验规程　其他项目检验

3. 术语和定义

下列术语和定义适用于本标准。

3.1 扦样　从大量的新疆紫草种子中，随机取得一个重量适当，有代表性的供检样品。

3.2 送验样品　送到新疆紫草种子检验机构检验、规定数量的样品。

3.3 试验样品（简称试样）在实验室中从送验样品中分出的部分样品，供测定某一检验项目之用。

3.4 千粒重　1000粒新疆紫草种子重量，以克（g）表示。

3.5 净度　完整的新疆紫草种子占样品重量的百分率。

3.6 种子生活力　是指新疆紫草种子的发芽潜在能力和种胚所具有的生命力，通常是指一批新疆紫草种子中具有生命力（即活的）种子数占种子总数的百分率。

3.7 种子含水量　指新疆紫草种子样品按规定程序烘干所失去的重量，失去的重量占供检样品原始重量的百分率。

3.8 种子发芽率　在规定的条件和时间成长的正常新疆紫草幼苗种子数占供检种子总数的百分率。

3.9 种子健康度　指供检新疆紫草种子中带有病原菌（真菌、细菌、虫害等）种子粒数占供检种子总数的百分率。

4. 种子分级标准

4.1 新疆紫草种子确定为一级、二级、三级3个等级。

4.2 分级指标见表58-4。

表58-4　新疆紫草种子质量指标

作物名称	级别	千粒重（g）	净度（%）	发芽率（%）	水分（%）
新疆紫草［*Arnebia euchroma*（Royle）Johnst.］	一级	≥10.0	≥95.0	≥75.0	≥6.0
	二级	≥9.0	≥90.0	≥60.0	≥6.0
	三级	≥8.5	≥85.0	≥30.0	≥6.0

5. 种子检验

5.1 真实性检验与扦样

5.1.1 真实性检验：小坚果，灰褐色，有光泽，外皮具粗网纹疣状突起，先端微尖，中线隆起，着生面略呈三角形。

5.1.2 扦样：参照GB/T 3543.2—1995扦样的方法对新疆紫草种子扦样。

5.2 净度分析

5.2.1 送检样品要求：送检样品的重量需超过净度分析量的10倍以上。净度分析试验中最小重量不少于含有2500粒种子。

5.2.2 分析方法：在种子净度分析台上将试样分离成干净种子、其他植物种子和一般杂质3种成分后分别称重。

5.2.3 结果计算：分析后的各种成分重量之和与原始重量相比，误差不超过5%，否则必须重新再做，计算公式如下：

净种子：P（%）=［净种子重量÷（净种子重量+杂质重量+其他种子的重量）］×100%

其他种子：OS（%）=［其他种子重量÷（净种子重量+杂质重量+其他种子的重量）］×100%

杂质：I（%）=［杂质重量÷（净种子重量+杂质重量+其他种子的重量）］×100%

式中：P——净种子重量百分率，%；

OS——其他种子重量百分率，%；

I——杂质重量百分率，%。

5.3 含水量测定

5.3.1 测定方法：分称4.5g样品2份，放入恒重样品盒内，置于烘箱内，在105℃恒温下，烘3小时取出放入干燥器中冷却，称重。烘1小时，冷却，称重，至两次称重不超过0.02g为止，最后一次重量作为M_3。

5.3.2 结果计算：种子水分含量计算公式如下。

$$种子水分（\%）=[(M_2-M_3)\div(M_2-M_1)]\times 100\%$$

式中：M_1——样品盒和盖的重量，g。

M_2——样品盒和盖及样品的重量，g。

M_3——样品盒和盖及样品烘后的重量，g。

5.4 千粒重测定

5.4.1 测定方法：从新疆紫草净种子中随机数取8组重复，每组500粒新疆紫草种子，分别称重（g），精确到0.1g。

5.4.2 结果计算：取8组重复的平均值，换算成1000粒新疆紫草种子的重量，再换算成国家种子质量标准水分条件下的重量。

5.5 发芽率测定

5.5.1 试样准备：从充分混合的新疆紫草净种子中，随机数取400粒，100粒为1组，平行试验。

5.5.2 发芽床：新疆紫草种子较小，一般选用两层滤纸做为发芽床，采用纸上发芽。

5.5.3 置床：待发芽盒中滤纸充分润湿吸足水分后，将数取的新疆紫草种子均匀地排在发芽床上，粒与粒之间应保持一定的距离，然后在发芽盒上贴上标签。

5.5.4 培养：将置床后的新疆紫草种子放入25℃，光照度1250lx，8小时光照条件下培养。

5.5.5 观察与记录：发芽期间，每天记录新疆紫草种子发芽粒数，检查温度、水分和通气状况，如有种子发霉应取出冲洗，严重发霉时更换发芽床。

5.5.6 结果计算：发芽10天后，数取最终发芽新疆紫草种子的粒数，按以下公式计算。

发芽率%=（发芽种子粒数/供试种子粒数）×100%

5.6 生活力测定

5.6.1 试验样品的数取：从净度分析后并充分混合的新疆紫草净种子中随机数取100粒种子作为1个重复，取3个重复。

5.6.2 测定方法：红四氮唑染色法。

5.6.2.1 种子预处理：剥去新疆紫草种子坚硬的种壳，种胚用20～25℃的水浸种12小时，使种胚充分吸水，膨胀。

5.6.2.2 切胚：用刀片沿着新疆紫草种子内果皮结合痕均匀切为两半，选留其中有胚的一半放入试管或培养皿中，待浸药液。

5.6.2.3 浸染：将配制0.1%四氮唑红试剂，小心倒入试管或培养皿内，轻轻摇动，使新疆紫草种子完全浸入药液，置35～45℃恒温箱中，约3小时可充分着色。

5.6.2.4 观察鉴定：取出种子洗净，置吸水纸上，放大镜下观察，按表58-5所示鉴定标准分别计数。

表58-5 种子活力鉴定标准

有活力种子	无活力种子
胚和子叶全部均匀染色	胚和子叶完全不染色
子叶远胚根一端≤1/3不染色，其余部分完全染色	子叶近胚根处不染色或胚根不染色或胚和子叶染色不均匀，其上有斑点状不染色
子叶侧边总面积≤1/3不染色，其余部分完全染色	子叶不染色总面积＞1/2或胚所染颜色异常，且组织软腐

5.6.3 结果计算

$$种子活力（\%）=（有活力种子粒数/供试种子粒数）\times 100\%$$

取平均数值，表示所测新疆紫草种子的生活力。

5.7 健康度检查

5.7.1 检查程序

5.7.1.1 取样：在送验样品中，随机抽取测定样品500粒或1000粒，

5.7.1.2 直接检查：在白纸、白瓷盘或玻璃板上检测，挑出带有菌核、霉粒、虫瘿、活虫及虫害伤害的新疆紫草种子。

5.7.1.3 种子中隐藏害虫的检查：可采用以下方法进行检测。

5.7.1.3.1 破开法：切开种子检查。

5.7.1.3.2 染色法：用高锰酸钾等化学试剂染色检查。

5.7.1.3.3 比重法：利用饱和食盐水或其他药液的浮力检查。

5.7.1.4 种子带菌的检查：试验样品经过一定时间培养后，检查新疆紫草种子内外部和幼苗上是否存在病原菌或其他症状。常用的培养基有如下3类。

5.7.1.4.1 吸水纸法：用于新疆紫草种子的真菌病害的检测，有利于分生孢子的形成和致病真菌在幼苗上症状的发展。

5.7.1.4.2 沙床法：用于新疆紫草某些病原体的检验，沙子通过1mm孔径的筛子，清洗，高温烘干消毒，置培养皿内加水湿润，种子排列在沙床内，密闭，25℃培养，待幼苗顶到培养皿盖时进行检查（7～10天）。

5.7.1.4.3 琼脂皿法：用于潜伏在新疆紫草种子内部致病菌的培养，也可用于检验外表的病原菌。

5.7.2 结果计算：以供检的样品中感染新疆紫草种子数的百分率或病原体数目来表示结果。

病害感染度（%）=［（霉粒数+病害粒数）÷测定的样品粒数］×100%

四、新疆紫草种子种苗繁育技术研究

（一）研究概况

世界上有36个国家，200多名植物学专家试图实行人工引种，但均未形成大工业生产原料的人工引种。日本一家大公司将紫草原料列为重点开发项目，也曾聘请中国的专家到该国进行人工引种实验，最后仍然是无功而返。“七五”“八五”期间，紫草的开发被列为国家重大科技攻关项目。用细胞分裂工程取得的紫草红色素，成本高、产量小、无法满足市场需求。新疆中药民族药研究所自2002年起致力于新疆紫草人工驯化与规范化生产技术研究，并先后制定颁布了DB65/T 2291-2006、DB65/T 2291-2011《药材新疆紫草生产技术规程》；并指导新疆天牧实业有限公司参照农业标准2005年制定发布了：新疆紫草产地环境条件、新疆紫草种子、新疆紫草种苗、新疆紫草种子生产技术规程，紫草生产技术规程等系列农业标准，于2010年废止。

（二）研究内容

1. 材料

新疆紫草［*Arnebia euchroma*（Royle）Johnst.］种子为小坚果宽卵形，灰褐色，有光泽，坚硬，富含油脂。种子千粒重10.6～11.0g。2002年采集于新疆和静县巴音布鲁克，海拔2600m左右，当年由新疆中药民族药研究所李佳政研究员、李晓瑾副研究员鉴定。

2. 方法

（1）原生境观察与调查　在新疆紫草的生长期到自然分布区域实地观察，结合寻找药农调查，了解其在自然条件下的生长习性。

（2）实验室栽培　分别在装有沙土、壤土、偏酸性土、偏碱性土和表面覆盖草皮、模拟野生放置石块、与其他植物共生等情况的花盆中种植，在室温15～30℃，深度0.5～3.0cm，干旱、湿润、高湿的情况下播种，观察温度、日照、水量等因素对新疆紫草的发芽与生长的影响。

（3）试验田栽培　分别在海拔2600m（和静德尔比勒金牧场）、2500m（和静德尔比勒金牧场）、2400m（和静德尔比勒金牧场）、1900m（阜康天池海南）、1400m（沙湾牛圈子林场）、900m（乌鲁木齐新市区）等处，选择土壤富含腐殖质的试验田。采取栽培方式为：播种时间为春、秋两季；播种方式为沟播、点播、撒播；播种深度1～2.5cm，其中撒播深度为零；灌溉方式为渠灌、喷灌；田间管理为除草、不除草，观察新疆紫草的发芽与生长情况。

种植前土壤浇足水，盆栽随机数取种子，每个条件设2～3次重复，每个重复100粒种子，置于备好的盆中；试验田种栽培必须选择墒情良好，即田内土壤湿度为可下脚基本不沾鞋时播种，播量2～3千克/亩。

（4）试验田栽培管理、观察、记载及评价指标　播种后根据实验设计管理，逐日观察记载，以子叶露出并展开为发芽标准。发芽结束后，统计发芽率；记录真叶萌发时间，观察幼苗发育情况，统计死苗率。

3. 研究结果

（1）原生境观察与调查　新疆紫草生长在雨水好、不积水的山坡地，阴坡多于阳坡；其伴生植物多为根系发达的植株<50cm的禾本科植物，伴生植物越密集，新疆紫草也长得越旺盛，根部的扭曲程度

也越高；反之伴生植物越稀少，新疆紫草也越稀少，根部有木质化现象，扭曲程度也低。生长在海拔高于2500m，低于雪线之间高山草甸地带的新疆紫草，根部基本由数层栓皮组成，呈扭曲麻花状。低于2500m则随着海拔的降低，新疆紫草根部的栓皮和扭曲程度逐渐减少，出现木质化“芯”，并逐渐增大。到2000m以下时根部大多呈直条根，基本木质化，根皮薄，少见有层。分布于海拔＞2000m以上的新疆紫草极少有病虫害；海拔＜2000m，随着海拔的降低，新疆紫草病虫害易感程度逐渐增加，主要是白粉病等菌类病和蛄蝼等根类害虫。

新疆紫草是多年生草本植物，植株除冬季休眠外，当遇酷暑高温、干旱少雨时，亦快速进入休眠，待晚夏温度下降，雨水增加，可再次萌动生长至冬季后休眠越冬。种子繁殖，每花房结子2枚，野生状态下种子落入草丛，秋季即可萌发，2～3年后即可抽茎开花结籽。因此，新疆紫草具有一定自然修复能力。

（2）栽培试验

① 新疆紫草萌发及生长过程：新疆紫草种子为卵圆形小坚果，淡灰褐色，有光泽，坚硬。种子遇水吸足后裂口，露白色芽，前端密布刚毛，芽尖为针状，着床并生长成为根部；种皮继续开裂，萌绿色、圆卵形、密被毛的子叶，子叶茎白色或紫红色；后叶片横向生长成长卵形，几乎同时萌发密被毛、肥厚、叶脉明显清楚、前端尖的真叶；此后叶基部丛生，遇高温时，停止生长或叶片按萌发先后渐渐枯萎，只保留一对细小的心芽，当最高温度<30℃时，则重新萌发；当秋天最低温度＜4℃时，植株进入休眠。

新疆紫草发育过程类似于禾本科植物，但与禾本科植物分蘖又有区别。新疆紫草始终存在主根，随着基部叶片的不断萌发，根部开始分叉，叶片越多，分叉越多，年复一年。这或许是新疆紫草根形成特有的麻花状的原因之一。

新疆紫草苗期只要生长环境适宜即产生分蘖，植株快速膨胀生长。第二年新疆紫草基本不受环境影响，开春萌动后即进入快速生长、分蘖期，植株与根部快速发育，少数新疆紫草即可开花结籽，但种子多不成熟。三年后种子产量质量趋稳。

② 播种深度对新疆紫草发芽的影响：播种深度对新疆紫草发芽的影响情况见表58-6。直接播撒在草丛中出苗最快，出苗率最高。播种深度越浅，出苗越快，出苗率越高，最适宜的播种深度为0.5～1.5cm。这符合自然条件下新疆紫草在适宜条件下快速萌发生长的要求。

表58-6　播种深度对新疆紫草发芽的影响

深度（cm）	0	0.5	1.0	1.5	2.0	2.5	3.0
开始出苗天数（d）	6	8	8	9	10	10	—
出苗率（%）	40	36	32	30	23	10	0

注：① 种子均为水中浸泡12小时后播种；② 0cm为直接播撒在草丛中；③ 两天喷淋一次水保持湿度。

③ 土壤性质对新疆紫草发芽生长的影响：新疆紫草在不同土质中的发芽与生长情况见表58-7。新疆紫草在pH 7.5左右带禾本科草皮的沙壤土中，90天存活率最高18%，植株发育最好，提示新疆紫草苗期需遮阴。

表58-7　土壤与光照对新疆紫草发芽生长的影响

土壤环境	沙土	沙壤土pH≈7.5	沙壤土pH≈8.5	壤土	沙壤土 带禾本科草皮	沙壤土 遮阳植物下
平均出苗时间（d）	6	8	—	12	6	8

续表

土壤环境	沙土	沙壤土pH≈7.5	沙壤土pH≈8.5	壤土	沙壤土 带禾本科草皮	沙壤土 遮阳植物下
真叶萌发时间（d）	19	16	—	18	15	19
90天存活率（%）	0	8	0	3	18	16
90天叶片数（个）	0	6	0	5	9	8
90天叶片长（cm）	0	4	0	4	5	6
90天叶片宽（cm）	0	0.5	0	0.5	0.8	0.7

注：① 均在室内栽培；② 每2天喷淋洒水一次，保持土面湿润；③ 播种深度<0.5cm。

④ 温度对新疆紫草发芽与生长的影响：新疆紫草在不同温度环境中的发芽与生长情况见表58-8。平均室温22.5℃，新疆紫草90天存活率最高16%，30℃以上新疆紫草苗期死亡率高，表明新疆紫草适宜生长在最高平均温度<25℃的环境中。

表58-8　温度对新疆紫草发芽生长的影响

室平均温度（℃）	15	20	25	30	<30
平均出苗时间（d）	11	10	8	8	7
真叶萌发时间（d）	20	19	18	16	—
90天存活率（%）	8	16	16	3	0

注：① 均在室内沙壤土盆栽；② 每2天喷淋洒水一次，保持土面湿润；③ 播种深度<0.5cm。

⑤ 土壤湿润程度对新疆紫草发芽与生长的影响：新疆紫草在不同土壤湿润条件下的发芽与生长情况见表58-9。新疆紫草在三种条件下都可以萌发，但湿度过大和干旱条件下难以成活，表明新疆紫草忌旱又忌涝。

表58-9　土壤湿度对新疆紫草发芽生长的影响

土壤湿润程度	每天浇水使表面有积水	浇水保持土壤湿润	土壤缺水干旱时浇水
平均出苗时间（d）	5	8	10
真叶萌发时间（d）	—	19	—
90天存活率（%）	0	18	0

注：① 均在室内沙壤土盆栽；② 播种前都浇透水；③ 播种深度<0.5cm。

⑥ 海拔高度对新疆紫草的发芽与生长情况影响：新疆紫草在不同海拔高度的发芽与生长情况见表58-10。在新疆紫草原生境地和静巴音布鲁克草原，新疆紫草分布带为2650～2450m，在跨度200m的试验基地内选择3个海拔高度点撒播试验，出苗情况依次为2500m>2600m>2400m；其余试验点基本以点播为主，出苗情况依次为1900m>1500m>1300m>900m；与禾本科植物伴生的紫草出苗快、生长快、抗逆性较强，阔

叶植物伴生条件下，新疆紫草的叶子的颜色变淡；低海拔区开始有白粉病等病虫害，缺水状态下生长缓慢，湿润条件下生长快。

表58-10　海拔对新疆紫草发芽与生长的影响

海拔m/地点	2600/和静	2500/和静	2400/和静	1900/阜康	1500/沙湾	1300/阜康	900/乌市
主要共生植物	禾本科	禾本科	禾本科	低阔叶	低阔叶	低灌木	高阔叶
出苗情况（%）	>50	>50	>50	30	30	40	20
保苗情况（%）	>80	>80	>80	50～60	30～40	—	<20
生长状况	好	好	好	有病虫害	有病虫害	有病虫害	弱小

注：① 均为富含腐殖质沙壤土；② 和静以撒播为主，其他播种深度<1.5cm；③ 1300m阜康苗期受洪灾。

⑦ 播种时间与方式对新疆紫草的发芽与生长情况影响：不同播种时间与方式对新疆紫草的发芽与生长情况见表58-11。新疆紫草适宜于秋天撒播，春播的新疆紫草很少能渡过夏季的高温，当最高气温>30℃时，在没有遮阴的条件下，新疆紫草苗全部死亡；有其他植物伴生能为其遮阴时，有少数苗存活，但是生长停止，出现枯叶；气温转凉，即从基部萌发新叶。秋播的新疆紫草苗壮，死苗率低，可能是避开了当年高温的伤害，来年后具备了一定耐高温性，或种子越冬后早春即萌发，使之在进入高温前已生长到具备一定的抗逆能力。适合于点播，极不适应条播。

表58-11　播种时间与方式对新疆紫草发芽与生长的影响

播种时间	春播			秋播		
播种方式	撒播	点播	沟播	撒播	点播	沟播
出苗情况（%）	20	18	15	50	30	5
保苗情况（%）	10	10	5	50	30	5
生长状况	苗壮	苗壮	苗弱	苗壮	苗壮	弱
备注	在夏季高温期（>30℃）90%的苗死亡			死苗现象极少		

注：① 均为富含腐殖质沙壤土；② 播种深度0.5～1.5cm，其中撒播深度为零。

⑧ 田间管理方式对新疆紫草的发芽与生长情况影响：不同田间管理方式对新疆紫草的发芽与生长情况见表58-12。渠灌一是易形成积水，积水处发生烂苗现象；二是新疆紫草苗期叶面上既被绒毛，渠灌带来的泥土极易糊在叶片上，影响植物的呼吸与生长，直至死亡。所以，新疆紫草适宜与降雨方式相同的喷灌。新疆紫草适宜与低矮、纤细的杂草共生，将杂草除尽，死苗现象反而严重，而且幼苗生长缓慢，所以新疆紫草田间管理方式独特，除草粗放，特别是在苗期只需除去将来根部粗大苗高的杂草即可，低矮、纤细的杂草必须保留。

表58-12　灌溉方式对新疆紫草发芽与生长的影响

田间管理方式	渠灌		喷灌	
	除草	不除草	除草	不除草
出苗情况（%）	20	20	30	30

续表

田间管理方式	渠灌		喷灌	
	除草	不除草	除草	不除草
保苗情况（%）	5	10	10	20
生长状况	弱	好	弱	好
备注	不除草是保留<20m的草			

注：① 均在低海拔区实验；② 播种深度0.5~1.5cm。

4. 结论

新疆紫草为多年生草本植物，适于高海拔区域（>1800m）生长，多分布高山草甸禾本科植物群中，分布丰度与高山草甸禾本科植物的覆盖度相关，覆盖度越大，生长越旺盛，反之则少；高海拔分布的新疆紫草质量优于低海拔紫草，其中海拔2500m是根部发生变化的分界线。>2500m根部基本由栓皮组成，<2500m则出现木质化髓；海拔越低，木质部分就越大，<2000m有病虫害。紫花新疆紫草质量优于黄花新疆紫草；新疆紫草具有分蘖的特性，这可能是新疆紫草特有的麻花状根产生的基本原因。新疆紫草具有较好的适应自然能力，可以根据自然变化分别在寒冷期、酷热期自然休眠。新疆紫草可以在任何海拔高度栽培，但随着海拔的降低，植物形态有所改变，海拔<2000m后，病虫害侵害严重。植株对土壤基质适应性为沙壤土>沙土>黏土。与低高度禾本科草共生>可遮阴其他植物共生>无其他植物共生。pH>8.5新疆紫草基本不能生存。日高温>35℃，新疆紫草有回苗、甚至死苗现象；新疆紫草喜水不耐涝，喷灌条件下生长优于渠灌。

五、新疆紫草种子种苗繁育技术规程

1. 范围

本规程规定了紫草种子生产技术规程。

本规程适用于紫草种子生产的全过程。

2. 规范性引用文件

下列文中的条款通过规程的引用而成为本标准的条款。凡是注明日期的引用文件，其随后所有的修改单（不包括刊物内容）或修订版均不适用于本规程。然而，鼓励根据本标准达成协议的各方研究使用这些文件的最新版本。凡是不注明日期的引用文件，其最新版本适用于本规程。

GB 3838—2002　地表水环境质量标准

GB 5084—2005　农田灌溉水质量标准

GB 3095—2012　大气环境质量标准

GB 15618—2018　土壤环境质量标准

GB/T 3543.1-3543.7　农作物种子检验规程

中华人民共和国药典（2015年版）一部

药用植物及其制剂进出口绿色行业标准

农药管理条例（国务院2017年第677号令）

中药材生产质量管理规范（试行）

3. 术语与定义

本规程采用下列定义。

3.1 GAP　是《中药材生产质量管理规范》的简称，由原国家食品药品监督管理局制定与发布，是从保证中药材质量出发，控制影响药材质量的各个因子，规范药材各个生产环节乃至全过程，以促进中药标准化、现代化。

3.2 GAP产品　是指旨在生态环境质量符合规定标准的产地，生产管理过程中不使用任何有害化学合成物质或允许限量使用限定的化学合成物质，按GAP要求制定的生产操作规程进行生产、加工，经检查、检测，符合GAP要求和国家药典标准，并经专门机构认定，许可使用中药材GAP产品标准的产品。

3.3 SOP　是标准操作规程（Standard Operating Procedure）的英文名称缩写。它是企业或种植基地者依据GAP的规范，在总结前人经验的基础上，通过科学研究、生产试验，根据不同的生产品种、环境特点，制定出切实可行的达到GAP要求的方法和措施的操作规程。

3.4 野生生产地　指以保护野生药用植物为主，辅以适当人工抚育和中耕、除草、施肥等管理的生产基地。

3.5 伴生性植物　指与药用植物共同生长的其他植物。

3.6 免耕法种植　免耕法是既不耕整土地，也不浅耕表土，只是播种时在地上豁开一条窄沟，将种子播入，沟的宽度只要够给种子覆盖适当的土层即可。

4. 生产技术

4.1 种质来源　为紫草科植物新疆紫草［*Arnebia euchroma*（Royle）Johnst.］。

4.2 选地

4.2.1 选择原则：遵循“地道药材”的地理学和“原产地”概念，半野生生产地应选择在原植物密度>20%的自然分布区内，人工栽培基地必须建立在海拔高于1800m的天山山脉的半阴坡草甸区。

4.2.2 环境要求：新疆紫草生产基地应选择大气、水质、土壤无污染的地区，基地应远离交通干道，周围2km内不得有“三废”及厂矿、垃圾场等污染源。空气质量符合（GB 3095—2012）二级标准；灌溉水质执行（GB 5084—2005）；土壤环境质量应符合GB 15618—2018二级标准。

4.2.3 土壤条件

4.2.3.1 土壤性质：天山山脉海拔高于1800m山区草甸区，有禾本科、百合科、菊科、紫草科等伴生植物群的，疏松富含腐殖质的沙壤土是新疆紫草生长的最适宜环境。

4.2.3.2 土壤酸碱度：适宜在pH 7.5～8.5范围内的土壤中生长种植。

4.2.3.3 土壤农药残留量。

4.2.3.4 重金属含量：符合GB 15618—2018的要求。

4.2.4 灌溉用水：符合GB 5084—2005《农田灌溉水质量标准》的要求。

4.2.5 光照、温度：4～9月阶段气温5～15℃，相对湿度60%～70%的凉爽、湿润的半阴坡地为宜。

4.3 种植

4.3.1 整地：进行免耕法种植，基地不需深耕细耙。

4.3.2 播种

4.3.2.1繁殖材料：见表58-13。

表58-13 新疆紫草种子质量指标（%）

作物名称	级别	净度不低于	发芽率不低于	水分不高于
新疆紫草［*Arnebia euchroma*（Royle）Johnst.］	一级	95.0	75.0	6.0
	二级	90.0	60.0	6.0
	三级	85.0	30.0	6.0

4.3.2.2 播种期：半野生生产地每年的9～10月秋季播种；人工栽培基地为每年4～5月春季播种。

4.3.2.3 播种方式：免耕法播种。

4.3.2.3.1 穴播：在新疆紫草基地种植区内按行距20cm，株距10cm，穴深>2cm播种，每穴播2粒种子。

4.3.2.3.2 条播：用锄头在新疆紫草基地区内楼沟，沟深>2cm，行距20cm，人工撒播，控制株距10cm。

4.4 田间管理

4.4.1 中耕除草：除生长迅速的杂草及生病、异样的紫草植株。

4.4.2 灌溉：以保持土壤潮湿，地面无积水为度。有条件可铺设微喷管线，适时浇水。

4.4.3 围栏护育：基地必要时进行围栏护育，封山管理。

4.5 病虫害及其防治

4.5.1 病虫害防治原则：新疆紫草病虫害原则贯彻以"预防为主"，提倡"综合防治"（Integnited Pests Management—IPM）。必须施用时，严格执行《中药材生产质量管理规范（试行）》中农药使用要求（附录B）；严格掌握用药量和用药时间。

4.5.2 主要病害：白粉病（Erysiphe sp）。多发在高温、高湿状态。发病初期，叶面上出现灰白粉状霉层，严重时整个植株布满白粉层，植物逐渐萎缩枯死。

4.5.3 病害的防治方法：白粉病的防治方法，选择海拔高于2000m的适生地，也可以选择沙质土壤、排水通畅的地块，避免在高温天气下灌溉预防。发现病情时，及时使用《中药材生产质量管理规范（试行）》附录B中的农药进行防治。

4.6 杂草防治方法　新疆紫草是伴生性植物，杂草高度低于20cm时可不除草，高于20cm时应及时除草。

4.7 采收、加工与储存

4.7.1 种子的生长繁育特性：新疆紫草是多年生草本药用植物，人工栽培的新疆紫草至少三年产生成熟果实。花期 7月，果期8月，所以新疆紫草留种需要至少三年生植株。

4.7.2 种子特性：新疆紫草种子为卵圆形小坚果，淡灰褐色，有光泽，坚硬，富含油脂。常温下保存种子易生虫，发芽率下降，千粒重8～12g。

4.7.3 采收及加工：采收时间在8～9月份，紫草花由紫色变为褐色，及时剪下果穗，摊晾至干，脱粒，除去杂质。

4.7.4 贮藏：置于低温、干燥处保管，防止鼠害、受热、受潮、生虫。

4.8 包装与运输

4.8.1 包装：种子在包装前应再次检查是否已充分干燥，并清除劣质品及杂质。按商品的要求分装，包装应挂标签，标明品名、重量、规格、产地、批号和商标等内容。

4.8.2 运输：需要防止受潮，防止与有毒、有害物质混装。

参考文献

[1] 陈瑛等. 植物药种子手册 [M]. 北京：人民卫生出版社，1987.

[2] Yani Hu. Simultaneous determination of naphthoquinone derivatives in Boraginaceous herbs by high-performance liquid chromatography [J]. Analytica Chimica. Acta，2006，577：26－31.

李晓瑾　朱军　石明辉（新疆维吾尔自治区中药与民族药研究所）

59 紫菀

一、紫菀概况

紫菀（*Aster tataricus* L. f.）是菊科紫菀属多年生草本植物，又名青苑、紫倩、小辫儿等，以干燥根和根茎入药。

紫菀主产于河北、安徽、河南、黑龙江和江西等省。河北省安国市产的“祁紫菀”根粗且长，质柔韧，质地纯正，药效良好，是著名的“八大祁药”之一。同科橐吾属（*Ligularia*）植物的干燥根和根茎在我国一些地区作紫菀入药，习称“山紫菀”，其中鄂贵橐吾*L. wilsoniana*（Hemsl.）Greenm、宽戟橐吾*L. latihastata*（W. W. Smith.）Hand. Mazz.、鹿蹄橐吾*L. hodgsonii* Hook.的根部，商品上习称“毛紫菀”，分别为川东和川西主流品种。云南地区所用山紫菀称“滇紫菀”，原植物为四川橐吾*L. hodgsonii* Hook. var. sutchuensis（Franch）Henry。其他如大叶橐吾*L. macrophylla*（Ledeb.）DC.（新疆）、齿叶橐吾*L. deatata*（A. Gray）Hara（陕西）、裂叶橐吾*L. Przewalskii*（Maxim.）Diels（陕西、宁夏、甘肃等地）的根在不同地区也有作山紫菀用。

紫菀以地下根茎为繁殖材料进行无性繁殖，目前生产上常用种苗大部分为农户自留种或农户之间流通，部分进入市场流通的种苗由个体商户经营，规模小、分散、无序，商品化程度极低。

从生产上看，紫菀种苗市场混乱，质量较差甚至有掺假现象，种苗发芽率低，种苗带病严重，栽培管理上长期沿用传统方式，缺乏科学有效的管理技术，致使产量不稳定，有效成分含量不稳定，严重影响了药农的经济效益。

二、紫菀种苗质量标准研究

（一）研究概况

在查询国内外关于农作物种子种苗和中药材质量标准的相关规定的基础上，通过广泛收集和深入研究药用植物种子种苗尤其是紫菀的相关文献，全面认识中药材种子种苗研究的有关内容并形成初步意见。

针对现阶段紫菀种苗分级存在的主要问题，重点研究种苗结构、种苗质量、不同级别种苗种植后田间农艺性状、产量性状和品质性状等的差异，通过科学合理实验设计和实施以及对实验数据的整理分析，形成初步结果，并向当地相关方面专家和药农进行咨询，完成分级标准。

（二）研究内容

1. 研究材料

来自河北省安国和安徽亳州的紫菀种苗。

2. 净度

种苗沙土残存量和芦头数量。

3. 外形

研究紫菀种苗不同茎皮颜色和大小的室内发芽情况，初步明确分级标准。

4. 种苗质量对药材生产的影响

将种苗分级后进行田间种植，调查出苗率、植株性状、产量和紫菀酮含量。

5. 繁育技术

设计了种苗来源、土壤质地、播种量、施肥量对药材和种苗产量的影响。

三、紫菀种苗标准草案

1. 范围

本标准规定了紫菀种苗的分级要求、检验方法、判定规则、收获、包装、运输和贮藏。

本标准适用于紫菀种苗繁育和种苗贸易。

2. 规范性引用文件

下列文件中的条款通过本标准的引用而成为本标准的条款。凡是注明日期的引用文件，其随后所有的修改单（不包括勘误的内容）或修订版均不适用于本标准。然而，鼓励根据本标准达成协议的各方研究可使用这些文件的最新版本。凡是不注明日期的引用文件，其最新版本适用于本标准。

GB/T 191—2008　包装储运图示标志

3. 术语和定义

3.1 紫菀　菊科植物紫菀（*Aster tataricus* L. f.）。

3.2 芦头　指植株近地面处残留的根茎凸起部分。

3.3 根状茎　水平生于地下的茎，能长出幼芽和根系。

3.4 茎毛数　根状茎上着生的不定根数。

3.5 茎粗　根状茎两个芽眼中间部分的直径。

3.6 节间距　根状茎上两个芽眼之间的距离。

4. 种苗分级标准

4.1 紫菀种苗的外观要求　不含芦头，根状茎茎皮紫红，芽眼饱满，幼芽发育良好；无检疫性病虫害。

4.2 紫菀种苗分级　紫菀种苗的质量分级指标见表59-1。

表59-1　紫菀种苗分级质量指标

项目	一级	二级
单茎段饱满芽数	3~4	2~3
茎皮颜色	紫红色	紫红色
节间距不超过（cm）	2.5	2.5
茎毛数不少于（个）	8	4
茎粗不小于（cm）	3	0.25
病虫害	无检疫性病虫害	无检疫性病虫害

5. 检验规则

5.1 抽样

5.1.1 种苗质量检测要在同一个种苗批次内进行，采用随机抽样的方法。

5.1.2 成捆种苗先抽样捆，再在每一个样捆内各抽10株；不成捆种苗直接抽取样株。

5.2 检测

5.2.1 饱满芽数：目测，计数。

5.2.2 茎皮颜色：目测，颜色分级。

5.2.3 茎毛数：目测，计数。

5.2.4 茎粗：用游标卡尺测量，读数精确到0.01cm。

5.2.5 节间距：用直尺测量节间距，读数精确到0.1cm。

5.2.6 病虫危害、机械损伤：目测。

5.3 检疫：植物检疫部门取样检疫。

苗木检测工作应在背阴避风处进行，注意防止根系失水风干。

6. 判定规则

定级时以达到各项指标中最低的一项来评定，同一株中有一项指标不合格就判为不合格。

四、紫菀种子种苗繁育技术研究

（一）研究概况

查询了国内外关于中药材良种繁育的相关规定，并广泛收集和深入研究紫菀种苗的相关资料和标准文献。

针对现阶段紫菀种苗生产存在的主要问题，重点从种苗来源、栽种密度、田间管理、病虫害防治和适时收获等关键环节入手，进行深入细致调研和科学合理地安排实验，并向当地相关方面专家和药农进行咨询。

（二）紫菀种子种苗繁育技术规程

1. 范围

本规程规定了紫菀的术语和定义、良种繁育过程中的选地整地、栽种、田间管理、病虫害防治、收获等关键性技术。

本规程适用于紫菀种苗生产的全过程。

2. 规范性引用文件

下列文中的条款通过本标准的引用而成为本规程的条款。凡是注明日期的引用文件，其随后所有的修改单（不包括勘误内容）或修订版均不适用于本规程。然而，鼓励根据本规程达成协议的各方研究使用这些文件的最新版本。凡是不注明日期的引用文件，其最新版本适用于本规程。

GB/T 8321.1～8321.9　农药合理使用准则

3. 术语和定义

3.1 紫菀　菊科植物紫菀（*Aster tataricus* L. f. ）。

3.2 茎毛数　每段根状茎上着生的不定根总数。

3.3 茎粗　根状茎两个芽眼中间部分的直径。

3.4 节间距　根状茎上两个芽眼之间的距离。

3.5 一级种苗　每段根状茎上茎毛数>8个，茎粗>0.3cm，节间距不大于2cm，无检疫性病虫害的紫菀种苗。

3.6 二级种苗　每段根状茎上茎毛数≥4个，茎粗≥0.25cm，节间距不大于2cm，无检疫性病虫害的紫菀种苗。

4. 栽培技术

4.1 选地整地　选择疏松肥沃的壤土或沙壤土，结合耕地，施足基肥，一般每亩施腐熟好的农家肥1500～2000kg，深翻30cm左右，耙平，做成1.2m宽的平畦。

4.2 栽种　在4月上旬栽种。按行距25～30cm，开6～7cm深沟，种苗按穴距20～25cm平放于沟内，每穴摆放4～5根，盖土后轻轻踩压并浇水，每亩用种苗30～35kg。

4.3 田间管理　齐苗后，适量浇水，但不宜过湿，及时浅耕除草。封垄期结合中耕追施有机肥2000～3000kg，深沟施肥。7～8月雨季注意排水，防止烂根。本时期定期检查有无抽薹发生，如发现要及时拔除。9～10月进入根状茎发育期，此期结合浇水每亩施40～50kg碳铵。

4.4 病虫害防治　紫菀主要病虫害有根腐病、叶枯病和地老虎。化学防治应符合GB 4285《农药合理使用准则》（GB/T 8321）的要求。注意轮换用药，严格控制农药安全间隔期。

根腐病用50%多菌灵可湿性粉剂1000倍，叶枯病用1∶1∶120波尔多液，在发病前及发病初期喷施，每7～10天喷1次，连续2～3次即可。地老虎用90%敌百虫晶体1000倍喷雾杀除或配成毒饵诱杀。

4.5 种苗收获　种苗收获在第二年3月中下旬进行。收获时将根刨出，去净泥土，取下根状茎，挑选靠近地面、粗壮节密、紫红色、具有休眠芽的根状茎，切去下端幼嫩部分及芦头，切成带有2～3个芽眼的茎段，按照质量分级标准进行分类和包装。

参考文献

[1] 卢艳花，王峥涛，徐珞珊，等. 紫菀中的多元酚类化合物［J］. 中草药，2002，33（1）：17-18.

[2] 高文远，张蓉，贾伟，等. HPLC法测定测定紫菀中紫菀酮的含量［J］. 中草药，2003，34（10）：953.

[3] 范丽芳，王巧，张兰桐，等. 河北道地药材紫菀的指纹图谱研究［J］. 中草药，2007，38（10）：1566-1570.

[4] 张庆田，艾军，李昌禹，等. 紫菀种质资源研究［J］. 特产研究，2009，3：43-44.

孟义江（河北农业大学）

60 薏苡仁

一、薏苡概况

薏苡仁为禾本科（Gramineae）薏苡属，一年生或多年生草本植物薏苡*Coix lacryma-jobi* L. var. *ma-yuen*（Roman）Stafp的种仁，又名薏仁、薏米。薏苡在生产上采用种子繁殖，主产于浙江、辽宁、山东、云南等省（区）。

薏苡仁性凉，味甘、淡，入脾、肺、肾经，具有利水渗湿、健脾止泻、除痹、清热排脓、解毒散结的功效。近年来，大量科研实践表明，薏苡仁对抗癌也有显著的疗效，对癌症患者放射性治疗、化学治疗时出现白细胞下降、食欲缺乏、腹水、水肿都有治疗作用。

薏苡的主要活性成分包括酯类、不饱和脂肪酸类、糖类及内酰胺类等。其中，酯类是最先被发现的具有抗肿瘤活性的成分，也是报道最多的化学成分。目前，在临床上已得到普遍应用的康莱特注射液的有效成分便是提自薏苡仁中的酯类。采用主动脉血清培养模型检测康莱特注射液对血管生成的作用，结果表明：康莱特注射液对肿瘤血管的生成有显著的抑制作用，并认为抑制血管生成是其抗肿瘤的途径之一。

浙江省作为薏苡主产区，也是薏苡药材地道产区，产区面积达数万亩，主要集中在浙南山区，种植薏苡是当地农民的主要收入来源。近年来，随着制药企业、市场、百姓对薏苡品质要求的提高，品质问题日益凸显，长期种植种性不纯的地方品种（种子），导致不同产区、甚至同一田块生产的薏苡，品质均一性较差；而种质的退化，引起黑穗病、叶枯病等病害的多发与高发，严重影响产量。因此，迫切需要制定薏苡种子质量分级标准，并建立配套的薏苡良种繁育体系。

二、薏苡种子质量标准研究

（一）研究概况

薏苡作为珍贵药材使用，在我国历史悠久，古代称为“薏苡明珠”，《神农本草经》《名医别录》和《础石》以及《本草纲目》，均将薏苡列为延年益寿的上品。在国外，欧洲人将薏苡誉为“生命健康之禾”，视为珍品。日本则将薏苡视作为一种珍贵的滋补保健品，大力发展。

随着对薏苡独特药理作用的逐步认识，一些新的药物将研制开发。浙江康莱特集团有限公司以薏苡仁作原材料，成功研制了抗癌良药“康莱特注射液”，临床应用后深受广大患者好评，目前已经开始在美国进行临床三期试验。日本薏苡仁的年销量为1500吨，尽管日本的薏苡栽培面积已达到了薏苡自给的最大极限，但仍难以满足需求总量的10%，产量还是供不应求。由于受国土资源的限制，今后日本自产薏苡仅能满足需求量的3%～4%，每年须大量从我国和泰国进口薏苡，其中从我国进口量为350吨。泰国的输出量也已达最高极限；另外台湾的薏苡消费量也正逐年增多，每年要进口数百吨。因此，我国薏苡出口日本的市场前景看好。

然而，值得注意的是，我国薏苡不仅产量低，平均亩产仅250kg，而且品质较差。导致生产水平较低的原因较多，其中缺乏薏苡种子种苗标准是影响生产健康发展的主要原因之一。

2012年浙江省主要薏苡产区泰顺颁布了《薏苡种植技术规程》，浙江省薏苡种植业有了一个正式的地方标准；2009年福建浦城颁布的《浦城薏米地方标准》是作为食品的一个标准。然而薏苡种子的繁育基本还处于农户“自繁自用”，在市场上少量流通的种子，既没有质量标准，也没有规范包装。优良的种子是薏苡质量稳定的基础。目前我国薏苡种子标准化工作严重滞后，直接导致质量不稳定。

2009年开始，浙江省中药研究所有限公司承担了国家科技重大专项《中药材种子种苗和种植（养殖）标准平台（2009ZX09308-002）》子课题“薏苡仁、白芍、杭白芷、浙贝母等药材种子（苗）质量标准及薏苡新品种评价技术规范示范研究”，对薏苡种子分级标准及繁育技术进行了规范，形成了相对完善、全面、科学的薏苡种子质量分级标准。主要是从全国各地收集了20份薏苡种质，对扦样方法、种子净度、真实性、重量、含水量、发芽率、生活力、健康度等指标，按照农作物种子检验规程，依次开展研究，制定薏苡道地药材种子质量分级标准，开展了系统的研究，为薏苡种子检验规程、质量标准和原种生产技术规程的制定提供了依据，并且形成了薏苡道地药材种子质量分级国家标准草案。正在申报薏苡药材种子质量的国家标准。

（二）研究内容

1. 研究材料

研究材料共20份，分别从以下各地收集：浙江泰顺龟湖、浙江缙云新碧（水田种）、浙江永嘉、浙江淳安枫树岭、福建蒲城、福建仙游、江苏江都花荡、安徽宣城、贵州锦屏、贵州兴仁（小粒种）、贵州兴仁（大粒种）、贵州贞丰、湖北景阳、重庆黄桷垭、海南万宁兴隆、山东邹县、山东临沂、山东临沭、山西农大、辽宁大连庄河。

2. 引用标准

GB/T 3543.1—1995　农作物种子检验规程　总则

GB/T 3543.2—1995　农作物种子检验规程　扦样

GB/T 3543.3—1995　农作物种子检验规程　净度分析

GB/T 3543.4—1995　农作物种子检验规程　发芽试验

GB/T 3543.5—1995　农作物种子检验规程　真实性和品种纯度鉴定

GB/T 3543.6—1995　农作物种子检验规程　水分测定

GB/T 3543.7—1995　农作物种子检验规程　其他项目检验

GB 7414—1987　主要农作物种子包装

GB 7415—2008　农作物种子贮藏

3. 种子质量对药材生产的影响

在制定标准的研究过程中，我们发现，发芽率、生活力、健康度是直接影响药材生产的关键指标。发芽率和生活力相对较差的种子，可按比例增加播种量；但贮藏一年后的种子，发芽率和生活力降低50%以上，因此生产上应该严格禁止使用陈种子。健康度中病害和虫害的检验应当加强，检验出带菌（黑穗病）的种子应该当即销毁。若某批种子需要在生产上使用，必须进行播前处理，方法是先用60℃温水浸泡10～20分钟，再将种子装在布袋中，浸于5%石灰水或100倍波尔多液内，其上用重物压住，使之不露出水面，浸泡24～48小时后，捞出用清水冲洗2次。

薏苡药材生产中，使用一等种子可增产30%以上，二等种子可增产10%以上。建议使用一等、二等种子作种，三等以下的种子不建议作种。

三、薏苡种子标准草案

1. 范围

本标准规定了薏苡种子质量及分级标准。

本标准适用于薏苡种子分级。

2. 规范性引用文件

下列文件中的条款通过本标准的引用而成为本标准的条款。凡是注明日期的引用文件，其随后所有的修改单（不包括勘误的内容）或修订版均不适用于本标准。然而，鼓励根据本标准达成协议的各方研究可使用这些文件的最新版本。凡是不注明日期的引用文件，其最新版本适用于本标准。

GB/T 3543.2—1995　农作物种子检验规程　扦样

GB/T 3543.3—1995　农作物种子检验规程　净度分析

GB/T 3543.4—1995　农作物种子检验规程　发芽试验

GB/T 3543.5—1995　农作物种子检验规程　真实性和品种纯度鉴定

GB/T 3543.6—1995　农作物种子检验规程　水分测定

GB/T 3543.7—1995　农作物种子检验规程　其他项目检验

3. 术语和定义

3.1 种子大小　指颖果大小，用长、宽、厚度表示。

3.1.1 种子长度（l）：纵量颖果（含总苞）为长，以毫米（mm）表示。

3.1.2 种子宽度（b）：横量颖果（含总苞）为宽，以毫米（mm）表示。

3.1.3 种子厚度（t）：扁量颖果（含总苞）为厚，以毫米（mm）表示。

3.2 千粒重　1000粒种子重量，以克（g）表示。

3.3 种子分级　按种子大小分成五级。

3.3.1 特大粒：指用筛孔直径7.5mm筛选的筛上粒。

3.3.2 大粒：经孔径6.5～7.5mm选出的种子。

3.3.3 中粒：经孔径5.5～6.5mm选出的种子。

3.3.4 小粒：经孔径4.5～5.5mm选出的种子。

3.3.5 等外粒：经孔径4.5mm筛选的筛下粒。

3.4 成熟度　总苞颜色灰白色、黄白色或浅棕色视为成熟种子。以其占测定粒数的百分数表示。

3.5 饱满度　胚乳充满颖果的种子占测定粒数的百分数。

3.6 净度　样品中去掉杂质和废种子后，留下的本植物好种子和含量占样品总重量的百分率。

3.7 种子含水量　种子中所含有水分的重量占总重量的百分率。

3.8 发芽率　指在规定的条件下和时期内长成的正常幼苗数占供检种子数的百分率。

3.9 种子生活力　指种子发芽的潜在能力或种胚所具有的生命力。

3.10 种子健康度　主要指不携带病原菌、有害动物的种子占供检种子数的百分率。

3.11 种子色泽　指种子表面的颜色，正常种子表面（颖果）为灰白色、黄白色或浅棕色。

4. 要求

4.1 质量分级 以薏苡种子千粒重、饱满度、净度、发芽率、健康度、种子含水量和仓储害虫虫卵检出率为依据，将薏苡种子分为一级、二级、三级三个等级，见表60-1。

表60-1 薏苡种子分级标准

	一级	二级	三级	备注
千粒重（g）（浙江泰顺种）	>95	≤95，>90	≤90，>80	（1）发芽率不符合标准的种子相应降等 （2）净度不符合标准要进行筛选或风选 （3）含水量超过标准×重量折算系数，计算规定含水量的千粒重
饱满度（%）	≥95	≥95	≥90	
发芽率（%）	≥75	≥55	≥45	
生活力（%）（TTC法）	≥95	≥93	≥88	
净度（%）	≥99	≥97	≥95	
含水量（%）	<12.70	<14.20	<15.00	
健康度（%）（琼脂皿法）	≥98	≥92	≥87	
仓储害虫虫卵检出率（%）	<1	<1	<1	

注：① 每个等级内的种子必须具有正常种子的色泽、气味。② 必须是采收后贮存不超过一年的种子。

4.2 技术要求

4.2.1 选种：通过风选和筛选清除杂质和秕粒，提高种子净度。现行薏苡种子用直径6.5mm筛选，可把全部小粒清除，可达二等种子的千粒重90～94g。用直径7.5mm筛选，可把中等以下粒清除，可达一等种子千粒重。

4.2.2 留种：选择无病害的健壮植株一次留种。

4.2.3 采收：颖果成熟后期采收，不得过早。采收时要将病、健果实严格分开。

4.2.4 晾晒：采收后的果实不得在强光下曝晒。阴干或弱光下晒干，达到规定含水量。

4.2.5 贮藏：晾干的种子应放在阴凉、干燥的仓库或容器中贮藏，严格检查仓库和其他种子贮藏处有无麦蛾（*Sitotroga cerealella* Olivier）等仓储害虫的成虫、幼虫、卵和蛹，生产用种大规模贮藏时入库前和6个月后对库房进行两次药剂熏蒸。贮藏期间防止霉烂。贮藏时间不得超过一年。

4.2.6 严禁使用等外种子。

5. 检验方法与规则

5.1 气味、色泽检验

5.1.1 气味检验：把种子放在手里呵气，用鼻子闻嗅；或把种子放在杯内，注入60～70℃温水，加盖浸约5分钟，将水倒出闻嗅。新种子具有谷类的清香气味，受霉菌危害的种子有霉味，陈种子有油哈味。

5.1.2 色泽检验：新籽无病种子，色泽灰白色、黄白色或浅棕色。

5.2 种子饱满度测定 从平均样品中随机取样2份，每份100粒，干籽用40～50℃水浸泡24小时以上，使胚乳基本恢复到鲜籽状态，取出沿纵轴用刀片切为两半，观察胚乳占颖果的比率。胚乳充满颖果者为饱满，占颖果4/5以下为不饱满，以其占测定粒数的百分数表示。计算公式如下：

$$饱满度(\%)=\frac{饱满粒数}{试样粒数}\times 100\%$$

5.3 种子成熟度测定　试样总苞颜色为灰白色、黄白色或浅棕色，视为成熟种子，以其占观测数的百分率表示，计算公式如下：

$$成熟度(\%)=\frac{总苞为灰白色、黄白色或浅棕色种子数}{试样粒数}\times 100\%$$

5.4 检验结果　通过上述检验，合格者由检验单位填写《种子检验结果报告单》(见《薏苡种子检验规程》“总则”)，签发检验合格证，一式三份，分送受检单位、检验单位和相关管理部门。对不合格的种子，检验单位应填写《种子检验结果单》，根据检验结果，提出“使用、停用或精选”等建议。分别报送受检单位、检验单位和相关管理部门。

6. 包装、标识、贮存和运输

6.1 包装　选取双层麻袋，装入薏苡种子或米仁，机缝袋口。

6.2 标识　每个包装上必须注明品名、规格、净重、采收日期、产地以及搬运和贮存的注意事项。

6.3 贮存　仓库应建在地势较高的干燥区域。房顶设置隔热层，地面用混凝土浇筑，或用沥青等做防潮层。内墙面在种子堆高线以下设防潮隔热层。门下方安装活动的防鼠板，仓库外围要保持清洁。

包装袋应放在地仓板上，地仓板距离地面10cm以上。包装袋应按批码放，且堆垛与墙保持50cm，垛与垛之间相距60cm作操作通道。堆垛方向与门窗保持平行，利于空气流动；堆垛高度以堆叠7袋为宜，最高不超过10袋。

保持仓内地面、墙及工具的清洁和干燥。仓内相对湿度45%～65%为宜。遇到雨、雾、雪、台风等天气库房不宜通风。定期定点仔细检查，检查内容有虫口率、是否发霉、是否发热、含水量等。一般冬季2～3个月检查一次，春、秋季每月检查一次，夏季每周检查一次。

6.4 运输　薏苡不能与有毒、有害物质混装；运输工具必须清洁、干燥、无异味、无污染，具有较好的通气性，以保持干燥，并有防晒、防潮等措施。

四、薏苡种子繁育技术研究

(一)研究概况

浙江省中药研究所采用三圃法(株行圃、株系圃、原种圃)、二圃法(株行圃、原种圃)生产薏苡原种和良种，对栽培管理方法、播种育苗、单株选择、最适移栽期、田间鉴评、决选方法、最适采收期和种子检验等方面展开研究，形成了薏苡道地药材种子繁育技术规程。

(二)薏苡种子繁育技术规程

1. 范围

本规程规定了薏苡原种生产法及薏苡良种生产操作技术规程。

本规程适用于薏苡原种、良种的生产。

2. 规范性引用文件

下列文件中的条款通过本规程的引用而成为本规程的条款。凡是注明日期的引用文件，其随后所有的修改单（不包括勘误的内容）或修订版均不适用于本规程。然而，鼓励根据本规程达成协议的各方研究可使用这些文件的最新版本。凡是不注明日期的引用文件，其最新版本适用于本规程。

GB/T 3543.2—1995　农作物种子检验规程　扦样

GB/T 3543.3—1995　农作物种子检验规程　净度分析

GB/T 3543.4—1995　农作物种子检验规程　发芽试验

GB/T 3543.6—1995　农作物种子检验规程　水分测定

GB/T 3543.7—1995　农作物种子检验规程　其他项目检验

3. 术语和定义

下列术语和定义适用于本规程。

3.1 原种　薏苡原种必须是保持原品种典型性、遗传稳定性和一致性的，不带检疫性病害、虫害和杂草的，按照本规程生产出来的符合原种质量标准的种子。

3.2 良种　薏苡良种是用原种在严格防杂保纯条件下繁殖的，保持原品种典型性、遗传稳定性和一致性的，不带检疫性病害、虫害和杂草的，按照本规程生产出来的符合良种质量标准的种子。

4. 良种生产

4.1 原种生产方式分类　薏苡原种生产采用三圃或二圃的方法。

4.2 隔离　为了避免种子混杂，保持优良种性，原、良种生产田周围不得种植其他品种的薏苡。

4.3 用三圃法生产原种

4.3.1 三圃：即株行圃、株系圃、原种圃。

4.3.2 单株选择

4.3.2.1 单株来源：单株在株行圃、株系圃或原种圃中选择，如无株行圃或原种圃时可建立单株选择圃，或在纯度较高的种子田中选择。

4.3.2.2 选择时期：选择分开花期（6月下旬至10月上旬）和采收期（10月下旬至11月上、中旬）两期进行。

4.3.2.3 选择标准和方法：要根据薏苡特征特性，选择典型性强、生长健壮、丰产性好的单株。开花期根据株型、叶形、株高、分蘖数、孕穗数，并标记；采收期根据单个薏苡鲜根茎重、茎秆粗细、结籽数、商品一级品率从花期入选的单株中筛选。筛选时要避开地头、地边和缺苗断垄处。

4.3.2.4 选择数量：应根据原种需要量而定，一般每品种每亩株行圃选单株200～400株。

4.3.2.5 室内考种及复选：决选的单株在剔除个别病虫粒后分别装袋编号保存。

4.3.3 株行圃：田间设计种植密度为（60～80）cm×（60～80）cm。各株行的长度应一致，行长5～10m，每隔19行或39行设一对照行，对照行为同一品种原种。

4.3.3.1 播种育苗：采用类似水稻的湿润育秧育苗，做成宽1～1.5m，高10～15cm的畦。清明前后播种，整畦均匀撒播。亩用种量约3kg。出苗后，进行间苗，保持400株/平方米基本苗。

4.3.3.2 移栽种植：出苗后25～30天，将苗高25～30cm，分蘖数3，叶龄9～12的幼苗移栽种植，密度为（60～80）cm×（60～80）cm，每穴移苗1～2株。

按薏苡GAP基地的标准操作规程SOP中薏苡育苗规程进行管理。

4.3.3.3 田间管理：按GAP基地的标准操作规程SOP中薏苡栽种规程、薏苡中耕除草规程、薏苡农家肥料无害化处理规程、薏苡施肥规程、薏苡摘蕾规程、薏苡排灌水规程、薏苡农药安全使用规程、薏苡病虫害防治规程进行管理。

4.3.3.4 田间鉴评：田间鉴评分三期进行。苗期根据苗高、苗粗细，开花期根据株型、叶形、叶色、株高、分蘖数、开花物候期、孕穗数，采收期根据单个薏苡鲜根茎重、茎秆粗细、结籽数、商品一级品率来鉴定品种的典型性和株行的整齐度。通过鉴评淘汰不具备原品种典型性的、有杂株的、丰产性差的、病虫害中重的株行，并做明显标记和记载。对入选株行中的个别病劣株要及时拔除。

4.3.3.5 收获：时间为10月下旬至11月上中旬。收获前要清除淘汰株行，对入选株行上采收的籽粒要按行单收、单晾晒、单脱粒、单袋装，袋内外放、挂标签，妥善保管。

4.3.3.6 决选：收获后立刻在室内根据各株行的根茎鲜重、株高、分蘖数、整齐度、保苗率、商品一级品率、病虫害等性状进行决选。决选株行种子单独装袋，放、挂好标签，妥善保管。

4.3.4 株系圃：株系圃面积因上年株行圃入选株行种子量而定。各株系行数和行长应一致，每隔9区或19区设一对照区，对照应用同品种的原种。

4.3.4.1 播种育苗：将上年保存的每一株行种子种一小区，采用类似水稻的湿润育秧育苗，做成宽1～1.5m，高10～15cm的畦。清明前后播种，整畦均匀撒播。亩用种量约2.5kg。出苗后，进行间苗，保持400株/平方米基本苗。

4.3.4.2 移栽种植：出苗后25～30天，将苗高25～30cm，分蘖数3，叶龄9～12的幼苗移栽种植，密度为（60～80）cm×（60～80）cm，每穴移苗1～2株。

按薏苡GAP基地的标准操作规程SOP中薏苡育苗规程进行管理。

4.3.4.3 田间管理：按GAP基地的标准操作规程SOP中薏苡栽种规程、薏苡中耕除草规程、薏苡农家肥料无害化处理规程、薏苡施肥规程、薏苡摘蕾规程、薏苡排灌水规程、薏苡农药安全使用规程、薏苡病虫害防治规程进行管理。

4.3.4.4 田间鉴评：分三期进行。苗期根据苗高、苗粗细，开花期根据株型、叶形、叶色、株高、分蘖数、开花物候期、孕穗数，采收期根据单个薏苡鲜根茎重、茎秆粗细、结籽数、商品一级品率来鉴定品种的典型性和株行的整齐度。通过鉴评要淘汰不具备原品种典型性的、有杂株的、丰产性差的、病虫害中重的株行，并做明显标记和记载。对入选株行中的个别病劣株要及时拔除。若小区出现杂株，则全小区淘汰。同时要注意各株系间的一致性。

4.3.4.5 收获：时间为10月下旬至11月上中旬。收获前先将淘汰区清除，对入选株行上采收的籽粒要按行单收、单晾晒、单脱粒、单袋装，袋内外放、拴标签，妥善保管。

4.3.4.6 决选：收获后立刻在室内根据各株行的根茎鲜重、株高、分蘖数、整齐度、保苗率、商品一级品率、病虫害等性状进行决选。决选株行种子单独装袋，放、挂好标签，妥善保管。决选时还要将产量显著低于对照的株系淘汰。入选株系的种子混合装袋，袋内外放、挂好标签，妥善保存。

4.3.5 原种圃

4.3.5.1 播种育苗：将上年株系圃决选的种子，采用类似水稻的湿润育秧育苗，做成宽1～1.5m，高10～15cm的畦。清明前后播种，整畦均匀撒播。亩用种量约3kg。出苗后，进行间苗，保持400株/平方米基本苗。

4.3.5.2 移栽种植：出苗后25～30天，将苗高25～30cm，分蘖数3，叶龄9～12的幼苗移栽种植，密度（60～80）cm×（60～80）cm，每穴移苗1～2株。

4.3.5.3 去杂去劣：在苗期、花期、采收期要根据品种典型性严格拔除杂株、病株、劣株。

4.3.5.4 收获：时间为10月下旬至11月上中旬。收获前要清除淘汰株行，对入选株行上采收的籽粒要按行单收、单晾晒、单脱粒、单袋装，袋内外放、挂标签，妥善保管。

4.4 用二圃法生产原种

4.4.1 二圃：即株行圃、原种圃。

4.4.2 二圃法生产原种的"单株选择"和原种圃做法均同三圃法。株行圃除决选后将各株行种子混合保存外，其余做法同"三圃法"。

4.5 栽培管理　原种生产田应由固定的技术人员负责，并有田间观察记载。

以水田种植为宜。选择排灌方便、肥力好、易隔离的水稻田作为原种生产田。忌连作。

各项田间管理均要按薏苡GAP基地标准操作规程进行，提高种子的繁殖系数，并应注意管理措施的一致性，同一管理措施要在同一天完成。

4.6 良种来源　按上述流程生产的原种。

4.7 良种生产方法　良种繁殖方法同4.3。

4.8 良种栽培管理　良种生产田的栽培管理同4.3。

5. 种子的检验

原种、良种生产单位要搞好种子检验，并由种子检验部门根据GB/T 3534.1～3534.7进行复检，对符合GB 4404.1—2008规定标准的原种、良种种子签发合格证书；对不合格的种子提出处理意见。

参考文献

[1] 吴岩，原永芳. 薏苡仁的化学成分和药理活性研究开展［J］. 华西药学杂志，2010，25（1）：111-113.

[2] 姜晓玲，张良，徐卓玉，等. 薏苡仁注射液对血管生成的影响［J］. 肿瘤，2000，20（4）：313-314.

[3] 么厉，程慧珍，杨智. 中药材规范化种植（养殖）技术指南［M］. 北京：中国农业出版社，2006：1039.

[4] 中国科学院中国植物志编辑委员会. 中国植物志［M］. 北京：科学出版社，2004：291.

[5] 覃初贤，陈成斌，陈家裘. 薏苡种子发芽技术［J］. 种子世界，2000，10：40.

[6] 陈成斌，覃初贤. 提高野生薏苡种子发芽率的试验研究［J］. 中国农学通报，2000：16（5）：26-28.

[7] 沈宇峰，沈晓霞，俞旭平，等. 薏苡新品种"浙薏1号"的特征及栽培技术［J］. 时珍国医国药，2013，24（3）：738-739.

[8] 沈晓霞，王志安，俞旭平. γ射线对薏苡诱变效应的初步研究［J］. 中国中药杂志，2007，32（11）：1016-1018.

沈宇峰　沈晓霞　孙健（浙江省中药研究所）

61 薄荷

一、薄荷概况

薄荷（*Mentha haplocalyx* Briq.）系唇形科薄荷属植物，以干燥的地上部茎、叶入药，药材名薄荷。薄荷是我国常用的药用植物，至少已有400多年的栽培历史。1949年以来，我国薄荷生产几乎遍及全国各地，主产江苏、安徽、江西等省，其中江苏、安徽生产的称为苏薄荷。薄荷的营养器官再生能力极强，地上部茎、叶、匍匐茎及地下根状茎均能作为繁殖材料进行无性繁殖，生产上多用无性繁殖，以地下茎繁殖法为主。

由于薄荷除作药用之外，还是重要的轻工业原料，栽培与育种研究较为深入，种苗商品化程度较高。在长期的栽培过程中，通过引种、选育、杂交、诱变等育种方法，已先后培育出了许多优良品种。国外在远缘杂交、诱变育种方面也取得了相当大的成就，培育出了一些优质、高产、抗病的薄荷新品种。薄荷品种易混杂退化，造成薄荷原油产量、质量下降是生产中存在的主要问题。因此，采用有性无性相结合的育种方法对薄荷品种进行改良、选育，提高薄荷原油、鲜草产量和质量，增强国际市场竞争力，十分必要。

二、薄荷种苗质量标准研究

（一）研究概况

南京农业大学中药材研究所在国家“十一五”重大科技专项《中药材种子种苗和种植（养殖）标准平台》（2009ZX09308-002）的资助下，对薄荷种苗质量标准进行了较为系统的研究，初步制定了薄荷种苗质量标准。

（二）研究内容

1. 研究材料

薄荷种苗搜集于江苏、浙江、安徽、山东及贵州五省，共搜集样品31份，其中栽培种26份，野生种5份。样品来源见表61-1。

2. 扦样方法

采用随机抽样的方法进行。1000株以下的种苗按照10%比例抽取，1000株以上在1000株以下抽样10%的基础上，对其剩余株数再按2%比例抽取。

表61-1　薄荷种根搜集信息

样品来源	采样份数	种质类型	样品来源	采样份数	种质类型
江苏东台	2	栽培种	安徽怀宁	3	野生种
南京植物园	4	栽培种	安徽临泉	5	栽培种
浙江桐庐	4	栽培种	安徽太和	10	栽培种

续表

样品来源	采样份数	种质类型	样品来源	采样份数	种质类型
山东泰安	1	野生种	贵州贵阳	1	野生种
山东农科院	1	栽培种			

3. 外形

薄荷地下茎外形似根，习称种根。茎白色，新鲜时嫩脆多汁，它既是养分的贮藏器官，又是生产上用以播种的好材料。地下茎节上有腋芽和芽鳞片，每一个节上的腋芽均可萌发成新株。

4. 薄荷种苗等级划分

根据薄荷生产实际，确定根长与根粗为种根等级划分指标，并兼顾种根外观品质。于薄荷主产区安徽省阜阳市太和县与临泉县薄荷栽培基地取样500株，分别测量根长与根粗，结果见表61-2。

表61-2　薄荷种根等级划分指标均值

测定指标（cm）	平均值	标准差	精度（%）
根长	23.45	6.36	95.57
根粗	0.42	0.12	98.15

薄荷种根的根长与根粗均呈偏正态分布，采用“平均值±标准差”划分种苗等级。根据根长与根粗的分布概率，结合生产实际，确定各等级划分指标值，结果见表61-3。薄荷一、二级种根合格率达到85%以上，符合生产要求。

表61-3　薄荷种根等级划分指标值及合格率

测定指标（cm）	一级苗（合格率/%）	二级苗（合格率/%）	三级苗（合格率/%）
根长	≥30.0（13.32）	10.0~30.0（76.52）	<10.0（10.16）
根粗	≥0.55（12.22）	0.3~0.55（73.24）	<0.3（14.54）

5. 病虫害

先进行目测，主要看有无病症及害虫危害症状，如发现症状，则应进一步用显微镜检查害虫或病原虫，若关系到检疫性病害则应进一步分离培养鉴定。薄荷主要病虫害及防治方法如下。

（1）锈病（*Puccinia menthae* Pers.）主要危害叶片和茎。发病初期叶背面有黄褐色斑点突起，随之叶正面也出现黄褐色斑点；危害重者，病斑密布，孢子成熟时，突起破裂，孢子随风雨飘散，感染健壮植株使其发病。薄荷一经危害，叶片黄枯反卷、萎缩而脱落，植株停止生长或全株死亡，导致严重减产。病原菌以夏孢子和冬孢子在土壤的腐残体上越冬，夏孢子在低温下能存活187天。主要由越冬的夏孢子借气流传播，引起初次侵染。少数情况下越冬的冬孢子次年萌发产生的担孢子也能引起初次侵染。植株发病后产生的大量夏孢子是田间再次侵染的菌源。夏孢子萌发最适温度为18℃，25~30℃则不萌发。5~10月间，气温适中、雨水较多时有利于发病。“头刀”薄荷在6月下旬至7月上旬梅雨季节易发病，而且随风雨蔓延，其速度相当快。

防治方法：加强田间管理，改善通风条件，降低株间湿度，以增强抗病能力；发现少数病株立即拔除；

发病初期用1：1：100的波尔多液喷洒，防止传播蔓延；发病后用敌锈钠250倍液防治；如在收获前夕发病，可提前数天收割。

（2）斑枯病　又称白星病，病原体为薄荷壳针孢（*Septoria menthae*）及薄荷生壳针孢（*S. menthicola*），是薄荷产区广泛分布的一种常见病害，严重时引起叶片枯萎。叶片受侵害后，叶面上产生暗绿色斑点，后渐扩大成褐色近圆形或不规则形病斑，直径2～4mm，病斑中间灰色，周围有褐色边缘，上生黑色小点（分生孢子器）。危害严重时病斑周围的叶组织变黄，早期落叶。病菌主要以分生孢子器或菌丝体在病残体上越冬。分生孢子借风雨传播，扩大危害。病菌主要从寄主气孔侵入。温暖潮湿、阳光不足和植株生长衰弱有利于病害发生。

防治方法：收获后清除病残体，生长期及时拔除病株，集中烧毁，以减少田间菌源。选择土质好、容易排水的地块种植薄荷，并合理密植，使行间通风透光，减轻发病。实行轮作。发病期喷洒1：1：160波尔多液或70%甲基托布津可湿性粉剂1500～2000倍液，7～10天喷1次，连续喷2～3次。

（3）黑茎病　病原菌为立枯丝核菌，属半知菌亚门丝核菌属。为害症状属真菌病害，主要为害薄荷的茎，先发生黑点，逐渐扩大，然后发病部位收缩凹陷，髓部变灰褐色，受害部位的表皮层及髓部组织被破坏，水分及养分的输送受阻，植株停止生长，叶片逐渐变黄发红枯死。此病侵害后，茎的支撑作用减弱，往往引起薄荷的倒伏，对薄荷油的产量影响严重。病菌以菌丝或菌核在土壤或病株残体内长期生存。土壤中的菌核萌发菌丝，以菌丝从伤口侵入寄主，菌丝生长温度为24～26℃，土壤湿度为田间最大持水量的70%～80%时，易发病。

防治方法：以农业防治为主，开好排水沟，降低田间湿度，为薄荷根系发育创造良好环境，促进根系健壮生长；加强田间松土除草，但忌伤根，伤根不仅影响生长，还会诱发此病；合理密植，改善通风透光条件，防止倒伏。发病时，用65%代森锌可湿性粉剂500～600倍液喷雾；喷施波尔多液对该病的预防和控制蔓延有一定的效果。收割前20天，应停止喷药。

（4）病毒病　病原体主要是烟草花叶病毒、黄瓜花叶病毒。发病植株细弱矮小，叶片皱缩、扭曲变小、发脆，严重时叶片下垂、枯萎，逐渐落叶。病毒可以通过蚜虫的吸食而传染，蚜虫为主要传染媒介。健康植株与带病植株接触，也能传染。高温干旱地区发病多，重茬薄荷发病重。

防治方法：彻底防治传毒媒介蚜虫，可用1500倍液乐果喷洒；早期拔除病株，减少蚜虫传播病毒的机会；发病初期用3%过磷酸钙液喷洒，对减轻病情有一定效果。

（5）地老虎　为鳞翅目夜蛾科的幼虫，为害薄荷的地老虎有小地老虎、大地老虎和黄地老虎。在我国年发生1～7代。田间幼虫始见于4月上旬。1～2龄幼虫昼夜活动，在头刀薄荷幼苗心叶间或背面啃食叶肉，或蚕食叶面造成圆缺和孔洞；3龄后白天潜伏在表土下，夜出活动为害，咬断嫩茎、叶片。在正常气候条件下，小地老虎一般在4月开始为害，最严重时间在4月下旬至5月中下旬。二刀薄荷在8月下旬至9月中旬有时也会遭到地老虎的严重为害。

防治方法：在春季初幼龄期铲除杂草，可消灭部分虫卵；用泡桐叶或莴苣叶诱捕幼虫，于每日清晨到田间捕捉；对高龄虫也可到田间检查，发现断苗，扒开附近的土块，进行捕杀；可用90%晶体敌百虫粉500g拌和鲜草25～40kg或2.5%敌百虫粉1.5kg拌和炒香棉籽饼、豆饼等40kg，在傍晚前施撒田间进行诱杀。

（6）造桥虫　属鳞翅目夜蛾科。长江流域1年发生5～6代，以老熟幼虫在杂草或其他寄主的枯枝落叶上结茧成蛹越冬。幼虫6月中下旬至7月上旬对头刀薄荷为害最严重，在连续阴雨或梅雨季节为害尤甚。9月中旬危害二刀薄荷。此虫为一种爆发性害虫，可在几天之内将薄荷植株吃成光秆。因此，对造桥虫要提高警惕，发现虫情，要及时防治，消灭在3龄以前。

防治方法：在立夏至芒种时节，用黑光灯等诱杀成虫蛾，一般光源位置高出薄荷30~40cm；利用成虫趋糖醋特性诱杀，每亩设一糖醋液盒，高出薄荷植株，白天加盖，傍晚揭开；可用敌百虫500~600倍液在成虫产卵盛期时喷杀虫卵。

6. 种苗质量对药材生产的影响

（1）不同等级种苗（根）对薄荷移栽出苗的影响　取安徽省阜阳市太和县与临泉县薄荷种根，于2010年9月30日进行不同等级种根盆栽实验，盆高30cm，直径25cm，每盆3株，露天栽培，10个重复。10天后考察出苗率，结果见表61-4所示。一级、二级种根的出苗速度快，成苗率高。

表61-4　不同等级种根对薄荷移栽出苗率的影响

种苗等级	出苗率（%）				
	10天	13天	16天	20天	25天
一级	36.67	73.33	90.00	96.67	100.00
二级	33.33	76.67	86.67	93.33	100.00
三级	23.33	40.00	56.67	70.00	83.33

（2）不同等级种苗（根）对薄荷苗期生长的影响　取安徽省阜阳市太和县与临泉县薄荷种根，于2010年9月30日进行不同等级种根盆栽实验，盆高30cm，直径25cm，每盆3株，露天栽培，10个重复。2010年11月21日考察薄荷苗地径、株高及叶片数，结果见表61-5。种根等级越高，薄荷苗长势越旺。薄荷叶是薄荷生产上最主要的经济性状，一级、二级种根的叶片数差异不显著，但均多于三级种根的叶片数，故生产上应选用一级、二级种根。

表61-5　不同等级种根对薄荷苗期生长的影响

种根等级	地径（cm）	株高（cm）	叶片数
一级	0.27a	18.43a	25.27a
二级	0.22ab	14.73b	21.37ab
三级	0.16b	12.17b	16.87b

三、薄荷种苗标准草案

1. 范围

本标准规定了薄荷种苗的术语和定义、分级要求、检验方法、检验规则。

本标准适用于薄荷种苗生产者、经营者和使用者。

2. 规范性引用文件

下列文件中的条款通过本标准的引用而成为本标准的条款。凡是注明日期的引用文件，其随后所有的修改单（不包括勘误的内容）或修订版均不适用于本标准。然而，鼓励根据本标准达成协议的各方研究可使用这些文件的最新版本。凡是不注明日期的引用文件，其最新版本适用于本标准。

GB 6000—1999　主要造林树种苗木质量分级

中华人民共和国药典（2015年版）一部

GB/T 8170　数值修约规则

3. 术语和定义

下列术语和定义适用于本标准。

3.1 无性繁殖　利用植物营养器官繁殖新个体的方法。

3.2 根茎　薄荷地下茎外形似根，习称种根。

3.3 根长　薄荷根茎的长度。

3.4 根粗　根茎中间处的直径。

3.5 节间距　根茎相邻两个节间的长度。

3.6 腋芽　根茎节部位的芽体。

3.7 起苗　将薄荷种根从栽培基质中起出。

4. 要求

薄荷种根质量应符合表61-6的要求。

表61-6　薄荷种根质量要求

项目	质量等级		
	一级	二级	三级
根粗（cm）	≥0.55	0.3~0.55	<0.3
根长（cm）	≥30.0	10.0~30.0	<10.0
病虫害	无检疫对象		
根形	整批外观整齐、均匀，色白，节间距短，根系损伤较小	整批外观基本整齐、均匀，色白，节间距短，根系损伤较小	整批较整齐、较均匀，色白，节间距较短，根系损伤较小
起苗后处理	去除病根、畸形根		
起苗时间	符合起苗期（一般每年10月下旬至11月上旬）		

5. 检验规则

5.1 抽样　采用随机抽样的方法进行。1000株以下的种苗按照10%比例抽取，1000株以上在1000株以下抽样10%的基础上，对其剩余株数再按2%比例抽取。

5.2 检测　测量工具用游标卡尺和电子天平进行测量；病虫害的检疫按照检疫规程进行；外观以感官进行鉴别。

6. 判定规则

薄荷种根检验在留种田间进行；每批（同一产地）出圃的种根均应由生产商按照本标准质量要求中所列项目进行验证，检验合格后方可定级出售；质量技术监督部门应委派具有资质的检验人员对生产商自检合格待售的薄荷种根进行抽样检查；供需双方发生质量纠纷时，由质量技术监督部门进行仲裁。

四、薄荷种苗繁育技术研究

（一）研究概况

南京农业大学中药材研究所在国家科技部“十一五”重大科技专项《中药材种子种苗和种植（养殖）标准平台》（2009ZX09308-002）的资助下，对薄荷种苗繁育技术进行了系统的研究，初步制定了薄荷种苗繁育技术规程。

（二）薄荷种苗繁育技术规程

1. 范围

本规程规定了薄荷种苗生产技术规程。

本规程适用于薄荷种苗生产的全过程。

2. 规范性引用文件

下列文中的条款通过本规程的引用而成为本规程的条款。凡是注明日期的引用文件，其随后所有的修改单（不包括勘误内容）或修订版均不适用于本规程。然而，鼓励根据本标准达成协议的各方研究使用这些文件的最新版本。凡是不注明日期的引用文件，其最新版本适用于本规程。

GB 3095—2012　环境空气质量标准

GB 5084—2005　农田灌溉水质标准

GB/T 8321.1—2000　农药合理使用准则（一）

GB/T 8321.2—2000　农药合理使用准则（二）

GB/T 8321.3—2000　农药合理使用准则（三）

GB/T 8321.4—2006　农药合理使用准则（四）

GB/T 8321.5—2006　农药合理使用准则（五）

GB/T 8321.6—2000　农药合理使用准则（六）

GB/T 8321.7—2002　农药合理使用准则（七）

GB 15618—2018　土壤环境质量标准

NY/T 496—2002　肥料合理使用准则　通则

中华人民共和国药典（2015年版）一部

中药材生产质量管理规范（试行）

3. 术语与定义

3.1 无性繁殖　利用植物营养器官繁殖新个体的方法。

3.2 根茎　薄荷地下茎外形似根，习称种根。

3.3 根长　薄荷根茎的长度。

3.4 根粗　根茎中间处的直径。

3.5 节间距　根茎相邻两个节间的长度。

3.6 腋芽　根茎节部位的芽体。

3.7 起苗　将薄荷种根从栽培基质中起出。

4. 生产技术

4.1 种质来源　薄荷（*Mentha haplocalyx* Briq.）为唇形科薄荷属多年生草本植物。由于长期的选育和培植，形成了许多薄荷栽培品种。我国薄荷栽培的品种类型主要包括紫茎类型和青茎类型。紫茎类型茎为紫色，幼苗期叶片为淡紫色，叶脉与叶缘为紫色或淡紫色，叶缘锯齿较尖而密，花色淡紫。该类型的品种生长势和分枝能力较弱，抗逆性较差，薄荷原油产量不稳定，但质量好，含脑量高。品种有紫茎紫脉、江西2号、409、海香1号、龙脑薄荷等。青茎类型茎在幼苗期为紫色，中、后期茎的上部为青色，下部为微紫色。幼苗期叶为圆形，中、后期为椭圆形，绿色；叶脉为青白色。花色淡紫。该类型植株生长势旺，分枝能力强，薄荷原油产量较稳定，但质量较差。品种有青茎圆叶、江西1号、687等。江苏省东台市大面积栽培的主要薄荷品种为738薄荷，安徽省阜阳市主要品种为阜阳1号及系列脱毒品种。

4.2 选地与整地　一般选择地势平坦、土壤肥沃、土质疏松、排水良好、2～3年内未种过薄荷的地块。种植前深耕15～20cm，施入基肥，每亩施磷肥50kg、碳酸铵15kg、钾肥15～20kg、薄荷茎秆沤成的肥料500kg，整平耙细作畦，畦宽3m。挖好排水沟以利排水，沟深25cm，宽35cm。

4.3 种植　薄荷的营养器官再生能力极强，地上部茎、叶、匍匐茎及地下根状茎均能作为繁殖材料进行无性繁殖，生产多用地下根茎繁殖。

薄荷地下茎外形似根，习称种根。茎白色，新鲜时嫩脆多汁，它既是养分的贮藏器官，又是生产上用以播种的好材料，播种材料的好坏直接影响播种用量和出苗的质量。种茎的来源有：一是通过扦插繁殖的种茎，粗壮发达，白嫩多汁，黄白根、褐色根少，无老根、黑根，质量好。二是薄荷收获后遗留在地下的地下茎，剔除老根、黑根、褐色根，把黄白嫩种根和白根选出来，作播种材料。地下茎节上有腋芽和芽鳞片，每一个节上的腋芽均可萌发成新株。由于腋芽没有休眠期，故只要环境条件适宜，地下茎上的腋芽一年四季均可发育成新植株。用地下茎繁殖是生产上采用的一种常规繁殖方法，种植前将前一年生根茎用犁翻起，挑选白色、粗壮、节间短的根茎，切成10cm长的小段，于10月下旬与整地施肥同时均匀地撒在沟内，根茎首尾相接，随即覆土，行距30cm。播后反复耙耱，夯实土壤，以防根茎受冻。一般秋播每亩用白色根茎50～70kg为宜。

4.4 田间管理

4.4.1 去杂补苗：6月下旬，薄荷苗高10～15cm时将野杂薄荷连根挖掉，在幼苗分布不均的地方进行疏苗、补苗，株距保持在15cm左右。

4.4.2 中耕除草：根茎繁殖的薄荷，6月上中旬油菜收割后，拔除油菜根，中耕除草一次。以后在植株封行前进行第 2 次，这两次都要进行浅耕。7月下旬，头刀薄荷收割后，应及时进行第3次中耕，并除去部分根茎，使其不致过密。9月上旬进行第4次除草。二刀薄荷收割后，如连作应及时进行第5次中耕除草。

4.4.3 施肥：薄荷为吸肥力很强的植物，施肥不当会影响油菜及本身的生长发育。因此，在薄荷生长过程中施肥次数较多。1月下旬，每亩追施尿素7.5kg。3月中旬，每亩追施尿素10kg。5月上旬，进行一次油菜叶面施肥，每亩用磷酸二氢钾6g、尿素6g、硼肥10g，加水30kg喷施。5月中旬，每亩用尿素6g加水50kg喷施。6月上中旬油菜收割后，结合中耕除草，每亩用尿素5kg撒施。6月下旬，每亩用尿素10kg撒施。头刀薄荷收割后，结合除残茬，在8月上旬二刀薄荷出苗前每亩撒施尿素3kg。8月中旬，二刀薄荷出苗后，每亩撒施尿素5kg。9月上旬，结合除草，每亩撒施尿素10kg。

4.4.4 排水灌溉：播种时开的“三沟”，由于冻融交替、降水等因素影响，容易塌墒，在立春后、梅雨前均要及时清理。二刀薄荷的清沟理墒可结合施肥和畦面覆土进行。雨后及时排除积水，天气干旱时及时灌溉。夏季在早晚或夜间进行，通常灌水与追肥结合进行。

4.5 留种田选择及管理　一般选择良种纯度较高的地块作为留种田。在头刀薄荷出苗后的苗期反复进行多次去杂，二刀薄荷也要提早去杂1～2次。选择健壮而不退化的植株移栽于事先准备好的留种田中，株距保持在15cm，按大田管理适当增施钾肥。一般二刀薄荷可产毛种根750～1250千克/亩或纯白根300～500千克/亩。在生产中，留种田与生产田的比例为1：（5～6）。为了防止实生苗引起的混杂，采用夏繁育苗措施比较有效。在头刀薄荷收割前，现蕾至始花期，选择良种植株，整棵挖出，地上茎、地下茎均可栽插，管理同枝条扦插繁殖法，繁殖系数可达30倍左右。

4.6 病虫害防治　薄荷主要病害有锈病、斑枯病、黑茎病、病毒病等，主要虫害有地老虎、造桥虫、蚜虫等。

4.6.1 锈病（*Puccinia menthae* Pers.）：主要危害叶片和茎。发病初期叶背面有黄褐色斑点突起，随之叶正面也出现黄褐色斑点，危害重者，病斑密布，孢子成熟时，突起破裂，孢子随风雨飘散，感染健壮植株使其发病。薄荷一经受害，叶片黄枯反卷、萎缩而脱落，植株停止生长或全株死亡，导致严重减产。病原菌以夏孢子和冬孢子在土壤的腐残体上越冬，夏孢子在低温下能存活187天。主要由越冬的夏孢子借气流传播，引起初次侵染。少数情况下越冬的冬孢子次年萌发产生的担孢子也能引起初次侵染。植株发病后产生的大量夏孢子是田间再次侵染的菌源。夏孢子萌发最适温度为18℃，25～30℃则不萌发。5～10月间，气温适中、雨水较多时有利于发病。头刀薄荷在6月下旬至7月上旬梅雨季节易发病，而且随风雨蔓延，其速度相当快。

防治方法：加强田间管理，改善通风条件，降低株间湿度，以增强抗病能力；发现少数病株立即拔除；发病初期用1∶1∶100的波尔多液喷洒，防止传播蔓延；发病后用敌锈钠250倍液防治；如在收获前夕发病，可提前数天收割。

4.6.2 斑枯病：又称白星病，病原体为薄荷壳针孢（*Septoria menthae*）及薄荷生壳针孢（*S. menthicola*），是薄荷产区广泛分布的一种常见病害，严重时引起叶片枯萎。叶片受侵害后，叶面上产生暗绿色斑点，后渐扩大成褐色近圆形或不规则形病斑，直径2～4mm，病斑中间灰色，周围有褐色边缘，上生黑色小点（分生孢子器）。危害严重时病斑周围的叶组织变黄，早期落叶。病菌主要以分生孢子器或菌丝体在病残体上越冬。分生孢子借风雨传播，扩大危害。病菌主要从寄主气孔侵入。温暖潮湿、阳光不足和植株生长衰弱，有利于病害发生。

防治方法：收获后清除病残体，生长期及时拔除病株，集中烧毁，以减少田间菌源。选择土质好、容易排水的地块种植薄荷，并合理密植，使行间通风透光，减轻发病。实行轮作。发病期喷洒1∶1∶160波尔多液或70%甲基托布津可湿性粉剂1500～2000倍液，7～10天喷1次，连续喷2～3次。

4.6.3 黑茎病：病原菌为立枯丝核菌，属半知菌亚门丝核菌属。为害症状属真菌病害。主要为害薄荷的茎，先发生黑点，逐渐扩大，然后发病部位收缩凹陷，髓部变灰褐色，受害部位的表皮层及髓部组织被破坏，水分及养分的输送受阻，植株停止生长，叶片逐渐变黄发红枯死。此病侵害后，茎的支撑作用减弱，往往引起薄荷的倒伏，对薄荷油的产量影响严重。病菌以菌丝或菌核在土壤或病株残体内长期生存。土壤中的菌核萌发菌丝，以菌丝从伤口侵入寄主，菌丝生长温度为24～26℃，土壤湿度为田间最大持水量的70%～80%时，易发病。

防治方法：以农业防治为主，开好排水沟，降低田间湿度，为薄荷根系发育创造良好环境，促进根系健壮生长；加强田间松土除草，但忌伤根，伤根不仅影响生长，还会诱发此病；合理密植，改善通风透光条件，防止倒伏。发病时，用65%代森锌可湿性粉剂500～600倍液喷雾；喷施波尔多液，对该病的预防和控制蔓延有一定的效果。收割前20天，应停止喷药。

4.6.4 病毒病：病原体主要是烟草花叶病毒、黄瓜花叶病毒。发病植株细弱矮小，叶片皱缩、扭曲变小、发脆，严重时叶片下垂、枯萎，逐渐落叶。病毒可以通过蚜虫的吸食而传染，蚜虫为主要传染媒介。健康植株与带病植株接触，也能传染。高温干旱地区发病多，重茬薄荷发病重。

防治方法：彻底防治传毒媒介蚜虫，可用1500倍液乐果喷洒；早期拔除病株，减少蚜虫传播病毒的机会；发病初期用3%过磷酸钙液喷洒，对减轻病情有一定效果。

4.6.5 地老虎：为鳞翅目夜蛾科的幼虫，为害薄荷的地老虎有小地老虎、大地老虎和黄地老虎。在我国年发生1～7代。田间幼虫始见于4月上旬。1～2龄幼虫昼夜活动，在头刀薄荷幼苗心叶间或背面啃食叶肉，或蚕食叶面造成圆缺和孔洞；3龄后白天潜伏在表土下，夜出活动为害，咬断嫩茎、叶片。在正常气候条件下，小地老虎一般在4月开始为害，最严重时间在4月下旬至5月中下旬。二刀薄荷在8月下旬至9月中旬有时也会遭到地老虎的严重为害。

防治方法：在春季初幼龄期铲除杂草，可消灭部分虫卵；用泡桐叶或莴苣叶诱捕幼虫，于每日清晨到田间捕捉；对高龄虫也可到田间检查，发现断苗，扒开附近的土块，进行捕杀；可用90%晶体敌百虫粉500g拌和鲜草25～40kg或2.5%敌百虫粉1.5kg拌和炒香棉籽饼、豆饼等40kg，在傍晚前施撒田间进行诱杀。

4.6.6 造桥虫：属鳞翅目，夜蛾科。长江流域1年发生5～6代，以老熟幼虫在杂草或其他寄主的枯枝落叶上结茧成蛹越冬。幼虫6月中下旬至7月上旬对头刀薄荷为害最严重，在连续阴雨或梅雨季节为害尤甚。9月中旬为害二刀薄荷。此虫为一种爆发性害虫，可在几天之内将薄荷植株吃成光秆。因此，对造桥虫要提高警惕，发现虫情，要及时防治，消灭在3龄以前。防治方法：在立夏至芒种时节，用黑光灯等诱杀成虫蛾，一般光源位置高出薄荷30～40cm；利用成虫趋糖醋特性诱杀，每亩地设一糖醋液盒，高出薄荷植株，白天加盖，傍晚揭开；可用敌百虫500～600倍液在成虫产卵盛期时喷杀虫卵。

5. 采收、加工与储存

薄荷大田移栽时间宜在10月下旬至11月上旬。由于薄荷地下根茎横向生长，分布较浅，主要分布在10cm左右深的表土层中，起苗时不宜用铁锹或锄头，以免伤及根茎，可用铁耙或犁头将根茎翻起，拣取根茎。去除畸形、黄褐色、有病害或长势过弱的根茎，挑选白色、粗壮、节间短的根茎作为种根。根茎宜随挖随栽，短期储存应摊放于室内或温沙中，保温保湿，通风透气。

6. 包装与运输

包装材料宜通风透气，用编织袋或麻袋包装，每袋30～40kg。运输工具必须清洁、干燥、无污染，并具有防晒、防雨等措施。

参考文献

[1] 郭巧生. 药用植物栽培学[M]. 北京：高等教育出版社，2008.
[2] 马春红，陈霞，翟彩霞，等. 薄荷的快速繁殖与栽培技术的研究[J]. 中国农学通报，2004，20(4)：230-231，247.
[3] 师素云，练兴明，薛启汉，等. 薄荷离体培养愈伤组织诱导与植株分化[J]. 江苏农业科学，2000，(6)：27-28.
[4] 汪茂斌，马宗新，赵红，等. 薄荷品种提纯途径及程序[J]. 安徽农业科学，2000，28(2)：235-236.
[5] 萧凤回，郭巧生. 药用植物育种学[M]. 北京：中国林业出版社，2007.
[6] 薛启汉，陈游，姜晓红，等. 薄荷离体培养、无性系变异与经济性状改良的初步研究[J]. 江苏农业学报，1998，14(3)：179-182.
[7] 郭巧生，赵敏. 药用植物繁育学[M]. 北京：中国林业出版社，2008.

郭巧生　王长林（南京农业大学）

62 霍山石斛

一、霍山石斛概况

霍山石斛（Dendrobium huoshanense C. Z. Tang et S. J. Cheng）为兰科石斛属多年生草本植物，是安徽名贵濒危中药材，其药用历史悠久，具有益精强阴、生津止渴、补虚羸、除胃中虚火之功效。

在历史上。由于霍山石斛药效显著而备受医家推崇，野生资源受到过度采挖而导致产量锐减，以致无货可采。在《本草纲目拾遗》中曾记载："出江南霍山，彼土人以代茶茗，近江南盛行之，有不给。"清乾隆年间《霍山县志》记载："因采购者重，本山已搜剔已空。"可见当时对资源的需求和产量的矛盾已经十分尖锐。直至今日，野生霍山石斛资源依旧面临枯竭的危险，因此人工种植是解决该问题的最佳选择。

自20世纪70年代以来，对霍山石斛展了一系列研究，从野生抚育到驯化培养，逐步将霍山石斛从仅有野生资源变为可以进行人工栽培，同时开展种苗繁育技术研究，开始通过营养繁殖，即将其分株扩繁种植，但繁殖系数低，影响药材产量，不利于规模化种植的推广。然后开始霍山石斛组织培养育苗的攻关，终于在1983年使用人工授粉后的种子实现了实验室内组培育苗技术的突破，霍山石斛的野生变家种工作便进入了人工组培育苗移栽的攻坚阶段。但是由于初期技术不成熟，移栽成活率低，生产周期长等原因使组培苗无法真正大规模应用于生产。直到2010年才实现了霍山石斛组培育苗产业化生产技术的突破，有了相应的规模化种植，栽培技术也随着现代农业技术的应用实现了突破，从而改变了霍山石斛的濒危状态，栽培规模也开始逐步发展。

二、霍山石斛种苗质量标准研究

（一）研究概况

随着规模化种植的推广，霍山石斛种苗的质量也逐步被人们所重视。2014年，安徽省质量技术监督局颁布了《霍山石斛栽培技术规程》（DB34/T 2092）内容含有霍山石斛种苗的选育，对组培苗的质量进行了定性的阐述，明确了其选苗、练苗、消毒和分级的标准。认为组培苗应符合"无污染、无烂茎、无烂根、无黄叶、叶色嫩绿且正常展开"的要求，并分为"优质和合格"两个等级。

在《霍山石斛种苗繁育技术规程》（LY/T 2449）中，要求组培苗应"无污染、无烂茎、无烂根、无黄叶、叶色深绿且正常展开"，并将种苗分为"一级、二级"两个等级。与地方标准所描述的特征所有差异，分级指标进一步细化。

徐光涛提出了霍山石斛组培苗出瓶应达到以下标准：根长大于1cm，根系 3条以上，株高低于3.5cm，肉质茎有3～4个节间，叶片 4～5片，径粗大于 0.2cm。并称只有达到上述标准的组培苗出瓶后炼苗、种植成活率才有保障。

从以上研究可以看出，对霍山石斛种苗标准的研究基本基于组培苗，但是对组培苗的质量描述并不全面，部分指标不准确。并且在生产实际中，使用营养繁殖的方式将大苗进行拆分，用于扩繁的方式也是常用的。因此，霍山石斛种苗的研究应全面进行，以适应生产需要。

（二）研究内容

1. 研究材料

霍山石斛组培苗：为霍山石斛种子通过组培技术，在温室中繁育长成，并经过炼苗可用于栽种的种苗。

霍山石斛分栽苗：为霍山石斛采收时，除满足采收要求的茎条外，取生长健康，长势良好的1～2年生的茎，作为可继续种植的种苗或组培苗经1年的驯化而得到的驯化苗。

2. 扦样方法

（1）霍山石斛组培苗

种子批：一枚霍山石斛蒴果的种子可繁育的种苗数量可达数万株，理论上应以每粒种子得到的组培苗的量为一个批次。而在实际的生产、销售中，因种植面积的大小不同和购买数量的不同，以生长时间相距不大于15天为限的同一来源（蒴果）的组培苗作为一个批次。

霍山石斛组培苗多使用组培瓶作为培养的容器，在种植前需先将组培苗从瓶中取出，清洗干净后方可用于栽种。因此，扦样方法既可以组培瓶为扦样对象，也可以清洗后的种苗作为扦样对象。

方法一：可直接以组培瓶为基本单位进行扦样。扦样时，扦取数见表62-1。

表62-1　组培苗种子批的瓶数与扦取的最低数

种子批的瓶数	扦取的最低数	种子批的瓶数	扦取的最低数
1～100	不少于5瓶	>1000	每200瓶取1瓶
100～1000	每100取1瓶		

注：每瓶随机抽取10株。

扦样点：因瓶苗出库后多堆叠放置，可在每堆的上、中、下及边缘、内侧各取点或确定间隔进行取样，直至满足取样数量。

方法二：以清洗后的苗子作为扦样对象，一般盛装在苗盘中整理摆放。扦样时，扦取数见表62-2。

扦样点：因每盘分栽苗株数较多，可在每盘的四角及中心各取10株。

（2）霍山石斛分栽苗

种子批：因霍山石斛种植以棚为管理的基本单位，虽种植所耗时间较长，但成熟期大致相同，因此采收时多以种植时间相近的棚为基本单位统一进行，即以种植时间相差在30天之内的棚而采收得到的分栽苗为一个批次。因其多盛装在苗盘中整齐摆放，可以盘为单位进行扦样，扦样数见表62-3。

表62-2　组培苗种子批的盘数与扦取的最低数

种子批的盘数	扦取的最低数
1～50	不少于5盘
50～100	每10盘取1盘
>100	每20盘取1盘

注：每盘苗量为2500～3000株。

表62-3　分栽苗种子批的盘数与扦取最低数

种子批的盘数	扦取的最低数
1～60	不少于5盘
60～120	每15盘取1盘
>120	每20盘取1盘

注：每盘苗量为800～1000丛。

扦样点：因每盘分栽苗丛数较多，可在每盘的四角及中心各取5丛。

3. 净度

将扦样取得的组培苗和分栽苗进行分离，得到纯种苗。分离出的杂质，在霍山石斛组培苗中主要为枯叶、残留在根部或茎基部的未清洗干净的培养基，在霍山石斛分栽苗中主要为未清理干净的枯枝、树叶或附着在根部的树皮、石子、肥料等。组培苗和分栽苗净度数据见表62-4、表62-5。

表62-4　组培苗净度数据

编号	净度（%）	编号	净度（%）	编号	净度（%）
1	98.63	5	99.16	9	97.24
2	97.54	6	97.01	10	98.59
3	96.57	7	96.17		
4	98.66	8	97.28		

注：此测定数据组培苗含水量较大，测定过程水分挥发对测定结果影响较大。

表62-5　分栽苗净度数据

编号	净度（%）	编号	净度（%）	编号	净度（%）
1	96.81	8	98.49	15	90.84
2	95.73	9	98.21	16	85.01
3	92.59	10	97.96	17	86.17
4	96.89	11	88.63	18	87.37
5	98.61	12	87.54	19	86.24
6	98.27	13	89.27	20	84.57
7	97.84	14	86.34		

4. 外形

（1）霍山石斛组培苗　茎条翠绿，多3～6株为一丛，茎直立，部分具一定弧度的弯曲，节间呈圆柱状、纺锤状、串珠状或曲折状，长度不一，多2.0～10.0cm，叶互生，3～6片，长圆形披针状或至披针状，宽0.3～0.7cm，长1.0～3.0cm，叶鞘嫩绿色；根细长，多为浅绿色，肉质，部分白色，泡状，部分具白色根毛。植株完整无损伤、无病虫害、无污染、叶舒展。

（2）霍山石斛分栽苗　植株完整无损伤、无病虫害、无污染、叶舒展、色深绿。

丛生或单株，一般为2～3株为一丛，或多达5株以上；茎直立，高2.0～10.0cm，圆柱形并呈纺锤状；叶互生，3～4片，长圆形披针状或至披针状，宽0.5～0.7cm，长2.0～3.0cm；叶鞘白色或淡绿色，部分具紫点；部分茎无叶片，但多在茎上部节间具芽。根细长，白色，泡状，多附着有细小树皮或砂石。植株完整无损伤、无病虫害、无污染、叶舒展。

5. 大小

（1）霍山石斛组培苗　茎高多2.0～10.0cm，叶互生，3～6片，长圆形披针状或至披针状，宽0.3～0.7cm，长1.0～3.0cm。

（2）霍山石斛分栽苗　茎高2.0～10.0cm，圆柱形并呈纺锤状；叶互生，3～4片，长圆形披针状或至披针状，宽0.5～0.7cm，长2.0～3.0cm。

6. 病虫害

（1）霍山石斛组培苗　因在组培瓶中隔离培养，一般无病虫害。但也存在微生物侵染扩繁的情况，一般为细菌和真菌，附生在培养基上（图62-1、图62-2）。若组培苗已经达到成熟阶段，不论刚刚出现菌圈，或菌丝已经布满全瓶，只要没有侵染至组培苗的体内，可短暂炼苗，清洗灭菌后种植，不影响组培苗的生长。若组培苗被微生物污染而受损，则不可再用于种植。

图62-1　真菌侵染（可种植）

图62-2　细菌污染（播种后20天）

（2）霍山石斛分栽苗　分栽苗在选择时即挑选健康、无病害植株。在前期的生长阶段，出现病害的植株一般采取生物措施防治，或拔除处理。若残留有病斑，则剔除不用做种苗。

7. 种苗质量对药材生产的影响

霍山石斛生长周期长，一般种植之后3年方可采收，所采收部分为生长时间2～3年的茎，因此均为种植后长出的茎，霍山石斛的产量直接受种苗质量的影响。

（1）霍山石斛组培苗　若种苗质量较差，即种苗瘦小、茎纤细，根少或有断折的情况，则种苗所生新芽少、易死亡，或新芽生长缓慢从而影响产量。

组培苗栽种后90天　茎瘦弱与茎粗壮对比如图62-3、图62-4所示。

图62-3　茎瘦弱——新芽少且小

图62-4　茎粗壮——新芽多且生长迅速

（2）霍山石斛分栽苗（冬季移栽，春天发芽）　若种苗质量较差，即种苗瘦小、单株、根少或基部受损，则种苗新芽少且弱小，生长缓慢，严重影响产量。

分栽苗种苗瘦小与种菌丛生对比如图62-5、图62-6所示。

图62-5 种苗瘦小——新芽生长亦缓慢

图62-6 种苗丛生——新芽生长茁壮

8．繁育技术

（1）霍山石斛组培苗繁育技术

① 外植体的类型 果实（种子）。

要求：选择成熟饱满、无病虫害、无机械损伤、无污染、无自然开裂的蒴果。

处理方法：先用水充分清洗蒴果表面的灰尘，所用水质执行《生活饮用水卫生标准》（GB/T 5749—2006）。晾干表明水分，用洁净纸进行包裹，在4℃冰箱中保存1周。处理后的蒴果用75%乙醇浸泡15～20分钟后，在酒精灯火焰上灼烧1～2秒，备用。

② 培养基配制

配方：1/2MS培养基为基础培养基，向其中加入3%蔗糖、5%香蕉汁、5%马铃薯汁、0.65%琼脂。

方法：配制1L的培养基。向1L的烧杯中加入大量元素母液25ml、微量元素母液5ml、有机溶剂母液5ml、铁盐母液5ml。加入香蕉汁、土豆汁、30g蔗糖，加水定容至1L。加热至微沸时，向其中加入6.5g琼脂，沸腾后，趁热分装。

③ 初生培养（包括继代培养） 在无菌条件下，用镊子夹住消毒处理过的蒴果果柄，用解剖刀切开蒴果顶端，将蒴果置于培养瓶内轻轻抖动，均匀撒播一层种子于MS培养基表面，立即封住瓶口。培养瓶置于温度为（25±2）℃的洁净环境中暗培养1周后，在光照强度为1500～2000μmol/（m^2·s），光照时长为10～12h/d，继续培养30～45天形成原球茎。

④ 分化培养 选择健康，无污染的原球茎在改良MS培养基上，诱导丛生芽。光照强度为1500～2000μmol/（m^2·s），光照时长为10～12h/d，培养40～55天。

⑤ 生根培养 选择芽体健康，无污染，芽高1.5～2.5cm的丛生芽在1/2MS培养基上，生根壮苗。光照强度为1500～3000μmol/（m^2·s），光照时长为10～12 h/d，培养65～75天。

⑥ 炼苗 种苗在温度15～35℃、光照2000～20000μmol/（m^2·s）范围条件下锻炼15～20天后，种苗叶片变深绿即可出瓶。

⑦ 清洗 炼苗结束后，打开瓶盖，取出组培苗。将组培苗用清水清洗干净，然后用多菌灵浸泡，清水冲洗，晾干，即可。

（2）霍山石斛分栽苗繁育技术

① 种苗的选择　使用霍山石斛组培苗。

② 基地选址　北纬31° 03′～31° 33′；东经 115° 52′～116° 32′，海拔在300～900m的山区，年平均气温12℃，年降水量1500mm以上，年平均相对湿度达78%，空气环境质量达《环境空气质量标准》（GB 3059—1996）一级标准。一般选择搭建钢构大棚，并覆盖遮阴网，架设喷灌，进行设施栽培。

③ 苗床基质　所用苗床可以近地搭建或离地搭建，棚间修排水沟。基质一般使用发酵后的松树皮及沙子、碎石子、碎砖块等的混合物。

近地苗床直接在地面铺设，下层铺设粒径较大的石子4～8cm厚，上铺15～25cm 基质，横截面应略呈拱形，即中间高、两边低以利于排水。离地式苗床一般使用钢构或砖块做成架子，离地40～80cm，架上用细网做成整体式苗床或使用苗盘，上铺15～25cm 基质，苗床应具有良好的透气性，不积水。

④ 栽培时间　全年可栽种，其中以每年3月下旬至6月份为霍山石斛适宜栽植时间。

⑤ 栽培方法　霍山石斛栽培一般以丛栽的方式进行。以3～5根茎为 1丛，栽植1穴，株行距8～10cm，1m^{2}栽种120～200丛。

⑥ 光照　霍山石斛为喜阴植物，应采用遮阳设备遮挡 70%～80%的光照。

⑦ 水分　霍山石斛对水分需求大，且根为气生根，灌溉一般采用喷灌的方式，或自然降水，增加基质和空气湿度。刚刚种植的种苗需立即灌溉，将基质润透，以便种苗扎根生长。生产期需时时关注基质湿度，避免过干或过湿；在夏、秋高温期，应在早晚浇水，切勿在阳光曝晒下进行；春季气温低，应在上午、下午浇水；冬季不浇水。

⑧ 施肥　所用肥料以发酵处理后的蚕沙、羊粪或饼肥等有机肥为主，适当配施无机肥。在霍山石斛种植前，可将有机肥施撒在基质上作基肥。霍山石斛在 5～8月份的生长旺盛期要适当追肥，可用有机肥追肥。

⑨ 除草　畦面有杂草，应及时拔除。

⑩ 摘花　若无需留种，在开花时应及时摘花。

⑪ 采收　栽种后生长2～3年的植株即可采收，将生长期为2～3年符合加工要求的茎采收，并根据生产需要，将生长时间为1～2年的茎保留，即为分栽苗，用于种植。

三、霍山石斛种苗质量标准

1. 范围

本标准规定了霍山石斛（*Dendrobium huoshanense* C. Z. Tang et S. J. Cheng）种苗质量。

本标准适用于组培方法培育及分株所得霍山石斛种苗的种植、经营及销售。

2. 规范性引用文件

GB/T 8321　农药合理使用准则

NY/T 5010　无公害农产品　种植业产地环境条件

GB 4285　农药安全使用标准

NY/T 496　肥料合理使用准则 通则

GB 3095—1996　环境空气质量标准

GB 5084—1992　农田灌溉水质量标准

GB 15618—2018　土壤环境质量标准

中药材生产质量管理规范

3. 术语与定义

3.1 霍山石斛种苗　由于霍山石斛种子在自然状态下繁育困难，因此在实际种植中均使用种苗进行种植，所用种苗主要为组培苗与分栽苗。

3.2 霍山石斛组培苗　为霍山石斛种子通过组培技术，在温室中繁育长成的种苗。

3.3 霍山石斛分栽苗　为霍山石斛采收时，除满足采收要求的茎条外，取生长健康，长势良好的1～2年生的植株，作为可继续种植的种苗。

4. 质量分级要求

4.1 外观形态　霍山石斛种苗应植株完整无损伤、无病虫害、无污染、叶舒展、色深绿。组培苗茎条翠绿，多3～6株为一丛，茎圆柱形，节间呈串珠状为佳，长度不一，叶3～6片，部分苗因清洗而叶片脱落，部分有残留花序，根多为浅绿色，肉质，部分白色，泡状，为暴露在培养基外生长所致。分栽苗为单株或丛生，一般为2～3株为一丛，或细小者多达5根以上为一丛，茎高2～6cm，呈纺锤形，叶3～4片，叶鞘白色或淡绿色，部分具紫点；部分茎无叶片，但多在茎上部节间具芽。

4.2 质量等级标准　霍山石斛种苗（组培苗）质量标准见表62-6，霍山石斛种苗（分栽苗）质量标准见表62-7。

表62-6　霍山石斛种苗（组培苗）质量标准

等级	株数（丛）	叶数（株）	根数（株）	茎高（cm）	茎粗（cm）	茎节形状
一级	≥2	4~6	≥2	≥3.0	≥0.23	串珠状或圆柱形
二级	<2	<4	<2	≥2.0	<0.23	圆柱形

表62-7　霍山石斛种苗（分栽苗）质量标准

等级	株数（丛）	叶数（株）	根数（株）	茎高（cm）	茎粗（cm）
一级	≥2	3~4	≥2	≥3.0	≥0.25
二级	<2	3~4	<2	≥2.0	<0.25

5. 检测方法

5.1 抽样　同一产地、同一品种、同期播种并收获的霍山石斛种苗为同一批次的种苗。采用随机抽样法，抽样方法按照GB/T 3543.2执行。

5.2 检测　按照种苗质量标准进行检测。4项指标中，任何一项指标低于二级标准的，则该种苗为不合格种苗。

5.3 判定规则　不合格种苗分类：

5.3.1 A类：指霍山石斛种苗达不到二级指标要求视为不合格。

5.3.2 B类：指种苗外观性状不合格。种苗出现污染、烂茎或烂根、黄叶、叶片未展开均视为不合格。

株数、叶数、根数、茎高、茎粗、茎节形状等指标必须达到表62-1和表62-2指标要求的方可判定级别。若各项指标中仅有一项达到二级苗标准，其他指标均达到了一级苗标准，则为二级苗；若仅有一项未达到二级苗标准，其他指标均达到了二级苗标准，则判定为不合格苗。

6. 包装、运输、贮存

6.1 包装　多使用苗盘包装，两个苗盘扣到一起，使用胶带封住即可，或装入带孔纸箱、竹筐等通气性良好、坚固的方形容器中。附上标签，即可运输至基地进行种植。

6.2 贮藏　若暂时不需种植的种苗应开盖，存放在空气相对湿度为70%左右的阴凉、通风、透气的环境中，以保持植株活力。组培苗较幼嫩，存放时间不宜超过15天，若时间较长、空气干燥，可适当用喷雾器喷洒一定水分，以略湿叶片及根部为宜。分栽苗在冬春季可存放3个月左右。

6.3 运输　运输过程中应避免长期密闭或过度通风，避免颠簸、磕碰，以免种苗受损。

参考文献

[1] 唐振缁，程式君. 中药霍山石斛原植物的研究 [J]. 植物研究，1984 (4) 3：141-146.

[2] 安徽中药志编委会. 安徽中药志 [M]. 合肥：安徽科学技术出版社，1992：746-751.

[3] 霍山县地方志编纂委员会. 霍山县志 [M]. 合肥：黄山书社，1993：223.

[4] 徐光涛,等.提高霍山石斛仿生态栽培成活率方法的研究 [J].安徽林业科技，2011，37 (6)：62-64.

孙大学　成彦武（中国中药霍山石斛科技有限公司）

焦连魁　赵润怀　王继永　曾燕（中国中药有限公司）

附录

中华人民共和国国家标准

GB/T 3543.1~3543.7—1995

农作物种子检验规程

Rules for agricultural seed testing

1995-08-18发布　　　　1996-06-01实施

国家技术监督局　发布

GB/T 3543.1—1995

农作物种子检验规程

代替　GB 3543—83

总　则

Rules for agricultural seed testing
—General directives

1 主题内容与适用范围

本标准规定了种子扦样程序，种子质量检测项目的操作程序，检测基本要求和结果报告。

本标准适用于农作物种子质量的检测。

2 引用标准

GB/T 3543.2　农作物种子检验规程　扦样

GB/T 3543.3　农作物种子检验规程　净度分析

GB/T 3543.4　农作物种子检验规程　发芽试验

GB/T 3543.5　农作物种子检验规程　真实性和品种纯度鉴定

GB/T 3543.6　农作物种子检验规程　水分测定

GB/T 3543.7　农作物种子检验规程　其他项目检验

GB/T 8170　数值修约规则

3 农作物种子检验规程的构成与操作程序图

3.1 构成　农作物种子检验规程由GB/T 3543.1～3543.7等七个系列标准构成。就其内容可分为扦样、检测和结果报告三部分。

部分	内容	参见
扦样部分	种子批的扦样程序	
	实验室分样程序	（见第4章）
	样品保存	
检测部分	净度分析（包括其他植物种子的数目测定）	（见5.1）
	发芽试验	（见5.2）
	真实性和品种纯度鉴定	（见5.3）
	水分测定	（见5.4）
	生活力的生化测定	（见5.5）
	重量测定	（见5.5）
	种子健康测定	（见5.5）
	包衣种子检验	（见5.5）
结果报告	容许误差	（见第6章）
	签发结果报告单的条件	（见7.1）
	结果报告单	（见7.2）

其中检测部分的净度分析、发芽试验、真实性和品种纯度鉴定、水分测定为必检项目，生活力的生化测定等其他项目检验属于非必检项目。

3.2 种子检验操作程序图 全面检验时应遵循的操作程序见下图。

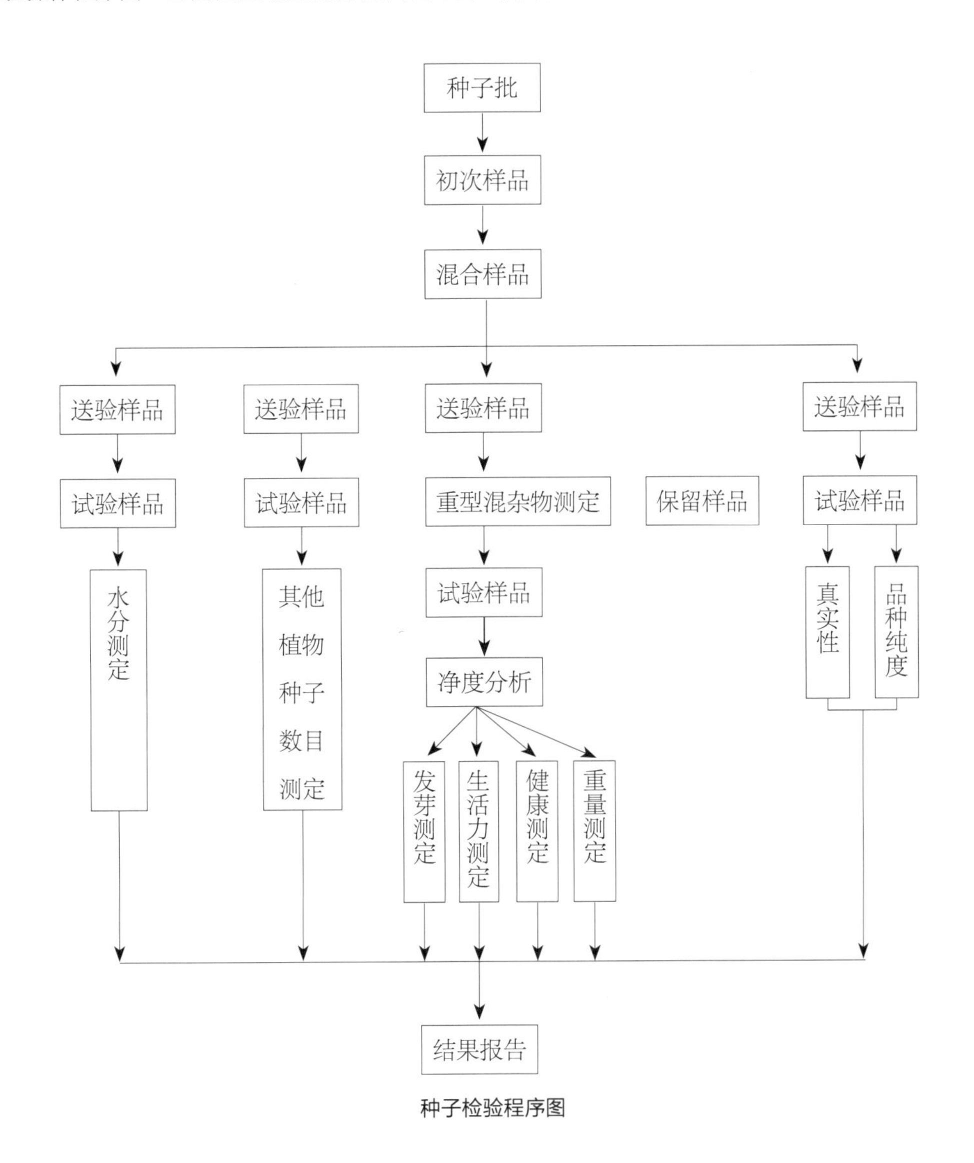

种子检验程序图

注：① 本图中送验样品和试验样品的重量各不相同，参见GB/T 3543.2中的第5.5.1和6.1条。

② 健康测定根据测定要求的不同，有时是用净种子，有时是用送验样品的一部分。

③ 若同时进行其他植物种子的数目测定和净度分析，可用同一份送验样品，先做净度分析，再测定其他植物种子的数目。

4 扦样部分

扦样是从大量的种子中，随机取得一个重量适当、有代表性的供检样品。

样品应由从种子批不同部位随机扦取若干次的小部分种子合并而成，然后把这个样品经对分递减或随机抽取法分取规定重量的样品。不管哪一步骤都要有代表性。

具体的扦样方法应符合GB/T 3543.2的规定。

5 检测部分

5.1　净度分析　是测定供检样品不同成分的重量百分率和样品混合物特性，并据此推测种子批的组成。

分析时将试验样品分成三种成分，净种子、其他植物种子和杂质，并测定各成分的重量百分率。样品中的所有植物种子和各种杂质，尽可能加以鉴定。

为便于操作，将其他植物种子的数目测定也归于净度分析中，它主要是用于测定种子批中是否含有有毒或有害种子，用供检样品中的其他植物种子数目来表示，如需鉴定，可按植物分类鉴定到属。

具体分析应符合GB/T 3543.3的规定。

5.2 发芽试验　是测定种子批的最大发芽潜力，据此可比较不同种子批的质量，也可估测田间播种价值。

发芽试验须用经净度分析后的净种子，在适宜水分和规定的发芽技术条件进行试验，到幼苗适宜评价阶段后，按结果报告要求检查每个重复，并计数不同类型的幼苗。如需经过预处理的，应在报告上注明。

具体试验方法应符合GB/T 3543.4的规定。

5.3 真实性和品种纯度鉴定　测定送验样品的种子真实性和品种纯度，据此推测种子批的种子真实性和品种纯度。

真实性和品种纯度鉴定，可用种子、纯苗或植株。通常，把种子与标准样品的种子进行比较，或将幼苗和植株与同期邻近种植在同一环境条件下的同一发育阶段的标准样品的幼苗和植株进行比较。

当品种的鉴定性状比较一致时（如自花授粉作物），则对异作物、异品种的种子、幼苗或植株进行计数，当品种的鉴定性状一致性较差时（如异花授粉作物），则对明显的变异株进行计数，并作出总体评价。

具体方法应符合GB/T 3543.5的规定。

5.4 水分测定　测定送验样品的种子水分，为种子安全贮藏、运输等提供依据。

种子水分测定必须使种子水分中自由水和束缚水全部除去，同时要尽最大可能减少氧化、分解或其他挥发性物质的损失。

具体方法应符合GB/T 3543.6的规定。

5.5 其他项目检验

5.5.1 生活力的生化（四唑）测定：在短期内急需了解种子发芽率或当某些样品在发芽末期尚有较多的休眠种子时，可应用生活力的生化法快速估测种子生活力。

生活力测定是应用2，3，5-三苯基氯化四氮唑（简称四唑，TTC）无色溶液作为一种指示剂，这种指示剂被种子活组织吸收后，接受活细胞脱氢酶中的氢，被还原成一种红色的、稳定的、不会扩散的和不溶于水的三苯基甲臜。据此，可依据胚和胚乳组织的染色反应来区别有生活力和无生活力的种子。

除完全染色的有生活力种子和完全不染色的无生活力种子外，部分染色种子有无生活力，主要是根据胚和胚乳坏死组织的部位和面积大小来决定，染色颜色深浅可判别是健全的，还是衰弱的或死亡的。

5.5.2 重量测定：测定送验样品每1000粒种子的重量。

从净种子中数取一定数量的种子，称其重量，计算其1000粒种子的重量，并换算成国家种子质量标准水分条件下的重量。

5.5.3 种子健康测定：通过种子样品的健康测定，可推知种子批的健康状况，从而比较不同种子批的使用价值，同时可采取措施，弥补发芽试验的不足。

根据送验者的要求，测定样品是否存在病原体、害虫，尽可能选用适宜的方法，估计受感染的种子数。已经处理过和种子批，应要求送验者说明处理方式和所用的化学药品。

5.5.4 包衣种子检验：包衣种子是泛指采用某种方法将其他非种子材料包裹在种子外面的各种处理的种子。包括丸化种子、包膜种子、种子带和种子毯等。由于包衣种子难以按GB/T 3543.2～3543.6所规定的方法直接进行测定，为了获得包衣种子有重演性播种价值的结果，就此作出相应的规定。

以上内容（5.5.1～5.5.4）的具体检测方法应符合GB/T 3543.7的规定。

6 容许误差

容许误差是指同一测定项目两次检验结果所容许的最大差距，超过此限度则足以引起对其结果准确性产生怀疑或认为所测的条件存在着真正的差异。

6.1 同一实验室同一送验样品重复间的容许差距。

a. 净度分析（见GB/T 3543.3 表2）。

b. 其他植物种子数目测定（见GB/T 3543.3 表6）。

c. 发芽试验（见GB/T 3543.4 表3）。

d. 生活力测定（见GB/T 3543.7 表2）。

6.2 从同一种子批扦取的同一或不同送验样品，经同一或另一检验机构检验，比较两次结果是否一致。

a. 净度分析（见GB/T 3543.3 表3）。

b. 其他植物种子数目测定（见GB/T 3543.3 表6）。

c. 发芽试验（见GB/T 3543.4 表5）。

6.3 从同一种子批扦取的第二个送验样品，经同一或另一个检验机构检验，所得结果较第一次差，如净种子重量百分率低、发芽率低、其他植物种子数目多。

a. 净度分析（见GB/T 3543.4 表4）。

b. 其他植物种子数目测定（见GB/T 3543.3 表7）。

c. 发芽试验（见GB/T 3543.3 表4）。

6.4 抽检、统检、仲裁检验、定期等与种子质量标准、合同、标签等规定值比较。

a. 净度分析（见GB/T 3543.3 表5）。

b. 发芽试验（见GB/T 3543.4 表6）。

c. 纯度鉴定（商品种，见GB/T 3543.5 表2）。

d. 纯度鉴定（育种家、原种等种子，见GB/T 3543.5 表3）。

7 结果报告

种子检验结果单是按照本标准进行扦样与检测而获得检验结果的一种证书表格。

7.1 签发结果报告单的条件　签发种子检验结果单的机构除需要作好填报的事项外，还要：a. 该机构目前从事这项工作；b. 被检种属于本规程所列举的一个种；c. 种子批是与本规程的要求相符合；d. 送验样品是按本规程要求扦取和处理的；e. 检验是按本规程规定方法进行的。

7.2 结果报告单　检验项目结束后，检验结果应按GB/T 3543.3～3543.7中的结果计算和结果报告的有关章条规定填报种子检验结果报告单（见下表）。如果某些项目没有测定而结果报告单上是空白的，那么应在这些空格内填上“未检验”字样。

若扦样是另一个检验机构或个人进行的，应在结果报告单上注明只对送验样品负责。

若在检验结束前急需了解某一测定项目的结果，可签发临时结果报告单，即在结果报告单上附有“最后结果报告单将在检验结束时签发”的说明。

本规程未规定而需要数字修约的，执行GB 8170的规定。

完整的结果报告单须报告下列内容：a. 签发站名称；b. 扦样及封缄单位的名称；c. 种子批的正式记号及印章；d. 来样数量、代表数量；e. 扦样日期；f. 检验站收到样品日期；g. 样品编号；h. 检验项目；i. 检验日期。

结果报告单不得涂改。

种子检验结果报告单

<table>
<tr><td colspan="2">送验单位</td><td colspan="2"></td><td>产地</td><td colspan="2"></td></tr>
<tr><td colspan="2">作物名称</td><td colspan="2"></td><td>代表数量</td><td colspan="2"></td></tr>
<tr><td colspan="2">品种名称</td><td colspan="2"></td><td></td><td colspan="2"></td></tr>
<tr><td rowspan="3">净度分析</td><td colspan="2">净种子（%）</td><td colspan="2">其他植物种子（%）</td><td colspan="2">杂质（%）</td></tr>
<tr><td></td><td></td><td></td><td></td><td></td><td></td></tr>
<tr><td colspan="6">其他植物种子的种类及数目：
完全/有限/简化检验
杂质的种类：</td></tr>
<tr><td rowspan="3">发芽试验</td><td>正常幼苗（%）</td><td colspan="2">硬实（%）</td><td>新鲜不发芽种子（%）</td><td>不正常幼苗（%）</td><td>死种子（%）</td></tr>
<tr><td></td><td colspan="2"></td><td></td><td></td><td></td></tr>
<tr><td colspan="6">发芽床＿＿＿＿＿；温度＿＿＿＿＿；试验持续时间＿＿＿＿＿；发芽前处理和方法＿＿＿＿＿＿＿＿＿＿＿＿＿＿＿＿。</td></tr>
<tr><td>纯度</td><td colspan="6">实验室方法＿＿＿＿＿；品种纯度＿＿＿＿＿%。
田间小区鉴定＿＿＿＿＿；本品种%＿＿＿＿＿；异品种＿＿＿＿＿%。</td></tr>
<tr><td>水分</td><td colspan="6">水分＿＿＿＿＿%</td></tr>
<tr><td>其他测定项目</td><td colspan="6">生活力＿＿＿＿＿%；
重量（千粒）＿＿＿＿＿g。
健康状况：</td></tr>
</table>

检验单位（盖章）：　　　　检验员（技术负责人）：　　　　复核员：

填报日期：　　年　月　日

附加说明：

本标准由中华人民共和国农业部提出。

本标准由全国农作物种子标准化技术委员会归口。

本标准由全国种子总站、浙江农业大学、四川省、黑龙江省、天津市种子公司（站）、南京农业大学、北京市、湖南省种子公司负责起草。

本标准主要起草人支巨振、毕辛华、杜克敏、常秀兰、杨淑惠、任淑萍、吴志行、李仁凤、赵菊英。

本标准首次发布于1983年3月。

本标准参照采用国际种子检验规程（ISTA，1993年版）。

GB/T 3543.2—1995

农作物种子检验规程

代替 GB 3543—83

扦 样

Rules for agricultural seed testing
—Sampling

---

1 主题内容与适用范围

本标准规定了种子批的扦样程序，实验室分样程序和样品保存的要求。

本标准适用于农作物种子质量的检测。

2 引用标准

GB/T 3543.3 农作物种子检验规程 净度分析

GB/T 3543.4 农作物种子检验规程 发芽试验

GB/T 3543.5 农作物种子检验规程 真实性和品种纯度鉴定

GB 7414 主要农作物种子包装

GB 7415 主要农作物种子贮藏

3 术语

3.1 种子批（seed lot） 同一来源、同一品种、同一年度、同一时期收获和质量基本一致、在规定数量之内的种子。

3.2 初次样品（primary sample） 从种子批的一个扦样点上所扦取的一小部分种子。

3.3 混合样品（composite sample） 由种子批内扦取的全部初次样品合而成。

3.4 送验样品（submitted sample） 送到种子检验机构检验、规定数量（见5.5.1）的样品。

3.5 试验样品（简称试样，working sample） 在实验室中从送验样品中分出的部分样品，供测定某一检验项目之用。

3.6 封缄（sealed） 把种子装在容器内，封好后如不启封，无法把种子取出。如果容器本身不具备密封性能，每一容器加正式封印或不易擦洗掉的标记或不能撕去重贴的封条。

4 仪器设备

4.1 扦样器

4.1.1 袋装扦样器：a. 单管扦样器；b. 双管扦样器。

4.1.2 散装扦样器：a. 长柄短筒圆锥形扦样器；b. 双管扦样器（比袋装双管扦样器长度要长）；c. 圆锥形扦样器。

4.2 分样器 a. 钟鼎式（圆锥形）分样器；b. 横格式分样器。

4.3 天平和其他器具 a. 感量1g，称量1～5kg天平；b. 感量0.1g 天平；c. 分样板、样品罐或样品袋、封条等。

5 种子批的扦样程序

扦样只能由受过扦样训练、具有实践经验的扦样员（检验员）担任，按如下规定扦取样品。

5.1 扦样前的准备 扦样员（检验员）应向种子经营、生产、使用单位了解该批种子堆装混合、贮藏过程中有关种子质量的情况。

5.2 划分种子批

5.2.1 种子批的大小：一批种子不得超过表1所规定的重量，其容许差距为5%。若超过规定重量时，须分成几批，分别给以批号。

表1 农作物种子批的最大重量和样品最小重量

种（变种）名	学 名	种子批的最大重量（kg）	样品最小重量（g）		
			送验样品	净度分析试样	其他植物种子计数试样
1. 洋葱	*Allium cepa* L.	100	80	8	80
2. 葱	*Allium fistulosum* L.	10000	50	5	50
3. 韭葱	*Allium porrum* L.	10000	70	7	70
4. 细香葱	*Allium schoenoprasum* L.	10000	30	3	30
5. 韭菜	*Allium tuberosum* Rottl. ex Spreng.	10000	100	10	100
6. 苋菜	*Amaranthus tricolor* L.	5000	10	2	10
7. 芹菜	*Apium graveolens* L.	10000	25	1	10
8. 根芹菜	*Apium graveolens* L. var. *rapaceum* DC.	10000	25	1	10
9. 花生	*Arachis hypogaea* L.	25000	1000	1000	1000
10. 牛蒡	*Arctium lappa* L.	10000	50	5	50
11. 石刁柏	*Asparagus officinalis* L.	20000	1000	100	1000
12. 紫云英	*Astragalus sinicus* L.	10000	70	7	70
13. 裸燕麦（莜麦）	*Avena nuda* L.	25000	1000	120	1000
14. 普通燕麦	*Avena sativa* L.	25000	1000	120	1000
15. 落葵	*Basella* spp. L.	10000	200	60	200
16. 冬瓜	*Benincasa hispida*（Thunb.）Cogn.	10000	200	100	200
17. 节瓜	*Benincasa hispida* Cogn. var. *chieh-qua* How.	10000	200	100	200
18. 甜菜	*Beta vulgaris* L.	20000	500	50	500
19. 叶甜菜	*Beta vulgaris* var. *cicla*	20000	500	50	500
20. 根甜菜	*Beta vulgaris* var. *rapacea*	20000	500	50	500
21. 白菜型油菜	*Brassica campestris* L.	10000	100	10	100
22. 不结球白菜（包括白菜、乌塌菜、紫菜薹、薹菜、菜薹）	*Brassica campestris* L. ssp. *chinensis*（L.）	10000	100	10	100

续表

种（变种）名	学　名	种子批的最大重量（kg）	样品最小重量（g）		
			送验样品	净度分析试样	其他植物种子计数试样
23. 芥菜型油菜	*Brassica juncea* Czern. et Coss.	10000	40	4	40
24. 根用芥菜	*Brassica juncea* Coss. var. *megarrhiza* Tsen et Lee	10000	100	10	100
25. 叶用芥菜	*Brassica juncea* Coss. var. *foliosa* Bailey	10000	40	4	40
26. 茎用芥菜	*Brassica juncea* Coss. var. *tsatsai* Mao	10000	40	4	40
27. 甘蓝型油菜	*Brassica napus* L. ssp. *pekinensis*（Lour.）Olsson	10000	100	10	100
28. 芥蓝	*Brassica oleracea* L. var. *alboglabra* Bailey	10000	100	10	100
29. 结球甘蓝	*Brassica oleracea* L. var. *capitata* L.	10000	100	10	100
30. 球茎甘蓝（苤蓝）	*Brassica oleracea* L. var. *caulorapa* DC.	10000	100	10	100
31. 花椰菜	*Brassica oleracea* L. var. *bortytis* L.	10000	100	10	100
32. 抱子甘蓝	*Brassica oleracea* L. var. *gemmifera* Zenk.	10000	100	10	100
33. 青花菜	*Brassica oleracea* L. var. *italica* Plench	10000	100	10	100
34. 结球白菜	*Brassica campestris* L. ssp. *pekinensis*（Lour.）Olsson	10000	100	4	40
35. 芜菁	*Brassica rapa* L.	10000	70	7	70
36. 芜菁甘蓝	*Brassica napobrassica* Mill.	10000	70	7	70
37. 木豆	*Cajanus cajan*（L.）Millsp.	20000	1000	300	1000
38. 大刀豆	*Canavalia gladiata*（Jacq.）DC.	20000	1000	1000	1000
39. 大麻	*Cannabis sativa* L.	10000	600	60	600
40. 辣椒	*Capsicum frutescens* L.	10000	150	15	150
41. 甜椒	*Capsicum frutescens* var. *grossum*	10000	150	15	150
42. 红花	*Carthamus tinctorius* L.	25000	900	90	900
43. 茼蒿	*Chrysanthemum coronarium* var. *spatisum*	5000	30	8	30
44. 西瓜	*Citrullus lanatus*（Thunb.）Matsum. et Nakai	20000	1000	250	1000
45. 薏苡	*Coix lacryna-jobi* L.	5000	600	150	600
46. 圆果黄麻	*Corchorus capsularis* L.	10000	150	15	150
47. 长果黄麻	*Corchorus olitorius* L.	10000	150	15	150
48. 芫荽	*Coriandrum sativum* L.	10000	400	40	400

续表

种（变种）名	学 名	种子批的最大重量（kg）	样品最小重量（g）		
			送验样品	净度分析试样	其他植物种子计数试样
49. 柽麻	*Crotalaria juncea* L.	10000	700	70	700
50. 甜瓜	*Cucumis melo* L.	10000	150	70	150
51. 越瓜	*Cucumis melo* L. var. *conomon* Makino	10000	150	70	150
52. 菜瓜	*Cucumis melo* L. var. *flexuosus* Naud.	10000	150	70	150
53. 黄瓜	*Cucumis sativus* L.	10000	150	70	150
54. 笋瓜（印度南瓜）	*Cucurbita maxima* Duch. ex Lam	20000	1000	700	1000
55. 南瓜（中国南瓜）	*Cucurbita moschata*（Duchesne）Duchesne ex Poiret	10000	350	180	350
56. 西葫芦（美洲南瓜）	*Cucurbita pepo* L.	20000	1000	700	1000
57. 瓜尔豆	*Cyamopsis tetragonoloba*（L.）Taubert	20000	1000	100	1000
58. 胡萝卜	*Daucus carota* L.	10000	30	3	30
59. 扁豆	*Dolichos lablab* L.	20000	1000	600	1000
60. 龙爪稷	*Eleusine coracana*（L.）Gaertn.	10000	60	6	60
61. 甜荞	*Fagopyrum esculentum* Moench	10000	600	60	600
62. 苦荞	*Fagopyrum tataricum*（L.）Gaertn.	10000	500	50	500
63. 茴香	*Foeniculum vulgare* Miller	10000	180	18	180
64. 大豆	*Glycine max*（L.）Merr.	25000	1000	500	1000
65. 棉花	*Gossypium* spp.	25000	1000	350	1000
66. 向日葵	*Helianthus annuus* L.	25000	1000	200	1000
67. 红麻	*Hibiscus cannabinus* L.	10000	700	70	700
68. 黄秋葵	*Hibiscus esculentus* L.	20000	1000	140	1000
69. 大麦	*Hordeum vulgare* L.	25000	1000	120	1000
70. 蕹菜	*Ipomoea aquatica* Forsskal	20000	1000	100	1000
71. 莴苣	*Lactuca sativa* L.	10000	30	3	30
72. 瓠瓜	*Lagenaria siceraria*（Molina）Standley	20000	1000	500	1000
73. 兵豆（小扁豆）	*Lens culinaris* Medikus	10000	600	60	600
74. 亚麻	*Linum usitatissimum* L.	10000	150	15	150
75. 棱角丝瓜	*Luffa acutangula*（L）. Roxb.	20000	1000	400	1000

续表

种（变种）名	学　名	种子批的最大重量（kg）	样品最小重量（g）		
			送验样品	净度分析试样	其他植物种子计数试样
76. 普通丝瓜	*Luffa cylindrica*（L.）Roem.	20000	1000	250	1000
77. 番茄	*Lycopersicon lycopersicum*（L.）Karsten	10000	15	7	15
78. 金花菜	*Medicago polymor pha* L.	10000	70	7	70
79. 紫花苜蓿	*Medicago sativa* L.	10000	50	5	50
80. 白香草木樨	*Melilotus albus* Desr.	10000	50	5	50
81. 黄香草木樨	*Melilotus officinalis*（L.）Pallas	10000	50	5	50
82. 苦瓜	*Momordica charantia* L.	20000	1000	450	1000
83. 豆瓣菜	*Nasturtium officinale* R. Br.	10000	25	0.5	5
84. 烟草	*Nicotiana tabacum* L.	10000	25	0.5	5
85. 罗勒	*Ocimum basilicum* L.	10000	40	4	40
86. 稻	*Oryza sativa* L.	25000	400	40	400
87. 豆薯	*Pachyrhizus erosus*（L.）Urban	20000	1000	250	1000
88. 黍（糜子）	*Panicum miliaceum* L.	10000	150	15	150
89. 美洲防风	*Pastinaca sativa* L.	10000	100	10	100
90. 香芹	*Petroselinum crispum*（Miller）Nyman ex A.W.Hill	10000	40	4	40
91. 多花菜豆	*Phaseolus multiflorus* Willd.	20000	1000	1000	1000
92. 利马豆（莱豆）	*Phaseolus lunatus* L.	20000	1000	1000	1000
93. 菜豆	*Phaseolus vulgaris* L.	25000	1000	700	1000
94. 酸浆	*Physalis pubescens* L.	10000	25	2	20
95. 茴芹	*Pimpinella anisum* L.	10000	70	7	70
96. 豌豆	*Pisum sativum* L.	25000	1000	900	1000
97. 马齿苋	*Portulaca oleracea* L.	10000	25	0.5	5
98. 四棱豆	*Psophocar pus tetragonolobus*（L.）DC.	25000	1000	1000	1000
99. 萝卜	*Raphanus sativus* L.	10000	300	30	300
100. 食用大黄	*Rheum rhaponticum* L.	10000	450	45	450
101. 蓖麻	*Ricinus communis* L.	20000	1000	500	1000
102. 鸦葱	*Scorzonera hispanica* L.	10000	300	30	300
103. 黑麦	*Secale cereale* L.	25000	1000	120	1000

续表

种（变种）名	学 名	种子批的最大重量（kg）	样品最小重量（g）		
			送验样品	净度分析试样	其他植物种子计数试样
104. 佛手瓜	*Sechium edule*（Jacp.）Swartz	20000	1000	1000	1000
105. 芝麻	*Sesamum indicum* L.	10000	70	7	70
106. 田菁	*Sesbania cannabina*（Retz.）Pers.	10000	90	9	90
107. 粟	*Setaria italica*（L.）Beauv.	10000	90	9	90
108. 茄子	*Solanum melongena* L.	10000	150	15	150
109. 高粱	*Sorghum bicolor*（L.）Moench	10000	900	90	900
110. 菠菜	*Spinacia oleracea* L.	10000	250	25	250
111. 黎豆	*Stizolobium* ssp.	20000	1000	250	1000
112. 番杏	*Tetragonia tetragonioides*（Pallas）Kuntze	20000	1000	200	1000
113. 婆罗门参	*Tragopogon porrifolius* L.	10000	400	40	400
114. 小黑麦	*X Triticosecale* Wittm.	25000	1000	120	1000
115. 小麦	*Triticum aestivum* L.	25000	1000	120	1000
116. 蚕豆	*Vicia faba* L.	25000	1000	1000	1000
117. 箭舌豌豆	*Vicia sativa* L.	25000	1000	140	1000
118. 毛叶苕子	*Vicia villosa* Roth	20000	1080	140	1080
119. 赤豆	*Vigna angularis*（Willd）Ohwi & Ohashi	20000	1000	250	1000
120. 绿豆	*Vigna radiata*（L.）Wilczek	20000	1000	120	1000
121. 饭豆	*Vigna umbellata*（Thunb.）Ohwi & Ohashi	20000	1000	250	1000
122. 长豇豆	*Vigna unguiculata* W.ssp. *sesquipedalis*（L.）Verd.	20000	1000	400	1000
123. 矮豇豆	*Vigna unguiculata* W.ssp. *Unguiculata*（L.）Verd.	20000	1000	400	1000
124. 玉米	*Zea mays* L.	40000	1000	900	1000

5.2.2 种子批的均匀度：被扦的种子批应在扦样前进行适当混合、掺匀和机械加工处理，使其均匀一致。扦样时，若种子包装物或种子批没有标记或能明显地看出该批种子在形态或文件记录上有异质性的证据时，应拒绝扦样。如对种子批的均匀度发生怀疑，按附录A（补充件）中所述方法测定异质性。

5.2.3 容器及种子批的标记及封口：种子批的被扦包装物（如袋、容器）都必须封口，并符合GB 7414～7415的规定。

被扦包装物应贴有标签或加以标记。

种子批的排列应该使各个包装物或该批种子的各部分便于扦样。

5.3 扦取初次样品

5.3.1 袋装扦样法：根据种子批袋装（或容量相似而大小一致的其他容器）的数量确定扦样袋数，表2的扦样袋数应作为最低要求：

表2 袋装的扦样袋（容器）数

种子批的袋数（容器数）	扦取的最低袋数（容器数）	种子批的袋数（容器数）	扦取的最低袋数（容器数）
1~5	每袋都扦取，至少扦取5个初次样品	50~400	每5袋至少扦取1袋
6~14	不少于5袋	401~560	不少于80袋
15~30	每3袋至少扦取1袋	561以上	每7袋至少扦取1袋
31~49	不少于10袋		

如果种子装在小容器（如金属罐、纸盒或小包装）中，用下列方法扦取：

100kg种子作为扦样的基本单位。小容器合并组成的重量为100kg的作为一个“容器”（不得超过此重量），如小容器为20kg，则5个小容器为一“容器”，并按表2规定进行扦样。

袋装（或容器）种子堆垛存放时，应随机选定取样的袋，从上、中、下各部位设立扦样点，每个容器只需扦一个部位。不是堆垛存放时，可平均分配，间隔一定袋数扦取。

对于装在小型或防潮容器（如铁罐或塑料袋）中的种子，应在种子装入容器前扦取，否则应把规定数量的容器打开或穿孔取得初次样品。

用合适的扦样器，根据扦样要求扦取初次样品。单管扦样器适用于扦取中小粒种子样品，扦样时用扦样器的尖端先拨开包装物的线孔，再把凹槽向下，自袋角处尖端与水平成30°向上倾斜地插入袋内，直至到达袋的中心，再把凹槽旋转向上，慢慢拔出，将样品装入容器中。双管扦样器适用于较大粒种子，使用时须对角插入袋内或容器中，在关闭状态插入，然后开启孔口，轻轻摇动，使扦样器完全装满，轻轻关闭，拔出，将样品装入容器中。

扦样所造成的孔洞，可用扦样器尖端对着孔洞相对方向拨几下，使麻线合并在一起，密封纸袋可用粘布粘贴。

5.3.2 散装扦样法：根据种子批散装的数量确定扦样点数，扦样点数见表3。

表3 散装的扦样点数

种子批大小（kg）	扦样点数	种子批大小（kg）	扦样点数
50以上	不少于3点	5001~20000	每500kg至少扦取1点
51~1500	不少于5点	20001~28000	不少于40点
1501~3000	每300kg至少扦取1点	28001~40000	每700kg至少扦取1点
3001~5000	不少于10点		

散装扦样时应随机从各部位及深度扦取初次样品。每个部位扦取的数量应大体相等。

使用长柄短筒圆锥形扦样器时，旋紧螺丝，再以30°的斜度插入种子堆内，到达一定深度后，用力向上一拉，使活动塞离开进谷门，略微振动，使种子掉入，然后抽出扦样器。双管扦样器垂直插入，操作方法如同袋装扦样（见5.3.1）。圆锥形扦样器垂直或略微倾斜插入种子堆中，压紧铁轴，使套筒盖盖住套筒，达到一定深度后，拉上铁轴，使套筒盖升起，略微振动，然后抽出扦样器。

5.4 配制混合样品　如初次样品基本均匀一致，则可将其合并混合成混合样品。

5.5 送验样品的取得

5.5.1 送验样品的重量：a. 水分测定：需磨碎的种类为100g，不需磨碎种类为50g。b. 品种纯度鉴定：按GB/T 3543.5的规定。c. 所有其他项目测定：按表1送验样品规定的最小重量。但大田作物和蔬菜种子的特殊品种、杂交种等的种子批可以例外，较小的送验样品数量是允许的。如果不进行其他植物种子的数目测定，送验样品至少达到表1净度分析所规定的试验样品的重量，并在结果报告单上加以说明。

5.5.2 送验样品的分取：送验样品可按6.2中的方法，将混合样品减到规定的数量。若混合样品的大小已符合规定，即可作为送验样品。

5.6 送验样品的处理　样品必须包装好，以防在运输过程中损坏。只有在下列两种情况下，样品应装入防湿容器内：一是供水分测定用的送验样品；二是种子批水分较低，并已装入防湿容器内。在其他情况下，与发芽试验有关的送验样品不应装入密闭防湿容器内，可用布袋或纸袋包装。

样品必须由扦样员（检验员）尽快送到种子检验机构，不得延误。经过化学处理的种子，须将处理药剂的名称送交种子检验机构。每个送验样品须有记号（这记号最好能把种子批与样品联系起来），并附有扦样证明书。

6 实验室分样程序

6.1 试验样品的最低重量　试验样品的最低重量已在GB/T 3543.3～3543.7各项测定的有关章条中作了规定。

6.2 试验样品的分取　检验机构接到送验样品后，首先将送验样品充分混合，然后用分样器经多次对分法或抽取递减法分取供各项测定用的试验样品，其重量必须与规定重量相一致。

重复样品须独立分取，在分取第一份试样后，第二份试样或半试样须将送验样品一分为二的另一部分中分取。

6.2.1 机械分样器法：使用钟鼎式分样器时应先刷净，样品放入漏斗时应铺平，用手很快拨开活门，使样品迅速下落，再将两个盛接器的样品同时倒入漏斗，继续混合2～3次，然后取其中一个盛接器按上述方法继续分取，直至达到规定重量为止。使用横格式分样器时，先将种子均匀地散布在倾倒盘内，然后沿着漏斗长度等速倒入漏斗内。

6.2.2 四分法：将样品倒在光滑的桌上或玻璃板上，用分样板将样品先纵向混合，再横向混合，重复混合4～5次，然后将种子摊平成四方形，用分样板划两条对角线，使样品分成4个三角形，再取两个对顶三角形内的样品继续按上述方法分取，直到两个三角形内的样品接近两份试验样品的重量为止。

7 样品保存

送验样品验收合格并按规定要求登记后，应从速进行检验，如不能及时检验，须将样品保存在凉爽，通风的室内，使质量的变化降到最低限度。

为便于复验，应将保留样品在适宜条件（低温干燥）下保存一个生长周期。

附录A
多容器种子批异质性测定
（补充件）

A1 适用范围

适用于检查种子批是否存在显著的异质性。

A2 测定程序

异质性测定是将从种子批中抽出规定数量的若干个样品所得的实际方差与随机分布的理论方差相比较，得出前者超过后者的差数。每一样品取自各个不同的容器，容器内的异质性不包括在内。

A2.1 种子批的扦样　扦样的容器数应不少于表A1的规定。

表A1 扦取容器数与临界H值（1%概率）

种子批的容器数	扦取的容器数	临界H值	种子批的容器数	扦取的容器数	临界H值
5	5	2.58	11～15	11	1.32
6	6	2.02	16～25	15	1.08
7	7	1.80	26～35	17	1.00
8	8	1.64	36～49	18	0.97
9	9	1.51	50或以上	20	0.90
10	10	1.41			

扦样的容器应严格随机选择。从容器中取出样品必须代表种子批的各部分，应从袋的顶部、中部和底部扦取种子。每一容器扦取的重量应不少于GB/T 3543.2中表1送验样品栏所规定的一半。

A2.2 测定方法　异质性可用下列项目表示。

A2.2.1 净度任一成分的重量百分率：在净度分析时，如能把某种成分分离出来（如净种子、其他植物种子或禾本科的秕粒），则可用该成分的重量百分率表示。试样的重量应估计其中含有1000粒种子，将每个试验样品分成两部分，即分析对象部分和其余部分。

A2.2.2 种子粒数：能计数的成分可以用种子计数来表示，如某一植物种或所有其他植物种。每份试样的重量估计大约含有10000粒种子，并计算其中所挑出的那种植物种子数。

A2.2.3 发芽试验任一记载项目的百分率：在标准发芽试验中，任何可测定的种子或幼苗都可采用，如正常幼苗、不正常幼苗或硬实等。从每一袋样中同时取100粒种子按GB/T 3543.4表2的条件下进行发芽试验。

A3 H值的计算

A3.1 净度与发芽

$$W=\frac{\overline{X}(100-\overline{X})}{n} \tag{A1}$$

$$\overline{X}=\frac{\Sigma X}{N} \tag{A2}$$

$$V=\frac{N\Sigma X^2-(\Sigma X)^2}{N(N-1)} \tag{A3}$$

$$H=\frac{V}{W}-1 \tag{A4}$$

式中：N——扦取袋样的数目；

n——每个样品中的种子估计粒数（如净度分析为1000粒，发芽试验为100粒）；

X——某样品中净度分析任一成分的重量百分率或发芽率；

$\overline{X}$——从该种子批测定的全部X值的平均值；

W——该检验项目的样品期望（理论）方差；

V——从样品中求得的某检验项目的实际方差；

H——异质性值。

如N小于10，$\overline{X}$计算到小数点后两位；如N等于10或大于10，则计算到小数点后三位。

A3.2 指定的种子数

$W=\overline{X}$

V和H的计算与A3.1相同。

式中：X指从每个样品挑出的该类种子数。

如果N小于10，$\overline{X}$计算到小数点后一位；如N等于10或大于10，则计算到小数点后两位。

A4 结果报告

表A1表明当种子批的成分呈随机分布时，只有1%概率的测定结果超过H值。

若求得的H值超过表A1的临界H值时，则该种子批存在显著的异质性；若求得的H值小于或等于临界H值时，则该种子批无异质现象；若求得的H值为负值时，则填报为零。

异质性的测定结果应填报如下：

$\overline{X}$、N、该种子批袋数、H及一项说明"这个H值表明有（无）显著的异质性"。

如果超出下列限度，则不必计算或填报H值；

净度分析的任一成分：高于99.8%或低于0.2%；

发芽率：高于99%或低于1%；

指定某一植物种的种子数：每个样品小于两粒。

附加说明：

本标准由中华人民共和国农业部提出。

本标准由全国农作物种子标准化技术委员会归口。

本标准由全国种子总站、浙江农业大学、四川省、黑龙江省、天津市种子公司（站）、南京农业大学、北京市、湖南省种子公司负责起草。

本标准主要起草人支巨振、毕辛华、杜克敏、常秀兰、杨淑惠、任淑萍、吴志行、李仁凤、赵菊英。

本标准首次发布于1983年3月。

本标准参照采用国际种子检验规程（ISTA，1993年版）第二部分　扦样。

GB/T 3534.3—1995

农作物种子检验规程

代替 GB 3543—83

净度分析

Rules for agricultural seed testing
—Purity analysis

1 主题内容与适用范围

本标准规定了种子净度分析（包括其他植物种子数目的测定）的测定方法。

本标准适用于农作物种子质量的检测。

2 引用标准

GB/T 3543.2 农作物种子检验规程 扦样

3 术语

3.1 净种子（pure seed） 送验者所叙述的种（包括该种子的全部植物学变种和栽培品种）符合附录A（补充件）要求的种子单位或构造。

3.2 其他植物种子（other seeds） 除净种子以外的任何植物种子单位，包括杂草种子和异作物种子。

3.3 杂质（inert matter） 杂净种子和其他植物种子外的种子单位和所有其他物质和构造。

4 仪器

a. 净度分析台。b. 钟鼎式分样器、横格式分样器。c. 不同孔径的套筛（包括振荡器）、吹风机，甜菜复胚种子采用的筛子规格见附录A（补充件）。d. 手持放大镜或双目显微镜等。e. 天平：感量为0.1g，0.01g，0.001g 和0.1mg。

5 测定程序

5.1 重型混杂物的检查 在送验样品（或至少是净度分析试样重量的10倍）中，若有与供检种子在大小或重量上明显不同且严重影响结果的混杂物，如土块、小石块或小粒种子中混有大粒种子等，应先挑出这些重型混杂物并称重，再将重型混杂物分离为其他植物种子和杂质。

5.2 试验样品的分取 净度分析的试验样品应按规定的方法（见GB/T 3543.2的6.2条）从送验样品中分取。试验样品应估计至少含有2500个种子单位的重量或不少于GB/T 3543.2表1的规定。

净度分析可用规定重量的一份试样，或两份半试样（试样重量的一半）进行分析。

试验样品须称重，以克表示，精确至表1所规定的小数位数，以满足计算各种成分百分率达到一位小数的要求。

表1 称重与小数位数

试样或半试样及其成分重量，g	称重至下列小数位数	试样或半试样及其成分重量，g	称重至下列小数位数
1.000以下	4	100.0～999.9	1
1.000～9.999	3	1000或1000以上	0
10.00～99.99	2		

5.3 试样的分离

a. 试样称重后，按附录A（补充件）的规定，将试样分离成净种子、其他植物种子和杂质三种成分。

b. 分离时可借助于放大镜、筛子、吹风机等器具（见第4章），或用镊子施压，在不损伤发芽力的基础上进行检查。

c. 分离时必须根据种子的明显特征，对样品中的各个种子单位进行仔细检查分析，并依据形态学特征、种子标本等加以鉴定。当不同植物种之间区别困难或不可能区别时，则填报属名，该属的全部种子均为净种子，并附加说明。

d. 种皮或果皮没有明显损伤的种子单位，不管是空瘪或充实，均作为净种子或其他植物种子；若种皮或果皮有一个裂口，检验员必须判断留下的种子单位部分是否超过原来大小的一半，如不能迅速地作出这种决定，则将种子单位列为净种子或其他植物种子。

e. 分离后各成分分别称重，以克表示，折算为百分率。

6 其他植物种子数目的测定

根据送验者的不同要求，其他植物种子数目的测定可采用完全检验、有限检验和简化检验。

6.1 完全检验　试验样品不得小于25000个种子单位的重量或GB/T 3543.2 表1所规定的重量。

借助于放大镜、筛子和吹风机等器具，按附录A（补充件）的规定逐粒进行分析鉴定，取出试样中所有的其他植物种子，并数出每个种的种子数。当发现有的种子不能准确确定所属种时，允许鉴定到属。

6.2 有限检验　有限检验的检验方法同完全检验（见6.1），但只限于从整个试验样品中找出送验者指定的其他植物种的种子。如送验者只要求检验是否存在指定的某些种，则发现一粒或数粒种子即可。

6.3 简化检验　如果送验者所指定的种难以鉴定时，可采用简化检验。

简化检验是用规定试验样品（见6.1）重量的五分之一（最少量）对该种进行鉴定。

简化检验的检验方法同完全检验（见6.1）。

7 结果计算和表示

7.1 结果计算

7.1.1 核查分析过程的重量增失：不管是一份试样还是两份半试样，应将分析后的各种成分重量之和与原始重量比较，核对分析期间物质有无增失。若增失差超过原始重量的5%，则必须重做，填报重做的结果。

7.1.2 计算各成分的重量百分率：试样分析时，所有成分（即净种子、其他植物种子和杂质三部分）的重量百分率应计算到一位小数。半试样分析时，应对每一份半试样所有成分分别进行计算，百分率至少保留到两位小数，并计算各成分的平均百分率。

百分率必须根据分析后各种成分重量的总和计算，而不是根据试验样品的原始重量计算。

其他植物种子和杂质均不再分类计算百分率。

7.1.3 检查重复间的误差

7.1.3.1 两份半试样：如果分析两份半试样，分析后任一成分的相差不得超过表2所示的重复分析间的容许差距，表2中所指的有稃壳种子种类见附录B（补充件）。若所有成分的实际差距都在容许范围内，则计算每一成分的平均值。如实际差距超过容许范围，则下列程序进行：

表2　同一实验室内同一送验样品净度分析的容许差距

（5%显著水平的两尾测定）

两次分析结果平均		不同测定之间的容许差距			
		半试样		试样	
50%以上	50%以下	无稃壳种子	有稃壳种子	无稃壳种子	有稃壳种子
99.95～100.00	0.00～0.04	0.20	0.23	0.1	0.2
99.90～99.94	0.05～0.09	0.33	0.34	0.2	0.2
99.85～99.89	0.10～0.14	0.40	0.42	0.3	0.3
99.80～99.84	0.15～0.19	0.47	0.49	0.3	0.4
99.75～99.79	0.20～0.24	0.51	0.55	0.4	0.4
99.70～99.74	0.25～0.29	0.55	0.59	0.4	0.4
99.65～99.69	0.30～0.34	0.61	0.65	0.4	0.5
99.60～99.64	0.35～0.39	0.65	0.69	0.5	0.5
99.55～99.59	0.40～0.44	0.68	0.74	0.5	0.5
99.50～99.54	0.45～0.49	0.72	0.76	0.5	0.5
99.40～99.49	0.50～0.59	0.76	0.80	0.5	0.6
99.30～99.39	0.60～0.69	0.83	0.89	0.6	0.6
99.20～99.29	0.70～0.79	0.89	0.95	0.6	0.7
99.10～99.19	0.80～0.89	0.95	1.00	0.7	0.7
99.00～99.09	0.90～0.99	1.00	1.06	0.7	0.8
98.75～98.99	1.00～1. 1.00～1. 24	1.07	1.15	0.8	0.8
98.50～98.74	1.25～1.49	1.19	1.26	0.8	0.9
99.25～98.49	1.50～1.74	1.29	1.37	0.9	1.0
98.00～98.24	1.75～1.99	1.37	1.47	1.0	1.0
97.75～97.99	2.00～2.24	1.44	1.54	1.0	1.1
97.50～97.74	2.25～2.49	1.53	1.63	1.1	1.2
97.25～97.49	2.50～2.74	1.60	1.70	1.1	1.2
97.00～97.24	2.75～2.99	1.67	1.78	1.2	1.3
96.50～96.99	3.00～3.49	1.77	1.88	1.3	1.3
96.00～96.49	3.50～3.99	1.88	1.99	1.3	1.4
95.50～95.99	4.00～4.49	1.99	2.12	1.4	1.5
95.00～95.49	4.50～4.99	2.09	2.22	1.5	1.6

续表

两次分析结果平均		不同测定之间的容许差距			
		半试样		试样	
50%以上	50%以下	无稃壳种子	有稃壳种子	无稃壳种子	有稃壳种子
94.00~94.99	5.00~5.99	2.25	2.38	1.6	1.7
93.00~93.99	6.00~6.99	2.43	2.56	1.7	1.8
92.00~92.99	7.00~7.99	2.59	2.73	1.8	1.9
91.00~91.99	8.00~8.99	2.74	2.90	1.9	2.1
90.00~90.99	9.00~9.99	2.88	3.04	2.0	2.2
88.00~89.99	10.00~11.99	3.08	3.25	2.2	2.3
86.00~87.99	12.00~13.99	3.31	4.49	2.3	2.5
84.00~85.99	14.00~15.99	3.52	3.71	2.5	2.6
82.00~83.99	16.00~17.99	3.69	3.90	2.6	2.8
80.00~81.99	18.00~19.99	3.86	4.07	2.7	2.9
78.00~79.99	20.00~21.99	4.00	4.23	2.8	3.0
76.00~77.99	22.00~23.99	4.14	4.37	2.9	3.1
74.00~75.99	24.00~25.99	4.26	4.50	3.0	3.2
72.00~73.99	26.00~27.99	4.37	4.61	3.1	3.3
70.00~71.99	28.00~29.99	4.47	4.71	3.2	3.3
65.00~69.99	30.00~34.99	4.61	4.86	3.3	3.4
60.00~64.99	35.00~39.99	4.77	5.02	3.4	3.6
50.00~59.99	40.00~49.99	4.89	5.16	3.5	3.7

a. 再重新分析成对样品，直到一对数值在容许范围内为止（但全部分析不必超过四对）。

b. 凡一对间的相差超过容许差距两倍时，均略去不计。

c. 各种成分百分率的最后记录，应从全部保留的几对加权平均数计算。

7.1.3.2 两份或两份以上试样：如果在某种情况下有必要分析第二份试样时，那么两份试样各成分实际的差距不得超过表2中所示的容许差距，表2中所指的有稃壳种子种类见附录B（补充件）。若所有成分都在容许范围内，则取其平均值；若超过，则再分析一份试样；若分析后的最高值和最低值差异没有大于容许误差两倍时，则填报三者的平均值。如果其中的一次或几次显然是由于差错造成的，那么该结果须去除。

7.1.4 修约：各种成分的最后填报结果应保留一位小数。

各种成分之和应为100.0%，小于0.05%的微量成分在计算中应除外。如果其和是99.9%或100.1%，那么从最大值（通常是净种子部分）增减0.1%。如果修约值大于0.1%，那么应检查计算有无差错。

7.1.5 有重型混杂物结果换算

净种子：

$$P_2(\%)=P_1\times\frac{M-m}{M}$$

其他植物种子：

$$OS_2(\%)=OS_1\times\frac{M-m}{M}+\frac{m_1}{M}\times100$$

杂质：

$$I_2(\%)=I_1\times\frac{M-m}{M}+\frac{m_2}{M}\times100$$

式中：M——送验样品的重量，g；

m——重型混杂物的重量，g；

m_1——重型混杂物中的其他植物种子重量，g；

m_2——重型混杂物中的杂质重量，g；

P_1——除去重型混杂物后的净种子重量百分率，%；

I_1——除去重型混杂物后的杂质重量百分率，%；

OS_1——除去重型混杂物后的其他植物种子重量百分率，%。

最后应检查：$(P_2+I_2+OS_2)\%=100.0\%$。

7.2 结果表示　净度分析结果以三种成分的重量百分率表示。

进行其他植物种子数目测定时，结果用测定中发现的种（或属）的种子数来表示，也可折算为每单位重量（如每千克）的种子数。表6可用来判断两个测定结果是否有显著差异。但在比较时，两个样品的重量须大致相当。

8 结果报告

净度分析的结果应保留一位小数，各种成分的百分率总和必须为100%。成分小于0.05%的填报为“微量”，如果一种成分的结果为零，须填“—0.0—”。

当测定某一类杂质或某一种其他植物种子的重量百分率达到或超过1%时，该种类应在结果报告单上注明。

进行其他植物种子数目测定时，将测定种子的实际重量、学名和该重量中找到的各个种的种子数应填写在结果报告单上，并注明采用完全检验、有限检验或简化检验。

表3　同一或不同实验室内来自不同送验样品间净度分析的容许差距

（1%显著水平的一尾测定）

两次结果平均		容许差距	
50%以上	50%以上	无稃壳种子	有稃壳种子
99.95～100.00	0.00～0. 0.00～0. 04	0.2	0.2
99.90～99.94	0.05～0.09	0.3	0.3
99.85～99.89	0.10～0.14	0.3	0.4
99.80～99.84	0.15～0.19	0.4	0.5
99.75～99.79	0.20～0.24	0.4	0.5
99.70～99.74	0.25～0.29	0.5	0.6
99.65～99.69	0.30～0.34	0.5	0.6

续表

两次结果平均		容许差距	
50%以上	50%以上	无稃壳种子	有稃壳种子
99.60～99.64	0.35～0.39	0.6	0.7
99.55～99.59	0.40～0.44	0.6	0.7
99.50～99.54	0.45～0.49	0.6	0.7
99.40～99.49	0.50～0.59	0.7	0.8
99.30～99.39	0.60～0.69	0.7	0.9
99.20～99.29	0.70～0.79	0.8	0.9
99.10～99.19	0.80～0.89	0.8	1.0
99.00～99.09	0.90～0.99	0.9	1.0
98.75～98.99	1.00～1. 1.00～1. 24	0.9	1.1
98.50～98.74	1.25～1.49	1.0	1.2
98.25～98.49	1.50～1.74	1.1	1.3
98.00～98.24	1.75～1.99	1.2	1.4
97.75～97.99	2.00～2.24	1.3	1.5
97.50～97.74	2.25～2.49	1.3	1.6
97.25～98.49	2.50～2.74	1.4	1.6
97.00～97.24	2.75～2.99	1.5	1.7
96.50～96.99	3.00～3.49	1.5	1.8
96.00～96.49	3.50～3.99	1.6	1.9
95.50～95.99	4.00～4.49	1.7	2.0
95.00～95.49	4.50～4.99	1.8	2.2
94.00～94.99	5.00～5.99	2.0	2.3
93.00～93.99	6.00～6.99	2.1	2.5
92.00～92.99	7.00～7.99	2.2	2.6
91.00～91.99	8.00～8.99	2.4	2.8
90.00～90.99	9.00～9.99	2.5	2.9
88.00～89.99	10.00～11.99	2.7	3.1
86.00～87.99	12.00～13.99	2.9	3.4
84.00～85.99	14.00～15.99	3.0	3.6
82.00～83.99	16.00～17.99	3.2	3.7

续表

两次结果平均		容许差距	
50%以上	50%以上	无稃壳种子	有稃壳种子
80.00~81.99	18.00~19.99	3.3	3.9
78.00~79.99	20.00~21.99	3.5	4.1
76.00~77.99	22.00~23.99	3.6	4.2
74.00~75.99	24.00~25.99	3.7	4.3
72.00~73.99	26.00~27.99	3.8	4.4
70.00~71.99	28.00~29.99	3.8	4.5
65.00~69.99	30.00~34.99	4.0	4.7
60.00~64.99	35.00~39.99	4.1	4.8
50.00~59.99	40.00~49.99	4.2	5.0

表4　同一或不同实验室内进行第二次检验时，两个不同送验样品间净度分析的容许差距（1%显著水平的两尾测定）

两次结果平均		容许差距	
50%以上	50%以上	无稃壳种子	有稃壳种子
99.95~100.00	0.00~0. 0.00~0. 04	0.18	0.21
99.90~99.94	0.05~0.09	0.28	0.32
99.85~99.89	0.10~0.14	0.34	0.40
99.80~99.84	0.15~0.19	0.40	0.47
99.75~99.79	0.20~0.24	0.44	0.53
99.70~99.74	0.25~0.29	0.49	0.57
99.65~99.69	0.30~0.34	0.53	0.62
99.60~99.64	0.35~0.39	0.57	0.66
99.55~99.59	0.40~0.44	0.60	0.70
99.50~99.54	0.45~0.49	0.63	0.73
99.40~99.49	0.50~0.59	0.68	0.79
99.30~99.39	0.60~0.69	0.73	0.85
99.20~99.29	0.70~0.79	0.78	0.91
99.10~99.19	0.80~0.89	0.83	0.96
99.00~99.09	0.90~0.99	0.87	1.01

续表

两次结果平均		容许差距	
50%以上	50%以上	无稃壳种子	有稃壳种子
98.75~98.99	1.00~1. 1.00~1. 24	0.94	1.10
98.50~98.74	1.25~1.49	1.04	1.21
98.25~98.49	1.50~1.74	1.12	1.31
98.00~98.24	1.75~1.99	1.20	1.40
97.75~97.99	2.00~2.24	1.26	1.47
97.50~97.74	2.25~2.49	1.33	1.55
97.25~98.49	2.50~2.74	1.39	1.63
97.00~97.24	2.75~2.99	1.46	1.70
96.50~96.99	3.00~3.49	1.54	1.80
96.00~96.49	3.50~3.99	1.64	1.92
95.50~95.99	4.00~4.49	1.74	2.04
95.00~95.49	4.50~4.99	1.83	2.15
94.00~94.99	5.00~5.99	1.95	2.29
93.00~93.99	6.00~6.99	2.10	2.46
92.00~92.99	7.00~7.99	2.23	2.62
91.00~91.99	8.00~8.99	2.36	2.76
90.00~90.99	9.00~9.99	2.48	2.92
88.00~89.99	10.00~11.99	2.65	3.11
96.00~87.99	12.00~13.99	2.85	3.35
84.00~85.99	14.00~15.99	3.02	3.55
82.00~83.99	16.00~17.99	3.18	3.74
80.00~81.99	18.00~19.99	3.32	3.90
78.00~79.99	20.00~21.99	2.45	4.05
76.00~77.99	22.00~23.99	3.56	4.19
74.00~75.99	24.00~25.99	3.67	4.31
72.00~73.99	26.00~27.99	3.76	4.42
70.00~71.99	28.00~29.99	3.84	4.51
65.00~69.99	30.00~34.99	3.97	4.66
60.00~64.99	35.00~39.99	4.10	4.82
50.00~59.99	40.00~49.99	4.21	4.95

表5　净度分析与标准规定值比较的容许差距（5%显著水平的一尾测定）

标准规定值		容许差距	
50%以上	50%以下	无稃壳种子	有稃壳种子
99.95～100.00	0.00～0.04	0.10	0.11
99.90～99.94	0.05～0.09	0.14	0.16
99.85～99.89	0.10～0.14	0.18	0.21
99.80～99.84	0.15～0.19	1.21	0.24
99.75～99.79	0.20～0.24	0.23	0.27
99.70～99.74	0.25～0.29	0.25	0.30
99.65～99.69	0.30～0.34	0.27	0.32
99.60～99.64	0.35～0.39	0.29	0.34
99.55～99.59	0.40～0.44	0.30	0.35
99.50～99.54	0.45～0.49	0.32	0.38
99.40～99.49	0.50～0.59	0.34	0.41
99.30～99.39	0.60～0.69	0.37	0.44
99.20～99.29	0.70～0.79	0.40	0.47
99.10～99.19	0.80～0.89	0.42	0.50
99.00～99.09	0.90～0.99	0.44	0.52
98.75～98.99	1.00～1.24	0.48	0.57
98.50～98.74	1.25～1.49	0.52	0.62
98.25～98.49	1.50～1.74	0.57	0.67
98.00～98.24	1.75～1.99	0.61	0.72
97.75～97.99	2.00～2.24	0.63	0.75
97.50～97.74	2.25～2.49	0.67	0.79
97.25～98.49	2.50～2.74	0.70	0.83
97.00～97.24	2.75～2.99	0.73	0.86
96.50～96.99	3.00～3.49	0.77	0.91
96.00～96.49	3.50～3.99	0.82	0.97
95.50～95.99	4.00～4.49	0.87	1.02
95.00～95.49	4.50～4.99	0.90	1.07
94.00～94.99	5.00～5.99	0.97	1.15

续表

标准规定值		容许差距	
50%以上	50%以下	无稃壳种子	有稃壳种子
93.00~93.99	6.00~6.99	1.05	1.23
92.00~92.99	7.00~7.99	1.12	1.31
91.00~91.99	8.00~8.99	1.18	1.39
90.00~90.99	9.00~9.99	1.24	1.46
88.00~89.99	10.00~11.99	1.33	1.56
96.00~87.99	12.00~13.99	1.43	1.67
84.00~85.99	14.00~15.99	1.51	1.78
82.00~83.99	16.00~17.99	1.59	1.87
80.00~81.99	18.00~19.99	1.66	1.95
78.00~79.99	20.00~21.99	1.73	2.03
76.00~77.99	22.00~23.99	1.78	2.10
74.00~75.99	24.00~25.99	1.84	2.16
72.00~73.99	26.00~27.99	1.83	2.21
70.00~71.99	28.00~29.99	1.92	2.26
65.00~69.99	30.00~34.99	1.99	2.33
60.00~64.99	35.00~39.99	2.05	2.41
50.00~59.99	40.00~49.99	2.11	2.48

表6　其他植物种子数目测定的容许差距（5%显著水平的两尾测定）

两次测定结果的平均值	容许差距	两次测定结果的平均值	容许差距
3	5	152~160	35
4	6	161~169	36
5~6	7	170~178	37
7~8	8	179~188	38
9~10	9	189~198	39
11~13	10	199~209	40
14~15	11	210~219	41
16~18	12	220~230	42
19~22	13	231~241	43

续表

两次测定结果的平均值	容许差距	两次测定结果的平均值	容许差距
23~25	14	242~252	44
26~29	15	253~264	45
30~33	16	265~276	46
34~37	17	277~288	47
38~42	18	289~300	48
43~47	19	301~313	49
48~52	20	314~326	50
53~57	21	327~339	51
58~63	22	340~353	52
64~69	23	354~366	53
70~75	24	367~380	54
76~81	25	381~394	55
82~88	26	395~409	56
89~95	27	410~424	57
96~102	28	425~439	58
103~110	29	440~454	59
111~117	30	455~469	60
118~125	31	470~485	61
126~133	32	486~501	62
134~142	33	502~518	63
143~151	34	519~534	64

表7　其他植物种子数目测定的容许差距
（5%显著水平的一尾测定）

两次测定结果的平均值	容许差距	两次测定结果的平均值	容许差距
3~4	5	153~162	30
5~6	6	163~173	31
7~8	7	174~186	32
9~11	8	187~198	33
12~14	9	199~210	34

续表

两次测定结果的平均值	容许差距	两次测定结果的平均值	容许差距
15～17	10	211～223	35
18～21	11	224～235	36
22～25	12	236～249	37
26～30	13	250～262	38
31～34	14	263～276	39
35～40	15	277～290	40
41～45	16	291～305	41
46～52	17	306～320	42
53～58	18	321～336	43
59～65	19	337～351	44
66～72	20	352～367	45
73～79	21	368～386	46
80～87	22	387～403	47
88～95	23	404～420	48
96～104	24	421～438	49
105～113	25	439～456	50
114～122	26	457～474	51
123～131	27	475～493	52
132～141	28	494～513	53
142～152	29	514～532	54
		533～552	55

附录A

净种子定义（PSD）

（补充件）

A1 术语

A1.1 种子单位（seed unit） 通常所见的传播单位，包括真种子、瘦果、颖果、分果和小花等。

A1.2 瘦果（achene，achenium） 干燥、不开裂、含有一粒种子果实，果皮与种皮分离。

A1.3 颖果（caryopsis） 种皮与果皮紧密结合在一起的果实，如禾本科裸粒果实。

A1.4 小花（floret） 禾本科中指包着雄雌蕊的内外稃或成熟的颖果。本标准中的小花是指有或无不孕外稃的可育小花。

A1.5 可育小花（fertile floret） 具有功能性器官（即有颖果）的小花。

A1.6 不育小花（sterile floret） 缺少功能性器官（即缺少颖果）的小花。

A1.7 小穗（spikelet） 由一个或一个以上小花组成的禾本科花序单位，基部被一至二片不育颖片包着。本标准中所指的小穗不仅包括可育小花，而且还包括一个或更多的可育小花或完全不育的小花或颖片。

A1.8 分果（schizocarp） 在成熟时可分离为两个或两个以上单位（分果 ）的干果。

A1.9 分果（mericarp） 分果的一部分，如伞形科的分果可以分离为两个分果 。

A1.10 荚果（pod） 开裂的干果，如豆科。

A1.11 种球（cluster） 一种密集着生的花序，在甜菜属中，为花序的一部分。

A1.12 小坚果（nutlet） 一种小型的、不开裂的、内含一粒种子的干果。

A1.13 附属器官

A1.13.1 芒（awn,arista）：一种细长，直立或弯曲的刺毛。在禾本科中，通常是外稃或颖片中肋的延长物。

A1.13.2 喙（beak）：果实的尖锐延长部分。

A1.13.3 苞片（bract）：一种退化的叶或鳞片状构造，它将花包着或将禾本科的小穗包在轴上。

A1.13.4 颖片（护颖，glume）：指禾本科小穗基部的两片通常不育的苞片之一。

A1.13.5 外稃（lemma）：禾本科小花的外部（下部）苞片。也称花的颖片或外部（下部）内稃。包在颖果外侧的苞片。

A1.13.6 内稃（palea）：禾本科小花的内部（上部）苞片。也称内部或上部稃壳。包在颖果内侧（腹向）的苞片。

A1.13.7 小总苞（involucre）：包围着花序基部的一群环状苞片或刺毛。

A1.13.8 花被（perianth）：花的两种包被（花萼和花冠），或其中任何一种。

A1.13.9 花萼（calyx，calyces）：由萼片组成的外花被。

A1.13.10 花梗（pedicel）：花序上花的短柄。

A1.13.11 种阜（caruncle）：珠孔近旁的小型突起物。

A1.13.12 绒毛（hair）：一种表皮上的单细胞或多细胞的长出物。

A1.13.13 冠毛（pappus）：一种环状细毛，有时呈羽毛状或鳞片状密生在瘦果上。

A1.13.14 小穗轴（rachilla,rhachilla）：次生穗轴。在禾本科中专指着生小花的轴。

A1.13.15 穗轴（rachis,rhachis,rachides）：花序的主轴。

A1.13.16 柄（stalk）：任何植物器官的茎。

A2 净种子、其他植物种子和杂质区分总则

A2.1 净种子

A2.1.1 下列构造凡能明确地鉴别出它们是属于所分析的种（已变成菌核、黑穗病孢子团或线虫瘿除外），即使是未成熟的、瘦小的、皱缩的、带病的或发过芽的种子单位都应作为净种子。

a. 完整的种子单位（详见A3）。在禾本科中，种子单位如是小花须带有一个明显含有胚乳的颖果或裸粒颖果（缺乏内外稃）。

b. 大于原来大小一半的破损种子单位。

A2.1.2 根据上述原则，在个别的属或种中有一些例外：

a. 豆科、十字花科，其种皮完全脱落的种子单位应列为杂质。

b. 即使有胚芽和胚根的胚中轴，并超过原来大小一半的附属种皮，豆科种子单位的分离子叶也列为杂质。

c. 甜菜属复胚种子超过一定大小的种子单位列为净种子。

d. 在燕麦属、高粱属中，附着的不育小花不须除去而列为净种子。

A2.2 其他植物种子 其鉴定原则与净种子相同，但甜菜属种子单位作为其他植物种子时不必筛选，可用遗传单胚的净种子定义（见A3.14）。

A2.3 杂质

a. 明显不含真种子的种子单位。

b. 甜菜属复胚种子单位大小未达到净种子定义最低大小的。

c. 破裂或受损伤种子单位的碎片为原来大小的一半或不及一半的。

d. 按该种的净种子定义，不将这些附属物作为净种子部分或定义中尚未提及的附属物。

e. 种皮完全脱落的豆科、十字花科的种子。

f. 脆而易碎、呈灰白色、乳白色的菟丝子种子。

g. 脱下的不育小花、空的颖片、内外稃、稃壳、茎叶、球果、鳞片、果翅、树皮碎片、花、线虫瘿、真菌体（如麦角、菌核、黑穗病孢子团）、泥土、砂粒、石砾及所有其他非种子物质。

A3 净种子定义细则

A3.1 大麻属（ *Cannabis*）、茼蒿属（*Chrysanthemum*）、菠菜属（*Spinacia*）瘦果，但明显没有种子的除外。

超过原来大小一半的破损瘦果，但明显没有种子的除外。

果皮/种皮部分或全部脱落的种子。

超过原来大小一半，果皮/种皮部分或全部脱落的破损种子。

A3.2 荞麦属（*Fagopyrum*）、大黄属（*Rheum*）

有或无花被的瘦果，但的显没有种子的除外。

超过原来大小一半的破损瘦果，但明显没有种子的除外。

果皮/种皮部全部脱落的种子。

超过原来大小一半，果皮/种皮部分或全部脱落的破损种子。

A3.3 红花属（*Carthamus*）、向日葵属（*Helianthus*）、莴苣属（*Lactuca*）、雅葱属（*Scorzonera*）、婆罗门参属（*Tragopogon*）

有或无喙（冠毛或喙和冠毛）的瘦果（向日葵属仅指有或无冠毛），但明显没有种子的除外。

超过原来大小一半的破损瘦果，但明显没有种子的除外。

果皮/种皮部分或全部脱落的种子。

超过原来大小一半，果皮/种皮部分或全部脱落的破损种子。

A3.4 葱属（*Allium*）、苋属（*Amaranthus*）、花生属（*Arachis*）、石刁柏属（*Asparagus*）、黄芪属（紫云英属）（*Astragalus*）、冬瓜属（*Benincasa*）、芸苔属（*Brassica*）、木豆属（*Cajanus*）、刀豆属（*Canavalia*）、辣椒属（*Capsicum*）、西瓜属（*Citrullus*）、黄麻属（*Corchorus*）、猪屎豆属（*Crotalaria*）、甜瓜属（*Cucumis*）、南瓜属（*Cucubita*）、扁豆属（*Dolichos*）、大豆属（*Glycine*）、木槿属（*Hibiscus*）、甘薯属（*Ipomoea*）、葫芦属（*Lagenaria*）、亚麻属（*Linum*）、丝瓜属（*Luffa*）、番茄属（*Lycopersicon*）、苜蓿属（*Medicago*）、草木樨属（*Melilotus*）、苦瓜属（*Momordica*）、豆瓣菜属（*Nastartium*）、烟草属（*Nicotiana*）、菜豆属（*Phaeolus*）、酸浆属（*Physalis*）、豌豆属（*Pisum*）、马齿苋属（*Portulaca*）、萝卜属（*Raphanus*）、芝麻属（*Sesamum*）、田菁属（*Sesbania*）、茄属（*Solanum*）、巢菜属（*Vicia*）、豇豆属（*Vigna*）

有或无种皮的种子。

超过原来大小一半，有或无种皮的破损种子。

豆科、十字花科，其种皮完全脱落的种子单位应列为杂质。

即使有胚中轴、超过原来大小一半以上的附属种皮，豆科种子单位的分离子叶也列为杂质。

A3.5 棉属（*Gossypium*）

有或无种皮、有或无绒毛的种子。

超过原来大小一半，有或无种皮的破损种子。

A3.6 蓖麻属（*Ricimus*）

有或无种皮、有或无种阜的种子。

超过原来大小一半，有或无种皮的破损种子。

A3.7 芹属（*Apium*）、芫荽属（*Coriandrum*）、胡萝卜属（*Daucus*）、茴香属（*Foeniculum*）、欧防风属（*Pastinaca*）、欧芹属（*Petroselinum*）、茴芹属（*Pimpinella*）

有或无花梗的分果/分果，但明显没有种子的除外。

超过原来大小一半的破损分果，但明显没有种子的除外。

果皮部分或全部脱落的种子。

超过原来大小一半，果皮部分或全部脱落的破损种子。

A3.8 大麦属（*Hordeum*）

有内外稃包着颖果的小花，当芒长超过小花长度时，须将芒除去。

超过原来大小一半，含有颖果的破损小花。

颖果。

超过原来大小一半的破损颖果。

A3.9 黍属（*Panicum*）、狗尾草属（*Setaria*）

有颖片、内外稃包着颖果的小穗，并附有不孕外稃。

有内外稃包着颖果的小花。

颖果。

超过原来大小一半的破损颖果。

A3.10 稻属（*Oryza*）

有颖片、内外稃包着颖果的小穗，当芒长超过小花长度时，须将芒除去。

有或无不孕外稃、有内外稃包着颖果的小花，当芒长超过小花长度时，须将芒除去。

有内外稻包着稃果的小花，当芒长超过小花长度时，须将芒除去。

颖果。

超过原来大小一半的破损颖果。

A3.11 黑麦属（*Secale*）、小麦属（*Triticum*）、小黑麦属（*Triticosecale*）、玉米属（*Zea*）

颖果。

超过原来大小一半的破损颖果。

A3.12 燕麦属（*Avena*）

有内外包着颖果的小穗，有或无芒，可附有不育小花。

有内外稃包着颖果的小花，有或无芒。

颖果。

超过原来大小一半的破损颖果。

注：① 由两个可育小花构成的小穗，要把它们分开。

② 当外部不育小花的外稃部分地包着内部可育小花时，这样的单位不必分开。

③ 从着生点除去小柄。

④ 把仅含有子房的单个小花列为杂质。

A3.13 高粱属（*Sorghum*）

有颖片、透明状的外稃或内稃（内外稃也可缺乏）包着颖果的小穗，有穗轴节片、花梗、芒，附有不育或可育小花。

有内外稃的小花，有或无芒。

颖果。

超过原来大小一半的破损颖果。

A3.14 甜菜属（*Beta*）

复胚种子：用筛孔为1.5mm × 20mm 的200mm × 300mm 的长方形筛子筛理1分钟后留在筛上的种球或破损种球（包括从种球突出程度不超过种球宽度的附着断柄），不管其中有无种子。

遗传单胚：种球或破损种球（包括从种球突出程度不超过种球宽度的附着断柄），但明显没有种子的除外。

果皮/种皮部分或全部脱落的种子。

超过原来大小一半，果皮/种皮部分或全部脱落的破损种子。

注：当断柄突出长度超过种球的宽度时，须将整个断柄除去。

A3.15 薏苡属（*Coix*）

包在珠状小总苞中的小穗（一个可育，两个不育）。

颖果。

超过原来大小一半的破损颖果。

A3.16 罗勒属（*Ocimum*）

小坚果，但明显无种子的除外。

超过的来大小一半的破损小坚果，但明显无种子的除外。

果皮/种皮部分或完全脱落的种子。

超过原来大小一半，果皮/种皮部分或完全脱落的破损种子。

A3.17 番杏属（*Tetragonia*）

包有花被的类似坚果的果实，但明显无种子的除外。

超过原来大小一半的破损果实，但明显无种子的除外。

果皮/种皮部分或完全脱落的种子。

超过原来大小一半，果皮/种皮部分或完全脱落的破损种子。

附录B

有稃壳种子的构造和种类

（补充件）

有稃壳的种子是由下列构造或成分组成的传播单位：

a. 易于相互粘连或粘在其他物体上（如包装袋、扦样器和分样器）。

b. 可被其他植物种子粘连，反过来也可粘连其他植物种子。

c. 不易被清选、混合或扦样。

如果稃壳构造（包括稃壳杂质）占一个样品的三分之一或更多，则认为是有稃的种子。

本标准表2、表3、表4和表5中，有稃壳种子的种类包括芹属（*Apium*）、花生属（*Arachis*）、燕麦属（*Avena*），甜菜属（*Beta*），茼蒿属（*Chrysanthemum*），薏苡属（*Coix*），胡萝卜属（*Daucus*），荞麦属（*Fagopyrum*），茴香属（*Foeniculum*），棉属（*Gossypium*），大麦属（*Hordeum*），莴苣属（*Lactuca*），番茄属（*Lycopersicon*），稻

属（*Oryza*），黍属（*Panicum*），欧防风属（*Pastinaca*），欧芹属（*Petroselinum*），茴芹属（*Pimpinella*），大黄属（*Rheum*），鸦葱属（*Scorzonera*），狗属草属（*Setaria*），高粱属（*Sorghum*），菠菜属（*Spinacia*）。

附录C
棉花种子健籽率的测定
（参考件）

健籽率是指经净度测定后的净种子样品中除去嫩籽、小籽、瘦籽等成熟度差的棉籽，留下的健壮种子数占样品总籽数的百分率。其测定方法可用下列方法之一进行测定。

B1 剪籽法

从净度分析后的净种子中，取试样4份，每份100粒，逐粒用剪刀剪（或用刀切）开，然后观察，根据色泽、饱满程度进行鉴别。色泽新鲜、油点明显、种仁饱满者为健籽：色泽浅褐、深褐、油点不明显、种仁瘪细者为非健籽。

$$健籽率（\%）=\frac{供检棉籽数-非健籽数}{供检棉籽数}\times 100$$

B2 开水烫种法

从净度分析后的净种子中，取试样4份，每份100粒，将试样分别置于小杯中，用开水浸烫，并搅拌5分钟，待棉籽短绒浸湿后，取出放在白瓷盘中，根据颜色的差异进行鉴别。呈深褐色或深红色的为成熟籽即健籽：呈浅褐色、浅红色或黄白色的为不成熟籽。

$$健籽率（\%）=\frac{供检棉籽数-不成熟籽数}{供检棉籽数}\times 100$$

附加说明：

本标准由中华人民共和国农业部提出。

本标准由全国农作物种子标准化技术委员会归口。

本标准由全国种子总站、浙江农业大学、四川省、黑龙江省、天津市种子公司（站）、南京农业大学、北京市、湖南省种子公司负责起草。

本标准主要起草人支巨振、毕辛华、杜克敏、常秀兰、杨淑惠、任淑萍、吴志行、李仁凤、赵菊英。

本标准首次发布于1983年3月。

本标准等效采用国际种子检验规程（ISTA，1993年版）第三、第四部分　净度分析和其他植物种子数目的测定。

GB/T 3543.4—1995

农作物种子检验规程 发芽试验

代替 GB 3543—83

Rules for agricultural seed testing
—Germination test

1 主题内容与适用范围

本标准规定了种子发芽试验的方法。

本标准适用于农作物种子质量的检测。

2 引用标准

GB/T 3543.2 农作物种子检验规程 扦样

GB/T 3543.3 农作物种子检验规程 净度分析

3 术语

3.1 发芽（germination） 在实验室内幼苗出现和生长达到一定阶段，幼苗的主要构造表明在田间的适宜条件下能否进一步生长成为正常的植株。

3.2 发芽率（Percentage germination） 在规定的条件和时间内（见表1）长成的正常幼苗数占供检种子数的百分率。

3.3 幼苗的主要构造（the essential seedling structures） 因种而异，由根系、幼苗中轴（上胚轴、下胚轴或中胚轴）、顶芽、子叶和芽鞘等构造组成。

3.4 正常幼苗（normal seedling） 在良好土壤及适宜水分、温度和光照条件下，具有继续生长发育成为正常植株的幼苗。

3.5 不正常幼苗（abnormal seedling） 生长在良好土壤及适宜水分、温度和光照条件下，不能继续生长发育成为正常植株的幼苗。

3.6 复胚种子单位（multigerm seed units） 能够产生一株以上幼苗的种子单位，如伞形科未分离的分果，甜菜的种球等。

3.7 未发芽的种子（ungerminated seeds） 在表1规定的条件下，试验末期仍不能发芽的种子，包括硬实、新鲜不发芽种子、死种子（通常变软、变色、发霉，并没有幼苗生长的迹象）和其他类型（如空的、无胚或虫蛀的种子）。

3.8 新鲜不发芽种子（fresh ungerminated seeds） 由生理休眠所引起，试验期间保持清洁和一定硬度，有生长成为正常幼苗潜力的种子。

4 发芽床

按表1规定，通常采用纸和砂作为发芽床。除6.2条所述的特殊情况外，土壤或其他介质不宜用作初次试验的发芽床。

湿润发芽床的水质应纯净、无毒无害，pH值为6.0～7.5。

4.1 纸床

4.1.1 一般要求：具有一定的强度、质地好、吸水性强、保水性好、无毒无菌、清洁干净，不含可溶性色素或其他化学物质，pH值为6.0～7.5。

可以用滤纸、吸水纸等作为纸床。

4.1.2 生物毒性测定：利用梯牧草、红顶草、弯叶画眉草、紫羊茅和独行菜等种子发芽时对纸中有毒物质敏感的特性，将品质不明和品质合格的纸进行发芽比较试验，依据幼苗根的生长情况进行鉴定。在表1规定的第一次计数时或提前观察根部症状。若根缩短（有时出现根尖变色，根从纸上翘起，根毛成束）或（禾本科）幼苗的芽鞘扁平缩短等症状，则表示该纸含有有毒物质。

4.2 砂床

4.2.1 一般要求：砂粒大小均匀，其直径为0.05～0.80mm。无毒无菌无种子。持水力强，pH值为6.0～7.5。使用前必须进行洗涤和高温消毒。

化学药品处理过的种子样品发芽所用的砂子，不再重复使用。

4.2.2 生物毒性测定：同4.1.2所述的方法进行测定。

4.3 土壤　土质疏松良好、无大颗粒、不含种子、无毒无菌、持水力强、pH 值为6.0～7.5。使用前，必须经过消毒，一般不重复使用。

5 仪器与试剂

5.1 仪器

5.1.1 数种设备：数粒板、活动数粒板、真空数种器或电子自动数粒仪等。

5.1.2 发芽器具

a. 发芽箱：有光照、控温范围10～40℃。

b. 雅可勃逊发芽器。

c. 发芽室：室内具有可调节温度和光照的条件。

d. 发芽器皿：发芽皿、发芽盘等。

5.1.3 冰箱

5.2 试剂　硝酸、硝酸钾、赤霉酸、双氧发。

6 试验程序

6.1 数取试验样品　从经充分混合的净种子中，用数种设备或手工随机数取400粒。通常以100粒为一次重复，大粒种子或带有病原菌的种子，可以再分为50粒、甚至25粒为一副重复。复胚种子单位可视为单粒种子进行试验，不需弄破（分开），但芫荽例外。

6.2 选用发芽床　各种作物的适宜发芽床已在表1中作了规定。通常小粒种子选用纸床；大粒种子选用砂床或纸间；中粒种子选用纸床、砂床均可。

6.2.1 纸床：纸床包括纸上和纸间。

6.2.1.1 纸上（TP）是将种子放在一层或多层纸上发芽，纸可放在：

a. 培养皿内。

b. 光照发芽箱内，箱内的相对湿度接近饱和。

c. 雅可勃逊发芽器上。

6.2.1.2 纸间（BP）是将种子放在两层纸中间。可用下列方法：

a. 另外用一层纸松松地盖在种子上。

b. 纸卷，把种子均匀置放在湿润的发芽纸上，再用另一张同样大小的发芽纸覆盖在种子上，然后卷成纸卷，两端用皮筋扣住，竖放。

纸间可直接放在保湿的发芽箱盘内。

6.2.2 砂床：砂床包括：

a. 砂上（TS）：种子压入砂的表面。

b. 砂中（S）：种子播在一层平整的湿砂上，然后根据种子大小加盖10～20mm 厚度的松散砂。

6.2.3 土壤：当在纸床上幼苗出现植物中毒症状或对幼苗鉴定发生怀疑时，为了比较或有某些研究目的，才采用土壤作为发芽床。

6.3 置床培养　按6.2的要求，将数取的种子均匀地排在湿润的发芽床上，粒与粒之间应保持一定的距离。

在培养器具上贴上标签，按表1规定的条件进行培养。发芽期间要经常检查温度、水分和通气状况。如有发霉的种子应取出冲洗，严重发霉的应更换发芽床。

表1　农作物种子的发芽技术规定

种（变种）名	学名	发芽床	温度（℃）	初次计数天数（d）	末次计数天数（d）	附加说明，包括破除休眠的建议
1. 洋葱	*Allium cepa* L.	TP；BP；S	20；15	6	12	预先冷冻
2. 葱	*Allium fistulosum* L.	TP；BP；S	20；15	6	12	预先冷冻
3. 韭葱	*Alium porrum* L.	TP；BP；S	20；15	6	14	预先冷冻
4. 细香葱	*Allium schoenoprasum* L.	TP；BP；S	20；15	6	14	预先冷冻
5. 韭菜	*Allium tuberosum* Rottl. ex Spreng.	TP	20～30；20	6	14	预先冷冻
6. 苋菜	*Amaranthus tricolor* L.	TP	20～30；20	4～5	14	预先冷冻；KNO_3
7. 芹菜	*Apium graveolens* L.	TP	15～25；20；15	10	21	预先冷冻；KNO_3
8. 根芹菜	*Apium graveolens* L. var. *rapaceum* DC	TP	15～25；20；15	10	21	预先冷冻；KNO_3
9. 花生	*Arachis hypogaea* L.	BP；S	20～30；25	5	10	去壳；预先加温（40℃）
10. 牛蒡	*Arctium lappa* L.	TP；BP	20～30；20	14	35	预先冷冻；四唑染色
11. 石刁柏	*Asparagus officinalis* L.	TP；BP；S	20～30；25	10	28	
12. 紫去英	*Astragalus sinicus* L.	TP；BP	20	6	12	机械去皮
13. 裸燕麦（莜麦）	*Avena nuda* L.	BP；S	20	5	10	
14. 普通燕麦	*Avena satiiva* L.	BP；S	20	5	10	预先加温（30～35℃）；预先冷冻；GA_3
15. 落葵	*Basella* spp. L.	TP；BP	30	10	28	预先洗涤；机械去皮

续表

种（变种）名	学名	发芽床	温度（℃）	初次计数天数（d）	末次计数天数（d）	附加说明，包括破除休眠的建议
16. 冬瓜	*Benincasa hispida*（Thub.）Cogn. *Benincasa hispida* Cogn. var. Chich～qua How.	TP；BP	20～30；30	7	14	
17. 节瓜	*Beta vulgaris* L.	TP；BP	20～30；30	7	14	
18. 甜菜	*Beta vulgaris* var. *cicla*	TP；BP；S	20～30；15～15～20	4	14	预先洗涤（复胚2小时，单胚4小时），再在25℃干燥芽
19. 叶甜菜	*Beta vulgaris* var. *rapacea*	TP；BP；S	20～30；15～15～20	4	14	
20. 根甜菜	*Beta vulgaris* var. *rapacea*	TP；BP；S	20～30；15～25；30	4	14	
21. 白菜型油菜	*Bra ssicacampestris* L.	TP	15~25; 20	5	7	预先冷冻
22. 不结球白菜（包括白菜、乌塌菜、紫菜薹、薹菜、菜薹）	*Brassica campestris* L. ssp. *chinensis*（L.）Makino.	TP	15～25；20	5	7	预先冷冻
23. 芥菜型油菜	*Brassica juncea* Czern. et Coss.	TP	15～25；20	5	7	预先冷冻；KNO_3
24. 根用芥菜	*Brassica juncea* Coss. var. *megarrhiza* Tsen et Lee	TP	15～25；20	5	7	预先冷冻；GA_3
25. 叶用芥菜	*Brassica juncea* Coss. var. *foliosa* Bailey	TP	15～25；20	5	7	预先冷冻；GA_3；KNO_3
26. 茎用芥菜	*Brassica juncea* Coss. var. *tsatsai* Mao	TP	15～25；20	5	7	预先冷冻；GA_3；KNO_3
27. 甘蓝型油菜	*Brassica napus* L. ssp. Pekinensis（Lour.）Olsson	TP	15～25；20	5	7	预先冷冻
28. 芥蓝	*Brassica oleracea* L. var. *albogolabra* Bailey	TP	15～25；20	5	7	预先冷冻；KNO_3
29. 结球甘蓝	*Brassica oleracea* L. var. *capitate* L.	TP	15～25；20	5	10	预先冷冻；KNO_3
30. 球茎甘蓝（苤蓝）	*Brassica oleracea* L. var. *caulorapa* DC.	TP	15～25；20	5	10	预先冷冻；KNO_3
31. 花椰菜	*Brassica oleracea* L. var. *botrytis* L.	TP	15～25；20	5	10	预先冷冻；KNO_3
32. 抱子甘蓝	*Brassica oleracea* L. var. *gemmifera* Zenk.	TP	15～25；20	5	10	预先冷冻；KNO_3

续表

种（变种）名	学名	发芽床	温度（℃）	初次计数天数（d）	末次计数天数（d）	附加说明，包括破除休眠的建议
33. 青花菜	*Brassica oleracea* L. var. *italica* Plench	TP	15~25；20	5	10	预先冷冻；KNO_3
34. 结球白菜	*Brassica campestris* L. ssp. *pekinensis*（Lour）. Olsson	TP	15~25；20	5	7	预先冷冻；GAO_3
35. 芜菁	*Brassica rapa* L.	TP	15~25；20	5	7	预先冷冻
36. 芜菁甘蓝	*Brassica napobrassica* Mill.	TP	15~25；20	5	14	预先冷冻；KNO_3
37. 木豆	*Cajanus cajan*（L.）Millsp.	BP；S	20~30；25	4	10	
38. 大刀豆	*Canavalia gladiata*（Jacq.）DC	BP；S	20	5	8	
39. 大麻	*Cannabis sativa* L.	TP；BP	20~30；20	3	7	
40. 辣椒	*Capsicum frutescens* L.	TP；BP；S	20~30；30	7	14	KNO_3
41. 甜椒	*Capsicum frutescens* var. *grossum*	TP；BP；S	20~30；30	7	14	KNO_3
42. 红花	*Carthamus tinctorius* L.	TP；BP；S	20~30；25	4	14	
43. 茼蒿	*Chrysanthemum coronarium* var. *spatisum*	TP；BP	20~30；15	4~7	21	预先加温（40℃，4~6小时）；预先冷冻；光照
44. 西瓜	*Citrullus lanatus*（Thunb.）Matsum. et Nakai	BP；S	20~30；30；25	5	14	
45. 薏苡	*Coix lacryna-jobi* L.	BP	20~30	7~10	21	
46. 圆果黄麻	*Corchorus capsularis* L.	TP；BP	30	3	5	
47. 长果黄麻	*Corchorus olitorius* L.	TP；BP	30	3	5	
48. 芫荽	*Coriandrum sativum* L.	TP；BP	20~30；20	7	21	
49. 柽麻	*Crotalaria juncea* L.	BP；S	20~30	4	10	
50. 甜瓜	*Cucumis melo* L.	BP；S	20~30；25	4	8	
51. 越瓜	*Cucumis melo* L. var. *conomon* Makino	BP；S	20~30；25	4	8	
52. 菜瓜	*Cucumis melo* L. var. *flexuosus* Naud.	BP；S	20~30；25	4	8	
53. 黄瓜	*Cucumis sativus* L.	TP；BP；S	20~30；25	4	8	
54. 笋瓜（印度南瓜）	*Cucurbita maxima* Duch. ex Lam	BP；S	20~30；25	4	8	
55. 南瓜（中国南瓜）	*Cucurbita moschata*（Duchesne）Duchesne ex Poiret	BP；S	20~30；25	4	8	

续表

种（变种）名	学名	发芽床	温度（℃）	初次计数天数（d）	末次计数天数（d）	附加说明，包括破除休眠的建议
56. 西葫芦（美洲南瓜）	*Cucurbita pepo* L.	BP；S	20～30；25	4	8	
57. 瓜尔豆	*Cyamopsis tetragonoloba*（L.）Taubert	BP	20～30	5	14	
58. 胡萝卜	*Daucus carota* L.	TP；BP	20～30；20	7	14	
59. 扁豆	*Dolichos lablab* L.	BP；S	20～30；20；25	4	10	
60. 龙爪稷	*Eleusine coracana*（L.）Gaertn.	TP	20～；30	4	8	KNO_3
61. 甜荞	*Fagopyrum esculentum* Moench	TP；BP	20～30；20	4	7	
62. 苦荞	*Fagopyrum tataricum*（L.）Gaertn.	TP；BP	20～30；20	4	7	
63. 茴香	*Foeniculum vulgare* Miller	TP; BP; TS	220~30; 20	7	14	
64. 大豆	*Glycine max*（L.）Merr.	BP；S	20～30；20	5	8	
65. 棉花	*Gossypium* spp.	BP；S	20～30；30；25	4	12	
66. 向日葵	*Helianthus annuus* L.	BP；S	20～30；25；20	4	10	预先冷冻；预先加温
67. 红麻	*Hibiscus cannabinus* L.	BP；S	20～30；25	4	8	
68. 黄秋葵	*Hibiscus esculentus* L.	TP；BP；S	20～30	4	21	
69. 大麦	*Hordeum vulgare* L.	BP；S	20	4	7	预先加温（30～35℃）；预先冷冻；GA_3
70. 蕹菜	*Ipomoea aquatica* Forsskal	BP；S	30	4	10	
71. 莴苣	*Lactuca sativa* L.	TP；BP	20	4	7	
72. 瓠瓜	*Lagenaria siceraria*（Molina）Standley	BP；S	20～30	4	14	
73. 兵豆（小扁豆）	*Lens culinars* Medikus	BP；S	20	5	10	预先冷冻
74. 亚麻	*Linum usitatissimum* L.	TP；BP	20～30；20	3	7	预先冷冻
75. 棱角丝瓜	*Luffa acutangula*（L.）Roxb.	BP；S	30	4	14	
76. 普通丝瓜	*Luffa cylindrica*（L.）Roem.	BP；S	20～30；30	4	14	
77. 番茄	*Lycopersicon lycopersicum*（L.）Karsten	TP；BP；S	20～30；25	5	14	KNO_3
78. 金花菜	*Medicago polymorpha* L.	TP；BP	20	4	14	
79. 紫花苜蓿	*Medicago sativa* L.	TP；BP	20	4	10	预先冷冻

续表

种（变种）名	学名	发芽床	温度（℃）	初次计数天数（d）	末次计数天数（d）	附加说明，包括破除休眠的建议
80. 白香草木樨	*Melilotus albus* Desr.	TP；BP	20	4	7	预先冷冻
81. 黄香草木樨	*Melilotus officinalis*（L.）Pallas	TP；BP	20	4	7	预先冷冻
82. 苦瓜	*Momordica charantia* L.	BP；S	20～30；30	4	14	
83. 豆瓣菜	*Nasturtium officinale* R. Br.	TP; BP	20~30	4	14	KNO_3
84. 烟草	*Nicotiana tabacum* L.	TP	20～30	7	16	KNO_3
85. 罗勒	*Ocimum basilicum* L.	TP；BP	20～30；20	4	14	预先加温（50℃）；在水中或HNO_3中浸渍24小时
86. 稻	*Oryza sativa* L.	TP；BP；S	20～30；30	5	14	
87. 豆薯	*Pachyrhizus erous*（L.）Urban	BP；S	20～30；30	7	14	
88. 黍（糜子）	*Panicum muliaceum* L.	TP；BP	20～30；25	3	7	
89. 美洲防风	*Pastinaca sativa* L.	TP；BP	20～30	6	28	
90. 香芹	*Petroselinum crispum*（Miller）Nyman ex A. W. Hill	TP；BP	20～30	10	28	
91. 多花菜豆	*Phaseolus multiflorus* Willd.	BP；S	20～30；20	5	9	
92. 利马豆(莱豆)	*Phaseolus lunatus* L.	BP；S	20～30；25；20	5	9	
93. 菜豆	*Phaseolus vulgaris* L.	BP；S	20～30；25；20	5	9	
94. 酸浆	*Physalis pubescens* L.	TP	20～30	7	28	KNO_3
95. 茴芹	*Pimpinella anisum* L.	TP；BP	20～30	7	21	
96. 豌豆	*Pisum sativum* L.	BP；S	20	5	8	
97. 马齿苋	*Portulaca oleracea* L.	TP；BP	20～30	5	14	预先冷冻
98. 四棱豆	*Psophocar pus tetragonolobus*（L.）DC.	BP；S	20～30；30	4	14	
99. 萝卜	*Raphanus sativus* L.	TP；BP；S	20～30；20	4	10	预先冷冻
100. 食用大豆	*Rheum rhaponticum* L.	TP	20～30	7	21	
101. 蓖麻	*Ricinus communis* L.	BP；S	20～30	7	14	
102. 鸦葱	*Scorzonera his panica* L.	TP；BP；S	20～30；20	4	8	预先冷冻
103. 黑麦	*Secale cereale* L.	TP；BP；S	20	4	7	预先冷冻；GA_3
104. 佛手瓜	*Sechium edule*（Jacp.）Swartz	BP；S	20～ 30；20	5	10	
105. 芝麻	*Sesamum indicum* L.	TP	20～30	3	6	

续表

种（变种）名	学名	发芽床	温度（℃）	初次计数天数（d）	末次计数天数（d）	附加说明，包括破除休眠的建议
106. 田菁	*Sesbania cannabina*（Retz.）Pers.	TP；BP	20~30；25	5	7	
107. 粟	*Setaria italica*（L.）Beauv.	TP；BP	320~30	4	10	
108. 茄子	*Solanum melongena* L.	TP；BP；S	20~30；30	7	14	
109. 高粱	*Sorghum bicolor*（L.）Moench	TP；BP	20~30；25	4	10	预先冷冻
110. 菠菜	*Spinacia oleracea* L.	TP；BP	15；10	7	21	预先冷冻
111. 黎豆	*Stizolobium* ssp.	BP；S	20~30；20	5	7	
112. 番杏	*Tetragonia tetragonioides*（Pallas）Kuntze	BP；S	20~30；20	7	35	除去果肉；预先洗涤
113. 婆罗门参	*Tragopogon porrifolius* L.	TP；BP	20	5	10	预先冷冻
114. 小黑麦	*X Triticosecale* Wittm.	TP；BP；S	20	4	8	预先冷冻；GA_3
115. 小麦	*Triticum aestivum* L.	TP；BP；S	20	4	8	预先加温（30~35℃）；预先冷冻；GA_3
116. 蚕豆	*Vicia faba* L.	BP；S	20	4	14	预先冷冻
117. 箭舌豌豆	*Vicia sativa* L.	BP；S	20	5	14	预先冷冻
118. 毛叶苕子	*Vicia villosa* Roth	BP；S	20	5	14	预先冷冻
119. 赤豆	*Vigna angularis*（Willd）Ohwi & Ohashi	BP；S	20~30	4	10	
120. 绿豆	*Vigna radiata*（L.）Wilczek	BP；S	20~30；25	5	7	
121. 饭豆	*Vigna umbellata*（Thunb.）Ohwi & Ohashi	BP；S	20~30；25	5	7	
122. 长豇豆	*Vignaunguiculata* W. ssp. *sesquipedalis*（L.）Verd.	BP；S	20~30；25	5	8	
123. 矮豇豆	*Vigna unguiculata* W. ssp. *unguiculata*（L.）Verd.	BP；S	20~30；25	5	8	
124. 玉米	*Zea mays* L.	BP；S	20~30；25；20	4	7	

注：表中符号代表：TP——纸上，BP——纸间，S——砂，TS——砂上。

6.4 控制发芽条件

6.4.1 水分和通气：根据发芽床和种子特性决定发芽床的加水量。如砂床加水为其饱和含水量的60%~80%（禾谷类等中小粒种子为60%，豆类等大粒种子为80%）；如纸床，吸足水分后，沥去多余水即可；如用土壤作发芽床，加水至手握土粘成团，再手指轻轻一压就碎为宜。

发芽期间发芽床必须始终保持湿润。

发芽应使种子周围有足够的空气，注意通气。尤其是在纸卷和砂床中应注意：纸卷须相当疏松；用砂床和土壤试验时，覆盖种子的砂或土壤不要紧压。

6.4.2 温度：发芽应按表1规定的温度进行，发芽器、发芽箱、发芽室的温度在发芽期间应尽可能一致。表1规定的温度为最高限度，有光照时，应注意不应超过此限度。仪器的温度变幅不应超过±1℃。

当规定用变温时，通常应保持低温16小时及高温8小时。对非休眠的种子，可以在3小时内逐渐变温。如是休眠种子，应在1小时或更短时间内完成急剧变温或将试验移到另一个温度较低的发芽箱内。

6.4.3 光照：表1中大多数种的种子可在光照或黑暗条件下发芽，但一般采用光照。需光种子的光照强度为750～1250勒克司（Lx），如在变温条件下发芽，光照应在8小时高温时进行。

6.5 休眠种子和处理　当试验结束还存在硬实或新鲜不发芽种子时，可采用下列一种或几种方法进行处理（详见表1）。

6.5.1 破除生理休眠的方法

a. 预先冷冻：试验前，将各重复种子放在湿润的发芽床上，在5～10℃之间进行预冷处理，如麦类在5～10℃处理3天，然后在规定温度下进行发芽。

b. 硝酸处理：水稻休眠种子可用硝酸溶液［c（HNO_3）=0.1mol/L］浸种16～24小时，然后置床发芽。

c. 硝酸钾处理：硝酸钾处理适用于禾谷类、茄科等许多种子。发芽开始时，发芽床可用0.2%（m/V）的硝酸钾溶液湿润。在试验期间，水分不足时可加水湿润。

d. 赤霉酸（GA_3）处理：燕麦、大麦、黑麦和小麦种子用0.05%（m/V）GA3溶液湿润发芽床。当休眠较浅时用0.02（m/V）浓度，当休眠深时须用0.1%（m/V）浓度。芸苔属可用0.01%或0.02%（m/V）浓度的溶液。

e. 双氧水处理：可用于小麦、大麦和水稻休眠种子的处理。用浓双氧水［29%（V/V）］处理时：小麦浸种5分钟，大麦浸种10～20分钟，水稻浸种2小时。用淡双氧水处理时，小麦用1%（V/V）浓度，大麦用1.5%（V/V）浓度，水稻用3%（V/V）浓度，均浸种24小时。用浓双氧水处理后，须马上用吸水纸吸去沾在种子上的双氧水，再置床发芽。

f. 去稃壳处理：水稻用出糙机脱去稃壳；有稃大麦剥去胚部稃壳（外稃）；菠菜剥去果皮或切破果皮；瓜类嗑开种皮。

g. 加热干燥：将发芽试验的各重复种子放在通气良好的条件下干燥，种子摊成一薄层。各种作物种子加热干燥的温度和时间见表2。

表2　各种作物种子加热干燥的温度和时间

作物名称	温度（℃）	时间（d）
大麦，小麦	30～35	3～5
高粱	30	2
水稻	40	5～7
花生	40	14
大豆	30	0.5
向日葵	30	7
棉花	40	1
烟草	30～40	7～10
胡萝卜、芹菜、菠菜、洋葱、黄瓜、甜瓜、西瓜	30	3～5

6.5.2 破除硬实的方法

a. 开水烫种：适用于棉花和豆类的硬实，发芽试验前将种子用开水烫种2分钟，再行发芽。

b. 机械损伤：小心地把种皮刺穿、削破、锉伤或砂皮纸摩擦。豆科硬实可用针直接刺入子叶部分，也可用刀片切去部分子叶。

6.5.3 除去抑制物质的方法：甜菜、菠菜等种子单位的果皮或种皮内有发芽抑制物质时，可把种子浸在温水或流水中预先洗涤，甜菜复胚种子洗涤2小时，遗传单胚种子洗涤4小时，菠菜种子洗涤1～2小时。然后将种子干燥，干燥最高温度不得超过25℃。

6.6 幼苗鉴定

6.6.1 试验持续时间：每个种的试验持续时间详见表1。试验前或试验间用于破除休眠处理所需时间不作为发芽试验时间的一部分。

如果样品在规定试验时间内只有几粒种子开始发芽，则试验时间可延长7天，或延长规定时间的一半。根据试验情况，可增加计数的次数。反之，如果在规定试验时间结束前，样品已达到最高发芽率，则该试验可提前结束。

6.6.2 鉴定：每株幼苗都必须按附录A（补充件）规定的标准进行鉴定。鉴定要在主要构造已发育到一定时期进行。根据种的不同，试验中绝大部分幼苗应达到：子叶从种皮中伸出（如莴苣属）、初生叶展开（如菜豆属）、叶片从胚芽鞘中伸出（如小麦属）。尽管一些种如胡萝卜属在试验末期，并非所有幼苗的子叶都从种皮中伸出，但至少在末次计数时，可以清楚地看到子叶基部的“颈”。

在计数过程中，发育良好的正常幼苗应从发芽床中拣出，对可疑的或损伤、畸形或不均衡的幼苗，通常到末次计数。严重腐烂的幼苗或发霉的种子应从发芽床中除去，并随时增加计数。

复胚种子单位作为单粒种子计数，试验结果用至少产生一个正常幼苗的种子单位的百分率表示。当送验者提出要求时，也可测定100个种子单位所产生的正常幼苗数，或产生一株、两株及两株以上正常幼苗的种子单位数。

6.7 重新试验　当试验出现下列情况进，应重新试验。

a. 怀疑种子有休眠（即有较多的新鲜不发芽种子），可采用表2或6.5所述的方法进行试验，将得到的最佳结果填报，应注明所用的方法。

b. 由于真菌或细菌的蔓延而使试验结果不一定可靠时，可采用砂床或土壤进行试验。如有必要，应增加种子之间的距离。

c. 当正确鉴定幼苗数有困难时，可采用表1中规定的一种或几种方法在砂床或土壤上进行重新试验。

d. 当发现实验条件、幼苗鉴定或计数有差错时，应采用同样方法进行重新试验。

e. 当100粒种子重复间的差距超过表3最大容许差距时，应采用同样的方法行重新试验。如果第二次结果与第一次结果相一致，即其差异不超过表4中所示的容许差距，则将两次试验的平均数填报在结果单上。如果第二次结果与第一次结果不相符合，其差异超过表4所示的容许差距，则采用同样的方法进行第三次试验，填报符合要求的结果平均数。

表3　同一发芽试验四次重复间的最大容许差距

（2.5%显著水平的两尾测定）

平均发芽率		最大容许差距
50%以上	50%以下	
99	2	5
98	3	6
97	4	7

续表

平均发芽率		最大容许差距
50%以上	50%以下	
96	5	8
95	6	9
93~94	7~8	10
91~92	9~10	11
89~90	11~12	12
87~88	13~14	13
84~86	15~17	14
81~83	18~20	15
78~80	21~23	16
73~77	24~28	17
67~72	29~34	18
56~66	35~45	19
51~55	46~50	20

表4 同一或不同实验室来自相同或不同送验样品间发芽试验的容许差距
（2.5%显著水平的两尾测定）

平均发芽率		最大容许差距
50%以上	50%以下	
98~99	2~3	2
95~97	4~6	3
91~94	7~10	4
85~90	11~16	5
77~84	17~24	6
60~76	25~41	7
51~59	42~50	8

7 结果计算和表示

试验结果以粒数的百分率表示。当一个试验的四次重复（每个重复以100粒计，相邻的副重复合并成100粒的重复）正常幼苗百分率都在最大容许差距内（表3），则其平均数表示发芽百分率。不正常幼苗、硬实、新鲜不发芽种子和死种子的百分率按四次重复平均数计算。正常幼苗、不正常幼苗和未发芽种子百分率的总和必须为100，平均数百分率修约到最近似的整数，修约0.5进入最大值中。

8 结果报告

填报发芽结果时，须填报正常幼苗、不正常幼苗、硬实、新鲜不发芽种子和死种子的百分率。假如其中任何一项结果为零，则将符号“-0-”填入该格中。

同时还须填报采用的发芽床和温度、试验持续时间以及为促进发芽所采用的处理方法。

表5 同一或不同实验室不同送验样品间发芽试验的容许差距
（5%显著水平的一尾测定）

平均发芽率		最大容许差距
50%以上	50%以下	
99	2	2
97~98	3~4	3
94~95	5~7	4
91~93	8~10	5
87~90	11~14	6
82~86	15~19	7
76~81	20~25	8
70~75	26~31	9
60~69	32~41	10
51~59	42~50	11

表6 发芽试验与规定值比较的容许误差
（5%显著水平的一尾测定）

平均发芽率		最大容许差距
50%以上	50%以下	
99	2	1
96~98	3~5	2
92~95	6~9	3
87~91	10~14	4
80~86	15~21	5
71~79	22~30	6
58~70	31~43	7
51~57	44~50	8

附录A
正常幼苗与不正常幼苗的划分
（补充件）

A1 术语

A1.1 初生根（primary root） 由胚根发育而来的幼苗主根。

A1.2 次生根（secondary root） 除初生根外的其他根。

A1.3 种子根（seminal roots） 在禾谷类植物中，由初生根和胚中轴上长出的数条次生根所形成的幼苗根系。

A1.4 残缺根（stunted root） 不管根的长度如何，缺少根尖或根尖有缺陷的根。

A1.5 粗短根（stubby root） 虽根尖完整，但根缩短呈棒状，是幼苗中毒症状所特有的根。

A1.6 停滞根（retarded root） 通常具有完整根尖，但异常短小而细弱，与幼苗的其他构造相比失去均衡。

A1.7 上胚轴（epicotyl） 子叶以上至第一片真叶或一对真叶以下的部分苗轴。

A1.8 中胚轴（mesocotyl） 在禾本科一些高度分化的属中，盾片着生点至胚芽之间的部分苗轴。

A1.9 下胚轴（hypocotyl） 初生根以上至子叶着生点以下的部分苗轴。

A1.10 扭曲构造（twisted structure） 沿着幼苗伸长主轴、下胚轴、芽鞘等幼苗构造发生扭曲状。包括轻度扭曲（loosely twisted）和严重扭曲（tightly twisted）。

A1.11 环状构造（looped structure） 改变了原来的直线形，下胚轴、芽鞘等幼苗构造完全形成环状或圆圈形。

A1.12 出土型发芽（epigeal germination） 由于下胚轴伸长而使子叶和幼苗中轴伸出地面的一种发芽习性。

A1.13 留土型发芽（hypogeal germination） 子叶或变态子叶（盾片）留在土壤和种子内的一种发芽习性。

A1.14 子叶（cotyledon） 胚和幼苗的第一片叶或第一对叶。

A1.15 腐烂（decay） 由于微生物的存在而引起的有机组织溃烂。

A1.16 变色（discolouration） 颜色改变或褪色。

A1.17 向地性（geotropism） 植物生长对重力的反应，包括向地下生长的正向地性（positive geo tropism）和向上生长的负向地性（negative geo tropism）生长。

A1.18 芽鞘（coleoptile） 在禾本科中，胚或幼苗芽鞘的鞘状保护构造。

A1.19 感染（infection） 病原菌侵入活体（如幼苗主要构造）并蔓延，引起病症和腐烂。包括初生感染（primary infection）（种子本身携带病原菌）和次生感染（secondary infection）（其他种子或幼苗蔓延而被感染）。

A1.20 初生叶（primary leaf） 在子叶后所出现的第一片叶或第一对叶。

A1.21 鳞叶（scale leaves） 通常紧缩在轴上（如石刁柏、豌豆属）的一种退化叶片。

A1.22 盾片（scutellum） 在禾本科某些属中所特有的变态子叶，其功能是从胚乳吸收养分输送到胚部的一种盾形构造。

A1.23 顶芽（terminal bud） 由数片分化程度不同的叶片所包裹着的幼苗顶端。

A1.24 50% 规则（50%-rule） 如果整个子叶组织或初生叶有一半或一半以上的面积具有功能，则这种幼苗可列为正常幼苗；如果一半以上的组织不具备功能（如缺失|坏死|变色或腐烂），则为不正常幼苗。当从子叶着生点到下胚有损伤和腐烂的迹象时，这时不能采用50%规则。在鉴定有缺陷的初生叶时可以应用，但初生叶形状正常，只是叶片面积较小时则不能应用。

A2 正常幼苗

凡符合下列类型之一者为正常幼苗。

A2.1 完整幼苗　幼苗主要构造生长良好、完全、匀称和健康。

因种不同，应具有下列一些构造。

A2.1.1 发育良好的根系，其组成如下：

a. 细长的初生根，通常长满根毛，末端细尖。

b. 在规定试验时期内产生的次生根。

c. 在燕麦属、大麦属、黑麦属、小麦属和小黑麦属中，由数条种子根代替一条初生根。

A2.1.2 发育良好的幼苗中轴，其组成如下：

a. 出土型发芽的幼苗，应具有一个直立、细长并有伸长能力的下胚轴。

b. 留土型发芽的幼苗，应具有一个发育良好的上胚轴。

c. 在有些出土型发芽的一些属（如菜豆属、花生属）中，应同时具有伸长的上胚轴和下胚轴。

d. 在禾本科的一些属（如玉米属、高粱属）中，应具有伸长的中胚轴。

A2.1.3 具有特定数目的子叶：

a. 单子叶植物具有一片子叶，子叶可为绿色和呈圆管状（葱属），或变形而全部或部分遗留在种子内（如石刁柏、禾本科）。

b. 双子叶植物具有二片子叶，在出土型发芽的幼苗中，子叶为绿色，展开呈叶状；在留土型发芽的幼苗中，子叶为半球形和肉质状，并保留在种皮内。

A2.1.4 具有展开、绿色的初生叶：

a. 在互生叶幼苗中有一片初生叶，有时先发生少数鳞状叶，如豌豆属、石刁柏属、巢菜属。

b. 在对生叶幼苗中有两片初生叶，如菜豆属。

A2.1.5 具有一个顶芽或苗端。

A2.1.6 在禾本科植物中有一个发育良好、直立的芽鞘，其中包着一片绿叶延伸到顶端，最后从芽鞘中伸出。

A2.2 带有轻微缺陷的幼苗　幼苗主要构造出现某种轻微缺陷，但在其他方面能均衡生长，并与同一试验中的完整幼苗相当。有下列缺陷则为带有轻微缺陷的幼苗。

A2.2.1 初生根：

a. 初生根局部损伤，或生长稍迟缓。

b. 初生根有缺陷，但次生根发育良好，特别是豆科中一些大粒种子的属（如菜豆属、豌豆属、巢菜属、花生属、豇豆属和扁豆属）、禾本科中的一些属（如玉米属、高粱属和稻属）、葫芦科所有属（如甜瓜属、南瓜属和西瓜属）和锦葵科所有属（如棉属）。

c. 燕麦属、大麦属、黑麦属、小麦属和小黑麦属中只有一条强壮的种子根。

A2.2.2 下胚轴、上胚轴或中胚轴局部损伤。

A2.2.3 子叶（采用“50%规则”）：

a. 子叶局部损伤，但子叶组织总面积的一半或一半以上仍保持着正常的功能，并且幼苗顶端或其周围组织没有明显的损伤或腐烂。

b. 双子叶植物仅有一片正常子叶，但其幼苗顶端或其周围组织没有明显的损伤或腐烂。

A2.2.4 初生叶：

a. 初生叶局部损伤，但其组织总面积的一半或一半以上仍保持着正常的功能（采用“50%规则”）。

b. 顶芽没有明显的损伤或腐烂，有一片正常的初生叶，如菜豆属。

c. 菜豆属的初生叶形状正常，大于正常大小的四分之一。

d. 具有三片初生叶而不是两片，如菜豆属（采用“ 50%规则”）。

A2.2.5 芽鞘：

a. 芽鞘局部损伤。

b. 芽鞘从顶端开裂，但其裂缝长度不超过芽鞘的三分之一。

c. 受内外稃或果皮的阻挡，芽鞘轻度扭曲或形成环状。

d. 芽鞘内的绿叶，没有延伸到芽鞘顶端，但至少要达到芽鞘的一半。

A2.3 次生感染的幼苗　由真菌或细菌感染引起，使幼苗主要构造发病和腐烂，但有证据表明病源不来自种子本身。

A3 不正常幼苗

不正常幼苗有三种类型：

a. 受损伤的幼苗：由机械处理、加热、干燥、昆虫损害等外部因素引起，使幼苗构造残缺不全或受到严重损伤，以致于不能均衡生长者。

b. 畸形或不匀称的幼苗：由于因素引起生理紊乱，幼苗生长细弱，或存在生理障碍，或主要构造畸形，或不匀称者。

c. 腐烂幼苗：由初生感染（病源来自种子本身）引起，使幼苗主要构造发病和腐烂，并妨碍其正常生长者。在实际过程中，凡幼苗带有下列一种或一种以上的缺陷则列为不正常幼苗。

A3.1 根

A3.1.1 初生根：a. 残缺；b. 短粗；c. 停滞；d. 缺失；e. 破裂；f. 从顶端开裂；g. 缩缢；h. 纤细；i. 卷缩在种皮内；j. 负向地性生长；k. 水肿状；l. 由初生感染所引起的腐烂。

A3.1.2 种子根：没有或仅有一条生长力弱的种子根。

注：次生根或种子根带有上述一种或数种缺陷者列为不正常幼苗，但是对具有数条次生根（见A2.2.1b.）或至少具有一条强壮种子根（见A2.2.1c.）的幼苗应列入正常幼苗。

A3.2 下胚轴、上胚轴或中胚轴　a. 缩短而变粗；b. 深度横裂或破裂；c. 纵向裂缝（开裂）；d. 缺失；e. 缩缢；f. 严重扭曲；g. 过度弯曲；h. 形成环状或螺旋形；i. 纤细；j. 水肿状；k. 由初生感染所引起的腐烂。

A3.3 子叶（采用“50%规则”）

A3.3.1 除葱属外所有属的子叶缺陷：a. 肿胀卷曲；b. 畸形；c. 断裂或其他损伤；d. 分离或缺失；e. 变色；f. 坏死；g. 水肿状；h. 由初生感染所引起的腐烂。

注：在子叶与苗轴着生点或与苗端附近处发生损伤或腐烂的幼苗就列入不正常幼苗，这时不考虑“50%规则”。

A3.3.2 葱属子叶的特定缺陷：a. 缩短而变粗；b. 缩缢；c. 过度弯曲；d. 形成环状或螺旋形；e. 无明显的“膝”；f. 纤细。

A3.4 初生叶（采用“50%规则”）　a. 畸形；b. 损伤；c. 缺失；d. 变色；e. 坏死；f. 由初生感染所引起的腐烂；h. 虽形状正常，但小于正常叶片大小的四分之一。

A3.5 顶芽及周围组织　a. 畸形；b. 损伤；c. 缺失；d. 由初生感染所引起的腐烂。

注：假如顶芽有缺陷或缺失，即使有一个或两个已发育的腋芽（如菜豆属）或幼梢（如豌豆属），也列为不正常幼苗。

A3.6 胚芽鞘和第一片叶（禾本科）

A3.6.1 胚芽鞘：a. 畸形；b. 损伤；c. 缺失；d. 顶端损伤或缺失；f. 严重过度弯曲；g. 形成环状或螺旋形；h. 严重扭曲；i. 裂缝长度超过从顶端量起的三分之一；j. 基部开裂；k. 纤细；l. 由初生感染所引起的腐烂。

A3.6.2 第一叶：a. 延伸长度不到胚芽鞘的一半；b. 缺失；c. 撕裂或其他畸形。

A3.7 整个幼苗　a. 畸形；b. 断裂；c. 子叶比根先长出；d. 两株幼苗连在一起；e. 黄化或白化；f. 纤细；g. 水肿状；h. 由初生感染所引起的腐烂。

附加说明：

本标准由中华人民共和国农业部提出。

本标准由全国农作物种子标准化技术委员会归口。

本标准由全国种子总站、浙江农业大学、四川省、黑龙江省、天津市种子公司（站）、南京农业大学、北京市、负责起草。

本标准主要起草人支巨振、毕辛华、杜克敏、常秀兰、杨淑惠、任淑萍、吴志行、李仁凤、赵菊英。

本标准首次发布于1983年3月。

本标准等效采用国际种子规程（ISTA，1993年版）第五部分　发芽试验。

GB/T 3543.5—1995

农作物种子检验规程

代替 GB 3543—83

真实性和品种纯度鉴定

Rules for agricultural seed testing
—Verification of genuineness and cultivar

---

1 主题内容与适用范围

本标准了测定种子真实性品种纯度的方法。

本标准规定适用于农作物种子质量的检测。

2 引用标准

GB/T 3543.2 农作物种子检验规程 扦样

GB/T 3543.4 农作物种子检验规程 发芽试验

3 术语

3.1 种子真实性（genuineness of seed） 供检品种与文件记录（如标签等）是否相符。

3.2 品种纯度（varietal purity） 品种在特征特性方面典型一致的程度，用本品种的种子数占供检本作物样品种子数的百分率表示。

3.3 变异株（off-type） 一个或多个性状（特征特性）与原品种育成者所描述的性状明显不同的植株。

3.4 育种家种子（breeder seed） 育种家育成的遗传性状稳定的品种或亲本种子的最初一批种子，用于进一步繁殖原种种子。

3.5 原种（basic seed） 用育种家种子繁殖的第一代至第三代，或按原种生产技术规程生产的达到原种质量标准的种子，用于进一步繁殖良种种子。

3.6 良种（certified seed） 用常规种原种繁殖的第一代至第三代和杂交种达到良种质量标准的种子，用于大田生产。

4 试剂

苯酚、愈创木酚、过氧化氢、氢氧化钾、氢氧化钠、氯化氢。

5 仪器和设备

其仪器和设备也随方法的差异而不同。

a. 在实验室中测定：配备适宜的仪器（如体视显微镜、扩大镜、解剖镜）与试剂，以供种子形态、生理及细胞学的检查、化学测定及种子发芽之用。

b. 在温室和培养室中测定：配备能调节环境条件的设备（如生长箱），以利诱导鉴别性状的发育。

c. 在田间小区里鉴定：需具有能使鉴定性状正常发育的气候、土壤及栽培条件，并对防治病虫害有相对的保护措施。

6 测定程序

6.1 送验样品的重量 品种纯度测定的送验样品的最小重量应符合表1的规定。

表1　品种纯度测定的送验样品重量

种类	限于实验室测定	田间小区及实验室测定
豌豆属、菜豆属、蚕豆属、玉米属、大豆属及种子大小类似的其他属	1000	2000
水稻属、大麦属、燕麦属、小麦属、黑麦属及种子大小类似的其他属	500	1000
甜菜属及种子大小类似的其他属	250	500
所有其他属	100	250

6.2 种子鉴定

6.2.1 形态鉴定法：随机从送验样品中数取400粒种子，鉴定时须设重复，每个重复不超过100粒种子。

根据种子的形态特征，必要时可借助扩大镜等进行逐粒观察，必须备有标准样品或鉴定图片和有关资料。

水稻种子根据谷粒形状、长宽比、大小、稃壳和稃尖色、稃毛长短、稀密、柱头夹持率等；大麦种子根据籽粒形状、外稃基部皱褶、籽粒颜色、腹沟基刺、腹沟展开程度、外稃侧背脉纹齿状物及脉色、外稃基部稃壳皱褶凹陷、小穗轴茸毛多少、鳞被（浆片）形状及茸毛稀密等；大豆种子可根据种子大小、形状、颜色、光泽、光滑度、蜡粉多少及种脐形状颜色等；葱类可根据种子大小、形状、颜色、表面构造及脐部特征等。

6.2.2 快速测定法：随机从送验样品中数取400粒种子，鉴定时须设重复每个重复不超过100粒种子。

a. 苯酚染色法

小麦、大麦、燕麦：将种子浸入清水中经18～24时，用滤纸吸干表面水分，放入垫有已经1%苯酚溶液湿润滤纸的培养皿内（腹沟朝下）。在室温下，小麦保持4小时，燕麦2小时，大麦24小时后即可鉴定染色深浅。小麦观察颖果染色情况，大麦、燕麦评价种子内外稃染色情况。通常颜色分为五级即浅色、淡褐色、褐色、深褐色和黑色。将与基本颜色不同的种子取出作为异品种。

水稻：将种子浸入清水中经6小时，倒去清水，注入1%（m/V）苯酚溶液，室温下浸12小时取出用清水洗涤，放在滤纸上经24小时，观察谷粒或米粒染色程度。谷粒染色分为不染色、淡茶褐色、茶褐色、黑褐色和黑色五级；米粒染色分不染色、淡茶褐色、褐色或紫色三级。

b. 大豆种皮愈创木酚染色法：将每粒大豆种子的种皮剥下，分别放入小试管内，然后注入1ml蒸馏水，在30℃下浸提1小时，再在每支试管中加入10滴0.5%愈创木酚溶液，10分钟后，每支试管加入1滴0.1%过氧化氢溶液。1分钟后，计数试管内种皮浸出液呈现红棕色的种子数与浸出液呈无色的种子数。

c. 高粱种子氢氧化钾-漂白粉测定法：配制1∶5（m/V）氢氧化钾和新鲜普通漂白粉（5.25%漂白粉）的混合液[即1g氧化钾（KOH）加入5.0ml漂白液，通常准备100ml溶液，贮于冰箱中备用。将种子放入培养皿内，加入氢氧化钾-漂白液（测定前应置于室温一段时间）以淹没种子为度。棕色种皮浸泡10分钟。浸泡中定时轻轻摇晃使溶液与种子良好接触，然后把种子倒在纱网上，用自来水慢慢冲洗，冲洗后把种子放入在纸上让其气干，待种子干燥后，记录黑色种子数与浅色种子数。

d. 燕麦种子荧光测定法：应用波长360A紫外光照射，在暗室内鉴定。将种子排列在黑纸上，置于距紫外光下10～15cm处，照射数秒至数分钟后即可根据内外稃有无荧光发出进行鉴定。

e. 燕麦种子氯化氢测定法：将燕麦种子放入早已配好的氯化氢溶液[1份38%（V/V）盐酸（HCl）和4份水]的玻璃器皿中浸泡6小时，然后取出放在滤纸上让其气干1小时。根据棕褐色（荧光种子）或黄色（非荧光种子）来鉴别种子。

f. 小麦种子的氢氧化钠测定法：当小麦种子红白皮不易区分（尤其是经杀菌剂处理的种子）时，可用氢氧化钠测定法加以区别。数取400粒或更多的种子，先用95%（*V/V*）甲醇浸泡15分钟，然后让种子干燥30分钟，在室温下将种子浸泡在5mol/L NaOH溶液中5分钟，然后将种子移至培养皿内，不可加盖，让其在室温下干燥，根据种子浅色和深色加以计数。

6.2.3 小麦、大麦醇溶蛋白的酸性聚丙烯酰胺电泳法见附录A（参考件）。

6.3 幼苗鉴别 随机从送验样品中数取400粒种子，鉴定时须设重复，每重复为100粒种子。在培养室或温室中，可以用100粒。二次重复。

幼苗鉴定可以通过两个主要途径：一种途径是提供给植株以加速发育的条件（类似于田间小区鉴定，只是所需时间较短），当幼苗达到适宜评价的发育阶段时，对全部或部分幼苗进行鉴定；另一种途径是让植株生长在特殊的逆境条件下，测定不同品种对逆境的不同反应来鉴别不同品种。

禾谷类：禾谷类作物的芽鞘、中胚轴有紫色与绿色两大类，它们是受遗传基因控制的。将种子播在砂中（玉米、高粱种子间隔1.0cm×4.5cm，燕麦、小麦种子间隔2.0cm×4.0cm，播种深度1.0cm），在25℃恒温下培养，24小时光照。玉米、高粱每天加水，小麦、燕麦每隔4天施加缺磷的Hoagland 1号培养液，在幼苗发育到适宜阶段时，高粱、玉米14天，小麦7天，燕麦10～14天，鉴定芽鞘的颜色。

注：缺磷的Hoagland 1号培养液配方：在1L蒸馏水中加入4ml 1mol/L硝酸钙溶液[$Ca(NO_3)_2$]、2ml 1mol/L硫酸镁溶液（$MgSO_4$）和6ml 1mol/L硝酸钾溶液（KNO_3）。

大豆：把种子播于砂中（种子间隔2.5cm×2.5cm，播种深度2.5cm），在25℃下培养，24小时光照，每隔4d施加Hoagland 1号培养液，至幼苗各种特征表现明显时，根据幼苗下胚轴颜色（生长10～14天）、茸毛颜色（21天）、茸毛在胚轴上着生的角度（21天）、小叶形状（21天）等进行鉴定。

注：Hoagland1号培养液配方：在1L蒸馏水中加入1ml 1mol/L磷酸二氢钾溶液（KH_2PO_4）、5ml 1mol/L硝酸钾溶液（KNO_3）、5ml 1mol/L硝酸钙溶液［$Ca(NO_3)_2$］和2ml 1mol/L硫酸镁溶液（$MgSO_4$）。

莴苣：将莴苣种子播在砂中（种子间隔1.0cm×4.0cm，播种深度1cm），在25℃恒温下培养，每隔4d施加Hoagland 1号培养液，3周后（长有3～4片叶）根据下胚轴颜色、叶色、叶片卷曲程度和子叶等形状行鉴别。

甜菜：有些栽培品种可根据幼苗颜色（白色、黄色、暗红色或红色）来区别。将种球播在培养皿湿砂上，置于温室的柔和日光下，经7天后，检查幼苗下胚轴的颜色。根据白色与暗红色幼苗的比例，可在一定程度上表明糖用甜菜及白色饲料甜菜栽培品种的真实性。

6.4 田间小区种植鉴定* 田间小区种植是鉴定品种真实性和测定品种纯度的最为可靠、准确的方法。为了鉴定品种真实性，应在鉴定的各个阶段与标准样品进行比较。对照的标准样品为栽培品种提供全面的、系统的品种特征特性的现实描述，标准样品应代表品种原有的特征特性，最好是育种家种子。标准样品的数量应足够多，以便能持续使用多年，并在低温干燥条件下贮藏，更换时最好从育种家处获取。

注：*本节等效采用国际贸易中种子流通的OECD品种认证方案《小区鉴定方法指南》（OECD1982）。

为使品种特征特性充分表现，试验的设计和布局上要选择气候环境条件适宜的、土壤均匀、肥力一致、前茬无同类作物和杂草的田块，并有适宜的栽培管理措施。

行间及株间应有足够的距离，大株作物可适当增加行株距，必要时可用点播和点栽。

为了测定品种纯度百分率，必须与现行发布实施的国家标准种子质量标准相联系起来。试验设计的种植株数要根据国家标准种子质量标准的要求而定，一般来说，若标准为（$N-1$）×100%/N，种植株数4N即可获得满意结果，如标准规定纯度为98%，即N为50，种植200株即可达到要求。

检验员应拥有丰富的经验，熟悉被检品种的特征特性，能正确判别植株是属于本品种还是变异株。变异同株应是遗传变异，而不是受环境影响所引起的变异。

许多种在幼苗期就有可能鉴别出品种真实性和纯度，但成熟期（常规种）、花期（杂交种）和食用器官成熟期（蔬菜种）是品种特征特性表现时期，必须进行鉴定。

良种品种纯度是否达到国家标准种子质量标准、合同和标签的要求，可利用表2进行判别。

表2　品种纯度的容许差距（5%显著水平的一尾测定）

标准规定值		样本株数、苗数或种子粒数							
50%以上	50%以下	50	75	100	150	200	400	600	1000
100	0	0	0	0	0	0	0	0	0
99	1	2.3	1.9	1.6	1.3	1.2	0.8	0.7	0.5
98	2	3.3	2.7	2.3	1.9	1.6	1.2	0.9	0.7
97	3	4.0	3.3	2.8	2.3	2.0	1.4	1.2	0.9
96	4	4.6	3.7	3.2	2.6	2.3	1.6	1.3	1.0
95	5	5.1	4.2	3.6	2.9	2.5	1.8	1.5	1.1
94	6	5.5	4.5	3.9	3.2	2.8	2.0	1.6	1.2
93	7	6.0	4.9	4.2	3.4	3.0	2.1	1.7	1.3
92	8	6.3	5.2	4.5	3.7	3.2	2.2	1.8	1.4
91	9	6.7	5.5	4.7	3.9	3.3	2.4	1.9	1.5
90	10	7.0	5.7	5.0	4.0	3.5	2.5	2.0	1.6
89	11	7.3	6.0	5.2	4.2	3.7	2.6	2.1	1.6
88	12	7.6	6.2	5.4	4.4	3.8	2.7	2.2	1.7
87	13	7.9	6.4	5.5	4.5	3.9	2.8	2.3	1.8
86	14	8.1	6.6	5.7	4.7	4.0	2.9	2.3	1.8
85	15	8.3	6.8	5.9	4.8	4.2	3.0	2.4	1.9
84	16	8.6	7.0	6.1	4.9	4.3	3.0	2.5	1.9
83	17	8.8	7.2	6.2	5.1	4.4	3.1	2.5	2.0
82	18	9.0	7.3	6.3	5.2	4.5	3.2	2.6	2.0
81	19	9.2	7.5	6.5	5.3	4.6	3.2	2.6	2.1
80	20	9.3	7.6	6.6	5.4	4.7	3.3	2.7	2.1
79	21	9.5	7.8	6.7	5.5	4.8	3.4	2.7	2.1
78	22	9.7	7.9	6.8	5.6	4.8	3.4	2.8	2.2
77	23	9.8	8.0	7.0	5.7	4.9	3.5	2.8	2.2
76	24	10.0	8.1	7.1	5.8	5.0	3.5	2.9	2.2
75	25	10.1	8.3	7.1	5.8	5.1	3.6	2.9	2.3
74	26	10.2	8.4	7.2	5.9	5.1	3.6	3.0	2.3

续表

标准规定值		样本株数、苗数或种子粒数							
50%以上	50%以下	50	75	100	150	200	400	600	1000
73	27	10.4	8.5	7.3	6.0	5.2	3.7	3.0	2.3
72	28	10.5	8.6	7.4	6.1	5.2	3.7	3.0	2.3
71	29	10.6	8.7	7.5	6.1	5.3	3.8	3.1	2.4
70	30	10.7	8.7	7.6	6.2	5.4	3.8	3.1	2.4
69	31	10.8	8.8	7.6	6.2	5.4	3.8	3.1	2.4
68	32	10.9	8.9	7.7	6.3	5.5	3.8	3.2	2.4
67	33	11.0	9.0	7.8	6.3	5.5	3.9	3.2	2.5
66	34	11.1	9.0	7.8	6.4	5.5	3.9	3.2	2.5
65	35	11.1	9.1	7.9	6.4	5.6	3.9	3.2	2.5
64	36	11.2	9.1	7.9	6.5	5.6	4.0	3.2	2.5
63	37	11.3	9.2	8.0	6.5	5.6	4.0	3.3	2.5
62	38	11.3	9.2	8.0	6.5	5.7	4.0	3.3	2.5
61	39	11.4	9.3	8.1	6.6	5.7	4.0	3.3	2.5
60	40	11.4	9.3	8.1	6.6	5.7	4.0	3.3	2.5
59	41	11.5	9.4	8.1	6.6	5.7	4.1	3.3	2.6
58	42	11.5	9.4	8.2	6.7	5.8	4.1	3.3	2.6
57	43	11.6	9.4	8.2	6.7	5.8	4.1	3.3	2.6
56	44	11.6	9.5	8.2	6.7	5.8	4.1	3.4	2.6
55	45	11.6	9.5	8.2	6.7	5.8	4.1	3.4	2.6
54	46	11.6	9.5	8.2	6.7	5.8	4.1	3.4	2.6
53	47	11.6	9.5	8.2	6.7	5.8	4.1	3.4	2.6
52	48	11.7	9.5	8.3	6.7	5.8	4.1	3.4	2.6
51	49	11.7	9.5	8.3	6.7	5.8	4.1	3.4	2.6
50		11.7	9.5	8.3	6.7	5.8	4.1	3.4	2.6

国家标准种子质量标准规定纯度要求很高的种子，如育种家种子、原种，是否符合要求，可利用淘汰值。淘汰值是在考虑种子生产者利益和有较少可能判定失误的基础上，把在一个样本内到的变异株数与质量标准比较，作出接受符合要求的种子批或淘汰该种子批观察，其可靠程度与样本大小密切相关（见表3）。

表3 不同样本大小符合标准99.9%接收含有变异株种子批的可靠程度

样本大小（株数）	淘汰值	接受种子批的可靠程度（%）		
		1.5/1000*	2/1000*	3/1000*
1000	4	93	85	65
4000	9	85	59	16
8000	14	68	27	1
12000	19	56	13	0.1

注："*"是指每1000株中所实测到的变异株。

不同规定标准与不同样本大小下的淘汰值见表4，如果变异株大于或等于规定的淘汰值，就应淘汰该种子批。

表4 不同规定标准与不同样本大小的淘汰值

规定标准（%）	不同样本（株数）大小的淘汰值						
	4000	2000	1400	1000	400	300	200
99.9	9	6	5	4	—	—	—
99.7	19	11	9	7	4	—	—
99.0	52	29	21	16	9	7	6

注：下方有"_"的数字或"—"均表示样本的数目太少。

7 结果计算和表示

7.1 种子和幼苗 用种子或幼苗鉴定时，用本品种纯度百分率表示。

$$品种纯度（\%）=\frac{供检种子粒数（幼苗数）-异品种种子粒数（幼苗数）}{供检种子粒数（幼苗数）}\times 100$$

7.2 田间小区鉴定 将所鉴定的本品种、异品种、异作物和杂草等均以所鉴定植株的百分率表示。

8 结果报告

在实验室、培养室所测定的结果须填报种子数、幼苗数或植株数。

田间小区种植鉴定结果除品种纯度外，可能时还填报所发现的异作物、杂草和其他栽培品种的百分率。

附录A

聚丙烯酰胺电泳法测定大麦、小麦种子纯度

（参考件）

A1 原理

从种子中提取的醇溶蛋白在凝胶的分子筛效应和电泳分离的电荷效应组成作用下得到良好的分离，通过显色显示蛋白质谱带类型。不同品种由于遗传不同，种子内所含的蛋白质种类有差异，这种差异可利用电泳图谱加以鉴别，从而对品种真实性和纯度进行鉴定。

A2 仪器和试剂

A2.1 仪器 电泳仪（满足稳压500V），离心机，垂直板电泳槽，钳子，5ml、10ml移液管，微量进样器，聚丙烯离

心管。

A2.2 试剂　尿素、乙醇、甘氨酸、甲基绿、三氯乙酸、冰乙酸、过氧化氢、硫酸亚铁、抗坏血酸、α-巯基乙醇、丙烯酰胺、考马斯亮蓝 R-250，甲叉双丙烯酰胺、α-氯乙醇。

A3 程序

A3.1 药剂配制

A3.1.1 蛋白质提取液

小麦：0.05g甲基绿溶于25ml α-氯乙醇中，加蒸馏水至100ml。低温保存。

大麦：0.05g甲基绿溶于20ml α-氯乙醇中，加入18g尿素，再加入1ml α-巯基乙醇，加蒸馏水至100ml。低温保存。

A3.1.2 电极缓冲液：0.4g甘氨酸加蒸馏水溶解，加4ml冰乙酸，加蒸馏水至1000ml。低温保存。

A3.1.3 凝胶缓冲液：1.0g甘氨酸加蒸馏水溶解，加入20ml冰乙酸，定容至1000ml。低温保存。

A3.1.4 0.6%过氧化氢：30%过氧化氢2ml加蒸馏水定容至100ml。低温保存。

A3.1.5 染色液：0.25g考马斯亮蓝加25ml无水乙醇溶解，加入50g三氯乙酸，加水至500ml。

A3.1.6 凝胶液：丙烯酰胺20g，甲叉双丙烯酰胺0.8g，尿素12g，硫酸亚铁0.01g，抗坏血酸0.2g，用凝胶缓冲液溶解并定容至200ml。低温保存。

A3.2 样品提取　一般每个样品测定100粒种子，若更准确地估测品种纯度，则需更多的种子。如果分析结果要与某一纯度标准值比较，可采用顺次测定法（sequential testing）来确定，即50粒作为一组，必要时可连续测定数组，以减少工作量。如果只鉴定真实性，可用 50粒。

取小麦或大麦种子，用钳子逐粒夹碎（夹种子时，最好垫上小片清洁的纸，以便于清理钳头和防止样品之间的污染），置1.5ml 离心管中，加入蛋白质提取液（小麦0.2ml，大麦0.3ml），充分摇动混合，在室温下提取24小时，然后在18000×g条件下离心15分钟。取其上清液用于电泳。

A3.3 凝胶制备　从冰箱中取出凝胶溶液和过氧化氢溶液，吸取10ml凝胶溶液，加1滴0.6%过氧化氢，摇匀后迅速倒入封口处，稍加晃动，使整条缝口充满胶液，让其在5～10分钟聚合封好。

吸取45ml凝胶溶液，加3滴0.6%过氧化氢，迅速摇匀，倒入凝胶板之间，马上插好样品梳，让其在5～10分钟内聚合。

A3.4 进样　小心抽出样品梳，将玻璃板夹在电泳槽上，用滤纸或注射器吸去样品槽中多余的水分，然后用微量进样器吸取10～20PL样品加入样品槽中。

A3.5 电泳　在前后槽注入电极液，前槽接正极，后槽接负极。然后打开电源，逐渐将电压增加到500V。电泳时，要求在15～20℃温度下进行。电泳时间一般为60～80分钟，具体时间可按甲基绿迁移时间来推算，电泳时间为甲基绿移至前沿所需时间的2～2.5倍。

A3.6 染色　将胶板小心地取下，在染色液中染色1～2天。一般情况不需要脱色，但为使谱带清晰，可用清水冲洗。

A3.7 鉴定　谱带命名可采用相对迁移率法或电泳程式法。根据醇溶蛋白谱带的组成和带型的一致性，并与标准样品电泳图谱相比较，鉴定种子真实性以及测定品种纯度。

附加说明：

本标准由中华人民共和国农业部提出。

本标准由全国农作物种子标准化技术委员会归口。

本标准由全国种子总站、浙江农业大学、四川省、黑龙江省、天津市种子公司（站）、南京农业大学、北京市、负责起草。

本标准主要起草人支巨振、毕辛华、杜克敏、常秀兰、杨淑惠、任淑萍、吴志行、李仁凤、赵菊英。

本标准首次发布于1983年3月。

本标准参照采用国际种子检验规程（ISTA，1993年版）第八部　分种及栽培品种的鉴定。

GB/T 3543.6—1995

农作物种子检验规程

代替 GB 3543—83

水分测定

Rules for agricultual seed testing
—Determination of moisture content

---

1 主题内容与适用范围

本标准规定了农作物种子水分的测定方法。

本标准适用于农作物种子质量的检测。

2 引用标准

GB/T 3543.2　农作物种子检验规程　扦样

3 术语

水分（moisture content）按规定程序把种子样品烘干所失去的重量，用失去重量占供检样品原始重量的百分率表示。

4 仪器设备

a. 恒温烘箱：装有可移动多孔的铁丝网架和可测到0.5℃的温度计。

b. 粉碎（磨粉）机：备有0.5mm，1.0mm和4.0mm的金属丝筛子。

c. 样品盒、干燥器、干燥剂等。

d. 天平：感量达到0.001g。

5 测定程序

由于自由水易受外界环境条件的影响，所以应采取一些措施尽量防止水分的丧失。如送验样品必须装在防湿容器中，并尽可能排除其中的空气；样品接收后立即测定；测定过程中的取样、磨碎和称重须操作迅速；避免磨碎蒸发等。不磨碎种子这一过程所需的时间不得超过2min。

5.1 低恒温烘干法

5.1.1 适用种类：葱属（*Allium* spp.），花生（*Arachis hypogaea*），芸苔属（*Brassica* spp.），辣椒属（*Capsicum* spp.），大豆（*Glycine max*），棉属（*Gossypium* spp.），向日葵（*Helianthus annuus*），亚麻（*linum usitatissimum*），萝卜（*Raphanus sativus*），蓖麻（*Ricinus communis*），芝麻（*Sesamum indicum*），茄子（*Solanum melongena*）。

该法必须在相对湿度70%以下的室内进行。

5.1.2 取样磨碎：供水分测定的送验样品必须符合GB/T 3543.2的要求。用下列一种方法进行充分混合，并从此送验样品取15～25g。

a. 用匙在样品罐内搅拌。

b. 将原样品罐的罐口对准另一个同样大小的空罐口，把种子在两个容器间往返倾倒。

烘干前必须磨碎的种子种类及磨碎细度见表1。

表1 必须磨碎的种子种类及磨碎细度

作物种类	磨碎细度
燕麦（*Avena* spp.） 水稻（*Oryza sativa* L.） 甜荞（*Fagopyrum esculentum*） 苦荞（*Fagopyrum tataricum*） 黑麦（*Secale cereale*） 高粱属（*Sorghum* spp.） 小麦属（*Triticum* spp.） 玉米（*Zea mays*）	至少有50%的磨碎成分通过0.5mm筛孔的金属丝筛，而留在1.0mm筛孔的金属丝筛子上不超过10%
大豆（*Glycine max*） 菜豆属（*Phaseolus* spp.） 豌豆（*Pisum sativum*） 西瓜（*Citrullus lanatus*） 巢菜属（*Vicia* spp.）	需要粗磨，至少有50%的磨碎成分通过4.0mm筛孔
棉属（*Gossypium* spp.） 花生（*Arachis hypogaea*） 蓖麻（*Ricinus communis*）	磨碎或切成薄片

进行测定需取二个重复的独立试验样品。必须使试验样品在样品盒的分布为每平方厘米不超过0.3g。

取样勿直接用手触摸种子，而应用勺或铲子。

5.1.3 烘干称重：先将样品盒预先烘干、冷却、称重，并记下盒号，取得试样两份（磨碎种子应从不同部位取得），每份4.5～5.0g，将试样放入预先烘干和称重过的样品盒内，再称重（精确至0.001g）。使烘箱通电预热至110～115℃，将样品摊平放入烘箱内的上层，样品盒距温度计的水银球约2.5cm处，迅速关闭烘箱门，使箱温在5～10分钟内回升至103℃±2℃时开始计算时间，烘8小时。用坩埚钳或戴上手套盖好盒盖（在箱内加盖），取出后入干燥器内冷却至室温，30～45分钟后再称重。

5.2 高温烘干法 适用于下列种子种类：芹菜（*Apium graveolens*），石刁柏（*Asparagus officinalis'*），燕麦属（*Auenaspp.*），甜菜（*Beta vulgaris*），西瓜（*Citrullus lanatus*），甜瓜属（*Cucumis spp.*），南瓜属（*Cucurbita spp.*），胡萝卜（*Daucus carota*），甜荞（*Fagopyrum esculentum*），苦荞（*Fagopyrum tataricum*），大麦（*Hordeum vulgare*），莴苣（*Lactuca sativa*），番茄（*Lycopersicon lycopersicum*），苜蓿属（*Medicago spp.*），草木樨属（*Melilo tusspp.*），烟草（*Nicotiana tabacum*），水稻（*Oryza sativa*），黍属（*Panicum spp.*），菜豆属（*Phaseolus spp.*），豌豆（*Pi sum sativum*），鸦葱（*Scorzonera hispanica*），黑麦（*Secale cereale*），狗尾草属（*Setaria spp.*），高粱属（*sorghum spp.*），菠菜（*Spinacia oleracea*），小麦属（*Triticum spp.*），巢菜属（*Vicia spp.*），玉米（*Zea mays*）。

其程序与低恒温烘干法相同。必须磨碎的种子种类及磨碎细度见表1。

首先将烘箱预热至140～145℃，打开箱门5～10分钟后，烘箱温度须保持130～133℃，样品烘干时间为1小时。

5.3 高水分预先烘干法 需要磨碎的种子，如果禾谷类种子水分超过18%，豆类和油料作物水分超过16%，必须采用预先烘干法。

称取两份样品各25.00g±0.02g，置于直径大于8cm的样品盒中，在103℃±2℃烘箱中预烘30分钟（油料种子在70℃预烘1小时）。取出后放在室温冷却和称重。此后立即将这两个半干样品分别磨碎，并将磨碎物各取一份样品按5.1或5.2条所规定的方法进行测定。

6 结果计算

6.1 结果计算　根据烘后失去的重量计算种子水分百分率，按式（1）计算到小数点后一位：

$$种子水分(\%)=\frac{M_2-M_3}{M_2-M_1}\times 100 \quad (1)$$

式中：M_1——样品盒和盖的重量，g；

M_2——样品盒和盖及样品的烘前重量，g；

M_3——样品盒和盖及样品的烘后重量，g。

若用预先烘干法，可从第一次（预先烘干）和第二次按上述公式计算所得的水分结果换算样品的原始水分，按式（2）计算。

$$种子水分（\%）=S_1+S_2-\frac{S_1\times S_2}{100} \quad (2)$$

式中：S_1——第一次整粒种子烘后失去的水分，%；

S_2——第二次磨碎种子烘后失去的水分，%。

6.2 容许差距　若一个样品的两次测定之间的差距不超过0.2%，其结果可用两次测定值的算术平均数表示。否则，重做两次测定。

7 结果报告

结果填报在检验结果报告的规定空格中，精确度为0.1%。

附加说明：

本标准由中华人民共和国农业部提出。

本标准由全国农作物种子标准化技术委员会归口。

本标准由全国种子总站、浙江农业大学、四川省、黑龙江省、天津市种子公司（站）、南京农业大学、北京市、湖南省公司种子负责起草。

本标准主要起草人支巨振、毕辛华、杜克敏、常秀兰、杨淑惠、任淑萍、吴志行、李仁凤、赵菊英。本标准首次发布于1983年3月。

本标准参照采用国际种子检验规程（ISTA，1993年版）第九部分　水分测定。

GB/T 3543.7—1995

代替 GB 3543—83

农作物种子检验规程

其他项目检验

Rules for agricultural seed testing
—Other testing

1 主题内容与适用范围

本标准规定了种子生活力的生化（四唑）测定、种子健康测定、种子重量测定和包衣种子质量检验方法。

本标准适用于农作物种子质量的检测。

2 引用标准

GB/T 3543.2　农作物种子检验规程　扦样

GB/T 3543.3　农作物种子检验规程　净度分析

GB/T 3543.4　农作物种子检验规程　发芽试验

3 术语

3.1 种子生活力（seed viability） 种子发芽的潜在能力或种胚具有的生命力。

3.2 种子健康状况（seed health） 种子是否携带病原菌（如真菌、细菌及病毒）、有害动物（如线虫及害虫）。

3.3 培养（incubation） 将种子保持在有利于病原体发育或病症发展的环境下进行培养。

3.4 千粒重（the weight of 1000 seeds） 国家种子质量标准规定水分的1000粒种子的重量，以克为单位。

3.5 丸化种子（seed pellets） 为精量播种，整批种子通常做成在大小和形状上没有明显差异的单粒球状种子单位。丸化种子添加的丸粒物质可能含有杀虫剂、染料或其他添加剂。

3.6 包膜种子（encrusted seed） 种子形状类似于原来的种子单位，其大小和重量变化范围可大可小。包衣物质可能含有杀虫剂、杀菌剂、染料或其他添加剂。

3.7 种子毯（seed mats） 种子随机成条状，簇状或散布在整片用宽而薄的毯状材料（如纸或其他低级材料制成）上。

3.8 种子带（seed tapes） 种子随机成簇状或单行排列在狭带的材料（如纸或其他低级材料制成）上。

3.9 处理种子（treated seed） 种子用杀虫剂、染料或其他添加剂处理，不引起其大小和形状的显著变化或增加原来的重量。处理种子仍可按GB/T 3543.1～3543.6的规定方法进行测定。

第一篇　生活力的生化（四唑）测定

4 试剂

应用四唑的0.1%～1.0%（m/V）溶液，1.0%溶液用于不切开胚的种子染色，而0.1%～0.5%溶液可用于已经切开胚的种子染色。配成的溶液须贮存在黑暗处或棕色瓶里。

如果用蒸馏水配制溶液的pH值不在6.5～7.5范围内，则采用磷酸缓冲液来配制。

磷酸缓冲液的配制方法如下：

溶液Ⅰ：称取9.078g磷酸二氢钾（KH_2PO_4）溶解于1000ml蒸馏水中。

溶液Ⅱ：称取9.472g磷酸氢二钠（Na_2HPO_4）或11.876g磷酸氢二钠（$Na_2HPO_4 \cdot 2H_2O$）溶解于1000ml的蒸馏水中。

取溶液Ⅰ 2份和溶液Ⅱ 3份混合即成缓冲液。

在该缓冲液中溶解准确数量的四唑盐类，以获得准确的浓度。如每100ml缓冲液中溶入1g四唑盐类即得1%浓度的溶液。

5 仪器、设备

5.1 控温设备　a. 电热恒温箱或发芽箱；b. 冰箱。

5.2 观察器具　a. 体视显微镜或手持放大镜；b. 光线充足柔和的灯光。

5.3 容器　a. 棕色定量加液器；b. 不同规格的染色盘。

5.4 切刺工具　单面刀片、矛状解剖针、小针等。

5.5 预湿物品　滤纸、吸水纸和毛巾等。

5.6 天平　天平感量为0.001g。

5.7 其他　镊子、吸管等。

6 测定程序

6.1 试验样品的数取　每次至少测定200粒种子，从经净度分析后并充分混合的净种子中，随机数取每重量100粒或少于100粒的若干副重复。如是测定发芽末期休眠种子的生活力，则单用试验末期的休眠种子。

6.2 种子的预措预湿　预措是指有些种子在预湿前须先除去种子的外部附属物（包括剥去果壳）和在种子非要害部位弄破种皮，如水稻种子脱去内外稃，刺破硬实等。

为加快充分吸湿、软化种皮，便于样品准备，以提高染色的均匀度，通常种子在染色前要进行预湿。根据种的不同，预湿的方法有所不同。一种是缓慢润湿，即将种子放在纸上或纸间吸湿，它适用于直接浸在水中容易破裂种子（如豆科大粒种子），以及许多陈种子和过分干燥种子；另一种是水中浸渍，即将种子完全浸在水中，让其达到充分吸胀，它适用于直接浸入水中而不会造成组织破裂损伤的种子。不同种类种子的具体预湿温度和时间可参见表1。

6.3 染色前的准备　为了使胚的主要构造和活的营养组织暴露出来，便于四唑溶液快速而充分地渗入和观察鉴定，经软化的种子应进行样品准备。准备方法因种子构造和胚的位置不同而异（详见表1），如禾谷类种子沿胚纵切，伞形科种子近胚纵切，葱属沿种子扁平面纵切等。西瓜等种子预湿后表面有黏液，可采用种子表面干燥或把种子夹在布或纸间揩擦清除掉。

6.4 染色　将已准备好的种子样品放入染色盘中，加入适宜浓度的四唑溶液（表1）以完全淹没种子，移置一定温度的黑暗控温设备内或弱光下进行染色反应。所用染色时间因四唑溶液浓度、温度、种子种类、样品准备方法等因素的不同而有差异。一般来说，四唑溶液浓度高，染色快；温度高，染色时间短，但最高不超过45℃。到达规定时间或染色已很明显时，倒去四唑溶液，用清水冲洗。

6.5 鉴定前处理　为便于观察鉴定和计数，将已染色的种子样品，加以适当处理使胚主要构造和活的营养组织明显暴露出来，如一些豆类沿胚中轴纵切，瓜类剥去种皮和内膜等。不同种类种子的处理方法详见表1。

6.6 观察鉴定　大中粒种子可直接用肉眼或手持放大镜进行观察鉴定，对小粒种子最好用10～100倍体视显微镜进行观察。

观察鉴定时，确定种子是否具有生活力，必须根据胚的主要构造和有关活营养组织的染色情况进行正确的判断。一般的鉴定原则是：凡胚的主要构造或有关活营养组织（如葱属、伞形科和茄科等种子的胚乳）全部染成有光泽的鲜红色或染色最大面积大于表1规定，且组织状态正常的为正常有生活力的种子；否则为无生活力的种子。根据种类的不同，具体鉴定标准详见表1。

表 1 农作物种子四唑染色技术规定

种名（变种）	学名	预湿方式	预湿时间（h）	染色前的准备	溶液浓度（%）	35℃染色时间（h）	鉴定前的处理	有生活力种子允许不染色、较弱或坏死的最大面积	备注
小麦 大麦 黑麦	*Triticumae stivum* L. *Hordeum vulgare* L. *Secale cereale* L.	纸间或水中	30℃恒温水浸种3～4小时，或纸间12小时	a. 纵切胚和四分之三胚乳 b. 分离带质片的胚	0.1	0.5～1	a. 观察切面 b. 观察胚和盾片	a. 盾片上下任一端三分之一不染色 b. 胚根大部分不染色，但不定根原始体必须染色	盾片中央有不染色组织，表明受到热损伤
普通燕麦 裸燕麦	*Auena sativa* L. *Avena nuda* L.	纸间或水中	同上	a. 除运河稃壳，纵切胚和四分之三胚乳 b. 在胚部附近横切	0.1	同上			
玉米	*Zea mays* L.	纸间或水中	同上	a. 除运河稃壳，纵切胚和四分之三胚乳 b. 在胚部附近横切	0.1	同上	a. 观察切面 b. 沿胚纵切	同上	同上
黍粟	*Panicum miliaceum* L. *Setaria italica* Beauv.	纸间或水中	同上	纵切胚和大部分胚乳	0.1	同上	切开或撕开，使胚露出	胚根；盾片上下任一端三分之一不染色	同上
高粱	*Sorghum bicolor* (L.) Moench	纸间或水中	同上	纵切胚和大部分胚乳	0.1	同上	观察切面	a. 胚根顶端三分之二不染色 b. 盾片上下任一端三分之一不染色	
水稻	*Oryza* L.	纸间或水中	12	纵切胚和四分之三胚乳	0.1	同上	观察切面	胚根顶端三分之二不染色	必要时可除运河内外稃

续表

种名（变种）	学名	预湿方式	预湿时间（h）	染色前的准备	溶液浓度（%）	35℃染色时间（h）	鉴定前的处理	有生活力种子允许不染色、较弱或坏死的最大面积	备注
棉花	*Gossypium* spp.	纸间	12	a. 纵切二分之一种子 b. 切运河部分种皮 c. 运河掉胚乳遣迹	0.5	2~3	纵切	a. 胚根顶端三分之一不染色 b. 子叶表面有小范围的坏死或子叶顶端三分之一不染色	有硬实应划破种皮
甜荞 苦荞	*Fagopyrum esculentum* Moench *Fagopyrum tataricum* (L.) Gaertn.	纸间	6~8	无须准备	1.0	3~4	切开或除运河种皮，掰手子叶，露	a. 胚根顶端三分之一不染色 b. 子叶表面有小范围的坏死	
菜豆 豌豆 绿豆 花生 大豆 豇豆 扁豆 蚕豆	*Phaseolus vulgaris* L. *Pisum sativum* L. *Vigna radiata* (L.) Wilczek *Arachis hypogaea* L. *Glycine mac* (L.) Merr. *Vigna unguiculata* Walp. *Dolichos lablab* L. *Vicia faba* L.	纸间	6~8	无须准备	1.0	3~4	切开或除运河种皮，掰手子叶，露	a. 胚根顶端不染色，花生为三分之一，蚕豆为三分之二，其他种为二分之一 b. 子叶顶端不杂花，花生为四分之一，蚕豆为三分之一，其他为二分之一 c. 除蚕豆外，胚芽顶部不染色四分之一	
南瓜 丝瓜 黄瓜 西瓜 冬瓜 苦瓜 甜瓜 瓠瓜	*Cucurbita moschata Duchesne* ex Poiinet *Luffa* spp. *Cucumis sativus* L. *Citrullus lanatus* Masum. et Nakai *Benincase hispida* Cogn. *Momordi cacharantia* L. *Cucumis melo* L. *Lagenaria siceraria* Stand.	纸间或水中	在20~30℃水中浸6~8小时或纸间24小时	a. 纵切二分之一种子 b. 剥去种皮 c. 西瓜用干燥布或纸揩擦，除运河表面黏液	1.0	2~3小时，但甜瓜1~2小时	除去种皮和内膜	a. 胚根顶端不染色二分之一 b. 子叶顶端不染色二分之一	

续表

种名（变种）	学名	预湿方式	预湿时间（h）	染色前的准备	溶液浓度（%）	35℃染色时间(h)	鉴定前的处理	有生活力种子允许不染色、较弱或坏死的最大面积	备注
白菜型油菜 不结球白菜 结球白菜 甘蓝型油菜 甘蓝 花椰菜 萝卜 芥菜	*Brassica campestri* L. *Brassica campestris* L. *ssp. chinensis* (L.) Makino *Brassica campestri* L. ssp. *pekinensis* (Lour.) Olsson *Brassica napus* L. *Brassica oleracea* var. *capitata* L. *Brassica oleracea* L. var. *botruytis* L. *Raphanus sativus* L. *Brassica juncea* Coss.	纸间或水中	30℃温水中浸种3～4小时或纸间5～6小时	a. 剥去种皮 b. 切去部分种皮	1.0	2～4	a. 纵切种子使胚中轴露出 b. 切运河部分种皮使胚中轴露出	a. 胚根顶端三分之一不染色 b. 子叶顶端有部分坏死	
葱属（洋葱、韭菜、葱、韭葱、细香葱）	*Allium* spp.	纸间	12	a. 沿扁平面纵切，但不完全切开，基部相连 b. 切去子叶两端，但不损伤胚根及子叶	0.2	0.5～1.5	a. 担开切口，露出胚 b. 切运河一薄层胚乳，使胚露出	a. 种胚和胚乳完全染色 b. 不与胚相连的胚乳有少量不染色	
辣椒 甜椒 茄子 番茄	*Capsicum frutescens* L. *Capsicum frutescens* var. *grossum* *Solanum melongena* L. *Lycopersicon lycopersium* (L.) *Karsten*	纸间 水中	在20～30℃水中3～4小时，或纸间12小时	a. 在种子中心刺破种皮和胚乳 b. 切去种子末端，包括一小部分子叶	0.2	0.5～1.5	a. 撕开胚乳，使胚露出 b. 纵切种子使胚露出	胚和胚乳全部染色胚和胚乳全部染色	
芫菜 芹菜 胡萝卜 茴香	*Coriandrum sativum* L. *Apium graveolens* L. *Daucus carota* L. *Foeniculum vulgare* Mill.	水中	在20～30℃水中3小时	a. 纵切种子一半，并撕开胚乳，使胚露出 b. 切去种子末端四分之一或三分之一	0.1～0.5	6～24	a. 进一步撕开切口，使胚露出 b. 纵切种子露出胚和胚乳	a. 胚根顶端三分之一不染色 b. 子叶顶端三分之一，如在表面可二分之一不染色	

续表

种名（变种）	学名	预湿方式	预湿时间（h）	染色前的准备	溶液浓度（%）	35℃染色时间(h)	鉴定前的处理	有生活力种子允许不染色、较弱或坏死的最大面积	备注
苜蓿属 草木樨属 紫云英	*Medi cago* ssp. *Mel ilotus* ssp. *Astragalus sinicus* L.	水中	22	无须准备	0.5～1.0	6～24	除运河种皮使胚露出	a. 胚根顶端三分之一不染色 b. 子叶顶端三分之一表面不染色，或三分之一弥漫不染色	
莴苣 茼蒿	*Lactuca sativa* L. *Chrysanthemum coronarium* var. *spatisum*	水中	在30℃水中浸2～4小时	a. 纵切种子上半部（非胚根端） b. 切去种子末端包括一部分子叶	0.2	2～3	a. 切运河种皮子叶使胚露出 b. 切开种子末端轻轻挤压，使胚露出	a. 胚根顶端三分之一不染色 b. 子叶顶端表面二分之一不染色	
向日葵	*Helianthus annuus* L.	水中	3～4	纵切种子上半部或除去果壳	1.0	3～4	除去果壳	a. 胚根顶端三分之一不染色 b. 子叶顶部表面二分之一不染色	
甜菜	*Beta vulgaris* L.	水中	18	a. 除去盖着种胚的帽状物 b. 沿胚与胚乳之界线切开	0.1～0.5	扯开切口，使胚露出	扯开切口，使胚露出	a. 胚根顶端三分之一不染色 b. 子叶顶端三分之一不染色	
菠菜	*Spinacia oleracea* L.	水中	3～4	a. 在胚与胚乳之边界刺破种皮 b. 在胚根与子叶之间横切	0.5～1.5	a. 纵切种子，使胚露出 b. 掰开切口，使胚露出	a. 纵切种子，使胚露出 b. 掰开切口，使胚露出	同上	

依据鉴定标准，将各部分分开和计数。

7 结果表示与报告

计算各个重复中有生活力的种子数，重复间最大容许差距不得超过表2的规定，平均百分率计算到最近似的整数。

表2 生活力测定重复间的最大容许差距

平均生活力百分率（%）		重复间容许的最大差距		
1	2	4次重复	3次重复	2次重复
99	2	5	—	—
98	3	6	5	—
97	4	7	6	6
96	5	8	7	6
95	6	9	8	7
93~94	7~8	10	9	8
91~92	9~10	11	10	9
90	11	12	11	9
89	12	12	11	10
88	13	13	12	10
87	14	13	12	11
84~86	15~17	14	13	11
81~83	18~20	15	14	12
78~80	21~23	16	15	13
76~77	24~25	17	16	13
73~75	26~28	17	16	14
71~72	29~30	18	16	14
69~70	31~32	18	17	14
67~68	33~34	18	17	15
64~66	35~37	19	17	15
56~63	38~45	19	18	15
55	46	20	18	15
51~54	47~50	20	18	16

在GB/T 3543.1的结果报告单“其他测定项目”栏中要填报“四唑测定有生活力的种子_____%”。

对豆类、棉籽和蕹菜等需增填"试验中发现的硬实百分率”，硬实百分率应包括在所填报有生活力种子的百分率中。

第二篇 种子健康测定

8 仪器设备

a. 显微镜（60倍双目显微镜）；b. 培养箱；c. 近紫外灯；d. 冷冻冰箱；e. 高压消毒锅、培养皿等。

9 测定程序

9.1 未经培养的检验（不能说明病原菌的生活力）

a. 直接检查：适用于较大的病原体或杂质外表有明显症状的病害，如麦角、线虫瘿、虫瘿、黑穗病孢子、螨类等。必要时，可应用双目显微镜对试样进行检查，取出病原体或病粒，称其重量或计算其粒数。

b. 吸胀种子检查：为使子实体、病症或害虫更容易观察到或促进孢子释放，把试验样品浸入水中或其他液体中，种子吸胀后检查其表面或内部，最好用双目显微镜。

c. 洗涤检查：用于检查附着在种子表面的病菌孢子或颖壳上的病原线虫。

分取样品两份，每份5g，分别倒入100ml三角瓶内，加无菌水10ml，如使病原体洗涤更彻底，可加入0.1%润滑剂（如磺化二羧酸酯），置振荡机上振荡，光滑种子振荡5分钟，粗糙种子振荡10分钟。将洗涤液移入离心管内，在1000～1500×g离心3～5分钟。 用吸管吸去上清液，留1ml的沉淀部分，稍加振荡。用干净的细玻璃棒将悬浮液分别滴于5片载玻片上。盖上盖玻片，用400～500 倍的显微镜检查，每片检查10个视野，并计算每视野平均孢子数，据此可计算病菌孢子负荷量，按式（1）计算：

$$N=\frac{n_1 \times n_2 \times n_3}{n_4} \qquad (1)$$

式中：N——每克种子的孢子负荷量；

n_1——每视野平均孢子数；

n_2——盖玻片面积上的视野数；

n_3——1ml水的滴数；

n_4——供试样品的重量。

d. 剖粒检查：取试样5～10g（小麦等中粒种子5g，玉米、豌豆大粒种子10g）用刀剖开或切开种子的被害或可疑部分，检查害虫。

e. 染色检查

高锰酸钾染色法：适用于检查隐蔽的米象、谷象。取试样15g，除去杂质，倒入铜丝网中，于30℃水中浸泡1分钟，再移入1% 高锰酸钾溶液中染色1分钟。然后用清水洗涤，倒在白色吸水纸上用放大镜检查，挑出粒面上带有直径0.5mm的斑点即为害虫籽粒。 计算害虫含量。

碘或碘化钾染色法：适用于检验豌豆象。取试样50g，除去杂质，放入铜丝网中或用纱布包好，浸入1%碘化钾或2%碘酒溶液中1～1.5分钟。取出放入0.5%的氢氧化钠溶液中，浸30秒，取出用清水洗涤15～20秒，立即检验，如豆粒表面有1～2mm直径的圆斑点，即为豆象感染。计算害虫含量。

f. 比重检验法：取试样100g，除去杂质，倒入食盐饱和溶液中（含盐35.9g溶于1000ml水中），搅拌10～15分钟，静止1～2分钟，将悬浮在上层的种子取出，结合剖粒检验（见9.1d.），计算害虫含量。

g. 软X射线检验：用于检查种子内隐匿的虫害（如蚕豆象、玉米象、麦蛾等），通过照片或直接从荧光屏上观察。

9.2 培养后的检查 试验样品经过一定时间培养后，检查种子内外部和幼苗上是否存在病原菌或其症状。常用的培养基有三类：

a. 吸水纸法：适用于许多类型种子的种传真菌病害的检验，尤其是对于许多半知菌，有利于分生孢子的形成和致病真菌在幼苗上的症状的发展。

稻瘟病（*Pyriculana oryzae* Cav.）：取试样400粒种子，将培养皿内的吸水纸用水湿润，每个培养皿播25粒种子，在22℃下用12小时黑暗和12小时近紫外光照的交替周期培养7天。在12～50倍放大镜下检查每粒种子上的稻瘟病分生孢子。一般这种真菌会在颖片上产生小而不明显、灰色至绿色的分生孢子，这种分生孢子成束地着生在短而纤细的分生孢子梗的顶端。菌丝很少覆盖整粒种子。如有怀疑，可在200倍显微镜下检查分生孢子来核实。典型的分生孢子是倒梨形，透明，基部钝圆具有短齿，分两隔，通常具有尖锐的顶端，大小为（20～25）μm×（9～12）μm。

水稻胡麻叶斑病（*Drechslera oryzae* Subram &Jain）：取试样400粒种子，将培养皿里的吸水纸用水湿润，每个培养皿播25粒种子。在22℃下用12小时黑暗和12小时近紫外光照的交替周期培养7天。在12～50倍放大镜下检查每粒子上的胡麻叶斑病的分生孢子。在种皮上形成分生孢子梗和淡灰色气生菌丝，有时病菌会蔓延吸水纸上。如有怀疑可在200倍显微镜下检查分生孢子来核实。其分生孢子为月牙形，（35～170）μm×（11～17）μm，淡棕色至棕色，中部或近中部最宽，两端渐渐变细变圆。

十字花科的黑胫病（*Leptosphaeria maculans* Ces. & de Not.）即甘蓝黑腐病（*Phoma lingam* Desm.）：取试样1000粒种子，每个培养皿垫入三层滤纸，加入5ml 0.2%（*m/V*）的2，4-二氯苯氧基乙酸钠盐（2，4-D）溶液，以抑制种子发芽。沥去多余的2，4-D溶液，用无菌水洗涤种子后，每个培养皿播50粒种子。在20℃用12小时光照和12小时黑暗交替周期下培养 11天。经6天后，在25倍放大镜下，检查长在种子和培养基上的甘蓝黑腐病松散生长的银白色菌丝和分生孢子器原基。经11天后，进行第二次检查感染种子及其周围的分子孢子器。记录已长有的甘蓝黑腐病分生孢子器的感染种子。

b. 砂床法：适用于某些病原体的检验。用砂时应去掉砂中杂质并通过1mm孔径的筛子，将砂粒清洗，高温烘干消毒后，放入培养皿内加水湿润，种子排列在砂床内，然后密闭保持高温，培养温度与纸床相同，待幼苗顶到培养皿盖时进行检查（经7～10天）。

c. 琼脂皿法：主要用于发育较慢的致病真菌潜伏在种子内部的病原，也可用于检验种子外表的病原菌。

小麦颖枯病（*Septoria nodorum* Berk.）：先数取试样400粒，经1%（*m/m*）的次氯酸钠消毒10分钟后，用无菌水洗涤。在含0.01%硫酸链霉素的麦芽或马铃薯左旋糖琼脂的培养基上，每个培养皿播10粒种子于琼脂表面，在20℃黑暗条件下培养7天。用肉眼检查每粒种子上缓慢长成圆形菌落的情况，该病菌菌丝体为白色或乳白色，通常稠密地覆盖着感染的种子。菌落的背面呈黄色或褐色，并随其生长颜色变深。

豌豆褐斑病（*Ascochyta pisi* Lib）：先数取试样400粒，经1%（*m/m*）的次氯酸钠消毒10分钟后，用无菌水洗涤。在麦芽或马铃薯葡萄糖琼脂的培养基上，每个培养皿播10粒种子于琼脂表面，在20℃黑暗条件下培养7天。用肉眼检查每粒种子外部盖满的大量白色菌丝体。对有怀疑的菌落可放在25倍放大镜下观察，根据菌落边缘的波状菌丝来确定。

9.3 其他方法　大麦的散黑穗病菌可用整胚检验。

大麦散黑穗病（*Ustilago nuda* Rostr.）

两次重复，每次重复试验样品为100～120g（根据千粒重推算含有2000～4000粒种子）。先将试验样品放入1L新配制的 5%（*V/V*）Na0H溶液中，在20℃下保持24小时。用温水洗涤，使胚从软化的果皮里分离出来。收集胚在1mm网孔的筛子里，再用网也较大的筛子收集胚乳和稃壳。将胚放入乳酸苯酚（甘油、苯酚和乳酸各三分之一）和水的等量混合液里，使胚和稃壳能进一步分离。 将胚移置盛有75ml清水的烧杯中，并在通风柜里，保持在沸点大约30秒，以除去乳酸苯酚，并将其洗净。然后将胚移到新配制的微温甘油中，再放在16～25倍放大镜下，配置适当的台下灯光，检查大麦散黑穗病所特有的金褐色菌丝体，每次重复检查1000 个胚。

测定样品中是否存在细菌、真菌或病毒等，可用生长植株进行检查，可在供检的样品中取出种子进行播种，或从样品中取得接种体，以供对健康幼苗或植株一部分进行感染试验。应注意植株从其他途径传播感染，并控制各种条件。

10 结果表示与报告

以供检的样品重量中感染种子数的百分率或病原体数目来表示结果。

填报结果要填报病原菌的学名，同时说明所用的测定方法，包括所用的预措方法，并说明用于检查的样品部分样品的数量。

第三篇 重量测定

11 仪器设备

a. 数粒仪或供发芽试验用的数种设备。

b. 感量为0.1g，0.01g的天平。

12 测定程序

12.1 试验样品 将净度分析后的全部净种子均匀混合，分出一部分作为试验样品。

12.2 测定方法 任选下列方法之一进行测定。

a. 百粒法：用手或数种器从试验样品中随机数取8个重复，每个重复100粒，分别称重（g），小数位数与GB/T 3543.3的规定相同。计算8个重复的平均重量、标准差及变异系数，按式（2）、（3）计算：

$$标准差（S）=\sqrt{\frac{n(\Sigma X^2)-(\Sigma X)^2}{n(n-1)}} \tag{2}$$

式中：X——各重复重量，g；

n——重复次数。

$$变异系数=\frac{S}{X}\times 100 \tag{3}$$

式中：S——标准差；

X——100粒种子的平均重量，g。

如带有稃壳的禾本科种子[见GB/T 3543.3附录B（补充件）]变异系数不超过6.0，或其他种类种子的变异系数不超过4.0，则可计算测定的结果。如变异系数超过上述限度，则应再测定8个重复，并计算16个重复的标准差。凡与平均数之差超过两倍标准差的重复略去不计。

b. 千粒法：用手或数粒仪从试验样品中随机数取两个重复，大粒种子数500粒，中小粒种子数1000粒，各重复称重（g），小数位数与GB/T 3543.3的规定相同。

两份的差数与平均数之比不应超过5%，若超过应再分析第三份重复，直至达到要求，取差距小的两份计算测定结果。

c. 全量法：将整个试验样品通过数粒仪，记下计数器上所示的种子数。计数后把试验样品称重（g），小数位数与GB/T 3543.3的规定相同。

13 结果表示与报告

如果是用全量法测定的，则将整个试验样品重量换算成1000粒种子的重量。

如果是用百粒法测定的，则从8个或8个以上的每个重复100粒的平均重量（$\overline{X}$），再换算成1000粒种子的平均重量（即$10\times\overline{X}$）。根据实测千粒重和实测水分，按GB 4404～4409和GB 8079～8080种子质量标准规定的种子水分，折算成规定水分的千粒重。计算方法如下：

$$千粒重（规定水分，g）=\frac{实测千粒重（g）\times [1-实测水分（\%）]}{1-规定水分（\%）} \quad (4)$$

其结果按测定时所用的小数位数表示（见12章）。

在GB/T 3543. 1的种子检验结果报告单“其他测定项目”栏中，填报结果。

第四篇 包衣种子检验

14 仪器设备

a. 发芽仪器（同GB/T 3543. 4的规定）。

b. 数种设备（同GB/T 3543. 4的规定）。

c. 筛选机。

15 扦样

除下列规定外，其他应符合GB/T 3543. 2的规定。

15.1 种子批的大小 如果种子批无异质性，种子批的最大重量可与GB/T 3543.2扦样中所规定的最大重量相同，种子批重量（包括各种丸衣材料或薄膜）不得超过42000kg（即40000kg，再加上5%的容许差距）。种子粒数最大为1×10^9粒（即10000个单位，每单位为100000粒种子）。以单位粒数划分种子批大小的，应注明种子批重量。

15.2 送验样品的大小 送验样品不得少于表3和表4所规定的丸粒数或种子粒数。种子带按GB/T 3543.2所规定的方法随机扦取若干包或剪取若干片断。如果成卷的种子带所含种子达到2×10^6粒，就可组合成一个基本单位（即视为一个容器）。如果样品较少，应在报告上注明。

表3 丸化与包膜种子的样品大小（粒数）

项目	送验样品不得少于	试验样品不得不于
净度分析	7500	2500
重量测定	7500	净丸化种子
发芽试验	7500	400
其他植物种子数目测定		
丸化种子	10000	7500
包膜种子	25000	25000
大小分级	10000	2000

表4 种子带的样品大小（粒数）

项目	送验样品不得少于	试验样品不得不于
种的鉴定	100	100
发芽试验	400	400
净度分析	2500	2500
其他植物种子数目测定	7500	7500

15.3 送验样品的取得　由于包衣种子送验样品所含的种子数比无包衣种子的相同样品要少一些，所以在扦样时必须特别注意所扦的样品能保证代表种子批。在扦样、处理及运输过程中，必须注意避免对包衣材料的脱落，并且必须将样品装在适当容器内寄送。

15.4 试验样品的分取　试验样品不应少于表3和表4所规定的丸化粒数或种子数。如果样品较少，则应在报告上注明。

丸化种子可用GB/T 3543.2所述的分样器进行分样，但种子距离落下决不能超过250mm。

16 净度分析的测定程序

严格地说，丸化种子和种子带内的种子的净度分析并不是规定要做的。如送验者提出要求，可用脱去丸衣的种子或从带中取出种子进行净度分析。

16.1 试验样品　丸化种子的净度分析应按GB/T 3543.2的规定从送验样品中分取试验样品，其大小已在表3和表4种作了规定。净度分析可用该规定丸化粒数的一个试验样品或这一重量一半的两个半试样。试样或半试样称重，以克表示，小数位数达到GB/T 3543.3规定的要求。

16.2 脱去丸化物　可将试样不超过2500粒放入细孔筛里浸在水中振荡，以除去丸化物。所用筛孔建议上层筛用1.00mm，下层筛用0.5mm。丸化物质散布在水中，然后将种子放在滤纸上干燥过夜，再放在干燥箱中干燥。

16.3 分离三种成分　称重后按下列规定将丸化种子的试验样品分为三种成分：净丸化种子、未丸化种子及杂质，并分别测定各种成分的重量百分率。

16.3.1 净丸化种子应包括：a. 含有或不含有种子的完整丸化粒；b. 丸化物质面积表面覆盖占种子表面一半以上的破损丸化粒，但明显不是送验者所述的植物种子或不含有种子的除外。

16.3.2 未丸化种子应包括：a. 任何植物种的未丸化种子；b. 可以看出其中含有一粒非送验者所述种的破损丸化种子；c. 可以看出其中含有送验者所述种，而它又未归于净丸化种子中的破损丸化种子。

16.3.3 杂质包括：a. 脱下的丸化物质；b. 明显没有种子的丸化碎块；c. 按GB/T 3543. 3规定作为杂质的任何其他物质。

16.4 种的鉴定　尽可能鉴定所有全部其他植物种子所属的种和每种杂质。如需填报，则以测定重量的百分率表示。

为了核实丸化种子中所含种子是确实属于送验者所述的种，必须经净度分析的净度分析的净丸化部分中或从剥离（或溶化）种子带中取出100颗，除去丸化物质，然后测定每粒种子所属的植物种。丸化物质可冲洗掉哐在干燥情况下除去。

16.5 其他植物种子的数目测定　其他植物种子数目测定的试验样品不应少于表3和表4所规定的数量，试验样品应分为两个半试样。按上述方法除支丸化物质，但不一定要干燥。须从半试样中找出所有其他植物种子或按送验者要求找出某个所述种的种子。

16.6 结果计算和表示　应符合GB/T 3543.3的规定。

17 发芽试验的测定程序

发芽试验须用从净度测定后的净丸化种子部分进行，须将净丸种子充分混合，随机数取400粒丸化种子，每个重复100粒。

发芽床、温度、光照条件和特殊处理应采用GB/T 3543.4所规定的方法进行发芽。纸、砂可作为发芽床，有时也可用土壤。建议丸化种子用皱褶纸，尤其是发芽结果不能令人满意时，用纸间的方法可获得满意结果。

有新鲜不发芽种子时，可采用GB/T 3543.4破除生理休眠的方法进行处理。

根据丸化材料和种子种类的不同，供给不同的水分。如果丸化材料黏附在子叶上，可在计数时用水小心喷洗幼苗。

试验时间可能比GB/T 3543.4所规定的时间要长。但发芽缓慢可能表明试验条件不是最适宜的，因此需做一个脱去包衣材料的种子发芽试验作为核对。

正常幼苗与不正常幼苗的鉴定标准仍按GB/T 3543.4的规定进行，一颗丸化种子，如果至少能产生送验者所叙述种的一株正常幼苗，即认为是具有发芽力的。如果不是送验者所叙述的种，即使长成正常幼苗也不能包括在发芽率内。

幼苗的异常情况可能由于丸化物质所引起，当发生怀疑时，用土壤进行重新试验。

复粒种子构造可能在丸化种子中发生，或者在一颗丸化种子中发现一粒以上种子。在这种情况下，应把这些颗粒作为单粒种子试验。试验结果按一个构造或丸化种子至少产生一株正常幼苗的百分率表示。对产生两株或两株以上正常幼苗的丸化种子要分别计数其颗数。

结果计算与报告按GB/T 3543.4的规定。

18 丸化种子的重量测定和大小分级

重量测定按第三篇所规定的程序进行。

对甜菜和丸化种子大小分级测定：所需送验样品至少250g，分取两个试样各50g（不少于45g，不大于55g），然后对每个试样进行筛理。其圆孔筛的规格是：筛孔直径比种子大小的规定下限值小0.25mm的筛子一只。在种子大小范围内以相差0.25mm为等分的筛子若干个比种子大小的规定上限大0.25mm的筛子一只。将筛下的各部分称重，保留两位小数。各部分的重量以占总重量的百分率表示，保留一位小数。两份试样之间的容许差距不得超过1.5%，否则再分析一份试样。

附加说明：

本标准由中华人民共和国农业部提出。

本标准由全国农作物种子标准化技术委员会归口。

本标准由全国种子总站、浙江农业大学、四川省、黑龙江省、天津市种子公司（站）、南京农业大学、北京市、负责起草。

本标准主要起草人支巨振、毕辛华、杜克敏、常秀兰、杨淑惠、任淑萍、吴志行、李仁凤、赵菊英。

本标准首次发布于1983年3月

本标准参照采用国际种子检验规程（ISTA，1993年版）第六、七、十、十一部分。